U0167526

建筑振动工程实例

Instances of Building Vibration Engineering

（第一卷）

徐 建 主编

中国建筑工业出版社

图书在版编目（CIP）数据

建筑振动工程实例 = Instances of Building Vibration Engineering. 第一卷 / 徐建主编. — 北京 ：中国建筑工业出版社，2022.6

ISBN 978-7-112-27454-3

Ⅰ. ①建… Ⅱ. ①徐… Ⅲ. ①建筑结构—结构振动 Ⅳ. ①TU311.3

中国版本图书馆 CIP 数据核字（2022）第 094903 号

工程振动具有结构类型多、控制精度高、效果可检验、多学科交叉等特性，为确保工程振动控制达到高标准要求，本书选取了 119 个具有代表性的工程实例，主要内容包括工程背景、控制方案、分析方法、关键技术和控制效果等，涉及动力机器基础振动控制、精密装备工程微振动控制、建筑结构振动控制、交通工程振动控制、古建筑振动控制、建筑工程振震双控、工程振动测试、振动诊断与治理、国家大科学装置振动控制。

随着工程振动控制技术的不断发展，形成的系列工程实例将陆续出版，对工程振动控制理论研究、技术研发、危害治理、专项施工、装置设计与制造等具有重要的指导意义。

本书可供工程振动控制设计、施工从业者和控制装置的研发人员使用，也可供大专院校、科研院所有关师生参考。

责任编辑：刘瑞霞　咸大庆
责任校对：芦欣甜

建筑振动工程实例（第一卷）
Instances of Building Vibration Engineering
徐　建　主编

*

中国建筑工业出版社出版、发行(北京海淀三里河路 9 号)
各地新华书店、建筑书店经销
北京红光制版公司制版
河北鹏润印刷有限公司印刷

*

开本：787 毫米×1092 毫米　1/16　印张：47½　字数：1182 千字
2022 年 8 月第一版　　2022 年 8 月第一次印刷
定价：**158.00** 元
ISBN 978-7-112-27454-3
(39131)

版权所有　翻印必究
如有印装质量问题，可寄本社图书出版中心退换
（邮政编码　100037）

本书编委会

主　编：徐　建

副主编：胡明祎　黄　伟

编　委：

万叶青	黎益仁	郑建国	娄　宇	王卫东	周　颖
阮　兵	陈　骝	尹学军	周建军	余东航	宫海军
陈勤儿	王永国	高星亮	邵晓岩	钱春宇	干梦军
兰日清	杜林林	欧阳金惠	李志和	高广运	王全光
杨　俭	王建刚	白　玲	马　蒙	刘金光	丁选明
许　岩	王建宁	余尚江	杜建国	韩腾飞	王伟强
王建立	周朝阳	李　钢	田奇勇	刘卫丰	顾晓强
赵春晓	周建章	梁希强	岳建勇	陈　泳	孙永丽
李海燕	陈启明	张兴林	王　浩	董本勇	李　宁
林凡伟	庄海洋	李亚辉	辛红振	刘建磊	刘海潮

董敏璇（日）　坂本博哉（日）　寺村彰（日）

佐佐木诚治（日）　田嶋章雄（日）　久保和康（日）

宫崎明彦（日）　C. Meinhardt（德）　Allan Malin（法）

本书主要作者

（按姓氏笔画排序）

第一章：动力机器基础振动控制

丁强民	干梦军	万叶青	马秋玲	王　浩	王　弼
王永国	王伟强	尹学军	伍文科	刘永强	刘丽娟
刘海潮	孙　宁	孙永丽	李双翼	李志和	李明宇
李海燕	杨　俭	吴生盼	余东航	谷朝红	张兴林
陈　骝	陈启明	陈常福	陈勤儿	邵晓岩	苑　森
林凡伟	周建军	周建章	赵春晓	姜　成	娄　宇
秦敬伟	袁昌键	高攀龙	曹云锋	梁　彬	董本勇
韩　波	黎益仁	颜　枫	檀永杰	Allan Malin	

第二章：精密装备工程微振动控制

万叶青	王　辛	王建刚	左汉文	白　玲	兰日清
寺村彰	吕佐超	刘　鑫	刘海宏	许　岩	阮　兵
孙　宁	坂本博哉	李兴磊	吴彦华	佐佐木诚治	张成宇
陈　骝	房俊喜	赵云旭	胡书广	娄　宇	夏　艳
徐　建	黄　伟	董敏璇	窦　硕	蔡家润	

第三章：建筑结构振动控制

万叶青	久保和康	王永国	王全光	王尚麒	王建立
王海明	王新章	尹学军	左汉文	田嶋章雄	付　兴
吕佐超	阮　兵	坂本博哉	李　庞	李　钢	李学勤
李瑞丹	张国良	陈　骝	欧阳金惠	罗　勇	赵广鹏
娄　宇	宫海军	宫崎明彦	高星亮	黄丽红	黄燕平
梁希强	董敏璇	C. Meinhardt			

第四章：交通工程振动控制

马　蒙	王建立	曲翔宇	刘卫丰	孙晓静	李万博
张倚天	陈高峰	罗　艺	周朝阳	钱春宇	

第五章：古建筑振动控制

万叶青	马　蒙	王达菲	王来斌	王献平	朱利明

庄海洋　　李明航　　李瑞丹　　张　凯　　陈光秀　　郑建国
钱春宇　　曹延波　　曹忠磊　　曹艳梅

第六章：建筑工程振震双控
王　龙　　周　颖　　郑建国　　胡明祎　　秦敬伟　　钱春宇
徐　建　　黄　伟

第七章：工程振动测试
丁选明　　万叶青　　马　蒙　　王卫东　　王建宁　　左汉文
兰　波　　兰日清　　邢云林　　伍文科　　刘金光　　刘建磊
许照刚　　杜林林　　杜建国　　李亚辉　　李志和　　杨正东
余尚江　　邹桂高　　辛红振　　沈坤鹏　　张　凯　　张瑞宇
陈　泳　　陈晋央　　郑建国　　赵明慧　　娄　宇　　祖晓臣
秦敬伟　　钱春宇　　高广运　　高星亮　　梁　彬　　颜　枫
C. Meinhardt

第八章：振动诊断与治理
王　枭　　王　菲　　尹学军　　田奇勇　　兰日清　　孙　健
邱金凯　　赵德全　　胡明祎　　徐　建　　黄　伟　　韩蓬勃
韩腾飞

第九章：国家大科学装置振动控制
王卫东　　刘　鑫　　闫　芳　　李　宁　　李　伟　　余宽原
岳建勇　　顾晓强　　黄茂松

前　言

近年来，随着我国工业的快速发展，建筑工程中的振动问题越来越显著，冲击装备产生的剧烈振动会对周围环境造成扰动，也会对装备自身的工作产生影响。为避免汽轮机与结构发生共振，需采用隔振基础；超精密设备需要进行气浮被动控制或伺服型主动控制，才能满足微振动需求；高耸结构、桥梁、柔性大跨结构等需采取调谐质量阻尼器等措施控制风振影响；建筑结构毗邻地铁上盖，需要同时解决振动与抗震的问题；古建筑受地铁、地面交通等振动影响，需对其开展振动控制保护；重要的建筑结构、古建筑等，需要采取振动健康监测。振动控制已成为我国工业发展、经济建设、科技进步的关键保障技术，如果振动控制不当，会影响装备的正常使用，造成精密仪器使用精度下降，影响人们生活舒适和身体健康，甚至造成建筑结构的安全问题。

20 世纪 90 年代前，我国工程振动控制多采用大体积混凝土基础以及通过增加结构截面、提高刚度等“抗”的方法，“隔”“减”的振动控制措施应用不多。随着我国科技水平的快速发展，工程技术人员及科研人员开展了系列工程振动控制先进技术攻关，研发了系列隔振、减振、吸振、主动控制技术及装置并应用到实际工程中，解决了许多工程难题，很多振动控制技术已位于世界先进水平。

本书吸纳了动力机器基础振动控制、精密装备工程微振动控制、建筑结构振动控制、交通工程振动控制、古建筑振动控制、建筑工程振震双控、工程振动测试、振动诊断与治理、国家大科学装置振动控制方面的优秀工程振动控制实例，旨在对我国多领域振动控制先进技术及应用情况进行系统介绍，对其中的先进振动控制理论、方法、技术路线、装置等进行阐述，供工程振动控制领域的设计院、高等院校、科研院所、装置制造、施工企业等单位参考。本书编写时也吸纳了日本、法国、德国多个优秀振动工程实例，旨在分享、学习、借鉴、对比国际优秀振动控制技术经验。

本书首次将我国多领域工程振动控制技术进行梳理，是对我国不同阶段工程振动控制技术的总结，后续将会陆续出版最新振动工程实例。感谢一代又一代的工程振动控制技术人员对我国该领域科技进步作出的贡献。

本书不妥之处，请批评指正。

中　国　工　程　院　院　士
中国机械工业集团有限公司首席科学家　徐建

2021 年 10 月

目　录

第一章　动力机器基础振动控制

第一节　旋 转 式 机 器

[实例 1-1] 湛江中粤能源 630MW 汽轮机组 1 号机 8 号瓦、9 号瓦振动控制

一、工程概况

湛江中粤能源有限公司位于湛江市赤坎区调顺北端，东临海湾深水线。本工程为广东省“十五”重点建设项目，总装机容量 126 万 kW，共 2 台 630 MW 三相交流隐极式同步交流发电机，型号为 QFSN-630-2YHG，详细参数见表 1-1-1。

发电机技术参数　　表 1-1-1

序号	参数名称	参数值	序号	参数名称	参数值
1	冷却方式	水-氢-氢	12	额定功率因素	0.9
2	额定容量	700MVA	13	定子相数	3
3	额定功率	630MW	14	转子极数	2
4	最大连续功率	660MW	15	额定转速	3000r/min
5	额定定子电压	20kV	16	额定频率	50Hz
6	额定定子电流	20207A	17	短路比	≥0.54
7	额定励磁电压	451V	18	额定氢压	0.42MPa
8	额定励磁电流	4381A	19	机组重量	468095kg
9	空载励磁电流	1408A	20	一阶临界转速	733r/min
10	噪声水平	≤90dB（A）	21	二阶临界转速	2074r/min
11	强励倍率	2	22	三阶临界转速	3814r/min

发电机由定子、转子、端盖及轴承、油密封装置、冷却器及其外罩、出线盒、引出线及瓷套端子、集电环及隔音罩刷架装配、内部监测系统等部件组成，如图 1-1-1 所示。汽轮发电机采用端盖式轴承，发电机定子振动和转子振动相互耦合。

发电机运行时，定子机座除承受铁芯传来的电磁振动外，还承受转子不平衡力产生的机械振动。如果机座安装不理想，可能产生较大的机座振动和噪声，会对转子振动造成影响。

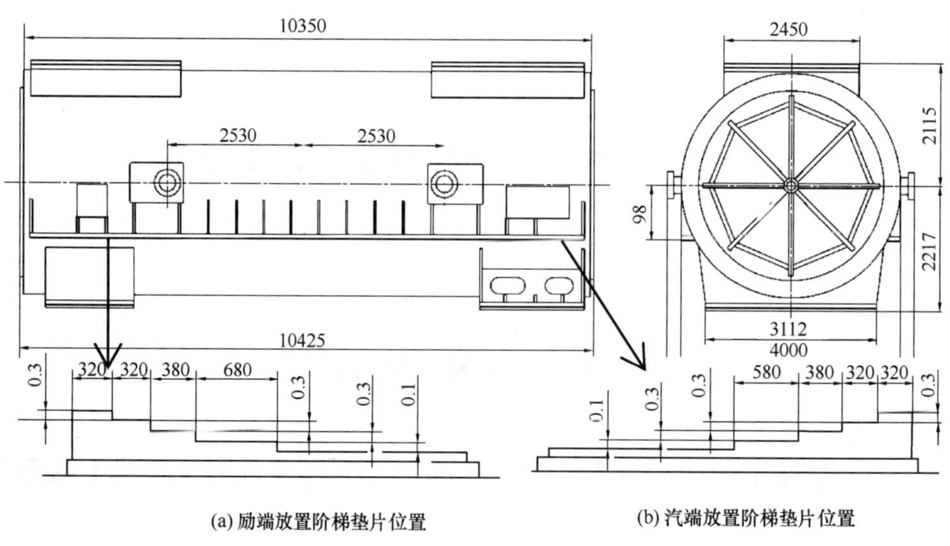

图 1-1-1　发电机结构示意图

二、振动控制方案

2018 年 1 月 15 日 1 号发电机改造后首次启动，9 号瓦（汽端）瓦振异常，最大振幅达 76.6μm，如图 1-1-2 所示。1 月 17 日，进行超速试验，发现转速 2950～3150r/min 为 9 号瓦瓦振临界区，临界峰值转速为 3100r/min，此时，9 号瓦瓦振幅值为 72μm，超出容许标准（34μm）。

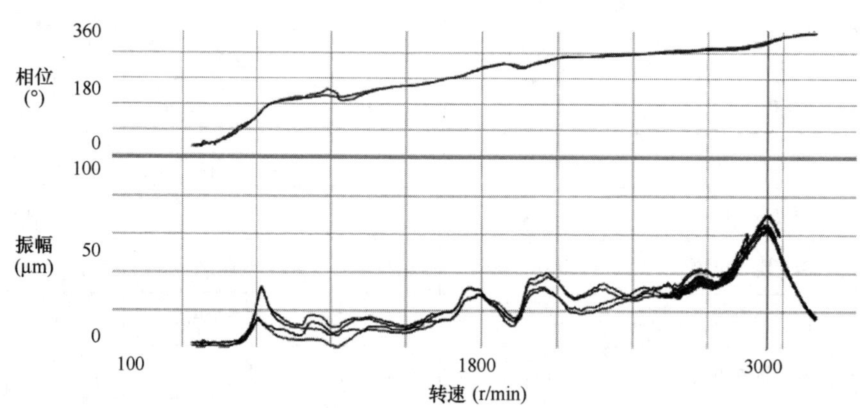

图 1-1-2　9 号瓦瓦振伯德图

国家标准《隐极汽轮发电机技术要求》GB/T 7064—2017 对于轴承座振动的限值规定见表 1-1-2。

轴承座振动标准　　**表 1-1-2**

范围	转速（r/min）	
	1500 或 1800	3000 或 3600
A	2.8mm/s	3.8mm/s
B	5.3mm/s	7.5mm/s
C	8.5mm/s	11.8mm/s

范围 A：此范围内的设备可认为是良好的并可不加限制地运行。

范围 B：在此范围内的设备可长期运行。

范围 C：此范围内的设备开始报警，注意安排维修。一般情况下，该机器还可以运行一段时间至适时检修。振动数值超出范围 C 时，瞬间跳闸。

大型汽轮发电机多采用端盖式轴承，定子机座底角不压紧，呈自然状态坐落在台板上，定子质量主要由四角承担，现场安装时采用垫阶梯垫片的方式实现荷载分配。如果荷载分配不合理，会导致瓦振超标，长期运行会造成轴瓦损伤、焊缝开裂，甚至氢气泄漏等隐患。为避免该类问题出现，需采取如下措施：

1. 顶起定子，将厚度为 1.0mm 的无阶差垫片抽出，换入带有阶差的垫片；
2. 布置阶差垫片时，注意相邻垫片不得搭接；
3. 拧松底脚顶丝，使发电机自重荷载转移到基础的二次灌浆面上；
4. 重新检查发电机转子与汽轮机转子找正情况。

三、振动控制分析

转子 8 号、9 号瓦瓦振较大，相对轴振幅值较小，汽端定子下部与台板之间的振动差别大。在排除基础下沉和瓦托接触面积不达标的基础上，判定发电机端盖轴承与台板之间的阶梯垫片未垫实是造成发电机座振动故障的主要原因。

单自由度体系固有振动频率：

$$f=\frac{1}{2\pi}\sqrt{\frac{k}{m}} \tag{1-1-1}$$

对于左右两侧端盖轴承支撑重量的定子机座，端盖轴承座两侧的竖向刚度分别定义为 k_{r1}、k_{r2}，基础两侧的竖向刚度分别为 k_{b1}、k_{b2}，等效振动分析模型的弹簧刚度 k_1，k_2 为串联弹簧：

$$\frac{1}{k_1}=\frac{1}{k_{r1}}+\frac{1}{k_{b1}} \tag{1-1-2}$$

$$\frac{1}{k_2}=\frac{1}{k_{r2}}+\frac{1}{k_{b2}} \tag{1-1-3}$$

转子和定子装配质量为 $2M$，左右两侧质量偏差为 $2\Delta m$，一侧端盖轴承座与基础耦合固有振动频率为：

$$f_1=\frac{1}{2\pi}\sqrt{\frac{k_1}{M+\Delta m}} \tag{1-1-4}$$

另一侧端盖轴承座与基础耦合固有振动频率为：

$$f_2=\frac{1}{2\pi}\sqrt{\frac{k_2}{M-\Delta m}} \tag{1-1-5}$$

由于 Δm 相对于 M 可忽略不计，则固有频率为连续带：

$$\left(\frac{f_1+f_2}{2}-\frac{|f_1-f_2|}{2},\ \frac{f_1+f_2}{2}+\frac{|f_1-f_2|}{2}\right) \tag{1-1-6}$$

求解得到振动幅值为：

$$x=A\mathrm{e}^{-nt}\sin(\sqrt{\omega^2-n^2}\,t+\alpha)+B\sin(pt-\varphi) \tag{1-1-7}$$

式中 $B=\dfrac{B_0}{\sqrt{\left(1-\left(\dfrac{p}{\omega}\right)^2\right)^2+4\left(\dfrac{n}{\omega}\right)^2\left(\dfrac{p^2}{\omega^2}\right)}}$。

若 ω 非固定值，有可能会导致固有频率 ω 与外激励频率接近，造成振幅放大。故需优化两侧支撑刚度和质量分布，尽量缩小固有频率的带宽。

四、振动控制关键技术

瓦振振动控制技术路线见图 1-1-3。

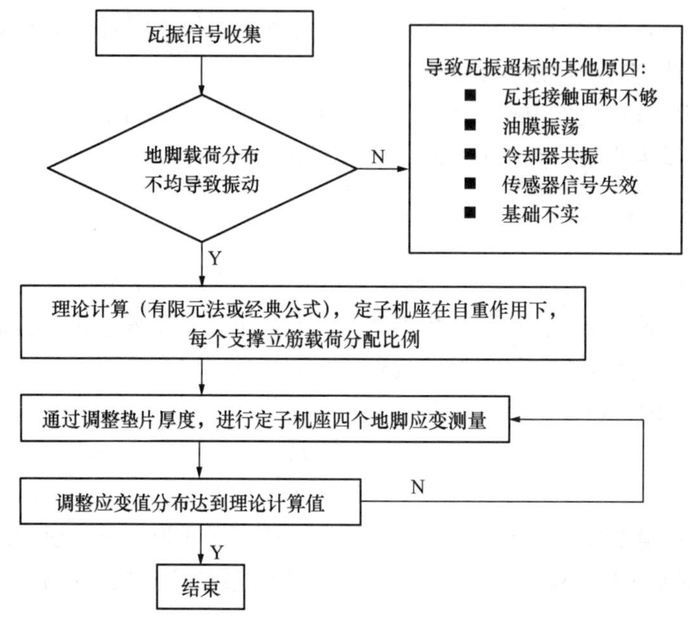

图 1-1-3　瓦振振动控制技术路线

根据四角荷载分布、机座隔板位置、试验测量荷载及应变相关度等要求，确定每段垫片的初始长度，并建立定子机座的精确有限元模型，见图 1-1-4，根据荷载分布计算机座座板挠度曲线，确定每段垫片的初始厚度。经计算，若要保持定子机座在自重作用下的挠度为光滑曲线，四角支撑荷载分布需按照：A 60%～70%、B 20%～25%、C 3%～10%、D 2%进行设计，如图 1-1-5 所示。其中，A 为外侧，D 为靠近定子中心侧。

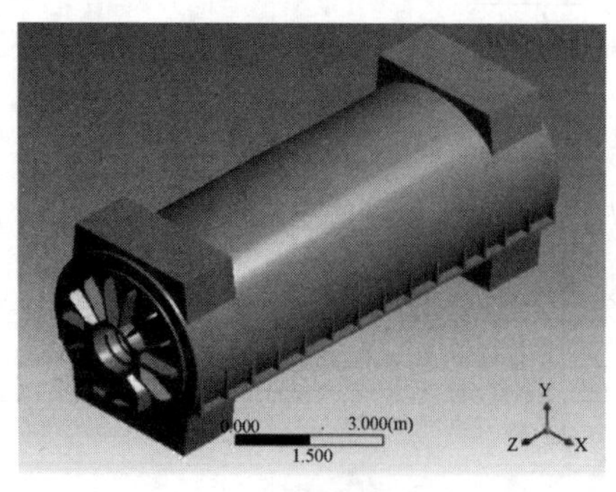

图 1-1-4　定子机座有限元模型

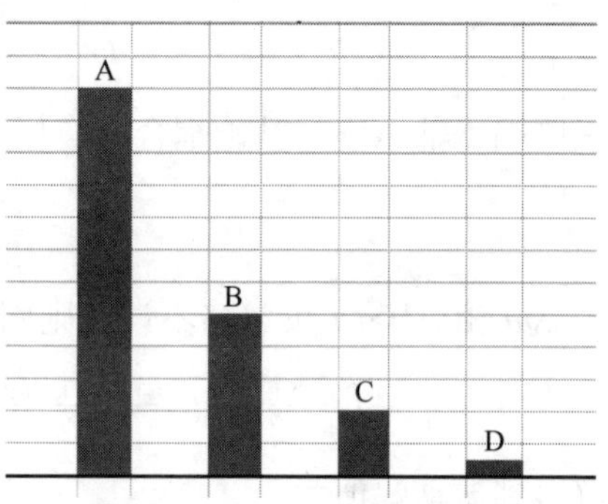

图 1-1-5　四角支撑荷载分布

依据计算结果优化调整垫片放置位置，可大幅度缩短垫片调整试验周期、降低试验成本。机座底脚承载调整过程如下：

1. 准确试验，粘贴应变片，开展数据采集；

2. 在机座底脚的四角竖向和水平向各架设一个百分表，在轴颈附近转子竖向和水平向各架设一个百分表，以监测机座顶升量和水平偏移量；

3. 将两只千斤顶分别置于顶升侧定子两个吊耳下，顶起发电机，顶起状态下测量各测点应变值，确认百分表状态并记录读数；

4. 落下机座，测量各测点应变值，确认百分表状态并记录读数；

5. 重复 3、4 步骤，反复起落测试四次，释放不稳定应力，直至应变仪测试数据基本稳定，采用最终稳定应变数据作为分析数据；

6. 测试完毕后，发现 9 号轴颈处转子需抬高 0.03～0.05mm，见图 1-1-6 和图 1-1-7；

图 1-1-6　调整荷载分配试验现场

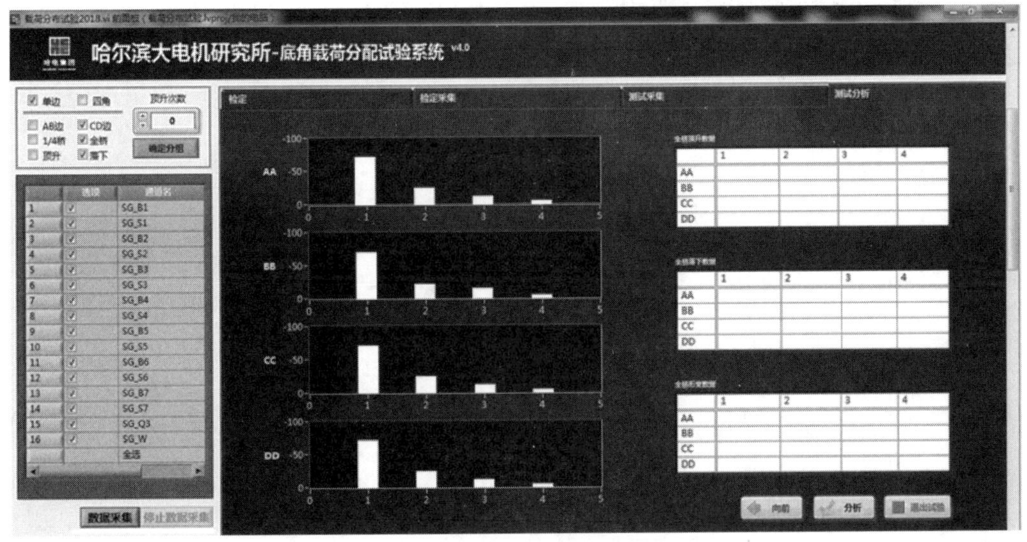

图 1-1-7　调整荷载分配试验数据分析

7. 用两只千斤顶分别置于另一侧定子两个吊耳下，调整百分表监测位置，确定百分表数值，使得顶升量与定子另一侧测试抬起时顶升量相同，重复 3、4、5、6 步骤，取得全部测试角撑应变数据；调整前、后荷载分布见表 1-1-3 和表 1-1-4。

调整前荷载分布 表 1-1-3

位置	支撑筋 A	支撑筋 B	支撑筋 C	支撑筋 D
AA 角（励端电侧）	4.30%	58.80%	13.60%	23.30%
BB 角（汽端电侧）	17.20%	53.20%	23.80%	5.80%
CC 角（励端炉侧）	7.20%	32.10%	5.90%	54.70%
DD 角（汽端炉侧）	5.40%	56.90%	16.70%	20.90%

调整后荷载分布 表 1-1-4

位置	支撑筋 A	支撑筋 B	支撑筋 C	支撑筋 D
AA 角（励端电侧）	60.50%	32.10%	5.60%	1.70%
BB 角（汽端电侧）	57.20%	24.80%	11.70%	6.20%
CC 角（励端炉侧）	59.60%	30.10%	8.10%	2.20%
DD 角（汽端炉侧）	50.00%	28.30%	16.70%	4.90%

五、振动控制效果

2018 年 2 月末，实施底载分配及垫片调整试验，9 号瓦瓦振最大通频峰峰值从 76.6μm 降至 28.5μm，且振动稳定，效果显著。已将该振动控制技术成功应用至其他项目，见表 1-1-5。

其他应用项目 表 1-1-5

序号	工程名称	振动控制效果	试验时间	国家标准
1	粤电湛江 1 号机 600MW 汽轮发电机	从 77μm 降至 28μm	2018.02	<34μm
2	华能岳阳 6 号机 600MW 汽轮发电机	从 61μm 降至 22μm	2019.04	<34μm
3	大唐潮州 3 号机 1000MW 汽轮发电机	从 50μm 降至 20μm	2019.04	<34μm

[实例 1-2] 华能江阴燃机热电联产工程燃机基础振动控制

一、工程概况

华能江阴燃机热电联产工程（图 1-2-1）建设 2 套由西门子 SGT5-4000F 型燃机组成的燃气-蒸汽联合循环“一拖一”单轴供热机组，汽轮机采用西门子配供的三压再热、双缸（中低压合缸）、轴向排汽、凝汽式汽轮机组。

图 1-2-1　华能江阴燃机热电联产工程

二、振动控制方案

目前，燃气轮机基础设计尚无系统规范可循，国家标准《动力机器基础设计规范》GB 50040—1996 及行业标准《火力发电厂土建结构设计技术规程》DL 5022—2012 均无燃气轮机基础设计方面规定，仅国家标准《建筑工程容许振动标准》GB 50868—2013 给出了容许振动限值。实际工程中，燃机基础多由主机厂负责设计，采用的设计标准各异。

本项目根据西门子厂家对燃气轮机基础的要求，采用 MIDAS Gen 结构分析软件，开展燃机基座的振动分析，根据分析结果对燃机基础的动力及静力性能进行评估，使燃机基座满足厂家工艺要求，具体内容如下：

1. 充分研究标准：国家标准《建筑工程容许振动标准》GB 50868—2013；企业标准《大型燃气—蒸汽联合循环机组设计导则　第 9 部分：F 级单轴联合循环机组基础设计指南》Q/DG 1—A005. 9—2007、《燃气轮机基础设计导则》Q/DG 1—T008. 2—2011、《大型燃机基础设计技术研究》DG1—T01—2014 等。

2. 充分研究西门子厂家标准：明确燃机设备的荷载工况、动荷载和静荷载分配、静变形要求以及计算方法、振动控制要求等。

3. 采用 MIDAS Gen 结构分析软件建立燃机基础模型，进行动力及静力分析。

三、振动控制分析

1. 建模

燃机基础上部结构及底板采用板单元（厚板）进行模拟，板单元的布置及单元坐标系如图 1-2-2 所示。

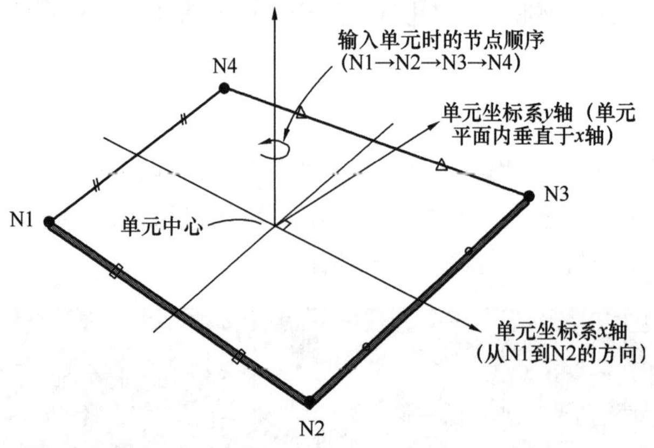

图 1-2-2 板单元简图

采用面弹性支撑模拟基桩刚度，边界条件如图 1-2-3 所示，基础计算模型如图 1-2-4 所示。动力计算时，设备自重采用节点荷载输入，并将节点荷载转换为三方向的附加质量，如图 1-2-5 所示。

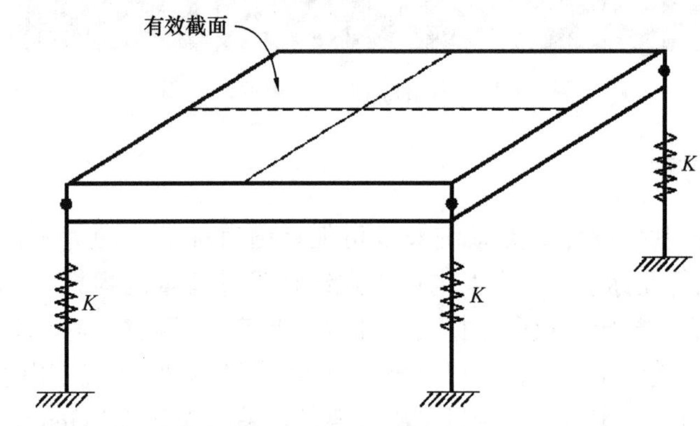

图 1-2-3 面弹性输入边界条件

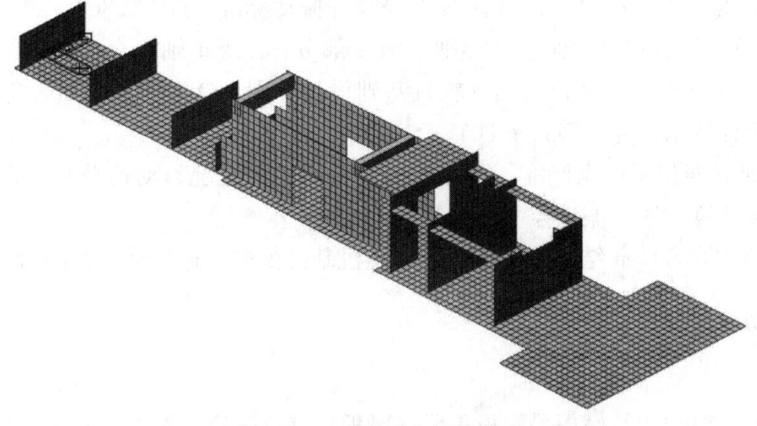

图 1-2-4 燃机基座计算模型

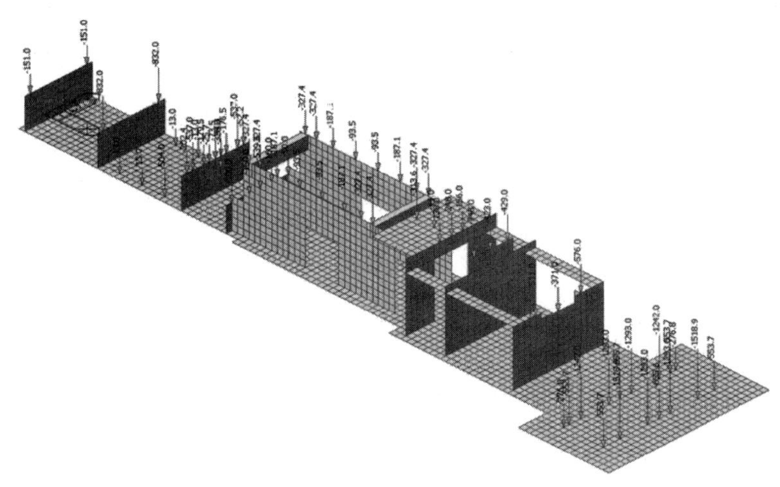

图 1-2-5　附加质量

2. 自振特性计算

根据德国标准《机器基础　支承带转动部件的机器的柔性结构》DIN 4024—1—1988，对燃机基座进行自由振动及受迫振动分析，得到基座自振频率、振型及质量参与系数等振动特性，并根据规范要求将自振频率与运行频率进行比较。基础自振频率如表 1-2-1 所示。

基座各阶模态　　**表 1-2-1**

模态号	频率（Hz）	周期（s）	模态号	频率（Hz）	周期（s）
1	4.55	0.2199	18	26.2	0.0382
2	4.67	0.2142	19	27.3	0.0367
3	4.80	0.2084	20	27.6	0.0362
4	7.05	0.1419	21	28.4	0.0352
5	12.0	0.083	22	28.5	0.0351
6	14.4	0.0695	23	31.0	0.0322
7	17.4	0.0575	24	32.8	0.0305
8	19.0	0.0525	25	33.0	0.0303
9	19.9	0.0504	26	33.7	0.0297
10	20.2	0.0496	27	35.1	0.0285
11	20.5	0.0489	28	35.3	0.0283
12	20.7	0.0482	29	35.9	0.0278
13	21.8	0.046	30	37.1	0.027
14	21.9	0.0458	31	38.0	0.0263
15	23.7	0.0422	32	40.2	0.0249
16	25.1	0.0399	33	40.9	0.0245
17	25.5	0.0392	34	41.2	0.0243

续表

模态号	频率（Hz）	周期（s）	模态号	频率（Hz）	周期（s）
35	43.0	0.0233	68	75.8	0.0132
36	44.5	0.0225	69	78.3	0.0128
37	44.9	0.0223	70	78.7	0.0127
38	45.8	0.0218	71	79.0	0.0127
39	46.8	0.0214	72	81.7	0.0122
40	48.4	0.0207	73	82.2	0.0122
41	49.7	0.0201	74	82.6	0.0121
42	50.2	0.0199	75	83.2	0.012
43	52.2	0.0192	76	83.3	0.012
44	54.7	0.0183	77	84.3	0.0119
45	54.9	0.0182	78	85.3	0.0117
46	55.3	0.0181	79	86.8	0.0115
47	56.4	0.0177	80	88.3	0.0113
48	57.3	0.0175	81	88.4	0.0113
49	58.1	0.0172	82	89.7	0.0111
50	61.8	0.0162	83	91.5	0.0109
51	63.1	0.0159	84	91.7	0.0109
52	63.2	0.0158	85	93.4	0.0107
53	64.4	0.0155	86	94.1	0.0106
54	65.5	0.0153	87	94.4	0.0106
55	66.0	0.0152	88	95.0	0.0105
56	66.4	0.015	89	95.5	0.0105
57	66.9	0.0149	90	95.8	0.0104
58	67.3	0.0149	91	96.7	0.0103
59	67.6	0.0148	92	98.8	0.0101
60	68.5	0.0146	93	99.6	0.01
61	70.0	0.0143	94	100	0.01
62	70.5	0.0142	95	101	0.0099
63	70.8	0.0141	96	103	0.0097
64	72.0	0.0139	97	103	0.0097
65	72.1	0.0139	98	103	0.0097
66	74.8	0.0134	99	104	0.0096
67	75.5	0.0133	100	106	0.0095

对基础的自振频率进行分析：

运行频率为 50Hz，

$f_1 = 4.55\text{Hz} < 0.8 f_m = 0.8 \times 50 = 40\text{Hz}$

$f_2 = 4.67\text{Hz} < 0.9f_m = 0.9 \times 50 = 45\text{Hz}$

$f_3 = 4.80\text{Hz} < 0.9f_m = 0.9 \times 50 = 45\text{Hz}$

$f_{37} = 44.9\text{Hz} < 0.9f_m = 0.9 \times 50 = 45\text{Hz}$

$f_{38} = 45.8\text{Hz} > 0.9f_m = 0.9 \times 50 = 45\text{Hz}$

$f_{39} = 46.8\text{Hz} > 0.9f_m = 0.9 \times 50 = 45\text{Hz}$

$f_{45} = 54.9\text{Hz} < 1.1f_m = 1.1 \times 50 = 55\text{Hz}$

$f_{46} = 55.3\text{Hz} > 1.1f_m = 1.1 \times 50 = 55\text{Hz}$

基座第一阶自振频率 4.55Hz，远小于 0.8 倍工作频率；第 38 至第 45 阶自振频率，约为 0.9～1.1 倍工作频率；根据德国标准《机器基础　支承带转动部件的机器的柔性结构》DIN 4024—1—1988，应进行受迫振动验算。

3. 振动荷载计算

受迫振动采用谐响应分析，扰力采用国际标准《机械振动　在恒定（刚性）状态下转子的平衡质量要求　第 1 部分：平衡公差的规范和检定》ISO 1940/1：2003 中 G2.5 级平衡品质，振幅应满足国家标准《建筑工程容许振动标准》GB 50868—2013 和设备厂家相关规定要求，表 1-2-2给出各轴承处振动荷载。

各轴承处振动荷载　　**表 1-2-2**

轴承座	转子重量（kN）	平衡品质（mm/s）	工作频率（Hz）	扰力（kN）	备注
GW8（GP1＋GP2）	504	2.5	50	40.367	燃机轴承
GW7（GP4＋GP5）	326	2.5	50	26.111	压缩机轴承
RW5	313.6	2.5	50	25.117	发电机轴承（汽端）
RW4	313.6	2.5	50	25.117	发电机轴承（励端）
EW1	44	2.5	50	3.524	离合器轴承
SW3	44	2.5	50	3.524	高压缸轴承（前端）
SW2	275	2.5	50	22.026	高压缸轴承（后端）
SW1	299	2.5	50	23.948	尾部轴承

4. 振动响应计算

基座受迫振动位移计算范围为 45～58Hz，阻尼系数 0.02，根据设备转子的平衡等级确定扰力，机组的转子平衡等级取 G2.5。

根据国家标准《建筑工程容许振动标准》GB 50868—2013，轴承座振动速度限值取 4.5mm/s，振动线位移峰值容许值为 20.1μm。设备厂家规定的基座振动速度限值为 3.8mm/s（45～50Hz），振动线位移峰值容许值为 17.10μm。

扰力作用点处基座台板有较大的质量及刚度，计算模型中采用与台板处节点连接的无质量刚性杆，模拟其刚度影响。

受迫振动幅频曲线如图 1-2-6～图 1-2-13 所示，在－10％～15％运行频率范围内(45～57.5Hz)，G2.5 级平衡品质扰力下各轴承座处的受迫振动位移值均未超出规范限值和设备厂家标准要求。

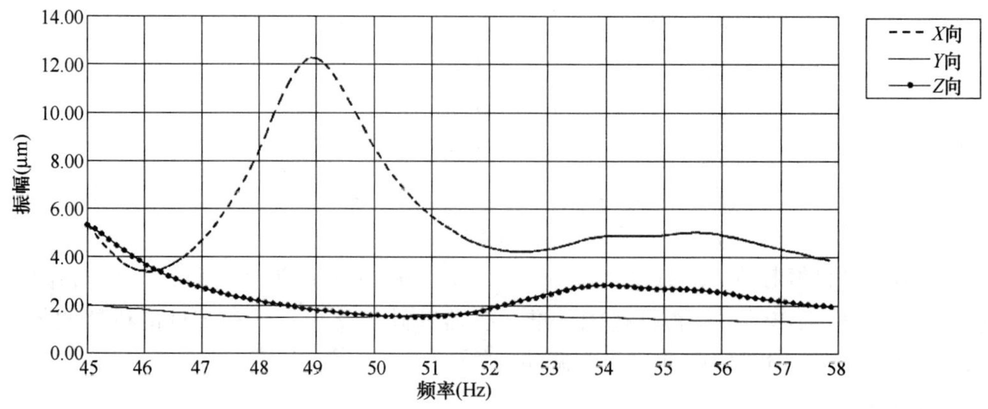

图 1-2-6　GW8（燃机轴承座）幅频曲线

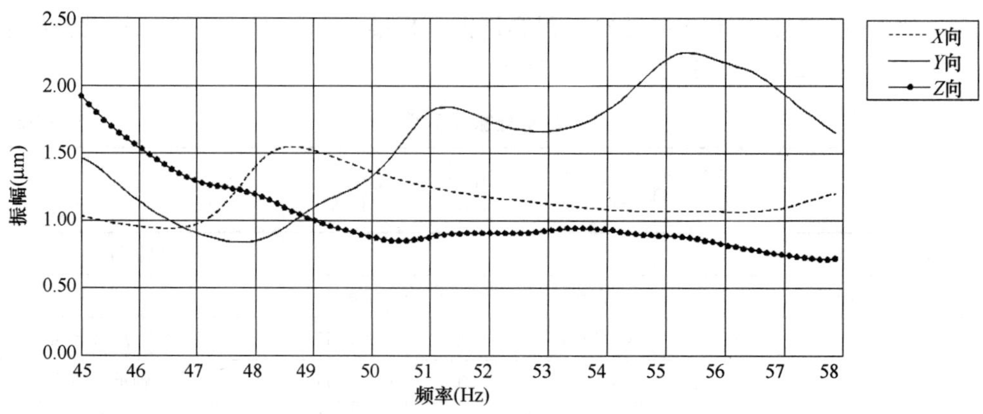

图 1-2-7　GW7（压缩机轴承座）幅频曲线

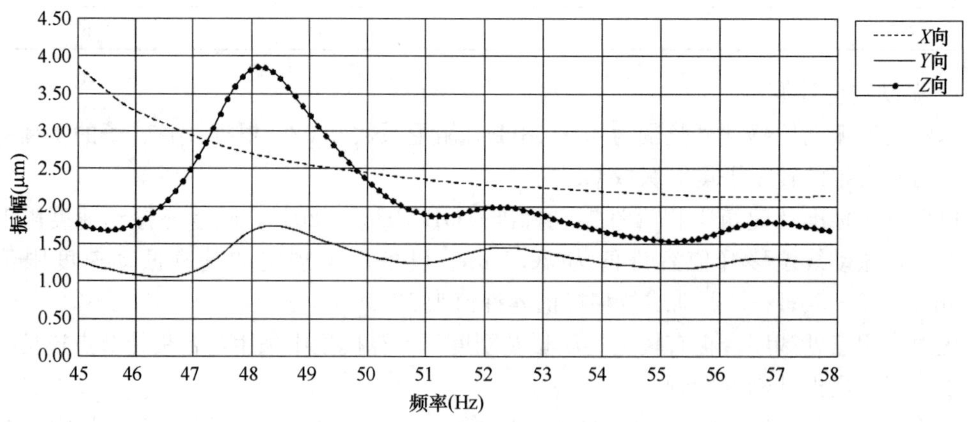

图 1-2-8　RW5（发电机汽端轴承座）幅频曲线

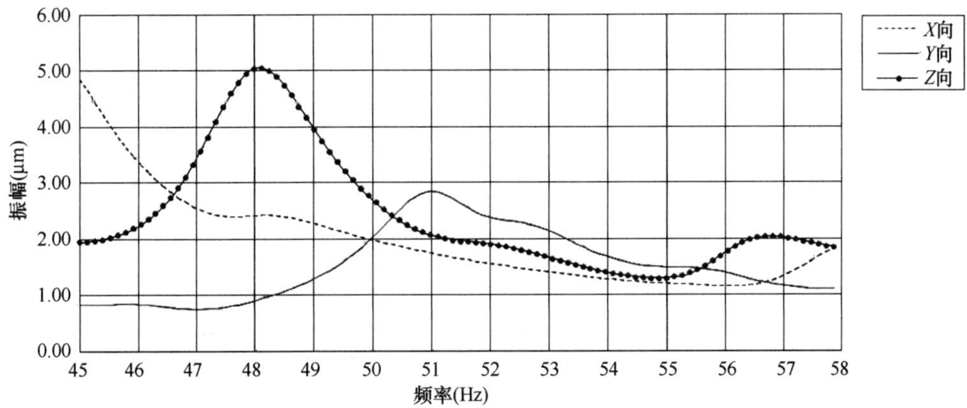

图 1-2-9　RW4（发电机励端轴承座）幅频曲线

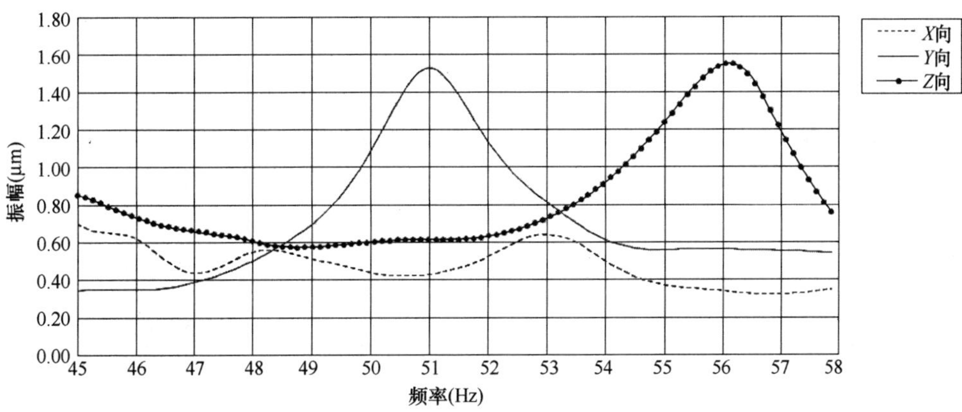

图 1-2-10　EW1（离合器轴承座）幅频曲线

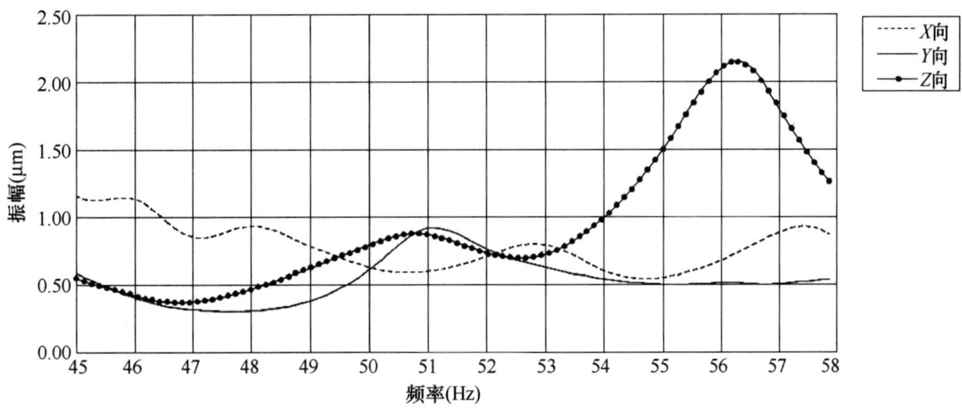

图 1-2-11　SW3（高压缸前端轴承座）幅频曲线

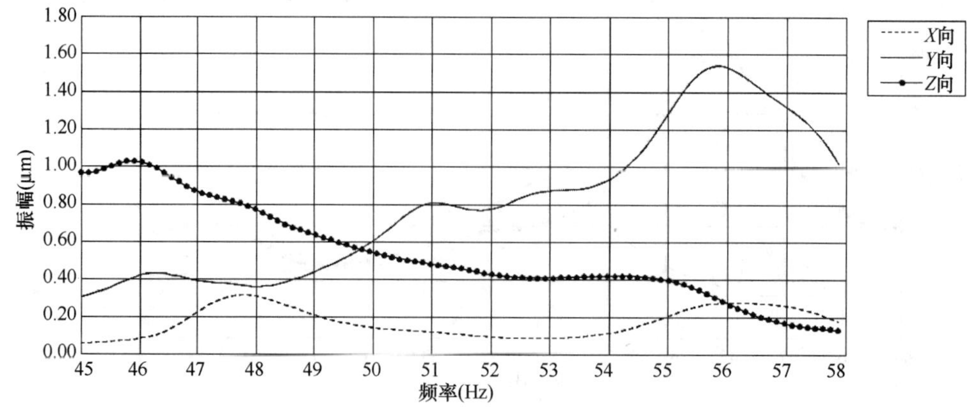

图 1-2-12　SW2（高压缸后端轴承座）幅频曲线

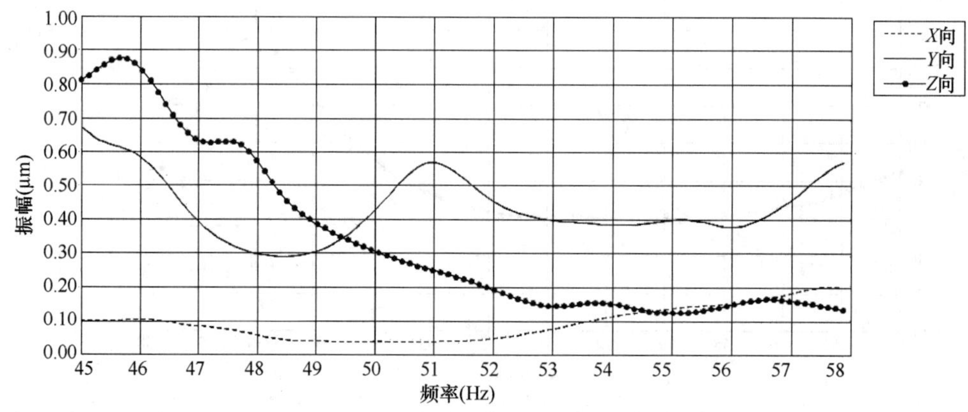

图 1-2-13　SW1（尾部轴承座）幅频曲线

［实例 1-3］神皖合肥庐江发电厂 2×660MW 发电机组工程汽机基础振动控制

一、工程概况

神皖合肥庐江 2×660MW 发电机组工程位于安徽省庐江县，一期建设容量 2×660MW 超超临界燃煤机组，规划容量 2×660MW＋2×660MW 机组，同步建设烟气脱硫、脱硝设施。锅炉、汽轮机和发电机分别由东方锅炉厂、哈尔滨汽轮机厂和哈尔滨电机厂设计、制造和供货，图 1-3-1 为汽轮机安装现场。

图 1-3-1 神皖合肥庐江发电厂 2×660MW 发电机组工程汽轮机安装现场

二、振动控制方案

设计过程中，针对 660MW 超超临界汽轮发电机基础特点，从以下方面开展汽轮发电机基座的动力优化工作：

1. 汽机基础设计时，与制造厂商等进行详细研讨，确定荷载分布的准确性。

2. 汽机基础混凝土用量越大，基础动力性能不一定越好，基础各构件截面变化对基础关键点（即轴承作用点）的振动影响不同，故应针对基础外形和各构件截面尺寸进行优化设计，以改善基础的动力性能，同时降低基础混凝土用量。

3. 若采用中间平台与汽机基座整浇形式，不仅混凝土用量大，中间平台还会出现振动过大情况；借鉴以往成功经验，中间平台改为橡胶隔振的钢梁-混凝土楼板结构。

4. 660MW 超临界汽轮发电机原型基础低压缸之间的横墙与其他横向梁的刚度差异较大，运行时产生的真空吸力作用下，各轴承支承点出现一定变位差，不利于机组的长期稳定运行。因此，有必要取消低压缸之间的横墙，用梁柱框架结构代替。

根据国家标准《动力机器基础设计规范》GB 50040—1996，振动荷载取转子重量的 0.2 倍，振动线位移容许值共振区为 20μm、非共振区为 30μm。

三、振动控制分析

1. 建模

计算软件采用汽轮发电机组基础空间结构计算程序（MFSAP），构建基于空间多自由度的力学模型，将汽机基础简化成杆件正交空间框架，采用凝聚质量假定，把整个结构的质量（忽略转动惯量）向各个质点集中，计算模型如图 1-3-2 所示。

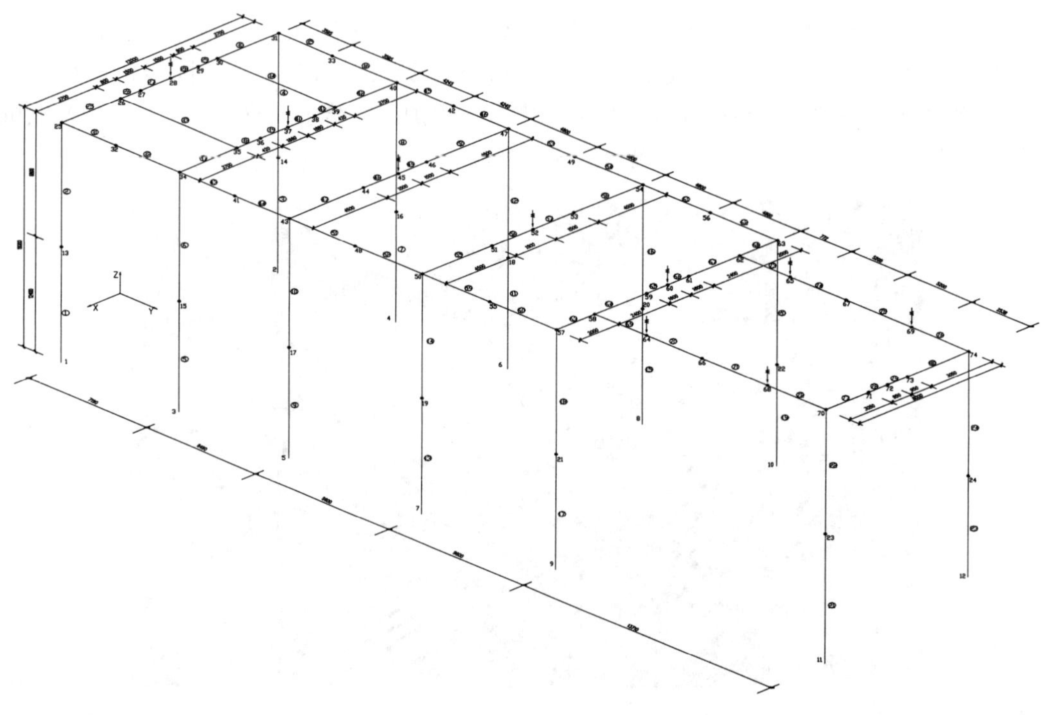

图 1-3-2　基座计算模型

2. 动力分析

(1) 计算参数的选取

基座采用空间多自由度模型，基于 MFSAP 三维梁单元模型进行分析。采用索式阻尼，恒定阻尼比 0.0625，计算振动位移时，任意转速的扰力可按下式计算：

$$P_{oi} = P_{gi}\left(\frac{n_0}{n}\right)^2 \qquad (1\text{-}3\text{-}1)$$

式中　P_{gi}——任意转速的扰力，当转速为 3000r/min 时，扰力值见表 1-3-1。

扰力 P_{gi} 取值表　　**表 1-3-1**

方向	横向（X 向）	纵向（Y 向）	竖向（Z 向）
第 i 点的扰力 P_{gi}	$0.20W_{gi}$	$0.10W_{gi}$	$0.20W_{gi}$

注：W_{gi} 为作用在基础第 i 点的转子重力。

扰力点号对应的扰力位置　　**表 1-3-2**

扰力点号	扰力位置	扰力值（kN）	附加质量（t）
1	高压缸汽端横梁中点	18	100

续表

扰力点号	扰力位置	扰力值（kN）	附加质量（t）
2	高、中压缸间横梁中点	64.1	290
3	中、低压缸间横梁中点	113.4	255
4	低压缸间横梁中点	137.7	150
5	低压缸与发动机间横梁中点	69.9	77
6	发电机纵梁	33.25	119
7	发电机纵梁	33.25	119
8	发电机纵梁	33.25	119
9	发电机纵梁	33.25	119

（2）模态分析

模态分析时，取 1.4 倍工作转速，频率及周期统计如表 1-3-3 所示。

基座各阶模态　　**表 1-3-3**

模态号	频率（Hz）	周期（s）	模态号	频率（Hz）	周期（s）
1	1.19	0.8403	19	13.39	0.0747
2	1.75	0.5714	20	13.84	0.0723
3	1.85	0.5405	21	13.92	0.0718
4	5.29	0.1890	22	14.20	0.0704
5	7.17	0.1395	23	14.91	0.0671
6	9.72	0.1029	24	15.29	0.0654
7	10.23	0.0978	25	15.55	0.0643
8	10.45	0.0957	26	15.74	0.0635
9	10.63	0.0941	27	16.10	0.0621
10	10.85	0.0922	28	16.69	0.0599
11	11.41	0.0876	29	16.81	0.0595
12	11.87	0.0842	30	17.03	0.0587
13	12.59	0.0794	31	17.37	0.0576
14	12.66	0.0790	32	17.56	0.0569
15	12.84	0.0779	33	17.84	0.0561
16	13.04	0.0767	34	18.30	0.0546
17	13.21	0.0757	35	18.77	0.0533
18	13.29	0.0752	36	18.92	0.0529

续表

模态号	频率（Hz）	周期（s）	模态号	频率（Hz）	周期（s）
37	19.29	0.0518	59	37.74	0.0265
38	19.82	0.0505	60	38.68	0.0259
39	20.00	0.0500	61	39.11	0.0256
40	20.06	0.0499	62	40.18	0.0249
41	21.07	0.0475	63	41.44	0.0241
42	21.91	0.0456	64	42.32	0.0236
43	22.20	0.0450	65	43.06	0.0232
44	23.57	0.0424	66	44.91	0.0223
45	25.05	0.0399	67	46.65	0.0214
46	25.76	0.0388	68	46.83	0.0214
47	27.12	0.0369	69	47.26	0.0212
48	27.89	0.0359	70	50.14	0.0199
49	28.15	0.0355	71	50.96	0.0196
50	29.13	0.0343	72	52.59	0.0190
51	30.44	0.0329	73	53.40	0.0187
52	31.77	0.0315	74	53.57	0.0187
53	32.82	0.0305	75	55.91	0.0179
54	33.06	0.0302	76	56.02	0.0179
55	33.94	0.0295	77	57.09	0.0175
56	35.08	0.0285	78	60.11	0.0166
57	36.49	0.0274	79	62.76	0.0159
58	36.71	0.0272	80	66.01	0.0151

（3）谐响应分析

谐响应分析时，先计算单个扰力下各点的振动线位移，考虑所有扰力共同作用，第 i 点的振动线位移按下式计算：

$$A_i=\sqrt{\sum_{k=1}^{m}(A_{ik})^2} \tag{1-3-2}$$

式中 A_i ——第 i 点的振动线位移；

A_{ik} ——第 k 个荷载对 i 点产生的振动线位移。

幅频响应曲线如图 1-3-3～图 1-3-9 所示。

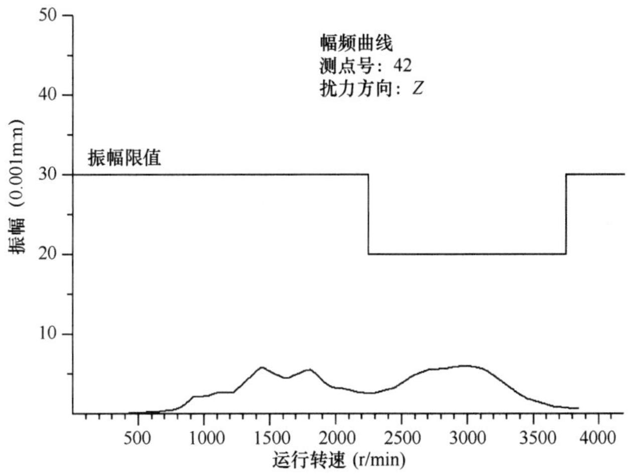

图 1-3-3　1 号扰力点（高压缸汽端横梁中点）幅频曲线

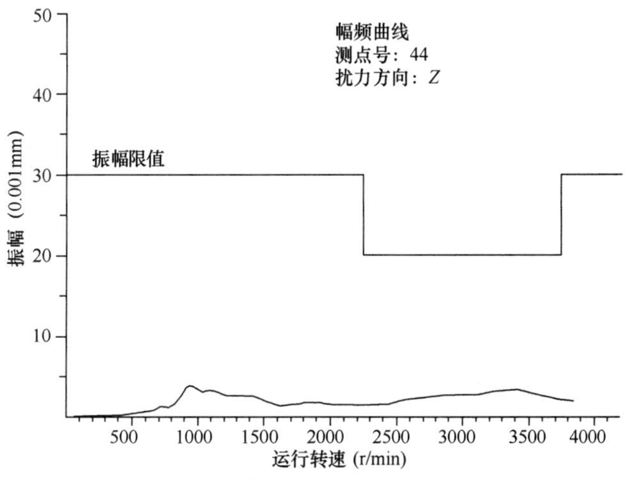

图 1-3-4　2 号扰力点（高、中压缸间横梁中点）幅频曲线

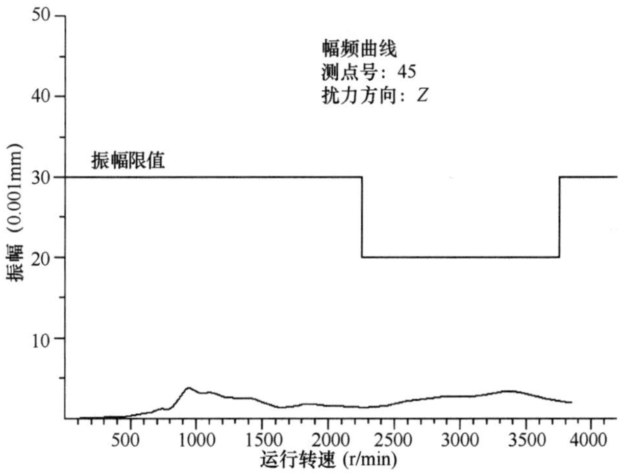

图 1-3-5　3 号扰力点（中、低压缸间横梁中点）幅频曲线

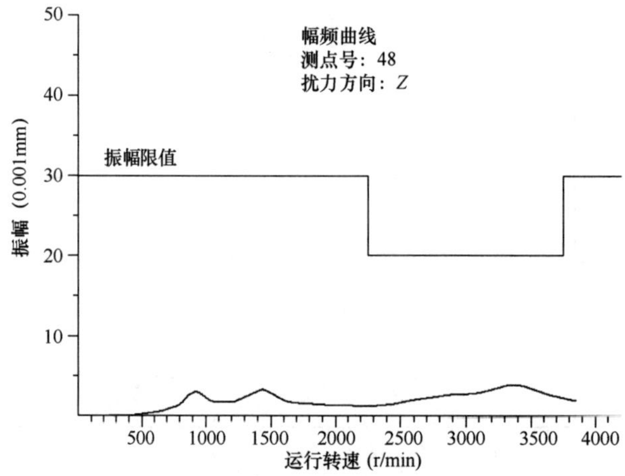

图 1-3-6 4 号扰力点（低压缸间横梁中点）幅频曲线

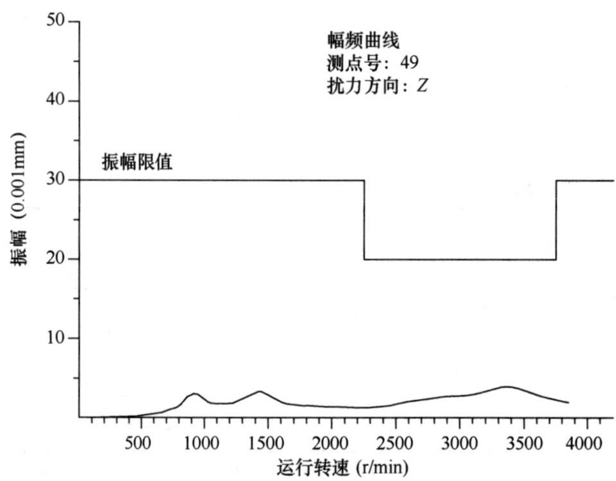

图 1-3-7 5 号扰力点（低压缸与发动机间横梁中点）幅频曲线

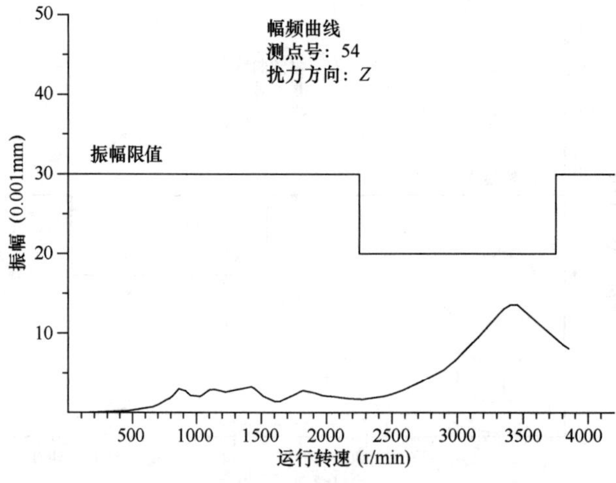

图 1-3-8 6 号扰力点（发电机纵梁）幅频曲线

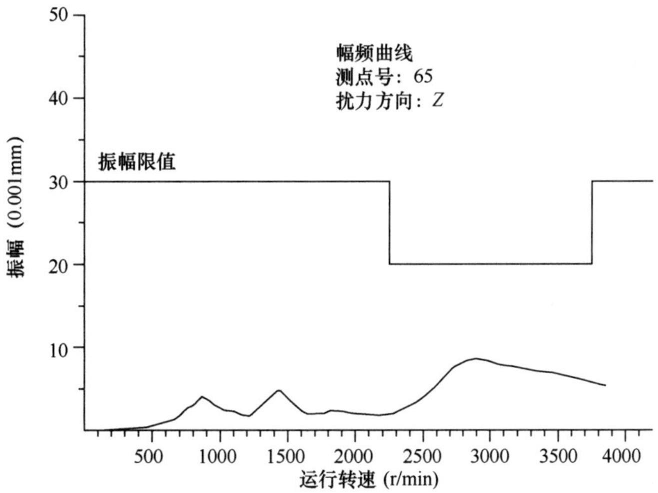

图 1-3-9　8 号扰力点（发电机纵梁）幅频曲线

受迫振动分析结果表明，最大基础振动发生在 6 号扰力点，即基础发电机纵梁处，最大振动线位移为 15μm，发生频率为 3450r/min，满足规范和厂家要求。

［实例 1-4］定州发电厂一期 600MW 汽轮发电机基础振动控制

一、工程概况

河北国华定州发电厂位于河北省保定市定州市西南 12km，由国华电力有限责任公司、河北省电力公司和河北省建设投资公司共同投资建设，电厂规划容量 4×600MW，一期工程为 2×600MW 亚临界燃煤机组。采用上海汽轮发电机厂生产的美国西屋公司引进型 600MW 凝汽式汽轮发电机组，主要技术参数如下：

1. 机组额定功率：600MW，额定转速：3000r/min。
2. 汽轮机型号：N600-16.7/537/537，单轴冷凝式，一次再热、四缸四排汽。
3. 发电机型号：QFSN-600-2，水-氢-氢冷却方式，静态励磁。
4. 设备重量见表 1-4-1。

汽轮发电机组重量　　表 1-4-1

名称	定子（t）	转子（t）	总重（t）
高压缸	202.8	17.2	220
中压缸	129.3	21.6	150.9
低压缸Ⅰ	270	65	335
低压缸Ⅱ	241	70	311
发电机	370	66	436
集电环	10.8	1.2	12

5. 机组轴系临界转速见表 1-4-2。

机组轴系临界转速　　表 1-4-2

振型阶数	1	2	3	4	5	6
临界转速（r/min）	820	1590	1630	1790	1880	2300
备注	发电机一阶	低压Ⅰ一阶	低压Ⅱ一阶	中压一阶	高压一阶	发电机二阶

如何将引进型机组的基础设计纳入我国规范体系，实现基础设计技术、经济指标的先进性，是电力土建设计行业急需解决的重要难题。本工程初步方案设计时，未直接采用引进的原型基础，而是突破美国土木工程师学会《大型汽轮发电机基础设计导则》中的变位限值要求，研发减少基础结构动响应幅值和结构自重双目标优化技术，完成了国内首台 600MW 汽轮发电机新型基础设计，实现了 600MW 汽轮机基础设计自主化和国产化。

二、振动控制方案

基础优化设计的主要目标是改善机组的振动特性，振动控制可分为以下四个阶段。

第一阶段：建立减少基础结构动响应幅值和结构自重双目标数学模型，通过调整振幅权重系数和基础重量权重系数的比值，寻找最优方案。

第二阶段：开展基础模型动、静内力分析及相关规范限值校验，完成工程初步方案设计。

第三阶段：开展 1∶10 模型试验，预测机组在运行过程中的实际振动情况，对基础动力特性作出评价。

第四阶段：设备安装前、安装后、启动过程中和满负荷运行四个阶段，分别对基础的振动特性进行现场实测，掌握基础在各使用工况下的振动响应，对优化基础做出最终评价，对动力优化方案及理论计算进行验证，为机组后续检修及故障诊断提供数据。

优化前、后基础设计分别如图 1-4-1 和图 1-4-2 所示。

优化后基础框架梁、柱断面大幅减小（见表 1-4-3），基础钢筋混凝土量由优化前的 $6069m^3$ 降低为 $4303m^3$（包括底板），下降 29%。其中，基础上部结构钢筋混凝土用量节省约 37%。优化后基础框架柱截面积之和仅为原型基础的一半，大大增加基础的内部空间，有利于管道布置和施工安装。

优化前、后基础构件断面对比　　表 1-4-3

编号	杆件名称	原型基础断面（m^2）	优化后断面（m^2）	优化减小率
1	柱Ⅰ	2.44×2.352	1.70×1.6	52.6%
2	柱Ⅱ	2.44×1.626	1.70×1.4	40%
3	柱Ⅲ	2.54×2.00	1.70×1.4	53.1%
4	柱Ⅳ*	4.565×1.262	2.8×1.262	38.66%
5	柱Ⅴ/Ⅵ	3.80×2.10	2.60×1.60	47.87%
6	基础柱总面积	73.01	38.67	47.04%
7	纵梁高度	2.973	2.80	5.82%
8	横梁Ⅳ	1.262m 厚全高板墙	6.00×1.262	—
9	横梁Ⅴ	6.754×1.029	5.50×1.029	18.57%
10	横梁Ⅵ	3.023×3.60	2.80×3.60	7.38%
基础上部混凝土体积（m^3）		2427.6	1525.6	37.16%

注：柱Ⅳ为两低压缸之间板墙，原型基础按柱计算时，取 1/2 墙断面高度。

考虑西屋机型原型基础在个别工程存在中间平台振动偏大情况，本工程中，对汽机基础中间平台作了改进：采用钢梁现浇混凝土板组合隔振平台，根据每个支座处荷载作用大小选择不同型号的隔振器，保证每个隔振器的压缩量均控制在 10mm，同时将隔振平台系统的竖向自振频率控制为 7Hz，远离设备的扰力频率 50Hz。由于中间平台与基础柱柔性连接，使汽机基础柱刚度减小，可有效改善基础主体的动力特性。

三、振动控制分析及模型试验

1. 动力分析

动力分析采用汽轮发电机基础空间结构计算程序 QJJC 3.0 和 TGFP 4.0，采用 STAAD. Pro 空间有限元分析软件进行复核，并按照国家标准《动力机器基础设计规范》GB 50040—1996 规定限值对计算结果进行评价：额定转速 3000r/min 的汽轮发电机基础，工作转速±25%范围内的最大振动线位移不大于 0.02 mm；小于 75%工作转速范围内的振动线位移不大于 0.03mm。中间平台由于采取隔振措施，仅考虑平台节点的附加质量，不再计入平台杆件。动力分析的主要结论：

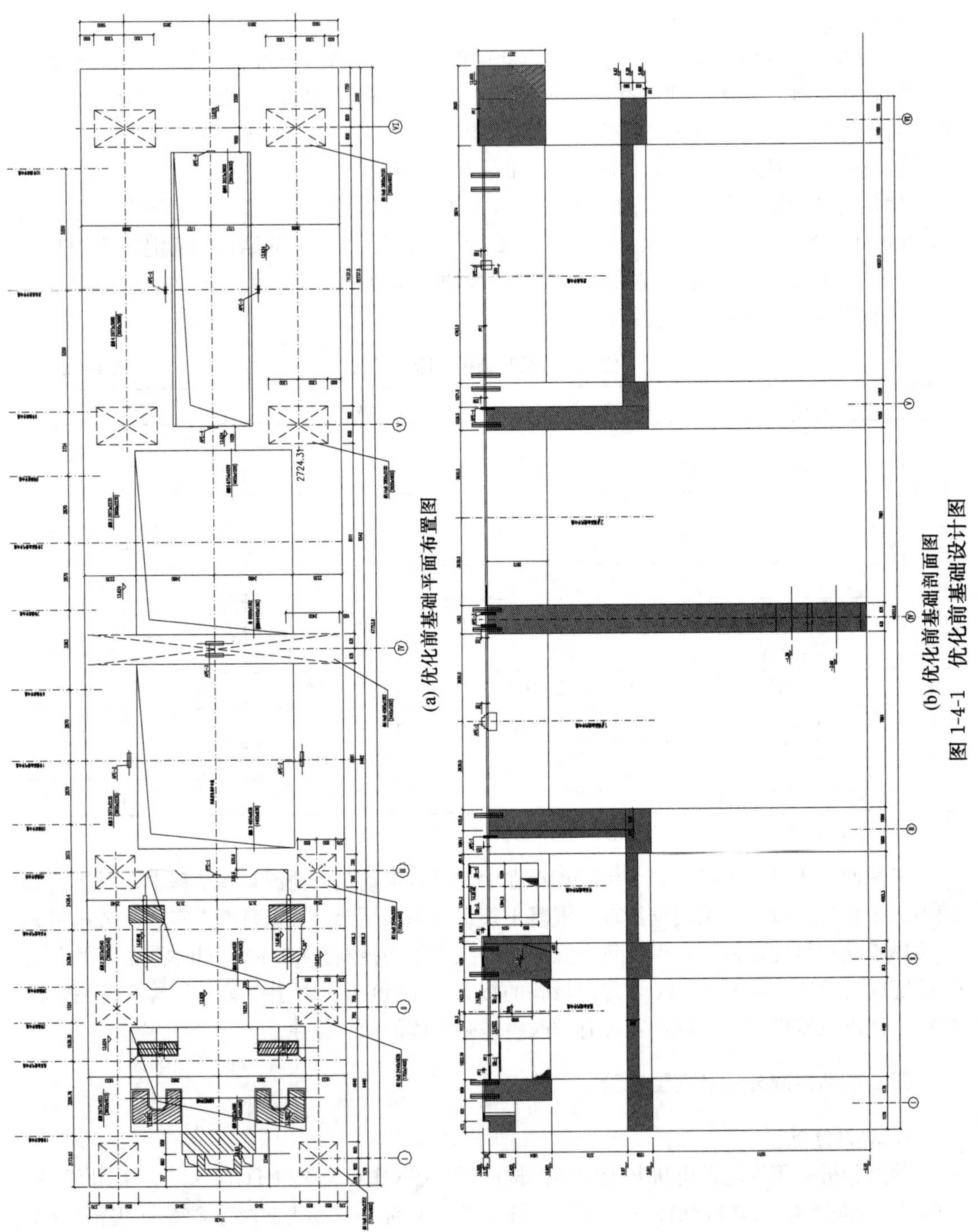

(a) 优化前基础平面布置图

(b) 优化前基础剖面图

图 1-4-1 优化前基础设计图

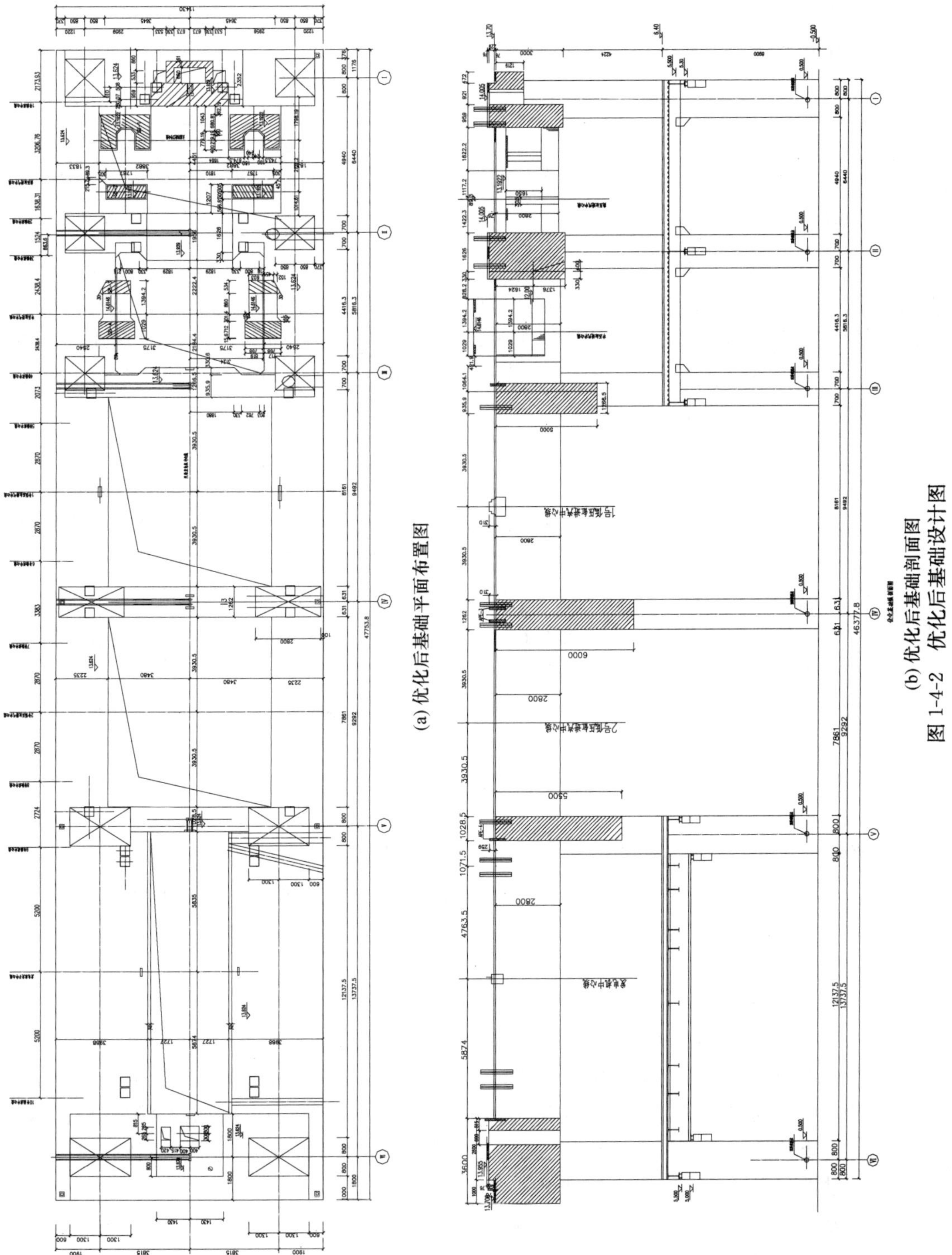

(a) 优化后基础平面布置图

(b) 优化后基础剖面图

图 1-4-2 优化后基础设计图

（1）优化后基础三个方向的自振频率较原型基础均有所降低，一阶自振频率为1.71Hz，远低于原型基础一阶自振频率2.94Hz，详见表1-4-4，优化后基础向柔性发展。此外，基础自振频率密集区避开了运行转速并远离轴系临界转速，在3000r/min运行频率范围内自振频率较少，基础动力特性更优。

基础自振频率对比 **表1-4-4**

基础类型	X［(r/min)/Hz］	Y［(r/min)/Hz］	Z［(r/min)/Hz］
原型基础	217.31/3.62	176.59/2.94	1034.57/17.24
优化基础	130.1/2.17	102.32/1.71	865.3/14.42

（2）扰力作用点最大Z向振动线位移为11.2μm，大部分在10μm以下；启动阶段Y向最大振动线位移为11.32μm，工作转速范围内振动线位移均在10μm以下；X向振动线位移均在10μm以下；顶板上其他测点的振动均远低于国家标准《动力机器基础设计规范》GB 50040—1996的限值要求。中间平台采取隔振设计，有效避免了中间平台局部振动较大现象，结构整体动力特性有较大改善。

2. 静力分析

基础静力分析采用STAAD. Pro空间有限元结构分析软件，主要围绕基础优化前、后的静变位以及优化前、后低压缸之间板墙变位与机组轴系之间的相互影响等问题进行分析。由于凝汽器运行产生的真空吸力通过低压缸传递到基础顶板上，使顶板产生竖向变位。《大型汽轮发电机基础设计导则》要求基础静变位限值不应大于0.5mm，为减少台板竖向变形，原型基础柱断面很大，两个低压缸之间只能通长布置厚板墙，不仅造成材料浪费，而且占用下部空间，基础动力特性有不利影响。

静力分析结果表明单纯严格要求基础静态绝对位移是偏于保守的。经与设备制造厂协商，在两个低压缸、四个轴承处各预留0.15mm变形储备，突破了《大型汽轮发电机基础设计导则》的变位限值要求，保证了基础动力优化成果的实现。

3. 模型试验研究

试验模型采用优化后的基础外形尺寸，按1∶10相似比制作，按底板—柱—顶板顺序浇筑施工。中间钢平台采用同类材料、等质量换算的方法进行模拟，并在柱子连接牛腿上安装1cm厚橡胶，保证牛腿与中间平台钢梁之间起到隔振作用。模型建立在地基土上，如图1-4-3所示。

试验采用瞬态激振及正弦稳态激振两种方法测量结构两个工况下的自振特性，包括X、Y、Z三个方向的自振频率、阻尼比、振型，并分无设备质量和有设备质量两种工况进行。根据有设备质量工况下基础结构自振特性的试验结果，预测基础的受迫振动响应，包括各测点的振动线位移、主要控制点的幅频曲线等；再进行动刚度试验，测试结构有设备质量工况下扰力作用点处X、Y、Z三个方向的动刚度曲线；最后进行中间钢平台振动与隔振特性的试验分析。试验主要结论：

（1）基础X、Y、Z向自振频率比一般基础频率低，优化设计后基础向柔性发展。

（2）基础扰力作用点的振动比较小，尤其是Z向，大部分在5μm以下，最大振动发生在发电机端的纵梁上，幅值为13.43μm；顶板所有扰力作用点的振动线位移均小于国家标准《动力机器基础设计规范》GB 50040—1996限值20μm或30μm。

图 1-4-3　试验模型

（3）基础优化后柱子变柔，最大振动由顶板向柱子转化，使机器运转平台、基础顶板振动环境得以改善，说明优化设计既可节省材料又可改善基础的振动特性。

（4）中间平台采用隔振平台，工作扰频作用下，橡胶隔振垫在大部分测点处起到隔振作用。

（5）模型试验与计算最大振动线位移及对应转速见表 1-4-5。

模型试验与计算最大振动线位移及对应转速　　表 1-4-5

方向	结果类型	最大振动线位移（μm）	对应转速（r/min）
X 向	计算结果	8.6	2995
	试验结果	13.55	3541
Y 向	计算结果	11.0	1576
	试验结果	11.13	1675
Z 向	计算结果	11.02	3167
	试验结果	13.43	3522

四、振动控制关键技术

本工程开展过程中，针对以下两类难题进行攻关，形成振动控制关键技术。

1. 动荷载分布难题

西屋技术生产的 600MW 汽轮发电机组低压转子采用座缸轴承，设备厂家资料没有明确给出低压缸转子重量分布，以往类似工程中，均按照低压转子扰力全部作用在纵梁上考虑，给汽轮发电机基础的动力优化分析带来较大误差。

通过详细分析基础模型、低压缸结构形式以及运行状态等因素，明确设备荷载在基座顶板上的分布，尤其是异议较大的低压缸Ⅰ、Ⅱ转子重量分布。基于缸体刚度影响，分析提出合理的低压缸转子重量分布数值：转子重量 70％作用在横梁上，30％作用在纵梁上，现场振动测试验证了该结论的准确性，重新分配后的转子重量更接近实际情况。

2. 中间平台方案选型难题

国家标准《动力机器基础设计规范》GB 50040—1996 规定：“汽机中间平台宜与基础

主体脱开，当不能脱开时，在两者连接处宜采取隔振措施”。

本项目采用钢筋混凝土现浇楼板平台作为汽机基础中间平台，并根据每个支座处的自重及活荷载选择隔振器，每个隔振器的压缩量均控制为 10mm，同时将隔振平台系统的竖向自振频率控制为 7Hz，远离设备的扰力频率 50Hz。从运行后的振动测试结果来看，钢平台各点的振动线位移均较小，并且留有出现问题后进行调整改进的便捷手段，从根本上避免了以往联体基础中间平台局部振动过大的情况，而且由于中间钢平台与基础柱的柔性连接，使得汽机基础柱刚度减小，有效改善了基础主体的动力特性。

五、振动控制效果

在设备安装前、安装后、启动过程和满负荷运行四个阶段，分别对基础的振动特性进行现场实测，其中，设备安装前、安装后的两次测试，采用锤击法进行激振；升速启动过程和满负荷运行阶段，测试基础在设备运行状态下的实际振动响应。实测结果表明：

1. 机组启动升速过程中，转速 2250r/min 以下时，扰力点 X、Y、Z 三向最大振动线位移分别为 15.25μm、6.50μm、13.55μm，小于 1.5 倍的容许振动线位移（即小于 30μm）；转速在 2250～3750r/min 以内时，X、Y、Z 三向最大振动线位移分别为 9.75μm，6.65μm，7.00μm，远小于容许振动线位移 20μm；整个升速过程中所有测点振动线位移均在 20μm 以下，说明基础设计符合国家标准《动力机器基础设计规范》GB 50040—1996 要求。

2. 满负荷运行下，工作转速 3000r/min，扰力点 X、Y、Z 三向的最大振动线位移分别为 6.60μm，5.61μm，8.20μm，远小于容许振动线位移 20μm；其他测点的最大振动线位移仅为 8.74μm，说明设计基础在机组满负荷运行下状态良好，满足国家标准《动力机器基础设计规范》GB 50040—1996 要求。

扰力作用点最大振动线位移与模型试验、计算结果对比见表 1-4-6，各工况下 Z 向最大振动线位移比其他两个方向更接近，一方面，因为在计算中除实测阶段无扰力取值计算影响外，其他计算和测试结果均人为定义了扰力值，这与机组实际振动存在差异；另一方面，除运行阶段实测外，其他工况没有考虑机器转子临界转速对基础振动的影响。

最大振动线位移对比 **表 1-4-6**

项目	X 向（水平横向μm）	Y 向（水平纵向μm）	Z 向（竖向μm）
计算结果	8.60（2995r/min）	11.00（1576r/min）	11.02（3167r/min）
模型试验	13.55（3541r/min）	11.13（1675r/min）	13.43（3522r/min）
设备安装前实测	7.34（3000r/min）	4.23（107r/min）	10.15（470r/min）
设备安装后实测	5.15（3684r/min）	2.25（3369r/min）	9.01（2568r/min）
启动运行阶段实测	15.25（820r/min）	6.65（2920r/min）	13.55（822r/min）
满负荷工作转速实测	6.60（3000r/min）	5.61（3000r/min）	8.20（3000r/min）

3. 由运行阶段测试结果，顶板上各个测点在机组升速通过发电机临界转速（820r/min）时，基本都存在对应峰值；Z 向振动中大部分测点在高压缸临界转速（1590r/min）附近出现峰值，说明机组升速通过临界转速时，轴系共振对基础有影响，且不同临界转速

对基础不同部位及方向影响程度不同。

4. 在0MW工况下，轴承相对最大振动位移为29.84μm，轴承座绝对最大振动位移为32.51μm，满足我国“新投机组”关于轴承及轴承座的振动要求；在600MW工况下，轴承相对最大振动位移为42.20μm，轴承座绝对最大振动位移为19.20μm，满足我国“机组可以长期运行”关于轴承及轴承座的振动要求。

5. 中间平台大部分测点振动不大，在升速过程中，Z向最大振动位移为16.10μm，在满负荷运行状态下，X、Y、Z三向最大振动位移分别为5.74μm、7.18μm、15.80μm，均出现在靠近柱子位置处；平台板最大振动位移为6.56μm；表明中间平台采用隔振设计，可有效发挥隔振作用。

6. 在3000r/min运行时，柱子水平向最大振动出现在高压缸处的柱系中，最大振动位移为9.72μm，其他柱子处振动均比较小。与普通基础相比，基础优化后柱子的截面面积明显减小，柱水平刚度降低，柱子最大水平振动线位移仍不超过10μm，是安全的。

表1-4-7给出当时国内同容量机组基础结构混凝土工程量（不含底板）及扰力作用点处振动线位移实测结果对比，表中数值均为机组在3000r/min带负荷运行工况下扰力作用点处振动线位移实测最大值。定州电厂的汽机基础混凝土用量比其他基础节省约40%，但扰力点的振动控制效果却很好，三个方向均小于10μm，证明汽机基础的动力优化实现既减小结构混凝土用量，又对扰力作用点的振动进行有效控制的双优化目标。

600MW机组基础结构混凝土量及扰力作用点最大振动线位移　　表1-4-7

工程序号	混凝土量（t）	X（μm）	Y（μm）	Z（μm）
实测工程1	6984	9.15	6.00	8.16
实测工程2	7414	3.70	8.00	14.60
实测工程3	8092	—	—	6.00
实测工程4	7346	6.50	6.73	6.13
定州电厂实测	4304	6.60	5.61	8.20

［实例 1-5］龙山发电厂一期 600MW 空冷汽轮发电机基础振动控制

一、工程概况

国电河北龙山发电厂位于河北省邯郸市涉县境内，规划容量为 4×600MW 机组，机组是 ALSTOM 与北京重型机械厂联合设计生产的首台 600MW 直接空冷机组，之前仅在德国生产过同类的 425MW 机组。此工程使用欧洲进口机组，但基础部分第一次由中方负责独立设计，基础设计不仅要满足我国规范要求，还要满足德国规范和制造厂家的技术要求。

机组主要技术参数：

1. 机组额定功率：600MW；额定转速：3000r/min。

2. 汽轮机型号：ZK600-16.7/538/538，空冷汽轮机为单轴、四缸四排汽、亚临界、一次中间再热、直接空冷反动式汽轮机。

3. 发电机型号：50WT23E-138，采用静态励磁、水-氢-氢冷却方式。

4. 扰力大小及分布见表 1-5-1 及图 1-5-1。

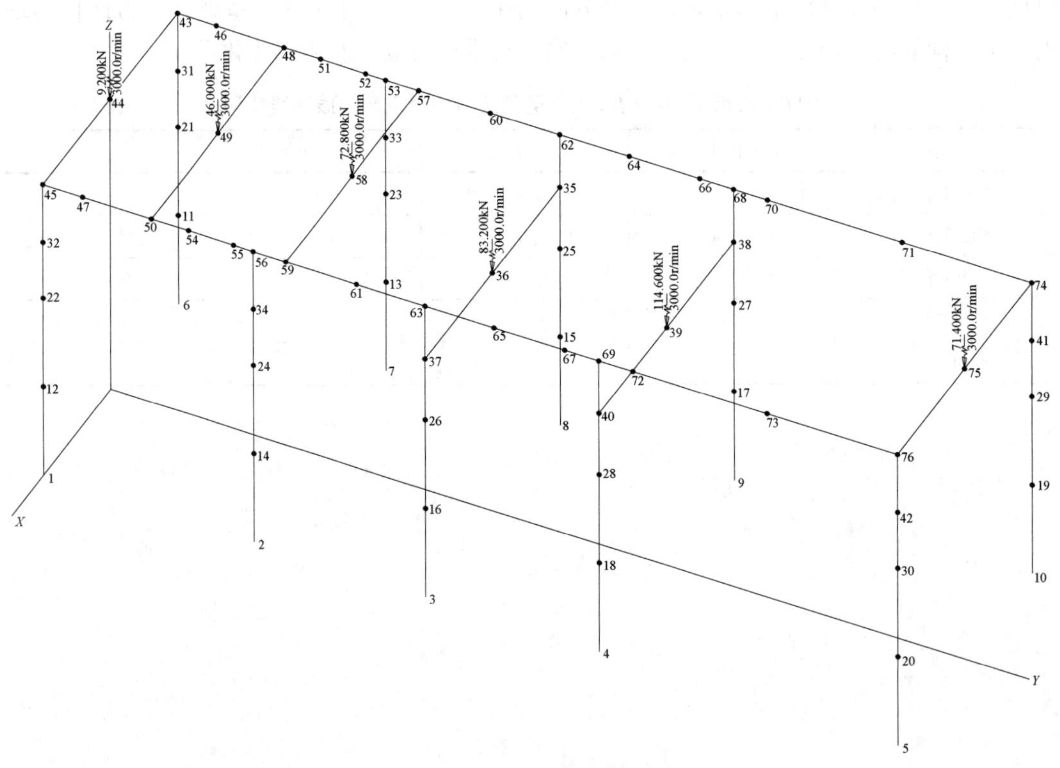

图 1-5-1　扰力大小及其分布图

机器扰力位置及数值　　**表 1-5-1**

点号	*X* 向（kN）	*Y* 向（kN）	*Z* 向（kN）
44	9.2	4.6	9.2
49	46	23	46

续表

点号	X 向（kN）	Y 向（kN）	Z 向（kN）
58	72.8	36.4	72.8
36	83.2	41.6	83.2
39	114.6	57.3	114.6
75	71.4	35.7	71.4

5. 机组轴系临界转速见表 1-5-2。

机组轴系临界转速　　**表 1-5-2**

临界转速（r/min）	675	1550	＞1950	2200
备注	发电机一阶	低、中压缸一阶	发电机二阶	高压一阶

本工程高、中、低压缸及发电机均为脱缸轴承，高、中、低压缸及发电机的转子重量均通过轴承座直接传到基础的横梁上，机组扰力作用点均在横梁中点。而常规的湿冷机组和国产空冷机组扰力一般作用在刚度较大的纵梁上，或由纵梁和横梁共同承担，两者差异较大。因此，本工程低压缸和发电机两侧的横梁作用扰力较大。

此外，空冷机组排气管与低压缸、支墩的连接方式为“上弹下刚”，即排气管与低压缸的连接方式为弹性连接、与底板上支墩为刚性连接，排气管的附加重量作用在下支墩上，只有排气管的真空吸力通过低压缸作用在基础顶板上。因此，作用在基础顶板、低压缸两侧横梁上的附加参振质量相对较小。

二、振动控制方案

基础设计过程中，主要围绕德国 ALSTOM 引进机组扰力分布、附加质量分布、控制标准、静变位要求等开展振动控制，可分为以下四个阶段：

第一阶段：根据进口机组特点，建立减少基础结构振动响应幅值和结构自重双目标数学模型，寻找最优方案。

第二阶段：开展基础模型动、静内力分析及相关规范限值校验，完成工程初步方案设计。

第三阶段：基于动力优化结果，开展 1∶10 模型试验，预测机组在运行过程中的实际振动情况，验证基础动力分析的准确性，并提出改进建议，完成工程施工图设计，基础三维外形见图 1-5-2。

第四阶段：在机组满负荷运行阶段，对基础的振动特性进行现场实测，并根据国家标准《在非旋转部件上测量评价机械的振动　第 2 部分：50MW 以上陆地安装的大型汽轮发电机组》GB/T 6075.2—2002/ISO 10816—2：1996 对基础作出评价，同时为机组后续检修及故障诊断提供数据。

三、振动控制分析

本项目为德国 ALSTOM 公司引进机组，基础设计必须同时满足中国标准和德国标准《机器基础 支承带转动部件机器的柔性结构》DIN 4024—1—1988 以及 ALSTOM 公司的有关要求，除常规动力分析外，还应重视德国的 DIN 规范验证和静变位分析。

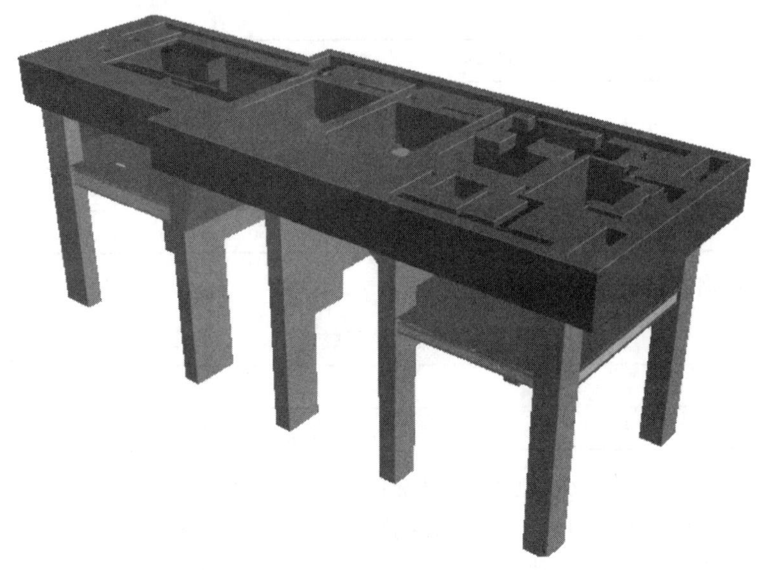

图 1-5-2　龙山汽轮发电机基础三维外形图

主要参考规范有：国家标准《动力机器基础设计规范》GB 50040—1996，德国标准《机器基础　支承带转动部件的机器的柔性结构》DIN 4024—1—1988，国家标准《在非旋转部件上测量和评价机器的机械振动　第 2 部分：50MW 以上陆地安装的大型汽轮发电机组》GB/T 6075.2—2002/ISO 10816—2：1996，德国 ALSTOM 公司提供的《汽轮发电机基础设计准则》HTGD 655066—B。

1. 动力分析

采用汽轮发电机组基础空间结构计算程序（TGFP 4.0）对基础方案进行动力计算和优化，并对计算所得的基础自振频率以及 X、Y、Z 三个方向的振动线位移进行对比分析，按照国家标准《动力机器基础设计规范》GB 50040—1996 和德国标准《机器基础　支承带转动部件的机器的柔性结构》DIN 4024—1—1988，对计算结果进行校核，确保优化后的基础具有优良的动力特性。

国家标准《动力机器基础设计规范》GB 50040—1996 规定：框架式基础的动力计算按双目标振动线位移控制，对于机器工作转速为 3000r/min 的汽轮发电机基础，在工作转速±25%（2250～3750r/min）范围内的最大振动线位移不大于容许值 0.02mm（由于缺少机器制造厂提供的扰力值，在计算竖向和横向线位移时，扰力取 0.2 倍转子重量，计算纵向线位移时，扰力取 0.1 倍转子重量）；对小于 75%工作转速范围内的计算振动线位移，应小于 1.5 倍的容许振动线位移（即小于 0.03mm）。

德国标准《机器基础 支承带转动部件的机器的柔性结构》DIN 4024—1—1988 提出“根据自由振动评价基础的振动特性”，以及“如果按给定的条件（对基础一阶自振频率及接近工作频率的高阶自振频率的限制）不能满足时，可以通过分析自由振动振型被激励发生振动的可能性，以开展较为准确的振动特性评估”，如仍不能满足时，则开展受迫振动分析，计算振动线位移。扰力值 $F_i(t)$ 按制造厂提供的转子支撑反作用力计算，$F_i(t) = P_i \times \sin(\Omega t)$，式中 $P_i = m_i \times e \times \Omega^2$，$m_i$ 为转子质量，$e \times \Omega = G$，为平衡质量等级，$\Omega = 2\pi f$，为电网频率。在 0.85～1.15f_m范围内，取平衡质量等级 G=2.5，竖向和横向扰力约取 0.08 倍转子重量，振动线位移容许上限为 11.25μm，平面纵向不做要求。动力分析结果如下：

（1）基础自振频率见表 1-5-3，一阶自振频率为 1.30Hz，说明基础向“柔性低频”发展；同时，基础自振频率分布密集区也向低频方向转移，在 3000r/min 运行频率范围内振型频率较少，避免了共振。

基础自振频率　　表 1-5-3

X［(r/min)/Hz］	Y［(r/min)/Hz］	Z［(r/min)/Hz］
77.74/1.30	77.74/1.30	491.25/8.19

（2）按照国家标准《动力机器基础设计规范》GB 50040—1996 计算的扰力作用点最大 Z 向振动线位移为 16.4μm（发生在两个低压缸之间横梁中点处），其他扰力作用点最大位移在 10μm 以下；按照德国标准《机器基础　支承带转动部件的机器的柔性结构》DIN 4024—1—1988 要求计算的扰力点最大振幅为 7.8μm，满足“在额定转速的 85%～115%范围内计算的振动线位移不超过 12.5μm”的要求。

2. 静力分析

相邻轴承间过大的差异变位会在轴系内引起很大应力，从而影响机组的正常运行，为保证正常运行状况下机组轴系的对中，必须限制基础上轴承支撑点的变位。静变位计算采用 STAAD. Pro 空间有限元结构分析软件，相对于常用的平面杆系结构计算分析方法，其结果更为准确。

（1）中国标准：

国家标准《动力机器基础设计规范》GB 50040—1996 中关于基础的静变位要求“基础顶板应有足够的质量和刚度，顶板各横梁的静挠度宜接近”。

（2）德国标准：

依据德国标准《机器基础　支承带转动部件的机器的柔性结构》DIN 4024—1—1988 和制造厂 ALSTOM 公司的要求，基础静位移（单轴承机组）的限值要求如下：

1）转子轴系的竖向位移

以转子纵轴在竖向变位形成的曲率半径限值来约束，对于单轴承设计：$R_{min}\geqslant$40km；双轴承设计：$R_{min}\geqslant$80km（曲率半径分别由任意三个连续的轴承点在相应方向的静态位移值计算）。

2）转子轴系的水平位移

以转子纵轴在水平方向的变位形成的曲率半径限值来约束，对于单轴承设计：$R_{min}\geqslant$40km；双轴承设计：$R_{min}\geqslant$80km。

3）基础表面横向弯曲位移

如果有三个及以上在一条线上的连续点来支撑缸体和转子，则基础顶板支撑点在水平横向的曲率半径必须满足：$R_{min}\geqslant$50km。

4）基座固定点（死点）的轴向位移

汽轮发电机机组轴系在基础上固定的死点，在弯矩和扭矩作用下，引起的轴向（即纵向）位移值：$\Delta_{max}<$0.5mm。

5）轴承固定点的静态弹性

轴承的竖向弹性：$h_z(i) < 0.5$mm/MN

轴承的水平弹性：$h_y(i) < 0.5$mm/MN

静态位移值计算时，荷载分项及组合系数均取 1.0，仅考虑叶片及转子的反作用力、管道推力、凝汽器真空吸力、热膨胀荷载和顶板温度应力，进行可能的工况组合，取最不利工况，计算各指标限值。

经计算，基础静态位移结果见表 1-5-4。对优化后的基础进行有限元静变位分析，可以看出，基础静变位能够满足德国标准《机器基础　支承带转动部件的机器的柔性结构》DIN 4024—1—1988 和制造厂 ALSTOM 公司基础设计准则中的各项要求。

DIN 4024—1—1988 规范的静变位要求及计算结果　　　　**表 1-5-4**

项目	DIN 4024—1—1988 规范要求	计算结果
转子轴系的竖向位移（km）	单轴承 $R_{min} \geqslant 40$	712.89
转子轴系的水平位移（km）	单轴承 $R_{min} \geqslant 40$	54.38
基础表面横向弯曲位移（km）	$R_{min} \geqslant 50$	53.6414
基础固定点轴向位移（mm）	轴向位移值 $\Delta_{max} < 0.5$	0.23
基础固定点静态弹性（mm/MN）	<0.5	0.4

3. 模型试验研究

试验模型采用优化后的基础外形尺寸，按 1∶10 相似比制作，按底板—柱—顶板顺序浇筑施工。基础底板坐落在刚性混凝土块体之上，与实际情况相近。模型基础配筋率根据原型基础配筋率确定。中间钢平台采用同类材料、等质量换算的方法进行模拟，并在柱子连接牛腿上安装 1cm 厚橡胶，保证在牛腿与中间平台钢梁之间起到隔振作用。试验模型见图 1-5-3。

图 1-5-3　试验模型

试验采用随机激励，以有设备质量的工况为基准，主要结论：

（1）基础 X、Y、Z 向自振频率比一般基础低，优化设计后基础向柔性发展。

（2）基础扰力作用点的振动比较小，X 向最大值为 9.4μm，Y 向最大值为 7.55μm，Z 向最大值均在 4μm 以下，顶板上所有扰力作用点的振动线位移均远小于国家标准《动力机器基础设计规范》GB 50040—1996 规定限值 20μm 或 30μm，也远小于扰力点位置振动线位移的计算值。

（3）试验结果表明基础优化后，由于柱子变柔，最大振动由顶板向柱子转移，使机器运转平台、基础顶板振动减小，证明优化设计既可节省材料又可改善基础振动特性。

（4）中间平台采用隔振平台，工作扰频作用下，橡胶隔振垫在大部分测点处起到隔振作用。

（5）与最大振动线位移的计算结果比较，试验结果普遍偏小，二者在 X、Y 向幅值比较接近，均满足规范要求。

四、振动控制关键技术

1. 荷载分布及附加质量分布确定技术

本工程空冷机组排气管与低压缸、支墩的连接为“上弹下刚”方式，即排气管与低压缸的连接方式为弹性连接，与底板上支墩为刚性连接，所以，排气管的附加重量作用在下支墩上，只有排气管的真空吸力通过低压缸作用在基础顶板上，这样作用在基础顶板上低压缸两侧横梁上的附加参振质量相对较小。

由于高、中、低压缸及发电机均为脱缸轴承，所有高、中、低压缸及发电机的转子重量均通过轴承座直接传到基础的横梁上，即机组所有扰力作用点均在横梁的中点，所以基础优化设计时必须提高低压缸和发电机两侧横梁的刚度。

2. 基于德国标准《机器基础　支承带转动部件的机器的柔性结构》DIN 4024—1—1988 和制造厂 ALSTOM 公司基础设计准则的验证技术

依据德国标准《机器基础 支承带转动部件的机器的柔性结构》DIN 4024—1—1988 计算时，扰力施加在轴承支座上，扰力大小按照德国标准《机械振动 在恒定（刚性）状态下转子的平衡质量要求 第 1 部分：平衡公差的规范和检定》DIN ISO 1940—1—2004 规定的运行状态下的平衡等级来确定，需将标准中的振动速度均方根值转化为统一的振动线位移值作为控制标准。

3. 采用空间有限元结构对德国标准《机器基础　支承带转动部件的机器的柔性结构》DIN 4024—1—1988 要求的转子轴系竖向位移、水平位移，基础表面横向弯曲位移，基础固定点轴向位移等基础静态位移限值等进行准确计算。

4. 基础自振频率分布密集区向低频方向转移技术

在 3000r/min 运行频率范围内，自振振型频率越少，越能保证基础在运行状态下的振动特性，同时，基础的自振频率要尽可能避开转子的临界转速。

五、振动控制效果

在机组安全运行一年后，对基础在机组满负荷运行下的振动线位移进行实测，结果见表 1-5-5。

工作转速下扰力点振动线位移计算及实测数值对比（μm）　　表 1-5-5

节点编号	X 向振幅		Y 向振幅		Z 向振幅		节点位置
	计算	实测值	计算	实测值	计算	实测值	
44	3.2	3.41	1.9	5.51	2.2	7.49	高压缸前横梁
49	6.3	2.76	1.2	1.51	2.70	3.33	高、中压缸之间横梁
58	5.4	1.85	3. 0	1.85	5.1	3.28	中、低压缸之间横梁
36	3.3	1.37	2.3	2.16	16.2	1.23	1 号、2 号低压缸之间横梁
39	5.7	2.29	2.7	1.70	16.5	1.59	低压缸与发电机之间横梁
75	1.5	1.24	4.1	1.31	3.9	1.83	发电机尾部横梁

实测结果分析表明：

1. 在满负荷阶段，实测基础扰力点的最大振动线位移为 7.49μm，远小于国家标准《动力机器基础设计规范》GB 50040—1996 中规定的 20μm 限值。

2. 运转层平台上非扰力点的最大振动线位移为 5.82μm；柱子上测点的最大振动线位移为 4.39μm；中间平台上测点的最大振动线位移为 6.96μm。

3. 所有轴承的相对振动及轴承座的绝对振动均满足国家标准《旋转机械转轴径向振动的测量和评定　第 2 部分：陆地安装的大型汽轮发电机组》GB/T 11348.2—1997 中关于轴承及轴承座的振动限值；轴承座顶部径向振动速度最大值为 3.42mm/s（1 号轴承），控制点的轴向振动速度为 0.8 mm/s，满足国家标准《机械振动　在非旋转部件上测量评价机器的振动　第 2 部分：50MW 以上，额定转速 1500r/min、1800 r/min、3000r/min 和 3600r/min 陆地安装的汽轮机和发电机》GB/T 6075.2—2012/ISO 10816—2：2009 规定的 3.8mm/s 限值要求。

4. 基础动力和静力特性满足德国标准《机器基础　支承带转动部件的机器的柔性结构》DIN 4024—1—1988、《混凝土、加筋和预应力混凝土结构　第 1 部分：设计和建筑》DIN 1045—1—2008 及制造厂的有关设计准则要求。

5. 励磁机尾悬挑部分的振动较小，最大值为 1.82μm；油沟内测点振动幅值较小，最大值为 6.15μm，沟内测点大部分与附近基础顶面测点的振动幅值相当，表明油沟开槽对基础的整体动力特性无明显影响。

6. 优化设计后基础各测点振动位移峰值、速度均方根值均较小且相差不大，表明基础刚度与质量较为协调，扰力作用下的基础各构件质量满足振动和变形要求，梁、柱截面选择合理。

[实例 1-6] 核电汽轮发电机组基础中间层平台振动控制

一、工程概况

秦山核电站是中国自行设计、建造和运营管理的第一座 30 万 kW 压水堆核电站，地处浙江省嘉兴市海盐县。秦山核电站采用技术成熟的压水堆，核岛内采用燃料包壳、压力壳和安全壳三道屏障，能承受极限事故引起的内压、高温和各种自然灾害。

秦山核电 1 期 1×300MW 常规岛基础设计于 20 世纪 80 年代，受电算水平限制，中间层平台振动未得到准确预测。中间层平台在机组投运后发生了剧烈振动，均方根振动速度最高可达 21mm/s，远高于 3.8mm/s 的振动速度上限。由于中间层平台放置了励磁电源整流柜，振动不但影响基础本身，还影响整流柜的仪表设备，给核电站的安全运行带来隐患。

二、振动控制方案

为减小中间层平台的振动，曾采取多种措施进行减振处理，例如在楼板上摆放砂袋、在楼板振动最大处加装阻尼杆等，但都没有解决振动问题。

由于是已建成电站，混凝土基础结构很难由刚性基础改为弹簧隔振基础。经多方案研究比较，最终决定开发动力吸振器解决中间层振动难题。

三、振动控制分析

秦山核电站发电机端 4.97m 标高中间层平台的实测主振频率为 50Hz，工作模态为反对称弯曲振型，整流柜两侧是振动的波峰和波谷，这两个部位的振动最大，见图 1-6-1。据此推断，发电机的 50Hz 转频激励引起了 4.97m 平台 50Hz 振型的振动。

为准确判断中间层平台楼板的振动特性，除对中间层平台结构进行现场模态实测外，还对该结构进行了有限元模态仿真分析。有限元分析采用简化的结构和边界条件，中间层动力分析的第 5 阶模态固有频率为 49.35Hz，振型见图 1-6-2，该振型和实测振型基本一致，表明中间层平台的振动由共振引起，也证明了有限元建模计算的准确性。

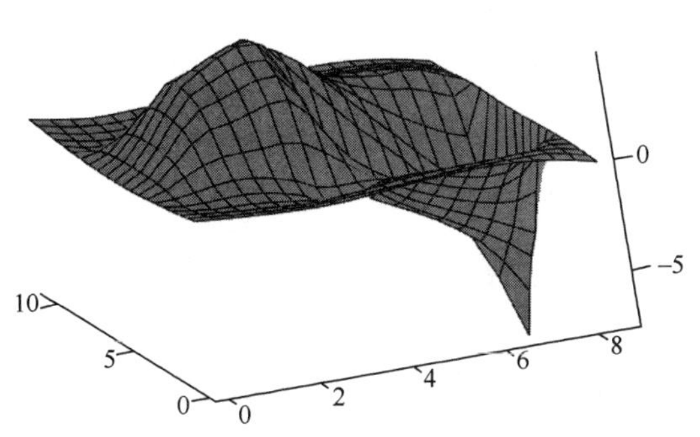

图 1-6-1　4.97m 中间层实测 50Hz 振型

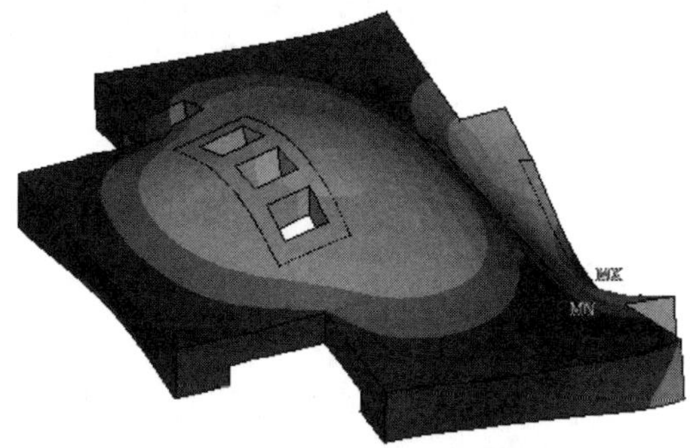

图 1-6-2　中间层平台的计算振型

四、振动控制关键技术

动力吸振器一般针对 0～15Hz 低频振动效果显著，国际上还没有针对 50Hz 混凝土结构高频振动采用动力吸振器进行减振的先例。

根据现场测试和有限元仿真结果，可以确定汽轮发电机组基础中间层平台振动主要是由汽轮发电机组 3000r/min 转频激励产生共振引起。在此基础上开展动力吸振器最优质量比和最佳阻尼比计算，并据此进行动力吸振器设计。

五、振动控制装置

高频动力吸振器主要由弹簧、质量块、阻尼器和支撑固定部件组成。其中，固定部件由上、下两个压板和四根螺栓组成，质量块安装在上、下压缩弹簧之间，阻尼器为剪切式黏滞阻尼器，安装在质量块和固定部件之间。实际结构如图 1-6-3 所示，中间部分为质量块，上、下各有四个弹簧，弹簧高度、压缩量以及弹簧与顶板、底板之间的总高度由锁紧螺栓调节并固定。实际调整时，8 个弹簧的压缩量取值也是动力吸振器系统结构设计的关键。高频动力吸振器研制成功后，在振动试验台进行扫频试验，测试吸振器的固有频率、阻尼比与设计值是否一致。

该高频动力吸振器主要针对大型发电机组经常出现的 50Hz 的高频振动进行吸振、减振，既可以在结构发生振动后安装，也可以在设计阶段采用。

图 1-6-3　高频动力吸振器

六、振动控制效果

对中间层平台进行振动测试，安装高频动力吸振器前、后某典型参考点的均方根振动速度分别为 2.22 mm/s、0.56 mm/s，减振效率达 75%。中间层振动能量转移到高频动力吸振器上，振动控制效果显著。

［实例 1-7］ALSTOM _ 1000MW _ ARABELLE 机组汽机基础振动控制

一、工程概况

方家山/福清 M310 核电工程，汽轮发电机选用 ALSTOM _ 1000MW _ ARABELLE 机组，为核电半速机组，汽机基础采用弹簧隔振基础。机组结构布置包括一个高中压缸、两个低压缸和发电机。低压缸分为内外双层缸，内缸通过钢杆直接支撑在基础台板横梁上，外缸和凝汽器刚性连接，凝汽器采用刚性支座，外缸和凝汽器荷载全部作用于凝汽器刚性支座上。

机组轴系高中压缸为落地轴承，低压轴承箱与排汽端壁整体焊接，座缸轴承采用半落地支撑式。发电机为端盖轴承，机组轴系由 4 根转子、8 个轴承和 5 个轴承座组成。轴系总长约 50m，转子总重为 1060kN（高中压）＋1983kN×2（低压）＋2400kN（发电机）＝7426kN，设备（含转子）总重为 26810kN，机组轴系和结构布置如图 1-7-1 所示。

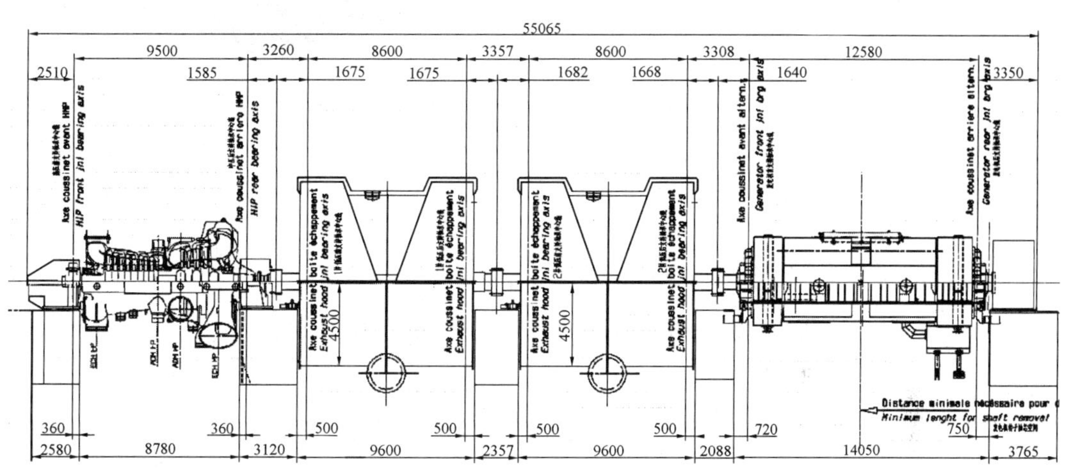

图 1-7-1　ARABELLE 机组轴系和结构布置

图 1-7-2 给出低压缸和凝汽器连接示意，左边为传统的连接形式，低压缸和凝汽器柔

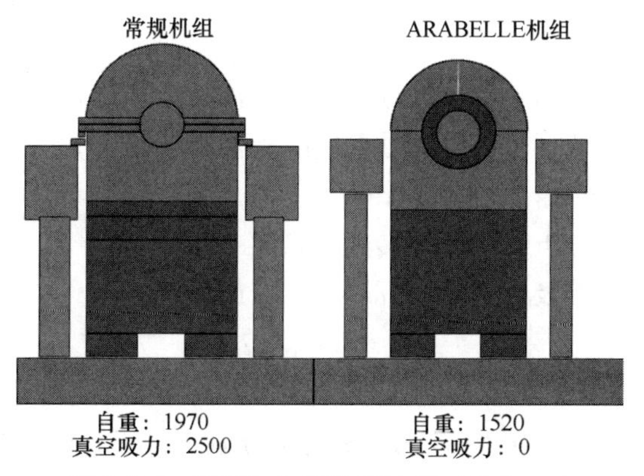

图 1-7-2　低压缸和凝汽器连接（单位：t）

性连接，凝汽器刚性支撑于底板，机组运行时有真空吸力；右边为低压缸和凝汽器连接形式，外缸和凝汽器刚性连接，凝汽器采用刚性支座，外缸和凝汽器荷载全部作用于凝汽器刚性支座上，机组运行时台板不承受真空吸力。

二、振动控制方案

汽机基础采用弹簧隔振基础，钢筋混凝土台板采用 C35 混凝土，台板和柱头间布置弹簧，弹簧隔振基础模型如图 1-7-3 所示。

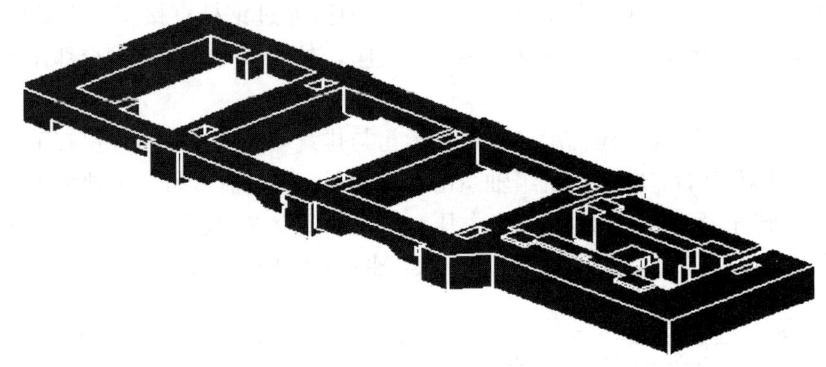

图 1-7-3　弹簧隔振基础模型

三、振动控制分析

1. 动力分析要求

（1）轴承支撑处动刚度限值见表 1-7-1。

轴承支撑处动刚度限值（1.0×10^6 kN/m，阻尼比 0.03）　**表 1-7-1**

频率（Hz）	汽机		发电机		说明
	竖向	水平	竖向	水平	
13.0～22.5	2.0	2.0	2.0	2.0	接近机组额定转速频率范围之外
22.5～28.75	4.0	2.67	5.0	3.33	接近机组额定转速频率范围

（2）振动幅值

扰力幅值按如下公式计算：

$$P_{oi} = M_{gi}G\Omega^2/\omega = M_{gi}G\omega(\Omega/\omega)^2 = (W_{gi}/9.80665)\times(G\times\omega)\times(\Omega/\omega)^2 \tag{1-7-1}$$

式中　M_{gi}——作用在基础第 i 点（扰力点）的机器转子质量；

W_{gi}——作用在基础第 i 点（扰力点）的机器转子重量；

ω——机器工作转速 $2\pi\times25$ (rad/s)；

Ω——受迫振动分析时的激振转速（rad/s）；

G——平衡质量等级，$G=e\times\omega=6.3$ (mm/s)。

$$P_{oi} \approx 0.1W_{gi}(\Omega/\omega)^2 \tag{1-7-2}$$

评价频率范围为 22.5～28.75Hz；阻尼比取 4%～5%。每个轴承扰力分别作用，轴承中心点响应的速度均方根值或位移 SRSS 组合分别以 2.8mm/s 或 25.2μm 作为评价限值；纵向振动幅值可取推力轴承处竖向扰力作用的纵向振动幅值。轴承中心点位置由汽轮发电机中心线和轴承中心线的交点确定。

2. 扰力作用位置和动力质量

高中压缸以落地轴承支撑（Bs），扰力作用于轴承中心（Brg）；低压缸以半落地支撑方式的座缸中锚轴承支撑，扰力作用在横梁两侧的地脚螺栓；发电机以端盖轴承支撑，扰力作用在两侧纵梁上。

高中压扰力作用于轴承中心；低压缸扰力作用于横梁中死点或导向键；发电机横向扰力作用于横梁锚固板。低压轴承箱与排汽端壁整体焊接，采用半落地支撑方式的座缸轴承。轴承和低压内缸支撑在横向钢板上，钢板固定于台板横梁，钢板小孔位置为死点或导向键。竖向扰力作用于横梁两侧的地脚螺栓，横向扰力作用于横梁中死点或导向键。

动力质量（永久荷载）包括基础自重、二次浇灌层和基础上永久荷载。设备荷载位置与基础顶面有一定距离，可选用刚性杆连接到基础上。机组运行时，荷载（转子）点上质量大小在三个方向上不一致，但三个方向上各自所有质量的总和相等。

扰力源自于设备的转动部件（转子的偏心荷载），转子重量与扰力密切相关，其作用位置和数值大小应与扰力匹配。一般情况下，设备动力质量宜按制造厂荷载资料确定，纵向动力质量同横向。

3. 动力分析

（1）特征值分析

选用 ANSYS 分块法（Lanczos）和子空间（Subspace）模态提取法进行特征值分析，模态分析数 36，截止频率 36.41Hz，结果如表 1-7-2 所示。

基本频率和模态 **表 1-7-2**

方向	纵向	竖向	横向
频率（Hz）	2.24	3.05	2.14
模态阶数	2	4	1

（2）振动响应分析

采用谐响应分析法进行扰力的振动响应分析，阻尼比取 0.05，结果如图 1-7-4、

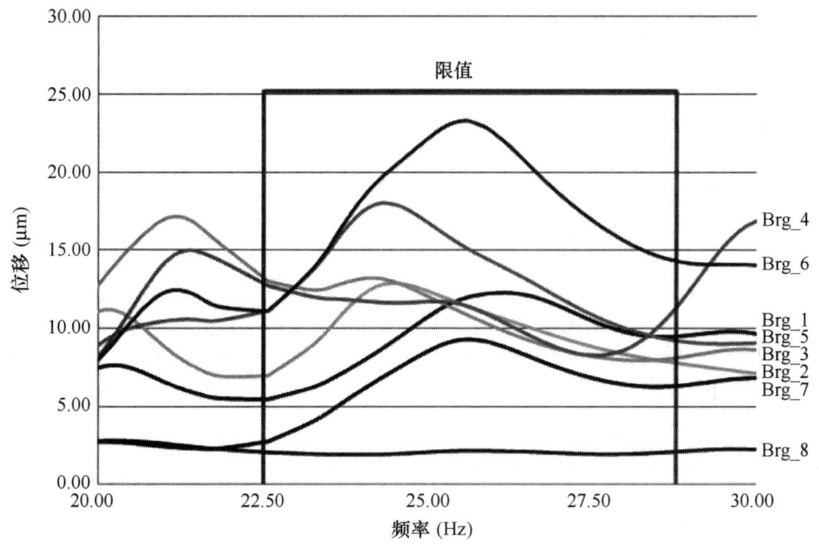

图 1-7-4 基础的轴承中心 Brg _ 1～8 竖向幅值频幅曲线

图 1-7-5所示。结果说明，轴承中心 Brg _ 1～8 竖、横和纵三个方向最大振动线位移均小于限值 25.2μm。竖、横向离限值最近的控制点和数值分别为 23.28μm（Brg _ 6）和 20.49μm（Brg _ 5），分别位于低压缸和发电机之间以及两个低压缸之间的横梁上。

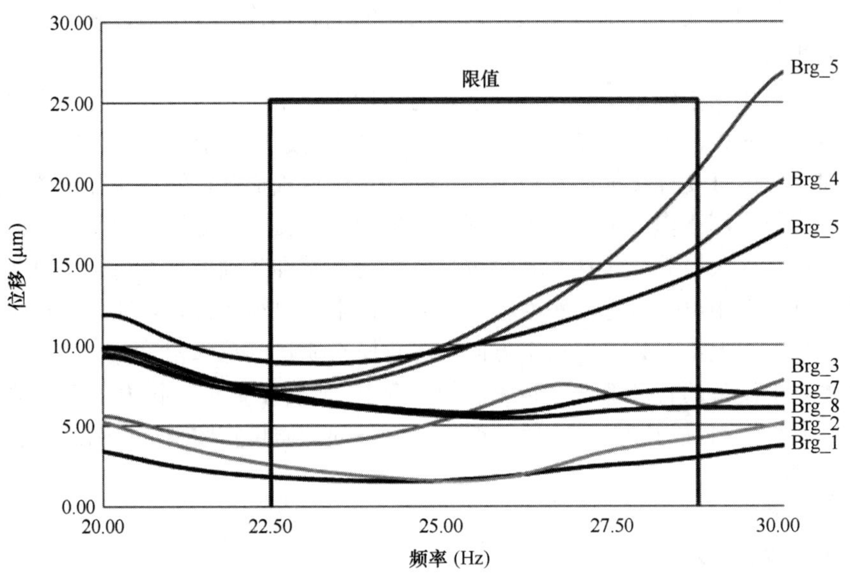

图 1-7-5　基础的轴承中心 Brg _ 1～8 横向幅值频幅曲线

4. 动刚度分析

采用谐响应分析法进行动刚度分析，按如下公式计算，结果如表 1-7-3～表 1-7-5 所示。

$$K_i = P_i/S_i \tag{1-7-3}$$

式中　K_i——i 点刚度（kN/m）；

P_i——i 点单位作用力（kN）；

S_i——i 点 0-peak（零-峰）位移（m）。

支撑处竖向最小动刚度（1.0×10^6 kN/m）　　**表 1-7-3**

方向	汽机							发电机		
竖向	Bs _ 1	Bs _ 2	Bs _ 3	Bs _ 4	Bs _ 5	Bs _ 6	Min	Bs _ 7	Bs _ 8	Min
最小值	6.51	3.35	5.54	4.39	3.80	8.57	3.35	10.34	13.30	10.34
频率 13～22.5Hz	20.24	20.21	13.07	13.07	13.07	13.07	Bs _ 2	13.07	13.07	Bs _ 7
最小值	4.87	6.59	8.79	12.11	8.11	5.27	4.87	42.87	50.43	42.87
频率 22.5～27.5Hz	26.47	24.34	24.34	22.59	24.34	25.49	Bs _ 1	22.59	22.59	Bs _ 7
最小值	7.84	14.10	20.93	20.62	17.86	12.19	7.84	96.69	92.86	92.86
频率 27.5～28.75Hz	27.62	27.62	27.62	28.74	27.62	27.62	Bs _ 1	27.62	27.62	Bs _ 8

支撑处横向最小动刚度（1.0×10⁶kN/m）　　**表 1-7-4**

方向	汽机							发电机		
横向	Bs _ 1	Bs _ 2	Bs _ 3	Bs _ 4	Bs _ 5	Bs _ 6	Min	Bs _ 7	Bs _ 8	Min
最小值	5.66	5.35	5.83	5.02	4.24	5.02	4.24	7.92	4.93	4.93
频率 13～22.5Hz	13.07	13.07	13.07	13.07	13.07	14.42	Bs _ 5	14.42	14.34	Bs _ 8
最小值	56.74	61.58	37.11	30.29	31.02	46.43	30.29	43.56	28.50	28.50
频率 22.5～27.5Hz	22.59	26.96	22.59	22.59	22.59	22.59	Bs _ 4	27.32	22.59	Bs _ 8
最小值	59.07	64.89	58.59	50.21	59.06	36.51	36.51	29.79	35.98	29.79
频率 27.5～28.75Hz	28.74	28.74	27.62	27.62	28.74	28.20	Bs _ 6	28.29	28.43	Bs _ 7

支撑处最小动刚度（1.0×10⁶kN/m）　　**表 1-7-5**

频率（Hz）	汽机		发电机	
	竖向	水平向	竖向	水平向
13.0～22.5	3.35/Bs _ 2	4.24/Bs _ 5	10.34/Bs _ 7	4.93/Bs _ 8
22.5～28.75	4.87/Bs _ 1	30.29/Bs _ 4	42.87/Bs _ 7	28.50/Bs _ 8

5. 变位分析

（1）荷载

1）L1 活荷载：台板顶面荷载 5.0kN/m^2。

2）L2 额定力矩：

以汽轮发电机中心线为对称轴的一对大小相等、方向相反的竖向荷载。汽轮发电机中心线 2 边竖向荷载产生扭矩，扭矩大小取决于汽轮机的转动速度和汽轮机的输出功率，扭矩方向与汽轮机转子转动方向相反、与发电机转子转动方向相同。竖向荷载以节点方式加载于台板，其力与扭矩总和应分别为零。

3）L3 蒸汽荷载：ARABELLE 机组提供了由蒸汽引起的力，蒸汽荷载是一组在推力轴承、第 1 个低压缸（LP1）和第 2 个低压缸（LP2）之间的自平衡内力。

4）L4 摩擦力：汽轮机和发电机在运行过程中经常加热和冷却，产生热膨胀或收缩作用，在滑动表面产生摩擦力。

5）L5 设备内外温差：高压缸按 50℃考虑，中低压缸 LP1 和 LP2 按 40℃考虑，发电机处按 50℃考虑，环境按 20℃考虑，分析时考虑 0.65 折减系数。

6）L6 施工的平均温度，按实际考虑。

上述荷载按如下进行荷载组合：

荷载组合 1（Com _ 1）：L1＋L2＋L3＋L4＋0.65×L5＋0.65×L6

荷载组合 2（Com _ 2）：L1＋L2＋L3－L4＋0.65×L5＋0.65×L6

荷载组合 3（Com _ 3）：L1＋L2＋L3＋L4＋0.65×L5－0.65×L6

荷载组合 4（Com _ 4）：L1＋L2＋L3－L4＋0.65×L5－0.65×L6

（2）MTM（不对中偏差矩阵）和轴承座分析

1）分析方法和要求

ARABELLE 机组汽机基础以 MTM 方法来控制轴承支座或轴承中心处的静变位。将轴承支座点或轴承中心处的静变位与制造厂提供的 MTM 矩阵相乘，并与制造厂提供的限值或设计经验对比进行校核。不同型号的机组会有不同的 MTM 矩阵，表 1-7-6 给出汽轮发电机组的 MTM 矩阵。

ARABELLE 机组 8 个轴承的 MTM 矩阵（%/mm）　　表 1-7-6

项目	转子	J=1	J=2	J=3	J=4	J=5	J=6	J=7	J=8
HIP	I=1	−2.40	8.90	−4.80	0.50	−0.10	0.00	0.00	0.00
	I=2	11.10	−68.80	46.70	−11.70	3.00	−0.30	0.10	0.00
LP1	I=3	−9.50	73.90	−55.90	25.30	−12.10	1.10	−0.20	0.00
	I=4	1.00	−18.40	25.30	−62.60	57.70	−12.30	2.50	−0.10
LP2	I=5	−0.30	4.70	−12.10	57.70	−62.70	26.10	−9.90	0.40
	I=6	0.00	−0.40	1.10	−12.30	26.10	−70.10	49.70	−5.50
发电机	I=7	0.00	0.10	−0.30	3.20	−12.40	62.60	−48.70	6.30
	I=8	0.00	0.00	0.00	−0.10	0.60	−7.10	6.50	−1.10

注：项目指汽轮发电机的各个部分。

在“可变荷载（活荷载）＋额定力矩＋蒸汽荷载±管道力±摩擦力＋温度”作用下，轴承支座的竖向和水平向（横向）变位限值分别为：20%和 10%。

2）分析结果

分析结果表明：竖向 Max（$\Delta R/R$）发生于组合 Com _ 2 作用下轴承 Brg _ 2 处，为 16.084%，小于 20%，满足要求；水平横向 Max（$\Delta R/R$）发生于组合 Com _ 2 作用下轴承 Brg _ 5 处，为 3.894%，小于 10%，均满足要求。

6. $\Delta\alpha'$ 准则和轴承中心处分析

（1）分析方法和要求

在“可变荷载（活荷载）＋额定力矩＋蒸汽荷载±管道力±摩擦力＋温度”作用下，相邻轴承中心处水平面内的 $\Delta\alpha'$ 限值为：5×10^{-5}，$\Delta\alpha'$ 含义如图 1-7-6 所示，可由式（1-7-4）计算。

$$\varphi_i = \mathrm{arcth}\left(\frac{dis_{i-1,z} - dis_{i,z}}{L_{i-1,i}}\right) - \mathrm{arcth}\left(\frac{dis_{i,z} - dis_{i+1,z}}{L_{i,i+1}}\right) \tag{1-7-4}$$

式中　$dis_{i-1,z}$，$dis_{i,z}$，$dis_{i+1,z}$——相邻三轴承的水平横向位移；

$L_{i-1,i}$，$L_{i,i+1}$——轴承间距离。

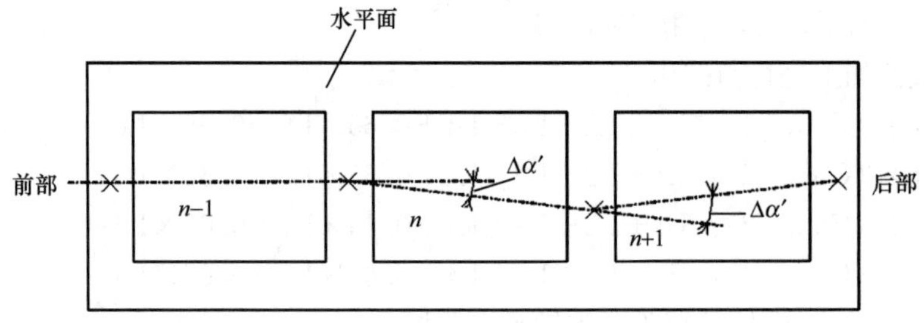

图 1-7-6　轴系的 $\Delta\alpha'$ 计算示意

（2）分析结果

由表 1-7-7 可知，水平内最大 $\Delta\alpha'$ 发生于组合 Com _ 2 作用下轴承 Brg _ 4&5&6 处，

为 4.016×10^{-5}，小于 5.0×10^{-5}，满足要求。

轴系 $\Delta\alpha'$ 的分析结果（1.0×10^{-5}）　　　　**表 1-7-7**

组合工况	Com _ 1	Com _ 2	Com _ 3	Com _ 4
Brg _ 1&2&3	0.905	0.380	0.938	0.921
Brg _ 2&3&4	2.579	2.088	2.579	2.579
Brg _ 3&4&5	2.040	2.810	2.042	2.041
Brg _ 4&5&6	2.824	4.016	2.796	2.810
Brg _ 5&6&7	1.393	1.969	1.436	1.414
Brg _ 6&7&8	0.440	0.605	0.385	0.412
最大值	2.824	4.016	2.796	2.810
最大值位置	Brg _ 4&5&6	Brg _ 4&5&6	Brg _ 4&5&6	Brg _ 4&5&6

［实例 1-8］华润仙桃电厂 2×660MW 超超临界燃煤发电机组振动控制

一、工程概况

华润仙桃电厂新建工程项目位于仙桃市长埫口镇刭河岭村与潭苑村交界地带，规划容量为 4×660MW 机组，本期建设 2×660MW 超超临界燃煤发电机组，同步建设烟气脱硫、脱硝装置。

项目采用 GE 汽轮机/发电机，汽机基座通常采用弹簧隔振基础，国内采用常规刚性基础尚属首次。基座采用框架式，设 3m 厚大块式底板，横向单跨、纵向五柱四跨，从左到右分别布置高压缸、中压缸、两台低压缸、发电机及励磁系统。运转层与中间层平台标高分别为＋13.700m、＋6.900m，柱根标高为－4.800m。运转层平面尺寸为 45.9m×15m，底板以上混凝土强度等级为 C40。

二、振动控制方案

根据国家标准《动力机器基础设计规范》GB 50040—1996 和 GE POWER 提供的基于《汽轮发电机组基础设计导则》DIN 4024（HTGD 655066—2019；以下简称 GE 导则 HTGD 655066）对基座振动控制结果进行评价。国家标准《动力机器基础设计规范》GB 50040—1996 规定：工作转速±25％范围内的控制限值为 20μm；在小于 75％工作转速范围内为上述容许值的 1.5 倍。GE 导则 HTGD 655066 规定：控制振动速度在±10％工作转速范围内，由不平衡引起的振动速度不能超过 A 区（新机组）容许值的 40％，即小于 2.15mm/s。

汽机基座设计应满足工艺布置需求，在该前提下，开展动力响应优化，以控制基座的振动响应，满足标准要求。

汽机基座动力计算模型为空间多自由度体系，一般而言，影响振动响应的三大因素为质量、刚度、阻尼。通过基础顶板及柱子质量、刚度搭配，使体系参振质量增大，从而得到较好的振动控制效果。

基于以上原则，在满足工艺布置需求的前提下，通过增加基座台板厚度、在低压缸间横梁与发电机前横梁处布置深梁，可达到良好的振动控制效果。

三、振动控制分析

采用 SAP 2000 开展本工程的数值计算，每个质点最多有六个自由度，即三个线变位和三个角变位。所有杆件均考虑与杆端自由度相应的拉（压）、扭转、弯曲和剪切变形。多个扰力的响应（振幅、动内力等）根据规范规定，按“平方和开平方”的原则进行叠加。

关于扰力取值，国家标准《动力机器基础设计规范》GB 50040—1996 与 GE 准则 HTGD 655066 略有差异。前者通过 GE 厂家提出的转子重量，根据国家标准《动力机器基础设计规范》GB 50040—1996 中的 5.2.5 条计算得到。后者根据 GE 自身提供的工作不平衡力计算作用位置如图 1-8-1 及表 1-8-1 所示，输入时应考虑相位角。

GE 导则计算的不平衡力 **表 1-8-1**

偏心不平衡荷载轴承号			1		2		3		4		5		6		7	
名称			A		B		C		D		P		T		W	
	荷载工况	转速 (r/min)	F (y)	F (z)	F (y)	F (z)	F (y)	F (z)	F (y)	F (z)	F (y)	F (z)	F (y)	F (z)	F (y)	F (z)
			水平	水平	水平	水平	水平	水平	水平	水平	水平	水平	水平	水平	水平	水平
			kN/°	kN/°	kN/°	kN/°	kN/°	kN/°	kN/°	kN/°	kN/°	kN/°	kN/°	kN/°	kN/°	kN/°
500	HP. 1	3000	2. 7/206	4. 5/89	1. 7/190	6. 7/83	1. 2/263	0. 9/163	1. 7/343	1. 7/26	1. 3/144	1/175	0. 3/121	0. 2/84	0/25	0/342
501	HP. 2	3000	2. 8/319	2. 9/264	4. 3/137	4. 6/78	2. 7/227	2. 5/207	4. 6/313	5/358	3. 6/115	2. 7/146	0. 7/92	0. 5/55	0. 1/355	0/313
502	HP. 3	3000	0. 1/345	0. 1/267	0. 1/125	0/345	0/213	0/206	0. 1/300	0. 1/346	0. 1/103	0/134	0/79	0/43	0/343	0/300
503	IP. 1	3000	3. 2/311	0. 5/292	6. 3/169	9. 1/88	4/216	8. 6/92	5/282	4. 5/321	3. 9/82	2. 8/113	0. 8/59	0. 5/23	0. 1/322	0. 1/280
504	IP. 2	3000	5. 2/92	2. 1/51	9. 7/298	15. 2/252	6. 5/67	20. 5/61	14/157	17. 5/203	11. 1/321	8. 5/351	2. 2/198	1. 4/261	0. 2/201	0. 1/159
505	LP1. 1	3000	1. 7/98	0. 8/75	3. 5/305	1. 3/307	4. 3/181	5. 6/81	6/153	10. 1/105	5. 1/298	2. 9/325	1/273	0. 6/240	0. 1/177	0. 1/137
506	LP1. 2	3000	3. 4/180	1. 6/149	6. 9/26	5. 6/21	4. 7/219	24. 3/249	7. 1/42	24. 1/70	7. 1/213	6. 5/231	1. 5/189	0. 9/150	0. 1/92	0. 1/53
507	LP2. 1	3000	0. 4/231	0. 2/206	0. 8/78	0. 4/88	1/292	0. 6/56	2. 6/223	5. 4/71	6. 1/185	8. 9/88	1. 1/134	0. 2/152	0. 1/29	0. 1/48
508	LP2. 2	3000	4. 7/309	2. 2/282	9. 7/156	5. 6/160	10. 7/5	10. 2/58	11. 9/287	29/273	13. 3/124	18. 1/93	3. 1/94	1. 5/49	0. 3/354	0. 2/339
509	GEN. 1	3000	1. 7/284	0. 8/258	3. 5/130	1. 9/136	4/341	3/48	5. 9/257	3. 7/323	11. 1/161	17. 1/90	8. 3/157	7. 2/91	0. 9/52	0. 4/290
510	GEN. 2	3000	1. 3/295	0. 6/269	2. 8/141	1. 5/148	3. 2/352	2. 4/60	4. 9/268	3. 1/347	9. 2/175	15/91	9. 6/358	10. 3/271	1. 1/247	0. 8/80
511	GEN. 3	3000	0. 4/106	0. 2/79	0. 9/312	0. 5/318	1. 1/163	0. 8/228	1. 5/78	1. 1/129	2. 8/338	4. 2/270	2. 5/338	2. 3/269	0. 2/259	0/171
512	EXC. 1	3000	0. 1/15	0. 1/348	0. 3/221	0. 2/228	0. 3/71	0. 3/140	0. 5/342	0. 6/48	1. 1/248	0. 4/95	8. 8/339	8. 4/263	3. 7/338	3. 4/263
513	EXC. 2	3000	0/55	0/28	0/261	0/267	0/111	0/178	0. 1/23	0. 1/80	0. 2/285	0/220	0. 9/359	0. 9/278	0. 4/184	0. 4/85
514	EXC. 3	3000	0/261	0/235	0/108	0/114	0/318	0/26	0/228	0/293	0/134	0/333	0. 1/236	0. 1/142	0. 2/353	0. 2/264

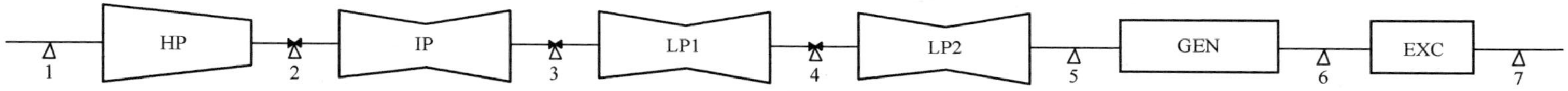

图 1-8-1　不平衡力位置示意图

根据国家标准《动力机器基础设计规范》GB 50040—1996 进行动力分析时的阻尼比取 0.0625；按照 HTGD 655066 进行动力分析时，阻尼比取 0.03；两种计算情况下，结构的阻尼比均视为常数。

振动计算结果均需提交振动响应曲线，其中，《动力机器基础设计规范》GB 50040—1996 计算需提交 0～1.4 倍工作频率范围内振动验算点三个方向（纵、横、竖）频率-振幅曲线，GE 准则计算需提交±10％工作频率范围内振动验算点两个方向（横、竖）频率振动速度曲线，并需提交±10％工作频率范围内的计算固有频率和振型。

考虑振幅控制需求，汽机基础在低压缸间横梁或发电机前横梁处布置深梁、墙，在 600MW 汽机基础设计中具有一定普遍性。采用壳单元模拟运转层外部分深梁或墙。

结合该机组特点，针对性地改变扰力作用点处深梁的刚度和质量，调整扰力作用点处的梁截面，改善轴承支撑梁聚集质量与侧向刚度，进而改善其动力特性。分析结果表明，机组振型对动力特性有利，改变扰力作用点处支撑梁的刚度和质量对改善基座的动力性能有效。

四、振动控制效果

通过增加基座台板厚度、在低压缸间横梁与发电机前横梁处布置深梁，根据国家标准《动力机器基础设计规范》GB 50040—1996 计算的最大振幅约为 12.59μm，所有振动验算点的各向振幅均小于 20μm；根据 GE 准则 HTGD 655066 计算的最大振动速度为 1.05mm/s，所有验算点的竖向与横向振动速度均小于 2.15mm/s，振动控制满足设计要求。

[实例 1-9] 三峡工程右岸水轮发电机定子振动控制

一、工程概况

三峡发电机属世界巨型水轮发电机，参数见表 1-9-1，定子直径接近 20m，如何做好机组过负荷、不对称、飞逸及严重故障工况运行时的关键部件刚度、强度设计是一个重要难题。

发电机技术参数 表 1-9-1

序号	参数名称	参数值	序号	参数名称	参数值
1	冷却方式	空冷	12	气隙磁通密度	9830Gs
2	额定容量	777.8MVA	13	定子支臂数量	20
3	最大容量	840MVA	14	定转子间正常磁拉力	2354kN
4	额定电压	20kV	15	半数磁极短路径向力	14297kN
5	额定电流	22453A	16	额定扭矩	9.9197×10^7kN·mm
6	功率因数	0.9（滞后）	17	定转子间单边气隙	31mm
7	额定转速	75r/min	18	定子铁心总长度	3200mm
8	飞逸转速	151r/min	19	定子铁芯内直径	18766mm
9	额定频率	50Hz	20	定子铁芯外直径	19760mm
10	飞轮力矩	450000t·m^2	21	地震竖向加速度	0.15g
11	推力负荷	5500t	22	地震水平向加速度	0.25g

二、振动控制方案

水轮发电机定子装配由定子铁芯、定子线棒、定子槽楔、定位块、上压板、下压板、预紧螺杆、机座环板、立筋、合封板等部件构成，与基础和上机架连接组成。

水轮发电机定子刚、强度和振动是设计过程要满足的重要指标，为解决应力和振动频率之间的矛盾，采用斜支撑结构巧妙地解决了该难题，如图 1-9-1 所示，结构具有如下优点：

1. 斜立筋结构的定子机座既能保证径向弹性，适应因温升导致的铁芯径向膨胀，有效防止铁芯翘曲变形；又能保证切向刚度，传递电磁转矩。

2. 通过调整斜立筋的角度和尺寸，可使定子机座和基础连接后的固有频率远低于短路时的激振转矩频率。

3. 斜立筋结构可保证定子的同心度和圆度。

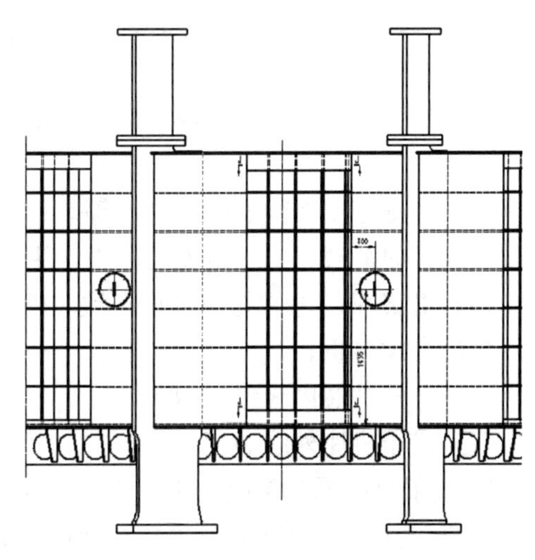

图 1-9-1 定子斜立筋结构

三、振动控制分析

1. 建立数值计算模型

建立上机架和定子计算模型，如图 1-9-2 所示，基于 ANSYS 软件的等效模型单元如表 1-9-2 所示。

图 1-9-2 上机架和定子计算模型

等效模型单元列表 表 1-9-2

序号	结构名称	单元类型	序号	结构名称	单元类型
1	定子机座上环板	板壳单元（Shell63）	6	定子机座环板	板壳单元（Shell63）
2	定子线棒	质量单元（Mass21）	7	定子机座外壁	板壳单元（Shell63）
3	定子铁心	块体单元（Solid45）	8	冷却器	质量单元（Mass21）
4	铁心和机座之间	弹簧单元（Combin14）	9	定子机座筋	板壳单元（Shell63）
5	上机架焊接钢板	板壳单元（Shell63）	10	定子支墩	板壳单元（Shell63）

边界条件考虑如下：

(1) 根据结构特点，采取空间直角坐标系，上机架和定子与基础连接处采用弹簧单元模拟；

(2) 基础刚度按弹簧刚度进行等效；

(3) 径向荷载：向心电磁径向力作用沿铁芯内表面施加；

(4) 沿 Z 轴的电磁扭矩施加在铁芯内表面；

(5) 考虑自重；

(6) 定子铁芯内缘温度 75℃；

(7) 定子机座外缘温度 40℃。

2. 定子机座隔振系统优化

计算斜立筋角度为 40°、30°、50°时，在额定工况、半数磁极短路工况、两相短路工况以及地震工况下的机座支腿平均应力，结果如表 1-9-3～表 1-9-5 所示。

斜立筋角度为 40°时机座支腿平均应力（MPa）　　**表 1-9-3**

机座支腿高度	1100（mm）	1030（mm）	500（mm）
额定工况	50.04	71.92	8.06
半数磁极短路工况	70.20	126.64	14.02
两相短路工况	62.64	95.76	10.18
地震工况	54.54	82.27	9.41

斜立筋角度为 30°时机座支腿平均应力（MPa）　　**表 1-9-4**

机座支腿高度	1100（mm）	1030（mm）	500（mm）
额定工况	63.90	88.83	9.12
半数磁极短路工况	78.48	137.37	15.07
两相短路工况	68.04	96.14	9.79
地震工况	68.49	99.28	10.46

斜立筋角度为 50°时机座支腿平均应力（MPa）　　**表 1-9-5**

机座支腿高度	1100（mm）	1030（mm）	500（mm）
额定工况	41.94	61.75	7.39
半数磁极短路工况	65.34	120.18	13.34
两相短路工况	59.04	95.38	10.37
地震工况	46.44	72.11	8.74

当斜立筋角度减小到 30°，机座支腿各高度处平均应力较斜立筋角度为 40°时增大；当斜立筋角度增大到 50°，机座支腿各高度处的平均应力较斜立筋角度为 40°时减小，但同时应考虑加大定子铁芯屈曲的危险性，故斜立筋角度宜取 40°，如图 1-9-3 所示。表 1-9-6 给出最大应力值随筋倾斜角度变化趋势。

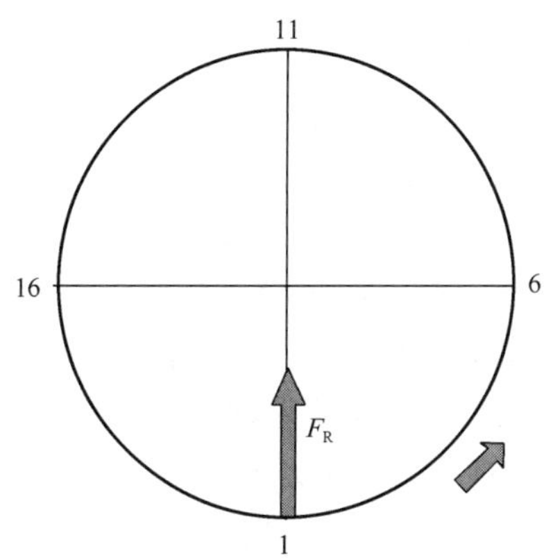

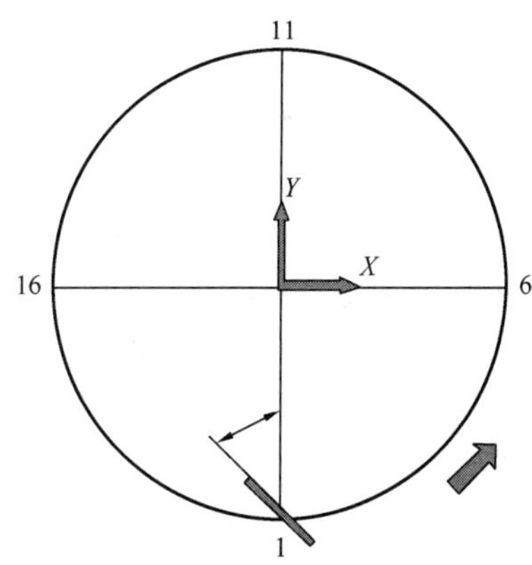

图 1-9-3　热膨胀和径向力对机座的影响示意

最大应力值随筋倾斜角度变化趋势　　**表 1-9-6**

位置角度（°）	斜立筋编号	综合应力（MPa）	位置角度（°）	斜立筋编号	综合应力（MPa）
180	11	313.2	288	17	343.4
198	12	285.8	306	18	342.6
216	13	259.4	324	19	303.3
234	14	231.8	342	20	245.7
252	15	228.7	360（0）	1	161.3
270	16	273.8			

表 1-9-7 给出斜立筋位置径向力在 x 向和 y 向分量，27.6%的径向力由上机架分担，72.4%的径向力由斜立筋基础板分担。

斜立筋位置的径向力在 x 向和 y 向分量 **表 1-9-7**

腿的编号	位置（°）	x 方向的力（kN）	y 方向的力（kN）
1	0	−249.3	122.4
2	18	−186.0	−6.1
3	36	−91.1	−75.5
4	54	55.7	−84.8
5	72	262.1	11.7
6	90	471.7	273.4
7	108	503.5	608.5
8	126	312.4	782.1
9	144	69.7	755.7
10	162	−110.9	620.1
11	180	−211.3	465.6
12	198	−256.2	331.8
13	216	−252.9	222.2
14	234	−188.0	147.9
15	252	−31.5	161.7
16	270	146.3	324.6
17	288	175.4	552.9
18	306	14.3	614.0
19	324	−162.3	501.7
20	342	−250.6	301.1

20 个机座腿中，热膨胀力均沿径向向外，而半数磁极短路磁拉力始终沿 Y 轴正向。由图 1-9-4，11 号机座腿的磁拉力沿 Y 轴正向，此时，热膨胀力与半数磁极短路磁拉力同向，可直接叠加，故 11 号机座腿受到的弯曲应力最大（设每个机座腿的径向热膨胀力为 F_m，每个机座腿的 Y 轴向磁拉力为 F_{cy}，每个机座腿的径向磁拉力合力为 $F_c(i)$，机座腿总数 $m=20$，由于 $f(i)=F_m-F_c(i)=F_{my}-F_{cy}\times\cos[(i-1)\times2\pi/m]$，故当 $i=11$ 时，合力 $F(11)$ 最大，即第 11 个机座腿弯曲应力最大）。

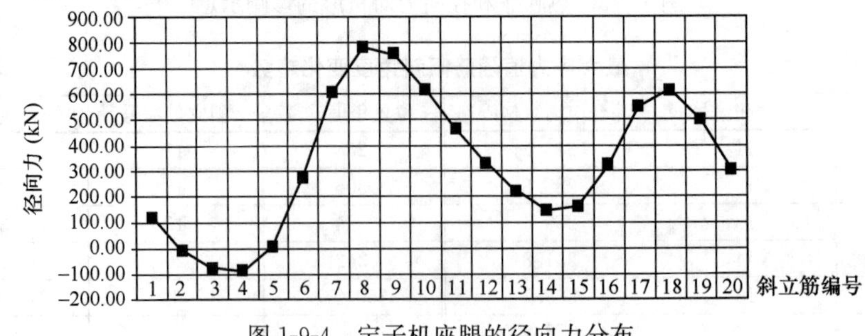

图 1-9-4 定子机座腿的径向力分布

3. 模态分析和稳定性分析

图 1-9-5 给出定子机座 4 节点固有频率振型图，上机架与定子机座联合计算得到的固有频率：水平振动模态或者 2 节点振动频率 10.6589Hz，4 节点振型频率为 10.0734Hz，扭转振型频率为 11.3991Hz。表 1-9-8 给出磁拉力刚度系数与 4 节点振型频率关系。

图 1-9-5　定子机座 4 节点固有频率振型

磁拉力刚度系数与 4 节点振型频率关系　　**表 1-9-8**

磁拉力刚度系数	4 节点振型频率（Hz）	磁拉力刚度系数	4 节点振型频率（Hz）
0.2	10.4559	6.0	6.7536
1.0	10.0734	7.0	5.8439
3.0	8.9246	9.0	3.3362
4.0	8.2694	9.5	2.3145
5.0	7.5516	9.7	1.7452

四、振动控制效果

通过斜立筋倾角优化，改变定子机座与基础连接刚度，使定子机座的固有频率设计值不接近任何外激振力频率，振动控制效果显著。

[实例 1-10] 曹妃甸电厂二期 1000MW 工程汽动给水泵组及发电机基础振动控制

一、工程概况

华润电力曹妃甸电厂位于河北省唐山市曹妃甸工业园区中南部，紧邻一号港池码头腹地，厂址由浅没海滩吹砂造地形成。全厂规划容量 4600MW，一期建设 2×300MW 亚临界抽凝式供热机组，于 2009 年 7 月投产。二期建设 2×1000MW 超超临界凝汽式燃煤发电机组，两台机组分别于 2019 年 4 月和 2020 年 6 月投产运营。二期工程采用当时最新的国产 1000MW 一次再热超超临界高效机组，是国内火电机组中首次采用五缸六排汽长轴系汽轮发电机组（含 11 级回热系统），工程综合采用机炉热力深度耦合、辅机变频节能、汽轮机保效等先进技术，提高全厂热效率，实现了机组全负荷段高效运行和长期持续保效运行。

本工程主机给水系统设置 1×100% TMCR（Turbine Maximum Continuous Rating）容量汽动给水泵，为国内首次采用汽动给水泵驱动装置与变频中心一体化设计，采用汽动给水泵与小汽轮机直连，配置独立凝汽器，小汽轮机另一端通过齿轮箱与一台额定功率 30MW 发电机连接，组成全厂综合辅机变频节能中心，以满足整座电厂用电需求。汽动给水泵、小汽轮机及发电机三种不同频率的动力设备组成联合基础，给水泵及发电机布置在驱动汽轮机两侧，如图 1-10-1 和图 1-10-2 所示。

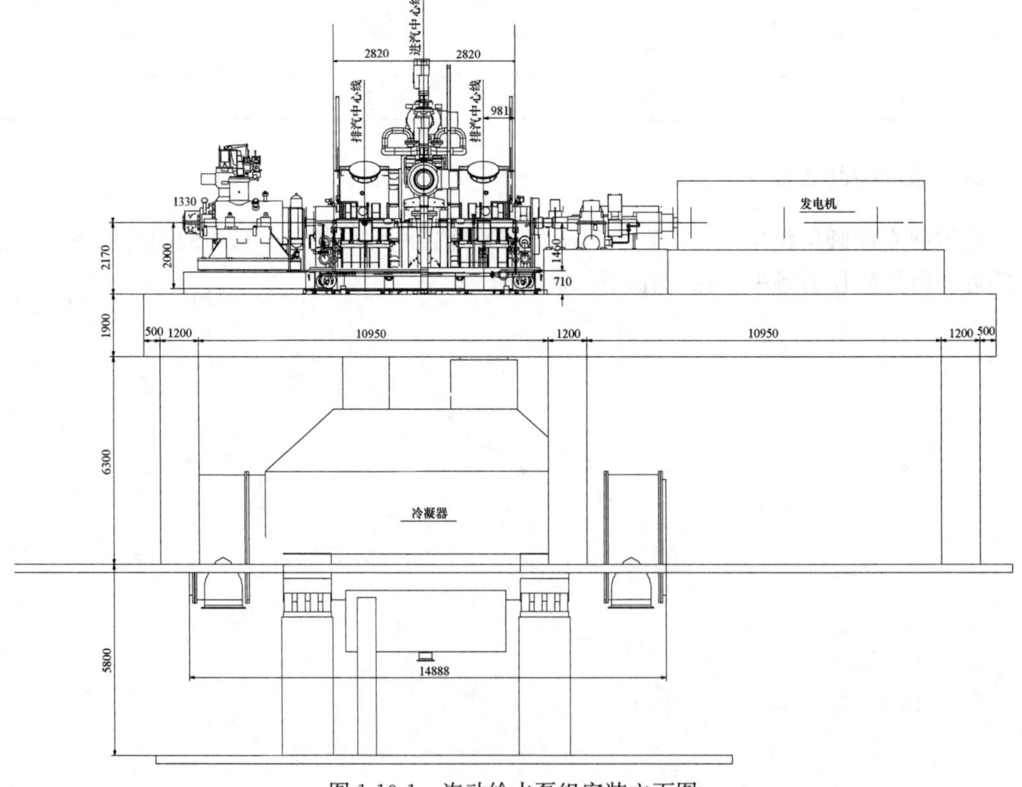

图 1-10-1　汽动给水泵组安装立面图

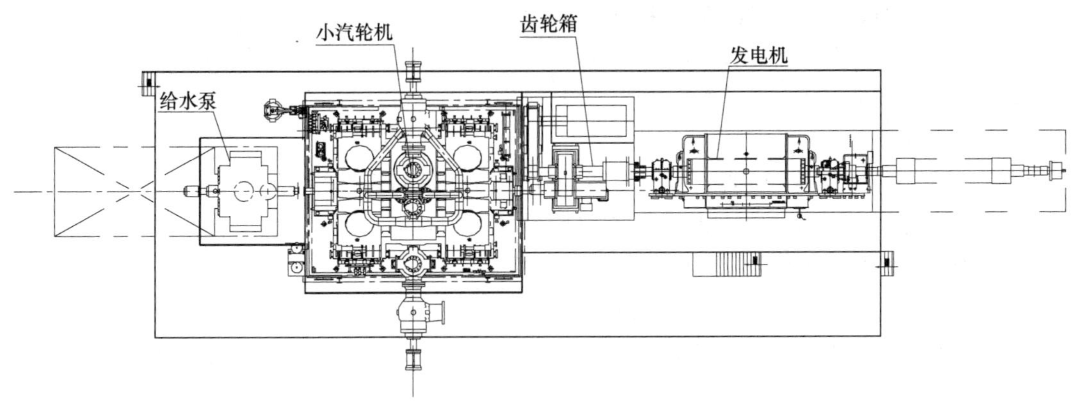

图 1-10-2　汽动给水泵组安装平面图

汽动给水泵、小汽轮机及发电机联合基础长 24.8m，宽 8.9m，主要设备参数如下：

1. 给水泵　型号 HPT 500-505-5s，生产商：苏尔寿。泵重 221.5kN，支架及附件重 100.0kN，转子重 12.8kN，工作频率 77.55Hz。

2. 汽轮机　型号 SST500 WK80/100，生产商：德国 SIEMENS。设计功率 53MW，设备重 2106.0kN，其中，转子重 220.0kN，工作频率 77.55Hz。

3. 齿轮箱及马达　总重 18t，生产商：德国 VOITH 公司。

4. 发电机　型号 QFSN-600-2，生产商：北京北重汽轮电机有限责任公司。设计功率 30MW，发电机重 748.0kN，其中，转子重 190.0kN，工作频率 50.0Hz。

5. 励磁机　重 23.5kN。

6. 凝汽器　重 400kN。

7. 机组重量汇总于表 1-10-1。

机组重量　　**表 1-10-1**

设备名称	给水泵	汽轮机	发电机	齿轮箱	励磁机	凝汽器
设备总重（t）	22.15	210.60	74.80	18.00	2.35	40.00
转子（t）	1.28	22	19	—	—	—

二、振动控制方案

1. 振动控制要求

（1）结构隔振要求

本工程给水泵汽轮机同时驱动给水泵和发电机，属国内首次应用于百万机组工程中，同一个基础上三个转动设备转动频率不同，振动控制要求高。此外，考虑工艺布置要求，汽动给水泵、小汽轮机及发电机组成联合基础，布置在汽机房大平台中间层框架梁上，由汽机房框架梁、柱直接承担机组设备和基础荷载。

为避免机组振动对大平台及汽机房整体结构造成不利影响，汽动给水泵机组采用弹簧隔振基础。

（2）基础动力特性要求

小汽轮机采用德国 SIEMENS 公司产品，基础动力分析及设计主要依据德国标准《机

器基础　支承带转动部件的机器的柔性结构》DIN 4024—1—1988 和《机械振动　通过非转动件的测量进行机械振动的评估　第 3 部分：现场测量时标称功率为 15kW 和标称速度为 120～15000r/min 的工业机械》ISO 10816—3—2009。

1）自振频率

按照德国标准《机器基础　支承带转动部件的机器的柔性结构》DIN 4024—1—1988 规定，基础自振频率同时符合以下（a）、（b）两个条件时，可不进行受迫振动分析。

（a）第一阶自振频率：$f_1 \geqslant 1.25\ f_m$ 或 $f_1 \leqslant 0.8\ f_m$

（b）高阶自振频率：$f_n \leqslant 0.9\ f_m$ 或 $f_{n+1} \geqslant 1.1\ f_m$

当不能满足上述条件时，需要进行受迫振动分析，以全面了解其动力特性。

2）受迫振动要求

SIEMENS 设备资料中对汽轮机提出具体限值要求：在不平衡等级 G2.5 情况下，速度均方根限值不大于 2.8mm/s。

该汽动给水泵机组，汽轮机最大功率为 53MW，转速 4653r/min；发电机功率 30MW，转速 3000r/min，符合国际标准《机械振动　通过非转动件的测量进行机械振动的评估　第3 部分：现场测量时标称功率为 15kW 和标称速度为 120～15000r/min 的工业机械》ISO 10816—3—2009 的适用范围。根据其要求，位于 A/B 区域的速度均方根限值为 3.5mm/s，位于 B/C 区域的速度均方根限值为 7.1mm/s。

由于给水泵和发电机的国内制造商未提供设备平衡等级，根据德国标准《机器基础 支承带转动部件的机器的柔性结构》DIN 4024—1—1988 要求，当缺少制造厂提供的资料时，平衡等级应取比德国标准《机械振动 在恒定（刚性）状态下转子的平衡质量要求　第 1 部分：平衡公差的规范和检定》DIN ISO 1940—1—2004 所规定机组低一级的平衡等级。

2. 隔振基础方案

根据主厂房布置，为节省空间、简化汽机房大平台结构布置，汽动给水泵机组及基础布置在汽机房大平台中间层，基础下部与汽机房大平台支撑梁之间设置隔振弹簧，以控制机组振动荷载向厂房其他结构传递。

隔振弹簧及其上钢筋混凝土基础台板设计须考虑动力作用，进行动力分析；隔振弹簧以下支撑结构及汽机房、大平台等结构设计，按静力荷载进行强度验算。

通过优化调整基础和弹簧刚度及布置，保证隔振基础系统的基本频率避开轴系频率及临界转速，一般控制基础系统的第一阶自振频率在 3～5Hz 左右，隔振弹簧及基础布置如图 1-10-3 和图 1-10-4 所示，隔振弹簧设计刚度如表 1-10-2 所示。

隔振弹簧设计刚度（kN/mm）　**表 1-10-2**

序号	数量	单个弹簧刚度		总刚度	
		竖向刚度	水平刚度	竖向刚度	水平刚度
1	24	12.62	13.06	302.88	313.44
2	24	12.62	13.06	302.88	313.44

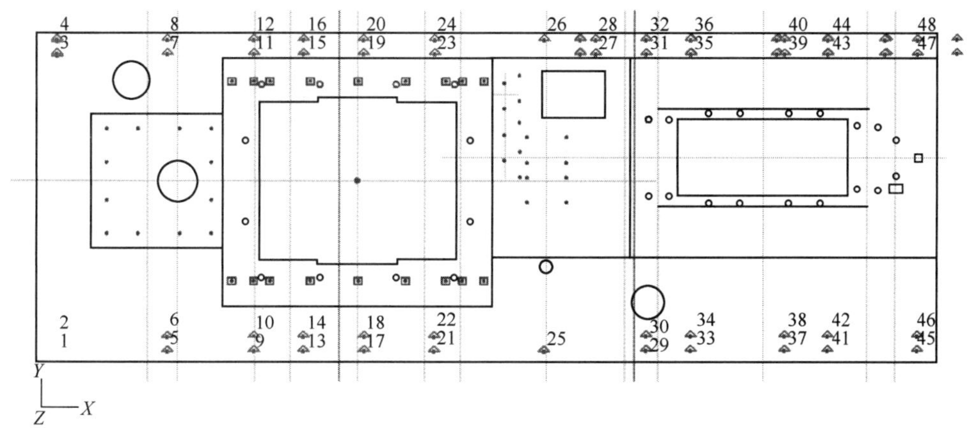

图 1-10-3　隔振弹簧平面布置图

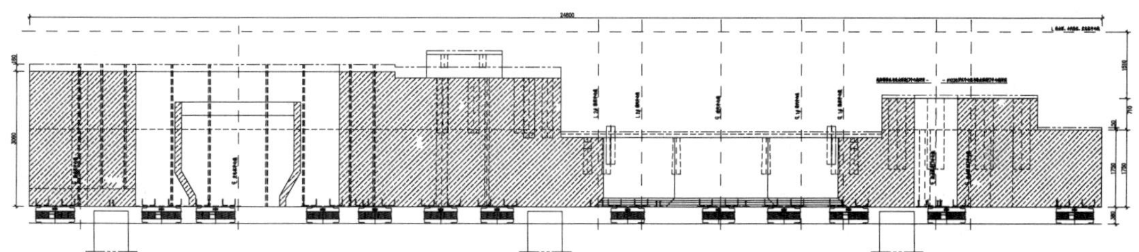

图 1-10-4　基础及弹簧布置剖面图

三、振动控制分析

根据德国标准《机器基础　支承带转动部件的机器的柔性结构》DIN 4024—1—1988 有关规定，当支撑隔振弹簧的下部结构刚度不小于 10 倍隔振弹簧系统的刚度时，可将下部结构简化为刚性支座，在进行隔振弹簧系统和上部机组基础动力分析时，不考虑下部结构对动力分析的影响。

1. 有限元模型

动力和结构分析采用 NASTRAN 有限元分析软件，基础采用板单元模拟，轴系采用梁单元模拟，扰力作用在轴系上的质点，通过刚性梁单元 RBE3 将扰力传递至基础受力点，软件自动计算基础自重。有限元模型见图 1-10-5～图 1-10-7。

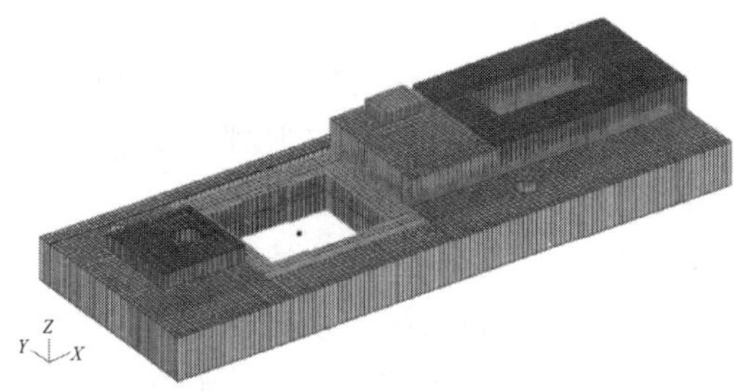

图 1-10-5　基础三维模型

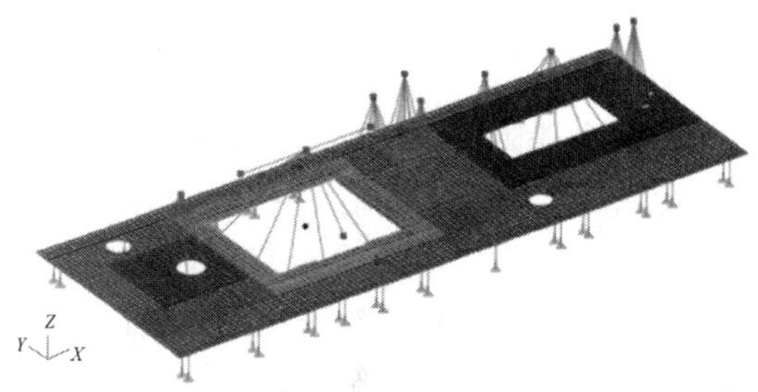

图 1-10-6　有限元计算模型

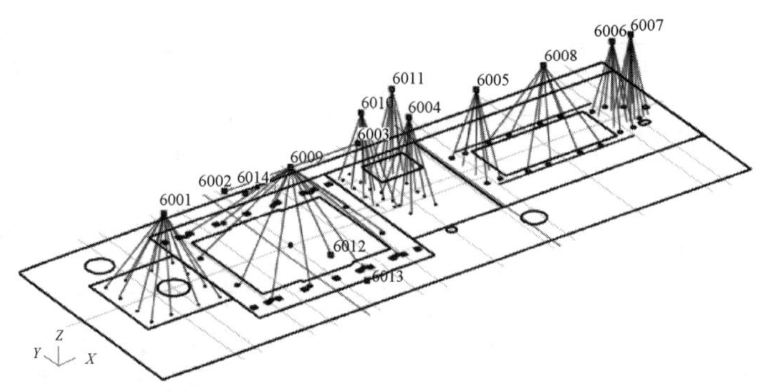

图 1-10-7　荷载作用点

2. 参数取值

厂家没有提供给水泵和发电机的平衡等级，仅提供了汽轮机平衡等级为 G2.5。根据国际标准《机械振动　转子平衡　第 11 部分：刚性转子的程序和公差》ISO 21940—11—2016，确定给水泵主泵平衡等级为 G6.3，发电机平衡等级为 G2.5。动力分析时按照德国标准《机器基础　支承带转动部件的机器的柔性结构》DIN 4024—1—1988 要求，平衡等级降低一级计算不平衡力，即扰力（不平衡力）分别按给水泵平衡等级 G16、汽轮机和发电机平衡等级 G6.3 进行计算。台板混凝土阻尼比按德国标准《机器基础　支承带转动部件的机器的柔性结构》DIN 4024—1—1988 推荐取 2%。

3. 振动荷载取值

根据平衡等级，计算出每个扰力点的不平衡力，如表 1-10-3 所示。

各扰力点不平衡力　　表 1-10-3

扰力点标号	扰力点位置	e_ω（mm/s）	f_m（Hz）	转子重（kN）	不平衡力（kN）
6001	给水泵	16	77.55	12.8	10
6002	汽轮机前轴承	6.3	77.55	110	33.8
6003	汽轮机后轴承	6.3	77.55	110	33.8
6004	变速箱主动齿轮	6.3	77.55	16.9	5.2
6004	变速箱从动齿轮	6.3	50.00	20.9	4.1
6005	发电机前轴承	6.3	50.00	95	18.8
6006	发电机后轴承	6.3	50.00	95	18.8

四、振动控制关键技术

1. 隔振系统频率控制技术：隔振系统基本频率应避开轴系频率及临界转速，通过隔振器（带黏滞阻尼的螺旋弹簧隔振器）合理选型及布置优化，控制基础自振频率。本工程基础系统第 1～6 阶为刚体平动、转动振型，实际频率为 2.86～5.76Hz。

2. 多频率转动设备联合基础振动控制技术：本工程同一基础上三个振动设备（给水泵、汽轮机与发电机）转速不同，制造平衡等级不同，正常运行工况下存在相位差，动力响应很难直接叠加。为解决该难题，将 2 个频率扰力的动力响应按“平方和开平方”进行组合，并分别验算 0.8×50～1.2×50Hz，0.8×77.55～1.2× 77.55Hz 两个频段的动力响应，以满足有效控制振动的要求。

3. 基础刚度控制：基础应具有一定的质量、刚度，以保证良好的动力特性，但过大的基础自重会增加隔振弹簧的选型难度及下部支撑结构的工程量，经反复试算分析及工程应用验证，建议基础与设备的质量比控制在 2～3 倍为宜。

4. 隔振弹簧承载力控制：为确保隔振弹簧处于弹性工作状态，弹簧反力宜控制在其承载力的 80%以内；本工程弹簧总反力为 14350kN，总承载力为 19968kN，反力约为其承载能力的 72%。

5. 有限元分析中采用 RBE3 单元传递扰力点与基座受力点间的作用：RBE3 不是刚性单元，但属于多点约束范畴，主要用于力从一个节点向多个节点传递的模拟。以往工程分析中，一般采用主从节点命令，主从节点间不能独立变形，其变形必须保持一致，相当于用刚度无穷大的杆把扰力点和基础受力点联系起来，该过程过度考虑了设备自身刚度，导致动力响应分析结果偏小。RBE3 的优势是扰力点位移由多个基础受力点处的位移线性组合得到，各受力点之间独立运动，从而避免上述问题。

五、振动控制效果

1. 自振频率分析结果

基础前 30 阶自振频率如表 1-10-4 所示，其中，前 6 阶振型为基础的平动、转动振型，反映结构作为刚体的自振频率。由于给水泵汽轮机和发电机的额定频率分别为 77.5Hz 和 50Hz，可以看出，基础的自振频率并没有完全满足德国标准《机器基础　支承带转动部件的机器的柔性结构》DIN 4024—1—1988 要求。随机组负荷变化，给水泵和小汽轮机变频运行，需要进行受迫振动分析。

基础自振频率　　**表 1-10-4**

阶数 n	频率 f_n（Hz）	阶数 n	频率 f_n（Hz）	阶数 n	频率 f_n（Hz）
1	2.86	11	32.90	21	84.0
2	2.94	12	39.10	22	85.6
3	3.26	13	44.80	23	88.2
4	3.77	14	47.50	24	89.2
5	3.82	15	53.30	25	93.0
6	5.76	16	58.6	26	95.4
7	8.00	17	67.3	27	100.8
8	14.80	18	72.8	28	106.1
9	22.20	19	74.8	29	110.2
10	25.40	20	79.8	30	115.6

2. 受迫振动分析结果

动力分析得到各扰力点的振动速度单峰值，并根据不同频率扰力作用下的动力响应峰值，按照“平方和开平方”的方式进行组合，然后除以 $\sqrt{2}$ 后得到均方根值 V_{eff}。

各扰力点的速度均方根随频率的变化曲线如图 1-10-8 和图 1-10-9 所示。由于有两种转速，分别计算了 40～60Hz，62～93Hz 两个频率段的速度均方根值。其中，频率为 53.4Hz 时的速度均方根峰值为 2.77mm/s（对应平衡等级 6.3），频率为 67.6Hz 时的速度均方根峰值为 0.69mm/s（对应平衡等级 6.3），满足国家标准《机械振动　在非旋转部件上测量评价机器的振动　第 3 部分：额定功率大于 15kW 额定转速在 120r/min 至 15000r/min 之间的在现场测量的工业机器》GB/T 6075.3—2011/ISO 10816—3：2009 中 A/B 区域速度均方根限值不大于 3.5mm/s 的要求。平衡等级 2.5 求得的速度均方根峰值分别为 1.01mm/s 和 0.27mm/s，均小于西门子产品规定的 2.8mm/s 要求。

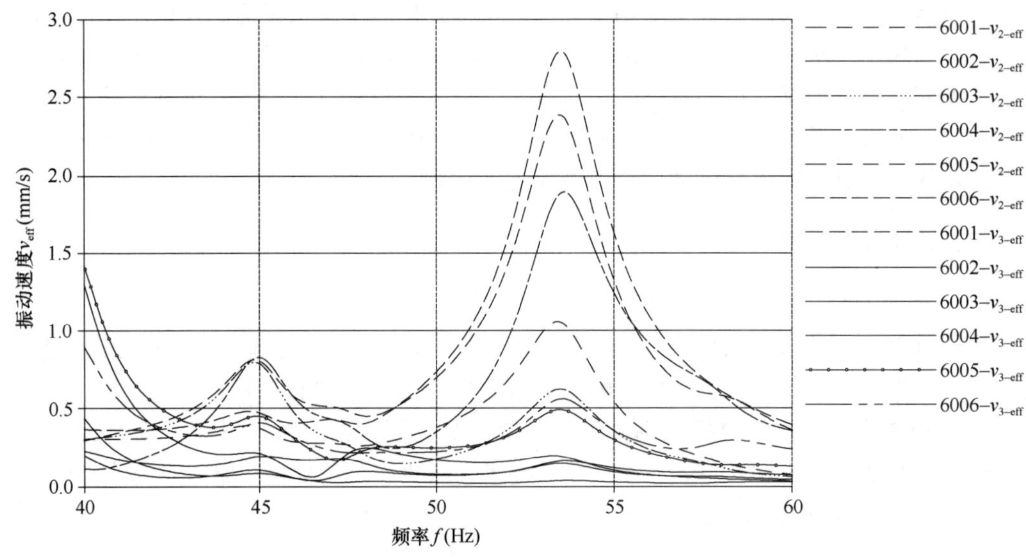

图 1-10-8　速度均方根随频率变化曲线（40～60Hz）
（其中：v_2 为水平横向，v_3 为竖向）

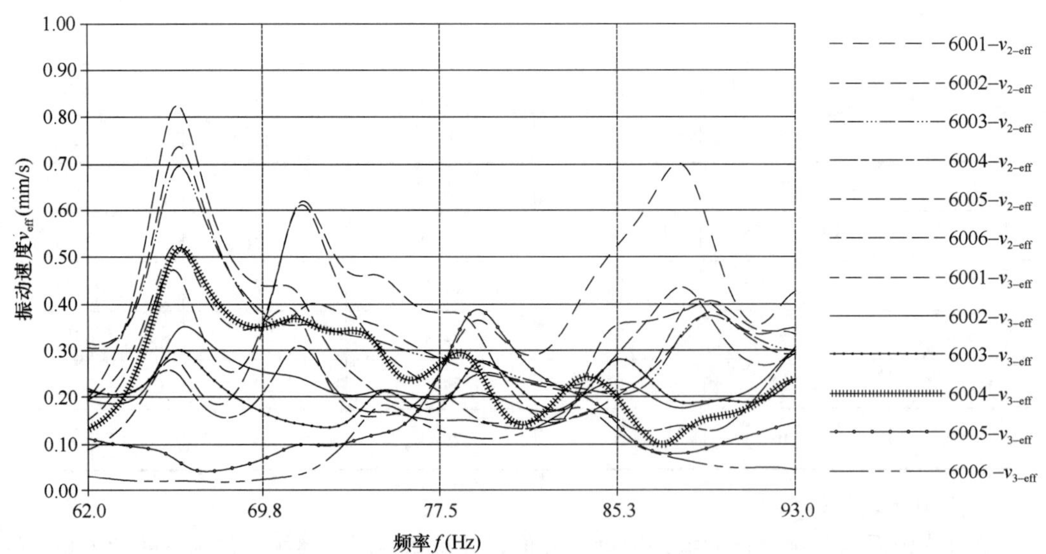

图 1-10-9　速度均方根随频率变化曲线（62～93Hz）
（其中：v_2 为水平横向，v_3 为竖向）

本工程给水泵汽轮机同时驱动给水泵和发电机，在国内百万机组工程中首次应用，采用带黏滞阻尼的螺旋弹簧隔振器的隔振设计方案，振动控制效果满足有关规范及制造厂家要求。机组运行后，所有扰力点振动线位移远小于规范限值，轴承振动满足机组长期安全稳定运行的要求。

［实例 1-11］广东岭澳二期 2×1000MW 核电半速汽轮发电机组基础振动控制

一、工程概况

岭澳核电站二期是继大亚湾核电站、岭澳核电站一期后，在广东地区建设的第三座大型商用核电站，岭澳二期 2×1000MW 核电（图 1-11-1）是我国第一个采用半速汽轮发电机组的核电站。

图 1-11-1　岭澳二期核电站

半速汽轮发电机组引进法国 Alstom 公司的 Arabelle 机型，由东方电气进行国产化生产。核电站使用饱和蒸汽，每公斤蒸汽的做功能力比常规机组小得多，输出同样的功率，核电站汽轮机末叶片的长度要比常规电厂汽轮机长，受叶顶线速度与叶根材料强度限制，汽轮机末叶片长度不能随意加长，最佳解决方法即将机组转速 3000r/min 减半。半速机组给基础的振动控制带来全新挑战，由于工作频率为 25Hz（1500r/min），扰频更加接近基础的固有频率，增加共振风险。

二、振动控制方案

若通过增加基础刚度来抑制共振，每台机组的基础混凝土用量大大增加，即使如此，仍然无法使基础的竖向固有频率避开工作转速的 2～3 倍。岭澳二期机组轴系长度小，设备紧凑，空间有限，无法采用增大柱子的方法来增大基础的刚度。如果采用常规基础，必须减小柱截面，基础柱水平刚度降低，基础在机组运行时，通过轴系传递到基础下部的振动使基础柱子、中间层平台振动过大，给机组运行带来诸多不利。

经过大量的工程调研和理论分析，选择采用弹簧隔振基础设计方案，其固有频率降低，可设计成 3～4Hz，使核电半速机组避开工作转速 2～3 倍。弹簧隔振基础具有较高的隔振效率，台板以下部分可按静荷载考虑，弹簧隔振基础的柱截面比普通基础小很多，适用于紧凑机型基础设计，有利于设备布置。

图1-11-2为岭澳二期核电站汽轮发电机组弹簧隔振基础隔振器布置图，表1-11-1给

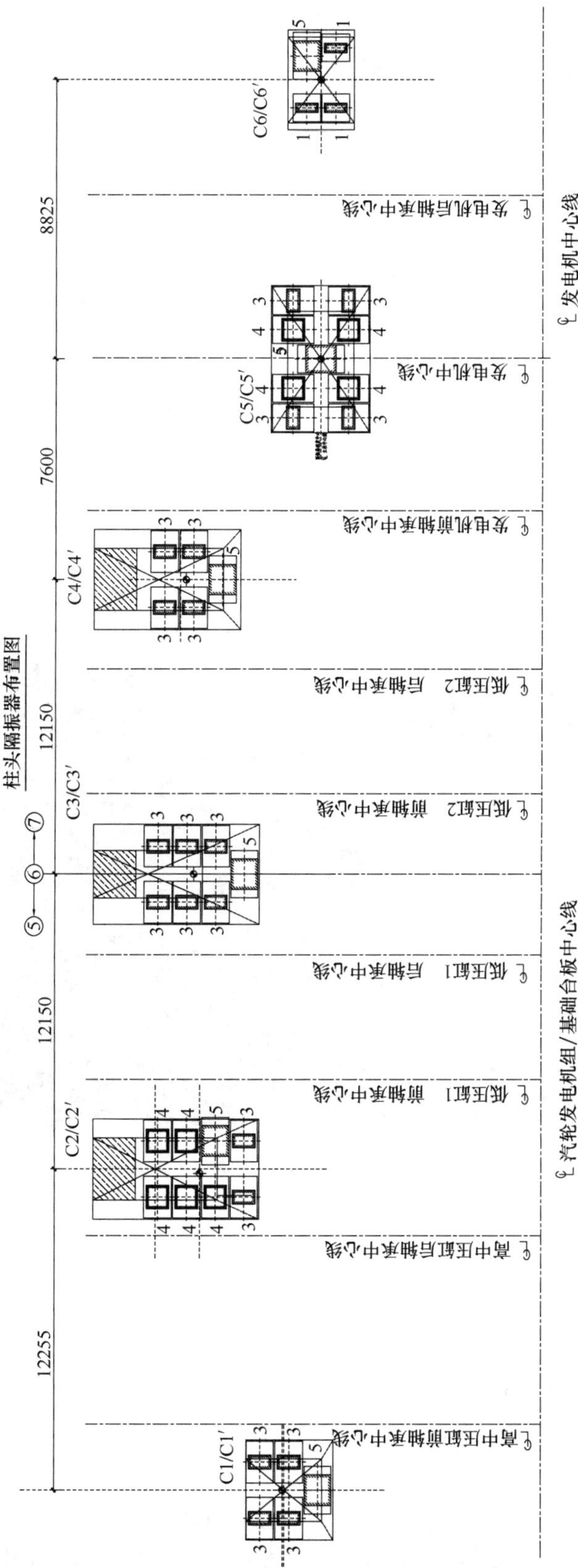

图 1-11-2　汽轮发电机组弹簧隔振基础隔振器布置图

出隔振器在各个柱头上的刚度值，图 1-11-3 为现场施工照片，圆圈位置是弹簧隔振装置。整个隔振基础由底板、立柱、弹簧隔振装置和台板组成。台板长 56.24m、高 16.3m，汽轮机侧 17m 宽、发电机侧 13m 宽，厚度约 4m。机器重 26786kN，基础重 42742kN，机器与基础总重 69528kN。弹簧隔振系统共有 76 个 TK 型弹簧隔振装置，其中 12 个为带阻尼器型隔振器。隔振系统竖向总刚度为 2776.6kN/mm，平均竖向压缩量为 25.0mm，竖向固有频率为 3.16Hz。

隔振器在各个柱头上的刚度值　　表 1-11-1

柱子编号	竖向刚度 K_v (kN/mm)	水平刚度 K_h (kN/mm)	柱子编号	竖向刚度 K_v (kN/mm)	水平刚度 K_h (kN/mm)
柱子 C1	180.2	103.1	柱子 C4	180.2	103.1
柱子 C1′	180.2	103.1	柱子 C4′	180.2	103.1
柱子 C2	309.5	169	柱子 C5	343.8	190.7
柱子 C2′	309.5	169	柱子 C5′	343.8	190.7
柱子 C3	255.4	146.7	柱子 C6	119.2	63.6
柱子 C3′	255.4	146.7	柱子 C6′	119.2	63.6

图 1-11-3　岭澳核电站汽轮发电机组弹簧隔振基础施工

三、振动控制分析

1. 建立数值计算模型

（1）基础结构建模

振动控制分析可忽略隔振器下部柱子、中间平台等结构，取隔振器上部台板、设备进行建模，图 1-11-4 为基础台板有限元数值模型。

（2）机组设备建模

汽轮发电机组是以转动部分（转子）轴系为中心，与非转动部分（定子、机壳、支撑等）部件相连的复杂钢结构，在建模中将设备质量按照分布属性凝聚为集中质量或均布质

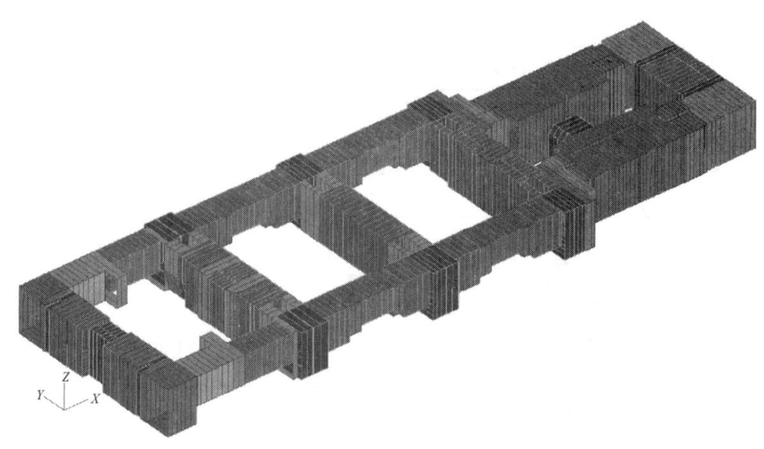

图 1-11-4　基础台板有限元数值模型

量，转子部分交汇在转子轴承中心处，定子部分简化到基础台板。

（3）设备-基础连接

以设备质心节点作为主节点建立刚性杆或刚体单元，并按实际设备与基础之间预埋件的位置选取刚体单元从节点，并把设备连接点固定在基础上，设备-基础结构模型如图 1-11-5所示。

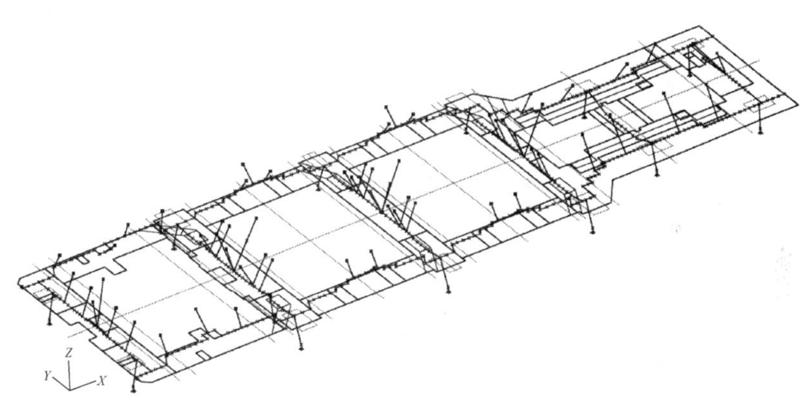

图 1-11-5　设备-基础结构模型

（4）隔振装置建模

建模时忽略隔振装置的自身构造，用具有黏性阻尼特征的弹簧单元模拟刚度、阻尼，再考虑与结构之间连接，从而建立整体模型。

2. 自振特性计算结果

基础自振频率如表 1-11-2 所示，其中，竖向整体平动振型频率为 3.093Hz，竖向一阶弯曲振型频率为 3.507Hz，均远离工作扰频 25Hz。

基础自振频率计算结果　　**表 1-11-2**

模态阶数	自振频率（Hz）	模态阶数	自振频率（Hz）
1	2.202	3	2.364
2	2.299	4	3.093

续表

模态阶数	自振频率（Hz）	模态阶数	自振频率（Hz）
5	3.151	20	18.846
6	3.507	21	19.135
7	4.879	22	21.034
8	5.629	23	22.302
9	5.636	24	23.823
10	6.224	25	23.87
11	7.321	26	25.721
12	9.727	27	27.206
13	9.905	28	28.244
14	10.392	29	29.363
15	12.315	30	30.424
16	12.725	31	31.986
17	13.576	32	32.042
18	13.621	33	34.118
19	17.477	—	—

3. 振动荷载计算

根据厂家提供资料，转子不平衡等级 $G=6.3\times10^{-3}$ m/s，按照国家标准《建筑振动荷载标准》GB/T 51228—2017 计算的振动荷载如表 1-11-3 所示。

各轴承处的振动荷载（kN） **表 1-11-3**

转子位置	F_{vx}水平（横）向	F_{vz}竖向
高压缸前端 1 号横梁中心点	50	50
高压缸后端 2 号横梁中心点	60	60
低压缸 A 前端 2 号横梁中心两侧	—	50×2
低压缸 A 前端 2 号横梁中点	100	—
低压缸 A 后端 3 号横梁中心两侧	—	50×2
低压缸 A 后端 3 号横梁中点	100	—
低压缸 B 前端 3 号横梁中心两侧	—	50×2
低压缸 B 前端 3 号横梁中点	100	—
低压缸 B 后端 4 号横梁中心两侧	—	50×2
低压缸 B 后端 4 号横梁中点	100	—
发电机前段纵梁两侧	—	70×2
发电机前段轴承中心点	140	—
发电机后段纵梁两侧	—	70×2
发电机后段轴承中心点	140	—

4. 振动响应计算

基础模态阻尼比取 4%，振动响应控制范围 20～27.5Hz，控制值根据国家标准《机械振动　在非旋转部件上测量评价机器的振动　第 2 部分：50MW 以上，额定转速为 1500r/min、1800r/min、3000r/min 和 3600r/min 陆地安装的汽轮机和发电机》GB/T 6075.2—2012/ISO 10816—2：2009 选取，如表 1-11-4 所示，振动速度响应采用 SRSS 法（平方和的平方根）确定。

汽轮发电机组轴承座振动速度评价区域边界的推荐值　　表 1-11-4

区域边界	轴转速（r/min）	
	1500 或 1800	3000 或 3600
	振动速度均方根值（mm/s）	
A/B	2.8	3.8
B/C	5.3	7.5
C/D	8.5	11.8

注：区域 A，新交付机器的振动通常属于该区域；区域 B，机器振动处在该区域通常可长期运行；区域 C，机器振动处在该区域一般不适宜长时间连续运行，通常机器可在此状态下运行有限时间，到有采取补救措施的合适时机为止；区域 D，机器振动处在该区域，其振动烈度足以导致机器损坏。

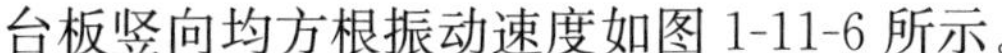

台板竖向均方根振动速度如图 1-11-6 所示。

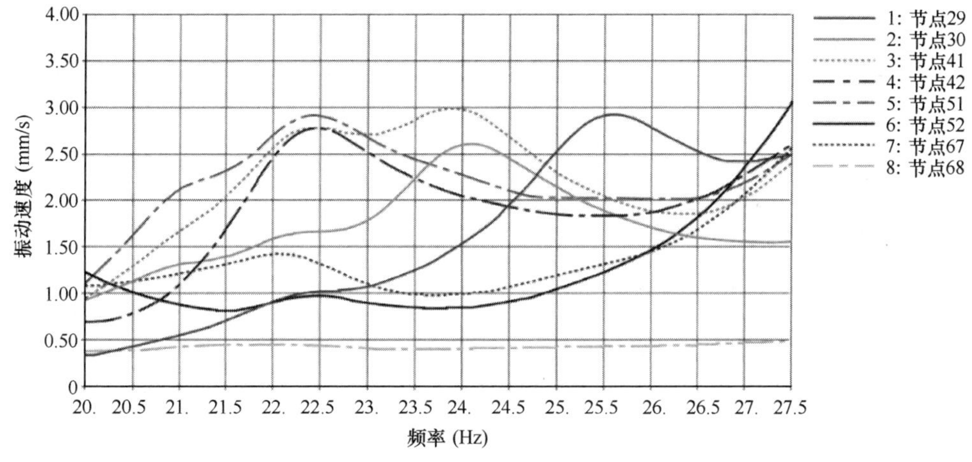

图 1-11-6　台板竖向均方根振动速度幅频曲线

四、振动控制效果

岭澳二期机组投入运行半年后，业主委托测试单位对机组进行了实测，现场如图 1-11-7所示。

1. 基础的自振特性

机组-基础系统的动力特性测试是检验汽轮发电机组弹簧基础设计计算的重要依据。表 1-11-5 是在基础结构施工后、设备安装完毕、弹簧隔振器刚度释放状态下，对机组基础进行测试得到的自振特性结果。由测试结果，竖向弯曲一阶自振频率为 3.67Hz，有限

图 1-11-7 岭澳二期汽机基础现场测试

元计算结果为 3.507Hz，误差控制在 5%以内，计算方法满足工程精度要求。

基础的自振特性结果 表 1-11-5

模态阶数	竖向			水平横向		
	频率（Hz）	阻尼比	振型	频率（Hz）	阻尼比	振型
1	3.67	3.90%	竖向一阶弯曲	2.62	2.46%	横向摆动
2	6.21	3.09%	竖向一阶扭弯	6.21	2.28%	横向一阶弯曲
3	8.50	2.19%	竖向二阶弯曲	9.02	2.63%	横向二阶弯曲
4	10.94	2.07%	竖向三阶弯曲	16.00	2.35%	横向三阶弯曲
5	12.95	3.27%	竖向二阶扭弯	21.35	3.01%	横向四阶弯曲
6	16.00	3.19%	竖向四阶弯曲	30.47	3.25%	纵梁反向弯曲
7	22.71	2.50%	竖向三阶扭弯	33.94	1.96%	纵梁局部弯曲
8	24.55	3.29%	竖向四阶扭弯	—	—	—
9	34.86	2.05%	竖向五阶扭弯	—	—	—

2. 机组调试期振动测试

在工作转速 1500r/min 下进行振动测试，结果见表 1-11-6，最大竖向振动发生在 7 号轴承，为 1.17mm/s，小于表 1-11-4 中的 A 区域容许值 2.8mm/s。

工作转速 1500r/min 工况下轴承座的振动速度有效值（mm/s） 表 1-11-6

轴承号	通频速度			工频速度		
	X（水平纵向）	Y（水平横向）	Z（竖向）	X（水平纵向）	Y（水平横向）	Z（竖向）
1 号	0.24	0.23	0.17	0.07	0.09	0.06
2 号	0.19	0.17	0.20	0.03	0.07	0.15
3 号	0.43	0.29	0.72	0.23	0.17	0.69

续表

轴承号	通频速度			工频速度		
	X（水平纵向）	Y（水平横向）	Z（竖向）	X（水平纵向）	Y（水平横向）	Z（竖向）
4号	0.74	0.37	0.59	0.39	0.33	0.55
5号	0.56	0.50	0.73	0.42	0.39	0.70
6号	0.29	0.53	0.41	0.13	0.44	0.37
7号	0.42	0.93	1.17	0.09	0.68	0.81
8号	0.69	0.55	0.37	0.09	0.06	0.06

3. 机组投入运行后半年振动测试

机组投入运行半年后，在机组满负荷工况进行测试，结果见表1-11-7，最大竖向振动发生在7号轴承，为1.10mm/s，小于表1-11-4中的A区域容许值2.8mm/s。

机组满负荷下轴承座的振动速度有效值（mm/s）　　**表1-11-7**

轴承号	通频速度			工频速度		
	X（水平纵向）	Y（水平横向）	Z（竖向）	X（水平纵向）	Y（水平横向）	Z（竖向）
1号	0.25	0.25	0.20	0.07	0.09	0.09
2号	0.20	0.19	0.43	0.04	0.12	0.41
3号	0.52	0.27	0.78	0.43	0.14	0.76
4号	0.75	0.40	0.70	0.68	0.30	0.66
5号	0.66	0.48	0.79	0.58	0.35	0.75
6号	0.34	0.53	0.47	0.21	0.48	0.44
7号	0.32	0.74	1.10	0.17	0.59	0.73
8号	0.69	0.50	0.30	0.23	0.10	0.13

［实例 1-12］舰船用离心泵机组振动控制

一、工程概况

离心泵作为一种通用机械，不仅应用于国民经济各领域，而且广泛用于XX3、XX4、XX3A、XX3B等系列舰船的动力系统、疏水系统、舱底压载系统、消防系统、冷却系统、循环水系统和日用水系统等。随着舰船隐身性、舱室环境友好性等方面的需求日益提高，对舰船离心泵机脚及法兰的振动总级及低频段振级、泵组振动烈度、空气噪声等方面提出了更加严格的要求。

2015年，针对XX3B用某离心泵机组，在振动噪声方面提出了严格要求，主要技术指标包括①流量：串联工况 $75m^3/h$、并联工况 $150m^3/h$；②扬程：串联工况160m、并联工况80m；③机脚总振级（略）；④机脚低频段振级（略）；⑤进口法兰振级（略）；⑥出口法兰振级（略）；⑦振动烈度1.8mm/s；⑧空气噪声（略）。

二、振动控制方案

舰船离心泵振动控制方案主要包括以下几个方面：

1. 应用发明专利创新性技术开发低振动水力模型

低振动水力模型开发是保证泵机组低振动、低噪声的前提，传统的水力模型主要考虑效率和汽蚀性能，未建立低脉动水力模型库和水力设计方法。

本团队突破现有水力模型库和设计理念，充分认识并掌握泵内流动机理及能量转换机理，利用CFD分析和三元流设计工具，开发高效、低脉动水力模型，获得低振动水力模型的创新性设计方法——翼型叶片设计方法，主要内容包括：①将背面与工作面统称为叶片双主面，并建立表达叶轮内真实流场的双主面速度三角形；②叶片出口处背面安放角大于工作面安放角；③按照适合叶轮流动规律要求，协同设计背面和工作面的双面型线，直接设计翼型叶片。离心泵创新性翼型叶片与现行传统叶片有明显区别，详见表1-12-1。

该项创新性翼型叶片设计技术“高效低汽蚀无过载离心泵叶轮设计方法”，已获得国家发明专利（专利号201210574324.7），应用该自主知识产权的低振动叶轮翼型叶片设计技术取得理想效果。

创新性翼型叶片与现行传统叶片的比较　　表1-12-1

序号	比较项目	现行传统叶片	创新性翼型叶片
1	叶片形状特征	两面基本平行、等厚	两面不平行，翼型特征
2	两面安放角特征	基本相等	出口处背面安放角大于工作面的
3	安放角要素	进口、出口安放角	进口至出口 全型线安放角
4	背面重要性	背面不是设计要素	背面也是重要设计要素
5	叶片设计特征	只设计工作面型线	协同设计背面和工作面的双面型线
6	叶片成形	基本等厚加厚，再形成叶片	双面型线，直接构成叶片

续表

序号	比较项目	现行传统叶片	创新性翼型叶片
7	叶片特征图	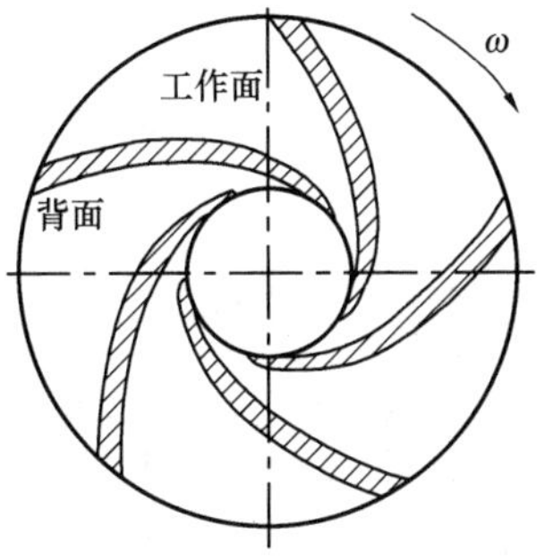 ω 工作面 背面 现行叶片	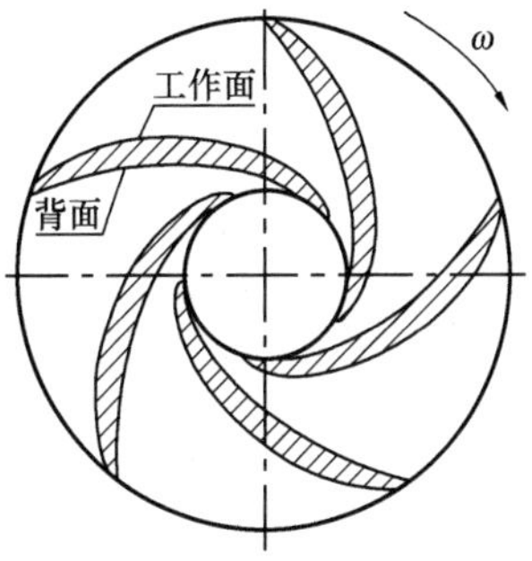 ω 工作面 背面 翼型叶片

2. 降低湿转子稳定性及间隙流体激振

通过间隙液膜的非定常数值模拟和实验来研究间隙内部的瞬态流动及其动特性，开展湿态转子和间隙液膜的耦合动力学分析，研究间隙液膜的非定常流体力、支撑刚度及其对转子振动的影响。通过实验数据验证间隙流体力和湿转子振动特性的计算结果，保证液膜和转子振动特性计算精度能够支持湿态转子结构的工程设计。

3. 整机结构一体化匹配设计

引入整体设计新思路，突破原有泵和电机各自独立设计的传统做法，开展泵与电机的高效耦合研究。从源头开始，研究振动能量传递路径及各子系统的低噪声匹配性，并从传递途径上进一步降低振动。对泵及电机的结构振动响应进行预测，并对整机（包括泵及电机）各部件结构优化设计，包括对电机转子进行研究，以降低电机转子激励力，避开主要激励频率，降低泵及电机结构的振动响应，减少或阻断振动的传递路径，实现整机的低噪声和低振动。

综上，基于流体动力学、转子动力学和结构力学等分析的低振动离心泵设计流程见图 1-12-1。

三、振动控制关键技术

以往针对离心泵的振动噪声控制措施有限，对离心泵的振动噪声产生机理、水力振动特性及其关联规律认识不足，缺少低噪声水力模型，对高效、紧凑、低振动噪声协同的离心泵多学科协调设计尚未开展研究。离心泵振动控制关键技术如下：

1. 泵内部水力激振规律及其抑制技术

离心泵的振动和噪声均与其内部流动特性密切相关，流道内产生的湍流附面层、漩涡及漩涡脱落等会引起宽频脉动，而旋转叶轮和静部件的动静干涉以及流体不对称引起的振动会产生强烈的离散线谱，这些典型水力激振都是诱发振动的主要原因。因此，泵内非定常流动及其与结构的相互作用是水力振动产生的主要原因，从流体力学、结构力学和材料力学等理论出发，寻求降低泵运行时可能激发其内部产生流体压力脉动原因，掌握离心泵

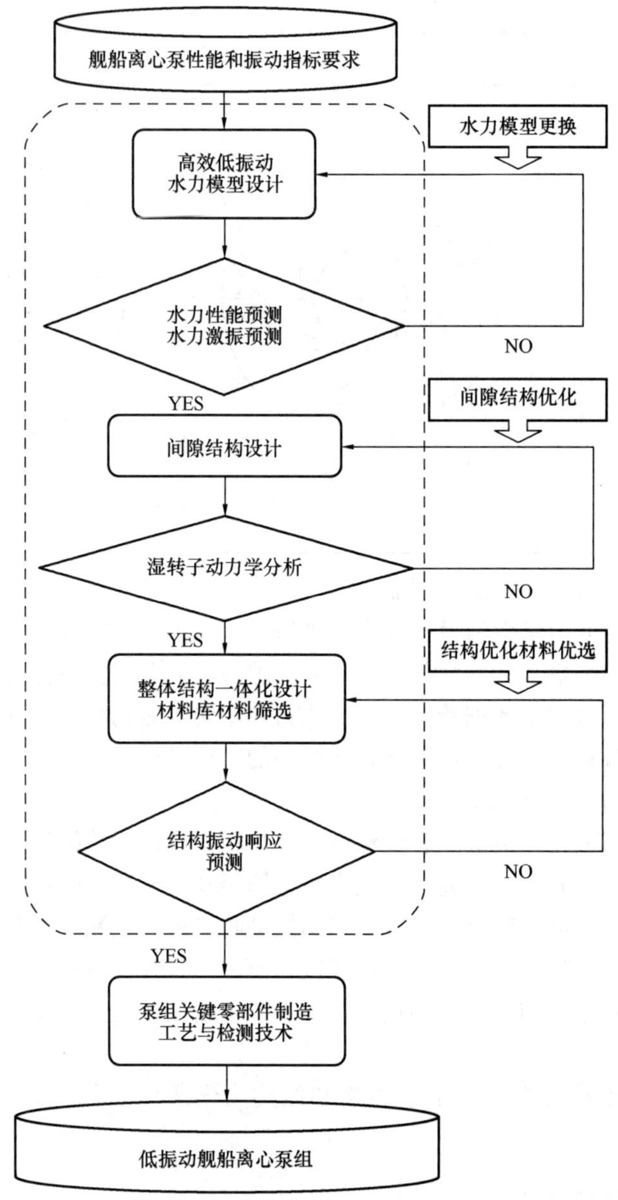

图 1-12-1　低振动离心泵设计流程图

内流动、水力、结构振动及相互关联性规律，是一项关键难题。

2. 低噪声水力模型设计技术

振动噪声作为一种能量，其大小反映离心泵水力模型的优劣。因此，从源头上控制振动噪声的首要任务是开发低脉动、高效率的水力模型。通过深入认识泵内流动机理及能量转换机理，特别关注两个层次问题，即高效率的叶轮流道设计与减弱动静干涉的蜗壳（导叶）结构匹配，实现高效率的同时，避免不稳定流动的产生。

3. 泵转子支撑与间隙结构优化设计技术

泵转子是诱发和传递振动的最关键部件。转子包括叶轮、轴承、平衡机构和口环间隙等。泵转子特性受各类间隙流体的影响显著，可能带来不稳定的流体激振，诱发转子不稳定振动。叶轮前后盖板与泵体形成的间隙、叶轮口环密封等虽非泵内主流道，但间隙内流动及特性对转子振动影响很大。通过对间隙液膜的非定常数值模拟和实验，研究间隙内部的瞬态流动及特性，进行湿转子和间隙液膜耦合动力学分析以及湿转子稳定性分析，研究间隙液膜的非定常激振力、支撑刚度及其对转子振动的影响。有效把握口环和盖板间隙动力学特性，合理设计泵转子支撑与间隙结构至关重要。

4. 减振降噪整机结构一体化匹配设计技术

泵整机由泵、电机和机座等组成，主要噪声包括流体噪声、结构噪声和电机噪声。泵体是一个相对独立的振动噪声源，同时，电机是一个相对独立的振动噪声源，通过结构传递影响整个机组的振动噪声指标，泵整机的振动传递均与整机（泵及电机）结构密不可分。通过分析振动传递路径，进行一体化结构模态分析及振动特性分析，同时，对整机（包括泵及电机）各部件结构优化设计，降低激励力，避开主要激励频率，降低泵及电机结构的振动响应，减少或阻断振动传递路径，实现整机低噪声和低振动。因此，优化匹配泵及电机主要零部件，降低结构和振动响应，降低振动的能量传递，实现机组的低振动低噪声目标，是实现机组低振动、低噪声的关键技术。

5. 关键零部件制造工艺设计技术

过流部件加工准确性、通流品质、转子动平衡精度以及装配精度等加工工艺是影响水泵振动噪声指标的重要因素。低噪声泵水力模型内部流道较为复杂，精准的过流部件加工技术是保证过流部件通流品质的重要手段。转子动不平衡是离心泵运行的主要振源，在转子部件加工完成后，高精度的动平衡有助于降低转子实际运行的不平衡量，降低泵运行噪声。

四、振动控制效果

研发的离心泵机组产品见图 1-12-2，与之前产品相比，该泵机组机脚振动总级降低 3～8dB、机脚低频段振级降低 12～22dB、空气噪声降低 3～8dB（A）、振动降低 50%。泵机组振动、噪声均达到指标要求，关键的机脚低频振级优于指标要求 12dB。

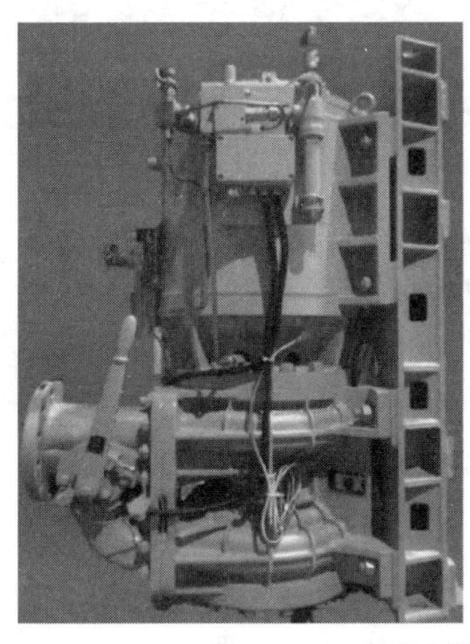
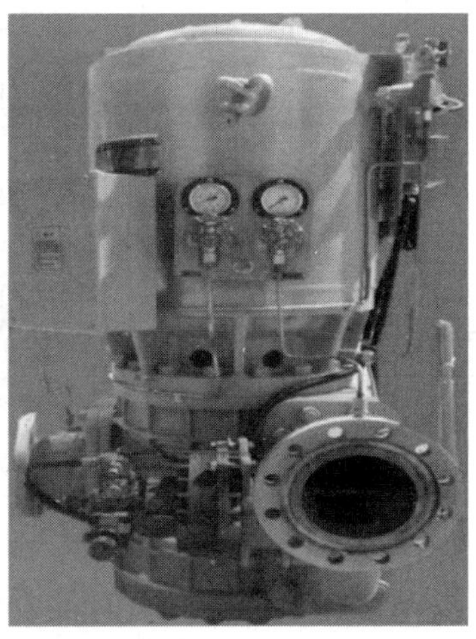

图 1-12-2　舰船用低振动离心泵机组产品

[实例 1-13] 离心通风机填充阻尼颗粒底座振动控制

一、工程概况

本工程中的离心通风机应用于某型空气净化装置，为其提供循环动力，风机是系统中唯一的噪声源、振源，要求风机外形尺寸小、低噪声、低振动。

本工程中的风机减振降噪难点：

1. 风机的外形尺寸小，需要减小叶轮尺寸提高叶轮转速，以保证叶轮做功所必需的线速度，但叶轮高转速不利于风机的振动噪声控制；

2. 风机与装置采取刚性连接，不允许采用隔振器等柔性连接。

二、振动控制方案

首先，优化风机气动模型、调控风机蜗壳空腔薄壁结构振动，以控制风机自身的振动和噪声水平；其次，采用兼备刚性连接与减振特性的填充颗粒阻尼安装底座，以降低风机的整体振动。颗粒阻尼减振技术具有减振频带宽、结构简单、耐高温等优点，在航空、航天、土木工程等领域应用广泛。

影响颗粒阻尼底座减振效果的主要因素有颗粒的填充率、底座的结构形式等。为保证振动控制效果，开展了相关试验研究，底座的结构形式设计为两种：图 1-13-1 所示的方案一及图 1-13-2 所示的方案二，基于方案一的底座结构开展颗粒填充率的试验研究。为避免风机安装底座机脚与试验平台刚性连接带来的振动测量误差，风机安装底座机脚与试验平台之间采用 4 个隔振器连接，测量底座 4 个机脚（隔振器上端）的振动数据。

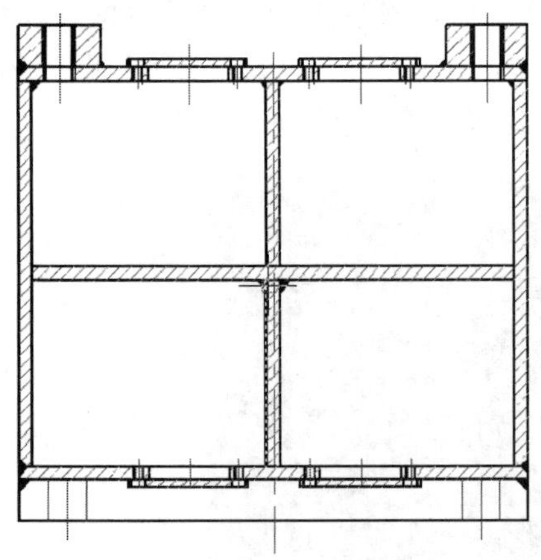

图 1-13-1　风机填充颗粒阻尼安装底座（方案一）

1. 安装底座不同颗粒填充率

风机颗粒阻尼底座多组试验方案如表 1-13-1 所示。图 1-13-1 给出一种填充陶瓷颗粒阻尼安装底座，底座分为 8 个等体积腔室，共设计了 6 种填充方案（详见表 1-13-1）。底座 4 个机脚（隔振器上端）的振动数据详见表 1-13-2。

图 1-13-2　风机填充颗粒阻尼安装底座（方案二）

风机颗粒阻尼底座试验方案　　　表 1-13-1

试验项目	试验方案	试验目的
不同填充率	不填充陶瓷颗粒	选出最优填充方案
	上层填充 70%、下层不填充陶瓷颗粒	
	上层填充 100%、下层不填充陶瓷颗粒	
	上层填充 100%，下层填充 70%陶瓷颗粒	
	上层填充 100%、下层填充 100%陶瓷颗粒	
	上、下层分别填充 70%陶瓷颗粒	

不同颗粒填充率阻尼安装底座振动试验测试数据　　　表 1-13-2

试验方案	10Hz～10kHz 安装机脚振级（dB）				平均值（dB）	不填充与不同填充率振级差值（dB）
	测点 1	测点 2	测点 3	测点 4		
方案一：不填充	122.1	123.9	119.3	120.4	121.4	—
方案二：上层填充 70%，下层不填充	120.4	122.6	117.2	117.0	119.3	2.1
方案三：上层填充 100%，下层不填充	118.6	119.7	116.4	118.2	118.2	3.2
方案四：上层填充 100%，下层填充 70%	118.7	119.9	117.2	117.4	118.3	3.1
方案五：上层填充 100%，下层填充 100%	118.6	118.2	118.4	117.3	118.1	3.3
方案六：上、下各层分别填充 70%	118.2	119.3	118.5	117.6	118.4	3.0

从试验结果来看，安装底座中填充颗粒可有效降低风机的机脚振动，不同的填充方案

降低风机机脚振动水平不同。其中，方案五振动控制效果最为明显，降低约 3.3dB。

2. 安装底座不同结构形式

安装底座是风机与其配套装置之间振动传递的载体，底座的结构形式与颗粒阻尼的减振效果密切相关。通过对风机底座结构的优化设计，可有效避开风机振源的激振频率。

比较了两种不同方案结构形式的安装底座，方案一结构见图 1-13-1，其外形及内部空腔均为长方形结构，空腔分为上、下两层，共 8 个腔室；方案二结构见图 1-13-2，其外形为圆柱形结构，内部空腔共设置 24 个环形腔室。

两种结构形式安装底座的振动试验数据如表 1-13-3 所示，可以看出，方案二底座风机机脚振级比方案一低 2.5dB，说明方案二结构形式的底座能较好地隔离风机机脚的振动传递。

不同结构形式安装底座振动试验测试数据 **表 1-13-3**

试验方案	10Hz～10kHz 安装机脚振级（dB）				4 个测点平均值（dB）
	测点 1	测点 2	测点 3	测点 4	
方案一	109.9	109.8	110.3	108.8	109.4
方案二	106.2	106.6	107.0	107.9	106.9

3. 研发的填充颗粒阻尼安装底座

图 1-13-3 为填充颗粒阻尼安装底座结构示意图，颗粒阻尼底座主要由三部分组成：底座上板、填充的颗粒阻尼和底座下板。底座上板与风机电机通过螺栓连接，底座下板与基础连接，中间腔体填充陶瓷颗粒。为增大底座表面与颗粒的接触面积，颗粒填充区域呈扇形布置，并分割成 24 个大小不等的小单元，颗粒 100％填充。

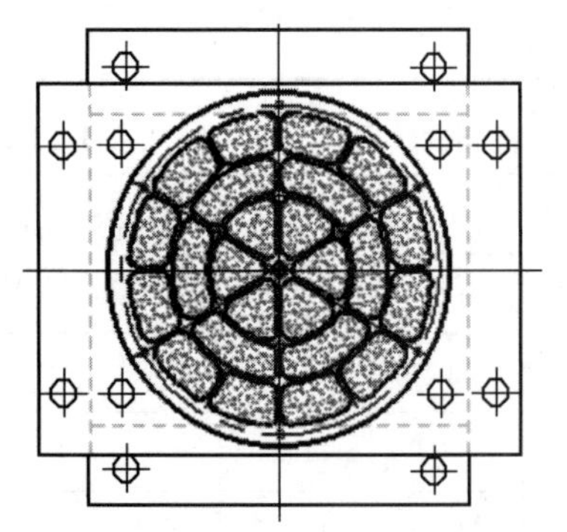

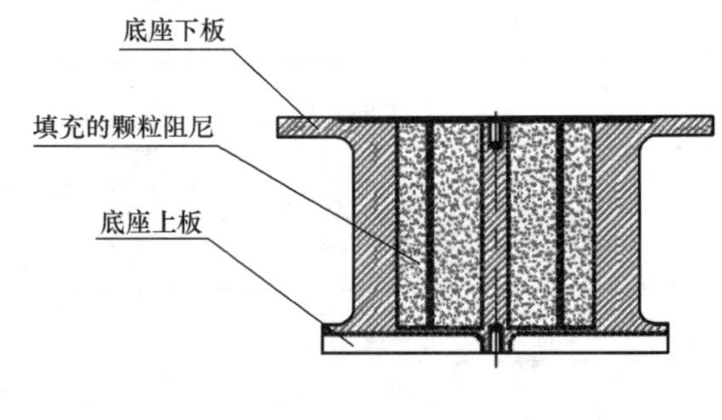

图 1-13-3　填充颗粒阻尼安装底座结构示意图

三、振动控制效果

图 1-13-4 给出填充颗粒阻尼安装底座的风机振动测试数据，四个机脚测点的全频段（10Hz～10kHz）振级分别为 103.06dB、103.88dB、102.61dB、102.13dB，每个测点值都低于用户提出的 104dB 要求，振动控制效果良好。

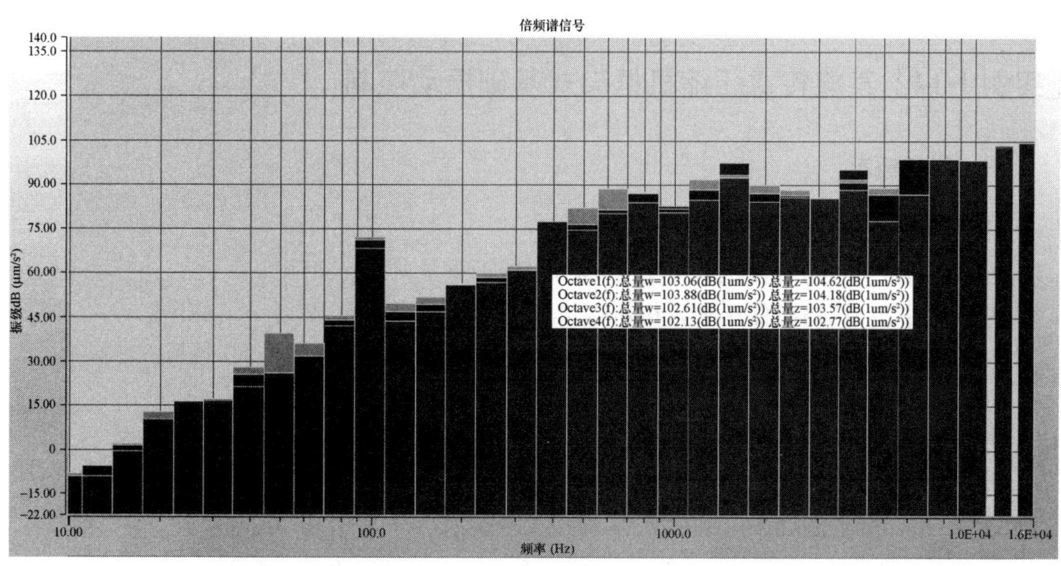

图 1-13-4　风机填充颗粒阻尼安装底座机脚振动测试数据

［实例 1-14］某旋转式压缩机框架式基础振动控制

一、工程概况

某旋转式压缩机基本资料：

机器部件 1：汽轮机，机器重量 117kN，转子重量 W_{g1}＝5.1kN；

机器部件 2：压缩机低压缸，机器重量 124kN，转子重量 W_{g2}＝4.12kN；

机器部件 3：压缩机高压缸，机器重量 125kN，转子重量 W_{g3}＝3.61kN；

机器工作转速：n＝11618r/min；

机器工作圆频率：$\omega = 2\pi/60 \times n = 1216.6$rad/s；

机器采用空间框架式基础，顶板厚 1000mm，底板厚 1000mm，柱尺寸 600mm×800mm×7150mm，基础平、剖面见图 1-14-1。

基组布置如图 1-14-2 所示，X 轴沿机器主轴，Y 轴垂直于基础底面。

基组静、动荷载见表 1-14-1。

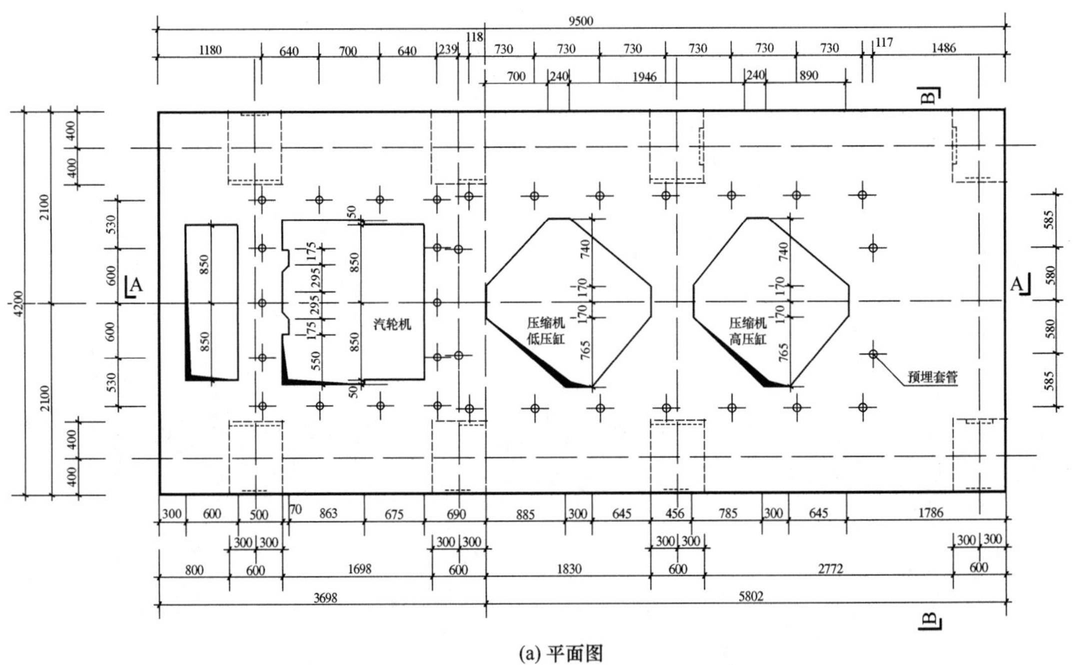

(a) 平面图

图 1-14-1　基础平、剖面图（一）

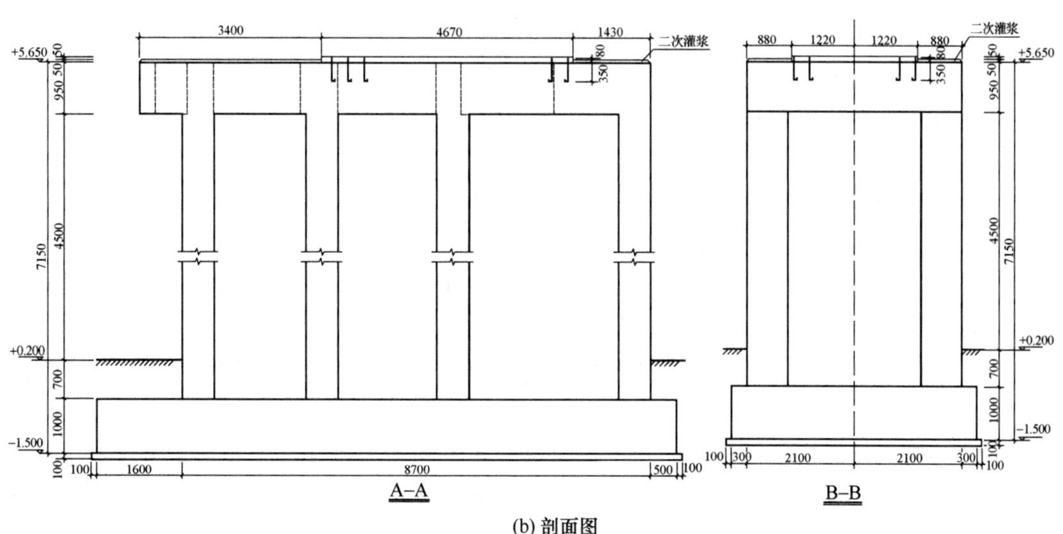

(b) 剖面图

图 1-14-1 基础平、剖面图（二）

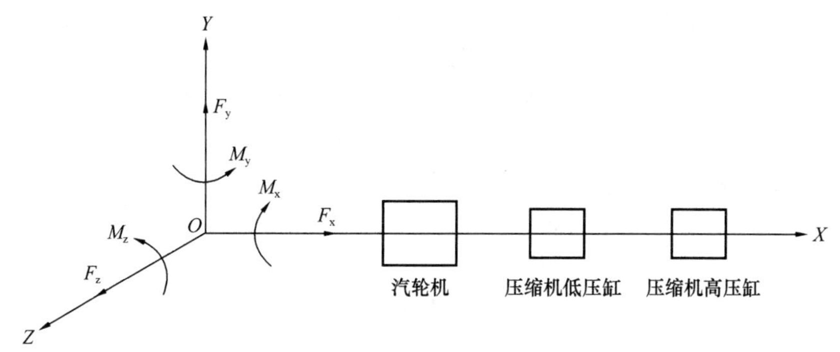

图 1-14-2 基组布置示意图

基组静、动荷载 **表 1-14-1**

荷载分布点		静载	动载		
		Z（kN）	X（kN）	Y（kN）	Z（kN）
汽轮机	1	58.5	2.75	5.5	5.5
	2	58.5	2.75	5.5	5.5
压缩机低压缸	3	31	2.58	5.15	5.15
	4	31	2.58	5.15	5.15
	5	31	2.58	5.15	5.15
	6	31	2.58	5.15	5.15
压缩机高压缸	7	31.25	2.26	4.51	4.51
	8	31.25	2.26	4.51	4.51
	9	31.25	2.26	4.51	4.51
	10	31.25	2.26	4.51	4.51

二、振动控制设计

1. 设计基本步骤

（1）基础布置：根据国家标准《动力机器基础设计规范》GB 50040—1996，选择合理的地基方案和基础形式，选定框架底板、柱、顶板尺寸。

（2）承载力验算：包括框架承载力和地基承载力验算。

（3）沉降验算：基础沉降和倾斜不应大于容许值。

（4）偏心验算：基组总重心与基础底面形心在横、纵两个方向的偏心距不应超过对应底板边长的3%。

（5）振动计算：基础振动控制点的振动值不应大于容许振动值。

2. 一般规定和构造要求

（1）旋转式压缩机基础设计，应根据机器的布置和动力特性、工程地质条件、生产和工艺对机器基础技术要求等因素，合理选择基础形式及尺寸。

（2）旋转式压缩机基础宜设置在均匀的中、低压缩性地基土层上，当存在软弱下卧层、软土地基或其他不良地质条件时，应采取有效的地基处理措施或采用桩基础。

（3）旋转式压缩机基础底面与相邻的建（构）筑物基础底面宜放置在同一标高上且不应相连；压缩机基础与相邻的操作平台应脱开。

（4）旋转式压缩机基础宜采用钢筋混凝土空间框架结构；当采用大块式或墙式基础时，动力计算和构造要求可参照往复式机器基础的有关规定。

（5）旋转式压缩机框架式基础尺寸，应符合下列规定：

1）基础底板宜设计成矩形平板，底板厚度可取底板长度的1/12～1/10，但不应小于柱截面高度和基础顶板厚度的较大值。

2）柱截面宜设计成方形或矩形，截面最小宽度不宜小于柱净高的1/10，且不得小于450mm。

3）基础顶板厚度不宜小于净跨的1/5～1/4，且不得小于800mm。

三、振动控制分析

1. 确定振动荷载

旋转式机器的主要运动部件是绕主轴旋转的转子，其不平衡扰力来源于转子质心未与主轴完全对中时旋转产生的离心力。旋转式压缩机的振动荷载宜由机器制造商提供，当无法提供时，可按国家标准《建筑振动荷载标准》GB/T 51228—2017进行计算。

2. 确定容许振动标准

动力机器基础动力计算的最终目的是要把基础的振动控制在容许范围内，以满足机器正常运转、工人正常操作、对周围建（构）筑物及仪表无不良影响，并同时达到经济合理的要求。

旋转式压缩机的容许振动限值应满足国家标准《建筑工程容许振动标准》GB 50868—2013第5.1.2节要求，即：容许振动速度峰值不大于5.0mm/s。同时，应保证设备正常运行、满足由机器制造厂家提出的基础振动限值。

3. 当量静力荷载计算

当制造商未提供当量静力荷载时，可根据国家标准《动力机器基础设计规范》GB

50040—1996 进行计算。

(1) 汽轮机：

竖向当量静力荷载：$N_{Y1}=5W_{g1}\dfrac{n}{3000}=5\times5.1\times\dfrac{11618}{3000}=98.75\text{kN}$

横向当量静力荷载：$N_{Z1}=\dfrac{1}{4}\cdot N_{Y1}=\dfrac{1}{4}\times98.75=24.69\text{kN}$

纵向当量静力荷载：$N_{X1}=\dfrac{1}{8}\cdot N_{Y1}=\dfrac{1}{8}\times98.75=12.34\text{kN}$

(2) 压缩机低压缸：

竖向当量静力荷载：$N_{Y2}=5W_{g2}\dfrac{n}{3000}=5\times4.12\times\dfrac{11618}{3000}=79.78\text{kN}$

横向当量静力荷载：$N_{Z2}=\dfrac{1}{4}\cdot N_{Y2}=\dfrac{1}{4}\times79.78=19.94\text{kN}$

纵向当量静力荷载：$N_{X2}=\dfrac{1}{8}\cdot N_{Y2}=\dfrac{1}{8}\times79.78=9.97\text{kN}$

(3) 压缩机高压缸：

竖向当量静力荷载：$N_{Y3}=5W_{g3}\dfrac{n}{3000}=5\times3.61\times\dfrac{11618}{3000}=69.90\text{kN}$

横向当量静力荷载：$N_{Z3}=\dfrac{1}{4}\cdot N_{Y3}=\dfrac{1}{4}\times69.90=17.48\text{kN}$

纵向当量静力荷载：$N_{X3}=\dfrac{1}{8}\cdot N_{Y3}=\dfrac{1}{8}\times69.90=8.74\text{kN}$

当量静力荷载应根据机器各部件支承情况，分布在各节点上。

4. 动力计算规定

旋转式压缩机框架式基础宜采用空间多自由度分析模型进行动力计算，并应在工作转速的 0.75～1.25 倍对应频率范围进行扫频计算；计算时可不计入地基的弹性作用，混凝土结构的阻尼比可取 0.0625，动弹性模量可取静弹性模量。

地基弹性对框架式基础的振动有一定影响，可降低基础自振频率，对低频机器基础（例如转速在 1000r/min 及以下）影响较大，对高频机器基础影响较小，考虑地基弹性可使基础自振频率远离机器工作转速，结果偏更安全。为减少计算工作量，可不考虑地基弹性影响。

动力计算可采用振型分解法，阻尼系数采用 E.C. 索罗金滞变阻尼理论，为使各振型能完全分解，钢筋混凝土框架式基础阻尼比取常数 0.0625。

5. 动、静力计算

采用“空间构架式动力机器基础结构动静力计算与施工图绘制应用系统”TLJ-CAD 进行动、静力计算，空间框架式基础的空间力学模型如图 1-14-3 所示，动荷载

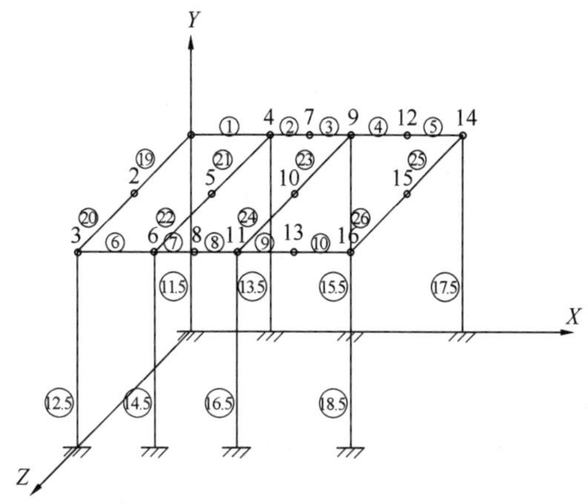

图 1-14-3 空间力学模型简图

简图见图 1-14-4，分别对应于三个机器部件的 X-Y 方向、X-Z 方向，共 6 组。静荷载简图见图 1-14-5，分别为恒荷载简图和当量静力荷载简图。

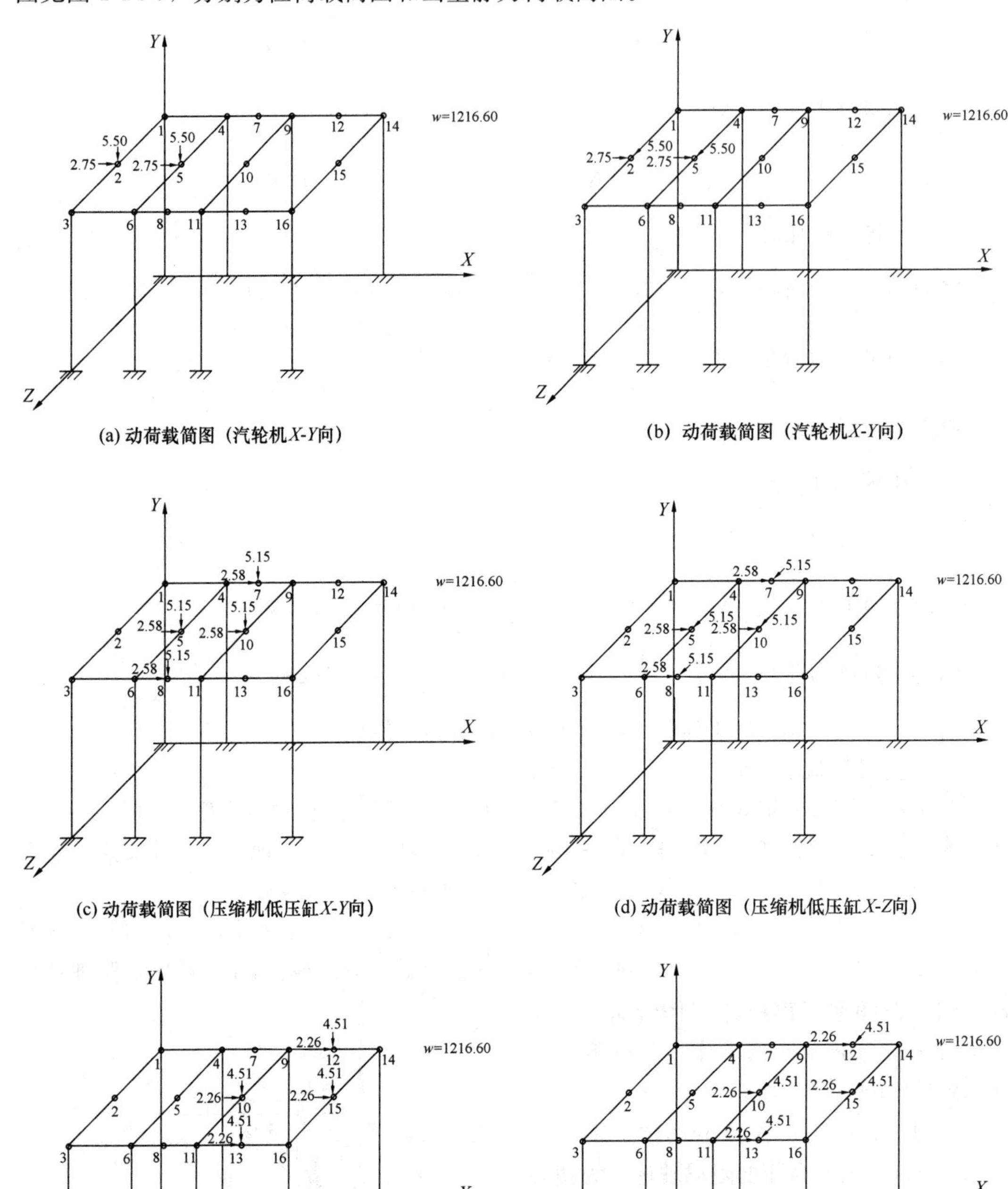

(a) 动荷载简图（汽轮机X-Y向）

(b) 动荷载简图（汽轮机X-Y向）

(c) 动荷载简图（压缩机低压缸X-Y向）

(d) 动荷载简图（压缩机低压缸X-Z向）

(e) 动荷载简图（压缩机高压缸X-Y向）

(f) 动荷载简图（压缩机高压缸X-Z向）

图 1-14-4 动荷载简图

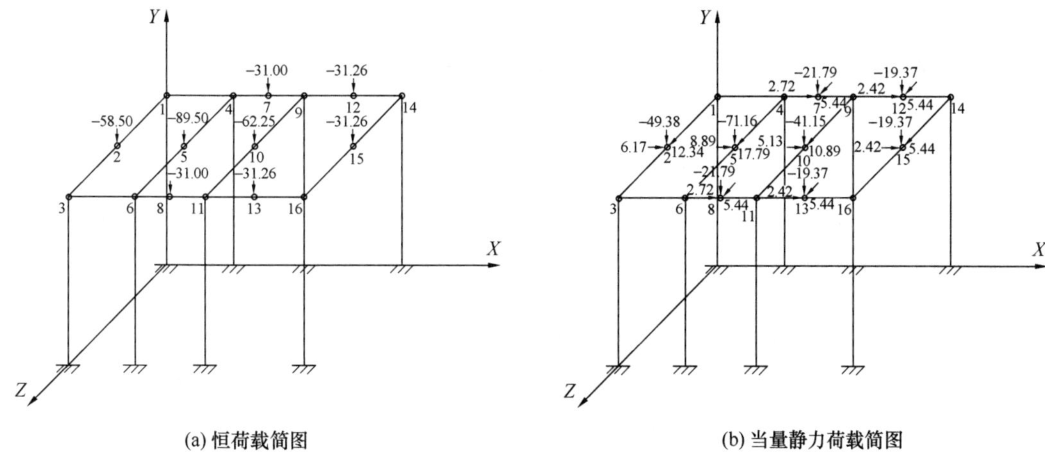

图 1-14-5　静荷载简图

四、振动控制效果

振动控制点的速度峰值、均方根值如表 1-14-2 所示，由表可知，各振动控制点响应均低于国家标准《动力机器基础设计规范》GB 50040—1996 规定的旋转式压缩机基础的容许振动速度峰值 5.0mm/s。

振动控制点响应　　**表 1-14-2**

振动控制点响应	*X* 向	*Y* 向	*Z* 向
竖向扰力作用时：节点 8			
基础顶面振动速度峰值 v (mm/s)	0.18138	1.69027	0.06126
基础顶面速度均方根值 v_{RMS} (mm/s)	0.12826	1.19520	0.04332
水平向扰力作用时：节点 12			
基础顶面振动速度峰值 v (mm/s)	0.38262	0.02202	2.03948
基础顶面速度均方根值 v_{RMS} (mm/s)	0.27055	0.01557	1.44213

［实例 1-15］石化工厂大型压缩机振动控制

一、工程概况

压缩机机组是石化项目中的关键设备，由驱动机、离心压缩机及辅助设备构成。压缩机、驱动机由转子和定子组成，基础上安装定子，转子在运行中做高速旋转运动。一般情况下，转子的质量中心与旋转中心不完全重合，联动机组会因此产生不平衡力（扰力），这是机组产生振动的主要原因，也是振动控制的关键。

本项目位于连云港市徐圩新区，场地地貌属滨海相沉积平原地带，存在海相沉积淤泥质黏土，厚度 15m 左右，具有高触变性、高流变性和高压缩性，受振动荷载后，易产生侧向滑移、沉降及沿基础底面向两侧挤出等现象；如有大面积堆载，易造成地基沉陷和不均匀沉降，地震时易发生震陷，是工程建设的不利因素。

抗震设防烈度为 7 度，设计基本地震加速度为 0.10g，属第三组，场地类别为Ⅳ类场地，特征周期值为 0.90s，对建筑抗震不利。

综合地质条件，地基采用桩基础，压缩机机组基础采用弹簧隔振系统，以减小机器在正常运转时对地基的振动影响。空压机机组由汽轮机、离心压缩机、尾气膨胀机组成。空压机机组的基础顶板标高 10.80m，长 19.0m，宽 8.5m，顶板厚 1.37～2.0m，柱 4 列，每列两根，纵向柱距分别为 8.665m、4.75m、4.225m，考虑柱顶弹簧隔振器数量和布置需要，横向柱间距分别为 7.75m、6.245m、7.19m、7.75m，柱截面依次为 1.2m×0.75m、1.1m×1.2m、1.1m×0.75m、0.75m×0.75m，混凝土强度等级 C45。机组设计参数见表 1-15-1，基础顶板布置见图 1-15-1，基础顶板剖面见图 1-15-2。基础顶面容许振动速度 5mm/s。

机组设计参数表　　表 1-15-1

参数		汽轮机	离心压缩机	尾气膨胀机	机组底座
总重量（kg）		149000	113000	56600	14000
转子重量（kg）		22500	2773.4/11600/4552.6/827.5	1227	—
额定功率（kW）		17707	27754	9847	—
额定转速（r/min）		3000	3000/1034/5050/10100	3000/5154/389.5/1120	—
扰力	F_{vx}（kN）	110.94	4.68/18.2/24.38/12.54	3.067/3.946/5.487/6.658	—
	F_{vy}（kN）	55.47	2.34/9.1/12.19/6.27	1.534/1.973/2.744/3.329	—
	F_{vz}（kN）	110.94	4.68/18.2/24.38/12.54	3.067/3.946/5.487/6.658	—

注：离心压缩机、尾气膨胀机的四组转速和扰力分别是额定转速、大齿轮转速、第 1 级转子转速、第 2 级转子转速及对应的扰力值。

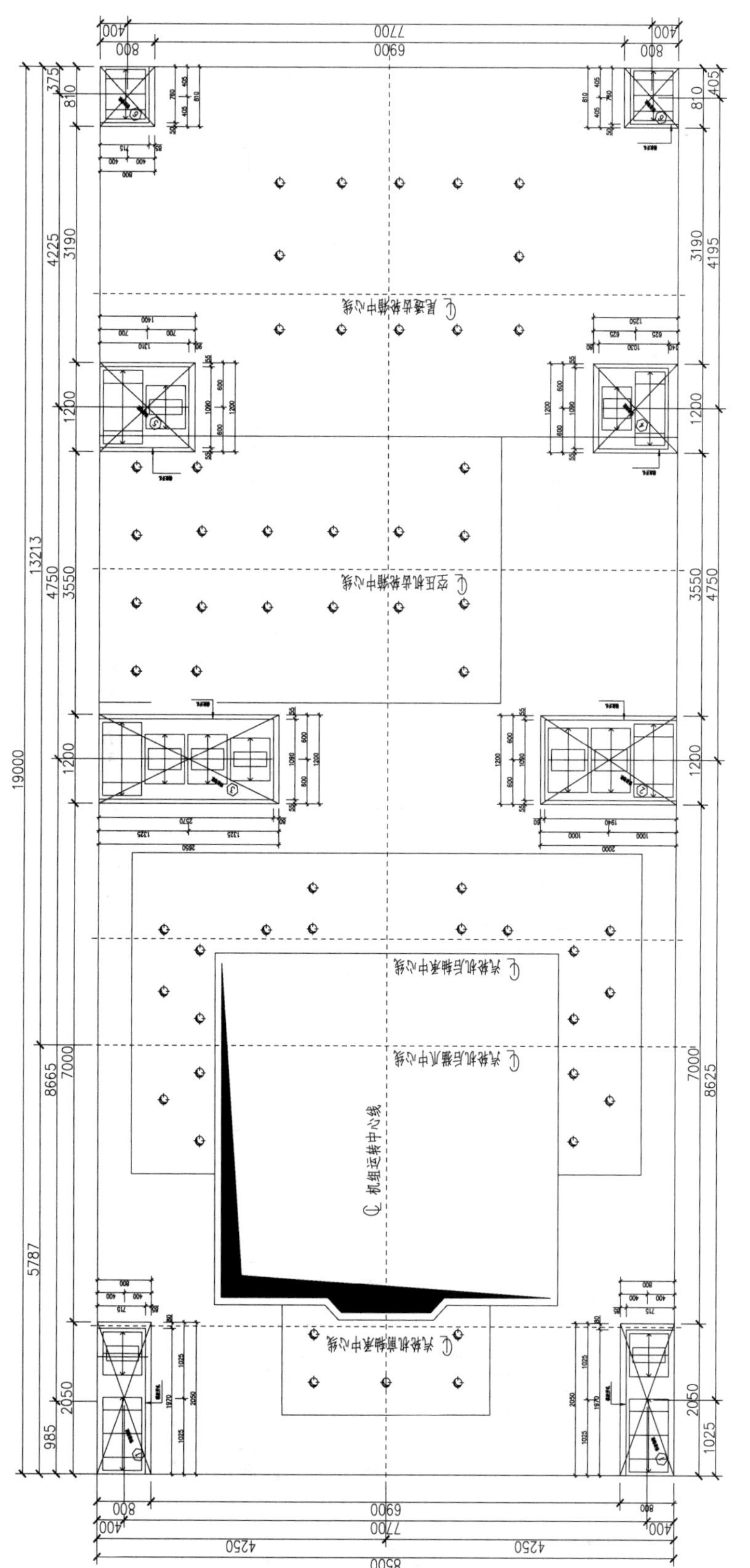

图 1-15-1　基础顶板布置图

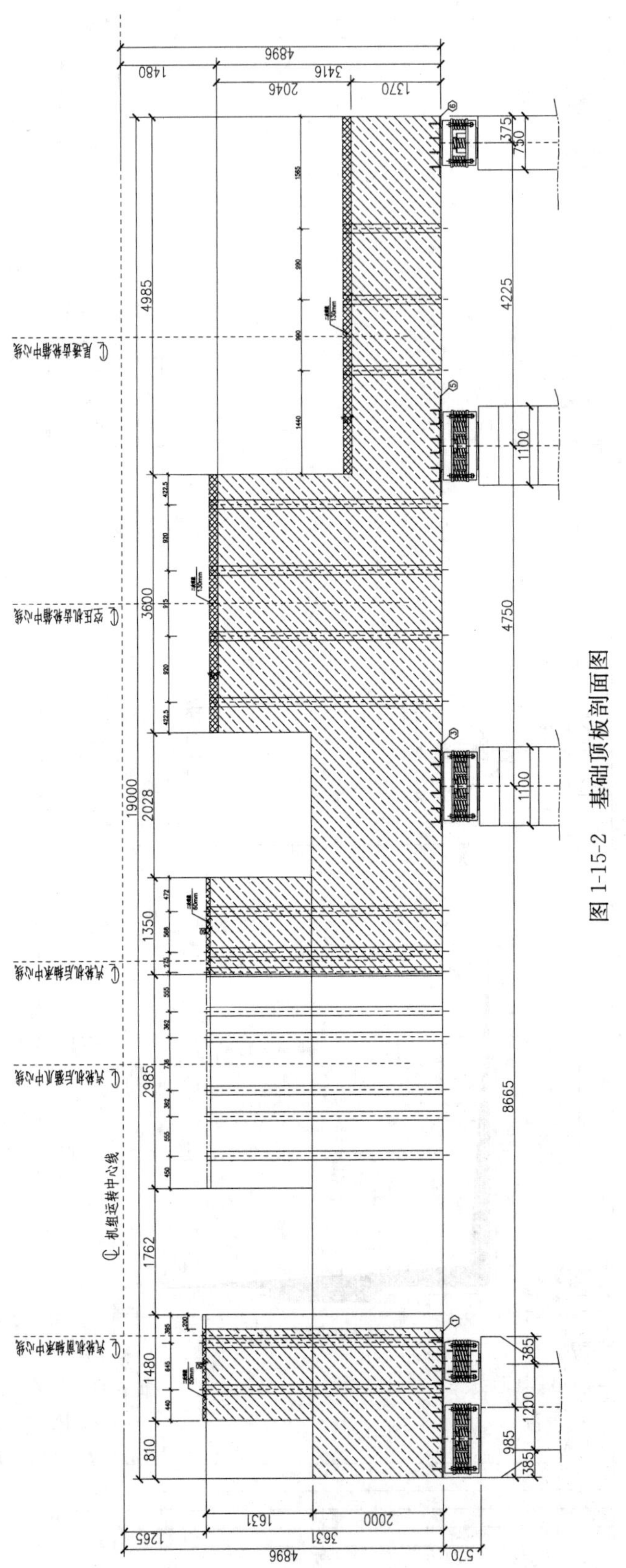

图 1-15-2　基础顶板剖面图

二、振动控制方案

压缩机机组基础振动控制，既要优化基础配置，以满足地基承载能力和正常使用状态时的应力及控制要求；又要通过验算机组（压缩机机组的基础及其支承的机器、附属装置、填土总称）动力效应，控制其振动幅值在容许范围之内，保证机器正常运行，确保操作人员身心健康，减少振动对周围环境造成不良影响，达到适用、安全、经济合理的要求。

对转速大于3000r/min的压缩机机组，考虑工艺需求，一般采用构架式基础，它是离心式压缩机基础的主要结构形式，一般由横梁、纵梁组成顶板，顶板和基础底板之间以成对柱子支承。空间构架式基础为无限自由度空间体系，其影响因素很多，如基础本身质量和刚度分布、机器质量和刚度、地基影响、扰力大小和相位等。目前，常用方法是把机器质量、扰力及基础质量集中到有限节点上，体系刚度分布保持不变，将无限自由度体系转化为有限自由度体系进行振动分析。

构架式基础的顶板与底板必须具备合理的刚度与质量，在保证稳定性与承载力的基础上，最大限度减小柱截面尺寸以提高柱的柔度。梁、柱宜与机器主轴对称布置，荷载宜布置在构件中心线上。机组总重心与压缩机机组基础底面形心应重合，当不可避免存在偏心时，纵向和横向偏心距不应超过相应方向底板边长的3%。

压缩机基础设计应做好前期资料收集和评估、初期配置和选型、中期结构分析计算和构造设计、后期施工调试等系列工作。压缩机动荷载会引起地基基础振动，从而产生不良影响，如降低地基土强度并增加基础沉降量、影响正常生产、机器零件磨损等。因此，压缩机基础设计应满足下列要求：

1. 地基和基础不应产生影响机器正常运行的变形。

2. 基础本身应具有足够的强度、刚度和耐久性。

3. 基础不产生影响操作人员身心健康、妨碍机器正常运转、造成建（构）筑物损坏的剧烈振动。

4. 基础振动不应影响邻近建（构）筑物或仪器设备等的正常使用。

5. 基础底板不应与建（构）筑物基础及其他基础相连，基础底标高宜相同，且底板厚度不应小于顶板厚度。

石化行业大型压缩机的工作转速一般都较高（≥1000r/min），常采用构架式基础，高转速压缩机构架式基础一般应遵循以下设计原则：

1. 动力计算的参振质量越大，质点振幅越小，构架的自振频率越低，对控制有利。

2. 顶板刚度对保持压缩机轴线的平直很重要，故顶板应有足够刚度。

3. 盲目加大柱截面尺寸会造成构架自振频率提高，对避开压缩机的工作转速不利。

4. 底板应具有足够刚度，可避免过大的基础沉降和倾斜，是机组正常运转的保证。

5. 软弱地基会使基础产生较大振动沉降，不均匀地基沉降会使基础产生倾斜，导致压缩机组不平衡运转，因此，应对软弱地基采取处理措施。

6. 当基础尺寸很大时，可采取施工缝、低热水泥、增大骨料直径、降低水胶比、增加基础上表面钢筋布置、按大体积混凝土进行施工控制等措施，并重视混凝土浇灌后的养护工作。

图 1-15-3　弹簧基础结构图

三、振动控制分析

1. 弹簧隔振技术

弹簧基础结构如图 1-15-3 所示，常规基础的立柱与顶板是刚性耦合的，弹簧基础解除了立柱与顶板之间的刚性耦合，弹簧隔振器上连顶板、下连立柱，可隔断动力荷载和振动传递，动荷载只由顶板承受，立柱主要承受静荷载，不仅减少了传到基础的动力荷载，还消除了对地基土的动力性能要求，保证压缩机机组更平稳、更安全地运行。立柱主要承受静荷载，立柱基础底板可按常规基础设计，不仅可节省工程成本，还可避免按动力设备基础设计时所面临的诸多问题。此外，弹簧基础可通过调整钢板来补偿不均匀沉降。

单质量机械系统动力学方程：

$$m \cdot \frac{\mathrm{d}^2 x}{\mathrm{d}t^2} + c \cdot \frac{\mathrm{d}x}{\mathrm{d}t} + k \cdot x = F\sin(\omega \cdot t) \tag{1-15-1}$$

上式第一项为整个系统的惯性力，第二项为阻尼力，第三项为弹簧力，第四项为扰力。隔振传递比曲线如图 1-15-4 所示，纵坐标为传递比；横坐标为调谐比 f/f_0，f 为扰力频率，f_0 为机器与基础组成的系统固有频率；阻尼比 $D = c/(2m\omega_n)$，c 为阻尼系数，m 为系统质量，$\omega_n = (k/m)^{1/2}$ 为系统的固有圆频率，k 为弹簧刚度。

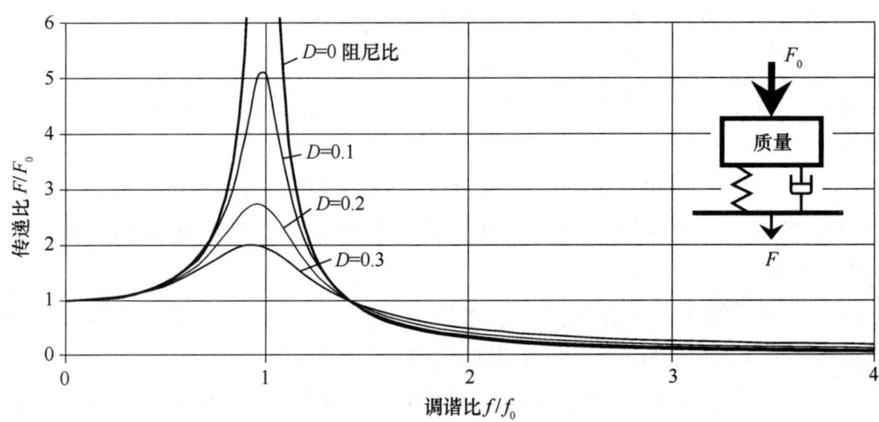

图 1-15-4　单质量系统振动传递比曲线

由图 1-15-4，当调谐比 $f/f_0=0\sim1.414$ 时，传递比≥1，系统处于共振区，不仅不能隔振，而且会放大动荷载；当调谐比 $f/f_0=1.414\sim3$ 时，传递比由 1 下降到 0.125，隔振效率可达到 0～0.875，此区间是非良好隔振区；当调谐比 $f/f_0>3$ 时，传递比≤0.125，此区间是良好隔振区，只有小于 12.5%的机器动荷载传递给下部结构，87.5%的动荷载被隔离。令调谐比 $\eta = \frac{f}{f_0}$，则隔振效率简化为 $\frac{\eta^2-2}{\eta^2-1}$。

2. 基础顶板振动控制分析

基础顶板采用C45混凝土，泊松比0.2，弹性模量3.35×10^7kN/m^2，密度25kN/m^3，阻力系数0.125，阻尼比0.0625，隔振系统竖向频率3.23Hz。基础顶板质量由STARDYNE自动计算，分别考虑截面面积、梁单元长度或板单元面积、板厚。设备质量按各节点实际分配的大小，分别按X、Y、Z三个方向同时输入，时程函数按简谐函数（正弦）定义，扰力按方向、时程函数类型、大小输入。

空压机机组顶板和弹簧隔振系统采用STARDYNE有限元软件（STAAD. Pro软件中的高级分析模块）模拟计算和分析，为更真实反映顶板的实际情况，每个板单元节点定义了5个自由度。有限元模型由台面单元和弹簧单元组成。机器由单个质量块表示，质量块通过刚性杆连接到顶板上。基础顶板的实体模型见图1-15-5，计算简化模型见图1-15-6。

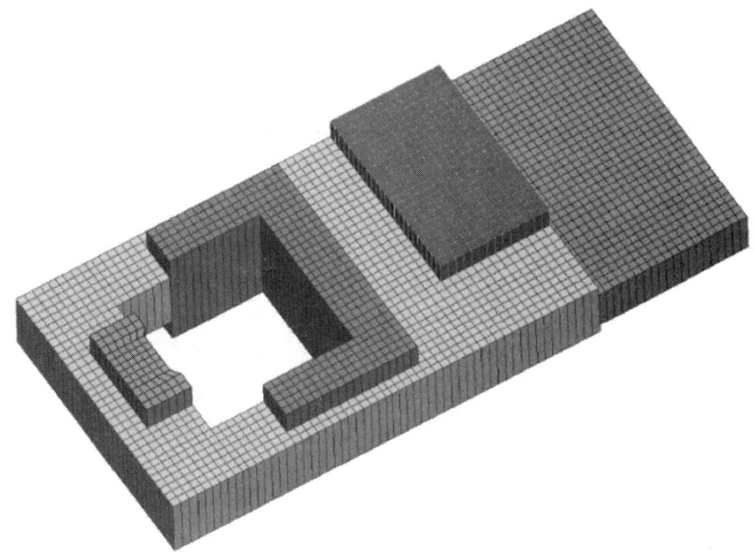

图1-15-5　基础顶板实体模型

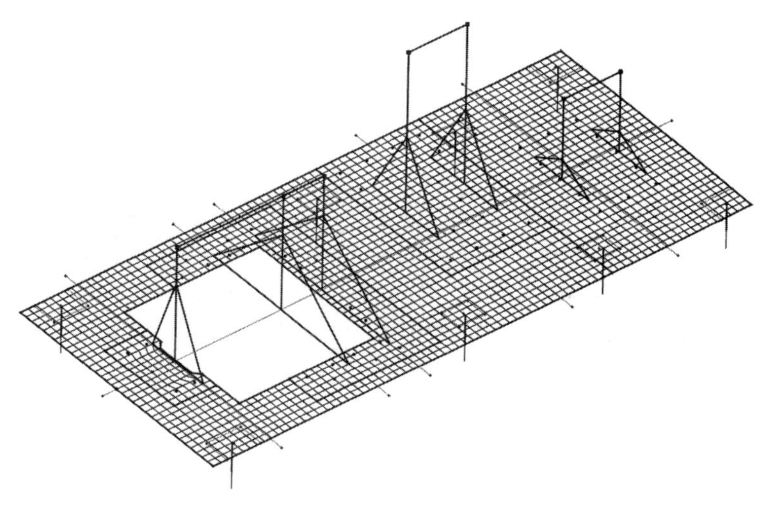

图1-15-6　基础顶板计算简化模型

前 40 阶主振型的自振频率见表 1-15-2，一阶自振振型见图 1-15-7，二阶自振振型见图 1-15-8。

前 40 阶主振型的自振频率 **表 1-15-2**

振型	1	2	3	4	5	6	7	8
频率（Hz）	2.099	2.223	2.767	3.231	3.456	4.363	16.322	22.654
振型	9	10	11	12	13	14	15	16
频率（Hz）	26.955	29.159	38.464	46.799	49.980	52.273	55.515	69.238
振型	17	18	19	20	21	22	23	24
频率（Hz）	72.404	75.385	79.041	84.109	87.043	95.186	100.652	101.654
振型	25	26	27	28	29	30	31	32
频率（Hz）	106.434	108.366	112.865	114.010	134.487	142.051	150.001	156.001
振型	33	34	35	36	37	38	39	40
频率（Hz）	163.085	164.578	166.548	175.624	182.672	185.866	191.825	195.476

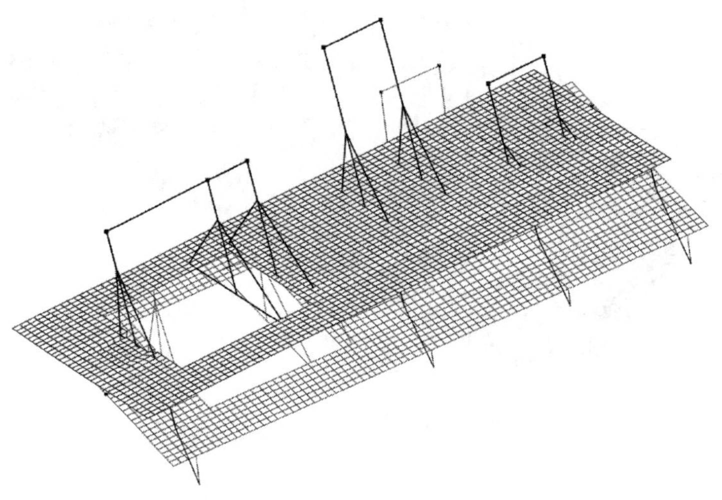

图 1-15-7　基础顶板一阶自振振型

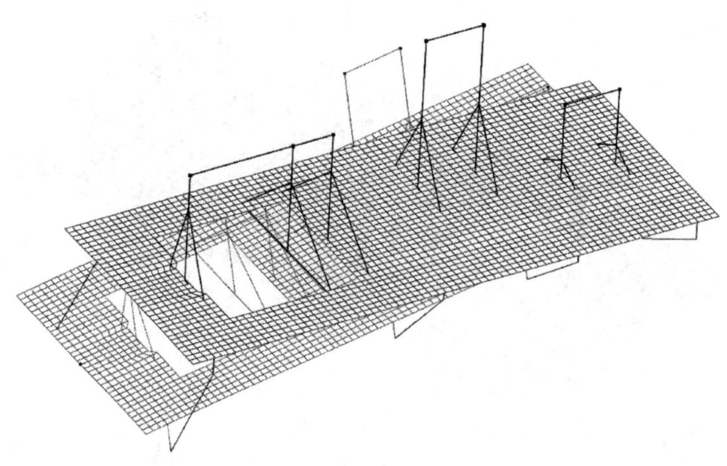

图 1-15-8　基础顶板二阶自振振型

3. 构架式基础振动控制分析

重庆蓬威石化 PTA 项目的空压机机组（由汽轮机、离心压缩机、轴流压缩机和尾气透平机组成），基础没有采用弹簧隔振技术，而是直接采用构架式基础，顶板由横梁、纵梁组成，底板采用桩基筏板。基础顶板标高 10.10m，长 21.5m，宽 6.5m，板厚 1.6m，柱 5 列，每列两根，纵向柱距分别为 6.4m、4.4m、4.7m、5.2m，横向柱距 5.7m。柱子截面 0.8m×0.8m，柱脚假定为固定端。机组设计参数见表 1-15-3，基础顶板布置见图 1-15-9。基础顶面容许振动速度 5mm/s。机组总重心与底板形心的横向偏心距为零，均位于机组纵向中心线的投影线上；机组总重心与底板形心的纵向偏心距小于底板纵向边长的 3%。

机组设计参数表　　　　**表 1-15-3**

参数		汽轮机	离心压缩机	轴流压缩机	尾气透平机	机组底座
总重量（kg）		93000	44591	38700	21350	13600
转子重量（kg）		8200	2320	5220	3375	—
额定功率（kW）		11893	10230	7407	6150	—
额定转速（r/min）		6000	6000	6000	6000	—
扰力	F_{vx}（kN）	84.0	16.08	36.18	23.4	—
	F_{vy}（kN）	42.0	8.04	18.09	11.7	—
	F_{vz}（kN）	84.0	16.08	36.18	23.4	—

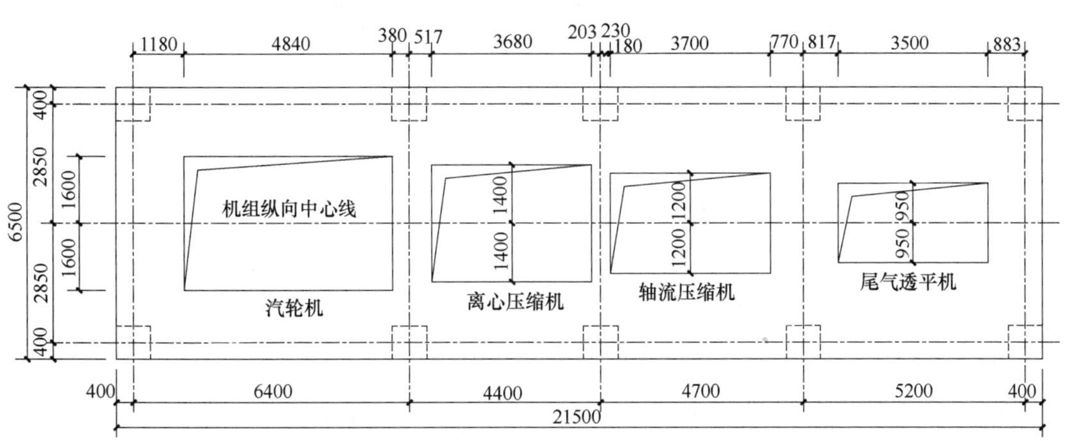

图 1-15-9　基础顶板布置

构架式基础在计算时可简化为由横梁、纵梁及柱子组成的正交结构体系。构架结构自重、空压机机组重量均集中在若干节点上，并将扰力也分配到这些节点上。构架式基础的多自由度空间计算模型见图 1-15-10。对空压机机组的构架式基础采用 STAAD. Pro 软件进行动力分析，三维模型见图 1-15-11。

基础采用 C30 混凝土，泊松比 0.2，弹性模量 $3.0\times10^{7}kN/m^{2}$，密度 25 kN/m^{3}，阻力系数 0.125，阻尼比 0.0625。时程函数按简谐函数（正弦）定义，质量按 X、Y、Z 三

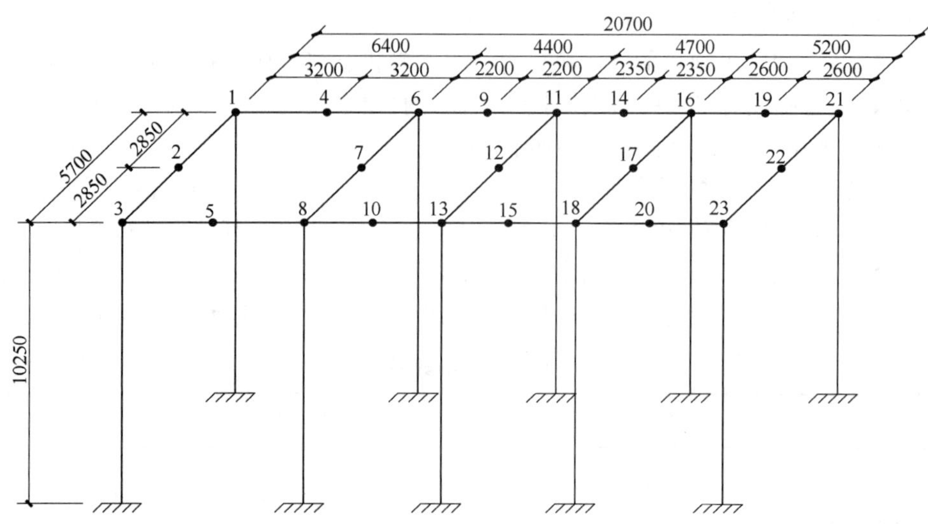

图 1-15-10　构架式基础多自由度空间计算模型图

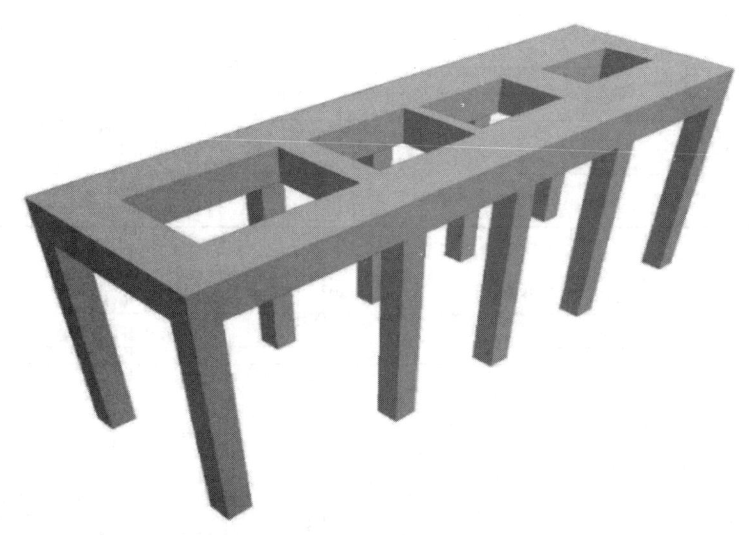

图 1-15-11　构架式基础三维模型图

个方向同时输入，三个方向的质量参与系数应达到90%。

前 14 个主振型的自振频率见表 1-15-4，各节点的振动速度见表 1-15-5。基础顶面最大振动速度为 1.45mm/s，小于基础顶面容许振动速度 5mm/s。该工程投产以后机器运行情况良好。

前 14 个主振型的自振频率　　**表 1-15-4**

振型	1	2	3	4	5	6	7
频率（Hz）	1.748	1.789	2.038	12.414	15.282	20.273	22.874
振型	8	9	10	11	12	13	14
频率（Hz）	23.770	25.581	26.130	26.685	28.729	30.969	33.409

各节点的振动速度　　　　**表 1-15-5**

节点号	振动速度（mm/s）			节点号	振动速度（mm/s）		
	X 向	*Y* 向	*Z* 向		*X* 向	*Y* 向	*Z* 向
1	0.680	0.329	0.689	13	0.497	0.294	1.110
2	0.646	0.652	1.450	14	0.503	0.204	0.664
3	0.649	0.358	0.700	15	0.442	0.269	0.671
4	1.020	0.292	1.130	16	0.427	0.240	0.462
5	0.975	0.335	1.130	17	0.440	0.421	0.495
6	0.723	0.258	1.180	18	0.447	0.241	0.458
7	0.723	0.749	1.450	19	0.379	0.268	0.928
8	0.727	0.324	1.180	20	0.393	0.239	0.924
9	0.547	0.233	0.742	21	0.289	0.289	0.644
10	0.540	0.311	0.736	22	0.300	0.519	0.964
11	0.535	0.212	1.110	23	0.311	0.251	0.648
12	0.527	0.470	1.180	—	—	—	—

四、振动控制效果

经计算，本项目空压机机组基础采用弹簧隔振技术，其基础顶面最大振动速度为3.50mm/s，小于基础顶面容许振动速度 5mm/s。该工程自投产以来，一直运行良好，基础底板未出现不均匀沉降。

相对于传统压缩机机组的构架式基础，弹簧隔振基础可将压缩机机组轴系各段转子临界转速的影响控制在 3%以内。

［实例 1-16］某冷轧工程五机架连轧机及电机振动控制

一、工程概况

某冷轧工程年产 255 万 t 冷轧板成品。2.0～6.0mm 热轧原料板首先经酸轧机组的酸洗工艺段除去表面氧化铁皮，同时改善带钢板形，再直接进入酸轧机组的五机架连轧机轧成厚度 0.3～1.6mm 的冷轧成品板；来自主轧机的中间钢卷经不同的处理机组（连退机组、热镀锌机组、电工钢机组）进行表面处理后生产出各种冷轧成品；五机架连轧机设备的安全稳定运行是整个冷轧厂正常生产的关键。

五机架连轧机设备为国外进口，分 5 个轧机，每台轧机配置 1 个马达（电机）和 1 个减速机，设备和荷载平、立面布置见图 1-16-1，电机供货商的动力设计参数见表 1-16-1，主轧机基础支墩平面布置见图 1-16-2，主轧机基础设备安装前后现场实景如图 1-16-3 所示，五机架连轧机电机和减速机区域基础平面和剖面见图 1-16-4。

电机动力设计参数 表 1-16-1

设备名称	型号	额定功率（kW）	转速最小/最大（r/min）	频率（Hz）	转子质量（kg）	最大/额定转矩	转子转动惯量（kg m^2）	静荷载/设备重量（kN）	静荷载（kN）
1 号/2 号/3 号电机	YZBP5300	5300	400/1200	20.2/60.3	15000	2.0/1.75	2000	480	1920
4 号/5 号电机	YZBP3700	3700	280/840	14.2/42.3	15000	2.0/1.75	2000	480	1920

二、振动控制方案

1. 通过增加基础刚度控制设备振动

轧机段主轧机−8.500m 地下室与−4.500m 电缆隧道，通过轧机−8.500m 地下室端横墙（0.8m 厚）连为一体，整个轧机段基础混凝土 10470m^3，基础自重 26175t，基础刚度大，对主轧机、电机和减速机的振动控制比较有利。

设备供应商虽无法提供主轧机、电机和减速机的动力计算参数，但在布置设备时，已考虑动力荷载的有效传递路径：5 台主轧机竖向动力荷载通过 6 个实体支墩传递给地下室底板；5 台电机竖向动力荷载通过 5 个电缆隧道侧壁直接传递给电缆隧道大底板。外方主轧机、电机和减速机基础荷载，已考虑 2.8 倍的动力放大系数。

《动力机器基础设计手册》规定：风机、小型电动机、发电机和泵类、磁励机、引风机、送风机以及各种离心泵的大块式、墙式基础，机器转速小于 1000r/min、基础重量大于 3～4 倍机器重量以及转速大于 1000r/min 的基础，一般不做动力计算分析。

5 台主轧机底座通过 T 形头地脚螺栓落在从−8.500m 轧机地下室底板升起的 6 个基础支墩上，为大块式基础。5 台电机布置在电缆隧道顶板上（板厚 1.905m），电机底座通过 T 形头地脚螺栓与电缆隧道侧壁固定，电机基础为墙式动力设备基础。5 个减速机布置在靠近−8.500m 轧机地下室端横墙的 1.385m 厚顶板上，减速机底座通过对穿螺栓固定在顶板上，减速机基础为墙式动力设备基础。

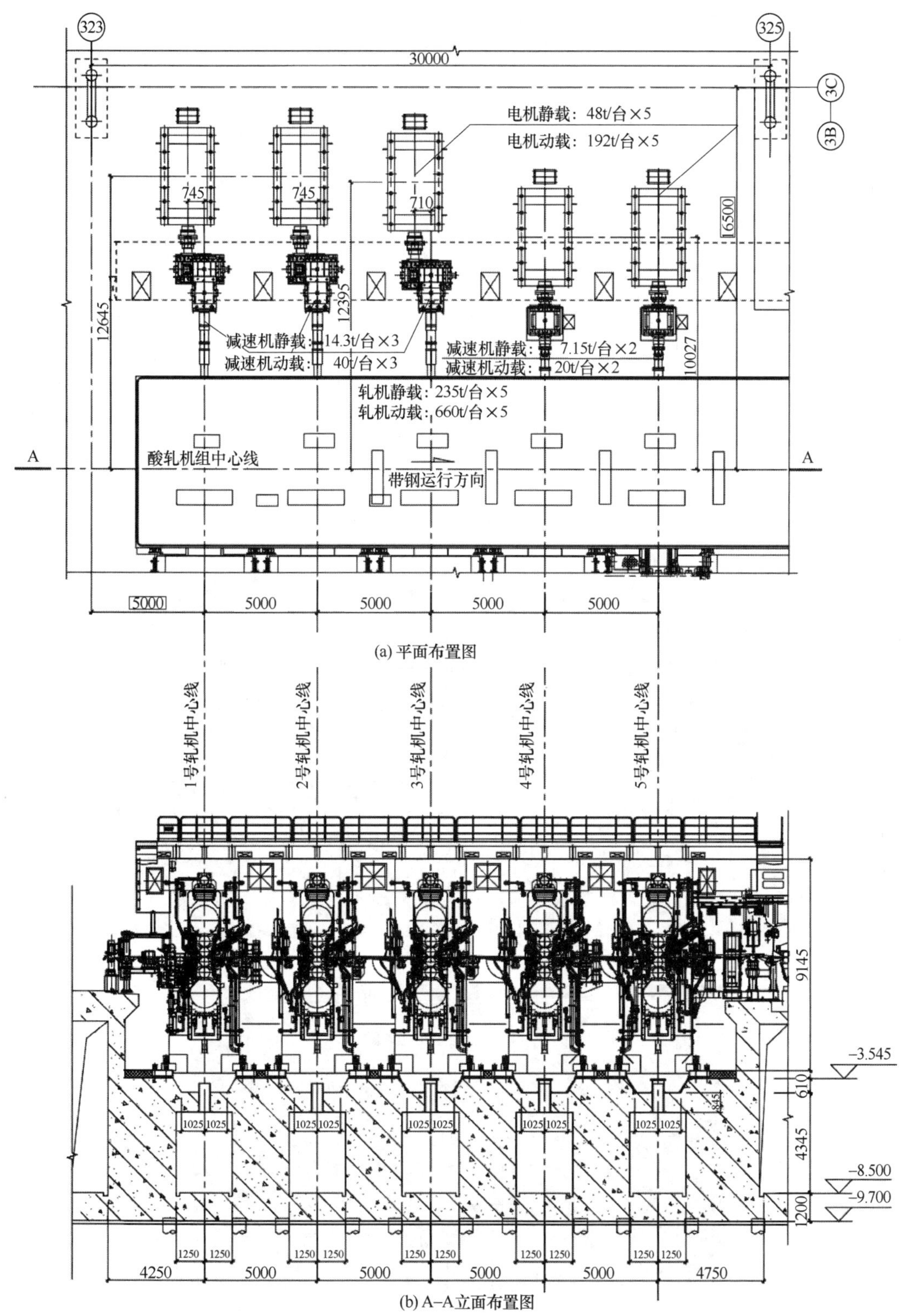

图 1-16-1　五机架连轧机设备和荷载布置图

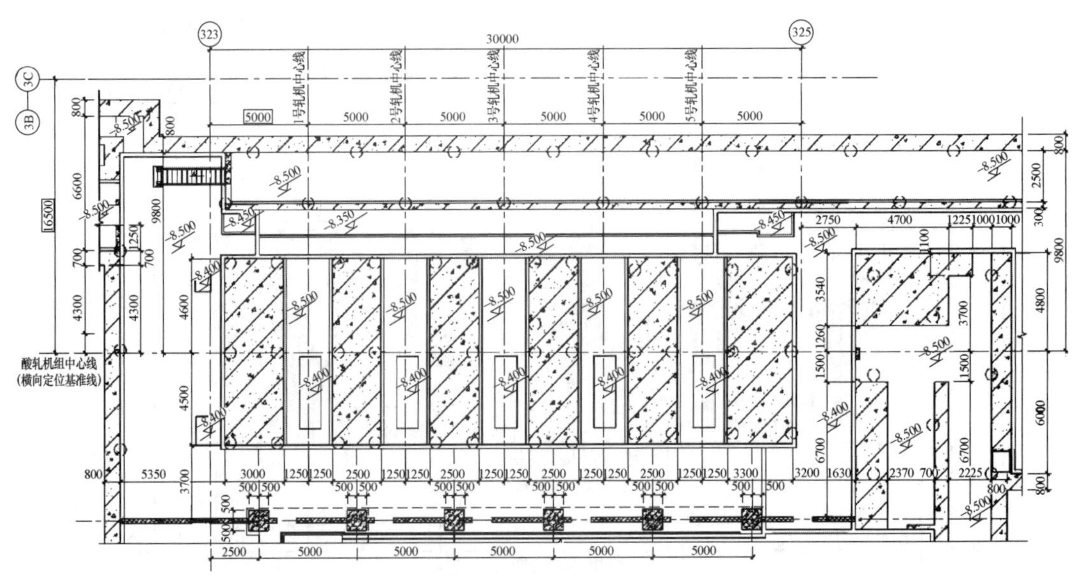

图 1-16-2　主轧机基础支墩平面布置图

(a) 设备安装前

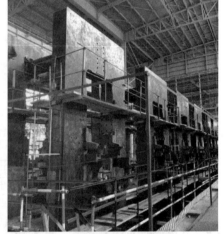

(b) 设备安装后

(c) 投产后

图 1-16-3　主轧机基础设备安装前后现场照片

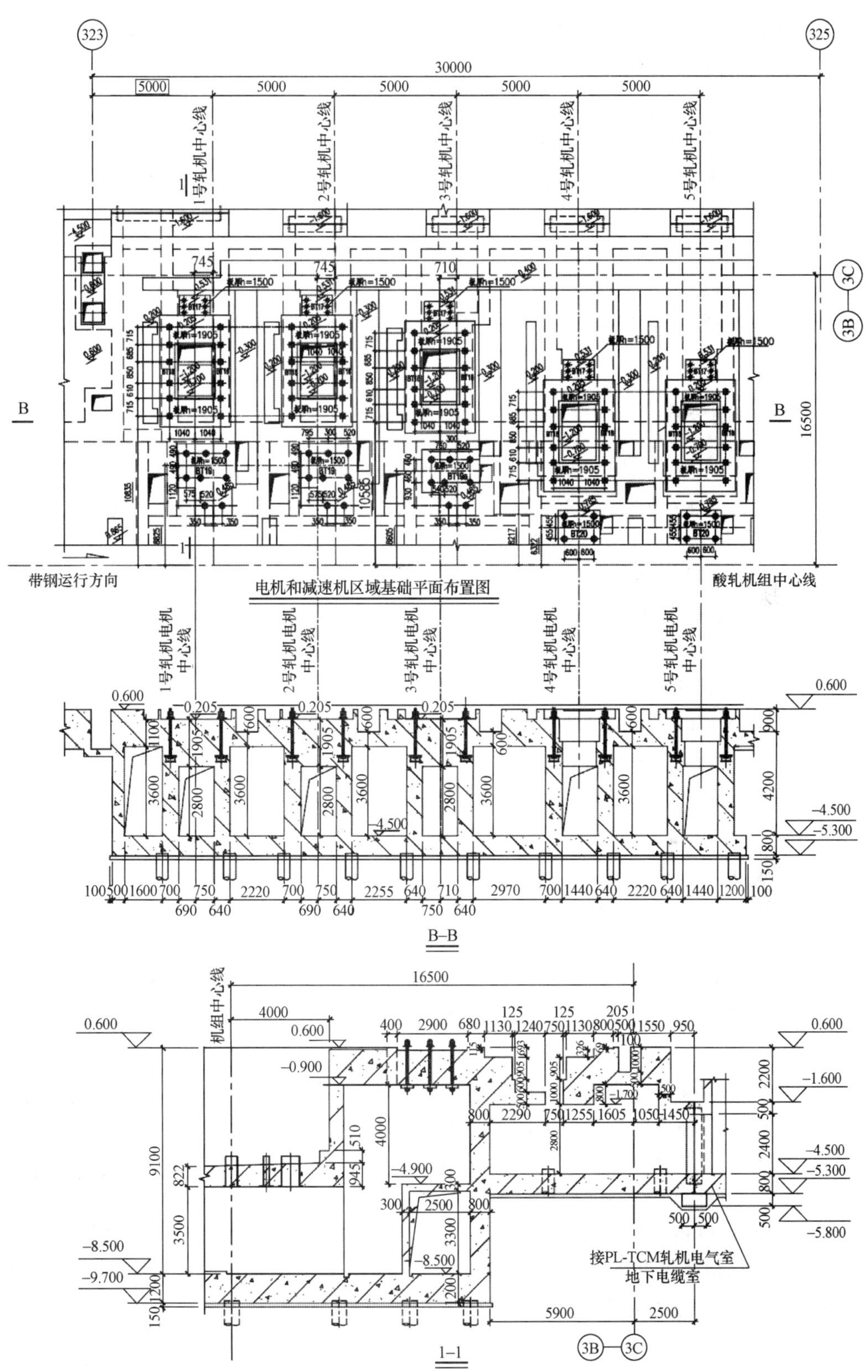

图 1-16-4　五机架连轧机电机和减速机区域基础平面和剖面图

电机和减速机的最大转速分别为 840r/min、1200r/min，满足《动力机器基础设计手册》规定的免做动力分析计算的转速范围；因此，主轧机、电机和减速机基础的重量若大于等于设备重量的 3～4 倍，基础可不做动力计算分析。基础重量计算分析见本实例第三部分。

2. 采用 T 形头地脚螺栓和对穿螺栓控制设备振动

沿用宝钢近 40 年的冷轧工程建设经验，本工程主轧机、电机仍采用 T 形头地脚螺栓与基础固定。T 形头地脚螺栓的锚固力大，其结构形式有利于缓冲动荷载。减速机底座所在的地下室底板厚 1385mm，无法做 M72 的 T 形头地脚螺栓；考虑到减速机荷载远小于主轧机和电机荷载，采用对穿螺栓。

T 形头地脚螺栓和对穿螺栓又名“活螺栓”，若个别螺栓断裂，在不破坏基础的前提下可更换螺栓。

三、振动控制分析

电机和减速机的最大转速分别为 840r/min、1200r/min，满足《动力机器基础设计手册》规定的免做动力分析计算的转速范围。下面主要计算主轧机、电机和减速机基础重量，是否满足免做动力计算分析的条件。

1. 主轧机区域设备基础重量计算

传递主轧机竖向动力荷载的－8.500m 地下室范围见图 1-16-2，主轧机区域基础重量计算如下：

－8.500m 地下室底板重：(42.8×16.75＋143)×1.2×2.5＝2150.7t

从－8.500m 底板升起的 6 个支墩重：520×2.5＝1300t

－8.500m 地下室侧壁重：496.5×2.5＝1241.3t

－3.545m 全部/±0.000 标高部分地下室顶板重：1075.35×2.5＝2688.4t

主轧机区域设备基础重量合计：7380.4t

5 台主轧机设备总重为 235t×5＝1175t。主轧机区域设备基础重量为 7380.4t，是主轧机设备总重量的 6.28 倍，满足免做动力计算分析的条件（大于 3～4 倍的机器重量）。

2. 电机和减速机区域设备基础重量计算

电机和减速机基础布置见图 1-16-4，电机和减速机区域基础重量计算如下：

－8.500m 地下室底板（减速机附近）重：2.1×30×1.2×2.5t/m^3＝189t

－8.500m 地下室侧壁（减速机附近）重：0.8×30×4×2.5t/m^3＝240t

－4.500m 电缆隧道底板重：0.8×30×10.4×2.5＝624t

－4.500m 电缆隧道侧壁重：0.64×3×11×8.4×2.5＝443.5t

±0.000 标高顶板重：10.4×30×1.5×0.9×2.5＝1053t

电机和减速机区域设备基础重量合计：2549.5t

5 台主轧电机设备总重为 48t×5＝240t；5 台减速机设备总重为 14.3t×3＋7.15t×2＝57.2t；电机和减速机设备总重为 240t＋57.2t＝297.2t。电机和减速机区域设备基础重量为 2549.5t，是电机和减速机设备总重的 8.6 倍，满足免做动力计算分析的条件（大于 3～4 倍机器重量）。

综上，主轧机、电机和减速机满足《动力机器基础设计手册》免做动力计算分析的条件，可不做动力计算分析；结构设计的动力计算，简化为动力系数法（设备商提供的动力放大系数为 2.8)，按静力设计计算。

四、振动控制效果

该冷轧工程酸轧机组五机架连轧机从 2017 年 8 月建成投产至今，五机架连轧机沉降值 10～20mm，运行正常平稳，产品质量和产量均达目标要求。

[实例 1-17] 京能太阳宫热电厂电机、风机振动控制

一、工程概况

随着供电需求的不断增长以及我国城市环保要求越来越高，特别是国家对重点大城市 $PM_{2.5}$ 治理力度不断加强，城市节能减排发电形式替代燃煤发电形式势在必行。因此，北京等城市建设了一大批燃气发电厂，如太阳宫电厂、郑常庄电厂、草桥电厂等。北京太阳宫燃气发电厂是奥运配套工程之一，是一座先进的热冷电联供高效节能环保电厂，如图 1-17-1所示。

图 1-17-1　太阳宫燃气发电厂

电厂位于北京四环内，振动噪声控制成为电厂环保能否达标的关键。为控制噪声，电厂设计时采用了先进的低噪声节水型冷却塔，并在冷却塔外安装混凝土隔声墙，塔体隔声护墙厚度 200mm。试运行期间，隔声墙外辐射噪声较大，隔声墙立面在风机平台标高位置附近有较大振动和噪声，最大值达 72.9dB（A），中心频率 315Hz 附近最大值达 79.8dB（A），远离墙面标高位置处的最小噪声为 57.4dB（A）。厂界与塔体隔声墙的距离为 16m，由于电厂建设在北京三环和四环之间，噪声指标选用居民区标准，现噪声已超标。

二、振动与噪声控制方案

1. 振动故障诊断测试

如果采取常规降噪方式，需要在厂界内再建造一道 200mm 厚隔声墙，建设成本高，也会破坏已建厂区规划。经仔细研究，决定采取降低结构固体振动的方式来降低噪声。

首先，对现场不同运行工况进行多次噪声和振动测试，结果表明：隔声墙外风机平台处噪声和振动突出原因主要是隔声墙与风机平台固体相连，风机减速器在激励作用下出现主频 298Hz 的受迫振动，与墙体辐射噪声峰值中心频率 315Hz 基本吻合，出现明显的固

体发声现象。因此，冷却塔墙体振动与声辐射超标主要由减速机和电机振动引起，降低振动或阻断振动向墙体传递可大幅降低墙体固体声辐射。

2. 方案难点

（1）振动和噪声频率高（315Hz），属于固体声辐射，应采用固体声控制专用隔振器。

（2）有电机、风机两个性质不同的振源，电机：重量 15800kN，工作转速 743～1489r/min；风机：重量 20000kN，工作转速 53～105r/min。

（3）电机距风机中心轴距离较大，达 6m，风机叶片直径接近 10m，隔振系统如若刚度过小，叶片晃动大，刚度过大，隔振效果不理想，应寻找最佳参数。

（4）只能在已建基础上进行改造，可实施空间有限。

三、振动与噪声控制关键技术

方案制定、优化、实施过程中，首先对一台风机进行试验，在多次方案完善的基础上，确定最优技术方案。

（1）在电机、风机基础下各安装 4 个带有固体阻尼的固体声控制专用弹簧隔振器，方案如图 1-17-2 所示，图 1-17-3 为现场实景照片。

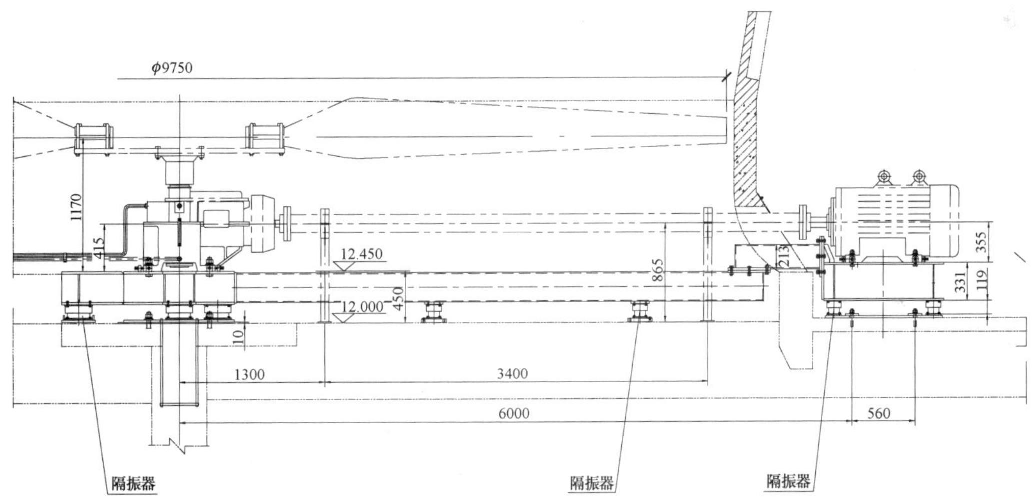

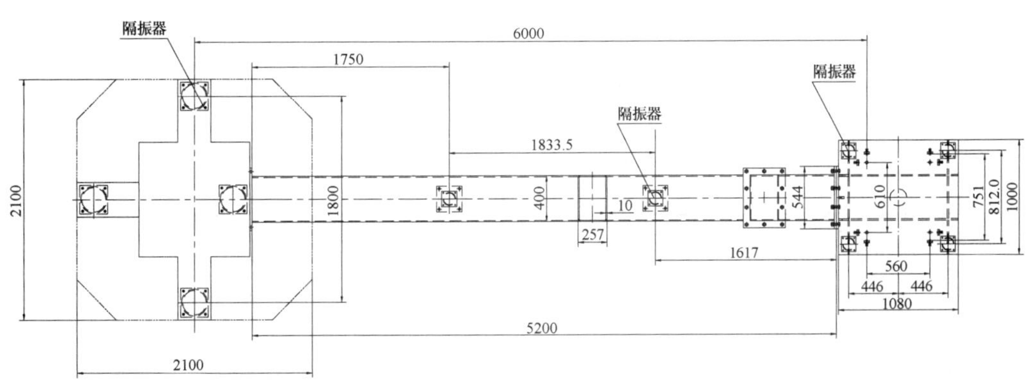

图 1-17-2　方案设计图

图 1-17-3　风机振动控制改造实景

（2）电机与风机之间用钢梁连接，并在钢梁下安装 2 个弹簧隔振器。

（3）在风机钢框架底座设置双向延长臂（十字）钢梁，以控制风机摇摆振动，保证风机平稳运行。

四、振动与噪声控制效果

项目改造完成后，进行厂界噪声验收测试，同时，对电机本体、基础进行振动测试，并与安装前进行比较。结论如下：

1. 基础隔振效率均在 96%～98%，达到了设计目标 95%的要求。

2. 根据电机工作频率、额定功率参数，依据《机械振动　在非旋转部件上测量评价机器的振动　第 3 部分：额定功率大于 15kW 额定转速在 120r/min 至 15000r/min 之间的在现场测量的工业机器》GB/T 6075.3—2011/ISO 10816—3：2009，确定的振动控制标准，见表 1-17-1。

本机器设备的振动控制标准　　　　**表 1-17-1**

支承类型	区域边界	位移均方根值（μm）	速度均方根值（mm/s）
刚性	A/B	29	2.3
	B/C	57	4.5
	C/D	90	7.1
柔性	A/B	45	3.5
	B/C	90	7.1
	C/D	140	11.0

测试得到机器设备的最大振动速度均方根值为 4.39mm/s（水平横向），最大位移均方根值为 27.95μm（纵向），属于 B 区域状态良好，可长期运行；最大位移均方根值在 37μm 以下，属于 A 区域，状态优良。

3. 测试得到的最大噪声值为 48.8 dB（A），较改造前降低 14 dB（A），低于环保局备案的厂界背景噪声值，满足环保验收要求。

第二节　往复式机器

[实例 1-18] 某往复式压缩机大块式基础振动控制

一、工程概况

某往复式空气压缩机，型号：L5.5-40/8；机器质量：空压机 4.0t，电机 3.9t；机器转速：n=590r/min；振动荷载：一谐竖向扰力 F_{vz1}=1kN，一谐水平扰力 F_{vx1}=2kN，一谐回转扰力矩 $M_{\theta 1}$=3kN·m，一谐扭转扰力矩 $M_{\psi 1}$=4kN·m。二谐竖向扰力 F_{vz2}=5kN，二谐水平扰力 F_{vx2}=6kN，二谐回转扰力矩 $M_{\theta 2}$=7kN·m，二谐扭转扰力矩 $M_{\psi 2}$=8kN·m（为便于参数计算，本例中的振动荷载做了规律性简化）。

空压机重心坐标：x_1=2.08m，y_1=1.21m，z_1=1.95m；电机重心坐标：x_2=2.15m，y_2=2.82m，z_2=1.95m；扰力作用点 C 坐标：x_3=2.08m，y_3=1.21m，z_3=1.95m；振动控制点坐标：x_4=2.73m，y_4=0.38m，z_4=1.50m。

基础为大块式，地基为天然地基，黏性土，地基承载力特征值为 100kPa。未修正的天然地基抗压刚度系数 C_{z0}=20000kN/m^3。基础埋深 h_t=1.2m，考虑埋深及刚性地坪影响，刚性地坪修正系数 α_1 取 1.2。钢筋混凝土密度取 2.5t/m^3，土壤密度取 1.8t/m^3。

基组计算坐标系如图 1-18-1，采用右手定则直角坐标系，坐标原点 O 设在基础底板底面左下角点，Y 轴沿机器主轴方向，Z 轴垂直于基础底面。振动控制点取空压机支承短柱顶面角点 B。

二、振动控制方案

1. 基础材料要求

往复式机器一般常年处于振动状态，基础应采用现浇钢筋混凝土结构，不应采用砌体基础或装配式钢筋混凝土基础。

2. 地基要求

应采取措施防止基础产生不均匀沉降，保证基组稳定正常运转。往复式机器基础宜设置在均匀的中、低压缩性地基土上，当存在软弱下卧层、软土地基或其他不良地质条件时，应采取有效的地基处理措施或采用桩基础。

地基不均匀沉降用地基倾斜率表示，地基倾斜率不应超过下列规定：

(1) 当机器功率≥ 1000 kW 时，倾斜率≤ 0.1%；

(2) 当机器功率≤ 500 kW 时，倾斜率≤ 0.2%；

(3) 当机器功率介于 500 kW 与 1000 kW 之间时，倾斜率可内插确定。

3. 基组对中要求

设计基础时，应使基组的总重心与基础底面形心（若采用桩基时，则指群桩重心）位于同一铅垂线上。如不可避免存在偏心时，偏心值与平行于偏心方向基础底边长的比值应小于 3%。

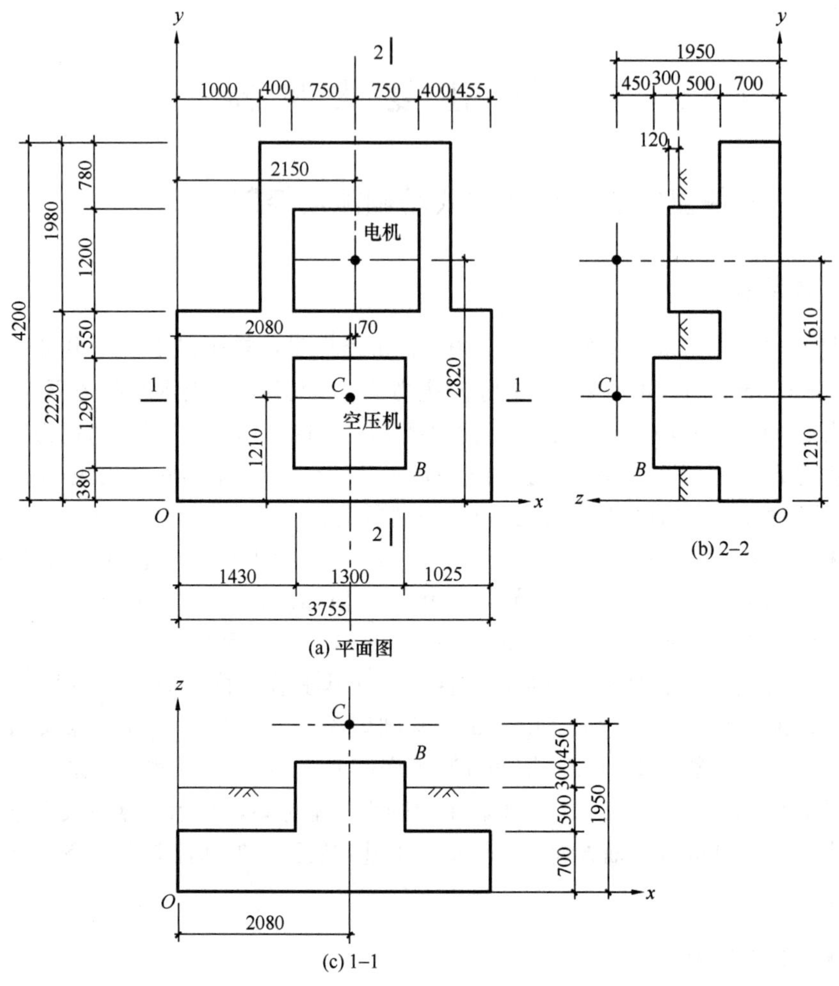

图 1-18-1　某空压机组平、立面尺寸

4. 地基承载力设计要求

标准组合时，往复式机器基础底面处平均静压力值应小于修正后的地基承载力特征值。基础底面静压力计算时，应考虑基础自重和基础底板上回填土重、机器自重和传至基础上的其他荷载。

5. 动力计算要求

动力计算主要包括以下内容：

（1）确定振动荷载

往复式机器的振动荷载包括扰力和扰力矩，可按国家标准《建筑振动荷载标准》GB/T 51228—2017 进行计算，标准附录 B 中还提供了常用往复式机器的振动荷载计算公式。但由于往复式机器内部构造比较复杂，通常由机器制造商来完成振动荷载计算并提供给设计人员，设计人员再根据标准对所提荷载进行校验。

（2）确定容许振动标准

往复式机器基础的容许振动限值应满足国家标准《建筑工程容许振动标准》GB

50868—2013 要求，即容许振动位移峰值 0.2mm，容许振动速度峰值 6.3mm/s；同时，应满足机器制造厂家提出的基础振动限值要求。

（3）动力计算

往复式机器基础通常采用大块式基础或墙式基础，模型采用“质点-弹簧-阻尼器”体系。动力计算可按国家标准《动力机器基础设计规范》GB 50040—1996 分别计算基组振动控制点沿 z 轴的竖向振动、绕 z 轴的扭转振动、x-ϕ 向耦合振动、y-θ 向耦合振动，再叠加计算沿各向的总振动响应值。动力计算时，准确确定地基方案、选择地基参数、确定基础尺寸和埋深十分重要，要进行反复试算，使基组振动的固有频率尽量远离扰频。

三、振动控制计算

1. 基组几何物理量计算

表 1-18-1 给出基组几何物理量计算表。

基组几何物理量计算表　　**表 1-18-1**

部件	编号	质量(t)	边长（m）			重心坐标（m）			备注
			x	y	z	x	y	z	—
底板	1	14.588	3.755	2.220	0.700	1.878	1.110	0.350	—
	2	7.970	2.300	1.980	0.700	2.150	3.210	0.350	—
	形心	—	—	—	—	1.974	1.852	—	—
柱头	3	3.354	1.300	1.290	0.800	2.080	1.025	1.100	—
	4	2.790	1.500	1.200	0.620	2.150	2.820	1.010	—
土体	5	7.502	3.755	2.220	0.500	1.878	1.110	0.950	—
	6	4.099	2.300	1.980	0.500	2.150	3.210	0.950	—
	7	−1.509	1.300	1.290	0.500	2.080	1.025	0.950	应扣除
	8	−1.620	1.500	1.200	0.500	2.150	2.820	0.950	应扣除
机器	9	4.000	—	—	—	2.080	1.210	1.950	—
	10	3.900	—	—	—	2.150	2.820	1.950	—
总计		45.073	—	—	—	2.007	1.870	0.840	—

底板形心：$x_d = 1.974\text{m}$，$y_d = 1.852\text{m}$

底板面积：$A = 12.89\text{m}^2$

底板惯性矩：$I_x = \sum L_x L_y^3/12 = 17.8993\text{m}^4$

$$I_y = \sum L_y L_x^3/12 = 12.0212\text{m}^4$$

$$I_z = I_x + I_y = 29.9205\text{m}^4$$

2. 基组对中验算

x 向：$e_{xd} = 2.007 - 1.974 = 0.033\text{m}$

$e_{xd}/L_x = 0.033/3.755 = 0.9\% < 3\%$，满足。

y 向：$e_{yd} = 1.870 - 1.852 = 0.018\text{m}$

$e_{yd}/L_y = 0.018/4.200 = 0.4\% < 3\%$，满足。

3. 地基承载力验算

$p=45.073\times10\div12.89=35\text{kPa}<100\text{kPa}$，满足。

4. 地基动力参数推导

底面积修正数：$\beta_r=\sqrt[3]{20/A}=\sqrt[3]{20/12.89}=1.158$

经底面积修正后，天然地基刚度系数为：

$$C_z=\beta_r C_{z0}=1.158\times20000=23160\text{kN/m}^3$$

$$C_x=C_y=0.70C_z=0.70\times23160=16212\text{kN/m}^3$$

$$C_\theta=C_\phi=2.15C_z=2.15\times23160=49794\text{kN/m}^3$$

$$C_\psi=1.05C_z=1.05\times23160=24318\text{kN/m}^3$$

基础埋深比：$\delta_d=h_t/\sqrt{A}=1.2/\sqrt{12.89}=0.334<0.6$

基础埋深对地基刚度的提高系数：

$$\alpha_z=(1+0.4\delta_d)^2=1.285;\ \alpha=(1+1.2\delta_d)^2=1.962$$

经底面积、基础埋深、刚性地坪修正后的天然地基刚度系数为：

$$C'_z=\alpha_z C_z=1.285\times23160=29761\text{kN/m}^3$$

$$C'_x=C'_y=\alpha\alpha_1 C_x=1.962\times1.2\times16212=38170\text{kN/m}^3$$

$$C'_\theta=C'_\phi=\alpha\alpha_1 C_\theta=1.962\times1.2\times49794=117235\text{kN/m}^3$$

$$C'_\psi=\alpha\alpha_1 C_\psi=1.962\times1.2\times24318=57254\text{kN/m}^3$$

经底面积、基础埋深、刚性地坪修正后的天然地基刚度为：

$$K_z=C'_z A=29761\times12.89=383619\text{kN/m}$$

$$K_x=K_y=C'_x A=38170\times12.89=492011\text{kN/m}$$

$$K_\theta=C'_\theta I_x=117235\times17.8993=2098424\text{kN/m}$$

$$K_\phi=C'_\phi I_y=117235\times12.0212=1409305\text{kN}\cdot\text{m}$$

$$K_\psi=C'_\psi I_z=57254\times29.9205=1713068\text{kN}\cdot\text{m}$$

基组质量比：$\bar{m}=m/(\rho A\sqrt{A})=45.073/(1.8\times12.89\times\sqrt{12.89})=0.541$

ρ 为地基土的密度，$\rho=1.8\text{t/m}^3$。

基础埋深对阻尼比的提高系数：

$$\beta_z=1+\delta_d=1+0.334=1.334$$

$$\beta=1+2\delta_d=1+2\times0.334=1.668$$

对于黏性土，经基础埋深修正后的天然地基阻尼比为：

$$\zeta_z=\beta_z\times\frac{0.16}{\sqrt{\bar{m}}}=1.334\times\frac{0.16}{\sqrt{0.541}}=0.290$$

$$\zeta_{h1}=\zeta_{h2}=\zeta_\psi=\beta\times0.5\times\frac{0.16}{\sqrt{\bar{m}}}=1.668\times0.5\times\frac{0.16}{\sqrt{0.541}}=0.181$$

5. 机器扰频

$$\omega_1=\frac{2\pi}{60}\times n=2\times\frac{3.14}{60}\times590=61.75\text{rad/s}$$

$$\omega_2=2\omega_1=123.50\text{rad/s}$$

6. 在通过基组重心的竖向扰力 F_{vz} 作用下，沿 z 轴的竖向振动计算

$$m = m_f + m_m + m_s = 45.073\text{t}$$

$$\omega_{nz} = \sqrt{\frac{K_z}{m}} = \sqrt{\frac{383619}{45.073}} = 92.26\text{rad/s}$$

根据《动力机器基础设计规范》GB 50040—1996：

$$u_{zz} = \frac{F_{vz}}{K_z} \cdot \frac{1}{\sqrt{\left(1 - \frac{\omega^2}{\omega_{nz}^2}\right)^2 + 4\zeta_z^2 \frac{\omega^2}{\omega_{nz}^2}}}$$

分别在一、二谐竖向扰力 F_{vz1}、F_{vz2} 作用下，

$$u_{zz1} = \frac{1}{383619} \cdot \frac{1 \times 10^6}{\sqrt{\left(1 - \frac{61.75^2}{92.26^2}\right)^2 + 4 \times 0.290^2 \times \frac{61.75^2}{92.26^2}}} = 3.86\mu\text{m}$$

$$u_{zz2} = \frac{5}{383619} \cdot \frac{1 \times 10^6}{\sqrt{\left(1 - \frac{123.50^2}{92.26^2}\right)^2 + 4 \times 0.290^2 \times \frac{123.50^2}{92.26^2}}} = 11.75\mu\text{m}$$

7. 在绕 z 轴的扭转力矩 M_Ψ 和沿 y 轴向偏心的水平扰力 F_{vx} 作用下，绕 z 轴的扭转振动计算

基组对扭转轴 z 轴的转动惯量：$J_\psi = \Sigma J_{\psi j} + \Sigma m_i r_{zi}^2 = 88.0\text{t} \cdot \text{m}^2$

$$\omega_{n\psi} = \sqrt{\frac{K_\psi}{J_\psi}} = \sqrt{\frac{1713068}{88.0}} = 139.52\text{rad/s}$$

根据《动力机器基础设计规范》GB 50040—1996：

$$u_\psi = \frac{M_\psi + F_{vx} e_v}{K_\psi \sqrt{\left(1 - \frac{\omega^2}{\omega_{n\psi}^2}\right) + 4\zeta_\psi^2 \frac{\omega^2}{\omega_{n\psi}^2}}}$$

$$u_{x\psi} = u_\psi \cdot l_y$$

$$u_{y\psi} = u_\psi \cdot l_x$$

分别在一、二谐绕 z 轴的扭转力矩 $M_{\psi1}$、$M_{\psi2}$ 和沿 y 轴向偏心的水平扰力 F_{vx1}、F_{vx2} 作用下，

$$e_y = |1.210 - 1.870| = 0.660\text{m}$$

$$l_y = |0.380 - 1.870| = 1.49\text{m}$$

$$l_x = |2.730 - 2.007| = 0.72\text{m}$$

$$u_{x\psi1} = \frac{(4 + 2 \times 0.660) \times 1.49 \times 10^6}{1713068 \times \sqrt{\left(1 - \frac{61.75^2}{139.52^2}\right)^2 + 4 \times 0.181^2 \times \frac{61.75^2}{139.52^2}}} = 5.64\mu\text{m}$$

$$u_{y\psi1} = \frac{(4 + 2 \times 0.660) \times 0.72 \times 10^6}{1713068 \times \sqrt{\left(1 - \frac{61.75^2}{139.52^2}\right)^2 + 4 \times 0.181^2 \times \frac{61.75^2}{139.52^2}}} = 2.73\mu\text{m}$$

$$u_{x\psi2} = \frac{(8 + 6 \times 0.660) \times 1.49 \times 10^6}{1713068 \times \sqrt{\left(1 - \frac{123.50^2}{139.52^2}\right)^2 + 4 \times 0.181^2 \times \frac{123.50^2}{139.52^2}}} = 26.90\mu\text{m}$$

$$u_{y\psi 2}=\frac{(8+6\times 0.660)\times 0.72\times 10^{6}}{1713068\times\sqrt{\left(1-\frac{123.50^{2}}{139.52^{2}}\right)^{2}+4\times 0.181^{2}\times\frac{123.50^{2}}{139.52^{2}}}}=13.00\mu m$$

8. 在水平扰力 F_{vx}和沿 x 轴向偏心的竖向扰力 F_{vz}作用下，沿 x 轴水平、绕 y 轴回转的 x-ϕ 向耦合振动计算

$$\omega_{nx}=\sqrt{\frac{K_{x}}{m}}=\sqrt{\frac{492011}{45.073}}=104.48\text{rad/s}$$

基组对 y 轴的转动惯量：$J_{\phi}=\Sigma J_{\phi i}+\Sigma m_{i}r_{yi}^{2}=49.4\text{t}\cdot\text{m}^{2}$

$h_2=0.84\text{m}$

$$\omega_{n\phi}=\sqrt{\frac{K_{\phi}+K_{x}h_{2}^{2}}{J_{\phi}}}=\sqrt{\frac{1409305+492011\times 0.840^{2}}{49.4}}=188.56\text{rad/s}$$

$$\omega_{n\phi 1}=\sqrt{\frac{1}{2}\left[(\omega_{nx}^{2}+\omega_{n\phi}^{2})-\sqrt{(\omega_{nx}^{2}-\omega_{n\phi}^{2})^{2}+\frac{4mh_{2}^{2}}{J_{\phi}}\omega_{nx}^{4}}\right]}$$

$$=\sqrt{\frac{1}{2}\left[(104.48^{2}+188.56^{2})-\sqrt{(104.48^{2}-188.56^{2})^{2}+\frac{4\times 45.073\times 0.840^{2}}{49.4}\times 104.48^{4}}\right]}$$

$=90.11\text{rad/s}$

$$\omega_{n\phi 2}=\sqrt{\frac{1}{2}\left[(\omega_{nx}^{2}+\omega_{n\phi}^{2})+\sqrt{(\omega_{nx}^{2}-\omega_{n\phi}^{2})+\frac{4mh_{2}^{2}}{J_{\phi}}\omega_{nx}^{4}}\right]}=195.83\text{rad/s}$$

$$\rho_{\phi 1}=\frac{\omega_{nx}^{2}h_{2}}{\omega_{nx}^{2}-\omega_{n\phi 1}^{2}}=\frac{104.48^{2}\times 0.840}{104.48^{2}-90.11^{2}}=3.279\text{m}$$

$$\rho_{\phi 2}=\frac{\omega_{nx}^{2}h_{2}}{\omega_{n\phi 2}^{2}-\omega_{nx}^{2}}=\frac{104.48^{2}\times 0.840}{195.93^{2}-104.48^{2}}=0.334\text{m}$$

根据《动力机器基础设计规范》GB 50040—1996：

$$M_{\phi 1}=F_{vx}\cdot(h_{1}+h_{0}+\rho_{\phi 1})+F_{vz}e_{x}$$

$$M_{\phi 2}=F_{vx}\cdot(h_{1}+h_{0}-\rho_{\phi 2})+F_{vz}e_{x}$$

$$u_{\phi 1}=\frac{M_{\phi 1}}{(J_{\phi}+m\rho_{\phi 1}^{2})\cdot\omega_{n\phi 1}^{2}}\cdot\frac{1}{\sqrt{\left(1-\frac{\omega^{2}}{\omega_{n\phi 1}^{2}}\right)+4\zeta_{h1}^{2}\frac{\omega^{2}}{\omega_{n\phi 1}^{2}}}}$$

$$u_{\phi 2}=\frac{M_{\phi 2}}{(J_{\phi}+m\rho_{\phi 2}^{2})\cdot\omega_{n\phi 2}^{2}}\cdot\frac{1}{\sqrt{\left(1-\frac{\omega^{2}}{\omega_{n\phi 2}^{2}}\right)+4\zeta_{h2}^{2}\frac{\omega^{2}}{\omega_{n\phi 2}^{2}}}}$$

$$u_{z\phi}=(u_{\phi 1}+u_{\phi 2})\cdot l_{x}$$

$$u_{x\phi}=u_{\phi 1}\cdot(\rho_{\phi 1}+h_{1})+u_{\phi 2}\cdot(h_{1}-\rho_{\phi 2})$$

分别在一、二谐水平扰力 F_{vx1}、F_{vx2}和沿 x 轴向偏心的竖向扰力 F_{vz1}、F_{vz2}作用下，

$$e_{x}=|2.080-2.007|=0.073\text{m}$$

$$h_{1}=|1.500-0.840|=0.660\text{m}$$

$$h_{1}+h_{0}=|1.950-0.840|=1.110\text{m}$$

（1）一谐扰力 F_{vx1}、F_{vz1} 作用下的第一、第二振型计算：

$M_{\phi 11}=2\times(1.110+3.279)+1\times0.073=8.85\text{kN}\cdot\text{m}$

$M_{\phi 21}=2\times(1.110-0.334)+1\times0.073=1.63\text{kN}\cdot\text{m}$

$$u_{\phi 11}=\frac{8.85}{(49.4+45.073\times3.279^2)\times90.11^2}\times\frac{1\times10^6}{\sqrt{\left(1-\frac{61.75^2}{90.11^2}\right)^2+4\times0.181^2\times\frac{61.75^2}{90.11^2}}}$$

$=3.49$

$$u_{\phi 21}=\frac{1.63}{(49.4+45.073\times0.334^2)\times195.83^2}\times\frac{1\times10^6}{\sqrt{\left(1-\frac{61.75^2}{195.83^2}\right)^2+4\times0.181^2\times\frac{61.75^2}{195.83^2}}}$$

$=0.86$

$u_{z\phi 1}=(u_{\phi 11}+u_{\phi 21})\cdot l_x=(3.49+0.86)\times0.72=3.13\mu\text{m}$

$u_{x\phi 1}=u_{\phi 11}\cdot(\rho_{\phi 1}+h_1)+u_{\phi 21}\cdot(h_1-\rho_{\phi 2})=3.49\times(3.279+0.660)+0.86$

$\times(0.660-0.334)$

$=14.03\mu\text{m}$

（2）二谐扰力 F_{vx2}、F_{vz2} 作用下的第一、第二振型计算：

$M_{\phi 12}=6\times(1.110+3.279)+5\times0.073=26.70\text{kN}\cdot\text{m}$

$M_{\phi 22}=6\times(1.110-0.334)+5\times0.073=5.02\text{kN}\cdot\text{m}$

$$u_{\phi 12}=\frac{26.70}{(49.4+45.073\times3.279^2)\times90.11^2}\times\frac{1\times10^6}{\sqrt{\left(1-\frac{123.50^2}{90.11^2}\right)^2+4\times0.181^2\times\frac{123.50^2}{90.11^2}}}$$

$=6.10$

$$u_{\phi 22}=\frac{5.02}{(49.4+45.073\times0.334^2)\times195.83^2}\times\frac{1\times10^6}{\sqrt{\left(1-\frac{123.50^2}{195.83^2}\right)^2+4\times0.181^2\times\frac{123.50^2}{195.83^2}}}$$

$=3.73$

$u_{z\phi 2}=(u_{\phi 12}+u_{\phi 22})\cdot l_x=(6.10+3.73)\times0.72=7.08\mu\text{m}$

$u_{x\phi 2}=u_{\phi 12}\cdot(\rho_{\phi 1}+h_1)+u_{\phi 22}\cdot(h_1-\rho_{\phi 2})=6.10\times(3.279+0.660)+3.73$

$\times(0.660-0.334)$

$=25.24\mu\text{m}$

9. 在绕 x 轴的回转力矩 M_θ 和沿 y 轴向偏心的竖向扰力 F_{vz} 作用下，沿 y 轴水平、绕 x 轴回转的 y-θ 向耦合振动计算

$$\omega_{ny}=\sqrt{\frac{K_y}{m}}=\sqrt{\frac{492011}{45.073}}=104.48\text{rad/s}$$

基组对 x 轴的转动惯量：$J_\theta=\Sigma J_{\theta i}+\Sigma m_i r_{xi}^2=72.4\text{t}\cdot\text{m}^2$

$$\omega_{n\theta}=\sqrt{\frac{K_\theta+K_y h_2^2}{J_\theta}}=\sqrt{\frac{2098424+492011\times0.840^2}{72.4}}=183.79\text{rad/s}$$

$$\omega_{n\theta1}=\sqrt{\frac{1}{2}\left[(\omega_{ny}^2+\omega_{n\theta}^2)-\sqrt{(\omega_{ny}^2-\omega_{n\theta}^2)^2+\frac{4mh_2^2}{J_\theta}\omega_{ny}^4}\right]}$$

$$=\sqrt{\frac{1}{2}\left[(104.48^2+183.79^2)-\sqrt{(104.48^2-183.79^2)^2+\frac{4\times45.073\times0.840^2}{72.4}\times104.48^4}\right]}$$

$$=93.91\text{rad/s}$$

$$\omega_{n\theta2}=\sqrt{\frac{1}{2}\left[(\omega_{ny}^2+\omega_{n\theta}^2)+\sqrt{(\omega_{ny}^2-\omega_{n\theta}^2)^2+\frac{4mh_2^2}{J_\theta}\omega_{ny}^4}\right]}=189.41\text{rad/s}$$

$$\rho_{\theta1}=\frac{\omega_{ny}^2h_2}{\omega_{ny}^2-\omega_{n\theta1}^2}=\frac{104.48^2\times0.840}{104.48^2-93.91^2}=4.373\text{m}$$

$$\rho_{\theta2}=\frac{\omega_{ny}^2h_2}{\omega_{n\theta2}^2-\omega_{ny}^2}=\frac{104.48^2\times0.840}{189.41^2-104.48^2}=0.367\text{m}$$

根据国家标准《动力机器基础设计规范》GB 50040—1996：

$$M_{\theta1}=M_\theta+F_{vz}e_y$$

$$M_{\theta2}=M_{\theta1}$$

$$u_{\theta1}=\frac{M_{\theta1}}{(J_\theta+m\rho_{\theta1}^2)\cdot\omega_{n\theta1}^2}\cdot\frac{1}{\sqrt{\left(1-\frac{\omega^2}{\omega_{n\theta1}^2}\right)^2+4\zeta_{h1}^2\frac{\omega^2}{\omega_{n\theta1}^2}}}$$

$$u_{\theta2}=\frac{M_{\theta2}}{(J_\theta+m\rho_{\theta2}^2)\cdot\omega_{n\theta2}^2}\cdot\frac{1}{\sqrt{\left(1-\frac{\omega^2}{\omega_{n\theta2}^2}\right)^2+4\zeta_{h2}^2\frac{\omega^2}{\omega_{n\theta2}^2}}}$$

$$u_{z\theta}=(u_{\theta1}+u_{\theta2})\cdot l_y$$

$$u_{y\theta}=u_{\theta1}\cdot(\rho_{\theta1}+h_1)+u_{\theta2}\cdot(h_1-\rho_{\theta2})$$

分别在一、二谐回转力矩 $M_{\theta1}$、$M_{\theta2}$ 和沿 y 轴向偏心的竖向扰力 F_{vz1}、F_{vz2} 作用下：

（1）一谐回转力矩 $M_{\theta1}$、一谐扰力 F_{vz1} 作用下的第一、第二振型计算：

$$M_{\theta11}=3+1\times0.660=3.660\text{kN}\cdot\text{m}$$

$$M_{\theta21}=3.660\text{kN}\cdot\text{m}$$

$$u_{\theta11}=\frac{3.660}{(72.4+45.073\times4.373^2)\times93.91^2}\times\frac{1\times10^6}{\sqrt{\left(1-\frac{61.75^2}{93.91^2}\right)^2+4\times0.181^2\times\frac{61.75^2}{93.91^2}}}$$

$$=0.72$$

$$u_{\theta21}=\frac{3.660}{(72.4+45.073\times3.367^2)\times189.41^2}\times\frac{1\times10^6}{\sqrt{\left(1-\frac{61.75^2}{189.41^2}\right)^2+4\times0.181^2\times\frac{61.75^2}{189.41^2}}}$$

$$=1.44$$

$$u_{z\theta 1}=(u_{\theta 11}+u_{\theta 21})\cdot l_y=(0.72+1.44)\times 1.49=3.22\mu m$$

$$u_{y\theta 1}=u_{\theta 11}\cdot(\rho_{\theta 1}+h_1)+u_{\theta 21}\cdot(h_1-\rho_{\theta 2})$$
$$=0.72\times(4.373+0.660)+1.44\times(0.660-0.367)$$
$$=4.05\mu m$$

（2）二谐回转力矩 $M_{\theta 2}$、二谐扰力 F_{vz2} 作用下的第一、第二振型计算：

$$M_{\theta 12}=7+5\times 0.660=10.3kN\cdot m$$

$$M_{\theta 22}=10.3kN\cdot m$$

$$u_{\theta 12}=\frac{10.3}{(72.4+45.073\times 4.373^2)\times 93.91^2}\times\frac{1\times 10^6}{\sqrt{\left(1-\frac{123.50^2}{93.91^2}\right)^2+4\times 0.181^2\times\frac{123.50^2}{93.91^2}}}$$
$$=1.44$$

$$u_{\theta 22}=\frac{10.3}{(72.4+45.073\times 0.367^2)\times 189.41^2}\times\frac{1\times 10^6}{\sqrt{\left(1-\frac{123.50^2}{189.41^2}\right)^2+4\times 0.181^2\times\frac{123.50^2}{189.41^2}}}$$
$$=5.89$$

$$u_{z\theta 2}=(u_{\theta 12}+u_{\theta 22})\cdot l_y=(1.44+5.89)\times 1.49=10.92\mu m$$

$$u_{y\theta 2}=u_{\theta 12}\cdot(\rho_{\theta 1}+h_1)+u_{\theta 22}\cdot(h_1-\rho_{\theta 2})$$
$$=1.44\times(4.373+0.660)+5.89\times(0.660-0.367)$$
$$=8.97\mu m$$

10. 自振频率、振幅、速度

（1）四种基组振动形式下的基组自振频率：

$$\omega_{nz}=92.26rad/s$$
$$\omega_{n\psi}=139.52rad/s$$
$$\omega_{n\phi 1}=90.11rad/s \qquad \omega_{n\phi 2}=195.83rad/s$$
$$\omega_{n\theta 1}=93.91rad/s \qquad \omega_{n\theta 2}=189.41rad/s$$

（2）振动控制点在四种基组振动形式下的振动线位移见表 1-18-2。

振动线位移　　　　**表 1-18-2**

振动形式	扰力	符号	位移方向		
			Z（μm）	X（μm）	Y（μm）
沿 z 轴的竖向振动	一谐竖向扰力	F_{vz1}	3.86	—	—
	二谐竖向扰力	F_{vz2}	11.75	—	—
绕 z 轴的扭转振动	一谐扭转力矩和	$M_{\psi 1}+F_{vx1}e_y$	—	5.64	2.73
	二谐扭转力矩和	$M_{\psi 2}+F_{vx2}e_y$	—	26.90	13.00
x-ϕ 向耦合振动	一谐 x-ϕ 向回转力矩和	$M_{\Phi 11}$、$M_{\Phi 21}$	3.13	14.03	—
	二谐 x-ϕ 向回转力矩和	$M_{\Phi 12}$、$M_{\Phi 22}$	7.08	25.24	—
y-θ 向耦合振动	一谐 y-θ 向回转力矩和	$M_{\theta 11}$、$M_{\theta 21}$	3.22	—	4.05
	二谐 y-θ 向回转力矩和	$M_{\theta 12}$、$M_{\theta 22}$	10.92	—	8.97

（3）总振动线位移、总振动速度：

根据国家标准《动力机器基础设计规范》GB 50040—1996：

$$u=\sqrt{\left(\sum_{j=1}^{n}u_j''\right)^2+\left(\sum_{k=1}^{m}u_k''\right)^2}$$

$$v=\sqrt{\left(\sum_{j=1}^{n}\omega''u_j''\right)^2+\left(\sum_{k=1}^{m}\omega''u_k''\right)^2}$$

计算天然地基大块式基础的振动位移时，计算的竖向振动位移值应乘以折减系数 0.7，水平向振动位移值应乘以折减系数 0.85：

$$u_z=0.7\times\sqrt{(3.86+3.13+3.22)^2+(11.75+7.08+10.92)^2}=22.02\mu m<0.2mm$$

$$u_x=0.85\times\sqrt{(5.64+14.03)^2+(26.90+25.24)^2}=47.37\mu m<0.2mm$$

$$u_y=0.85\times\sqrt{(2.73+4.05)^2+(13.00+8.97)^2}=19.54\mu m<0.2mm$$

$$v_z=0.7\times\sqrt{[(3.86+3.13+3.22)\times\omega_1]^2+[(11.75+7.08+10.92)\times\omega_2]^2}/1000$$
$$=2.6mm/s<6.3mm/s$$

$$v_x=0.85\times\sqrt{[(5.64+14.03)\times\omega_1]^2+[(26.90+25.24)\times\omega_2]^2}/1000$$
$$=5.57mm/s<6.3mm/s$$

$$v_y=0.85\times\sqrt{[(2.73+4.05)\times\omega_1]^2+[(13.00+8.97)\times\omega_2]^2}/1000$$
$$=2.16mm/s<6.3mm/s$$

满足国家标准《动力机器基础设计规范》GB 50040—1996 规定：往复式机器基础的容许振动位移峰值 0.2mm，容许振动速度峰值 6.3mm/s。

［实例 1-19］某制氧机组 3 号空分空压机电机振动控制

一、工程概况

某制氧机组空压机联合基础由空压机本体、变速箱、电机三部分组成。该空压机组为搬迁设备，2009 年在原址运行过程中发生电机启动时振动突变情况，送修后因原厂停产而未投入使用。搬至新址后，2015 年开始调试，电机启动 1h 左右振动值仍出现不规律突变，最大值稳定在 60～80μm；2016 年启动空压机，电机振动在突变后最大值稳定在 188μm，远超过正常值，次日启动电机进行单转测试，电机振动超过 260μm，连锁停机。

专家分析振动异常的原因：①电机启动期间发生振动突变，可能是同步电机异步启动产生的热不平衡导致，西门子有多台电机出现同样的问题；②电机绝缘支撑板异常移位，可能是上一次西门子维修改造电机时安装不当导致；③电机单转时振动过大，可能是由于绝缘支撑板异常移位导致。

该空压机电机的基本参数：无刷同步电动机，额定功率 29000kW，额定转速 1500r/min，电压等级 10kV，振动高报 194μm，振动跳车 260μm。

二、振动控制方案

1. 根据西门子专家意见将电机返厂维修改造，具体方案：更换极靴盖板、极靴螺栓、绝缘支撑板；电机转子重新做动平衡测试，单机测试各项参数指标正常后再运回现场进行安装。

2. 对设备基础进行改造，增加已建基础的刚度，以延长机器运行时间和寿命。该制氧机组空压机联合基础主要采取增加支撑柱和增大柱截面的措施，通过加大厚跨比，以增加框架式基础的整体刚度，达到控制振动速度和振幅的目的。加固改造前、后联合基础如图 1-19-1 及图 1-19-2 所示。加固前、后空压机联合基础的现场照片见图 1-19-3。

三、振动控制分析

1. 设备动力参数

制氧空压机组由压缩机、变速箱、马达（即电机）三大振动机器组成，各部分设备参数见表 1-19-1、表 1-19-2。输入条件按外方提资，并与国家标准《动力机器基础设计规范》GB 50040—1996 进行扰力对比。

各动力设备的额定转速与转子质量　　　　**表 1-19-1**

项目	额定转速（r/min）	转子质量（kg）（含 1/2 联轴器）
压缩机转子	4279	12060
马达转子	1500	17557
变速箱大齿轮轴	1500	5445.7
变速箱小齿轮轴	4279	979.7

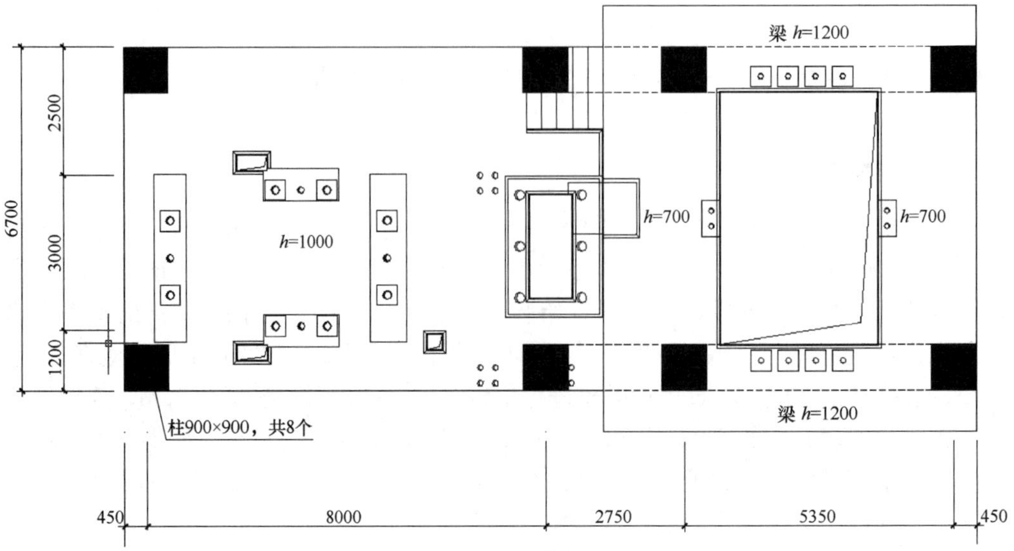

(a) 平面图

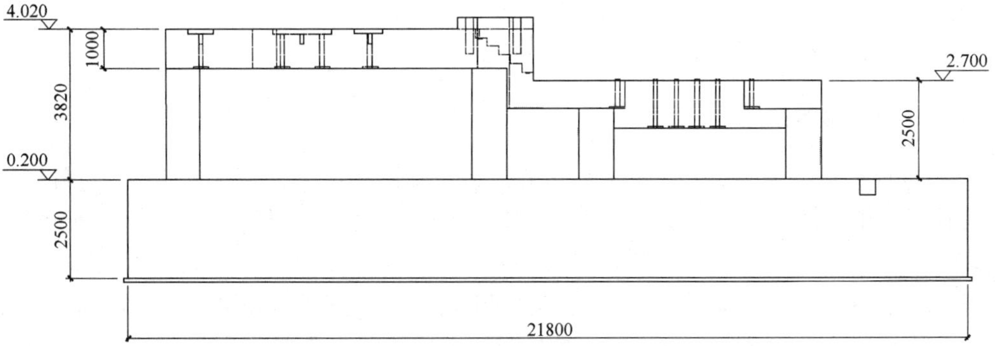

(b) 剖面图

图 1-19-1　空压机电机改造前基础轮廓

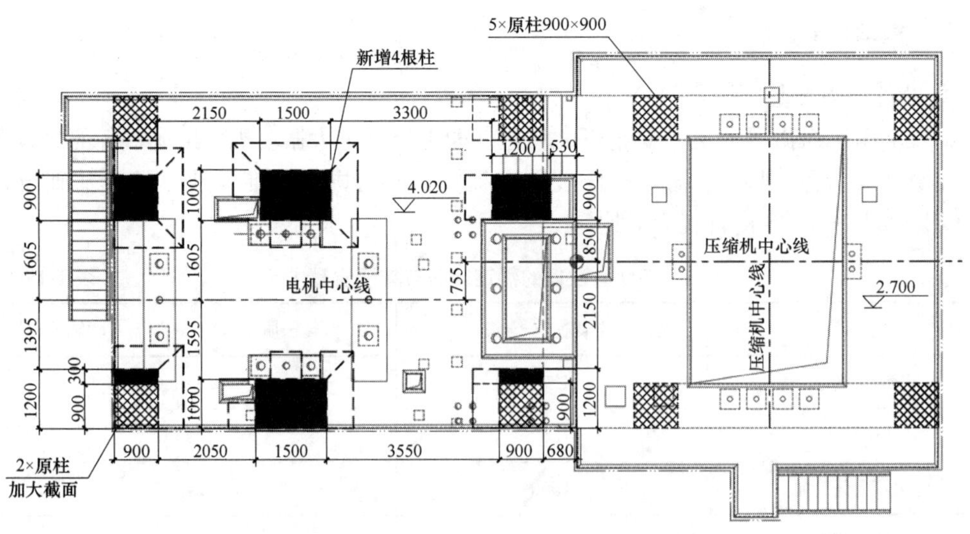

图 1-19-2　空压机电机改造后基础平面布置图

(a) 加固前

(b) 加固后

图 1-19-3　空压机电机平台加固前、后现场照片

各动力设备的额定功率　　**表 1-19-2**

项目	额定功率（kW）	项目	额定功率（kW）
高速联轴器	26068	变速箱	29000
低速联轴器	29000	马达	29000

2. 中德规范同类机组振动控制要求对比

国内动力机器基础规范对框架式动力基础的布置和选型均提出构造要求：①空间框架式结构应有底板、柱、顶板（或纵、横梁）组成，梁柱布置宜对称于机器主轴（纵轴），荷载宜布置在构件中心线上；②顶板应有足够的刚度和质量，厚度不宜小于 800mm，横向净跨与板厚之比不宜大于 4，纵向宜取 4～5。

国家标准《动力机器基础设计规范》GB 50040—1996 及石油化工行业标准《石油化工压缩机基础设计规范》SH/T 3091—2012 均规定：对离心式压缩机框架式基础，基础顶面控制点的最大振动速度不应大于 5mm/s；《动力机器基础设计规范》GB 50040—1996 对工作转速 3000r/min 及以下汽轮机组和电机框架式基础，采用振动线位移控制：机器工作转速为 3000r/min 的容许振动线位移为 20μm，机器工作转速为 1500r/min 的容许振动线位移为 40μm。计算振动线位移时，宜取工作转速±25%范围内的最大振动线位移作为工作转速时的计算振动线位移。小于 75%工作转速范围内的计算振动线位移，应小于 1.5 倍容许振动线位移。

德国协会标准《轴承座振动标准》VDI 2056（机械振动系列国际标准《机械振动　在非旋转部件上测量和评定机器振动　第 1 部分：总则》ISO 10816—1：1995，《机械振动　在非旋转部件上测量评价机器的振动　第 2 部分：50MW 以上，额定转速 1500r/min、1800r/min、3000r/min 和 3600r/min 陆地安装的汽轮机和发电机》GB/T 6075.2—2012/ISO 10816—2：2009，《机械振动　通过非转动件的测量进行机械振动的评估　第 3 部分：现场测量时标称功率为 15kW 和标称速度为 120～15000r/min 的工业机械》ISO 10816—3：2009）指轴承振动，与国内规范的基础振动不同。轴承振动线位移与基础振动线位移的平均比值约 1.4。根据《轴承座振动标准》VDI 2056 中分组 1（额定功率在 300kW 以上、50MW 以下的大型机器，轴高大于等于 315mm 的电机），“好”与“可用”判定界限为均方根速度 2.8mm/s，“可用”与“尚允许”判定界限为均方根速度 7mm/s。《轴承座振动标准》VDI 2056 已逐步被机械振动系列国际标准 ISO 10816—1：1995，ISO 10816—2：2009，ISO 10816—3：2009 取代，后者标准“好”与“可用”判定界限为均方根速度 3.8mm/s，“可用”与“尚允许”判定界限为均方根速度 7.5mm/s。机械振动系列国际标准 ISO 10816 附录给出特定条件下边界振幅与边界速度的对应关系，见表 1-19-3。支承条件取决于机器与基础柔度之间的相互关系。若测量方向上机器与支承系统组合的最低自振频率至少大于旋转频率的 25%，则支承系统在该方向上可看作刚性支承。所有其他支承系统均可看作柔性支承系统，根据表 1-19-8 中自振周期可以判断，本案例为柔性支承。

分组 1 设备的振动分区判别　　表 1-19-3

支承条件	分区界限	均方根振幅（μm）	均方根速度（mm/s）
刚性支承	A/B	29	2.3
	B/C	57	4.5
	C/D	90	7.1
柔性支承	A/B	45	3.5
	B/C	90	7.1
	C/D	140	11.0

注：表中数值为均方根值，振动曲线为正弦曲线，实测最大振幅界限单向时为均方根的 $\sqrt{2}$ 倍。

3. 中德规范关于扰力计算的对比

设备厂家为德国公司，在设计资料中提供了设备动力参数、扰力及控制速度等数据，扰力计算和控制速度基于德国及国际标准《机器基础　支承带转动部件的机器的柔性结构》DIN 4024—1—1988、《机械振动　在恒定（刚性）状态下转子的平衡质量要求　第 1 部分：平衡公差的规范和检定》DIN ISO 1940—1—2004、机械振动系列国际标准 ISO 10816—1—1995，ISO 10816—2—2009，ISO 10816—3—2009。

根据德国标准《机器基础　支承带转动部件的机器的柔性结构》DIN 4024—1—1988，作用在机器基础上的动力荷载有两种工况。一种是正常运转状态，主要有三类：①由转子的不平衡引起，取决于转速支承力；②由特殊机器性能引起的周期性运行荷载；③开关机时的短暂荷载。另外一种是事故状态，主要有：①异常高的不平衡力，如叶片断裂或者转子变形时产生的力；②短路荷载；③紧急关闭状态下管道或配件的冲击力。

德国标准《机器基础　支承带转动部件的机器的柔性结构》DIN 4024—1—1988 第 5.4.2 条表明，正常运转状态和事故状态的扰力值均应由制造厂家提供，当缺乏厂家资料时，扰力值应根据《机械振动　在恒定（刚性）状态下转子的平衡质量要求　第 1 部分：平衡公差的规范和检定》DIN ISO 1940—1—2004 中相应的平衡质量等级计算：①正常运转时，平衡质量等级假定比《机械振动 在恒定（刚性）状态下转子的平衡质量要求　第 1 部分：平衡公差的规范和检定》DIN ISO 1940—1—2004（VDI 2060）中相关设备低一级；②事故状态下的不平衡力为正常运转时的 6 倍。

板、梁等基础，动力分析可简化为等效静力荷载（事故状态下的不平衡力）。德方参考资料中扰力值 K 按德国标准《机器基础　支承带转动部件的机器的柔性结构》DIN 4024—1—1988 中计算公式提供，新交付机器的操作状态平衡质量等级为 G2.5，$e \cdot \Omega=2.5\text{mm/s}$，到下一高平衡质量等级为 G6.3，$e \cdot \Omega=38\text{mm/s}$，计算如下：

$$K=\frac{m \cdot g}{50} \cdot \frac{n}{60} \cdot 1.2 \tag{1-19-1}$$

式中　m——转子质量（kg）；

g——重力加速度（m/s^2）；

n——转速（r/min）。

计算的各动力设备扰力值见表 1-19-4。

根据 DIN 4024—1—1988 计算的用于动内力分析的扰力值　　表 1-19-4

设备名称	作用点（个）	总扰力（kN）	各点扰力（kN）
压缩机	8	203	±25.3
变速箱（低）	6	31.8	±5.3
变速箱（高）	6	16.8	±2.8
马达（电机）	4	103.2	±25.8

国家标准《动力机器基础设计规范》GB 50040—1996 规定：计算振动线位移时，应采用机器制造厂提供的扰力值，当缺乏扰力资料时，按表 1-19-5 计算，即正常运转时的转子不平衡力。计算动内力时，取计算振动线位移时扰力值的 4 倍，并应考虑材料疲劳影响，钢筋混凝土构件疲劳影响系数取 2.0。

扰力及容许振动线位移　　表 1-19-5

<table>
<tr><td colspan="2">机器工作转速（r/min）</td><td>3000</td><td>1500</td></tr>
<tr><td rowspan="2">计算振动位移时，第 i 点的扰力 P_{gi}（kN）</td><td>竖向、横向</td><td>$0.20W_{gi}$</td><td>$0.16W_{gi}$</td></tr>
<tr><td>纵向</td><td>$0.10W_{gi}$</td><td>$0.08W_{gi}$</td></tr>
<tr><td colspan="2">容许振动线位移（mm）</td><td>0.02</td><td>0.04</td></tr>
</table>

注：① 表中数值为机器正常运转时的扰力和振动线位移；

② W_{gi} 为作用在基础第 i 点的机器转子重力（kN），一般为集中到梁中或柱顶的转子重力。

国家标准《动力机器基础设计规范》GB 50040—1996 规定：离心透平压缩机工作转速大于 3000r/min 时，扰力计算如下：

$$P_z=0.25W_g \cdot \left(\frac{n}{3000}\right)^{3/2} \tag{1-19-2}$$

式中　n——转速（r/min）；

W_g——机器转子自重（kN）。

各设备扰力值见表 1-19-6，可以看出，中德规范计算扰力相差很小，考虑钢筋混凝土构件疲劳时的扰力放大系数不一样，国家标准《动力机器基础设计规范》GB 50040—1996 规定值是正常运转状态时的 2 倍，而德国标准《机器基础　支承带转动部件的机器的柔性结构》DIN 4024—1—1988 规定是 3 倍。

用于动内力分析的中德规范扰力值比较　　表 1-19-6

设备名称	作用点（个）	GB 50040—1996 计算		DIN 4024—1—1998 对应的各点扰力值（kN）
		总扰力（kN）	各点扰力值（kN）	
压缩机	8	50.4×4	±25.2	±25.3
变速箱（低）	6	8.54×4	±5.6	±5.3
变速箱（高）	6	4.1×4	±2.73	±2.8
马达（电机）	4	27.5×4	±27.5	±25.8

注：表中总扰力列中的“4”为系数，即综合考虑动内力分析时的扰力为振动线位移时的 4 倍。

4. 计算输入条件

转子质量、转速、设备重量、静荷载、扰力值、短路荷载均按外方资料输入，扰力值见表 1-19-4，短路荷载见表 1-19-7。结构模型按加固前、后两种方案建模，按多自由度空间力学模型进行动力计算，并取工作转速±20%范围进行扫频计算。混凝土结构的阻尼比取 0.0625，弹性模量取静弹性模量值。

输入荷载：①永久荷载：基础及机器自重、底板上填土重、附件重量，荷载分项系数 1.2；②可变荷载：安装荷载和操作荷载，荷载分项系数 1.4；③偶然荷载：短路力矩，荷载分项系数 1.0；④当量荷载（动力荷载），荷载分项系数 1.4。

各动力设备的短路荷载　　表 1-19-7

变速箱		马达（电机）	
作用点	短路荷载（kN）	作用点	短路荷载（kN）
G1	±325.5	J1	±156.75
G2	±325.5	J2	±156.75
G3	±838.9	K1	±156.75
G4	±838.9	K2	±156.75
G5	±340.2	—	—
G6	±340.2	—	—

5. 分析结果对比

加固前、后的动力分析结果如表 1-19-8 所示。

加固前、后动力分析结果对比　　表 1-19-8

状态	自振周期（s）			最大振动速度（mm/s）			最大振幅（μm）		
	T_1	T_2	T_3	空压机处	变速箱处	电机处	空压机处	变速箱处	电机处
加固前	0.0922	0.0796	0.0678	5	4	4	15	37	15
加固后	0.0659	0.0574	0.0553	5	4	4	15	15	15

四、振动控制效果

经过电机返厂维修和设备基础增加柱子改造后，空压机组运行正常，电机运转情况良好，电机壳实测最大线位移 50μm，满足国内外标准要求。以此为例，对同一工程的另外两个搬迁空压机组进行设备基础的加固改造，解决了振动问题。

[实例 1-20] 往复式发动机试验台基础隔振

一、工程概况

本工程中的试验台基础设置在地下室，发动机排烟管道从地下室试验台旁边通过，试验台顶面与试验间地面持平，试验台位置及平面尺寸按工艺专业提供资料设计。试验台一端为控制室，地面高出试验间地面 500mm，与试验间之间设置隔声观察窗和隔声门，平面位置见图 1-20-1。

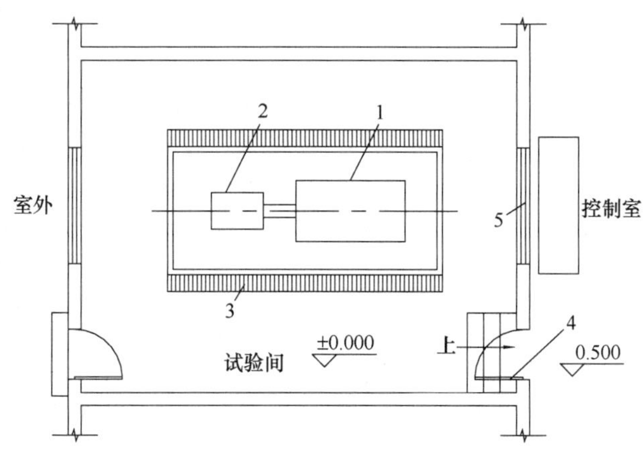

图 1-20-1 发动机试验台平面位置

1—发动机；2—测功器；3—通风铁篦子；4—隔声门；5—隔声观察窗

发动机试验时，振动和噪声很大，若不采取隔振措施，控制室的试验操作人员工作舒适性很差，因此，需对试验台采用隔振基础及其相应辅助措施，优化试验条件。

二、振动控制方案

1. 隔振形式

试验室设有地下室，隔振形式宜采用 T 形截面的降低质心支承式。隔振台座采用大块式混凝土，根据地下室高度，T 形截面的下凸尺寸宜大一些，使隔振体系的质心降至隔振器刚度中心处，水平回转振动解耦为两个单自由度，可简化振动计算，并增大隔振体系的质量和回转方向的转动惯量，对减小发动机绕旋转轴方向的振动有利。

在下基础顶面做 4 段短墙，墙顶布置隔振器，隔振基础通过 T 形截面的两边翼缘悬挂支承在隔振器上。根据隔振器的安装需要，确定下基础顶与隔振基础底面的高度，见图 1-20-2。

2. 隔振器选择和布置

根据工艺资料，混凝土隔振基础顶面安装基座板，基座板为机械加工刨平后的铸钢件，周边设有排水沟，基座板上安装发动机、水力测功器及配套装置。基座板底面与隔振基础顶面预留 100mm 间隙，基座板调平后，注水泥浆固定，基座板周边采用二次浇注混凝土包裹加固。

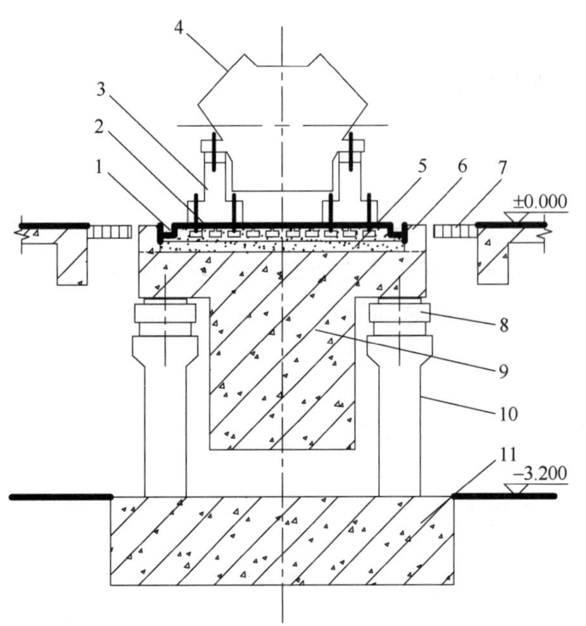

图 1-20-2 试验台基础隔振形式及构造

1—排水沟；2—基座板；3—发动机支架；4—发动机；5—灌浆层；6—后浇护壁；7—通风铁篦子；8—钢弹簧空气阻尼隔振器；9—隔振基础；10—短墙；11—下基础

代表性试验机型为 150HB（V 型 12 缸）、8（缸）V396、12（缸）V396 柴油发动机，外形尺寸分别为 1360mm×940mm × 910mm、1981mm × 1442mm × 1411mm、2550mm×1510mm×1420mm；质量分别为 2.09t、3.01t、4.01t；隔振体系总质量分别为 45.8t、46.7t、47.7t。由于隔振体系总质心与隔振器刚度中心基本重合，隔振体系解耦成 6 个独立单自由度的理想力学模型。

隔振器采用带水平阻尼装置的钢弹簧空气阻尼隔振器，单个隔振器承载力 68.71kN，竖向阻尼比 0.05，水平向阻尼比约 0.03。8 个隔振器均匀布置在下基础 4 段短墙顶，每段墙顶布置 2 个。

三、振动控制分析

由于发动机的一谐扰力和扰力矩、二谐扰力和扰力矩均已平衡，未平衡的倾覆力矩很小，造成振动荷载缺失情况。采用按运动部件质量误差估算扰力的方法，取 8V396 发动机综合一谐扰力值，并考虑多振动频率影响，适当放大后，按发动机 2000r/min 计算隔振基础的振动响应，计算结果见表 1-20-1，换算振动速度峰值为 6.30mm/s，满足容许振动值要求。

振动计算结果 **表 1-20-1**

总质量（t）	总刚度（kN/m）		阻尼比		自振频率（Hz）		振动位移峰值（μm）	
	竖向	水平向	竖向	水平向	竖向	其他方向	竖向	水平向
48	9800	9040	0.05	0.03	2.27	2.1～2.27	30.4	29.5

四、振动控制关键技术

1. 研制适合大发动机试验台隔振和高温高湿有油烟环境要求的大荷载三向阻尼隔振器

隔振基础和隔振器置于地下室，发动机排烟管从隔振基础旁边接入地下室排烟道，试验间热风通过试验台两侧铁篦子由地下室排出，辐射热、噪声、振动都很大。要求隔振器在湿、热、脏、油烟环境中，保持性能稳定、确保使用寿命。

本工程隔振体系总质量约 48t，当时国内市场还没有承载能力足够大、性能稳定、使用寿命长且自适应高温、高湿、有油烟环境的三向阻尼隔振器。本工程采用自主研发的带水平阻尼装置钢弹簧空气阻尼隔振器。由于空气动力黏度几乎不受温度、湿度影响，与钢圆柱螺旋弹簧匹配后，隔振器刚度和阻尼性能稳定，适合高温、高湿环境，外包防油烟膜后，可满足长期使用要求。

2. 确定发动机振动荷载

柴油发动机属往复式机器，振动荷载主要来源于运动部件的惯性力及其力矩，但试验机型在发动机设计时已平衡，无值可取。此外，对于四冲程发动机，燃油爆发力产生的尚未平衡的倾覆力矩，主谐次为缸数的一半，本工程的 3 款机型分别为 4 谐波和 6 谐波，用户未能提供主谐次及其他未平衡谐次的倾覆力矩值。振动荷载不确定导致试验台振动响应计算缺乏依据。

隔振设计时，设计人员根据以往经验，采用按运动部件质量误差估算一谐振动作用力，并综合考虑未平衡倾覆力矩和内扰力激发的机器自身振动影响，对计算结果予以适当放大。从竣工验收振动测试结果看，较好地满足了工程振动控制需要。在此基础上，结合其他工程振动测试结果，对往复式发动机振动荷载作进一步研究后，相关成果纳入《建筑振动荷载标准》GB/T 51228—2017。

3. 采取适应多种型号发动机在同一试验台试验的技术

用户提供的 3 种试验发动机机型、重量和尺寸相差较大，造成隔振体系的总质心在试验台长度方向移动，使试验台一端下沉、另一端翘起，会影响试验台正常使用。

本工程开展隔振设计时，采用按中等重量和尺寸的 8V396 发动机计算基础平衡，小的发动机试验时，在发动机一端的试验台端部上翘；大的发动机试验时，在测功器一端的试验台端部上翘。经计算，可将两端高差控制在 5mm 范围内，满足试验台和隔振器正常工作及承载力要求。

4. 确定试验台容许振动控制标准

用户和工艺提出的隔振后发动机试验台容许振动位移为 50μm，参照国家规范关于机器基础的振动评级标准，采用振动速度 6.3mm/s 作为试验台顶面角部的容许振动值。振动实测结果和发动机试验台多年运行结果，也验证了该标准是合适的。

5. 制定专项措施解决高温、高湿、油水、油烟对隔振体系的影响

发动机排出的烟气温度很高，一般采用金属波纹管将烟气接入烟道。为降低金属波纹管对隔振体系的影响，将波纹管设计成带弯头形式，并保证弯头直线段长度满足要求。

烟道从地下室通过，振动较大，采取了隔振、降噪措施；穿墙和楼板处，与墙和楼板之间留足间隙，以减小对建筑物和环境影响。同时，加强机械通风，降低地下室温度、排出烟气；水力测功器和发动机冷却进、排水管均采用带弯头的柔性连接。

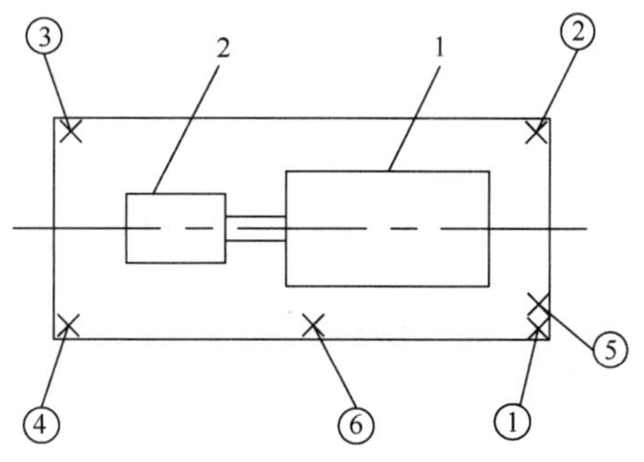

图 1-20-3　测点布置图

①～④为竖向振动测点；⑤、⑥为水平横向振动测点；1—发动机；2—测功器

五、振动控制效果

测试的发动机型号为 150HB，实测了多种试验工况，测点布置见图 1-20-3。

1. 实测结果

实测的最大振动位移和振动速度都发生在最高转速 2200r/min，竖向最大振动速度峰值

2.05mm/s，有效值 0.795mm/s，水平向比竖向振动略小；振动位移峰值 23.36μm，有效值 7.66μm，转速欠稳定，有较大低频干扰。实测最大振动速度比计算值小，说明振动荷载取值和振动控制措施安全、可行。

控制台地下室顶板振动速度峰值和有效值分别为 0.076mm/s 和 0.013mm/s，工作人员在控制台操作，几乎感觉不到振动；噪声也很小，可以用正常声音说话交流。实测的时程曲线如图 1-20-4 所示，左侧通道号 1～4 对应基础测点号①～④，测竖向振动；通道号 5、6 对应基础测点号⑤、⑥，测水平横向（x 向）振动。

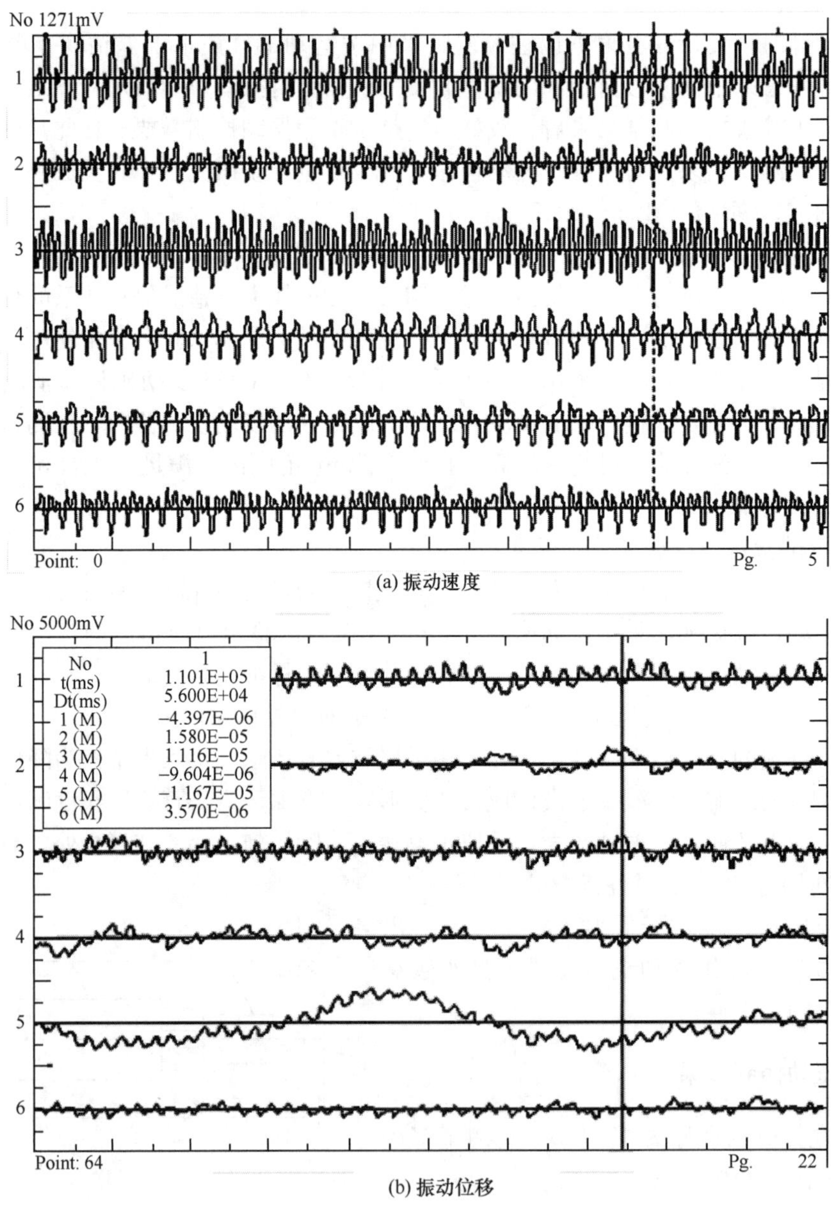

(a) 振动速度

(b) 振动位移

图 1-20-4　2200r/min 时振动时程曲线

2. 结果分析与结论

（1）频谱特征：图 1-20-4 对应的频谱见图 1-20-5，800r/min 频谱见图 1-20-6。发动机基础振动的频谱是以倾覆力矩基频为一谐波（对四冲程发动机，习惯上称为 1/2 谐波，以便与其他动力设备的一谐波与转速对应保持一致）的多谐波，谐波分量较大的为较低谐次的 3～5 个波，且各谐波分量的大小随转速的改变而变化，不固定以某一谐次为主。未平衡倾覆力矩是惯性力已平衡的往复式发动机的主要振动荷载，是往复式发动机基础振动控制应重点关注的。

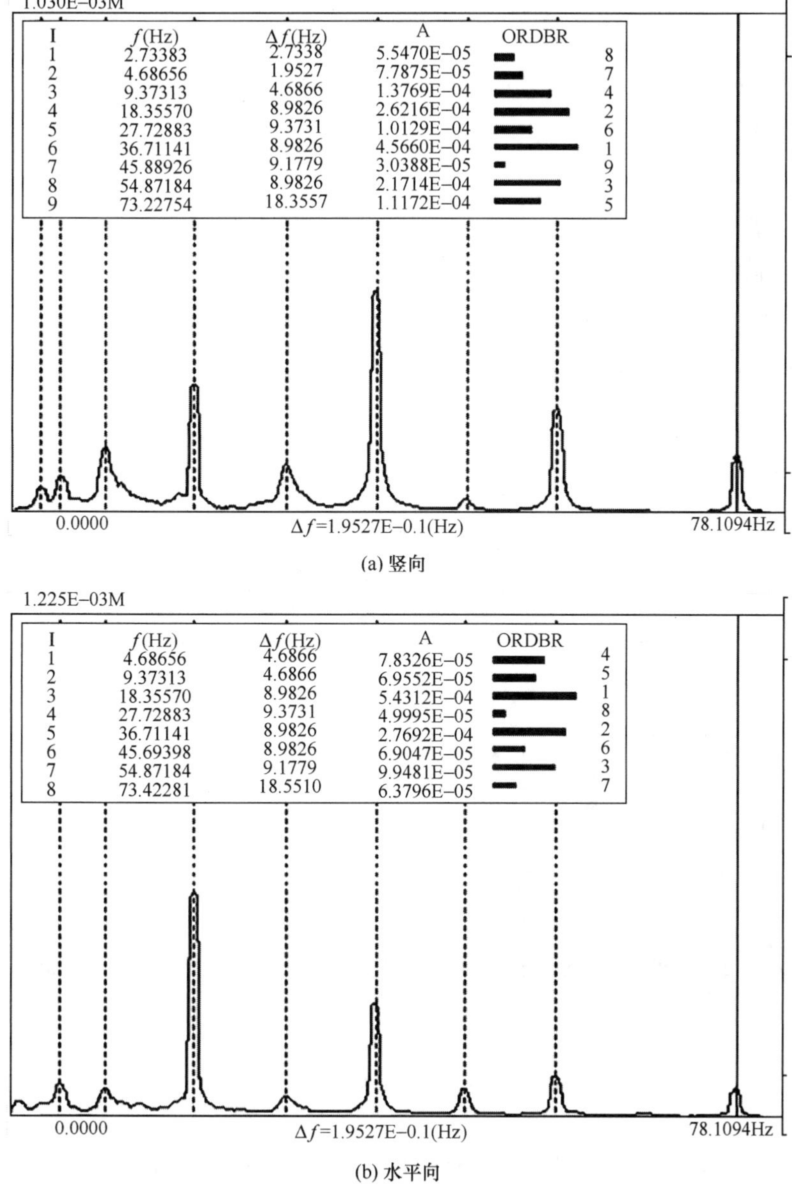

(a) 竖向

(b) 水平向

图 1-20-5　2200r/min 时振动速度频谱曲线

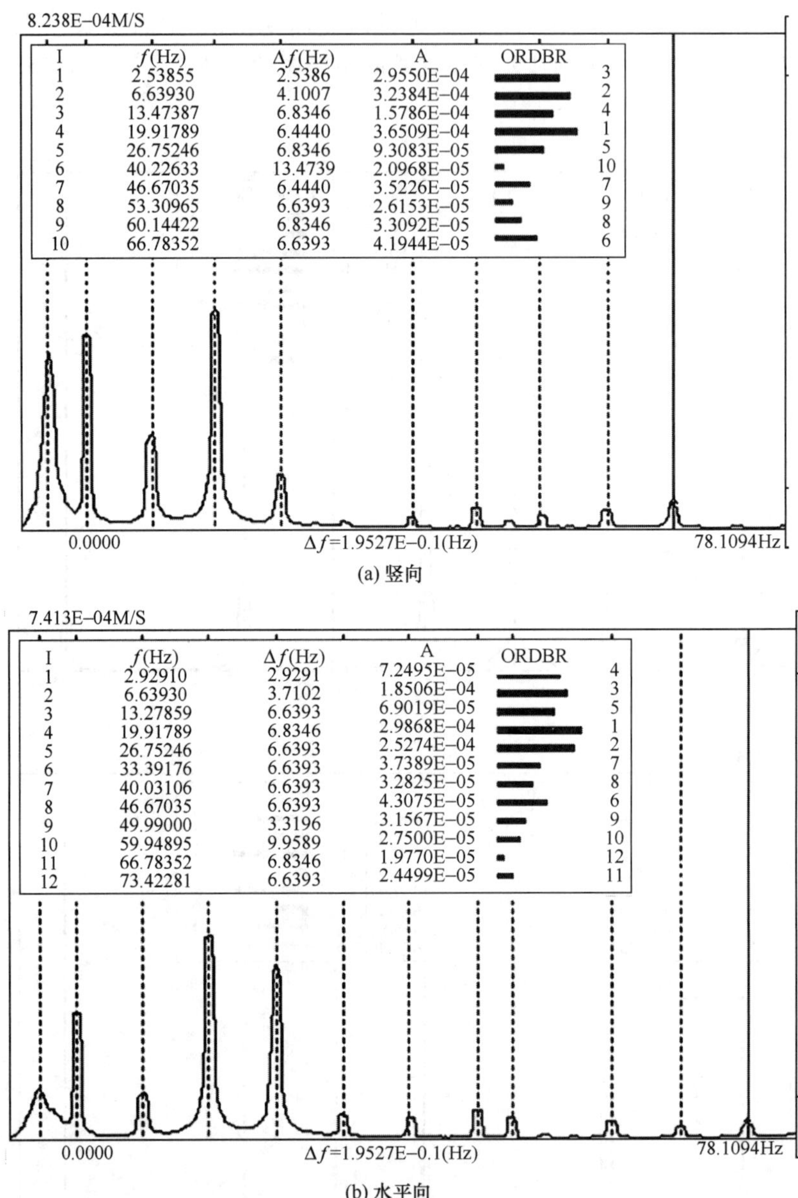

(a) 竖向

(b) 水平向

图 1-20-6　800r/min 时振动速度频谱曲线

（2）相位特征：发动机基础竖向振动时程曲线显示，发动机旋转轴两侧对称点（1 和 2、3 和 4）的竖向振动相位相反，同侧的竖向振动相位相同，如图 1-20-7 所示，表明该发动机未平衡倾覆力矩对振动荷载的贡献最大。

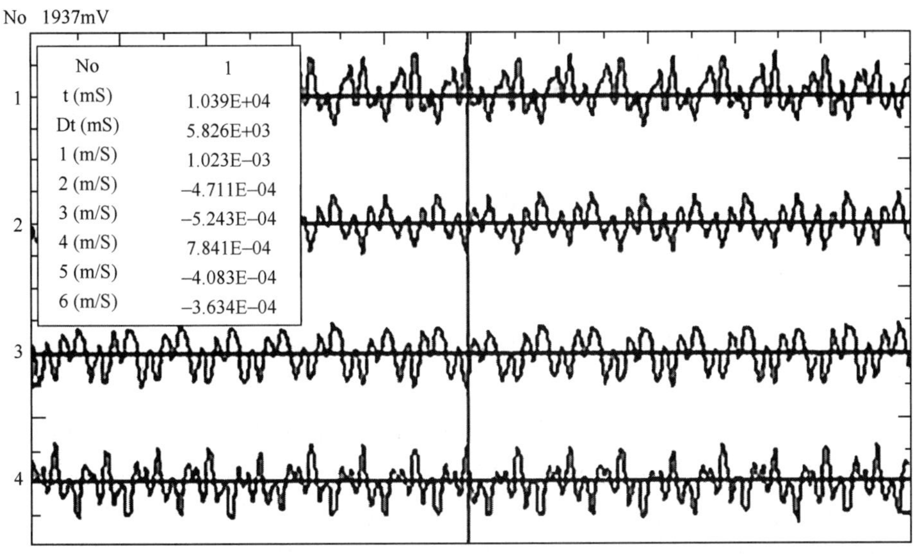

图 1-20-7　发动机竖向振动时程曲线

第三节　冲击式机器

［实例 1-21］进楼锻锤基础空气弹簧隔振

一、工程概况

本工程为光学元器件引进生产线，楼上、楼下均有复杂振源，且生产线振动控制要求较为严格。

因生产线全封闭管理需要，一台锻压贵金属的 1/6t 锻锤需要设置在三层厂房底层，并满足生产环境和楼上精密仪器对振动控制的严格要求。经研究决定，采用国内定型产品 200kg 空气锤和地铁用空气弹簧进行隔振，以替代进口。地铁用空气弹簧为膜式，水平刚度不如囊式，且锻锤振动特性与地铁车辆运行差别很大，为保证可靠性，需要在设计前进行试验研究。

二、振动控制方案

1. 隔振形式

采用 T 形截面降低质心的支承式，以满足空气弹簧悬挂支承的构造要求，保障隔振基础水平方向的稳定性。隔振基础设置在基础厢中，厢侧壁设扶壁柱、挑牛腿支承隔振基础。隔振基础采用大块式混凝土，在接近顶部处预埋工字钢，通过工字钢两端将隔振基础悬挂支承在空气弹簧上，操作面与车间地面持平，周边设缝与基础厢侧壁完全脱开，基础厢留足安装和维修空气弹簧的使用空间。

空气弹簧隔振后，隔振基础顶面水平晃动较大，影响工人操作，采用铺设钢盖板的方式予以解决。为保障锻件的操作高度，在保持锻锤支承面和砧座顶面与钢盖板顶面高度不变的条件下，钢盖板下隔振基础顶面降低 200mm，留足钢盖板与隔振基础顶面的空隙。隔振基础底部设保护支墩，空气弹簧不使用时，隔振基础可支承在保护支墩上，锻锤隔振基础见图 1-21-1。

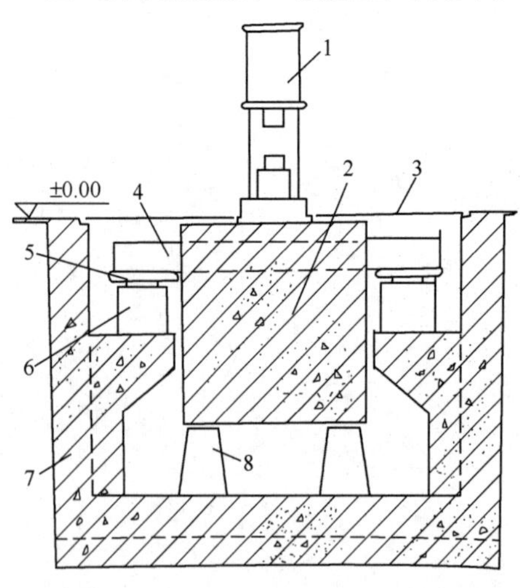

图 1-21-1　锻锤隔振基础简图

1—锻锤；2—隔振基础；3—钢盖板操作平台；4—钢梁；5—空气弹簧气室；6—附加气室；7—基础厢；8—保护墩

2. 隔振参数的确定和空气弹簧配置

砧座质量 1.9t，锻锤总质量 5.13t，锤头质量 200kg，锤击初速度 6.3m/s，锤击频率 150 次/min。根据空气弹簧的承载力和模拟试验确定的隔振参数，采用隔振基础质量 28.37t，隔振体系总质量 35.4t，由 4 个直径 500mm 自由膜式空气弹簧支承，每个空气弹簧负载 86.8kN，气室内空气压力 0.442MPa。隔振体系将质量中心、空气弹簧刚度中心与锻锤锤击中心线设计在同一铅垂线上。为避免产生冲击共振，设计竖向固有频率为锤击频率的 0.5 倍，即 1.25Hz；阻尼比 0.2，并以此确定空气弹簧的竖向刚度和附加气室容积。

3. 空气弹簧气路设计

空气弹簧靠密封在气室内的压缩空气支承被隔振体，需要一套完整的气压控制系统来保障空气弹簧的正常工作，气源采用压缩空气，经除油、除水、减压过滤后接入空气弹簧。气路设计见图 1-21-2。

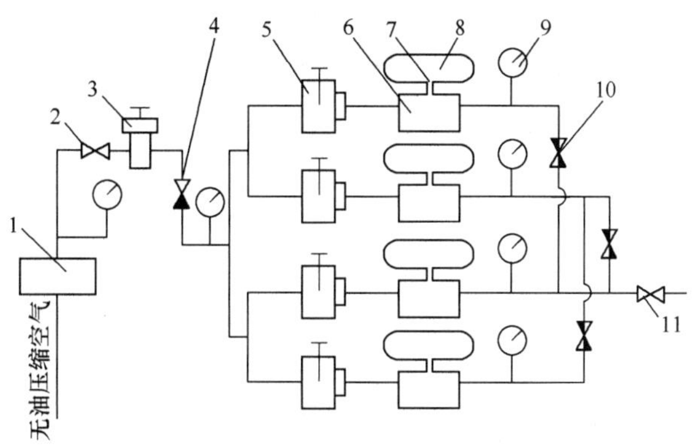

图 1-21-2　空气弹簧气路系统简图

1—空气干燥装置；2—进气阀；3—过滤减压阀；4—止回阀；5—高度控制阀；6—附加气室；7—阻尼管；8—空气弹簧气室；9—气压表；10—压差阀；11—紧急排气阀

配置高度控制阀的空气弹簧可自动调整刚度，使刚度中心与质量中心保持一致，这是空气弹簧区别于其他隔振器的显著特点和优势。

主气室与附加气室用阻尼管联通，附加气室和阻尼管的配置对空气弹簧性能参数至关重要。附加气室属压力容器，按压力容器设计制造和检测，由热力专业和非标设备专业共同设计。气路管道和电气控制线路由电气专业设计。仪器仪表设置在锻锤操作间的控制柜中，便于操作人员及时掌握空气弹簧的工作状况。

4. 安装和调试检测

安装完成后检测密封性能、气路和控制系统的可靠性。检验合格后，进行试车和振动测试。

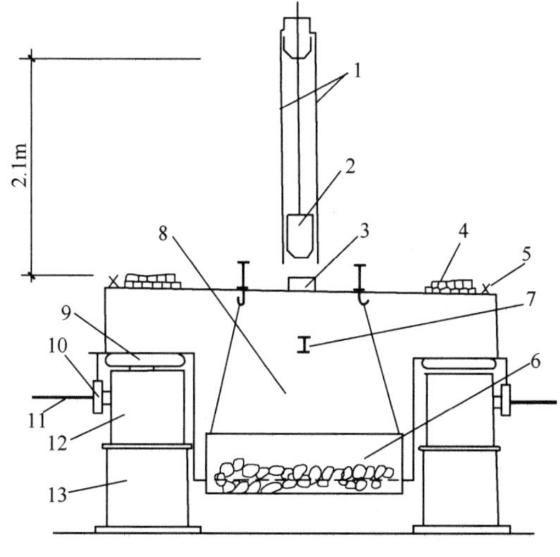

图 1-21-3　试验装置图

1—导轨；2—吊锤；3—砧座；4—堆荷；5—拾振器；6—吊篮；7—侧向水平系杆；8—混凝土台座；9—空气弹簧气室；10—高度控制阀；11—进气管；12—附加气室；13—支座

三、振动控制关键技术

1. 空气弹簧锻锤隔振基础试验技术

试验装置包括：2 个直径 500mm 自由膜式空气弹簧和 1 台小型空压机、低频大振动位移 CZ-S 型拾振器及配套的 CZ-F 型放大器，2 个配套附加气室及支座、一个模拟锻锤基础混凝土试验台及 2 个加载吊篮，用系杆保持试验台侧向稳定。试验台顶面中心预埋砧座，100kg 吊锤提升 2.1m 后自由落体，模拟锻锤以 6.3m/s 锤击初速度对砧座激振，试验装置见图 1-21-3。

试验荷载分 4 级，分别对应空气弹簧工作气压 0.22MPa、0.30MPa、0.4MPa、0.5MPa，用两侧吊篮加铸铁块和试验台顶面堆载调节；气室和附加气室容积分 50L、60L、70L 三级，通过往附加气室内注

（排）水进行调节；不同过流截面结构、长度的阻尼管共有 16 种。试验结果如下：

（1）吊锤激振和试验台自由振动时，试验台水平方向稳定性良好，没有摇摆，说明该膜式空气弹簧能适应锻锤基础隔振。

（2）空气弹簧工作气压与负荷对应，动刚度和阻尼随工作气压改变，无静荷载压缩变形，隔振体系的固有频率和阻尼比变化很小，振动位移变化大。

（3）附加气室的容积对空气弹簧的竖向动刚度和阻尼影响显著，随容积增大，固有频率减小、阻尼增大。该膜式空气弹簧的竖向动刚度按《空气弹簧悬挂的设计与计算》设计，需考虑阻尼管配置影响。从保证空气弹簧的性能考虑，附加气室容积不宜小于空气弹簧气室容积的 5 倍，本锻锤基础隔振工程设计采用的附加气室容积取 70L。

（4）阻尼管过流截面形状、截面积和长度对空气弹簧的阻尼和动刚度影响显著，具有以下特点：

1）随过流截面积减小，空气弹簧的阻尼比先升后降，竖向动刚度呈上翘式增大，当过流截面积为 0 时，阻尼为 0，附加气室失去作用；

2）过流截面面积保持不变，空气弹簧的阻尼比随过流截面的周长增大而增大，动刚度不受影响；

3）空气弹簧阻尼比随阻尼管的长度呈线性增大，而动刚度不受影响；本次试验以 1 根 200mm 长的钢管内套 4 根小铜管效果最佳。

2. 容许振动值的有效确定

锻锤基础采用空气弹簧隔振后，固有频率略高于 1Hz，国内当时没有相关隔振基础的容许振动标准，经反复计算分析和案例对比，确定锻锤基础的容许振动值为 6mm，结果表明，该容许值对振动控制是安全可靠的。

四、振动控制效果

本工程施工完成、安装好空气弹簧隔振装置后，先进行空气弹簧试压和调试，然后进行试车和振动测试，测试采用硬度偏高的未加热直径 80mm 铝棒。隔振基础布置 3 个测点，测点 A、B 布置在锻锤机架顶部，分别测试侧向和前后向水平振动；测点 C 设置在隔振基础顶部砧座和机架底座旁，测试竖向振动；基础厢底板上布置 1 个测点，测试竖向振动。测试仪器与模拟试验仪器相同，CZ-S 型低频大位移拾振器配置 CZ-F 型放大器和紫外线记录仪。为测量隔振后传给周边及上楼精密仪器振动，也布置相应测点，采用 65 型拾振器及其配套放大器。实测振动位移见图 1-21-4，测试结果见表 1-21-1。

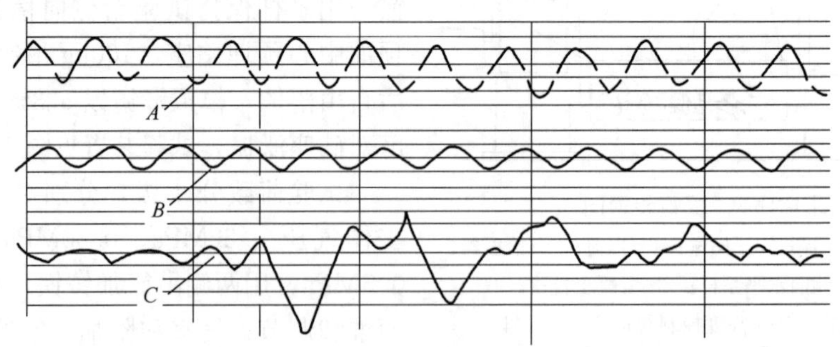

图 1-21-4　实测振动位移曲线

实测振动结果 **表 1-21-1**

<table>
<tr><td rowspan="2">测点位置</td><td rowspan="2">隔振基础顶面</td><td colspan="2" rowspan="2">锻锤机架顶部水平</td><td colspan="2">基础厢</td><td>基础厢外</td><td>楼面</td></tr>
<tr><td>底板上</td><td>侧壁顶</td><td>2m 处地面</td><td>精密仪器旁</td></tr>
<tr><td>拾振方向</td><td>竖向</td><td>前后向</td><td>侧向</td><td>竖向</td><td>竖向</td><td>竖向</td><td>竖向</td></tr>
<tr><td>频率（Hz）</td><td>1.27
2.4</td><td>2.4</td><td>2.4</td><td>1.27
2.4</td><td>1.27
2.4</td><td>1.27
2.4</td><td rowspan="2">看不出锻锤振动频响反应</td></tr>
<tr><td>振动位移峰值（mm）</td><td>5.29</td><td>0.655</td><td>1.00</td><td>1.6×10^{-3}</td><td>1.03×10^{-3}</td><td>0.51×10^{-3}</td></tr>
<tr><td>拾振器型号</td><td colspan="4">CZ-S 型</td><td colspan="3">65 型</td></tr>
</table>

实测结果及后续多年使用情况表明，采用空气弹簧隔振后，锻锤基础的振动已基本消除，不仅保证了生产线和楼上精密仪器的正常工作，也为锻锤等大型振动设备隔振后进楼提供了成功经验。

[实例 1-22] 苏州孚杰机械有限公司 18t 模锻锤隔振

一、工程概况

为了给石油和天然气行业提供高压阀体和连接件，苏州孚杰机械有限公司 2009 年投资建设新锻造厂区，并新上一台 18t 大型模锻锤，该锻锤的最大打击能为 450kJ，是当时国内最大的模锻锤之一。

锻锤工作时会产生强烈振动，随土壤和地质条件不同，影响半径可达数百米甚至上千米，不仅影响锻锤周围的精密加工和精密检测设备，还会影响厂房及周围的办公和住宅建筑，对人体舒适和身体健康造成影响。距离该锻锤 110m 处已有居民建筑，厂区附近有规划居民区，此外，由于当地地质条件很差、振动衰减慢，因此，该锻锤需要安装高性能隔振系统。

二、振动控制方案

模锻锤隔振有直接支承和间接支承两种方式。

直接支承隔振是将隔振器直接安装在锻锤砧座之下，基础结构简单，只有基础箱，适用于中小型模锻锤。一方面，中小型锻锤工作时引起的振动较小，对隔振效果要求不高；另一方面，中小型模锻锤需要的隔振器数量较少，锻锤砧座底面积可以满足排布隔振器的要求。

大型模锻锤工作时产生的振动很大，为达到良好的隔振效果，通常采用间接支承隔振方案。如果将低刚度隔振器直接支承在砧座下，锻锤工作时锤身竖向位移很大，影响锻锤的正常工作，故大型模锻锤隔振通常需要在锻锤底部增设混凝土质量块，来减小锻锤工作时锤身的竖向位移。

本工程为大型模锻锤，距离锻锤 110m 处有居民建筑，且当地土壤条件较差，经分析，需采用固有频率 2Hz 的间接支承隔振方案。

三、振动控制关键技术

1. 隔振设计输入条件

（1）锻锤的最大打击能量；

（2）锻锤下落部分重量；

（3）隔振器支承部分重量；

（4）客户对隔振效果的要求。

2. 根据输入条件计算确定的隔振系统主要参数

（1）混凝土基础重量；

（2）隔振器选型和数量；

（3）隔振器静态压缩量（控制在 60mm 左右，即隔振系统的固有频率为 2Hz 左右）；

（4）隔振系统的阻尼比；

（5）锻锤使用最大能量打击时，锤身竖向最大动位移不超过 8mm（单向）；

(6) 隔振器需具有足够大的承载能力，保证其具有足够长的使用寿命。

3. 根据隔振系统主要参数及隔振器数量和外形尺寸，确定基础块尺寸及隔振器布置

隔振基础布置不仅需要满足锻锤的尺寸和标高要求，还要满足基础施工、隔振器安装和维护保养要求。隔振基础及隔振器布置如图 1-22-1 所示。

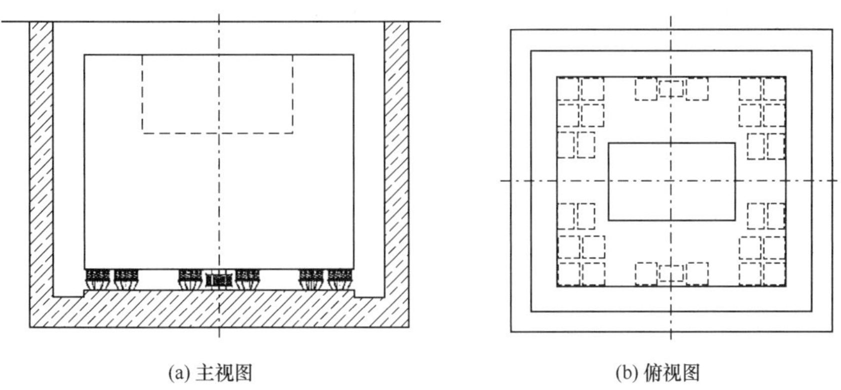

(a) 主视图　　(b) 俯视图

图 1-22-1　隔振器布置图

四、振动控制装置

本工程选用 VL 和 KF 两种规格的隔振器。VL 型隔振器 20 件，KF 型隔振器 10 件。VL 型隔振器内部集成黏滞阻尼器，KF 型隔振器为纯弹簧隔振器。两种规格隔振器配合使用，可达到最佳的系统阻尼参数。隔振器为定制化设计，对制造工艺有很高要求，具有高承载能力和抗疲劳能力。

振动控制装置安装完毕后的锻锤如图 1-22-2 所示。

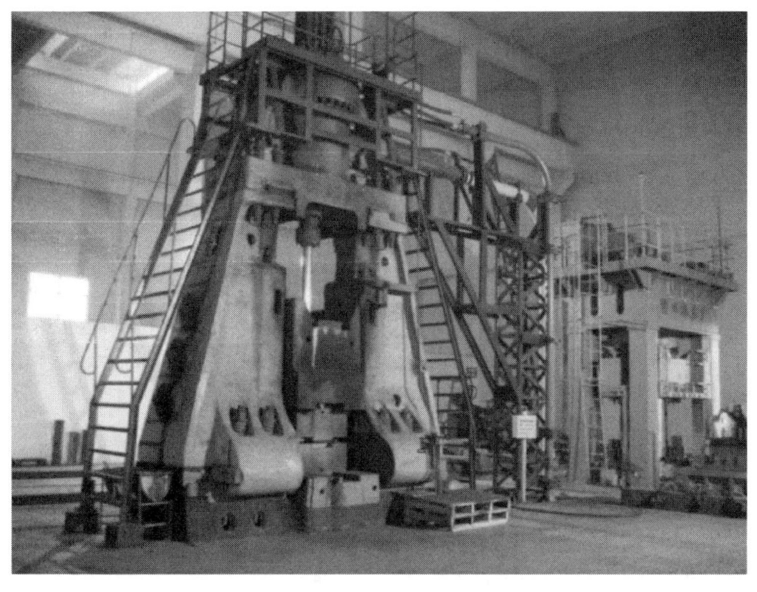

图 1-22-2　振动控制装置安装完毕后的锻锤现场照片

五、振动控制效果

本项目实施后，锻锤工作时实测锤身的最大竖向位移为 5.5mm（单峰值），距离锻锤中心 10m 处的车间地面上，实测最大竖向振动速度为 4.0mm/s，实现了很好的振动控制效果。自 2009 年底投产至今，振动控制系统运行良好。

［实例 1-23］日本北陆工业 10t 模锻锤振动控制

一、工程概况

日本北陆 10t 模锻锤隔振项目，位于日本新潟县燕三桥，锻锤打击能量 381kJ，落下部分质量 12.5t，最大连续打击 80 次以上（大部分模锻锤一般连续打击 3～5 次）。

该项目原来的隔振系统效果不佳，由机身振动曲线估算其阻尼比不足 5%，日方业主要求新隔振系统必须具有足够的阻尼系数，保证下次打击时，机身振动趋于平静，且隔振效果应有所改善。

二、振动控制分析

锻锤隔振可视为典型的冲击振动控制，隔振后锻锤对基础的最大作用力可由下式计算：

$$F_{\mathrm{m}}=\sqrt{2Em_0}\omega_{\mathrm{n}}(1+K)e^{-\left(\frac{\pi}{2}-3\sin^{-1}\zeta\right)\mathrm{tg}(\sin^{-1}\zeta)} \tag{1-23-1}$$

式中　F_{m}——锻锤对地基的最大作用力（kN）；

E——打击能量（kJ）；

m_0——落下部分质量（t）；

ω_{n}——隔振系统自振圆频率（rad/s）；

ζ——阻尼比；

K——弹性恢复系数，$0\leqslant K\leqslant1$；其大小受锻造方式、锻件温度及锻件材料影响，根据锻造特点，模锻锤取 $K=0.6$。

由式（1-23-1），可求得锻锤对基础的最大作用力：原隔振系统 $F_{\mathrm{m}}=2165$ kN；新隔振系统 $F_{\mathrm{m}}=1612\sim1662$ kN；新隔振系统（竖向阻尼比 0.35）隔振效率比原隔振系统提高 23%，满足要求。表 1-23-1 给出锻锤及原、新隔振系统参数对比。

锻锤参数及隔振系统比较　　**表 1-23-1**

锻锤参数			原隔振系统		新隔振系统	
打击能量	落下部分质量	设备质量	竖向刚度	竖向阻尼比	竖向刚度	竖向阻尼比
381kJ	12.5t	338t	74930kN/m	0.05	55263kN/m	0.25～0.35

三、振动控制关键技术

因连续打击次数多，阻尼器在单位时间内将机械能转化成热能较多，阻尼液温度会有较大提高。随阻尼液温度提高，阻尼黏度降低，阻尼系数变小。该项目采用本团队特别研制的阻尼器，阻尼力与黏度呈非线性关系，阻尼力下降慢于黏度下降。

四、振动控制装置

为节省空间，将弹性元件与阻尼元件进行合理组合，共采用 15 套隔振器。刚性元件尽可能安装在锻锤底部外边缘，以提高隔振系统的反力矩，使系统稳定性更佳。

五、振动控制效果

更换隔振器前、后的隔振性能对比如表 1-23-2 所示。

隔振系统性能比较 **表 1-23-2**

工况	更换隔振器前	更换隔振器后
系统阻尼比	＜0.05	0.25～0.35
隔振效果	在离锤中心 80m 处的办公室有明显振感	在离锤中心 80m 处的办公室几乎无振感

[实例 1-24] 中国重汽 18t 程控模锻锤振动控制

一、工程概况

中国重汽 18t 程控模锻锤隔振项目，位于山东省济南市章丘区中国重汽铸锻中心，锻锤打击能量 450kJ，落下部分重量 23t。

该项目因原美国隔振系统性能不足，采用新隔振系统替换原隔振系统，是中国首例采用弹簧与黏滞阻尼并联方式对 18t 程控模锻锤进行直接隔振的振动系统。

二、振动控制方案

18t 模锻锤是目前我国最大模锻锤，产生的振动对环境影响非常大，且对锻锤自身的振动影响也较大，该项目采用高效率弹簧黏滞阻尼隔振系统，黏滞阻尼与速度呈非线性关系。

阻尼力 F_d 与 v 的关系：

$$F_d = Kv^X \tag{1-24-1}$$

式中 F_d——阻尼力；

K——常数；

v——速度；

X——系数，<1（对于更优性能，可以达到<0.5）。

三、振动控制分析

锻锤设备振动为冲击振动，锻锤打击时间很短，持续时间仅几毫秒，可将作用时间视为微量，速度和位移分别由下述公式计算：

打击工件刚结束时的设备速度：

$$v = \frac{1}{m}\int_0^{\Delta t} f(t)\mathrm{d}t \tag{1-24-2}$$

打击工件刚结束时的设备位移：

$$x = \frac{1}{m}\int_0^{\Delta t}\left[\int_0^t f(\tau)\mathrm{d}\tau\right]\mathrm{d}t \tag{1-24-3}$$

式中 v——锻锤打击工件结束时的设备速度；

x——锻锤打击工件结束时的设备位移；

m——设备总质量；

Δt——锻锤打击工件的时间；

$f(\tau)$——锻锤打击工件时的瞬时力。

打击过程中，设备振动荷载由质量力、阻尼力和位移力共同组成，位移是速度更高阶微量的积分值，阻尼力比位移力先出现，只要有足够阻尼，不仅不会减少锻锤的打击能量，而且还可适当增加打击能量（对比传统的枕木垫，枕木阻尼很小）。

四、振动控制关键技术

该项目采用直接隔振，隔振器结构件需承受非常大的应力，对结构件最大受力处进行了有限元分析，结果表明应力控制在 45MPa 以下，解决了直接隔振结构件易破损难题。

五、振动控制装置

弹簧与黏滞阻尼并联在同一隔振装置中，由于采用直接隔振，基础费用大幅减少（基础费用约为间接隔振方式的 20%～30%），外侧隔振器阻尼系数大于内侧隔振器，使隔振系统的稳定性更佳。

六、振动控制效果

更换新系统后的隔振效果大幅提高，性能对比见表 1-24-1，新系统隔振效果远优于原隔振系统，振动控制效率达到 90%以上。

隔振系统性能比较 **表 1-24-1**

离锤中心距离（m）	10	20	50
原隔振系统地面速度（mm/s）	55	20.5	11.01
新隔振系统地面速度（mm/s）	4.02	1.63	0.82

[实例 1-25] 莱芜煤机厂 12500t 摩擦压力机振动控制

一、工程概况

莱芜煤机厂 12500t 摩擦压力机，打击能量 2000kJ，公称打击力 125000kN，是至今最大的摩擦压力机，产生的振动很大，尤其是水平扭转振动，为降低对周围环境以及自身振动影响，需对其开展振动控制。

二、振动控制方案

该项目选用间接隔振，即在设备底部增加大型混凝土浮置基础块，使隔振系统对质心的转动惯量大幅提高。本项目中的隔振系统可同时隔离压力机的竖向振动和水平向扭转振动。

三、振动控制分析

摩擦压力机振动主要由飞轮转动带动螺杆和滑块向下运动，连接在滑块下部的上模打击工件时，将飞轮、螺杆及滑块等动能转化成工件变形能。由于工件成形的变形量很少，冲击力极大，要在极短时间内将系统转动能量转化为竖向能量，会产生很大的扭转振动。目前，已出现过很多地脚螺栓切断情况，应充分考虑该危害，予以避免。

四、振动控制关键技术

摩擦压力机既有竖向振动，也有水平扭转振动，隔振技术须平衡二者关系，二者阻尼比和自振频率不能相差太大，在保证基础块强度的前提下，应尽量提高系统的转动惯量。

五、振动控制装置

在基础块下设置 32 套弹簧隔振器和 18 套阻尼与弹簧并联的复合型隔振器，为提高隔振系统的稳定性、反抗阻尼矩和反抗刚度矩，隔振器应尽量放置在基础块外边缘，隔振系统参数见表 1-25-1。

隔振系统参数　　表 1-25-1

序号	名称	参数
1	摩擦压力机型号	J53-12500
2	公称压力	12500kN
3	打击能量	2000kJ
4	飞转最大转速	54r/min
5	滑块重量	43 t
6	设备运动部分转动惯量	124×10^3kg・m^2
7	系统总转动惯量	18000×10^3kg・m^2
8	系统总竖向承载力	26380kN

续表

序号	名称	参数
9	隔振系统总竖向刚度	433620kN/m
10	隔振系统总水平刚度	281853kN/m
11	隔振系统总竖向阻尼系数	21911kN·s/m
12	隔振系统总水平阻尼系数	9726kN·s/m
13	隔振系统水平刚度对轴心的扭矩系数	7046325kN·m·s
14	隔振系统阻尼系数对轴心的扭矩系数（可调整）	242272kN·m·s
15	隔振系统竖向自振频率	2.47Hz
16	隔振系统水平面的扭转自振频率	3.04Hz
17	隔振系统竖向阻尼比	0.38
18	隔振系统水平面扭转阻尼比	0.35
19	压力机最大竖向线位移	≤5mm
20	压力机最大扭转角	≤0.00349rad

六、振动控制效果

隔振效果见表 1-25-2，竖向和扭转振动控制效率>90%。

隔振系统性能 **表 1-25-2**

至压力机中心距离（m）	10	95	106	290	460
地面振动速度（mm/s）	≤2.5	≤0.15	≤0.12	≤0.07	≤0.05

［实例 1-26］800t 压力机基础振动和噪声控制

一、工程概况

1970 年，位于美国密西西比河谷的一家工厂安装了一台 800t 压力机。厂址土壤试验表明，地下水位高，土壤以粉砂为主。为解决不良土壤带来的危害，工厂设计和建造了地基基础，重量是压力机的 3 倍，压力机直接安装固定在地基基础上。

初期运行中，地基沉降了 6 英寸（1 英寸＝2.54cm），承重墙开裂，主屋顶支撑柱每隔几个月就必须重新填塞，如图 1-26-1 所示。因冲击负荷造成的建筑物损坏，当时维修总费用超过 10000 美元。

几年后，该工厂安装另一个相似 800t 压力机，为防止由硬安装引起的地基沉降，需进行振动控制。振动和噪声测试表明，隔离压力机操作引起的基础振动明显小于直接硬安装压力机基础振动。

图 1-26-1　800t 压力机基础下沉

二、振动和噪声控制方案

将 800t 压力机安装在 Micro/Level 隔振垫上，型号为 BFM 1160。每个隔振垫配有一个直径为 3 英寸的精密调平螺栓，用于调整压力机水平度。

在基础墩顶部切除少量混凝土，然后安装 Micro/Level 隔振垫，保持进料线高度不变。基础墩用水泥浆封顶、抹平，为隔振垫提供良好的安装表面。

定制设计每个隔振垫，可有效减少压脚传递给地基的冲击力，保证系统稳定，防止压力机摇摆或晃动。

三、振动和噪声控制关键技术

压力机螺栓固定安装在 Micro/Level 隔振垫上，并开展噪声和振动测量，以检验隔振垫的有效性。实验在夜间进行（其他设备关闭），避免环境背景噪声和振动影响。

噪声在距离压力机 4 英尺（1 英尺＝0.3048m）的操作站测得。压力机速度只有 14 SPM（Strokes Per Minute，机器每分钟冲压次数），测试数据没有意义，不适用。在可听范围内的每个倍频带，观察脉冲峰值，并通过与人耳灵敏度相对应的 A 标度权重因子进行校正。通过积分分贝倍频程确定有效总脉冲噪声级，当压力机在 BFM1160 型 Micro/Level 隔振垫上运行时，比螺栓连接低 6.5dB。表 1-26-1 给出不同频率下的噪声衰减。

不同频率范围的噪声衰减　　表 1-26-1

螺栓连接（Hz）	噪声衰减（dB）	螺栓连接（Hz）	噪声衰减（dB）
500	8	4000	12
1000	4	8000	8
2000	4		

当压力机在隔振垫上运行时，31.5～125Hz 频段的噪声读数较高，但这些频率级的噪声水平很低，对总体有效噪声水平没有影响。6.5dB 衰减覆盖了 31.5～ 8000Hz 的整个音频范围。

压力机通过螺栓固定安装在 Micro/Level 隔振垫上，使用压电加速度计在 8000Hz 范围内测试所有频率振动。

四、振动和噪声控制效果

最大振动发生在 1000～8000Hz 频率范围。隔振垫上，整体竖向基础振动减小 75%，水平振动减小 78%。在高频段，隔振垫振动控制效果最显著，如表 1-26-2 所示。

不同频率范围的振动衰减　　表 1-26-2

频率波段（Hz）	振动衰减率（%）		频率波段（Hz）	振动衰减率（%）	
	竖向	横向		竖向	横向
1000	10	30	4000	67	98
2000	93	76	8000	68	62

当有、无隔振垫时，1000Hz 以下频段的竖向振动约为同一量级，该频段的水平振动降低约 50%。

图 1-26-2～图 1-26-5 给出安装在 BFM1160 型 Micro/Level 隔振垫上的压力机在可听频带内的噪声和振动衰减情况，实线表示压力机与地面通过螺栓直接连接的噪声和振动，虚线表示压力机与地面间安装隔振垫后的噪声和振动。

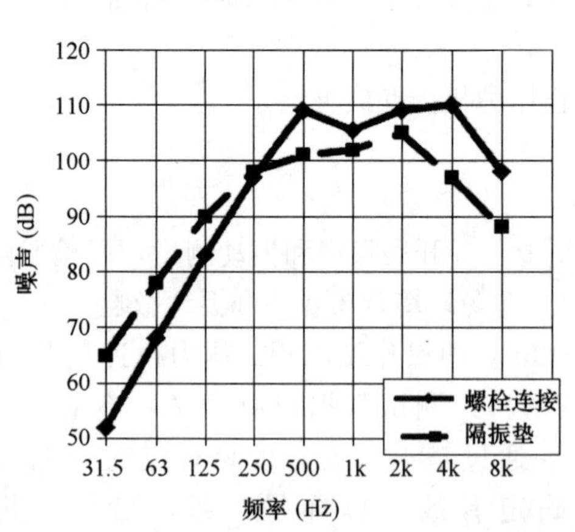

图 1-26-2　距离 800t 中压机 4 英尺处的噪声峰值

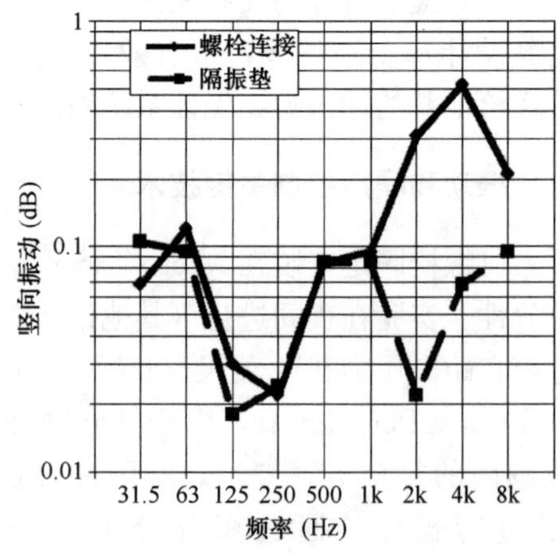

图 1-26-3　800t 中压机的基础地面垂直振动

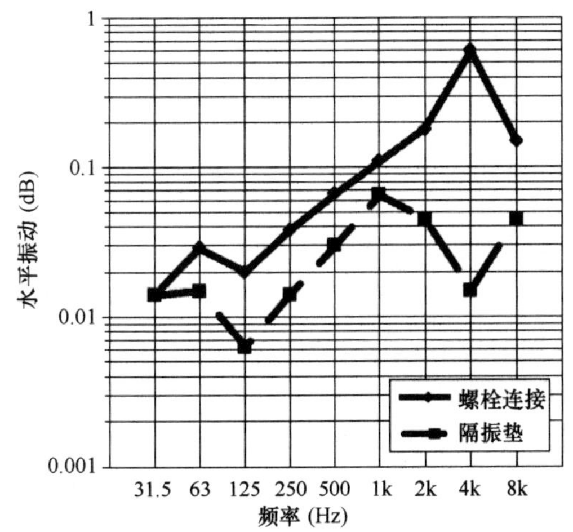

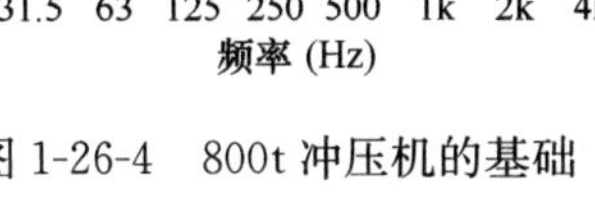
图 1-26-4　800t 冲压机的基础地面水平振动

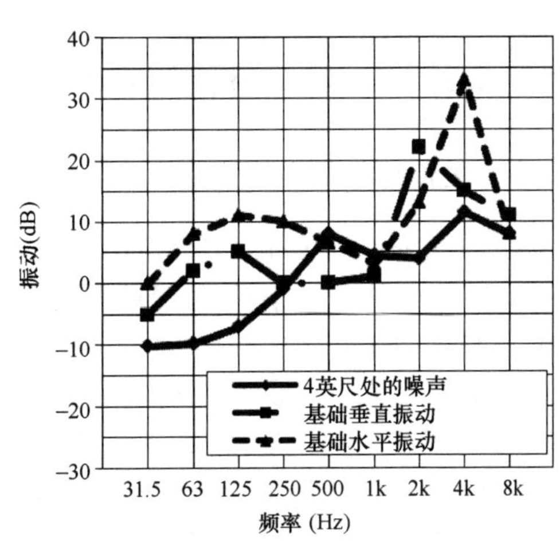

图 1-26-5　800t 压力机安装微调平隔振垫后的噪声和振动衰减变化图

噪声和振动整体衰减效率：噪声衰减 6.5dB，竖向振动衰减 11.0dB，水平振动衰减 12.0dB。

［实例 1-27］Erie23t 蒸汽锤振动控制

一、工程概况

Kropp Forge—Cicero，IL 是北美领先的航天锻造商，以锻造先进材料（如钛、高温镍以及不锈合金材料）著称，能够生产大型、复杂、耐用的高应力锻件，用于军用飞机和车辆、建筑、采矿、直升机旋翼等设备的关键部件制造。

23t Erie 蒸汽动力锻锤是锻造工艺中的关键设备，如图 1-27-1 所示，锻锤重量超过 730t，能够产生 750kJ 能量。20 世纪 50 年代早期，Kropp Forge 安装了两台锻锤，在基础坑内并排安装，采用 12.8m×11m×7.2m 深基础，每个基础重量超过 2495t。其中一个锻锤后期撤除，以 18.2t CECO 汽锤代替。

2002 年开始，Erie 锻锤运行时出现明显移动，锻锤向左前方倾斜，如图 1-27-2 所示。检查锻锤底板坑面发现，锻锤已发生不均匀沉降。锻锤一角明显较低，从锻锤底板下方挤压出潮湿、类似泥浆的流体材料，如图 1-27-3 所示。

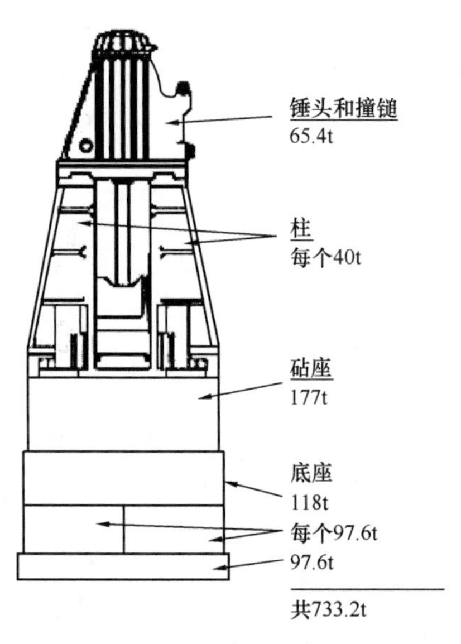

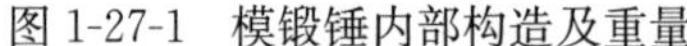

图 1-27-1　模锻锤内部构造及重量

图 1-27-2　倾斜的 Erie 模锻锤

经调查，锻锤下部安装了多种材料以防止锻锤支承基础破坏。早期使用多层厚橡木，其后采用将橡木与多层衬垫相结合的方法，20 世纪 90 年代起，采用衬垫材料和钢板交替层。叠层织物衬垫材料和钢板交替层安装于混凝土和水泥浆顶部，混凝土和水泥浆灌入原始基础坑，以平衡木材/衬垫系统和新衬垫/板材系统之间的重量差。经检查，锻锤下部挤压出的材料主要为混凝土、水泥浆、衬垫材料以及水等。

通过对原始基础设计及 CECO 18.2t 锻锤附近基础坑内安装仔细研究，原始基础坑底部额外增加的混凝土已失效，再加上高能振动冲击、混凝土强度不足以及基础坑充水等因素，导致设备底座无法通过锚栓与原始基础紧密牢固。

图 1-27-3　模锻锤底部构造及出现的问题

二、振动控制方案

设计持久、高性能的锻锤系统需要考虑以下关键因素：

1. 准确模拟锻锤产生的力。
2. 准确预测隔振系统对锻锤打击的反应情况。
3. 准确设计和应用隔振系统，保证部件以低应力运行。
4. 考虑最不利工况，设计隔振系统。

三、振动控制装置

为满足锻锤系统的各项要求，团队设计了第一个高性能、组合式弹性体隔振系统——MRM™减振隔离单体，如图 1-27-4 所示。MRM 系统的核心部件是模块化回弹衬垫，与衬垫材料板不同，每个模块根据硬度和减振规格单独研制。所有模块均采用现代优质聚合物，可应对锻锤恶劣的生产工作环境。模块可根据不同的刚度、负载能力、硬度和厚度进行模制，还可通过粘合或非粘合的方法模制到钢板上。

图 1-27-4　MRM 减振隔离单体

考虑最不利工况，除使用互锁螺栓和插销保持单个部件位置外，采用多个减振隔离单体时，还采用侧面支撑缓冲器，保持锻锤下减振隔离单体的位置和间距。整个锻锤安装在16个预组装MRM减振隔离装置上，每个减振隔离单体单独包装并通过简易滑道上车运送。

抵达现场后，每个减振隔离单体根据安装图纸对应编号，便于确定每个减振隔离单体的放置位置。起重环系在每个减振隔离单体的吊环上，现场见图1-27-5和图1-27-6。

图1-27-5　MRM减振隔离单体被吊入基坑

图1-27-6　MRM减振隔离单体被全部放入基坑

采取以下措施防止减振隔离单体在意外操作下的移动：

1. 橡木梁放置在基础坑周围，位于MRM减振隔离单体之间，保证减振隔离单体准确定位。

2. 采用系列条钢和钢板穿过减振隔离单体焊接，将整个系统连在一起。

随后，将蒸汽锤堆叠并装配在MRM系统上，见图1-27-7。

图1-27-7　安放蒸汽锤

四、振动控制效果

经现场测试，与传统方法相比，MRM系统可以隔离大约75%以上的冲击振动，传递至基础的动态作用力减少约77%，此外，基础将增加20%的承载面。

第四节　振动试验台

[实例 1-28] 大型液压振动试验台基础振动控制

一、工程概况

广州大学减震控制与结构安全实验大楼位于广州大学城广州大学内。抗震中心结构实验厂房长 103m，宽 45m，柱距 8m。实验厂房分高、低两跨，高跨跨宽 27m，低跨跨宽 18m；轨顶标高：高跨 21m、低跨 13.5m。地下室为静力实验操作区、设备基础、站房，层高 4.8m。实验厂房功能主要包括：振动实验区、静力实验区、消能实验区、压剪实验区。

振动实验区由一个 8m×10m 的固定振动台及两个 4m×4m 的可移动振动台组成地震模拟试验台阵系统，是目前国内最大的地震模拟试验台阵，如图 1-28-1 所示。地震模拟振动台为液压振动台，最大竖向激振力 2750kN，最大水平激振力 3300kN。频带区段 0.1～50Hz，控制精度要求高。

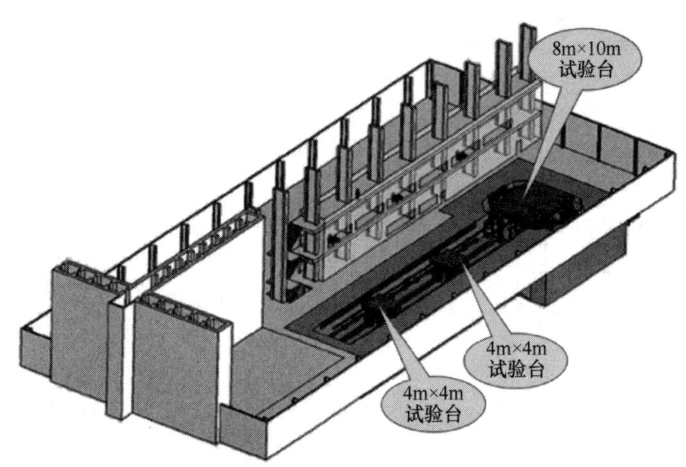

图 1-28-1　广州大学地震模拟试验台台阵

场地等效剪切波速 $V_{se}=130.07\sim165.94$m/s，平均波速 141.75m/s，按国家标准《建筑抗震设计规范》GB 50011—2010，判定场地土属软弱土，建筑场地属Ⅲ类。设计地震分组为第一组，设计特征周期为 0.45s，振动试验台技术参数见表 1-28-1。

振动试验台技术参数　　表 1-28-1

台面规格	方向	位移（mm）	速度（m/s）	加速度（m/s²）	最大激振力
8m×10m	$x\times y$	800	1.20	35	3300kN
4m×4m	$x\times y$	300	1.50	36	600kN
8m×10m	z 竖向	400	1.20	30	2750kN
4m×4m	z 竖向	150	1.30	45	500kN

8m×10m 和 4m×4m 振动台特性曲线如图 1-28-2 所示，地震模拟试验台基础振动荷载可根据技术参数确定。

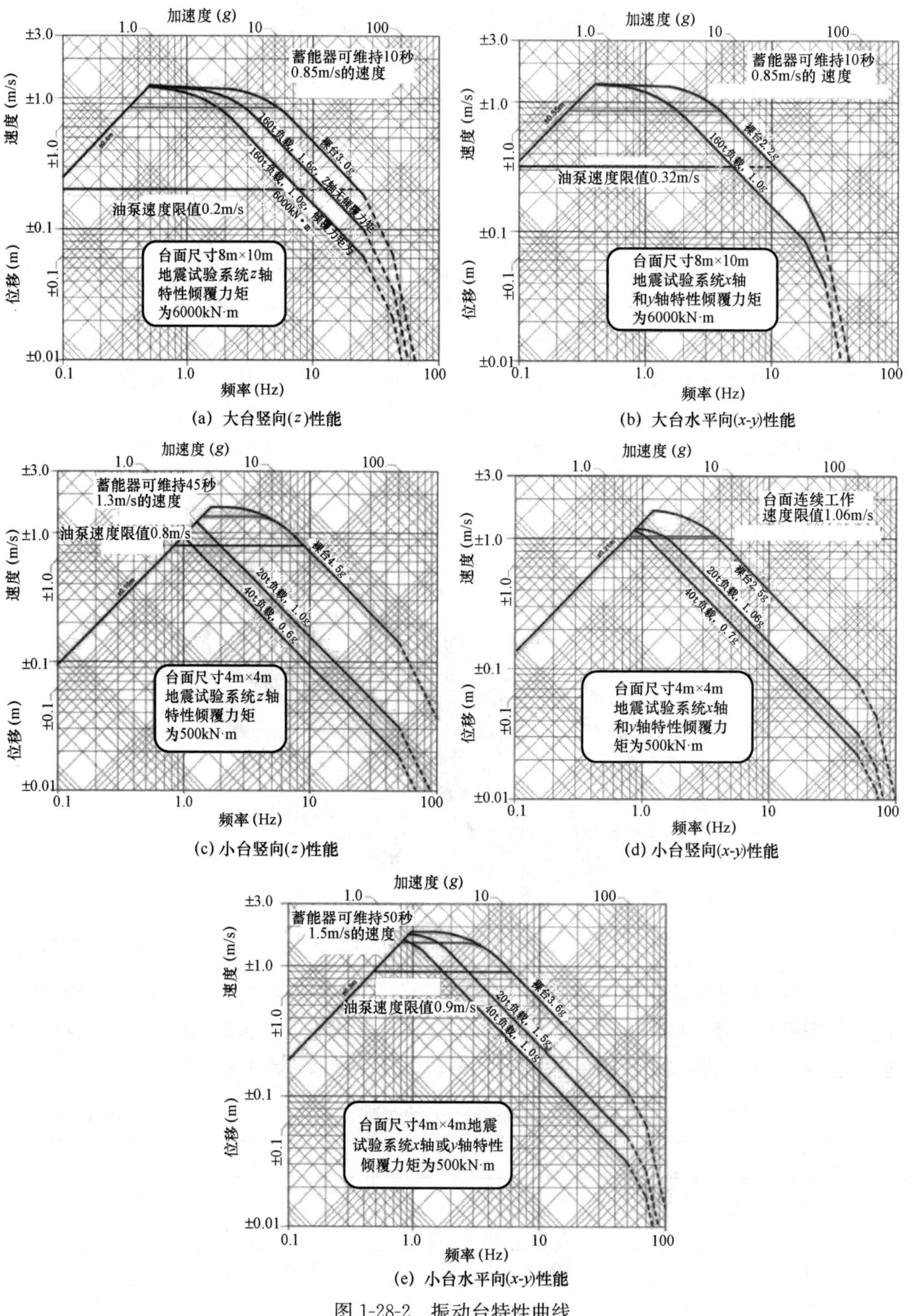

(a) 大台竖向(z)性能

(b) 大台水平向(x-y)性能

(c) 小台竖向(z)性能

(d) 小台竖向(x-y)性能

(e) 小台水平向(x-y)性能

图 1-28-2　振动台特性曲线

二、振动控制方案

拟定的基础方案包括增加基础厚度、增加基础宽度以及改变质量等。对多方案计算结果进行对比分析，结果如表 1-28-2、表 1-28-3 所示，结论表明：方案 1 和方案 3 均满足地震模拟试验要求，综合场地条件等因素，采用方案 1。

基础尺寸变化方案　　表 1-28-2

序号	基础条件	基础尺寸 (m^3)	荷载资料	位移（mm）	加速度 (m/s^2)	备注
1	原基础	24×20×9.2	老版	0.09217	0.7390	满足
2	原基础	24×20×9.2	新版	0.1214	1.667	超限
3	主要加宽	24×23×10	新版	0.09107	0.6890	满足
4	只加深	24×20×11	新版	0.11010	2.925	超限

多工况下振动台基础分析结果汇总　　表 1-28-3

序号	计算节点	加载方向	位移响应（mm）	加速度响应（m/s^2）
1	1725	大台 y 向	0.1470	0.3306
2	590	大台 y 向	0.1445	0.3547
3	523	大台 y 向	0.1844	0.8944
4	1725	小中 y 向	0.1325	0.1325
5	590	小中 y 向	0.1512	0.2815
6	523	小中 y 向	0.1581	0.2845
7	1725	小角 y 向	0.1480	0.1457
8	590	小角 y 向	0.1628	0.1347
9	523	小角 y 向	0.1655	0.2352

三、振动控制分析

地震模拟试验台及基础动力分析采用国家标准《动力机器基础设计规范》GB 50040—1996 计算法及大型有限元数值分析两种方法。试验台基础动力数值计算运用 SAP 2000 软件，数值计算模型如图 1-28-3 所示。

地震模拟振动台试验加载条件较为复杂，主要工况包括设备调试工况和地震模拟试验工况。设备调试阶段可能出现的激振条件较多，既有稳态振动，也有随机振动，也可能会有瞬态激振等。因此，在选择振动荷载时，需要考虑上述工况出现的可能性，为确保结构的安全性和适用性，振动荷载作用效应需具备包络特性。试验台加速度的频域曲线见图 1-28-4 和图 1-28-5。

地震模拟试验时的振动激励应是模拟地震波，基础设计时，通常将地震模拟时程信号激励工况作为结构分析的补充验算，地震时程信号如图 1-28-6 所示。

根据国家标准《动力机器基础设计规范》GB 50040—1996，液压振动试验台基础设计，提出四种典型的振动荷载作用模式，如图 1-28-7 所示。

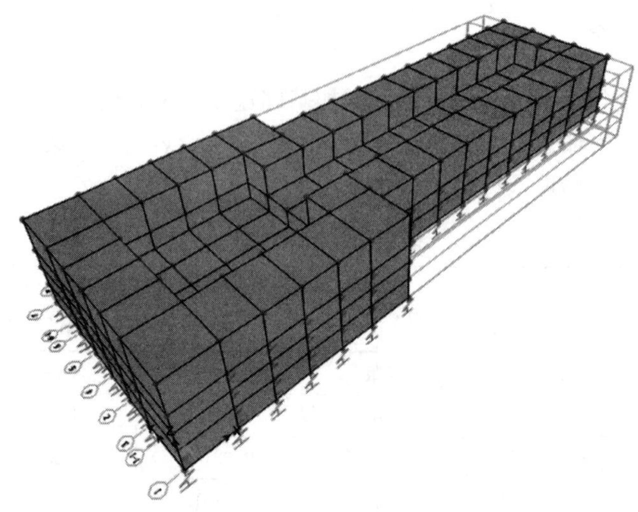

图 1-28-3　基础数值模型

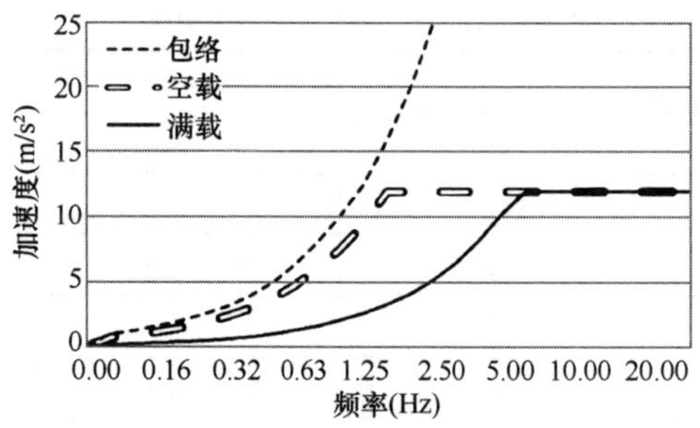

图 1-28-4　水平振动特性

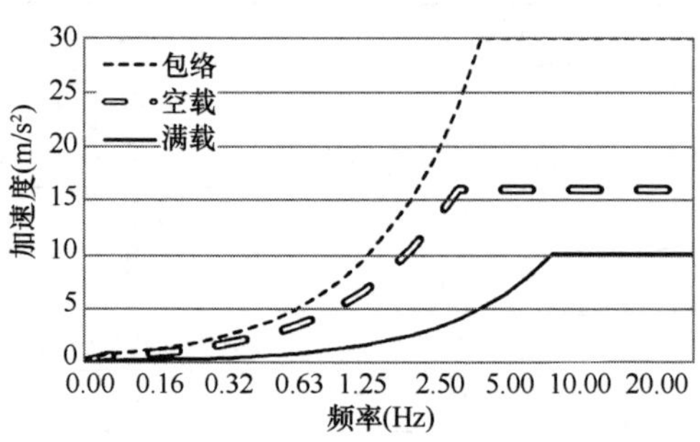

图 1-28-5　竖向振动特性

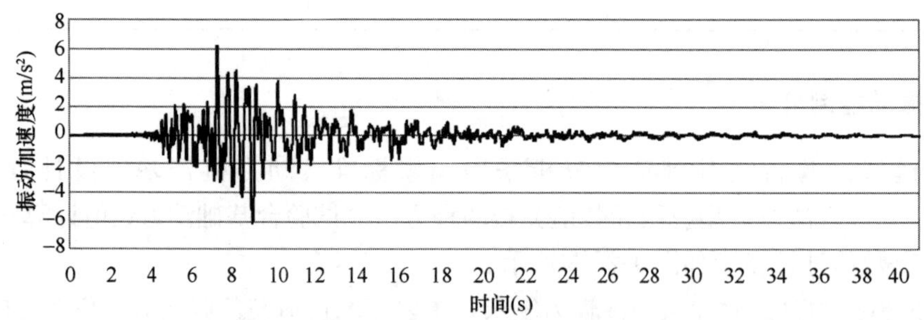

图 1-28-6　地震时程信号

图 1-28-7（c）、(d) 振动作用模式，可按下式计算：

$$u_{x\varphi}=\frac{M_{\varphi1}}{(J_y+m\rho_{\varphi1}^2)\omega_{n\varphi1}^2}\eta_{\varphi1}(r_1+h_1)+\frac{M_{\varphi2}}{(J_y+m\rho_{\varphi2}^2)\omega_{n\varphi2}^2}\eta_{\varphi2}(h_1-r_2) \tag{1-28-1}$$

$$u_{z\varphi}=\left[\frac{M_{\varphi1}}{(J_y+m\rho_{\varphi1}^2)\omega_{n\varphi1}^2}\eta_{\varphi1}+\frac{M_{\varphi2}}{(J_y+m\rho_{\varphi2}^2)\omega_{n\varphi2}^2}\eta_{\varphi2}\right]l_x \tag{1-28-2}$$

式中　$u_{x\varphi}$——基础顶面控制点 x 向水平振动线位移（m）；

$u_{z\varphi}$——基础顶面控制点竖向振动线位移（m）；

h_1——基组重心至基础顶面距离（m）；

l_x——基组顶面控制点至 z 轴距离（m）；

$\rho_{\varphi1}$——基组 $x-\varphi$ 向耦合振动第一振型转动中心至基组重心距离（m）；

$\rho_{\varphi2}$——基组 $x-\varphi$ 向耦合振动第二振型转动中心至基组重心距离（m）；

$M_{\varphi1}$——绕 $x-\varphi$ 向耦合振动第一振型转动中心总扰力矩（kN·m）；

$M_{\varphi2}$——绕 $x-\varphi$ 向耦合振动第二振型转动中心总扰力矩（kN·m）；

J_y——基组通过重心绕 y 轴的转动惯量（t·m²）；

m——基组质量（t）；

$\omega_{n\varphi1}$——基组 $x-\varphi$ 向耦合振动第一振型固有圆频率（rad/s）；

$\omega_{n\varphi2}$——基组 $x-\varphi$ 向耦合振动第二振型固有圆频率（rad/s）；

$\eta_{\varphi1}$——第一振型圆频率基组扭转振动传递率；

$\eta_{\varphi2}$——第二振型圆频率基组扭转振动传递率；

h_1——基组重心至基础顶面距离（m）。

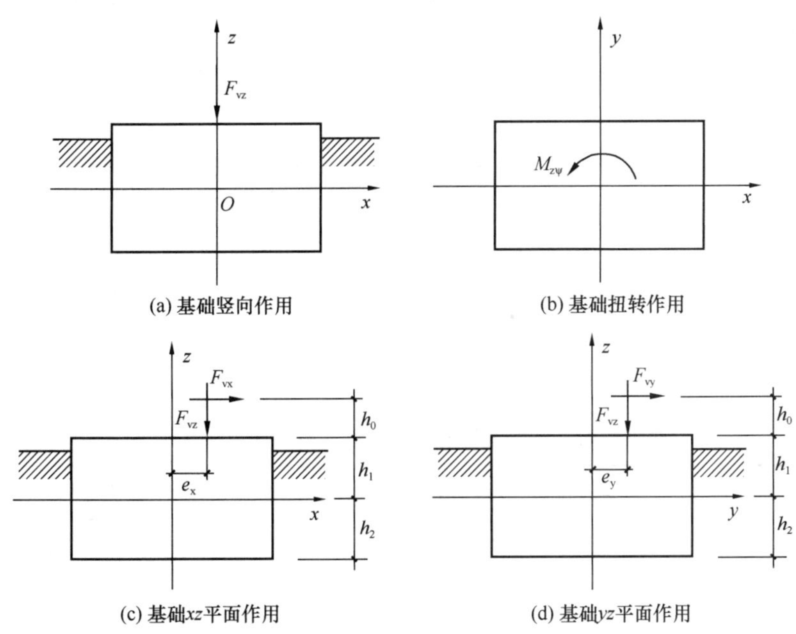

图 1-28-7　液压振动台振动作用模式

四、振动控制关键技术

1. 容许振动标准

大型地震模拟液压振动试验台振动控制要点：①基础设计满足地震模拟试验精度要求；②满足基础振动对周边教学办公环境要求。国家标准《建筑工程容许振动标准》GB 50868—2013 规定：最大振动加速度不大于 300m/s²、最大行程不大于 300mm 的普通液压振动台基础，容许振动位移为 0.1mm，容许振动加速度为 1.0m/s²。如图 1-28-8 所示。

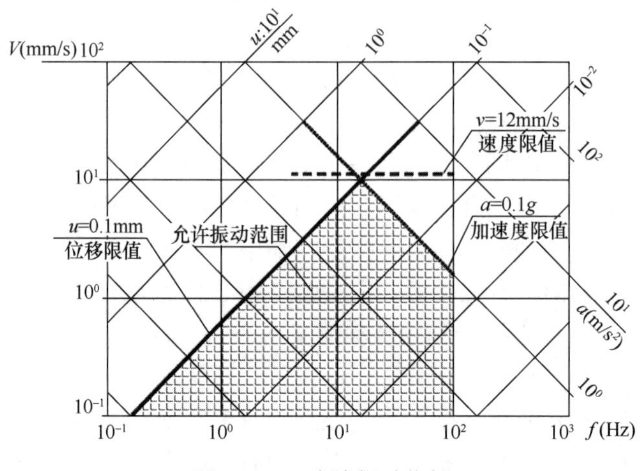

图 1-28-8　容许振动指标

广州大学地震模拟振动台比较特殊，最大振动位移为 800mm（>300mm），超出国家标准适用范围。因此，不能直接采用国家标准规定的容许振动指标，需要根据本工程实际情况研究确定容许振动标准。

根据以往的试验研究结果和设备厂家要求，振动加速度控制精度一般要求为 10%。地震模拟试验台位移行程较大，往往超过 1m，加之被试对象高度大，有较大的倾覆力矩，低频区基础振动位移控制有难度。可按低频加载激励振动位移 1%的精度要求，并考虑设备厂家提出的振动位移 0.1～0.13mm 要求，综合研究取容许位移 0.13mm。

液压振动台对环境影响主要包括：居住办公环境的振动舒适性、附近精密仪器设备的使用条件以及周边古建筑文物的防振要求。振动台基础振动影响如图 1-28-9 所示。学校试验室教学办公区，可按照国家标准《建筑工程容许振动标准》GB 50868—2013 中 6.0.1 条规定执行，见表 1-28-4。

建筑物内人体舒适性的容许振动计权加速度级（dB）　　**表 1-28-4**

地点	功能区类别	连续振动、间歇振动和重复性冲击振动			每天只发生数次的冲击振动		
		水平向	竖向	混合向	水平向	竖向	混合向
医院手术室和振动要求严格的工作区	昼间	71	74	71	71	74	71
	夜间						
住宅区	昼间	77	80	77	101	104	101
	夜间	74	77	74	74	77	74
办公室	昼间	83	86	83	107	110	107
	夜间						
车间办公区	昼间	89	92	89	110	113	110
	夜间						

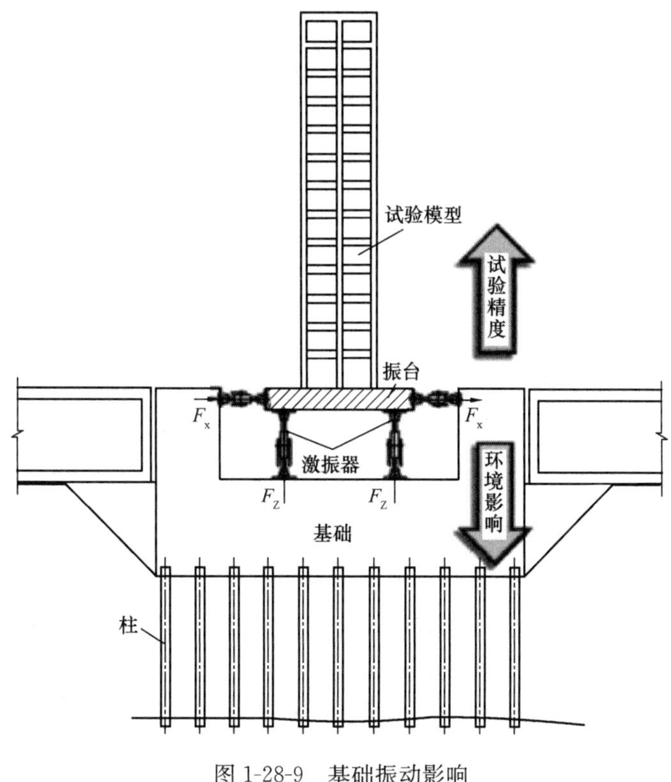

图 1-28-9　基础振动影响

2. 振动荷载

有效振动荷载的计算原则如图 1-28-10 所示，额定负荷条件下的振动荷载特性，可按下式计算：

$$F_t(f)=m_t\cdot\min[a_1(f),a_2(f),a_3(f),a_4(f)] \tag{1-28-3}$$

$a_1(f)=U_{max}(2\pi f)^2$，$a_2(f)=V_{max}(2\pi f)$，$a_3(f)=A_{max}$，$a_4(f)=\dfrac{F_{max}}{m_t}$，$m_t=m_e+m_0$。

式中　$F_t(f)$——额定负载下电动台的激振力（kN）；

m_0——振动台运动部分质量（kg）；

m_e——振动台额定负载质量（kg）；

m_t——振动台运动部分总质量（kg）；

F_{max}——作动器额定激振力（kN）；

$a_1(f)$，$a_2(f)$，$a_3(f)$——位移控制段加速度函数、速度控制段加速度函数、加速度控制段加速度函数（m/s²）；

$a_4(f)$——额定负载下运动部分加速度（m/s²）；

U_{max}——作动器最大行程的一半（mm）；

V_{max}——作动器最大加载速度（mm/s）；

A_{max}——试件最大加速度（mm/s²）；

f——试件加载频率（Hz）。

8m×10m 地震台基础竖向振动荷载计算曲线见图 1-28-11。

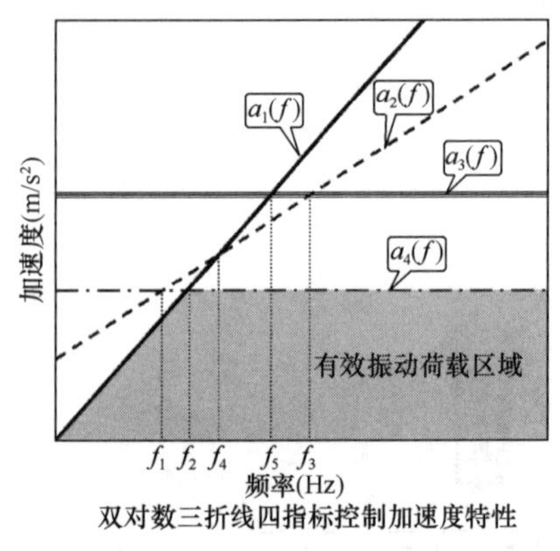

图 1-28-10　有效振动荷载的计算原则

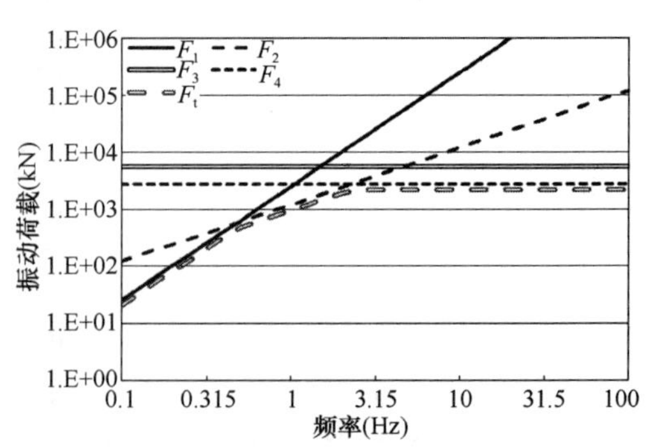

图 1-28-11　振动荷载计算曲线

3. 基础质量比

一般情况下，地震模拟试验台基础的质量比应满足 30 倍关系，如果质量比达到 50，可不做动力验算。受场地条件约束，本工程基础质量比达不到 30 倍要求，为此，对地震试验台基础做了大量动力分析。结果表明：在相同质量比条件下，增加基础底面积比增加高度效果更好，增加底面积可有效提高地基基础刚度，增加基础惯性矩，对减振有效。此外，确保基础前三阶模态为刚体运动，可充分发挥基础质量的整体惯性作用。

五、振动控制效果

振动控制有限元计算结果见图 1-28-12，按照国家标准《动力机器基础设计规范》GB 50040—1996 的计算结果见图 1-28-13，均满足设计要求。

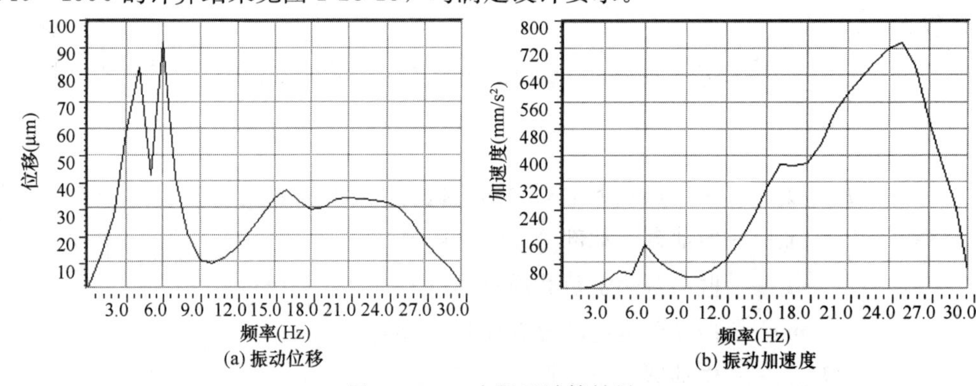

图 1-28-12　有限元计算结果

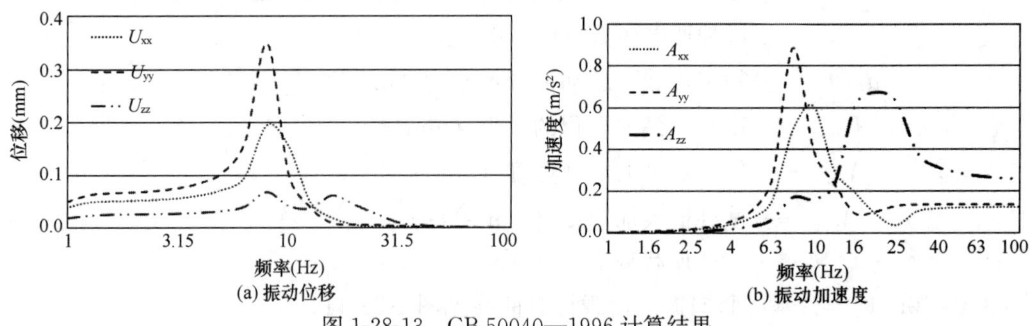

图 1-28-13　GB 50040—1996 计算结果

[实例 1-29] 客车道路模拟试验机隔振基础

一、工程概况

湖南中车时代电动汽车股份有限公司新能源汽车生产企业及产品准入试验验证能力补充建设项目中，设有整车道路模拟试验机。道路模拟试验机是一种汽车试验装置，可在室内环境下模拟汽车振动环境，不受时间、场地和气候条件限制，利用时间压缩和幅值放大等加速技术，可有效缩短试验时间。道路模拟试验机液压伺服系统主要包括油源液压系统、计算机控制系统、冷却系统等，如图 1-29-1 所示。

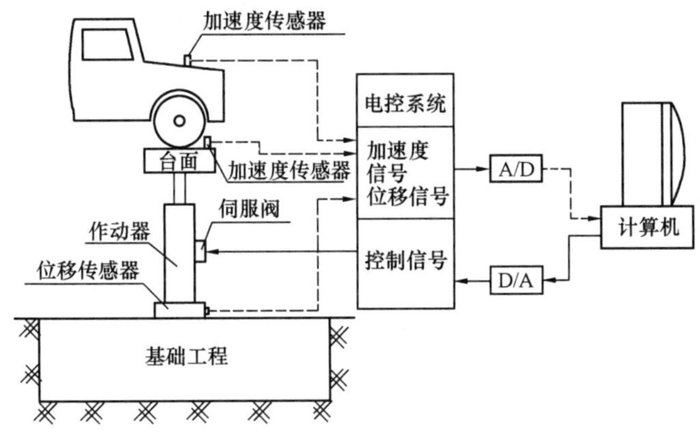

图 1-29-1　道路模拟试验机工作原理

为满足试验精度要求，道路模拟试验机一般采用大体积混凝土基础，即刚性基础方案，该方案能够很好地满足试验装置的安全性、经济性、适用性和耐久性要求，但刚性基础易对周围环境产生振动影响。为减小振动危害，本工程采用隔振基础方案，试验台平面布置如图 1-29-2 所示。

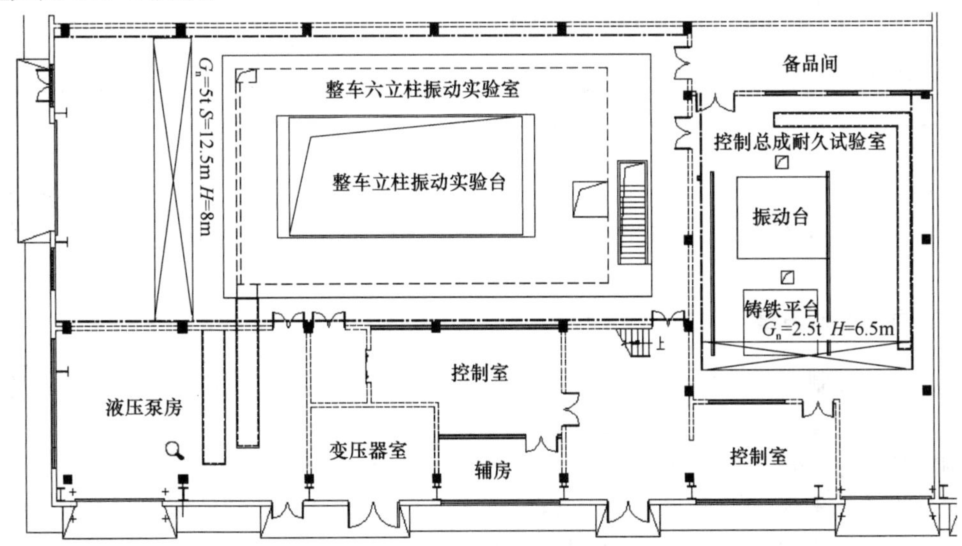

图 1-29-2　六立柱道路模拟试验台平面布置图

道路模拟试验机试验样车为客车，技术参数如下：

1. 样车重量：约 25t；
2. 测试频率：0～80Hz；
3. 簧下质量：前桥 1300kg，后桥 1700kg；
4. 满载簧载质量：前桥 8500kg，后桥 13500kg；
5. 轴距范围：2200～7000＋1700mm（用于升级 6 立柱的第三轴）；
6. 轮距范围：1200 ～ 2400mm；
7. 轴端最大加速度：前桥 21±0.5g，后桥 21±0.5g；
8. 轴端最大速度：2.8m/s；
9. 作动器行程：±150mm；
10. 作动器规格：250kN，性能曲线详见图 1-29-3 和图 1-29-4。

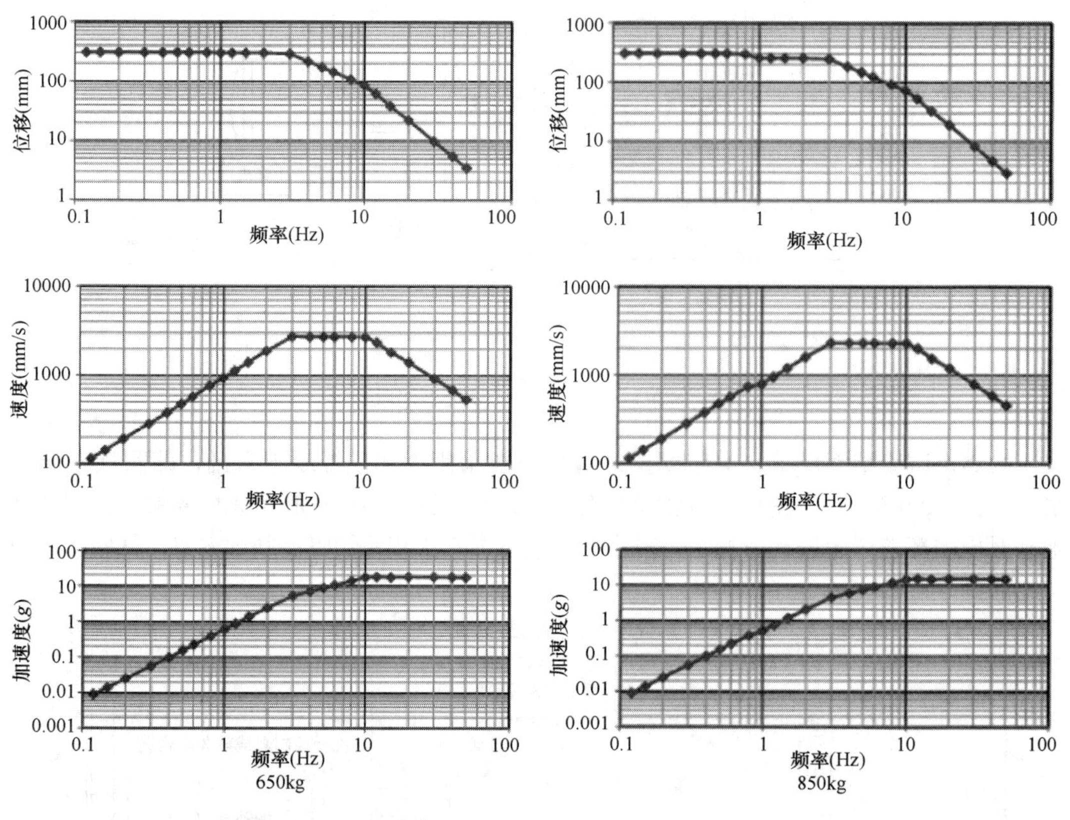

图 1-29-3　作动器性能曲线一（空载）　　图 1-29-4　作动器性能曲线二（满载）

二、振动控制方案

基础振动控制方案主要有两种，即刚性方案和柔性方案。刚性方案如图 1-29-5 所示，柔性方案（隔振方案）如图 1-29-6 所示。

刚性基础方案的质量比按 20 倍计算，柔性方案基础质量比分别按照 4、10、20 倍进行对比分析。基础振动位移响应对比结果见表 1-29-1 和图 1-29-7，振动加速度对比见表 1-29-2 和图 1-29-8，技术方案综合比较结果见表 1-29-3。

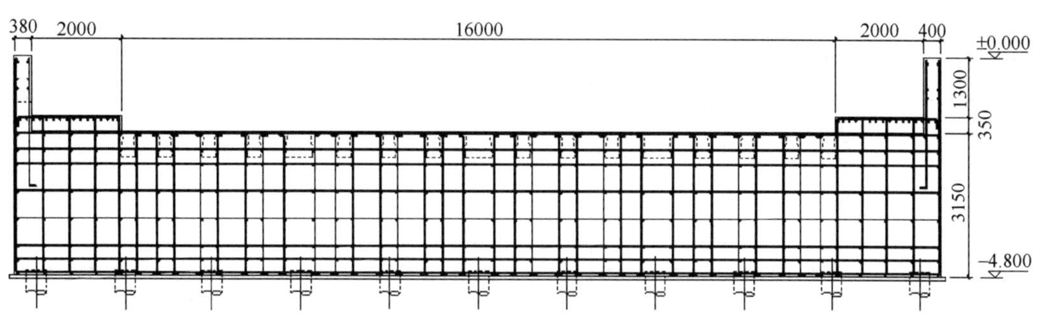

图 1-29-5　道路模拟试验机刚性基础

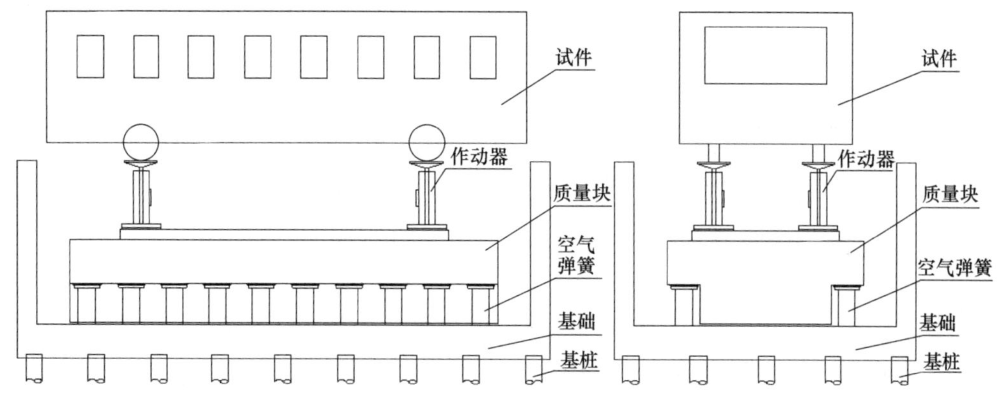

图 1-29-6　道路模拟试验机柔性基础

振动位移比较　　**表 1-29-1**

序号	基础方案	质量比	最大值（mm）	说明
1	刚性	20	0.1120	—
2	柔性	4	4.5282	超限
3	柔性	10	1.8113	超限
4	柔性	20	0.9056	超限

振动加速度比较　　**表 1-29-2**

序号	基础方案	质量比	最大值（m/s^2）	说明
1	刚性	20	0.9564	—
2	柔性	4	2.0075	超限
3	柔性	10	0.8030	—
4	柔性	20	0.4015	—

注：① 超限是针对不隔振刚性方案的基础容许振动标准；
② 表中振动数值均为质心竖向振动。

技术方案综合比较　　**表 1-29-3**

序号	项目	刚性方案	柔性方案	说明
1	试验精度影响	较小	较大	—
2	振动环境影响	较大	较小	—

续表

序号	项目	刚性方案	柔性方案	说明
3	基础投资	较小	较大	—
4	频率范围	0.1～100Hz	5～100Hz	宜实际定
5	低频特性	较好	较差	—
6	高频特性	一般	平稳	—

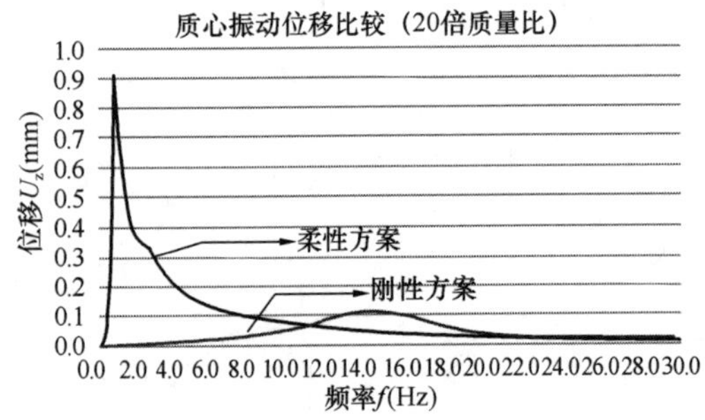

图 1-29-7　质心振动位移

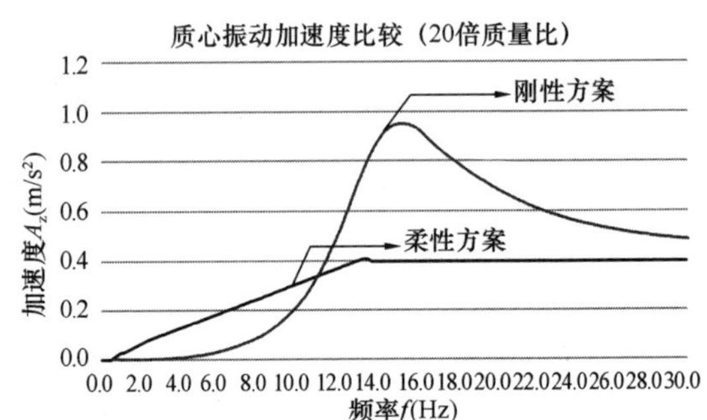

图 1-29-8　质心振动加速度

场地受限情况下，为满足周围振动环境要求，采用隔振基础方案，隔振器采用空气弹簧。整车道路模拟试验装置采用 6 个 MTS 液压作动器，单个作动器最大推力 25t，作动器行程±150mm，作用频率 0～80Hz，最大加速度 21.5g，最大速度 2.8m/s。质量块采用钢筋混凝土结构，总质量约 600t。隔振器采用空气弹簧，共设置 24 个，两侧采用桩基础，受场地条件限制，采用钢管混凝土桩。隔振器及质量块布置如图 1-29-9 所示。

图 1-29-9　道路模拟试验机隔振器及质量块布置示意图

三、振动控制分析

振动控制分析采用标准计算法和有限元数值计算法。

1. 标准计算法

根据国家标准《动力机器基础设计规范》GB 50040—1996 和《隔振设计规范》GB 50463—2008 规定计算质量块竖向振动、沿 X 轴水平振动和绕 Y 轴回转耦合振动，并计算质量块沿 Y 轴水平振动和绕 X 轴回转耦合振动。并按规范要求取质量块角点为控制点，把竖向振动、沿 X 轴水平振动和绕 Y 轴回转耦合振动的计算结果、沿 Y 轴水平振动和绕 X 轴回转耦合振动的计算结果，在相应频率下按方向叠加得到最终计算结果。

竖向扰力作用在基组质心，其竖向振动可按下列公式计算：

$$u_z = \frac{F_z}{m\omega_{nz}^2}\eta_z \tag{1-29-1}$$

$$\eta_z = \frac{1}{\sqrt{\left(1-\frac{\omega^2}{\omega_{nz}^2}\right)^2 + 4\zeta_z^2 \frac{\omega^2}{\omega_{nz}^2}}} \tag{1-29-2}$$

竖向偏心力和水平力作用在基组，引起基础扭转和平动的耦合振动，可按下列公式计算：

$$u_{x\varphi} = u_{\varphi 1}(r_1 + h_1) + u_{\varphi 2}(h_1 - r_2) \tag{1-29-3}$$

$$u_{z\varphi} = (u_{\varphi 1} + u_{\varphi 2}) l_x \tag{1-29-4}$$

$$u_{\varphi 1} = \frac{M_{\varphi 1}}{(J_y + m r_{\varphi 1}^2)\omega_{n\varphi 1}^2} \eta_{\varphi 1} \tag{1-29-5}$$

$$u_{\varphi 2} = \frac{M_{\varphi 2}}{(J_y + m r_{\varphi 2}^2)\omega_{n\varphi 2}^2} \eta_{\varphi 2} \tag{1-29-6}$$

$$\eta_{\varphi 1} = \frac{1}{\sqrt{\left(1-\frac{\omega^2}{\omega_{n\varphi 1}^2}\right)^2 + 4\zeta_{x\varphi 1}^2 \frac{\omega^2}{\omega_{n\varphi 1}^2}}} \tag{1-29-7}$$

$$\eta_{\varphi 2} = \frac{1}{\sqrt{\left(1-\frac{\omega^2}{\omega_{n\varphi 2}^2}\right)^2 + 4\zeta_{x\varphi 2}^2 \frac{\omega^2}{\omega_{n\varphi 2}^2}}} \tag{1-29-8}$$

$$\omega_{n\varphi 1}^2 = \frac{1}{2}\left[(\omega_{nx}^2 + \omega_{n\varphi}^2) - \sqrt{(\omega_{nx}^2 - \omega_{n\varphi}^2)^2 + \frac{4mh_2^2}{J_y}\omega_{nx}^4}\right] \tag{1-29-9}$$

$$\omega_{n\varphi 2}^2 = \frac{1}{2}\left[(\omega_{nx}^2 + \omega_{n\varphi}^2) + \sqrt{(\omega_{nx}^2 - \omega_{n\varphi}^2)^2 + \frac{4mh_2^2}{J_y}\omega_{nx}^4}\right] \tag{1-29-10}$$

$$\omega_{nx}^2 = \frac{K_x}{m} \tag{1-29-11}$$

$$\omega_{n\varphi}^2 = \frac{K_\varphi + K_x h_2^2}{J_y} \tag{1-29-12}$$

$$K_\varphi = C_\varphi I_y \tag{1-29-13}$$

$$M_{\varphi 1} = F_x(h_1 + h_0 + r_{\varphi 1}) + F_z e_x \tag{1-29-14}$$

$$M_{\varphi 2} = F_x(h_1 + h_0 - r_{\varphi 2}) + F_z e_x \tag{1-29-15}$$

$$r_{\varphi 1} = \frac{\omega_{nx}^2 h_2}{\omega_{nx}^2 - \omega_{n\varphi 1}^2} \tag{1-29-16}$$

$$r_{\varphi 2} = \frac{\omega_{nx}^2 h_2}{\omega_{n\varphi 2}^2 - \omega_{nx}^2} \tag{1-29-17}$$

2. 有限元数值计算法

利用有限元软件 SAP 2000 进行数值模拟，采用实体单元模拟质量块，模型材料为 C35，密度 25kN/m^3，弹性模量 $3.15\times 10^4\text{N/mm}^2$，泊松比 0.2。由于本工程采用空气弹簧隔振，采用连接单元模拟空气弹簧，一端布置在质量块，一端设为固定支座约束，三维模型如图 1-29-10 所示。

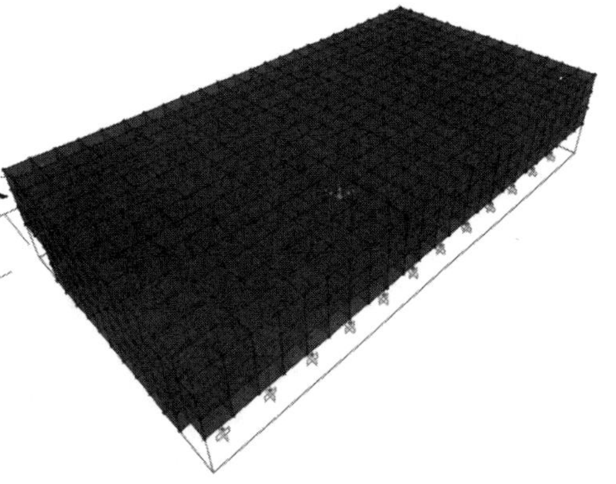

图 1-29-10　SAP 2000 三维有限元实体模型

激振力采用“液压振动台激振力双对数三折线分析方法”分析，作动器激振力以稳态函数输入，在作动器位置布置竖向荷载，进行模态分析和稳态分析，模态分析主要包括前 12 阶模态，稳态分析频率为 0～80Hz。角点作为控制点，分析其振动位移、速度和加速度。

四、振动控制关键技术

1. 经反复研究，道路模拟试验机采用隔振基础。由于隔振基础位移振动响应较大，尚无参考的容许振动标准，经反复对比研究，在相关规范、厂家、客户需求等综合研究基础上确定。

2. 经反复计算研究，确定 4 倍质量比。

3. 研发、采用低固有频率的空气弹簧隔振技术，装置固有频率仅为 0.84Hz。

五、振动控制效果

经计算分析，液压振动台采用隔振基础时，高频段振动控制效果良好，低频段质量块的振动响应略微超过刚性基础的容许振动指标。避开低频范围时，振动试验装置能够保证试验精度要求。项目完成后，现场试验效果良好，既满足试验精度要求，又减小对周围环境影响，振动控制效果如表 1-29-4 所示。

基础控制点振动响应计算结果　　表 1-29-4

振动类型	控制点位移（mm）			控制点速度（m/s）			控制点加速度（m/s^2）		
	X 向	Y 向	Z 向	X 向	Y 向	Z 向	X 向	Y 向	Z 向
竖向振动	—	—	2.134	—	—	0.011	—	—	0.429
绕 X 轴回转耦合	—	0.656	0.647	—	0.002	0.004	—	0.052	0.204
绕 Y 轴回转耦合	1.178	—	4.104	0.004	—	0.026	0.140	—	1.020

[实例 1-30] 航天某院 35t 振动台隔振基础

一、工程概况

本工程位于某研究院实验大厅内，该系统对位于隔振台上部的 35t 振动台进行隔振，以减小振动对周边其他设备影响，工作频率从 2Hz 开始，采用反作用质量块加空气弹簧支撑隔振结构。35t 振动台隔振基础主要由钢筋混凝土基础（T 形基础）、两侧钢筋混凝土地坑支座和空气弹簧支撑系统等组成。

隔振基础自重约 420t，试验设备荷载约 94t，试验运行荷载约 35t。隔振基础一阶固有频率≤1.5Hz，整体系统一阶固有频率≤1Hz，隔振基础外围 1m 内振动响应≤0.05g。隔振基础空气弹簧支撑系统具备负载偏心调整功能，确保支撑系统工作状态下 100mm 厚基础钢板水平误差不应大于 3mm。

二、振动控制方案

35t 隔振基础采用 T 形设计时，基础表面按照技术要求铺设预埋钢板，内部结构主要由型钢混凝土组成，具有高刚性特点。隔振基础下端采用 20 个空气弹簧作为支撑，满足隔振基础的土建约束条件，其中，台座质量为 420t。隔振系统方案设计如图 1-30-1 所示。

图 1-30-1 35t 振动台减振系统

三、振动控制分析

1. 未加载设备的隔振基础模态分析

根据设计方案，采用 20 个空气弹簧，建立隔振基础几何模型和有限元模型，如图 1-30-2 和图 1-30-3 所示。

通过有限元计算，隔振基础的前 12 阶频率见表 1-30-1。

隔振基础前 12 阶频率 表 1-30-1

阶数	频率（Hz）	X 向振型质量参与系数	Y 向振型质量参与系数	Z 向振型质量参与系数
1	0.80	0.00	0.73	0.00
2	0.82	0.46	0.00	0.00

续表

阶数	频率（Hz）	X 向振型质量参与系数	Y 向振型质量参与系数	Z 向振型质量参与系数
3	0.95	0.00	0.00	1.00
4	1.07	0.54	0.00	0.00
5	1.33	0.00	0.00	0.00
6	1.32	0.00	0.27	0.00
7	61.05	0.00	0.00	0.00
8	69.20	0.00	0.00	0.00
9	81.25	0.00	0.00	0.00
10	122.23	0.00	0.00	0.00
11	143.80	0.00	0.00	0.00
12	144.04	0.00	0.00	0.00

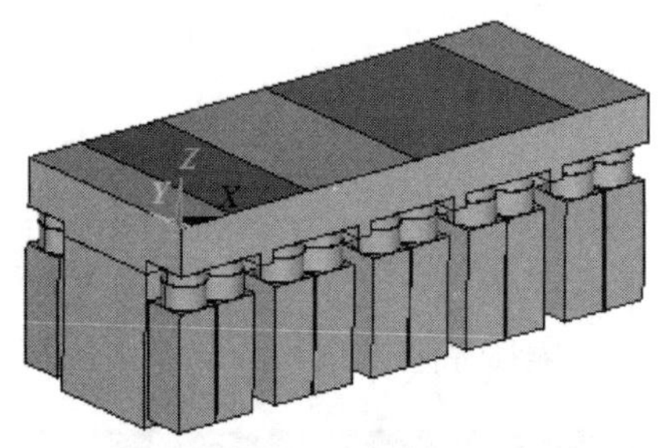

图 1-30-2　几何模型

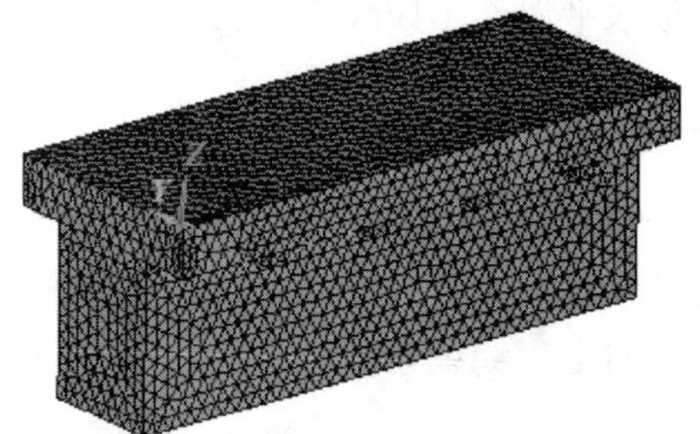

图 1-30-3　有限元模型

前 12 阶振型如图 1-30-4 所示。

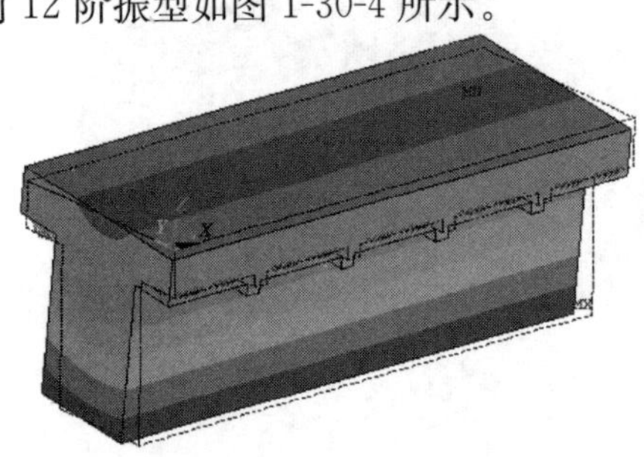

(a) 一阶振型

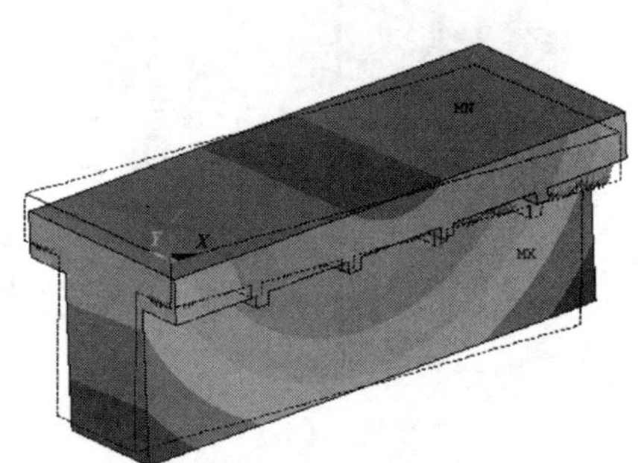

(b) 二阶振型

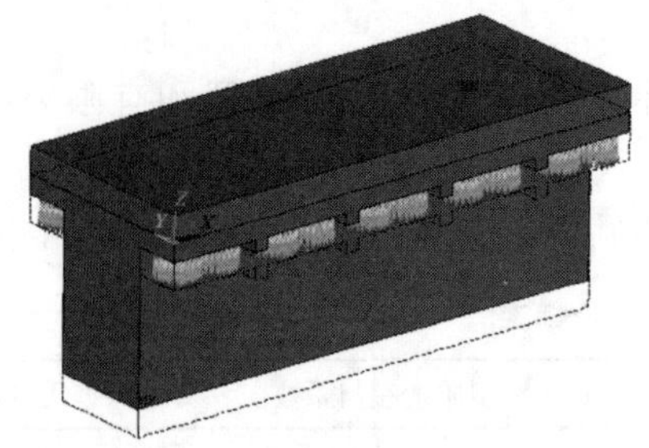

(c) 三阶振型

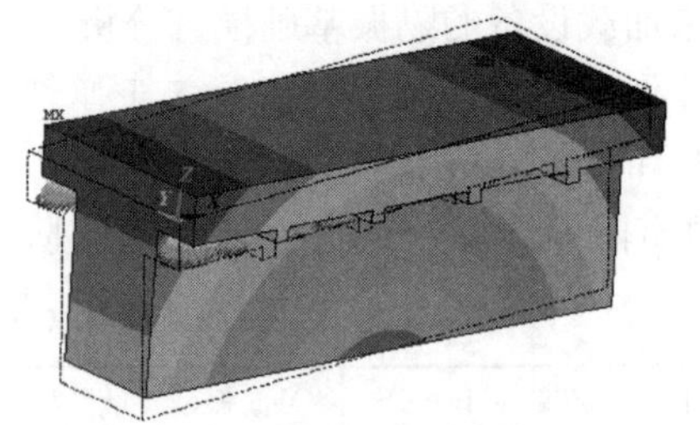

(d) 四阶振型

图 1-30-4　隔振基础前 12 阶振型（一）

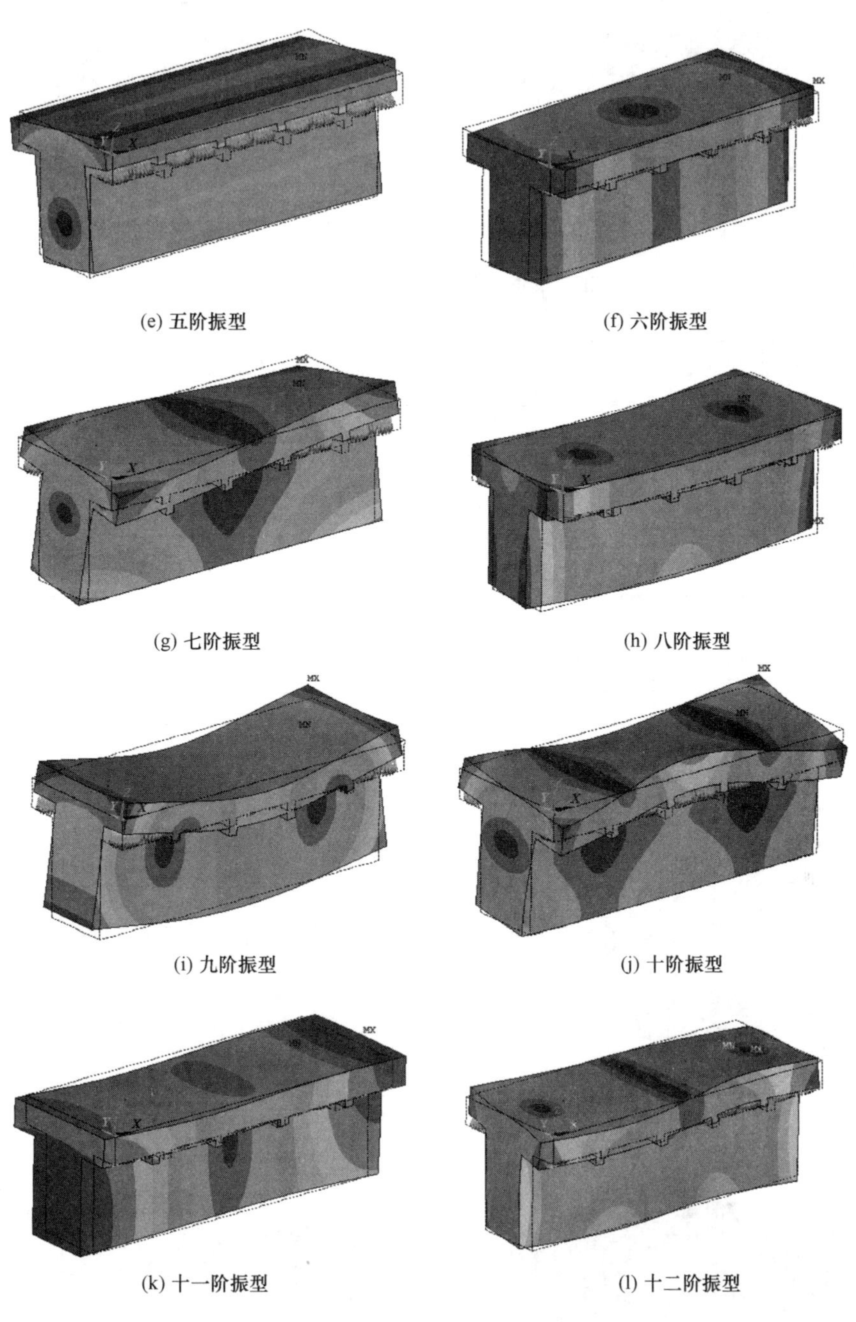

(e) 五阶振型　(f) 六阶振型

(g) 七阶振型　(h) 八阶振型

(i) 九阶振型　(j) 十阶振型

(k) 十一阶振型　(l) 十二阶振型

图 1-30-4　隔振基础前 12 阶振型（二）

2. 加载设备的隔振系统模态分析

加载设备后的隔振系统几何、有限元模型分别如图 1-30-5 和图 1-30-6 所示。经过有限元计算，加载设备的隔振系统前 12 阶频率统计见表 1-30-2。

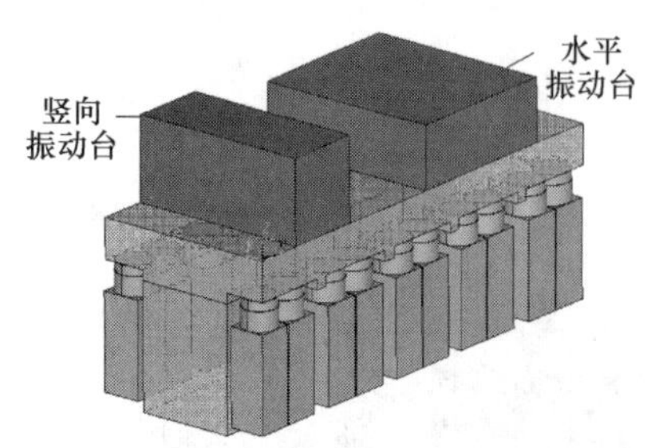

图 1-30-5　加载设备的隔振系统几何模型

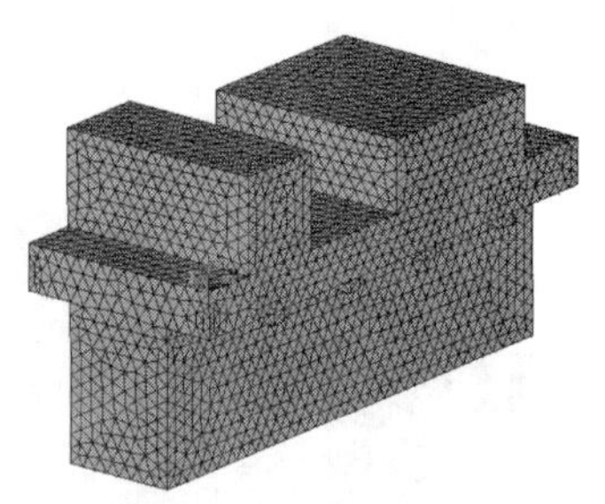

图 1-30-6　加载设备的隔振系统有限元模型

加载设备的隔振系统前 12 阶频率　　**表 1-30-2**

阶数	频率（Hz）	X 向振型质量参与系数	Y 向振型质量参与系数	Z 向振型质量参与系数
1	0.77	0.00	0.44	0.00
2	0.79	0.24	0.00	0.00
3	0.86	0.01	0.00	0.99
4	0.95	0.75	0.00	0.00
5	0.92	0.00	0.53	0.00
6	1.00	0.00	0.03	0.00
7	55.07	0.00	0.00	0.00
8	69.98	0.00	0.00	0.00
9	72.97	0.00	0.00	0.00
10	123.44	0.00	0.00	0.00
11	129.54	0.00	0.00	0.00
12	147.56	0.00	0.00	0.00

前 12 阶振型如图 1-30-7 所示。

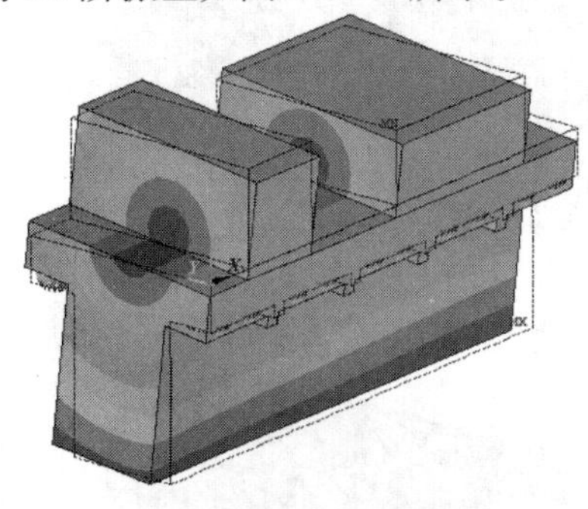

(a) 一阶振型

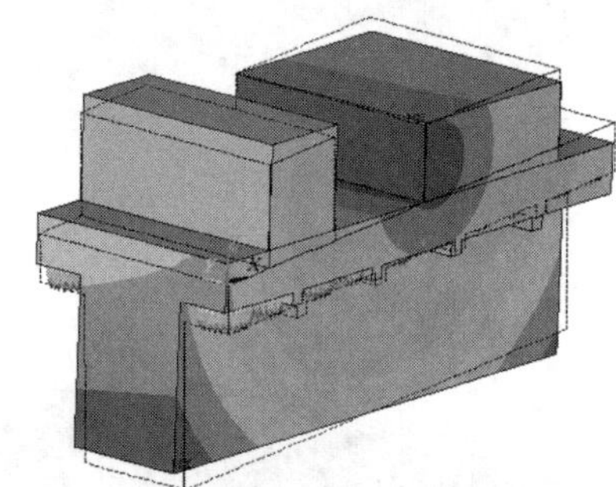

(b) 二阶振型

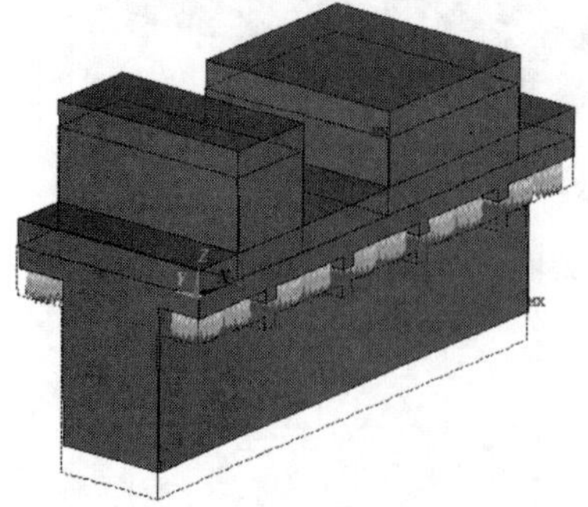

(c) 三阶振型

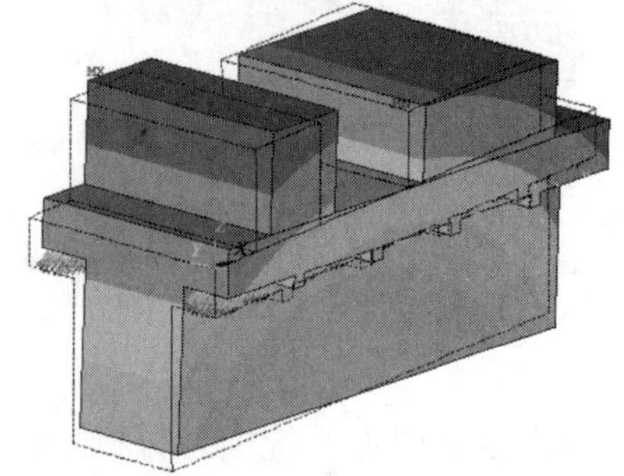

(d) 四阶振型

图 1-30-7　加载设备的隔振系统前 12 阶振型（一）

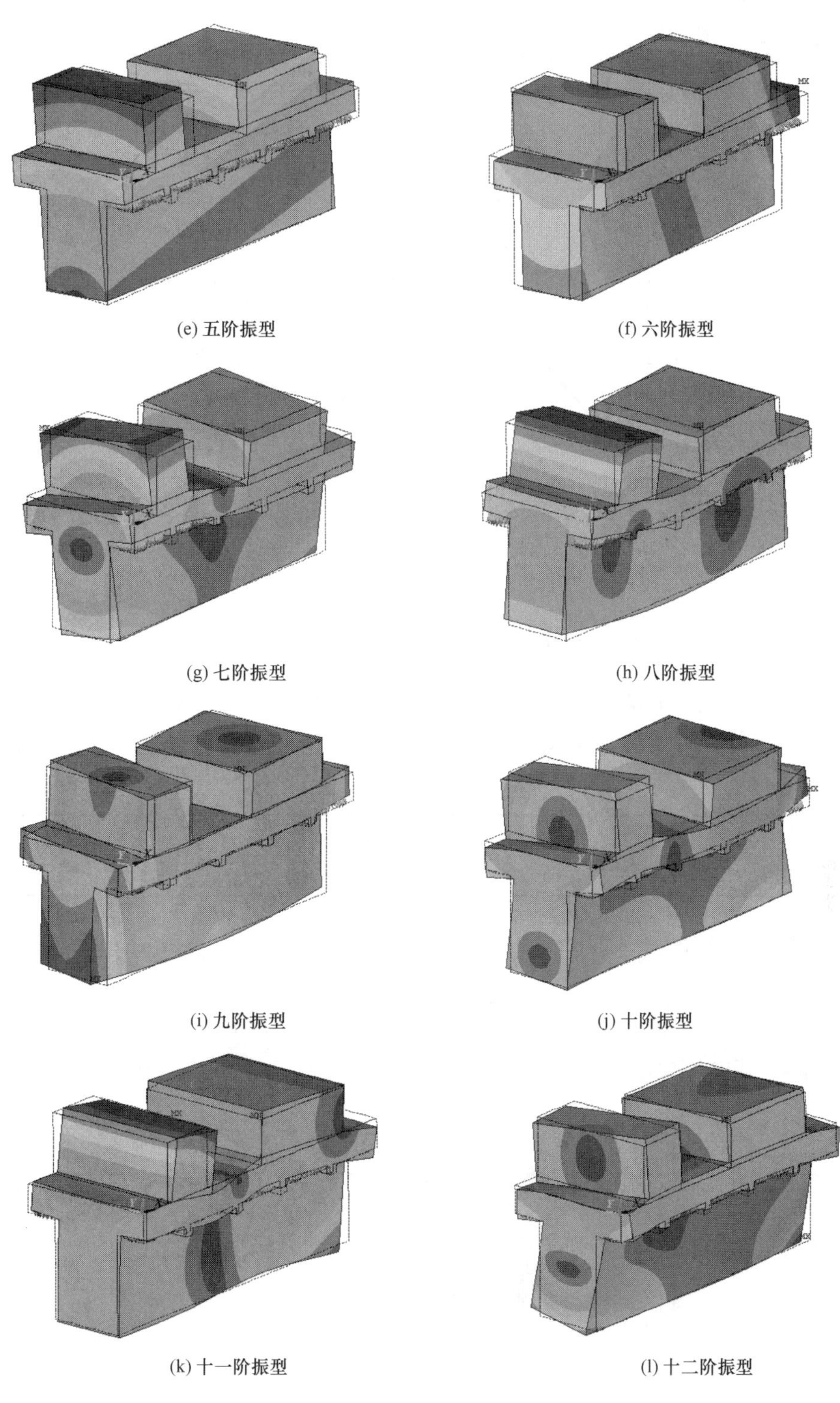

(e) 五阶振型　(f) 六阶振型

(g) 七阶振型　(h) 八阶振型

(i) 九阶振型　(j) 十阶振型

(k) 十一阶振型　(l) 十二阶振型

图 1-30-7　加载设备的隔振系统前 12 阶振型（二）

四、振动控制效果

对加载设备的隔振系统进行振动响应计算，得到传递至地面的加速度响应结果如图1-30-8所示，地面振动满足隔振基础外围1m内振动响应不大于0.05g（0.5m/s^2）的要求。

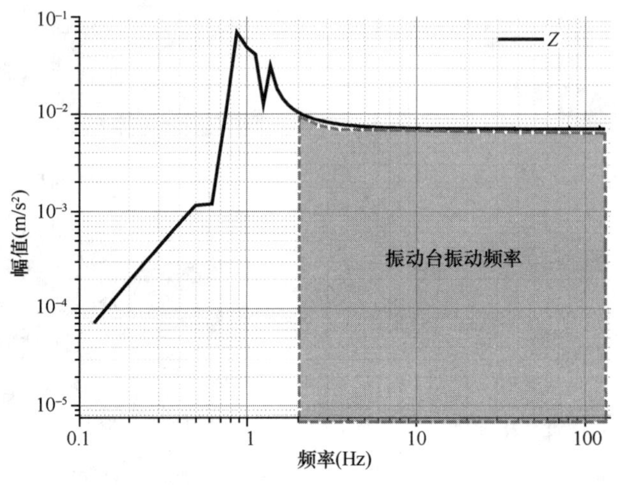

图1-30-8　地面加速度响应

隔振基础固有频率测试结果见图1-30-9～图1-30-11，隔振基础一阶固有频率计算值见表1-30-3，一阶固有频率≤1.5Hz，满足设计要求。

隔振基础一阶固有频率　　**表1-30-3**

方向	Z向（竖向）	X向（东西向）	Y向（南北向）
固有频率（Hz）	0.732	1.068	1.068

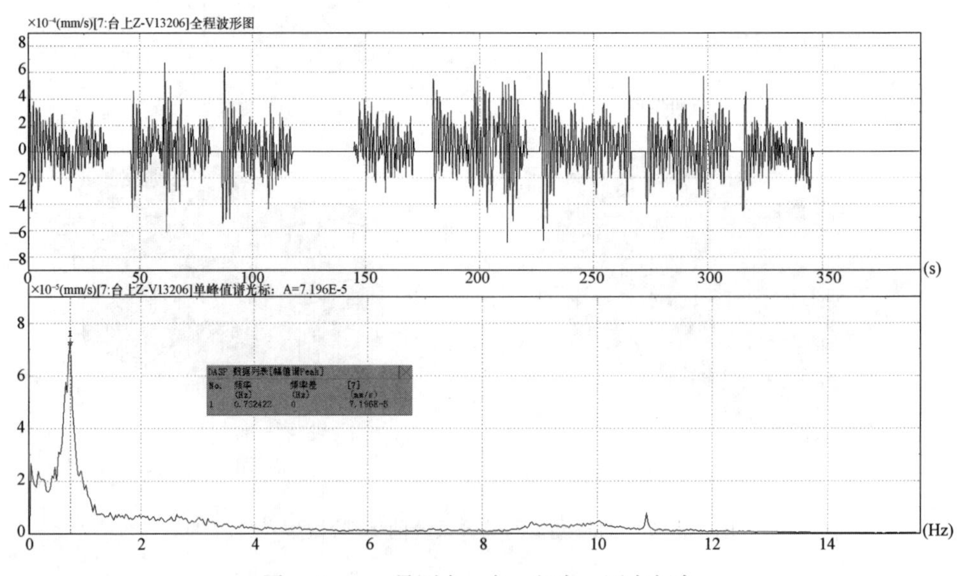

图1-30-9　1号测点z向（竖向）固有频率

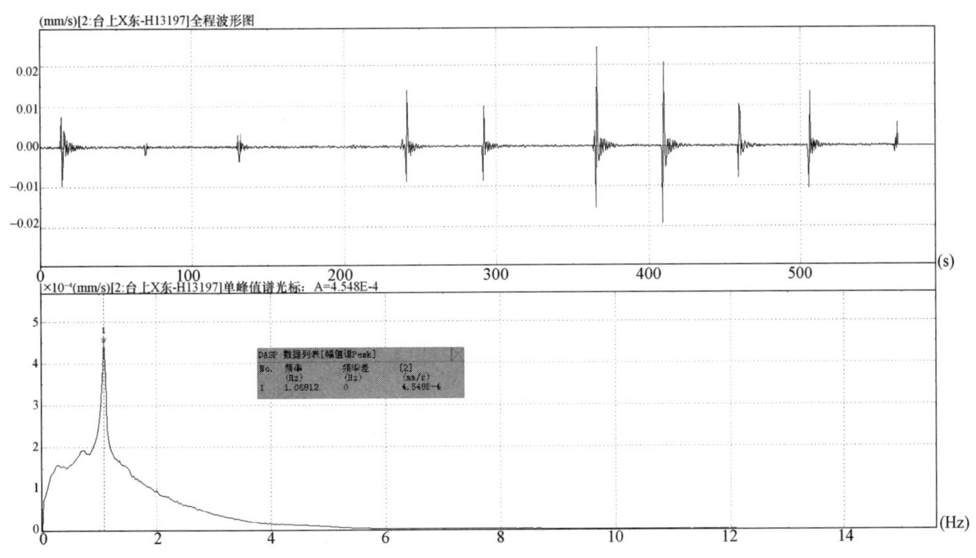

图 1-30-10 1 号测点 x 向（东西向）固有频率

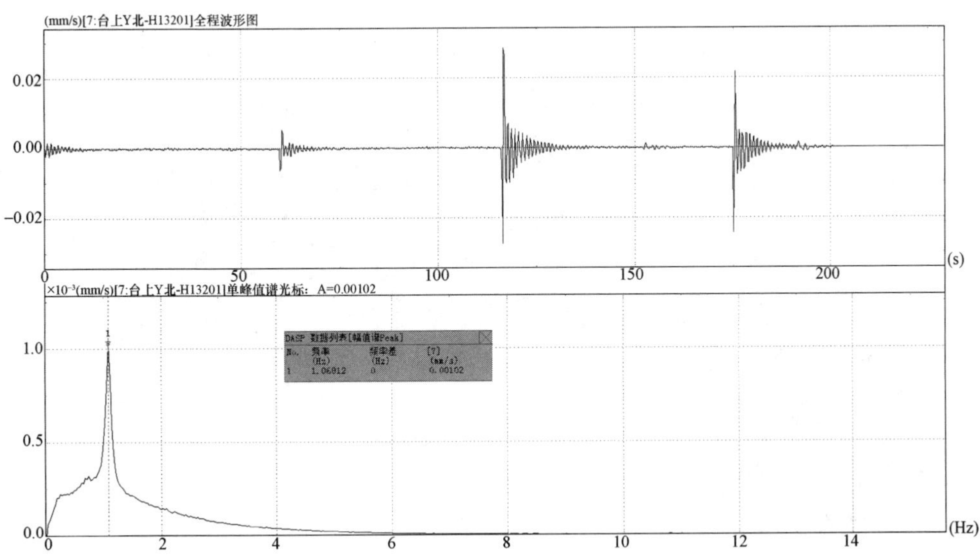

图 1-30-11 1 号测点 y 向（南北向）固有频率

［实例 1-31］浙江大学工程师学院振动台基础隔振

一、工程概况

浙江大学工程师学院试验大楼振动台结构如图 1-31-1 所示，刚性台面是模型安装面，由 4 个竖向液压作动器、4 个水平液压作动器支撑并激振，产生 6 自由度运动。8 个液压作动器反力作用在内基础上，内基础与隔振器构成隔振系统。

台面尺寸 6.0m×6.0m，台面自重 30t，台面最大有效负载 30t，台面最大容许倾覆力矩 75t·m，激振方向为 3 向，台面最大水平位移±0.5m，台面最大竖向位移±0.2m，台面满载最大水平加速度±1.0g，台面满载最大竖向加速度±1.0g，工作频率范围 0.1～50Hz，振动波形为地震波、正弦拍波、随机波等用户定义波形，台面驱动形式为液压伺服驱动。

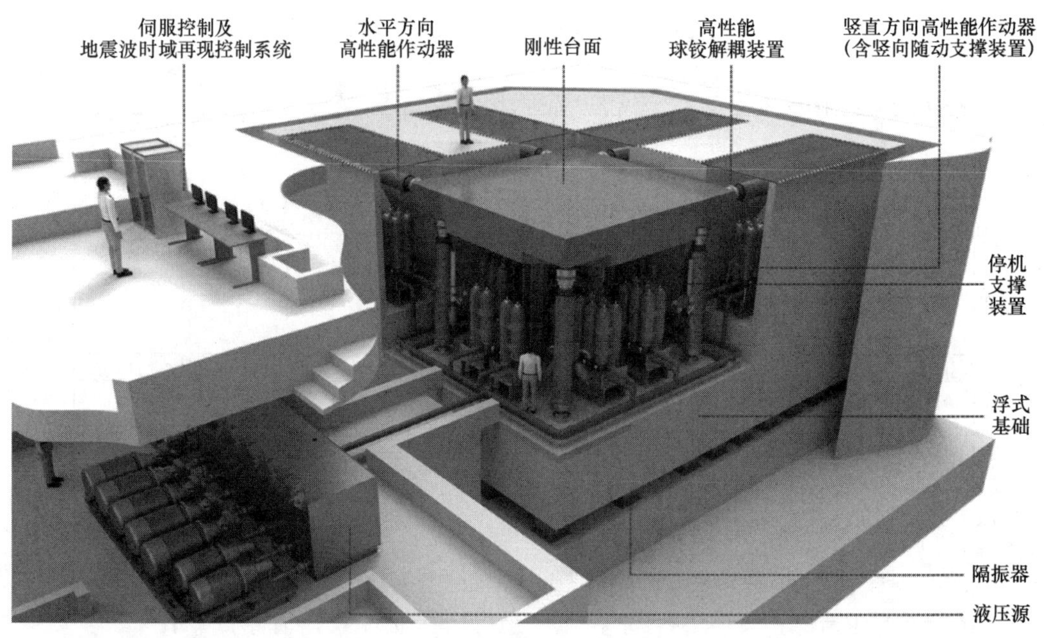

图 1-31-1　振动台结构示意图

受场地条件限制，振动台基础平面如图 1-31-2 所示，边长 13.4m，高度 9.05m。振动台位于右下角 7.2m×7.2m 区域内，4 个水平向作动器分别位于左下方和右上方，安装作动器通道宽 2m、深 1.5m。

二、振动控制方案

地震模拟振动台基础支撑整个振动台系统，如果振动台基础振动过大，会破坏振动台的运动性能，对工作人员健康产生一定影响，危害周围建筑物和附属设施。因此，基础振动控制非常重要。目前，振动台基础振动控制主要通过选择合理的基础几何形状、增大基础重量、提高基础刚度，把基础振动控制在容许范围之内。若周围建筑物对振动有较高要

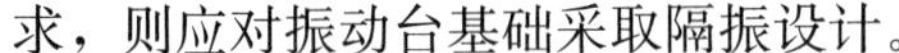

求，则应对振动台基础采取隔振设计。

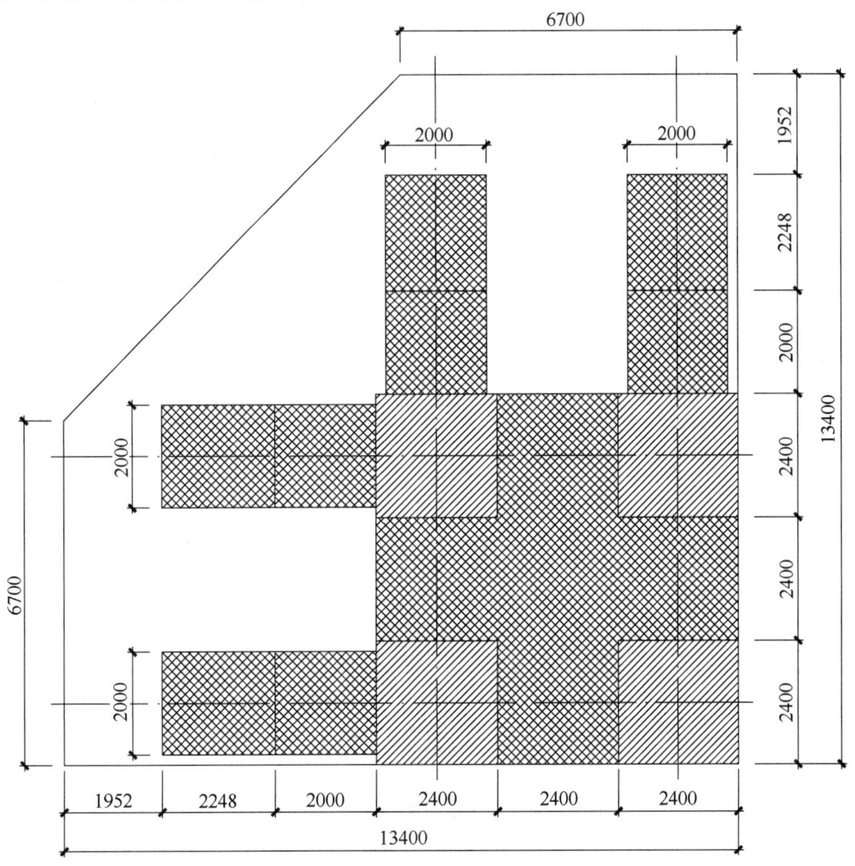

图 1-31-2　振动台基础结构平面图

振动台工作频率范围很宽，基础自振频率往往落在该频率范围内，当振动台工作频率等于基础自振频率时会发生共振。结合结构动力学振动传递率及隔振装置变形能力，确定隔振支座布置原则：①隔振系统基频不大于 2.5Hz；②重力荷载作用下隔振支座竖向变形极差小于 1mm；③隔振层刚心与上部结构质心偏心小于 3.0%。此外，振动台基础一般按照动力机器基础理论进行设计分析，基础重量约为台面与负载总重的 50 倍。

本工程隔振的主要目的是控制基础顶面的振动响应：基础自身在三个方向的峰值加速度≤0.08g；外基础振动加速度峰值≤0.02g。

为使隔振系统质刚重合，将隔振器放置在基础四周，位于中下部，在厚度较大的地方，隔振器间距减小，厚度较小的地方，隔振器间距相应增大。基础中间设置下挂，降低基础重心。在基础下部沿四周共布置 32 个钢弹簧隔振器，如图 1-31-3 所示。隔振器顶标高－7.0m，剖面如图 1-31-4 所示。

三、振动控制分析

1. 典型工况下的激振力

根据设备厂家提供的作动器力谱，共 5 个典型工况，分别是 X 向单独振动、Y 向单独振动、XY 水平向同时振动、Z 向单独振动、XYZ 三向同时振动。6 自由度振动台三维

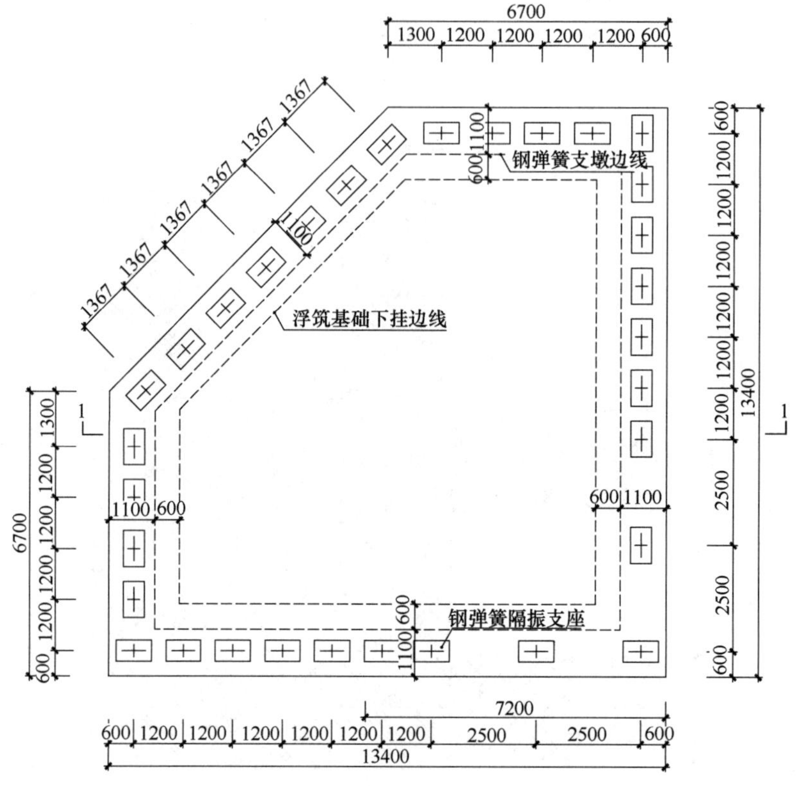

图 1-31-3 钢弹簧隔振支座平面布置图

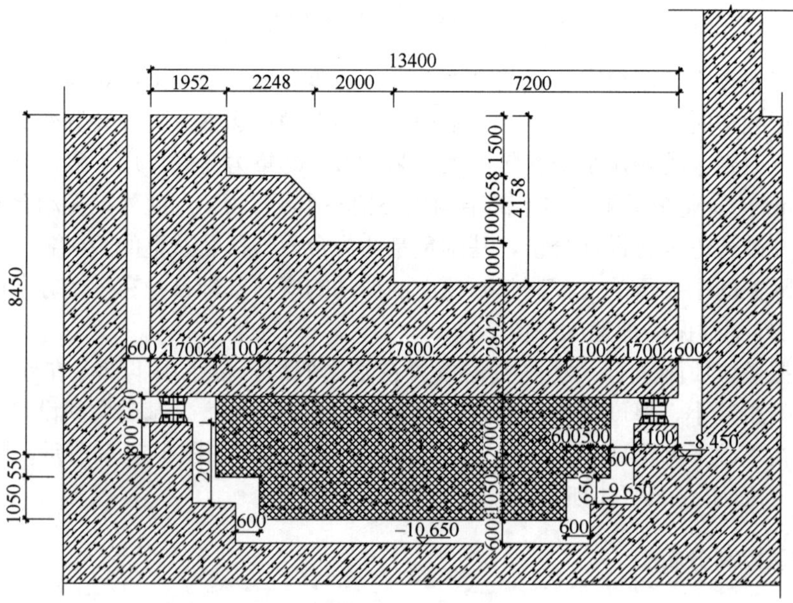

图 1-31-4 1-1 剖面图

结构和作动器编号分别如图 1-31-5 和图 1-31-6 所示。台面坐标按右手定则确定 X、Y、Z 轴方向。在工作零位时，台面上表面为 X-Y 平面，坐标原点位于台面几何中心。各液压缸活塞杆伸出方向为正方向，与台面 XYZ 正方向一致。

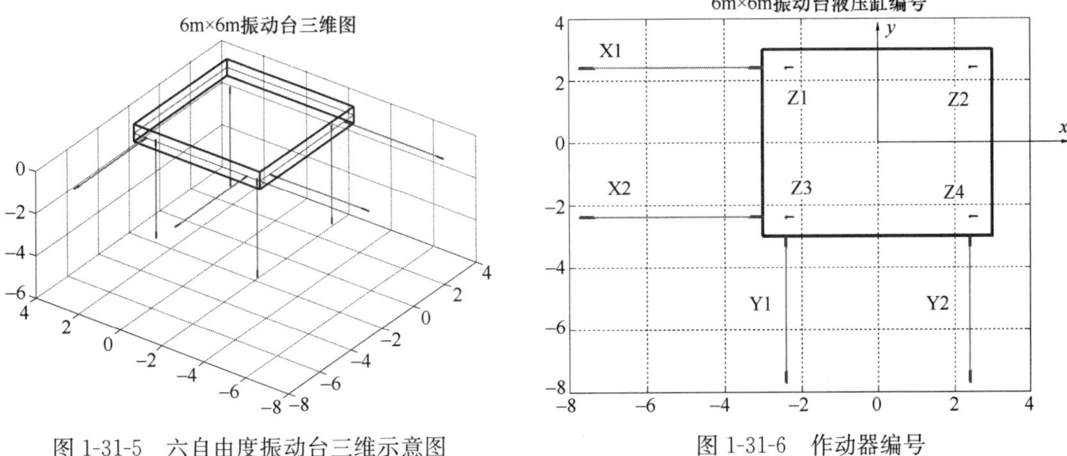

图 1-31-5 六自由度振动台三维示意图

图 1-31-6 作动器编号

（1）水平单向满载振动力谱

满载 300kN，质心高度 2.5m，Y 轴方向无偏心。当进行 X 向振动时，由于倾覆趋势，会在 Z 轴液压缸上产生附加力。Y 向作动器理论上无荷载。按伺服单独控制（无波形再现），仿真得到 X 向振动时的 X 向作动器、Z 向作动器力谱，如图 1-31-7 所示。两个 X 向激振力同相位，Z1、Z3 与 X 向激振力同相位，Z2、Z4 与 X 向激振力反相位。其中，在 10Hz 以下，Z2 作动器力与其他作动器反相，在 10Hz 以上，各作动器都是同相位激振。当进行 Y 向振动时，由于结构对称，Y 向作动器力谱同 X 向作动器力谱。

（2）XY 向满载同时振动力谱

XY 同相位、同幅值激振时，台面沿 45°对角线运动，Z2、Z3 承担抗倾覆荷载，力谱

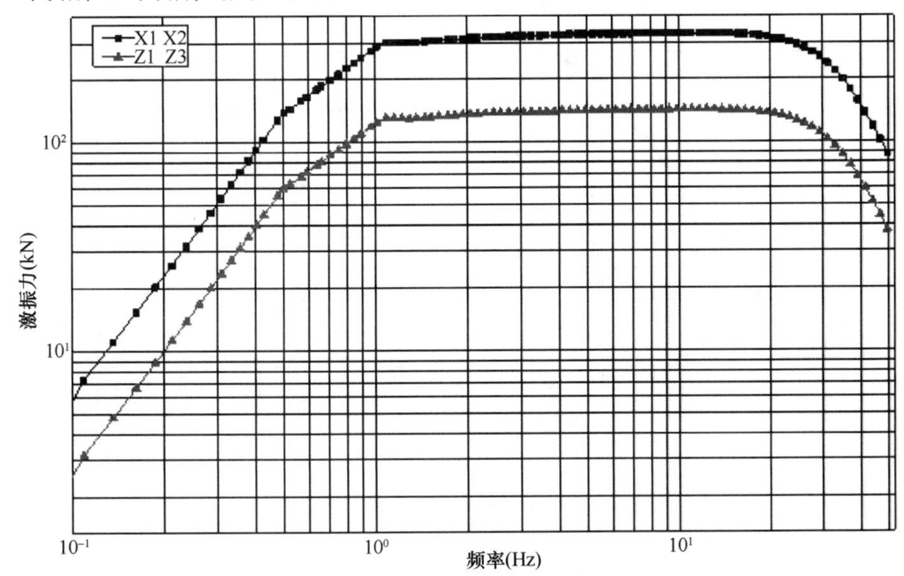

图 1-31-7 X 向加载时的 X 向、Z 向作动器力谱

如图 1-31-8 所示。两个 X 向、两个 Y 向激振力同相位，Z3 与 X 向、Y 向激振力同相位，Z2 与 X 向、Y 向激振力反相位。

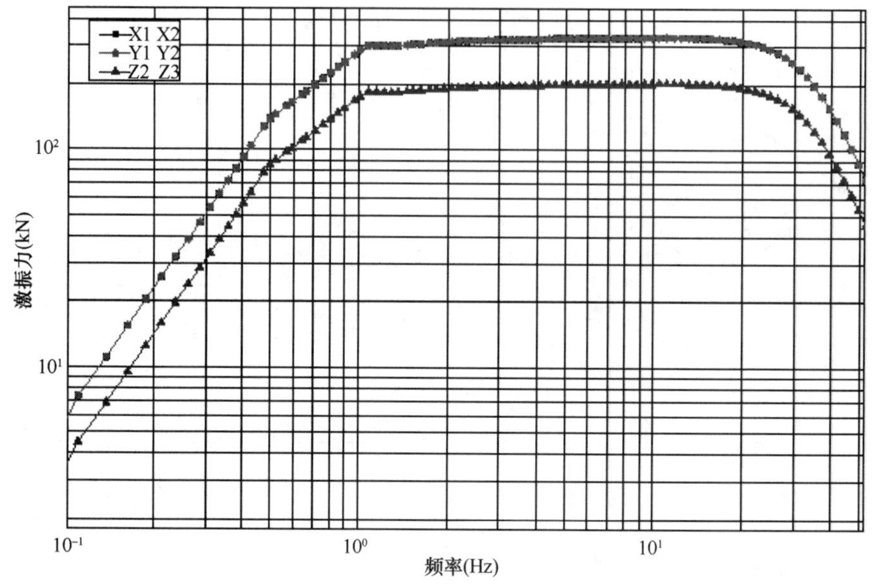

图 1-31-8　XY 向加载时的 X 向、Y 向、Z 向作动器力谱

（3）Z 向单独满载振动力谱

Z 向满载激振时，模型在 X 轴、Y 轴无偏心，Z 向质心高 2.5m。Z 向作动器力谱如图 1-31-9 所示。

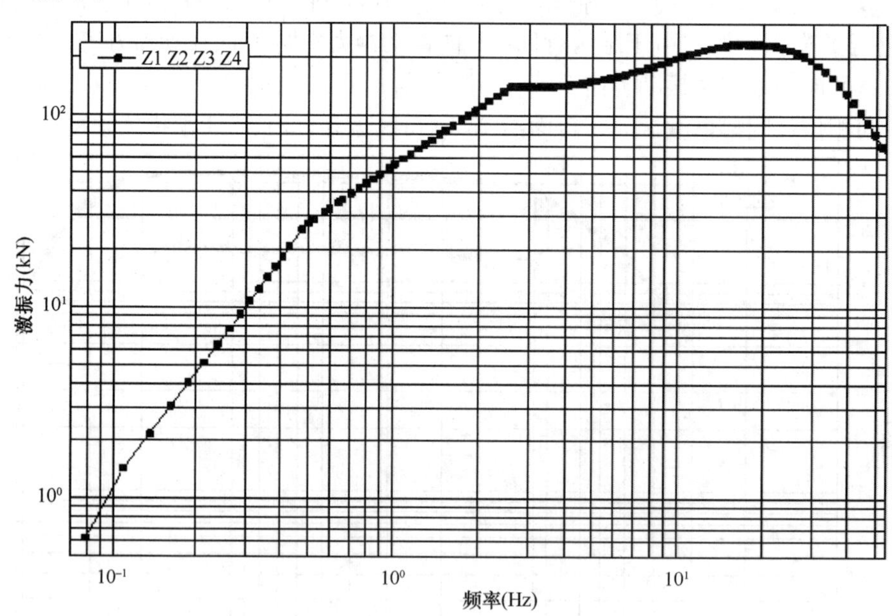

图 1-31-9　Z 向加载时的 Z 向作动器力谱

（4）XYZ 三向同相位同时满载振动力谱

XYZ 三向同时、同相位激振时，XYZ 三向作动器力谱如图 1-31-10 所示。其中，Z2

作动器力在 10Hz 以下与其他作动器反相，在 10Hz 以上，各作动器同相位激振。

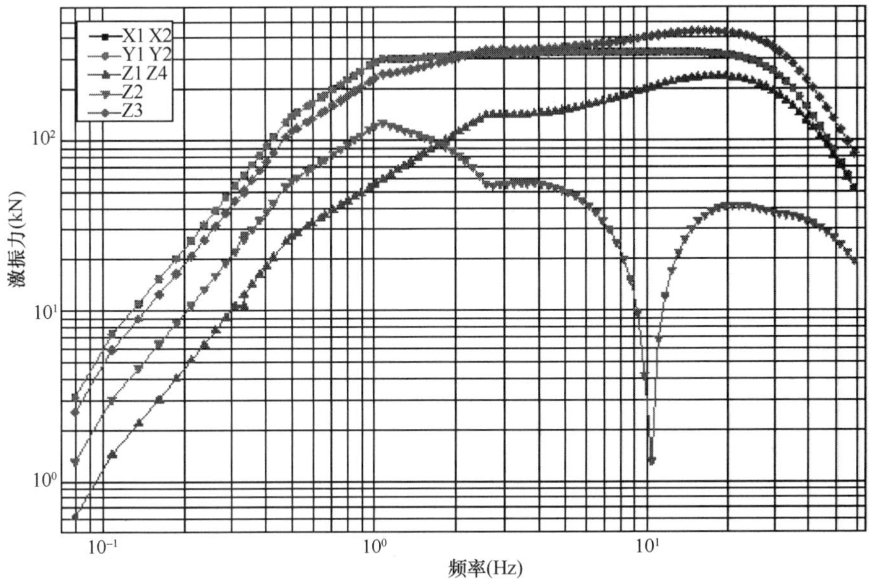

图 1-31-10 三向同动加载时各作动器激振力

2. 振动控制分析

(1) 内基础振动控制分析

采用 SAP 2000 程序对振动台内基础隔振系统整体建模，振动台基础采用 Solid 单元模拟，钢弹簧隔振器采用 Link 单元模拟。上部混凝土为 C30，弹性模量为 3×10^4MPa，泊松比为 0.2，密度为 2500kg/m^3，下挂为钢砂混凝土，密度为 3300kg/m^3，阻尼比为 0.05。隔振系统有限元模型如图 1-31-11 所示。

图 1-31-11 有限元模型

1) 模态分析

隔振系统前 10 阶模态计算结果如表 1-31-1 所示，部分振型如图 1-31-12～图 1-31-15

所示，灰色阴影部分为未变形结构。从计算结果可知，第一阶振型为沿－45°对角线水平振动，第二阶振型为沿 45°对角线水平振动，第三阶振型为绕 z 轴转动，第四阶振型为竖向振动，第五阶振型为绕－45°对角线翻转，第六阶振型为绕 45°对角线翻转，从第七阶振型开始为上部结构自身振动。

隔振系统前 10 阶频率和振型质量参与系数 **表 1-31-1**

阶数	频率（Hz）	SumU_X	SumU_Y	SumU_Z	SumR_X	SumR_Y	SumR_Z
1	1.30	0.48	0.47	6.0×10^{-9}	0.018	0.018	6.7×10^{-8}
2	1.34	0.96	0.96	8.2×10^{-9}	0.037	0.037	0.011
3	1.71	0.96	0.96	8.4×10^{-9}	0.043	0.043	1
4	2.43	0.96	0.96	1	0.043	0.043	1
5	2.58	0.99	0.99	1	0.37	0.4	1
6	2.64	1	1	1	1	1	1
7	55.18	1	1	1	1	1	1
8	69.54	1	1	1	1	1	1
9	71.21	1	1	1	1	1	1
10	73.77	1	1	1	1	1	1

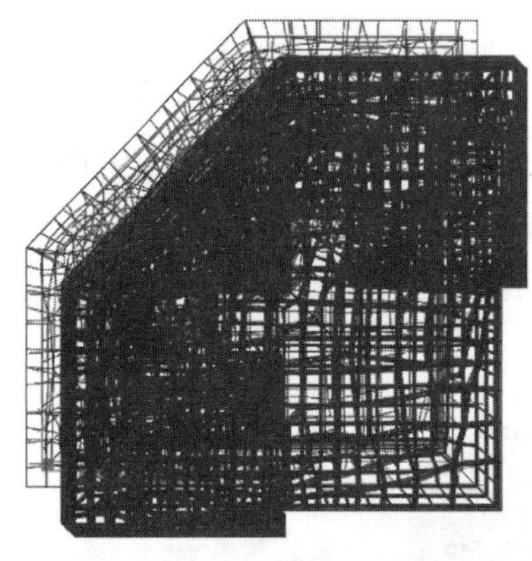

图 1-31-12　第一阶振型

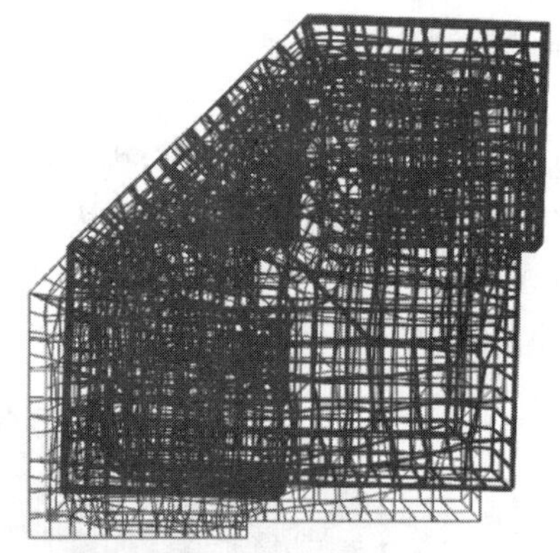

图 1-31-13　第二阶振型

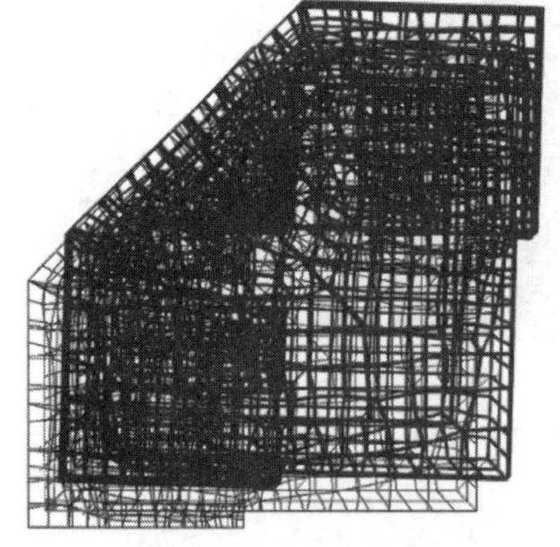

图 1-31-14　第三阶振型

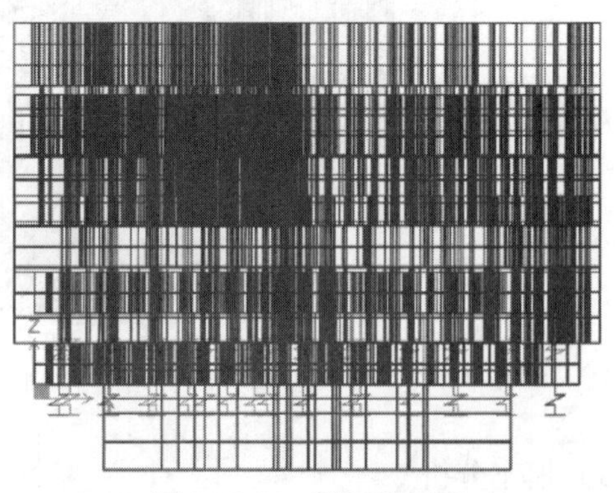

图 1-31-15　第四阶振型

2）动力分析

将各典型工况下的作动器激振力作为输入动荷载，得到各分析工况下基础顶面的动力响应，如图 1-31-16～图 1-31-23 所示。根据计算结果，振动台内基础振动位移小于 6mm，振动加速度小于 800mm/s^2（0.08g），满足设计要求。系统固有频率处有明显峰值，表明在设备启动阶段会发生共振，过共振段后，基础振动明显减小。

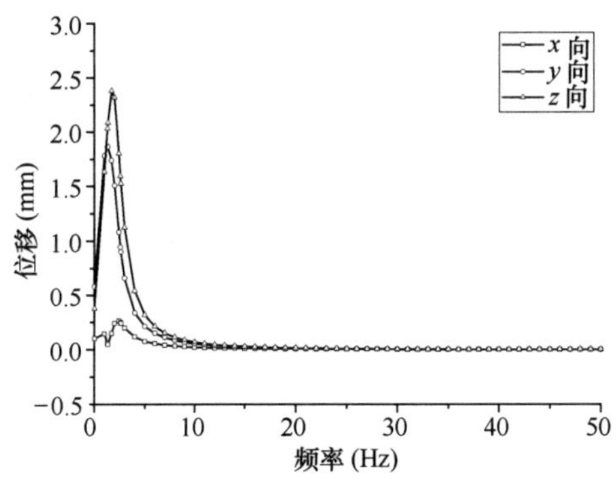

图 1-31-16 x 向激振时基础顶面位移

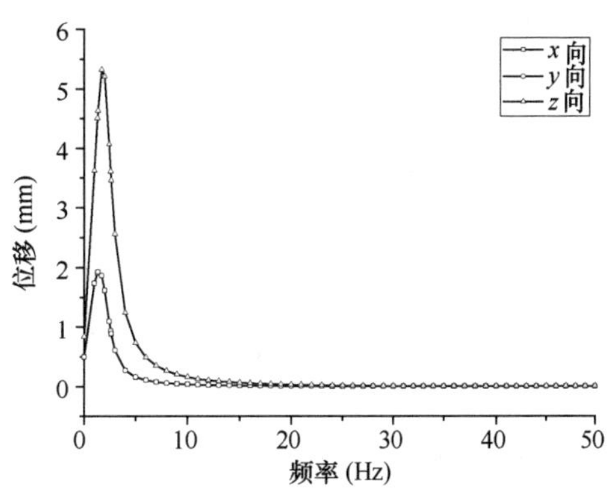

图 1-31-17 xy 向激振时基础顶面位移

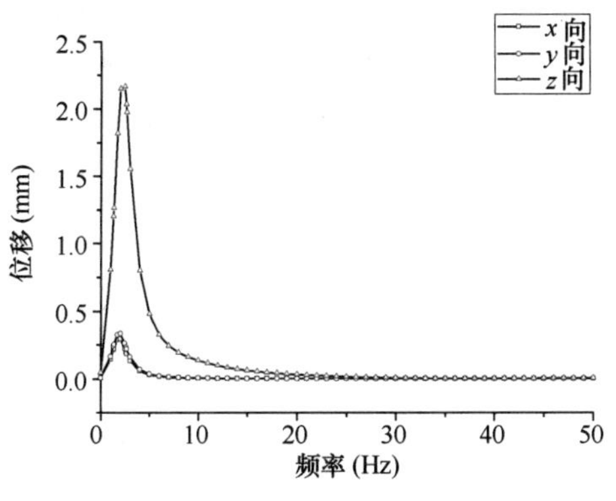

图 1-31-18 z 向激振时基础顶面位移

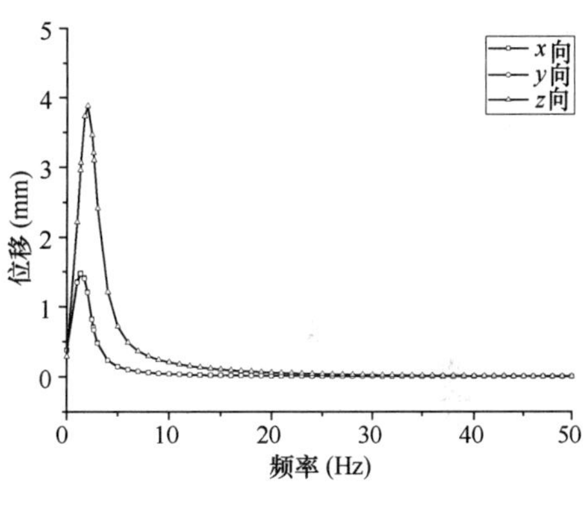

图 1-31-19 三向同时激振时基础顶面位移

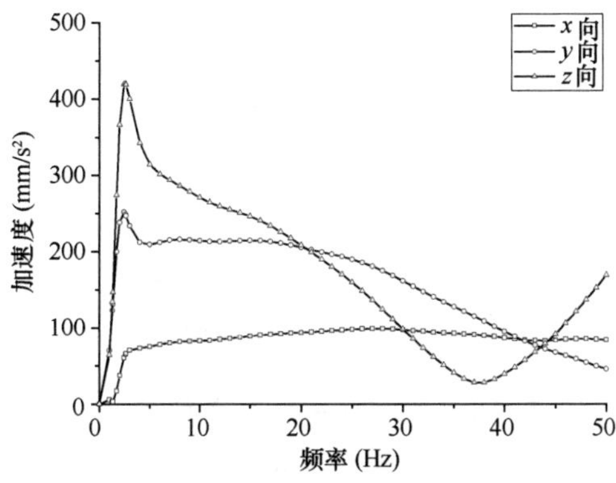

图 1-31-20 x 向激振时基础顶面加速度

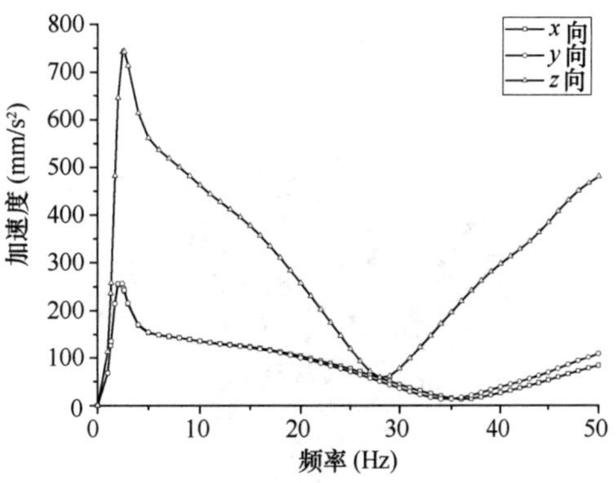

图 1-31-21 xy 向激振时基础顶面加速度

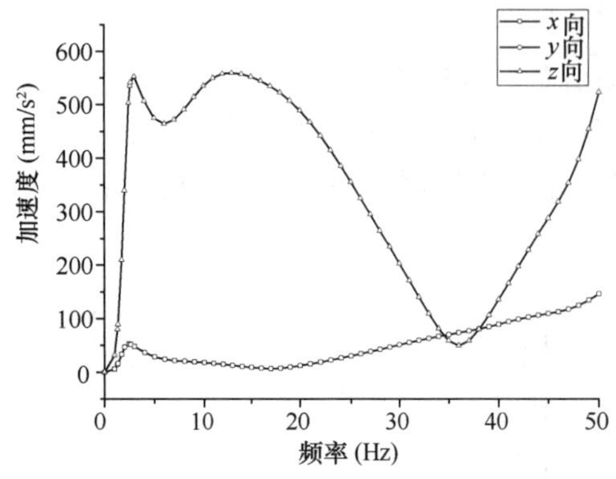

图 1-31-22　z 向激振时基础顶面加速度

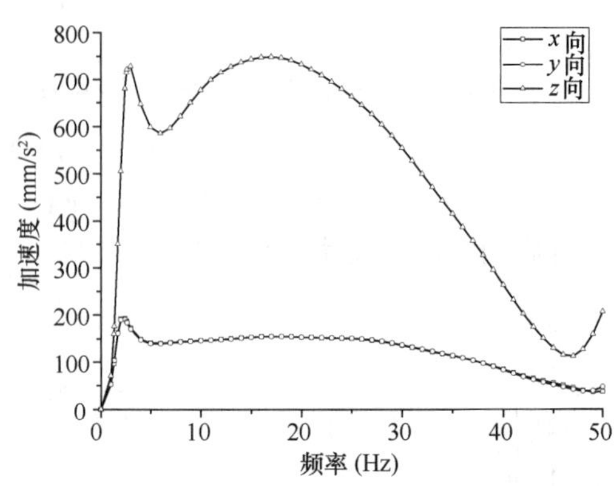

图 1-31-23　三向同时激振时基础顶面加速度

（2）外基础振动控制分析

1）激振力

外基础的激振力为 32 个隔振支座传递来的动荷载，其最大激振力如图 1-31-24 所示。

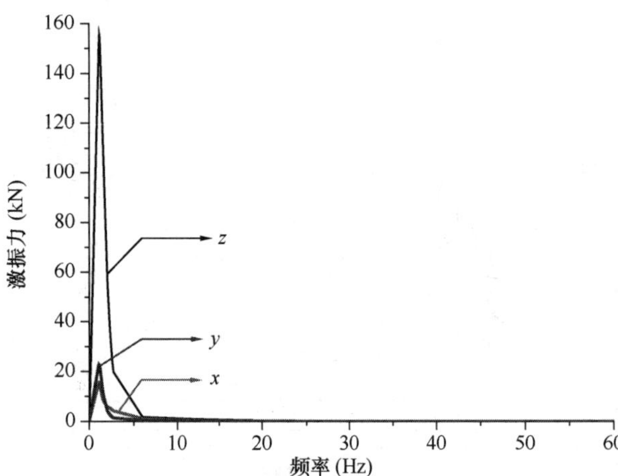

图 1-31-24　隔振支座 1 激振力曲线

2）外基础有限元模型

外基础结构模型包括筏板、桩基和上部结构，本计算取部分结构模型。根据《动力机器基础设计规范》GB 50040—1996 计算基础底部土体刚度系数，抗压刚度系数 $C_z=21119\text{kN/m}^3$，抗剪刚度系数 $C_x=0.70$，$C_z=14783\text{kN/m}^3$，有限元模型如图 1-31-25 所示。

3）外基础动力响应

浮筑基础附近动力响应如图 1-31-26～图 1-31-28 所示，外基础振动加速度小于 0.02g，满足要求。

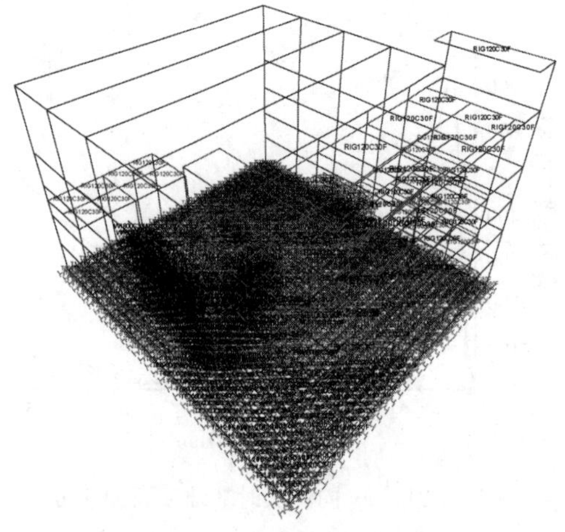

图 1-31-25　有限元模型

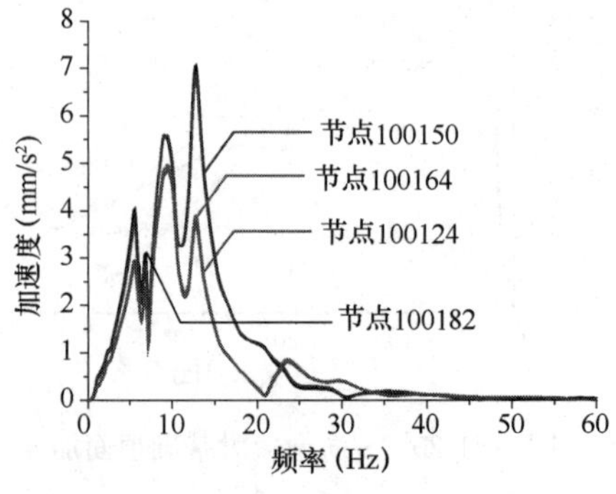

图 1-31-26　外基础筏板 X 向加速度响应

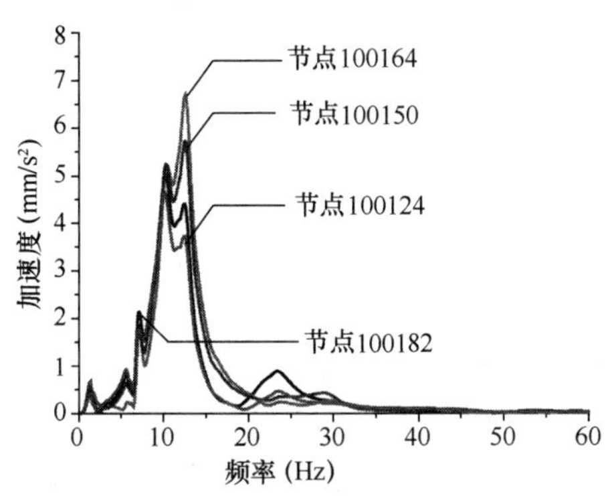

图 1-31-27　外基础筏板 Y 向加速度响应

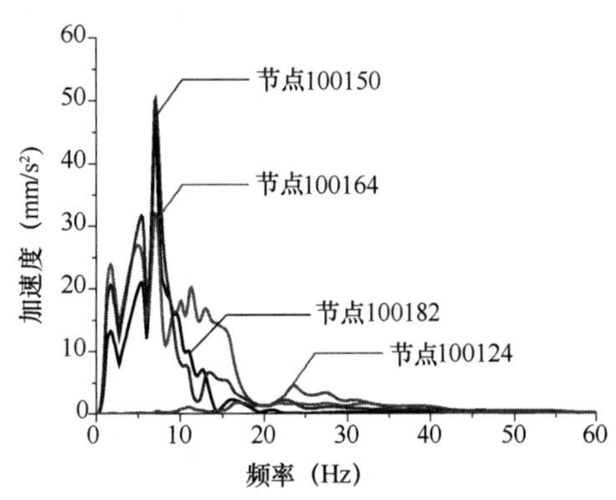

图 1-31-28　外基础筏板 Z 向加速度响应

四、振动控制关键技术

1. 合理确定隔振系统基频，需要根据振动台台面控制精度以及隔振传递效率综合确定，本项目隔振系统基频不大于 2.5Hz。

2. 隔振支座布置尽量符合质刚重合原则，隔振层刚心与上部结构质心偏心小于 3.0%，可减少结构绕水平轴摆动和扭转模态影响。

五、振动控制装置

本项目每个隔振器水平刚度统一为 7.6kN/mm。为降低振动台基础响应，钢弹簧隔振器阻尼比尽量取大一些，每个隔振器的阻尼均为 1.2kN/(s/mm)。隔振系统和隔振器参数如表 1-31-2、表 1-31-3 所示。

隔振系统参数　　**表 1-31-2**

长度	L	14.40m
宽度	B	14.40m
高度	H	9.05m
振动台质量	M_a	480kN
预埋件质量	M_s	100kN
混凝土质量	M_c	30057kN
浮筑基础总质量	$M=M_a+M_s+M_c$	30637kN
竖向频率	f	2.45Hz
振动台工作频率	f_m	0～60Hz
自重下隔振器竖向变形	d	42mm

隔振器参数 **表 1-31-3**

隔振器数量	N	32
刚度	K_v	20.3kN/mm 21.0kN/mm 21.7kN/mm 22.3kN/mm 23.3kN/mm 23.9kN/mm 24.6kN/mm
	K_h	6.6kN/mm 7.6kN/mm
总刚度	K_v K_h	738.50kN/mm 230.20kN/mm
阻尼	D_v D_h	0.6kN.s/mm 1.2kN.s/mm
总阻尼	D_v D_h	19.2kN·s/mm 38.4kN·s/mm
静位移	d	42mm
隔振系统的竖向频率	f	2.45Hz
隔振器承载能力	F	34691kN

六、振动控制效果

为验证振动控制效果，对振动台内基础顶面三向位移和加速度、外基础三向加速度进行测试。测点布置如图 1-31-29 所示，内基础布置 4 个测点，外基础布置 4 个测点，总共 8 个测点。内基础各测点距基础边 600mm，外基础测点距基础边 1000mm。测试结果如表 1-31-4～表 1-31-11 所示。

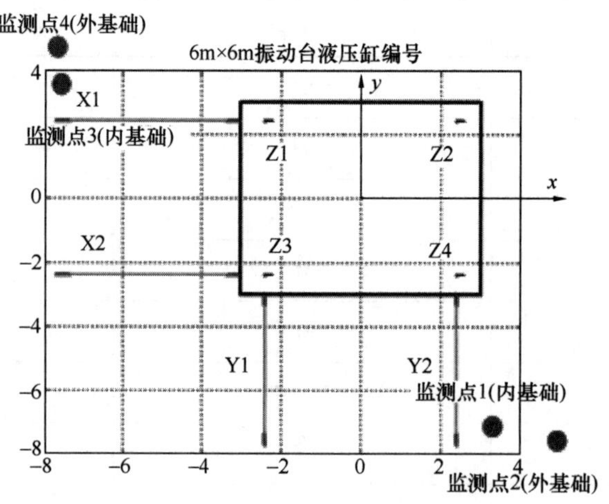

图 1-31-29　测点布置图

测点 1（内基础）最大振动加速度均方根值（Z 向振动）　　表 1-31-4

最大值工况	方向	最大均方根值（mm/s^2）	对应主频（Hz）
满载 30t 负载，最大加速度 1g，频率 3Hz，振动方向 Z	X	121.8	2.9
	Y	118.4	2.9
	Z	185.2	2.9

测点 2（外基础）最大振动加速度均方根值（Z 向振动）　　表 1-31-5

最大值工况	方向	最大均方根值（mm/s^2）	对应主频（Hz）
满载 30t 负载，最大加速度 1g，频率 3Hz，振动方向 Z	X	8.2	8.8
	Y	8.1	8.8
	Z	13.3	2.9

测点 3（内基础）最大振动加速度均方根值（Z 向振动）　　表 1-31-6

最大值工况	方向	最大均方根值（mm/s^2）	对应主频（Hz）
满载 30t 负载，最大加速度 1g，频率 3Hz，振动方向 Z	X	132.6	2.9
	Y	128.2	2.9
	Z	203.9	2.9

测点 4（外基础）最大振动加速度均方根值（Z 向振动）　　表 1-31-7

最大值工况	方向	最大均方根值（mm/s^2）	对应主频（Hz）
满载 30t 负载，最大加速度 1g，频率 3Hz，振动方向 Z	X	8.7	8.8
	Y	10.9	8.8
	Z	15.7	2.9

测点 1（内基础）最大振动加速度均方根值（X 向振动）　　表 1-31-8

最大值工况	方向	最大均方根值（mm/s^2）
满载 30t 负载，频率 0.3Hz，最大 x 向位移 0.5m	X	95.0
	Y	122.7
	Z	174.6

测点 2（外基础）最大振动加速度均方根值（X 向振动）　　表 1-31-9

最大值工况	方向	最大均方根值（mm/s^2）
满载 30t 负载，频率 0.3Hz，最大 x 向位移 0.5m	X	8.0
	Y	3.1
	Z	2.8

测点 3（内基础）最大振动加速度均方根值（X 向振动）　　表 1-31-10

最大值工况	方向	最大均方根值（mm/s^2）
满载 30t 负载，频率 0.3Hz，最大 x 向位移 0.5m	X	291.0
	Y	305.1
	Z	415.5

测点 4（外基础）最大振动加速度均方根值（*X* 向振动）　　表 1-31-11

最大值工况	方向	最大均方根值（mm/s^2）
满载 30t 负载，频率 0.3Hz，最大 x 向位移 0.5m	*X*	8.4
	Y	12.1
	Z	6.9

第二章　精密装备工程微振动控制

[实例 2-1] 汽车厂焊接车间三坐标测量机基础振动控制

一、工程概况

汽车整车生产的四大工艺：冲压、焊接、涂装和总装。冲压工艺是将钣金件按照设计要求，用模具冲压成型；焊接工艺按照设计要求，将各成型钣金件焊接成白车身；涂装工艺是对白车身进行前处理、底涂及面涂；在总装车间将发动机等全部内外饰件装配到车身，做成汽车整车；再经过各项指标检测后，完成汽车整车制造。

为确保汽车白车身焊接质量，焊接车间需要配置三坐标测量机。2013 年，南汽 566 项目在焊接车间内建设一个三坐标测量间，位置在焊接车间东南角，如图 2-1-1 所示，室内配置六台三坐标测量机，型号及尺寸如表 2-1-1 所示，平面布置如图 2-1-2 所示。

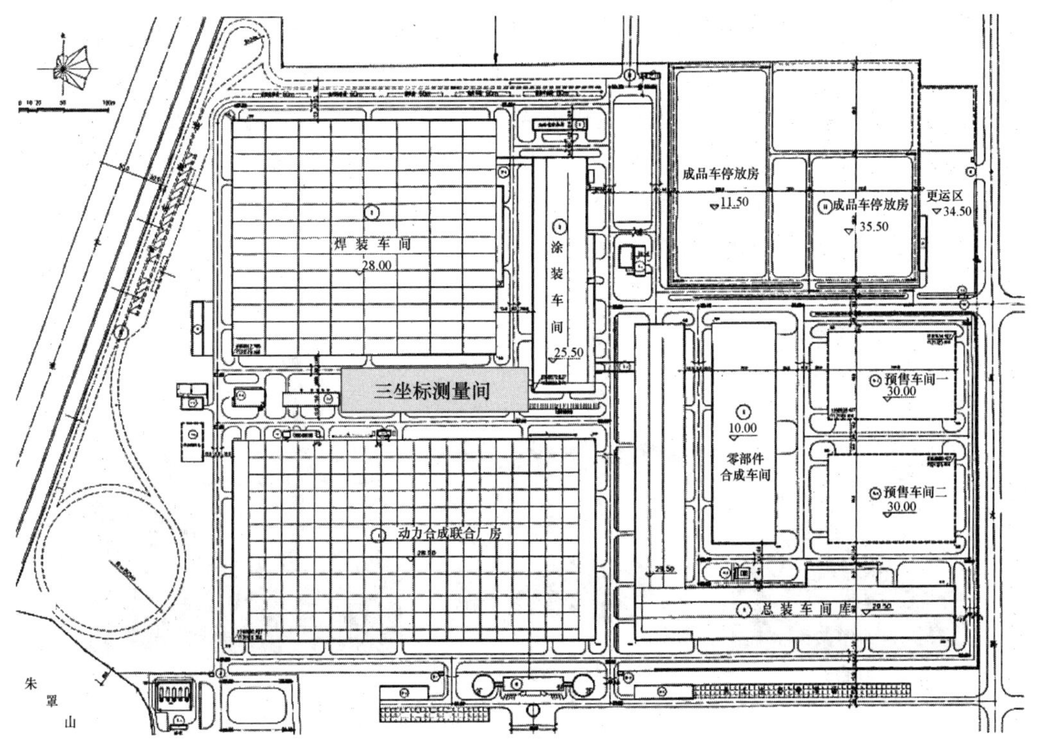

图 2-1-1　区域总图

三坐标测量机一览表 **表 2-1-1**

序号	三坐标测量机型号	结构	生产国	台面尺寸
1	BRAVO-HA	双臂	瑞典	12.0m×7.6m
2	PRIMA-RI	双臂	意大利	9.0m×7.6m
3	TORO-DEA	双臂	意大利	15.0m×7.6m
4	TORO	双臂	瑞典	9.0m×7.6m
5	中型	桥式	—	—
6	小型	台式	—	—

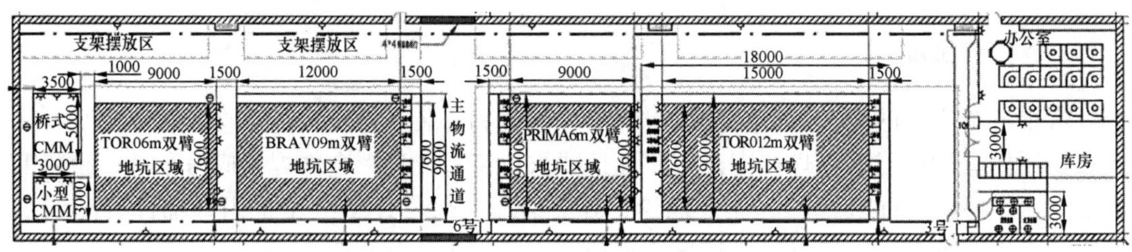

图 2-1-2　三坐标测量机布置图

二、振动控制方案

1. 容许振动标准

三坐标测量机的常见结构形式有仪器台式、悬臂式、移动桥式，移动龙门式，卧镗式、坐标镗式与极坐标式等。图 2-1-3 给出台式、桥式和伸臂式三坐标测量机型，其中，伸臂式为常见机型，主要用于汽车与飞机外壳、发动机与推进器叶片等大型零件的尺寸检测，测量精度一般为中等或低等。伸臂式三坐标测量机的结构相对刚度较小，对环境振动较为敏感。图 2-1-4 为设备厂家给出的两种大型三坐标测量机容许振动标准。图 2-1-5 为国家标准《建筑工程容许振动标准》GB 50868—2013 规定的三坐标测量机基础容许振动标准。

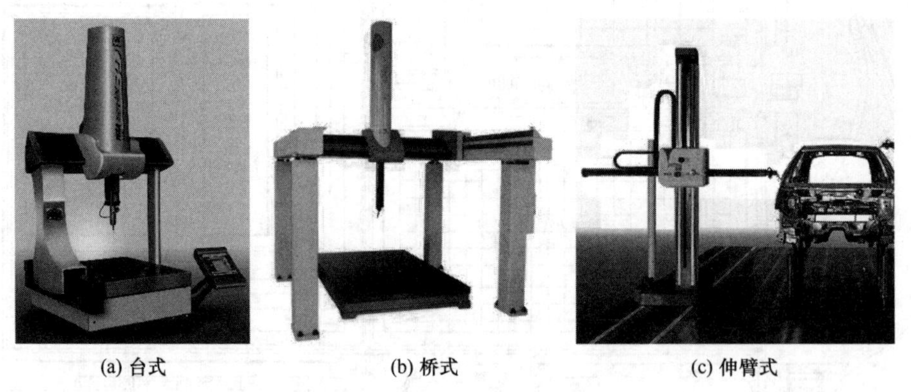

(a) 台式　(b) 桥式　(c) 伸臂式

图 2-1-3　三坐标测量机类型

2. 隔振方案

工厂中振动设备很多，厂区振动环境较为恶劣，主要振动设备有电机、风机、压缩机或水泵等，其中，冲压车间的压力机振动影响显著。因此，振动敏感设备需要采取隔振措施。三坐标测量机可采用隔振基础，并在配重质量块下设置隔振器，隔振体系如图 2-1-6 所示。

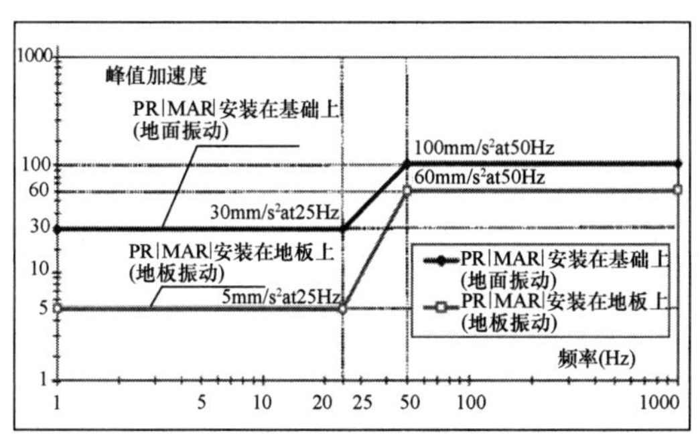

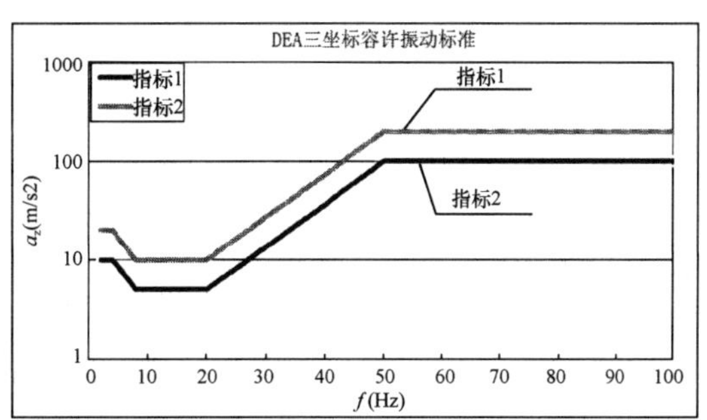

图 2-1-4 两种三坐标测量机的容许振动标准

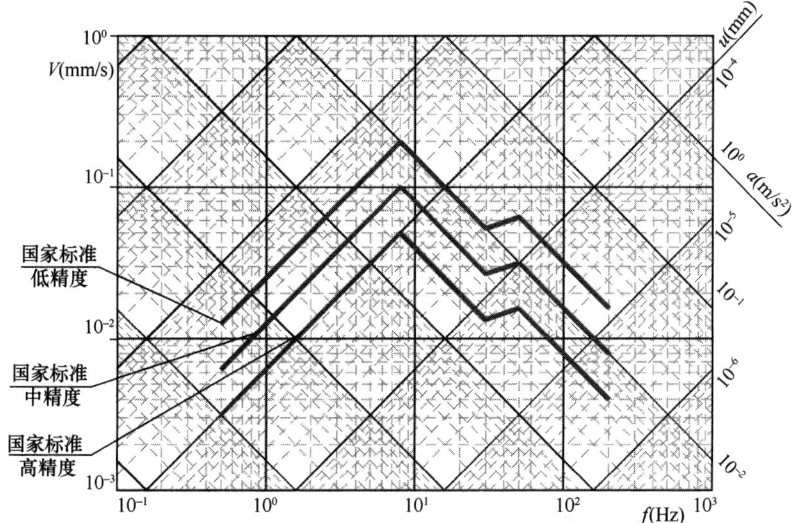

图 2-1-5 GB 50868—2013 规定的三坐标测量机容许振动标准

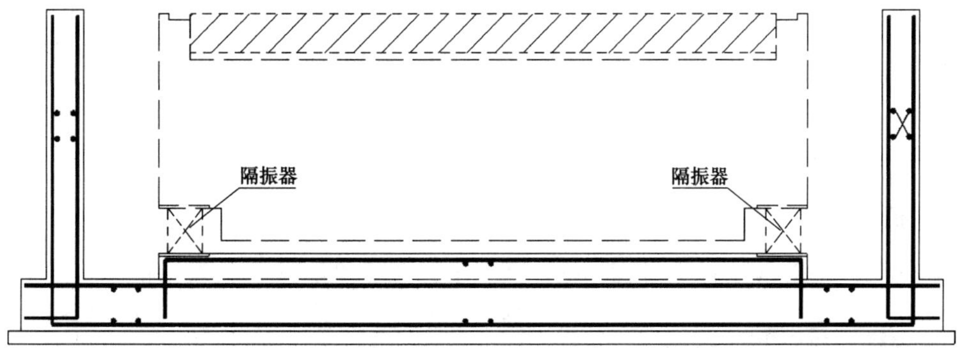

图 2-1-6 三坐标隔振基础

三、振动控制分析

图 2-1-7 给出隔振体系力学模型。

隔振体系的动力学方程为：

$$mz'' + c(z' - z_0') + k(z - z_0) = 0 \tag{2-1-1}$$

或

$$mz'' + cz' + kz = cz'_0 + kz_0 \tag{2-1-2}$$

可推得隔振效率：

$$\eta = \frac{\sqrt{1+\left(2\zeta\frac{\omega}{\omega_n}\right)^2}}{\sqrt{\left[1-\left(\frac{\omega}{\omega_n}\right)^2\right]^2+\left(2\zeta\frac{\omega}{\omega_n}\right)^2}} \tag{2-1-3}$$

当阻尼比 $\zeta=0.08$ 时，隔振效率如图 2-1-8 所示。

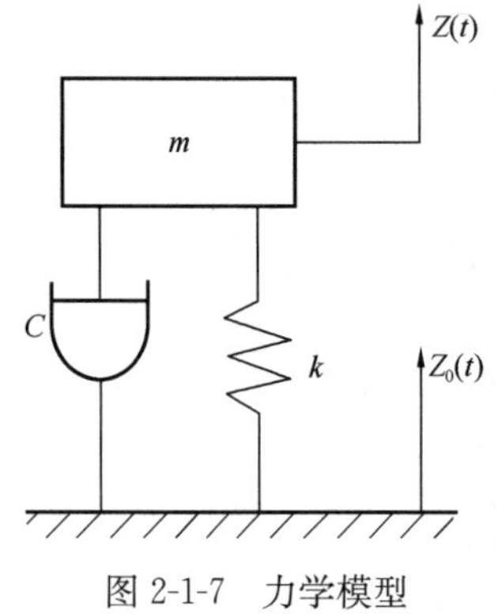

图 2-1-7　力学模型

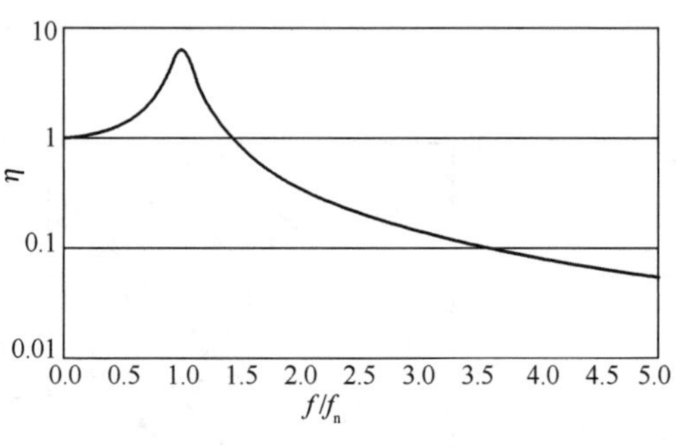

图 2-1-8　隔振效率

对于如图 2-1-8 所示的隔振效率曲线，当频率比大于 3.5 时，隔振效率可达 90%以上，隔振效率如表 2-1-2 所示。

隔振效率速查表（ζ=0.08）　　**表 2-1-2**

f/f_n	0.1	0.2	0.3	0.4	0.5	0.6	0.7	0.8	0.9	1.0
η	1.0101	1.0416	1.0986	1.1895	1.3300	1.5523	1.9271	2.6386	4.2378	6.3295
f/f_n	1.1	1.2	1.3	1.4	1.5	1.6	1.7	1.8	1.9	2.0
η	3.7057	2.1211	1.4173	1.0396	0.8080	0.6530	0.5427	0.4608	0.3978	0.3480
f/f_n	2.1	2.2	2.3	2.4	2.5	2.6	2.7	2.8	2.9	3.0
η	0.3079	0.2749	0.2475	0.2243	0.2046	0.1875	0.1728	0.1599	0.1485	0.1384
f/f_n	3.1	3.2	3.3	3.4	3.5	3.6	3.7	3.8	3.9	4.0
η	0.1294	0.1214	0.1142	0.1077	0.1018	0.0964	0.0915	0.0870	0.0829	0.0791

四、振动控制装置

本项目中，BRAVO-HA 和 PRIMA-RI 三坐标测量机隔振基础采用钢弹簧阻尼隔振器，如图 2-1-9 所示。设备安装底座下为 1.2m 厚混凝土质量块，BRAVO-HA 质量块下布置 14 个隔振器，PRIMA-RI 质量块下布置 12 个隔振器。三坐标测量机隔振基础下设钢筋混凝土基坑，用于支撑和摆放隔振器。基坑底板厚度 400mm，侧壁厚度 300mm，基坑深度约 2300mm。

图 2-1-9　钢弹簧阻尼隔振器

五、振动控制关键技术

三坐标测量机隔振基础设计的关键是隔振方案的选择和隔振参数的确定。

隔振体系固有频率应避开环境振动的峰值频率，由于环境振动较为复杂，峰值频率往往不可预知，当焊接车间与冲压车间距离较近，三坐标测量机无法远离压力机时，压力机与三坐标测量机均需采用隔振基础，压力机隔振频率应大于三坐标测量机的隔振频率，频率比宜大于 2。此外，还应考虑场地的卓越周期。本项目中，隔振基础频率设计为 3.0Hz。

适当增加阻尼比可降低冲击振动影响，阻尼比设计为 $\zeta=0.1$。

此外，隔振基础的配重质量应满足设备的使用条件，应避免操作人员行走时引起台面晃动。

对于道路振动影响，三坐标测量机基础的隔振参数应优化分析，结果如图 2-1-10 所示。

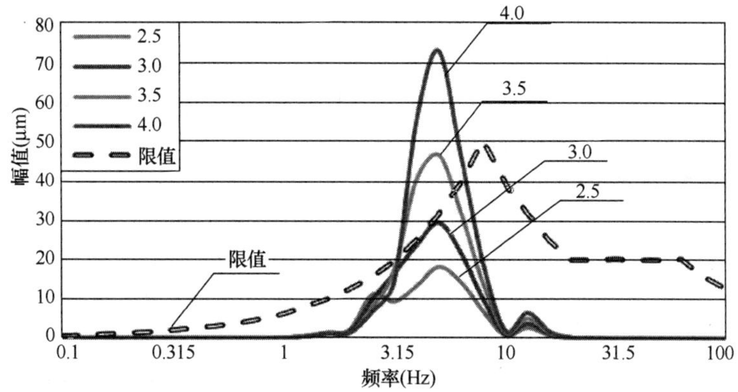

图 2-1-10　隔振参数优化分析

六、振动控制效果

公路交通振动引起的地基振动位移最大值为 1.75μm，大于三坐标测量机容许振动标准 1.0μm。隔振基础频率为 2.75Hz，阻尼比 0.08，隔振基础上的振动位移最大值为 0.59μm，满足容许振动标准要求，振动控制效果如图 2-1-11 所示。

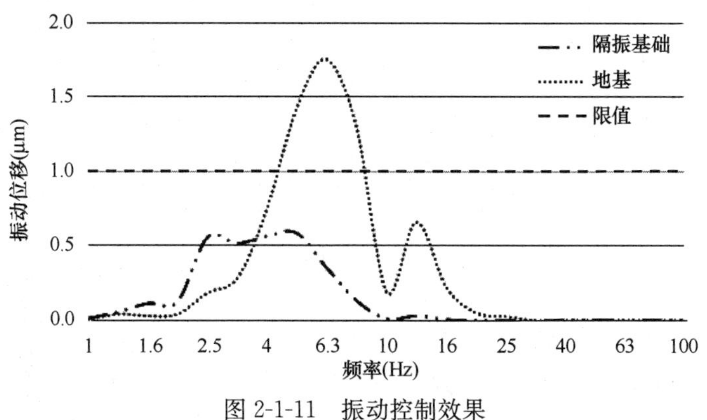

图 2-1-11　振动控制效果

[实例 2-2] 北京机床研究所精密机电有限公司数控机床生产基地超精密实验室振动控制

一、工程概况

北京机床研究所精密机电有限公司超精密实验室异地搬迁改造项目，位于北京市顺义区天竺空港工业园区内，周围环境复杂，外界影响振源多。新建的超精密实验室主要用于超高精度数控机床及其配件的实验检测，建成后将是中国机床行业最大、最权威的精密机床检测基地，具有世界一流的μ级数控机床检测设备和检测技术。工艺要求操作平台在外界振源及本底振动的影响下，台面竖向振幅≤ 1μm，台面竖向振动速度幅值≤0.01mm/s。同时，在满足该精度要求的前提下，将操作平台由地下−10.0m 提升至室内正常地面，以改善工人的操作环境，并将深夜工作时间调整为正常工作时间。

原生产基地建于 1963 年，操作平台隔振设计采用传统的圆柱螺旋钢弹簧与 T 形刚性平台组合的隔振体系，地下室底面标高−10.20m，底板及侧壁厚度分别为 700mm 和 500mm，平、剖面图如图 2-2-1 和图 2-2-2 所示。

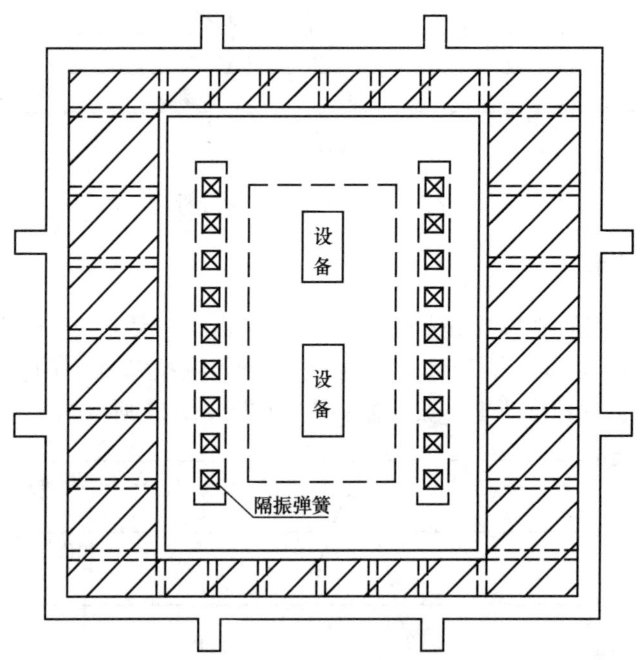

图 2-2-1　原生产基地超精密实验室隔振弹簧平面布置图

操作平台建成初期尚能满足超精密仪器的精度要求，但随着工作时间变长，钢弹簧逐渐老化且不能及时更换，隔振体系的隔振效果越来越差，后来只能在深夜才能开展实验工作。由于操作平台在地面以下，平台仅能供一台设备使用，较大加工件加工检测及工人上下较为困难，不仅影响工人操作，且影响设备检测精度。

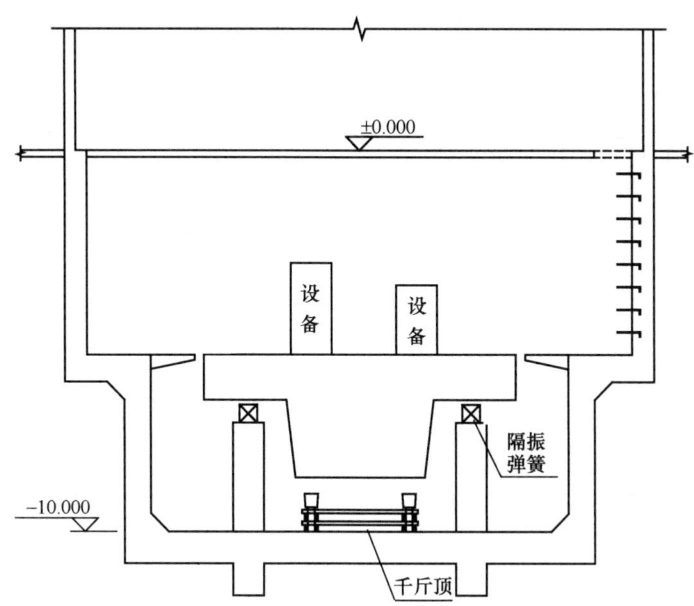

图 2-2-2　原生产基地超精密实验室隔振方案剖面图

二、振动控制方案

方案一：传统的弹簧隔振方案。

方案二：地面屏障隔振方案，厂房基础采用 800mm 厚钢筋混凝土筏板，筏板底以 2000mm 厚的碎石垫层换填处理。

方案三：竖向屏障隔振方案，将隔振体系用密集桩围合，密集桩在外围闭合，形成竖向屏障。

方案一地下室偏大、T 形台的质量很大，投资造价高，施工工期长，且工人工作环境得不到改善。方案二对近距离振动有明显的隔振效果，但对远距离振动隔振效果不明显。方案三对远距离振动有较好的隔振效果，但对近距离振动无明显隔振效果。

综合考虑三个方案的优缺点，提出桩屏障和地面屏障并联、共同作用以减弱外来振动的方案，如图 2-2-3 和图 2-2-4 所示，同时配合信息控制法不断优化调整隔振设计。在施工的不同阶段，分别进行振动监测，提供各阶段振动信息，通过对反馈信息分析，为设计优化提供基础数据。

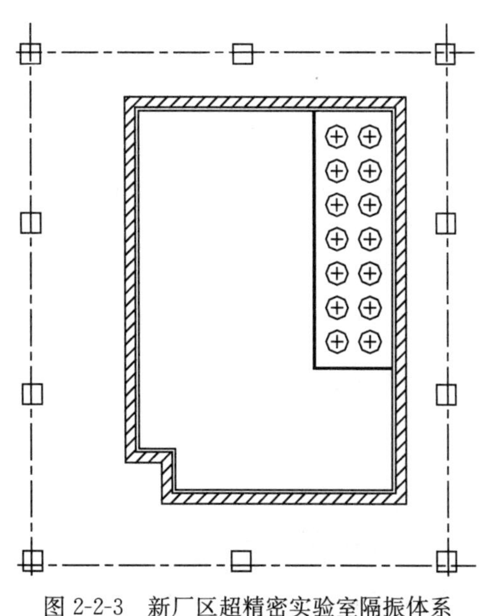

图 2-2-3　新厂区超精密实验室隔振体系平面布置图

三、振动控制分析

砂土垫层上的钢筋混凝土地面屏障具有一

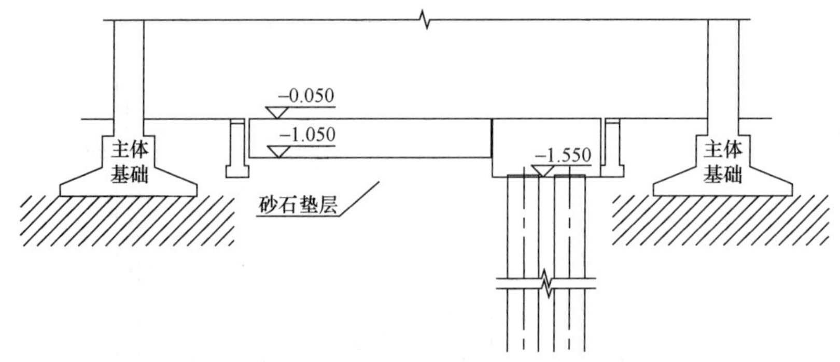

图 2-2-4　新厂区超精密实验室隔振方案剖面图

定的刚度和重量，可将外界振源传来的振动屏蔽掉一部分，其振动屏蔽程度与地面屏障的自振周期、建设场地地脉动最大加速度的周期比有关，称为振动穿透率，其定量关系表示如下：

$$A_i = \xi A_0 \tag{2-2-1}$$

式中　A_i——钢筋混凝土弹性板上 i 点处的振幅；

A_0——外界振源在隔振体系外的振幅。

$$\xi = \frac{1}{\sqrt{\left(1+\frac{T_p^2}{T_s^2}\right)^2 + \zeta\frac{T_p^2}{T_s^2}}} \tag{2-2-2}$$

式中　ζ——地基土与混凝土板相关的阻尼系数，一般可取 0.3；

T_p——钢筋混凝土弹性板的固有周期；

T_s——建设场地的地脉动最大加速度对应周期。

根据现场测试，建设场地的地面脉动最大加速度对应周期 $T_s=0.03846$s；钢筋混凝土弹性板的刚度 K_z 可按下式计算：

$$K_z = C_z A \tag{2-2-3}$$

式中　C_z——地基土的刚度系数；

A——钢筋混凝土弹性板的面积。

对本设计而言，$K_z = 32000 \times 2.8 \times 9.0 = 8.064 \times 10^5$kN/m

钢筋混凝土弹性板厚度取 1m 时：

质量：$m = 2.8\text{m} \times 9\text{m} \times 1\text{m} \times 25\text{kN/m}^3 = 630\text{kN} = 6.3 \times 10^4$kg

固有频率：$\omega = \sqrt{\frac{k}{m}} = \sqrt{\frac{8.064 \times 10^8}{6.3 \times 10^4}} = 113.1$rad/s

$$f = \frac{\omega}{2\pi} = \frac{113.1}{6.28} = 18\text{Hz}$$

固有周期：$T_p = \frac{1}{f} = \frac{1}{18} = 0.5556$s

可计算出穿透率为 31.4%，即由于钢筋混凝土板的屏障效应，可使外来振动减少 68.6%，将近 70%。

四、振动控制关键技术

1. 采用砂垫层上地面屏障，屏蔽厂房内其他设备及吊车运行产生的表面振动。

2. 利用振动波的散射及干扰原理，采用桩屏障及隔振沟，屏蔽中、远距离交通产生的振动影响。

3. 受工程条件限制，本方案缩小桩屏障的布置范围，用大质量、高密度桩直接布置在操作平台下，形成深基础，提高地面屏障的隔振刚度。

4. 配合信息控制法不断调整设计，以满足工艺操作台的台面竖向振幅≤1μm、台面竖向振动速度幅值≤0.01mm/s的要求。

五、振动控制效果

采取信息控制法对工程施工各阶段、各主要工况下的振动情况实施分阶段检测，以便不断优化设计。

第一阶段：桩浇筑后，测试各桩顶的竖向分量。

第二阶段：隔振基础平台板浇筑后，测试平台板顶面（各角点及中心）的竖向分量。

第三阶段：设备安装后，测试平台板顶面（各角点及中心）的竖向分量。

第四阶段：设备投入使用后，测试平台板顶面（各角点及中心）的竖向分量。

以上四个阶段的测试按以下工况进行：

1. 外界振源很小（即环境本底振动）；

2. 相距10m的小车行走时；

3. 北面道路大货车自西向东行驶时；

4. 5m刨床工作时（仅适用于阶段四）；

5. 大件装配车间机床工作时（仅适用于阶段四）。

实测数据如表2-2-1所示，由测试结果：本次采用的地面屏障与桩屏障并联隔振设计达到预期隔振效果，满足工艺精度要求和建设方提出的改善工作环境的要求。

实测数据 **表2-2-1**

测试阶段	测试背景	竖向振动速度幅值 V（mm/s）	振动幅值 A（μm）
拟建场地自然地面	本底振动时	0.0245	2.87
	相距10m邻院小车行走时	0.632	9.53
	北面道路大货车行走时	0.1187	5.77
	外界振源最大时	5.636	29.18
桩浇筑后	本底振动时	0.03174	1.917
	相距10m邻院小车行走时	0.03354	1.189
	北面道路大货车行走时	8.76×10^{-3}	0.539
	外界振源最大时	0.0997	4.117
隔振平台浇筑后	本底振动时	5.78×10^{-3}	0.4759
	载有沙子的小车行走时	8.603×10^{-3}	0.1082
	厂房大吊车运行时	6.607×10^{-3}	0.4987
	外界振源最大时	9.182×10^{-3}	0.396

［实例 2-3］上海机床厂有限公司 XHA2425×60 龙门加工中心基础设计

一、工程概况

本工程为上海机床厂有限公司既有厂房新增加设备基础设计，采用的是北京第一机床厂 XHA2425×60 龙门加工中心，床身长度 17m，床身高度 8.65m，机床总重 175t，加工时工作台及工件沿固定轨道移动，最大行程 6.7m。

本工程位于上海机床厂厂区内，根据勘察结果，场地 20m 深度范围内主要由粉质黏土、黏质粉土、砂性土组成。典型的场地土地基承载力特征值 f_{ak}和土层厚度见表 2-3-1。

地基承载力特征值 f_{ak}及土层厚度一览表　　　　表 2-3-1

层号	土层名称	重度 γ_0 (kN/m³)	直剪固快（峰值）试验强度		静探 P_s 平均值 (MPa)	标准贯入 N (击)	f_{ak} (kPa)	土层厚度 (m)
			C（kPa）	φ（°）				
①1-1	素填土	18.1	—	—	—	—	—	2.3
②1	灰黄色粉质黏土夹黏质粉土	18.3	11	24.0	0.86	5.3	75	0.7
②3-1	灰色黏质粉土夹粉质黏土	18.6	6	28.0	2.03	5.6	90	3.8
②3-2	灰色粉砂	18.6	1	33.0	5.56	15.9	130	4.1
②3-3	灰色淤泥质粉质黏土夹粉土	17.7	15	18.0	1.23	—	60	1.9
②3-4	灰色砂质粉土夹粉质黏土	18.4	4	30.0	2.44	9.1	110	4.7
②3-5	灰色砂质粉土夹粉质黏土	18.5	1	33.0	4.65	16.3	130	2.5

二、振动控制分析

1. 确定基础厚度

XHA2425×60 龙门加工中心为镗铣机床，根据《动力机器基础设计规范》GB 50040—1996，确定基础厚度：

$H=0.3+0.070L=0.3+0.075\times17=1.49$m，基础厚度取整 1.5m。

2. 计算分析

根据设备基础厂家资料，基础尺寸 17.8m×4.9m。设备基础平面及荷载分布如图 2-3-1 所示，图中①、②工作台及工件重量（移动荷载）均为 47.5t，轨道间距 1800mm，行程 6700mm，③、④立柱重量（固定荷载）均为 22t，⑤床身重量（固定荷载）为 36t。基础横向剖面如图 2-3-2 所示。

采用 YJK 软件对设备基础进行模拟计算分析，计算简图见图 2-3-3，计算时对①、②工作台及工件重量（移动荷载）在 1～7 处成对加 7 次集中荷载 475kN，③、④立柱与基础接触面积为 0.85m×1.1m，折算均布荷载 235kN/m²，⑤床身与基础接触面积为 2.5m×12.7m，折算均布荷载 11.3kN/m²，荷载作用下的最大弯矩见表 2-3-2，根据表内最大弯矩，计算得出设备基础配筋面积为 682mm²/m。

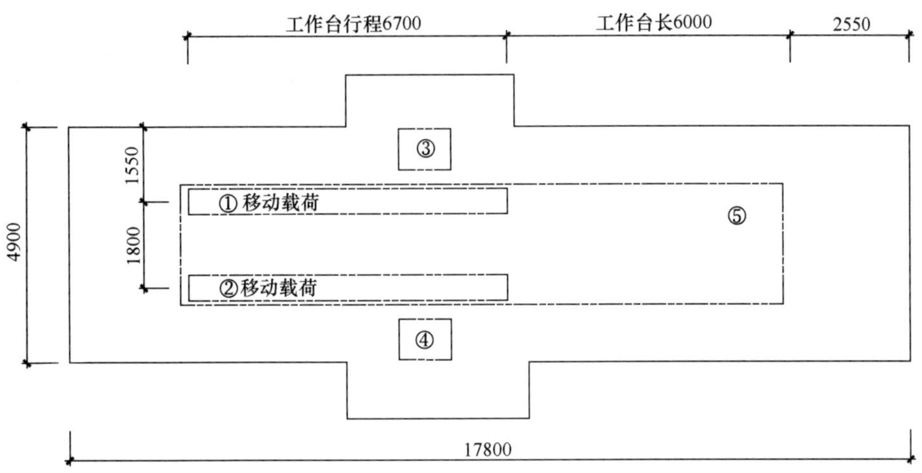

图 2-3-1 设备基础平面图及荷载分布简图

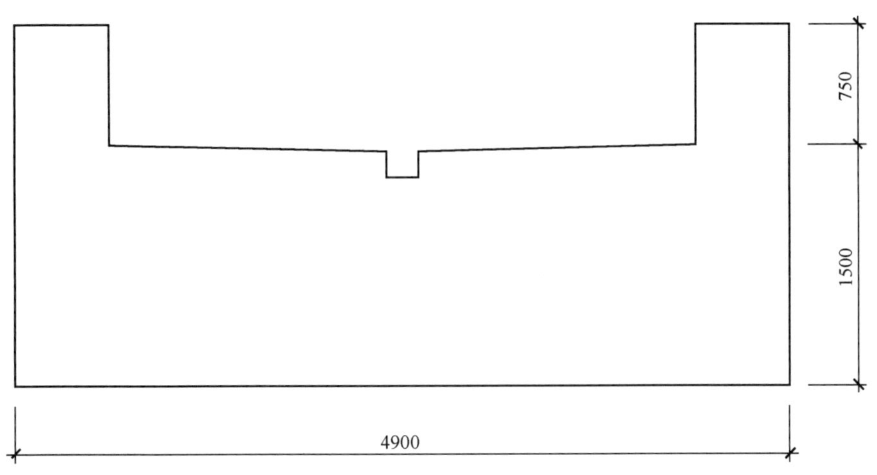

图 2-3-2 设备基础剖面图

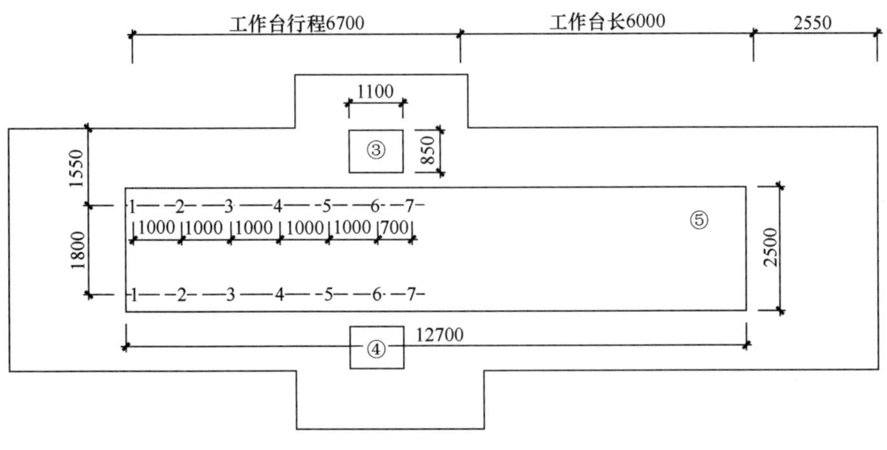

图 2-3-3 设备基础计算简图

荷载作用下的最大弯矩（kN·m/m） 表 2-3-2

移动荷载所在位置	X 向最大正弯矩	X 向最大负弯矩	Y 向最大正弯矩	Y 向最大负弯矩
1	124.3	−197.4	68.1	−6.4
2	210.4	−128.1	71.5	−4.3
3	280.2	−67.8	76.8	−2.5
4	326.1	−26	83.5	−6.1
5	340	−6.3	87.1	−6.9
6	340.5	−0.8	89.5	−6.4
7	356.3	−0.2	89.1	−6.4

三、振动控制措施

为减少地面传来的冲击振动，沿设备基础四周设置 100mm 宽隔振沟，隔振沟内填充轻质聚苯板，如图 2-3-4 所示。

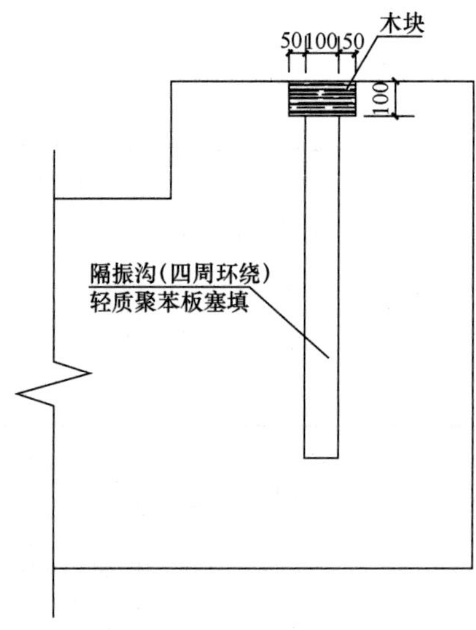

图 2-3-4 隔振沟示意图

［实例 2-4］精密铣床隔振

一、工程概况

山西锻造厂于 2002 年引进一台龙门式数控铣床，如图 2-4-1 所示，铣床型号为 MV4018，机床尺寸 8000mm×3500mm×4000mm，机床总重 22t，最大加工工件重量约 10t，刀架等移动部件重量约 2t，行程约 4.5m。

受场地限制，5t 模锻锤距离铣床最近距离仅 140m。数控铣床正常工作时的环境振动容许值为 0.3mm/s，容许振动线位移 4.8μm，当锻锤工作时，铣床安装位置地面的振动速度达 1.3～1.5mm/s，远高于容许值。

图 2-4-1　MV4018 型龙门式数控铣床

二、振动控制方案

由于锻锤已安装运行，对其进行振动控制改造费用过高，综合考虑经济和工程实施难度，对铣床采取被动隔振措施。由于铣床底座刚性较差且工件重量较大，不能采用直接弹性支承，而是将铣床安装在混凝土基础块上，再在基础块下面设置弹簧阻尼隔振器，如图 2-4-2 所示。基础块尺寸 8m×4m×1.4m，基础块重量 112t，弹簧隔振器支承总重量 144t，选用的弹簧隔振器竖向刚度为 5.796kN/mm，共 12 个。

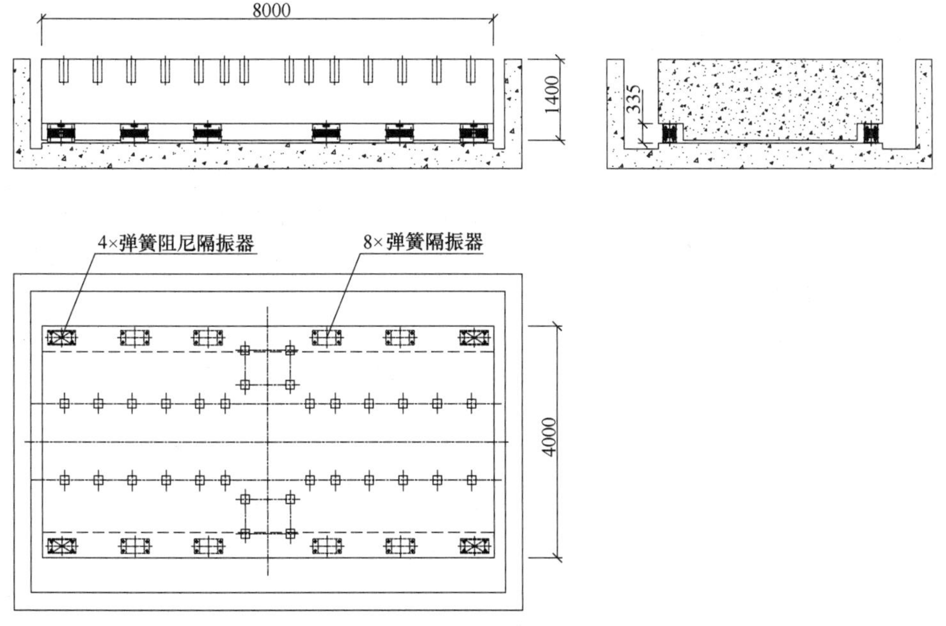

图 2-4-2　MV4018 型龙门式数控铣床弹性基础

弹性基础的竖向固有频率约 3.5Hz，根据现场振动测试数据，锻锤引起的铣床安装位置处的振动频率为 12～15Hz，隔振基础的理论隔振效率为 90%～94%。

三、振动控制分析

本项目铣床的设备重心分布均匀，铣床工作时，工件一般置于系统的质量中心位置，但移动部件质量大、重心高、行程较大。采用团队开发的 VIBRA 模拟计算分析程序，对移动荷载行程范围内的基础惯性块及惯性块上铣床加工平台水平度进行验算和校核。经综合研究，本工程将水平度变化控制在 0.5mm/m 范围内，并据此确定惯性质量块的重量及厚度。

由于铣床周围振源的频带范围较宽，存在接近隔振系统固有频率的振动成分。为避免共振，隔振元件需要提供适当的阻尼，同时不影响铣床的正常工作。

四、振动控制关键技术

1. 既要对隔振系统的参数进行优化，保证达到所需的隔振效果，又要确保移动质量引起的系统水平度变化不影响铣床的正常工作。因此，优化设计合适尺寸和重量的钢筋混凝土基础配重块至关重要，并据此设计隔振器参数和数量。

2. 优化设计既能抑制共振又不影响隔振系统隔振效率及铣床正常工作的阻尼参数。

五、振动控制装置

本项目隔振器布置于地坪以下，易受水、油及切削液侵蚀，故采用的隔振装置具有如下特点：

1. 采用阻尼特性稳定的黏滞阻尼材料；
2. 环境适应性强；
3. 使用寿命长，维护成本低；
4. 可预压缩、特殊条件下便于安装等。

六、振动控制效果

MV4018 型龙门式铣床就位后，开展了隔振器安装及基础块调平工作，调平后水平倾斜不超过 2μm/m。锻锤工作时，测试基础块上的振动响应值为 0.2mm/s，弹性基础上的铣床满足正常工作条件。

[实例 2-5] 中国科学院某所精密设备防微振工程

一、工程概况

中国科学院某所园区建设项目，位于北京市怀柔区雁栖开发区杨雁东一路，建筑面积 107878m^2。

科研楼内安装有高分辨率电子显微镜、光刻机以及电子束曝光机等精密设备。这些设备不仅对实验室的电磁、洁净度、温湿度及噪声有一定要求，而且对环境振动水平有较高要求，振动控制要求见表 2-5-1。

振动控制要求　　表 2-5-1

序号	设备名称	设备型号	振动控制要求
1	冷场发射扫描电子显微镜	SU-8020	VC-G
2	高分辨肖特基场发射扫描电子显微镜	FEI/Verios 460	VC-G
3	场发射透射电子显微镜	FEI/Tecnai F20	VC-F
4	超快透射电镜	FEI/Tecnai G20	VC-F

本次防微振基础设计涉及的房间包括 A114，A117，A118，A133，A137，A138，A139，A140，A141，见图 2-5-1。A133 房间为独立带悬臂水池型基础，A137～A139 为连体带悬臂水池型基础，A119 房间为独立型不带悬臂凸字型基础。

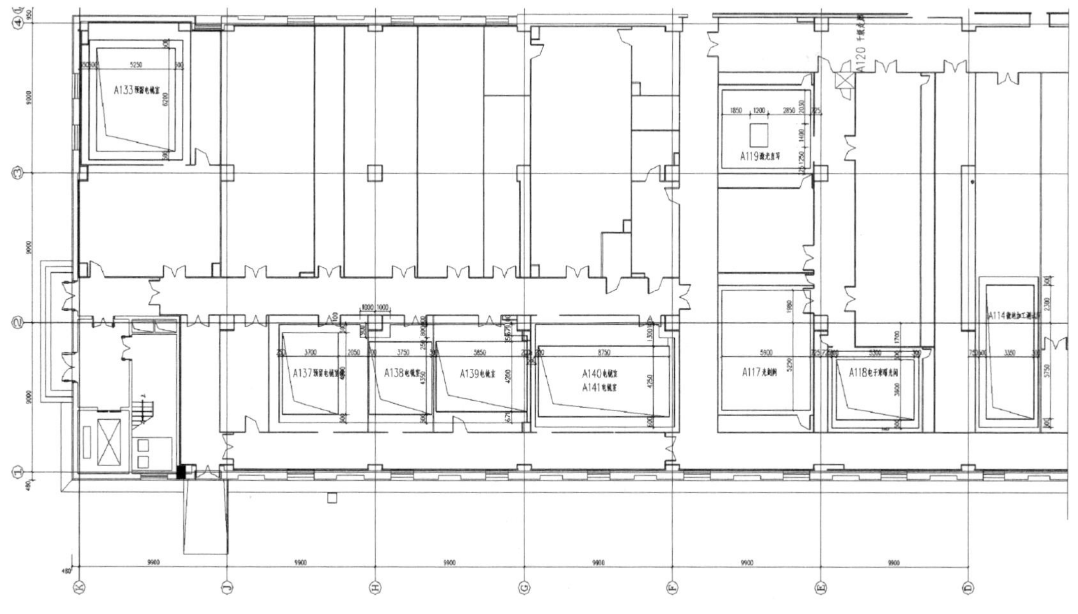

图 2-5-1　防微振需求布局

二、振动控制方案

从目前我国防微振的应用技术来看，多是采用大体积混凝土基础或配置气浮隔振体

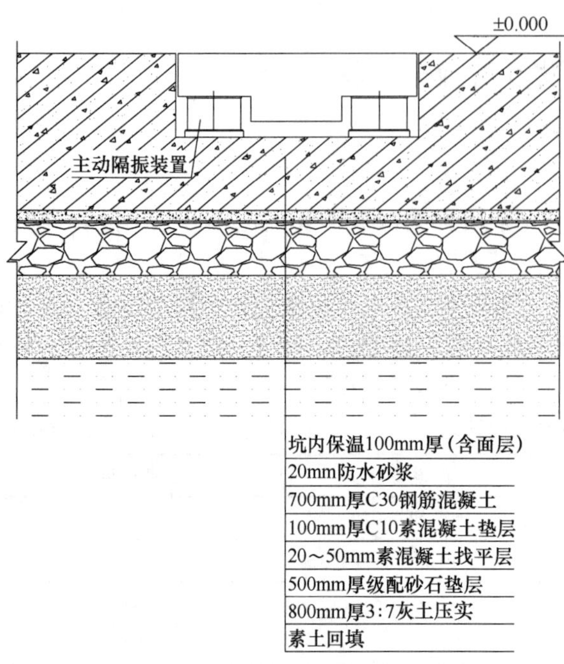

图 2-5-2 “大体积混凝土基础＋主动振动控制平台”整体方案

系，一般可达到控制目标，但本项目中的控制目标 VC-G 非常严格，必须采用“大体积混凝土基础＋主动振动控制平台”，整体方案如图 2-5-2 所示。

三、振动控制分析

选取 A133、A137～A139 以及 A119 房间三块代表性区域进行数值计算分析。计算软件采用 ANSYS R15.0，钢筋混凝土采用 Solid65 单元，参数按照 C30 选取。地基土刚度按照弹性地基计算，采用 Combin14 单元，按照三向弹簧计算。参数依据国家标准《动力机器基础设计规范》GB 50040—1996 条文 3.3.2 选取。

根据建设方提供的地基勘测报告，填土为级配砂石，地基承载力取 150kPa，则土弹簧竖向刚度取 28000kN/m^3，水平刚度可取 0.7 倍竖向刚度。

1. 模态分析

以 A137～A139 房间基础为例，计算结果如图 2-5-3、图 2-5-4 所示。

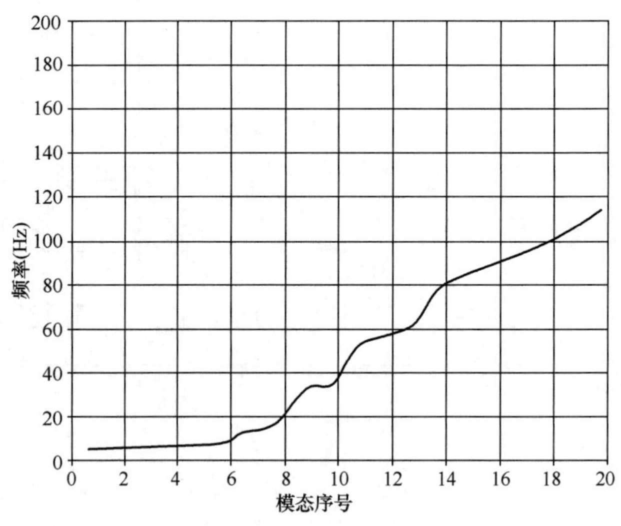

图 2-5-3 模态频率曲线

2. 谐响应分析

基于模态分析，对基础进行谐响应计算。对整体结构施加全局单位加速度，大小取

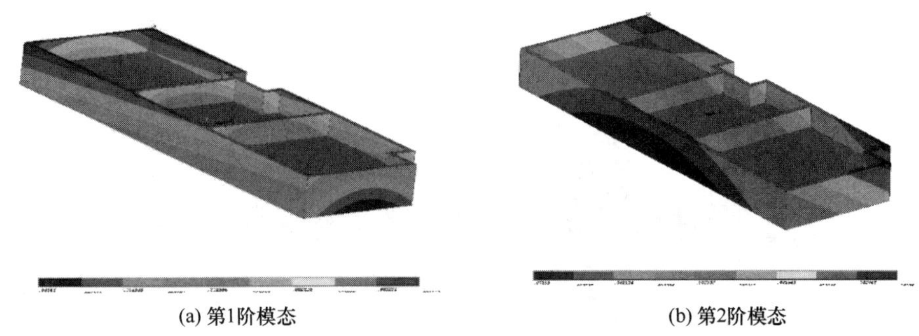
(a) 第1阶模态　　(b) 第2阶模态

图 2-5-4 模态振型云图

$1m/s^2$，方向为 X、Y、Z，三向同时施加，计算频率范围为 0.1～350Hz。对于 A133 房间和 A137～A139 房间，谐响应计算的响应结果取凹槽中心位置，见图 2-5-5。

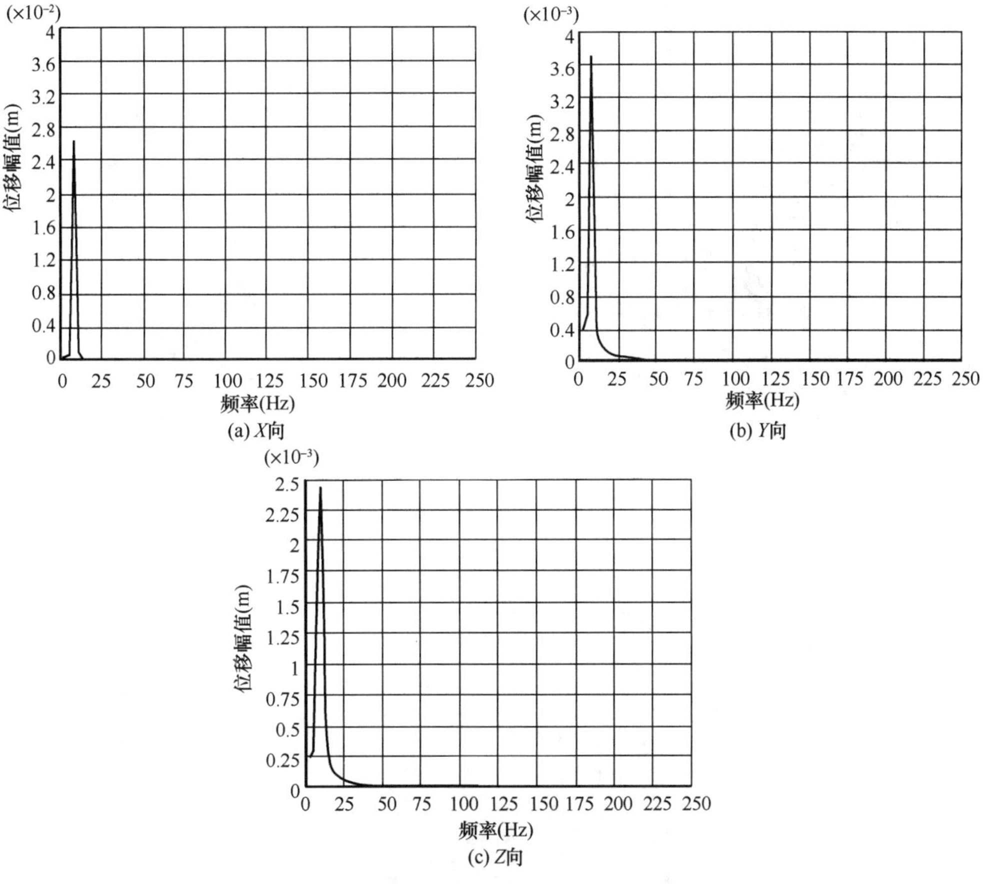

(a) X向　　(b) Y向

(c) Z向

图 2-5-5 谐响应计算结果

3. 时域分析

依据实测加速度数据，分析大体积混凝土基础的隔振效果，实测时域数据见图 2-5-6，VC 曲线见图 2-5-7。

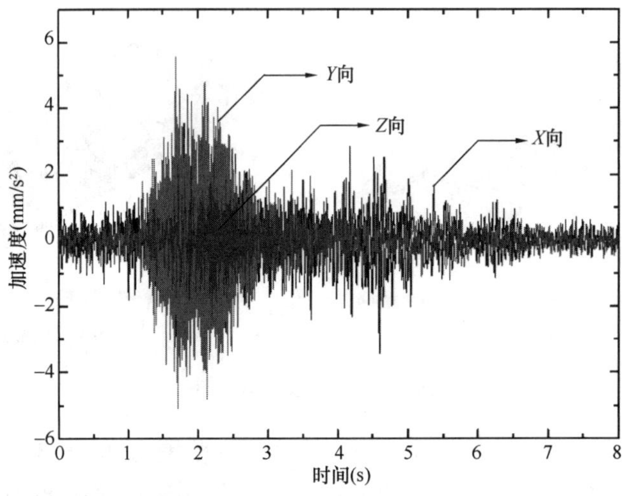

图 2-5-6　振动加速度输入数据

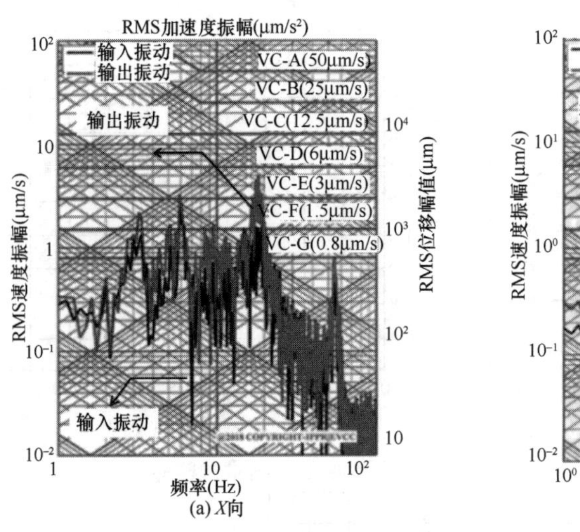

(a) X向

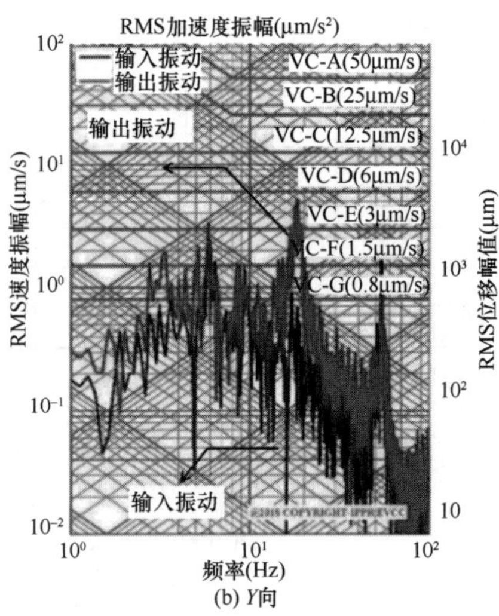

(b) Y向

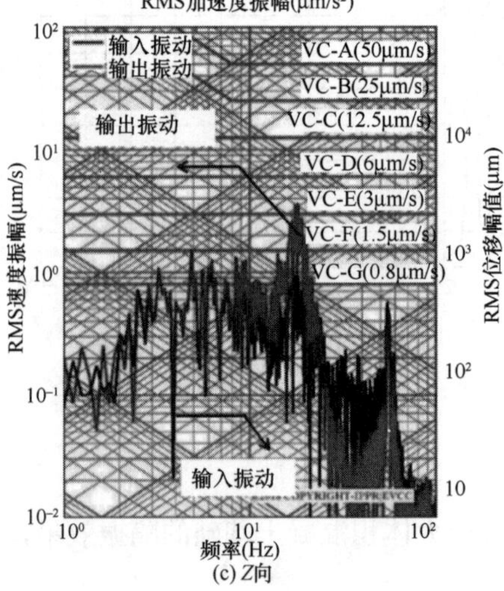

(c) Z向

图 2-5-7　VC 曲线

四、振动控制装置

主动控制装置利用加速度传感器检测振动，通过 6 自由度反馈及前馈控制，实施双重主动控制，由气动执行器来实现振动衰减，以消除电子显微镜正常工作所在场地的微振动，装置原理见图 2-5-8，装置实物如图 2-5-9 所示。

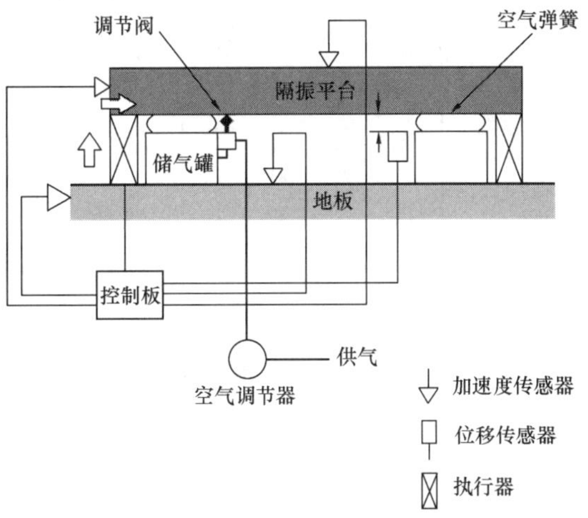

图 2-5-8 装置原理

(a) 主动控制装置类型1

(b) 主动控制装置类型2

(c) 主动控制装置类型3

图 2-5-9 主动控制装置

主动控制的实测效果如图 2-5-10 所示，三向振动控制效果均优于 VC-G，振动控制效果显著。

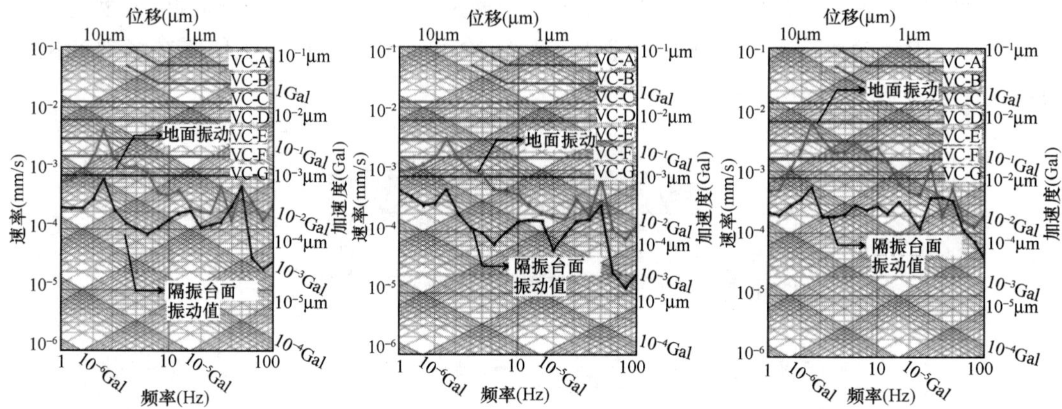

图 2-5-10　振动控制实测效果

[实例 2-6] 中科院某所试验舱防微振基础设计

一、工程概况

本项目位于北京市怀柔区，整个设备分为三部分，分别是高真空段、试验段以及低压段，如图 2-6-1 所示。试验舱的整体重量主要支撑在三个支撑点上；试验段内含有需要做精密试验的光学平台，需要对试验段采取振动控制措施，控制目标为优于 VC-E（3μm/s）。

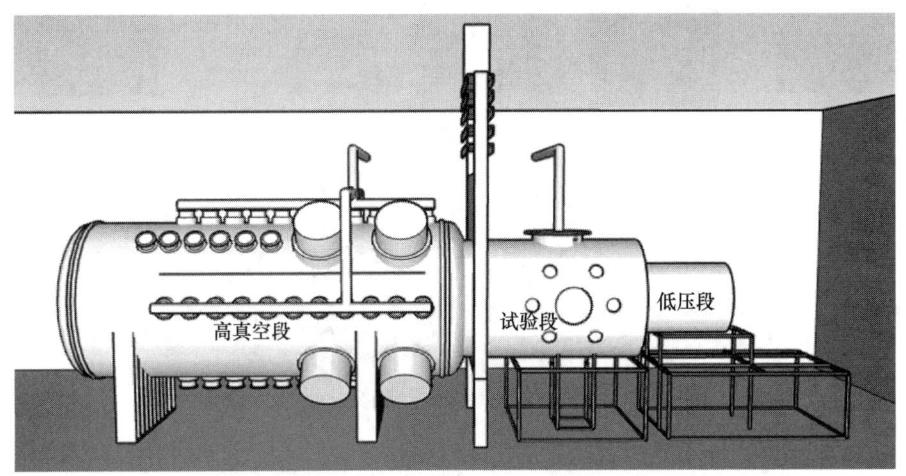

图 2-6-1　试验舱设备模型

二、振动控制方案

1. 为实现对设备上部重量的整体刚性支撑、降低地基的不均匀沉降，在三个支撑下浇筑不同厚度的承重型块式混凝土基础。

2. 在试验段下浇筑防微振大体积混凝土基础，由于设备的高真空段工作时会产生一定振动，为减小高真空段振动对光学平台的影响，在防微振大体积混凝土基础周围设置隔振沟，以降低不利振动的传递。

3. 由于支撑与防微振大体积混凝土基础很近，会导致防微振效果不好，因此，在该承重型混凝土基础上设置减振机架，以降低高真空段振动传递。

4. 在光学平台底部设置空气弹簧气浮低频微振动控制系统，以解决精密设备低频微振动控制难题；在光学平台下部增加配重，使光学平台振动控制体系实现质刚重合，减小耦合带来的不利效应。

振动控制整体方案如图 2-6-2 所示。

三、振动控制分析

在项目现场进行了振动测试，如图 2-6-3 所示，南北向均匀分布三个测点；东西向每间隔 30m 进行一次测试，测试 4 次，共计 12 个测点。选择位于防微振大体积混凝土基础处的测点数据作为振动输入，如图 2-6-4 所示。

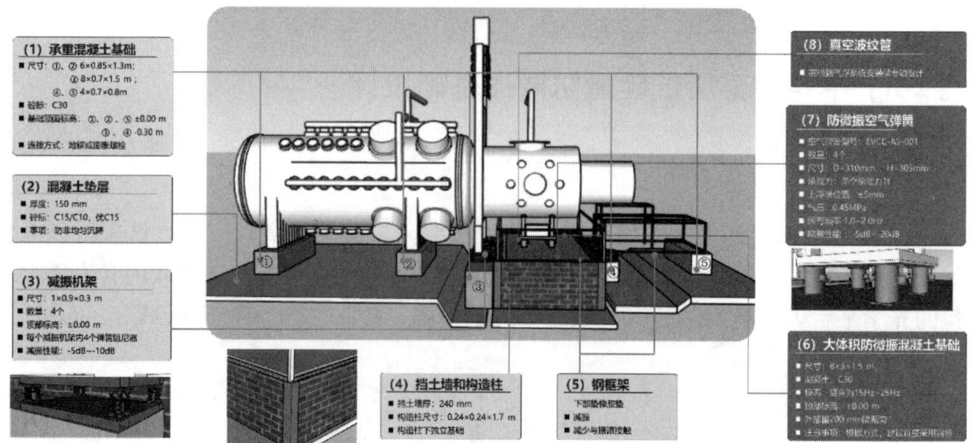

图 2-6-2　振动控制整体方案

图 2-6-3　现场测试

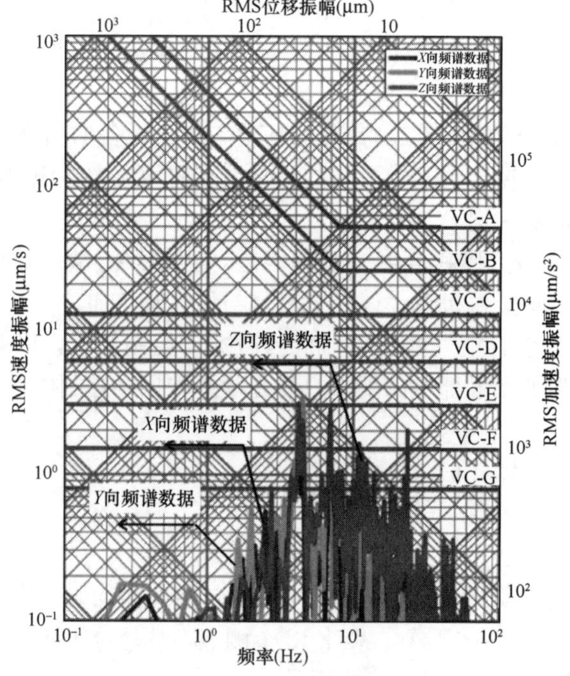

图 2-6-4　振动实测输入

为验证振动控制设计方案的可靠性，使用 ANSYS 软件建立有限元模型，如图 2-6-5 所示，模态计算结果如图 2-6-6 所示。

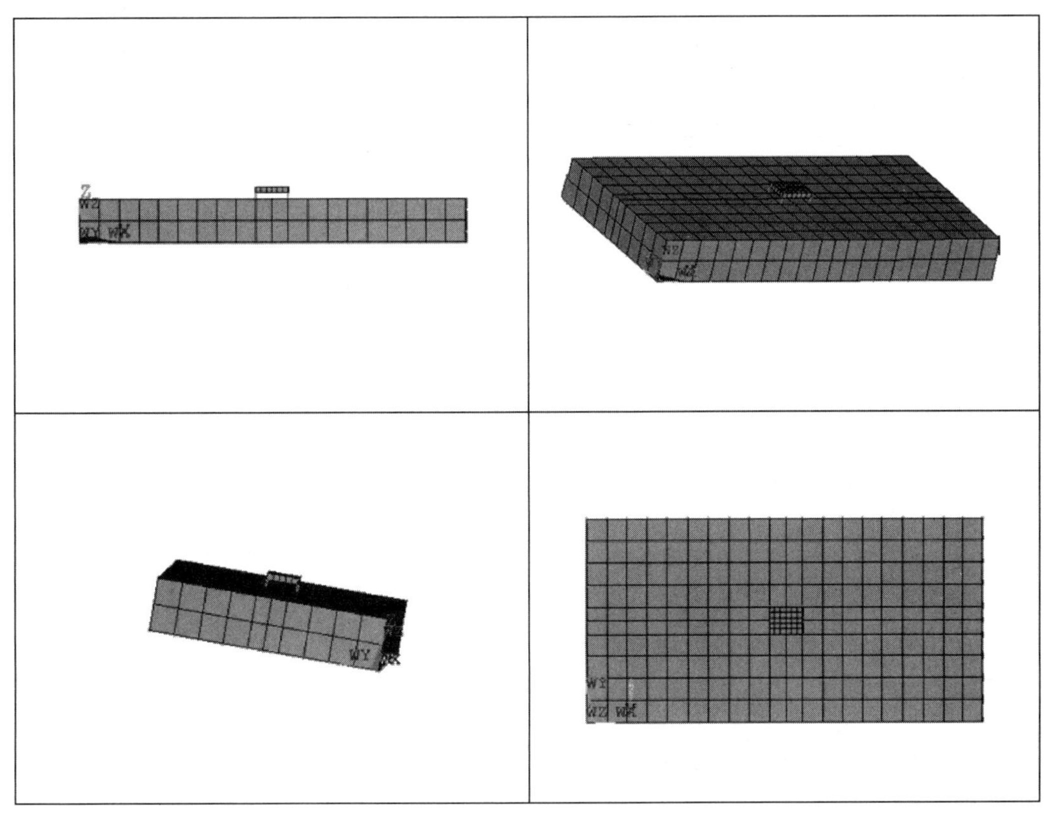

图 2-6-5 有限元模型

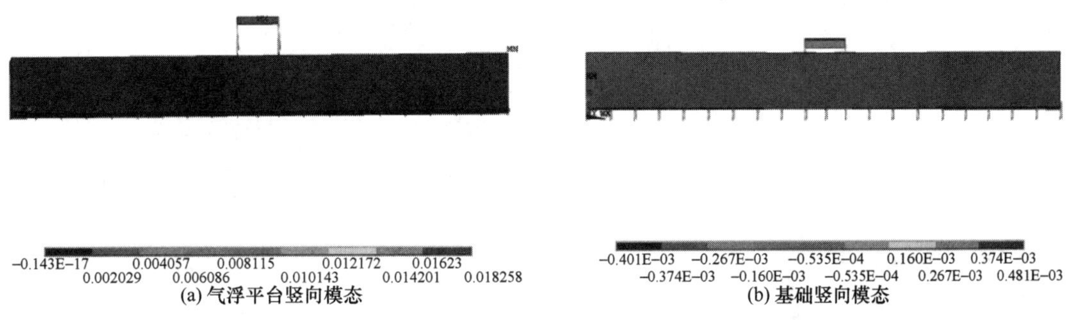

(a) 气浮平台竖向模态 (b) 基础竖向模态

图 2-6-6 模态计算结果

四、振动控制关键技术

1. 防微振大体积混凝土基础设计技术

根据试验装置资料及图纸中的设备分布，设计防微振大体积混凝土基础的长、宽，按大体积混凝土基础质量/上部支撑反力，换算质量比等于 20，进行设计计算。防微振大体积混凝土基础设计如图 2-6-7 所示。

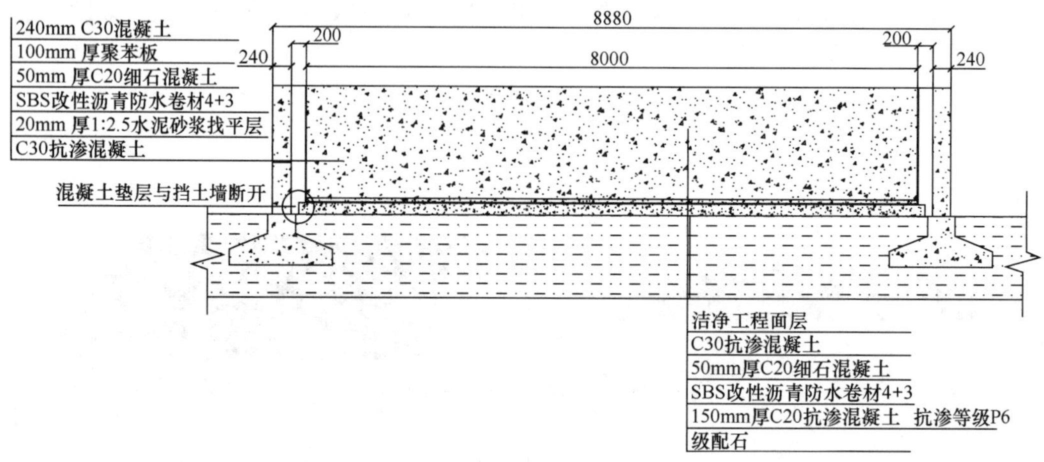

图 2-6-7　防微振基础设计图

2. 光学平台振动控制技术

（1）质刚重合设计

通过在光学平台下部设计下挂配重，光学平台隔振体系实现质刚重合，降低耦合带来的不利效应。

（2）空气弹簧气浮低频微振动控制技术

在光学平台支座下引入空气弹簧气浮低频微振动控制系统，可大幅降低环境传来的微振动。

光学平台整体振动控制如图 2-6-8 所示。

五、振动控制效果

基于实测输入的振动控制计算结果如图 2-6-9 所示，光学平台上部的振动控制水平优于 VC-E，满足设计要求。

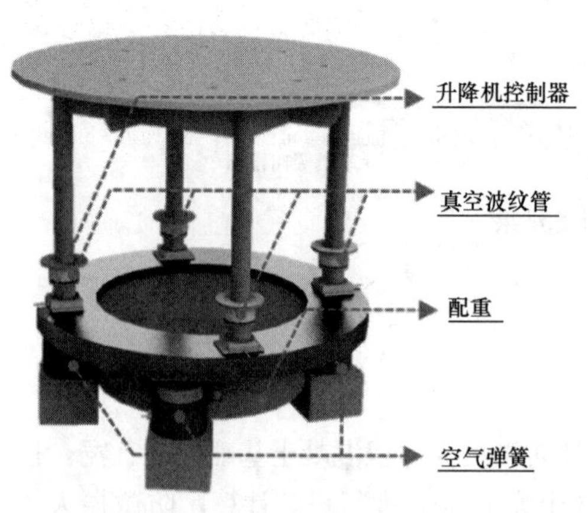

图 2-6-8　光学平台整体振动控制方案

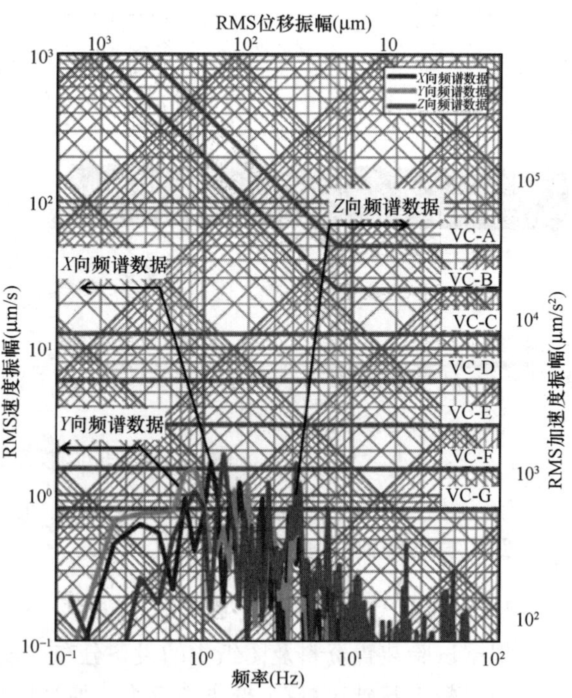

图 2-6-9　振动控制计算结果

[实例 2-7] 暨南大学光刻机微振动控制

一、工程概况

为满足科研及教学要求，暨南大学拟将某地下车库改建为光刻实验室，实验室小直写间和大直写间配备光刻机，光刻机设备具有严格的振动控制要求，达到 VC-D 水平。为满足光刻设备的振动控制需求，需为小直写间、大直写间内的光刻设备建造防微振平台，光刻机设备和防微振平台需求条件如表 2-7-1 所示。

光刻机设备和防微振平台需求条件表　　表 2-7-1

设备名称	位置	隔振等级	平台数量	平台尺寸（m）	设备荷载（t）	设备高度（m）	设备竖向质心位置（mm）	设备运动部分加速度（m/s^2）	运动部分质量（kg）
光刻设备	小直写间	VC-D	1 台	3.3×3	13.5	1.63	800	0.5g	450
光刻设备	大直写间	VC-D	1 台	4×3.5	30	2.34	1070	0.5g	480

二、振动控制方案

在确定振动控制方案前，首先对场地进行振动测试，由测试结果，场地环境振动在三个方向均低于 VC-E，如图 2-7-1 所示，按光刻机运行环境 VC-D 的要求，现有振动水平已满足，但实验室所在环境为地下车库，平时有车辆运行，为确保光刻机在车辆运行环境或在建筑物外部其他振源影响下仍能正常使用，综合考虑隔振效果与经济投入，采用油液阻尼隔振器防微振平台方案，如图 2-7-2 所示。

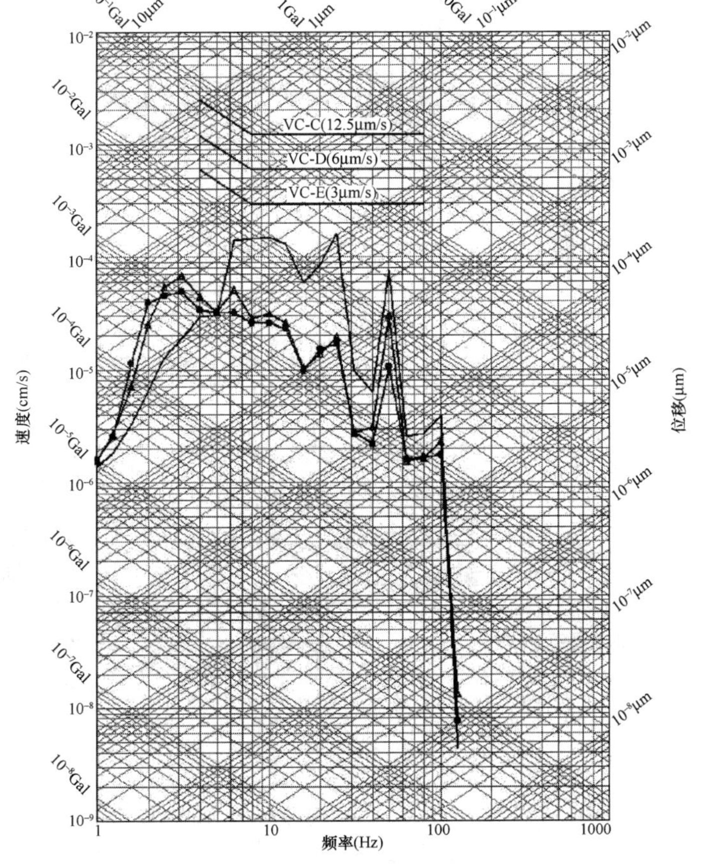

图 2-7-1　测点倍频程分析诺模图

三、振动控制分析

1. 建立光刻机设备防微振钢弹簧隔振平台有限元模型

采用 solid65 单元对光

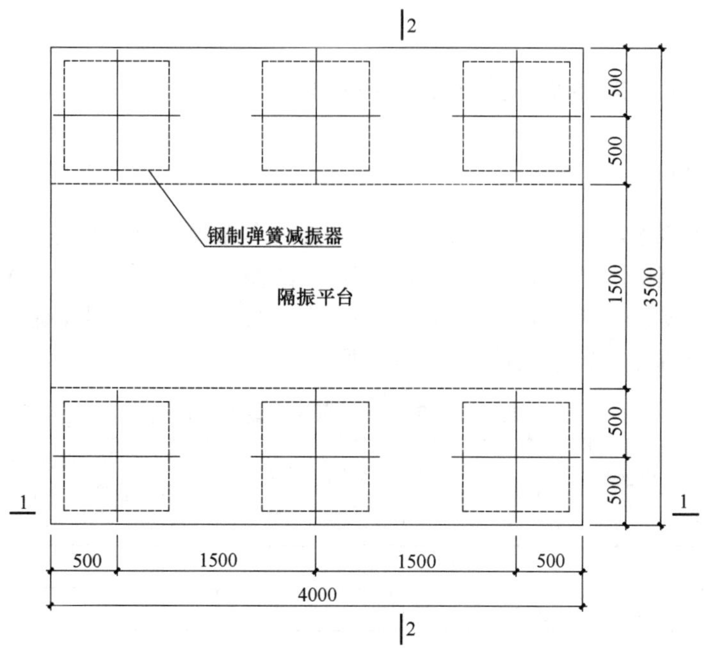

(a) 4.0m×3.5m防微振平台平面图

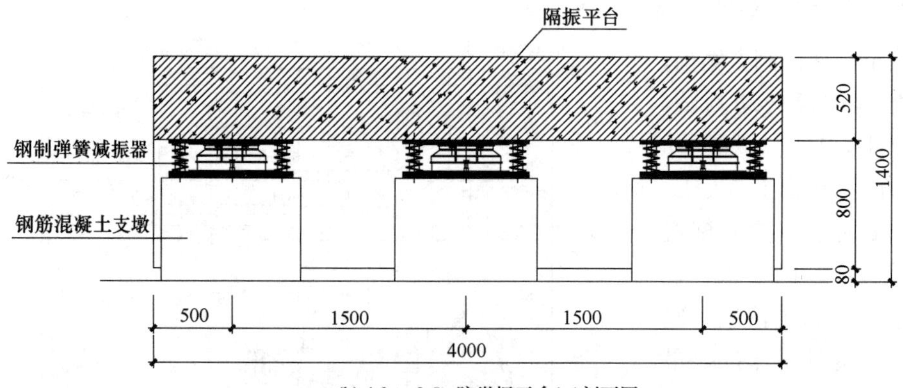

(b) 4.0m×3.5m防微振平台1-1剖面图

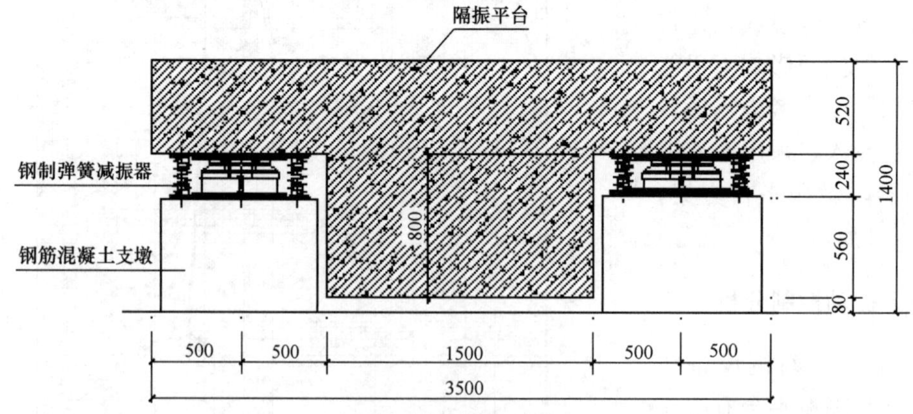

(c) 4.0m×3.5m防微振平台2-2剖面图

图 2-7-2 防微振平台设计方案（一）

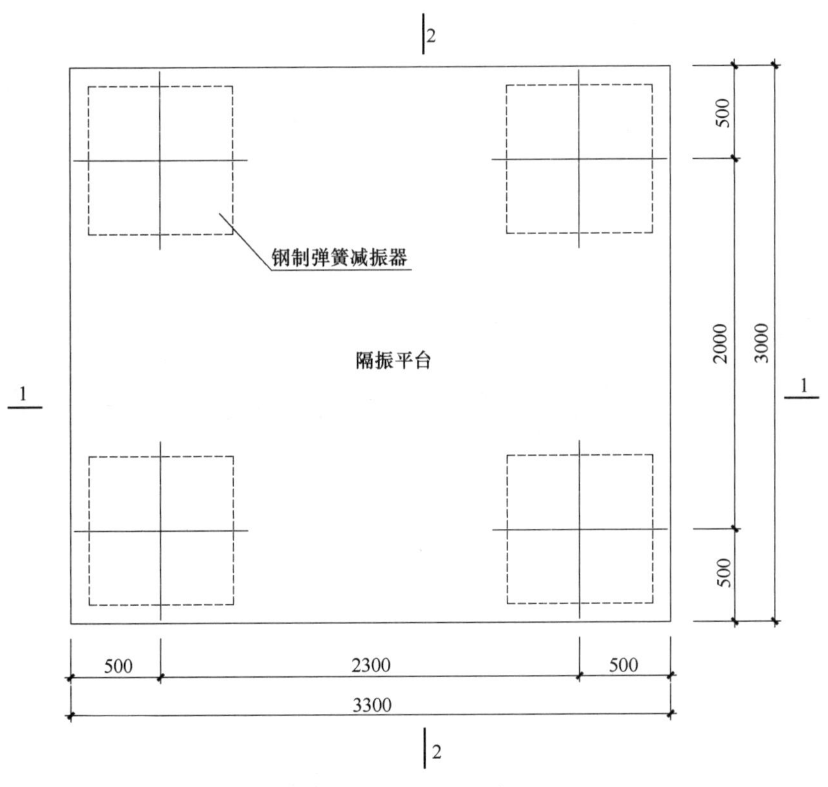

(d) 3.3m×3.0m防微振平台平面图

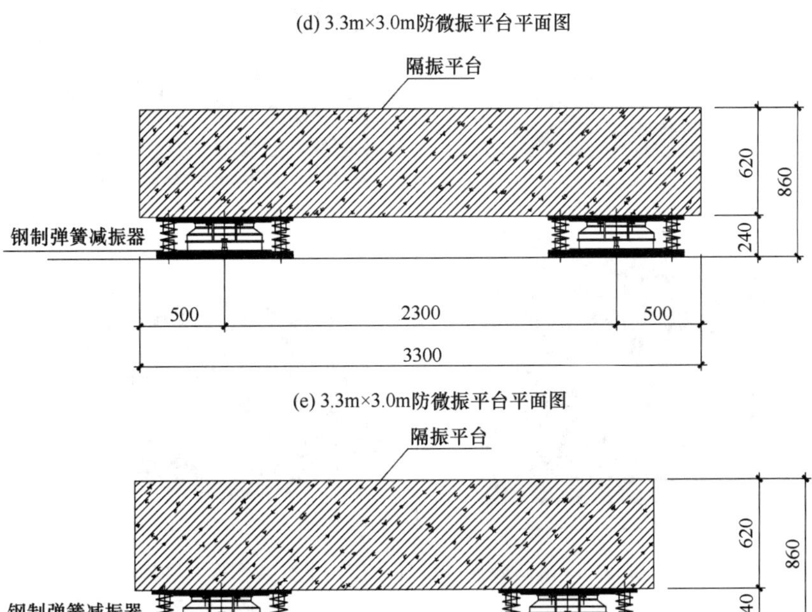

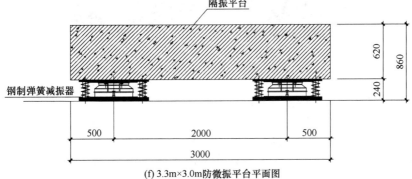

(f) 3.3m×3.0m防微振平台平面图

图 2-7-2　防微振平台设计方案（二）

刻设备 3.3m×3.0m 防微振平台进行数值仿真建模，模型如图 2-7-3 所示。

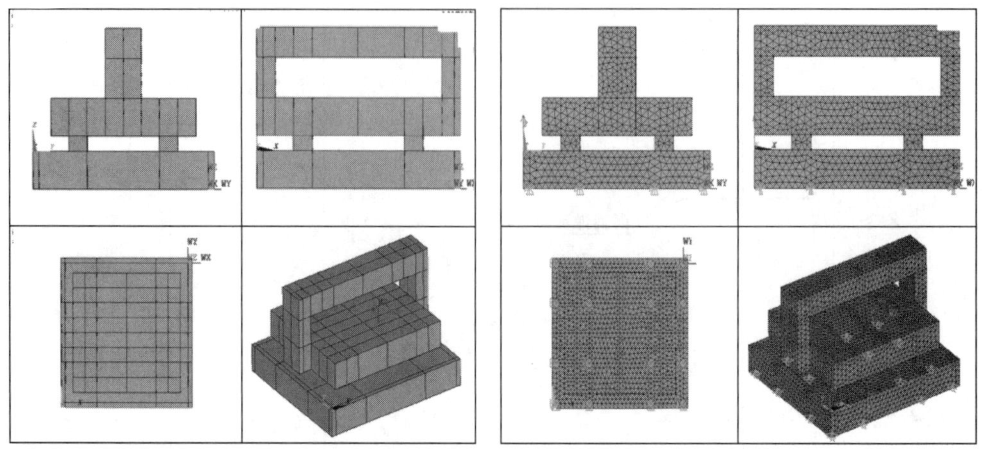

图 2-7-3　3.3m×3.0m 防微振平台几何模型和计算模型

2. 光刻机设备防微振钢弹簧隔振平台静载变形分析

在上部光刻机和下部型钢混凝土共同作用下，钢弹簧变形量约为 11mm，弹簧处于弹性变形阶段，如图 2-7-4 所示。

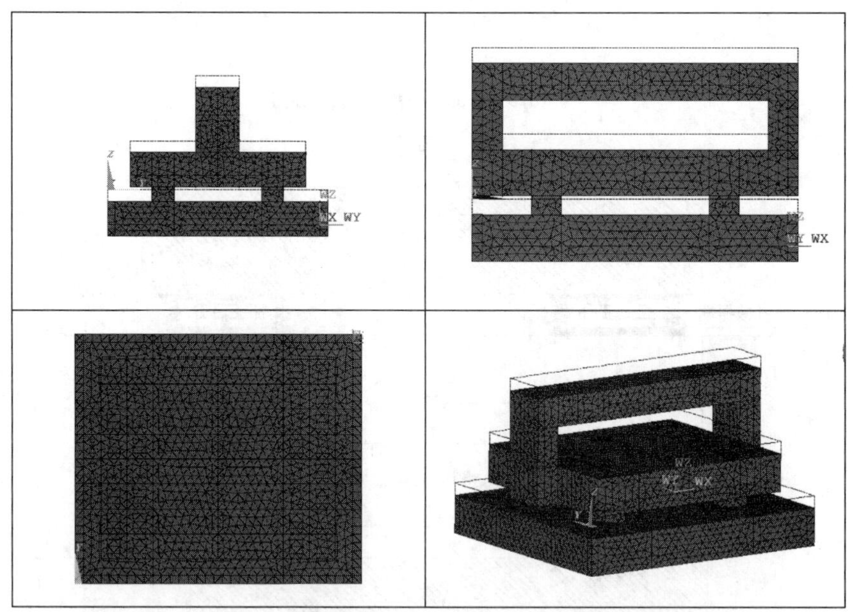

图 2-7-4　3.3m×3.0m 防微振平台静载作用下弹簧变形（竖向 11mm）

3. 光刻机设备防微振平台模态分析

光刻设备 3.3m×3.0m 防微振平台模态计算结果如图 2-7-5 所示。

4. 光刻机设备防微振平台运动部分影响分析

光刻机设备运动部分加速度可达 0.5g，为研究运动部分对平台产生影响，对其运动情况进行数值模拟，结果如图 2-7-6 所示，水平向位移为 0.25mm。

光刻设备 4.0m×3.5m 防微振平台的振动控制分析过程同 3.3m×3.0m 防微振平台。

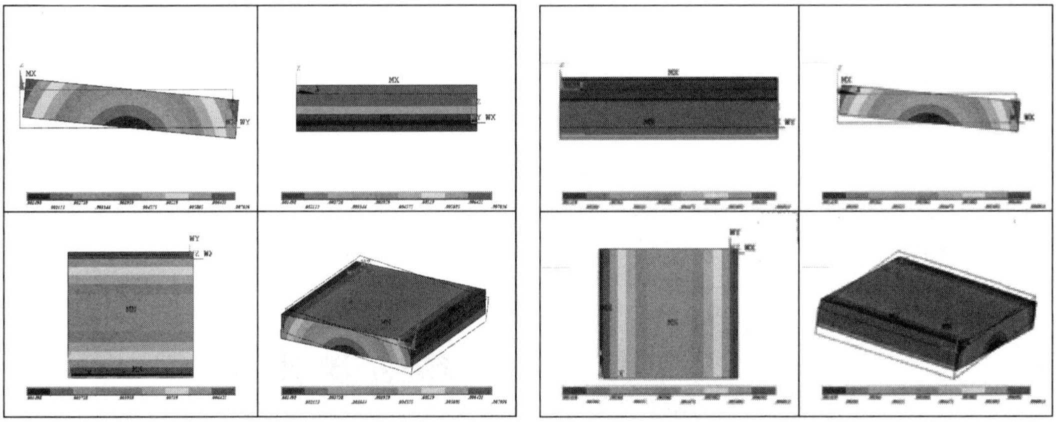

(a) 平台一阶模态(f=4.27Hz)

(b) 平台二阶模态(f=4.33Hz)

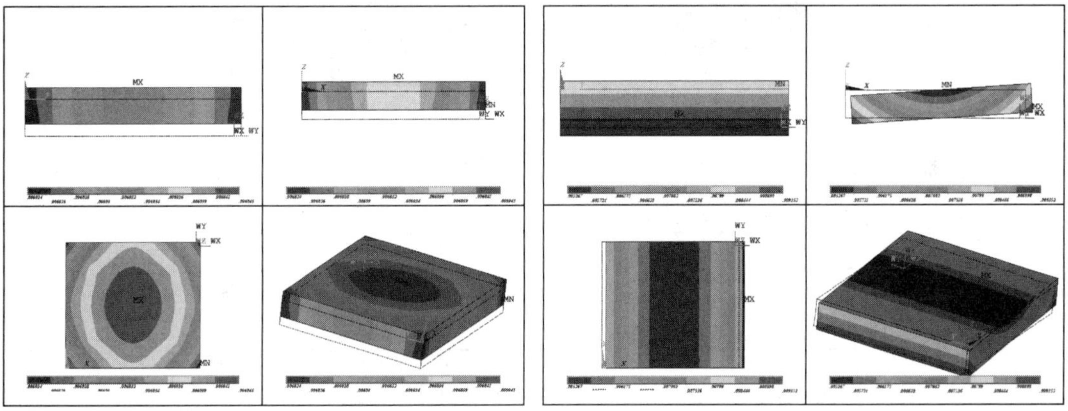

(c) 平台三阶模态(f=5.30Hz)

(d) 平台四阶模态(f=9.67Hz)

图 2-7-5　3.3m×3.0m 防微振平台模态分析结果

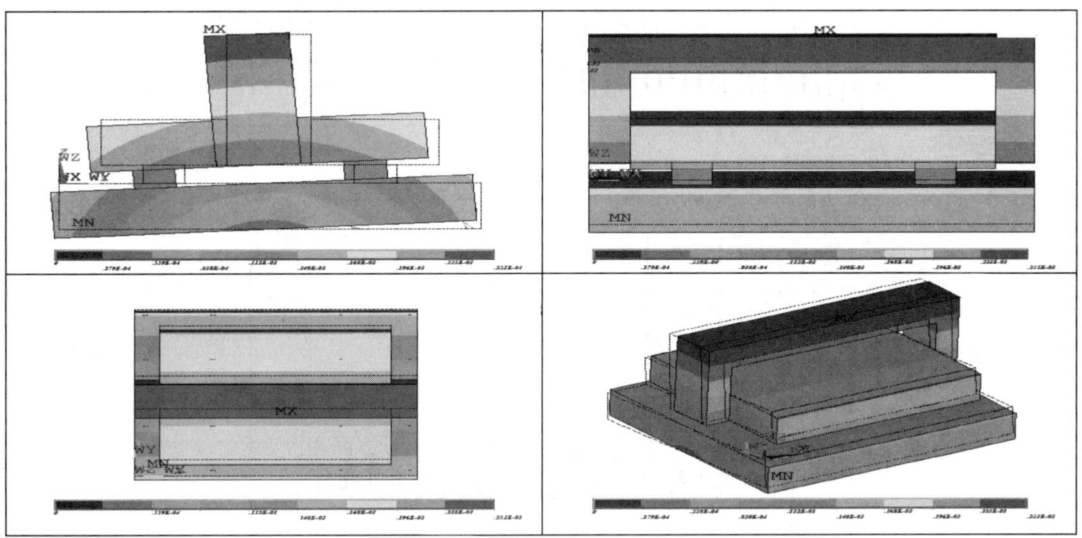

图 2-7-6　3.3m×3.0m 防微振平台运动部件运动时变形

四、振动控制装置

1. 振动控制产品

本工程采用的隔振器如图 2-7-7 所示，具有高隔振效率、快速稳定等优点。系统竖向频率 3～5.5Hz，时域减振效率高，隔振效率≥90％。基于幂律流体本构关系的黏滞阻尼器，可有效耗散系统能量，系统阻尼比 0.05～0.2，稳定时间小于 3s，测试性能如图 2-7-8 所示。该装置为独立式设计，体积小、便于安装、可独立使用，也可根据承载要求组合使用，装置具有水平调节功能和保证水平基准功能。

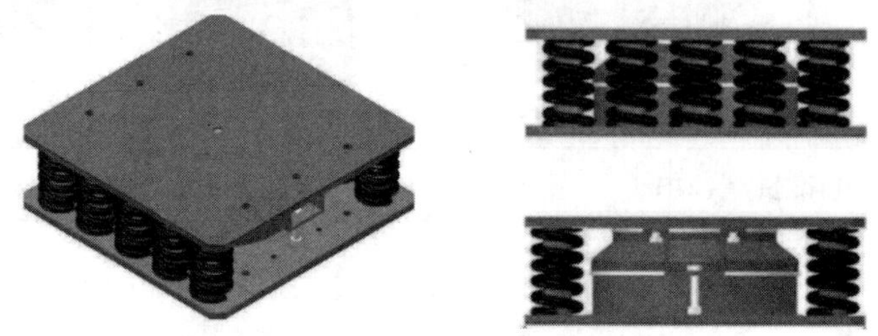

图 2-7-7　油液阻尼隔振器示意

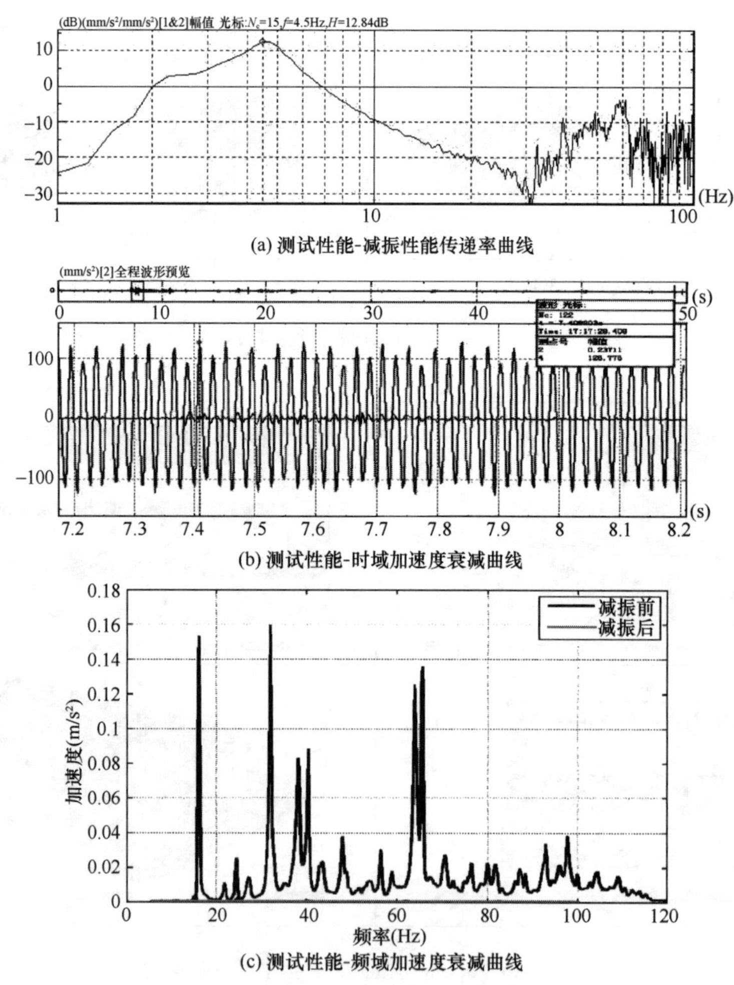

(a) 测试性能-减振性能传递率曲线

(b) 测试性能-时域加速度衰减曲线

(c) 测试性能-频域加速度衰减曲线

图 2-7-8　油液阻尼隔振器产品测试性能曲线

2. 隔振装置及防微振平台安装施工

本项目在现场进行了 4.0m×3.5m、3.3m×3.0m 两个防微振平台的建造工作，总工期约 30d，主要施工内容包括：混凝土支墩基面处理、油液阻尼隔振器安装调平、平台钢模外壳和钢框架的制作安装以及平台混凝土浇筑等工作（如图 2-7-9 所示）。

(a) 隔振装置安装调平

(b) 平台钢框架制作安装

(c) 平台混凝土浇筑

图 2-7-9　4.0m×3.5m、3.3m×3.0m 防微振平台施工安装图

五、振动控制效果

本项目参照国家标准《电子工业防微振工程技术规范》GB 51076—2015、《建筑工程容许振动标准》GB 50868—2013、IEST 通用评价准则（即 VC 标准）进行振动控制效果评价。

评价方法：平台在静载状态下，台面上任一点以振动速度 1/3 倍频程谱为评价指标准则，在 1～100Hz 频段范围内任一频率点的振动速度 $V_{RMS}\leqslant 6\mu m/s$（即满足 IEST 标准中的 VC-D 指标）。

振动测试对象为 4.0m×3.5m、3.3m×3.0m 两个防微振平台，测试工况分别为有车辆运行和安静状态两种，测点布置如图 2-7-10 所示。车辆运行时，振动响应测试结果如图 2-7-11 所示；安静状态下，振动响应测试结果如图 2-7-12 所示。

图 2-7-10　测点布置图

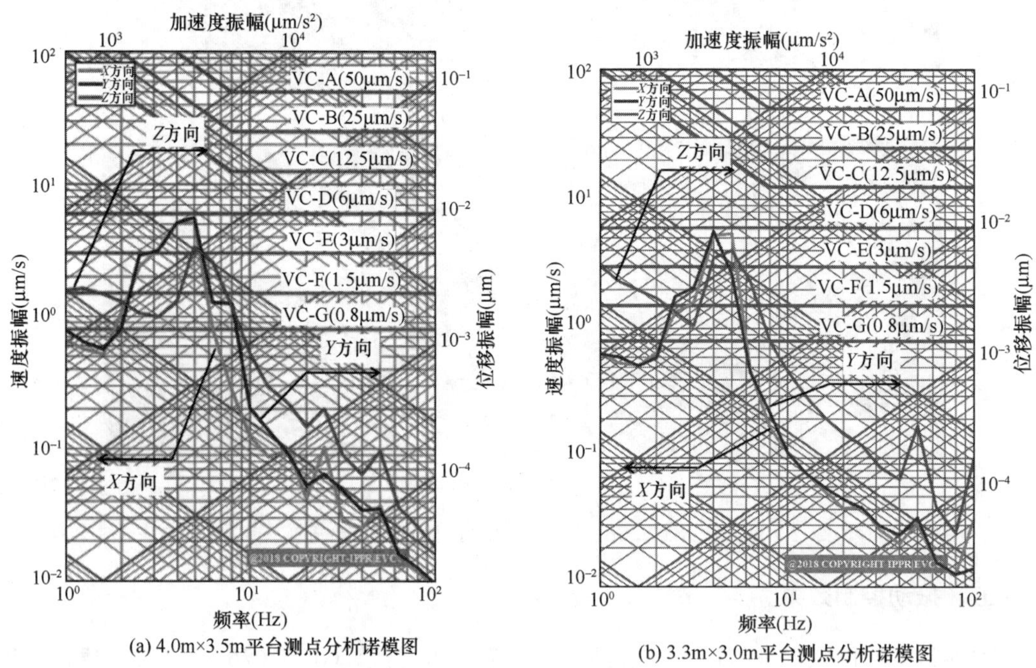

图 2-7-11　防微振平台测点分析诺模图

由测试结果，平台上各测点振动水平均位于 VC-D 以下，满足光刻设备的使用要求，验收达标。

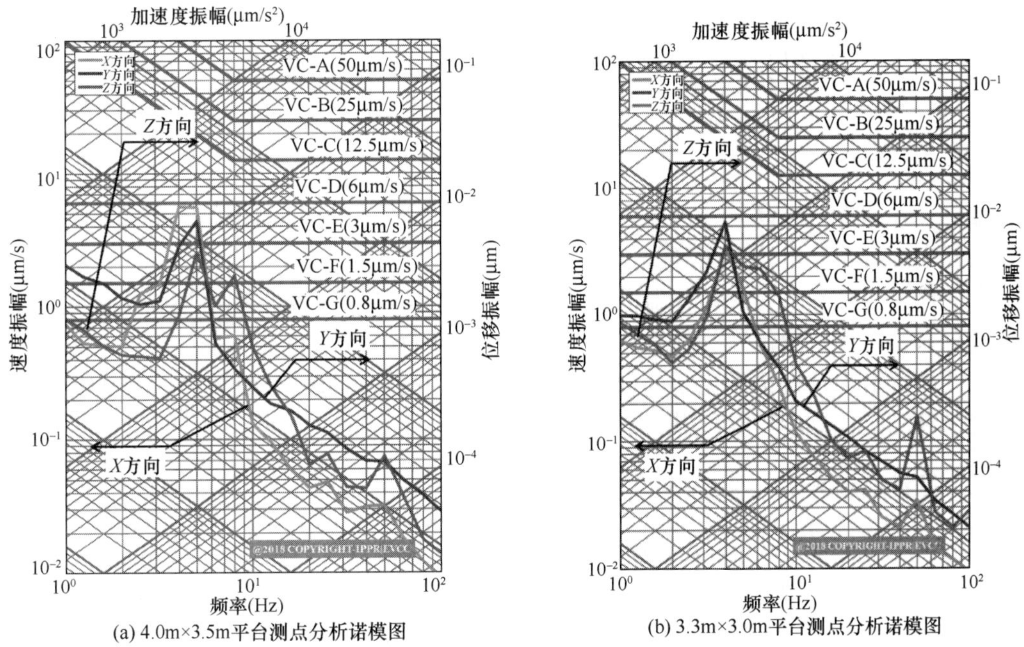

(a) 4.0m×3.5m平台测点分析诺模图

(b) 3.3m×3.0m平台测点分析诺模图

图 2-7-12　防微振平台测点分析诺模图

［实例 2-8］航天科技集团某所动态模拟装置隔振台座

一、工程概况

近年来，随着我国高科技产业发展步伐的加快，空间光学、航空航天等领域对试验、测试过程中的环境要求越来越高。

光学检测的准确度与测试仪器质量、检测环境稳定性等因素有关，光传播路径内的常见振源有大气扰动以及传递到检测仪器、试验件（载物平台）的振动等。

在真空环境中进行精密光学检测是解决大气扰动的最佳办法，对载物平台进行隔振是解决传递到测试仪器和试验件振动的主要手段。

二、振动控制方案

本工程的振动控制标准：台面顶面振动速度 V_V（竖向）＝0.02mm/s，V_H（水平向）＝0.008mm/s，频带范围为 0.5～60Hz。隔振系统设计如图 2-8-1～图 2-8-3 所示。

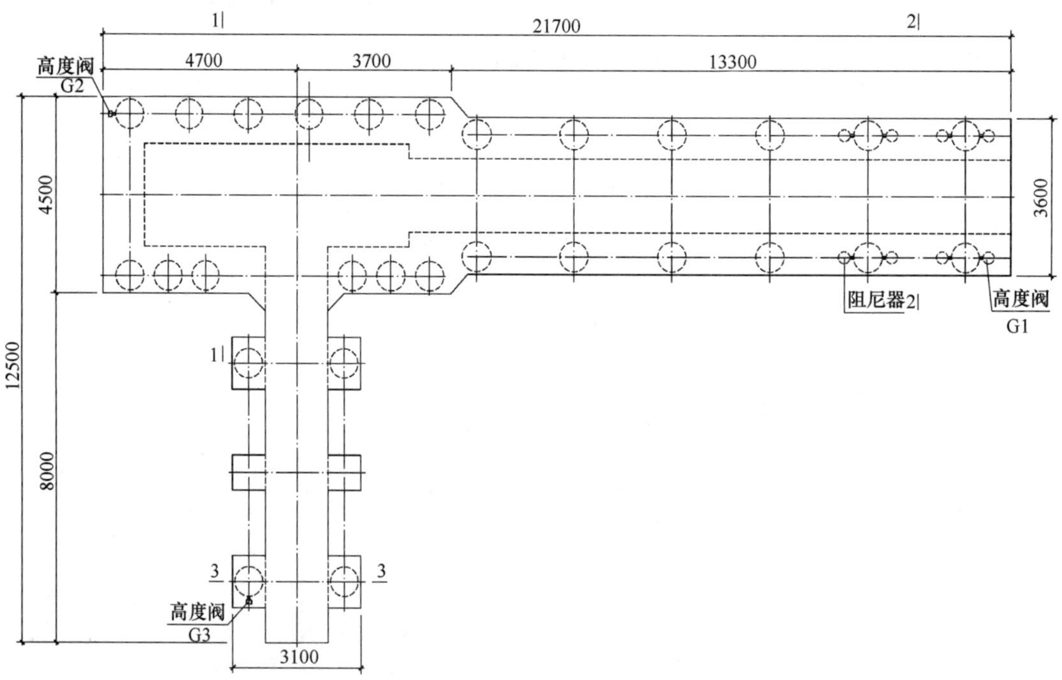

图 2-8-1　隔振系统平面图

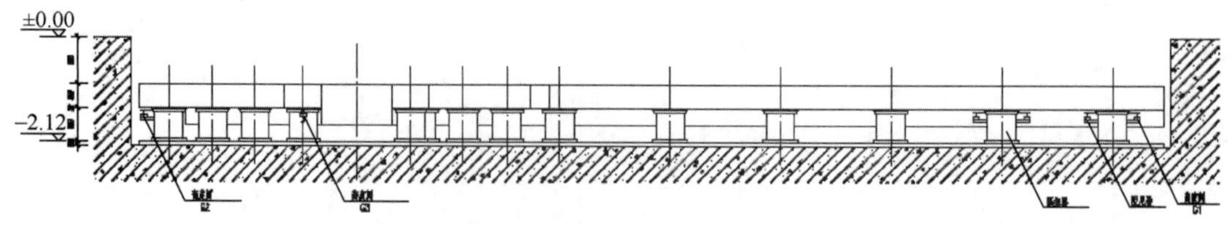

图 2-8-2　隔振系统侧面图

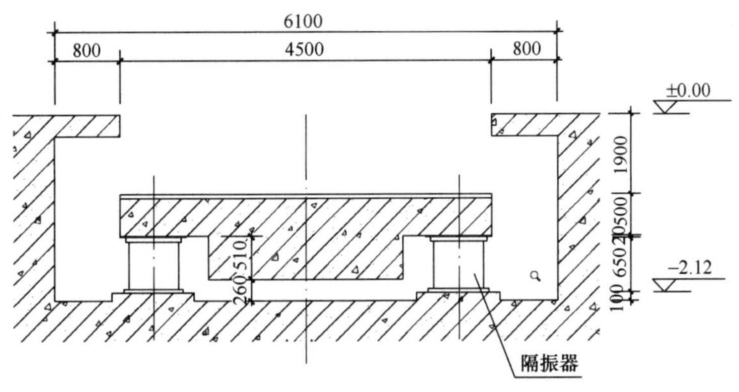

图 2-8-3　隔振系统剖面图

隔振系统组成如下：

1. 基础　即隔振装置下部支撑结构，为现浇钢筋混凝土框架结构，该结构支撑在厚底板的钢筋混凝土基坑内。

2. 台座　型钢混凝土结构内配置型钢框架和钢筋，外包钢板为模板，内浇混凝土，台座自重 440t，根据工艺条件设计为 L 形结构。

3. 隔振装置　空气弹簧隔振器 28 个、高度控制阀 3 只、阻尼器 28 只、仪表箱 1 台、管道和接头若干。

三、振动控制分析

采用双自由度固有圆频率公式进行计算：

$$\omega_{n1}^2=\frac{1}{2}\left[(\lambda_1^2+\lambda_2^2)-\sqrt{(\lambda_1^2-\lambda_2^2)^2+4\gamma\lambda_1^4}\right] \tag{2-8-1}$$

$$\omega_{n2}^2=\frac{1}{2}\left[(\lambda_1^2+\lambda_2^2)+\sqrt{(\lambda_1^2-\lambda_2^2)^2+4\gamma\lambda_1^4}\right] \tag{2-8-2}$$

式中　ω_{n1}——双自由度耦合振动时的无阻尼第一阶振型固有圆频率（rad/s）；

ω_{n2}——双自由度耦合振动时的无阻尼第二阶振型固有圆频率（rad/s）。

对于支撑式隔振，计算系数 λ_1 和 λ_2 可按下列公式进行计算：

当 x-φ_y 耦合振动时，

$$\lambda_1=\sqrt{\frac{K_x}{m}} \tag{2-8-3}$$

$$\lambda_2=\sqrt{\frac{K_{\varphi y}}{J_y}} \tag{2-8-4}$$

$$\gamma=\frac{mz^2}{J_y} \tag{2-8-5}$$

当 y-φ_x 耦合振动时，

$$\lambda_1=\sqrt{\frac{K_y}{m}} \tag{2-8-6}$$

$$\lambda_2=\sqrt{\frac{K_{\varphi x}}{J_x}} \tag{2-8-7}$$

$$\gamma = \frac{mz^2}{J_x} \tag{2-8-8}$$

式中　K_x、K_y、K_z——系统 x、y、z 向整体刚度。

四、振动控制效果

1. 隔振台座固有频率及阻尼比

隔振台座固有频率及阻尼比用敲击法测得，见表 2-8-1。

隔振平台技术参数　　表 2-8-1

方向	固有频率（Hz）	阻尼比	备注
Z	1.17	0.14	隔振器内平均气压为 0.323MPa
X	1.95	0.054	
Y	1.95	0.041	

2. 时域振动速度分析

隔振台座顶面时域振动速度幅值见表 2-8-2。台座顶面竖向及水平向时域振动速度幅值满足规定控制要求。

隔振平台技术参数　　表 2-8-2

V_{RMS}（mm/s）		
Z	X	Y
2.03×10^{-3}	6.83×10^{-3}	5.33×10^{-3}

3. 台座转动角速度分析

用测得的振动速度换算台座 X 向及 Y 向转动角速度，见表 2-8-3，台座顶面转动角速度未超过控制值。

隔振平台技术参数　　表 2-8-3

方向	物理量	V_{max}（mm/s）	V 差值（mm/s）	测点距离（mm）	转动角速度值（°/s）
X 向	振动速度	-5.65×10^{-3}	$+7.75\times10^{-3}$	14000	3.17×10^{-5}
		$+1.34\times10^{-2}$			
Y 向	振动速度	-5.65×10^{-3}	$+2.04\times10^{-2}$	3200	3.65×10^{-4}
		-5.65×10^{-3}			

[实例 2-9] 中科院某所大光栅刻划机 7m×7m 隔振系统

一、工程概况

光栅分为刻划光栅、复制光栅、全息光栅等，是用钻石刻刀在涂薄金属表面机械刻划而成。光栅刻划机是制造光栅的工作母机，由于我国没有高精度、大尺寸光栅的制造能力，光谱仪所需的高精度光栅全部依赖进口，成为制约光谱仪器行业以及国家战略高技术发展的瓶颈。图 2-9-1 是光栅刻划机的三维系统，图 2-9-2 是光栅刻划机的三维部件。

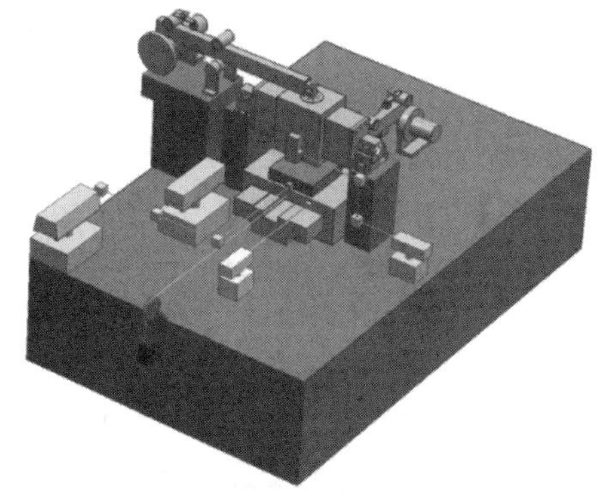
图 2-9-1 光栅刻划机三维系统

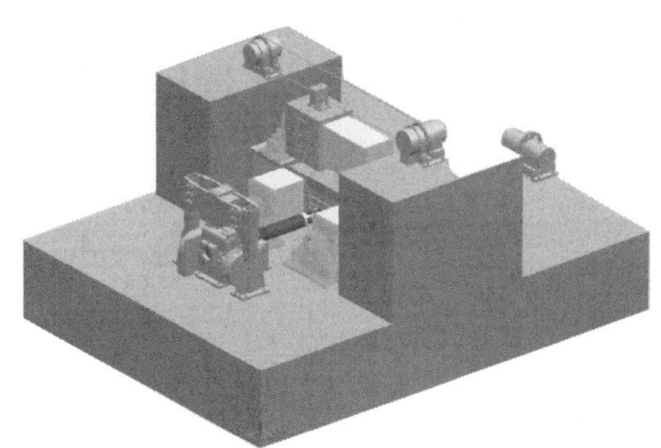
图 2-9-2 光栅刻划机三维部件

本项目中的光栅刻划精度达到 6000 线/mm，刻划稳定时间要求持续 720h，堪称世界光栅刻划史上的“机械之王”，刻划周期长，对温度、湿度，特别是对微振动控制要求极为严格，必须采取振动控制措施，隔振系统安装位置如图 2-9-3 所示。

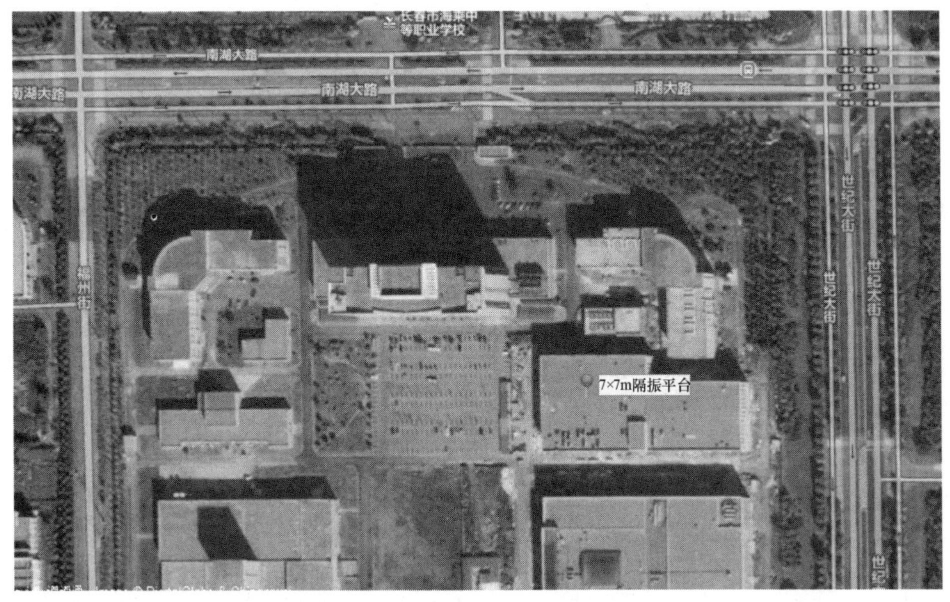

图 2-9-3 隔振系统安装位置及周边道路实景

二、振动控制方案

本项目的振动控制标准为：1～100Hz 频段内，台面三个方向的振动速度 V_{RMS}≤0.002mm/s；隔振系统三个方向（竖向和水平向）的固有振动频率 f_0≤1.0Hz。

隔振系统平面和剖面如图 2-9-4 和图 2-9-5 所示。

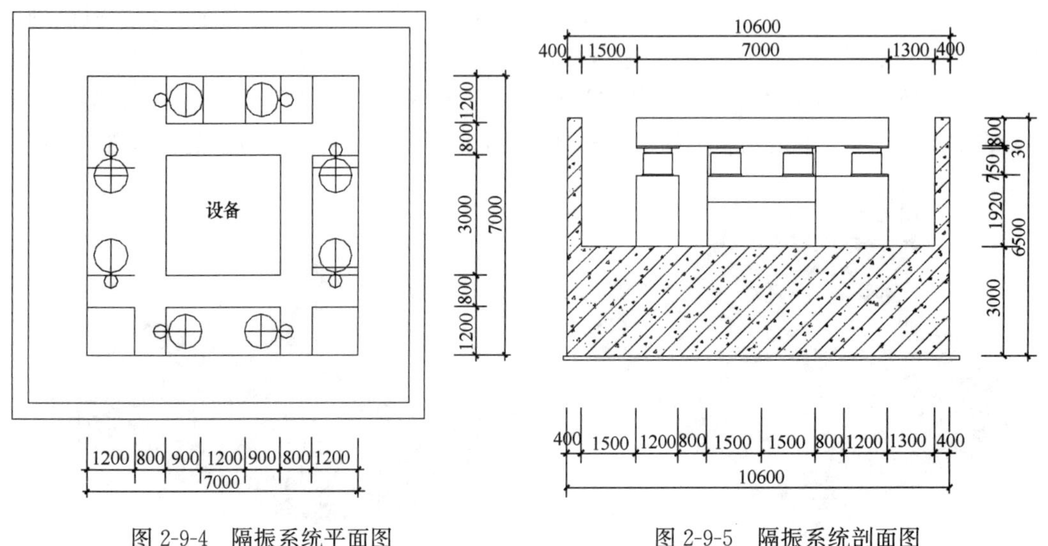

图 2-9-4　隔振系统平面图　　　　图 2-9-5　隔振系统剖面图

隔振系统组成如下：

1. 基础：隔振装置下部支撑结构为现浇钢筋混凝土框架结构，此结构支撑在厚底板的钢筋混凝土基坑内。

2. 台座：型钢混凝土结构内配置型钢框架和钢筋，外包钢板为模板，内浇混凝土，台座自重 70t，平面尺寸 7m×7m。

3. 隔振装置：空气弹簧隔振器 8 只、高度控制阀 3 只、阻尼器 16 只、仪表箱 1 台、管道和接头若干。

三、振动控制分析

隔振系统模型如图 2-9-6 和图 2-9-7 所示。

图 2-9-6　7m×7m 隔振系统三维模型

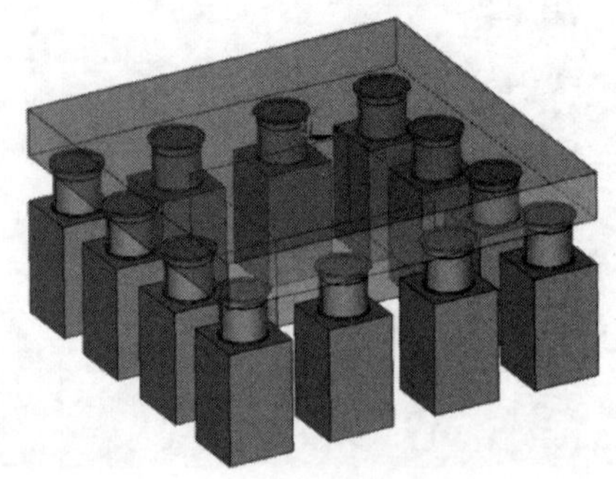

图 2-9-7　7m×7m 隔振系统几何模型

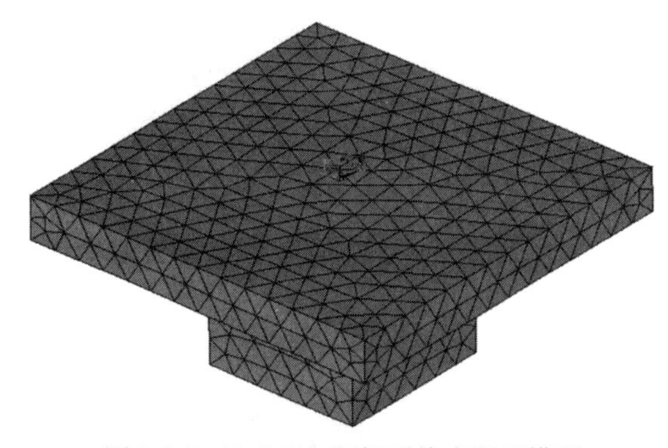

图 2-9-8　7m×7m 隔振系统有限元模型

高刚性台体采用实体单元 Solid45，空气弹簧采用弹簧单元 Combin14 进行模拟，有限元模型如图 2-9-8 所示。对隔振系统进行模态分析，经反复迭代计算确定最优隔振方案。

固有频率计算结果如表 2-9-1 所示，系统前 6 阶固有频率均小于 2Hz，满足技术要求，隔振系统前 8 阶模态如图 2-9-9 所示。

隔振系统固有频率　　**表 2-9-1**

阶数	固有频率（Hz）	阶数	固有频率（Hz）
1	1.076	5	1.378
2	1.091	6	1.576
3	1.091	7	50.907
4	1.378	8	66.062

(a) 一阶模态

(b) 二阶模态

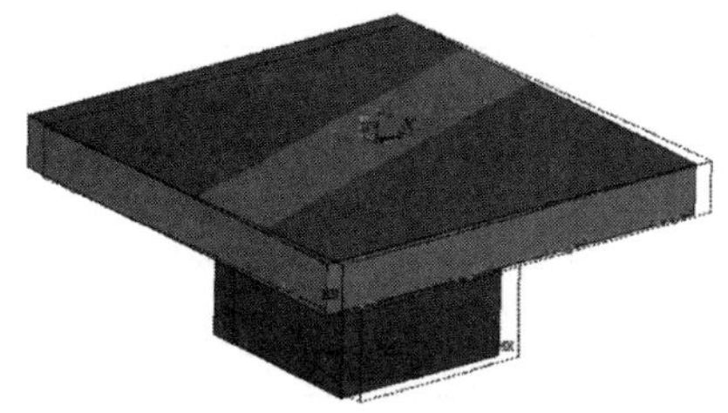

(c) 三阶模态

(d) 四阶模态

图 2-9-9　隔振系统前 8 阶模态（一）

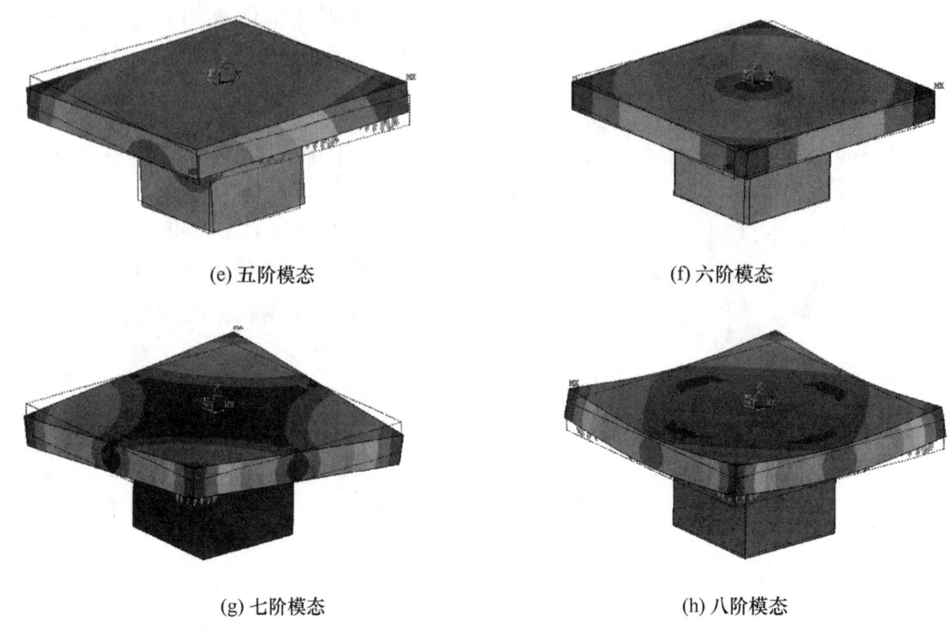

(e) 五阶模态　(f) 六阶模态

(g) 七阶模态　(h) 八阶模态

图 2-9-9　隔振系统前 8 阶模态（二）

四、振动控制效果

项目竣工后，开展了振动测试，隔振系统固有频率 1.0Hz 处振动值为 1.0×10^{-6}m/s，达到光栅刻划对环境振动的设计要求，成为目前国内振动控制水平最高的微振动工程。台面与地面振动对比如图 2-9-10～图 2-9-16 所示。

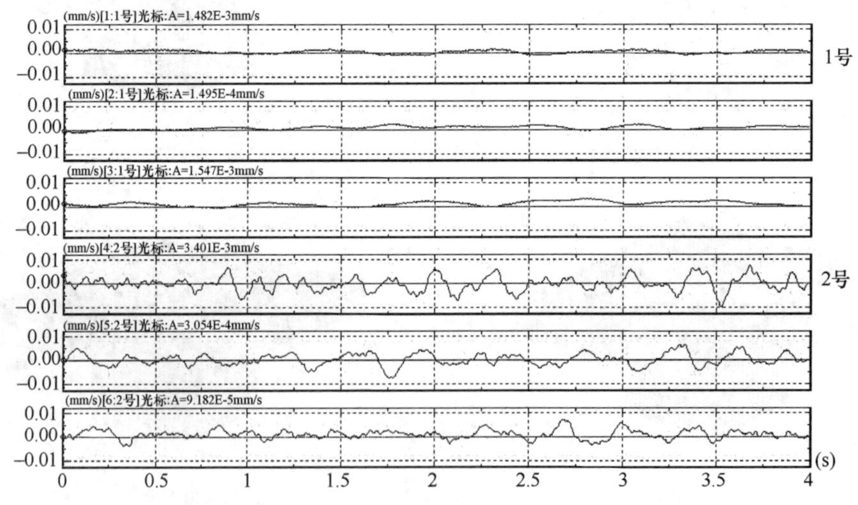

图 2-9-10　台上、台下 z、x、y 向时域曲线（台上：1 号，台下：2 号）

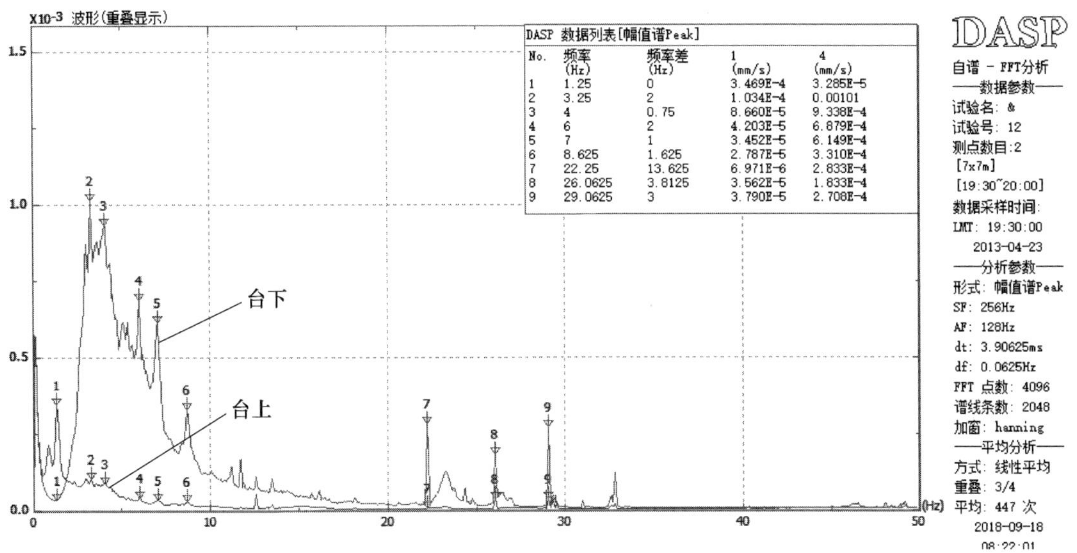

图 2-9-11　台上、台下 z 向频域分析图

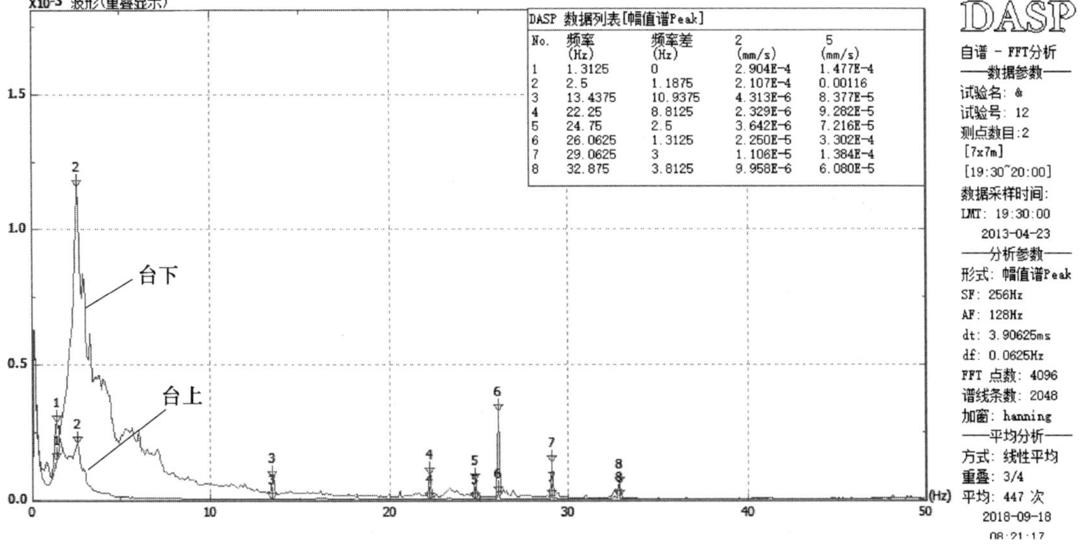

图 2-9-12　台上、台下 x 向频域分析图

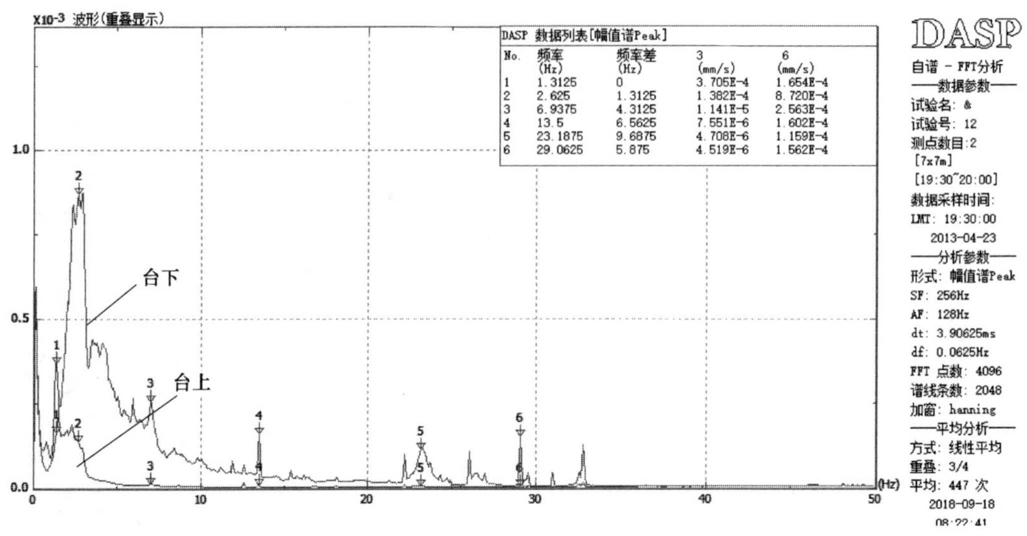

图 2-9-13　台上、台下 y 向频域分析图

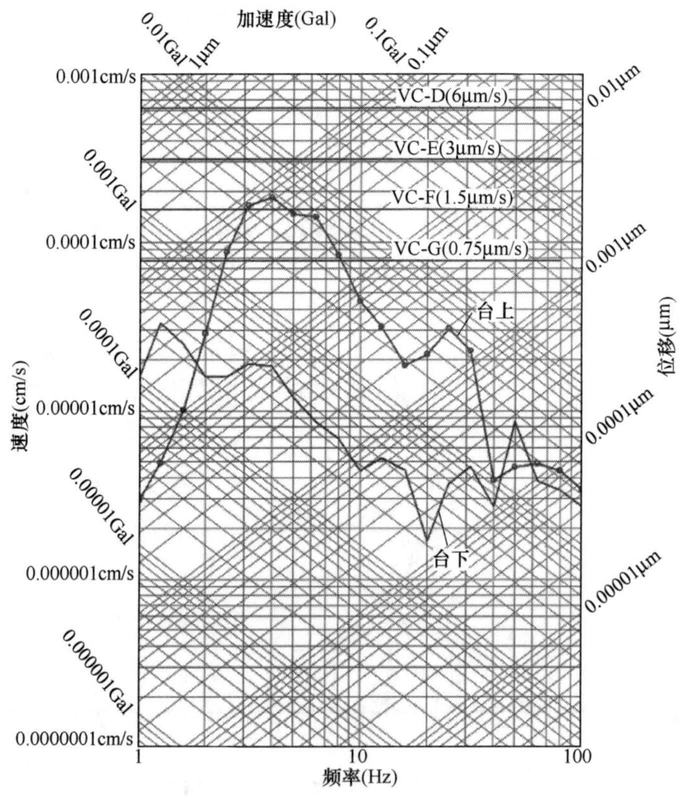

图 2-9-14　台上、台下 z 向诺模图

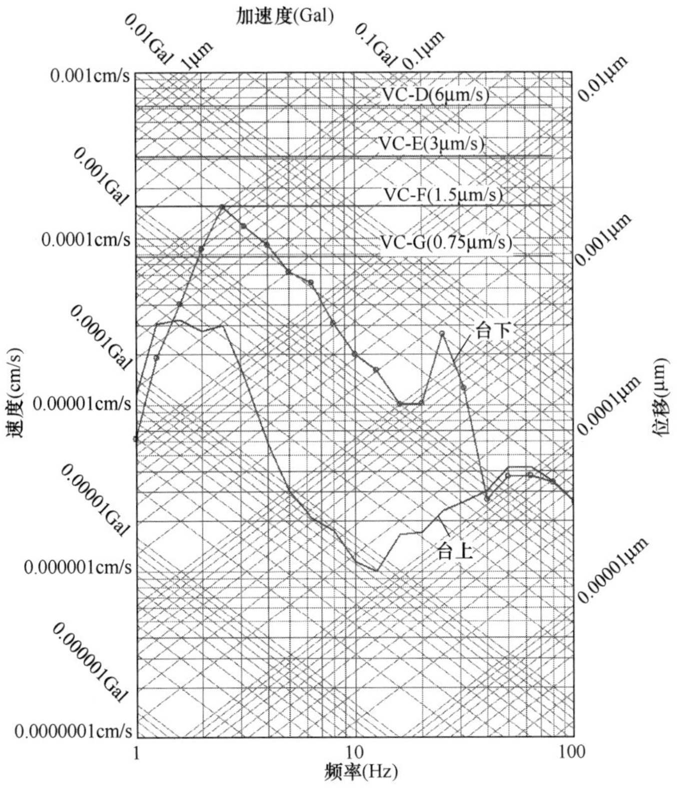

图 2-9-15　台上、台下 x 向诺模图

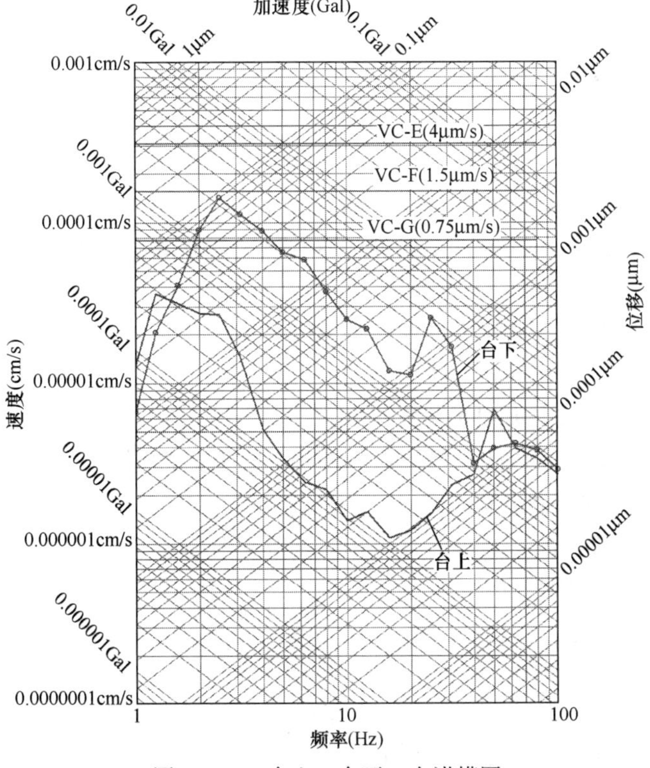

图 2-9-16　台上、台下 y 向诺模图

[实例 2-10] 扫描隧道显微镜超微振动控制

一、工程概况

扫描隧道显微镜（STM，Scanning Tunneling Microscope）在科学研究中有着广泛的应用前景。本工程旨在为日本某世界一流大学的新建实验室提供安装具有世界最高性能STM的超微振动环境。实验楼共5层，高20.5m，STM实验室设在一楼。

STM对振动非常敏感，要保证STM发挥最高性能，必须保证安装场地的超微振动环境。为消除超微振动对STM的影响，本工程采取了微振动控制的分段设计和施工方法，从实验室的建筑结构微振动控制，到外部动力机器设备的振动隔离，再到为STM配备主动隔振系统，采用了一整套创新综合性超微振动控制方案。

二、振动控制方案

1. 建筑结构防微振

进行安装基础与建筑物基础的一体化设计，以避免独立基础重量小，高重心可能引起的谐振问题，在此基础上，仍需隔绝周围环境传来的振动。

2. 建筑物内动力设备隔振

对建筑物内动力机器和设备进行隔振，降低周边设备机器对安装环境造成的振动影响。

3. 微振动隔振

设计和采用可消除超微振动（尤其是低频振动）对STM干扰影响的主动隔振系统。

三、振动控制分析

1. 场地环境振动测试

对建设用地进行场地环境测试，包括地表测试、地层钻孔测试、夜间常时微动测试、校区内车辆通行高峰时间振动测试、校外公路车辆通行高峰时振动测试等。

2. 建筑物基础的振动传递计算分析

以地层中的振动测试数据作为场地振动输入，进行仿真计算，以分析结果为依据进行建筑物基础与电镜设备安装基础一体化设计。

3. 动力设备传递至安装基础的振动分析

分析动力设备振动及采取隔振措施后传递至安装基础的振动响应。

4. 主动隔振系统的振动分析

设计主动隔振系统参数，通过仿真模拟，计算安装基础经主动隔振系统传递至隔振平台台面（STM安装面）的振动响应。

四、振动控制关键技术

本工程中，采取分步振动控制设计，振动控制关键技术主要有：建筑结构振动特性预测和分析技术，振源设备振动分析和隔振技术以及微振动主动控制技术。

五、振动控制装置

主动隔振系统构成如表 2-10-1 所示，STM 主动隔振系统剖面如图 2-10-1 所示。

主动隔振系统　　表 2-10-1

隔振平台	钢筋混凝土隔振平台
主动隔振器	α2s-332L×4
控制方式	6 自由度前馈＋反馈主动控制

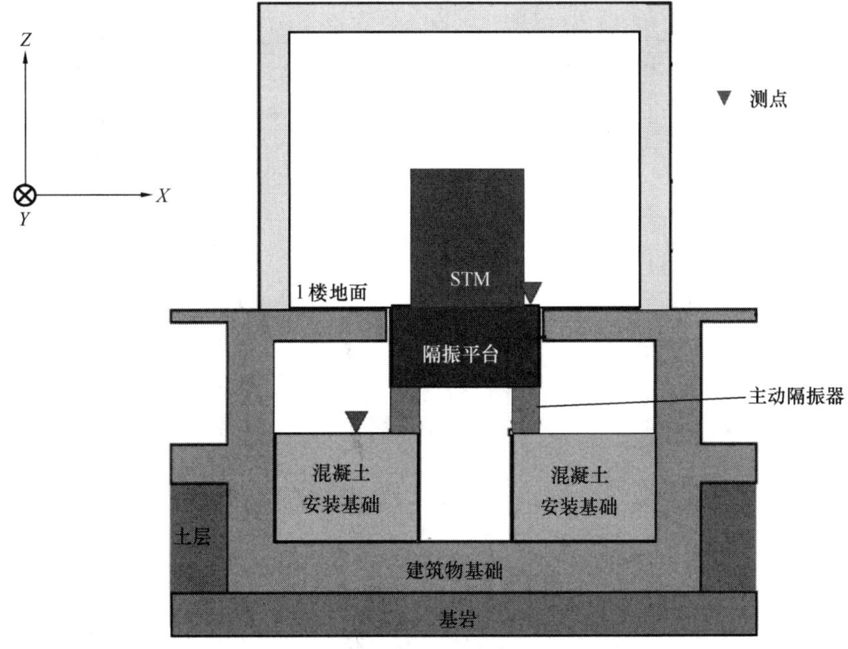

图 2-10-1　STM 主动隔振系统剖面图

六、振动控制效果

实验楼竣工、主动隔振系统安装调试完毕后，进行了控制效果评估测试。测点位置如图 2-10-1 所示，测试结果如图 2-10-2 所示。

实测结果表明，一体化基础的距离衰减、动力设备的振动传递、主动隔振系统微振动控制值基本上与前期设计预估值一致，满足了预期的控制目标。主动隔振台上 1～100Hz 内的振动响应是 VC-E 的 1/200～1/100，超微振动控制效果显著。

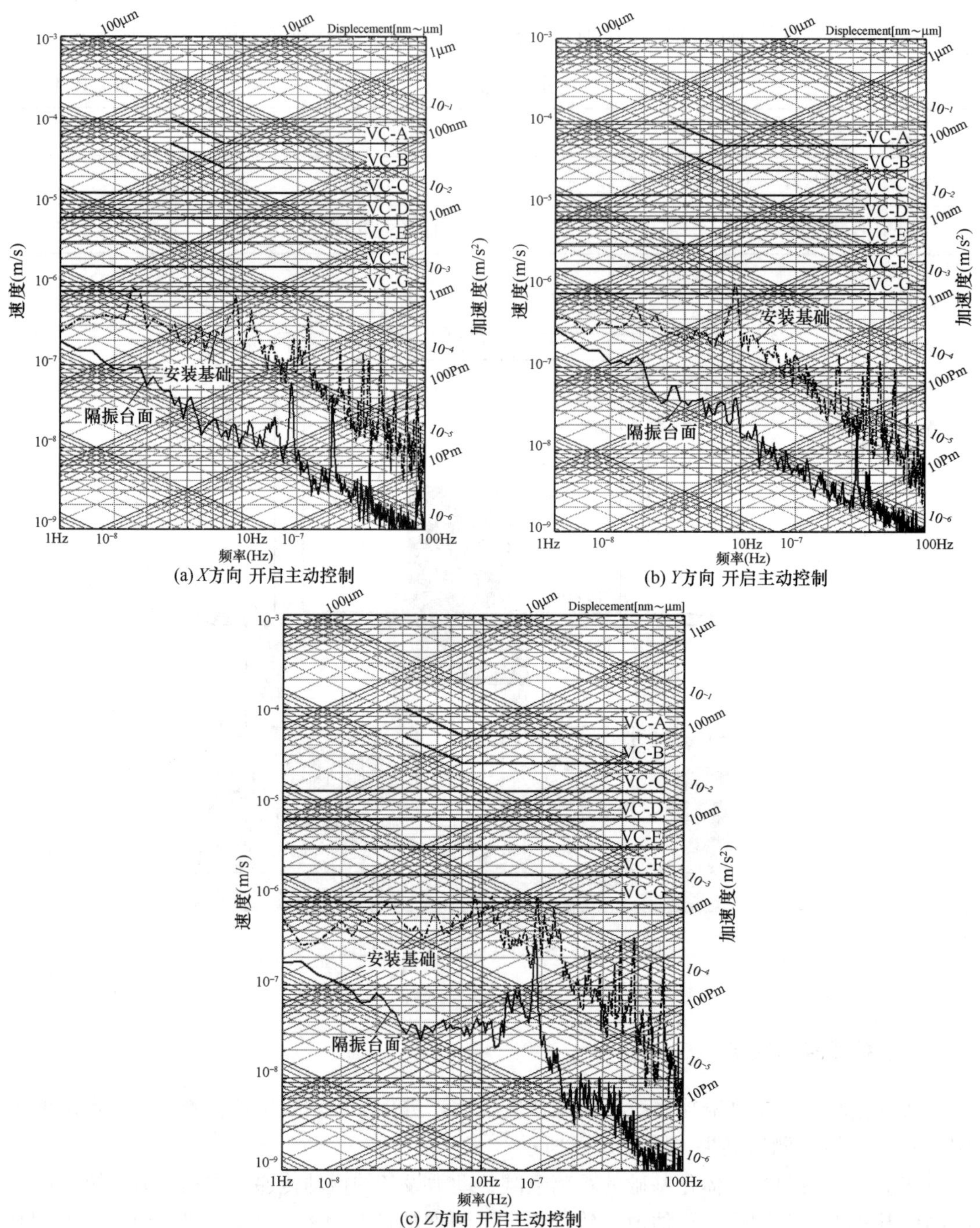

(a) X方向 开启主动控制

(b) Y方向 开启主动控制

(c) Z方向 开启主动控制

图 2-10-2 主动隔振系统实测性能

[实例 2-11] 某相机光学检测隔振系统

一、工程概况

天绘一号卫星（图 2-11-1、图 2-11-2）是中国第一颗传输型立体测绘卫星。作为中国有效载荷比最高的高分辨率遥感卫星，搭载了自主创新的线面混合三线阵 CCD 相机、多光谱相机和 2m 分辨率全色相机，有效载荷比高达 42%。经过大规模生产试验，在无地面控制条件下的三维几何定位误差优于 15m，其中高程误差优于 6m，是中国无地面控制点条件下几何定位精度最高的测绘卫星，也是中国第一个完全自主产权和国产化的集数据接收、运控管理、产品生产和应用服务为一体的地面应用系统。

图 2-11-1　天绘系列卫星 1

图 2-11-2　天绘系列卫星 2

天绘一号卫星光学有效载荷由中科院某所研制，光学相机获得影像清晰，层次分明，包括两个独立分系统：测绘相机分系统和高分辨率相机分系统。该系统极大地提高了测绘效率和几何控制能力，加快了测绘区域影像获取速度。空间相机的地面检测试验，对微振动要求非常严格，为保障各项试验正常开展，需要进行微振动控制。

二、振动控制方案

系统建成后台面上的容许振动值：2Hz≤f≤100Hz 时，任意频率的振动速度 V_{RMS}≤0.005mm/s。

1. 隔振系统组成

隔振平台的技术参数如表 2-11-1 所示。

隔振平台技术参数　　表 2-11-1

设备		台座			隔振装置				
质量（t）	重心（m）	平面尺寸（m）	下挂尺寸（m）	自重（t）	空气弹簧隔振器	高度阀	阻尼器（竖向）	阻尼器（水平）	仪表箱
9	1	14.2×4.2	2.2	192	19 只	3 只	10 只	25 只	1 套

2. 隔振系统方案

隔振系统平面图、剖面图和侧面图如图 2-11-3～图 2-11-5 所示。

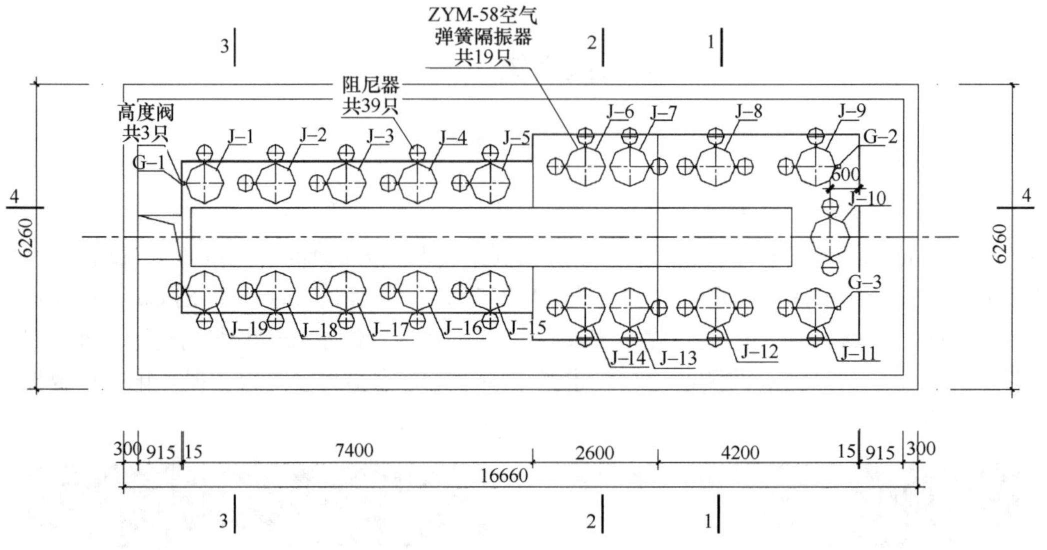

图 2-11-3 隔振系统平面图

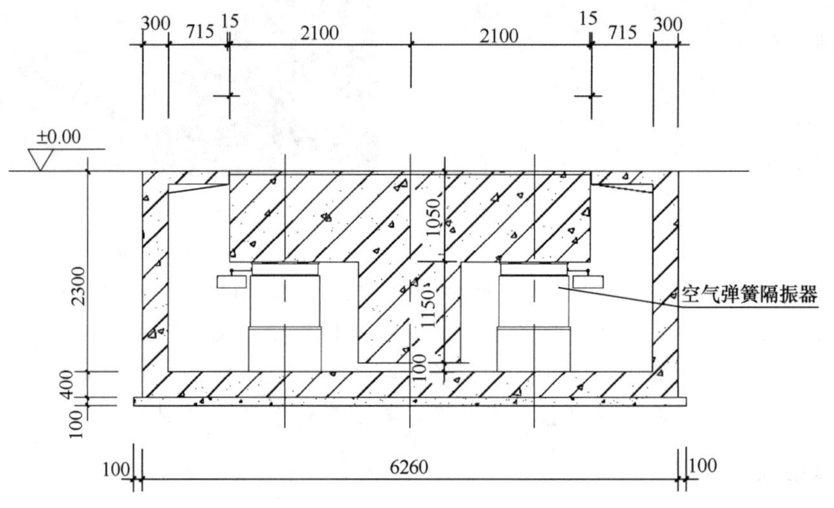

图 2-11-4 隔振系统剖面图

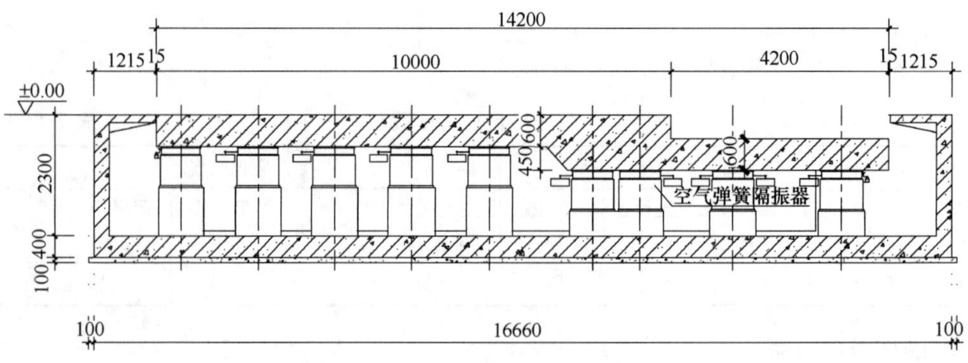

图 2-11-5 隔振系统侧面图

三、振动控制分析

1. 模型建立

隔振系统和计算模型如图 2-11-6 和图 2-11-7 所示。

图 2-11-6　隔振系统

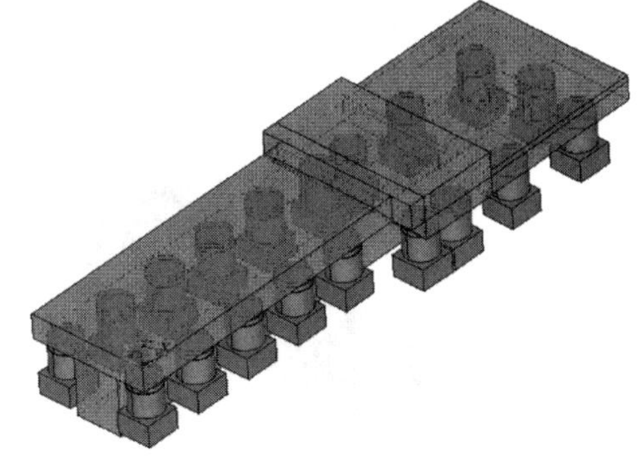
图 2-11-7　隔振系统几何模型

高刚性台体采用实体单元 Solid45，空气弹簧系统采用弹簧单元 Combin14 进行模拟，有限元模型如图 2-11-8 所示。

图 2-11-8　高刚性台体有限元模型

2. 振动分析

在有限元模型基础上，对系统进行模态及传递函数计算，并基于传递函数法，计算台面响应。

（1）模态分析结果

固有频率计算结果如表 2-11-2 所示，系统前 6 阶固有频率均小于 2Hz，满足技术要求，图 2-11-9 给出系统前 7 阶模态振型。

固有频率　　**表 2-11-2**

阶数	固有频率（Hz）	阶数	固有频率（Hz）
1	1.465	5	1.609
2	1.493	6	1.833
3	1.497	7	35.161
4	1.603	8	39.162

（2）基于模态分析结果的传递函数计算

根据模态分析结果，台体 X、Y、Z 三个方向的固有频率分别为 1.497Hz、1.465Hz、1.497Hz，计算得出的隔振系统的传递函数曲线如图 2-11-10 所示。

通过地面振动与传递函数曲线，即可计算台面振动响应。

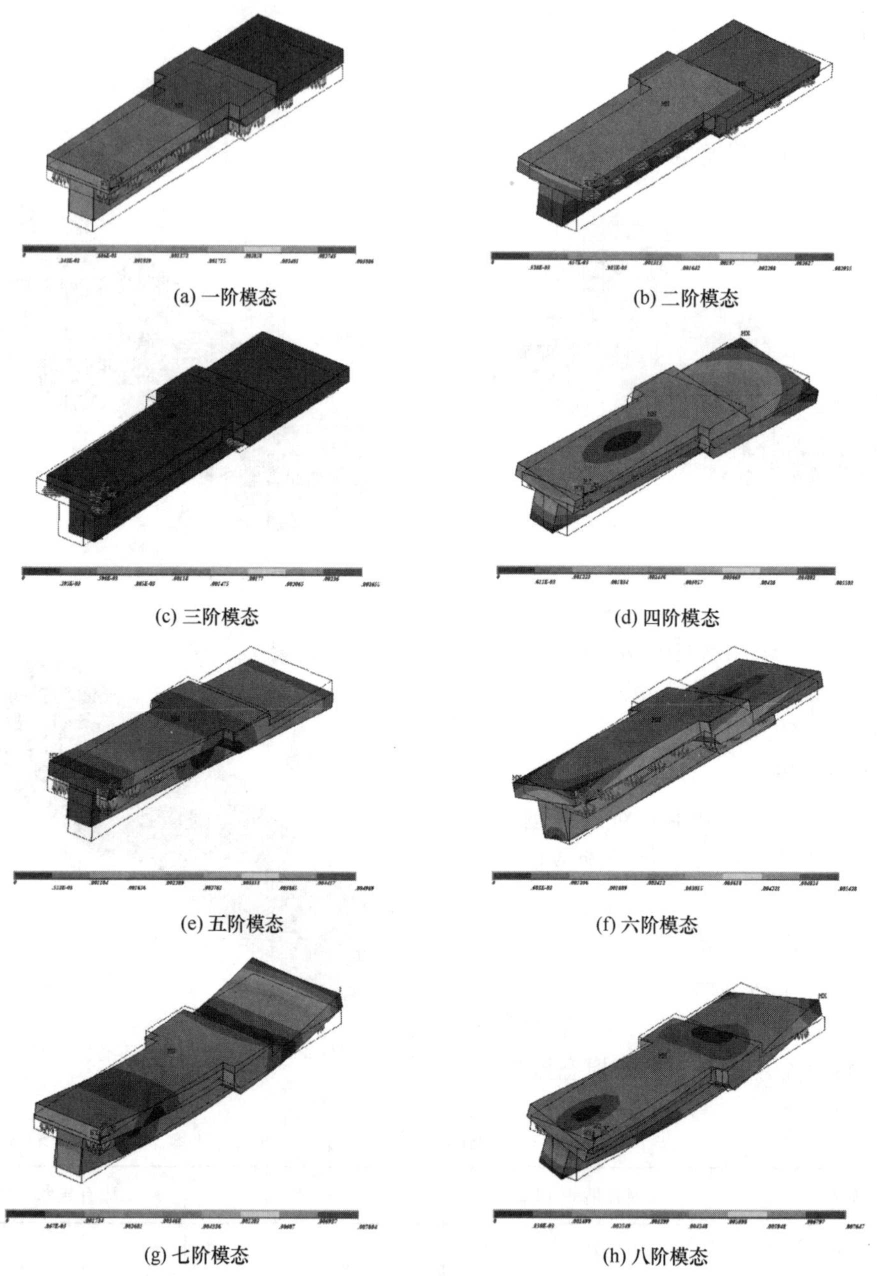

(a) 一阶模态　(b) 二阶模态

(c) 三阶模态　(d) 四阶模态

(e) 五阶模态　(f) 六阶模态

(g) 七阶模态　(h) 八阶模态

图 2-11-9　隔振系统的振型模态

四、振动控制效果

项目建成后的现场如图 2-11-11、图 2-11-12 所示，振动控制实测效果如图 2-11-13～图 2-11-19 所示，结论如下：

1. 隔振系统固有频率低，有效隔离了环境振动影响，低频地脉动控制效果显著。
2. 隔振系统具有优良阻尼比，抗干扰能力强。
3. 隔振台座振动控制效果显著，且台座顶面残余微振动基本不放大。

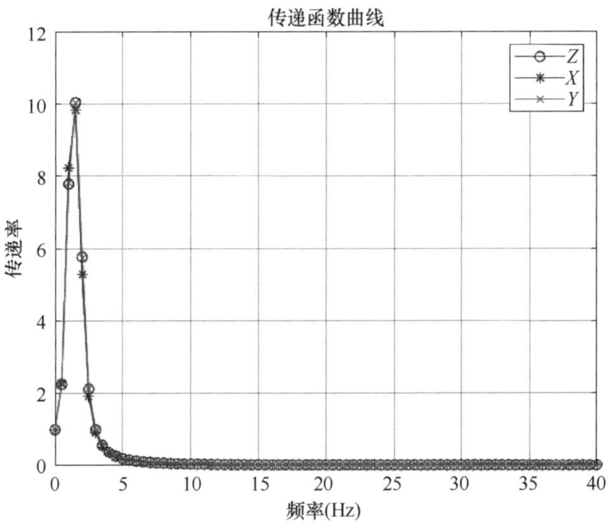

图 2-11-10　隔振系统传递函数曲线

图 2-11-11　隔振台座外部图 1

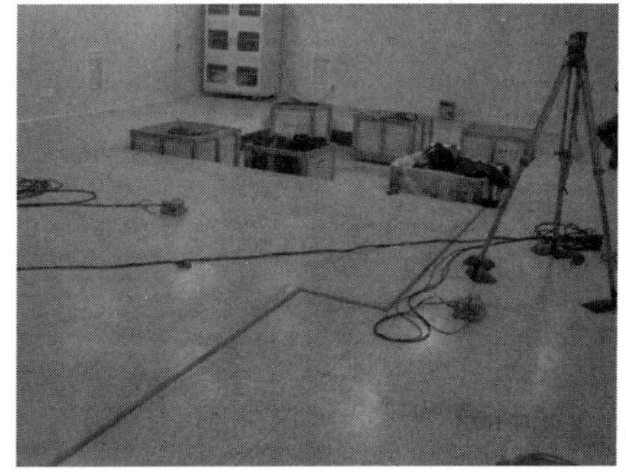

图 2-11-12　隔振台座外部图 2

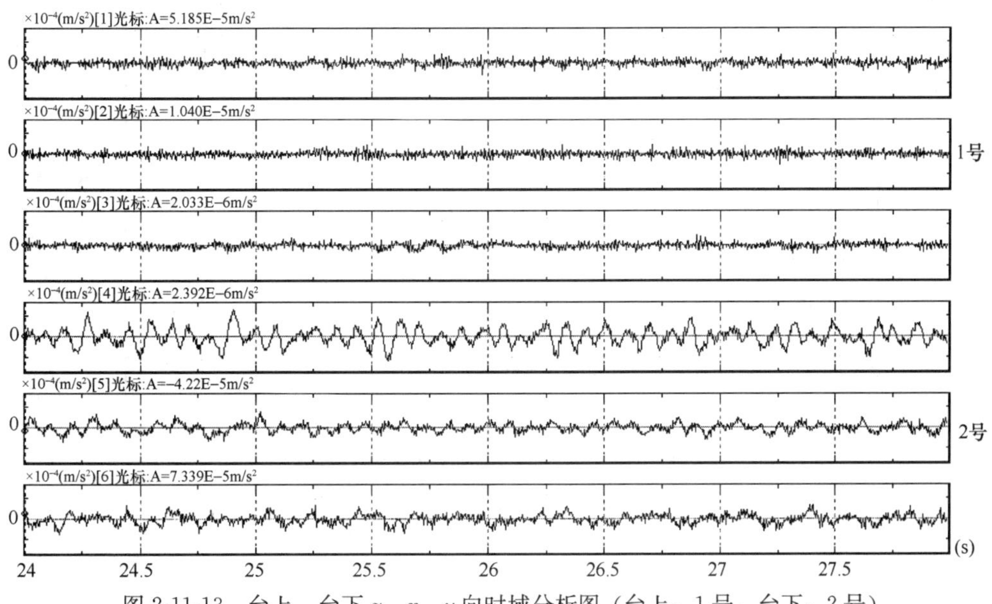

图 2-11-13　台上、台下 z、x、y 向时域分析图（台上：1 号，台下：2 号）

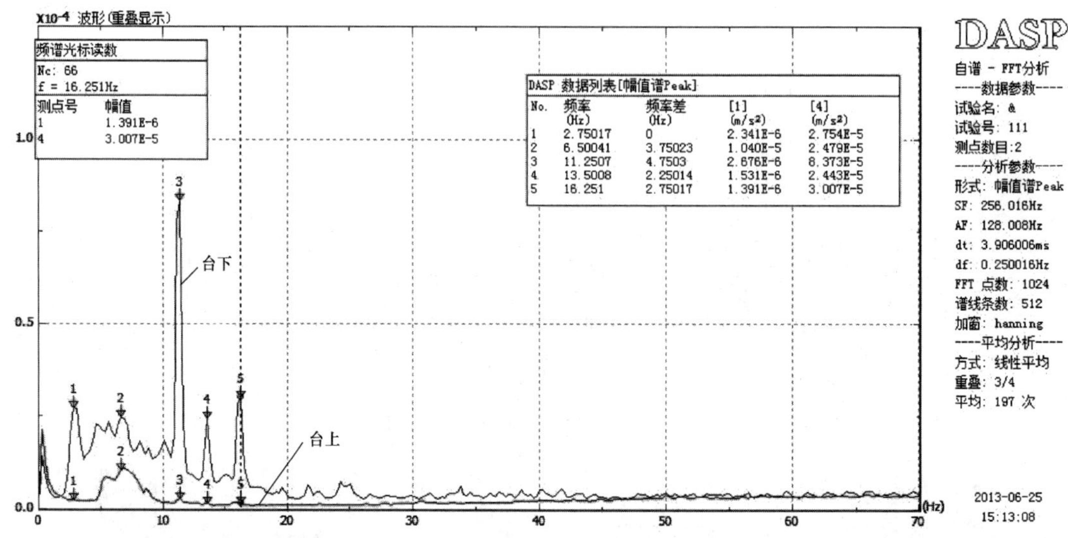

图 2-11-14 台上、台下 z 向频域分析图

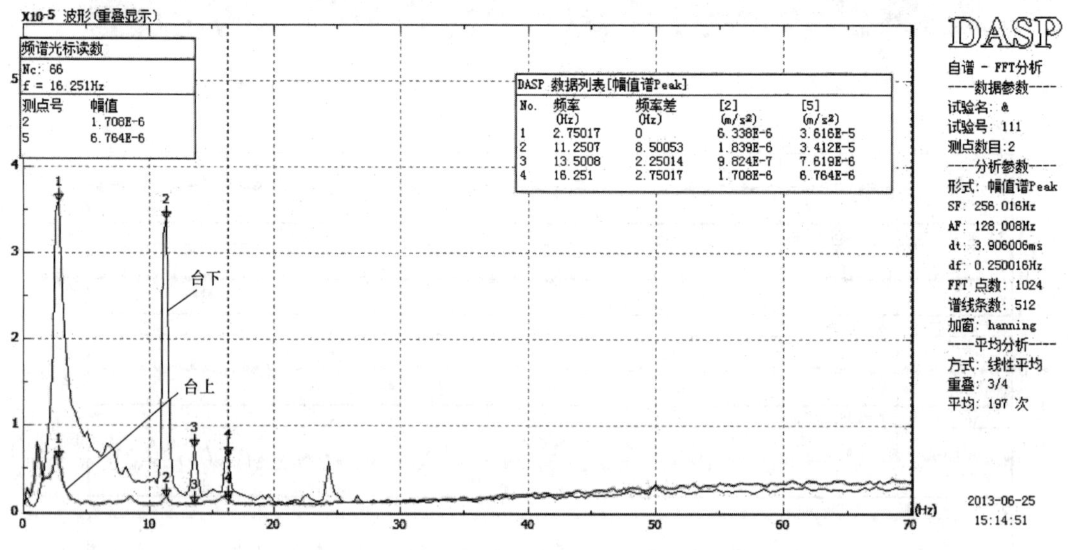

图 2-11-15 台上、台下 x 向频域分析图

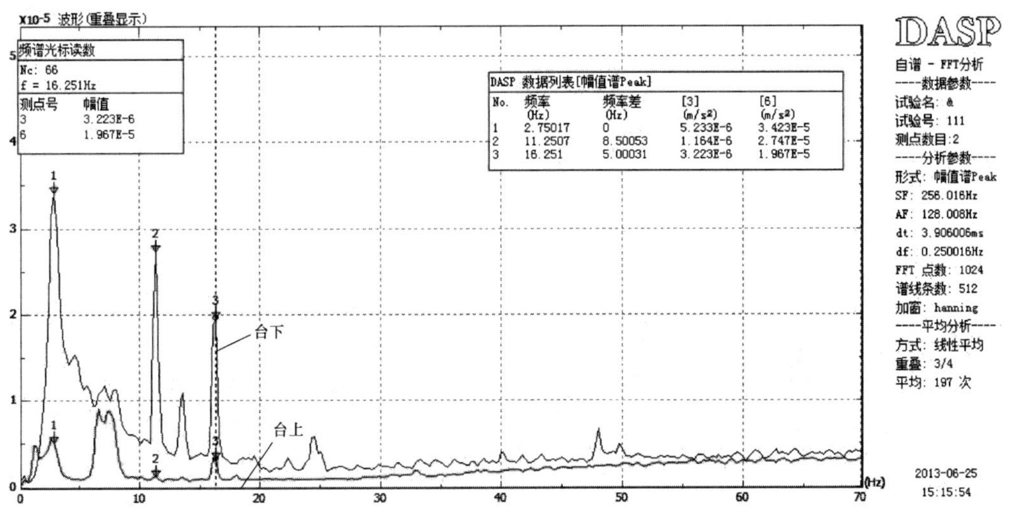

图 2-11-16 台上、台下 y 向频域分析图

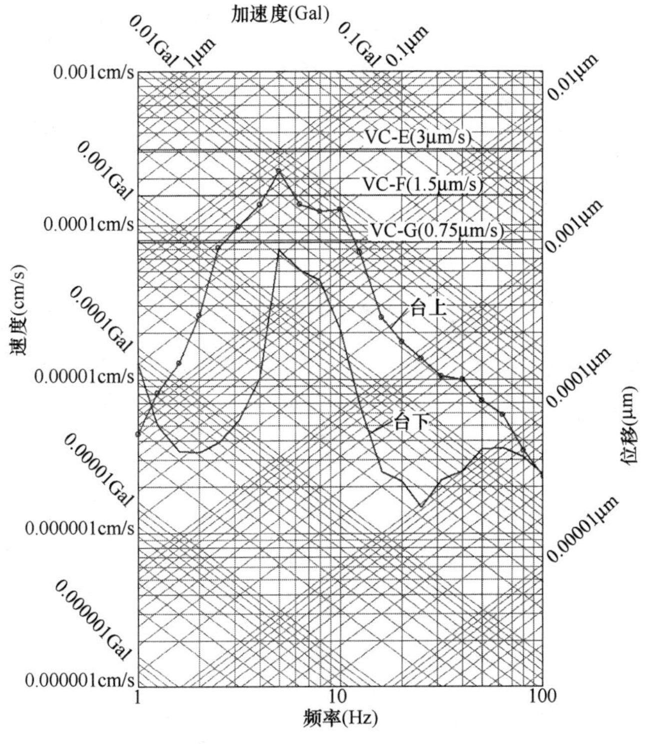

图 2-11-17 台上、台下 z 向 1/3 倍频程分析图

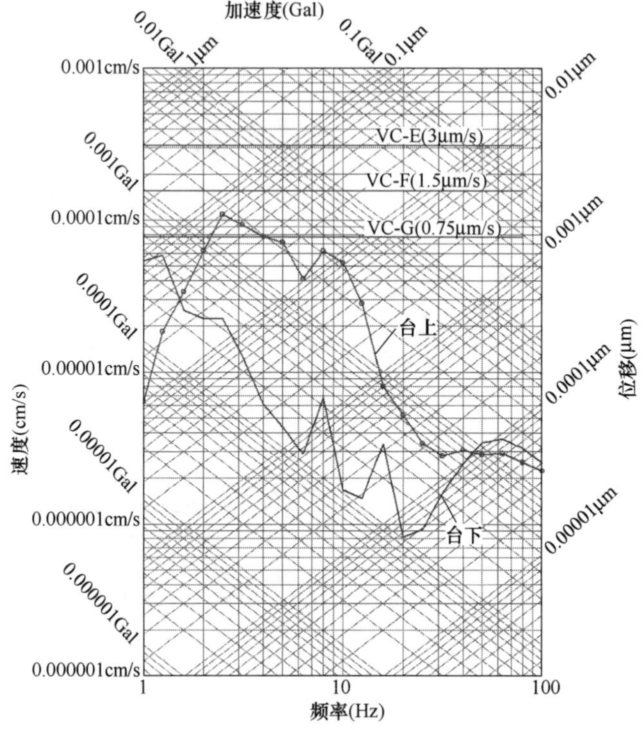

图 2-11-18　台上台下 x 向 1/3 倍频程分析图

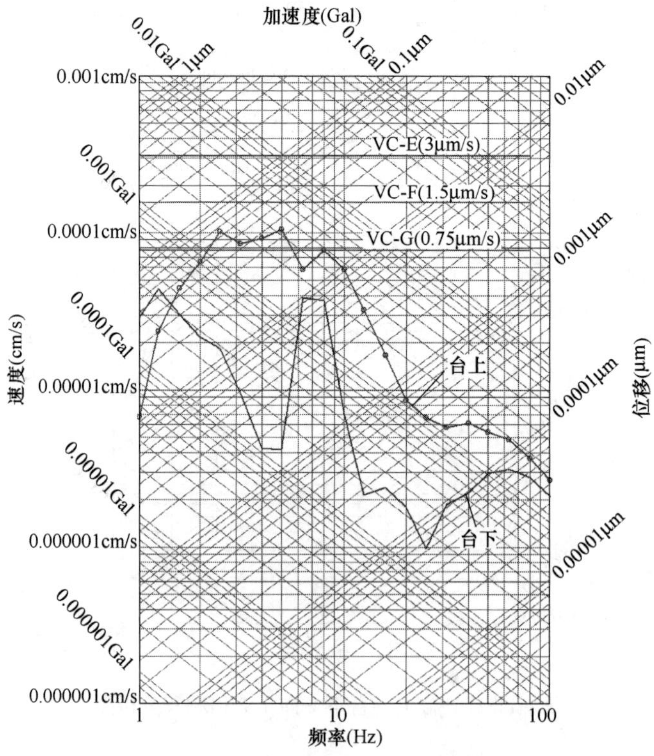

图 2-11-19　台上台下 y 向 1/3 倍频程分析图

［实例 2-12］中科院某所实验楼光学调试隔振系统

一、工程概况

SST 是我国第一座空间太阳望远镜，如图 2-12-1 所示，称为中国的“哈勃空间望远镜”，是国家“863”计划重大科研课题，自 1992 年启动至 2008 年搭载卫星升空，总投资超过 10 亿元。SST 主光学望远镜口径 1m，是当时世界上口径之最。SST 发射升空后，在距离地球约 730km 的太阳同步轨道上运行，由于摆脱了大气层干扰，SST 可 24h 连续工作。此外，SST 具有 0.05 角秒的高空间分辨率，比美国 1995 年发射的著名空间望远镜 SOHO 的分辨率提高了 10 倍以上。

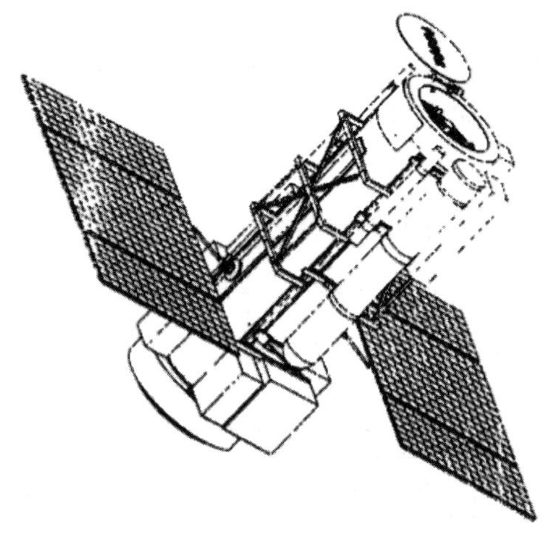

图 2-12-1　SST 外观图

SST 装载的核心部件——1m 口径主光学望远镜（MOT 光学系统），由 1m 主镜、准直镜和成像镜组成。在对主镜、主镜＋准直镜、主镜＋准直镜＋成像镜的装校和检测中，为使光学镜片不受地球引力差异影响，采用垂直检测方式，将光学器件（如镜片）置于十余米高的检测塔上进行装校和检测，如图 2-12-2 所示。

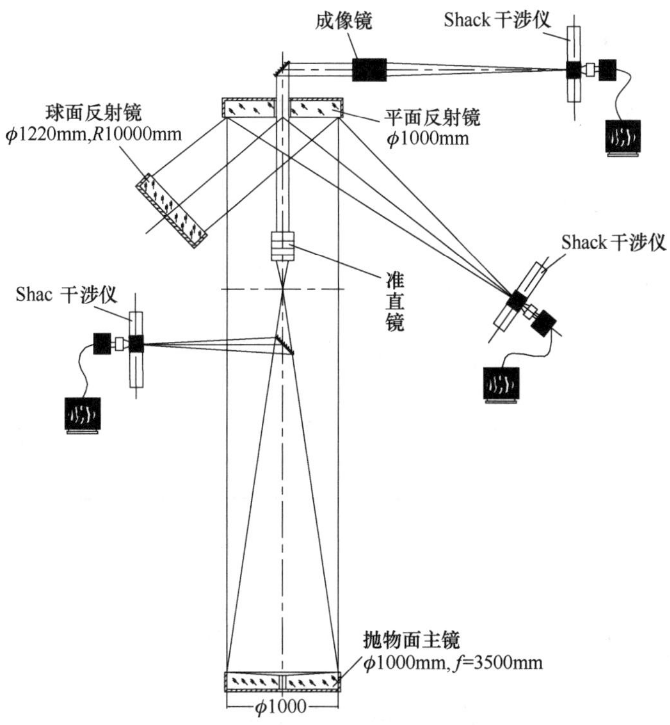

图 2-12-2　装校检测原理示意图

该垂直检测装置质心高，给隔振系统设计带来相当大难度。另外，由于中科院某所实验楼 4m×4m 垂直检测工程位于国家天文台内部，东临北辰西路，北临大屯路，距东侧北辰西路直线距离不足 20m，周围场地环境振动复杂，应采取有效振动控制措施，保证垂直检测试验的顺利进行。

二、振动控制方案

隔振系统采用一体式被动隔振设计，由隔振基础、隔振台座、隔振装置和上部检测塔架组成。隔振装置采用高性能空气弹簧，装置具有低刚度、阻尼值可调及高精密调平等特点。台座质量 72.2t，空气弹簧隔振器 12 只，高度控制阀 3 只，水平阻尼器 21 只，仪表箱 1 台。

三、振动控制分析

对隔振系统进行有限元频域分析，并与实测数据进行对比，以优化隔振系统设计方案，如图 2-12-3 所示。

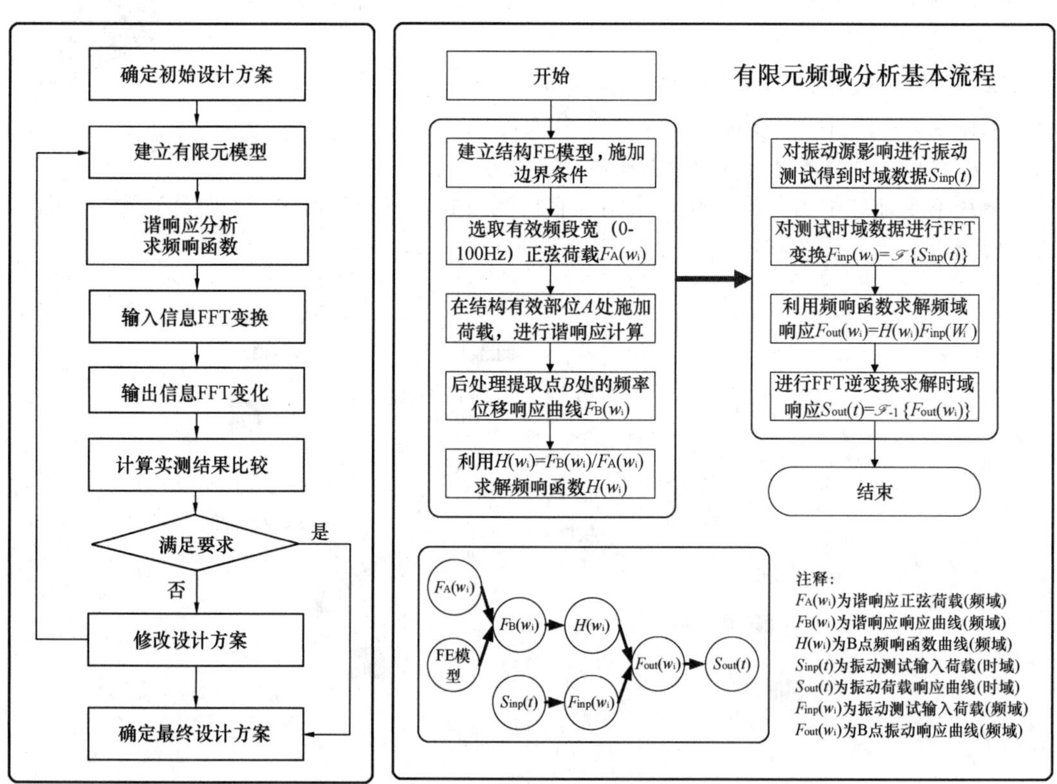

图 2-12-3　有限元振动控制分析流程图

检测塔架计算模型如图 2-12-4 和图 2-12-5 所示。检测塔架前十二阶频率如图 2-12-6 所示。

检测塔架计算分析结果与实测结果如图 2-12-7 所示。

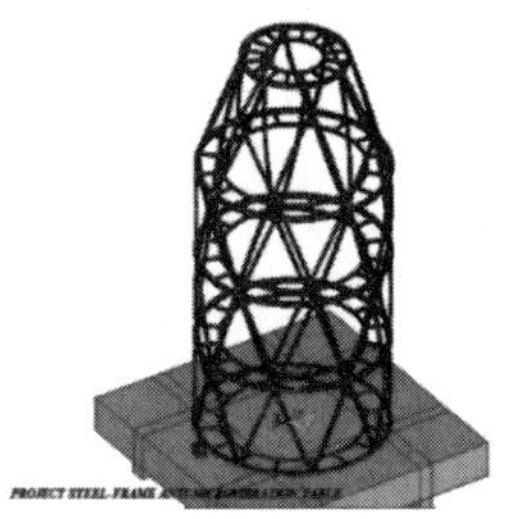

图 2-12-4　隔振台座与塔架整体有限元模型

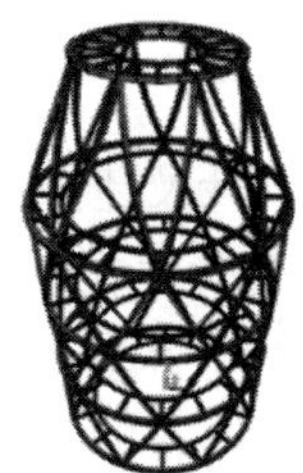

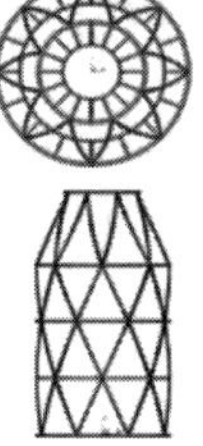

图 2-12-5　上部塔架结构有限元模型

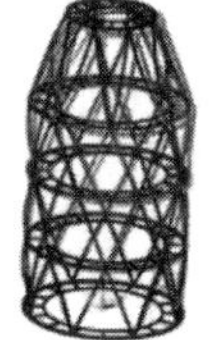

(a) 第一阶振型

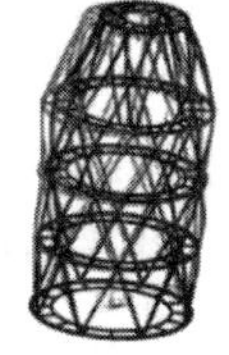

(b) 第二阶振型

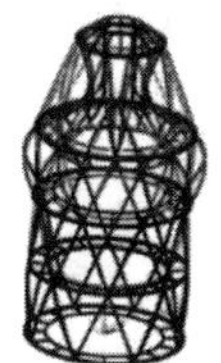

(c) 第三阶振型

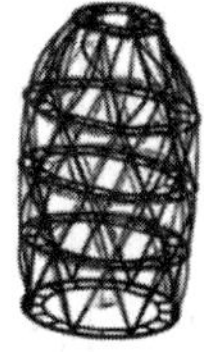

(d) 第四阶振型

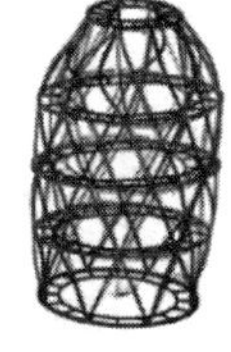

(e) 第五阶振型

(f) 第六阶振型

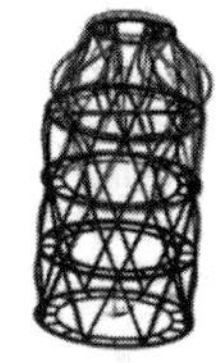

(g) 第七阶振型

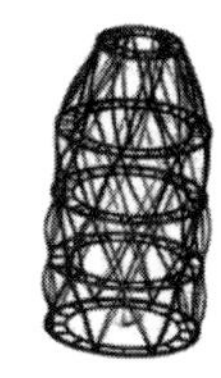

(h) 第八阶振型

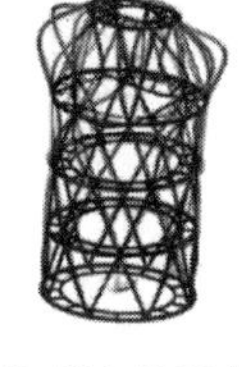

(i) 第九阶振型

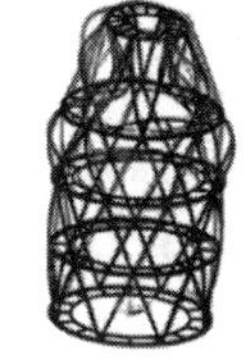

(j) 第十阶振型

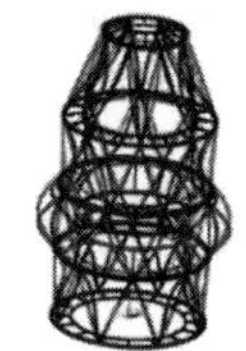

(k) 第十一阶振型

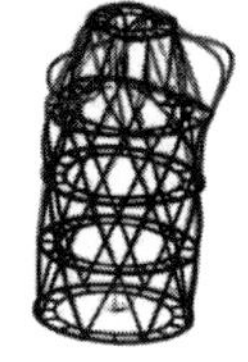

(l) 第十二阶振型

图 2-12-6　检测塔架前十二阶振型

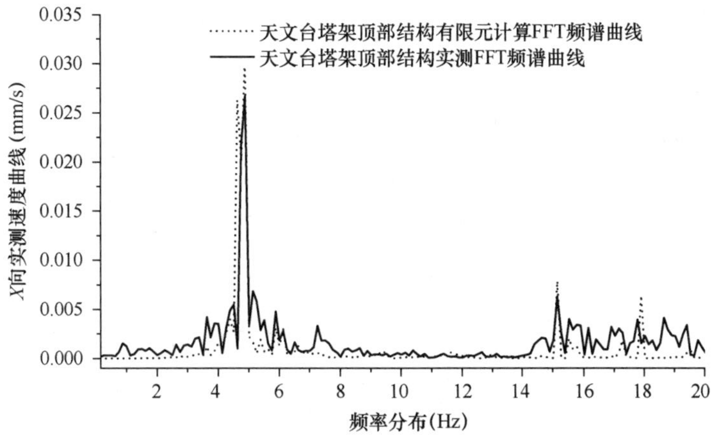

图 2-12-7　检测塔架顶部实测数据与有限元计算数据水平向速度频谱曲线对比

四、振动控制关键技术

本工程隔振系统的设计及建造中的振动控制关键技术如下：

1. 采用低刚度空气弹簧隔振装置，保证隔振系统具有优良的隔振效果。

2. 质刚重合设计：隔振系统质心（含塔架）与刚度中心重合，形成非耦合态，使水平向一阶固有频率与二阶固有频率接近，并降低二阶固有频率，可有效隔离或减弱地脉动等低频振动（现场地脉动卓越频率约 2.7Hz）。

3. 高刚性台座：利用内置焊接型钢框架增强台座结构刚度，一阶模态频率大于 100Hz。

4. 隔振系统竖向与水平向具有较高阻尼比，可抑制台座在固有频率区的晃动，改善隔振系统稳定性，降低振动值。

5. 优化垂直检测塔的结构方案，避免台面残余干扰振动引起塔架结构共振。

6. 台座型钢结构焊接量大，施工时采用特殊措施，以严格控制焊接变形。

以上系列关键技术的应用流程如图 2-12-8 所示。

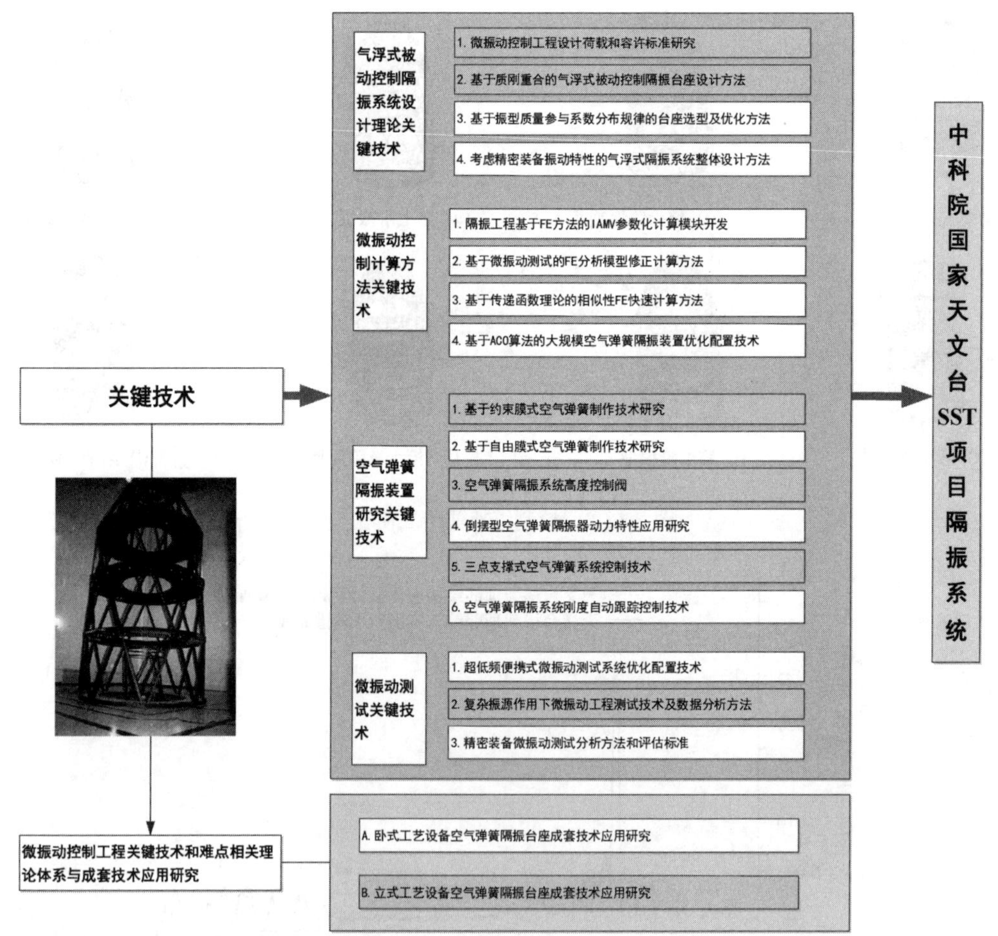

图 2-12-8　振动控制关键技术应用流程图

五、振动控制装置

振动控制装置采用本团队专利产品——ZYM系列空气弹簧。该产品三向等刚度，固有频率低，可有效隔离环境振动影响，对低频地脉动控制很有效。此外，隔振系统具有优良的阻尼比，抗自振干扰能力强。隔振系统如图2-12-9所示，空气弹簧隔振装置如图2-12-10所示。

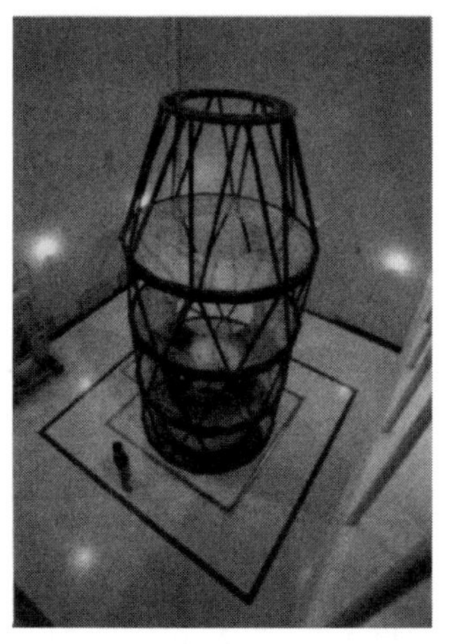
图2-12-9　隔振系统实景图

图2-12-10　空气弹簧隔振装置

六、振动控制效果

1. 隔振系统动力特性

隔振系统建成后，经实测，隔振系统各向固有频率 f 及阻尼比 ζ 如表2-12-1和图2-12-11所示。

隔振系统动力特性　　**表 2-12-1**

Z（竖向）		X（东西）			Y（南北）		
f_z（Hz）	ζ	f_{1x}（Hz）	f_{2x}（Hz）	ζ	f_{1y}（Hz）	f_{2y}（Hz）	ζ
1.08	0.18	0.85	1.78	0.06	0.95	1.73	0.06

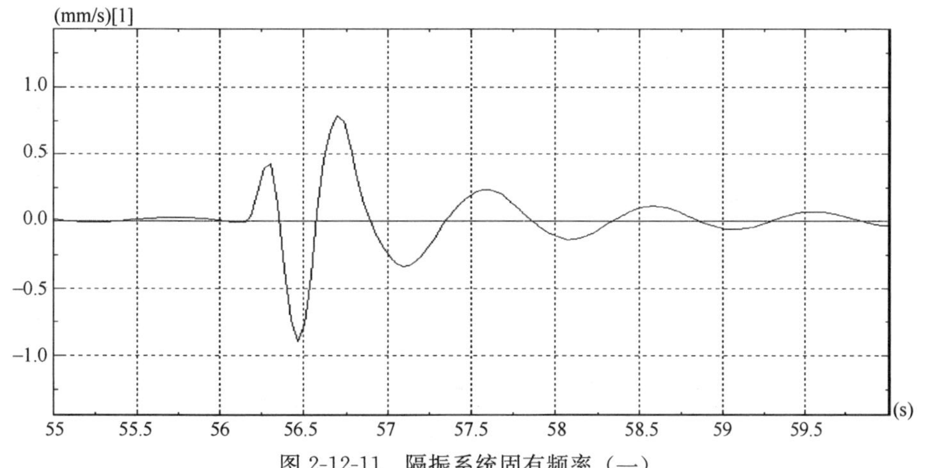

图2-12-11　隔振系统固有频率（一）

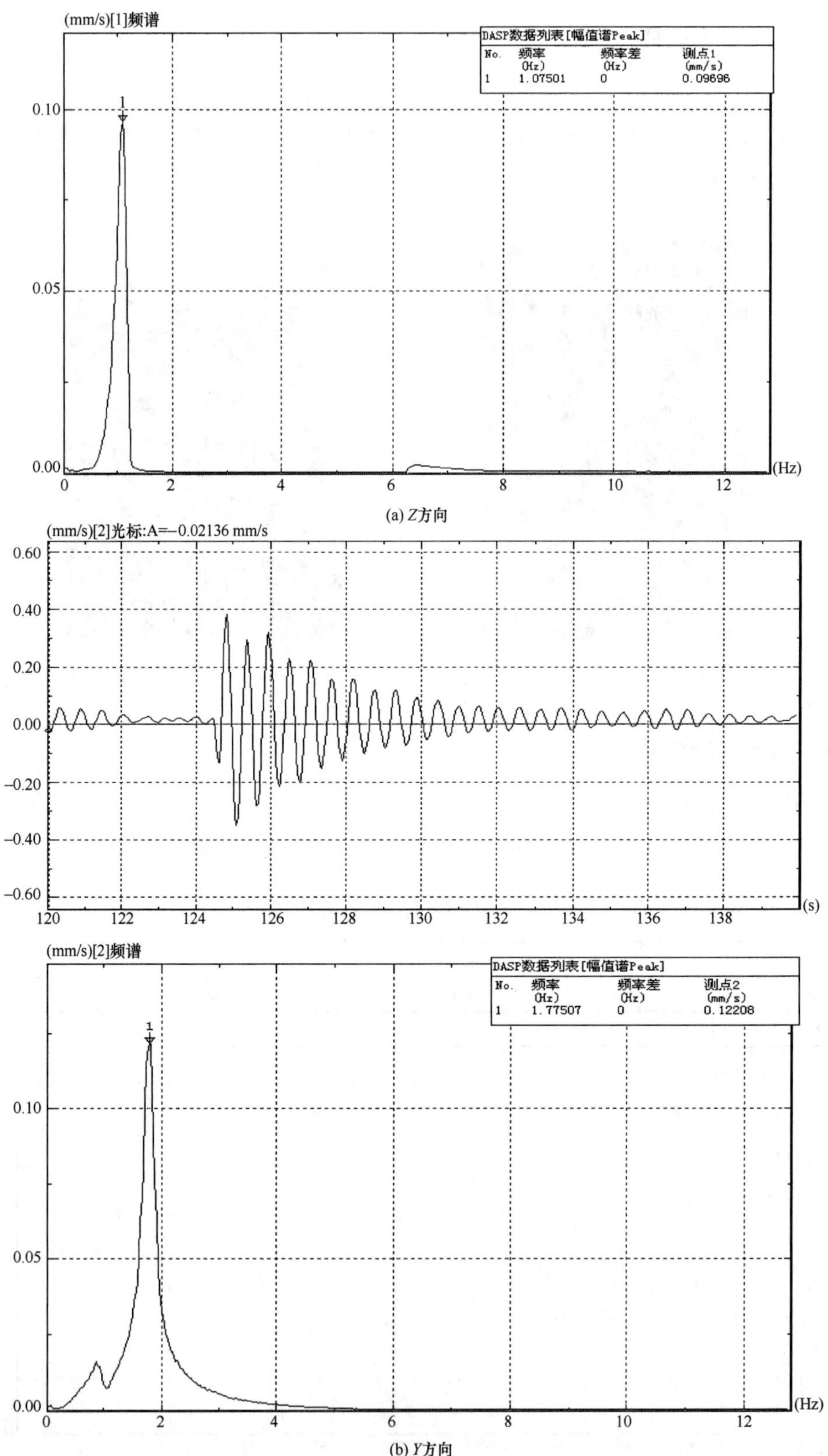

(a) Z方向

(b) Y方向

图 2-12-11 隔振系统固有频率（二）

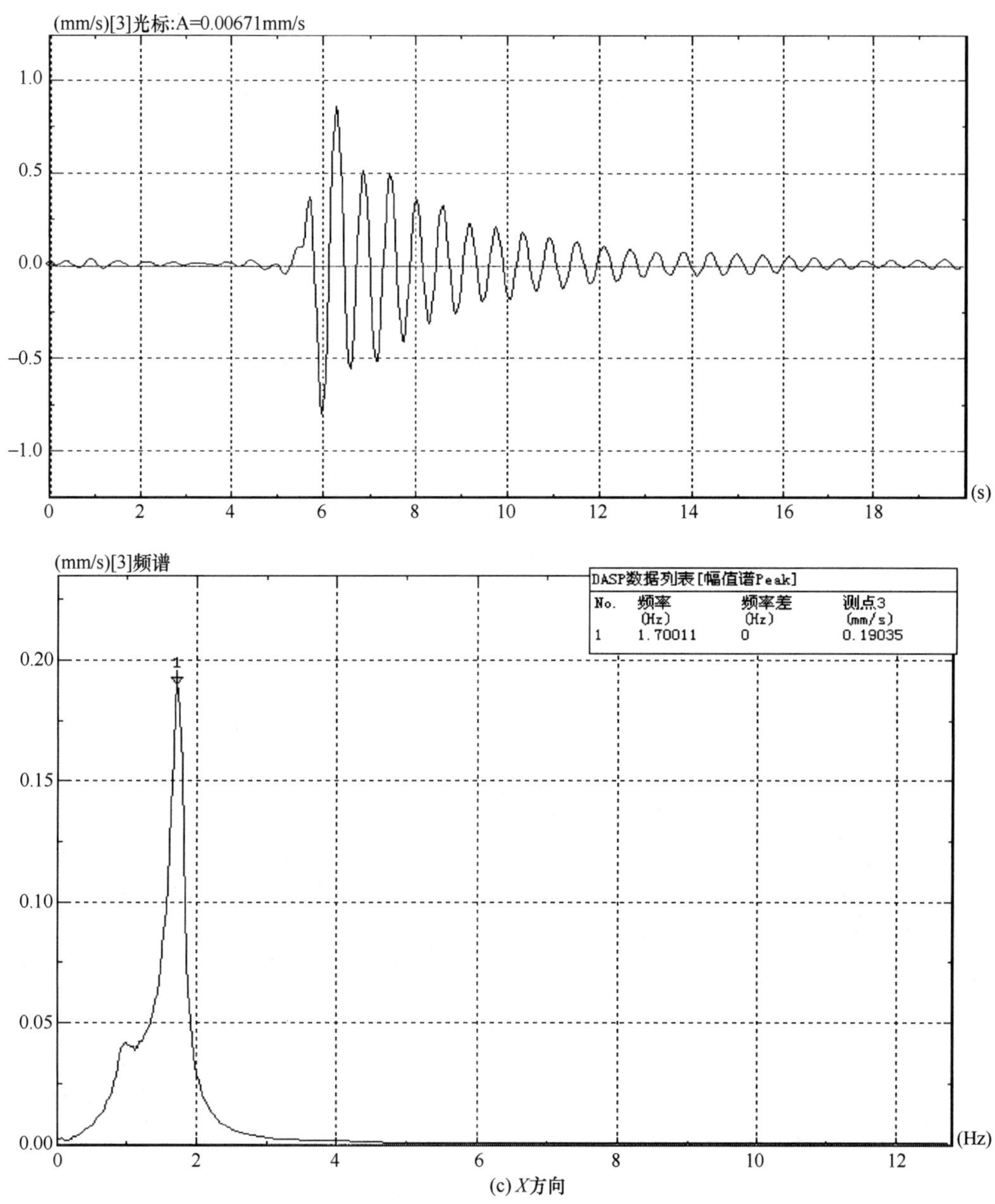

(c) X方向

图 2-12-11　隔振系统固有频率（三）

2. 隔振系统振动响应

隔振系统振动响应及对应频率如表 2-12-2 所示。

频域振动速度最大值及对应频率　　**表 2-12-2**

测点	位置	Z（竖向）		X（东西）		Y（南北）	
		频率（Hz）	V_{peak}（mm/s）	频率（Hz）	V_{peak}（mm/s）	频率（Hz）	V_{peak}（mm/s）
1号	台面	3.00	1.34×10^{-3}	2.75	5.65×10^{-3}	2.75	4.60×10^{-3}
2号	地面	3.00	1.29×10^{-2}	2.75	6.63×10^{-3}	3.25	6.29×10^{-3}

3. 隔振系统隔振性能

台面与地面振动对比如图 2-12-12、图 2-12-13 所示，结论如下：

（1）在 0.5～100Hz 频段内，隔振系统台面上任一频率点的振动速度 $V_{RMS} \leqslant$ 0.015mm/s；

（2）隔振台面调平精度为±0.1mm；

（3）垂直检测塔具有良好的抗微振性能，台座顶面微振动在塔架上基本不放大，可保证光学检测顺利进行。

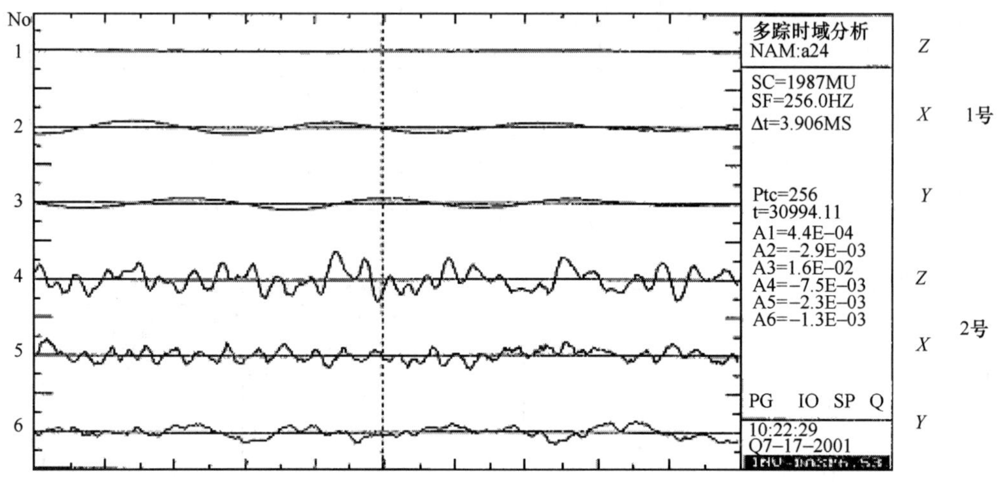

图 2-12-12　时域分析图（台上：1 号，台下：2 号）

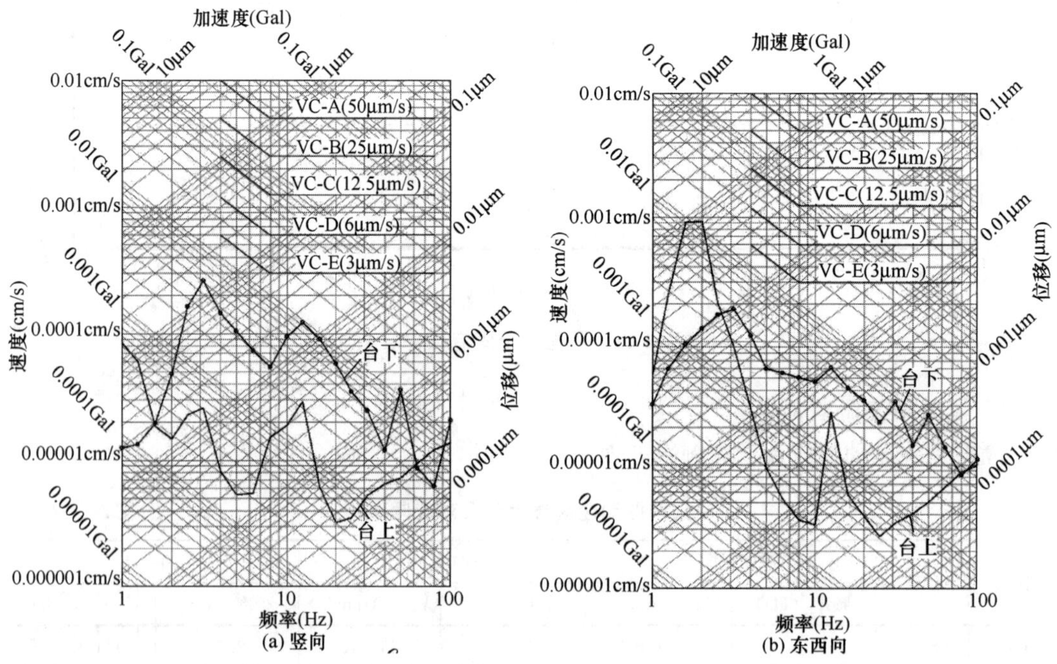

图 2-12-13　台面和地面 1/3 倍频程分析图（一）

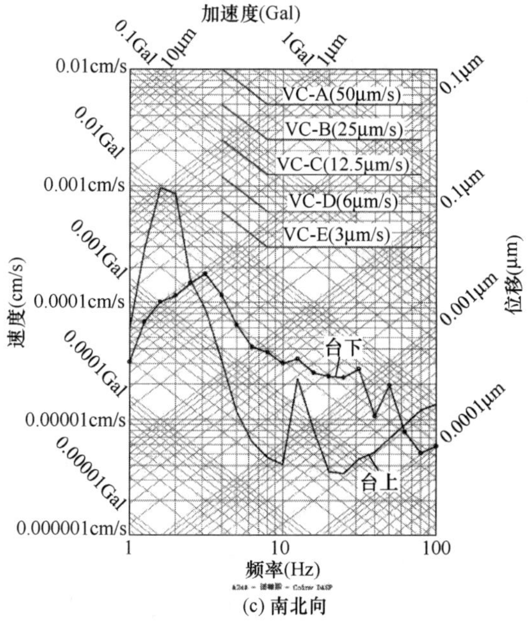

(c) 南北向

图 2-12-13　台面和地面 1/3 倍频程分析图（二）

［实例 2-13］中科院某所 LAMOST 天文望远镜 4m×7m 垂直光学检测隔振系统

一、工程概况

大天区面积多目标光纤光谱望远镜（LAMOST），如图 2-13-1～图 2-13-4 所示，是用于研究重大天体物理问题的大口径光谱巡天设备，兼备大口径与大视场的特点，是目前国际上功能最强的巡天设备，安装于国家天文台兴隆观测站。其有效通光孔径 4m，配备 4000 根光纤，可同时测量 4000 天体的光谱。LAMOST 填补了国际大视场天文观测的空白，在国际天文光学界评价极高，使我国天文观测跃居国际先进水平。

LAMOST 的大口径主动光学改正镜（反射施密特平面镜）镜片的光学性能检测，需要在严格的微振动控制条件下进行，对微振动控制提出较高要求。

图 2-13-1　LAMOST 天文望远镜整体外观图

图 2-13-2　LAMOST 天文望远镜主镜（64 片）

图 2-13-3　LAMOST 天文望远镜镜筒外观图

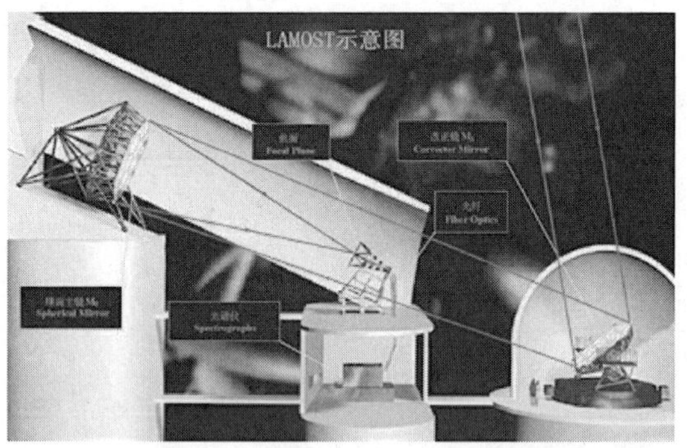

图 2-13-4　LAMOST 天文望远镜原理图

二、振动控制方案

隔振系统建成后，容许振动值要求：

1. 台座顶面在 1～100Hz 频段内振动速度 $V_R \leqslant 1.5 \times 10^{-3}$mm/s。

2. 隔振系统竖向与水平向固有振动频率 f_V、$f_H \leqslant 1.5$Hz。

经多方案比较和论证，振动控制系统采用高刚度、低质心台座，台面尺寸 3m×7m，重量 63.7t，配置高性能空气弹簧隔振装置 12 只，方案如图 2-13-5 所示。

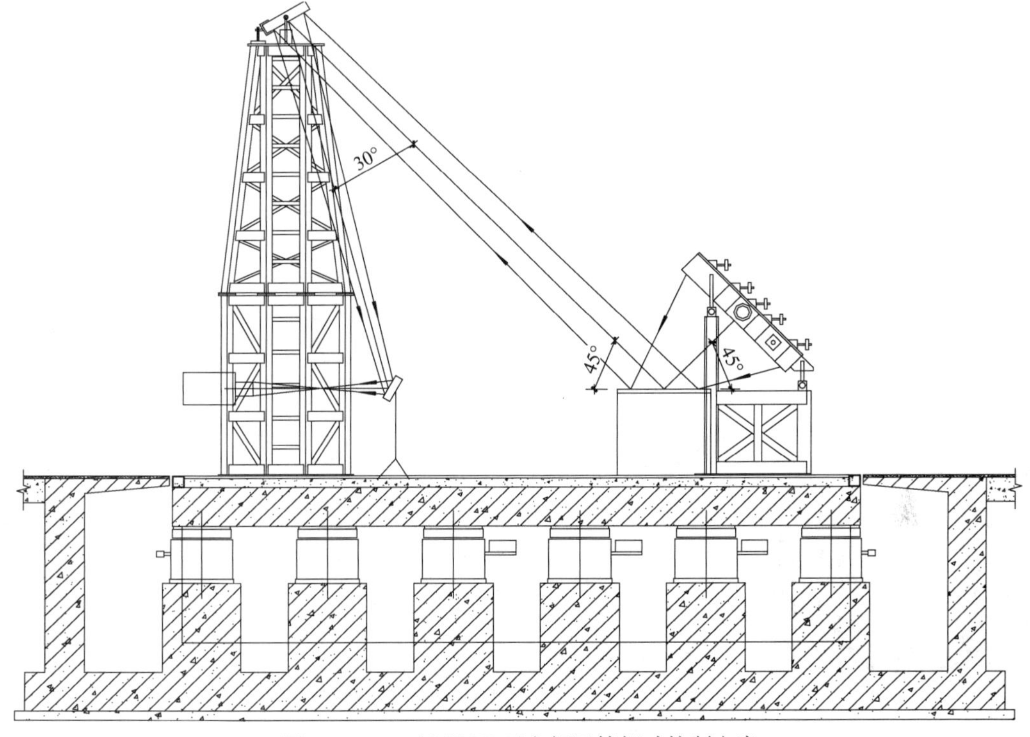

图 2-13-5　LAMOST 天文望远镜振动控制方案

三、振动控制关键技术

本工程涉及的振动控制关键技术主要有：

1. 微振动低频、微幅控制关键技术；
2. 气浮式被动控制理论与技术；
3. 空气弹簧隔振装置关键技术；
4. 微振动测试关键技术。

关键技术应用技术路线，如图 2-13-6 所示。

四、振动控制装置

振动控制装置采用团队自主研发的 ZYM 系列空气弹簧，隔振系统具有较低的三向固有频率，在 0.5～100Hz 频段内可实现振动速度 $V_R \leqslant 1.5\times10^{-3}$mm/s。此外，由于需要在此隔振系统上磨制 64 面六角形 M_B子镜片，经两年不间断运行后，隔振系统性能依然稳定可靠。空气弹簧隔振装置如图 2-13-7 所示。

五、振动控制效果

1. 隔振系统动力特性

隔振系统建成后，体系固有频率及阻尼比测试结果如表 2-13-1 所示。

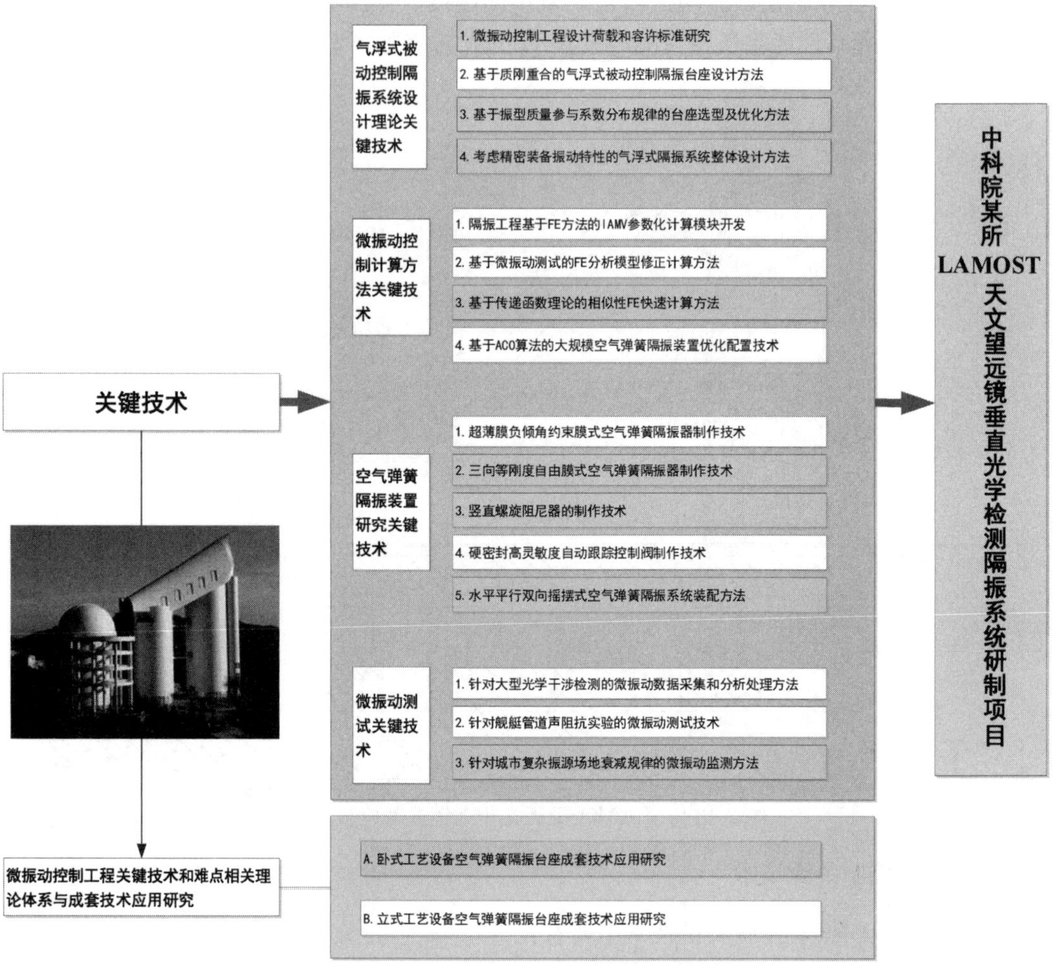

关键技术

- 气浮式被动控制隔振系统设计理论关键技术
  - 1. 微振动控制工程设计荷载和容许标准研究
  - 2. 基于质刚重合的气浮式被动控制隔振台座设计方法
  - 3. 基于振型质量参与系数分布规律的台座选型及优化方法
  - 4. 考虑精密装备振动特性的气浮式隔振系统整体设计方法
- 微振动控制计算方法关键技术
  - 1. 隔振工程基于FE方法的IAMV参数化计算模块开发
  - 2. 基于微振动测试的FE分析模型修正计算方法
  - 3. 基于传递函数理论的相似性FE快速计算方法
  - 4. 基于ACO算法的大规模空气弹簧隔振装置优化配置技术
- 空气弹簧隔振装置研究关键技术
  - 1. 超薄膜负倾角约束膜式空气弹簧隔振器制作技术
  - 2. 三向等刚度自由膜式空气弹簧隔振器制作技术
  - 3. 竖直螺旋阻尼器的制作技术
  - 4. 硬密封高灵敏度自动跟踪控制阀制作技术
  - 5. 水平平行双向摇摆式空气弹簧隔振系统装配方法
- 微振动测试关键技术
  - 1. 针对大型光学干涉检测的微振动数据采集和分析处理方法
  - 2. 针对舰艇管道声阻抗实验的微振动测试技术
  - 3. 针对城市复杂振源场地衰减规律的微振动监测方法

→ 中科院某所LAMOST天文望远镜垂直光学检测隔振系统研制项目

微振动控制工程关键技术和难点相关理论体系与成套技术应用研究

- A. 卧式工艺设备空气弹簧隔振台座成套技术应用研究
- B. 立式工艺设备空气弹簧隔振台座成套技术应用研究

图 2-13-6　振动控制关键技术应用流程图

图 2-13-7　空气弹簧隔振装置实物图

隔振系统动力特性　　**表 2-13-1**

测试位置	测试方向	固有频率（Hz）	阻尼比
台座顶面	竖向	1.07	0.165
	东西向	1.56	0.094
	南北向	1.54	0.065

2. 隔振系统振动响应

隔振系统台座和地面振动响应如图 2-13-8～图 2-13-11 所示，主要结论：

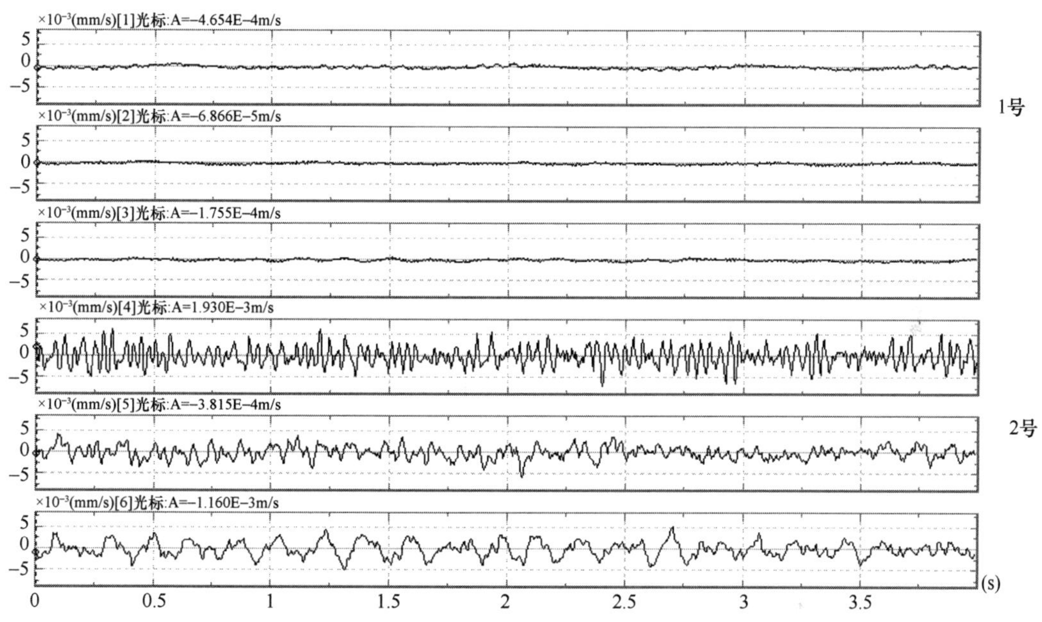

图 2-13-8　台座顶面与地面测点的竖向、东西向、南北向时域波形图
（台座：1 号，地面：2 号）

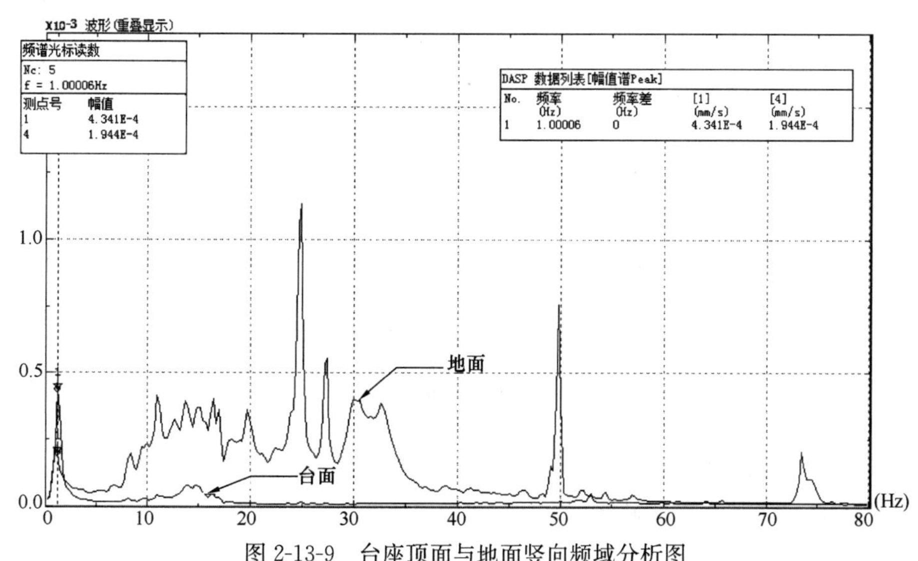

图 2-13-9　台座顶面与地面竖向频域分析图

（1）台座顶面在 0.5～100Hz 范围内，任一频率点的振动速度值 $V_{RMS} \leqslant 0.05$mm/s。

（2）隔振系统竖向与水平向固有频率 f_V、$f_H \leqslant 1.5$Hz。

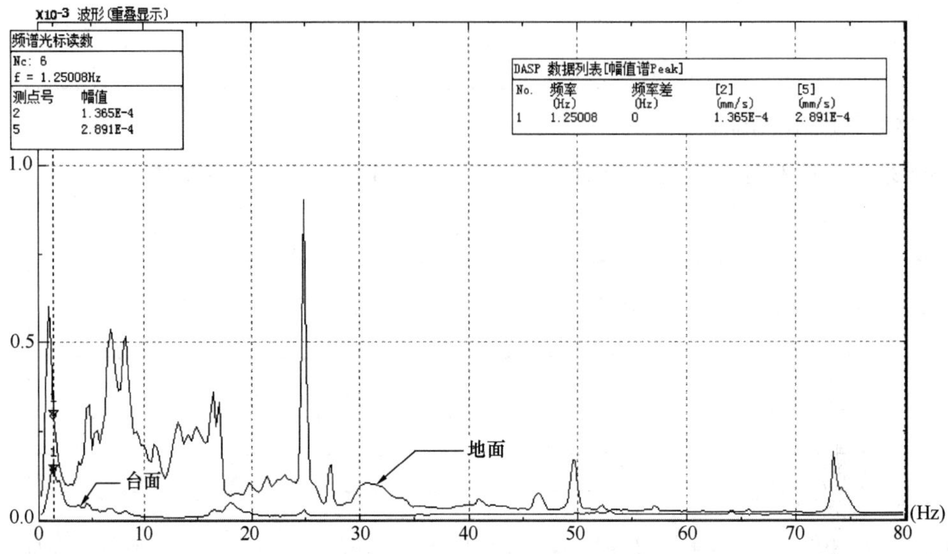

图 2-13-10　台座顶面与地面东西向频域分析图

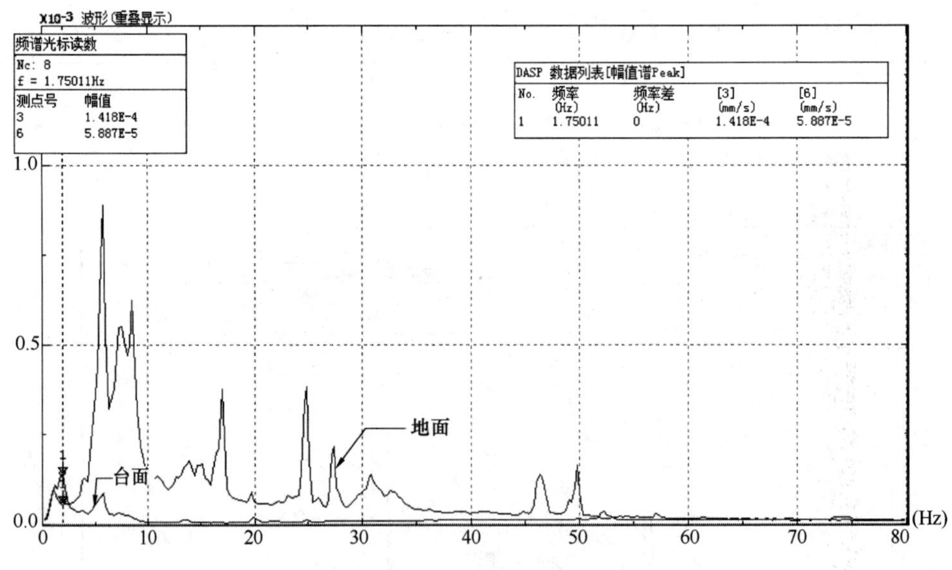

图 2-13-11　台座顶面与地面南北向频域分析图

光学检测时，隔振系统不开启、开启的效果对比如图 2-13-12 和图 2-13-13 所示，振动控制对实验的关键保障作用显著。

图 2-13-12 隔振系统未开启状态下检测结果

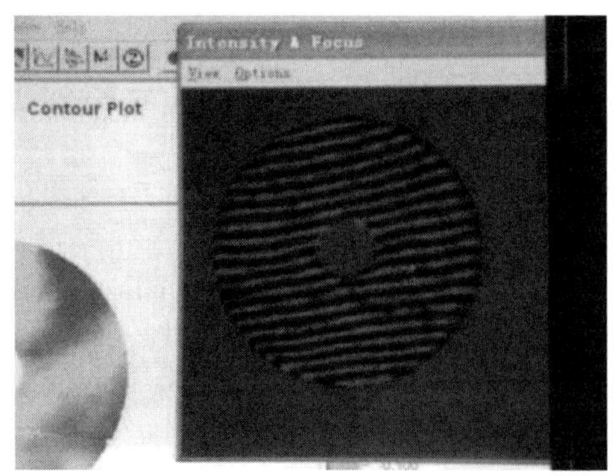

图 2-13-13 隔振系统开启后检测结果

[实例 2-14] 中科院某所风云系列卫星光学检测 15m 隔振系统

一、工程概况

风云系列气象卫星在海洋观测、冰雪、水文监测、庄稼生长、病虫害监测、小麦估产、草原分布观测、寻找渔业资源、森林火灾监测和预防、地形地貌、沙漠勘察、土壤墒情监测、火山爆发、尘暴监察、太阳黑子监测和短波通信电波传播条件预报等领域发挥重要作用，风云二号、风云三号卫星分别如图 2-14-1、图 2-14-2 所示。

图 2-14-1　风云二号卫星图

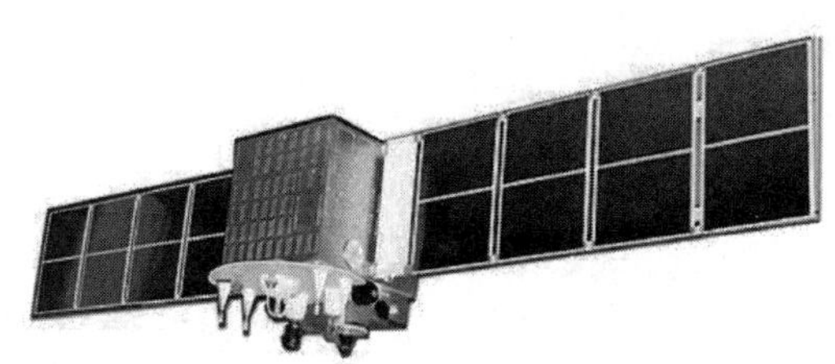

图 2-14-2　风云三号卫星图

为保证风云系列气象卫星各项探测功能满足设计要求，需要对卫星系列部件进行光学测试。测试需要在振动极小的环境中进行，因此，应对试验环境开展微振动控制，以降低外界振动对上部平行光管及测试系统的干扰。

二、振动控制方案

隔振系统建成后，指标要求达到：

1. 台面平面尺寸长 15000mm，宽 2000mm。

2. 台座顶面在 1～100Hz 频段内，任一频率点的振动速度幅值 $V_{RMS} \leqslant 0.01$mm/s。

隔振系统由型钢混凝土台座、隔振装置及控制系统组成，如图 2-14-3 所示，系统安置在平面尺寸 16600mm×3700mm、深度 840mm 的钢筋混凝土基坑中。台座质量 41.22t，上部设备质量 5.77t，试验体质量 0.80t，总质量 47.79t。空气弹簧隔振器 22 只，阻尼器

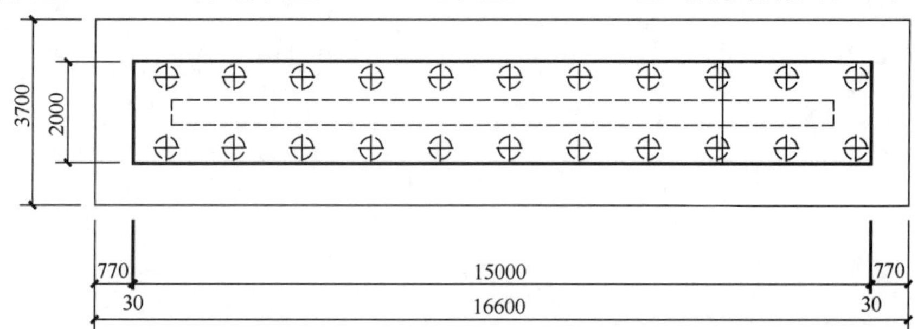

图 2-14-3　隔振系统设计图

38 只，高度控制阀 3 只，其他控制零部件若干。

三、振动控制关键技术

本工程涉及的振动控制关键技术主要围绕长细型台座的高刚性设计以及隔振装置的动力特性优化设计，主要如下：

1. 本工程台座长 15000mm、宽 2000mm，属于长细型台座。基于质刚重合理论，采用钢骨混凝土格构，通过多次计算和实验，克服了长细台座的高刚性设计难题，保证模态前六阶振型质量参与系数累计值达到 98%以上。

2. 采用自由式结构型空气弹簧隔振器，使隔振装置三个方向（特别在横向）均具有较低刚度，隔振系统三向固有频率很低。

3. 通过优化阻尼器结构，研发较大阻尼系数介质，使得整个隔振系统具有较高的阻尼比。

四、振动控制装置

采用本团队自主研发的专利产品——JYM 系列空气弹簧，隔振系统固有频率 $f_V \leqslant 2.0$Hz，$f_H \leqslant 2.5$Hz；阻尼比 $\zeta_V \geqslant 0.15$，$\zeta_H \geqslant 0.06$，隔振系统实物图如图 2-14-4 所示。

五、振动控制效果

在隔振台座顶面和地面布置测点 7 号和 4 号（如图 2-14-5 所示），测试内容包括：

（1）隔振系统动力特性，包括固有频率及阻尼比。

（2）在常时干扰振动（实验室各种设备正常工作，空气压缩机正常运行等）作用下，台座顶面的振动速度值。

图 2-14-4　隔振系统实物图

由于 7 号和 4 号的实测结果差别不大，仅列出测试点 7 号的实测结果。

1. 隔振系统的动力特性

测试得到的隔振系统动力特性如表 2-14-1 所示。

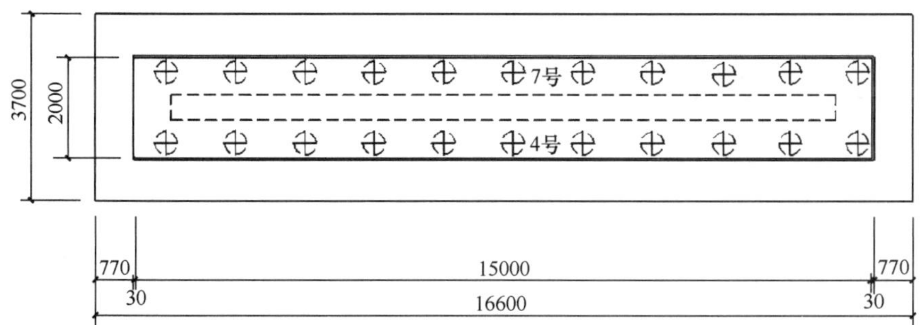

图 2-14-5　测点布置图

隔振系统动力特性 **表 2-14-1**

测点号	测试方向	固有频率（Hz）	阻尼比
7 号	竖向	1.56	0.20
	东西向	1.42	0.21
	南北向	1.27	0.15

2. 隔振系统的振动响应

测试得到的隔振系统台座顶面的振动响应如图 2-14-6 和表 2-14-2 所示，隔振系统建成后振动控制指标满足设计要求。

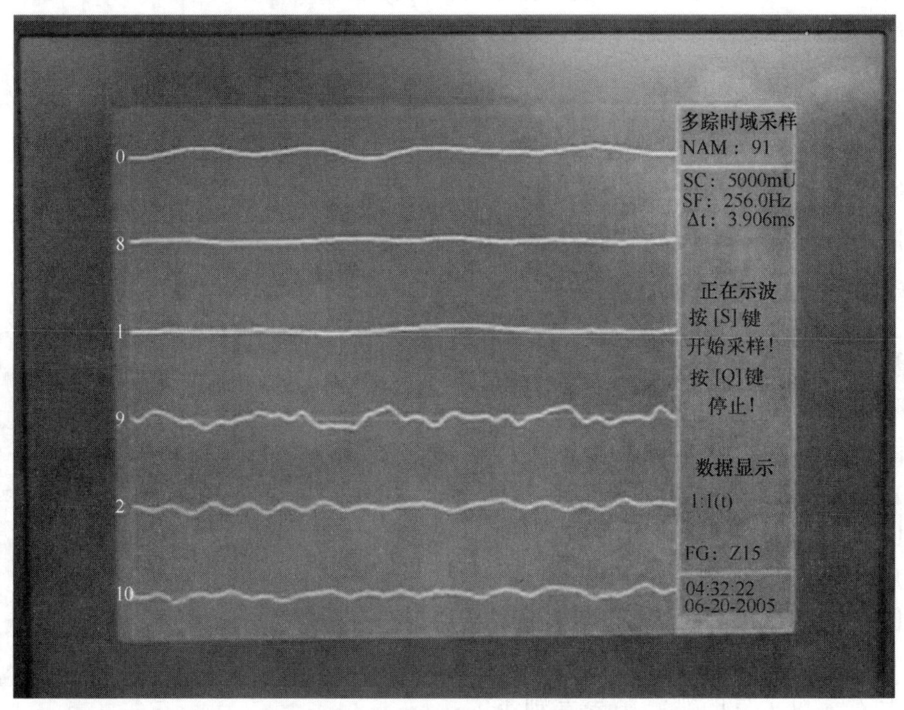

图 2-14-6　7 号点振动响应实测图

台座顶面频域最大振动速度幅值 **表 2-14-2**

测点	竖向		东西向		南北向	
7 号	f（Hz）	V_{RMS}（mm/s）	f（Hz）	V_{RMS}（mm/s）	f（Hz）	V_{RMS}（mm/s）
	2.00	8.079×10^{-3}	1.25	5.615×10^{-3}	1.25	7.592×10^{-3}

[实例 2-15] 交通运载 ASO 观测镜组精密仪器减隔振设计

一、工程概况

某 ASO 观测镜组需从上海陆运至北京，再在北京某卫星发射中心安装。镜组运输过程中，车辆遇到颠簸路面或减速带等，车身受冲击将产生较大振动，会造成镜片损坏，需要对设备进行减隔振处理，如图 2-15-1 所示。

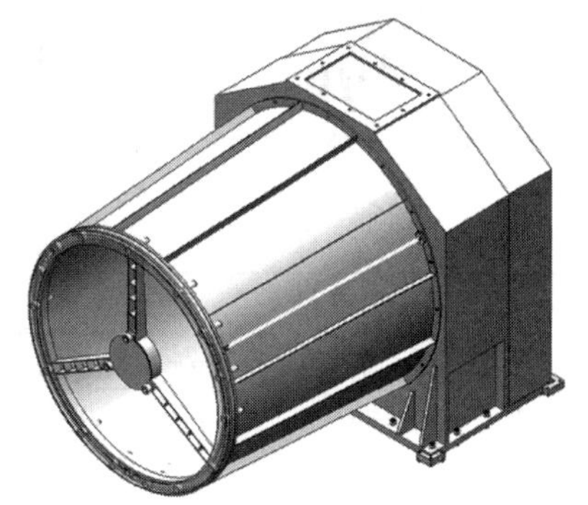

图 2-15-1　ASO 观测镜

二、振动控制方案

受“人船模型”和超精密领域中“粗精动运动控制”启发制定振动控制方案。人船模型：基于动量守恒原理，人走动时船向反方向移动，使人的绝对位移和速度减小；粗精动运动控制：为实现纳米量级定位精度，采用粗动电机实现大行程位移和低频动作，采用微动电机实现高频调整和超精密定位。

组合型超低频隔振器解决方案如图 2-15-2 所示，上层采用悬挂双线摆结构形成水平方向超低频隔振器，下层通过移动副、阻尼器和弹簧形成耗能减振器。线摆基座与车辆间的移动副可以是线性导轨、滚珠导轨或其他摩擦力较小又具备足够竖向承载力的导向部件，弹簧一般为钢弹簧。$u(t)$ 为车辆位移，$z(t)$ 为负载位移，k 为弹簧刚度（提供机构复位），c 为阻尼器阻尼系数。

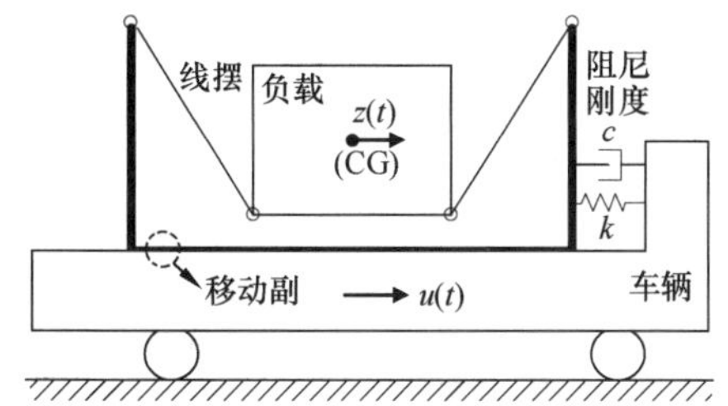

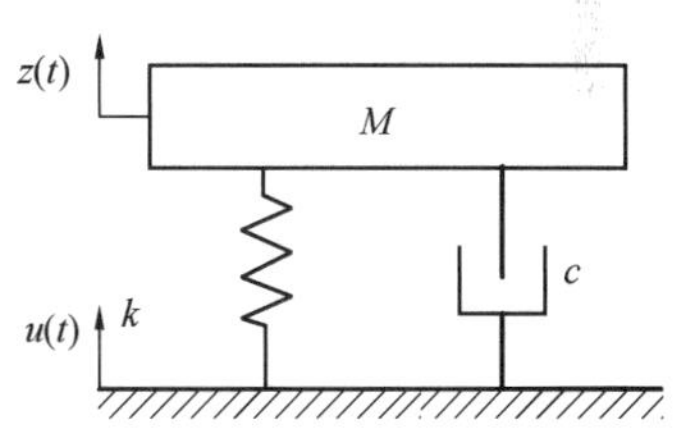

图 2-15-2　组合型超低频隔振器解决方案

三、振动控制关键技术

采用双线摆结构，线摆与复位弹簧串联，超低频的多线摆刚度远小于复位弹簧刚度，机构的隔振性能主要取决于多线摆。

设置阻尼情况下，机构的减振性能主要取决于阻尼器和直线移动机构的摩擦力。

四、振动控制效果

在国道和高速路上进行隔振性能测试，如图 2-15-3 所示，设定了对比测试组：采用缓冲包装材料以及市场上成熟的运输包装箱，作为对比测试对象。

图 2-15-3　道路环境下的隔振性能测试

1. 国道测试

设定车辆时速约 50km/h，表 2-15-1 给出道路测试条件下，隔振器和缓冲包装材料的时、频域结果对比。缓冲泡沫的减振性能不佳，低频部分甚至有振动放大情况；研发的隔振方案具有良好的隔振效果，时域曲线中的输出峰峰值约为输入峰峰值的 8%，频域曲线中 10Hz 之后振动衰减效果明显。

国道测试　　**表 2-15-1**

		隔振器	缓冲泡沫包装
纵向	时域	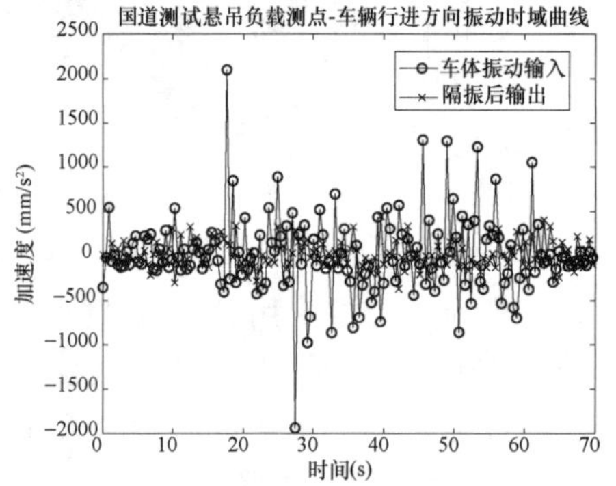 国道测试悬吊负载测点-车辆行进方向振动时域曲线（车体振动输入；隔振后输出；纵轴：加速度 (mm/s²)；横轴：时间(s)）	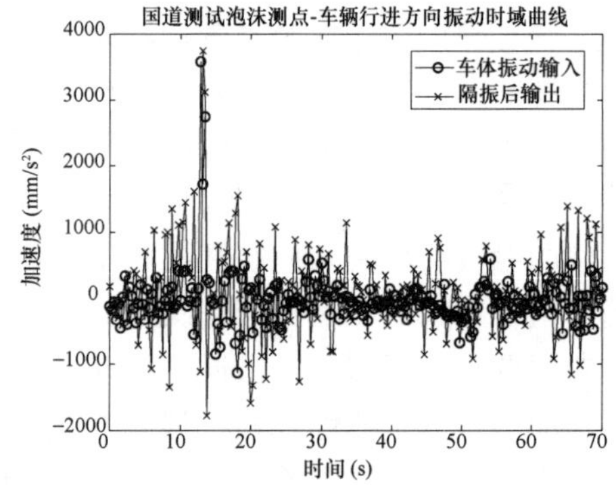 国道测试泡沫测点-车辆行进方向振动时域曲线（车体振动输入；隔振后输出；纵轴：加速度 (mm/s²)；横轴：时间 (s)）
	频域	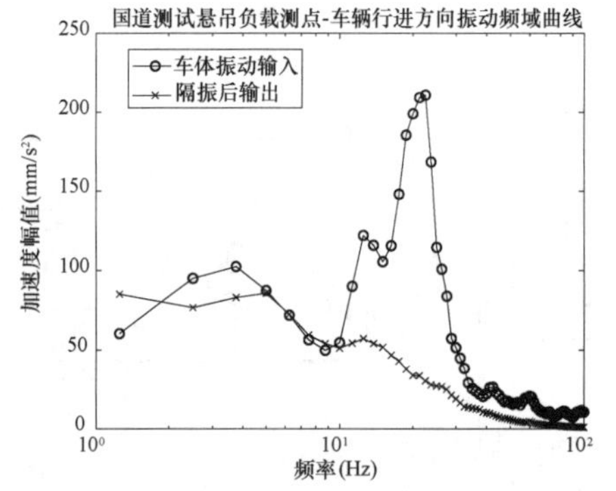 国道测试悬吊负载测点-车辆行进方向振动频域曲线（车体振动输入；隔振后输出；纵轴：加速度幅值(mm/s²)；横轴：频率(Hz)）	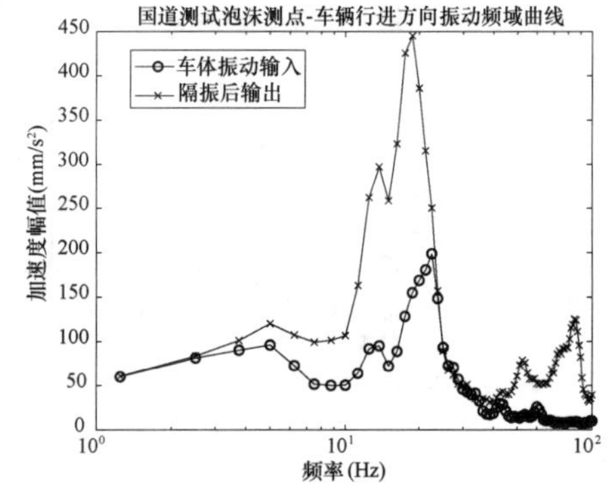 国道测试泡沫测点-车辆行进方向振动频域曲线（车体振动输入；隔振后输出；纵轴：加速度幅值(mm/s²)；横轴：频率(Hz)）
侧向	时域	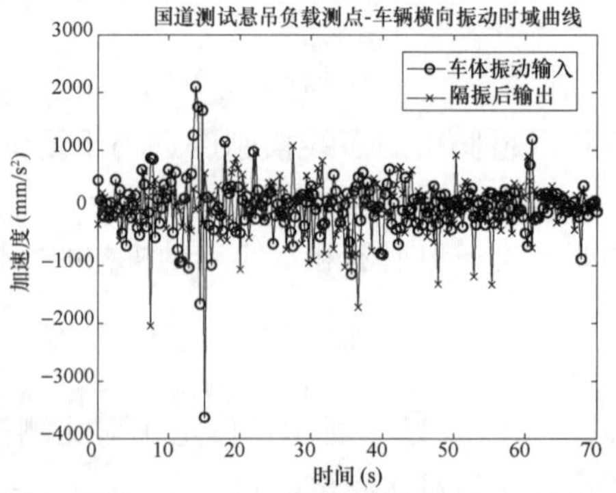 国道测试悬吊负载测点-车辆横向振动时域曲线（车体振动输入；隔振后输出；纵轴：加速度 (mm/s²)；横轴：时间 (s)）	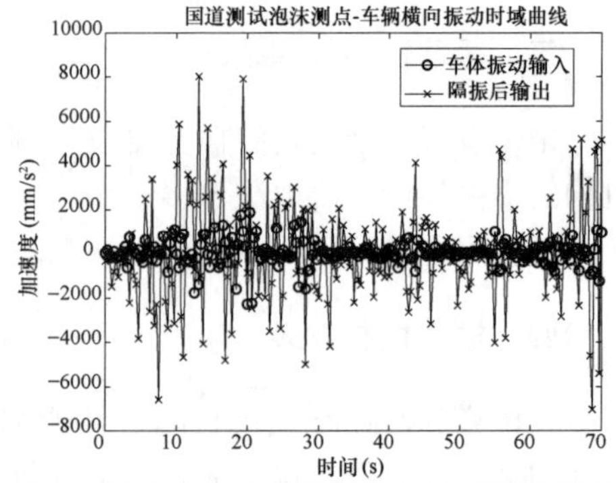 国道测试泡沫测点-车辆横向振动时域曲线（车体振动输入；隔振后输出；纵轴：加速度 (mm/s²)；横轴：时间 (s)）

续表

<table>
<tr><td></td><td></td><td>隔振器</td><td>缓冲泡沫包装</td></tr>
<tr><td>侧向</td><td>频域</td><td colspan="2">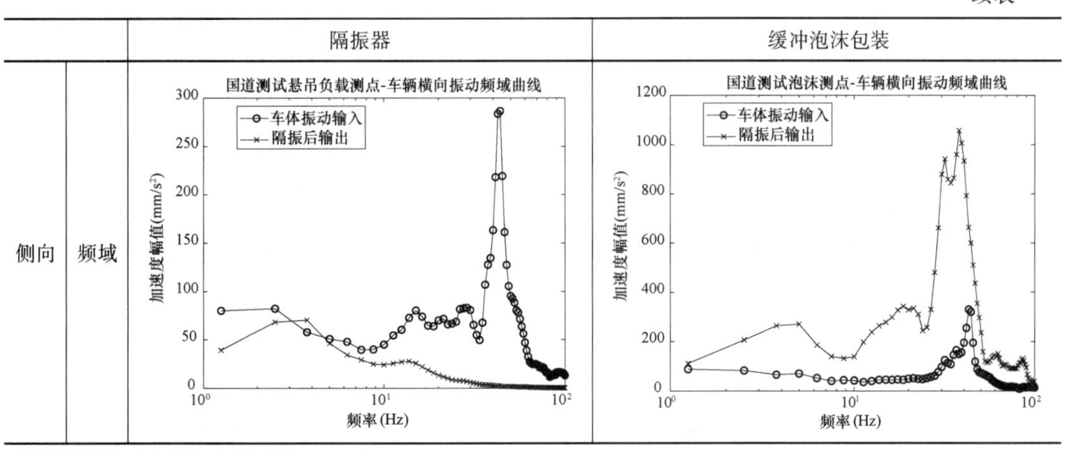
</td></tr>
</table>

2. 高速测试

设定车辆时速约 90km/h，表 2-15-2 给出隔振器和缓冲包装材料的时、频域振动结果对比。缓冲泡沫的隔振性能不佳，低频部分有振动放大情况；研发的隔振方案隔振效果良好，时域曲线中输出峰的峰值约为输入峰峰值的 8%，频域曲线在 10Hz 之后减振效果良好。

高速测试　　表 2-15-2

<table>
<tr><td></td><td></td><td>隔振器</td><td>缓冲泡沫包装</td></tr>
<tr><td rowspan="2">纵向</td><td>时域</td><td> 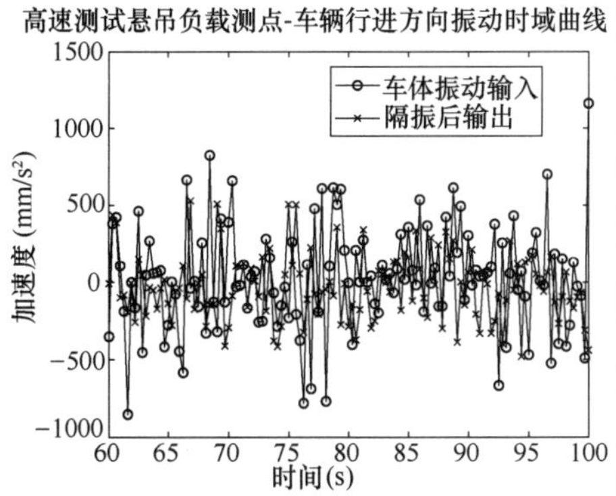高速测试悬吊负载测点-车辆行进方向振动时域曲线
车体振动输入
隔振后输出
加速度 (mm/s²)
时间(s)</td><td> 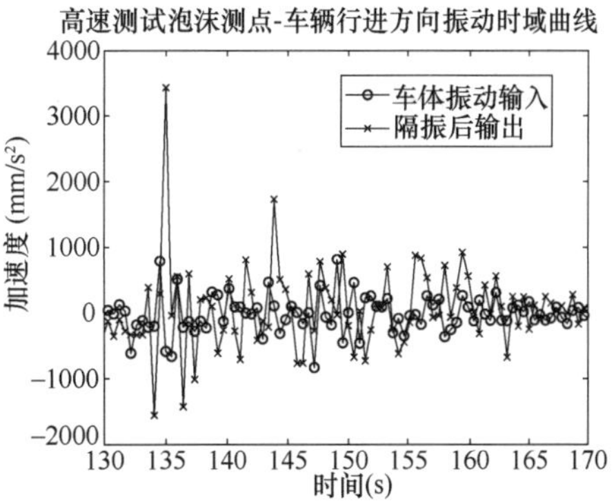高速测试泡沫测点-车辆行进方向振动时域曲线
车体振动输入
隔振后输出
加速度 (mm/s²)
时间(s)</td></tr>
<tr><td>频域</td><td> 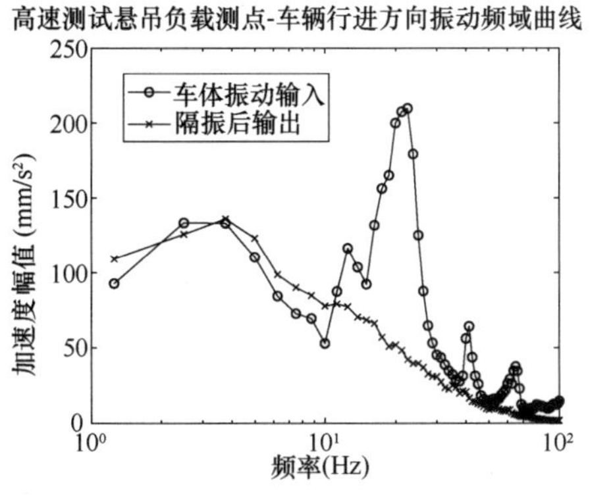高速测试悬吊负载测点-车辆行进方向振动频域曲线
车体振动输入
隔振后输出
加速度幅值 (mm/s²)
频率(Hz)</td><td> 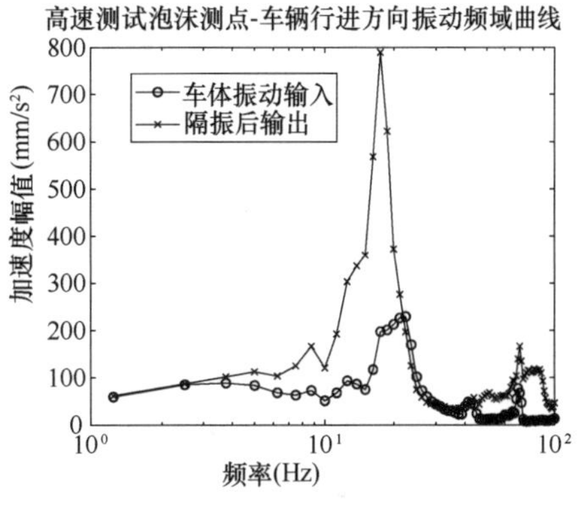高速测试泡沫测点-车辆行进方向振动频域曲线
车体振动输入
隔振后输出
加速度幅值 (mm/s²)
频率(Hz)</td></tr>
</table>

续表

		隔振器	缓冲泡沫包装
侧向	时域	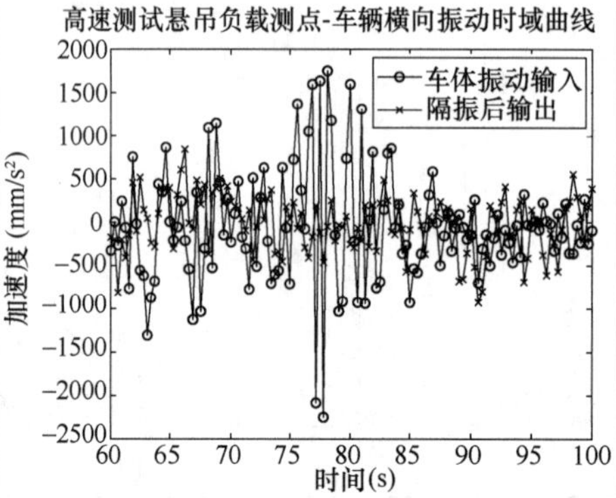 高速测试悬吊负载测点-车辆横向振动时域曲线	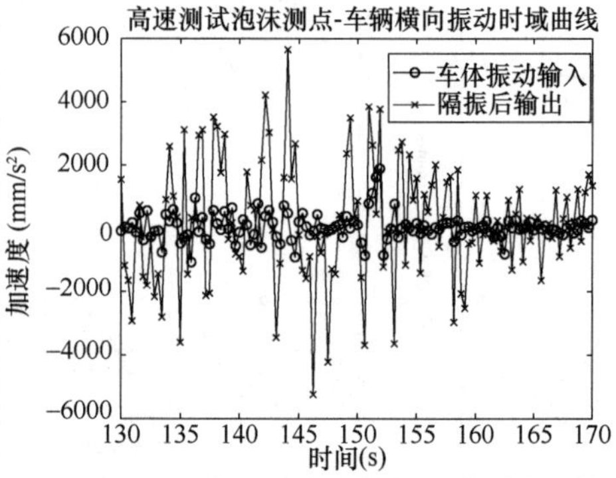 高速测试泡沫测点-车辆横向振动时域曲线
	频域	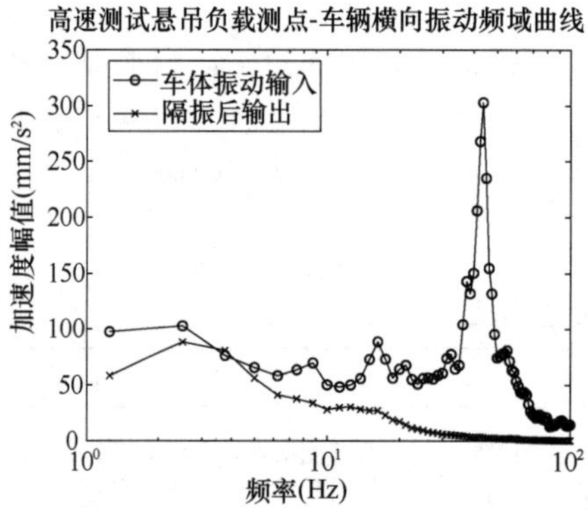 高速测试悬吊负载测点-车辆横向振动频域曲线	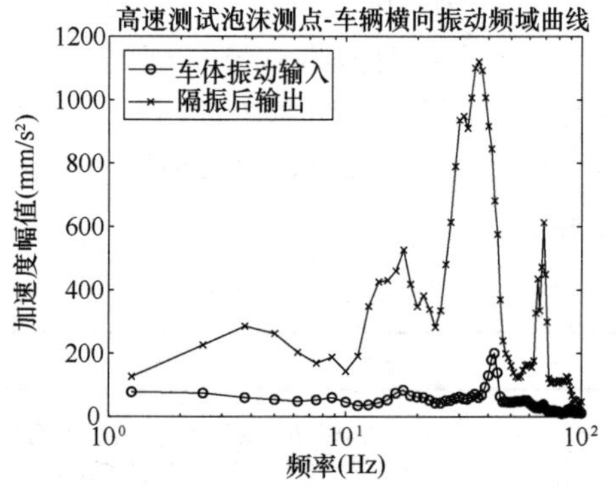 高速测试泡沫测点-车辆横向振动频域曲线

[实例 2-16] 二连浩特海关钴-60 铁路货物列车无损快速检测隔振系统

一、工程概况

国际首创的 TCT-SCAN 钴-60 铁路货运列车检查系统是专用于铁路货物运输列车不开箱检查的高科技产品。辐射照相源产生放射线，当穿过被探查的集装箱（内装物品）后，被高压充气阵列电离室接收，由于物品不同部位对放射线的吸收程度不同，电离室输出信号强弱也不同，将不同强弱信号处理后，即可反映被探查物品图像。

二连浩特海关货物列车无损快速检测通道如图 2-16-1 所示。由于铁路货车是在行驶过程中被检查，火车行驶时产生的振动会严重影响检查系统数据采集装置（阵列电离室）正常工作，造成视频图像模糊不清，无法辨别被查物品。采用自主研发的空气弹簧隔振技术，设计建造了尺寸为 8m×2.6m 的空气弹簧隔振台座系统，成功解决了列车快速通过检查站时的振动控制问题。

图 2-16-1　二连浩特海关货物列车无损快速检测通道

二、振动控制方案

检查系统数据采集装置的容许振动值为：无列车通过情况下，在 0.5～150Hz 频段内，任一频率振动速度 $V_{RMS} \leqslant 0.015$mm/s；有列车通过情况下，火车行驶速度<5km/h 时，时域振动速度均方根值 V_{RMS} 满足表 2-16-1。

容许振动值　　表 2-16-1

方向	时域振动速度均方根值 V_{RMS}（mm/s）
垂直于地面	0.09
垂直于轨道	0.04
平行于轨道	0.02

根据工艺要求，隔振装置布置在二层楼板上，隔振系统组成如下：

1. 基础：用于支承隔振元件——空气弹簧隔振器。

2. 隔振台座：采用与隔振装置一体化的设计方案，使二者形成非耦合型隔振系统，避免单肢悬挂的信号采集装置产生扭转振动，台座重约 40t。

3. 隔振装置：包括空气弹簧隔振器 20 只，阻尼器 36 只，高度阀 3 只。

4. 气源：由空压机、储气罐、过滤装置和干燥设备四部分组成，保证不间断向隔振装置提供稳定洁净压缩空气。

列车无损快速检测隔振台座安装平面如图 2-16-2 所示。

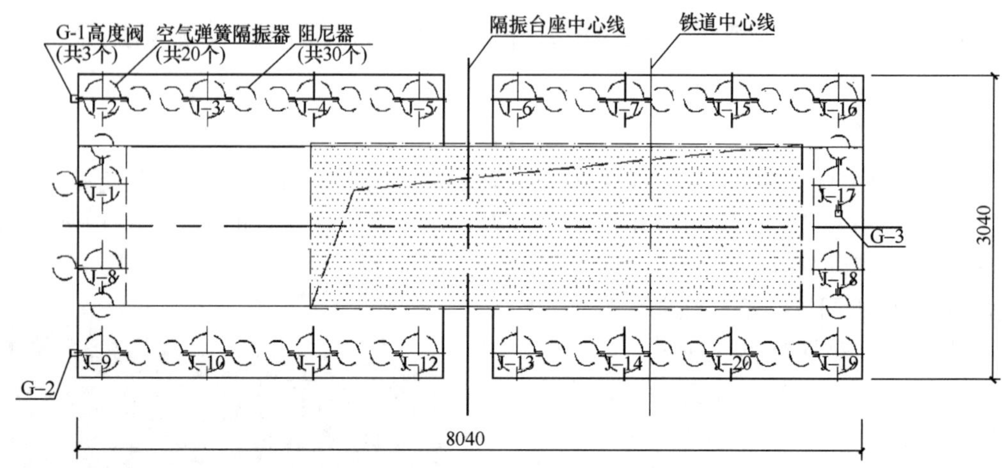

图 2-16-2　列车无损快速检测隔振台座安装平面图

三、振动控制关键技术

设计了支承式和悬挂式两种方案：

1. 支承式优点：重心低、数据采集装置在隔振台座之上，安装牢固，无悬臂出现，安装调试方便。缺点：穿越轨道，须做涵洞。

2. 悬挂式优点：数据采集装置在隔振台座下，不与铁路轨道发生关系。缺点：有单肢下垂悬臂，会出现摇晃，安装调试受限，隔振台座设计复杂。

从工程实施难度及工程造价经济角度综合考虑，决定采用悬挂式方案，关键技术流程如图 2-16-3 所示。设计的隔振台座如图 2-16-4 所示。

四、振动控制效果

隔振系统正常工作状态下，以 5km/h 行驶时，钴-60 铁路货运列车检查系统数据采集装置视频图像效果好；当车速达到 30km/h，仍然获得满意图像，说明整套隔振系统在本工程中成功应用。

在一层地面（距轨道 1.5m 远）、二层楼面（空气弹簧基础边）和隔振台座顶布设传感器，采集三个方向振动数据，测试结果见表 2-16-2。

台座顶面频域最大振动速度值及对应频率　　　　表 2-16-2

Z		X		Y	
f（Hz）	V_{RMS}（mm/s）	f（Hz）	V_{RMS}（mm/s）	f（Hz）	V_{RMS}（mm/s）
1.25	3.33×10^{-3}	1.25	1.24×10^{-2}	1.75	7.08×10^{-3}

台上、台下振动响应测试结果见图 2-16-5～图 2-16-8。

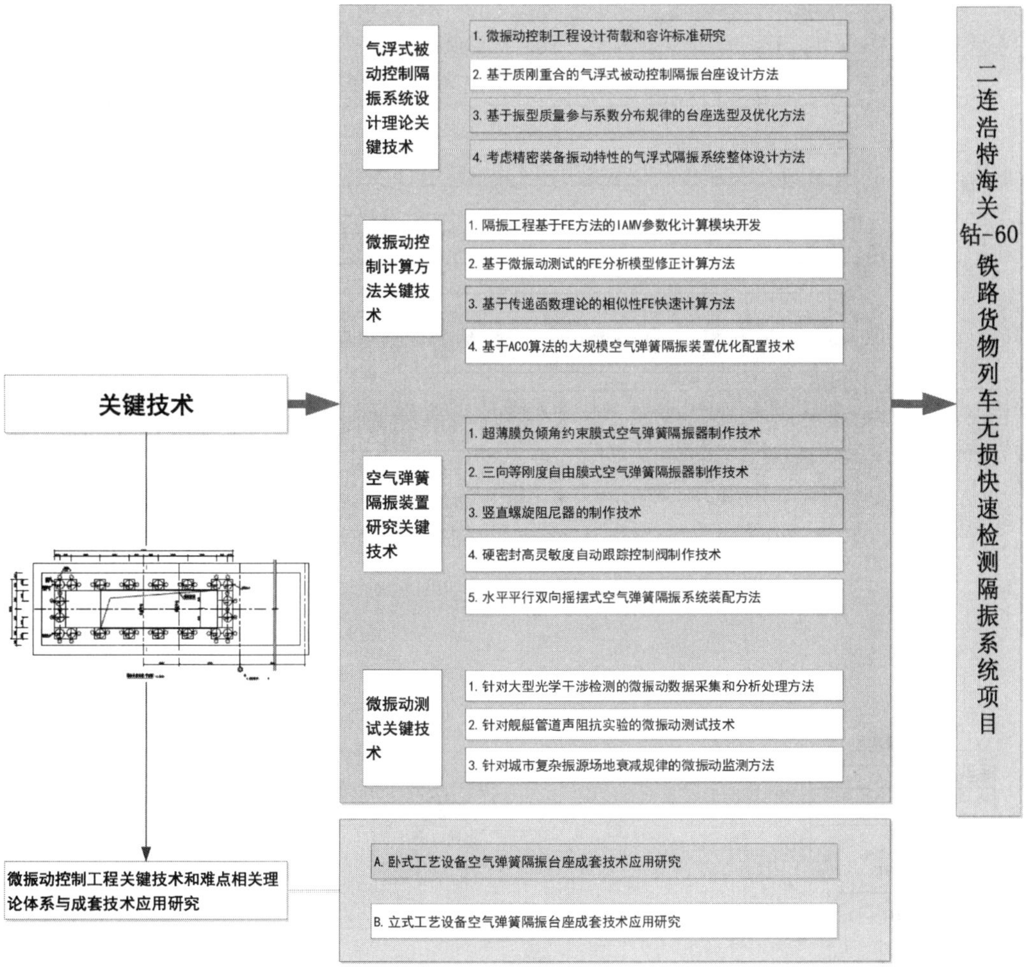

关键技术

气浮式被动控制隔振系统设计理论关键技术
1. 微振动控制工程设计荷载和容许标准研究
2. 基于质刚重合的气浮式被动控制隔振台座设计方法
3. 基于振型质量参与系数分布规律的台座选型及优化方法
4. 考虑精密装备振动特性的气浮式隔振系统整体设计方法

微振动控制计算方法关键技术
1. 隔振工程基于FE方法的IAMV参数化计算模块开发
2. 基于微振动测试的FE分析模型修正计算方法
3. 基于传递函数理论的相似性FE快速计算方法
4. 基于ACO算法的大规模空气弹簧隔振装置优化配置技术

空气弹簧隔振装置研究关键技术
1. 超薄膜负倾角约束膜式空气弹簧隔振器制作技术
2. 三向等刚度自由膜式空气弹簧隔振器制作技术
3. 竖直螺旋阻尼器的制作技术
4. 硬密封高灵敏度自动跟踪控制阀制作技术
5. 水平平行双向摇摆式空气弹簧隔振系统装配方法

微振动测试关键技术
1. 针对大型光学干涉检测的微振动数据采集和分析处理方法
2. 针对舰艇管道声阻抗实验的微振动测试技术
3. 针对城市复杂振源场地衰减规律的微振动监测方法

二连浩特海关钴-60铁路货物列车无损快速检测隔振系统项目

微振动控制工程关键技术和难点相关理论体系与成套技术应用研究

A. 卧式工艺设备空气弹簧隔振台座成套技术应用研究

B. 立式工艺设备空气弹簧隔振台座成套技术应用研究

图 2-16-3　二连浩特海关铁路货物列车无损检测隔振台座系统关键技术流程图

图 2-16-4　隔振台座实物图

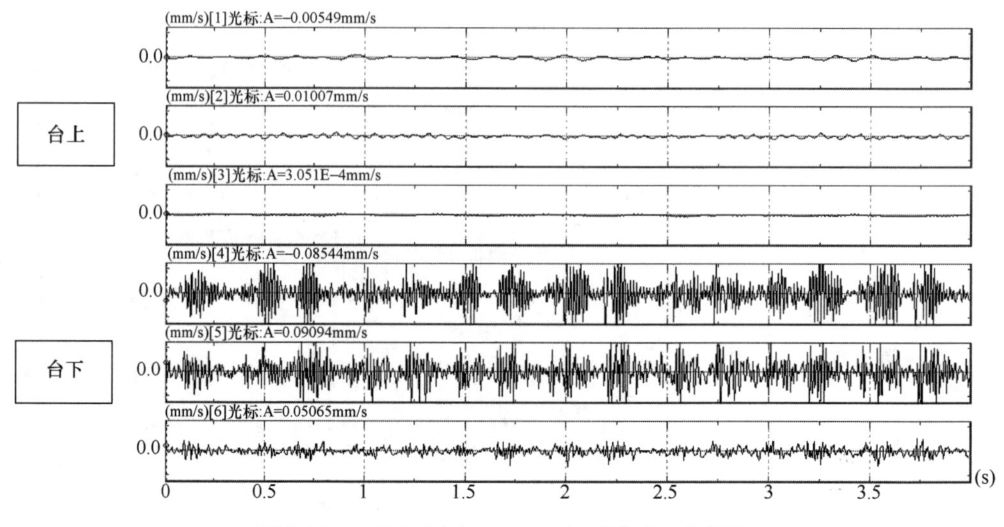

图 2-16-5　台上台下 z、x、y 向时域对比分析图

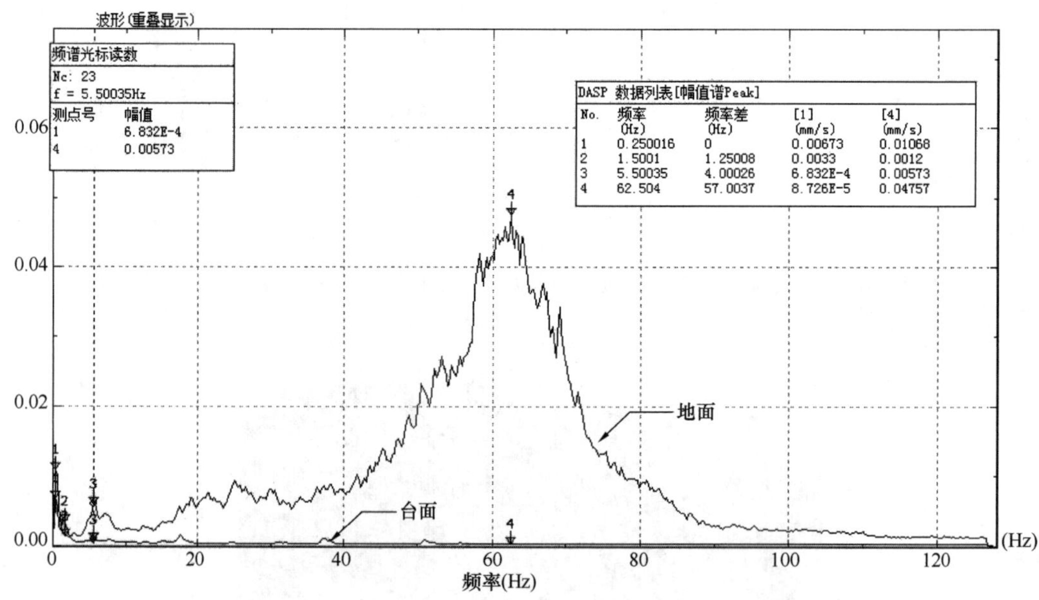

图 2-16-6　台上台下 z 向频域分析图

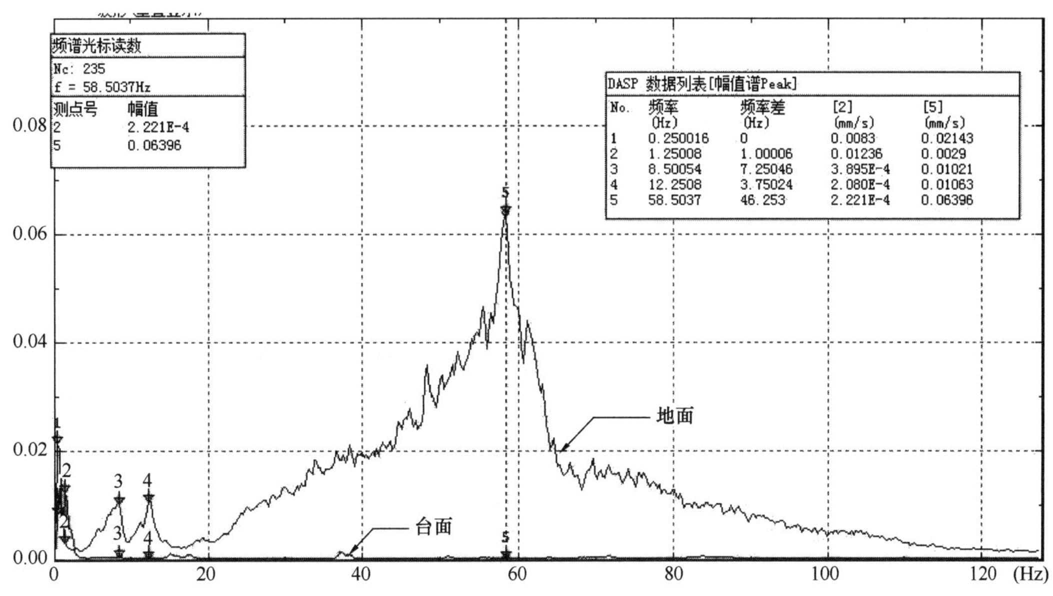

图 2-16-7　台上台下 x 向频域分析图

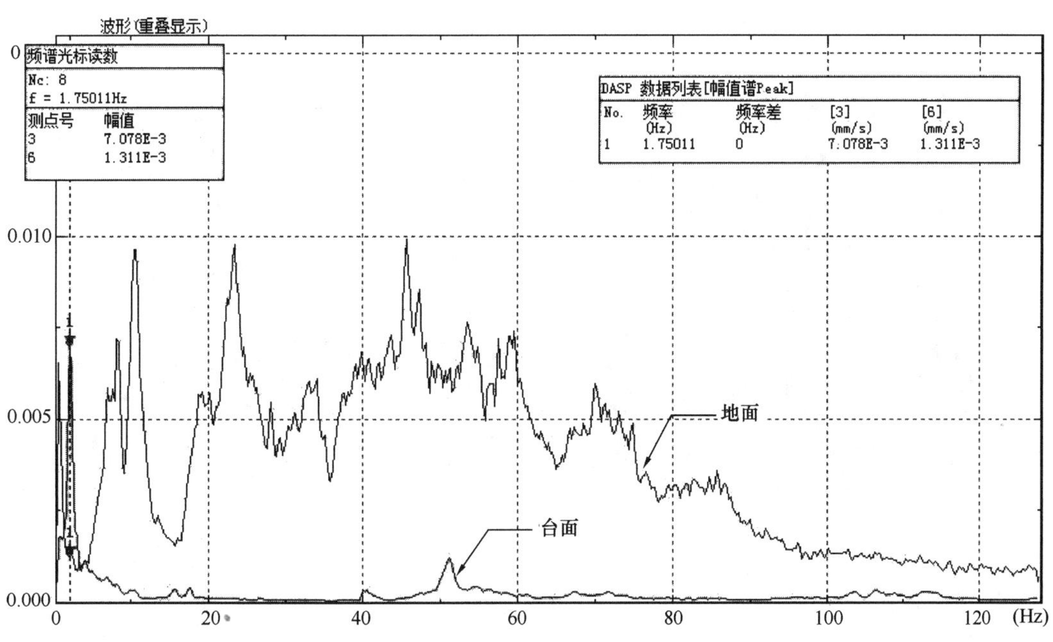

图 2-16-8　台上台下 y 向频域分析图

第三章　建筑结构振动控制

第一节　精密装备厂房抗微振设计

[实例 3-1] 多层医疗器械厂房微振动控制

一、工程概况

卡尔蔡司新视界大楼项目位于广东省广州市九佛西路 1389 号（图 3-1-1）。该项目主要建设一条高折射率树脂镜片半成品、一条树脂处方镜片和一条人工晶状体加工生产线。项目新建一栋四层钢筋混凝土框架结构工业厂房，占地面积 11085m²，建筑面积 47287m²。

图 3-1-1　新视界大楼效果图

新视界大楼是集生产、生活和办公为一体的综合性建筑，第一层主要是成品及半成品仓库，第二层主要为 MASS 生产车间，第三层主要为 RX 生产车间，第四层主要为 MED 生产车间（注：MASS、RX、MED 为三条生产线名称）。大楼内每层设置空调机组、空压站、餐厅和办公室等辅助用房。第一层振动设备较少，第二层 MASS 生产车间和第三层 RX 生产车间设备居多，且在运行时均会产生振动，第四层 MED 生产车间为精密加工设备，振动要求较严格，需满足德国协会标准《分析和评价结构动力学的方法 冲击和振动 预后，测量，评估和减排措施动力荷载作用下结构的适用性》VDI 2038 Blatt 2—2013 中 VC-C（12.5μm/s，1～80Hz）的要求。

本项目有如下技术难点：

1. 第四层 MED 生产车间人工晶体生产线有洁净要求，且容许振动需满足德国协会标准《分析和评价结构动力学的方法 冲击和振动 预后，测量，评估和减排措施动力荷载作用下结构的适用性》VDI 2038 Blatt 2—2013 VC-C 的要求，该容许标准值较为严格；

2. 振动要求最严格的人工晶体生产线位于建筑最高层（第四层），增加了防微振的难度；

3. 大楼内第二层和第三层，振动设备非常多，对第四层人工晶体生产线的振动影响较大；

4. 受建筑层高限制，楼面刚度难以加大；

5. 悬挂于第四层楼板下方的大量水管和风管，对四层楼板上的设备产生一定振动影响。

二、振动控制方案

针对不同研究对象，共采取六种振动控制方案，具体如下：

1. 在建筑方案阶段，设置防振缝。为更有效地减小振动之间的相互影响，新视界大楼共设置两个防振缝，可将整个大楼分为三个相互独立的单体。将振动较大的设备与振敏设备、办公区域通过防振缝隔离。

2. 通过工艺及公用设备规划布置，形成合理的振动控制区域。尽可能按照设备运行时振动影响的大小进行集中布置，并将振动较大设备远离振敏设备和办公区域。

3. 根据动力分析，确定楼面振动分布规律，并对全楼进行振动区域划分。区别于传统振动影响分析，该项目进行动力分析时，将整个大楼作为一个完整的动力系统进行计算和研究，以考虑振动在整个大楼内的传递影响。基于动力分析，确定楼面容许振动情况，对整栋楼内振动区域进行划分设计。

4. 根据振动测试和分析结果，将工艺和公用设备按振动强度分为三类，按照不同类别采取相应的振动控制措施。基于现场振动测试结果，根据振动影响大小，将振动设备分为三类，即振动影响较小、振动影响较大和振动影响非常大。对于振动影响较小的设备，宜采取橡胶垫的减隔振措施；对于振动影响较大的设备，宜采取金属弹簧隔振器的减隔振措施；对于振动影响非常大的设备，宜采取空气弹簧隔振器或金属弹簧隔振器加配重质量块的减隔振措施。

5. 对于防微振要求较高的四层楼面，应增加楼板厚度，以提高楼面刚度，避免行人对设备产生振动影响。MED 设备对周围行人有报警设备，当行人距离设备 2.0m 时，会触发设备报警。基于该防振目标，本项目重点研究了人行走引起振动与楼板厚度之间的关系。

6. 楼面悬挂风管、水管采取弹性悬挂措施对管道进行隔振。由于风管和水管普遍较长，风管和水管振动控制难度较大。为减小风管、水管（尤其是冷冻水管）的振动影响传递，MED 设备下的楼板悬挂支架均采取弹性减隔振措施。

三、振动控制关键技术

1. 建立了一种按建筑功能区要求确定振动控制区域划分的方法

容许振动区域划分图，指对多层工业厂房以防微振控制为目的建立容许振动区域划分图例的一种表示方法。基于容许振动区域划分图，可为整个多层工业厂房振动控制提供科学依据，对协调各专业做好振动控制具有重要的指导作用。

建立多层工业厂房容许振动区域划分图，包括以下五个步骤：

（1）建立以振动速度为衡量标准的多层工业厂房容许振动等级；

（2）确定振动控制目标及该振动控制目标区域楼板的容许振动速度等级；

（3）按照建筑功能区确定多层工业厂房各功能区内振源；

（4）根据振动位置及振源扰力，计算当控制目标区域楼板满足振敏设备的容许振动速度等级时，各建筑功能区的振动速度云图；

（5）基于可靠度理论，确定各振源设备区的容许振动等级。根据振动速度云图及容许振动速度等级，确定各建筑功能区的容许振动等级，绘制在多层工业厂房建筑平面图中，形成多层工业厂房的容许振动区域划分图。

表 3-1-1 给出适用于多层工业厂房的容许振动速度等级表。

容许振动速度（均方根值）等级表 **表 3-1-1**

振动等级	容许振动速度（μm/s）	振动等级	容许振动速度（μm/s）
VC-A	50	VC-C	12.5
VC-B	25	VC-D	6.25

在确定功能区容许振动速度时，为有效做好防微振控制和不必要的工程投入，引入可靠度理论进一步分析。假定建筑功能区内振动符合正态分布规律，若功能区内 97.73%以上控制点的振动速度小于容许振动速度 v_c，则可认为该功能区的振动满足要求，即满足下式：

$$P\{v < v_c\} \geqslant 97.73\% \tag{3-1-1}$$

或

$$\bar{v} + 2\sigma_v \leqslant v_c \tag{3-1-2}$$

其中，P 表示概率，v 表示该功能区内控制点的振动速度，v_c 表示该功能区的容许振动速度，$\bar{v}$ 表示该功能区控制点速度的平均值，σ_v 表示该功能区控制点速度的均方根。

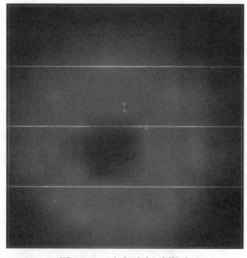

图 3-1-2 人行走振动影响

2. 从结构设计角度优化人行荷载引起的振动

首先，可采取提高楼板刚度的措施来减小楼板振动：楼板双向双层配筋，间距 150mm；梁上部纵筋拉通；采用 C35 混凝土。图 3-1-2 给出人行走对楼板的振动影响。

其次，开展振动优化分析计算。基于 SAP 2000 建模，采用定点扰力分析法计算行人引起楼板的振动情况。分别计算人在厚度为 150mm、300mm 和 400mm 楼板上行走时的振动响应。

图 3-1-3～图 3-1-5 给出人在厚度分别为 150mm、300mm 和 400mm 楼板上行走时，

距人行走激振点不同距离的振动响应。水平虚线分别对应容许振动标准（表 3-1-1）12.5μm/s（VC-C）和 25μm/s（VC-B）。图中曲线分别表示在进行有限元分析时，楼板上 98%、84%和 50%的振动控制点满足容许振动标准。

由图 3-1-3，当楼板厚度为 150mm，距离人行走激振点 4m 时，楼板的振动速度满足 12.5μm/s（VC-C）限值要求；由图 3-1-4，当楼板厚度为 300mm，距离人行走激振点约 2.5m 时，楼板的振动速度基本满足 12.5μm/s（VC-C）限值要求；由图 3-1-5，当楼板厚度为 400mm，楼板上几乎所有控制点的振动速度均满足 12.5μm/s（VC-C）限值要求。综上，提高楼板厚度可有效降低人行走对周围设备的振动影响。

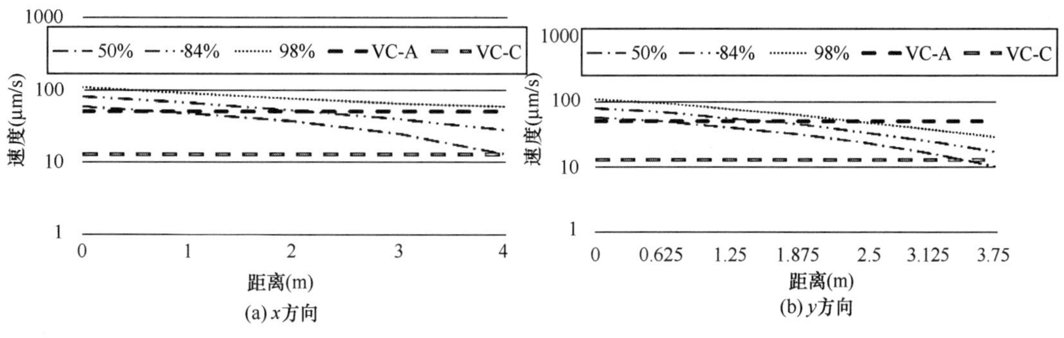

图 3-1-3　人行走引起的振动情况（楼板厚度 150mm）

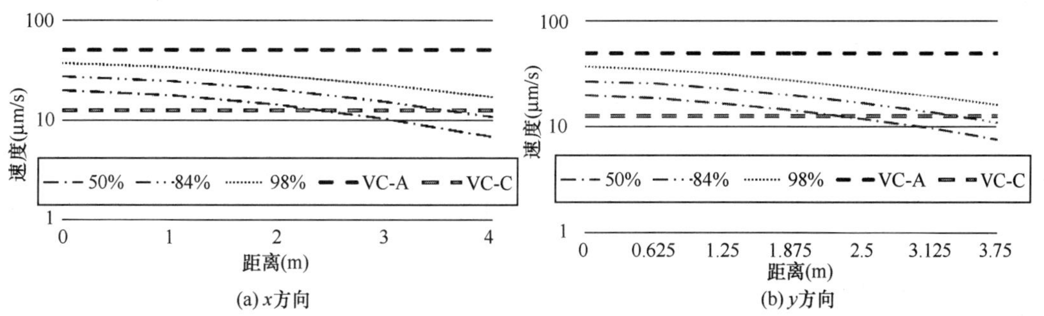

图 3-1-4　人行走引起的振动情况（楼板厚度 300mm）

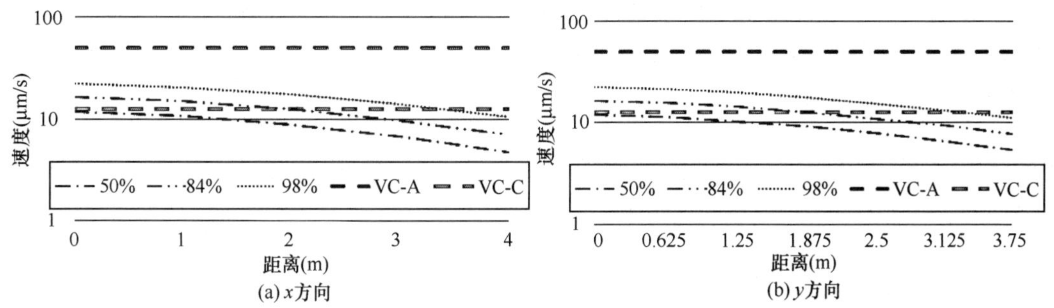

图 3-1-5　人行走引起的振动情况（楼板厚度 400mm）

四、振动控制效果

本工程防微振设计采取了多种措施，包括：动力设备隔振、精密设备隔振、公用管线隔振以及建筑结构防振、抗振措施（如设置防振缝和提高结构刚度）等。在提高结构刚度后，人在楼面行走的振动影响范围减小，距离 2m 处的振动速度可满足 VC-C 要求，同时也满足 MED 设备的正常使用条件。

［实例 3-2］某集成电路厂房微振动控制

一、工程概况

某集成电路厂房位于河南省郑州市东部，坐落于郑州市经济技术开发区出口加工区内，总建筑面积 26500m²，包括芯片厂房、综合动力站和化学品库。厂区平面布置见图 3-2-1。其中，芯片厂房建筑面积约 20000m²，东西长 87.5m，南北长 115.5m，建筑高度 22.0m，分为工艺核心生产区 A 区、生产支持区（B～E 区）等 5 个部分，工艺核心生产区微振动要求为 VC-C。芯片厂房平面见图 3-2-2，立面见图 3-2-3。

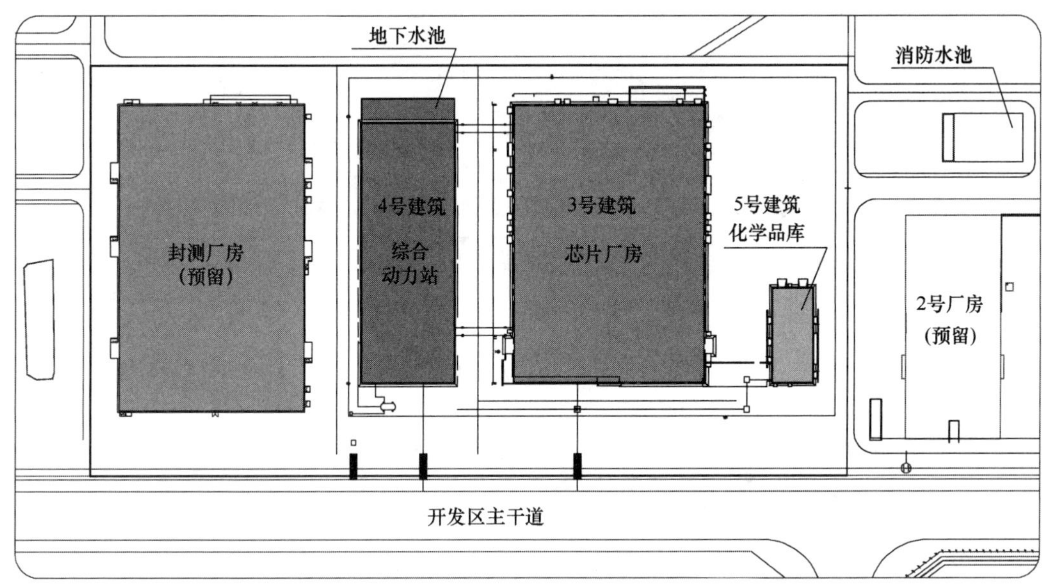

图 3-2-1　厂区平面布置图

二、振动控制方案

芯片厂房柱距为 4800mm×4800mm，工艺区层高 5.7m。采用厚筏板基础和华夫板结构，华夫板形式如图 3-2-4 所示，华夫板浇筑完成后效果如图 3-2-5 所示。

三、振动控制分析

华夫板结构的有限元计算模型如图 3-2-6 所示，特征点的振动位移如图 3-2-7 所示。

四、振动控制效果

根据《电子工业防微振工程技术规范》GB 51076—2015，参照已建同类工程特征点的振动测试结果，该芯片厂房工艺区华夫板特征点的振动响应如图 3-2-8 所示，由计算分析结果，工艺区华夫板的振动响应满足 VC-C 要求。

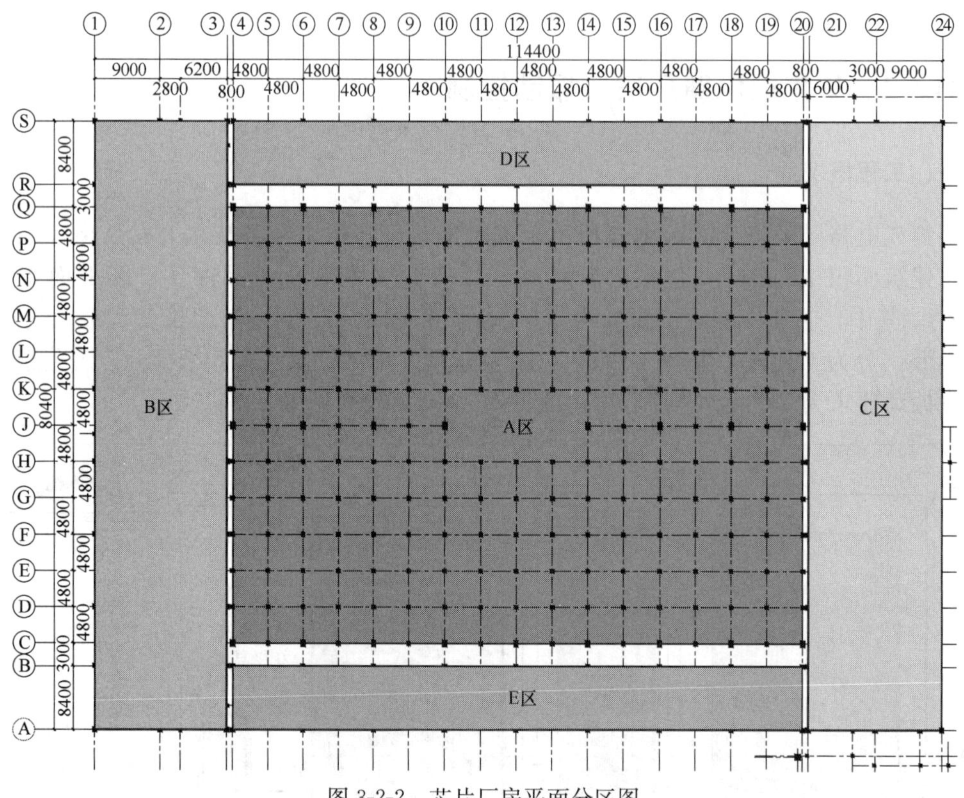

图 3-2-2　芯片厂房平面分区图

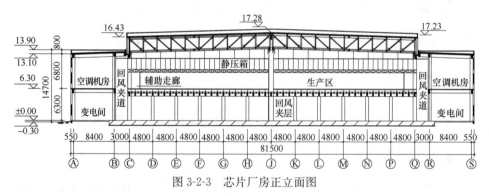

图 3-2-3　芯片厂房正立面图

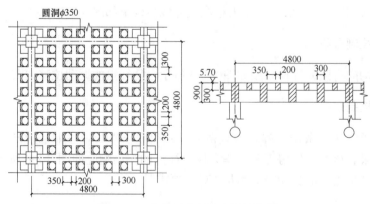

图 3-2-4　芯片厂房的华夫板结构图

图 3-2-5　华夫板浇筑完成

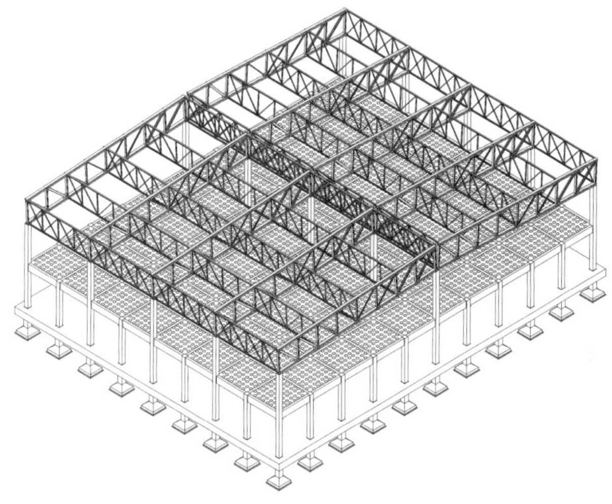

图 3-2-6　计算模型图

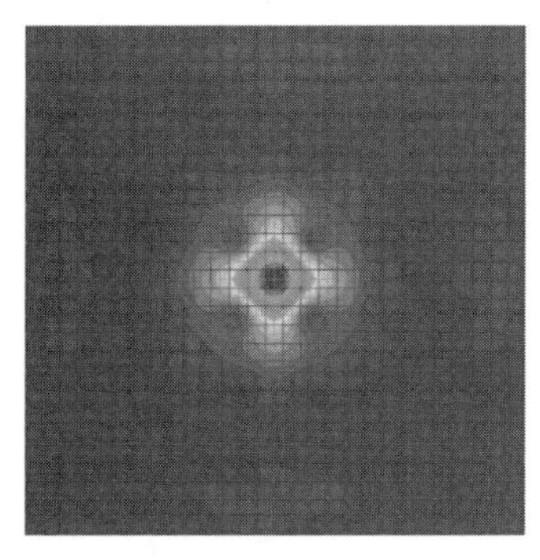

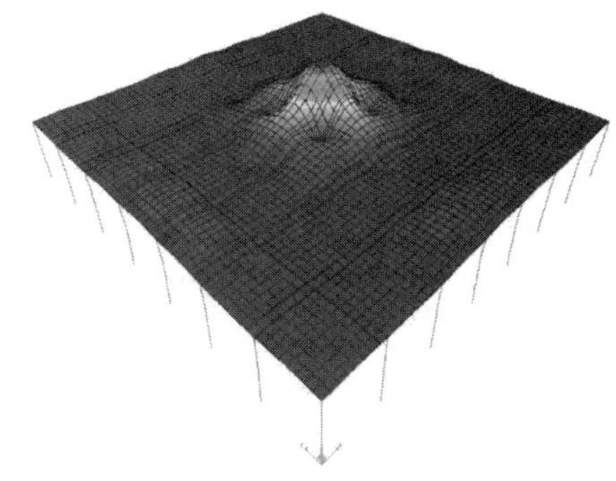

图 3-2-7　华夫板竖向振动位移云图

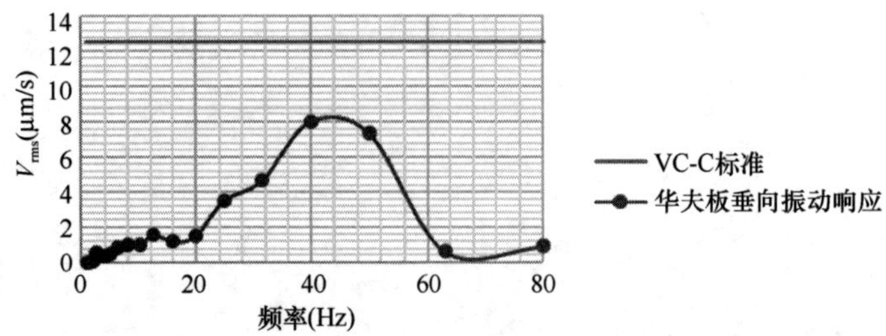

图 3-2-8　华夫板竖向振动响应

第二节　工业建筑振动控制

［实例 3-3］发动机半消声室隔振设计

一、工程概况

中国一拖技术中心投资建造某特种试验室，包含半消声室、高低温试验室、轻型车排放试验室、控制间、变频电机间、浸车区、办公室、辅助设备间、变电所、拆装间等。平面尺寸 54m×30m，三层，高度 16.2m，建筑面积约 5000m²，钢筋混凝土框架结构，建筑平、剖面如图 3-3-1 和图 3-3-2 所示。在⑤～⑥轴与Ⓓ～Ⓖ轴之间，一层布置一个汽车及拖拉机发动机半消声室。由于该试验室有发动机高、低温试验台，空调机组等设备，环境振动和噪声大，应采取控制措施。

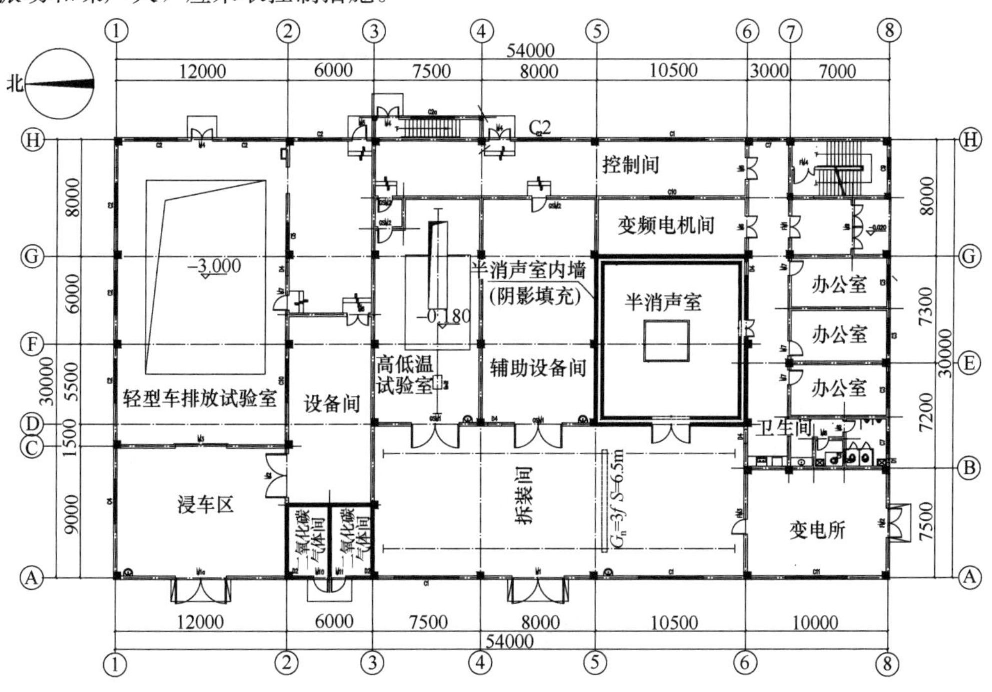

图 3-3-1　特种实验室建筑平面图

二、振动与噪声控制方案

半消声室采用金属尖劈和空腔的吸声结构，主要设计指标：

1. 消声室本底噪声≤35dB（A）；
2. 消声室下限截止频率≤80Hz；
3. 消声室自由声场半径≥2.5m。

根据国家标准《建筑工程容许振动标准》GB 50868—2013，半消声室内墙面、楼面振动应满足表 3-3-1 的要求。

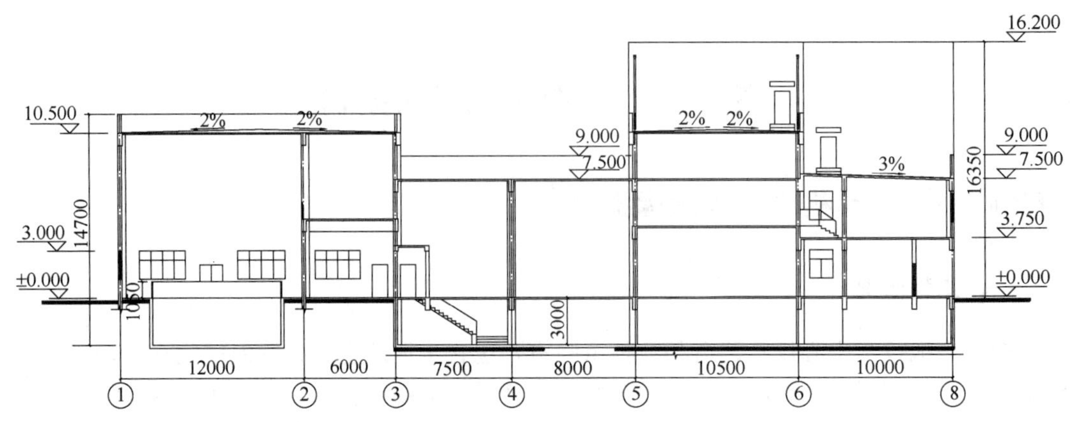

图 3-3-2　特种实验室建筑剖面图

声学试验室容许振动加速度均方根值（mm/s²）　　**表 3-3-1**

本底噪声 dB（A）	倍频程中心频率（Hz）			
	31.5	63	125	250，500
20	6.5	3.0	1.8	1.5
25	11.0	5.0	3.0	2.5
30	20.0	8.5	5.5	4.5
35	35.0	15.0	10.0	8.5
40	60.0	25.0	17.0	15.0
45	100.0	45.0	30.0	25.0
50	100.0	85.0	50.0	45.0

声学试验室对背景噪声要求较高，设计时应考虑隔声、吸声、消声以及隔振等措施。噪声主要包括空气声和固体声，噪声产生和传递方式如图 3-3-3 和图 3-3-4 所示。空气声主要通过隔声和吸声来处理，固体声需要采取隔振措施来解决。

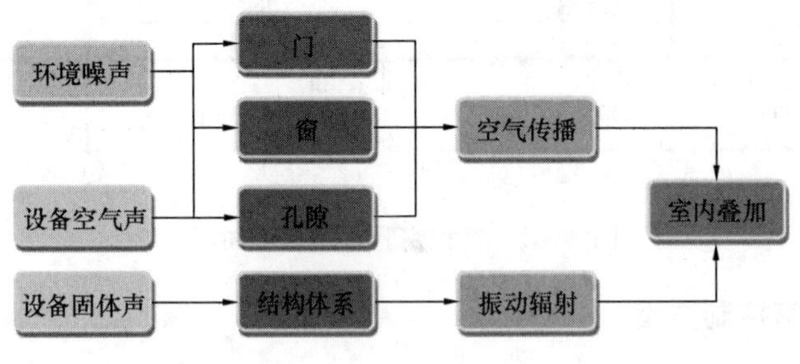

图 3-3-3　噪声传播示意

本项目采用弹簧阻尼隔振器浮筑式“房中房”结构，有效阻隔结构固体传声途径，如图 3-3-5 所示。为避免被试发动机运转引起地坪或结构构件振动，增加消声室的噪声干扰，半消声室内发动机试验台与消声室内结构脱开，发动机试验台也采用隔振基础，如图 3-3-6 所示。

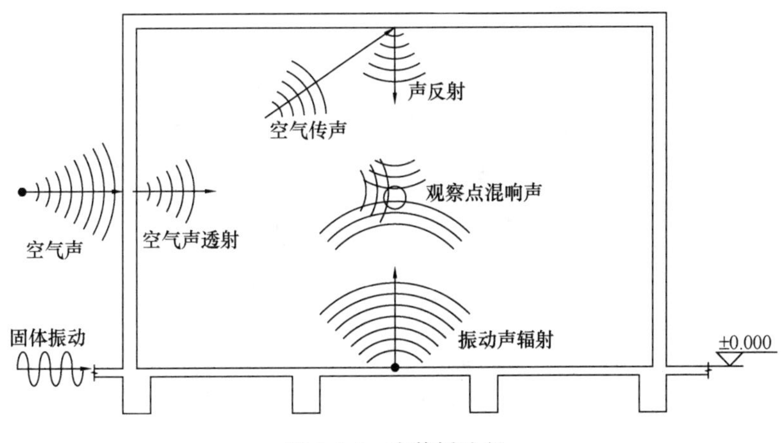

图 3-3-4　声传播途径

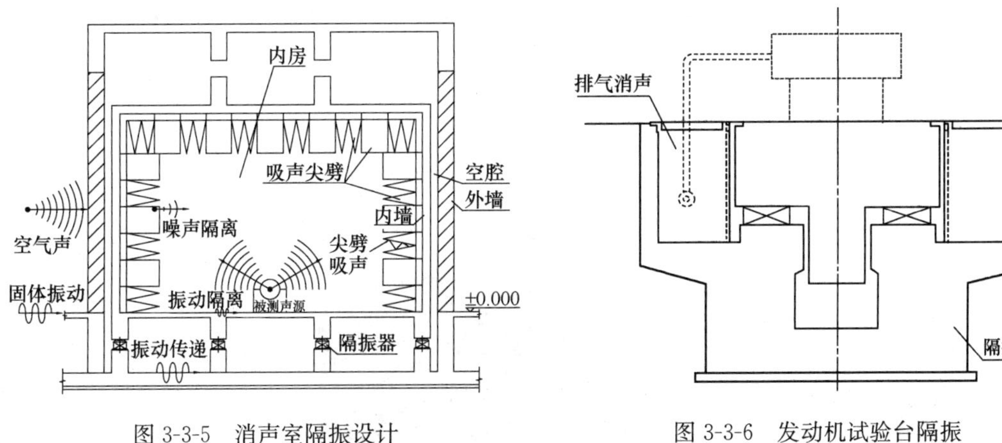

图 3-3-5　消声室隔振设计

图 3-3-6　发动机试验台隔振

三、振动与噪声控制关键技术

消声室采用低频特性较好的弹簧阻尼隔振器浮筑式结构，也称为“房中房”结构，可有效阻隔结构固体传声途径。

半消声室结构设计时，首次在建筑工程中运用声振特性分析技术，将振动评价与噪声分析结合起来。在振动噪声测试基础上，结合振动理论和声学原理，建立一套声学环境振动分析方法。

半消声室采用房中房结构的内房隔振方案，以消除结构固体声传播，防止建筑室内楼面或墙板振动产生二次固体声辐射。楼板振动分析如图 3-3-7 所示。

一般情况，由建筑板单元振动引起的声辐射具有一定随机性，在振动测试和振动评价时都采用具有统计意义的技术指标和参数。本工程根据振动理论、声学原理、随机数据分析、统计学方法以及数值计算等手段，建立振动声压级与振动加速度之间的相互关系，如图 3-3-8 所示。

此外，该项目为半消声室，墙面采用金属尖劈和空腔的吸声结构，地面为反射声面，采用低吸声系数涂料。

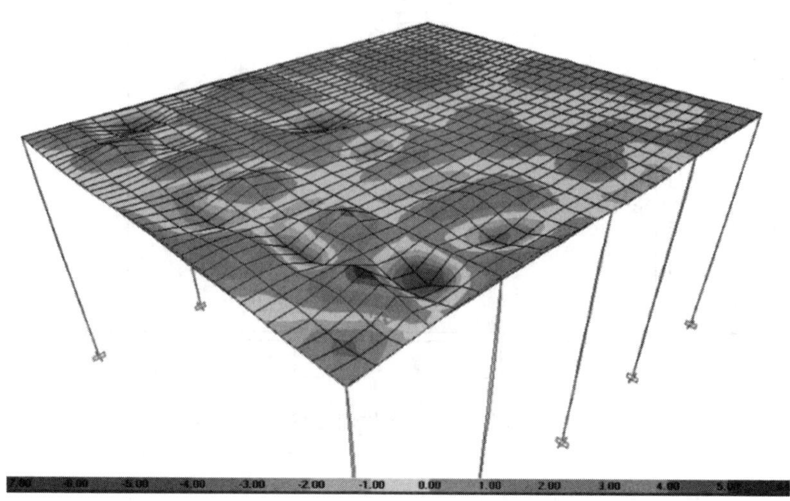

图 3-3-7　楼板振动分析

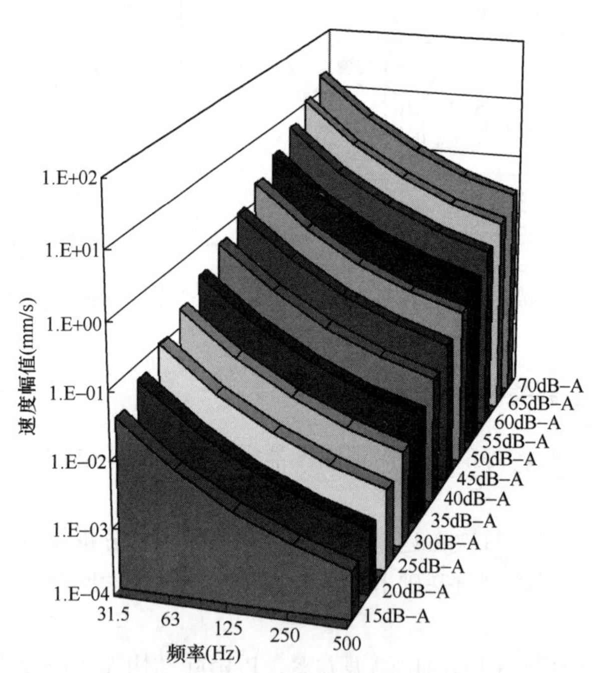

图 3-3-8　振动声压级与振动加速度之间的相互关系

四、振动控制装置

本工程中，消声室内采取浮筑式整体隔振方法，内室与外室完全隔开。消声室下部采用大承载钢弹簧阻尼隔振器。钢弹簧阻尼隔振器共计 39 个，隔振器安装形式如图 3-3-9 所示，参数如表 3-3-2 所示。

图 3-3-9　振动控制装置

隔振器参数　　**表 3-3-2**

参数名称	隔振器参数值
竖向刚度 k_{zi}（N/mm）	4000
水平刚度 k_{xi}（N/mm）	（0.8～1.0）k_{zi}
阻尼比 ζ	0.1
静态高度 h_1（mm）	352

五、振动控制效果

在消声室门外和室内地板上布置 6 个振动传感器，利用冲击激励作用测试结构固有频率。由于房中房结构质量较大，结构自重接近 400t，要激发冲击结构的振动响应，需要较大的激振能量。本次测试中，采用一台 3t 叉车，在地面放置一个木块，当叉车越过木块、车轮着地时可产生较大的冲击激励。叉车激振与测试结果见图 3-3-10 和图 3-3-11。测试结果表明：半消声室内房间固有频率符合设计要求，内房地板振动符合《建筑工程容许振动标准》GB 50868—2013 要求。

图 3-3-10　运用叉车激振

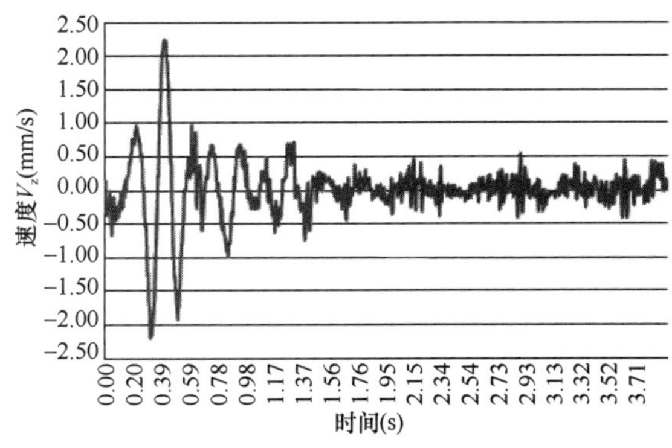

图 3-3-11　采集的地面振动响应

2013 年 2 月 20 日对该半消声室进行背景噪声测量，具体要求依据国家标准《声学 声压法测定噪声源声功率级 消声室和半消声室精密法》GB/T 6882—2008/ISO 3745：2003 规定执行。测试时，采用 80～16kHz 的 1/3 倍频程，测量平均时间 60s，从测试声源表面中心 0.5m 开始，沿传声器路径、以 0.1m 步进测量各点声压级。测试结果表明：正常状态时，消声室背景噪声为 12dB（A）；通风系统 90%时，背景噪声为 44dB（A）；测功机开启（转速 1500r/min）时，背景噪声为 63dB（A）。

该发动机半消声室于 2012 年建成，并投入试运行，现场如图 3-3-12 所示。

图 3-3-12 采取振动控制措施后的消声室实景

［实例 3-4］纺织工业多层厂房振动控制

一、工程概况

纺织工业多层厂房（一般为 2～5 层）水平振动自振频率一般在 1.5～4.5Hz，当振动设备的转速较高时（10Hz 以上），厂房水平振动出现的共振属于高频共振，振幅较小；当振动设备的转速较低时（2.5～3.5Hz），厂房水平振动出现的共振属于低频共振，振幅较大，危害性最大。因此，当振动设备的转速较高时（10Hz 以上），一般可只进行厂房的竖向振动控制；当振动设备的转速较低时（2.5～3.5Hz 左右），必须进行厂房的水平振动控制。水平振动控制的目的是将厂房水平振动位移控制在容许范围内，使厂房结构具有合理的功能要求，满足工艺生产的技术条件和操作人员的生理健康。

多层厂房楼盖竖向动力计算，即在弹性范围内计算结构构件的自振频率和受迫振动位移（速度、加速度）。实际工程中，选择一种符合设计条件和要求的计算方法相当重要。一方面，要求解出结果尽可能接近所采取的结构计算简图；另一方面，要求其解法尽可能简单方便。

建筑结构的实际刚度、质量、构造连接以及施工质量与计算存在差异，计算精确解很难，因此，可采用一种既实用又较为接近实际的方法，便于简化计算。简化计算的目的是把一个复杂结构体系简化成一个相对简单的计算模型，便于振动分析计算。为使简化的计算模型能够比较真实地反映实际结构的动力特性，如自振频率、振型、振动响应等，简化模型需符合结构的真实工作情况。

二、水平振动分析

1. 计算模型

纺织工业多层厂房一般高度较小、平面面积较大，振动时竖向变形以剪切为主，主要表现为各个楼层之间的相互错动。因此，层数不多的厂房大多将质量集中在各层楼板处并且不考虑楼层梁、板平面内变形。

对于多层厂房，设楼层 1、2、…、j、…、n 层的质量分别为 m_1、m_2、…、m_j、…、m_n，楼层水平刚度分别为 k_1、k_2、…、k_j、…、k_n（见图 3-4-1）。

2. 水平刚度计算

多层厂房框架（含砖填充墙、混凝土抗振墙）的层间水平刚度按下列公式计算：

$$k_j = k_{zj} + k_{wj} + k_{cj} \tag{3-4-1}$$

$$k_{zj} = \sum \frac{12E_{zj}I_{zj}}{h_{zj}^3} \tag{3-4-2}$$

$$k_{wj} = \sum \frac{A_{wj}G_{wj}}{\rho h_{wj}}\left(1 - 1.2\frac{A_{wj}^0}{A_{wj}}\right)\eta \tag{3-4-3}$$

$$k_{cj} = \sum \frac{A_{cj}G_{cj}}{\rho h_{cj}}\left(1 - 1.2\frac{A_{cj}^0}{A_{cj}}\right) \tag{3-4-4}$$

式中　k_{zj}、k_{wj}、k_{cj}——第 j 层框架柱、砖填充墙、混凝土抗振墙的层间水平刚度；

E_{zj}——第 j 层框架柱弹性模量；

G_{wj}、G_{cj}——第 j 层砖填充墙、混凝土抗振墙的剪切模量；

I_{zj}——第 j 层框架柱截面惯性矩；

A_{wj}、A_{cj}——第 j 层砖填充墙、混凝土抗振墙的面积；

A_{wj}^{0}、A_{cj}^{0}——第 j 层砖填充墙、混凝土抗振墙的洞口面积；

h_{zj}、h_{wj}、h_{cj}——第 j 层框架柱、砖填充墙、混凝土抗振墙的层间高度；

η——砖填充墙与框架的连接条件修正系数，一般取 1.0；

ρ——剪力不均匀系数，取 1.2。

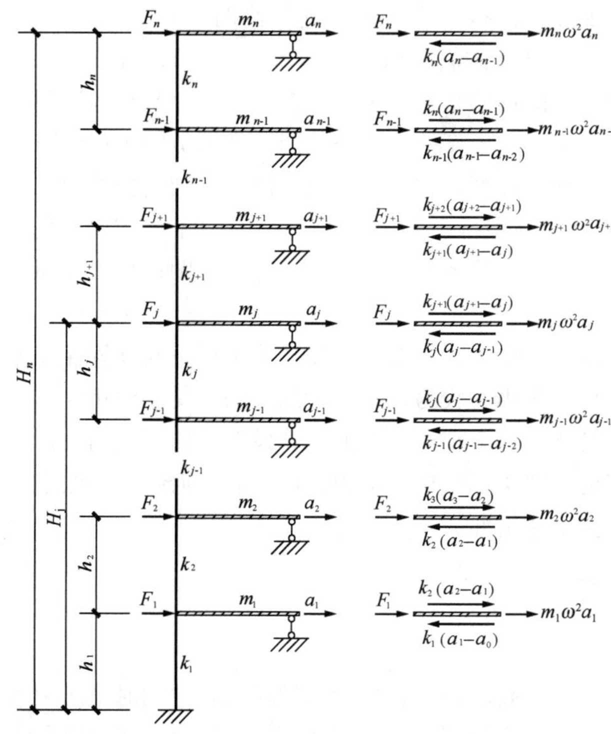

图 3-4-1　楼层的质量和水平刚度

3. 水平自振圆频率计算

如图 3-4-1，设多层厂房的水平振型向量为 $A=(a_1, a_2, \cdots, a_j, \cdots, a_n)$，则动力平衡方程为：

$$\begin{cases} k_1(a_1-a_0)-k_2(a_2-a_1)-m_1\omega^2 a_1=F_1 \\ k_2(a_2-a_1)-k_3(a_3-a_2)-m_2\omega^2 a_2=F_2 \\ \cdots\cdots \\ k_{j-1}(a_{j-1}-a_{j-2})-k_j(a_j-a_{j-1})-m_{j-1}\omega^2 a_{j-1}=F_{j-1} \\ k_j(a_j-a_{j-1})-k_{j+1}(a_{j+1}-a_j)-m_j\omega^2 a_j=F_j \\ k_{j+1}(a_{j+1}-a_j)-k_{j+2}(a_{j+2}-a_{j+1})-m_{j+1}\omega^2 a_{j+1}=F_{j+1} \\ \cdots\cdots \\ k_{n-1}(a_{n-1}-a_{n-2})-k_n(a_n-a_{n-1})-m_{n-1}\omega^2 a_{n-1}=F_{n-1} \\ k_n(a_n-a_{n-1})-m_n\omega^2 a_n=F_n \end{cases} \tag{3-4-5}$$

当 $F_1, F_2, \cdots, F_j, \cdots, F_n = 0$ 时（即自由振动），令 $a_n = 1$，则各向量可按式（3-4-5）依次求得：

$$a_{j-1} = c_j a_j - \frac{k_{j+1}}{k_j} a_{j+1} \quad (j = 1, 2, \cdots, n) \tag{3-4-6}$$

$$c_j = 1 + \frac{k_{j+1}}{k_j} - \frac{m_j}{k_j} \omega^2 \tag{3-4-7}$$

$$\begin{cases} a_n = 1 \\ a_{n-1} = c_n \\ a_{n-2} = c_{n-1} c_n - \dfrac{k_n}{k_{n-1}} \\ a_{n-3} = c_{n-2} c_{n-1} c_n - \left(\dfrac{k_n}{k_{n-1}} c_{n-2} + \dfrac{k_{n-1}}{k_{n-2}} c_n\right) \\ a_{n-4} = c_{n-3} c_{n-2} c_{n-1} c_n - \left(\dfrac{k_n}{k_{n-1}} c_{n-2} c_{n-3} + \dfrac{k_{n-1}}{k_{n-2}} c_n c_{n-3} + \dfrac{k_{n-2}}{k_{n-3}} c_n c_{n-1}\right) + \dfrac{k_n}{k_{n-1}} \cdot \dfrac{k_{n-2}}{k_{n-3}} \\ \cdots\cdots \end{cases} \tag{3-4-8}$$

式中　k_j ——第 j 层的框架层间水平刚度，按式（3-4-1）计算；

ω ——厂房水平自振圆频率。

令基础处振幅为零（即 $a_0 = 0$），按式（3-4-8）列出频率方程，解得各振型圆频率 $\omega_i (i = 1, 2, \cdots, n)$。将与圆频率 ω 对应的 c 值代入公式（3-4-8）中，求得第 i 阶振型：

$$A_i = (a_{1i}, a_{2i}, \cdots, a_{ji}, \cdots, a_{ni}) \tag{3-4-9}$$

4. 水平动位移计算

多层厂房水平向动位移可通过振型分解法求解，利用振型正交性，可将受迫振动位移按振型分解，可将 n 个自由度体系受迫振动计算转化为 n 个单自由度体系，从而使计算简化。具体做法：将位移形式表达为振型的线性组合，组合系数由振动方程和振动初始条件确定。得到的组合系数算式与单自由度体系受迫振动位移表达式相同，因此，可将 n 个自由度体系的位移计算转化为 n 个单自由度体系的组合系数计算。

多层厂房的水平振幅按振型分解法求解，其计算步骤如下：

（1）先计算多层厂房的所有水平自振圆频率和振型。

（2）按下式计算各振型的折算质量：

$$\overline{m}_i = \sum\nolimits_{j=1}^{n} m_j a_{ji}^2 \tag{3-4-10}$$

式中　m_j ——第 j 层质量；

a_{ji} ——第 i 振型第 j 层振型向量。

（3）按下式计算各振型的折算荷载（幅值）：

$$\overline{F}_i = \sum\nolimits_{j=1}^{n} F_j a_{ji} \tag{3-4-11}$$

式中　F_j ——作用于第 j 层的动力荷载（幅值）。

（4）按下式计算第 i 振型的折算荷载幅值 $\overline{F}_i$ 静力作用下折算体系产生的位移：

$$Y_i^{\mathrm{s}} = \frac{\overline{F}_i}{\overline{m}_i \omega_{\mathrm{s}i}^2} \tag{3-4-12}$$

式中　ω_{si}——第 i 振型的自振圆频率修正值。

（5）按下式计算动力系数：

$$\beta_i = 1/\sqrt{(1-\omega_e^2\omega_{si}^2)^2+\gamma^2} \tag{3-4-13}$$

式中　ω_e——织机圆频率；

γ——框架体系的非弹性阻尼系数，可取 0.1。

（6）按下式计算滞后角：

$$\mathrm{tg}\varepsilon_i = \frac{\gamma}{1-\omega_e^2\omega_{si}^2} \tag{3-4-14}$$

（7）按下式计算动位移（振幅）：

$$\boldsymbol{Y}_j(t) = \boldsymbol{A}_j\sin(\omega_e t-\varepsilon) \tag{3-4-15}$$

$$A_j = \sqrt{\left(\sum B_i^s\cos\varepsilon_i\right)^2+\left(\sum B_i^s\sin\varepsilon_i\right)^2} \tag{3-4-16}$$

$$B_i^s = \boldsymbol{Y}_i^s\beta_i a_{ji} \tag{3-4-17}$$

$$\varepsilon = \mathrm{arctg}\left(\frac{\sum B_i^s\sin\varepsilon_i}{\sum B_i^s\cos\varepsilon_i}\right) \tag{3-4-18}$$

式中　$\boldsymbol{Y}_j(t)$——第 j 层位移；

$\boldsymbol{A}_j$——第 j 层振幅；

ε——合成后的初相角；

ε_i——第 i 振型滞后角，见式（3-4-14）；

$\boldsymbol{Y}_i^s$——在振型 i 的折算荷载幅值 $\overline{\boldsymbol{F}}_i$ 静力作用下折算体系产生的位移，见式（3-4-12）；

β_i——第 i 振型的动力系数，见式（3-4-13）。

5. 水平振动反应分析

在结构动力计算过程中，原始数据（刚度、质量等）很难和实际结构完全相符。由于实际结构的水平自振频率和机器扰频相差不大，容易引起水平方向的共振，所以，如果水平自振频率稍有偏差，水平位移相差可能很大。因此，如果计算自振频率和机器扰频相差20%以内，必须验算结构在共振情况下的位移是否满足规范要求，如果计算自振频率和机器扰频相差在 20%以外，可不再计算结构共振情况下的位移。

6. 算例

某四层织造厂房，结构形式为现浇钢筋混凝土框架-抗震墙结构，仅一、二层有动力设备，转速 188r/min（扰频为 3.13Hz），二层水平方向的动荷载幅值为 62.1kN，层间水平刚度分别为 $k_1=7436280$kN/m、$k_2=k_3=8733600$kN/m、$k_4=10819800$kN/m，各层质量分别为 $m_1=2610$t、$m_2=m_3=2420$t、$m_4=1510$t。

（1）计算厂房的水平自振圆频率和振型

将 k_1、k_2、k_3、k_4、$k_5=0$，m_1、m_2、m_3、m_4、$a_0=0$ 代入式（3-4-7）、式（3-4-8），求解得到 4 个水平自振圆频率分别为：21.93rad/s、63.25 rad/s、97.47 rad/s、120.83 rad/s，水平自振频率分别为：3.49Hz、10.07Hz、15.51Hz、19.23Hz。4 个振型分别为：

$$\boldsymbol{A}_1 = (0.429, 0.729, 0.933, 1.0)$$

$$\boldsymbol{A}_2=(-1.090,-0.735,0.440,1.0)$$

$$\boldsymbol{A}_3=(1.024,-1.090,-0.330,1.0)$$

$$\boldsymbol{A}_4=(-0.220,0.605,-1.044,1.0)$$

(2) 计算各振型的折算质量

按公式 (3-4-10) 计算得到：$\overline{m}_1=5370\text{t}$、$\overline{m}_2=6380\text{t}$、$\overline{m}_3=7380\text{t}$、$\overline{m}_4=5150\text{t}$。

(3) 计算各振型的折算荷载幅值

按公式 (3-4-11) 计算得到：$\overline{F}_1=26.6\text{kN}$、$\overline{F}_2=-67.7\text{kN}$、$\overline{F}_3=63.6\text{kN}$、$\overline{F}_4=-13.7\text{kN}$。

(4) 计算振型 i 的折算荷载幅值 $\overline{F}_i$ 静力作用下折算体系产生的位移

取 $\omega_{si}=\omega_i$，按公式 (3-4-12) 计算得到：$Y_1^S=10.3\mu\text{m}$、$Y_2^S=-2.65\mu\text{m}$、$Y_3^S=0.91\mu\text{m}$、$Y_4^S=-0.18\mu\text{m}$。

(5) 计算动力系数

取 $\omega_{si}=\omega_i$，按式 (3-4-13) 计算得到：$\beta_1=4.55$、$\beta_2=1.10$、$\beta_3=1.04$、$\beta_4=1.02$。

(6) 计算滞后角

取 $\omega_{si}=\omega_i$，按式 (3-4-14) 计算得到：$\varepsilon_1=27.07°$、$\varepsilon_2=6.32°$、$\varepsilon_3=5.95°$、$\varepsilon_4=5.86°$。

(7) 计算动位移 (振幅)

按式 (3-4-16) 计算得到：$A_1=24.1\mu\text{m}$、$A_2=35.1\mu\text{m}$、$A_3=42.5\mu\text{m}$、$A_4=45\mu\text{m}$。

该厂房的水平振动实测值分别为：$A_1=19.3\mu\text{m}$、$A_2=29.4\mu\text{m}$、$A_3=36.6\mu\text{m}$、$A_4=40.5\mu\text{m}$，理论计算值与实测值基本相符。

三、竖向振动控制

1. 计算模型和计算原理

对于楼层结构的动力计算，可把楼板沿次梁方向按次梁间距分割成窄条，按多跨连续梁的简化模型来计算。同时，考虑主梁变形，把连续梁的铰支座改为弹簧支座。计算模型如图 3-4-2 所示，计算原理如下：

(1) 分割单元：梁单元分割如图 3-4-2 所示，每一跨分两个单元，单元节点、单元杆件编号从左到右。

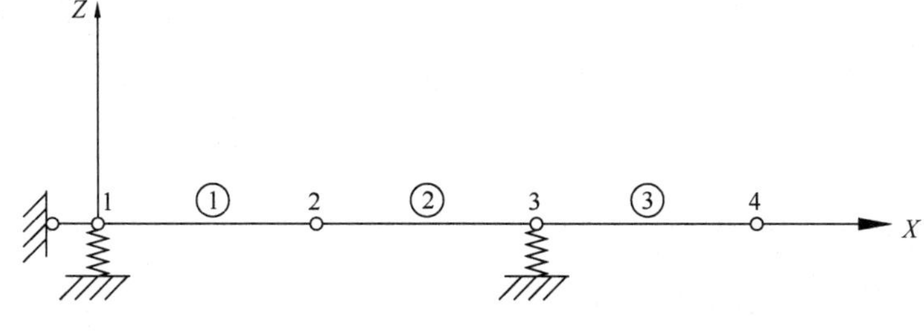

图 3-4-2　梁单元

(2) 建立单元刚度方程：结构只考虑 XOZ 平面内的弯曲和 Z 向位移，不考虑杆件轴向变形，可得杆件的刚度方程如下：

$$[\boldsymbol{K}]^e\{\boldsymbol{X}\}^e-\omega^2[\boldsymbol{M}]^e\{\boldsymbol{X}\}^e=\{\boldsymbol{F}\}^e \tag{3-4-19}$$

$$\{\boldsymbol{F}\}^e=\{Z_1\,M_1\,Z_2\,M_2\}^T \tag{3-4-20}$$

$$\{\boldsymbol{X}\}^{e}=\{V_1\ \theta_1\ V_2\ \theta_2\}^{T} \tag{3-4-21}$$

$$[\boldsymbol{K}]^{e}=\begin{bmatrix} \frac{12EI}{L^3} & \frac{-6EI}{L^2} & \frac{-12EI}{L^3} & \frac{-6EI}{L^2} \\ \frac{-6EI}{L^2} & \frac{4EI}{L} & \frac{6EI}{L^2} & \frac{2EI}{L} \\ \frac{-12EI}{L^3} & \frac{6EI}{L^2} & \frac{12EI}{L^3} & \frac{6EI}{L^2} \\ \frac{-6EI}{L^2} & \frac{2EI}{L} & \frac{6EI}{L^2} & \frac{4EI}{L} \end{bmatrix} \tag{3-4-22}$$

$$[\boldsymbol{M}]^{e}=\frac{mL}{420}\begin{bmatrix} 156 & -22L & 54 & 13L \\ -22L & 4L^2 & -13L & -3L^2 \\ 54 & -13L & 156 & 22L \\ 13L & -3L^2 & 22L & 4L^2 \end{bmatrix} \tag{3-4-23}$$

式中　Z_1，Z_2——Z 向单元节点力；

M_1，M_2——单元节点弯矩；

V_1，V_2——Z 向单元节点位移；

θ_1，θ_2——单元节点转角；

E——杆件弹性模量；

I——杆件惯性矩；

L——杆件长度；

m——杆件单位长度质量。

（3）根据单元刚度方程，利用直接集成法，得出结构的整体刚度方程：

$$([\boldsymbol{K}]-\omega^2[\boldsymbol{M}])\{\boldsymbol{X}\}=\{\boldsymbol{F}\} \tag{3-4-24}$$

$\{X\}$ 和 $\{F\}$ 分别为结构整体节点位移幅值向量和节点力幅值向量，$[K]$ 和 $[M]$ 分别为结构整体刚度矩阵和质量矩阵。

（4）根据支承条件修改整体刚度方程，图 3-4-2 所示支座为弹簧支座，即支座在坐标轴 Z 向产生一个和变形方向相反的弹力，节点 1 和节点 3 分别产生和节点位移 V_1、V_3 方向相反的力。假定节点 1 和节点 3 的弹簧支座弹性系数分别为 A_1 和 A_3，则节点 1 和节点 3 处弹簧支座的弹性反力为 $-A_1V_1$ 和 $-A_3V_3$。因弹簧支座节点在 Z 向有两个力，一个是外加力，另一个是弹簧支座弹力，故合力为：

$$\begin{cases} Z_1=Z_1'-A_1V_1 \\ Z_3=Z_3'-A_3V_3 \end{cases} \tag{3-4-25}$$

将式（3-4-25）代入式（3-4-24）：

$$([\boldsymbol{K}]-\omega^2[\boldsymbol{M}])\{\boldsymbol{X}\}=\{\boldsymbol{F}\}'-\{A_iV_i\} \tag{3-4-26}$$

整理上式：

$$([\boldsymbol{K}+A_i]-\omega^2[\boldsymbol{M}])\{\boldsymbol{X}\}=\{\boldsymbol{F}\}' \tag{3-4-27}$$

即为根据支承条件修改后的整体刚度方程，其中，A_i 为弹簧支座的弹性系数。式（3-

4-27）和式（3-4-24）相比，不同的是刚度矩阵 $[\boldsymbol{K}]$。

（5）自振频率和振型，可根据式（3-4-27）求得。

（6）多自由度体系（按黏滞阻尼假定）受简谐干扰力的受迫振动方程为：

$$[\boldsymbol{M}]\{\ddot{\boldsymbol{X}}\}+[\boldsymbol{C}]\{\dot{\boldsymbol{X}}\}+[\boldsymbol{K}]\{\boldsymbol{X}\}=\{\boldsymbol{F}\}\sin\theta t \tag{3-4-28}$$

2. 竖向振动的简化计算方法

当主梁在振动荷载作用下的静位移小于次梁在振动荷载作用下静位移的 1/10 时，主梁可视为次梁的刚性支座，此时，可不考虑主梁变形，可将计算模型简化为多跨连续梁。

（1）自振频率

等跨等截面匀质多跨连续梁的自振频率可按下式计算：

$$\omega_i=\varphi_i\sqrt{EI/(ml^4)}\quad(i=1,2,\cdots) \tag{3-4-29}$$

式中　φ_i——与梁两端支座类型相关的系数，详见表 3-4-1；

E——梁的弹性模量；

I——梁的惯性矩；

l——梁的跨度；

m——梁的单位长度质量。

φ_i 表　　　　**表 3-4-1**

跨数	1				2	3	4	5
支座 / 频率序号	两端简支	两端固定	一端固定一端简支	一端固定一端自由	两端简支			
1	9.87	22.21	15.42	3.52	9.87	9.87	9.87	9.87
2	39.48	61.69	49.96	22.21	15.42	12.60	11.51	10.88
3	—	—	—	—	39.48	18.52	15.42	13.74
4	—	—	—	—	49.96	39.48	19.90	17.20
5	—	—	—	—	—	44.99	39.48	20.75
6	—	—	—	—	—	55.20	42.84	39.48
7	—	—	—	—	—	—	49.96	41.73
8	—	—	—	—	—	—	57.63	46.90
9	—	—	—	—	—	—	—	53.12
10	—	—	—	—	—	—	—	58.94

（2）振动位移（振幅）

当 $\omega/\omega_1\leqslant 0.6$ 时，等跨等截面匀质多跨连续梁的振动位移（振幅）可按下式计算：

$$u=\frac{1}{1-\omega^2/\omega_1^2}\cdot u_{\mathrm{s}}=\beta u_{\mathrm{s}} \tag{3-4-30}$$

式中　u_{s}——扰力幅值 F 作为静力作用于连续梁上某跨某处时，各跨跨中的静位移，可参照表 3-4-2～表 3-4-5 进行计算；

ω_1——梁的基频；

ω——扰频。

计算 F 作用于二跨等跨连续梁某跨某处时各跨跨中静位移 u_s 的 K 值表　　表 3-4-2

力在某跨的作用位置 $a=\frac{x_F}{l_1}$	$u_s=K\frac{Fl_1^3}{\pi^4 EI}$		力在某跨的作用位置 $a=\frac{x_F}{l_1}$	$u_s=K\frac{Fl_1^3}{\pi^4 EI}$	
	1～2	2～3		1～2	2～3
0.00	0.000	0.000	0.55	1.454	−0.599
0.05	0.234	−0.078	0.60	1.367	−0.600
0.10	0.462	−0.155	0.65	1.244	−0.586
0.15	0.680	−0.229	0.70	1.092	−0.558
0.20	0.883	−0.300	0.75	0.920	−0.513
0.25	1.066	−0.366	0.80	0.733	−0.450
0.30	1.223	−0.427	0.85	0.541	−0.368
0.35	1.350	−0.480	0.90	0.349	−0.267
0.40	1.442	−0.525	0.95	0.167	−0.145
0.45	1.492	−0.561	1.00	0.000	0.000
0.50	1.497	−0.586	—	—	—

计算 F 作用于三跨等跨连续梁某跨某处时各跨跨中静位移 u_s 的 K 值表　　表 3-4-3

力在某跨的作用位置 $a=\frac{x_F}{l_1}$	$u_s=K\frac{Fl_1^3}{\pi^4 EI}$					
	1～2	2～3	3～4	1～2	2～3	3～4
0.00	0.000	0.000	0.000	0.000	0.000	0.000
0.05	0.228	−0.062	0.021	−0.134	0.133	−0.045
0.10	0.452	−0.124	0.041	−0.244	0.279	−0.094
0.15	0.665	−0.183	0.061	−0.332	0.431	−0.146
0.20	0.863	−0.240	0.080	−0.400	0.583	−0.200
0.25	1.042	−0.293	0.098	−0.449	0.729	−0.254
0.30	1.195	−0.341	0.114	−0.481	0.863	−0.306
0.35	1.318	−0.384	0.128	−0.498	0.977	−0.355
0.40	1.407	−0.420	0.140	−0.500	1.067	−0.400
0.45	1.455	−0.449	0.150	−0.490	1.125	−0.438
0.50	1.458	−0.469	0.156	−0.469	1.146	−0.469
0.55	1.414	−0.479	0.160	−0.438	1.125	−0.490
0.60	1.327	−0.480	0.160	−0.400	1.067	−0.500
0.65	1.204	−0.469	0.156	−0.355	0.977	−0.498
0.70	1.055	−0.446	0.149	−0.306	0.862	−0.481

续表

力在某跨的作用位置 $a=\frac{x_F}{l_1}$	$u_s=K\frac{Fl_1^3}{\pi^4EI}$					
	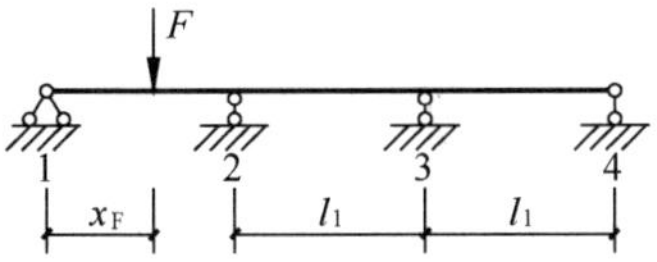 F 作用于跨 1~2（x_F；l_1；l_1）			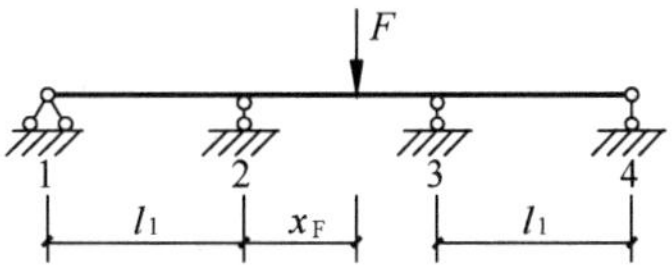 F 作用于跨 2~3（l_1；x_F；l_1）		
	1~2	2~3	3~4	1~2	2~3	3~4
0.75	0.885	−0.410	0.137	−0.254	0.729	−0.449
0.80	0.703	−0.360	0.120	−0.200	0.583	−0.400
0.85	0.516	−0.295	0.098	−0.146	0.431	−0.332
0.90	0.332	−0.214	0.071	−0.094	0.279	−0.244
0.95	0.157	−0.116	0.039	−0.045	0.133	−0.134
1.00	0.000	0.000	0.000	0.000	0.000	0.000

计算 F 作用于四跨等跨连续梁某跨某处时各跨跨中静位移 u_s 的 K 值表　　表 3-4-4

力在某跨的作用位置 $a=\frac{x_F}{l_1}$	$u_s=K\frac{Fl_1^3}{\pi^4EI}$							
	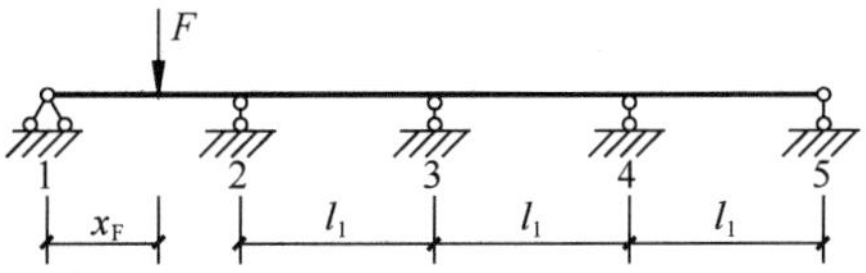 F 作用于跨 1~2（x_F；l_1；l_1；l_1）				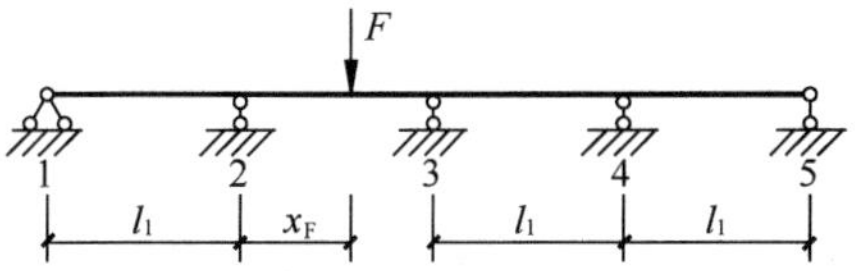 F 作用于跨 2~3（l_1；x_F；l_1；l_1）			
	1~2	2~3	3~4	4~5	1~2	2~3	3~4	4~5
0.00	0.000	0.000	0.000	0.000	0.000	0.000	0.000	0.000
0.05	0.228	−0.061	0.017	−0.006	−0.133	0.131	−0.036	0.012
0.10	0.451	−0.122	0.033	−0.011	−0.242	0.274	−0.075	0.025
0.15	0.664	−0.180	0.049	−0.016	−0.329	0.423	−0.117	0.039
0.20	0.862	−0.236	0.064	−0.021	−0.396	0.573	−0.161	0.054
0.25	1.040	−0.288	0.078	−0.026	−0.445	0.716	−0.204	0.068
0.30	1.193	−0.335	0.091	−0.030	−0.476	0.846	−0.246	0.082
0.35	1.316	−0.377	0.103	−0.034	−0.491	0.958	−0.286	0.095
0.40	1.404	−0.413	0.112	−0.038	−0.493	1.045	−0.321	0.107
0.45	1.452	−0.441	0.120	−0.040	−0.482	1.101	−0.352	0.117
0.50	1.456	−0.460	0.126	−0.042	−0.460	1.121	−0.377	0.126
0.55	1.411	−0.471	0.128	−0.043	−0.430	1.099	−0.394	0.131
0.60	1.324	−0.471	0.129	−0.043	−0.391	1.040	−0.402	0.134
0.65	1.202	−0.461	0.126	−0.042	−0.347	0.950	−0.400	0.133
0.70	1.052	−0.438	0.120	−0.040	−0.298	0.837	−0.387	0.129
0.75	0.883	−0.403	0.110	−0.037	−0.246	0.705	−0.361	0.120
0.80	0.701	−0.354	0.096	−0.032	−0.193	0.562	−0.321	0.107
0.85	0.515	−0.290	0.079	−0.026	−0.140	0.413	−0.267	0.089
0.90	0.330	−0.210	0.057	−0.019	−0.089	0.266	−0.196	0.065
0.95	0.156	−0.114	0.031	−0.010	−0.042	0.126	−0.107	0.036
1.00	0.000	0.000	0.000	0.000	0.000	0.000	0.000	0.000

计算 F 作用于五跨等跨连续梁某跨某处时各跨跨中静位移 u_s 的 K 值表 **表 3-4-5**

$$u_s = K\frac{Fl_1^3}{\pi^4 EI}$$

力在某跨的作用位置 $a=\frac{x_F}{l_1}$	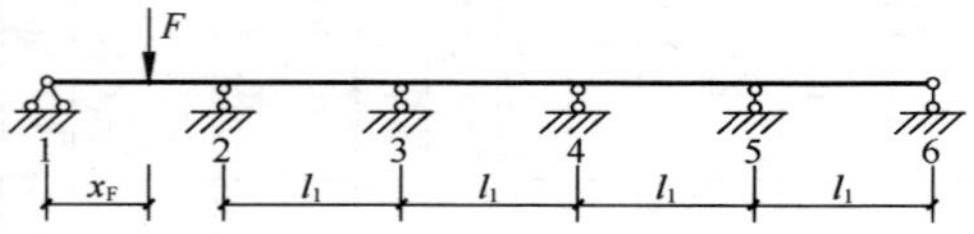 F 作用于 1~2 跨					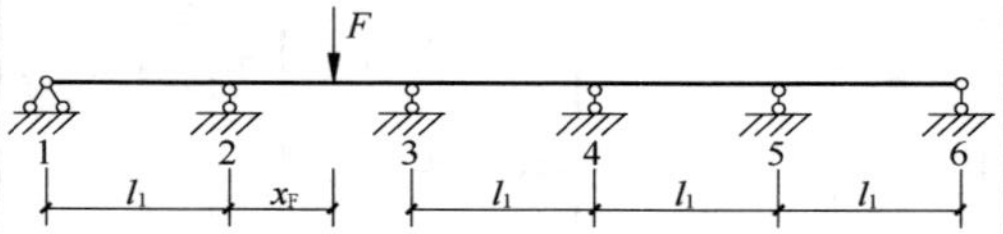 F 作用于 2~3 跨					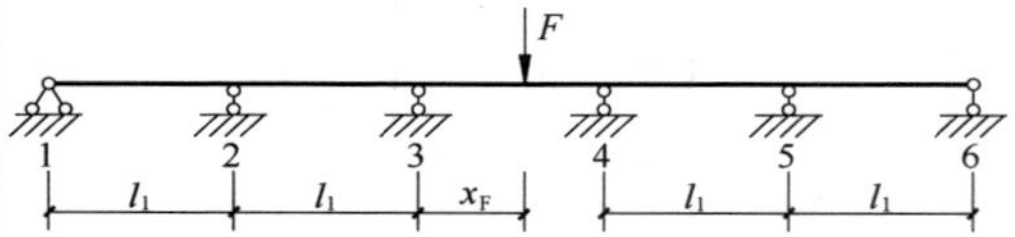 F 作用于 3~4 跨				
	1~2	2~3	3~4	4~5	5~6	1~2	2~3	3~4	4~5	5~6	1~2	2~3	3~4	4~5	5~6
0.00	0.000	0.000	0.000	0.000	0.000	0.000	0.000	0.000	0.000	0.000	0.000	0.000	0.000	0.000	0.000
0.05	0.228	−0.061	0.016	−0.004	0.001	−0.133	0.131	−0.035	0.010	−0.003	0.036	−0.107	0.124	−0.034	0.011
0.10	0.451	−0.121	0.033	−0.009	0.003	−0.242	0.274	−0.074	0.020	−0.007	0.065	−0.195	0.261	−0.072	0.024
0.15	0.664	−0.180	0.048	−0.013	0.004	−0.329	0.423	−0.115	0.031	−0.010	0.088	−0.265	0.406	−0.113	0.038
0.20	0.862	−0.235	0.063	−0.017	0.006	−0.396	0.572	−0.158	0.043	−0.014	0.106	−0.319	0.552	−0.155	0.052
0.25	1.040	−0.287	0.077	−0.021	0.007	−0.444	0.715	−0.200	0.055	−0.018	0.119	−0.357	0.692	−0.198	0.066
0.30	1.193	−0.335	0.090	−0.024	0.008	−0.475	0.845	−0.242	0.066	−0.022	0.127	−0.382	0.821	−0.239	0.080
0.35	1.316	−0.377	0.101	−0.028	0.009	−0.491	0.957	−0.281	0.077	−0.026	0.132	−0.395	0.932	−0.279	0.093
0.40	1.404	−0.412	0.111	−0.030	0.010	−0.492	1.044	−0.316	0.086	−0.029	0.132	−0.396	1.019	−0.314	0.105
0.45	1.452	−0.440	0.118	−0.032	0.011	−0.481	1.100	−0.346	0.094	−0.031	0.129	−0.387	1.076	−0.345	0.115
0.50	1.455	−0.460	0.123	−0.034	0.011	−0.460	1.119	−0.370	0.101	−0.034	0.123	−0.370	1.097	−0.370	0.123
0.55	1.411	−0.470	0.126	−0.034	0.011	−0.429	1.097	−0.387	0.105	−0.035	0.115	−0.345	1.076	−0.387	0.129
0.60	1.324	−0.471	0.126	−0.034	0.011	−0.390	1.038	−0.395	0.108	−0.036	0.105	−0.314	1.019	−0.396	0.132
0.65	1.202	−0.460	0.123	−0.034	0.011	−0.346	0.948	−0.393	0.107	−0.036	0.093	−0.279	0.932	−0.395	0.132
0.70	1.052	−0.438	0.117	−0.032	0.011	−0.297	0.835	−0.380	0.104	−0.035	0.080	−0.239	0.821	−0.382	0.127
0.75	0.883	−0.402	0.108	−0.029	0.010	−0.245	0.703	−0.355	0.097	−0.032	0.066	−0.198	0.692	−0.357	0.119
0.80	0.701	−0.353	0.095	−0.026	0.009	−0.192	0.560	−0.316	0.086	−0.029	0.052	−0.155	0.552	−0.319	0.106
0.85	0.514	−0.289	0.078	−0.021	0.007	−0.140	0.412	−0.262	0.071	−0.024	0.038	−0.113	0.406	−0.265	0.088
0.90	0.330	−0.210	0.056	−0.015	0.005	−0.089	0.265	−0.192	0.052	−0.017	0.024	−0.072	0.261	−0.195	0.065
0.95	0.156	−0.114	0.030	−0.008	0.003	−0.042	0.126	−0.105	0.029	−0.010	0.011	−0.034	0.124	−0.107	0.036
1.00	0.000	0.000	0.000	0.000	0.000	0.000	0.000	0.000	0.000	0.000	0.000	0.000	0.000	0.000	0.000

3. 竖向振动反应分析

上述振动计算仅局限于动位移计算点和动设备在同一楼层的情况，而对于多层厂房，动设备有可能布置在多个楼层上，每个楼层动设备之间会相互影响，动位移计算点仅考虑本楼层上动设备的影响是不够的，应考虑其他层动设备对本楼层动位移计算点的影响，即研究多层厂房楼层竖向振动时，必须考虑振源层对受振层的影响。

振源层对受振层影响的因素较多，比较复杂。振源层振动会通过楼层横梁振动引起柱子纵向及横向振动，从而传到受振层。同时，由于振源层振动引起厂房基础振动，使受振层随之振动。

当多层厂房同一结构单元内多楼层设置织机时，需考虑各楼层振动的相互影响。经过大量的实测数据对比分析，考虑层间影响的计算点振幅可按下式计算：

$$u = u_{\mathrm{N}} + 0.25\sum u_{\mathrm{N}j} \tag{3-4-31}$$

式中　u_{N}——因本层织机作用，本层计算点的振幅；

$u_{\mathrm{N}j}$——因第 j 层（本层除外）织机作用，第 j 层相应点（本层计算点铅垂线与第 j 层的相交点）的振幅。

4. 设计实例

某二层织造厂房，楼盖结构形式为现浇框架结构，柱网尺寸为 7.5m×7.5m，主梁截面 450mm×1200mm，次梁跨度 7.5m，次梁截面 250mm×700mm，次梁间距 2.5m，楼板厚 120mm，混凝土强度 C30。建筑面层厚 25mm，楼面等效活荷载 3kN/m^2。织机转速 180r/min，扰力 F_1～F_{10}均为 3kN，分布见图 3-4-3。求第三跨跨中动位移。

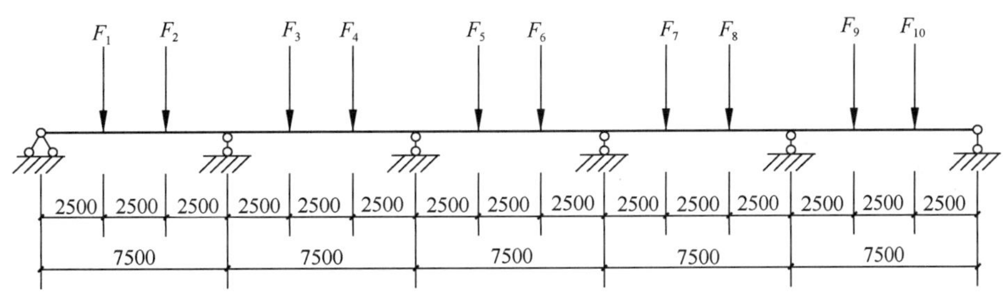

图 3-4-3　荷载分布图

根据表 3-4-5，主梁在振动荷载作用下的静位移约为次梁在振动荷载作用下静位移的 10 倍，可不考虑主梁变形，主梁可视为次梁的刚性支座，可将楼盖结构简化为 5 跨等跨连续梁的计算模型，详见图 3-4-3。

简化连续梁为 T 形截面，翼缘宽$=b+12h_{\mathrm{f}}=0.25+12\times0.12=1.69$m，惯性矩 $I=0.015\mathrm{m}^4$。混凝土 C30，弹性模量 $E=3.0\times10^7\mathrm{kN/m}^2$，次梁跨度 $l_1=7.5$m，连续梁的单位长度质量 $m=1.99$t。

查表 3-4-1，$\varphi_1=9.87$，按式（3-4-29）计算得到 $\omega_1=83.44$rad/s，则连续梁基频 $f_1=13.28$Hz。

织机转速 180r/min，$\omega_e=18.85$rad/s，因 $\omega_e/\omega_1=0.226\leqslant0.6$，则振动位移可按式（3-4-30）进行计算，织机扰力 F_1～F_{10}均为 3kN，则：

$$u_{si}=K_i\frac{F_i l_1^3}{\pi^4 EI}=2.89\times10^{-5}K_i(\mathrm{i}=1,2,\cdots,10),\beta=\frac{1}{1-\omega_{\mathrm{e}}^2/\omega_1^2}=1.054$$

F_i作用下的第三跨跨中动位移为：

$$u_i = \beta u_{si} = 3.05 \times 10^{-5} K_i (i = 1, 2, \cdots, 10)$$

多台织机共同作用下的合成动位移 u：

$$u = 1.414\sqrt{\sum_{i=1}^{10} u_i^2} = 4.31 \times 10^{-5}\sqrt{\sum_{i=1}^{10} K_i^2}$$

查表 3-4-5，得：

$K_1=0.097$，$K_2=0.121$，$K_3=-0.268$，$K_4=-0.389$，$K_5=0.894$

$K_6=0.894$，$K_7=-0.389$，$K_8=-0.268$，$K_9=0.121$，$K_{10}=0.097$

则：$u=6.24\times10^{-5}\text{m}=62.4\mu\text{m}$。

[实例 3-5] 大型抽水蓄能电站厂房振动控制

一、工程概况

抽水蓄能电站具有调峰、填谷、调频、调相、备用和黑启动等功能，是目前最具经济性的大规模储能设施。

大型抽水蓄能电站具有高转速、高水头、抽水和发电双工况频繁变换等特点，相比常规水电站，其厂房振动问题更为突出。近年来，国内已投产大型抽水蓄能电站普遍存在厂房剧烈振动问题，不少抽水蓄能电站的机组在设计额定出力运行时，厂房结构因振幅过大而不得不降低机组出力运行，严重影响区域电网调频调峰能力和电网调度灵活性。

本工程选取国内某大型抽水蓄能电站，安装 4 台单机容量 250MW 机组，采用“两机一缝”的厂房结构形式。厂房发电机层楼板、母线层楼板和水轮机层楼板厚度均为 1.0m，横剖面如图 3-5-1 所示，空间层高分别为 5.6m、6.0m 和 7.5m，上下游长 23.5m，厂房段长 45.3m，立柱断面 1.0m×1.0m，机组转速 333.3r/min，水轮机转轮共 9 个叶片，固定导叶 20 片。

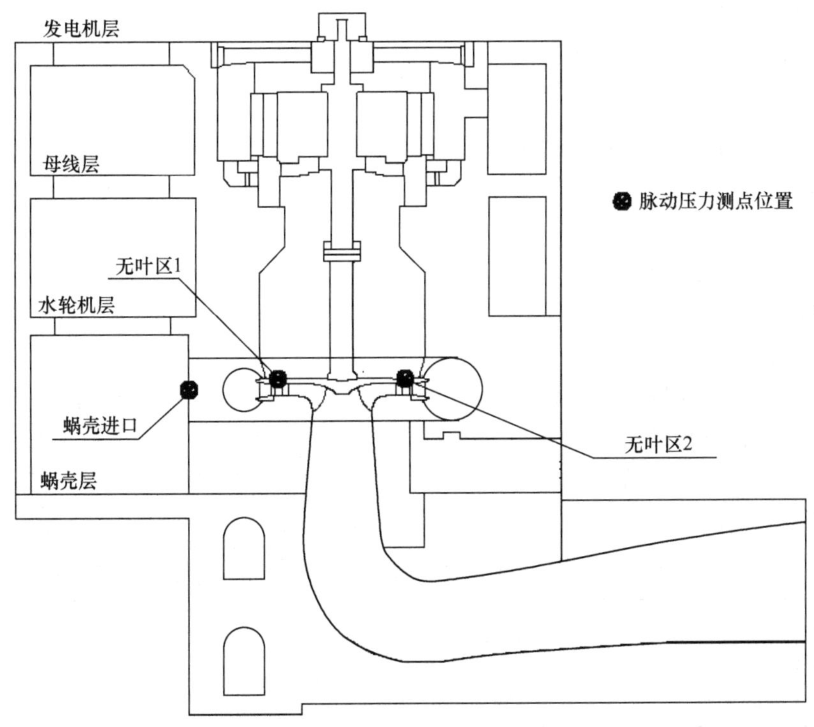

图 3-5-1　厂房与机组横剖面图

自投产以来，厂房结构局部振动剧烈，发电机层楼板局部竖向加速度超过 1.0g，立柱水平向最大加速度接近 2.0g，楼梯立柱出现贯穿性裂缝，已严重影响厂房结构安全和机组运行安全。本工程选取电站的 3 号机组和 4 号机组厂房段作为研究对象，如图 3-5-2 所示。

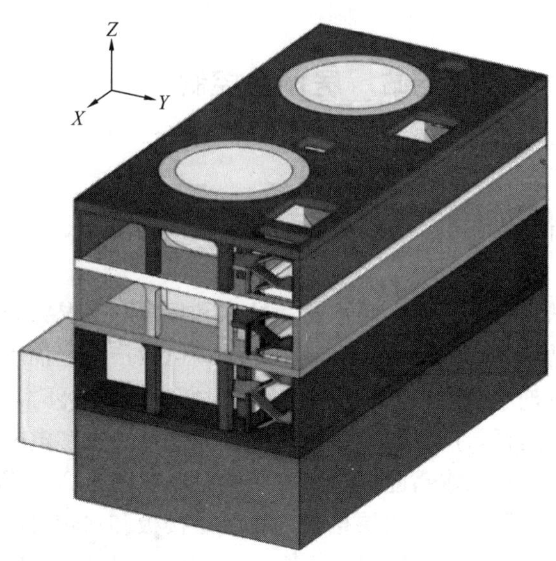

图 3-5-2　3 号机组和 4 号机组厂房段

二、振动控制方案

制定了两种互补的振动控制方案，采用先易后难策略，先实施第 1 种，若有必要再实施第 2 种：

（1）振源振动控制方案：改造水泵水轮机转轮，降低机组流道脉动压力；

（2）调整结构方案：改变立柱结构自振频率，避免立柱水平自振频率与脉动压力频率接近。

1. 振源振动控制方案

通过改造水泵水轮机的转轮特性，以降低机组流道脉动压力。改造水泵水轮机转轮的关键技术如下：

（1）改变转轮叶片进口边形状，将原来叶片的平齐进口边改为椭圆曲线进口边；

（2）增加转轮泄水锥长度。

改造水泵水轮机转轮后，机组流道内脉动压力幅值大幅降低，改造前后机组脉动压力测试结果见表 3-5-1。

水泵水轮机转轮改造前、后机组脉动压力测试结果　　表 3-5-1

测点位置	蜗壳进口	无叶区 1	无叶区 2
改造前相对幅值（%）	2.31	1.55	1.62
改造后相对幅值（%）	1.10	0.98	0.99
降低百分比（%）	52.52	36.56	38.71

2. 调整结构方案

为使母线层立柱和水轮机层立柱的水平向自振频率与蜗壳脉动压力主频 100Hz 尽可能错开，避免立柱产生共振，将母线层立柱和水轮机层立柱水平截面尺寸由 1.0m×1.0m 调整为 1.3m×1.3m。表 3-5-2 给出结构调整前后三层立柱水平向第一阶自振频率对比，结果表明：调整立柱尺寸后，母线层立柱和水轮机层立柱的水平自振频率超过蜗壳脉动压力主频 25%，而蜗壳层立柱水平自振频率低于蜗壳脉动压力主频 25%。

结构调整前后三层立柱水平向第一阶自振频率（Hz）　　表 3-5-2

结构层位置	结构调整情况	P1		P3		P4		P5	
		X	Y	X	Y	X	Y	X	Y
母线层	调整前	115.11	108.62	120.19	119.38	120.62	118.79	120.37	106.39
	调整后	135.83	130.34	141.82	140.87	145.95	144.92	144.44	129.80
水轮机层	调整前	105.29	107.21	104.62	109.71	109.91	118.21	110.62	109.05
	调整后	127.40	130.80	128.68	130.55	134.09	143.03	131.64	130.86
蜗壳层	调整前	69.33	65.33	68.41	65.23	66.38	69.15	65.16	66.31
	调整后	71.41	68.60	69.09	67.84	67.71	71.22	66.46	67.64

三、振动控制分析

1. 现场测试分析

(1) 机组脉动压力测试分析

在 3 号机组的水轮机蜗壳进口布置 1 个脉动压力测点，无叶区布置 2 个脉动压力测点（图 3-5-3），测试结果见表 3-5-3。结果表明：额定出力运行时，蜗壳脉动压力幅值约为运行水头的 2.31%，脉动压力主频为 100Hz。机组转速 333.3r/min，转频为 5.555Hz；转轮叶片数 9 片，引起 1 倍频脉动压力频率为 50.0Hz（5.555Hz×9），2 倍频脉动压力频率为 100Hz，蜗壳脉动压力主频为 2 倍频脉动压力频率。无叶区脉动压力幅值约为运行水头的 1.6%，第一主频为 50Hz，第二主频为 100Hz，无叶区脉动压力第一主频为 1 倍频脉动压力频率。

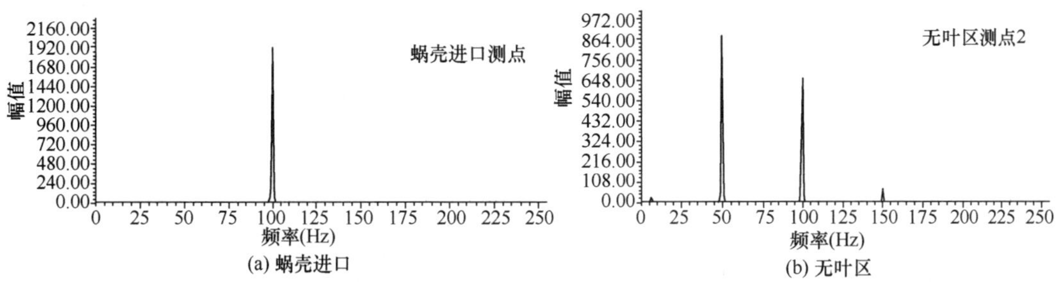

图 3-5-3　机组流道脉动压力频谱特性

机组脉动压力测试结果　　表 3-5-3

测点位置	蜗壳进口	无叶区 1	无叶区 2
脉动压力相对幅值（%）	2.31	1.55	1.62
脉动压力主频（Hz）	100	50、100	50、100

注：脉动压力相对幅值为脉动压力单峰值与运行水头百分比。

(2) 厂房结构局部振动测试分析

在厂房段的三层楼板振动强烈部位布置 4 个竖向测点，编号为 1 号～4 号（见图 3-5-4）；

在母线层立柱 P1、P4 和 P5 布置水平向测点。测试分析结果列于表 3-5-4、表 3-5-5，结果表明：

1）与国内其他同规模抽水蓄能电站相比，该电站厂房结构局部振动强烈，发电机层楼板 2 号测点竖向振动响应达 1.35g，立柱水平向最大加速度接近 2.0g，如图 3-5-5、图 3-5-6 所示；

2）厂房结构振动响应主频为 100Hz，该频率与蜗壳内脉动压力主频完全一致，说明厂房结构振动响应主贡献来自蜗壳内脉动压力，无叶区脉动压力对厂房结构振动响应的贡献可忽略不计，表明该电站厂房结构的主振源为水力振源。

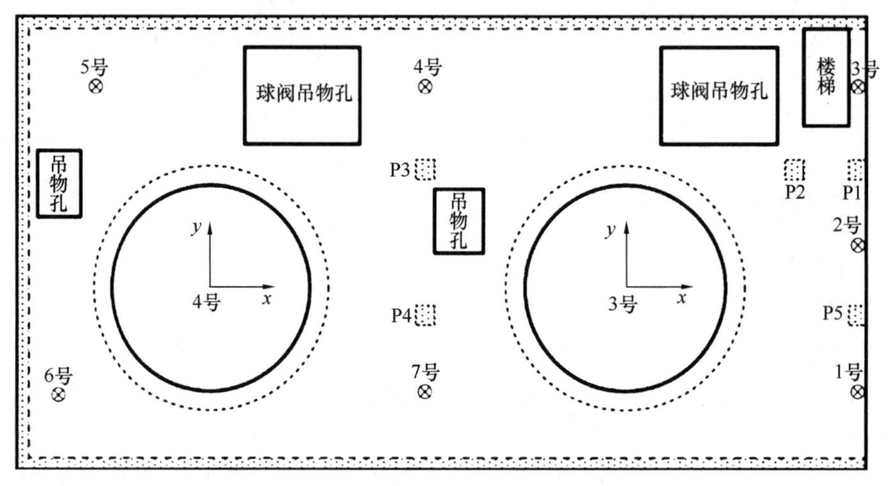

图 3-5-4　厂房楼板与立柱振动测点布置示意图

厂房楼板 Z 向加速度统计表　　表 3-5-4

测点位置	1号		2号		3号		4号	
	幅值（g）	频率（Hz）	幅值（g）	频率（Hz）	幅值（g）	频率（Hz）	幅值（g）	频率（Hz）
发电机层楼板	0.85	100.0	1.35	100.0	0.89	100.0	0.49	100.0
母线层楼板	0.68	100.0	1.28	100.0	0.68	100.0	0.37	100.0
水轮机层楼板	0.62	100.0	0.95	100.0	0.57	100.0	0.28	100.0

母线层立柱加速度统计表　　表 3-5-5

立柱编号	X 向幅值（g）	Y 向幅值（g）	振动主频（Hz）
P1	1.75	1.69	100.0
P4	1.83	1.91	100.0
P5	1.96	1.88	100.0

（3）厂房局部结构自振频率分析

为查明厂房振动强烈区域的局部结构自振特性，对三层楼板 4 个振动强烈区域的竖向自振频率以及 4 个立柱（P1、P3、P4 和 P5）水平向自振频率开展测试分析，结果如表 3-5-6、表 3-5-7 所示，结果表明：

1）三层楼板的竖向第一阶自振频率均低于 60.0Hz，与蜗壳脉动压力主频 100.0Hz

相差超过40%；

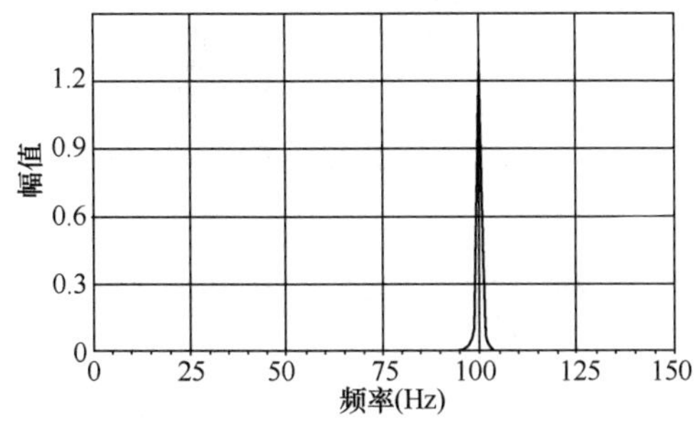

图 3-5-5　发电机层楼板 2 号测点 Z 向加速度频谱

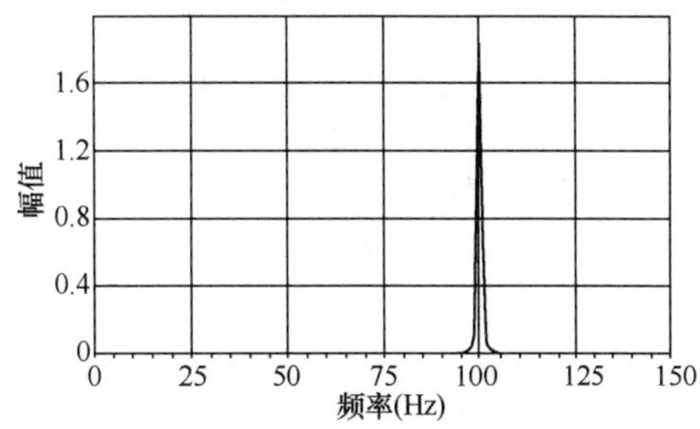

图 3-5-6　母线层 P4 立柱 Y 向加速度频谱

2）蜗壳层立柱水平向第一阶自振频率低于 70.0Hz，与蜗壳脉动压力主频 100.0Hz 相差超过 30%；

3）水轮机层立柱水平向与蜗壳脉动压力主频 100.0Hz 相差不超过 15%，部分立柱相差不超过 5%；

4）母线层立柱水平向与蜗壳脉动压力主频 100.0Hz 相差不超过 30%，部分立柱相差不超过 15%。

三层楼板典型部位竖向第一阶自振频率测试结果（Hz）　　**表 3-5-6**

结构层位置	1号	2号	3号	4号
发电机层	46.09	38.72	42.33	48.61
母线层	48.37	41.05	44.85	51.12
水轮机层	53.62	47.91	49.29	58.33

三层立柱水平向第一阶自振频率测试结果（Hz）　　**表 3-5-7**

结构层位置	P1		P3		P4		P5	
	X	Y	X	Y	X	Y	X	Y
母线层	111.27	110.93	118.31	117.20	125.16	126.18	112.31	104.75
水轮机层	101.17	101.25	109.17	106.25	112.32	114.25	106.99	97.23
蜗壳层	62.37	69.42	64.67	67.76	63.95	67.61	60.22	61.39

2. 有限元计算分析

基于蜗壳脉动压力和无叶区脉动压力的现场测试结果，采用有限元法分析该厂房结构自振特性与动力响应。

（1）厂房结构有限元模型

按照厂房结构设计尺寸，模拟了流道结构以及楼板、结构柱、楼梯和风罩等混凝土结构及其开孔，有限元模型如图 3-5-7 所示。混凝土结构采用 8 节点块体单元模拟，流道钢管衬砌结构采用 4 节点壳单元模拟。厂房结构阻尼比取 0.02，动弹性模量取静弹性模量的 1.3 倍。围岩对厂房结构的弹性约束以及厂房振动能量吸收采用黏弹性边界。

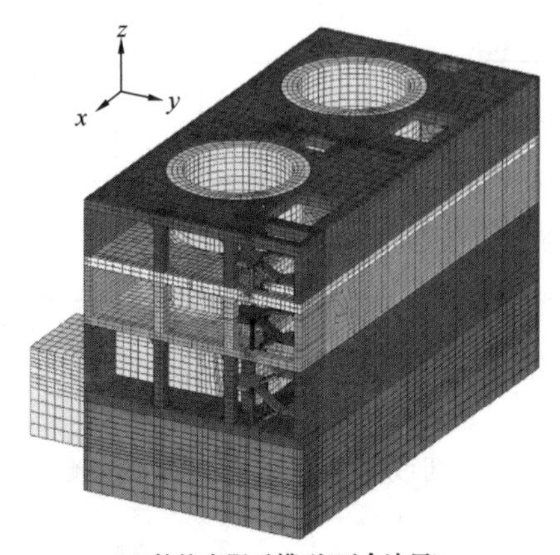

(a) 整体有限元模型(不含边界)

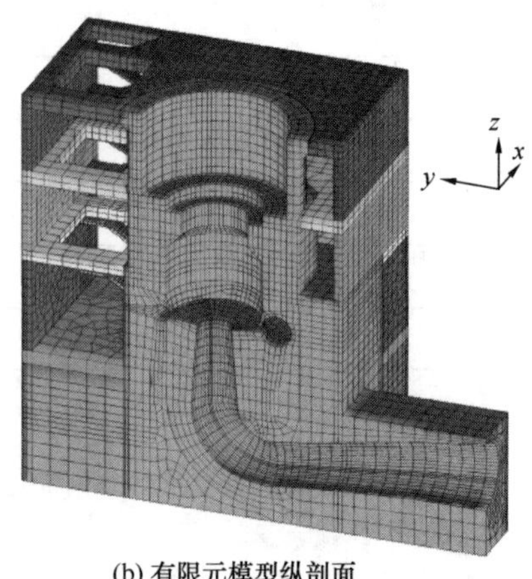

(b) 有限元模型纵剖面

图 3-5-7　厂房三维有限元模型

（2）厂房局部结构自振频率分析

对于大型抽水蓄能电站，厂房仅局部结构振动响应强烈，未产生整体强烈振动。因此，对于具有三维复杂空间结构的抽水蓄能电站地下厂房，研究整体自振特性意义不大，应重点关注厂房局部结构的自振特性。本工程采用中国水利水电科学研究院开发的求解复杂水工建筑物局部结构自振特性分析方法（发明专利号 ZL 201811006818.9），分别计算三层楼板和三层立柱的自振特性，有限元计算模型如图 3-5-8、图 3-5-9 所示。

图 3-5-8　母线层楼板 1 号测点竖向振型（f=45.55Hz）

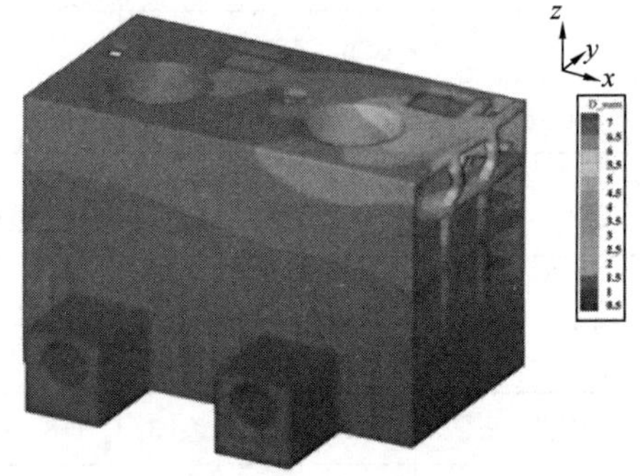
图 3-5-9　母线层立柱 P5 的 X 向振型（f=108.37Hz）

结果表明：

1）厂房结构自振频率计算结果与测试结果接近，计算模型准确；

2）三层楼板各局部结构的竖向自振频率以及蜗壳层立柱的水平向自振频率与厂房主振源蜗壳脉动压力主频 100.0Hz 相差超过 30%，如表 3-5-8 所示；

3）母线层立柱与水轮机层立柱的水平向第一阶自振频率比较接近厂房主振源蜗壳脉动压力主频 100.0Hz，如表 3-5-9 所示，结果表明：立柱之间的楼板竖向强烈振动的主要原因在于两层立柱产生了水平向共振。

三层楼板典型部位竖向第一阶自振频（Hz）　　表 3-5-8

结构层位置	方法	1号	2号	3号	4号	5号	6号	7号
发电机层	计算	45.55	39.85	41.58	50.21	60.38	65.99	53.67
	测试	46.09	38.72	42.33	48.61	—	—	—
母线层	计算	46.95	42.71	43.97	50.38	62.55	67.21	56.05
	测试	48.37	41.05	44.85	51.12	—	—	—
水轮机层	计算	51.98	49.36	50.57	60.21	65.31	69.87	62.59
	测试	53.62	47.91	49.29	58.33	—	—	—

三层立柱水平向第一阶自振频率（Hz）　　表 3-5-9

结构层位置	方法	P1		P3		P4		P5	
		X	Y	X	Y	X	Y	X	Y
母线层	计算	115.11	108.62	120.19	119.38	120.62	118.79	108.37	106.39
	测试	111.27	110.93	118.31	117.20	125.16	126.18	112.31	104.75
水轮机层	计算	105.29	107.21	104.62	109.71	109.91	118.21	110.62	109.05
	测试	101.17	101.25	109.17	106.25	112.32	114.25	106.99	104.13
蜗壳层	计算	69.33	65.33	68.41	65.23	66.38	69.15	65.16	66.31
	测试	62.37	69.42	64.67	67.76	63.95	67.61	60.22	61.39

（3）厂房结构振动响应分析

采用脉动压力测试结果作为主要振源，因测点有限，加载方式简化为：蜗壳内脉动压力采用蜗壳进口脉动压力测点数据，无叶区两个脉动压力测点进行空间插值；不考虑机械偏心力和电磁不平衡拉力。厂房结构阻尼比取 0.02，采用 Newmark 逐步积分法求解厂房结构的振动响应，结果表明：

1）如表 3-5-10、表 3-5-11 所示，无论是厂房局部楼板还是立柱，均出现了强烈振动；

2）厂房结构局部强烈振动的原因，在于母线层立柱和水轮机层立柱的水平向自振频率与蜗壳脉动压力主频接近（图 3-5-10），两层立柱出现局部共振。

三层楼板典型部位加速度峰值（g）　　表 3-5-10

结构层位置	1号	2号	3号	4号	5号	6号	7号
发电机层	0.89	1.57	1.05	0.65	0.22	0.17	0.71
母线层	0.63	1.21	0.89	0.57	0.18	0.12	0.59
水轮机层	0.51	0.95	0.73	0.39	0.13	0.10	0.42

三层立柱水平向加速度峰值（g）　　表 3-5-11

结构层位置	P1		P3		P4		P5	
	X	Y	X	Y	X	Y	X	Y
母线层	1.21	1.07	2.33	2.01	2.22	1.95	1.89	1.79
水轮机层	2.95	1.92	3.95	2.57	3.92	2.56	3.87	2.28
蜗壳层	0.91	0.59	1.13	0.93	1.25	1.01	0.95	0.63

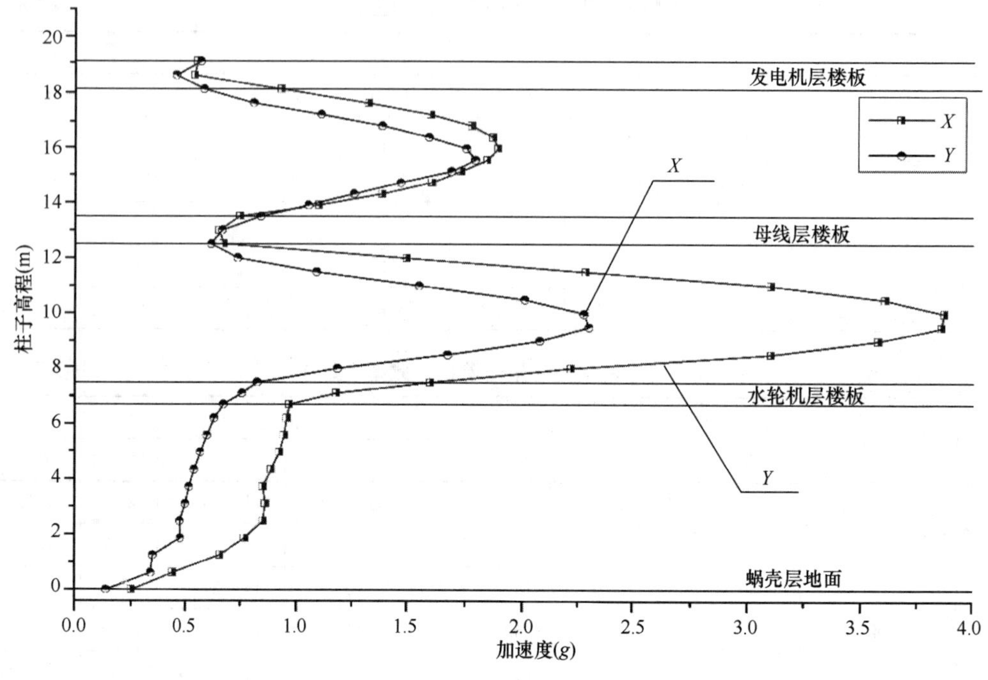

图 3-5-10　P5 立柱加速度峰值

四、振动控制效果

1. 振源振动控制方案振动控制效果

通过改造水泵水轮机转轮，水轮机流道内脉动压力均大幅下降，厂房结构振动强烈部位振动响应的降幅超过 45%，如表 3-5-12、表 3-5-13 所示。

转轮改造前后三层楼板典型部位加速度峰值对比（g）　　表 3-5-12

结构层位置	改造状态	1 号	2 号	3 号	4 号	5 号	6 号	7 号
发电机层	改造前	0.89	1.57	1.05	0.65	0.22	0.17	0.71
	改造后	0.49	0.80	0.57	0.38	0.20	0.15	0.42
母线层	改造前	0.63	1.21	0.89	0.57	0.18	0.12	0.59
	改造后	0.35	0.63	0.47	0.34	0.16	0.10	0.34
水轮机层	改造前	0.51	0.95	0.73	0.39	0.13	0.10	0.42
	改造后	0.28	0.50	0.38	0.23	0.11	0.09	0.26

转轮改造前后三层立柱水平向加速度值（g）　　表 3-5-13

结构层位置	改造状态	P1		P3		P4		P5	
		X	Y	X	Y	X	Y	X	Y
母线层	改造前	1.21	1.07	2.33	2.01	2.22	1.95	1.89	1.79
	改造后	0.68	0.57	1.21	1.09	1.24	1.05	1.04	1.02

续表

结构层位置	改造状态	P1		P3		P4		P5	
		X	Y	X	Y	X	Y	X	Y
水轮机层	改造前	2.95	1.92	3.95	2.57	3.92	2.56	3.87	2.28
	改造后	1.62	1.00	2.05	1.36	2.12	1.36	2.09	1.25
蜗壳层	改造前	0.91	0.59	1.13	0.93	1.25	1.01	0.95	0.63
	改造后	0.51	0.31	0.59	0.50	0.69	0.54	0.52	0.35

2. 调整结构方案振动控制效果

改造转轮方案实施后，厂房结构振动响应已大幅下降，调整结构方案未具体实施，仅开展振动控制计算分析，结果如下：

（1）母线层立柱和水轮机层立柱的水平自振频率超过蜗壳脉动压力主频 25%，避免两层立柱出现局部共振；

（2）厂房振动较大部位振动响应降幅约 40%，如表 3-5-14、表 3-5-15 所示。

立柱结构调整前后三层楼板典型部位加速度峰值对比（g）　　表 3-5-14

结构层位置	调整情况	1号	2号	3号	4号	5号	6号	7号
发电机层	调整前	0.89	1.57	1.05	0.65	0.22	0.17	0.71
	调整后	0.53	0.69	0.72	0.43	0.23	0.18	0.48
母线层	调整前	0.63	1.21	0.89	0.57	0.18	0.12	0.59
	调整后	0.45	0.56	0.51	0.40	0.20	0.14	0.37
水轮机层	调整前	0.51	0.95	0.73	0.39	0.13	0.10	0.42
	调整后	0.48	0.69	0.51	0.31	0.12	0.11	0.33

立柱结构调整前后三层立柱水平向加速度值（g）　　表 3-5-15

结构层位置	调整情况	P1		P3		P4		P5	
		X	Y	X	Y	X	Y	X	Y
母线层	调整前	1.21	1.07	2.33	2.01	2.22	1.95	1.89	1.79
	调整后	0.73	0.65	0.97	0.91	0.98	0.97	0.86	0.90
水轮机层	调整前	2.95	1.92	3.95	2.57	3.92	2.56	3.87	2.28
	调整后	0.82	0.65	1.32	0.89	1.29	0.81	0.94	0.86
蜗壳层	调整前	0.91	0.59	1.13	0.93	1.25	1.01	0.95	0.63
	调整后	0.90	0.59	1.06	0.92	1.20	0.95	0.86	0.63

［实例 3-6］沈阳宝马铁西工厂振动噪声控制

一、工程概况

沈阳宝马铁西工厂是宝马集团在全球范围内成立的第 25 家工厂，整厂投资超 15 亿欧元，占地面积超 $2km^2$，拥有现代化汽车制造的完整工艺。主办公楼采用流动型设计，将产品展示、办公场所、生产过程和休息茶饮等功能融为一体，如图 3-6-1 所示。办公区内输送线装置采用多折线桥型设计，连接涂装车间和总装车间。产品从涂装车间至总装车间，由一条长度约 200m 的输送线连接，输送线为桥型结构，由 30 多个输送单体组成，穿越整个办公楼，主办公楼内的输送线如图 3-6-2 所示。

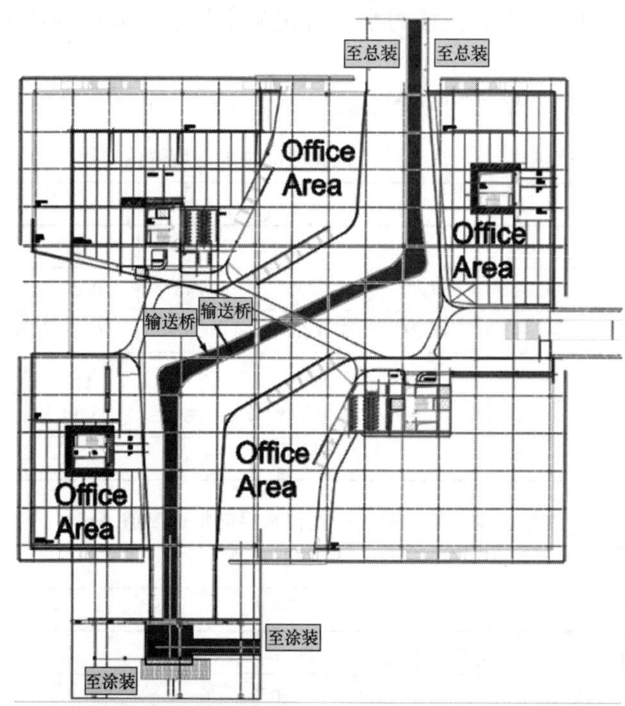

图 3-6-1　主办公楼平面

图 3-6-2　主办公楼内的输送线

二、振动和噪声控制方案

不同的建筑功能区，对建筑性能要求不同。根据国家标准《建筑工程容许振动标准》GB 50868—2013 的规定，建筑物内人体振动应满足舒适性要求，容许振动计权加速度级见表 3-6-1，办公环境的容许振动计权加速度级为 86dB。

建筑物内容许振动标准（dB）　　**表 3-6-1**

地点	功能区类别	连续、间歇和重复性冲击振动			每天只发生数次的冲击振动		
		水平向	竖向	混合向	水平向	竖向	混合向
医院手术室和振动要求严格的工作区	昼间	71	74	71	71	74	71
	夜间	71	74	71	71	74	71
住宅区	昼间	77	80	77	101	104	101
	夜间	74	77	74	74	77	74
办公室	昼间	83	86	83	107	110	107
	夜间	83	86	83	107	110	107
车间办公区	昼间	89	92	89	110	113	110
	夜间	89	92	89	110	113	110

噪声环境要求可按照国家标准《工业企业噪声控制设计规范》GB/T 50087—2013 执行。不同的工作场所，其噪声要求不同，具体噪声限值规定见表 3-6-2，生产车间的噪声限值为 85dB（A），办公室的噪声限值为 60dB（A）。为满足办公区域环境噪声要求，输送线设备噪声不能超过 60dB（A）。

噪声限值规定　　**表 3-6-2**

工作场所	噪声限值（dB（A））
生产车间	85
车间内值班室、观察室、休息室、办公室、实验室、设计室室内背景噪声级	70
正常工作状态下精密装配线、精密加工车间、计算机房	70
主控制室、集中控制室、通信室、电话总机室、消防值班室，一般办公室、会议室、设计室、实验室室内背景噪声级	60
医务室、教室、值班宿舍室内背景噪声级	55

对输送机进行振动、噪声测试，如图 3-6-3、图 3-6-4 所示，以制定切实可行的振动、噪声控制方案。

首先，在输送设备选型和订货方面，考虑低振动噪声设备类型。汽车厂常用的输送设备包括滑撬、辊床、链式输送机等。本项目选用静音带式输送机，可达到低噪声连续输送效果。

其次，采用隔声、吸声措施，进一步降低输送机的噪声输出，采用隔声材料将输送机包裹，内部腔壁贴吸声材料，如图 3-6-5 所示。

最后，将整个输送机桥体设独立柱，与建筑结构主体脱离，可有效切断振动传递。

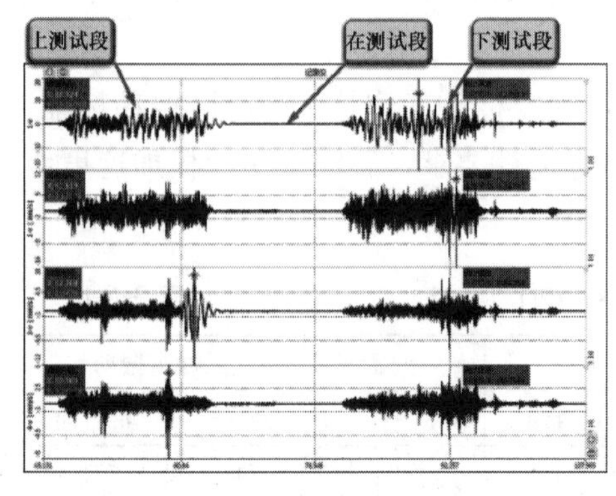

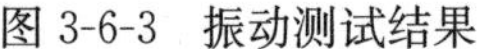

图 3-6-3　振动测试结果

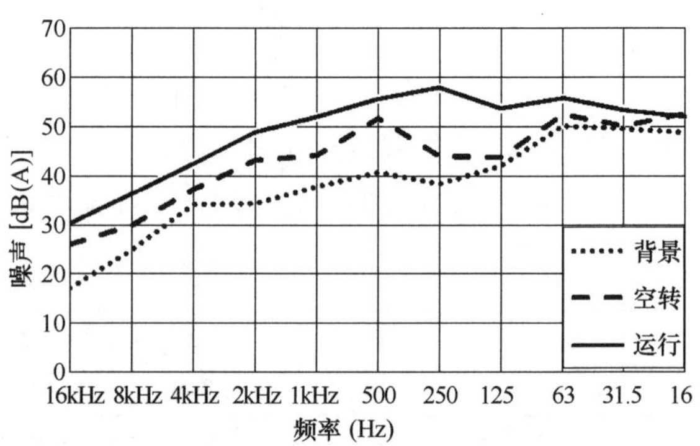

图 3-6-4　噪声测试结果

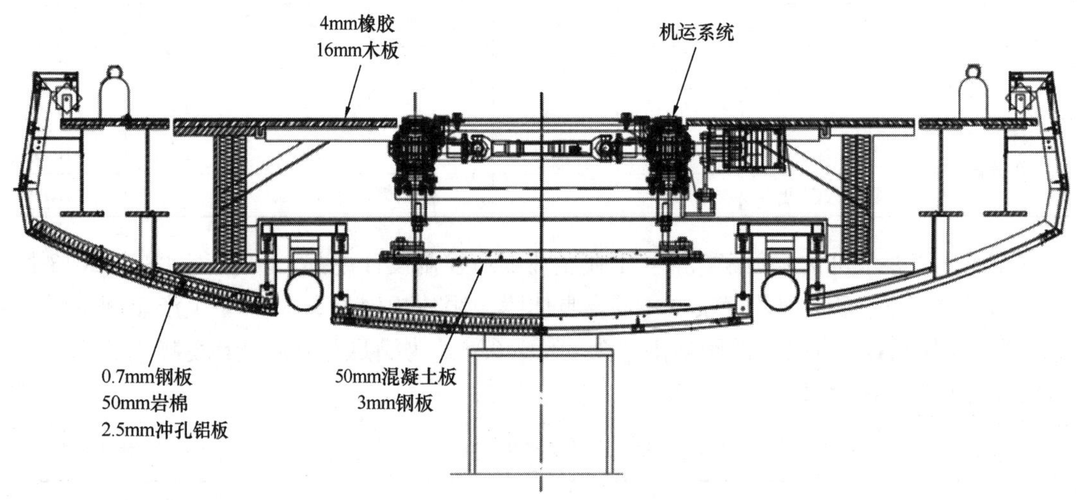

图 3-6-5　输送机隔声、吸声做法

三、振动和噪声控制关键技术

本项目中的振动和噪声控制关键技术：

1. 概念设计阶段，将多折桥型用于输送线布置和建筑造型，将输送结构与建筑主体脱开，既避免振动传递，又满足建筑美学要求。

2. 在办公区域采用带式输送设备替代生产车间内的链式输送设备，并采用静音电机，减小设备自身的振动和噪声。

3. 办公区域内沿输送线设置隔声罩，并在内腔贴吸声材料，达到较好的隔声和吸声效果。实测隔声罩的隔声效果如图 3-6-6 所示。

4. 在传输通廊桥下设置混凝土配重块，有效降低结构振动频率和振幅，实现良好的减隔振效果。

5. 通过理论与数值计算，准确模拟办公区域的声学环境，为设计提供依据。

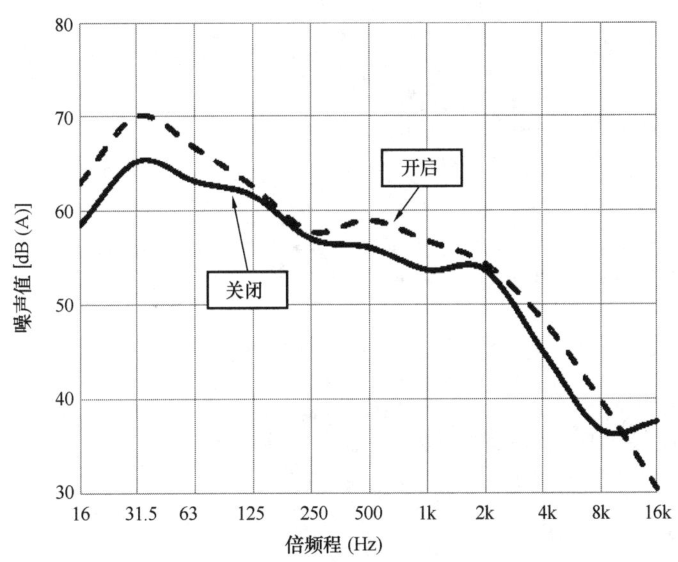

图 3-6-6　隔声罩的隔声效果

四、振动和噪声控制装置

本工程中，降低输送机自身的振动噪声影响是控制的关键。为此，团队专门研发了低噪声带式输送机，并配置静音电机，装置研发过程的工艺布局如图 3-6-7 所示。带式输送机结构见图 3-6-8，效果图如图 3-6-9 所示。输送设备研发试验与测试现场如图 3-6-10 所示。

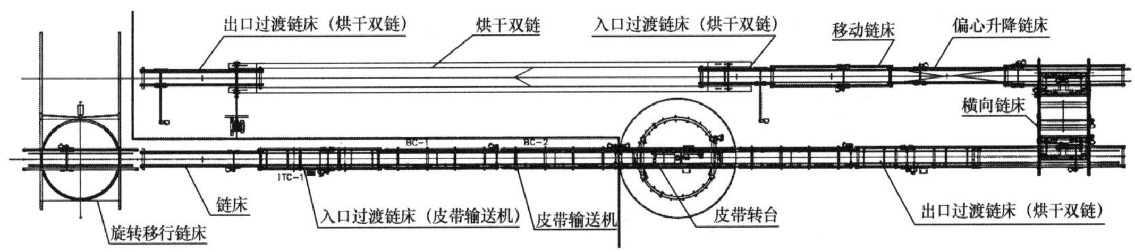

图 3-6-7　低噪声带式输送机工艺布置图

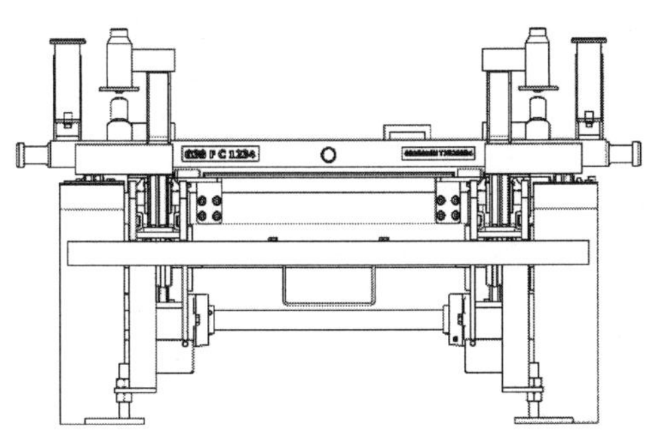

图 3-6-8　带式输送机结构图

图 3-6-9　带式输送机效果图

图 3-6-10　带式输送机研发试验与测试

五、振动和噪声控制效果

主办公楼建成后，开展振动和噪声测试，图 3-6-11 给出现场噪声测试结果分布，办公区环境噪声值均小于 60dB（A）。楼内声环境较为舒适，振动和噪声均优于国家标准。

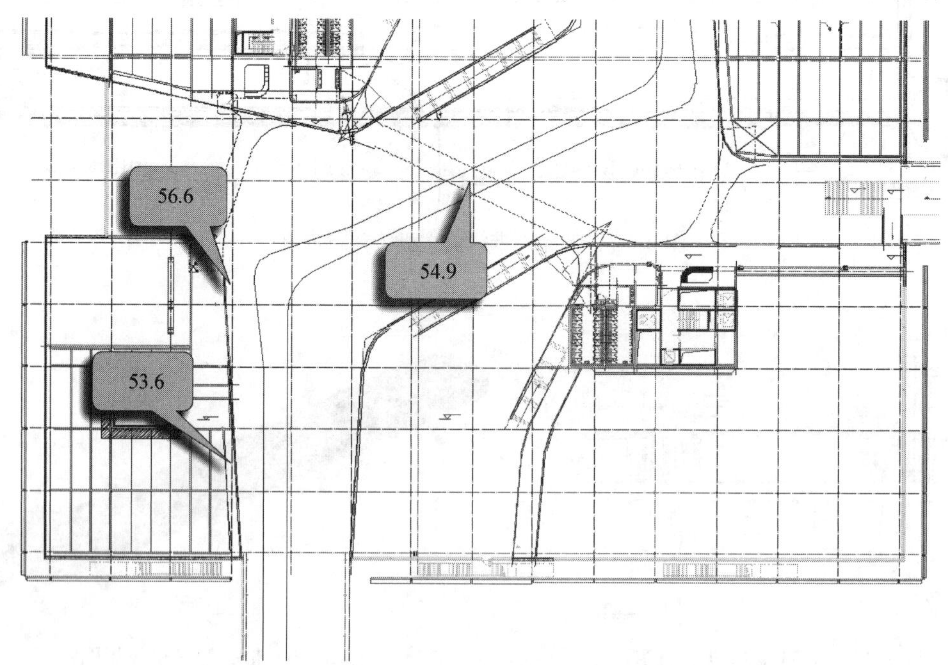

图 3-6-11　办公区域噪声测试结果

［实例 3-7］废品回收厂给料机致结构振动控制

一、工程概况

某废品回收厂五层钢结构，在二楼安装了 3 台垃圾分类振动给料机，给料机运行引起整栋楼在水平向发生晃动，二楼振动尤为明显。二楼平面布置如图 3-7-1 所示，建筑物立柱剖面如图 3-7-2 所示，振动给料机及周围立柱如图 3-7-3 所示。

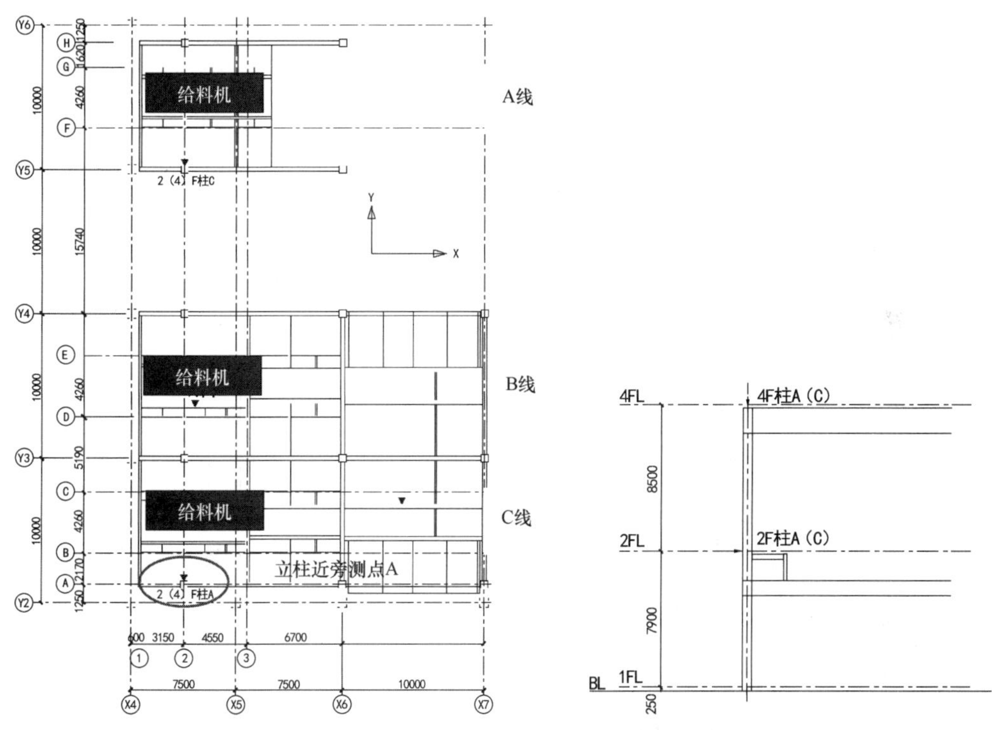

图 3-7-1　二楼平面布置图　　图 3-7-2　建筑物立柱剖面图

图 3-7-3　振动给料机及周围立柱

给料机运行频率为50Hz时，二楼靠近立柱处的最大振动加速度达407cm/s^2（7.7Hz频率处），影响建筑结构和人员舒适度，需采取振动控制措施。

二、振动控制方案

采取综合措施，分步实施振动控制，以达到控制目标：

1. 加固建筑结构：在立柱钢管中灌填混凝土，提高结构刚度，并利用混凝土的阻尼性能减振降噪。

2. 提高隔振基座性能：改进给料机隔振基座，提高隔振性能，减少给料机振动对建筑物影响。

3. 设置调谐质量阻尼（TMD）：对建筑物进行减振、抑振。

三、振动控制分析

进行现场环境振动测试，分析振动模态，掌握建筑结构的实际振型。

给料机运行频率为50Hz，各测点中，A立柱的振动模态如图3-7-4所示，固有频率7.7Hz，该频率实际振型如图3-7-5所示。测试分析结果表明：给料机工作时，立柱二楼部分位于模态振型的波峰，导致二楼振动偏大。

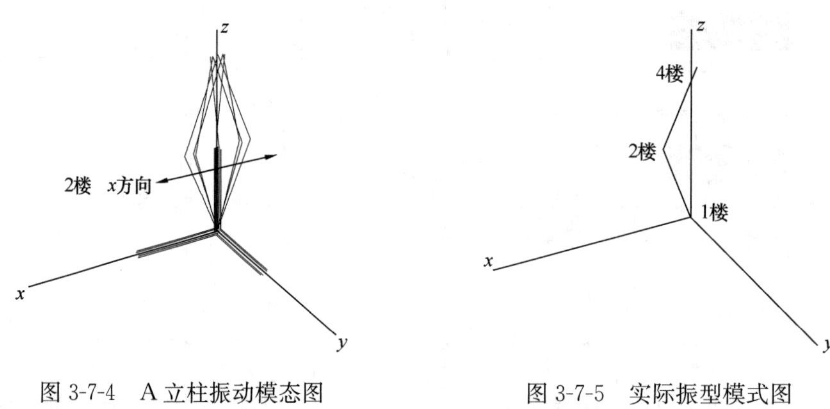

图3-7-4　A立柱振动模态图（固有频率7.7Hz）

图3-7-5　实际振型模式图

四、振动控制关键技术

1. 加固技术：立柱钢管填充混凝土。

2. 隔振技术：更换钢弹簧，提高隔振性能。改造升级后的振动给料机弹簧隔振基座如图3-7-6所示。

3. 减振技术：在二楼每台振动给料机近旁设置TMD（重5t/台），如图3-7-7所示。

五、振动控制效果

实施振动控制综合解决方案后，给料机以50Hz频率工作，加速度频谱如图3-7-8所示，二楼立柱旁测点A的7.7Hz主振型0-P振动幅值如表3-7-1所示。最大振动加速度从407cm/s^{2}降至19.4cm/s^2，远低于振动控制目标值60cm/s^2，减振效率高达95%以上。

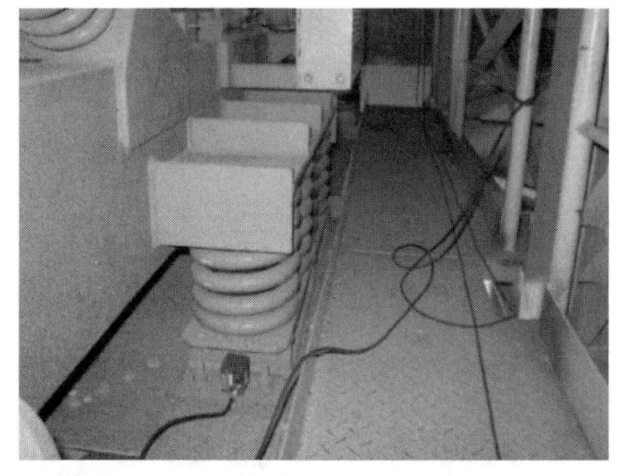
图 3-7-6　振动给料机弹簧隔振基座

图 3-7-7　给料机近旁设置 TMD

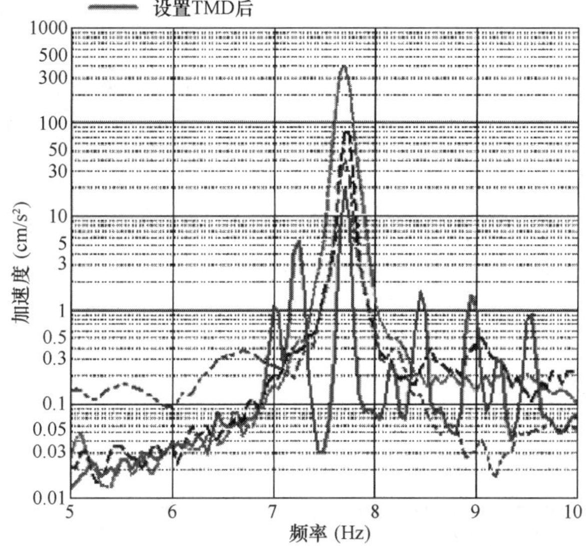

图 3-7-8　给料机 50Hz 激振下振动控制前后频谱

二楼立柱近旁测点 A 的振动加速度（固有频率 7.7Hz）　　**表 3-7-1**

项目	加速度振幅 0-P（cm/s^2）
施工前	407.0
步骤 1：钢管立柱充填混凝土	84.5
步骤 2：更换钢弹簧基座	41.6
步骤 3：设置 TMD	19.4

［实例 3-8］垃圾焚烧厂破碎机致结构振动控制

一、工程概况

某垃圾焚烧厂大型可燃垃圾破碎机及液压设备安装在四楼，如图 3-8-1 所示。从焚烧设备顶部投入垃圾，经旋转刀刃破碎，破碎过程会产生冲击振动，驱动刀刃旋转的液压装置和附属液压管路也会产生高频振动。振动引起的噪声传递到三楼的灰烬熔融控制室和参观者走廊，导致噪声超标，大于控制室验收条件 PNC-55，需采取隔振降噪措施。

图 3-8-1　垃圾破碎机

二、振动控制方案

1. 破碎机隔振

采用可针对设备本身的重心位置和荷载变化进行自主调平的空气弹簧隔振器。为抑制垃圾投入和破碎过程中的冲击振动造成过度摇晃，空气弹簧隔振器内置阻尼器。隔振器安装在机座和破碎机底部之间，如图 3-8-2 所示。破碎机附近配有空气压缩机及供气管路。

2. 液压装置隔振

保留液压装置外罩内原有的橡胶隔振垫，在其底部新增钢弹簧隔振支座，如图 3-8-3 所示。

图 3-8-2　破碎机底部弹簧隔振器

图 3-8-3　液压装置外罩的隔振支座

3. 液压管路隔振

改变往返液压系统中振动较大的往路管道路径，将液压管道的壁面支撑改为架空敷设加隔振支撑，如图 3-8-4、图 3-8-5 所示。

图 3-8-4　改造前（液压管道壁面架设）

图 3-8-5　改造后（架空敷设加隔振支撑）

三、振动控制分析

先进行振动、噪声测试，同时测试三楼的噪声和四楼破碎机房振动，确定振动特性。测点布置如图 3-8-6 所示，噪声实测数据如图 3-8-7 所示。振动与噪声的相关性分析结果表明：控制室噪声主要由破碎机冲击振动、液压设备及液压管路振动引起。

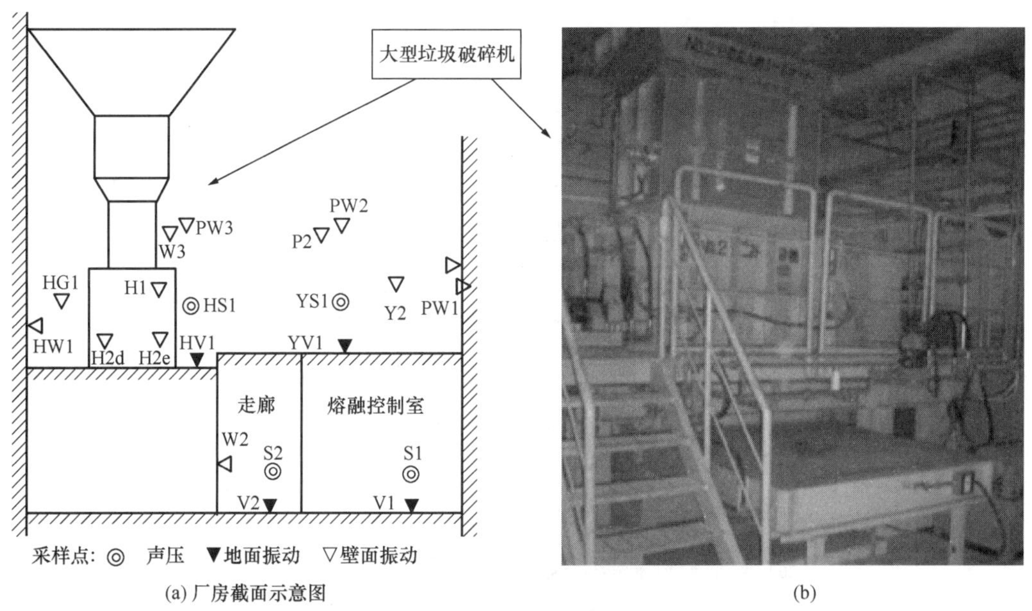

(a) 厂房截面示意图　　(b)

图 3-8-6　振动、噪声测点布置图

引发三楼控制室噪声的振动是以 63Hz 频段为主的破碎机垃圾投入时产生的冲击振动，还有液压装置与液压管路在工作中产生的 225Hz 及其倍频振动。破碎机振动引起的噪声很大，噪声声压级在 PNC-65 以上，要满足验收条件，须至少降噪 10dB。

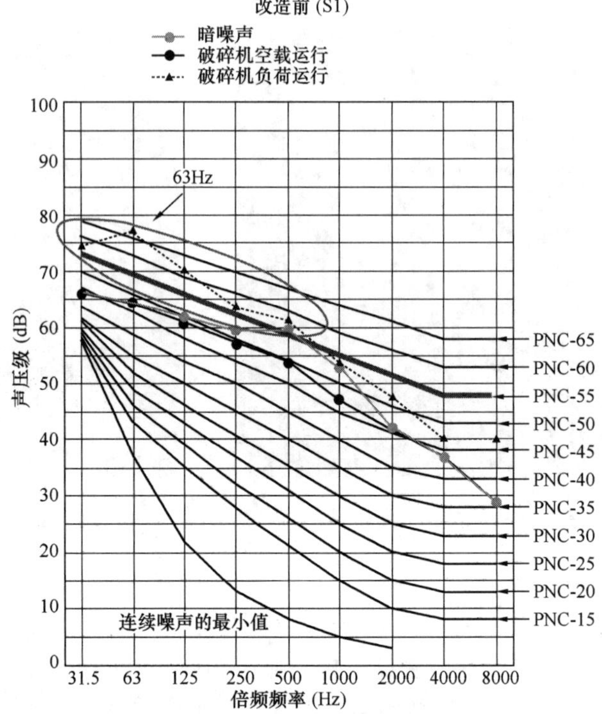

图 3-8-7　振动控制前噪声实测数据（测试点 S1）

四、振动控制关键技术

相比空气弹簧和钢弹簧，橡胶隔振垫在 63Hz 频段处的隔振性能偏低。考虑破碎机重心及荷载变化等因素，使用附带自动水平调平机构的空气弹簧隔振器比钢弹簧隔振器更加合适。

根据理论分析和振动噪声测试数据，对空气弹簧、钢弹簧、橡胶材料的隔振性能进行比较，如图 3-8-8 所示。选定空气弹簧隔振系统的固有频率为 4Hz。

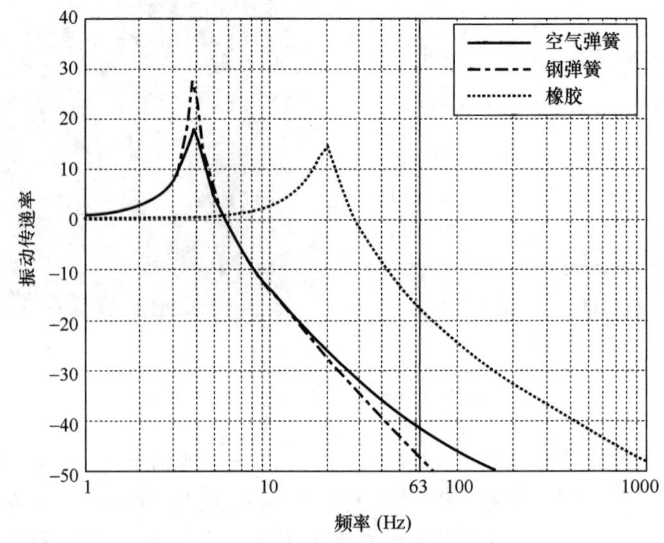

图 3-8-8　各种隔振器的隔振性能比较

五、振动控制效果

振动控制措施实施完毕后，对灰融化控制室进行了减振降噪效果测试，振动控制前、后测试点 S1 的响应对比如图 3-8-9 所示，噪声声压级小于灰融化控制室的噪声验收条件 PNC-55。振动和噪声危害明显改善，效果显著。

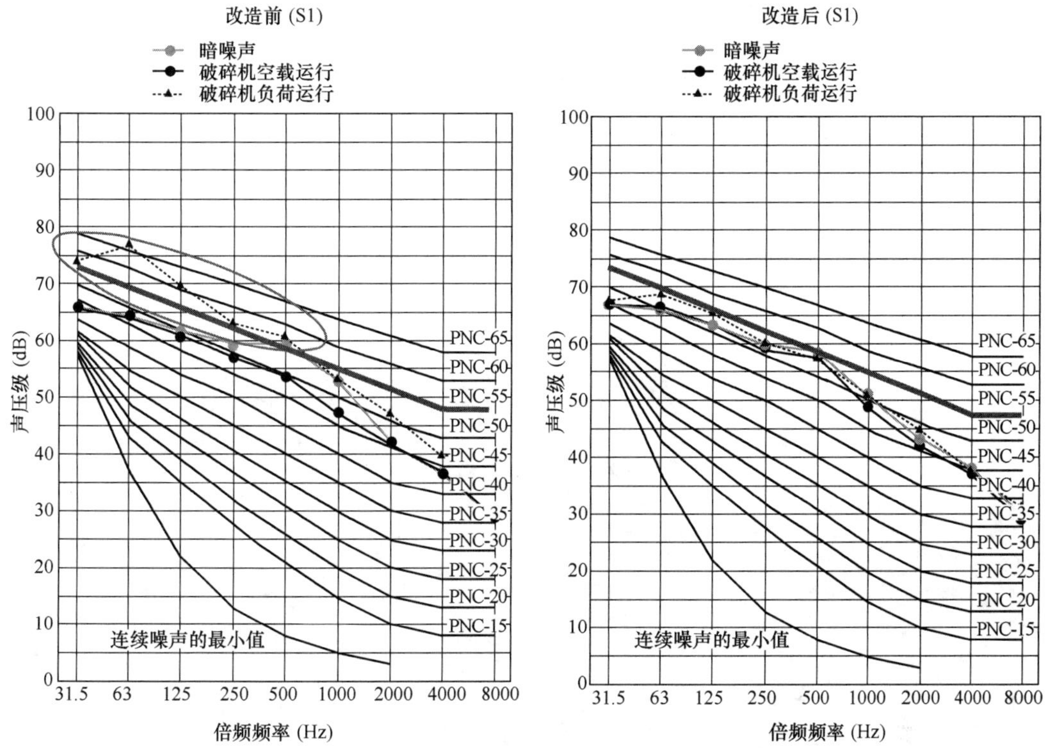

图 3-8-9　振动控制前后的噪声实测数据对比

［实例 3-9］德国蒂森克虏伯电梯试验塔双用 TMD 振动控制

一、工程概况

位于德国罗特韦尔（Rottweil），建造一座 246m 高塔，用于安装电梯的研发试验装置。塔底为直径 20m 的圆，内部有 9 座电梯试验井、一部消防电梯和一部全景玻璃观光电梯。此外，还配备一个 220m 筒作为机械提升井。塔基直径 40m，为服务设施、大厅和教育中心提供额外空间。在 232m 标高处设置一个观光平台。试验塔如图 3-9-1 所示。

试验塔结构体系是一根直径为 20.8m 的钢筋混凝土管镶嵌在 30m 深的土壤中，如图 3-9-2所示。110m 以下管的厚度为 40cm，110m 以上管的厚度为 25cm。地基土由基尤伯层（Keuper layer）和贝壳石灰组成，具有较高的承载力，不需要桩基。除受周围土体的侧向压力外，塔基结构还可提供额外的侧向刚度。

图 3-9-1　位于德国罗特韦尔（Rottweil）的电梯试验塔

图 3-9-2　试验塔基础

混凝土管的内部加劲主要来自电梯井内壁。只在一定标高，才设置预制楼板，以方便进入电梯井。197m 标高之上的空间用作热储层和放置调谐质量阻尼器（Tuned Mass Damper，TMD）系统。塔顶用于办公空间或留作电梯井。

试验塔的织物立面由聚四氟乙烯涂层玻璃纤维网组成。网格孔径随建筑高度的增加而增加，以增加立面的半透明性，降低材料的密度和重量，改善气动效应。立面螺旋形状具有破风圈作用，织物本身有助于遮蔽混凝土结构，以避免太阳辐射引起的热应力。立面设计和安装材料选择需考虑维护、耐久性以及风荷载。

二、振动控制方案

由数值计算结果，试验塔的基频为 0.17～0.20Hz，1～3 阶模态振型如图 3-9-3 所示。对试验塔模型开展风洞试验，如图 3-9-4 所示，结果表明：地面风速 55～60km/h 范围内结构会出现涡激振动。

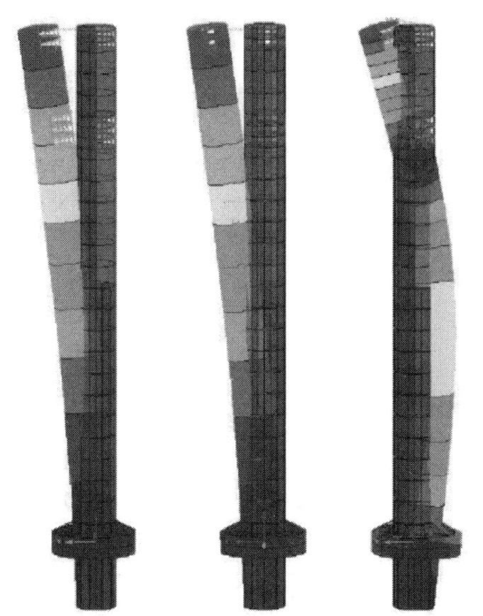

图 3-9-3　1～3 阶模态振型

图 3-9-4　试验塔风洞试验

若没有附加振动控制装置，共振激励导致的顶部振动幅值可达±750mm，不仅会引起人员不适，还会严重影响塔体结构的疲劳寿命。为减少横风激励的动力响应，采用 TMD 振动控制系统。

与此同时，该塔还用作对建筑物摇摆敏感的电梯设备测试，要求在无风情况下，人为激励该塔不会引起任何疲劳问题，摇摆幅度应控制在±200mm 范围内。

本项目中，实现振动控制和电梯设备测试激励双重用途的 TMD 系统，称为双用 TMD。

三、振动控制分析

TMD 系统的参数设计必须考虑三方面因素：

1. 提供足够的附加结构阻尼，以减小由于旋涡脱落激励而产生的动力响应；

2. 横风激励下，将 TMD 质量块的行程控制在可实现范围内；

3. 根据激励模式下塔体期望最大挠度所需能量选择 TMD 质量，同时应考虑所选作动器的性能（如：最大输出力和最大行程等）。

为优化 TMD 系统，采用能准确反映塔体刚度和质量分布的数值模型，楼板之间设置刚度单元，以使模态振型、固有频率与实际结构一致。图 3-9-5 给出该模型的模态振型和固有频率，并给出近似模型与详细模型的模态振型对比结果。

模型中，TMD 离散为一个单摆系统，悬挂在塔顶。由旋涡脱落引起的共振激励，与简单的谐波激励相似。考虑风荷载随机性，采用不同于 DenHartog 准则的优化算法。

对于随机荷载，TMD 质量块的相对位移大于谐波荷载。在确定最优 TMD 参数时，生成风荷载时程曲线，包括基于 Davenport 谱的随机阵风载荷、反映涡激共振的叠加横风分量，如图 3-9-6（a）所示，TMD 减振系统对塔的减振效果以及 TMD 位移如图 3-9-6（b）所示。假设结构的固有阻尼比为 0.8%，采用 240tTMD，行程在±650mm 以内，增

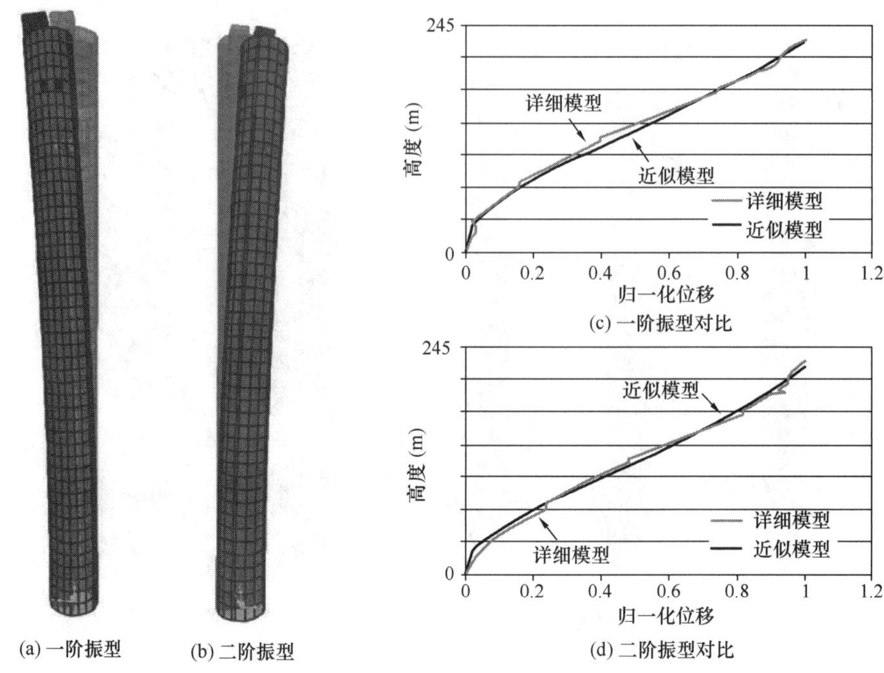

(a) 一阶振型　(b) 二阶振型　(c) 一阶振型对比　(d) 二阶振型对比

图 3-9-5　用于模型校准的计算模态和“固有频率-模态振型”对比

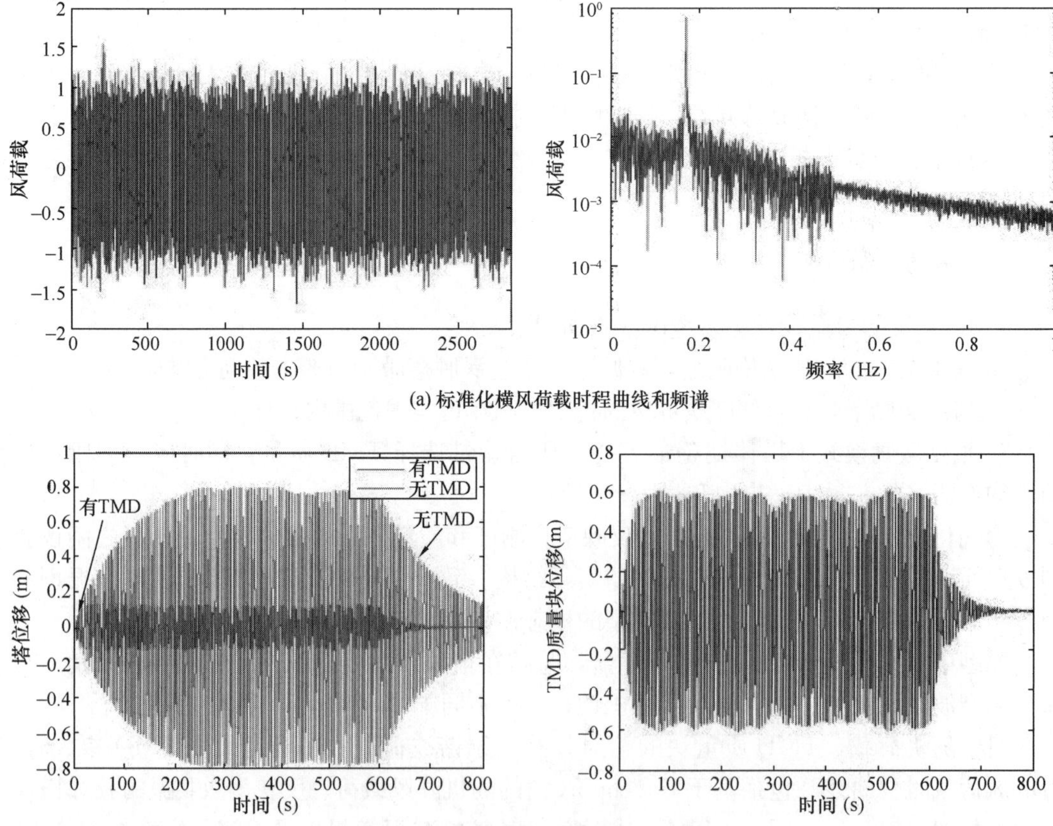

(a) 标准化横风荷载时程曲线和频谱

(b) 有、无TMD时塔的位移和TMD质量块位移

图 3-9-6　横风荷载与 TMD 控制效果

加 TMD 阻尼可减少行程，同时保证减振效果，但对作动器的驱动力产生不利影响。为确定 TMD 所需的驱动力，采用近似模型验证，如图 3-9-7 所示，当作动器最大力为 40kN 时，塔的变形可达到±200mm。

(a) 摆索悬吊的TMD质量块

(b) 直线电机作动器

图 3-9-7　双用 TMD 系统

四、振动控制关键技术

双用 TMD 的闭环控制回路如图 3-9-8 所示。根据“作动器-TMD 质量”交互分析模型，设计控制算法，以确定作动器的输入作用力。此外，控制算法还应同时考虑竖向与激励方向的减振和主方向的受控激励。

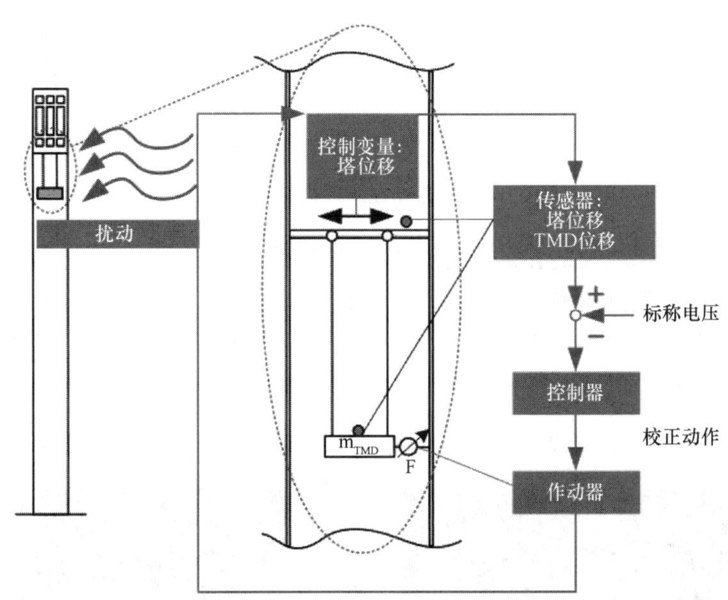

图 3-9-8　双用 TMD 的闭环控制回路

作动器的控制信号是基于 7 个结构动态测量信号的特定加权线性组合，包括：TMD 和塔顶加速度、TMD 和塔顶速度、TMD 和塔顶位移、TMD 与塔顶间相对位移。作动器反馈为即时计算，加权因子是标量，没有使用频率修正。图 3-9-9 给出振动控制模拟结果。

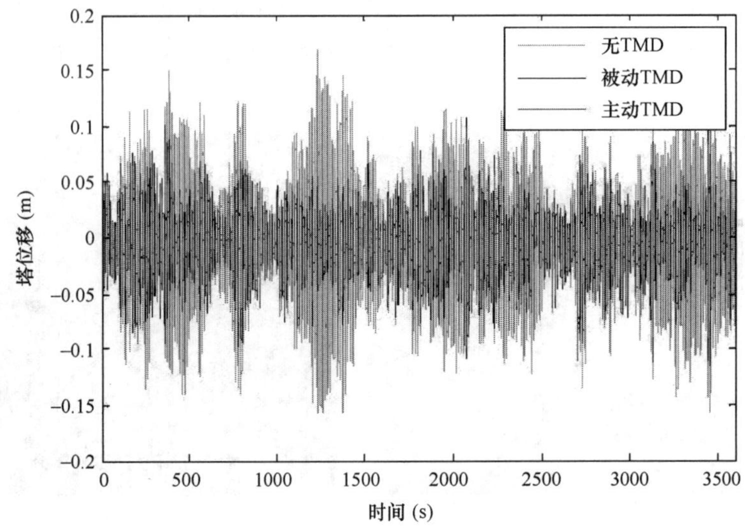

(a) 无TMD、被动TMD、主动TMD的振动控制效果对比

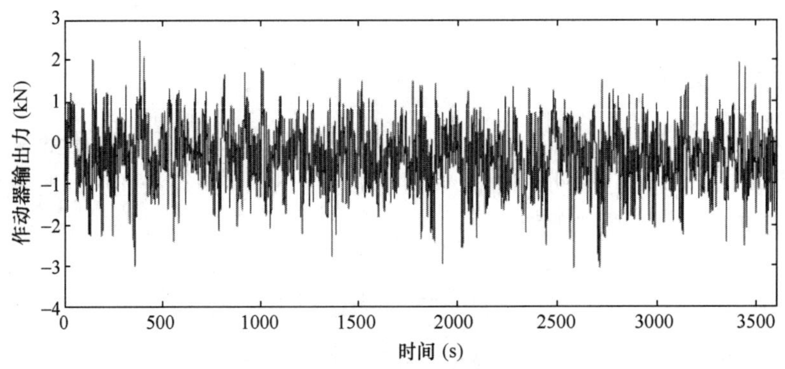

(b) 主动TMD的作动器输出力

图 3-9-9　振动控制计算模拟结果

激励模式下，使用相同的控制方法，并与位移偏移相结合，以将塔激励到所需位移值。偏移量是基于每个方向测试基频的正弦函数，在正弦偏移函数基础上，再调制抵消其他扰动引起的顶部位移变化，并调整控制值。图 3-9-10 给出简单正弦激励和控制算法激励模式下阵风荷载扰动的数值结果。

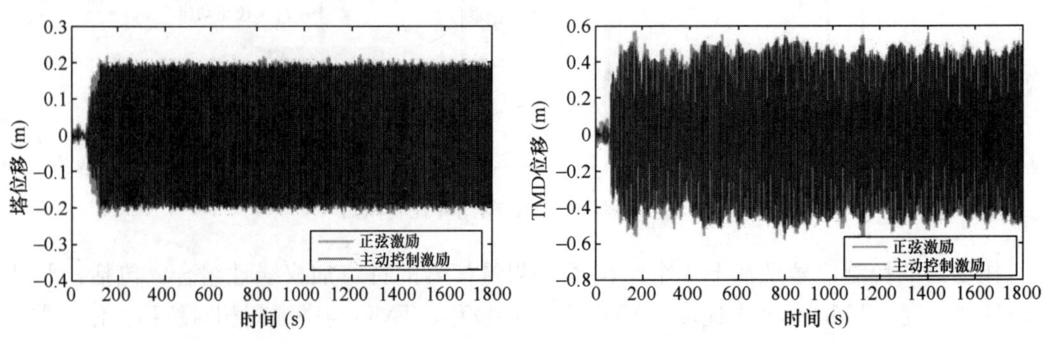

图 3-9-10　简单正弦激励和控制算法的激励模式下阵风荷载扰动结果（一）

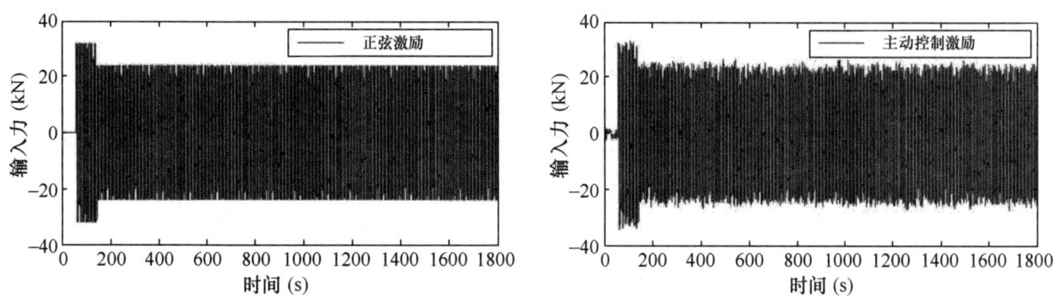

图 3-9-10　简单正弦激励和控制算法的激励模式下阵风荷载扰动结果（二）

五、振动控制效果

振动试验的目的是确定 TMD 锁定状态下塔的基频以及固有结构阻尼。此外，还应确定 TMD 激活时结构的动态特性以及结构阻尼的增加量。

为识别塔的基本固有频率，使用平均正则化功率谱密度（ANPSD）方法。测试的时程信号分成若干段，分段后进行频谱分析，得到的频谱再进行正则化、平均，并与复共轭频谱相乘。这样，所有随机振动将消除，只有结构产生的自由振动显示在平均谱中，以代表塔被激起的固有频率。

图 3-9-11（a）给出 TMD 锁定时，x 和 y 方向水平环境振动的测试时程信号，图 3-9-11（b）给出长度为 120s 信号的平均自功率谱，由频谱结果，塔的动力响应主要集中在两个频率：x 方向为 0.225Hz，y 方向为 0.245Hz。

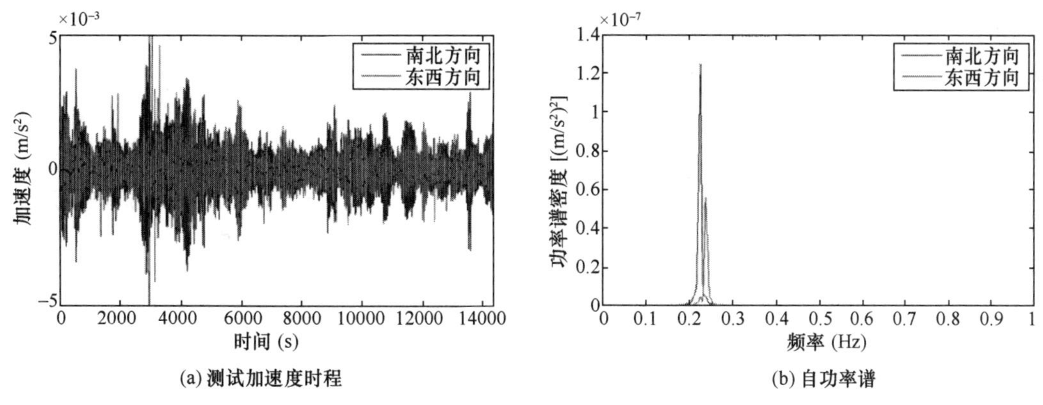

图 3-9-11　塔顶两个方向的测试加速度结果

平均功率谱法假设环境激励在关注的振动模态中激起了足够的动力响应。除此之外，使用信号分析软件 ARTEMIS 确定固有频率，该软件包含增强频域分解法和随机子空间识别法。

增强频域分解法依赖响应谱计算，需要较长的信号来克服频谱估计误差，并以可靠方式提取模态参数。随机子空间识别方法基于动力问题的状态空间描述，将不同模型阶次下的系统识别结果进行比较，以区分稳态图中的真实结构模态和虚假模态。对于连续的模型层次，真正的结构模态是稳定的，以满足自动过程评估的稳定准则。图 3-9-12 给出 TMD

锁定和 TMD 激活工况下环境振动信号的稳态图。

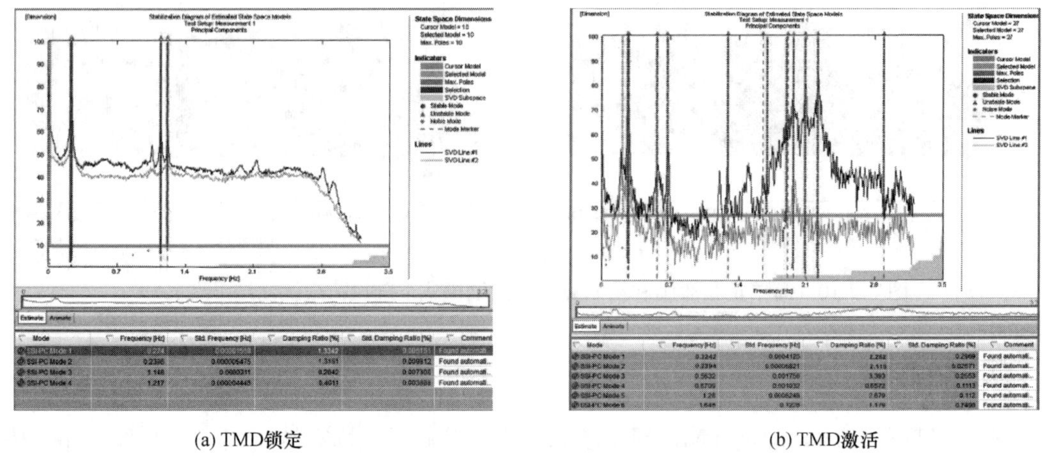

(a) TMD锁定　　(b) TMD激活

图 3-9-12　TMD 锁定和 TMD 激活工况下环境振动信号的稳态图

除被动 TMD 工作时的环境振动试验外，还进行了主动激励工况试验。图 3-9-13 给出激励模式下两个测试工况的时程曲线和 FFT 频谱，FFT 谱中的两个峰值对应两个方向的基频。激励停止后产生的衰减振动可用来确定结构阻尼比，经计算，阻尼比为 2.4%，该结果与随机子空间识别算法确定的阻尼比一致。

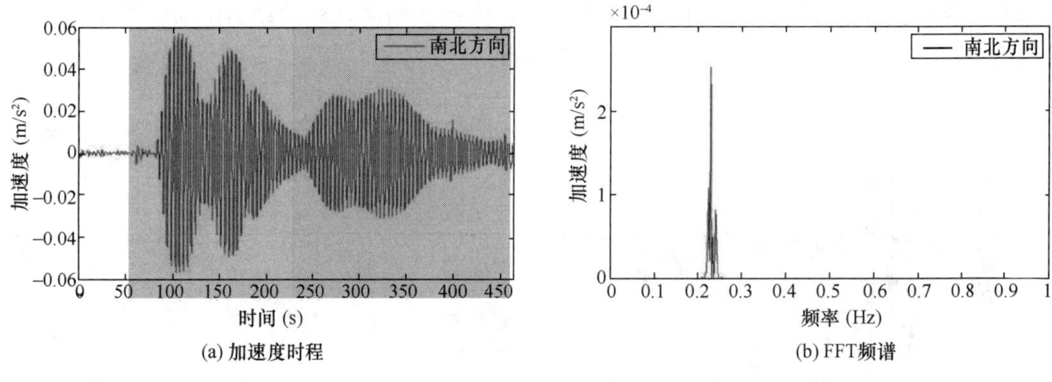

(a) 加速度时程　　(b) FFT频谱

图 3-9-13　人工激励时塔顶的加速度时程曲线和对应的 FFT 频谱

[实例 3-10] 中海油惠州基地高耸钢烟囱振动控制

一、工程概况

中海石油炼化有限责任公司惠州炼油二期 2200 万 t/年炼油改扩建及 100 万 t/年乙烯工程码头工程项目 480 万 t/年催化裂化（Ⅱ）装置，位于大亚湾北部、鹅洲岛北东部，港口泊位区在澳头通往霞涌的主干公路南侧，西距澳头镇约 8km，东距霞涌镇约 5km，北侧毗邻东联油码头一期工程 1 号、2 号泊位，东北侧距中海壳牌石油化工码头约 350m，南侧紧靠一期码头进出港航道。烟囱总高 120m，工作状态下，结构总质量约 1113.85t（含钢梯），烟囱所在地常年风压较大，建成后如图 3-10-1 所示。

(a) 烟囱现场图

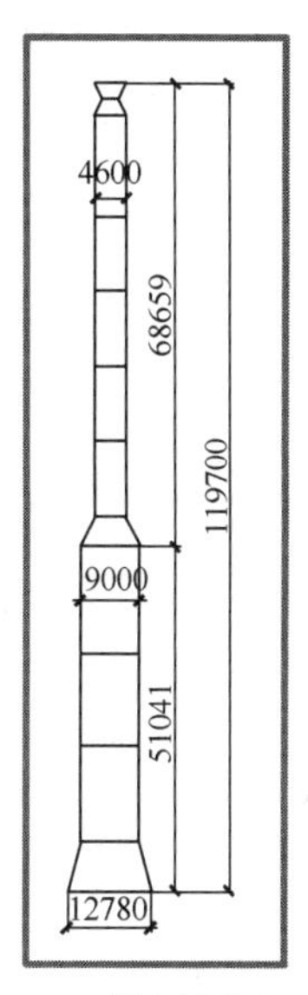

(b) 烟囱剖面图

图 3-10-1　烟囱现场图及尺寸图

二、振动控制方案

钢烟囱总质量主要包含结构自身筒体质量、附加构件质量（及连接件等）、外部钢梯质量及水质量等，其中，筒体质量和附加构件（及连接件等）质量约 952.15t，外部钢梯质量约 56.697t，满载水质量约 105t，结构在有水情况下总质量约 1113.847t；无水情况下总质量约 1008.847t。

为精确计算烟囱频率，共采用 3 种方式进行模态分析：

方法一　采用 SAP 2000 有限元分析软件，烟囱筒体采用梁单元，基础底部固接，将烟囱分为 13 部分，根据每段的长度、直径、壁厚及附件质量等参数建立简化有限元模型。

方法二　采用 ANSYS 有限元分析软件，烟囱筒体采用 shell 163 单元模拟，基础底部固接，建立烟囱的实体模型，并实际模拟烟囱底部烟气开洞对整体模态的影响。

方法三　利用标准德国标准《对结构物的作用　第 4 部分：风荷载》DIN 1055—4—

2005、《钢烟囱》DIN 4133—1991 及《钢质天线架》DIN 4131—1991 分析计算烟囱的固有频率及横风向位移。

三种方法的模态分析计算结果如表 3-10-1 所示，有限元计算得到一阶模态质量 $m_1=69000\text{kg}$，建立的 ANSYS 和 SAP 2000 有限元模型如图 3-10-2 所示。烟囱基频约 0.75Hz，2 阶振型频率约 2.2Hz。当风以一定速度吹向烟囱时，风在背后两侧周期性交替，易形成漩涡，漩涡的出现易导致烟囱发生垂直于风向的横向振动，需要对烟囱横风向振动做进一步分析。

模态分析结果　　表 3-10-1

计算方法	模态 1	模态 2
SAP 2000 模型	0.752	2.25
ANSYS 模型	0.737	2.18
理论计算	0.756	2.29

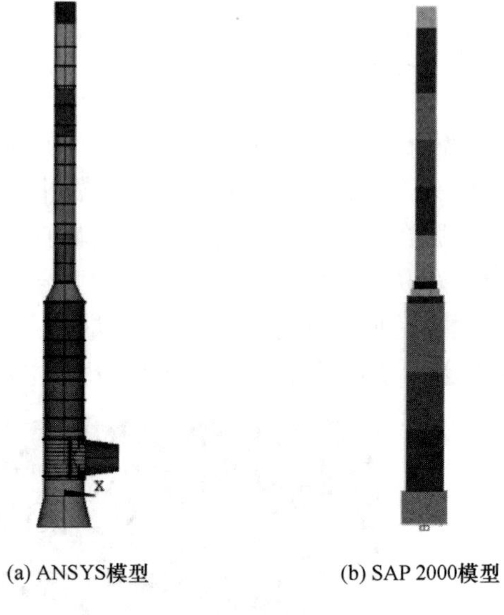

(a) ANSYS模型　　(b) SAP 2000模型

图 3-10-2　有限元模型

三、振动控制分析

1. 横风向风振影响分析

烟囱所在地基本风压为 0.75kN/m^2，地面粗糙度 A 类。根据《建筑结构荷载规范》GB 50009—2012 中 8.5.3，各参数如下：

临界风速：$V_{cr}=\dfrac{D}{T_i S_t}=\dfrac{4.6}{1.33\times 0.2}=17.29\text{m/s}$

结构顶部风速：$V_H=\sqrt{\dfrac{2000\mu_H\omega_0}{\rho}}=\sqrt{\dfrac{2000\times 2.322\times 0.75}{1.25}}=52.79\text{m/s}$

雷诺数 $Re=69000VD=5.5\times 10^6>3.5\times 10^6$ 且 $1.2V_H>V_{cr}$

根据规范，烟囱可能发生跨临界强风共振，应考虑横风向风振影响。

式中　D——结构截面直径（m），当结构的截面沿高度缩小时（倾斜度不大于 0.02），可近似取 2/3 结构高度处直径；

T_i——结构第 i 振型的自振周期，验算亚临界微风共振时，取基本周期 T_1；

S_t——斯脱罗哈数；

V——计算所用风速，可取临界风速 V_{cr}（m/s）；

ρ——空气密度（kg/m^3）；

μ_H——结构顶部风压高度变化系数；

ω_0——基本风压（kN/m^2）。

根据欧洲标准《结构上的作用　第 1-4 部分：一般作用——风力作用》BS EN 1991—1—4—2005，若风致振动 $V_{crit,i}>1.25V_m$，将不发生横风向风致共振。计算得出临界风速 $V_{crit,i}=\dfrac{b\cdot n_{i,y}}{S_t}=19\text{m/s}$，结构顶部风速 V_m 为 38.8m/s，$V_{crit,i}<1.25V_m=48.5\text{m/s}$，会

发生强风共振，应考虑横风向风振影响。

根据欧洲标准《结构上的作用　第 1-4 部分：一般作用——风力作用》BS EN 1991—1—4—2005 附录 E 中公式 E. 7，烟囱顶部横风向风振最大位移 y_{Fmax}计算如下：

$$\frac{y_{\text{Fmax}}}{b}=\frac{1}{S_t^2}\cdot\frac{1}{S_c}\cdot K\cdot K_w\cdot c_{\text{lat}} \tag{3-10-1}$$

式中　b——烟囱宽度（圆柱形截面外径，m）；

K_w——有效相关长度系数；

K——振型系数（取 0. 13）；

c_{lat}——侧向力系数（取 0. 22）；

S_t——斯脱罗哈数；

S_c——斯柯顿数；

$n_{i,y}$——考虑横向风振的第 i 阶模态的固有频率（Hz）。

经计算，横向最大风振位移±350mm，长期风振作用下，烟囱持续的剧烈振动影响生产的正常运行，使设备应力过大，形成疲劳裂纹，影响烟囱的使用寿命，应对其进行振动控制。

2. 调谐质量减振器参数设计

由公式（3-10-1）可知，增大斯柯顿数 S_c可减小结构最大位移，可以通过使用 TMD 增加结构阻尼来实现。TMD 的关键参数：有效质量、调谐频率和阻尼比，可通过两自由度模型确定，如图 3-10-3 所示，横坐标为调谐比（激励频率与主结构固有频率之比），纵坐标为位移反应动力放大系数。

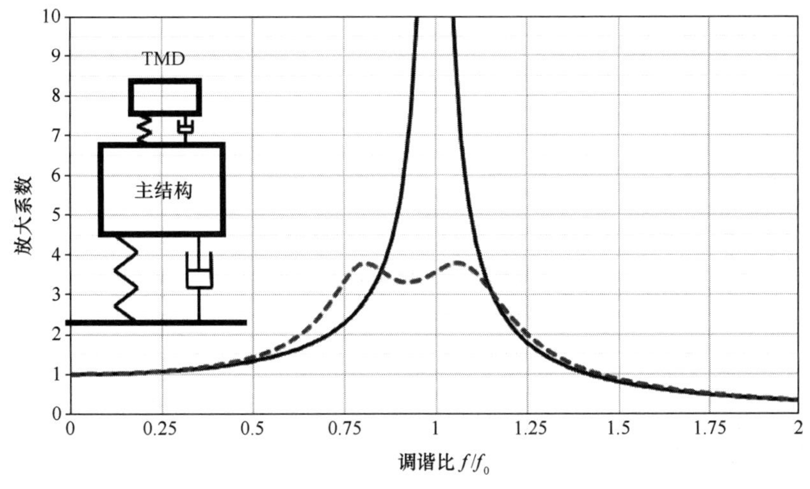

图 3-10-3　TMD 减振原理

学者 DEN HARTOG 提出了一种 TMD 参数最优值设计方法，该方法不考虑结构阻尼。当主系统没有阻尼或阻尼很小时，TMD 系统最优参数为：

$$f_{\text{opt}}=\frac{f_{\text{H}}}{1+\mu},\zeta_{\text{opt}}=\sqrt{\frac{3\mu}{8(1+\mu)}} \tag{3-10-2}$$

μ 为 TMD 质量与结构模态质量之比，f_{H}为主结构固有频率，f_{opt}为 TMD 最优频率，

ζ_{opt}为 TMD 最优阻尼比。

有限元分析中，采用谐波激励模拟横向风荷载（漩涡脱落），使塔顶最大振幅达到理论公式计算的最大位移 350mm，再进行 TMD 参数设计，TMD 参数见表 3-10-2。

TMD 参数 **表 3-10-2**

TMD 有效质量 m_T	3500kg
TMD 质量与主结构模态质量之比 γ	0.045
调谐频率	0.714Hz
TMD 阻尼比	12%
TMD 行程	100mm

3. 安装 TMD 后的减振效率

根据理论计算结果，利用 TMD 减振原理可以计算出频域烟囱顶部的位移放大系数，烟囱的实际位移可通过静位移与放大系数相乘得到。如图 3-10-4 所示，烟囱顶部位移最大值 y_{Fmax}=350mm，有 TMD 时横向风荷载作用下烟囱的最大位移减小至±28mm，TMD 理论计算最大行程±75mm，TMD 产品设计行程为±100mm。对比有无 TMD 状态下系统的最大响应，根据有 TMD 时系统的最大响应，可得结构的最小阻尼比为 7.7%。

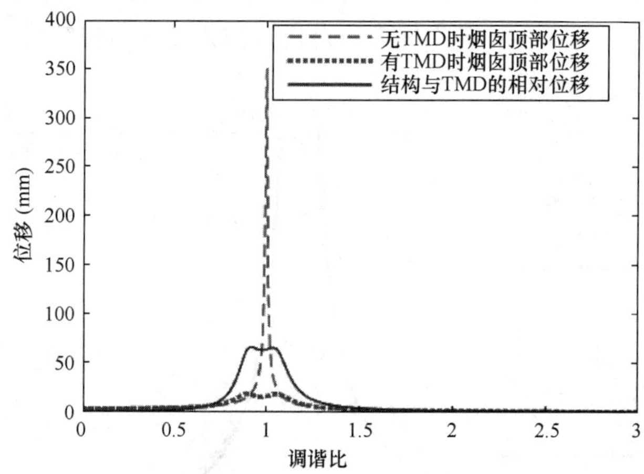

图 3-10-4 有无 TMD 时烟囱的位移及 TMD 行程

安装 TMD 后，烟囱在激励开始阶段没有动力放大情况，减振效果明显。由图 3-10-5、

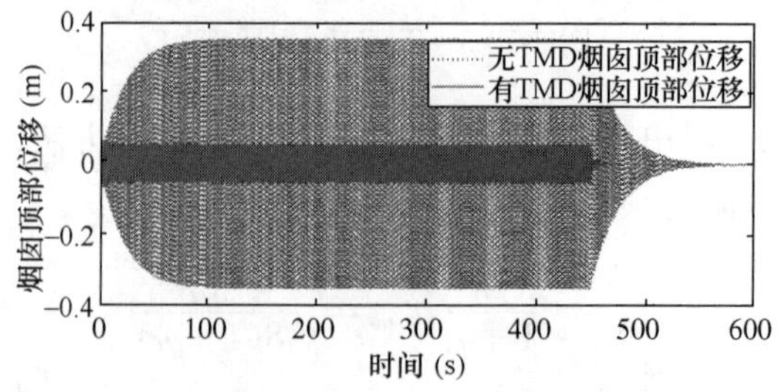

图 3-10-5 有 TMD 及无 TMD 控制时烟囱位移反应

图 3-10-6，TMD 控制下，激励结束时，振动衰减非常快。

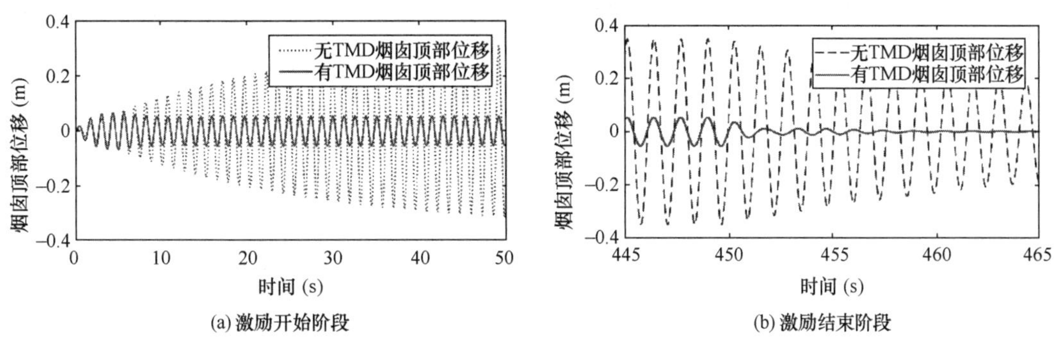

图 3-10-6　激励开始阶段和激励结束阶段

四、振动控制关键技术

1. 风振响应的计算与模拟

高层建筑及细长圆形截面构筑物，可能会在结构两侧背后产生交替漩涡，且由一侧向另一侧交替脱落，形成卡门涡街，卡门涡街会使建筑物表面压力呈周期性变化，作用方向与风向垂直，称为横风向风振。

振动伴随漩涡出现而引起受迫振动，一旦振动增强，结构发生剧烈共振。对于圆形截面结构，当雷诺数 $Re \geqslant 3.5 \times 10^6$ 且 1.2 倍结构顶部风速 V_H 大于临界风速 V_{cr} 时，可发生跨临界强风共振，应考虑横风向风振影响。

2. TMD 设计

TMD 一般是长方形，烟囱横截面为圆形，普通形式的 TMD 无法安装，需根据烟囱截面研发特定 TMD。

五、振动控制效果

TMD 锁死时，在烟囱上沿顺风向及横风向（顺风向正交方向）布置两个水平向测点，如图 3-10-7 所示。TMD 释放时，在烟囱及 TMD 质量块上沿顺风向及其正交方向（横风向）分别布置水平向测点，如图 3-10-8 所示。测试中，风向略有变化，但传感器布置方向保持不变。

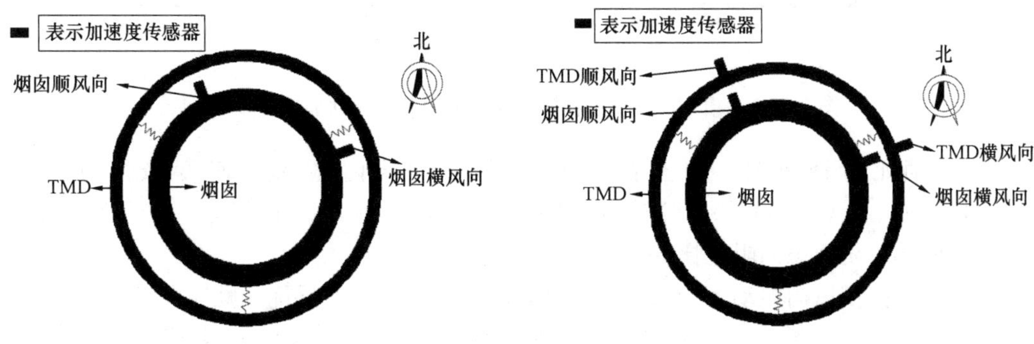

图 3-10-7　TMD 锁死时测点布置示意图　　图 3-10-8　TMD 释放时测点布置示意图

测点振动加速度频谱如图 3-10-9 所示，顺风向烟囱一阶固有频率 0.72Hz，阻尼比 0.39%；横风向烟囱一阶固有频率 0.73Hz，阻尼比 0.37%。由于烟囱下部开洞，两个方向的固有频率略有差异。

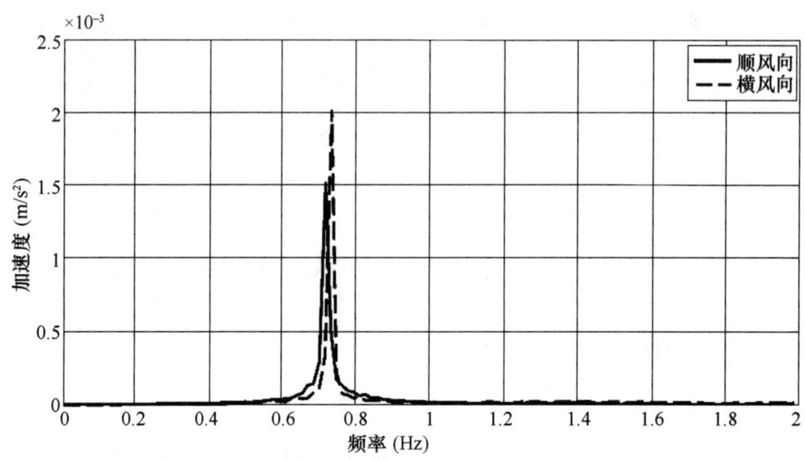

图 3-10-9　TMD 锁死烟囱顺风向与横风向测点振动加速度频谱

TMD 锁死与释放时，烟囱在顺风向 500s 时间内振动加速度峰值分别为：0.007283m/s^2、0.002618m/s^2，减振效率 64.1%，如图 3-10-10 所示。TMD 释放后，烟囱顺风向第一阶模态的结构阻尼比提高至 3.66%。

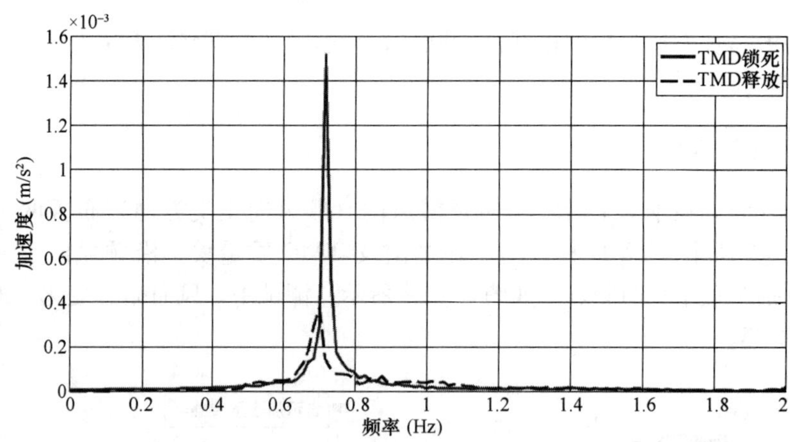

图 3-10-10　TMD 锁死与释放烟囱顺风向测点振动加速度频谱

TMD 锁死与释放时，烟囱在横风向 500s 时间内振动加速度峰值分别为：0.009812m/s^2、0.002360m/s^2，减振效率为 76.5%，如图 3-10-11 所示。TMD 释放后，烟囱横风向第一阶模态的阻尼比提高至 3.51%。

综上，烟囱横风向振动大于顺风向振动，且横风向减振效果优于顺风向。

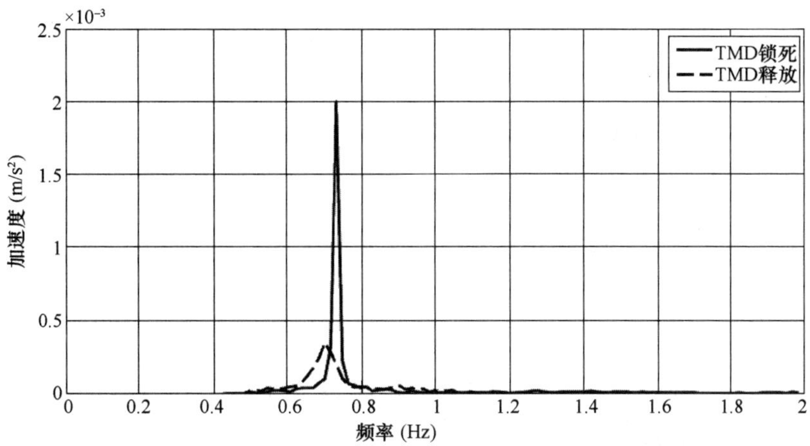

图 3-10-11　TMD 锁死与释放烟囱横风向测点振动加速度频谱

第三节　建筑工程舒适度设计

［实例 3-11］大连市民健身中心楼板减振设计

一、工程概况

大连市民健身中心位于辽宁省大连市西岗区，是一座由大连市政府承建的服务于全民健身事业的综合性、开放性、示范性市级市民健身场所，是大连市重点民生工程。该建筑地上三层、地下一层，占地面积约 0.9 万 m^2，建筑面积 2 万 m^2。

大连市民健身中心为大跨度悬挑混合结构，顶层运动场楼板最大悬挑 18m，通过交叉桁架与预应力梁实现，为加强结构整体刚度，在悬挑桁架之间设多道连系桁架，以控制挠度。

设计虽然满足结构安全性，但由于局部区域（羽毛球区、体操区）楼板自振频率与运动荷载频率相近，易产生过大的振动而影响正常使用，应采取振动控制措施。

二、振动控制方案

采用楼板下悬挂 TMD 控制方案，如图 3-11-1 所示，在不改变悬挑构件强度与刚度前提下，有效调整楼板振动特性，解决楼板共振问题。

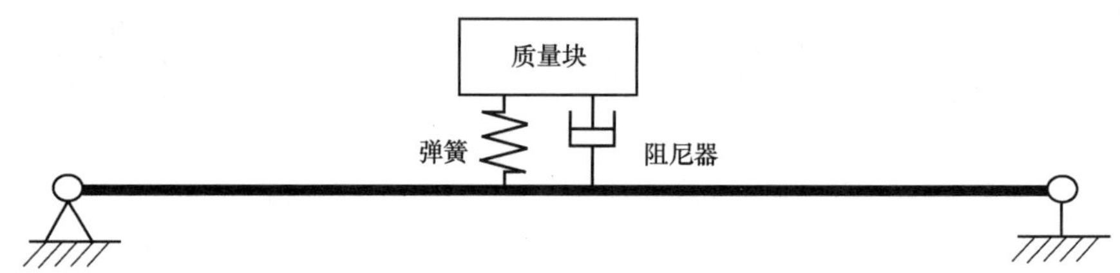

图 3-11-1　TMD 减振原理图

建立整体结构有限元模型如图 3-11-2 所示，图 3-11-3、图 3-11-4 给出前两阶竖向振

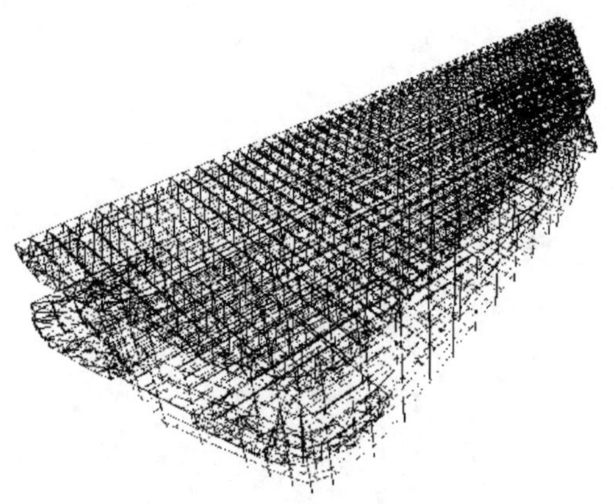

图 3-11-2　大连市民健身中心有限元模型

型，频率分别为 3.455Hz 和 3.557Hz，前两阶竖向振动均发生在楼板悬挑最大处，且楼板自振频率与人行运动荷载频率接近，因此，将该区域确定为悬挑振动控制区域，振动控制范围如图 3-11-5 所示，图 3-11-6 给出振动控制区域的主要控制点。

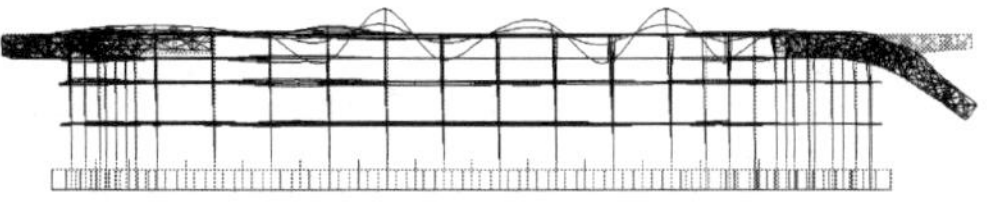

图 3-11-3　第一阶竖向振型

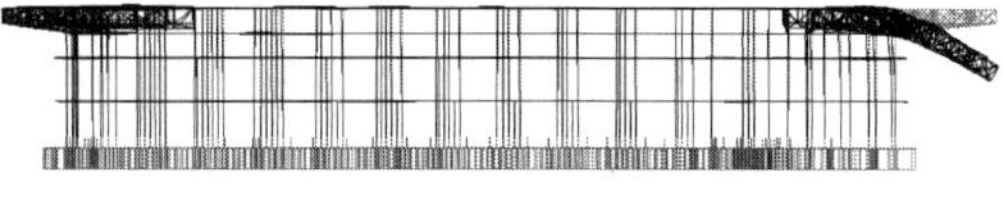

图 3-11-4　第二阶竖向振型

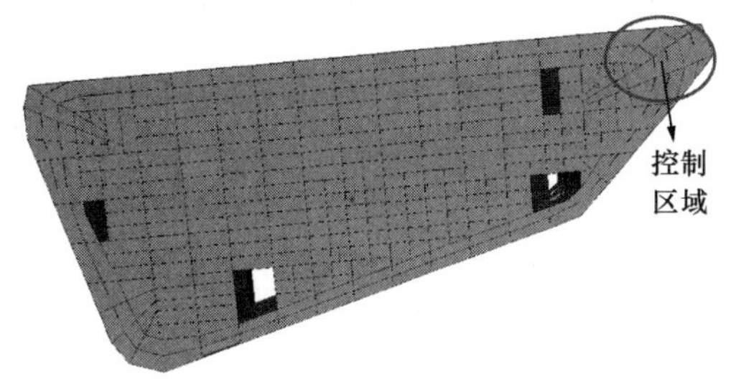

图 3-11-5　控制区域示意图

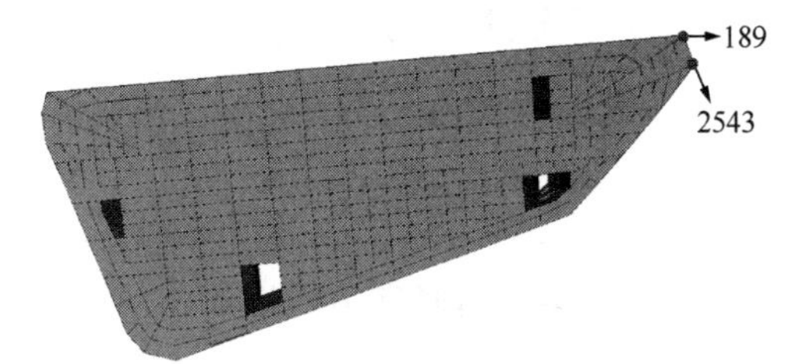

图 3-11-6　控制节点编号

当 TMD 自振频率与第一阶振型频率相等时，控制效果最好，TMD 频率 $f_{TMD}=3.455Hz$，圆频率 $\omega_{TMD}=21.7rad/s$。TMD 质量 $m_{TMD}=500kg$，可得弹簧刚度 $K_{TMD}=m_{TMD}\omega_{TMD}^2=235445N/m$。阻尼比 ζ_{TMD}取 10%，则阻尼系数 $C_{TMD}=2m_{TMD}\omega_{TMD}\zeta_{TMD}=2\times500\times21.7\times0.1=2170N\cdot s/m$。TMD 采用本团队研发的发明专利“定向垂直可调式调谐质量减振器”。

三、振动控制分析

1. 舒适度评价标准

在办公室或家里，多数居民不愿感觉到明显的振动（峰值加速度大约为 0.005g）；在体育场馆，人可接受的振动加速度能提高到 10 倍多（大约 0.05g 甚至更高）；而对于在舞池旁边的餐厅、购物中心站立的人，可接受的振动大约为 0.015g。

每个人对振动的敏感程度随着振动持续时间及振源远近的不同而改变，以上限值的振动频率在 4～8Hz 之间，该范围之外，人们可接受更高的振动加速度峰值。

为保证各类场所的舒适度需求，建议的峰值加速度上限如图 3-11-7 所示。该大跨悬挑楼板竖向第一阶自振频率为 3.455Hz，由图 3-11-7 可知，其对应的峰值加速度上限为 0.0551g。

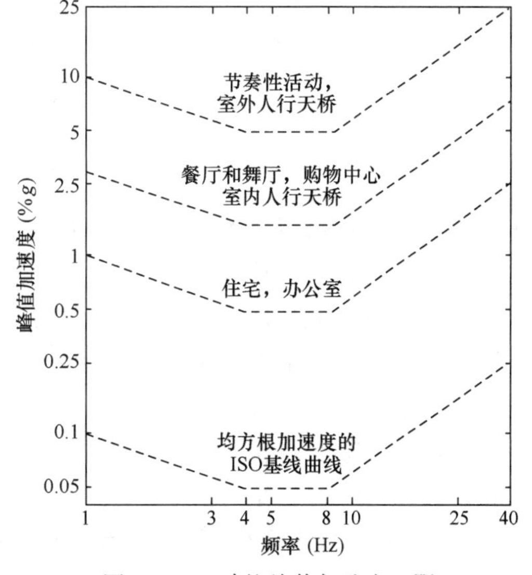

图 3-11-7　建议峰值加速度上限

2. 楼板激励荷载

步频为单位时间内走动的步数，是人行荷载时程的重要参数。步频是行走时作用力时程的主要频率分量，即走动时作用力时程的基频。步幅是人行走一步所跨出的距离，步幅 Δy 和人身高 H 有关，$\Delta y = 0.45H$。

根据单步落足曲线，假定人左右足产生的单步落足曲线相同，可定义为完整的行走激振力时程曲线。连续两段单步落足曲线在时间上有一定重叠，人在走动时存在一个时间段，该时间段内左右足同时着地，是人走动与跑动荷载时程曲线的显著差别。重叠时间为 $\Delta t = t_e - 1/f$，t_e为单步落足曲线的总时间，f 为步频。竖向行人荷载等于静态行人体重 G 加上周期波动分量，采用傅里叶级数的表达式为：

$$F_{pv}(t) = G + \sum_{n=1}^{k} G\alpha_n \sin(2\pi n f_{pv} t + \phi_n) \tag{3-11-1}$$

式中 G——单个行人重量，取 700N；

α_n——第 n 阶竖向荷载谐波的动载因子；

f_{pv}——行人竖向步频；

ϕ_n——第 n 阶竖向荷载谐波相位角；

t——时间；

n——谐波阶数；

k——对荷载有贡献的总谐波数。

谐波取前三阶（$n=3$），当 $f_{pv}=1.5$Hz 时，$\alpha_1=0.275$；$f_{pv}=2$Hz 时，$\alpha_1=0.4$；$f_{pv}=2.5$Hz 时，$\alpha_1=0.525$。$\alpha_2=\alpha_3=0.1$，$\phi_1=0$，$\phi_2=\phi_3=-\pi/2$。将所有参数带入式(3-11-1)，则人行荷载时程转化为：

$$F_{pv}(t) = 700 + 700\alpha_1 \sin(2\pi f_{pv} t) + 70\sin(4\pi f_{pv} t - \frac{\pi}{2}) + 70\sin\left(6\pi f_{pv} t - \frac{\pi}{2}\right) \tag{3-11-2}$$

人在跑步或运动过程中，脚步接触地面时产生冲击荷载，荷载时程可简化为半个正弦波；当脚步脱离地面时，荷载为 0。运动时人对楼面的竖向荷载时程采用下式：

$$\begin{cases} F(t) = k_p G \sin\left(\dfrac{\pi t}{t_p}\right) & t \leqslant t_p \\ F(t) = 0 & t_p < t < T_p \end{cases} \tag{3-11-3}$$

式中 k_p——冲击荷载放大系数，$k_p = F(t)_{max}/G$；

T_p——荷载周期；

t_p——在荷载周期 T_p 内接触楼面的时间。

图 3-11-5 中的控制区域为羽毛球和体操场地。根据使用功能不同，分别计算各类场地单位面积内的等效人数：

(1)羽毛球场地面积为 $13.4\text{m} \times 6.10\text{m} = 81.74\text{m}^2$，考虑周边预留面积，总面积约 100m^2；假设每个场地有 4 个人（双打），约 0.04 人/m^2。

(2)体操场地标准面积 $12\text{m} \times 12\text{m} = 144\text{m}^2$；参考《城市社区体育设施建设用地指标》，对于体操场地，取 0.25 人/m^2。

3. 分析工况

分析工况如表 3-11-1 所示，将数据代入荷载模型，得到各工况的荷载时程曲线。

分析工况表　　表 3-11-1

工况	具体情况
工况 1	羽毛球场地上 0.04 人/m^2，体操场地上 0.25 人/m^2，以 1.5Hz 的频率原地踏步
工况 2	羽毛球场地上 0.04 人/m^2，体操场地上 0.25 人/m^2，以 2.0Hz 的频率原地踏步
工况 3	羽毛球场地上 0.04 人/m^2，体操场地上 0.25 人/m^2，以 2.5Hz 的频率原地踏步
工况 4	羽毛球场地上 0.04 人/m^2，体操场地上 0.25 人/m^2，以 3.2Hz 的频率原地踏步
工况 5	羽毛球场地上 0.04 人/m^2，体操场地上 0.30 人/m^2，以 3.2Hz 的频率原地踏步

四、振动控制关键技术

采用 TMD 对大跨悬挑楼板进行减振时，主要有以下关键技术：

1. 根据 TMD 装置所需参数，制作弹簧、阻尼等组件，确保与设计一致；
2. 对楼板振动频率进行测试，根据测试结果优化减振装置参数；
3. 根据优化结果，对 TMD 装置配重进行调整，完成调试；
4. 监测楼板振动反应，保证在舒适度要求范围之内；
5. 监测减振装置工作情况，保证每套装置都正常工作。

五、振动控制效果

在控制区域均匀布置 8 个或 10 个调谐质量阻尼器，工况 4 和工况 5 的荷载频率与楼板自振频率较为接近，因此，针对这两个工况的控制效果进行分析。图 3-11-8 和图 3-11-9 分别给出工况 4 和工况 5 中节点 2543 振动控制前、后的加速度时程。

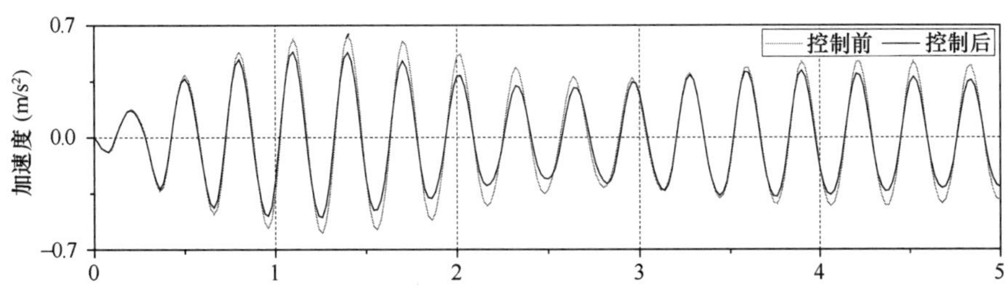

图 3-11-8　工况 4 作用下节点 2543 控制前后的加速度时程

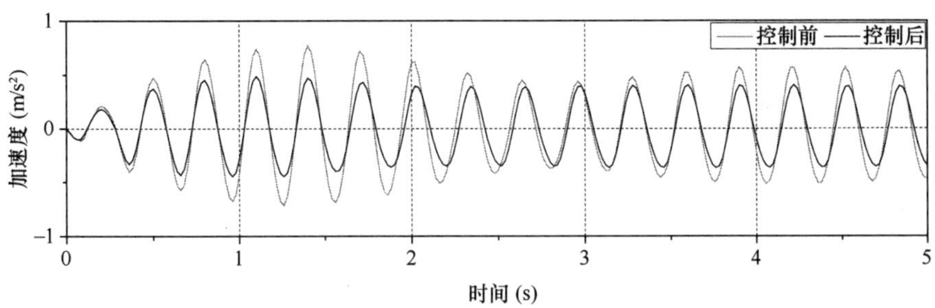

图 3-11-9　工况 5 作用下节点 2543 控制前、后的加速度时程

控制前、后的楼板竖向加速度峰值见表 3-11-2。工况 4 未安装 TMD 装置时的最大竖向加速度达到 0.6429m/s^2，工况 5 达到 0.7707m/s^2，两者均大于 0.0551g，不满足舒适性要求。通过附加 TMD 装置，悬挑楼板的竖向加速度得到有效抑制，峰值加速度均小于 0.0551g，说明施加 TMD 减振装置后的加速度均满足规范要求，布置方案合理、控制效果显著。

控制区域安装 TMD 前、后加速度峰值对比 **表 3-11-2**

工况	阻尼器数量(个)	控制点号	控制前峰值(m/s^2)	控制后峰值(m/s^2)	减振率(%)
工况 4	8	189	0.5626	0.5157	8.33
		2543	0.6429	0.5359	16.64
工况 5	10	189	0.6755	0.4570	32.34
		2543	0.7707	0.4873	36.77

[实例 3-12] 北京银泰中心酒店塔楼楼盖振动舒适度设计

一、工程概况

“北京银泰中心”位于北京市朝阳区商业中心区（CBD）核心地带，北临长安街，东接东三环，与国贸大厦隔街相望。项目建筑面积约 35 万 m^2，包括一栋酒店（酒店塔楼立面如图 3-12-1 所示）、两栋 186m 高办公楼、三座裙房，是集服务、办公、娱乐、高级公寓于一体的大型群体建筑，是北京中央商务区的地标建筑。

酒店地下 4 层，地上 63 层，包括客房、豪华公寓、顶级豪华公寓、酒店公共区等，建筑高度 249.9m，采用纯钢结构框架筒中筒结构体系，外框筒平面尺寸 39.5m×39.5m，内框筒平面尺寸 15.6m×15.6m。标准层层高 3.3m，为保证建筑净空，跨度 12m 左右的钢梁梁高最高 450mm。由于该塔楼有健身中心、客房、豪华公寓、顶级豪华公寓，需要对该建筑结构楼盖进行舒适度设计。

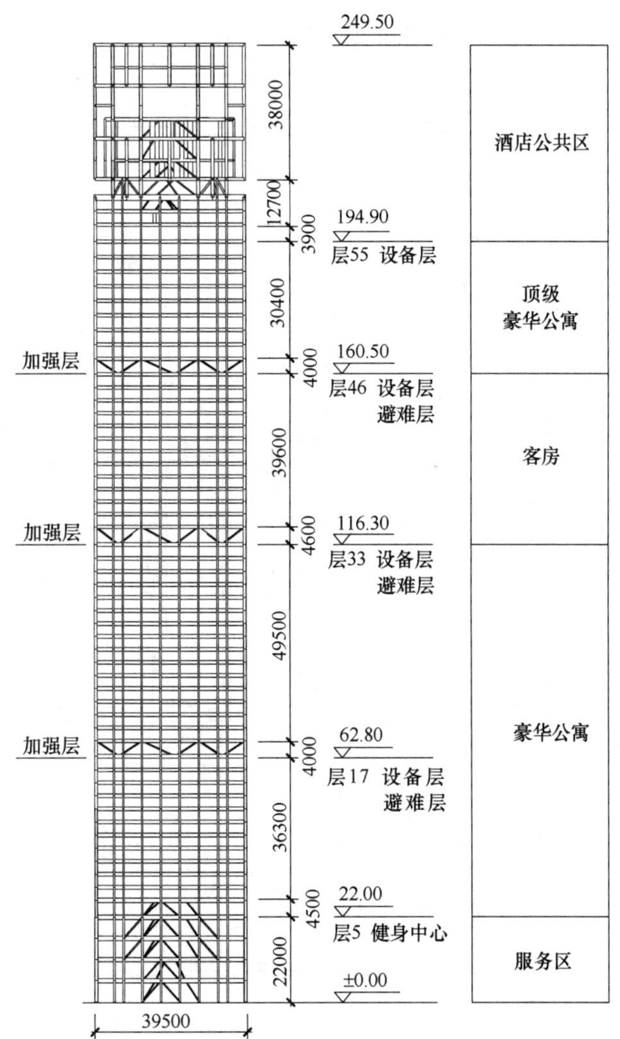

图 3-12-1　北京银泰中心酒店塔楼立面图

二、楼盖舒适度控制方案

舒适度设计主要参考 AISC/CISC《钢结构设计导则　第 11 部分：行人活动引起的楼板振动》（Steel Design Guide Series No. 11：Floor Vibrations Due to Human Activity，1997）和 ATC《楼板振动导则》（Guide on Floor Vibration，1999），行业标准《高层建筑混凝土结构技术规程》JGJ 3—2010、《组合楼板设计与施工规范》CECS 273—2010 以及《建筑楼盖结构振动舒适度技术标准》JGJ/T 441—2019 等。根据使用功能，酒店塔楼的舒适度标准可分为两类：一类是健身中心，一类是客房、豪华公寓、顶级豪华公寓。楼盖振动舒适度设计标准见表 3-12-1。

酒店塔楼的楼盖振动舒适度标准　　表 3-12-1

楼盖使用类别	峰值加速度限值（mm/s²）	有效最大加速度限值（mm/s²）
健身中心	—	200
客房、豪华公寓、顶级豪华公寓	50	—

酒店塔楼楼盖采用钢-混凝土组合楼板，为满足建筑净空，在楼盖振动控制方面，采用了焊接工字梁、闭口压型钢板、增大混凝土板厚度等措施，以提高楼盖的竖向刚度。健身中心和客房、豪华公寓、超级豪华公寓标准层见图 3-12-2 和图 3-12-3 所示，未标注的钢梁为热轧 H 型钢 HN 250mm×125mm，压型钢板采用 BD 65 型，混凝土板总厚度为 125mm。

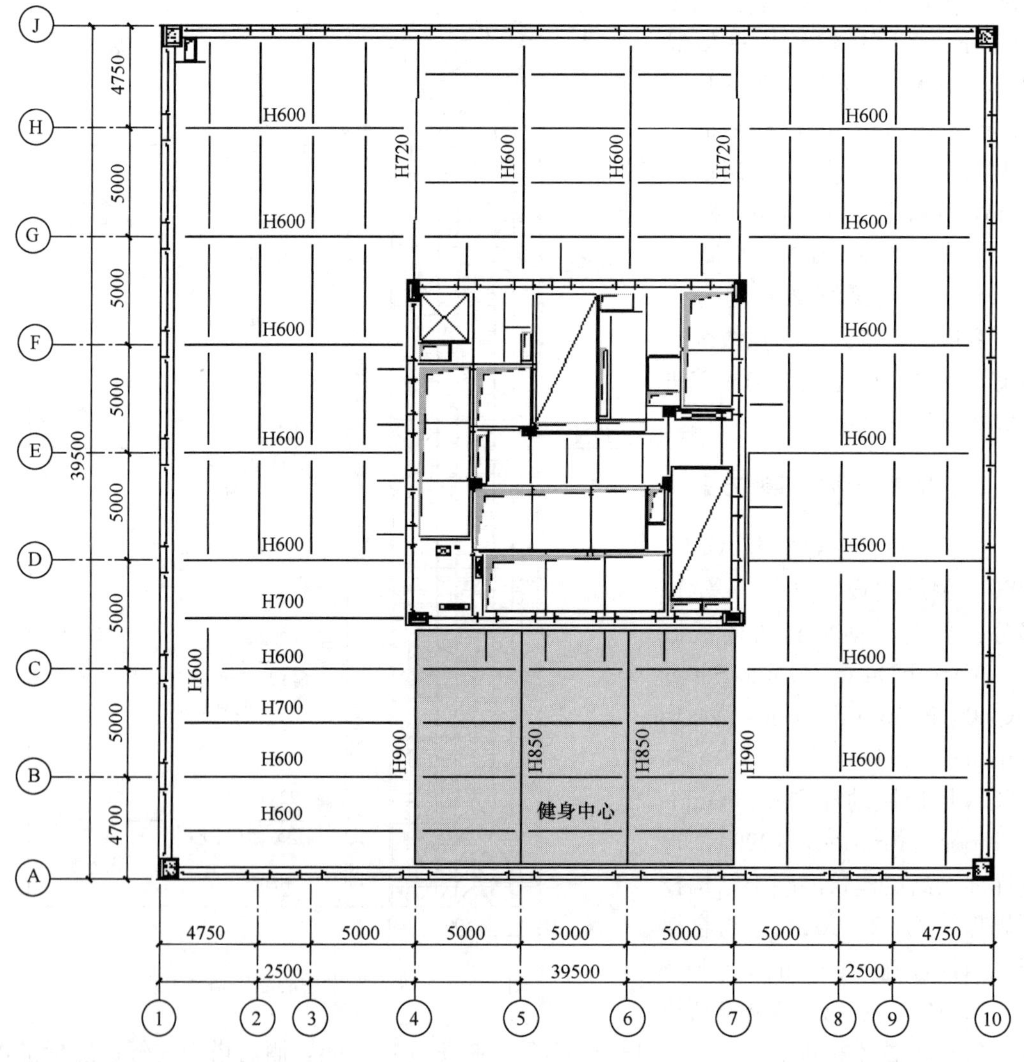

图 3-12-2　健身中心楼层平面图

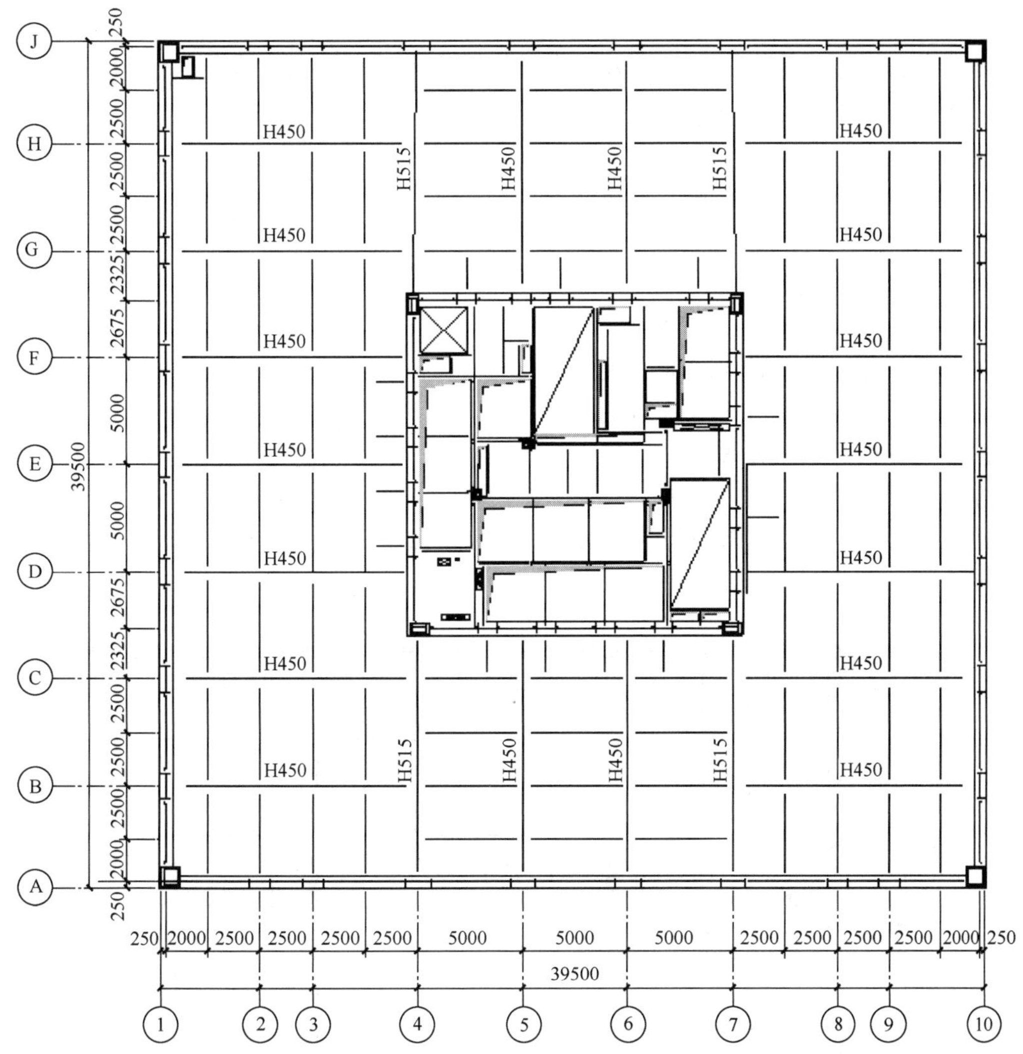

图 3-12-3　客房、豪华公寓、超级豪华公寓楼层平面图

三、楼盖振动舒适度计算

1. 健身中心

根据行业标准《建筑楼盖结构振动舒适度技术标准》JGJ/T 441—2019，健身中心以有节奏运动为主，进行舒适度设计时，等效均布活荷载取 0.12kN/m^2，楼盖附加恒载仅考虑面层荷载 1kN/m^2，楼板体系阻尼比取 6%。

建模计算时，由于内筒基本上为电梯和楼梯，楼板很少，且对内外筒之间楼盖的竖向刚度影响较小，因此，建模时进行了简化，只保留内筒柱和裙梁。采用 SAP 2000 进行计算分析，计算模型见图 3-12-4。

(1) 计算点选取

由于健身中心楼盖钢梁大小不同，边界条件比较复杂，为保证计算结果能反映最不利振动情况，在健身中心选取 6 个计算点，如图 3-12-5 所示。其中，1 号点和 2 号点靠近电梯机房，楼盖刚度较大；3 号点和 4 号点在健身中心的中间位置，振动响应可能比较大；5 号点和 6 号点靠近正常使用房间，楼盖刚度较小。

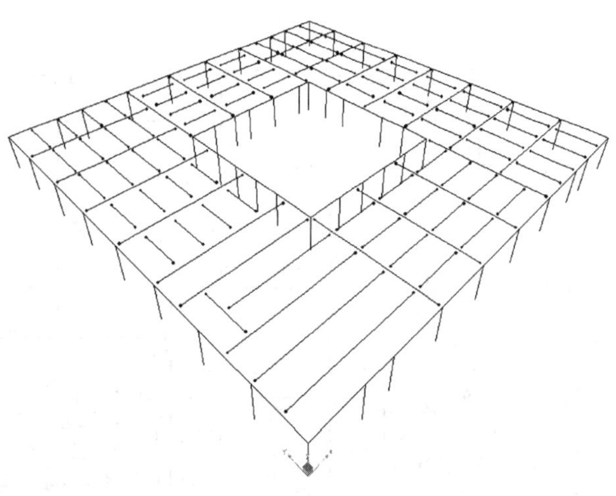

图 3-12-4　健身中心计算模型

（2）计算点的自振频率

计算分析时，需考虑楼板和钢梁的组合作用，混凝土弹性模量放大 1.35。稳态分析后得到 6 个计算点的第一阶竖向自振频率。如表 3-12-2 所示，左侧 1 号点的振动较大，中部 3 号点的振动较大，右侧 5 号点的振动较大。其中，3 号点的振动最不利。稳态分析得到 3 号点的位移谱曲线如图 3-12-6 所示。

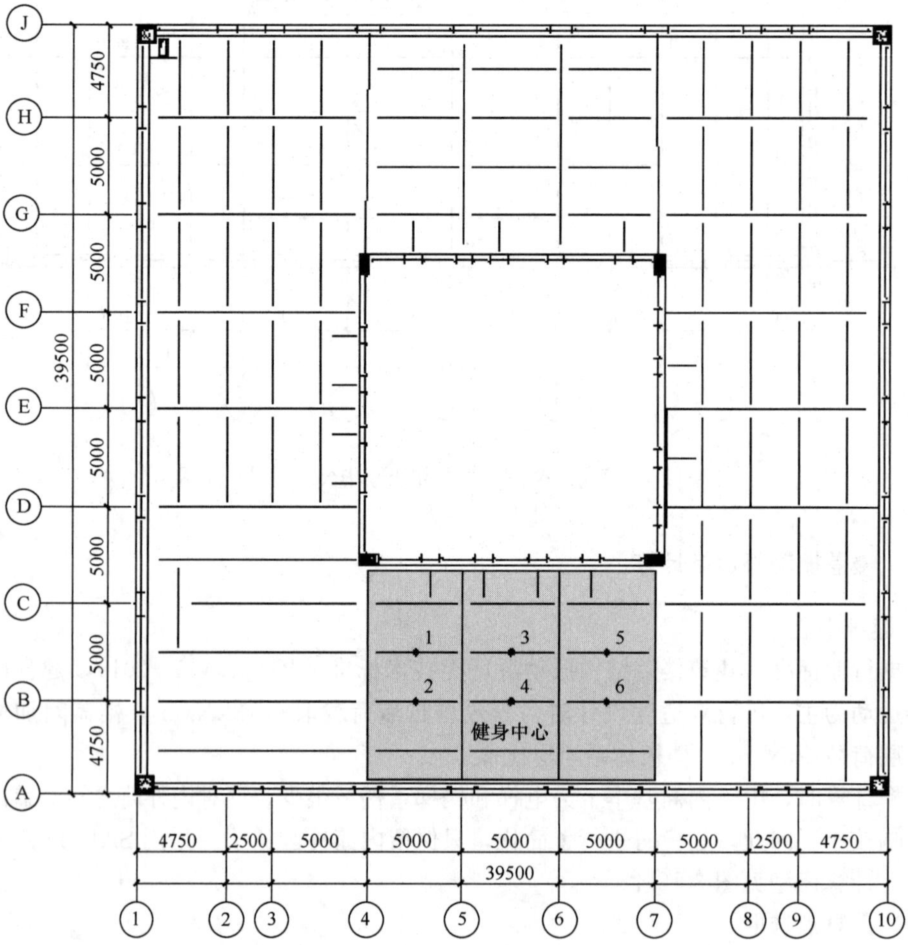

图 3-12-5　健身中心计算点示意图

6 个计算点的竖向自振频率和位移谱的峰值　　表 3-12-2

计算点编号	竖向自振频率 (Hz)	位移谱的峰值 (10^{-5}mm)	计算点编号	竖向自振频率 (Hz)	位移谱的峰值 (10^{-5}mm)
1	10.93	8.073	4	9.585	19.81
2	10.93	8.0	5	10.93	11.21
3	9.585	20.81	6	10.93	10.84

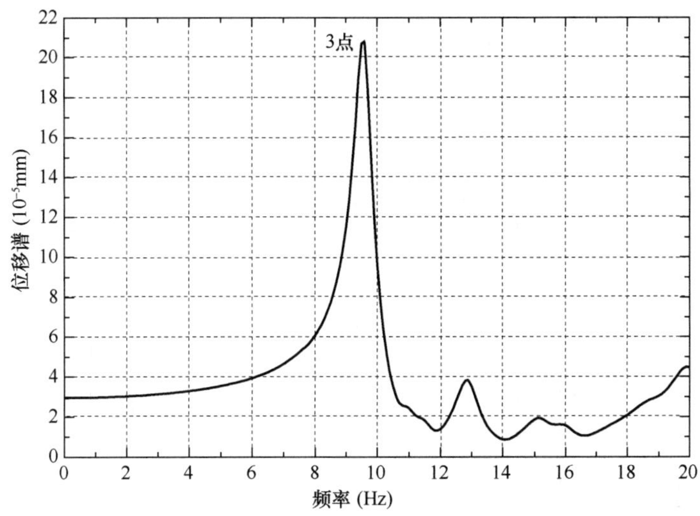

图 3-12-6　3 号点位移谱曲线

（3）有节奏运动的荷载激励

根据行业标准《建筑楼盖结构振动舒适度技术标准》JGJ/T 441—2019，健身中心第一阶、第二阶和第三阶荷载激励函数分别为：

$F_1(t)=0.18\cos(5.5\pi t)$；$F_2(t)=0.072\cos(11\pi t)$；$F_3(t)=0.012\cos(16.5\pi t)$

荷载 $F_1(t)$、$F_2(t)$ 和 $F_3(t)$ 如图 3-12-7 所示，将荷载激励作用于健身中心，进行时

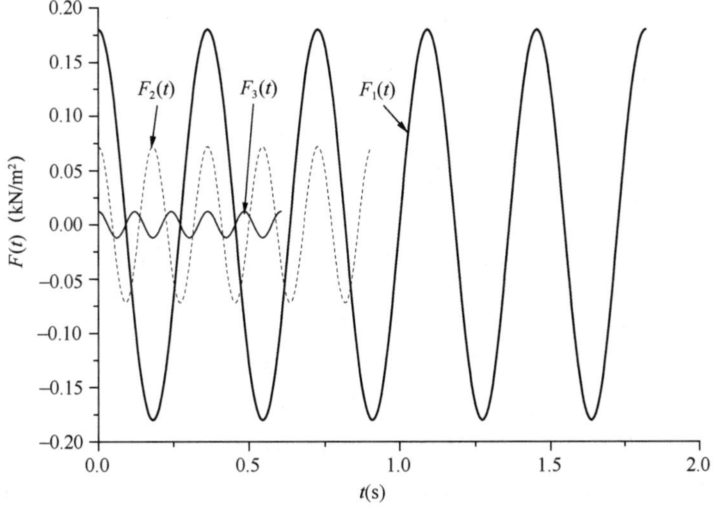

图 3-12-7　荷载激励

程分析。

（4）振动有效最大加速度

经计算分析，得到 3 号点的振动加速度峰值分别为：49.7mm/s^2、115.4mm/s^2 和 101.5mm/s^2，则有效最大加速度为：

$$a_{pm} = \sqrt[1.5]{49.7^{1.5} + 115.4^{1.5} + 101.5^{1.5}} = 189.7\text{mm/s}^2$$

酒店塔楼健身中心楼盖满足舒适度要求。

2. 客房、豪华公寓、超级豪华公寓

根据标准层结构布置，舒适度设计时可计算两个区域的峰值加速度，如图 3-12-8 所示。其中，1 区主梁跨度为 12.0m，2 区主梁跨度为 11.825m。与健身中心计算类似，对核心筒进行简化，计算模型如图 3-12-9 所示。

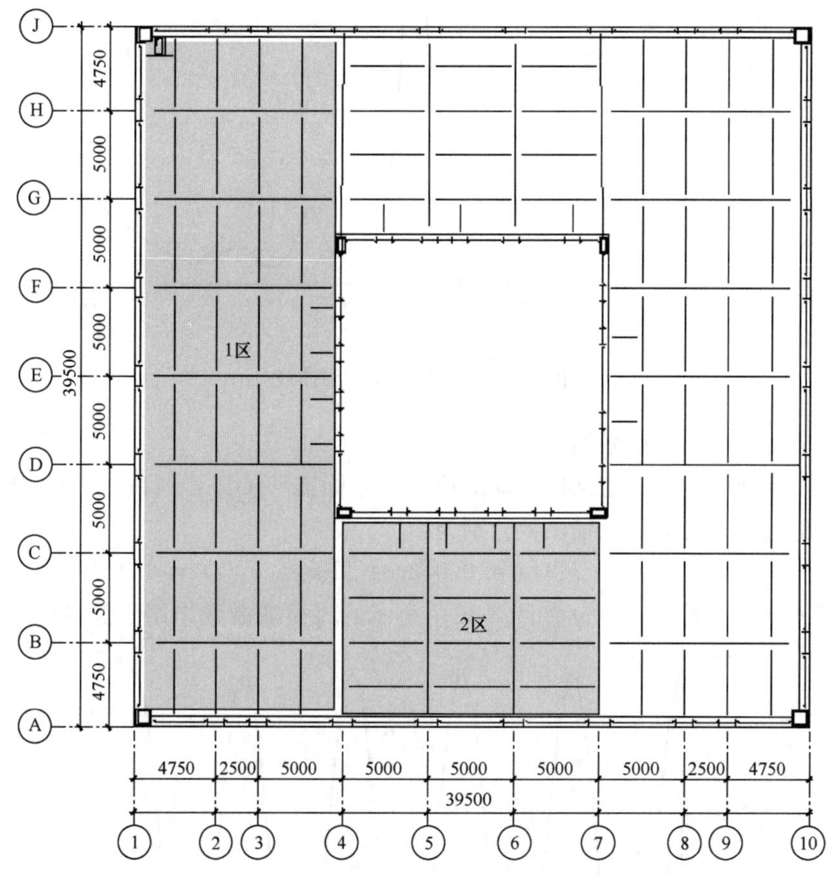

图 3-12-8　客房、豪华公寓、超级豪华公寓的计算简图

（1）计算点选取

根据结构布置，该平面在两个方向基本对称。为保证计算结果能反映最不利振动情况，选取 11 个计算点，如图 3-12-10 所示。其中，内外筒之间的四个角部结构布置相同，且在主次梁结构体系中，主梁支座位于另一主梁上，即 1 号点和 2 号点属于振动不利位置；3 号点和 4 号点为次梁方向的楼板连续、主梁方向的楼板不连续位置；5 号点～8 号点的主梁跨度较小，主梁和次梁方向楼板均不连续；9 号点～11 号点靠近楼盖边界。

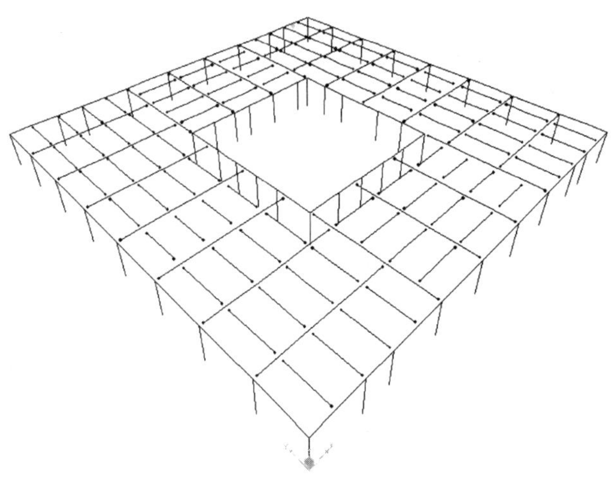

图 3-12-9　客房、豪华公寓、超级豪华公寓的计算模型图

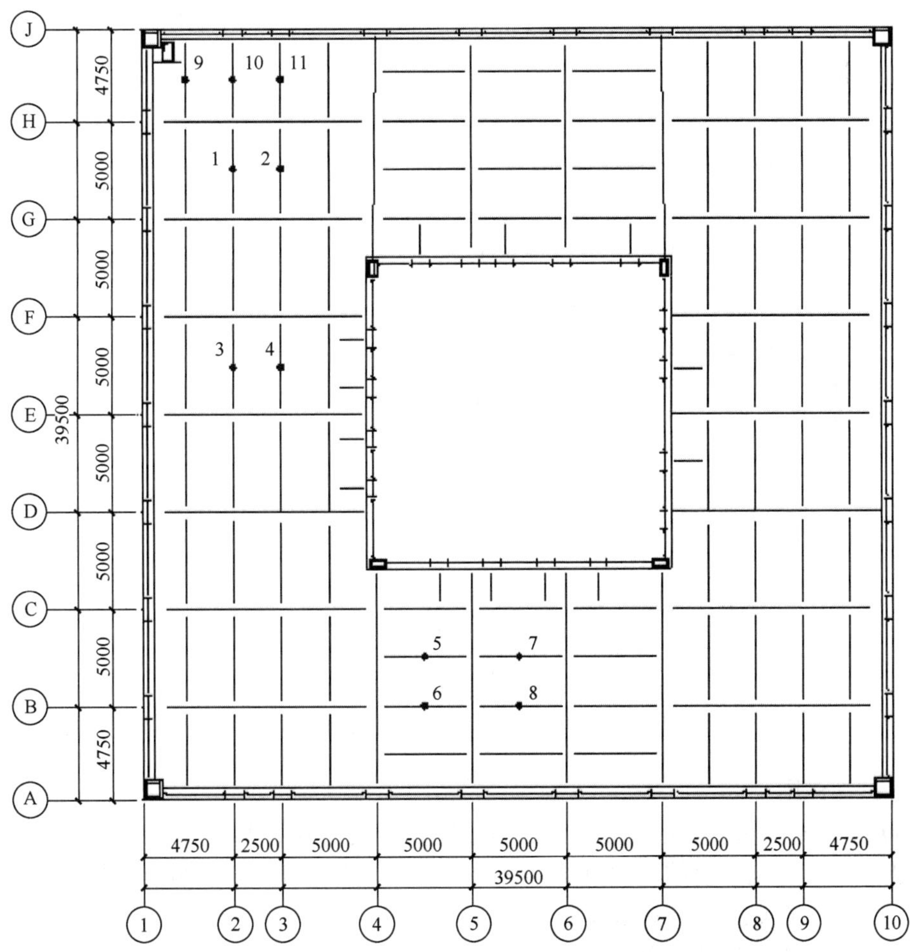

图 3-12-10　客房、豪华公寓、超级豪华公寓计算点示意图

（2）计算点的自振频率

经过稳态分析，11 个计算点的竖向自振频率和位移谱峰值如表 3-12-3 所示，可以看出，角部 2 号点振动较大，中部 4 号点振动较大，下部 7 号点振动较大。2 号点、4 号点和 7 号点位移谱曲线如图 3-12-11 所示。

各点的竖向自振频率和位移谱的峰值　　　　表 3-12-3

计算点编号	竖向自振频率（Hz）	位移谱的峰值（10^{-4}mm）
1	4.23	12.12
2	4.23	16.76
3	4.768	8.918
4	4.768	9.558
5	5.085	3.785
6	5.085	3.558
7	5.085	12.17
8	5.085	11.77
9	4.23	0.555
10	4.23	1.518
11	4.23	2.278

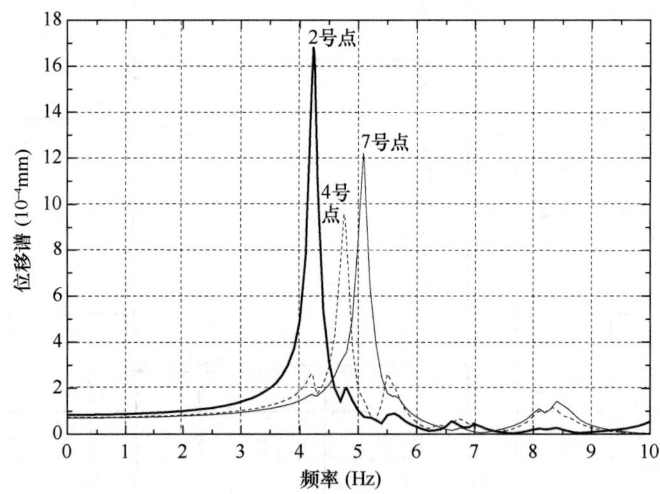

图 3-12-11　2 号点、4 号点和 7 号点的位移谱曲线

（3）行走激励

2 号点、4 号点和 7 号点的楼盖竖向自振频率分别为 4.23Hz、4.768Hz 和 5.085Hz，根据行业标准《建筑楼盖结构振动舒适度技术标准》JGJ/T 441—2019，2 号点、4 号点和 7 号点的第一阶荷载频率分别取 2.115Hz、1.6Hz 和 1.695Hz，则 2 号点、4 号点和 7 号点由人行引起的荷载函数分别为：

$$F_2(t)=350\left[\cos(4.23\pi t)+\cos\left(8.46\pi t+\frac{\pi}{2}\right)+\cos\left(12.69\pi t+\frac{\pi}{2}\right)\right]$$

$$F_4(t)=140\left[\cos(3.2\pi t)+\cos\left(6.4\pi t+\frac{\pi}{2}\right)+\cos\left(9.6\pi t+\frac{\pi}{2}\right)\right]$$

$$F_7(t)=70\left[\cos(3.39\pi t)+\cos\left(6.78\pi t+\frac{\pi}{2}\right)+\cos\left(10.17\pi t+\frac{\pi}{2}\right)\right]$$

荷载 $F_2(t)$ 、$F_4(t)$ 和 $F_7(t)$ 曲线见图 3-12-12 所示。

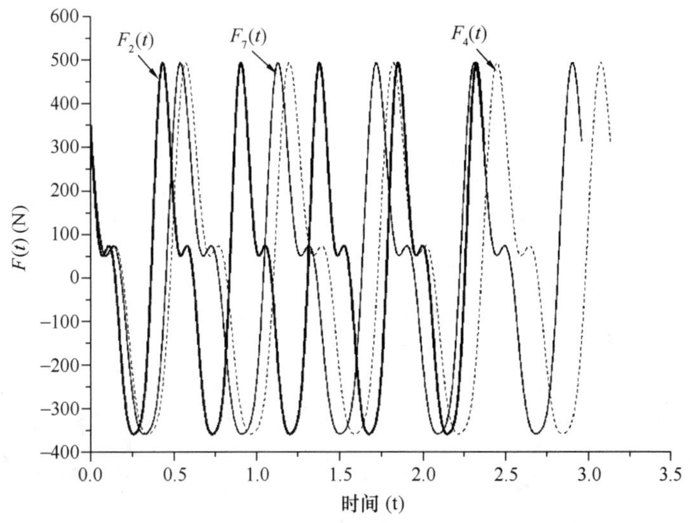

图 3-12-12　2 号点、4 号点和 7 号点的行走激励

（4）振动峰值加速度

经计算分析，得到 2 号点、4 号点和 7 号点的振动响应 a'_{p2} 、a'_{p4} 、a'_{p7} 。根据行业标准《建筑楼盖结构振动舒适度技术标准》JGJ/T 441—2019，各计算点的竖向振动峰值加速度分别为 $0.5a'_{p2}$ 、$0.5a'_{p4}$ 、$0.5a'_{p7}$ ，如表 3-12-4 所示，可以看出，酒店塔楼客房、豪华公寓、超级豪华公寓的楼盖满足舒适度要求。

各点的振动峰值加速度　　表 3-12-4

计算点编号	振动峰值加速度（mm/s²）	振动峰值加速度限值（mm/s²）
2	42.2	50
4	26.4	
7	33.9	

[实例 3-13] 河北农业大学多功能风雨操场大跨度组合楼盖舒适度设计

一、工程概况

河北农业大学体育馆位于河北省保定市乐凯南大街 2596 号河北农业大学西校区院内，是校园标志性建筑，如图 3-13-1 所示。建筑位于学校东西轴线上，东侧与学校图书馆相望，西侧为学校体育场。总建筑面积 22534.67m^2，其中，地上建筑面积 19206.18m^2，地下建筑面积 3328.49m^2，建筑高度 23.90m。项目主要由北侧主场馆和南侧热身馆组成，其中，主场馆地上一层，局部地上三层；热身馆地上两层，局部地上三层。

(a) 体育馆效果

(b) 体育馆施工

(c) 体育馆实景

(d) 热身馆室内

图 3-13-1　河北农业大学体育馆

体育馆主体结构采用钢筋混凝土框架结构，主场馆楼盖尺寸 56.70m×72.90m，为轻钢不上人屋面。热身馆楼盖尺寸 40.50m×64.80m，采用张弦梁-混凝土板组合楼盖。钢梁及撑杆钢材采用 Q345B。钢梁截面采用 H1200mm×450mm×18mm×30mm；撑杆采用 168mm×6mm 圆钢管；拉索采用强度等级为 1670MPa 的高钒索；混凝土楼板采用 C30 混凝土，板厚 150mm。张弦梁两端采用平板支座，一端为三向固定铰支座，另一端为滑动支座，以释放张拉施工过程中的水平位移。

二、振动控制方案

组合楼盖在人致激励作用下振动强烈，共振现象明显。若采用传统方法，如增加构件截面提高结构刚度等，经济性差、可操作性低，因此，应采取振动控制措施来降低振动影响，TMD 是目前结构振动控制中应用广泛的减振装置。

TMD 减振系统由弹簧、质量块、阻尼器组成，使其固有频率与主体结构受控振动频率接近，并安装在结构的特定位置。当结构发生振动时，其惯性质量与主体结构受控振型发生谐振，吸收主体结构受控振型能量，从而达到抑制受控结构振动的效果。

三、振动控制分析

采用 MIDAS Gen 软件对大跨度组合楼盖进行数值模拟计算，钢梁采用梁单元模拟，撑杆采用桁架单元模拟，高钒索采用只受拉的桁架单元模拟，混凝土板采用平面内和平面外均有厚度的板单元模拟，不考虑刚性楼板假定。

考虑人致激励步幅，将楼盖有限元划分尺寸控制为 0.70m×0.70m。通过设置节点弹性连接，模拟混凝土板与下部钢梁连接。张弦梁-混凝土板组合楼盖结构有限元模型如图 3-13-2 所示。

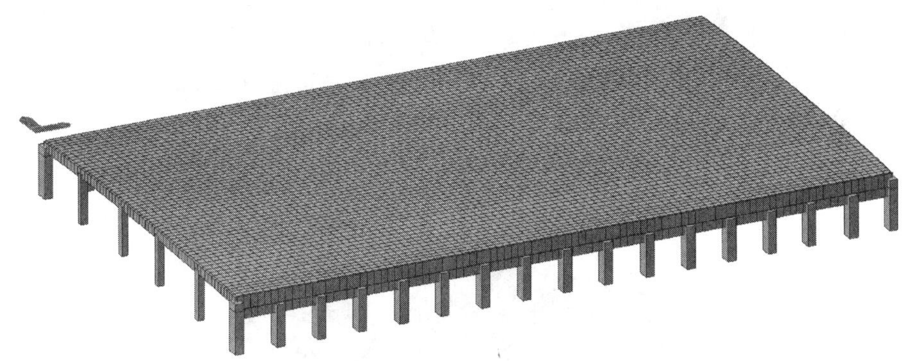

图 3-13-2　张弦梁-混凝土板组合楼盖结构有限元模型

1. 预应力分析

张弦结构将上弦刚性受压构件通过撑杆与下弦拉索组合在一起形成自平衡受力体系。根据张弦梁结构的加工、施工及受力特点，通常将结构形态定义为零状态、初始态和荷载态三种。零状态指构件的加工和放样形态，通常也称为结构放样态；初始态是拉索张拉完毕后，结构安装就位的形态，通常也称为预应力态。初始态是建筑施工图中所明确的结构外形；荷载态是外荷载作用在初始态结构上发生变形后的平衡状态。

张弦梁结构张拉索产生预应力，通常有两点考虑：①保证结构在零状态几何形状与初始态几何形状接近（通常称为找形分析过程）；②在结构正常使用期间，某种荷载组合工况（风荷载、地震作用等工况）可能会克服恒荷载效应而使拉索受压退出工作，因此，拉索中应维持一定预应力，确保拉索不出现压力。

根据以上预应力确定原则，通过 MIDAS Gen 多次迭代计算，最终确定张弦梁的张拉控制值为 2850kN，结构初始态与零状态相比，竖向起拱值为＋6.52mm。拉索内力在恒荷载＋温度作用工况组合时轴力最小，为＋2364kN，未出现应力松弛，满足预应力控制要求。

2. 模态分析

张弦梁结构在荷载态分析时，考虑几何非线性效应的分析结果与线性分析结果非常接近，为简化计算，不考虑几何非线性影响，将找形分析后构件初始态的内力转化为初始单元内力后，再进行荷载态后续分析。结构自振频率如表 3-13-1 所示，前 3 阶振型如图 3-13-3 所示。楼盖第 1 阶自振频率计算值为 2.20Hz，不满足大于 3Hz 要求，应对楼盖舒适度进行计算评估。

结构前 10 阶自振频率 **表 3-13-1**

振型	1 阶	2 阶	3 阶	4 阶	5 阶
频率（Hz）	2.18	2.40	2.60	2.92	3.29
振型	6 阶	7 阶	8 阶	9 阶	10 阶
频率（Hz）	4.00	4.72	4.95	5.14	5.53

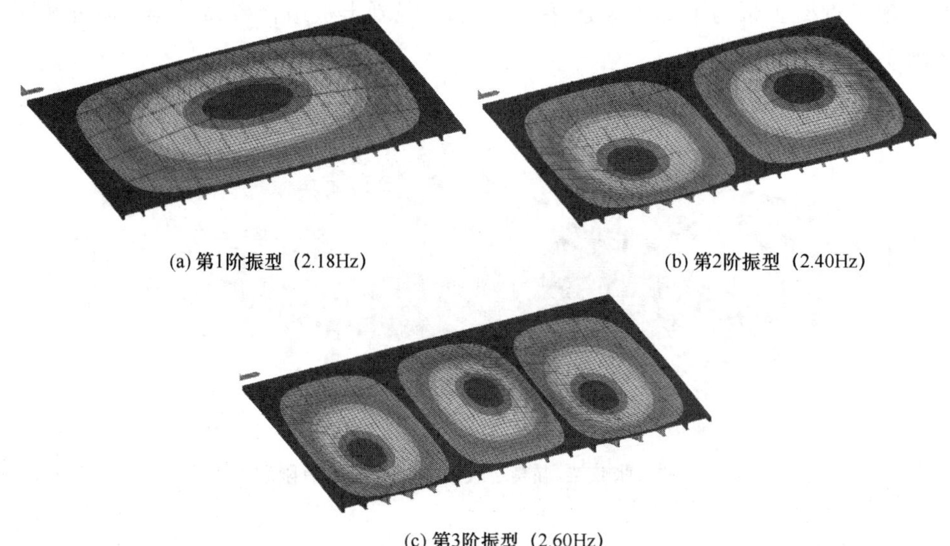

(a) 第1阶振型（2.18Hz）

(b) 第2阶振型（2.40Hz）

(c) 第3阶振型（2.60Hz）

图 3-13-3　前 3 阶振型

3. 楼盖振动响应分析

（1）激励荷载模型

1）行走激励

采用 MIDAS Gen 提供的国际桥梁及结构工程协会（IABSE）连续行走函数，该函数考虑了步行力幅值随步频增大而增大的特点，表达式如下：

$$F(t)=P\left[1+\sum_{i=1}^{n}\alpha_i\sin(2\pi i f_s t-\varphi_i)\right] \tag{3-13-1}$$

式中　P——行人重量，取 0.7kN/人；

α_i——第 i 阶荷载频率对应动力因子，$\alpha_1=0.5$，$\alpha_2=\alpha_3=0.1$；

f_s——步行频率，慢速行走取 1.6Hz，正常行走取 2.0Hz，快速行走取 2.2Hz；

φ_i——第 i 阶荷载频率对应相位角，$\varphi_1=0$，$\varphi_2=\varphi_3=\pi/2$。

行走激励荷载如图 3-13-4 所示。

忽略 IABSE 连续行走函数的静载影响，与行业标准《建筑楼盖结构振动舒适度技术标准》JGJ/T 441—2019、国家标准《建筑振动荷载标准》GB/T 51228—2017 提供的连

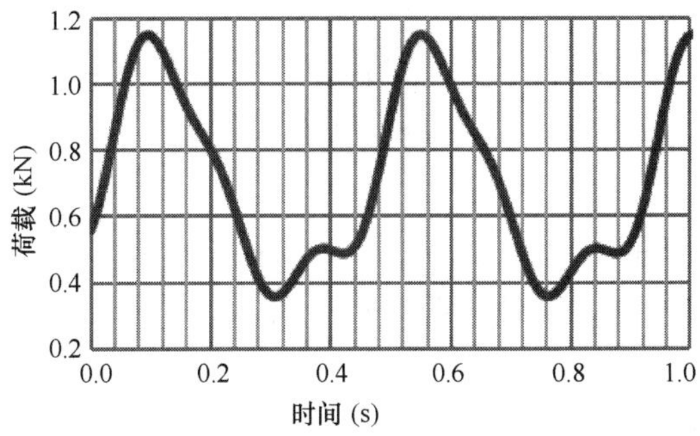

图 3-13-4　行走激励荷载时程曲线

续行走函数比较，如图 3-13-5 所示，IABSE 曲线峰值介于两者之间，存在一定偏差，故计算时应考虑不同标准的影响。

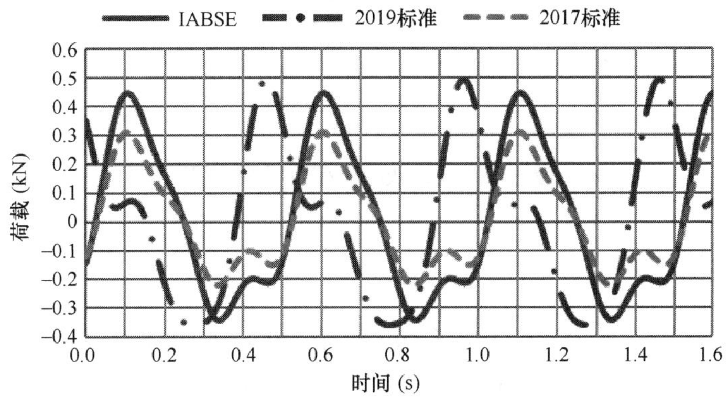

图 3-13-5　行走激励荷载时程曲线比较

2）跑动激励

根据美国钢结构协会（AISC）标准，跑动激励可采用人行荷载形式，跑动频率取 2.5Hz；动力因子 $\alpha_1=1.6$，$\alpha_2=0.7$，$\alpha_3=0.1$，其他参数同行走激励，跑动激励荷载如图 3-13-6 所示。

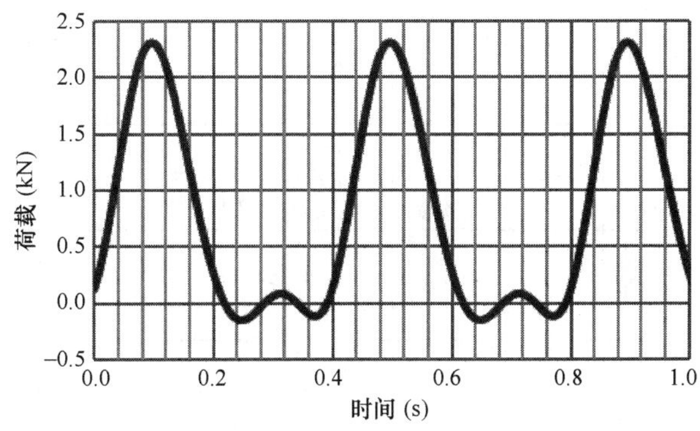

图 3-13-6　跑动激励荷载时程曲线

3）跳跃激励

跳跃激励采用有节奏运动来模拟，表达式如下：

$$F(t)=\omega_{\mathrm{p}}\left[1+\sum_{i=1}^{n}\alpha_{i}\sin(2\pi if_{\mathrm{s}}t+\varphi_{i})\right] \tag{3-13-2}$$

式中　ω_{p}——有节奏运动的人群荷载，按每人活动范围 1.5m²，折算成的等效面荷载为 0.47kN/m²；

f_{s}——频率取 2.0Hz；体重为 70kg/人，动力因子 $\alpha_1=0.5$，荷载频率对应相位角 $\varphi_1=0$；跳跃激励荷载如图 3-13-7 所示。

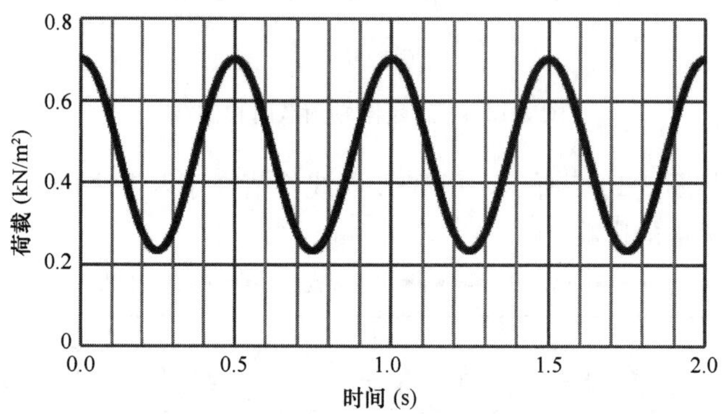

图 3-13-7　跳跃激励荷载时程曲线

（2）动力响应分析

1）振动控制目标

参照美国钢结构协会（AISC）和加拿大钢结构协会（CISC）联合提出的楼板舒适度标准，选用"健身房、舞厅等有节奏的运动场所"环境的加速度限值 0.5m/s²，作为振动控制目标。该限值与行业标准《建筑楼盖结构振动舒适度技术标准》JGJ/T 441—2019 限值一致。

2）动力时程分析

结合楼盖未来使用情况及模态分析结果，制定激励荷载施加路径，如图 3-13-8 所示。行走激励和跑动激励采用节点动力荷载施加，跳跃激励采用时变静力荷载施加。

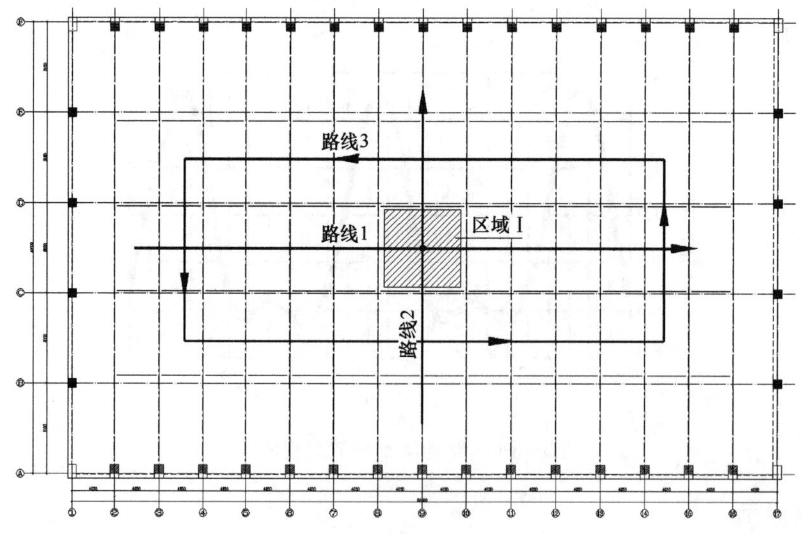

图 3-13-8　激励荷载施加路径

IABSE 与国家标准在拾取点 1 处的峰值加速度见表 3-13-2，IABSE 与行业标准《建筑楼盖结构振动舒适度技术标准》JGJ/T 441—2019 楼盖振动响应相近，但与国家标准《建筑振动荷载标准》GB/T 51228—2017 结果存在差异。

在不同激励荷载工况作用下，楼盖典型节点（拾取点 1）峰值加速度见表 3-13-3，楼盖峰值加速度大于控制目标，需要采取减振措施。

拾取点 1 峰值加速度（m/s^2）　　表 3-13-2

连续行走激励荷载	64 人路径 1 行走
IABSE	0.69
JGJ/T 441—2019	0.71
GB/T 51228—2017	0.45

拾取点 1 峰值加速度（m/s^2）　　表 3-13-3

工况	8 人	16 人	32 人	64 人
路径 1 行走	0.18	0.37	0.65	0.71
路径 2 行走	0.12	0.29	0.51	0.62
路径 3 行走	0.09	0.22	0.39	0.47
路径 1 跑动	—	—	0.92	1.62
路径 2 跑动	—	—	0.82	1.49
路径 3 跑动	—	—	0.61	1.34
区域Ⅰ跳跃	—	—	0.86	—

四、振动控制装置

本工程共布置 28 个 TMD，TMD 按以下公式选定设计参数，计算值见表 3-13-4。

$$f_{opt}=\frac{1}{1+\mu} \tag{3-13-3}$$

$$\zeta_{opt}=\sqrt{\frac{3\mu}{8(1+\mu)}} \tag{3-13-4}$$

$$k_{opt}=f_{opt}\omega^2 m \tag{3-13-5}$$

$$C_{opt}=2\zeta_{opt}f_{opt}\omega m \tag{3-13-6}$$

式中　m——TMD 子结构质量；

μ——TMD 子结构质量与主结构第一竖向振动质量之比；

f_{opt}——TMD 子结构最优频率比；

ζ_{opt}——TMD 子结构最优阻尼比；

k_{opt}——TMD 子结构最优刚度系数；

C_{opt}——TMD 子结构最优阻尼系数；

ω——主结构控制频率。

TMD 参数　　表 3-13-4

型号	TMD1	TMD2
数量（个）	20	8
质量 m（t）	1.0	0.5
刚度系数 K_{opt}（kN/m）	190.88	95.44
阻尼系数 C_{opt}（kN・s/m）	2.21	1.11
频率 ω_{opt}（Hz）	2.20	2.20

TMD 布置方案如图 3-13-9 所示，TMD 现场安装如图 3-13-10 所示。

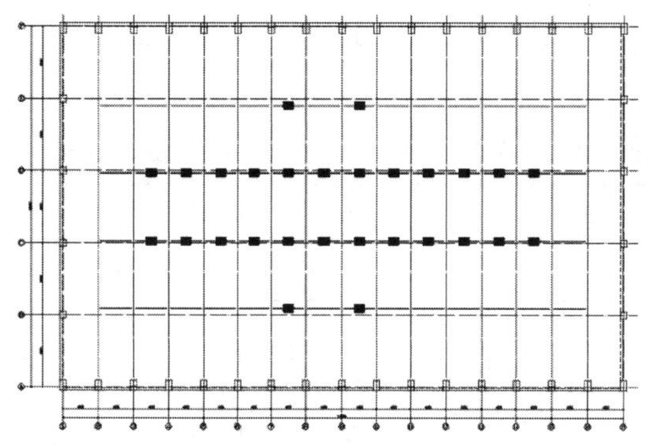

图 3-13-9　TMD 布置方案

图 3-13-10　TMD 安装完毕的实物照片

五、振动控制效果

在原楼盖模型上布置 TMD，对比不同激励荷载工况下的楼盖动力响应，如表 3-13-5 所示，可以看出，不同激励工况有不同程度的减振效果，其中，跑动激励作用下的减振效果最显著。

不同激励荷载工况下的减振效果　　表 3-13-5

工况		未加 TMD（m/s^2）	加 TMD（m/s^2）	振动衰减率
路径 1 行走	32 人	0.65	0.48	26.2%
	64 人	0.71	0.33	53.8%
路径 2 行走	32 人	0.51	0.39	23.5%
	64 人	0.62	0.44	29.0%
路径 3 行走	32 人	0.39	0.26	33.3%
	64 人	0.47	0.36	23.4%
路径 1 跑动	32 人	0.92	0.39	57.6%
	64 人	1.62	0.47	70.9%
路径 2 跑动	32 人	0.82	0.35	57.3%
	64 人	1.49	0.45	67.8%
路径 3 跑动	32 人	0.61	0.41	32.8%
	64 人	1.34	0.43	63.6%
区域Ⅰ 32 人跳跃		0.86	0.38	55.8%

[实例 3-14] 高层建筑连廊振动控制

一、工程概况

某新建高层建筑群的两栋高楼在 16 层之间设置连廊，连廊跨度 37.5m，总重 183t。

在桥梁式结构中，跨度越大，则固有频率越低，容易发生摇晃。连廊在人行激励下会出现振动，如果人行激励频率与结构的固有频率趋于一致，会发生共振，导致位移振幅大幅增加，引起连廊结构振动和舒适度问题。因此，建筑结构设计阶段便考虑采取了连廊振动控制方案。

二、振动控制方案

成人正常步频在 1.7～2.3Hz 之间，若考虑慢步和跑步人群，人行激励的频率变化范围更大。此外，除与步速相关的激振频率（基频）外，还会出现谐波（倍频），这些频率与连廊的固有频率（3.05Hz）一致或接近时，会产生共振，造成大幅振动。

考虑到连廊结构振动舒适度，经过结构模态和振动特性分析，决定采用 TMD 减振。TMD 吸能减振是控制结构固有频率激励振动的有效方法，可缩短振动收敛时间，抑制振幅放大。

TMD 减振效果取决于受控主结构的振动特性和 TMD 设计参数，通常的优化设计基准大约下降 1/2（即减振率 50%）。连廊类似桥型结构，通常阻尼比偏小，振动收敛时间较长。由于这种振动特性，采用 TMD 减振更为有效，可实现降至 1/3 或更优的振动控制效果。TMD 主要由质量块、弹簧及阻尼器组成，优化设计的基本步骤如下：

1. 根据设计仿真计算或实测振动数据，获得结构的基本振动特性（固有频率、阻尼比、振型阶次等）；

2. 根据受控主结构的重量，按振动模态计算结构模态质量，由此确定 TMD 的有效质量；

3. 在 1 和 2 的基础上计算 TMD 最优调谐频率比和最优阻尼比，设定系统的弹簧参数、阻尼常数。

三、振动控制分析

1. TMD 参数设计

依据连廊参数进行 TMD 设计，连廊总重 183t，一阶振型模态质量 91.5t，结构固有（一阶振型）频率 3.05Hz，一阶振型阻尼比 1.2%。由此计算的 TMD 参数为：质量块质量 2480kg，质量比 0.027，最优调谐频率 2.97 Hz，最优阻尼比 9.9%。

2. 减振效果模拟

连廊模型一阶振型的振动控制模拟结果如图 3-14-1 所示，减振效果为－14.9 dB，振动响应大约下降至 TMD 使用前的 1/5。

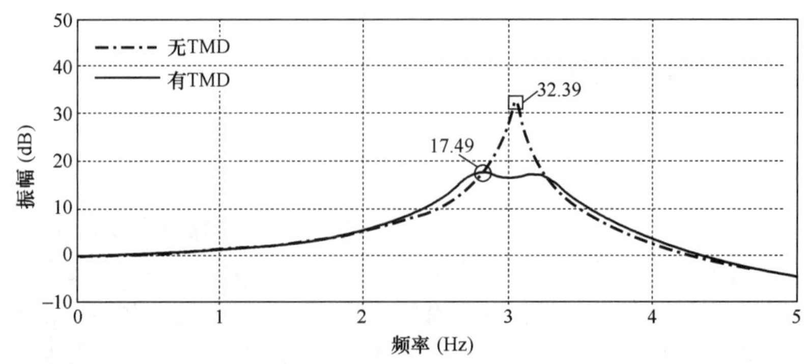

图 3-14-1　TMD 减振模拟效果

四、振动控制装置

TMD 装置参数见表 3-14-1，装置外形如图 3-14-2 所示。

TMD 装置参数　　**表 3-14-1**

型号	mD-1200Vb
质量块质量	1240kg/1 台
安装台数	2 台
固有频率	3.05Hz
阻尼比	10%

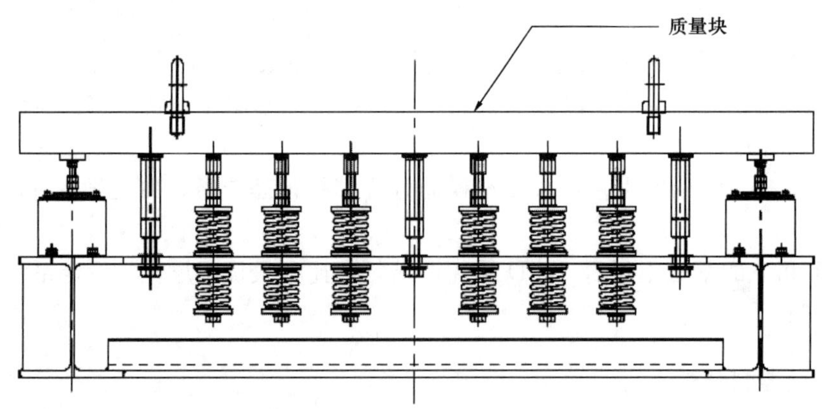

图 3-14-2　TMD 装置外形

在连廊中央地板下方横梁上安装两台 TMD，安装位置如图 3-14-3 所示。

五、振动控制效果

安装 TMD 后，在连廊中央分别进行 TMD 关闭和开启时的振动加速度测试，振动控制实测效果如图 3-14-4 以及表 3-14-2 所示。除 TMD 关闭和开启时步频激振条件不同的双人正常步行外，减振效率均达到 70%～80%；常时微动及单人同频共振步行时，减振效果分别达到 82%、85%，与数值模拟预期基本一致。

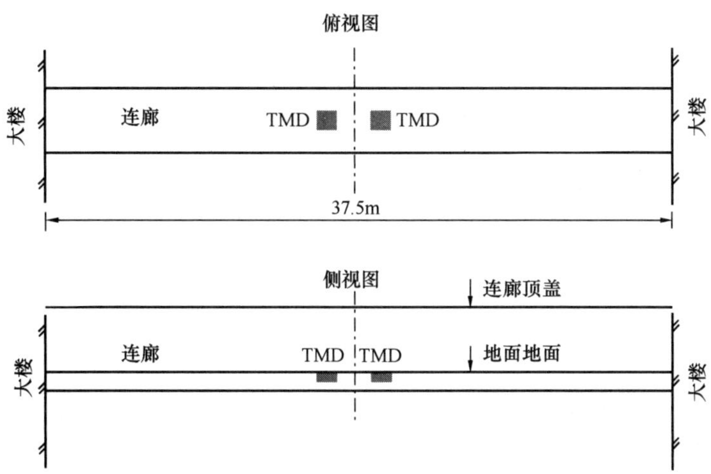

图 3-14-3　TMD 安装位置

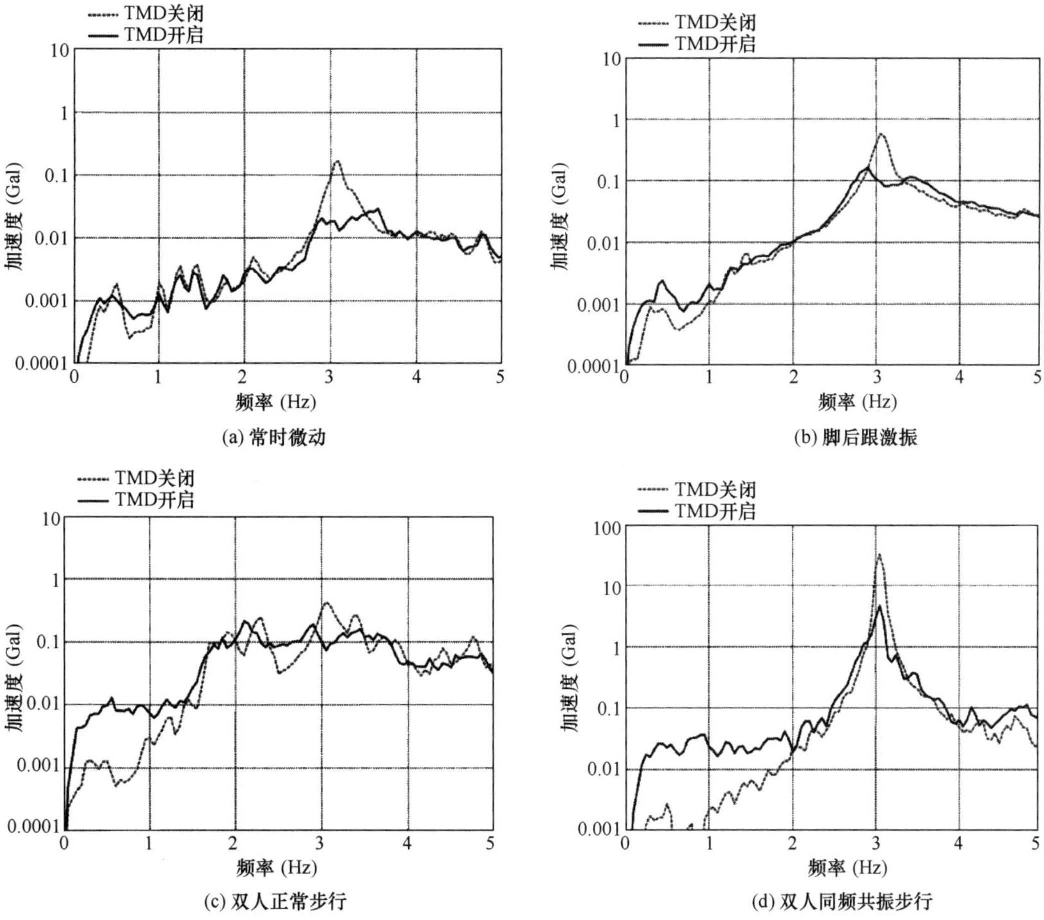

(a) 常时微动

(b) 脚后跟激振

(c) 双人正常步行

(d) 双人同频共振步行

图 3-14-4　TMD 关闭、开启时的加速度频谱（连廊中央）

单人同频共振步行的时程曲线（振动收敛形状）如图 3-14-5 所示，TMD 关闭时振动收敛时间约为 10s，TMD 开启后，振动收敛时间缩短至 2s。

大楼竣工、连廊投入使用后，TMD 振动控制效果显著，无振动舒适度问题。

连廊中央的振动加速度 **表 3-14-2**

测试工况	TMD 关闭(Gal)	TMD 开启(Gal)	开启/关闭	工况说明
常时微动	0.164	0.029	0.18	无外力激振
脚后跟激振	0.576	0.163	0.28	在廊桥中央部位用双脚脚后跟跺地施加冲击力
双人正常步行	0.425	0.192	0.45	不考虑步频，双人随机步行
单人同频共振步行	31.9	4.63	0.15	单人行走的步频与连廊的固有频率 3.05Hz 相同

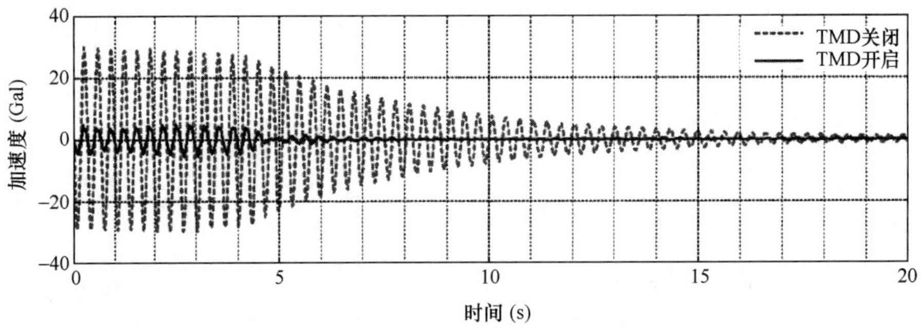

图 3-14-5　单人同频共振步行状态下 TMD 关闭、开启时的加速度时程曲线

[实例 3-15] 大型体育场移动式观众席振动控制

一、工程概况

日本某大规模多功能体育场，可开展各类体育竞技赛，同时具备大型演奏演唱会、演讲、展销等多用途。

场馆内地板、座位等设施可移动，举办演唱会时，二楼伸缩式观众看台前伸，伸缩式观众看台如图 3-15-1 所示。当观众伴随着舞台上的演出者，跟随音乐节奏舞动时，悬空看台产生明显振动。人致激励振动会影响观众席的舒适度，影响建筑物的使用功能。

对体育场的振动环境进行测试，根据分析结果，设计和制作了适合于移动式观众席的 TMD 装置进行振动控制。

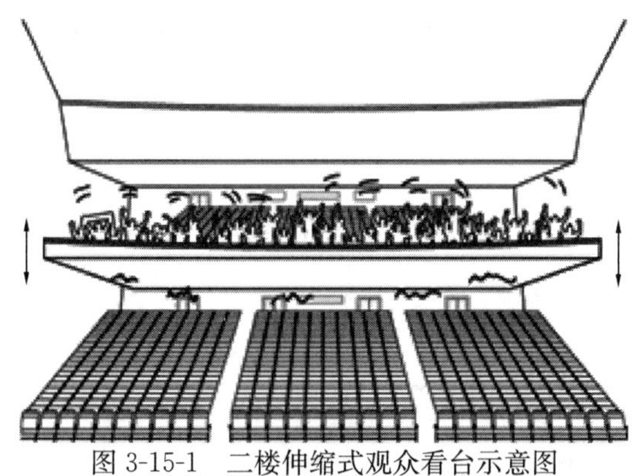

图 3-15-1　二楼伸缩式观众看台示意图

二、振动控制方案

根据场馆平面布置、看台和台阶的设计高度以及建筑造型，对看台采用 TMD 减振。振动控制方案流程如图 3-15-2 所示。

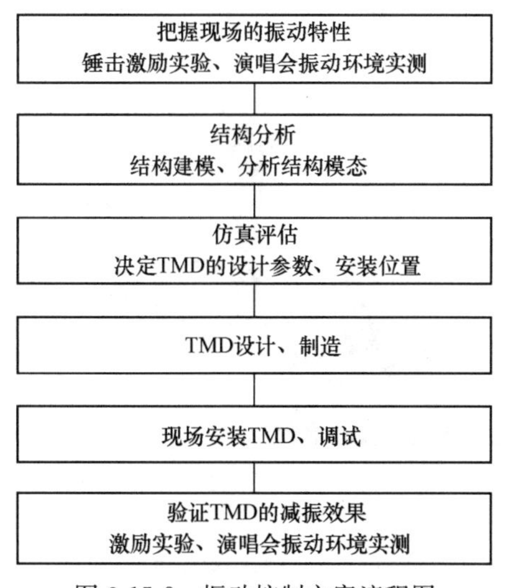

图 3-15-2　振动控制方案流程图

三、振动控制关键技术

振动控制关键技术主要有：测试分析技术、TMD 设计制造技术以及现场调试技术。

1. 进行演唱会实时振动测试，把握振动环境状况

前伸悬空观众看台在演唱会进行时的实测最大位移（0-P 值）为 9.7mm。

2. 开展看台结构建模分析

结构模态分析结果显示，观众席满座时地板的固有频率为一阶模态 3.14Hz，二阶模态 3.40Hz。经与实测值对比，判断主要是由乐曲节奏与其产生共振引起。

钢结构悬挑的固有频率较低，当固有频率与音乐节奏（观众的竖向舞动节奏）趋于一致，会引发看台共振，造成振动舒适度问题。根据拟控制振型，采取 TMD 进行竖向振动控制是最有效的方法。

3. TMD 设计

依据振动实测值、结构分析模拟结果，并结合看台有效质量等参数，决定 TMD 的设计参数、所需台数和配备位置。

四、振动控制装置

TMD 设计参数如表 3-15-1 所示。TMD 外形及安装示意分别如图 3-15-3、图 3-15-4 所示。

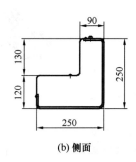

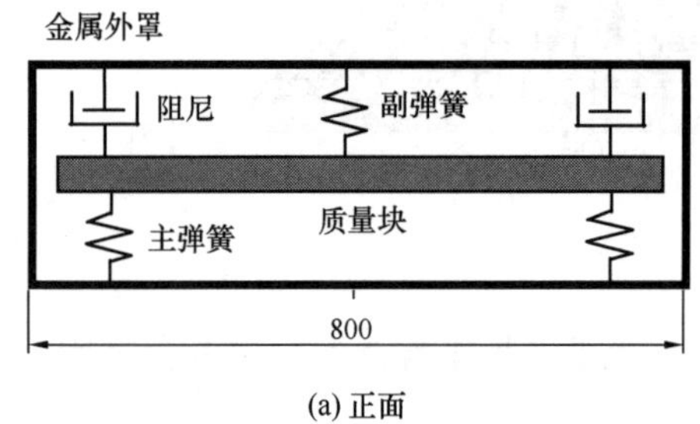

图 3-15-3　TMD 外形图

图 3-15-4　TMD 安装示意图

TMD 设计参数　　**表 3-15-1**

质量块质量	75kg/台	
调频安装台数	3.1Hz	26 台
	3.3Hz	4 台
阻尼比	10%	

五、振动控制效果

TMD 安装完毕后，进行了 1～15 人激振试验和演唱会实时效果测试。

1. 激振试验

激振试验时，观众席无人，根据看台地板的一阶固有频率对 TMD 进行现场调试。15 人同时随节奏踏步，测试看台地板 TMD 在关闭和开启时的振动，测试结果如图 3-15-5 所示。加速度振幅从 298Gal 降至 74.9Gal，位移振幅从 6.0mm 降至 1.5mm。

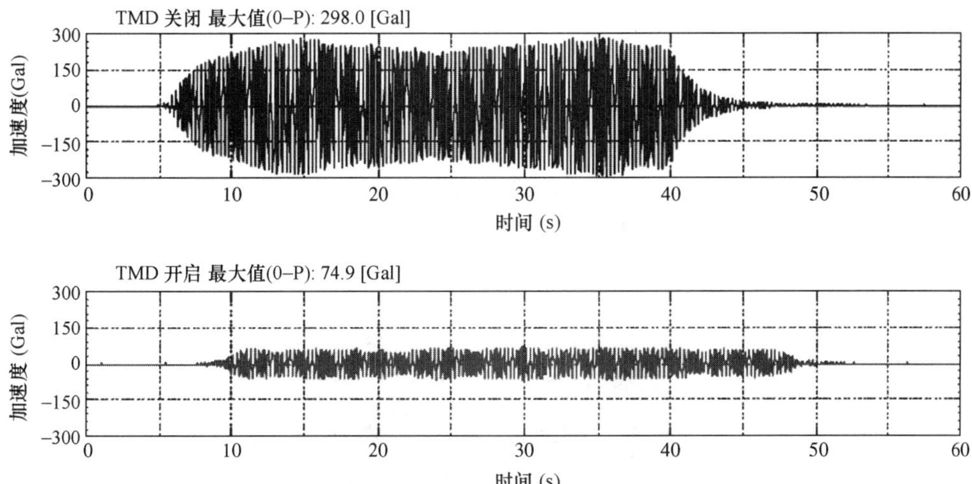

图 3-15-5　激振试验 TMD 在关闭、开启时的地板加速度

2. 演唱会实时效果测试

对观众席满座的看台地板一阶固有频率进行调试，振动实测结果如图 3-15-6 所示。地板加速度振幅 67.8cm/s^2，位移振幅 1.6mm，减振效率可达 83%以上。

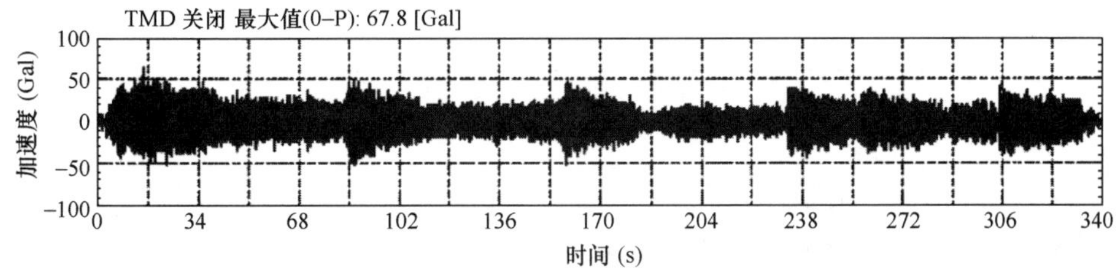

图 3-15-6　演唱会看台地板振动加速度实时测试

［实例 3-16］高级养老院居室隔声降噪

一、工程概况

某高级养老院楼顶安装有热水机组，机组工作时，下方居室噪声值为 NC-20。为保证热水供应，夜间用电（22：00～次日 6：00）时段也连续运行。NC-20 等级属于非常安静的区域，不属于噪声污染范畴。但在此高级养老院，晚上没有电视机等声音，房间几乎不使用空调，背景噪声极小，轻微声音（固体声、透射声）的影响也成了噪声问题。

本工程中，现场几乎没有外来振动和噪声干扰，常时微振和背景噪声都非常小，室内无其他家电和空调等噪声源，热水机组工作引起的噪声值在限值以内。但这种状况下，仍可感知噪声，这是因为振源设备的噪声具有相当高的纯音特性（单一振动频率的声音），人们可在主观上感知明确单调的声音。本工程属于噪声处理的特殊案例。

二、振动及噪声控制方案

1. 调查测试

楼顶设备机器安装位置如图 3-16-1 所示，居室内振动噪声测点位置如图 3-16-2 所示。越靠近床边的墙壁（测点 S1），噪声越清晰，可分辨出有高音和低音；而靠近走廊一侧（测点 S2），听不到声音；室内的人未感觉到振动。

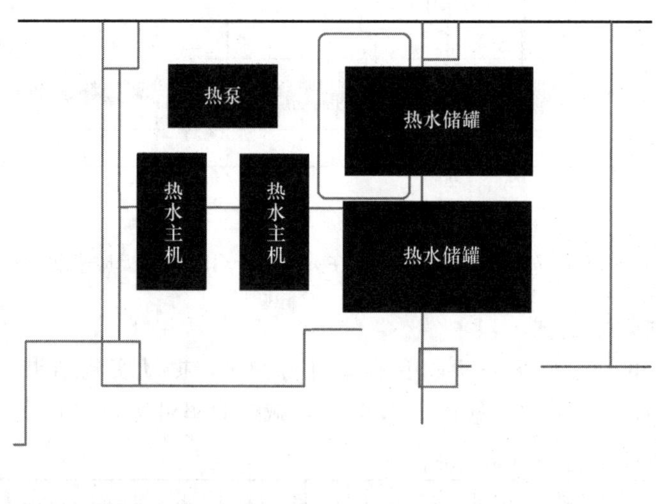

图 3-16-1　楼顶热水机组的安装位置图

测点 S1、S2 的噪声倍频程分析（NC 曲线噪声评估）如图 3-16-3 所示。关闭空调情况下，测点 S1 处的 500Hz 频段声压等级最为突出，达到 NC-20。125Hz 频段和 63Hz 频段略微偏高。测点 S2 处的声压等级为 NC-15，全频域内几乎无明显突出成分，与听觉的无声感受吻合。

根据表 3-16-1 给出的各种环境噪声推荐值，卧室的最高声压等级在卧室环境噪声推

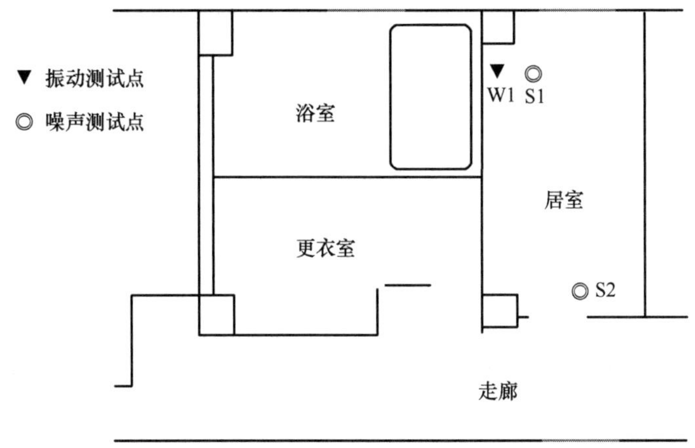

图 3-16-2 4 楼居室振动噪声部分测点分布图

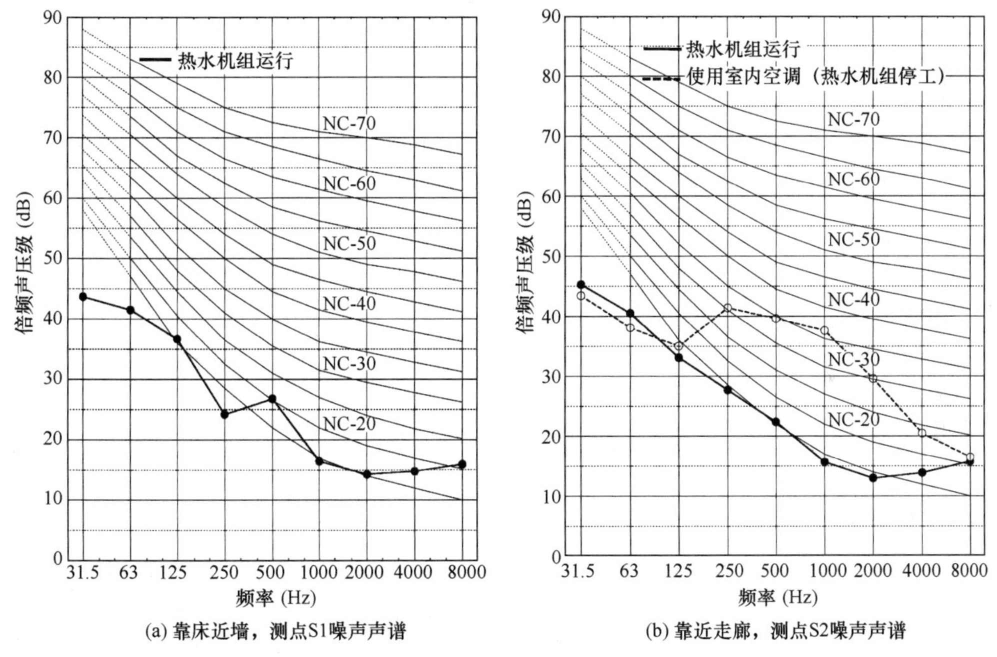

图 3-16-3 噪声倍频带频谱图

荐值 NC-15～ NC-30 范围内，不需要采取隔声降噪措施。面临的主要问题：尽管居室的背景噪声极小（NC-15），但略微明显的噪声值（NC-20）也造成噪声扰民问题；此外，用干电池轻敲热水机组底部各处，下方的居室内能听到敲击声，由此可推断，房间内噪声包含透射声。

2. 隔振降噪方案

改善噪声环境，采取措施将测点 S1 处的声压等级降至与背景噪声相近：

（1）减少振动传播引起的固体声，在振源和传播途径上采取彻底的隔振措施；

（2）防止声波透射，隔绝传声途径。

各种环境噪声推荐值　　表 3-16-1

噪声	dB（A）	20	25	30	35	40	45	50	55	60
噪声	NC	～15	15～20	20～25	25～30	30～35	35～40	40～45	45～50	50～55
噪声	噪声等级	无声————非常安静————并不在乎————感觉有噪声————受噪声困扰								
噪声	对会话及电话的影响	相距 5m—————相距 10m 无法对话—————可对话（3m 内）——大声讲话（3m） 略可听见　无碍电话沟通—————————可电话沟通—————电话沟通困难								
环境对象	录音室演播室	静音室	录音室	电台演播室	电视演播室	主控室				
环境对象	会场·大厅		音乐厅	剧场	舞台	电影院天象馆		大堂候车室		
环境对象	医院		测听室	专科医院	手术室病房	诊察室				
环境对象	酒店·住宅		卧室	卧室客房	卧室·客房书房	客房	宴会厅			
环境对象	办公室				高管办公室大会议室	会客室	办公室小会议室	办公室	办公室	打字房计算机房
环境对象	公共建筑				公会堂	美术馆博物馆		公会堂兼体育馆	室内体育设施	
环境对象	学校·教会				音乐教室	礼堂礼拜堂	研究室阅读室	教室	走廊	
环境对象	商业建筑					音乐咖啡厅珠宝店	书店艺术品商店	银行饭店·餐厅	商店食堂	

注：本表引自日本建筑学会编《建筑资料集成：环境篇》。

三、振动及噪声控制分析

噪声频谱显示，居室内噪声主要由 63Hz，125Hz 和 500Hz 引起。4 楼居室壁面振动测点 W1 与室内噪声测点 S1 的测试频谱如图 3-16-4 所示。楼顶热水机组主机底部基础及近旁噪声测试频谱如图 3-16-5 所示。由图 3-16-4 可知，室内能感知的噪声频带 63Hz、125Hz 和 500Hz 分别对应振动峰值 57.5Hz、116.25Hz 和 406.25Hz。同样的峰值也在

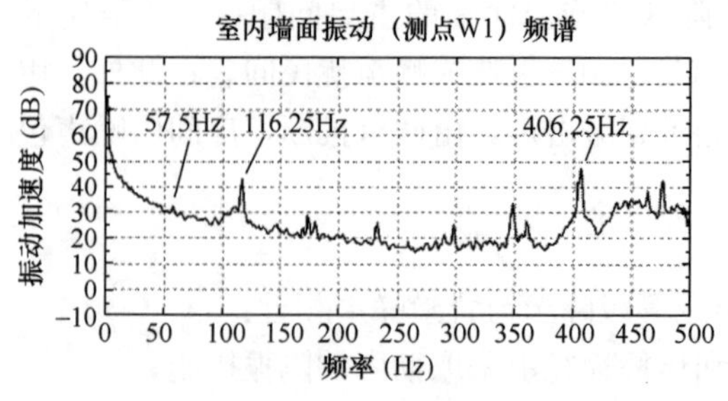

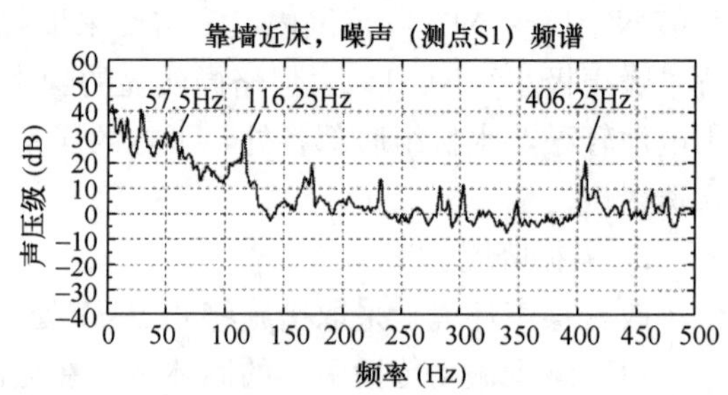

图 3-16-4　室内壁面振动（测点 W1）及噪声（测点 S1）测试值频谱

图 3-16-5中出现，其中，406.25Hz（500Hz 频带）为显著频率，热水储罐附近也测得相似数据。

综上，4 楼室内噪声的主要原因是热水机组工作振动激发的固体声和机组机体噪声的透射传声。

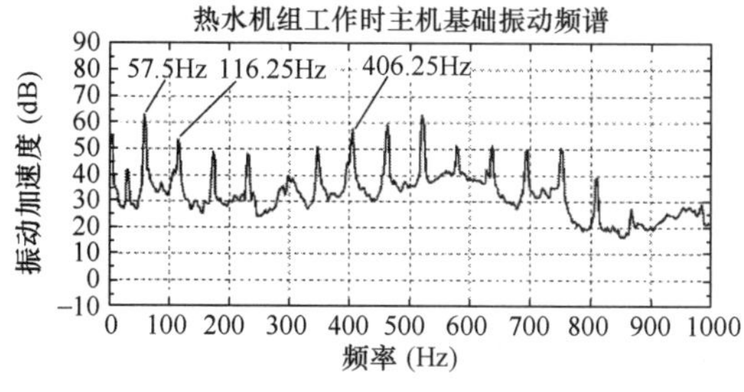

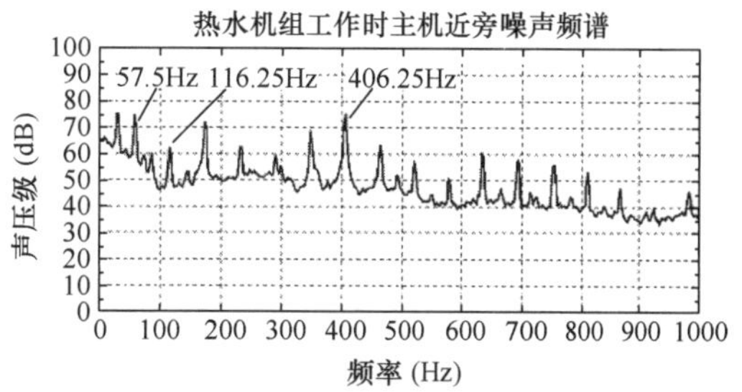

图 3-16-5　楼顶热水机组主机基础及近旁噪声测试值频谱分析

四、振动及噪声控制装置

原有热水机组主机热泵、配管支座等采取的是橡胶垫隔振，为改善振动及噪声控制效果，采取钢弹簧隔振装置配钢框架混凝土基座，以阻断噪声传播和减弱透射声能，热水机组主机底部隔振降噪装置如图 3-16-6 所示。

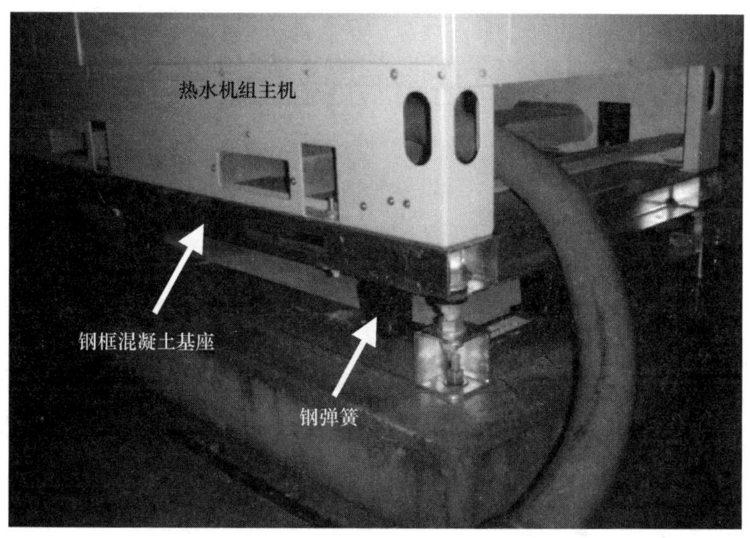

图 3-16-6　热水机组主机底部隔振降噪装置

五、振动及噪声控制效果

振动及噪声测试结果表明，隔振降噪效果良好。热水机组工作时，靠床近墙测点 S1 噪声声谱如图 3-16-7 所示，“伴随少许压迫感的低音”和“相对较高的声音”明显下降，不再影响睡眠。居室内测点 S1 噪声值由 NC-20（A 计权声压 27.5dB）降至 NC-16（A 计权声压 24.6dB，噪声标准曲线 NC 额定值通常以 5 为增量读取，为确认微小差值，本案例取 1 刻度进行读取）。

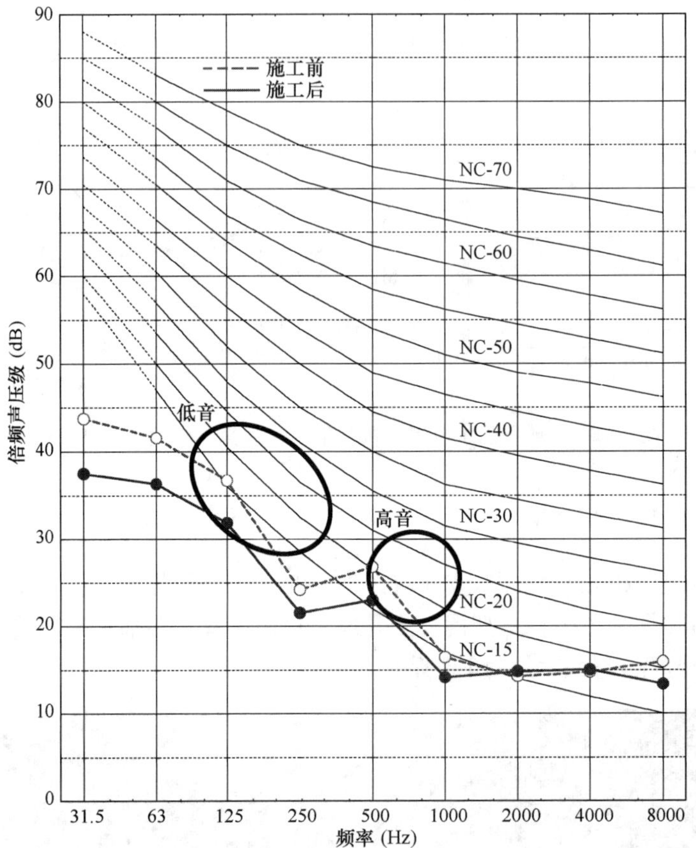

图 3-16-7　靠床近墙测点 S1 噪声声谱

[实例 3-17] 上海浦东机场二期登机桥振动控制

一、工程概况

上海浦东国际机场二期工程某登机桥主体结构为钢桁架，如图 3-17-1 所示。该桥呈人字形结构，由登机长桥和下机短桥组成，其中长桥跨度大，总长为 52.812m，由 12 节段组成，节段长为 4.412m+11×4.4m，桥面宽约 4m，桥高 2.98m。桁架弦杆和直腹杆均为焊接箱形截面，桁架斜腹杆使用的是 H 形钢梁，支撑采用圆钢管，压型钢板组合楼板厚度为 120mm。

图 3-17-1 浦东国际机场某登机桥

该桥在施工过程中，设计方曾经对桥的模态参数和人行激励多工况下桥梁的竖向振动进行测试。结果表明，该桥的第一阶竖向弯曲固有频率为 2.25Hz；在共 50 人、每排 2 人、间距 2m、随机步行由长桥走向短桥激励下，长桥跨中位置竖向振动加速度最大值为 0.11g，明显大于室外天桥 0.05g 振动加速度限值，应进行减振处理。

二、振动控制方案

采用 TMD 对登机桥进行振动控制，在 TMD 设计时，一般应根据减振要求初步确定 TMD 的调谐质量 m_D，调谐质量越大，减振效果越好。当主系统没有阻尼时，TMD 系统的最优参数为：最佳固有频率 $f_{TMD}=f/(1+\mu)$，最佳阻尼比 $\zeta_{opt}=\sqrt{\dfrac{3\mu}{8(1+\mu)^3}}$，$\mu=m_D/m_H$，为调谐质量 m_D与主系统等效质量 m_H的比值。

对上海浦东国际机场二期工程登机桥长跨桥的动力特性以及安装 TMD 后的振动响应进行分析，建立如图 3-17-2 所示有限元模型，登机桥桁架梁、钢梁、弦杆、腹杆、支撑等采用梁单元，压型钢组合楼板和通道顶板采用壳单元。边界条件中相应连接点均采用固定点连接。

图 3-17-2　登机桥有限元模型

计算得长跨桥第一阶竖向振动固有频率为 2.118Hz，与测试值非常接近，模型具有较高精度，可在此基础上进行数值仿真计算。桥梁第一阶竖向弯曲模态的等效质量约 60t。按质量比 1.25%、2.5%、3.75%、5%和 7.5%分别设计 TMD。

三、振动控制分析

1. 行人激励荷载

假设单人重量 65kg，步行频率与登机桥一阶固有频率相同，行人从登机桥一端步行至另一端，步幅约 0.55m，步行激励荷载采用国际桥梁及结构工程协会（IABSE）连续步行荷载模式，如图 3-17-3 所示。行人步行频率在 2Hz 左右，假设步行频率接近结构固有频率。安装 TMD 后，固有频率有所平移，激励频率也发生相应变化。本工程研究的重点是安装不同 TMD 后的减振效果，故采用单人步行模式。

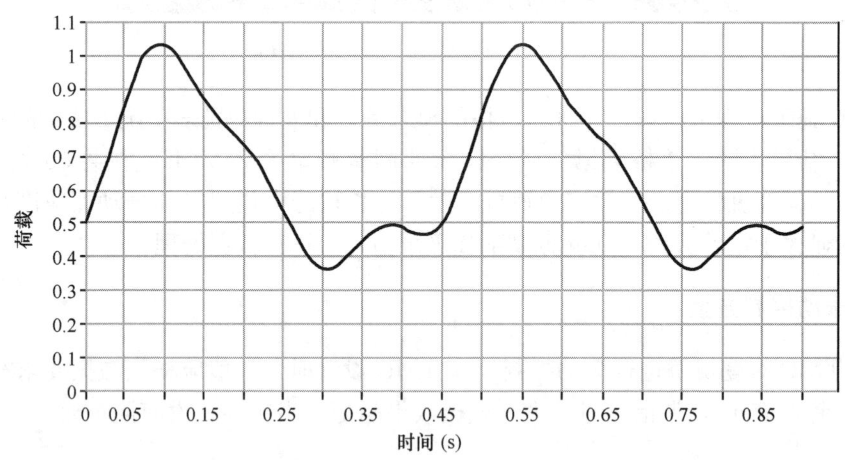

图 3-17-3　单人 65kg、2.2Hz 步频、2 步激励荷载模式

2. 无 TMD 时登机桥的振动响应分析

登机桥安装 TMD 前，有限元模型计算得到桥梁的固有频率为 2.118Hz，假设行人迈一步的时间为 0.47s，相当于激励频率为 2.128Hz。行人以该速度从桥的一端走到另一端，桥的振动位移响应如图 3-17-4 所示，振动加速度响应如图 3-17-5 所示，振动位移峰

值为-0.248mm，振动加速度峰值为-38.48mm/s^2。

由于激励频率几乎等于桥的固有频率，桥出现共振，桥两端刚度较大，而中点刚度较小，因而，人步行到桥中点时振动较大，在两端时振动较小。数值模拟结果符合实际情况。

振动位移曲线和振动加速度曲线形状相同，且只有一个频率分量，故振动位移幅值和加速度幅值满足 $\overline{a}=\overline{x}\cdot\omega^2$ 关系，后续分析仅列出振动位移曲线。

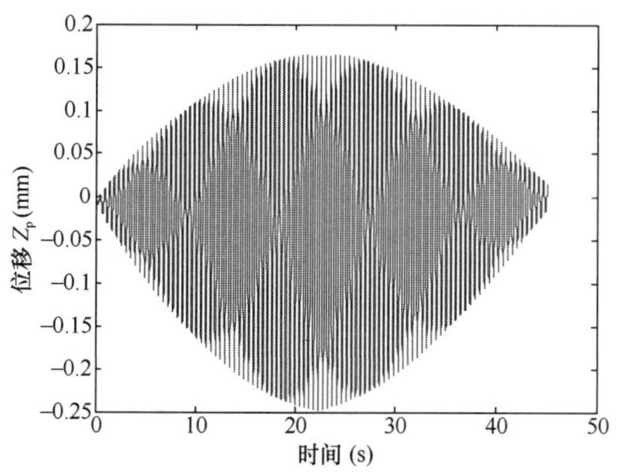

图 3-17-4　步行激励 2.128Hz 时桥的振动位移响应

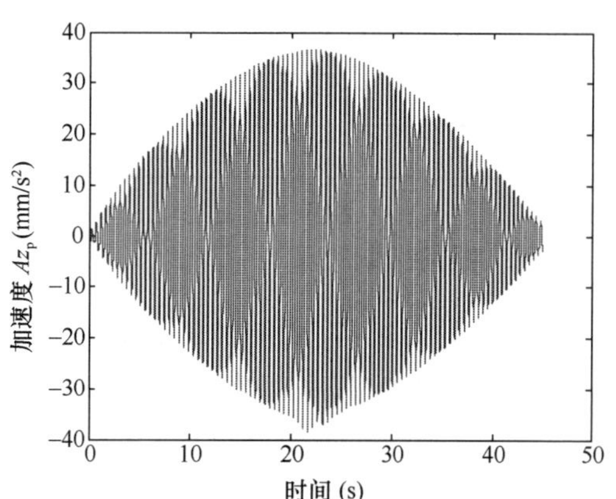

图 3-17-5　步行激励 2.128Hz 时桥的振动加速度响应

3. 安装 TMD 后登机桥的振动响应分析

安装 TMD 后，原固有频率左、右各出现一个固有频率。假定步行激励频率尽可能接近右侧固有频率，计算时可通过调整步频来调整激励频率。安装 TMD 之前及安装 5 种不同质量比 TMD 的工况下，行人以相应速度从一端走到另一端，其典型的振动位移响应（质量比分别为 5.0%、1.25%）如图 3-17-6、图 3-17-7 所示。

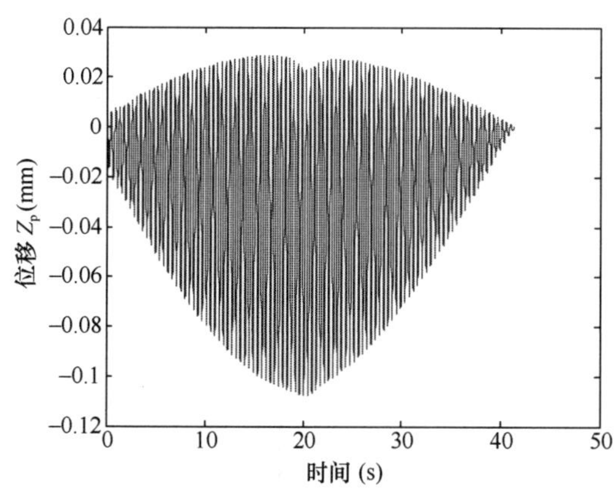

图 3-17-6　质量比为 5.0%时的计算结果

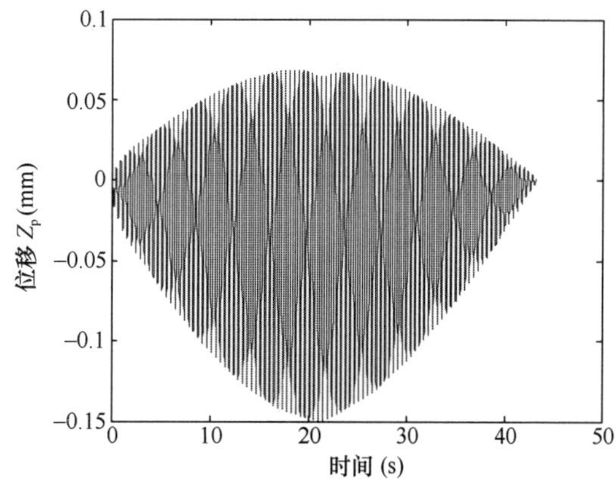

图 3-17-7　质量比为 1.25%时的计算结果

4. 调谐质量比对减振效果的影响

将不同调谐质量比的振动峰值列于表 3-17-1，可以看出，质量比越大，效果越明显。综合考虑减振效果和制造成本，建议采用质量比 $\mu=5\%$，减振器质量约为 3000kg。共设置 4 个 TMD，每个 TMD 重量为 750kg。

TMD 不同质量比的减振效果对比　　表 3-17-1

质量比 μ（%）	位移峰值（mm）	减振效果（%）	加速度峰值（mm/s^2）	减振效果（%）
0	−0.248	0	−38.48	0
1.25	−0.150	40	−22.21	42
2.5	−0.147	41	−22.01	43
3.75	−0.118	52	−17.08	56
5.0	−0.108	56	−15.29	60
7.5	−0.100	60	−13.98	64

四、振动控制效果

为考察 TMD 的减振效果，对浦东机场二期登机桥的长跨桥无 TMD、加装 1 个 TMD、加装 4 个 TMD 的情况分别进行测试，激励工况见表 3-17-2。

激励工况　　表 3-17-2

工况编号	激励情况	工况描述	备注
A	1 人跳跃激励	跨中跳跃，2.2Hz	—
B	2 人跳跃激励	跨中跳跃，2.2Hz	—
C	4 人跳跃激励	跨中跳跃，2.2Hz	—
D	50 人步行激励	随机步行自上向下	每排 2 人，间距 1.5m

1. 登机桥加装 TMD 前后的加速度响应

针对表 3-17-2 所列 4 种工况，分别在 TMD 开启和关闭两种条件下，测试长桥中点的竖向振动加速度，将振动响应峰值及减振效率列于表 3-17-3 中，无 TMD 时，由于振动过大，4 人同时蹦跃试验无法进行，所以无 TMD 没有工况 C。

长桥振动加速度最大响应及减振效果　　表 3-17-3

有无 TMD	质量比	工况	桥加速度最大响应（m/s^2）	减振率（%）
无 TMD	—	A	0.89	—
		B	1.33	
		D	1.10	
一个 TMD	1.25%	A	0.40	55
		B	0.50	62
4 个 TMD	5%	A	0.11	88
		B	0.25	81
		C	0.36	—
		D	0.33	70

无 TMD 情况下进行测试，站在桥上的人明显感到振动，有恐惧感，停止激励后，桥

振动持续时间较长，衰减慢。加装 TMD 后，振动加速度幅值降低，站立的人虽能够感到振动，但完全可以忍受，停止激励后，桥振动很快消失，衰减较快。

共振情况下，质量比 1.25%的 TMD（只有一个 TMD 工作）跨中最大加速度的减振效果达到 50%以上，质量比 5%的 TMD（4 个 TMD 同时工作）减振效果能达到 80%以上，非共振情况下，质量比为 5%的 TMD 减振效果达到 70%。

2. 登机桥加装 TMD 前后的阻尼比

对测试结果分析，得到无 TMD 时桥的阻尼比为 0.9%，加装质量比 1.25%的 TMD 时，桥的阻尼比为 1.61%，加装质量比 5%的 TMD 时，桥的阻尼比提高到 4.53%，由于阻尼比提高，桥振动幅值明显降低。

[实例 3-18] 广州亚运会历史展览馆振动控制

一、工程概况

广州亚运城综合体育馆由体操馆、综合馆和历史展览馆组成，历史展览馆位于其他两个馆之间。历史展览馆平面尺寸约 68m×44m，钢屋盖总高度 25.4m，钢屋盖投影面积约 $2130m^2$。

历史展览馆主体由混凝土楼层（首层和二层）、钢结构楼层（三层）、核心筒、大悬挑钢结构及钢屋盖等组成。其中，大悬挑钢结构呈碗状，悬挑跨度 33m，通过下部托梁支承于主体结构核心筒，顶部作为休息平台，如图 3-18-1 所示。初步计算悬挑结构自振频率小于 3Hz，易与行人激励产生共振，拟采用 TMD 开展振动控制。

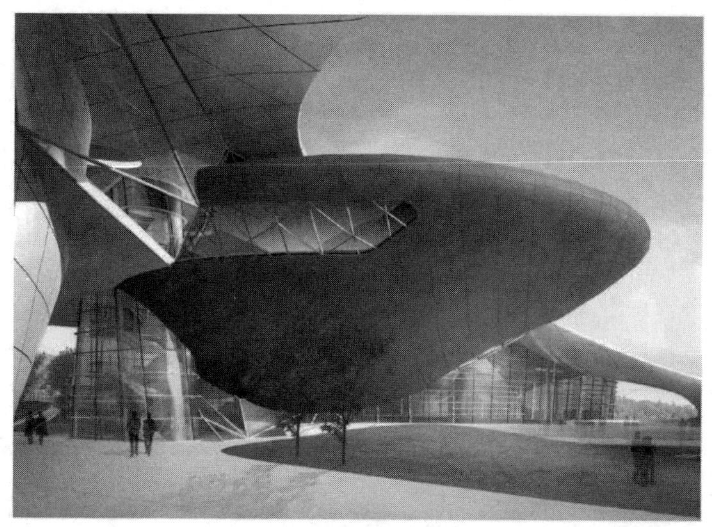

图 3-18-1　悬挑结构效果图

二、振动控制方案

一般情况下，单频率 TMD 系统只对 1 个模态进行控制，若要实现多模态控制，应采用 MTMD 系统。

高耸及大跨结构可通过模态分析方法确定控制的模态及模态参与系数，一般在第 1、2 阶。然而，悬挑结构的模态成分较为复杂，表现为结构整体及悬挑结构的共同振动，难以分别计算两者的模态参与程度。若进行地震响应控制，应重点考虑以主体结构为主模态，而人致激励的能量一般无法激起整体结构振动，故应选定以悬挑结构为主的振动模态。可通过在悬挑行人部位施加变频率简谐正弦荷载的方法对结构进行扫频计算，对比频域的计算峰值并结合模态分析，确定控制模态。可人为增加结构阻尼比，以去除局部非控制模态对计算结果的影响。

本项目由于悬挑部分质量较大，模态较易识别，最终选择的目标控制模态如图 3-18-2

所示，模态参数见表 3-18-1，1～3 阶模态如图 3-18-2 所示，并据此确定控制方案为单频率 TMD 控制。

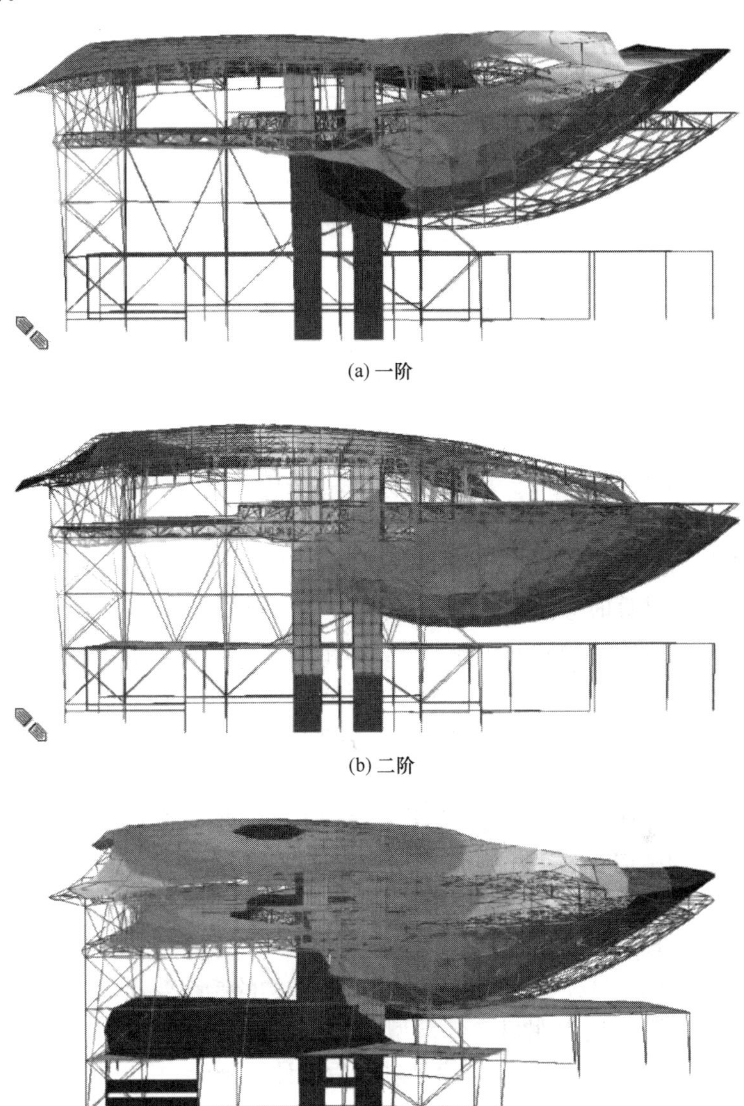

(a) 一阶

(b) 二阶

(c) 三阶

图 3-18-2　前三阶模态图

计算模态参数表　　表 3-18-1

序号	频率（Hz）	振型参与质量（t）			振型方向因子（%）		
		X	Y	Z	X	Y	Z
1	2.36	330	30	824	11	6	83
2	2.47	875	3877	40	20	77	3
3	2.96	335	626	68	36	58	6
4	3.76	41	1	345	3	1	96

续表

序号	频率（Hz）	振型参与质量（t）			振型方向因子（%）		
		X	Y	Z	X	Y	Z
5	3.99	3252	995	179	68	20	12
6	4.55	1	0	0	77	7	15
7	4.82	0	63	11	3	4	93
8	5.05	1	1	0	30	64	6
9	5.30	50	43	18	17	9	74
10	5.52	143	266	20	23	65	12

三、振动控制分析

1. 模态频率的确定

用于结构设计的计算模型，一般情况下不能直接用于振动控制计算，应进行动态特性修正，以得到相对精确的振动频率或可能的频率误差范围。特别地，对于某些不规则悬挑结构，TMD 安装之前难以进行结构振动特性测试（如本项目），仅通过计算得到精确的模态频率往往较难，计算时应注意以下几点：

（1）荷载：结构正常使用时的实际荷载，一般情况下，无法整体达到结构强度验算中的荷载数值，应根据实际情况分别对恒荷载及活荷载进行折减，并转化为参振质量，同时，应检查不同折减系数对频率的影响程度。本项目参考相关工程经验，选定活荷载折减系数为 0.2，恒荷载不折减。

（2）附加结构：楼面板、隔墙等附属结构在结构设计时，会将其考虑为恒荷载，但有些情况下，这些附加结构会对实际结构产生刚度贡献。

（3）结构计算假定：结构设计模型中，采用节点板连接措施连接的杆件视为铰接，而实际连接部位并不是理想的铰接且有一定刚度。

综上，建立不同的计算模型以了解极端情况下结构的频率变化，发现（2）、（3）两点对于控制模态的频率影响较为明显，各模型同阶模态频率在 2.1～2.9Hz 变化（见表 3-18-2），因此，选择 2.4Hz 对应的结构模型进行后续计算分析。

模型假定对于控制频率的影响　　表 3-18-2

模型假定	计算频率（Hz）
节点刚结，考虑楼板面层刚度	2.9
节点铰结，不考虑楼板面层刚度	2.1

2. 控制目标与行人激励

本项目采用国际标准《机械振动和冲击 人体暴露于全身振动的评价　第 2 部分：建筑物内的振动（1～80Hz）》ISO 2631—2—2003 标准中关于室内廊桥、超市、餐厅及舞厅的要求：结构悬挑部分的竖向振动限值为 0.15m/s^2。

步行激励的实现方法较多，本文根据相关文献、工程经验，确定了一种可以考虑步频、步幅与人群密度关系的均布荷载时程激励模式。

取步行激励频率为 1.6 Hz、1.8 Hz、2.0 Hz、2.2 Hz、2.4Hz 五个工况进行计算。单人激励模型采用 IABSE 建议模型，取单人重 0.7kN，2.4Hz 激励对应的时程及频谱如图 3-18-3 所示。

假定不同步频下的步幅为 x，并假定在一个步幅范围内只有一个人，可确定单位面积内的人数 $n=1/x$，步幅依据频率线性插值，则 1.6Hz 对应的人数密度为 1.8 个/m^2，详见表 3-18-3，并最终建立步频、步幅与行人密度的关系。

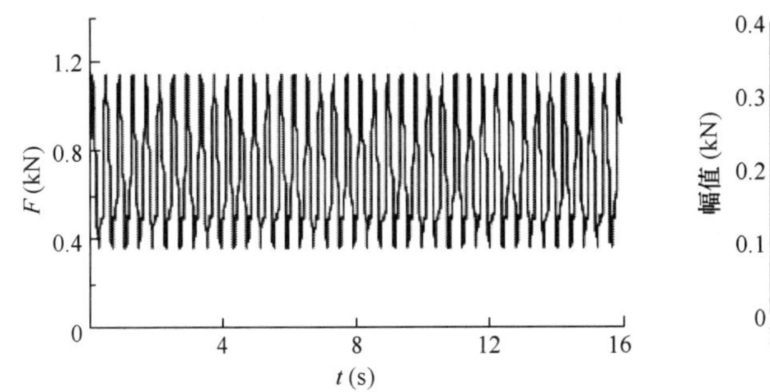

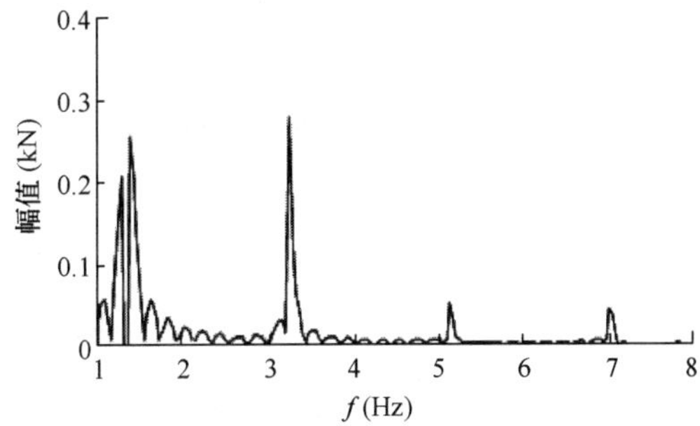

图 3-18-3　2.4Hz 单人步行激励时程及频谱

不同步频对应的步幅与人数　　　　表 3-18-3

工况	1	2	3	4	5
步频（Hz）	1.6	1.8	2	2.2	2.4
步幅（m）	0.6	0.7	0.8	0.9	1
人数（个/m^2）	1.8	1.6	1.4	1.2	1

取总人数的 13.5%作为步频同步人数比例，得到人群荷载的表达式：

$$P_s(t)=n(f)\times r\times F(t) \tag{3-18-1}$$

式中　$P_s(t)$——均布动力荷载时程；

$n(f)$——与步行频率相关的单位面积总人数；

r——同步比例；

$F(t)$——单人步行激励。

分别计算步行激励作用在悬挑上表面、内部上梯廊、内部下梯廊三个位置、五种激励工况的响应，同频率不同位置的响应组合采用 SRSS 方法。

四、振动控制关键技术

TMD 设计的主要内容包括系统质量、刚度、阻尼比等力学参数及系统的结构形式、几何形式、减振器数量等。

对于高耸及大跨结构，可直接计算控制模态的质量参与系数，并取一定的比例（2%～5%）作为 TMD 质量初选值，而悬挑结构控制位置的振动参与系数难以计算，一般情况下，只能进行多次迭代计算，得到满足振动响应评价标准时的质量，质量确定后再计算刚度、阻尼的最优值。

对于已确定力学参数的 TMD 系统，其尺寸、数量（确定单个 TMD 质量）、布置位置、结构形式互相耦合，需要综合考虑结构给定空间、安装与调试空间、最优控制位置、支撑结构的承载能力、可调整频率范围、造价等一系列因素进行系统优化设计，必要时还需配合建筑、结构相关专业进行结构设计细部调整。

TMD系统要有一定的频率调整量以适应理论计算误差，对于本项目，TMD系统与结构同时施工，完工后难以重新安装整个TMD系统，所以，在计算结果基础上，增大可调整范围，调整方式首选刚度，虽然调整质量也可调整频率，但会影响减振效果或增加支撑结构负担。频率调整时，应相应调整系统阻尼比，使其保持最优。

本项目最终确定的TMD数量为8个，单个尺寸1m×1.7m×0.5m，单个质量3t，TMD质量与结构控制模态的质量比为2.9%。出厂频率2.4Hz，可调整频率范围2.0～2.8Hz，TMD安装于悬挑结构端部（图3-18-4）的平台板结构层（图3-18-5）。

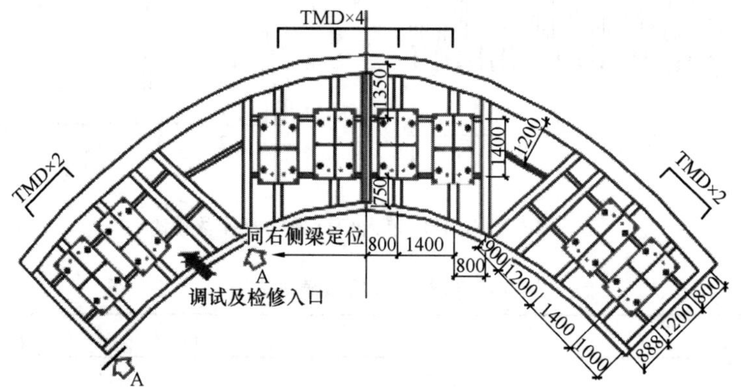

图3-18-4　TMD系统平面布置

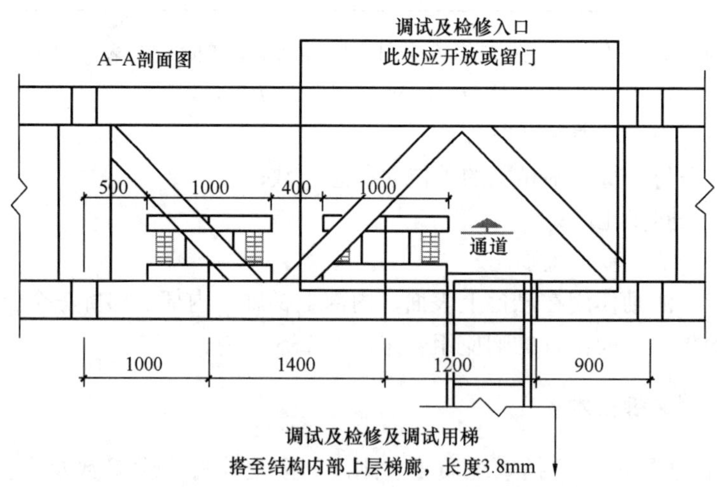

图3-18-5　TMD安装位置剖面图

五、振动控制效果

悬挑结构TMD振动控制效果评价，可采用数值计算及现场实测的方法。数值计算的优点是可以采用极限状态的人致激励密度，计算结构在不同激励频率下的响应，从而直接验证是否满足舒适度指标。现场实测时，人群密度与频率两者难以同时保证，只能得到同等激励方式在TMD工作与非工作状态的响应相对值对比，其绝对值没有意义。数值计算也存在缺点，即数值模型与实际结构有差别。

本项目采取两者相结合的方法，为客观反应计算与测试的差别，未采用测试结果标定数值模型。有、无TMD系统的结构响应计算值对比如图3-18-6所示，系统安装TMD后，振动峰值频率产生变化（由2.4Hz变为2Hz），2Hz处振动值超过无TMD系统，这点与TMD理论一致。在控制模态频率处的振动控制效果为68%，整个频段（峰值比峰值）振动控制效果为46%。安装TMD后，结构各响应计算值均小于国际标准《机械振动与冲击　人体处于全身振动的评价　第2部分：建筑物内的振动（1～80Hz）》ISO 2631—2—2003规定的限值。

现场实测时，先采用自然激励的方法将悬挑结构的竖向随机响应时域信号（图3-18-7）进行傅里叶变换，并识别结构的模态频率（图3-18-8）。结构的实际频率约为2.7Hz，与选定值存在差异，但仍在计算及系统设计的频率范围之内。在6.7Hz左右，结构还有一幅值，为局部高阶模态，频率较高，一般无法与步行激励共振。

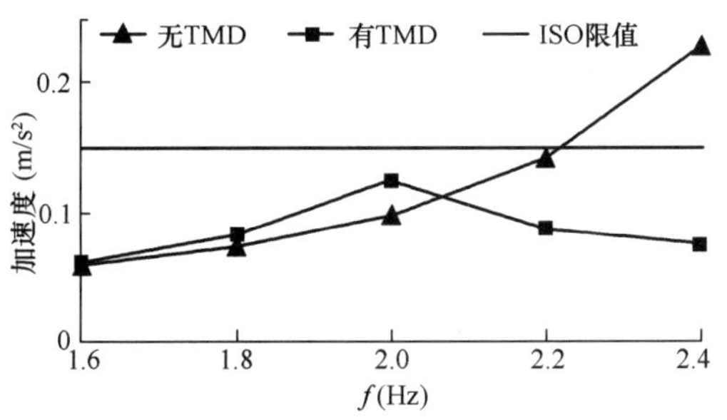

图3-18-6　TMD安装前后响应的计算对比

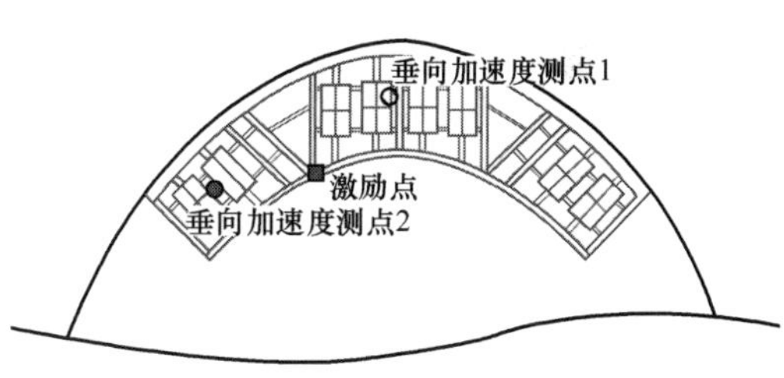

图3-18-7　振动测点布置

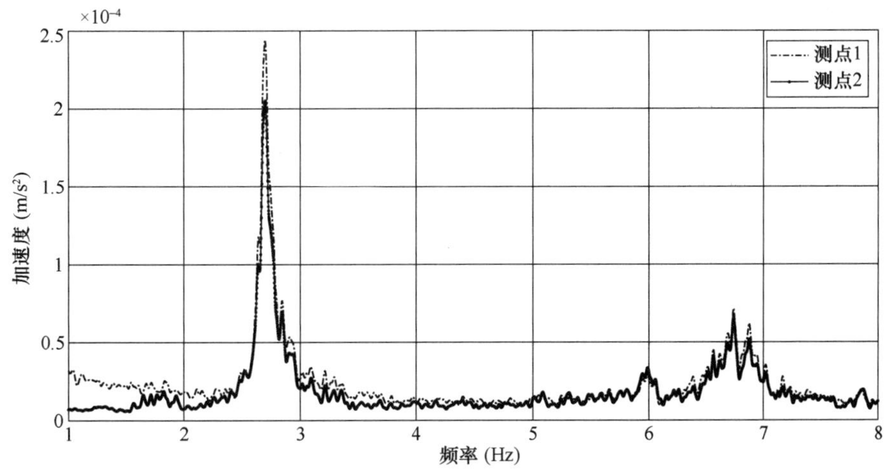

图3-18-8　自然激励下结构的频域响应

采取在悬挑结构远端6人、以2.7Hz同步跳跃冲击的激励方式，以最大程度使结构振动响应峰值达到计算工况水平，TMD开启、关闭时，结构冲击响应对比如图3-18-9所示。测试得到TMD系统开启与关闭状态下，结构阻尼比分别为1.5%与6%。在控制模态频率处（2.7Hz）的振动控制效果为64%，数值与计算结果接近。

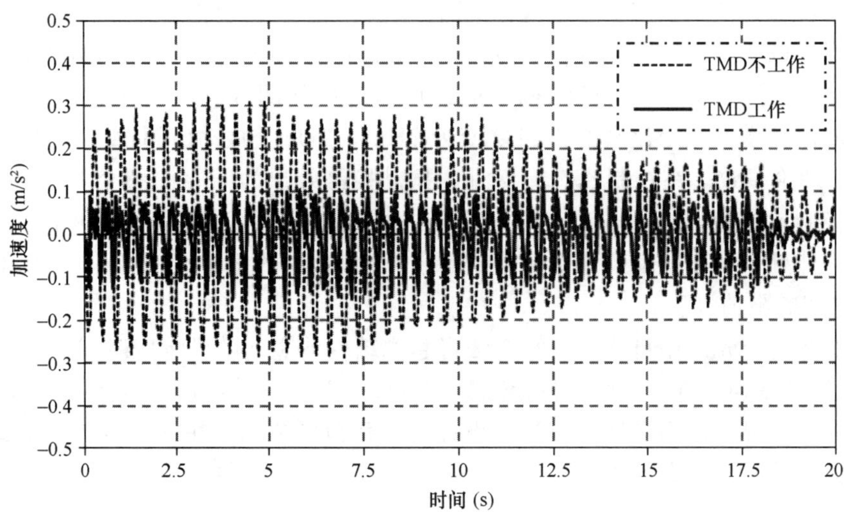

图 3-18-9　TMD 开关前后响应的实测对比

［实例 3-19］伦敦千禧桥振动控制

一、工程概况

为纪念新千年（2000 年），伦敦泰晤士河上新建一座人行桥——千禧桥（图 3-19-1）。该桥为悬索桥，全长 300m，共有三个跨度，最长中心跨度长 144m。桥拉索垂度 2.3m，能承受大约 2000t 的拉力荷载。尽管已通过风洞试验对桥梁的动力学特性进行详细研究，但行人诱发振动的潜在危险性并没有准确预估，即“Fujino”效应，设计桥梁时该效应未纳入相关的桥梁设计规范中。

当桥投入使用、桥上挤满行人的时候，桥发生剧烈的低频横向振动，桥梁被迫停用。

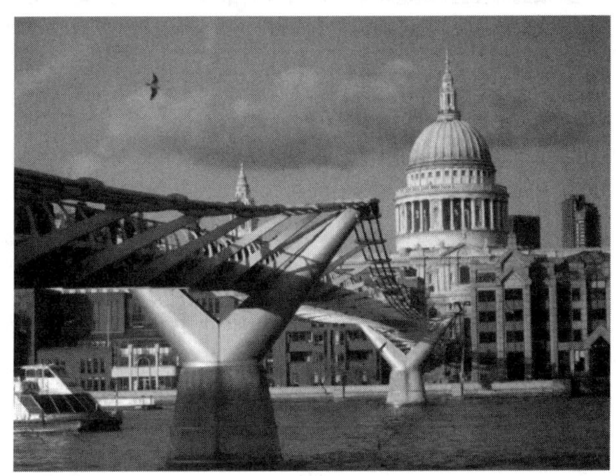

图 3-19-1　伦敦千禧桥

二、振动控制方案

为尽可能保持桥的外观不发生改变，决定采用 TMD 振动控制，方案由 60 个 TMD 和 37 个黏滞阻尼器构成，16m 长典型桥面的 TMD 和阻尼器布局如图 3-19-2 所示。

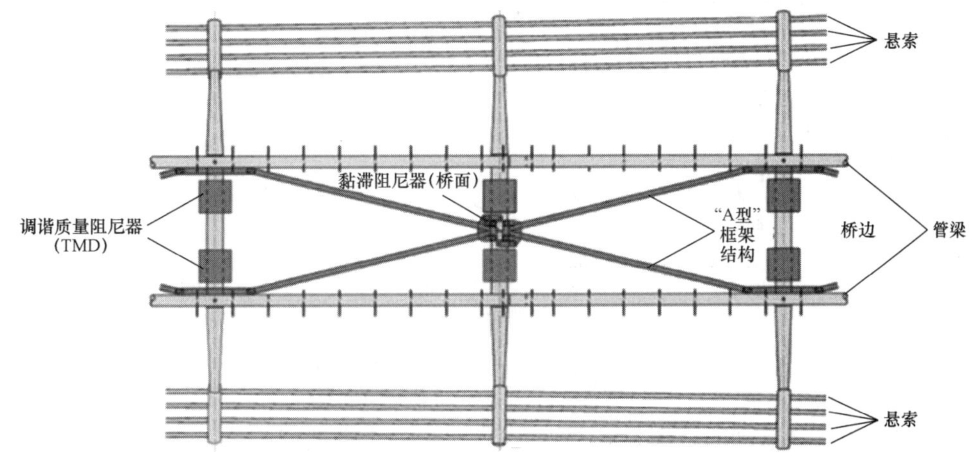

图 3-19-2　调谐质量阻尼器和黏滞阻尼器布置图（16m 桥长局部视图）

TMD可直接安装到桥面下方，如图3-19-3所示，不会影响桥的外观，且与桥面只有一个接触面，安装TMD是有效增大桥面结构阻尼且对桥改造影响最小的解决方案。

(a) 横向TMD

(b) 竖向TMD

图3-19-3　TMD安装图

振动控制系统由8个横向TMD和52个竖向TMD组成。其中，跨中位置安装4对横向TMD，有效质量为2.5t，通过在桥梁横向共振频率上施加一个反向振动作用力，有效减少横向运动振幅。此外，为防止横向振动问题解决后，仍可能发生竖向振动危害，在全跨桥梁上安装26对竖向TMD，每个TMD的有效质量约1～2t，质量比在3%～5%之间。随机和谐波激励下，结构阻尼比随TMD质量比变化曲线如图3-19-4所示。竖向TMD用于控制1.1～2.2 Hz之间的振动模态，横向TMD用于控制0.48 Hz的横向模态。

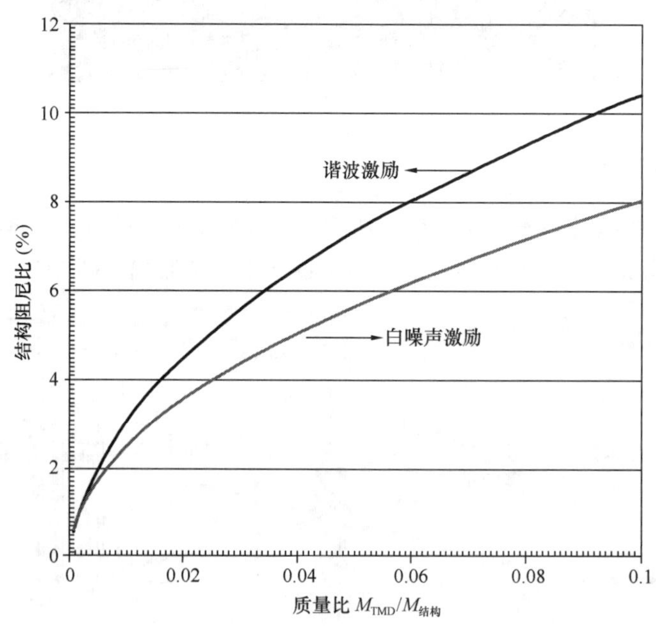

图3-19-4　结构阻尼比与TMD质量比的关系

为增加桥梁横向运动的结构阻尼，还另外安装37个黏滞阻尼器，包括4个竖向黏滞阻尼器（图3-19-5a），17个横向“桥面阻尼器”和16个“桥墩阻尼器”（图3-19-5b）。

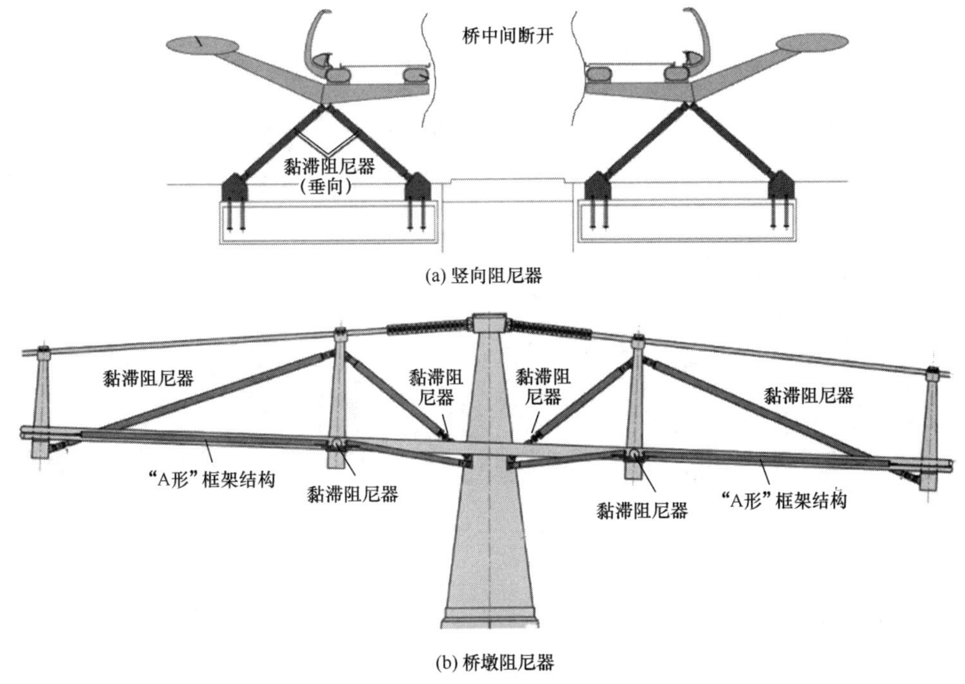

(a) 竖向阻尼器

(b) 桥墩阻尼器

图 3-19-5 黏滞阻尼器布置图

三、振动控制装置

对 TMD 的关键部件——弹簧和阻尼装置分别进行测试，对弹簧进行刚度测试和疲劳试验，以确保弹簧在 TMD 设计寿命内不会出现疲劳问题；对阻尼装置进行力-位移测试，以验证在特定温度范围内所需的阻尼系数，并验证该系数在持续加载期间保持恒定。

此外，在振动台上进行完整组装的 TMD 测试试验，通过分析振动衰减特性，获得 TMD 动态参数，通过频响函数识别 TMD 的调谐频率和内部阻尼。图 3-19-6 给出衰减曲

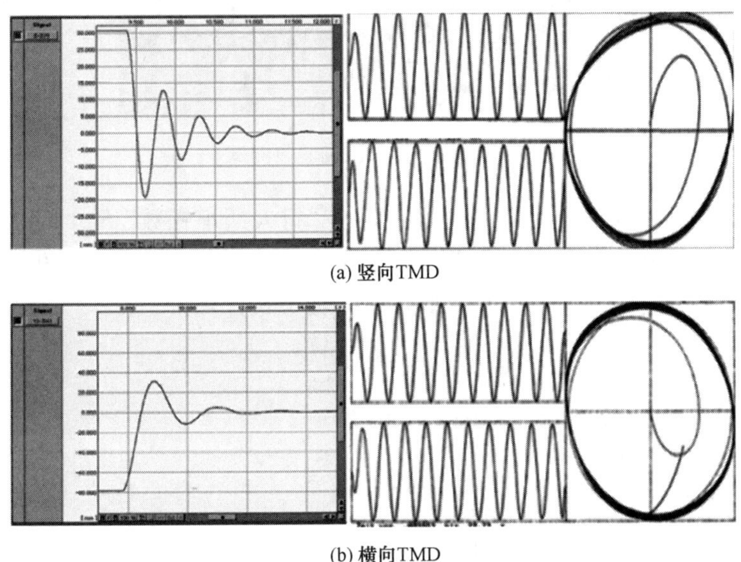

(a) 竖向TMD

(b) 横向TMD

图 3-19-6 TMD 测试曲线

线、阻尼装置的力-位移曲线，TMD 装置如图 3-19-7 所示。

图 3-19-7　TMD 装置

四、振动控制效果

2002 年 1 月，组织了 2000 人的现场行人激励试验，如图 3-19-8 所示。结果表明，1Hz 以下振动加速度均方根未超过 0.02g，满足相关标准要求。

图 3-19-8　行人激励验收测试

人群引起的横向振动，应重点关注无量纲的“行人斯坦顿数”S_{cp}，研究表明，将 S_{cp} 保持在 1.0 以上，可确保在所有实际条件下桥的稳定性。桥最初的 S_{cp} 约为 0.1，桥梁振动控制改造后，S_{cp} 接近 2.3，安全系数很高。S_{cp} 按下式计算：

$$S_{cp}=\zeta\times\frac{M_b}{m_p} \tag{3-19-1}$$

式中　S_{cp}——行人斯坦顿数，无量纲；

ζ——模态阻尼比；

M_b——单位长度桥梁质量（kg）；

m_p——单位长度行人质量（kg）。

通过人工激励 TMD，记录 TMD 质量块和桥的振动加速度，如图 3-19-9 所示，由于

TMD 与桥梁主体结构相互作用，仅对 TMD 质量块的衰减曲线进行分析还不够，还应获得 TMD 质量块振动加速度与桥加速度之间的传递函数，如图 3-19-9 所示。TMD 系统的最低阻抗出现在调谐频率处，可验证初始调谐频率，更精确的方法是使用 TMD 和桥梁的环境振动测试记录。TMD 和桥梁之间的传递函数是一个频响函数，可看作是单自由度系统频响函数，从而得到 TMD 参数。

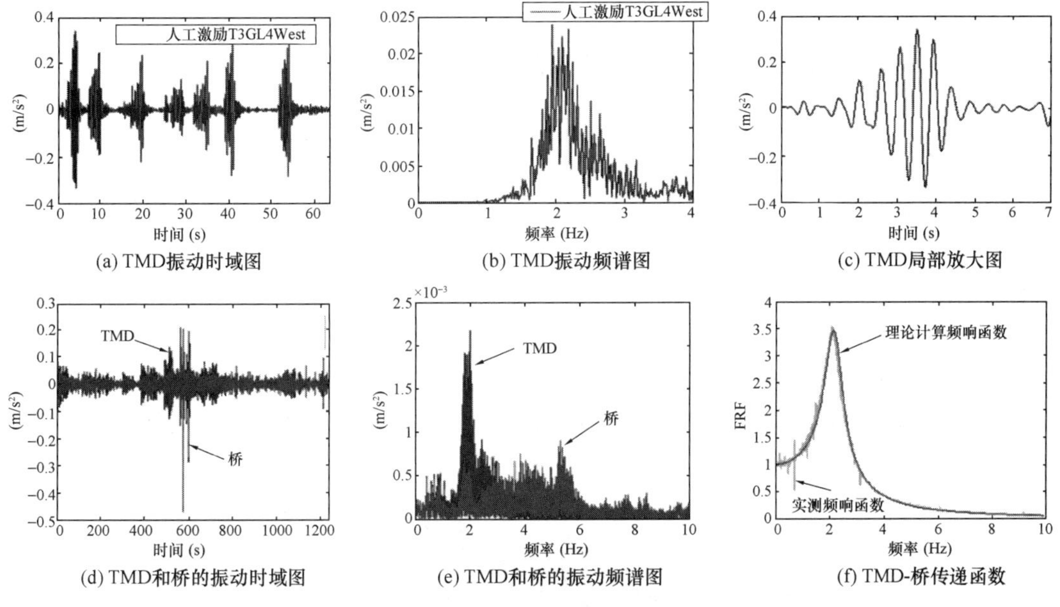

图 3-19-9　TMD 动态参数测试图

振动控制改造完毕后，伦敦千禧人行桥具有较高的结构阻尼。对于 3Hz 以下的振动模态，附加阻尼比由 0.05 增加到 0.2，而改造前的结构阻尼比只有 0.01 或更小。在空桥上进行的机械式振动试验和 2002 年的行人试验表明，阻尼水平提高是通过 TMD 和黏滞阻尼器共同作用实现的。基于“行人斯坦顿数”，对由行人引起的横向振动进行计算，结果表明改造后桥梁的安全系数很高。

2002 年 2 月 20 日，千禧桥重新开放，重新投入使用以来，桥梁各方面性能良好，振动控制效果显著。

第四章　交通工程振动控制

［实例 4-1］长沙南站候车层楼盖振动控制

一、工程概况

长沙南站是沪昆铁路客运专线六大站之一，如图 4-1-1 所示，车站主体建筑在地铁层以上、自下而上依次为出站层（地面层）、站台层、候车层（高架层）和屋盖层，站房与桥梁在结构上连为一体，车站设有 4 个中间站台、1 个基本站台。车站站房为钢筋混凝土结构、预应力混凝土结构及部分钢桁架结构组成的组合框架结构。主体为钢结构，楼面采用 150mm 厚混凝土板，平面尺寸为 177m（顺轨方向）×136.75m（垂直于轨道方向）。柱子采用钢管混凝土柱，落在站台层的桥墩和轨道梁上，站台层楼面梁采用预应力钢筋混凝土梁。

图 4-1-1　长沙南站

车站高架候车层楼盖采用钢桁架结构，最大跨度达 49m，净空高度小，结构轻柔，易产生振动问题。此外，高架层楼盖主要用于候车，人员密集，流动频繁，有特定活动规律，当人行走频率与结构自振频率相同或接近时，会引起结构产生较大振动甚至共振，影响结构舒适性、安全性。

二、振动分析与测试

1. 大跨结构常用舒适度标准

表 4-1-1、表 4-1-2 分别给出目前常用的大跨度楼板结构振动舒适度控制分类及标准值。

大跨度楼盖结构竖向振动舒适性控制标准分类　　表 4-1-1

序号	标准	控制参数类别
1	加拿大标准协会（CSA S16—2014）	限制加速度
2	国际标准化组织（ISO 2631-2-22003）	限制加速度
3	SCI（Steel Construction Institute）	区分高频与低频楼盖系统
4	美国钢结构协会（AISC，2010）	针对钢-混凝土组合楼盖，限制行人荷载加速度以及节奏性激励频率
5	英国混凝土协会规范（CSTR 43，2005）	针对混凝土楼盖，限制加速度反应系数
6	《高层民用建筑钢结构技术规程》（JGJ 99—1998）	针对钢-混凝土组合楼盖，限制频率
7	中国标准《多层厂房楼盖抗微振设计规范》（GB 50190—1993）	限制位移及速度
8	中国标准《城市人行天桥与人行地道技术规范》（CJJ 69—1995）	限制频率
9	日本《立体横断施设技术基准·同解说》	限制频率
10	瑞士规范 SIA261/1 和欧洲国际混凝土委员会规范 CEB	限制频率

大跨结构竖向振动加速度控制标准　　表 4-1-2

标准类别	办公室、住宅	商场	室内天桥	室外天桥	有节奏性运动
ISO 规定（m/s^2）	0.005	0.018	0.018	0.05	0.05
一般民用建筑规定（m/s^2）	0.005	0.015	0.015	0.05	0.04～0.07

2. 整体结构舒适度计算

车站整体结构有限元计算模型如图 4-1-2 所示，对高架层楼盖体系进行动力特性计算，结果表明结构大跨楼盖部分的自振周期比较密集，前几阶振型以平动和扭转为主。

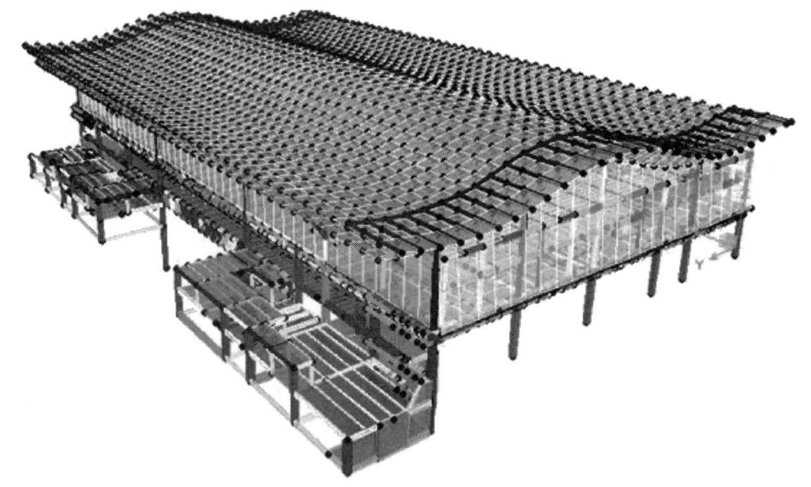

图 4-1-2　长沙南站整体结构有限元计算模型

高架候车层大跨度桁架梁支撑区为人群踏步激励分析中的重点区域，选取 Q～R 轴间和 U～V 轴间（见图 4-1-7）进行振动计算，结果显示 Q～R 轴间楼盖竖向振动基频为 2.82Hz，U～V 轴间楼盖竖向振动基频为 2.93Hz，大跨楼盖主要振型如图 4-1-3 和图 4-1-4 所示。

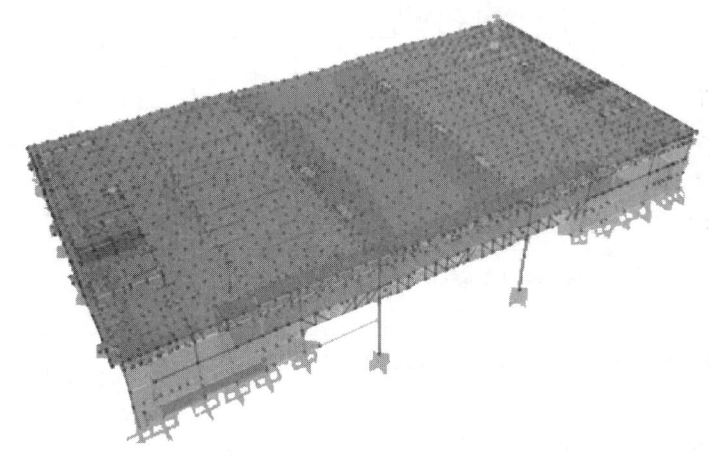

图 4-1-3　高架层楼盖第一阶振型图

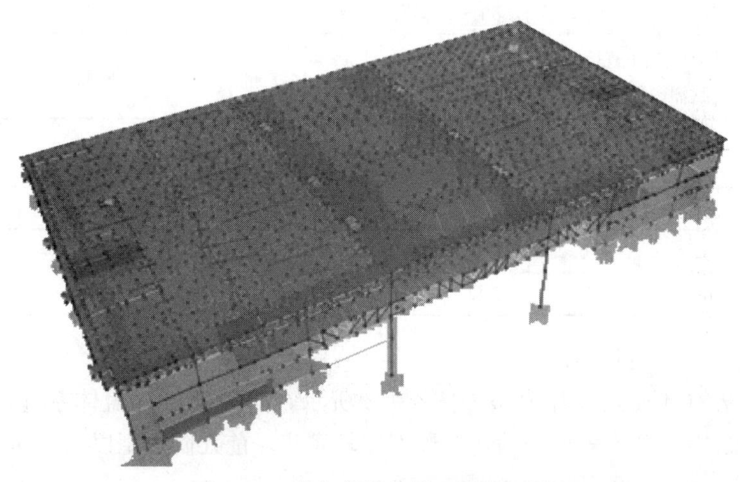

图 4-1-4　高架层楼盖第二阶振型图

3. 现场动力试验

为验证有限元计算的准确性，对人群激励下的楼盖动力响应进行了现场实测。根据结构布置情况和现场测试条件，Q～R 轴间和 U～V 轴间每个区格内分别选取 10 个测点，布置如下：

（1）Q～R 轴间测点布置

Q 轴和 R 轴之间的测点布置如图 4-1-5 所示，以 Q 轴为 x 轴，正向朝南，10 轴为 y 轴，正向朝东。

（2）U～V 轴间测点布置

U 轴和 V 轴之间的测点布置如图 4-1-6 所示，若以 U 轴为 x 轴，正向朝南，⑩轴为 y 轴，正向朝东。

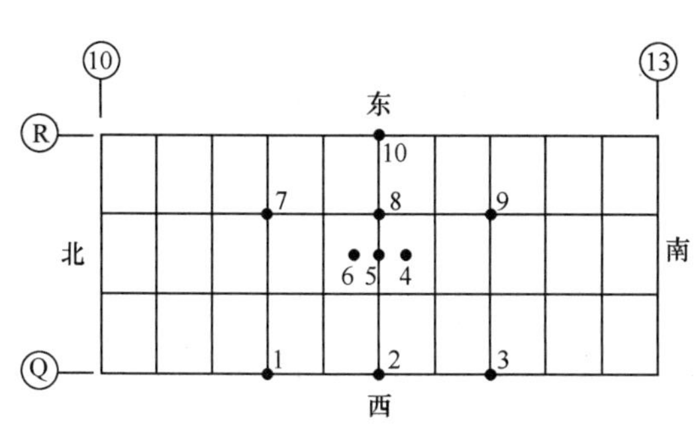

图 4-1-5　Q～R 轴间测点布置

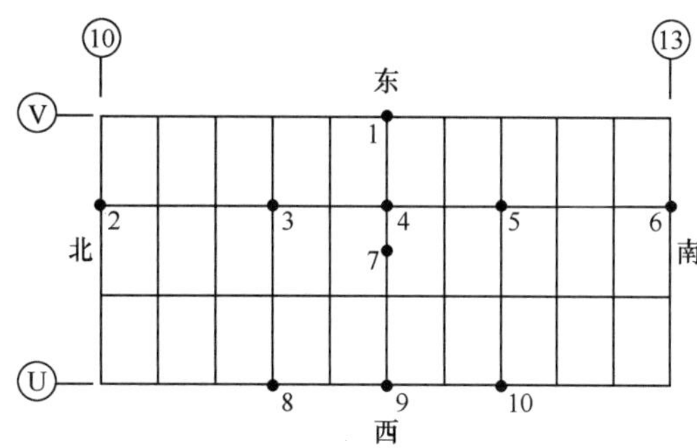

图 4-1-6　U～V 轴间测点布置

实测结果和计算结果趋势一致，且都表明 Q～R 轴间与 U～V 轴间楼盖结构基频均低于或等于行业标准《城市人行天桥与人行地道技术规范》CJJ 69—95 给出的下限值 3Hz。对高架层人致振动的动力响应进行分析，Q～R 轴间和 U～V 轴间楼盖采用相同的工况进行激励，定义的荷载工况如表 4-1-3 所示。

定义的荷载工况　　表 4-1-3

工况	行走		跑步		踏步		
人群活动类型	慢走	快走	慢跑	快跑	慢速	普速	快速
荷载类型	行走荷载		跑步荷载		踏步荷载		
荷载布置说明	乘车高峰期 1 人/m²		乘客赶车，跑步速度不同		大量乘客在原地来回走动		
频率（Hz）	1.5	2.0	2.5	3.0	1.5	2.0	2.5

实测结果表明：原地踏步激励时，楼盖振动加速度幅值的最大值出现在 Q～R 轴的 4 号点，最大值为 281.1mm/s²，对应的工况为：人群分布 4×16，步频 2.5Hz。其他荷载工况下，Q～R 轴间楼盖的振动加速度及 U～V 轴间楼盖在不同荷载工况激励下的振动加速度最大值也有部分超过上限。将计算和实测竖向加速度最大值与规范进行对比，见表 4-1-4，可见高架层楼盖在人群原地踏步激励作用下的加速度最大值远超限值。

不同工况下竖向加速度最大值与规定限值比较　　表 4-1-4

所参考的振动控制标准	美国 AISC 标准（室内天桥）	《建筑物振动（频率为 1～80Hz）对人影响的评估指南》BS 6472—1992	日本建筑学会指南
规定的加速度限值（m/s²）	0.15	0.066	0.05
最大加速度计算值（m/s²）	0.3312	0.3312	0.3312
最大加速度实测值（m/s²）	0.2811	0.2811	0.2811
对比情况	不符合	不符合	不符合

三、振动控制方案

鉴于高架层楼盖的竖向加速度最大值超过振动控制标准规定的限值，本项目在楼盖下部安装调谐质量阻尼器（TMD），以达到减小加速度和位移响应的目的。

TMD 布置时，重点考虑 2.0Hz 频率引起的振动。经分析确定，TMD 共设置 73 个，南北向主桁架梁上（W 轴除外）安装 3 个 TMD，其他南北向桁架梁上安装 5 个 TMD。TMD 分为两种类型：Q～R 轴间安装 TMD-1 型，其他轴间安装 TMD-2 型，TMD 设计参数见表 4-1-5。TMD 在高架层楼盖上的布置如图 4-1-7 所示。

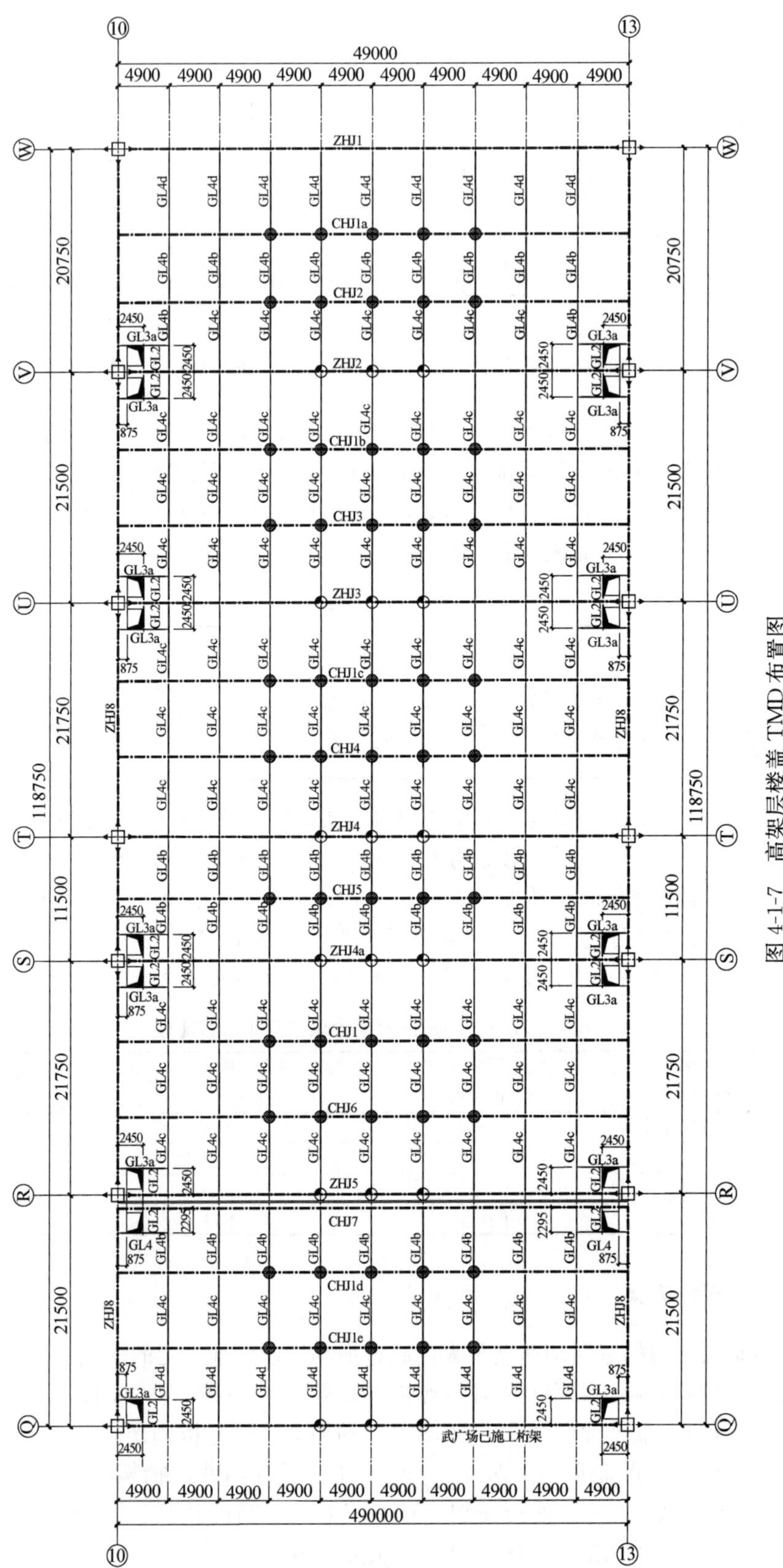

图 4-1-7 高架层楼盖 TMD 布置图

TMD 设计参数　　　　**表 4-1-5**

减振器型号	弹簧刚度（kN/m）	质量块质量（kg）	调频频率（Hz）	阻尼指数 α	阻尼系数（N·s/m）
TMD-1	306.52±15%	1000	2.81	1	6930
TMD-2	348.43±15%	1000	3.00	1	7390

TMD 装置及安装如图 4-1-8 所示，TMD 安装工艺如图 4-1-9 所示。

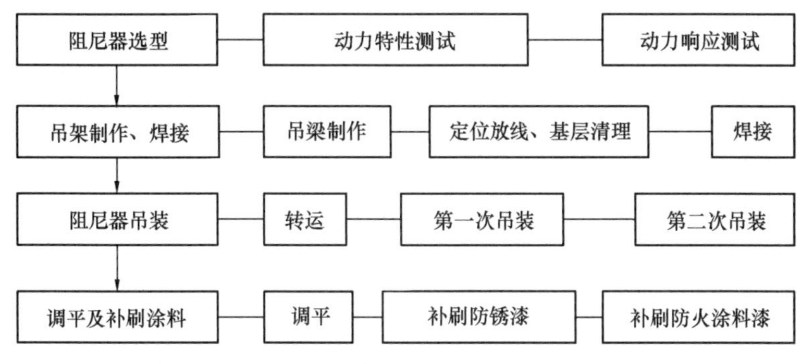

图 4-1-8　TMD 安装工艺流程

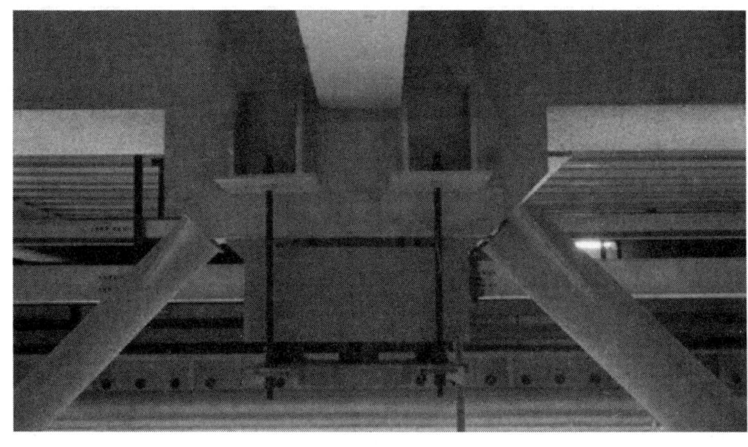

图 4-1-9　阻尼器安装完成照片

四、振动控制效果

减振前后竖向振动加速度峰值实测结果对比如表 4-1-6 所示，加装 TMD 减振系统后，加速度最大值约为 0.013g，小于北美钢结构楼盖振动控制标准（Steel Design Guide Series 11—1997：Floor Vibrations Due to Human Activity）规定的 0.015g，最大减振率达 63.1%。将所有工况下的竖向加速度与规范规定限值对比，结果见表 4-1-7，均满足规范要求。

减振前后竖向振动加速度峰值实测值对比 **表 4-1-6**

人群位置	荷载类型	频率（Hz）	减振前加速度峰值（m/s²）	减振后加速度峰值（m/s²）	减振率（%）
Q～R轴间	踏步荷载	1.5	0.0793	0.0653	17.7
		2.0	0.1752	0.1233	29.6
		2.5	0.2811	0.1338	52.4
	行走荷载	1.5	0.0592	0.0498	15.9
		2.0	0.1589	0.1145	27.9
	跑步荷载	2.5	0.3122	0.1433	54.1
		3.0	0.8211	0.3027	63.1
U～V轴间	踏步荷载	1.5	0.1057	0.0908	14.1
		2.0	0.1485	0.1281	13.7
		2.5	0.1794	0.1152	35.8
	行走荷载	1.5	0.0498	0.0424	14.9
		2.0	0.1326	0.0978	26.2
	跑步荷载	2.5	0.3044	0.1301	57.3
		3.0	0.7746	0.3245	58.1

减振后各工况下的竖向加速度值与规定值对比 **表 4-1-7**

所参考规范	ISO 规定室内天桥	AISC
规定限值（g）	0.018	0.015
计算所得数据（g）	0.003～0.014	0.003～0.014
实测所得数据（g）	0.008～0.013	0.008～0.013
对比情况	符合	符合

[实例 4-2]　北京地铁 4 号线北京大学段特殊减振措施

一、工程概况

北京地铁 4 号线北京大学段沿中关村北大街向北，至清华大学西门转向清华园西路，其北京大学周边线位于中关村大街西侧绿地中，北京大学东门站中心正对北京大学东门，位于中关村北大街和成府路交叉丁字路口，如图 4-2-1 所示。

北京大学物理楼临近北京大学东门站以北区间，西侧为白颐路，交通繁忙，物理楼外西侧边墙平行于线路走向，与线路中心线距离为 53m，楼内设有光学、微电子实验室等，精密仪器主要安置在一层 105 室、109 室、117 室、119 室内，位置关系见图 4-2-2。其中，位于 119 室的 Tecnai30 电子显微镜对环境振动要求最为严格，安装地点的容许振动要求如图 4-2-3 所示。

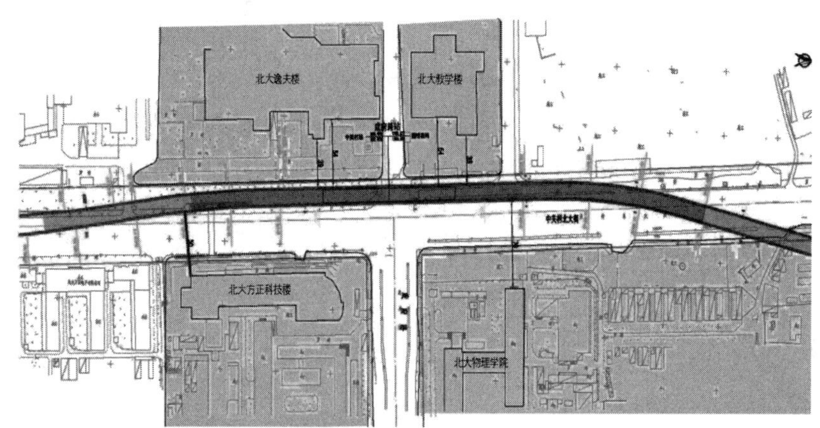

图 4-2-1　北京地铁 4 号线北京大学东门站及周边情况

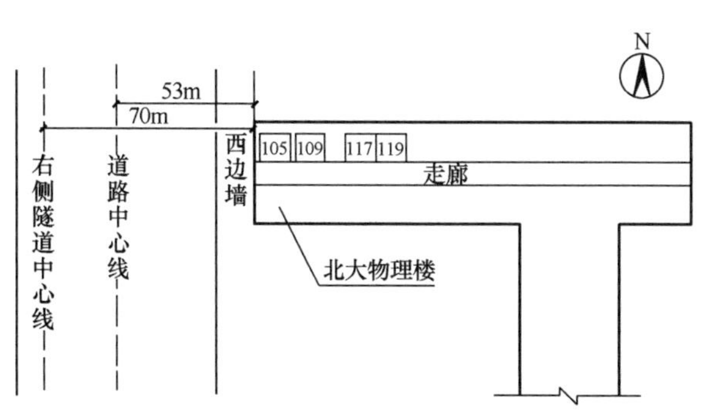

图 4-2-2　北京大学物理楼位置示意图

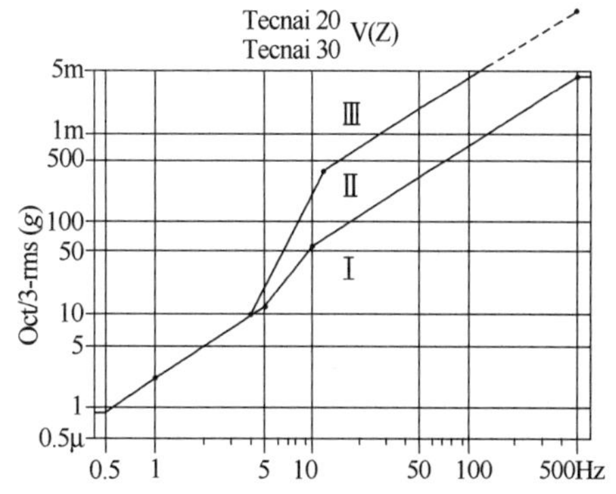

图 4-2-3　Tecnai30 要求的环境振动

二、环境本底振动测试

4 号线施工前对北京大学物理楼内、外的环境本底振动进行了测试，测点布置如图

4-2-4所示。物理楼外地表测点振动加速度的 1/3 倍频程谱均值如图 4-2-5 所示，可以看出，道路的主要振动分布在 8～20Hz，振动响应基本位于Ⅰ区。图 4-2-6 给出楼内所有测点的谱均值，可以看出，大于 2Hz 频段，除北 105 地面有位于Ⅲ区的点外，其他测点的谱均值都保持在Ⅰ区，但是部分频段的振动响应已经接近于限值，可以预见，叠加地铁列车振动后很可能超出限值，需要采取减振措施。总体来看，室内地面和仪器台面振动水平高于走廊地面，室内地面振动水平高于仪器平台和隔振基础台面，普遍存在 25 Hz、50 Hz、100 Hz 恒定频率扰动。

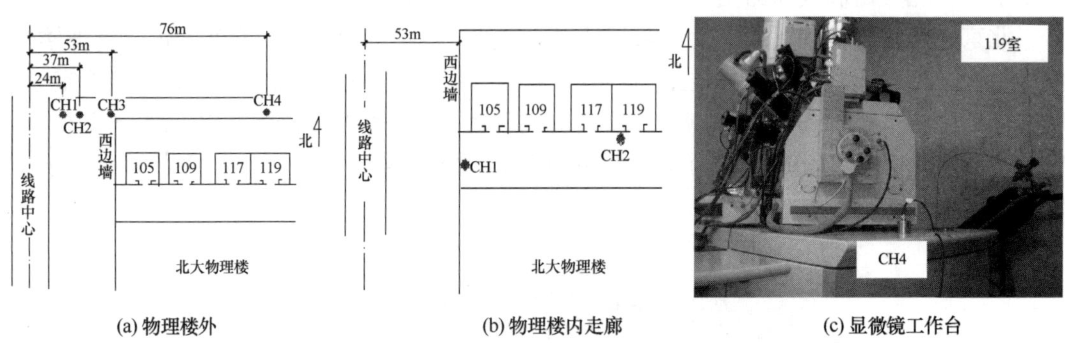

(a) 物理楼外　　(b) 物理楼内走廊　　(c) 显微镜工作台

图 4-2-4　北京大学物理楼内外测点布置

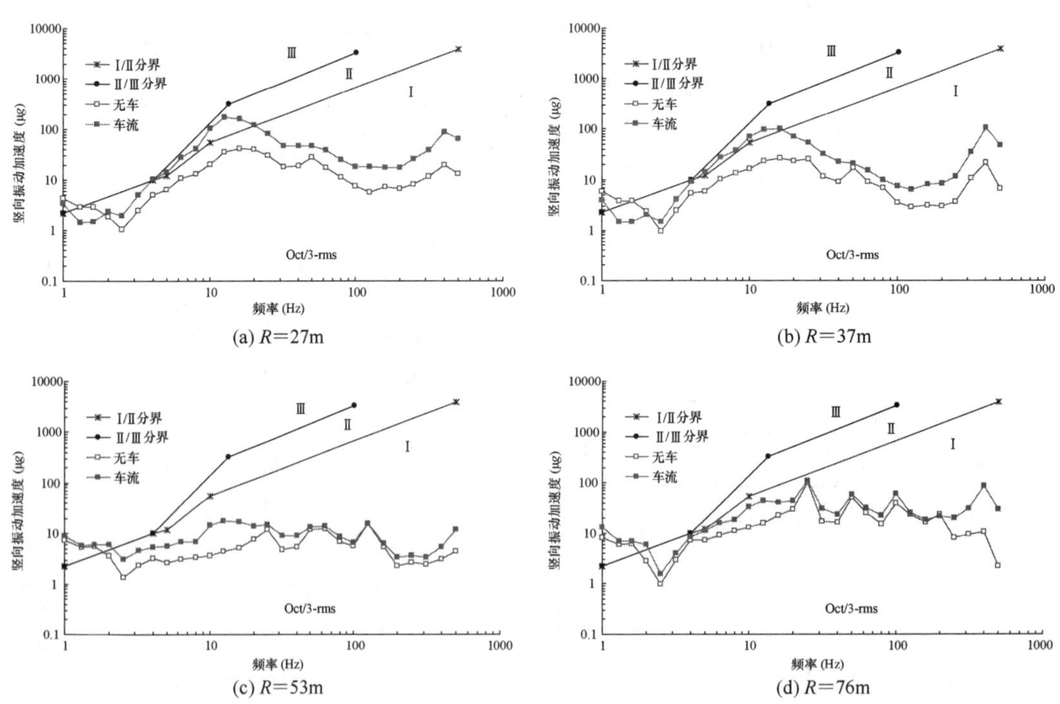

(a) R=27m　　(b) R=37m

(c) R=53m　　(d) R=76m

图 4-2-5　物理楼外西侧地面振动加速度 1/3 倍频程谱均值

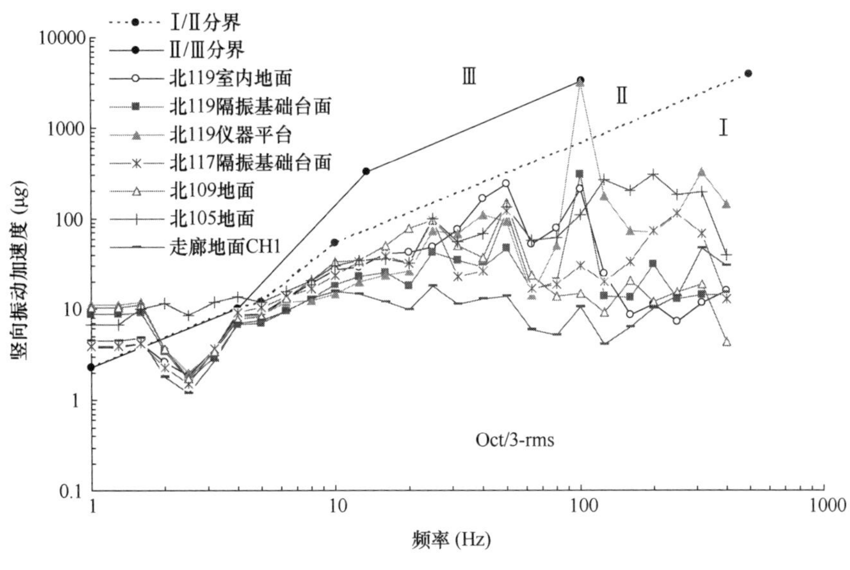

图 4-2-6　北京大学物理楼内实验室地面振动的 1/3 倍频程谱均值

三、振动控制分析

1. 钢弹簧浮置板轨道低频减振性能试验研究

在北京交通大学地下轨道减振工程试验室内铺设一段长度为 6m 的钢弹簧浮置板轨道，采用 C40 混凝土现场浇注。采用北京交通大学和北京桩工机械厂合作研发的 SBZ30A 型变频变矩式振动机模拟列车对轨道结构的冲击荷载，变频范围为 5～25Hz。钢弹簧浮置板轨道平面如图 4-2-7 所示，激振设备及铺设完成的浮置板轨道如图 4-2-8 所示。隧道内及地表测点如图 4-2-9、图 4-2-10 所示，共开展了 5 种工况试验，见表 4-2-1。图 4-2-11 给出隧道内及地表测试结果，可以看出钢弹簧浮置板轨道的基频与总刚度有关，浮置板轨道的基频在 5～7Hz，8Hz 以上频段可有效降低隧道内及地表竖向、水平振动。

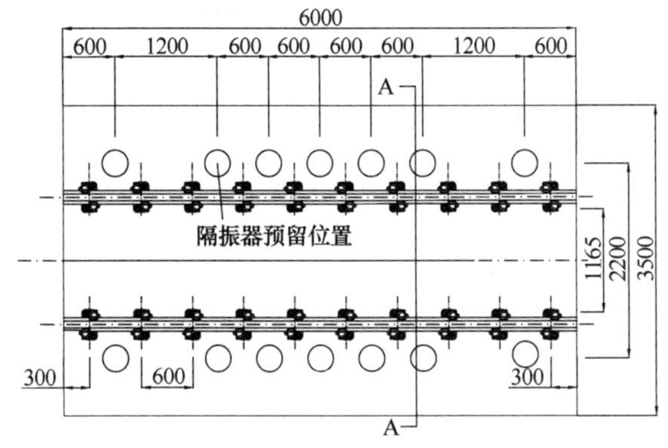

图 4-2-7　钢弹簧浮置板轨道平面图

图 4-2-8　SBZ30A 型变频变矩式振动机

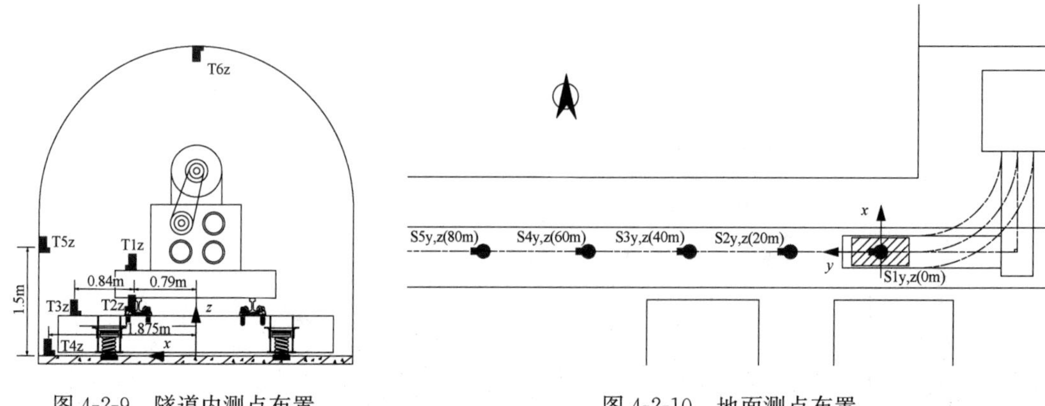

图 4-2-9　隧道内测点布置

图 4-2-10　地面测点布置

测试工况设置　　**表 4-2-1**

工况号	工况名	弹簧刚度 K（MN/m）	支承间距 S（m）	弹簧数量 N（个）	容许变形 Δ（m）
0	普通轨道	无弹簧支承			
1	K6.9@1.2	6.9	4@1.2	10	0.015
2	K5.3@1.2	5.3	4@1.2	10	0.010
3	K6.9@1.8	6.9	2@1.8，1.2	8	0.015
4	K6.9@2.4	6.9	2@2.4	6	0.015

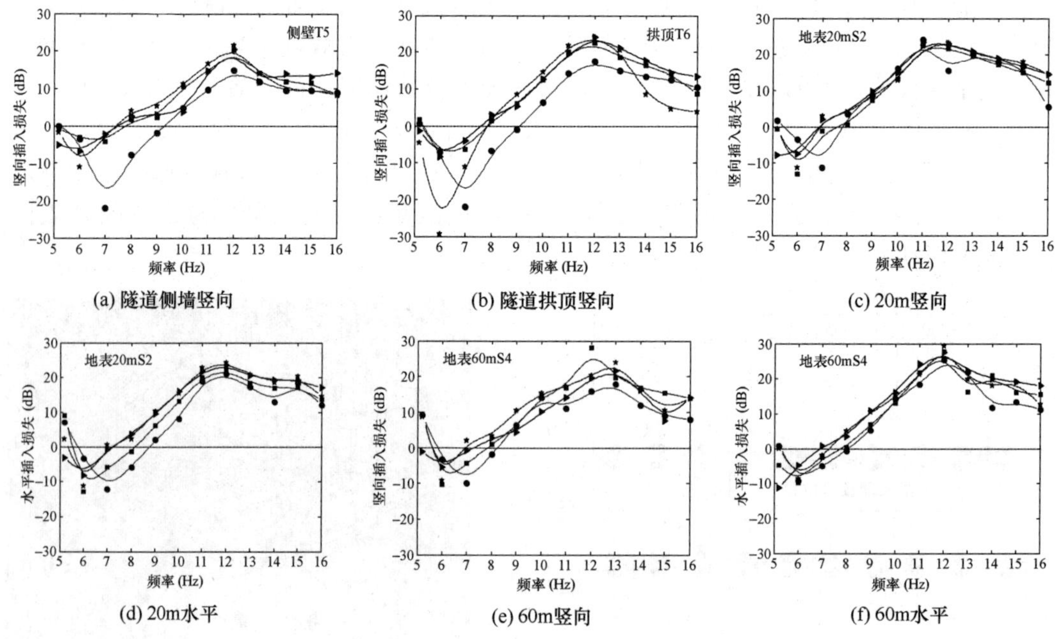

(a) 隧道侧墙竖向　(b) 隧道拱顶竖向　(c) 20m竖向

(d) 20m水平　(e) 60m竖向　(f) 60m水平

图 4-2-11　隧道内及地表振动响应

2. 地铁列车振动预测分析

北京大学东门站北区间为两个平行的、中线间距 13m 的盾构隧道，埋深为 10.5m，如图 4-2-12 所示。计算时，将土层简化为三层：填土层、粉质黏土层、卵石砂砾层，材料参数见表 4-2-2。

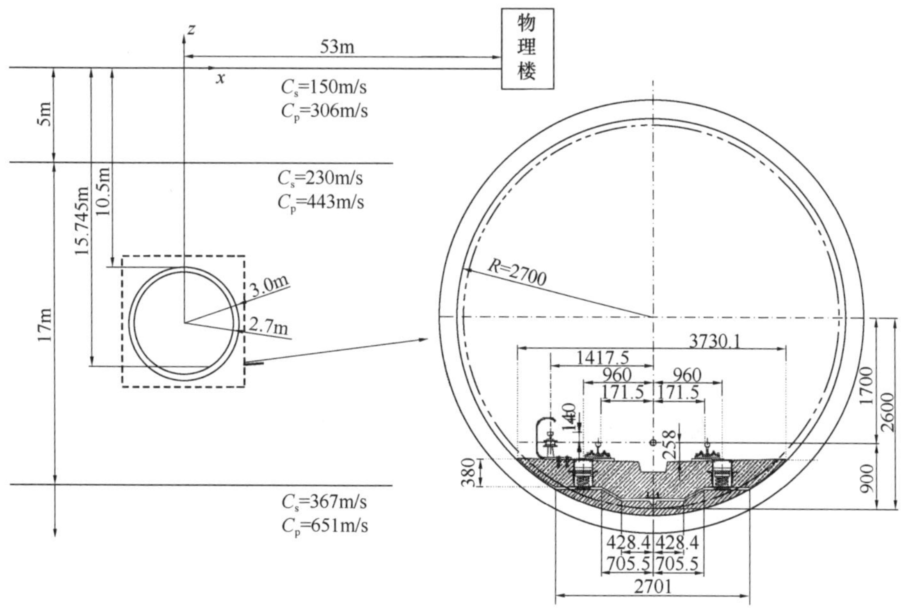

图 4-2-12　北京大学东门站区间隧道位置示意图

材料参数表　　　　**表 4-2-2**

序号	材料类型	d（m）	E（Pa）	ν	ρ（kg/m³）	β	刚度系数	C_s（m/s）	C_p（m/s）
1	覆土	5	1.17×10^8	0.341	1900	0.05	0.02	150	306
2	粉质黏土	17	2.89×10^8	0.313	2023	0.03	0.012	230	443
3	卵石砂砾	∞	7.09×10^8	0.268	2081	0.01	0.004	367	651
4	混凝土管片	—	3.5×10^{10}	0.25	2500	0.02	—	—	—
5	混凝土道床	—	2.85×10^{10}	0.2	2500	0.02	—	—	—

北京大学东门站北区间的有限元模型见图 4-2-13，模型尺寸为 500m×250m。土体、

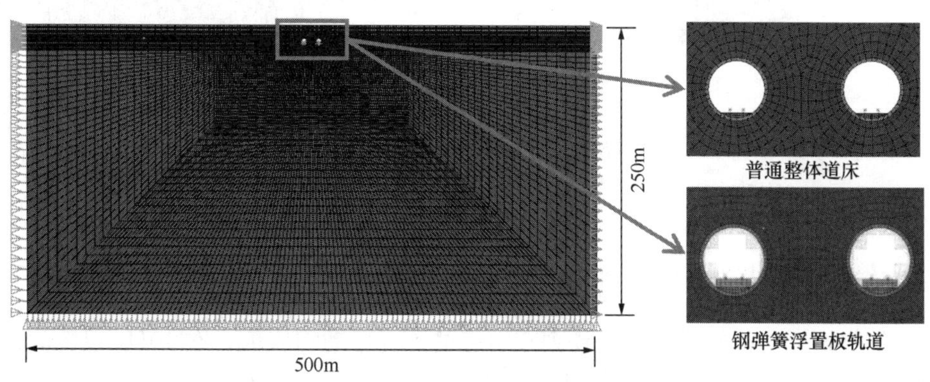

图 4-2-13　有限元模型

隧道衬砌与道床采用4节点平面单元，扣件采用弹簧-阻尼单元进行模拟，钢轨简化为质点单元。瑞利阻尼系数 $\alpha=0.137$，$\beta=0.018$，隐式积分的时间步长 $\Delta t_{max}\leqslant 0.026s$，土体结构阻尼比取0.05。

分析时主要考虑列车竖向振动，忽略列车的侧滚振动与横向振动，将列车简化为一系列二系弹簧-质量系统模型的组合，并设该组合沿隧道纵向均匀分布，其中一个二系简化模型见图4-2-14，并据此求出轮轨作用力 $P(t)$。

$$P(t)=(m_1+m_2+m_3)g+m_1\ddot{z}_1+m_2\ddot{z}_2+m_3\ddot{z}_3$$

$$=(m_1+m_2+m_3)g+\begin{bmatrix}m_1 & m_2 & m_3\end{bmatrix}\left\{\begin{Bmatrix}1\\1\\1\end{Bmatrix}\ddot{z}_0+\begin{bmatrix}1 & 0 & 0\\1 & 1 & 0\\1 & 1 & 1\end{bmatrix}\begin{Bmatrix}\ddot{\xi}_1\\\ddot{\xi}_2\\\ddot{\xi}_3\end{Bmatrix}\right\} \tag{4-2-1}$$

沿纵向均匀分布的列车线荷载，可按下式计算：

$$F(t)=K\cdot n\cdot M\cdot P(t)/L \tag{4-2-2}$$

式中 K——修正系数；

n——每节车厢的转向架数；

M——列车车厢数；

L——列车长度。

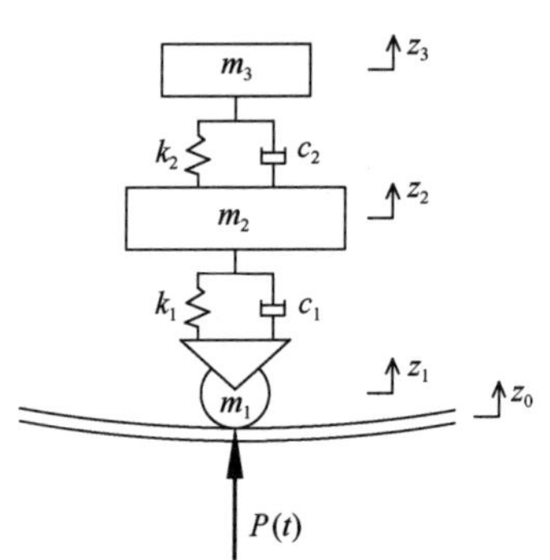

图4-2-14 地铁列车竖向振动简化模型

根据北京地铁的实际情况，$n=2$，$M=6$，$L=19.52\times 6=117.12$m。根据现场实测所得的钢轨振动加速度，得到列车模拟荷载，如图4-2-15所示。

对双向地铁交汇通过时的最不利工况进行预测分析，结果如图4-2-16所示。可以看出，选用普通整体道床时，地铁列车的运行会增大振动，对仪器的正常工作造成影响。

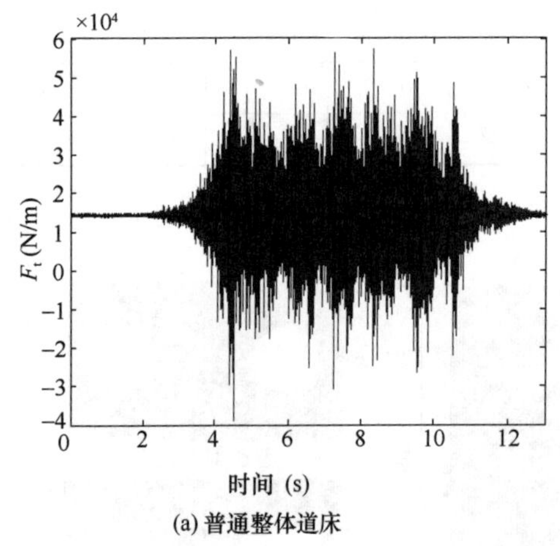

(a) 普通整体道床

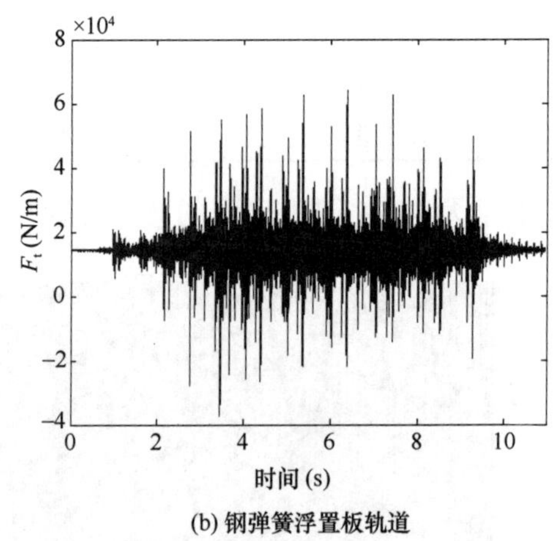

(b) 钢弹簧浮置板轨道

图4-2-15 列车竖向振动荷载

采用钢弹簧浮置板轨道后，地铁列车引起的地表振动响应值，在10Hz以上频段均位于Ⅰ区，10Hz以下频段的响应频谱值位于Ⅱ、Ⅲ区。根据实测数据，Tecnai30电子显微镜所在的119室地面的振动加速度级低于楼外地表7～7.5dB。

将北京大学物理楼外的预测结果换算后，无论是否叠加路面车流，119 室内地面振动在 10Hz 以上频段均满足仪器正常工作要求，10Hz 以下频段需采用被动隔振措施。

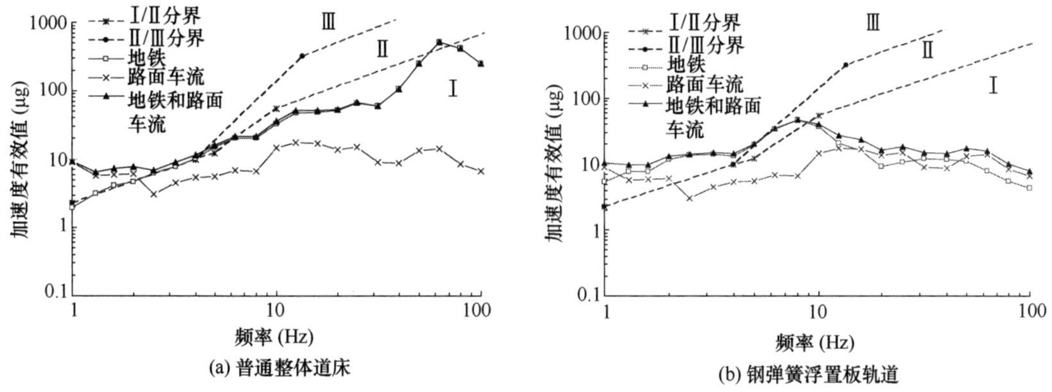

图 4-2-16　地表 53m 处竖向振动加速度 1/3 倍频程

3. 地铁 4 号线运营后跟踪测试

为检验浮置板轨道的减振效果，地铁 4 号线开通运营后，在实验楼 3 个不同房间内进行了长达 92h 的连续环境振动监测。测点布置如图 4-2-17 所示，表 4-2-3 列出 6 个测试工况。

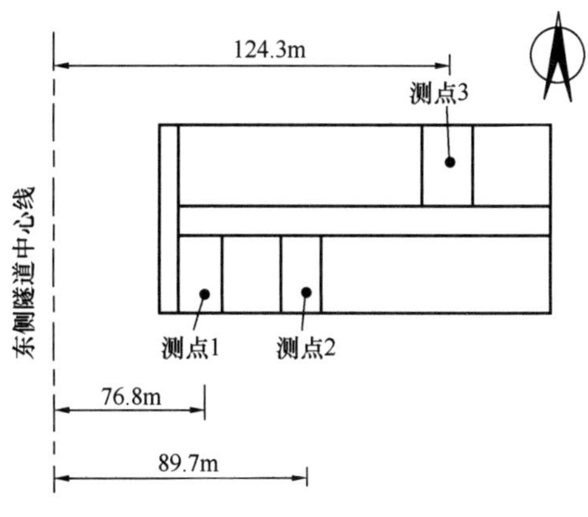

图 4-2-17　测点布置示意图

测试工况　　**表 4-2-3**

工况	工况描述	地铁列车运行	路面交通
1	背景振动	—	—
2	地铁列车振动	仅在东侧隧道内通行	—
3		双线隧道内同时交汇通行	—
4	路面交通振动	—	持续车流
5	地铁+路面交通振动	仅在东侧隧道内通行	持续车流
6		双线隧道内同时交汇通行	持续车流

路面交通、双向地铁列车交汇通过及二者共同作用时的地表振动响应如图 4-2-18 所

示。可以看出，采用钢弹簧浮置板轨道后，地铁列车引起室内的平均振动加速度可控制在精密仪器容许振动标准之内，而路面公交车引起的室内振动响应可能会超过标准，使最终交通环境振动超过仪器安装标准。

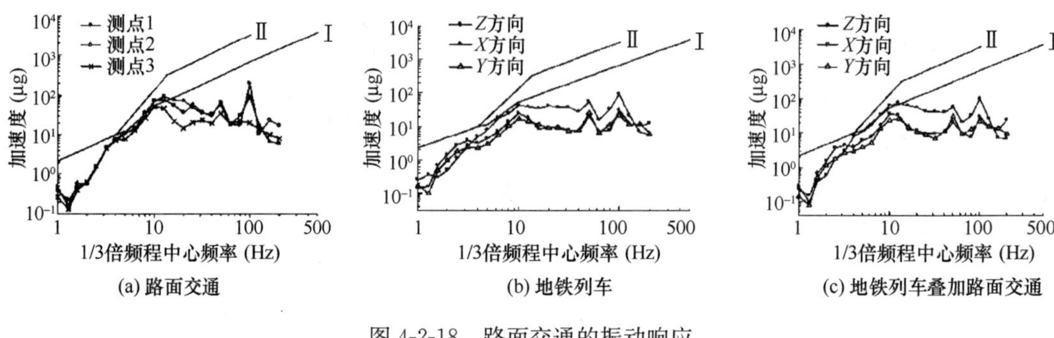

图 4-2-18　路面交通的振动响应

四、振动控制方案

为保证实验室房间精密仪器的正常使用，应采取隔振措施。图 4-2-19 给出 6 种不同工况下的平均竖向加速度振动响应及最大值包络线，隔振平台提供的隔振量用传递率级表示：

$$T_{\mathrm{f}} = 20\lg\frac{a_{\mathrm{en}}}{a_{\mathrm{cr}}} \tag{4-2-3}$$

式中　T_{f} ——传递率级（dB）；

a_{en}，a_{cr} ——1/3 倍频程频域下每一中心频率的包络线加速度和电镜振动标准Ⅰ线对应加速度。

求得 3 个测点的传递率级曲线如图 4-2-20 所示。根据 $T_{\mathrm{f}}=0$，可将曲线划分为 3 个区域：Ⅰ区和Ⅲ区，$T_{\mathrm{f}}<0$，此频段不需要隔振；Ⅱ区（4～14.2Hz），应考虑被动隔振，隔振平台在 5Hz 附近应具备不少于 5.5dB 的竖向隔振能力。由于隔振平台的自振特性，在Ⅰ区的传递率级将超过 0，最大超出量值应低于图 4-2-19 所示Ⅰ区中的传递率级绝对值。

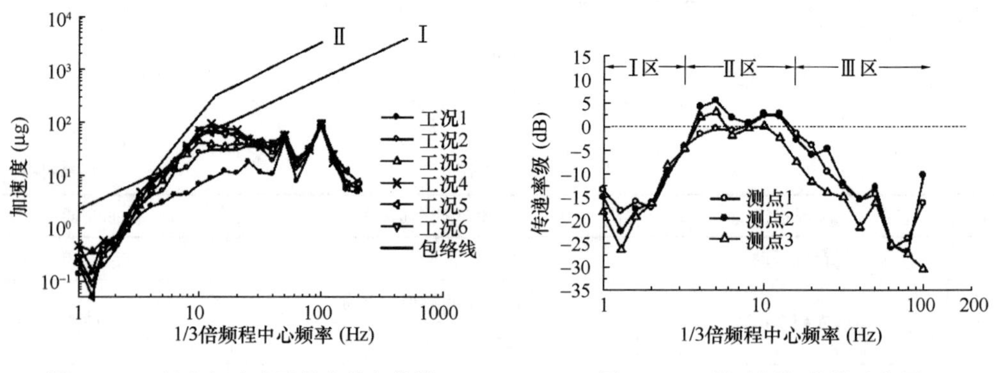

图 4-2-19　竖向加速度及最大值包络线　　图 4-2-20　被动隔振曲线示意图

五、振动控制效果

采用现场测试、模型试验等方法，研究了直线段地铁列车对精密仪器设备的振动影响，分析了钢弹簧浮置板轨道的低频减振性能。在地铁通车后进行跟踪测试，对减振轨道的减振效果进行了分析，提出了被动隔振建议，主要结论如下：

1. 钢弹簧浮置板轨道的基频与总刚度有关，试验中的浮置板轨道基频为 5～7Hz，有效降低了隧道内及地表 8Hz 以上频段竖向、水平振动。

2. 选用普通整体道床时，地铁列车运行会增大北京大学物理楼的振动，对仪器的正常工作造成影响；采用钢弹簧浮置板轨道后，可有效降低 10Hz 以上频段振动，但 10Hz 以下频段应采用被动隔振措施。

3. 地铁 4 号线运营后的跟踪测试表明，采用钢弹簧浮置板轨道后，地铁列车引起室内的平均振动加速度，可满足精密仪器容许振动标准要求。

[实例 4-3] 轨道交通振动对西安钟楼影响预测

一、工程概况

西安地铁 2 号线为南北走向、6 号线为东西走向，2 条线路共 4 条盾构隧道规划以“井”字形方式在钟楼下方交汇通过（图 4-3-1）。

为确保列车长期振动下钟楼的完整性，需要对地铁运行引起的振动进行预测。2007 年 3 月，在一期预测的基础上，确定了采用钢弹簧浮置板轨道、隔离排桩、列车限速 40km/h 等一系列振动控制措施。2011 年 9 月，地铁 2 号线投入试运营，对地铁 2 号线运行引起钟楼的振动响应进行测试，结果用于复杂有限元模型校核及对 2、6 号线联合作用下的钟楼振动响应进行预测。

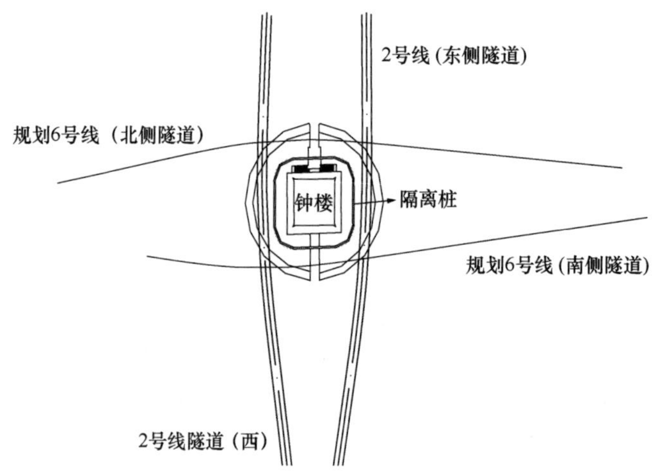

图 4-3-1　西安钟楼与已建地铁 2 号线、待建地铁 6 号线位置关系

二、振动预测分析

1. 预测方法与预测模型

利用数值计算与现场实测相结合的混合预测方法，对 2、6 号线联合作用下的钟楼结构响应进行预测，流程如图 4-3-2 所示。

建立“车辆-轨道-隧道-土层”空间动力分析模型，将复杂的三维空间体系转化为二维“车辆-轨道”模型和三维“轨道-隧道-地层”模型。通过二维模型获得扣件支反力，并作为移动车辆荷载，施加在三维模型上。

地铁 2 号线钟楼区间盾构隧道采用钢弹簧浮置板轨道，如图 4-3-3 所示，左右区间长度共计 360m。浮置板厚 330mm，中间凸台 200mm，隔振器分 GSIF-R21 和 GSIF-R20 两种，竖向刚度分别为 6.6kN/mm 和 5.3kN/mm，阻尼比均为 5%。钢弹簧隔振器布置间距为 0.625～1.875m。2 号线通过钟楼区间的线路半径为 650m，由于浮置板的作用，即使在曲线段，传递到隧道壁的列车振动仍以竖向为主，故在计算分析时忽略水平力作用。采用二维“车辆-轨道”有限元模型，将车辆和轨道模型以车轨纵向对称轴为中心，取一半进行建模分析，如图 4-3-4 所示。车辆为六节编组地铁 B 型车，轨道模型包括 6 层，从上至下：钢轨、扣件、离散的浮置板道床、钢弹簧、连续的隧道结构、土层对隧道的弹性支承。其中，第 1、3、5 层结构采用 Timoshenko 梁单元模拟，第 2、4、6 层采用 Kelvin 单元模拟。隧道结构弹性模量取 $3.5\times10^{10}\mathrm{N/m^2}$，泊松比 0.25，密度 $2500\mathrm{kg/m^3}$，地层基床系数取 60MPa/m。

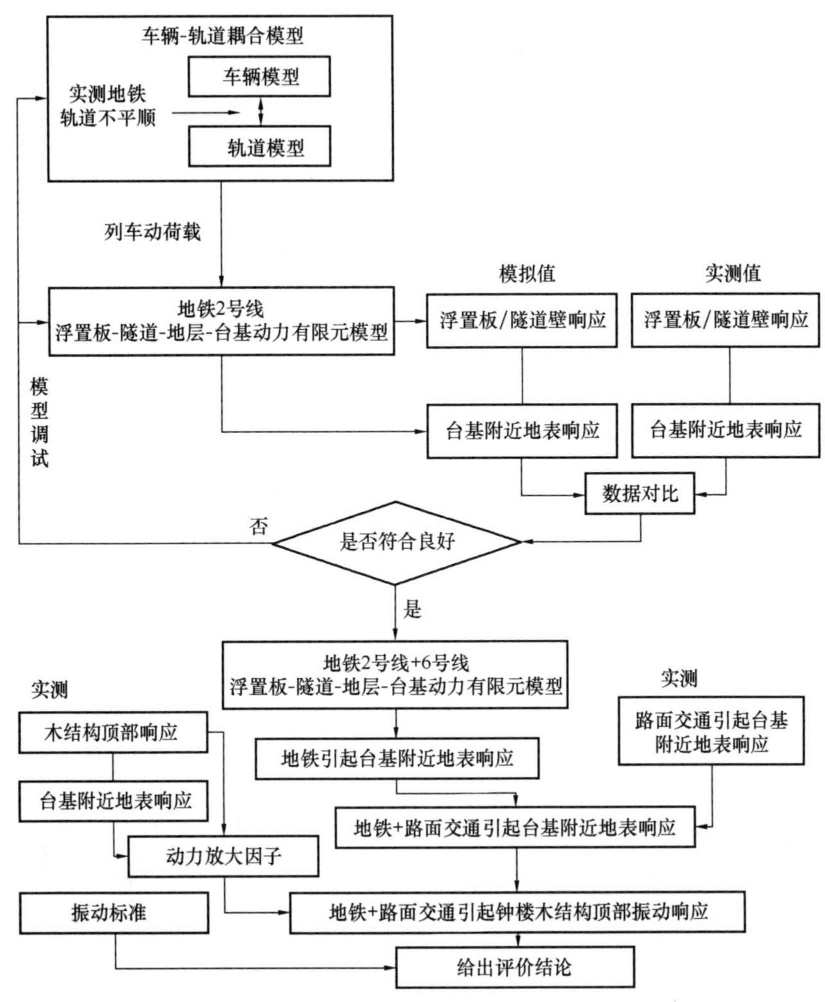

图 4-3-2　预测方法流程图

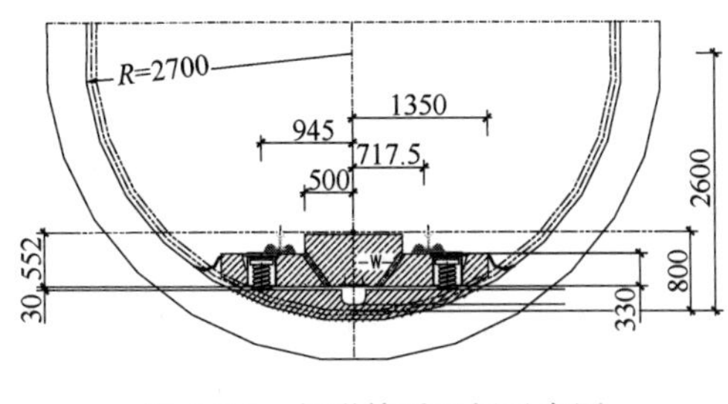

图 4-3-3　钢弹簧浮置板示意图

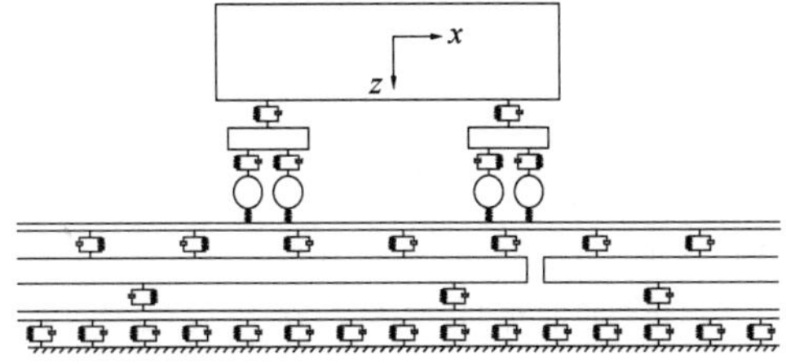

图 4-3-4　车辆-轨道模型示意图

采用运行两年后的相似曲线半径，在正常维护条件下，实测地铁高低不平顺数据，分别输入内外轨的轨道不平顺，获得不同行车车速下浮置板轨道内轨、外轨上的列车荷载。图 4-3-5 给出输入内轨不平顺、车速 20～70km/h 时，作用在浮置板轨道上的列车荷载。计算分析时，取积分步长为 0.005s，计算截止频率为 100Hz。

利用有限元软件 MIDAS GTS 建立地铁 2 号线“浮置板轨道-隧道-土层-钟楼台基”三维模型，隔离排桩采用板单元模拟，如图 4-3-6 所示。

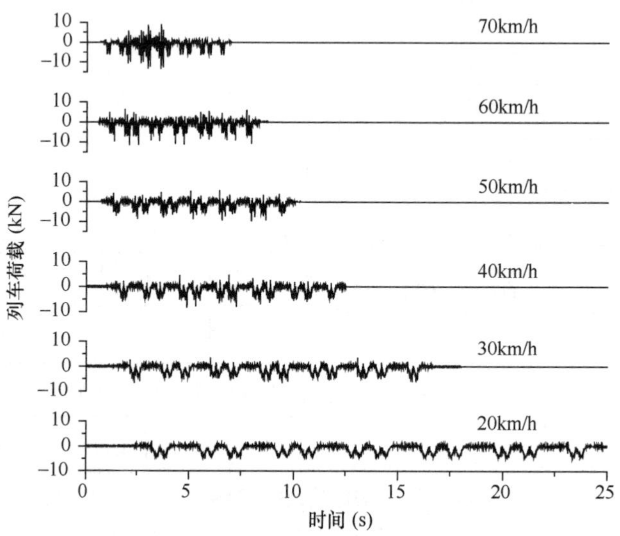

图 4-3-5　不同车速下作用在浮置板上内轨位置处的列车荷载

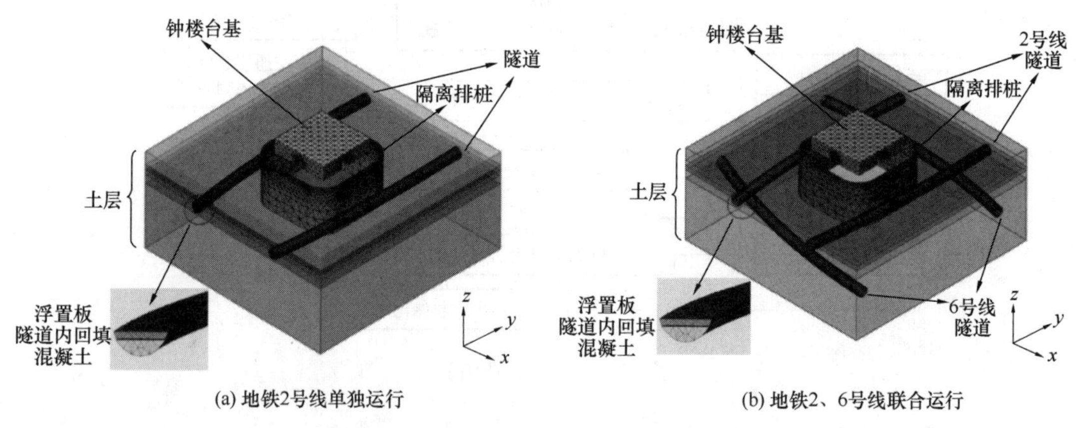

图 4-3-6　轨道-隧道-土层-结构三维有限元模型

2. 地铁 2 号线运行引起的振动响应

地铁 2 号线开通运营后，列车通过钟楼区间的设计时速为 40km/h。对 2 号线地铁振动进行测试，以验证模型有效性。

为排除其他振源影响，选择凌晨 2：30～3：30 路面交通最稀少时候，在 2 号线西侧隧道专门调度一列车辆，以 40km/h 匀速通过钟楼，共 6 次，同时，在浮置板轨道上、隧道壁上及地表布置传感器。

在计算模型中加载列车荷载，并提取浮置板轨道上及隧道壁上的振动响应，计算截止频率为 100Hz，总计算时长取 25s（列车以 40km/h 车速通过长约 130m 隧道）。为便于比较，将实测加速度时程在 100Hz 内滤波。

图 4-3-7 给出浮置板道床和隧道壁上加速度响应的实测值和计算值，对比可见，测试值与计算值波形基本相似。100Hz 内滤波后，浮置板道床实测加速度峰值约为 5m/s²，计算值约为 4.8m/s²；隧道壁实测加速度峰值约为 6mm/s²，计算值约为 6.8mm/s²。表 4-3-1 给出西侧地表响应点的测试值与计算值对比，可以看出，模型的计算输入值和输出值均与实测值很接近，验证了模型准确性，可用于预测地铁 6 号线的振动响应。

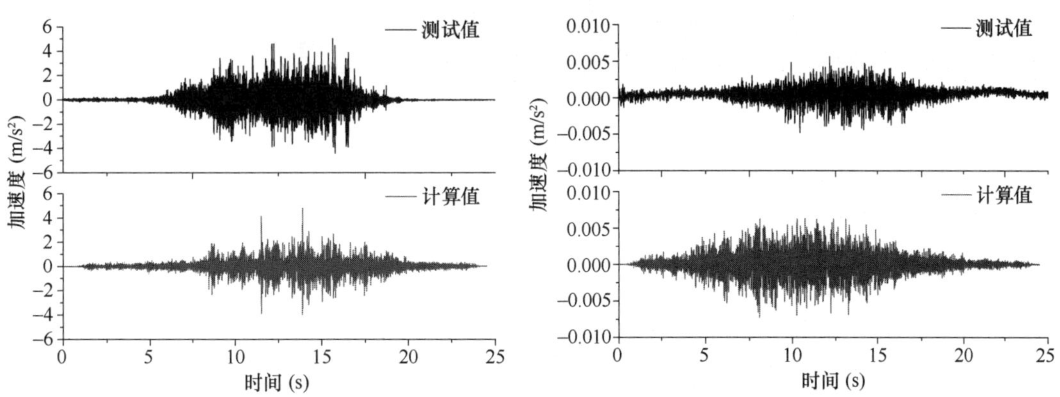

图 4-3-7　浮置板（左）和隧道壁（右）加速度时程对比

地表速度峰值对比　　**表 4-3-1**

速度峰值（mm/s）	测试结果	计算结果
z 方向	0.018	0.0193
x 方向	0.015	0.0141
y 方向	0.013	0.0265

3. 地铁 2 号线、6 号线运行引起结构响应预测

（1）木结构动力响应预测方法

对“地铁 2 号线-地层-隔离桩-台基”三维有限元模型校核后，在模型中增加地铁 6 号线盾构隧道和轨道模型，计算图 4-3-8 中 E、F 点的振动速度峰值 $V_{max,,metro}$ 和有效值 $V_{rms,metro}$。

随后，实测路面交通引起测点 E、F 的振动速度 $V_{max,,car}$ 和有效值 $V_{rms,car}$，根据振动能量叠加原理，计算测点 E、F 在地铁列车振动与路面交通振动叠加情况下的速度有效值：

$$V_{rms,total}=\sqrt{(V_{rms,metro})^2+(V_{rms,car})^2} \tag{4-3-1}$$

基于波峰因数 C_f，联系峰值与有效值，计算得到测点 E、F 在地铁列车振动与路面交通振动叠加情况下的速度峰值：

$$V_{max,total}=C_f V_{rms,total} \tag{4-3-2}$$

列车经过时，振动响应可看作均值趋近于 0、方差为 σ^2 的平稳窄带高斯过程，信号样本序列的均方根值与标准差相等。对于高斯分布，以均值为中心，$n\sigma$ 为半径，涵盖样本

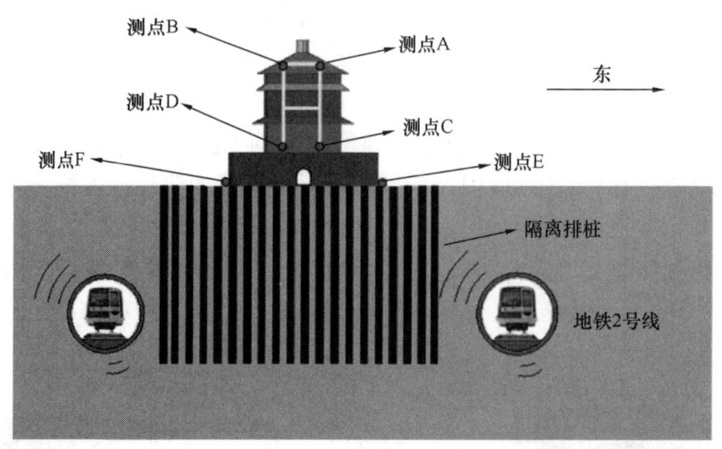

图 4-3-8　振动测试测点布置示意图

出现的概率为：

$$\begin{cases} p(3\sigma) = 99.7300\% \\ p(4\sigma) = 99.9937\% \\ p(5\sigma) = 99.9999\% \end{cases} \tag{4-3-3}$$

即波峰因数 C_f 取 3、4 和 5 时，分别满足 99.73%、99.9937%和 99.9999%的保证率，对于重要古建筑，波峰因数建议取 5。

实测复杂交通振动下的钟楼动力放大系数 D_{A-E}（测点 A、E 振动速度峰值比）和 D_{B-F}（测点 B、F 振动速度峰值比），利用实测动力放大系数，计算柱顶振动速度：

$$\begin{aligned} V_{max,total}^{A} &= D_{A-E} V_{max,total}^{E} \\ V_{max,total}^{B} &= D_{B-F} V_{max,total}^{F} \end{aligned} \tag{4-3-4}$$

式中，上标代表测点号，将折算后的柱顶振动响应与古建筑微振动控制标准限值进行比较，以评价振动影响、选择最优线路。

（2）最不利运行工况下的线路方案比选

共研究提出三种 6 号线线位方案，具体设计参数见表 4-3-2，其中方案二、三在通过钟楼区间时，竖曲线变化使埋深改变。每种方案计算分析 4 辆列车在隧道内同时交汇运行的最不利工况，每列车速均为 40km/h。

地铁线路方案参数（m）　　　　**表 4-3-2**

地铁线路	线路方案	曲线半径	与钟楼台基最近距离	隧道顶部埋深
2 号线	实施方案	650	16.6	12.85
6 号线	方案一	600	17.6	20.85
	方案二	600	23.8	19.9～24.1
	方案三	350	30.0	19.9～24.1

基于式（4-3-1），计算地铁引起的地表响应预测值与路面交通振动引起响应测试值，并将计算结果与测试结果带入式（4-3-2）和式（4-3-4），得到地铁与路面交通叠加引起的钟楼木结构柱顶振动响应预测最终值，预测结果汇总于表 4-3-3 和表 4-3-4。

钟楼木结构平均弹性波速为5100m/s，根据《古建筑防工业振动技术规范》GB/T 50452—2008，钟楼木结构柱顶水平振动速度不应超过0.20mm/s。最不利运行工况下，方案一引起的柱顶水平振动超标，方案二、三可满足规范要求。

测点F、测点E计算结果汇总　　**表4-3-3**

预测点	西拱券下地表（测点F）速度（mm/s）			东拱券下地表（测点E）速度（mm/s）		
方向	*Z*向	*X*向	*Y*向	*Z*向	*X*向	*Y*向
方案一	0.0454	0.0288	0.0442	0.0943	0.0621	0.0400
方案二	0.0352	0.0239	0.0237	0.103	0.0322	0.0338
方案三	0.0332	0.0196	0.0240	0.0897	0.0259	0.0315

柱顶计算振动响应汇总　　**表4-3-4**

预测点	西南柱顶（测点B）速度（mm/s）						东南柱顶（测点A）速度（mm/s）					
方向	*Z*向		*X*向		*Y*向		*Z*向		*X*向		*Y*向	
工况	地铁+公交	地铁	地铁+公交	地铁	地铁+公交	地铁	地铁+公交	地铁	地铁+公交	地铁	地铁+公交	地铁
方案一	0.148	0.084	0.155	0.077	0.215	0.184	0.252	0.185	0.241	0.209	0.219	0.142
方案二	0.120	0.065	0.130	0.064	0.140	0.099	0.302	0.202	0.180	0.109	0.169	0.120
方案三	0.110	0.062	0.121	0.052	0.149	0.100	0.065	0.176	0.149	0.087	0.165	0.112

［实例 4-4］北京地铁 16 号线曲线隧道下穿办公大楼振动影响

一、工程概况

中关村图书大厦办公楼位于北京地铁 16 号线万泉河桥站东南侧，地上 20 层、地下 3 层。采用 1411 根水泥粉煤灰碎石桩支护的钢筋混凝土筏板基础，拟建地铁隧道采用盾构法施工，隧道外径 6.4m，衬砌厚度 0.3m，隧道下穿办公楼的曲线半径为 350m，两隧道间距 12.8m，埋置于地下 23～24m 处，桩底和隧道顶部之间的净距离为 11.7m，如图 4-4-1所示，A 点是每层楼的振动分析位置。

考虑隧道和建筑物之间的位置关系以及曲线地段较为复杂的列车-轨道相互作用，需要评估列车振动对建筑物影响。

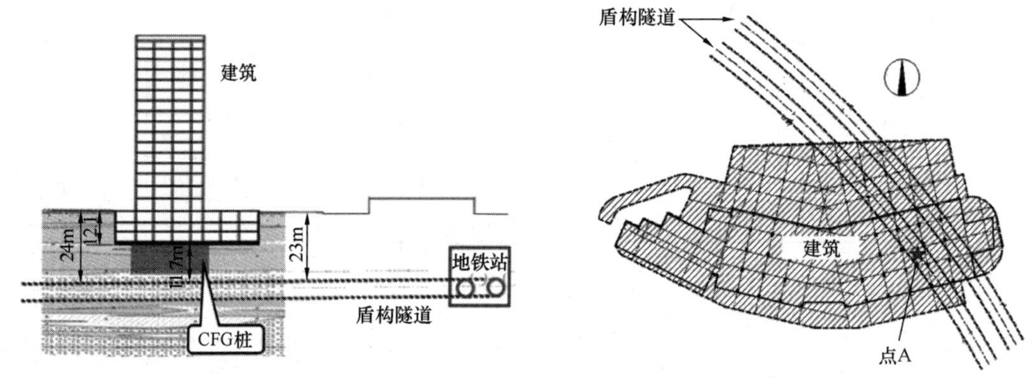

图 4-4-1　办公楼及地铁隧道纵断面及平面图

二、振动影响分析

1. 建立数值模型

根据地勘报告，将地层分为 5 层，不同土层的波速和密度如图 4-4-2 所示。土层采用瑞利阻尼假设，阻尼比为 3%。为减少边界处的波反射，采用黏弹性人工边界。钢筋混凝土隧道衬砌的弹性模量为 4.2×10^{10} Pa，泊松比 0.3，密度 2400kg/m^3。

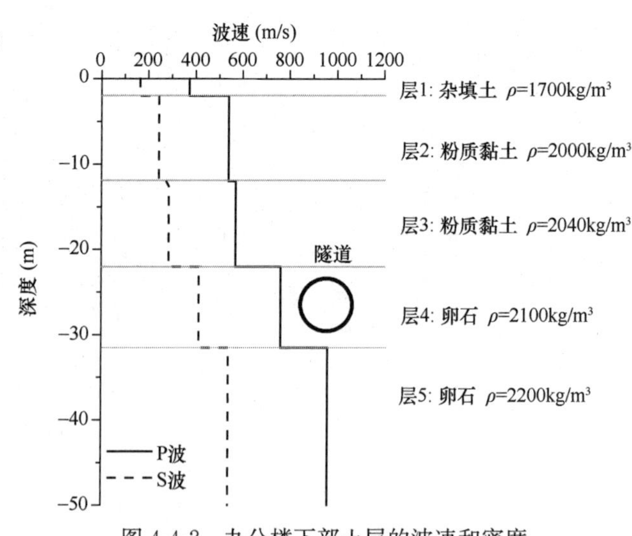

图 4-4-2　办公楼下部土层的波速和密度

基于有限元软件 MIDAS GTS 建立“隧道-土-建筑”耦合模型，如图 4-4-3 所示。若建立多个 CFG 桩单元，将大大增加桩单元的总数和计算时间，为解决该问题，将复合地基考虑为整体，建立 9m×7.2m×10m 的 CFG 桩-土复合地基模型，并通过等效波速确定计算参数。在模型一边施加脉冲荷载，计算通过复合地基模型的波传播时间。最终确定 P 波和 S 波的等效波速分别为 842m/s 和 450m/s。

地下室墙的动弹性模量为 3.5×10^{10} Pa，每根立柱间距 8m，截面面积为 500×500mm²，动弹性模量为 5.0×10^{10}Pa。地下三层层高为 4m，一至三层高度为 4.5m，其他楼层高 3.3m。

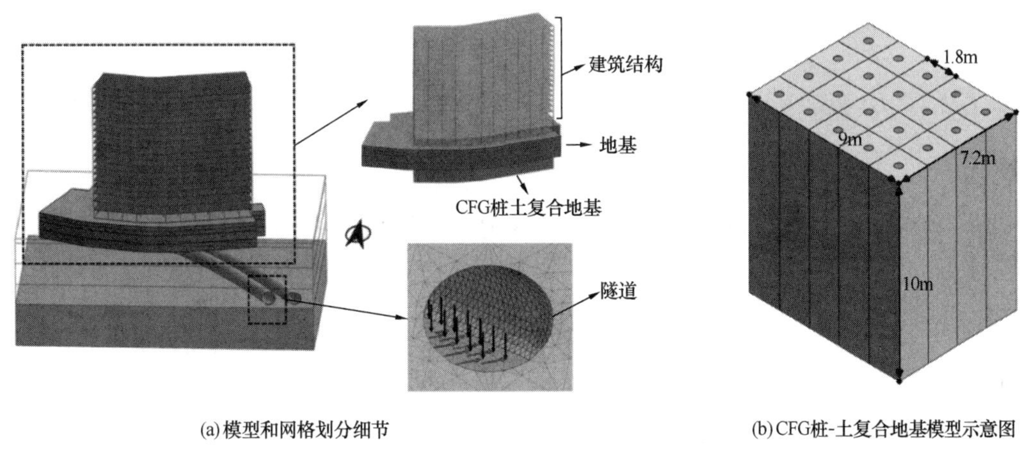

图 4-4-3　隧道-土-建筑耦合模型示意图

2. 确定曲线段列车荷载

在西侧隧道的轨道模型上施加竖向和水平列车荷载，采用 Timoshenko 梁对曲线轨道进行建模。离散支撑扣件采用 Kelvin 单元建模，如图 4-4-4 所示，以速度 v 施加移动外部水平、竖向和扭转荷载 F_x、F_y 和 T_z 。基于 Timoshenko 曲梁平衡方程，可得频域内的控制方程：

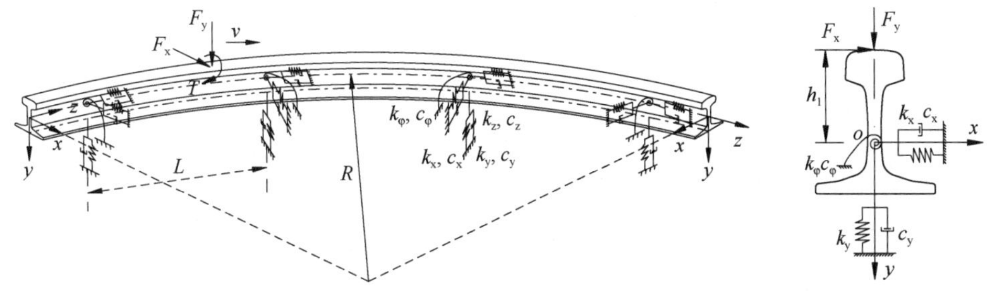

图 4-4-4　曲线轨道模型

$$\frac{E^*A}{R^2}\hat{\boldsymbol{u}}_x - K_xAG^*\frac{\partial^2\hat{\boldsymbol{u}}_x}{\partial z^2} - m\omega^2\hat{\boldsymbol{u}}_x - \frac{K_xAG^*+E^*A}{R}\frac{\partial\hat{\boldsymbol{u}}_z}{\partial z} + K_xAG^*\frac{\partial\hat{\varphi}_y}{\partial z} + \bar{k}_x\sum_{j=1}^{N_r}\hat{\boldsymbol{u}}_x\delta(z-z_{rj}) = \frac{\boldsymbol{F}_x}{v}e^{i\frac{\omega_f-\omega}{v}(z-z_0^F)} \tag{4-4-1}$$

$$\frac{K_xAG^*+E^*A}{R}\frac{\partial\hat{\boldsymbol{u}}_x}{\partial z} - E^*A\frac{\partial^2\hat{\boldsymbol{u}}_z}{\partial z^2} + K_xAG^*\frac{\hat{\boldsymbol{u}}_z}{R^2} - m\omega^2\hat{\boldsymbol{u}}_z - \frac{K_xAG^*}{R}\hat{\varphi}_y + \bar{k}_z\sum_{j=1}^{N_r}\hat{\boldsymbol{u}}_z\delta(z-z_{rj}) = 0 \tag{4-4-2}$$

$$-K_xAG^*\frac{\partial\hat{\boldsymbol{u}}_x}{\partial z}-\frac{K_xAG^*}{R}\hat{\boldsymbol{u}}_z-E^*I_y\frac{\partial^2\hat{\varphi}_y}{\partial z^2}+K_xAG^*\hat{\varphi}_y-\rho I_y\omega^2\hat{\varphi}_y=0 \tag{4-4-3}$$

$$-K_yAG^*\frac{\partial^2\hat{\boldsymbol{u}}_y}{\partial z^2}+K_yAG^*\frac{\partial\hat{\varphi}_x}{\partial z}-m\omega^2\hat{\boldsymbol{u}}_y+\sum_{j=1}^{N_r}\bar{k}_y\hat{\boldsymbol{u}}_y\delta(z-z_{rj})=\frac{\boldsymbol{F}_y}{v}e^{i\frac{\omega_f-\omega}{v}(z-z_0^F)} \tag{4-4-4}$$

$$K_yAG^*\frac{\partial\hat{\boldsymbol{u}}_y}{\partial z}+E^*I_x\frac{\partial^2\hat{\varphi}_x}{\partial z^2}-\left(\frac{G^*I_d}{R^2}+K_yAG^*\right)\hat{\varphi}_x-\rho I_x\omega^2\hat{\varphi}_x-\frac{E^*I_x+G^*I_d}{R}\frac{\partial\hat{\varphi}_z}{\partial z}=0 \tag{4-4-5}$$

$$-\frac{E^*I_x+G^*I_d}{R}\frac{\partial\hat{\varphi}_x}{\partial z}-G^*I_d\frac{\partial^2\hat{\varphi}_z}{\partial z^2}+\frac{E^*I_x}{R^2}\hat{\varphi}_z-\rho I_0\omega^2\hat{\varphi}_z+\sum_{j=1}^{N_r}\bar{k}_\varphi\hat{\varphi}_z\delta(z-z_{rj})=\frac{T}{v}e^{i\frac{\omega_f-\omega}{v}(z-z_0^F)} \tag{4-4-6}$$

$\hat{\boldsymbol{u}}_x(z,\omega)$，$\hat{\boldsymbol{u}}_y(z,\omega)$ 和 $\hat{\boldsymbol{u}}_z(z,\omega)$ 分别是 x，y，z 方向位移；$\hat{\varphi}_x(z,\omega)$，$\hat{\varphi}_y(z,\omega)$ 和 $\hat{\varphi}_z(z,\omega)$ 分别为绕 x，y 和 z 轴的转角；E 和 G 分别是弹性模量和剪切模量；$E^*=E(1+i\eta)$、$G^*=G(1+i\eta)$ 是考虑损耗系数 η 的弹性模量和剪切模量；$\bar{k}_x=k_x+ic_x\omega$，$\bar{k}_y=k_y+ic_y\omega$ 和 $\bar{k}_\varphi=k_\varphi+ic_\varphi\omega$ 分别为水平、竖向和旋转支承复合刚度；K_x 和 K_y 分别是钢轨截面的水平和竖向剪切系数。

A 为钢轨横截面积，m 为单位长度，h 为轨顶至截面形心的距离，I_d 为截面扭转常数，I_0 为极惯性矩，I_x 和 I_y 分别为绕 x 轴和 y 轴的惯性矩。z_0^F 和 z_{rj} 分别为移动荷载的起始坐标和第 j 个支点的坐标。N_r 是支撑构件的计算数量。

基于多体动力学理论，将每辆地铁车辆简化为一个车体、两个转向架、四个轮对，并通过一系和二系悬挂系统连接，共 27 个自由度，包括每个车体和转向架的 5 个自由度和每个轮对的 3 个自由度。空间车辆-轨道耦合模型如图 4-4-5 所示。

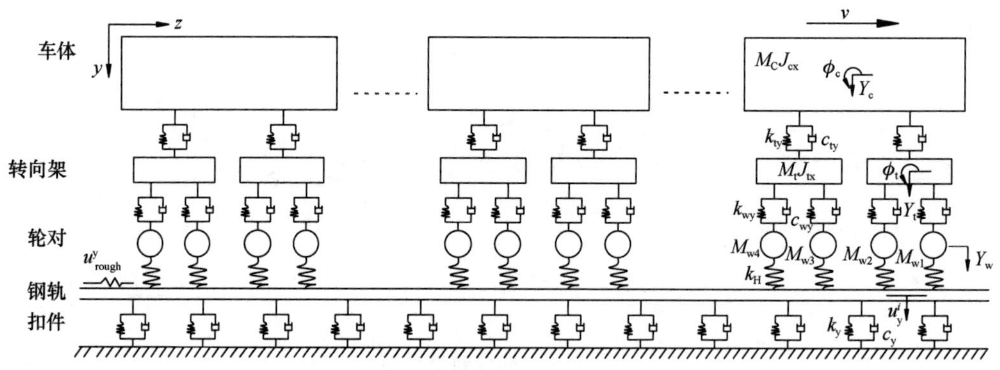

图 4-4-5　列车-轨道耦合系统模型

轨道采用 CHN60 钢轨，单位质量 60.64kg/m，截面积 $7.745\times10^{-3}m^2$，弹性模量 $2.059\times10^{11}N/m^2$，剪切模量 $7.919\times10^{10}N/m^2$，泊松比 0.3，损耗系数 0.01，轨距 1435mm，相邻扣件间距 0.6m，DTⅥ$_2$型扣件系统直接固定在混凝土板上。每列车辆八节编组，曲线轨道半径 350m，设计列车速度 60km/h，计算得到水平方向和竖向上的内、外轨支撑力，如图 4-4-6 所示。

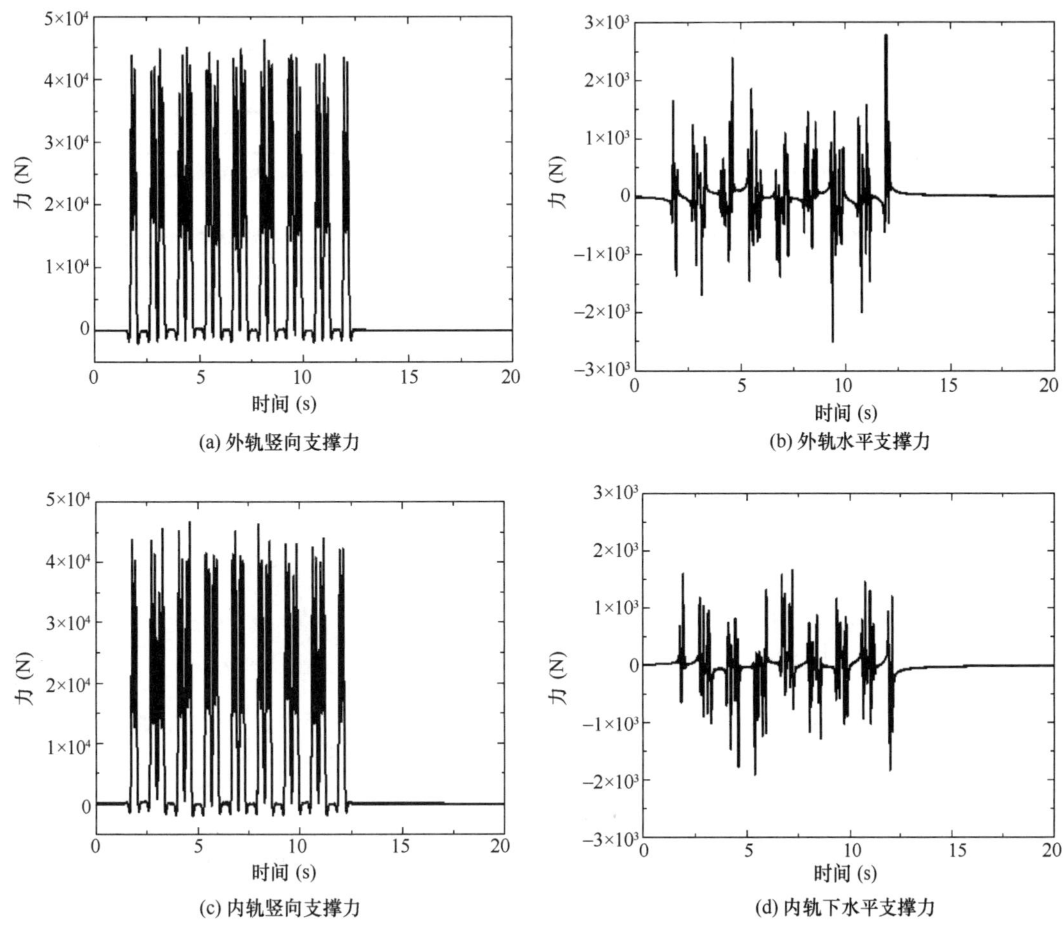

(a) 外轨竖向支撑力 (b) 外轨水平支撑力

(c) 内轨竖向支撑力 (d) 内轨下水平支撑力

图 4-4-6 列车荷载的时程

三、振动分析结果

图 4-4-7、图 4-4-8 给出第 1、5、10、15、20 层竖向和水平向楼板振动时域、1/3倍频程响应，参考加速度为 10^{-6} m/s^2。在 5Hz 和 25～31.5Hz 处有两个振动峰值，第一个峰值由建筑物局部振型引起，固有频率为 5.29Hz，第二个峰值由钢轨支承特征频率 27.8Hz 引起，支承间距为 0.6m，列车速度为 60km/h。

图 4-4-9 给出所有楼层竖向和水平向未计权振动加速度级。1～11 层，竖向楼层响应明显大于水平向，并且随着楼层的增加而减小，在 11 层以上，随楼层增加，振动逐渐增大。水平反应虽有波动，但层间无明显变化。

图 4-4-10 给出用于评估楼层振动响应的所有楼层竖向计权振动加速度级，采用国际标准《机械振动与冲击 人体处于全身振动的评价 第 1 部分：一般要求》ISO 2631—1：1997 计权曲线，对照国家标准《住宅建筑室内振动限值及其测量方法标准》GB/T 50355—2018 中推荐办公楼昼间（6：00～22：00）限值：限值 1 是适宜达到的振动水平，限值 2 是楼板振动不得超过的控制限值。在 3 楼以下，振动响应超过限值 2。因此，必须考虑轨道减振措施以控制建筑振动响应，例如高弹性扣件系统或浮置板轨道。

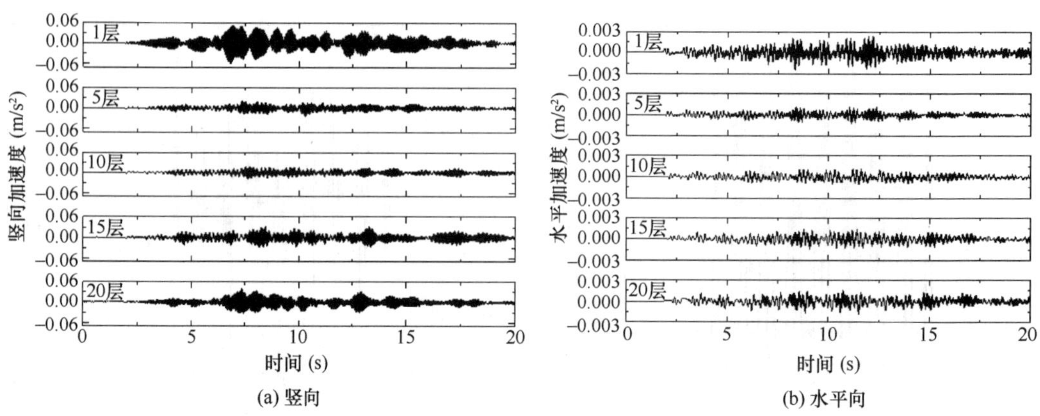

(a) 竖向　(b) 水平向

图 4-4-7　楼板振动时程

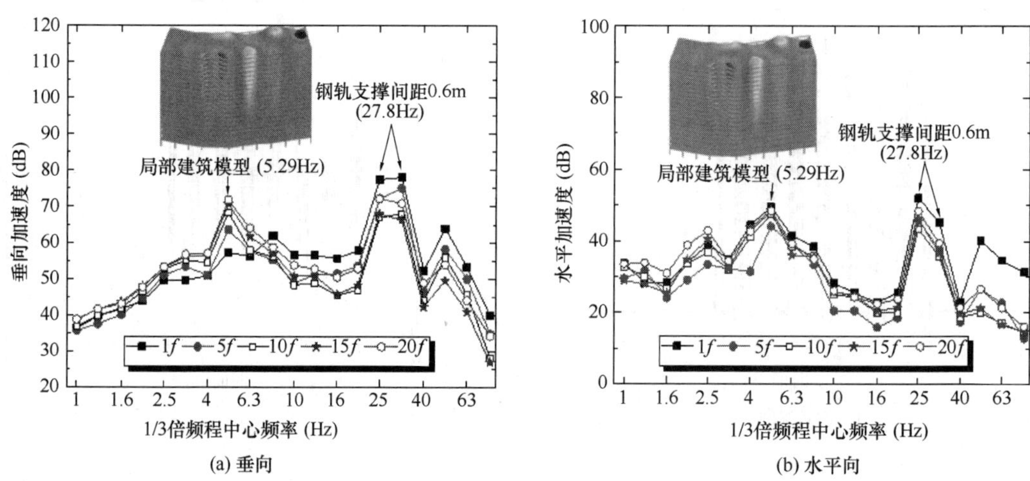

(a) 垂向　(b) 水平向

图 4-4-8　1/3 倍频程下楼板振动加速度级

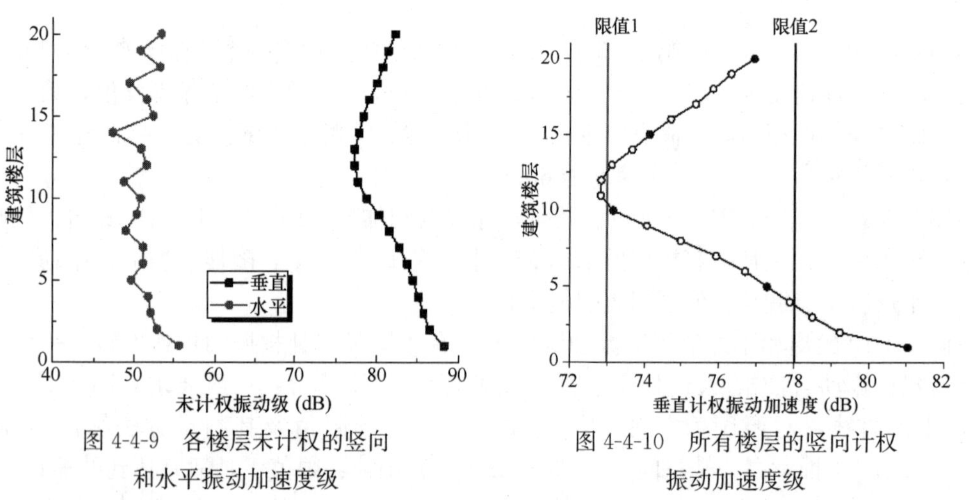

图 4-4-9　各楼层未计权的竖向和水平振动加速度级

图 4-4-10　所有楼层的竖向计权振动加速度级

［实例 4-5］京张高铁跨越某燃气管涵工程振动影响

一、工程概况

京张高铁是连接北京市和张家口市的重要城际铁路，全程 174km，是 2022 年冬奥会的重要交通保障设施。

京张高铁起点为北京北站，沿途北上 6km 出城，需经过都市核心区。为减少高铁对地面建筑影响、降低动迁成本，该段铁路设计为地下段，不仅穿过 10 号线、15 号线等地铁线路，还穿过 88 条市政管线。通车后，列车荷载是否会对燃气管线产生不利影响，需要开展详细的振动分析。

二、振动影响分析

1. 车轨模型计算

（1）模型原理

车辆模型简化为多刚体动力系统，一节车厢包含一个刚体车体、两个转向架和四个车轮，车体与转向架由二系悬挂弹簧相连，转向架与车轮由一系悬挂弹簧相连。一系和二系悬挂均采用线性弹簧单元模拟，轨道通过建立有限元数值模型进行模拟。竖向轮轨接触部分用 Hertz 弹簧模拟，同时考虑 Kalker 蠕滑效应。三维车轨耦合模型简图如图 4-5-1 所示。

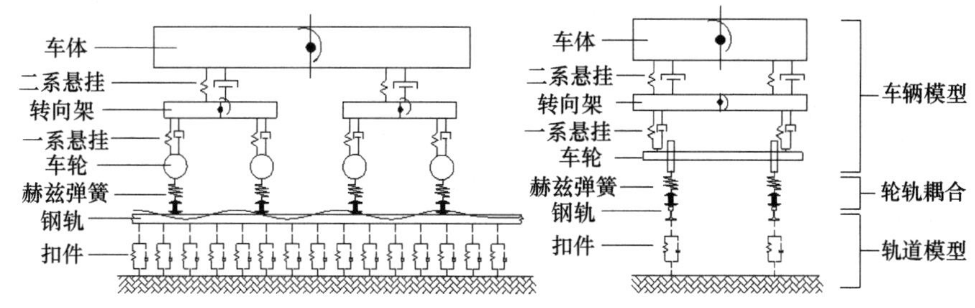

图 4-5-1　三维车轨耦合模型

（2）模型参数

基本工况中，根据设计要求列车行驶速度取 120km/h，在研究车速变化对燃气管涵的影响时，列车车速范围为 50～250km/h，以 25km/h 间隔递增，共 9 种工况。

分析总时长 7s，车辆模型为 6 节高铁车厢，参数按照高铁车厢的要求选取，长 25m，前后转向架间距 18m，前转向架距离车头 3.5m。轨道模型分为钢轨模型和扣件模型。钢轨模型参数为普通 60 轨参数。扣件模型等效为 Kelvin 弹簧单元。轨道长 30m，轨道表面不平顺选用美国五级谱。车辆和轨道模型参数见表 4-5-1。

车辆轨道模型参数　　**表 4-5-1**

参数名称	数值	单位	参数名称	数值	单位
车体质量	5.2×10^{4}	kg	二系竖向刚度	1.72×10^{6}	N/m
车体点头惯量	2.31×10^{6}	kg·m²	二系竖向阻尼	1.96×10^{5}	N·s/m

续表

参数名称	数值	单位	参数名称	数值	单位
转向架质量	3.2	t	钢轨截面面积	77.45	cm^2
转向架点头惯量	3120	kg·m^2	钢轨截面惯性矩	3217	cm^4
单个车轮质量	1.4	t	钢轨弹性模量	2.059×10^{11}	N/m^2
车轮半径	0.4575	m	钢轨泊松比	0.3	—
轴距	2.2	m	钢轨密度	7835	kg/m^3
一系竖向刚度	1.87×10^6	N/m	扣件等效刚度	6×10^8	N/m/m
一系竖向阻尼	5×10^5	N·s/m	扣件等效阻尼	6×10^5	（N·s/m）/m

（3）模型验证

直接实测京张高铁列车荷载难度较大，选用某已知车辆轨道参数的断面进行模型校核。将该断面的车辆轨道参数输入到车轨耦合模型中，得到扣件处的钢轨加速度响应计算结果与实测结果对比如图 4-5-2 所示。车轨耦合模型计算结果在 0～200Hz 频率范围内可信，可将京张高铁的车辆轨道参数输入模型中，计算得到的扣件支反力如图 4-5-3 所示。

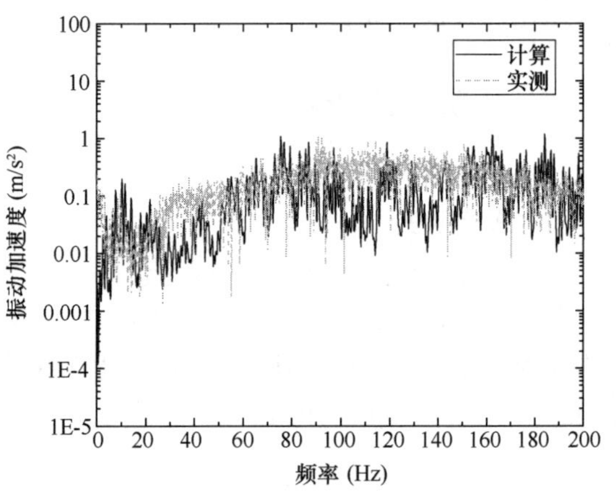

图 4-5-2 模型校核结果

2. 有限元数值计算

（1）模型尺寸

建立三维防护刚构-土体-燃气管涵动力模型，模型分为混凝土结构和土体结构两部分，防护刚构和燃气管涵均为混凝土结构，防护刚构为桩板结构。有限元模型尺寸如表 4-5-2 所示。桩基础单元设置为梁单元，其余部分为四面体实体单元，模型如图 4-5-4 所示。

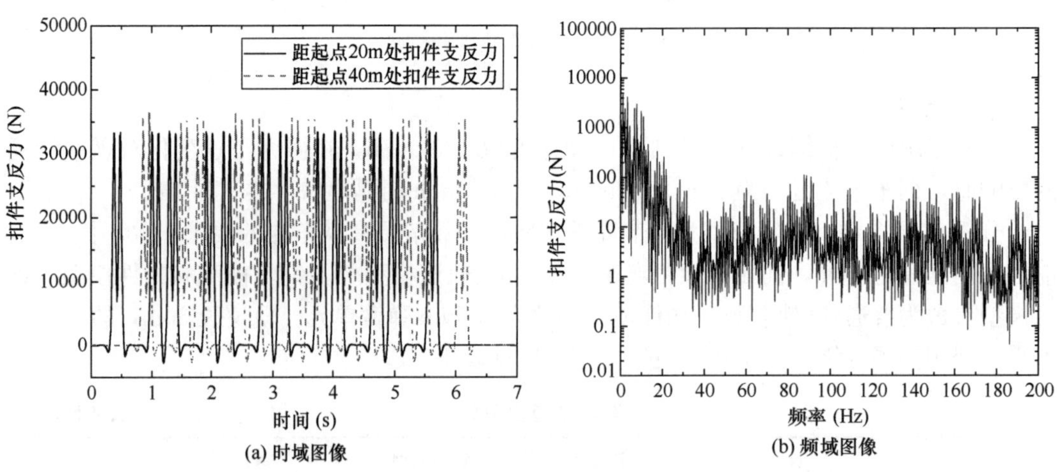

图 4-5-3 扣件支反力

有限元模型尺寸　　　　**表 4-5-2**

结构名称	长（m）	宽（m）	高（m）	数量	材料
土体	35	22.3	36.9	1	素填土、粉土
燃气管涵	35	4.5	2.6	1	C35
U形桥面板	17.25	22.3	7.1	1	C35
桥台	17.25	4.216	2	2	C30
支座	17.25	0.8	0.8	2	C35
桩	直径 1m		23	20	C30

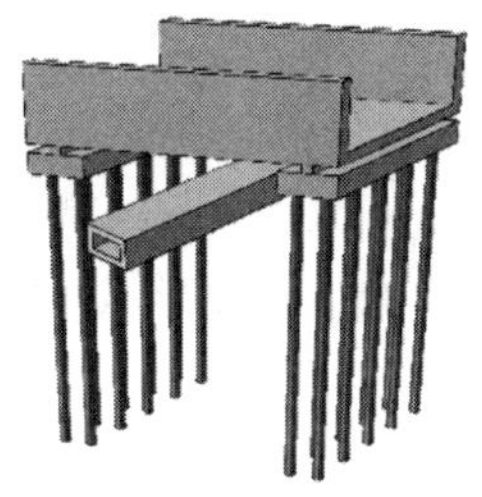

(a) 板桩结构与燃气管涵

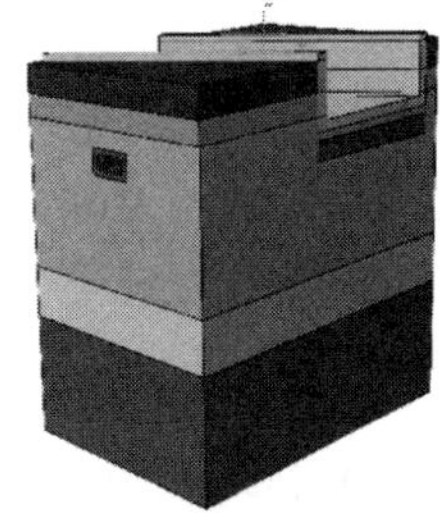

(b) 地层有限元模型

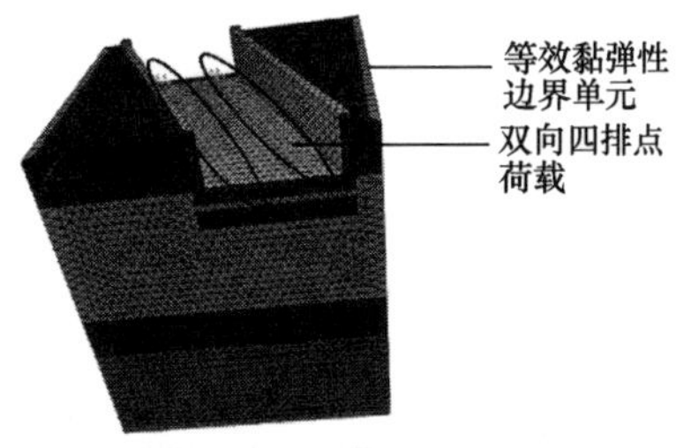

(c) 荷载施加示意图

图 4-5-4　三维有限元模型

（2）边界条件与荷载

采用等效黏弹性边界，边界单元的等效剪切模量和等效弹性模量推导如下：

$$\widetilde{G}=\alpha_{\mathrm{T}}h\frac{G}{R} \tag{4-5-1}$$

$$\widetilde{E}=\alpha_{\mathrm{N}}h\frac{G}{R}\cdot\frac{(1+\widetilde{\nu})(1-2\widetilde{\nu})}{(1-\widetilde{\nu})} \tag{4-5-2}$$

式中　$\widetilde{G}$——等效剪切模量（Pa）；

$\widetilde{E}$——等效弹性模量（Pa）；

$\widetilde{\nu}$——等效泊松比；

R——波源至人工边界点的距离（m）。

荷载为双向四排点荷载，施加到网格的节点处，以模拟双向列车同时经过的最不利工况。各点荷载沿列车行驶方向间距 0.6m，与扣件间距一样。

3. 管涵动力响应分析与评估

防护刚构-土体-燃气管涵动力有限元模型可视为线弹性模型，选取一趟列车荷载经过时，对燃气管涵进行动力响应分析。燃气管涵的速度、加速度云图以及拾振点示意如图 4-5-5 所示，选取燃气管涵跨中处截面（最不利截面）作为研究截面，选取该截面的四个角点和四条边的中点为拾振点。

（1）燃气管涵动力响应分析

各拾振点的速度最大值和加速度最大值列于表 4-5-3 中，随拾振点的埋深增加，拾振点的速度响应减小，中间部分（B 到 G）速度响应与两侧（A 到 F、C 到 H）相比，减小

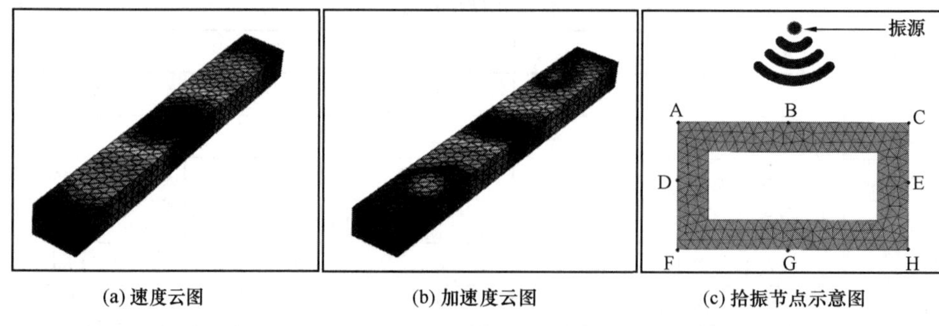

(a) 速度云图　(b) 加速度云图　(c) 拾振节点示意图

图 4-5-5　燃气管涵云图与拾振点

更明显。

位于中间部分的拾振点 B 和 G 的加速度响应最大值大于 A、C、F、H 点，截面上部 B 点比 A、C 点的加速度响应大 10%，截面下部 G 点比 F 点、H 点的加速度响应大 2%左右。截面下部三个拾振点 F、G、H 的加速度响应规律与速度响应规律不同。

各拾振点动力响应最大值　　**表 4-5-3**

拾振点	速度最大值（m/s）	加速度最大值（m/s^2）
A	2.68×10^{-3}	0.117
B	2.75×10^{-3}	0.129
C	2.67×10^{-3}	0.115
D	2.65×10^{-3}	0.115
E	2.65×10^{-3}	0.114
F	2.61×10^{-3}	0.114
G	2.58×10^{-3}	0.118
H	2.63×10^{-3}	0.115

拾振点 B 的速度和加速度时、频域结果如图 4-5-6 所示，时域响应中，拾振点 B 的速度峰值为 2.75mm/s，加速度峰值为 0.129m/s^2；频域响应中，速度响应频段主要为 1～10Hz，加速度响应的主要频段为 0～20Hz。

将不同车速下燃气管涵最不利截面处的速度最大值和速度均方根值进行多项式拟合，得到结论：随着列车车速增加，燃气管涵的速度响应最大值也增加，并且增加的幅度越来越大，而速度均方根值的曲线拟合结果基本呈线性。

车速变化对燃气管涵最不利截面处的加速度响应有明显影响，随车速增加，B 点加速度响应最大值和加速度均方根值均逐渐增大。对两种加速度响应值进行拟合，加速度最大值响应曲线斜率更大，拟合曲线接近二次曲线。加速度均方根值拟合曲线斜率较小，更接近直线。

（2）动力响应与规范对比

国家标准《建筑工程容许振动标准》GB 50868—2013（表 4-5-4）规定：当频率在 1～10Hz 范围内时，速度峰值的容许值为 5mm/s。动力响应最大的拾振点 B 的速度峰值为 2.75mm/s，中心频率为 5.3Hz，每个拾振点的时域速度最大值均符合规范要求。

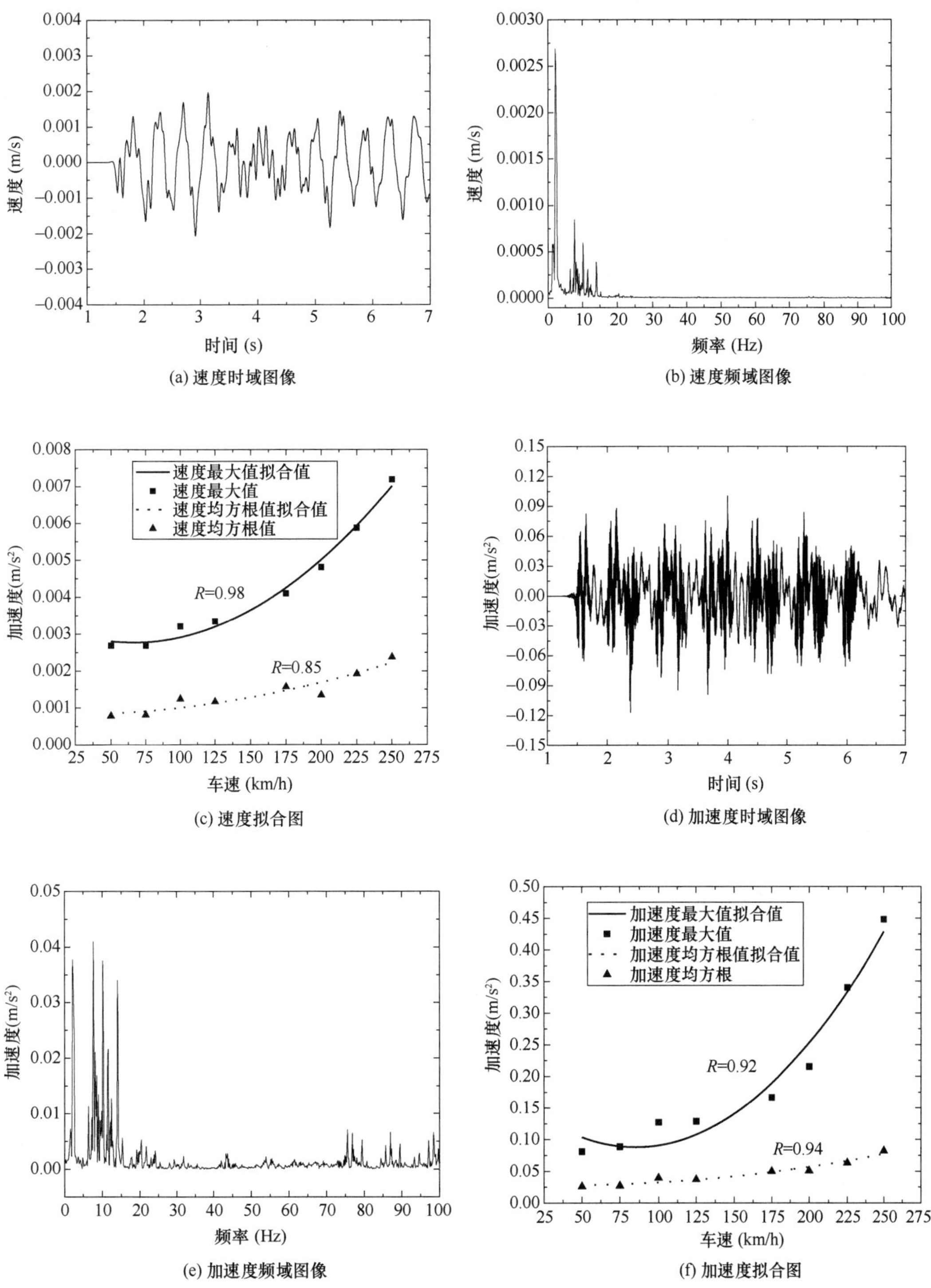

(a) 速度时域图像

(b) 速度频域图像

(c) 速度拟合图

(d) 加速度时域图像

(e) 加速度频域图像

(f) 加速度拟合图

图 4-5-6 拾振点 B 的动力响应

交通振动对建筑结构的影响在时域范围内的容许振动值 **表 4-5-4**

建筑物类型	基础处容许振动速度峰值（mm/s）		
	1～10Hz	50Hz	100Hz
工业建筑、公共建筑	5.0	10.0	12.5
居住建筑	2.0	5.0	7.0
对振动敏感、有保护价值、不能划归上述两类的建筑	1.0	2.5	3.0

注：表中容许振动值应按频率线性插值确定。

[实例 4-6] 北京地铁 8 号线运营对某科研楼内精密仪器的振动影响

一、工程概况

北京地铁 8 号线某区间圆形盾构隧道近距离穿越某科研楼，左线隧道壁外侧到此科研楼的最近水平距离仅为 1.61m，两隧道中心线距离为 11.42m，左线隧道拱顶埋深为 23.34m，右线隧道拱顶埋深为 18.03m。另外，此区间隧道为曲线隧道，曲线半径 300m。

科研楼内有若干台精密仪器，地铁 8 号线设计中，该区段采用钢弹簧浮置板轨道来减小地铁列车引起的振动。浮置板轨道的减振效果如何、采用浮置板轨道后楼内精密仪器是否可以正常工作，应开展详细的振动分析。

二、振动影响分析

1. 数值计算分析

(1) 模型原理

建立浮置板轨道和普通无砟轨道的自由场有限元模型，浮置板轨道有限元模型为不连续混凝土板，每块板下设置两排钢弹簧。在轨道上施加实测的钢轨振动加速度，计算动态轮轨作用力，以模拟列车运行时作用在钢轨上的动荷载。

(2) 模型参数

北京地铁 8 号线经过科研楼区间隧道为盾构隧道，隧道内径 2.7m，衬砌厚度 0.3m。衬砌混凝土的弹性模量为 35000MPa，泊松比为 0.25，密度为 2500kg/m^3。根据隧道地质条件，建模时考虑四层土，土体材料阻尼比取四层土的平均值 0.04，计算得到瑞利阻尼系数 $\alpha=0.5, \beta=6.3\times10^{-5}$。

浮置板轨道采用 30m×3.3m×0.4m 的不连续混凝土板，每块板下设置两排钢弹簧，每排 17 个，每个钢弹簧的刚度为 6.9MN/m，混凝土板的密度为 2450kg/m^3，整个浮置板轨道的自振频率为 8Hz。

(3) 荷载与边界条件

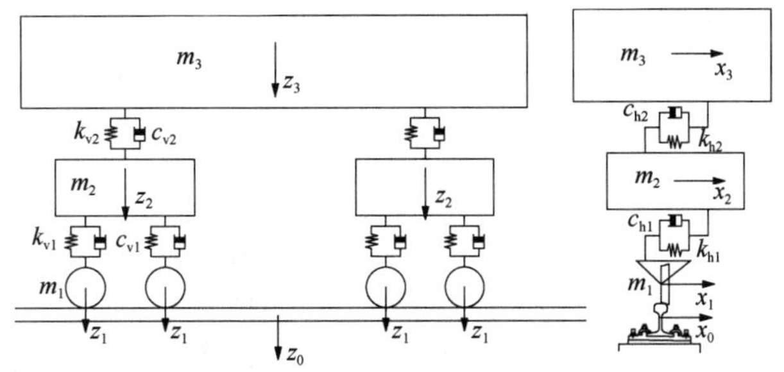

图 4-6-1　简化的车轨相互作用模型

图 4-6-1 给出简化的车轨相互作用模型，m_1、m_2、m_3 分别为车体、转向架和轮对质量，k_{v1}、c_{v1} 为一系悬挂的竖向刚度和阻尼，k_{h1}、c_{h1} 为其横向刚度和阻尼；k_{v2}、c_{v2} 为二系悬挂的竖向刚度和阻尼，k_{h2}、c_{h2} 为其横向刚度和阻尼，假设轮轨始终保持接触，且不考虑轮轨之间的 Hertz 接触。

车轨竖向运动的平衡方程为：

$$\begin{cases} m_3\ddot{z}_3+2c_{v2}(\dot{z}_3-\dot{z}_2)+2k_{v2}(z_3-z_2)=0 \\ m_2\dot{z}_2+2c_{v1}(\dot{z}_2-\dot{z}_1)+2k_{v1}(z_2-z_1)-c_{v2}(\dot{z}_3-\dot{z}_2)-2k_{v2}(z_3-z_2)=0 \end{cases} \tag{4-6-1}$$

令 $u_1=z_1-z_0$，$u_2=z_2-z_1$，$u_3=z_3-z_2$，根据上述假设，有 $u_1=0$，则式（4-6-1）可写成：

$$\begin{cases} m_3(\ddot{u}_2+\ddot{u}_3)+2c_{v2}\dot{u}_3+2k_{v2}u_3=-m_3\ddot{z}_0 \\ m_2(\ddot{u}_2+\ddot{u}_3)+2c_{v1}\dot{u}_2+2k_{v1}u_2-k_{v2}u_3-c_{v2}\dot{u}_3=-m_2\ddot{z}_0 \end{cases} \tag{4-6-2}$$

解方程组（4-6-2），可得到 u_2 和 u_3，根据 D′Alembert 原理，作用在钢轨上的竖向轮轨力为：

$$P_v(t)=(m_1+\frac{1}{2}m_2+\frac{1}{4}m_3)g+\begin{bmatrix} m_1 & \frac{1}{2}m_2 & \frac{1}{4}m_3 \end{bmatrix}\cdot\left\{\begin{Bmatrix}1\\1\\1\end{Bmatrix}\ddot{z}_0+\begin{bmatrix}1&0&0\\1&1&0\\1&1&1\end{bmatrix}\begin{Bmatrix}\ddot{u}_1\\\ddot{u}_2\\\ddot{u}_3\end{Bmatrix}\right\} \tag{4-6-3}$$

同理，可求得作用在钢轨上的横向轮轨力。进行有限元计算时，假定列车动荷载经钢轨传至道床后，成为沿轨道中心线均匀分布的线荷载 $F(t)$：

$$F(t)=K\cdot\frac{2P(t)N_bN_wN_c}{L} \tag{4-6-4}$$

式中 N_b——每节车辆的转向架数；

N_w——每个转向架的轮对数；

N_c——一列车的车厢数；

L——列车长度；

K——分散系数；一般按经验取 0.6～0.9。

采用等效黏弹性人工边界单元，该单元是在已建立的有限元模型边界上，沿法向延伸一层相同类型单元，并将外侧边界固定，通过定义等效边界单元的材料属性（包括等效剪切模量、等效弹性模量、等效泊松比、等效阻尼系数），使其具有传统黏弹性人工边界的作用。

瑞利阻尼矩阵计算如下：

$$[\boldsymbol{C}]=\alpha[\boldsymbol{M}]+\beta[\boldsymbol{K}] \tag{4-6-5}$$

α 和 β 可按下式计算：

$$\alpha=\frac{2\omega_i\omega_k}{\omega_i+\omega_k}\zeta,\quad \beta=\frac{2}{\omega_i+\omega_k}\zeta \tag{4-6-6}$$

式中 ζ——土体的材料阻尼比，假设 ζ 在某个频率范围内（$f_i\sim f_k$）近似为恒定值；

ω_i,ω_k——f_i,f_k 对应圆频率，设 $f_i=1\text{Hz}$，$f_k=200\text{Hz}$。

2. 振动响应分析与评估

图 4-6-2 给出浮置板轨道和普通无砟轨道的自由场有限元模型，基于该模型开展数值计算。图 4-6-3 给出精密仪器的环境振动要求。

（1）路面交通振动响应分析

科研楼紧邻城市干道（东边墙距离干道西边缘仅 10m），干道上交通流量较大，主要以公交车流为主，平均车速 30km/h。

为了解城市道路交通对楼内精密仪器的振动影响，对道路交通引起的楼内外振动进行了测试。根据楼内精密仪器分布情况，共设置 11 个测点，如图 4-6-4 所示，楼外 3 个测点

（P1～P3），楼内 8 个测点（P4～P11），图 4-6-5 给出四楼两个房间内的测点布置。

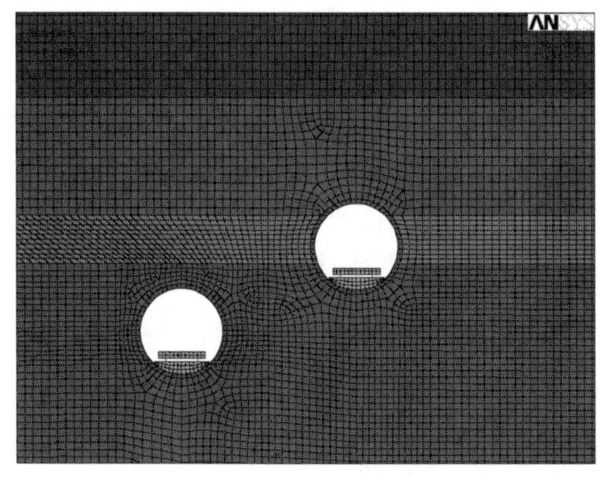

图 4-6-2　浮置板轨道局部有限元模型

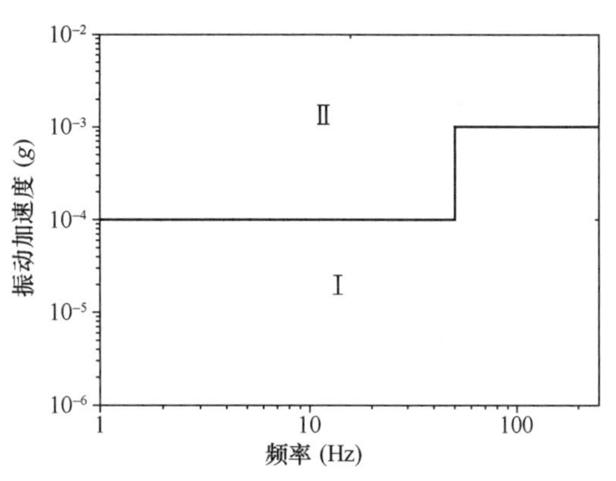

图 4-6-3　科研楼内精密仪器对其安装使用场地环境振动的要求

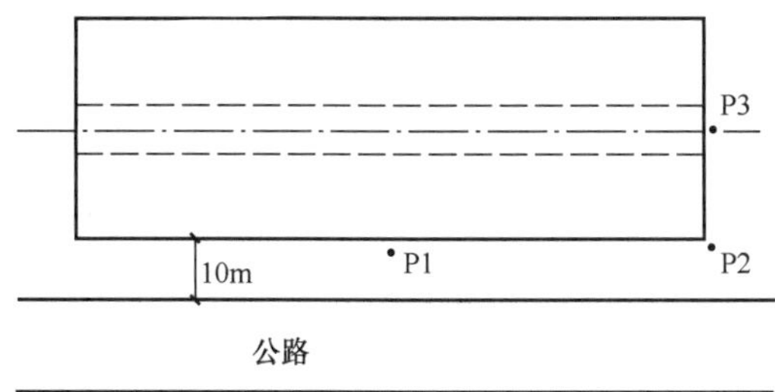

图 4-6-4　道路交通振动测试的楼外测点布置

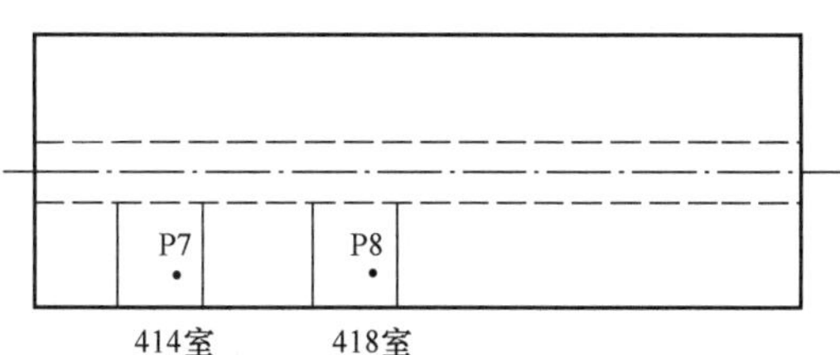

图 4-6-5　道路交通振动测试的楼内四层测点布置

图 4-6-6 和图 4-6-7 分别给出 1/3 倍频程楼内各个测点的竖向和水平向加速度均方根值，可以看出，楼内 1 层测点（P4 点）在 10Hz 处的竖向加速度已进入Ⅱ区，其他点的加速度值均在Ⅰ区。对于 P4 点，道路交通引起的振动已经对精密仪器的正常使用造成影响，而对于其他点，道路交通引起的振动已接近精密仪器的正常使用限值。

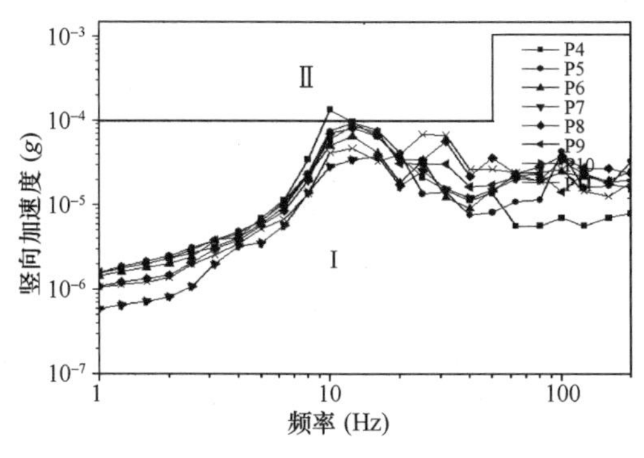

图 4-6-6　1/3 倍频程楼内各个测点的竖向加速度均方根值

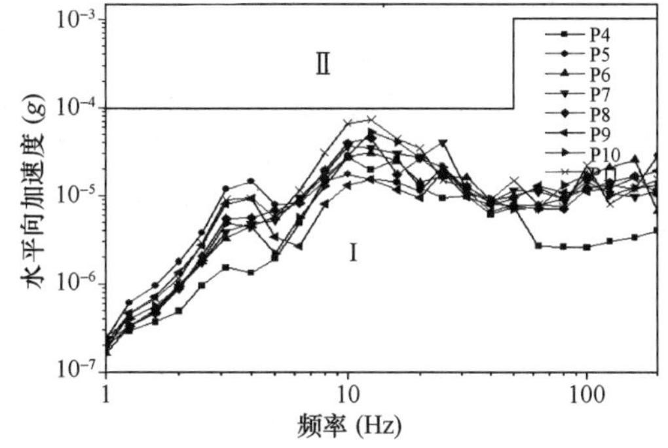

图 4-6-7　1/3 倍频程楼内各个测点的水平向加速度均方根值

根据楼外测点和楼内测点的实测数据，计算振动从楼外测点到楼内测点的传递损失：

$$L(\omega)=C_{楼外}(\omega)-C_{楼内}(\omega) \tag{4-6-7}$$

$C(\omega)$ 为 1/3 倍频程中心频率处的加速度级，$L(\omega)$ 为 1/3 倍频程中心频率处的加速度级差，即 1/3 倍频程内的传递损失。

假设楼内外振动传递损失只与楼本身的材料性质和构造特性有关，而与振源形式无关，可利用传递损失来预测地铁列车运行引起的楼内各测点的振动响应。可先建立自由场的有限元模型计算出地铁列车在楼外测点处的振动，再叠加楼内外振动的传递损失，即可得到楼内各个测点处的振动响应。图 4-6-8 和图 4-6-9 为 1/3 倍频程楼内各测点相对于楼外 P1 点的竖向和水平向加速度传递损失。

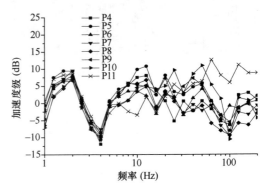

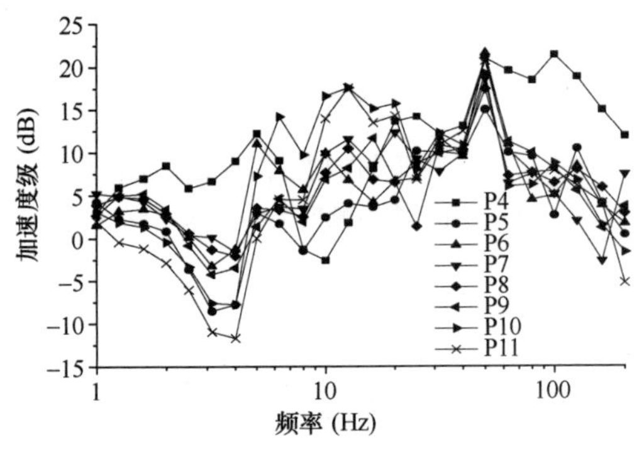

图 4-6-8　1/3 倍频程楼内各测点相对于楼外 P1 点的竖向加速度的传递损失

图 4-6-9　1/3 倍频程楼内各测点相对于楼外 P1 点的水平向加速度的传递损失

（2）列车荷载振动响应数值分析

图 4-6-10 和图 4-6-11 分别给出普通无砟轨道和浮置板轨道模型计算得到的楼外地表 P1 点的竖向加速度时程和频谱，可以看出，对于普通无砟轨道，地表加速度的主要频段为 40～100Hz；对于浮置板轨道，地表加速度的主要频段在 40Hz 以内，在 8Hz 附近出现最大值（浮置板轨道的自振频率为 8Hz）。

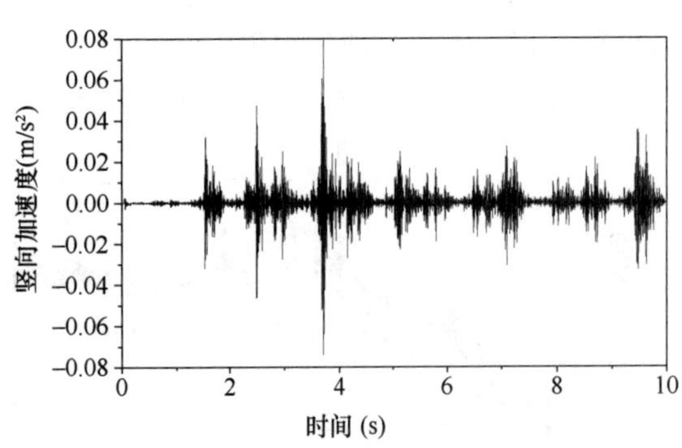

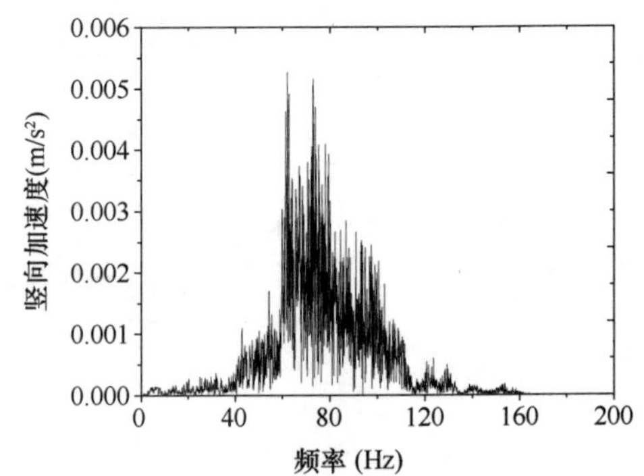

图 4-6-10　普通无砟轨道工况有限元模型计算得到的楼外 P1 点的竖向加速度时程和频谱

（3）动力响应与规范限值对比

图 4-6-12 和图 4-6-13 分别给出计算所得地铁列车单独运行引起的普通无砟轨道和浮置板轨道工况下楼内各点的竖向加速度响应，可以看出，对于普通无砟轨道，地铁列车运

行引起的楼内各点振动加速度在 30～100Hz 频段上基本位于Ⅱ区，对于浮置板轨道工况，除了楼内一层 P4 点的加速度在 8Hz 位于Ⅰ区和Ⅱ区分界线之外，其余点在各个频率处的加速度均位于Ⅰ区。

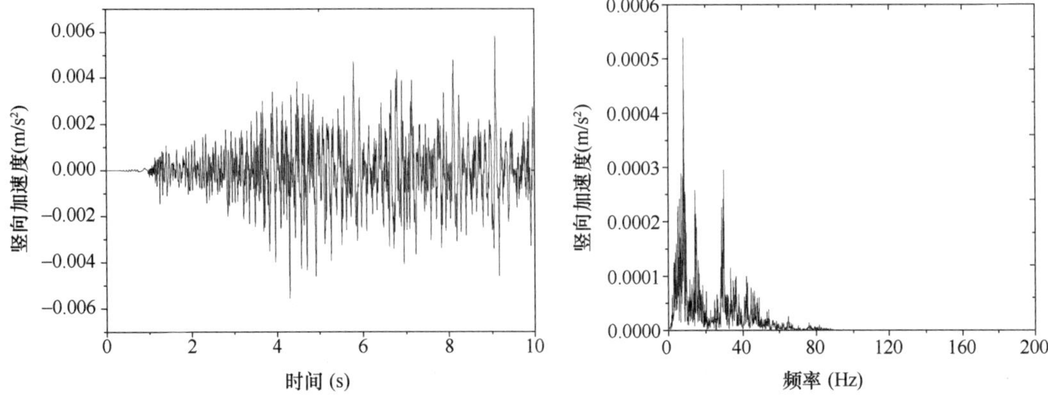

图 4-6-11　浮置板轨道工况有限元模型计算得到的楼外 P1 点的竖向加速度时程和频谱

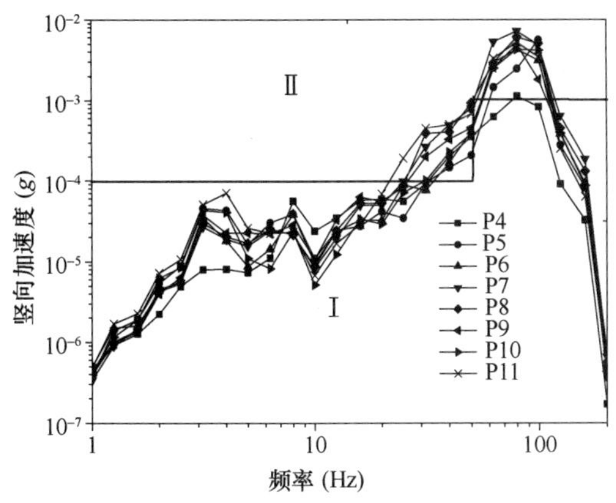

图 4-6-12　1/3 倍频程地铁列车单独运行引起的普通无砟轨道工况下楼内各点的竖向加速度响应

图 4-6-13　1/3 倍频程地铁列车单独运行引起的浮置板轨道工况下楼内各点的竖向加速度响应

地铁 8 号线若在该区段采用非减振的普通无砟轨道，则楼内精密仪器将无法正常使用，采用浮置板轨道，可显著降低 20Hz 以上频段的振动响应，但对低频振动几乎无减振效果，如 P4 点在 8Hz 处因振动放大，振动响应已达精密设备正常使用的临界限值。

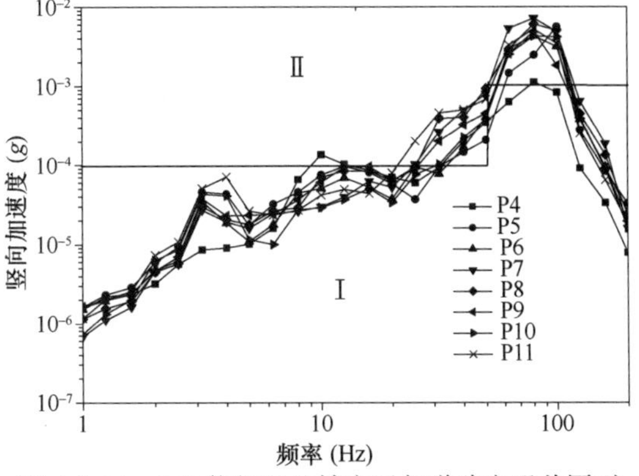

图 4-6-14　1/3 倍频程地铁交通与道路交通共同引起的普通无砟轨道工况下楼内各点的竖向加速度响应

图 4-6-14 和图 4-6-15 分别给出地铁列车运行与道路交通引起振动叠加之后的普通无砟轨道和浮置板轨道工况下楼内各点的竖向加速度响应。可以看出，

对于普通无砟轨道，楼内各点在 30～100Hz 频段的振动均超出仪器限值，对于钢弹簧浮置板轨道，楼内一层 P4 点在 10Hz 超出仪器限值，楼内三层 P5 点在 8Hz 处超出仪器限值，其他各点振动均在仪器限值以内。

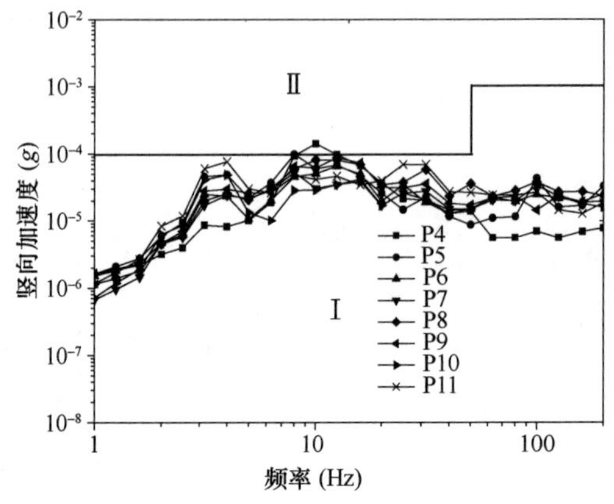

图4-6-15　1/3 倍频程地铁交通与道路交通共同引起的浮置板轨道工况下楼内各点的竖向加速度响应

[实例 4-7] 某地铁线路下穿别墅区钢弹簧浮置板减振降噪

一、工程概况

某地铁线路采用 5 节编组 B 型车，线路在市区小半径穿越一联排别墅小区，右线曲线半径 350m，左线曲线半径 370m，列车实际通过小区速度约 60km/h。

该小区为四层砖混结构，条形基础，易受到地铁过车振动影响。环评报告预测敏感点振动超标 9.9dB，超标量较大。为减少地铁运营对小区居民生活影响，下穿别墅区路段上、下行各布置 540m 长的钢弹簧浮置板减振道床。

采用 325mm 厚带中心凸台（中心凸台宽 1m、高 160mm）的浮置板，如图 4-7-1、图 4-7-2所示，中心凸台增加了浮置板的自重与抗弯刚度，同时采用液体阻尼隔振器，降低系统固有频率。系统自振频率在自重下为 8.4Hz，过车时考虑部分车重参与，自振频率约 7.7Hz。

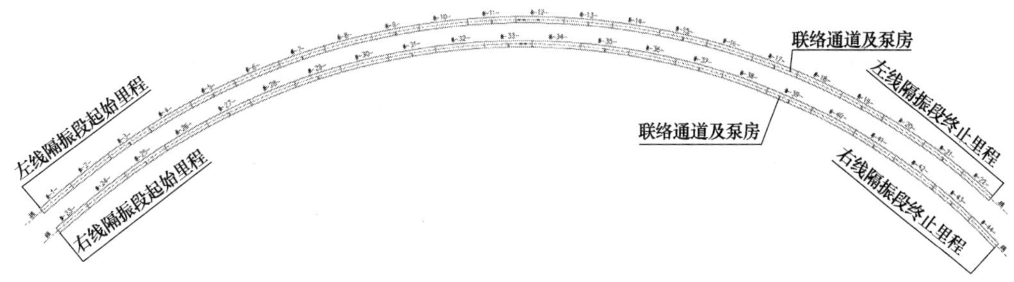

图 4-7-1　某区间浮置板总平面图

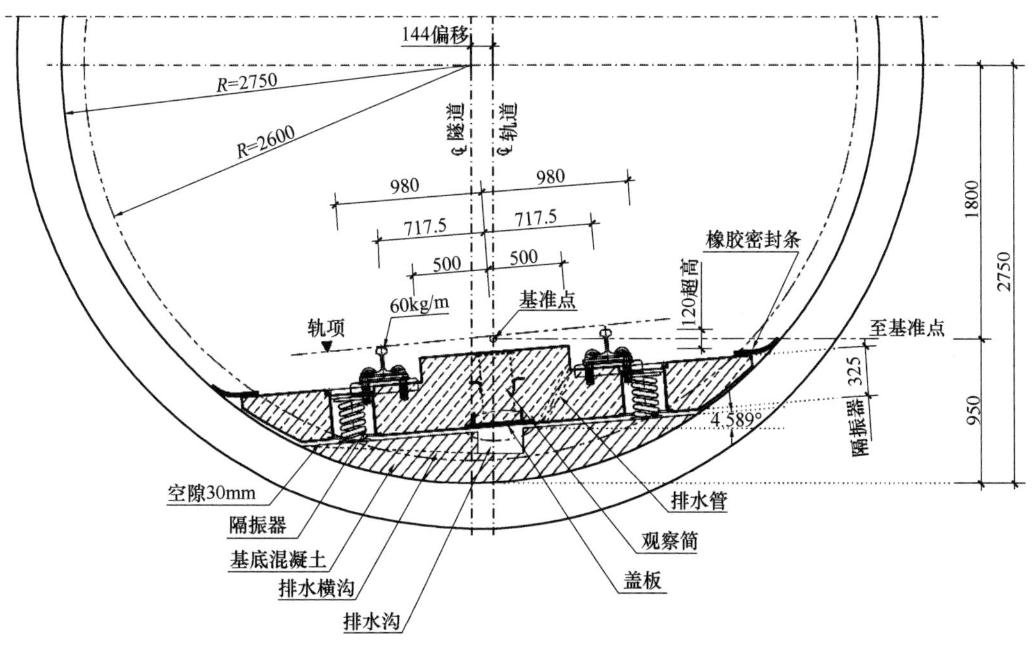

图 4-7-2　曲线地段浮置板断面图

二、钢弹簧浮置板减振性能异常

本项目钢弹簧浮置板属常规设计，但在项目试运行后，小区内有居民反馈存在振动噪声影响，这在钢弹簧浮置板道床项目中尚属首次。

为寻找振动噪声异常原因，2013 年 9 月 12 日在该小区 7 栋楼室外（图 4-7-3）及车库内进行了振动测试，室外 Z 振级 64.5dB，车库内 63.6dB，均满足《城市区域环境振动标准》GB 10070—1988 特殊住宅区 65dB 限值，但几乎没有余量，列车经过时的测试结果见图 4-7-4、图 4-7-5。

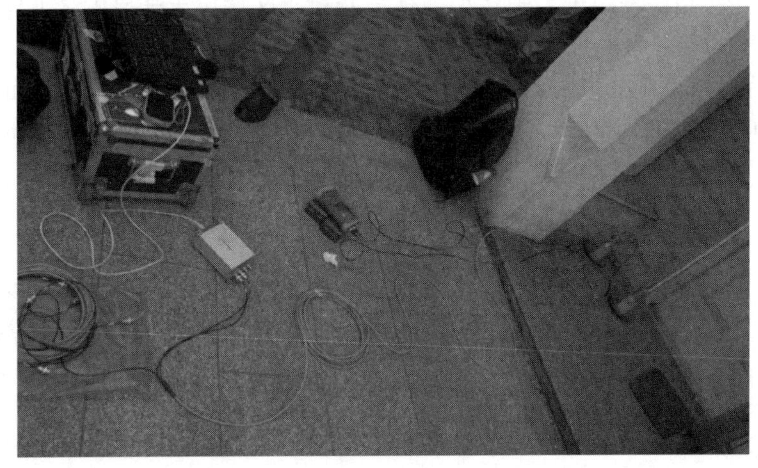

图 4-7-3　7 栋楼 1 号测点速度和加速度传感器布置（室外）

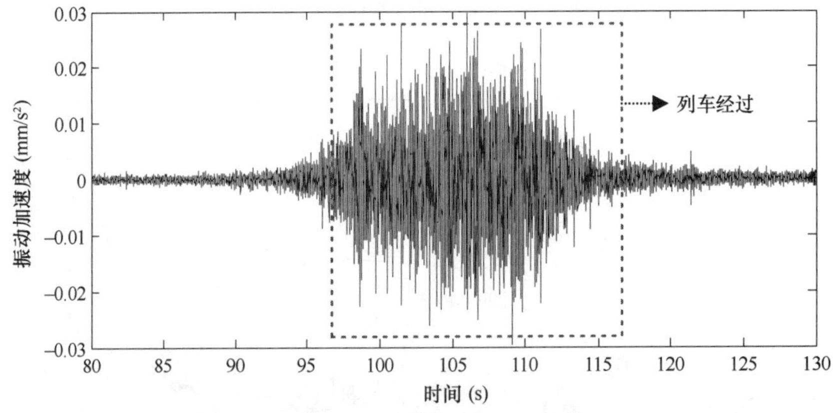

图 4-7-4　一次测试列车经过时振动加速度（室内车库中心测点）

2013 年 10 月 10～12 日再次进行测试，测试内容包括 7 栋和 12 栋楼附近地面振动，7 栋 105 室客厅（图 4-7-6）和 12 栋 103 室餐厅内二次辐射噪声测试结果如图 4-7-7～图 4-7-10所示。7 栋地面 Z 振级 61.41dB，12 栋地面 Z 振级 59.85dB，均满足特殊住宅区 65dB 限值要求。二次辐射噪声测试结果：7 栋 105 室 36.37dB（A），12 栋 103 室受餐厅冰箱运行影响，达 37.98dB（A），但也符合 0 类区域特殊住宅区昼间 38dB（A）的限值要求。

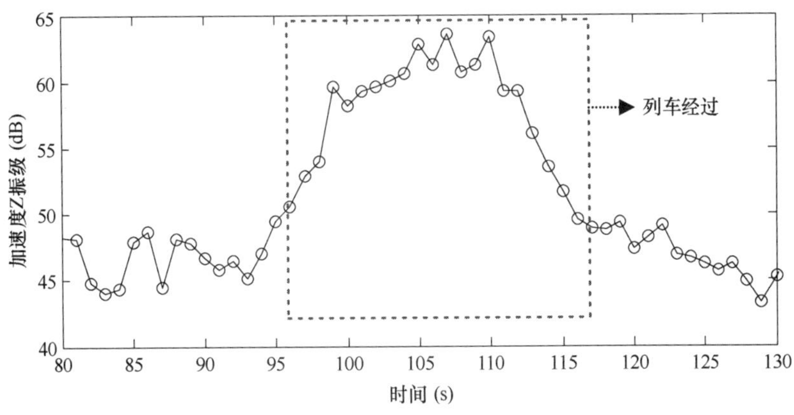

图 4-7-5　列车经过时振动加速度 Z 振级（室内车库中心测点）

图 4-7-6　7 栋 105 室客厅测试二次噪声

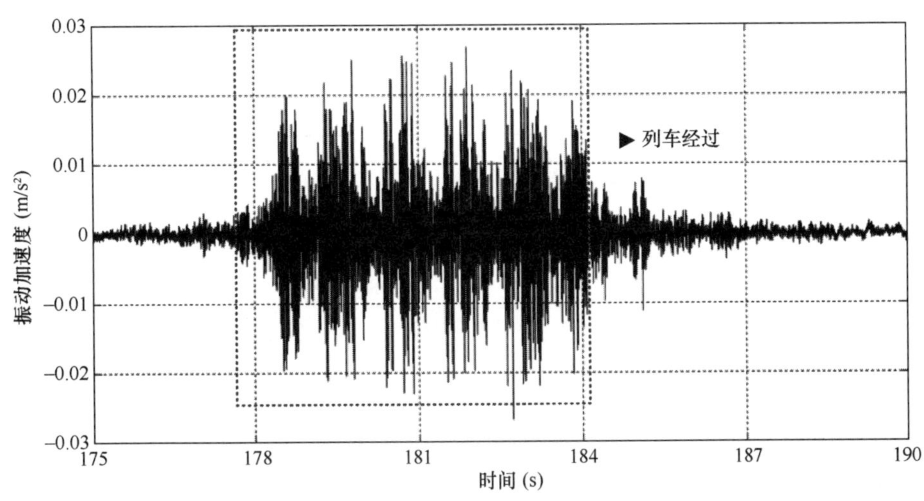

图 4-7-7　列车经过时振动加速度（7 栋 105 室外近车库外墙测点）

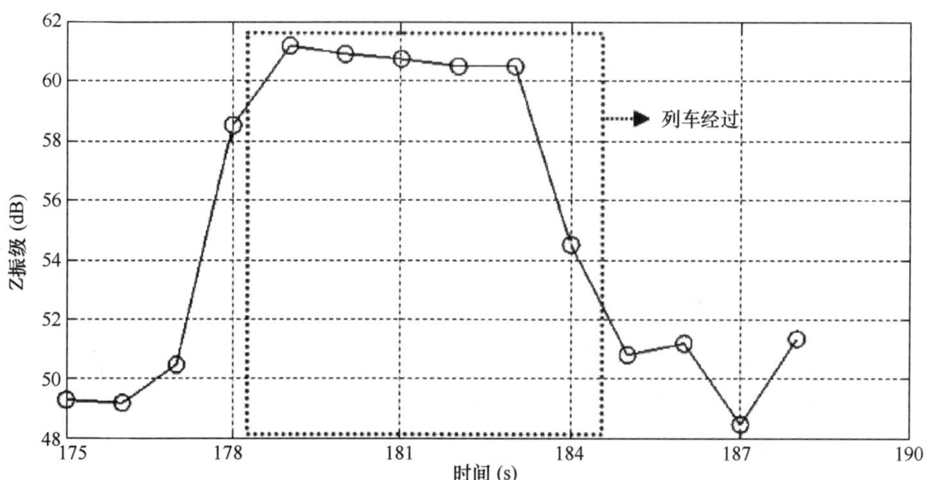

图 4-7-8　列车经过时振动加速度 Z 振级（7 栋 105 室外近车库外墙测点）

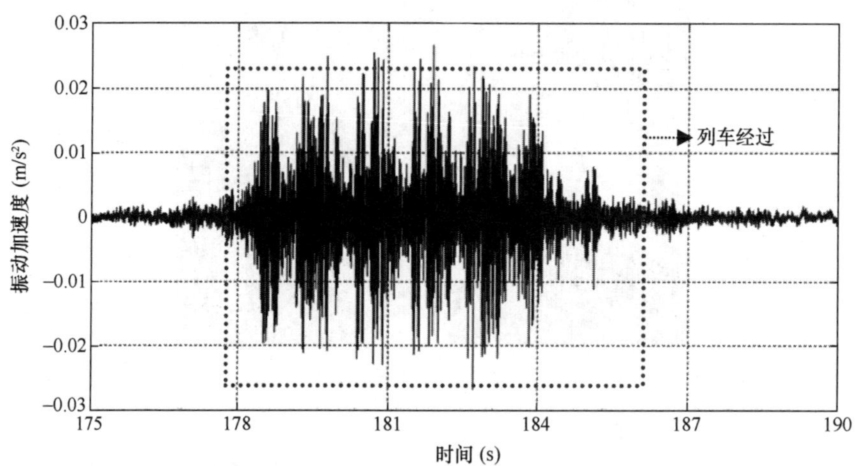

图 4-7-9　列车经过时振动加速度（12 栋 103 室外近车库外墙测点）

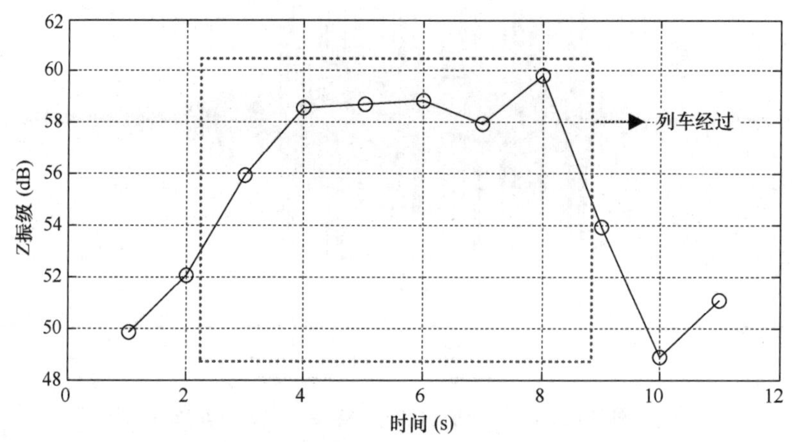

图 4-7-10　列车经过时振动加速度 Z 振级（12 栋 103 室外近车库外墙测点）

两次测试结果虽均满足规范限值要求，但余量很小，明显高于正常钢弹簧浮置板区段的振动噪声控制水平。为此，需要去现场排查、分析原因。

三、问题排查及分析

经检查，区间泵房的预埋排水管管底高于设计值，浮置板中心水沟的排水无法顺利排入泵房，为满足排水要求，另外设置了排水管。进入隧道后检查发现原设计中的软管设在了板面；打开观察筒顶盖，积水已显著高过基底面，并进入观察筒内，内外筒之间也有积水。

进入左线检查发现曲线内侧积水已没过道床面，积水长度约 40m，即以线路最低点（区间泵站）为中心，两侧各延伸约 20m。其中，投诉的 7 栋距离泵站最近，12 栋稍远。

初步判断，该区段振动噪声异常是浮置板积水影响，虽然浮置板下面的积水有多个出口（板缝、观察筒等），但当列车通过时，板体振动频率较高，积水无法快速溢出，使浮置板处于短路状态，减振性能下降。为验证该判断，选取 3 个测试断面，进行测试分析：正常浮置板断面、单侧浸水断面和双侧浸水断面，如图 4-7-11 所示。

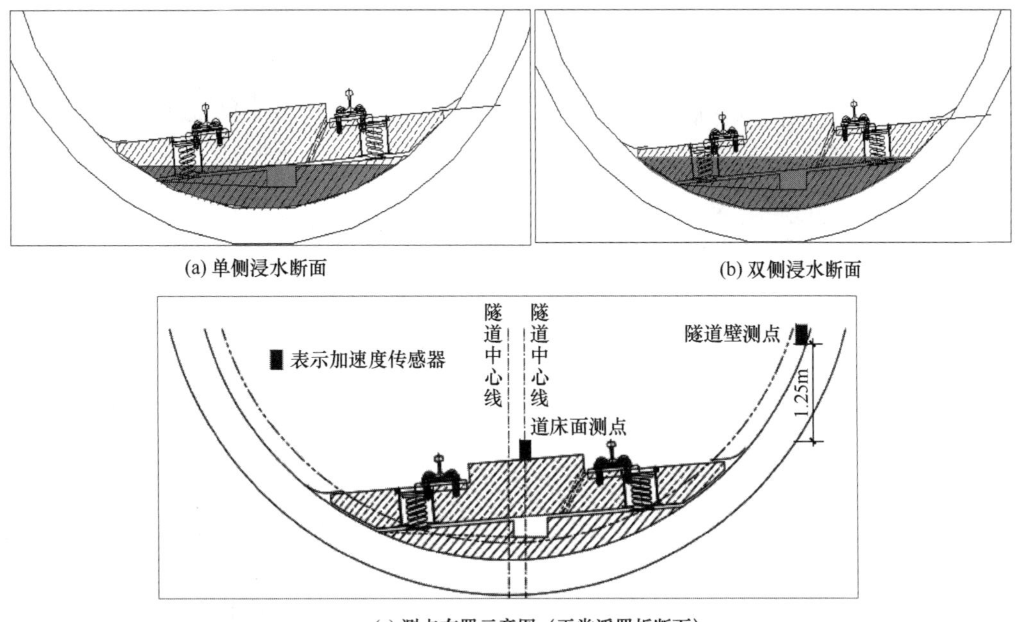

图 4-7-11　对比测试分析的三种断面

1. 测试结果时域分析

为消除随机干扰，提取 10 组数据进行分析，图 4-7-12～图 4-7-14 给出 3 个测试断面典型振动加速度响应时程曲线，10 组样本加速度峰值平均值见表 4-7-1。

对比三个测试断面振动加速度响应，主要结论如下：

（1）由加速度响应时程曲线与地铁列车长度简单推导列车运行速度约为 60km/h，3 个测试断面运行速度基本一致。

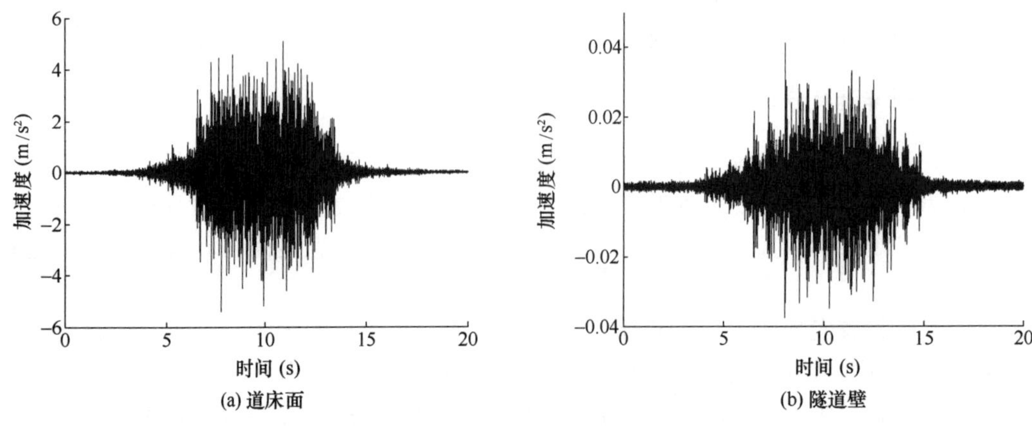

图 4-7-12　正常浮置板测试断面振动典型时程

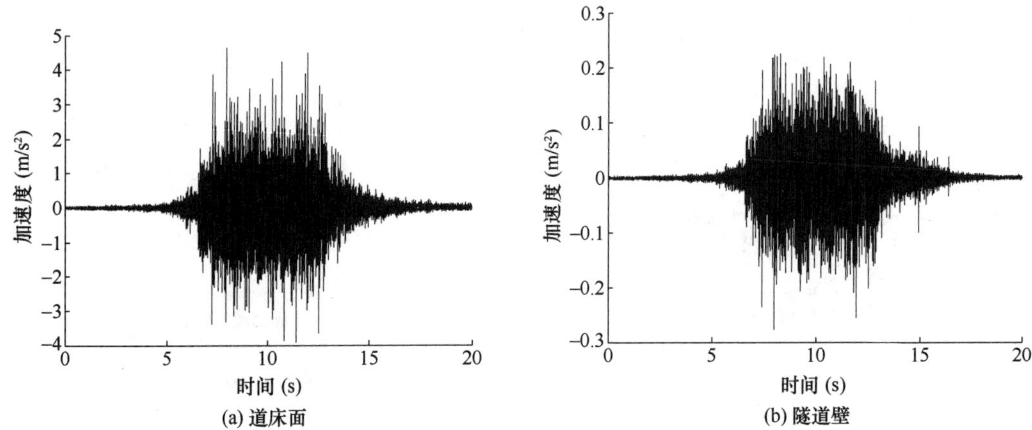

图 4-7-13　单侧浸水测试断面振动典型时程

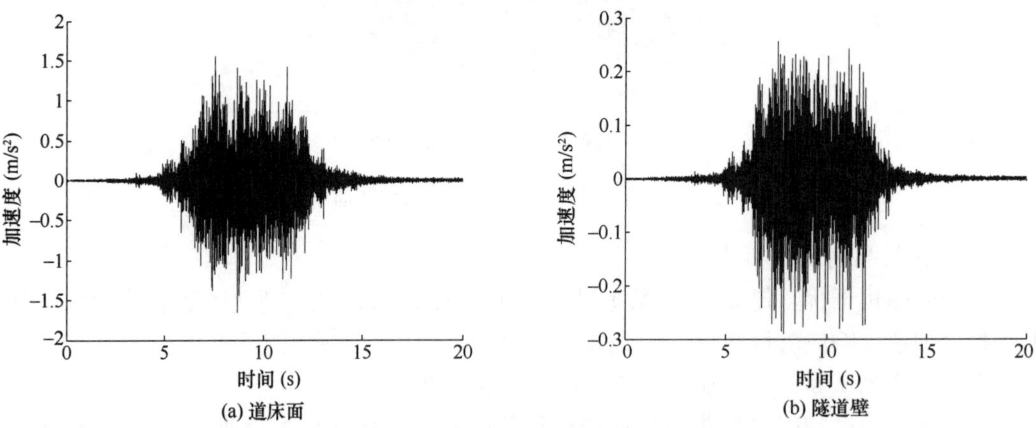

图 4-7-14　两侧浸水测试断面振动典型时程

3个测试断面加速度峰值均值列表 **表 4-7-1**

断面	道床面（m/s^2）	隧道壁（m/s^2）
正常浮置板测试断面	4.76	0.04
单侧浸水测试断面	4.39	0.23
两侧浸水测试断面	1.48	0.28

（2）三个测试断面道床振动加速度峰值均值分别为 $4.76m/s^2$（正常浮置板测试断面）、$4.39m/s^2$（单侧浸水测试断面）和 $1.48m/s^2$（两侧浸水测试断面），随浸水量增加，加速度峰值逐渐减小。

（3）三个测试断面隧道壁振动加速度峰值均值分别为 $0.04m/s^2$（正常浮置板测试断面）、$0.23m/s^2$（单侧浸水测试断面）和 $0.28m/s^2$（两侧浸水测试断面），随浸水量增加，隧道壁加速度峰值逐渐增大。

（4）正常浮置板对列车运行产生的振动衰减作用明显，随浸水量增加，道床面振动减小，隧道壁振动却增大，说明道床传递至隧道壁的振动增加。

（5）随浮置板浸水量的增加，振动衰减量逐渐减小，说明水作为振动传导体，对振动传递起较大作用，为防止浮置板减振效果降低，应避免浮置板浸水。

2. 测试结果频域分析

为消除随机干扰，取10组频谱均值进行分析。按照国家标准《城市区域环境振动标准》GB 10070—1988规定，采用国家标准《机械振动与冲击 人体暴露于全身振动的评价 第1部分：一般要求》GB/T 13441.1—2007/ISO 2631—1：1997的1/3倍频计算振动加速度级VAL：

$$VAL = 20\lg(a_{rms}/a_0) \tag{4-7-1}$$

式中 a_{rms}——振动加速度有效值（m/s^2）；

a_0——基准加速度，一般取 $10^{-6}m/s^2$。

将同一测试断面道床面和隧道壁振动加速度进行对比，分析振动响应在频域内的传递特性，如图4-7-15所示，主要结论如下：

（1）各测试断面道床面振动加速度级最大值分别为116.2 dB（正常浮置板测试断面）、111.0dB（单侧浸水测试断面）和108.9dB（两侧浸水测试断面），隧道壁振动加速度级最大值分别为78.0dB、82.8dB和95.0dB，均出现在50～80Hz频段。浮置板浸水后，随浸水量增加，在10～200Hz频段，道床面振动加速度级逐渐减小，隧道壁振动加速度级逐渐增大。

（2）正常浮置板测试断面、单侧浸水测试断面和两侧浸水测试断面振动响应在10Hz以内频段，道床面至隧道壁传递损失值比较接近，基本为25～35dB；10Hz以上频段，浸水断面传递损失值减小趋势明显，正常浮置板测试断面传递损失值基本在40dB以上，单侧浸水测试断面传递损失值减小至25～35dB，两侧浸水测试断面传递损失值降至10～25dB。

（3）浮置板浸水后，水作为振动传导体，对10Hz内的低频振动衰减效果影响较小，对10～200Hz频段内的振动衰减影响较大。随浮置板浸水量增加，浮置板对列车运行产生的振动衰减作用逐渐减弱，且频率越高，减弱趋势越快。

（4）10Hz以上频段，随浸水量增加，道床面加速度级逐渐减小，隧道壁加速度级逐

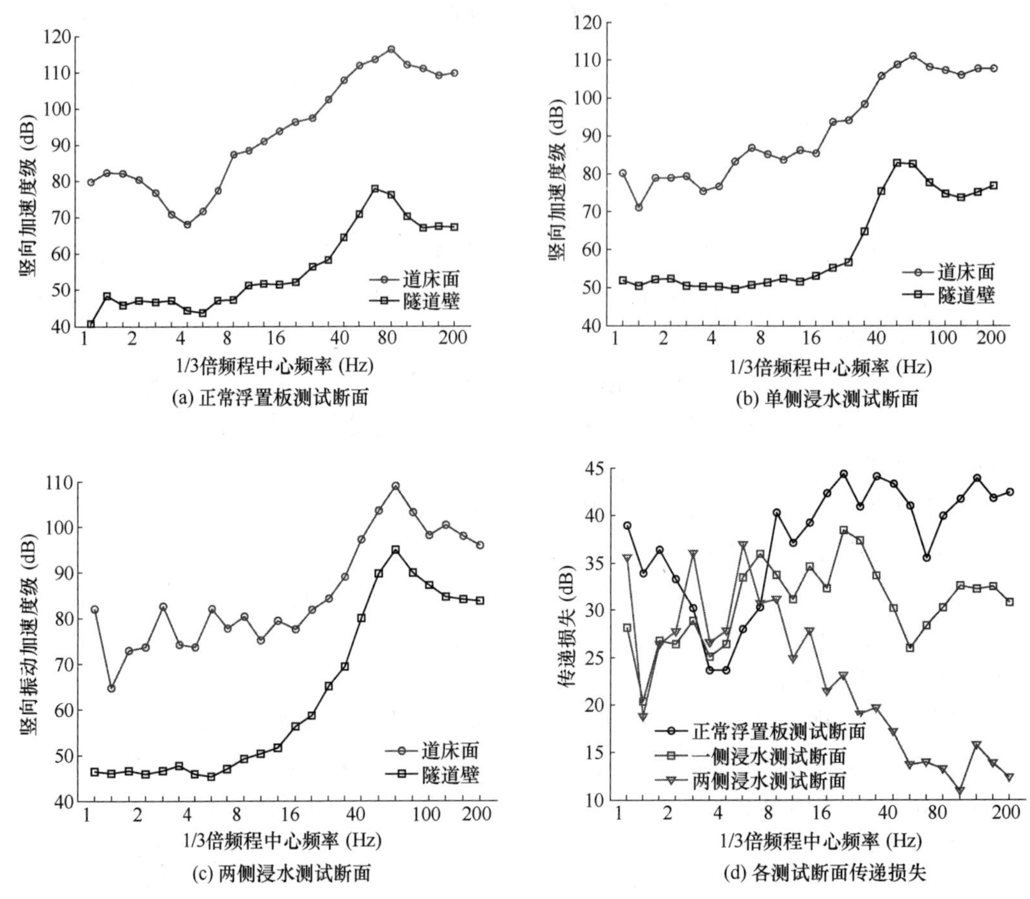

图 4-7-15　三种断面的振动响应及传递损失

渐增大，道床传递至隧道壁的振动量逐渐增大，说明水作为振动传导体，对 10～200Hz 频段的振动传递影响显著，10Hz 以内频段的影响无明显规律。

四、振动问题处理效果

在排除积水并进一步改进排水措施后，浮置板处于正常工作状态，处理完毕后进行了第三方测试，主要结论：

1. 浮置板道床隧道壁振动 Z 振级为 67.0dB，振动在大地中传播会有一定衰减，地面 Z 振级会进一步减小，能满足国家标准《城市区域环境振动标准》GB 10070—1988 对居民、文教区规定的振动限值 70dB 要求，且有足够安全余量。

2. 浮置板道床隧道壁分频最大振级为 63.4dB，振动信号在大地中传播会有一定衰减，地面的分频最大振级会进一步减小，能满足行业标准《城市轨道交通引起建筑物振动与二次辐射噪声限值及其测量方法标准》JGJ/T 170—2009 对居住、文教区规定的限值 65dB 要求，且有足够的安全余量。

3. 浮置板隧道壁 Z 振级 VL_z 相对于一般整体道床的插入损失值为 16.8dB，隧道壁最大分频振级 VL_{max} 相对于一般整体道床插入损失值为 18.1dB。

2015 年 1 月 26 日，再次对该小区 7 栋进行室外振动测试，对 7 栋 106 室进行二次辐射噪声测试。振动测试采用10组数据，计算各测点Z振级VL_Z及最大分频振级VL_{max}，10组数据均值见表4-7-2。

室外振动实测数据　　表4-7-2

测点	GB 10070—1988		是否满足标准要求	JGJ/T 170—2009		是否满足标准要求
	限值（dB）	实测值（dB）		限值（dB）	实测值（dB）	
1	70	55.8	满足	65	49.0	满足
2	70	53.8	满足	65	47.4	满足
3	70	53.0	满足	65	45.6	满足
4	70	56.0	满足	65	45.7	满足

噪声测试在夜间，地铁过车引起建筑物二次辐射噪声主要集中在50～100Hz的低频段，从瞬时声压时域信号中，比较难区分出地铁引起建筑物结构二次辐射噪声信号，但从时、频域响应图中，可明显看出二次辐射噪声信号，如图4-7-16所示。采集了8组列车经过测点的二次辐射噪声A声压级，如图4-7-17及表4-7-3所示。

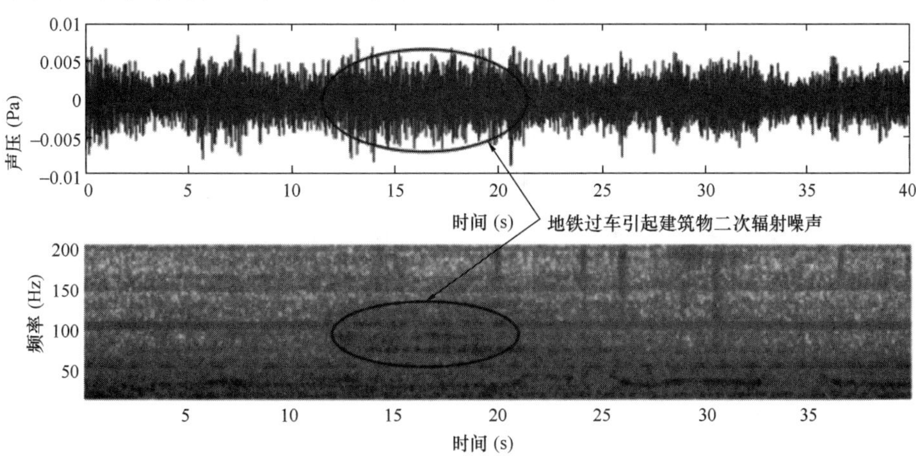

图4-7-16　二次辐射噪声时程及时频图

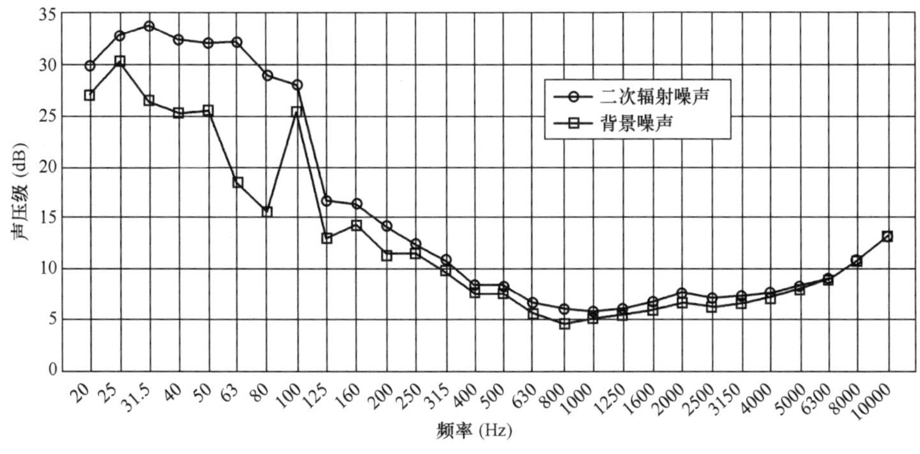

图4-7-17　二次辐射噪声与背景噪声1/3倍频程（未计权）声压级对比

二次辐射噪声 A 声级与背景噪声 A 声级 **表 4-7-3**

数据	1	2	3	4	5	6	7	8
二次辐射噪声[dB(A)]	20	21	21	24	21	20	21	21
背景噪声[dB(A)]	20	20	20	20	20	20	20	20

过车引起建筑物二次辐射噪声等效 A 声压级为 21dB（A），背景噪声等效 A 声压级为 20dB（A）。二次辐射噪声测量值与室内背景噪声的声压级差小于 3dB（A），且两者均小于标准限值 35dB（A）。

[实例 4-8] 青岛地铁 3 号线轨道结构振动控制

一、工程概况

青岛市地铁一期工程 3 号线位于青岛市市南区、市北区、四方区、李沧区四个行政区域，线路呈“西—东—北—西”走向，全长 24.909km，全地下线，全线共设车站 22 座，其中，换乘车站 6 座，平均站间距 1.166km，正线最小曲线半径 350m，最大坡度 29‰。采用 B 型车，轴重≤14t，6 辆编组，接触轨供电，最高设计速度 80km/h。

沿线共有 132 处振动环境敏感点，包括学校 20 所、医院 5 座、疗养院 3 处、文物保护单位 19 处、党政机关等集中办公场所 6 处、居民住宅敏感点 79 处。环评专业对工程线路两侧的青岛国际俱乐部旧址，侯爵饭店旧址等文物保护单位，线路正穿（轨道正上方至外轨中心线 5m 以内）的学校、医院、居民区等敏感点，以及新贵都、河南村、海信北苑风景花园等敏感点提出很高的减振要求，并要求设置不同等级的钢弹簧浮置板道床。3 号线敏感点振动控制措施见表 4-8-1。

敏感点振动控制措施表　　　　**表 4-8-1**

青岛市地铁一期工程（3 号线）			敏感点相对线路位置（m）		敏感点预测值超标量（dB）	
区间位置	长度（m）	减振等级	水平距离 L	高差 H	昼间	夜间
青岛站—人民会堂站	750	中量级浮置板	0	14.6	0.8	3.7
	1736	重量级浮置板				
人民会堂站—汇泉广场站	600	重量级浮置板	0	29.1	1.1	4
	1384	中量级浮置板				
中山公园站—太平角公园站	170	中量级浮置板	0	25.2	2.6	5.6
	741	重量级浮置板				
太平角公园站—延安三路站	540	重量级浮置板	4.8	19.6	7.2	7.1
五四广场站—江西路站	760	重量级浮置板	0	23.2	3.7	6.5
	300	中量级浮置板				
宁夏路站—敦化路站	330	中量级浮置板	7.5	18	0.5	3.4
敦化路站—错埠岭站	350	中量级浮置板	9.4	31	—	—
错埠岭站—清江路站	1138	重量级浮置板	0	15.2	8.3	11.2
李村站—君峰路站	500	中量级浮置板	13.1	24.3	—	—
振华路站—永平路站	620	中量级浮置板	6.4	18.5	—	2.4
永平路站—青岛北站	590	重量级浮置板	0	23.3	—	1.4
	229	中量级浮置板				

二、振动控制方案

1. 钢弹簧浮置板设计

青岛地铁 3 号线区间主要是马蹄形隧道，结合隧道断面形式和轨道结构高度，针对不同的减振地段，线路要素各不相同，需要分别进行核算。根据各地段的曲线半径、超高、限速和坡度等设计浮置板隔振系统，典型的浮置板如图 4-8-1 所示。典型的钢弹簧浮置板道床一般采用 25m 标准板，隔振器布置于轨枕之间，并位于钢轨外侧，浮置板之间用剪力铰连接，以增加浮置板系统的安全储备。本工程中的两种浮置板隔振系统的隔振器均为钢弹簧阻尼隔振器，其中，重量级钢弹簧浮置板采用液体阻尼，中量级钢弹簧浮置板采用固体阻尼。

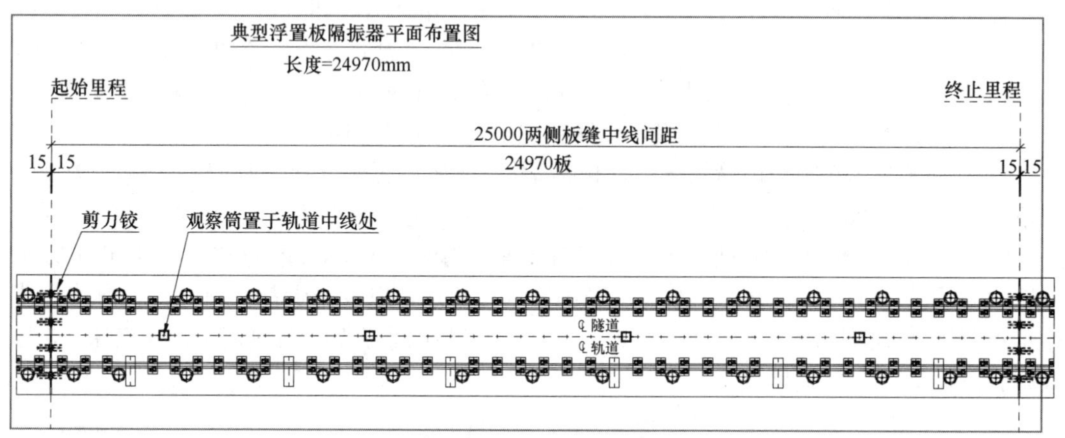

图 4-8-1　典型的钢弹簧浮置板

2. 钢弹簧浮置板模态分析

建立中量级钢弹簧浮置板和重量级钢弹簧浮置板 SAP 2000 有限元模型，如图 4-8-2

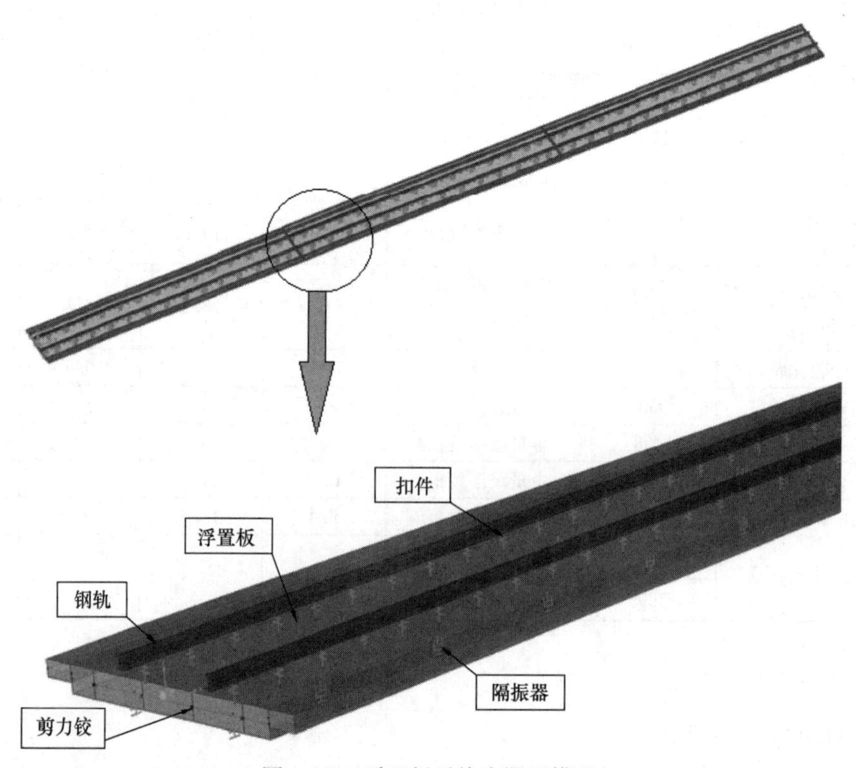

图 4-8-2　浮置板系统有限元模型

所示，分别进行模态分析和隔振效果计算，有限元模型的组成及主要参数如下：

（1）浮置板：单块浮置板长度 24.97m，断面形状见图 4-8-3，材料为 C40 混凝土，采用 SHELL 单元。

（2）钢轨：钢轨断面采用我国标准 60kg/m 钢轨断面，断面面积、尺寸以及惯性矩等与标准 60kg/m 钢轨一致，采用 FRAME 单元。

（3）扣件：扣件连接钢轨与浮置板，扣件间距 600mm，竖向刚度 33kN/mm，采用 LINK 单元。

（4）隔振器：浮置板通过隔振器与隧道壁相连，隔振器布置见图 4-8-1，隔振器采用 DAMPER 单元。

（5）剪力铰：浮置板之间由四组剪力铰连接，剪力铰铰棒为直径 35mm 钢棒，采用 FRAME 单元，模型由 3 块浮置板通过剪力铰相连。

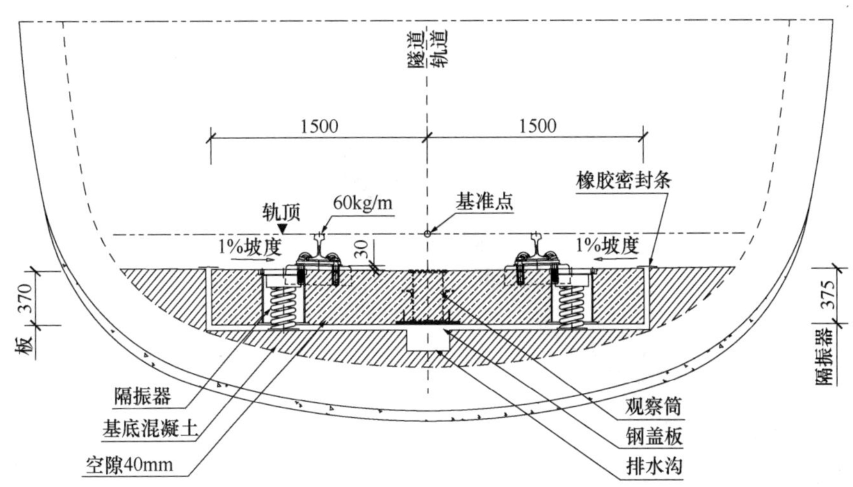

图 4-8-3　浮置板马蹄形隧道断面

中量级钢弹簧浮置板模型竖向第 1 阶模态（对应表 4-8-2 中第 5 阶模态），如图 4-8-4 所示，固有频率 8.791Hz，质量参与系数接近 100%，对 12.43Hz 以上激振频率引起的振动有隔振效果。

中量级钢弹簧浮置板模态　　　　**表 4-8-2**

序号	周期 (s)	频率 (Hz)	模态质量参与系数											
			U_x	U_y	U_z	$S_{um}U_x$	$S_{um}U_y$	$S_{um}U_z$	R_x	R_y	R_z	$S_{um}R_x$	$S_{um}R_y$	$S_{um}R_z$
1	0.131	7.614	0.87	0.00	0.00	0.87	0.00	0.00	0.00	0.00	0.01	0.00	0.00	0.01
2	0.131	7.614	0.00	1.00	0.00	0.87	1.00	0.00	0.00	0.00	0.89	0.00	0.00	0.90
3	0.131	7.658	0.13	0.00	0.00	1.00	1.00	0.00	0.00	0.00	0.09	0.00	0.00	1.00
4	0.124	8.059	0.00	0.00	0.00	1.00	1.00	0.00	0.00	0.00	0.00	0.00	0.00	1.00
5	0.114	8.791	0.00	0.00	1.00	1.00	1.00	1.00	0.00	0.89	0.00	0.00	0.89	1.00
6	0.108	9.238	0.00	0.00	0.00	1.00	1.00	1.00	0.00	0.11	0.00	0.00	1.00	1.00
7	0.102	9.814	0.00	0.00	0.00	1.00	1.00	1.00	0.00	0.00	0.00	0.00	1.00	1.00
8	0.096	10.470	0.00	0.00	0.00	1.00	1.00	1.00	0.00	0.00	0.00	0.00	1.0o	1.00
9	0.081	12.303	0.00	0.00	0.00	1.00	1.00	1.00	0.00	0.00	0.00	0.00	1.00	1.00
10	0.069	14.430	0.00	0.00	0.00	1.00	1.00	1.00	0.00	0.00	0.00	0.00	1.00	1.00

续表

序号	周期(s)	频率(Hz)	模态质量参与系数											
			U_x	U_y	U_z	$S_{um}U_x$	$S_{um}U_y$	$S_{um}U_z$	R_x	R_y	R_z	$S_{um}R_x$	$S_{um}R_y$	$S_{um}R_z$
11	0.069	14.526	0.00	0.00	0.00	1.00	1.00	1.00	0.00	0.00	0.00	0.00	1.00	1.00
12	0.059	16.833	0.00	0.00	0.00	1.00	1.00	1.00	0.00	0.00	0.00	0.00	1.00	1.00
13	0.052	19.140	0.00	o.00	o.00	1.00	1.00	1.00	0.00	0.00	0.00	0.00	1.00	1.00
14	0.048	20.672	0.00	0.00	0.00	1.00	1.00	1.00	0.00	0.00	0.00	0.00	1.00	1.00
15	0.045	22.150	0.00	0.00	0.00	1.00	1.00	1.00	0.00	0.00	0.00	0.00	1.00	1.00
16	0.041	24.175	0.00	0.00	0.00	1.00	1.00	1.00	0.00	0.00	0.00	0.00	1.00	1.00
17	0.040	24.938	0.00	0.00	0.00	1.00	1.00	1.00	0.00	0.00	0.00	0.00	1.00	1.00
18	0.036	27.419	0.00	0.00	0.00	1.00	1.00	1.00	0.00	0.00	0.00	0.00	1.00	1.00
⋮	⋮	⋮	⋮	⋮	⋮	⋮	⋮	⋮	⋮	⋮	⋮	⋮	⋮	⋮
50	0.014	73.899	0.00	0.00	0.00	1.00	1.00	1.00	0.00	0.00	0.00	0.00	1.00	1.00

图 4-8-4　中量级浮置板竖向第 1 阶模态

重量级钢弹簧浮置板模型竖向第 1 阶（对应表 4-8-3 中第 5 阶模态），如图 4-8-5 所

图 4-8-5　重量级浮置板竖向第 1 阶模态

示，固有频率 7.752Hz，质量参与系数接近 100%，对 10.96Hz 以上激振频率引起的振动有隔振效果。

重量级钢弹簧浮置板模态　　　　表 4-8-3

序号	周期 (s)	频率 (Hz)	模态质量参与系数											
			U_x	U_y	U_z	$S_{um}U_x$	$S_{um}U_y$	$S_{um}U_z$	R_x	R_y	R_z	$S_{um}R_x$	$S_{um}R_y$	$S_{um}R_z$
1	0.149	6.709	0.88	0.00	0.00	0.88	0.00	0.00	0.00	0.00	0.01	0.00	0.00	0.01
2	0.149	6.710	0.00	1.00	0.00	0.88	1.00	0.00	0.00	0.00	0.89	0.00	0.00	0.90
3	0.148	6.750	0.12	0.00	0.00	1.00	1.00	0.00	0.00	0.00	0.09	0.00	0.00	1.00
4	0.139	7.179	0.00	0.00	0.00	1.00	1.00	0.00	0.00	0.00	0.00	0.00	0.00	1.00
5	0.129	7.752	0.00	0.00	1.00	1.00	1.00	1.00	0.00	0.89	0.00	0.00	0.89	1.00
6	0.121	8.255	0.00	0.00	0.00	1.00	1.00	1.00	0.00	0.11	0.00	0.00	1.00	1.00
7	0.110	9.069	0.00	0.00	0.00	1.00	1.00	1.00	0.00	0.00	0.00	0.00	1.00	1.00
8	0.104	9.614	0.00	0.00	0.00	1.00	1.00	1.00	0.00	0.00	0.00	0.00	1.0o	1.00
9	0.087	11.531	0.00	0.00	0.00	1.00	1.00	1.00	0.00	0.00	0.00	0.00	1.00	1.00
10	0.072	13.821	0.00	0.00	0.00	1.00	1.00	1.00	0.00	0.00	0.00	0.00	1.00	1.00
11	0.071	14.076	0.00	0.00	0.00	1.00	1.00	1.00	0.00	0.00	0.00	0.00	1.00	1.00
12	0.061	16.312	0.00	0.00	0.00	1.00	1.00	1.00	0.00	0.00	0.00	0.00	1.00	1.00
13	0.054	18.658	0.00	0.00	0.00	1.00	1.00	1.00	0.00	0.00	0.00	0.00	1.00	1.00
14	0.049	20.348	0.00	0.00	0.00	1.00	1.00	1.00	0.00	0.00	0.00	0.00	1.00	1.00
15	0.046	21.762	0.00	0.00	0.00	1.00	1.00	1.00	0.00	0.00	0.00	0.00	1.00	1.00
16	0.042	23.905	0.00	0.00	0.00	1.00	1.00	1.00	0.00	0.00	0.00	0.00	1.00	1.00
17	0.041	24.592	0.00	0.00	0.00	1.00	1.00	1.00	0.00	0.00	0.00	0.00	1.00	1.00
18	0.037	27.092	0.00	0.00	0.00	1.00	1.00	1.00	0.00	0.00	0.00	0.00	1.00	1.00
⋮	⋮	⋮	⋮	⋮	⋮	⋮	⋮	⋮	⋮	⋮	⋮	⋮	⋮	⋮
50	0.014	73.827	0.00	0.00	0.00	1.00	1.00	1.00	0.00	0.00	0.00	0.96	1.00	1.00

3. 钢弹簧浮置板插入损失计算

对中量级浮置板和重量级浮置板有限元模型进行稳态计算，计算铺设浮置板前后隧道壁的加速度级插入损失。由图 4-8-6，在低频段（激振频率 8Hz 附近）浮置板系统与激振力发生共振，加速度振级增大；在中频段（激振频率为 20～120Hz）浮置板系统隔振效果较好，基本在 20dB 以上；在中高频段（激振频率 120Hz 以上）浮置板系统整体隔振效果好，但有波动。

将浮置板系统 0～250Hz 插入损失曲线转化为 1～200Hz 的 1/3 倍频程的浮置板系统分频插入损失，如图 4-8-7 所示。在中心频率 12.5Hz 以上，浮置板系统隔振效果明显。

根据地铁测试结果，计算出 1/3 倍频程普通整体道床隧道壁的分频加速度级，见图 4-8-8。基于 1～200Hz 的 1/3 倍频程浮置板系统分频插入损失，对普通整体道床隧道壁的加速度减振效果进行分析。

根据 1～200Hz 的 1/3 倍频程中量级和重量级钢弹簧浮置板系统分频插入损失，计算出铺设中量级和重量级钢弹簧浮置板系统后隧道壁 3.15～200Hz 的加速度 1/3 倍频程分

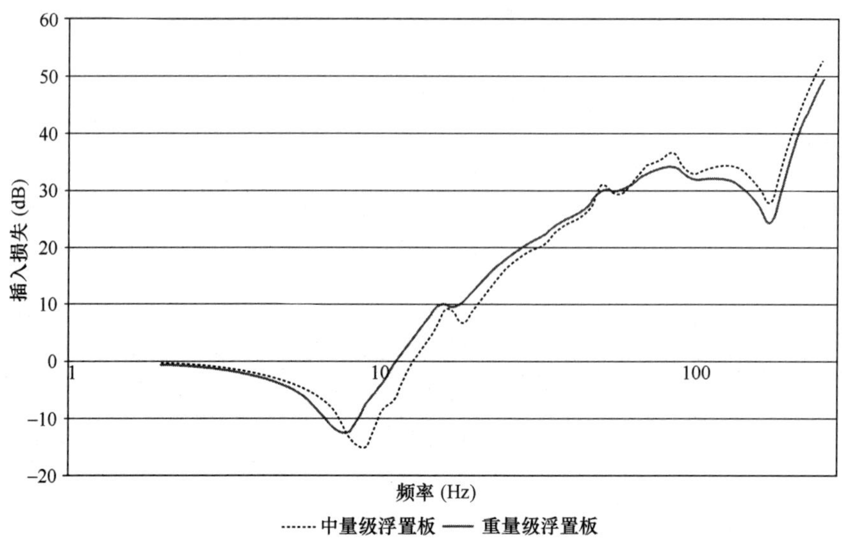

图 4-8-6　钢弹簧浮置板系统插入损失

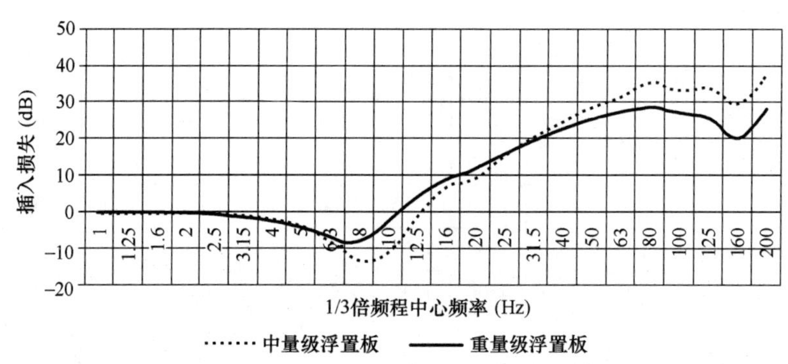

图 4-8-7　1/3 倍频程浮置板系统分频插入损失

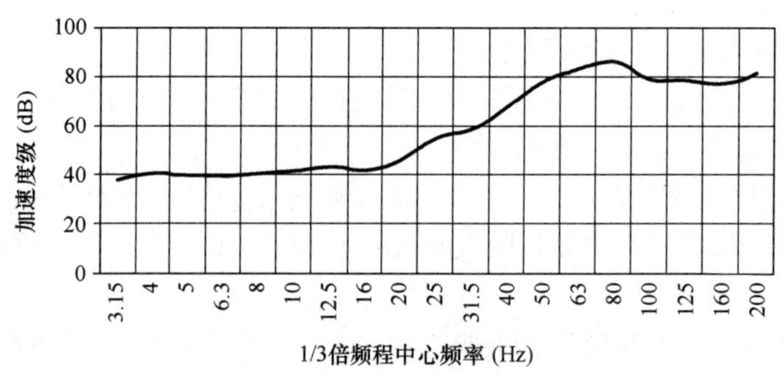

图 4-8-8　地铁测试 1/3 倍频程普通整体道床

频加速度级，见图 4-8-9。

根据国家标准《机械振动与冲击　人体暴露于全身振动的评价　第 1 部分：一般要求》GB/T 13441.1—2007，计算普通整体道床系统、中量级和重量级钢弹簧浮置板系统隧道壁计权加速度分频振级，见图4-8-10，计权加速度总振级如表 4-8-4 所示。

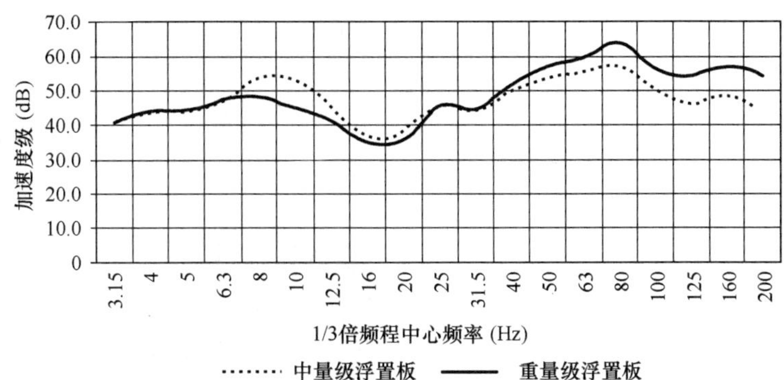

图 4-8-9　1/3 倍频程隧道壁加速度级

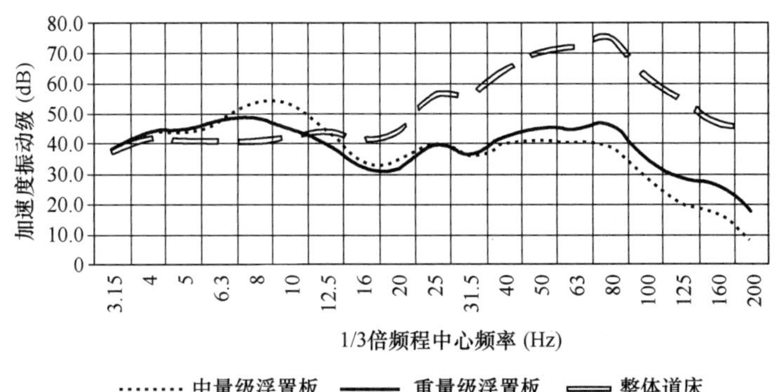

图 4-8-10　三种道床形式隧道壁计权加速度分频振级

3 种道床形式隧道壁计权加速度总振级　　**表 4-8-4**

道床形式	总振级（dB）	总振级插入损失（dB）
整体道床	76.6	—
中量级浮置板	61	15.6
重量级浮置板	58.4	18.2

经计算，中量级浮置板系统总振级插入损失 15dB 以上，重量级浮置板系统总振级插入损失 18dB 以上，钢弹簧浮置板系统满足需求目标。

三、振动控制关键技术

以减振需求为目标，结合青岛地铁 3 号线钢弹簧浮置板道床铺设地段的结构形式（涉及单洞单线/单洞双线马蹄形隧道、车站地段等多种隧道断面形式，并跨越人防门等特殊结构）、轨道高度（轨道结构高度也随着不同的结构断面形式变化）和道岔形式（交叉渡线线间距 5m、单渡线和 9 号单开道岔）等条件，设计两种钢弹簧浮置板减振系统：中量级钢弹簧浮置板（单线地段长度为 4633m）和重量级钢弹簧浮置板（单线地段长度为 6105m）。

四、振动控制效果

图 4-8-11　隧道结构形式

为验证地铁列车经过时浮置板系统的实际减振效果，2016 年 3 月在火车北站至永平路区间部分地段，分别对普通道床、中量级钢弹簧浮置板和重量级钢弹簧浮置板断面进行测试。

测试内容主要为减振轨道系统与普通道床过车响应，以测试正常运营时段列车经过待测断面时道床及隧道壁的振动响应。线路及隧道条件见表 4-8-5，隧道结构形式见图 4-8-11，浮置板道床过车响应测点布置如图 4-8-12 所示。各断面测试结果见表 4-8-6，VL_z 及 VL_{max} 均为现场测量数据均值。由表 4-8-6，浮置板道床测试断面隧道壁振动响应均满足规范要求。

测试断面线路条件　　**表 4-8-5**

断面	里程	车速（km/h）	曲线半径	隧道形式	备注
普通道床	ZDK23＋840	约 71	直线	暗挖	下行线
重量级浮置板道床	ZDK23＋512.5	约 71	R＝450m	暗挖	下行线
中量级浮置板道床	ZDK23＋337.5	约 64	直线	暗挖	下行线

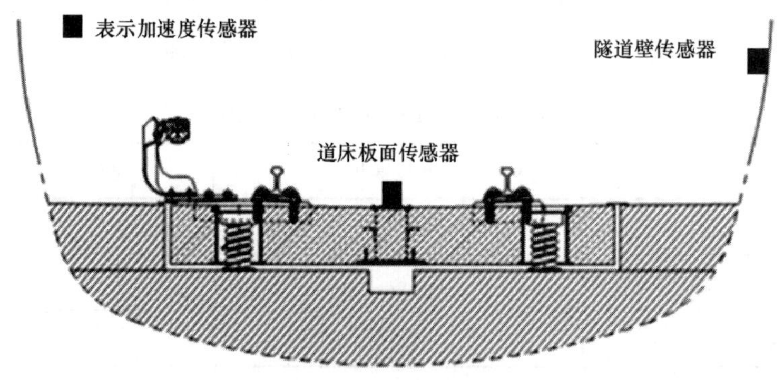

图 4-8-12　浮置板道床过车响应测点布置

各测试断面结果汇总表　　**表 4-8-6**

断面	VL_Z（dB，GB 10070—1988）			VL_{max}（dB，JGJ/T 170—2009）	车速 km/h
	道床	隧道壁	插入损失	隧道壁	
	实测	实测	相对普通道床 DK23＋840 断面	实测	
普通道床 DK23＋840	88.2	71.5	—	68.7	约 71
重量级浮置板 DK23＋512.5	108.1	48.7	22.8	39.7	约 71

续表

断面	VL_Z（dB，GB 10070—1988）			VL_{max}（dB，JGJ/T 170—2009）	车速 km/h
	道床	隧道壁	插入损失	隧道壁	
	实测	实测	相对普通道床 DK23+840 断面	实测	
中量级浮置板 DK23+337.5	107.7	49.0	22.5	40.1	约 64

注：VL_Z为按 ISO 2631—1—1997 规定的全身振动 Z 计权因子修正后得到的振动加速度级；VL_{max}为按 JGJ/T 170—2009 规定的在 4～200Hz 频率范围内采用 1/3 倍频程中心频率上按不同频率 Z 计权因子修正后的分频最大振级；VL_Z及 VL_{max}均为 10 组数据均值。

中量级浮置板 ZDK23+337.5 和重量级浮置板 ZDK23+512.5 相对普通道床 ZDK23+840 断面插入损失曲线，如图 4-8-13 所示。

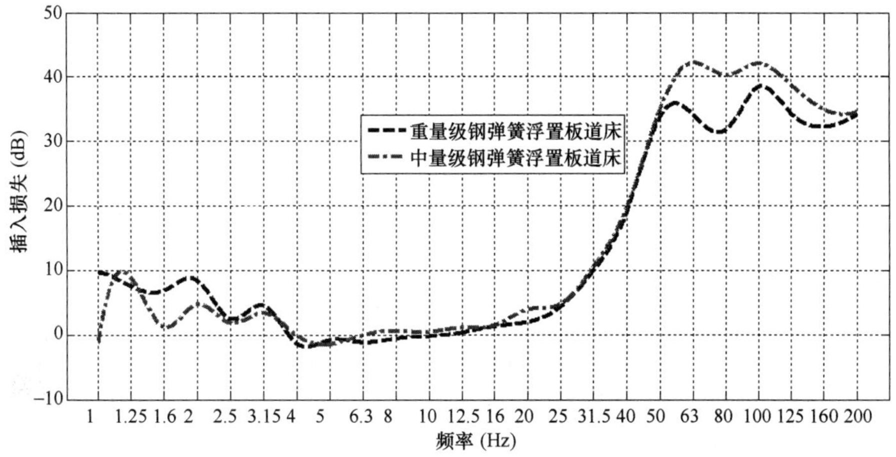

图 4-8-13　插入损失曲线（相对普通道床）

第五章 古建筑振动控制

[实例 5-1] 洛阳轨道交通 1 号线沿线古建筑振动控制

一、工程概况

洛阳市城市轨道交通 1 号线，西起谷水西站，东至文化街站，全长 22.97km，均为地下线路，共设车站 18 座（含 3 座换乘站）。选用国产 B 型车，采用 6 辆固定编组（4 动 2 拖），列车最高设计运行速度 80km/h。周边 100m 范围内涉及全国重点文物保护单位 5 处（含优秀近现代保护建筑 2 处）、省级重点文物保护单位 2 处。

涧西苏式建筑群是该地铁沿线上的全国重点文物保护单位（地上文物），如图 5-1-1 所示，是 1954 年由苏联政府建设的居民楼，东西长约 264m，南北宽约 130m，是 36 处街坊中保存最完整的。依据国家标准《古建筑防工业振动技术规范》GB/T 50452—2008，该处文物振动控制点位于房屋结构最高处，控制点方向为水平方向，容许振动速度不大于 0.15mm/s。

图 5-1-1 涧西苏式建筑群

隋唐洛阳城遗址于 1988 年被列为国家级文物保护单位（地下文物），如图 5-1-2 所示，该保护区又分为一般保护区和重点保护区，轨道交通 1 号线穿越该处文物建设地带。目前，国内外尚无成熟的地下文物振动控制标准，本工程将竖向作为地下文物振动控制方向，容许振动速度不大于 0.15mm/s。

图 5-1-2　隋唐洛阳城遗址

二、振动控制方案

从减小振源和改变振动传播路径入手，本工程减振隔振措施如下：

1. 文物重点区域列车降速；

2. 轨道尽量设计成平直段，减少列车不平顺度；

3. 曲线半径不宜过小，轨道采用无缝长钢轨线路，对钢轨顶面不平顺进行打磨，避免凹凸；

4. 调整局部列车线路，尽量避让重点文物区域；

5. 采用钢弹簧浮置板道床，控制振动向外传递。

三、振动控制分析

利用大型有限元分析软件 MIDAS GTS 建立三维数值模型，对列车运行时沿线文物遗址振动响应进行分析。计算采用实体单元模拟土层、普通道床及钢弹簧浮置板道床，采用板单元模拟隧道衬砌、上部楼层楼板及砖墙，浮置板与下部道床之间采用弹性连接模拟钢支撑弹簧。

为避免有限元法模拟空间振动问题时截面上产生反射波使得计算失真，采用弹性阻尼边界。涧西苏式建筑群和隋唐洛阳城遗址计算模型分别如图 5-1-3 和图 5-1-4 所示。

图 5-1-3　涧西苏式建筑群有限元模型三轴视图

图 5-1-4　隋唐洛阳城遗址有限元模型三轴视图

四、振动控制关键技术

1. 不同文物容许振动标准的确定

建立不同文物分级、分类控制标准，确定地上文物及地下文物的容许振动控制标准。

2. 土动力学参数设置及有限元边界条件确定

根据理论分析、试验研究，建立有效的土动力学参数设置和边界条件确定方法，使计算结果更准确。

3. 地铁振动对文物影响的有限元分析

对不同车速、不同隧道埋深、不同列车行驶方式及钢弹簧浮置板减振等工况进行动力分析，对不同路段、不同文物采取针对性减隔振措施。

4. 轨道埋深和最小避让距离

依据资料，明确文物分布及埋深，根据有限元分析结果，确定轨道埋深及与文物的最小避让距离。

五、振动控制装置

本工程所使用的振动控制装置及钢弹簧浮置板道床如图 5-1-5 所示，性能参数见表5-1-1。

图 5-1-5　钢弹簧浮置板道床

钢弹簧浮置板道床参数　　**表 5-1-1**

名称	现浇钢弹簧浮置板道床
型号	GZQ-R41V-340
竖向刚度（kN/mm）	6.66
横向刚度（kN/mm）	4.90
阻尼比	5%～10%
扣件	TSD1 型弹性分开式扣件

续表

名称	现浇钢弹簧浮置板道床
轨枕	薄型混凝土短轨枕
轨道结构高度	790mm（轨面至建筑限界）
供电方式	架空接触网供电

六、振动控制效果

图 5-1-6 为涧西苏式建筑群典型建筑各测点分布图，图 5-1-7 和图 5-1-8 分别给出各测点 X 向和 Y 向在普通道床及钢弹簧浮置板道床工况下的有限元计算结果。经对比，钢弹簧浮置板道床可明显降低地铁列车振动对地上文物的影响，地上文物各控制点振动均在容许振动范围内。

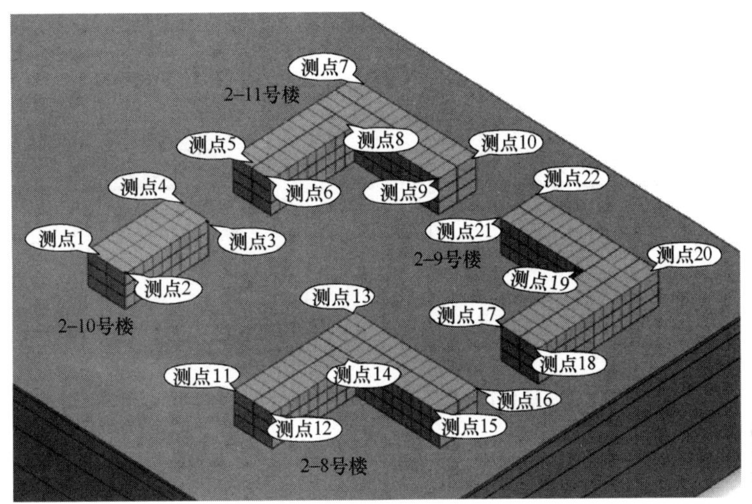

图 5-1-6　涧西苏式建筑群典型建筑各测点分布图

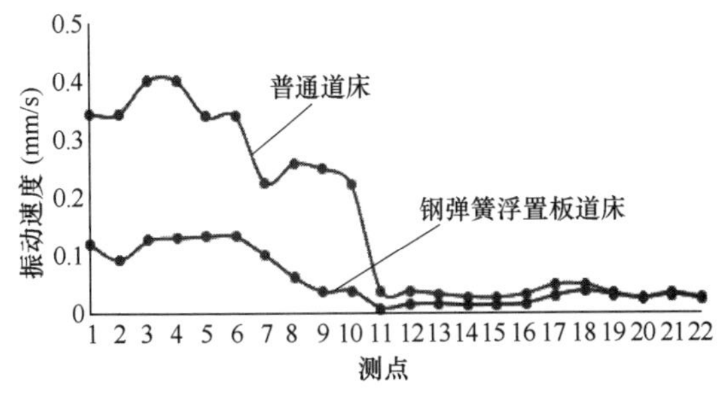

图 5-1-7　X 向各测点振动速度

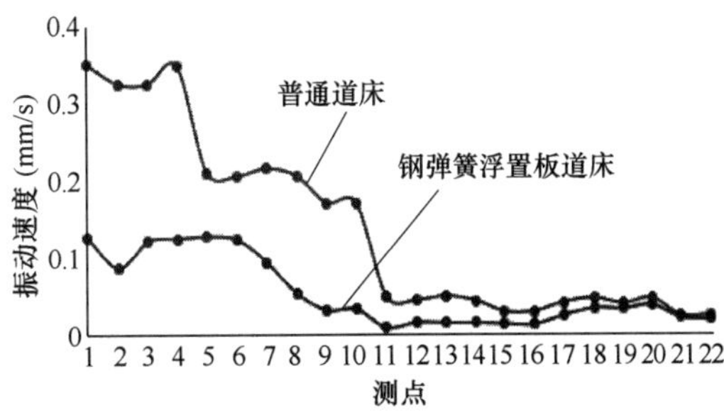

图 5-1-8　Y 向各测点振动速度

图 5-1-9 和图 5-1-10 分别给出隋唐洛阳城遗址在普通道床和钢弹簧浮置板道床作用下的 Z 向最大振动速度计算云图，图 5-1-11 和图 5-1-12 分别给出隋唐洛阳城遗址在普通道床和钢弹簧浮置板道床作用下轨道交通与文物的安全避让距离。经对比，钢弹簧浮置板道床可显著降低地铁列车振动对地下文物的影响，能够明显减小轨道交通与文物的安全避让距离。

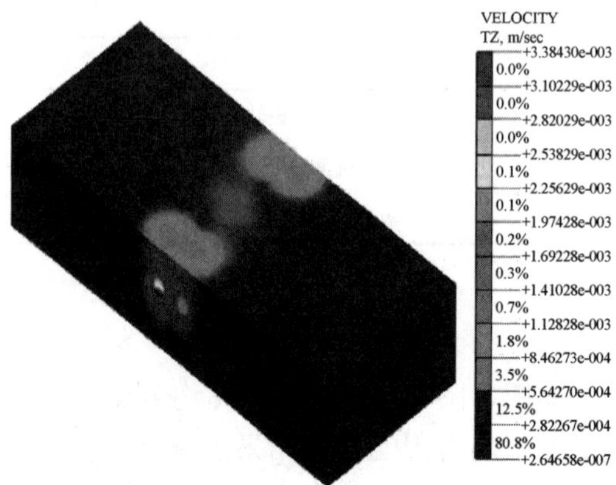

图 5-1-9　普通道床 Z 向最大振动速度

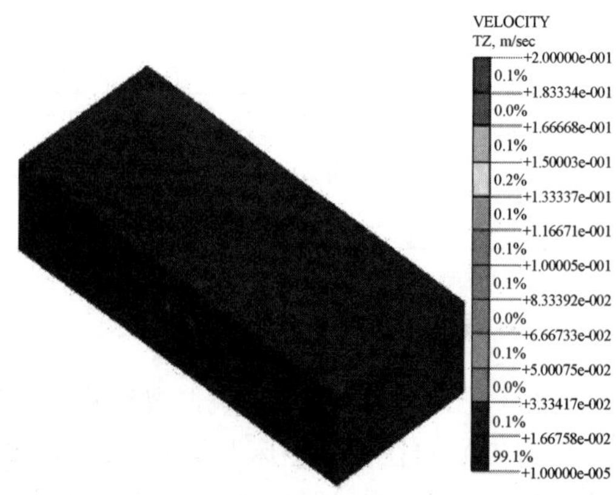

图 5-1-10　钢弹簧浮置板道床 Z 向最大振动速度

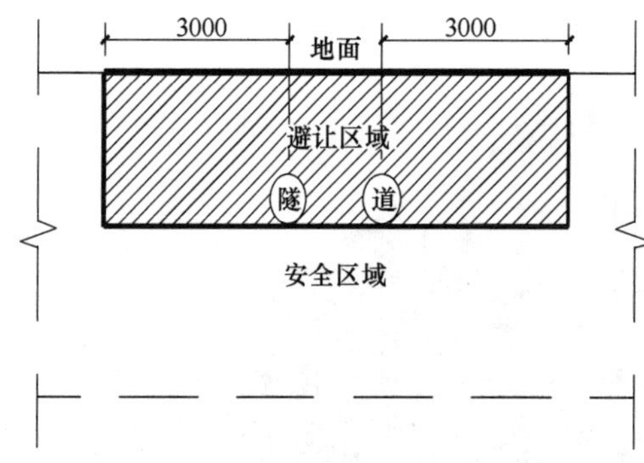

图 5-1-11　普通道床下安全避让范围

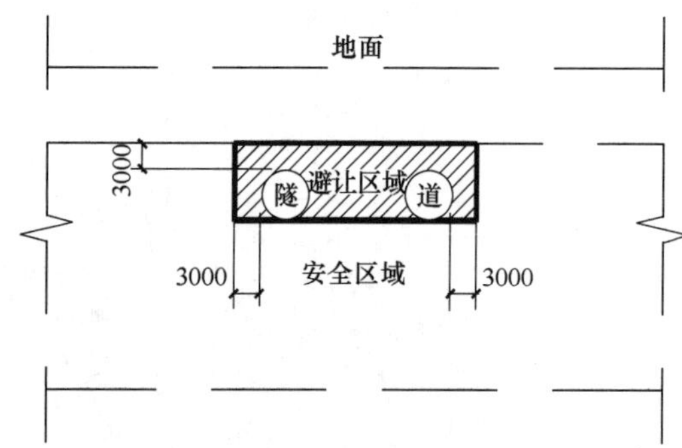

图 5-1-12　钢弹簧浮置板道床下安全避让范围

［实例 5-2］西安地铁 2 号线穿越城墙振动控制

一、工程概况

西安地铁 2 号线下穿全国重点文物保护单位——西安城墙，下穿区域包括西永宁门段（南门）、安远门段（北门）。叠加已有地面交通振动，如何准确预测地铁长期运营振动对城墙造成的损伤，如何采取合理有效的减振、隔振措施，是西安城墙受振动危害保护的重要技术问题。

二、振动控制方案

1. 空间避让、加大埋深

为减少地铁施工及运营对城墙的振动影响，地铁 2 号线在线路设计上采用空间避让、加大埋深的方式，穿越城墙永宁门段绕行曲率半径为 350m，埋深为 17.4～18.5m；穿越城墙安远门段绕行曲率半径为 400m，埋深为 13.0～14.7m，与城墙相对位置关系见图 5-2-1、图 5-2-2。

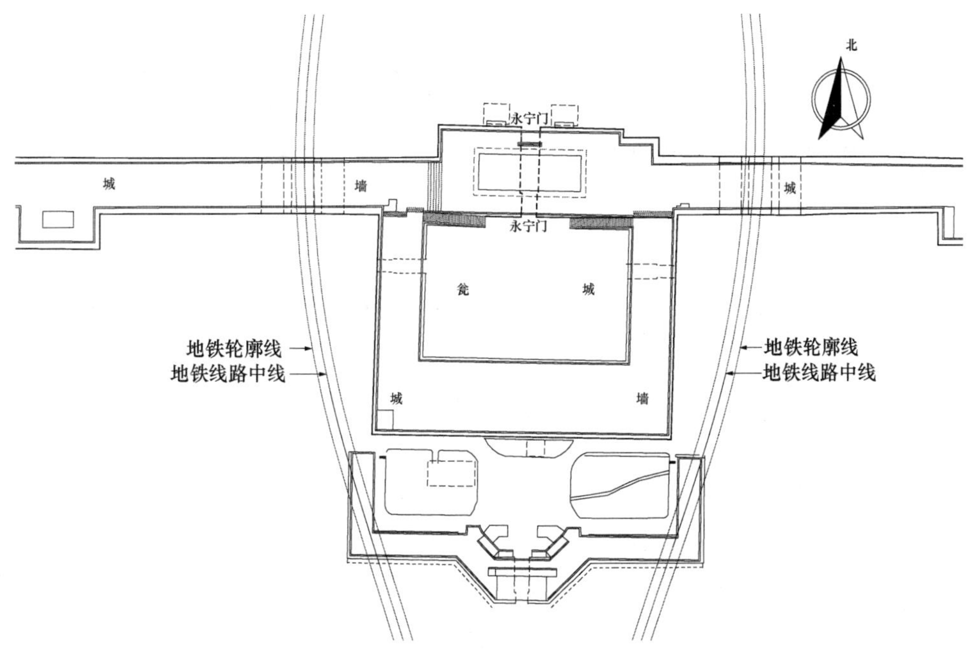

图 5-2-1　地铁 2 号线穿越永宁门区段

2. 振源减振

（1）钢轨类型：采用无缝线路钢轨（60kg/m）。

（2）轨道结构类型：穿越城墙区段采用钢弹簧浮置板道床（如图 5-2-3 所示）。钢弹簧浮置板道床结构采用 C40 混凝土，并配置钢筋，每块浮置板道床长度 20～30m，厚度约 0.4m。在满足隔振功能的前提下，浮置板顶部尽量设计成与其他地段道床顶面一致的

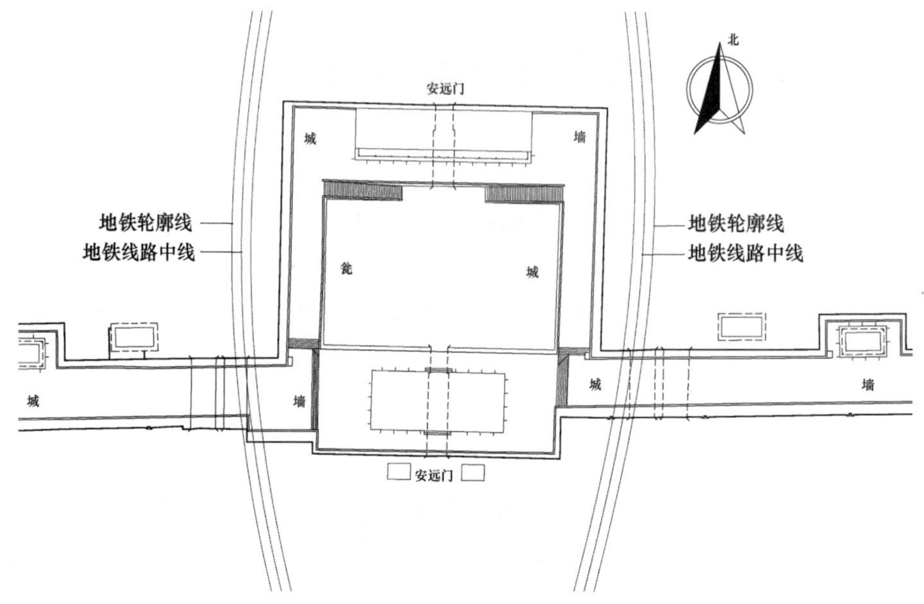

图 5-2-2　地铁 2 号线穿越安远门区段

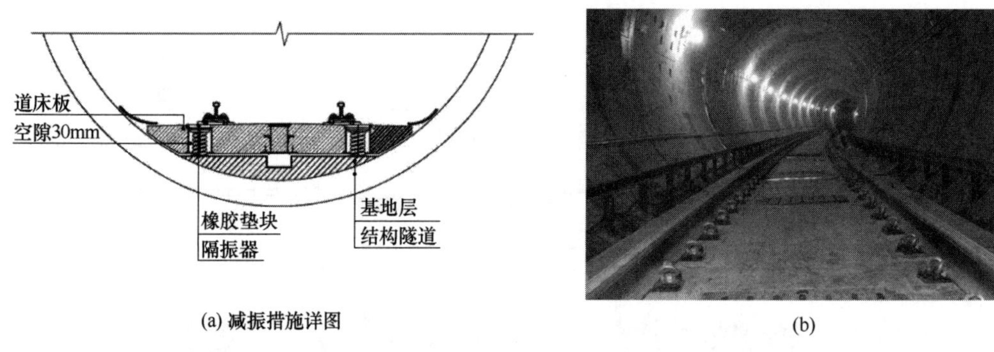

图 5-2-3　西安地铁 2 号线城墙段钢弹簧浮置板道床

形状，以利于行走。浮置板与隧道内壁之间采用橡胶材料进行密封，防止表面水流入浮置板以下。浮置板通过钢弹簧支撑在下部结构上。

（3）扣件型号：穿越城墙区段采用 DTⅥ2 型扣件，扣件间距 0.625m，扣件节点竖向静刚度 20～40(kN/m)/轨，扣件动静刚度比一般为 1.4～1.5。

3. 地基加固

城墙地基加固采取灌注桩与化学注浆加固法结合的综合方案，城墙加固剖面如图 5-2-4 所示。在距瓮城外围 5m 处设一排钻孔灌注桩，桩顶设冠梁，桩径 1m，间距 1.4m，桩长至隧道底 2m，盾构穿过范围内桩长至隧道顶 1m。化学浆液加固，采用袖阀管法化学浆液硅化加固，袖阀管直径 80mm，呈 600mm×600mm 梅花形布置。采用聚氨酯加固，在盾构通过之前进行注浆加固，盾构通过时，可根据需要决定是否进行二次跟踪注浆，注浆管长 8m。

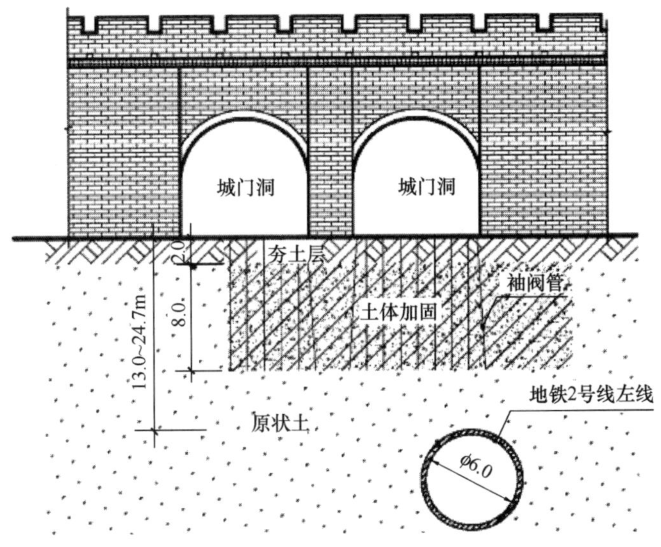

图 5-2-4　城墙地基加固剖面示意图

三、振动控制分析

根据国家文物局在《关于〈西安市城市快速轨道交通 2 号线通过钟楼及城墙文物保护方案〉(陕文物字〔2006〕266 号）的批复》(文物保函〔2007〕99 号，2007 年 2 月 5 日）中的要求“因地铁振动引起的钟楼、城墙（地面）的竖向振动速度容许最大值建议控制在 0.15～0.20mm/s”，并据此制定城墙容许振动标准。

1. 环境振动监测

对修建地铁前交通影响下城墙的振动水平进行监测，结果表明：

(1) 安远门城墙各测点高峰时 z 向振动最大，速度幅值介于 0.135～0.358mm/s 之间；永宁门城墙各测点高峰时 z 向振动最大，速度幅值介于 0.220～0.281mm/s 之间。

(2) 安远门箭楼各测点高峰时 z 向速度幅值介于 0.049～0.127mm/s 之间；永宁门城楼各测点高峰时 z 向速度幅值介于 0.054～0.066mm/s 之间。

(3) 地面振动信号的主要频率范围为 2～45Hz，城墙体各测点主要频率范围为 2～20Hz，夜间无车频率范围更小。地面交通引起的振动传播到城墙体，高频成分信号衰减较快，城墙体主要以 20Hz 以下的低频振动为主。

2. 振动预测分析

(1) 振源仿真计算分析

本项目在分析浮置板式轨道结构的动力特性时，建立了“车辆-轨道-浮置板”系统的竖向耦合振动计算模型，如图 5-2-5 所示。

(2) 城墙及城楼（箭楼）动力响应仿真计算分析

1) 模型及计算工况

采用大型有限元分析软件建立“隧道＋地层＋城墙”三维整体计算模型，如图 5-2-6 所示，以预测城墙底、城门洞顶、城墙顶、箭楼（城楼）底脚点的振动响应及变化规律，评估地铁运行对城墙、箭楼（城楼）的影响程度，主要计算工况如表 5-2-1 所示。

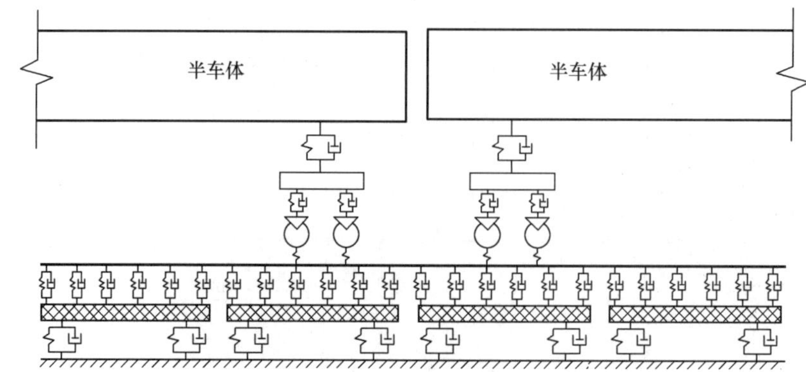

图 5-2-5　地铁车辆-轨道-浮置板的动力分析模型

图 5-2-6　“隧道＋地层＋城墙”三维整体计算模型

计算工况表　　**表 5-2-1**

工况	计算工况	备注
1	地铁单线运行 永宁门城墙、城楼的振动响应	(1) 车速分别为 80km/h、60km/h、40km/h；弹簧刚度为 6.9MN/m、轨道不平顺值 2mm (2) 车速 80km/h、弹簧刚度为 3.11MN/m；轨道不平顺值 2mm (3) 车速 80km/h、弹簧刚度为 6.9MN/m；轨道不平顺值 4mm
2	地铁单线运行 安远门城墙、箭楼的振动响应	
3	地铁双线运行 永宁门城墙、城楼的振动响应	(1) 车速分别为 80km/h、60km/h、40km/h；弹簧刚度为 6.9MN/m、轨道不平顺值 2mm (2) 车速 80km/h、弹簧刚度为 3.11MN/m；轨道不平顺值 2mm (3) 车速 80km/h、弹簧刚度为 6.9MN/m；轨道不平顺值 4mm (4) 车速 80km/h、弹簧刚度为 6.9MN/m、轨道不平顺值 2mm、灌注桩加固
4	地铁双线运行 安远门城墙、箭楼的振动响应	

2）参数选取

土层参数特别是动弹模和动阻尼比等计算参数的选取对计算结果影响较大。通过试算，地铁振动引起的剪切应变一般为 $10^{-6}\sim10^{-5}$，因此，动弹模可根据共振柱试验和现场波速测试的计算结果综合取值。通过共振柱试验测得各层土的阻尼比范围为 0.012～0.082，根据相关文献，将动阻尼比统一取 0.05。

3）施加地铁振源荷载

振源荷载为减振弹簧施加到仰拱上的集中力，每条隧道沿轨道方向有两列弹簧，每一列弹簧的间距为1.25m，共200个弹簧，总长250m。在有限元计算中，建立了与之相匹配的模型，即模型沿轨道方向为250m，沿该方向的单元尺寸为0.25m。在对应位置节点上施加集中荷载，选用指定荷载幅值。

4）计算结果

（a）现有设计参数条件下，永宁门段城墙 z 向振动速度最大值为0.12mm/s，城楼 z 向最大速度值为0.19mm/s，发生在边墙顶部；安远门段城墙 z 向振动速度最大值为0.15mm/s，箭楼 z 向最大速度值为0.20mm/s，发生在边墙顶部。

（b）地铁双线同时运行时，永宁门城墙段 z 向最大速度比单线运行时高3%左右，安远门城墙段 z 向最大速度比单线运行时高8%～15%。

（c）当车速一定，轨道不平顺值增加时，城墙的振动量相应加大，相比于轨道不平顺值2mm，轨道不平顺值4mm工况下安远门城墙最大振动速度增大23%左右，永宁门城墙段增大12%～15%。

（d）车速减小对减小城墙振动有利，当车速降到40km/h，相比于同等条件下车速80km/h，安远门城墙段 z 向振动速度降低23%～29%，永宁门城墙段 z 向振动速度降低16%左右。

四、振动控制效果

监测结果表明，地铁运行对城墙、城楼（箭楼）产生的水平向振动速度均满足国家标准《古建筑防工业振动技术规范》GB/T 50452—2008的限值要求。实际监测结果与理论计算结果基本吻合，城墙、城楼（箭楼）在地铁运行和路面交通综合影响下，振动值均低于限值要求，振动控制效果明显，减振效果可达70%以上。

［实例 5-3］列车荷载作用下北京良乡塔动力响应及疲劳损伤分析

一、工程概况

近年来，列车运行引起的环境振动对古建筑的影响越来越多。虽然列车产生的环境振动幅值小，但长期往复荷载作用仍会对古建筑结构产生疲劳损伤和不均匀沉降。目前，国内外针对古建筑交通微振动，主要分析结构的动力响应及振动是否超标，很少研究潜在疲劳损伤的预测和机理。

本案例以北京良乡塔为研究对象，该塔为辽代楼阁式砖塔，内部为中心柱双回廊复杂结构，是全国重点文物保护单位。该塔毗邻京广线，距该线路直线距离仅 130m。从材料结构和文物价值角度考虑，研究该塔的微振动敏感性很有必要，且该塔受外部轨道交通环境激励，研究交通微振动响应和疲劳具有重要意义。

二、古塔结构测试分析

仅在塔外回廊正西方布置测点，如图 5-3-1 所示，P0 测点布置加速度传感器，测试 3 个正交方向的振动响应，数据用于有限元模型的振动输入。P1～P5 测点布置速度传感器，测试两个正交水平方向的振动响应。

测试内容包括背景振动测试和列车通过时的响应测试，测试仪器包括 INV3018CT 型 24 位高精度数据采集仪，传感器选用 941B 型超低频测振仪和 LC01 系列内装 IC 压电式加速度传感器。

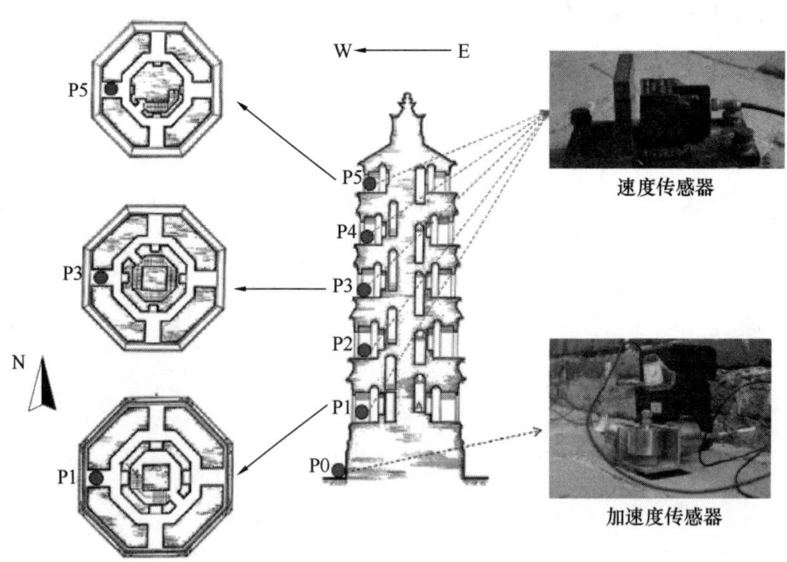

图 5-3-1　测点布置示意图

采用频响函数对古塔进行模态识别，频响函数定义为结构的输出响应和输入激励力之比：

$$|H(\omega)|^2=\frac{G_{yy}(\omega)}{G_{ff}(\omega)} \tag{5-3-1}$$

式中，$G_{yy}(\omega)$ 为结构振动响应 $y(t)$ 的自功率谱，$G_{ff}(\omega)$ 为输入源激振力 $f(t)$ 的自功率谱。

在实际动力特性测试中，输入信号存在背景振动、风脉动等信号，无法准确测量输入激励信号，因此，在背景振动环境下，将输入激励信号近似为有限带宽白噪声，将 $G_{ff}(\omega)$ 认为是常数。古塔在东西方向和南北方向的前三阶自振振型和频率如图 5-3-2 所示。

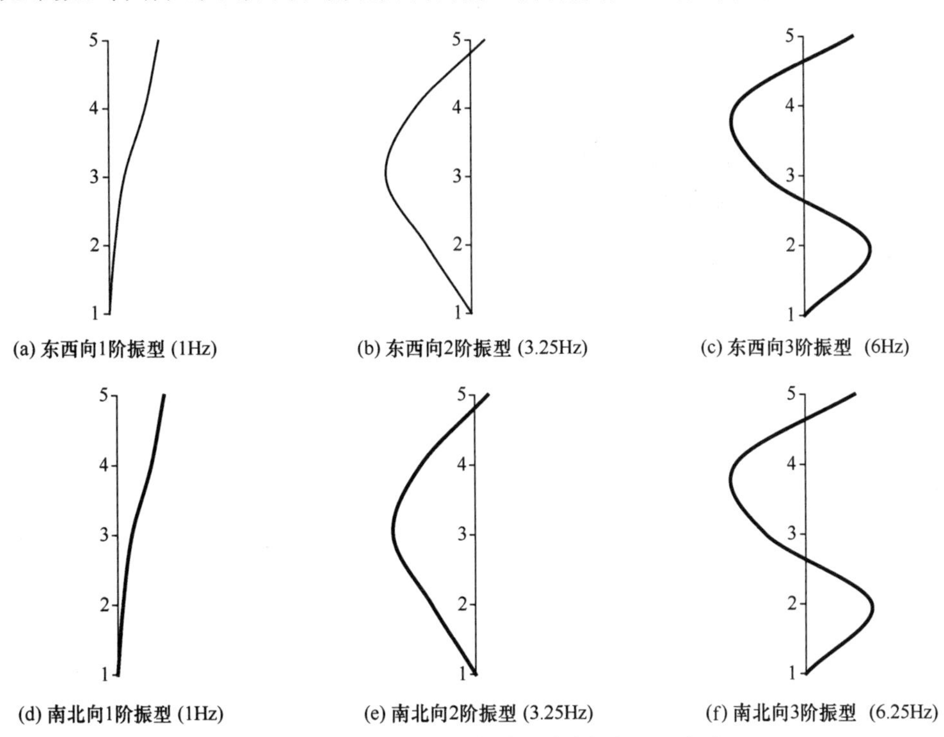

图 5-3-2　东西向和南北向前 3 阶自振振型和频率

三、数值模型建立与校核

利用有限元软件 MIDAS GTS 建立三维动力有限元模型，如图 5-3-3 所示。

弹性模量 $E=784\text{MPa}$，泊松比 $\gamma=0.15$，密度 $\rho=1900\text{kg/m}^3$。计算前 9 阶模态，第 1、4、7 阶为东西向模态，频率分别为 0.9123Hz、3.4989Hz 和 7.0510Hz；第 2、5、8 阶为南北向模态，频率分别为 0.9124Hz、3.5011Hz 和 7.0552Hz；第 3、9 阶为扭转模态，频率分别为 3.1396Hz 和 7.7690Hz；第 6 阶为竖向模态，频率为 4.4809Hz。与实测两个方向模态频率比较，前三阶频率最大误差分别为 8.8%、7.7%和 17.5%。

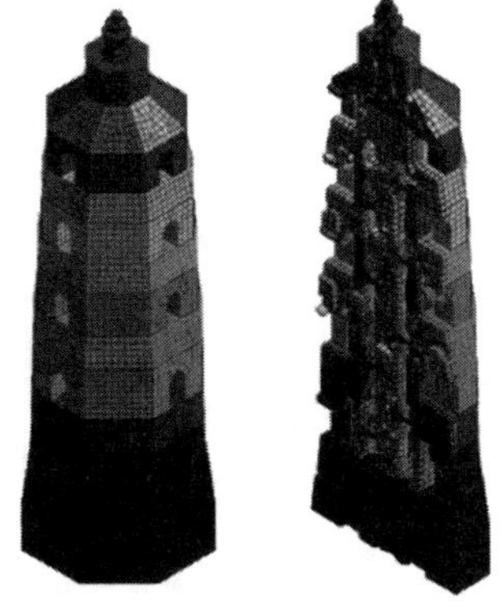

图 5-3-3　有限元模型轴测图及纵剖面图

进一步输入列车通过 P0 点时的实测振动加速度，如图 5-3-4 所示，计算得到古塔模态及动力响应，将 P1～P5 拾振点计算响应与实测进行对比。图 5-3-5 给出 P1、P3 和 P5 南北向响应，可以看出，数值模拟得到的主要峰值频率与测试结果吻合，幅值也处于测试包络线范围内。

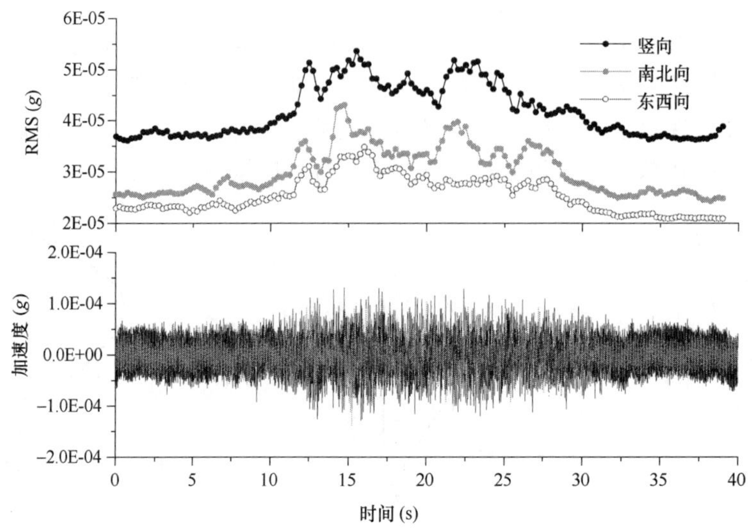

图 5-3-4　输入三向实测加速度时程及运行均方根值

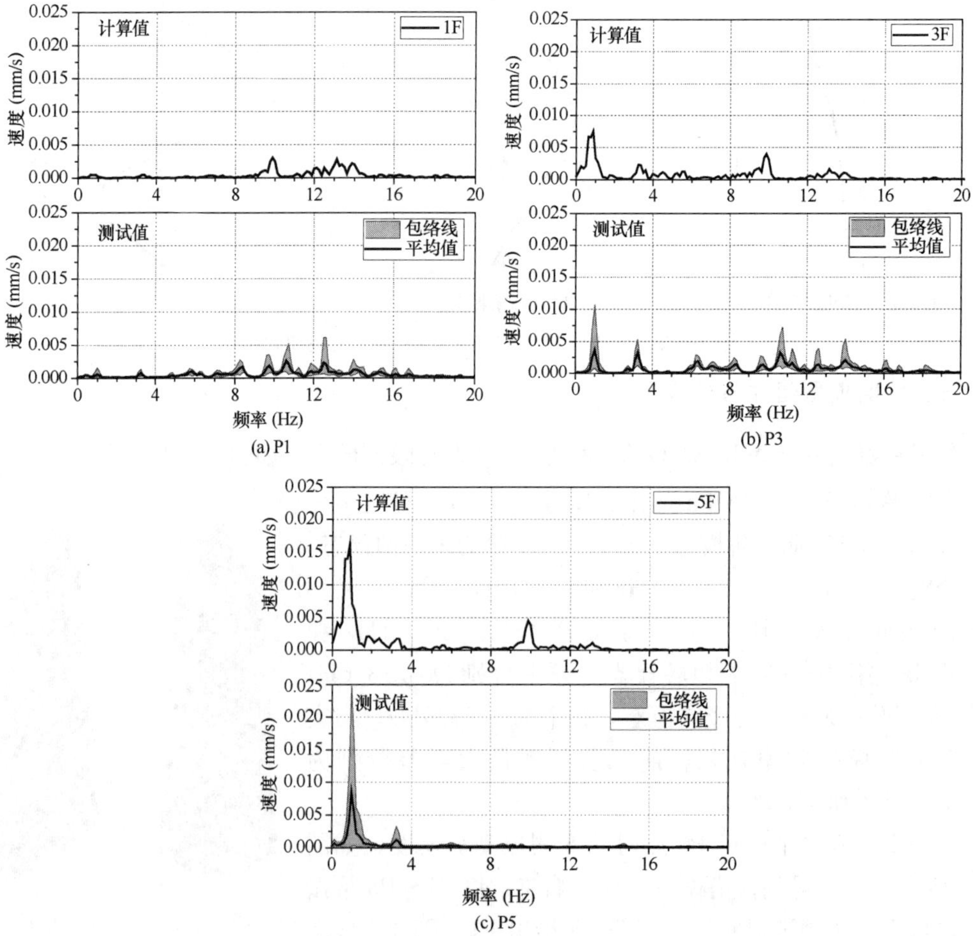

(a) P1

(b) P3

(c) P5

图 5-3-5　列车荷载作用下计算与测试响应比较

四、列车荷载作用下古塔疲劳寿命分析

考虑某古砖砌块疲劳试验 S-N 曲线（采用下包络线并考虑 0.3 安全系数后的指数函数模型）：

$$S = -0.10\lg N + 1.46 \tag{5-3-2}$$

式中　S——古砖砌体构件动应力水平；

N——循环荷载周数。

列车荷载引起古塔结构的动压应力峰值远低于静压强度峰值，介于高周疲劳及亚疲劳范围。因此，采用 Miner 线性累积损伤理论，假定材料在各应力水平下的疲劳损伤是独立的。在疲劳分析中，结构动态响应由等振幅应力或应变循环组成，参考合理的 S-N 曲线进行疲劳预测。然而，实际的结构响应很少为等振幅信号，结构变幅应力时程损伤计算一般采用雨流计数法，将不规则应力时程分解为等效应力，循环应力计数结果可用于线性累积损伤法则，获得疲劳寿命。

根据式（5-3-2）给出的 S-N 曲线模型进行结构疲劳寿命预测，计算流程如图 5-3-6 所示。

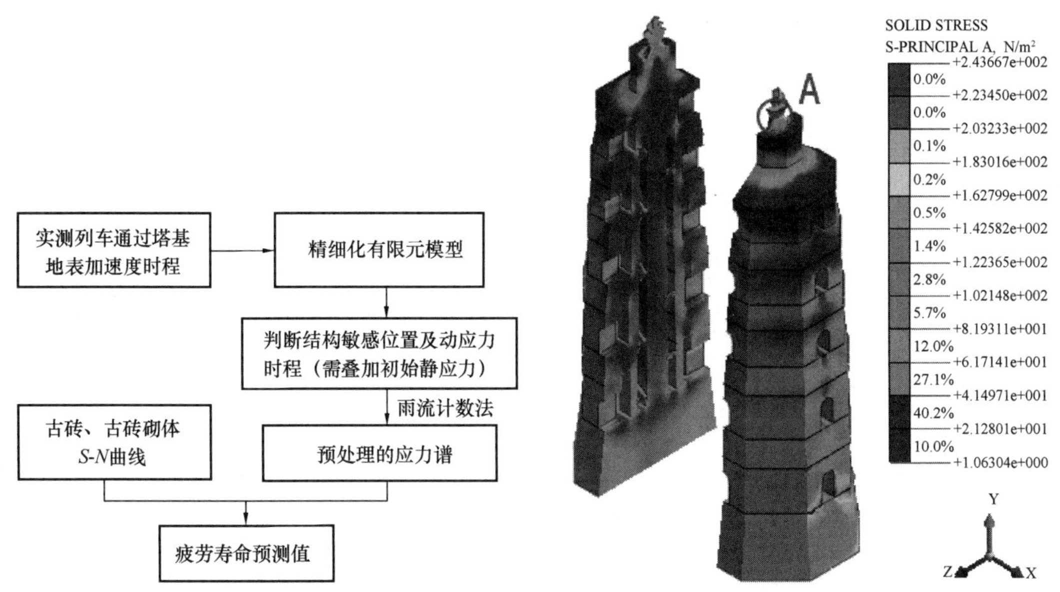

图 5-3-6　列车荷载作用下古塔结构疲劳寿命预测流程　　　　图 5-3-7　最大主应力云图

在输入实测列车荷载（图 5-3-4）后，最大应力点出现在图 5-3-7 中 A 点，通过静应力分析获得 A 点静压应力为 0.045MPa，叠加静应力及动应力，应力时程及雨流计数结果如图 5-3-8 所示。

五、疲劳分析结论

给定 S-N 曲线，计算所得疲劳循环周期数约为 4.3×10^{11} 次（$\gg 2\times10^{6}$），结构处于亚疲劳状态。测试有效分析时间共 3h10min，累计通过列车 29 列，其中客车 23 列，货车 6 列，列车荷载累计影响时长约 18min，以该行车密度代表全天 24h 行车密度，结构疲劳

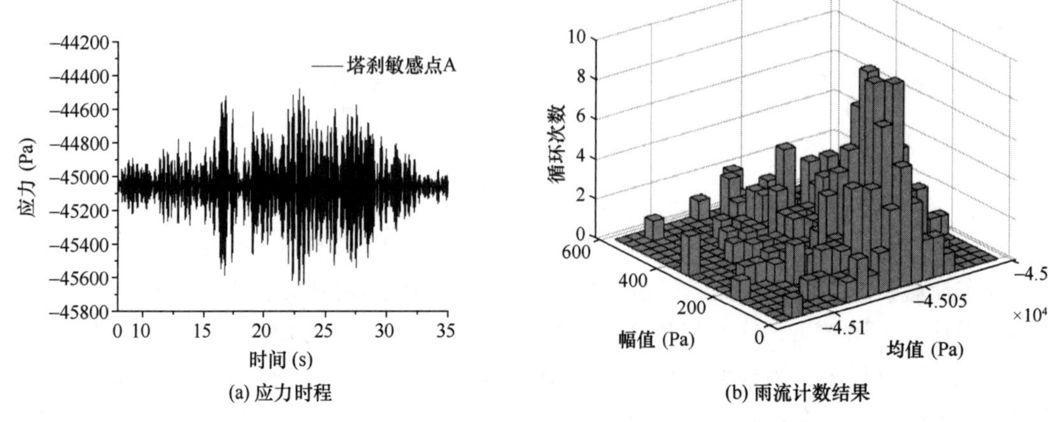

(a) 应力时程

(b) 雨流计数结果

图 5-3-8　A 点竖向应力

寿命超过 106 年。古塔距离铁路 130m，列车荷载作用下引起的结构动压应力幅值仅为 10^2Pa 量级，远低于材料本身的静压峰值强度。

综上，良乡塔砌体结构在临近铁路线路的列车荷载作用下发生疲劳破坏的可能性较低。

[实例 5-4] 地铁运营振动对邻近古建筑影响

一、工程概况

南京古建筑鼓楼位于南京城中心，钟山余脉延伸入城的山冈上，占地面积 9100m^2，如图 5-4-1 所示，主要由上下两部分组成，上部分为重建于清初的木结构城楼建筑，下部分为明初留存的砖石砌筑的拱券城台。鼓楼始建于明代洪武十五年（1382 年），民国 12 年（1923 年）以鼓楼为主体建立鼓楼公园，鼓楼公园是民国首都保留的 5 个公园之一，新中国建立后，重新修缮、绿化，对外开放。

图 5-4-1　南京鼓楼

南京地铁 4 号线云南路至鼓楼站区间，西起云南路与北京西路交叉口的云南路站，沿北京西路东行，至鼓楼公园北侧的鼓楼站，全长约 660m。鼓楼站位于北京东路、北京西路交汇处，并沿北京西路敷设，车站东侧为地铁 1 号线鼓楼站，车站东侧有已通车的鼓楼隧道，车站西侧为鼓楼公园，公园环岛中间的鼓楼为全国重点文物保护单位。区间隧道采用单洞、单线马蹄形复合式衬砌结构，隧道顶部至鼓楼水平距离最近处为 4.6m，竖向距

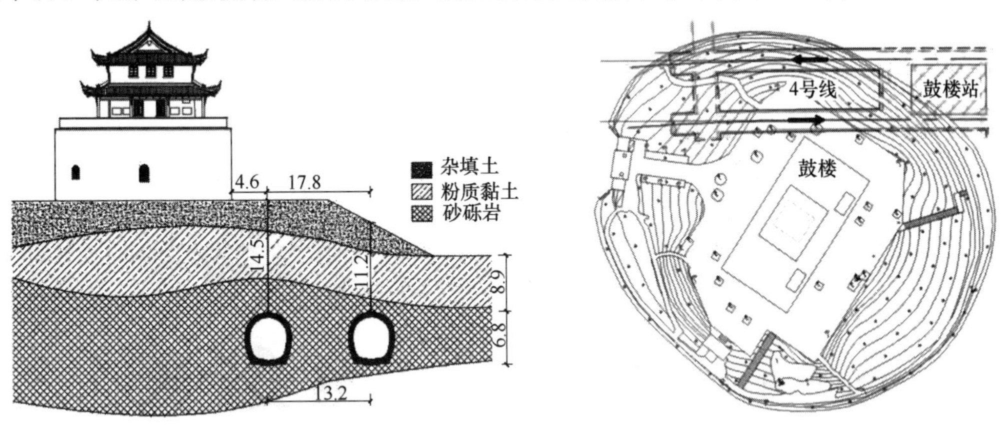

(a) 云鼓区间隧道场地土条件　　(b) 4号线鼓楼站与鼓楼的相对位置关系

图 5-4-2　云南路站-鼓楼站区间隧道与鼓楼位置关系图

离 14.5m。云鼓区间隧道场地土层条件与文物鼓楼之间相对位置如图 5-4-2 所示。

地铁 4 号线双向分别为龙江—仙林湖（上行线）和仙林湖—龙江（下行线），云南路站—鼓楼站靠近鼓楼一侧的列车线为上行线。列车运行到鼓楼前一段距离内限速 65km/h，到站台小里程端速度为 55km/h，到大里程端速度为 0，到出站端限速 60km/h。

二、振动监测方案

1. 测试仪器

本次测试的主要仪器设备和传感器见表 5-4-1。

主要仪器设备和传感器 **表 5-4-1**

序号	名称	型号	用途	性能指标	数量
1	无线采集仪	INV9580A	加速度数据采集	双通道 24 位双核分布采集仪	10
2	笔记本电脑	—	数据分析处理	—	3
3	梯架	—	—	—	1
4	皮尺	—	测量	50m	1

2. 测点布置

本次监测分为城阙振动监测、碑楼振动监测及石碑振动监测，测点布置见图 5-4-3～图 5-4-5 所示。

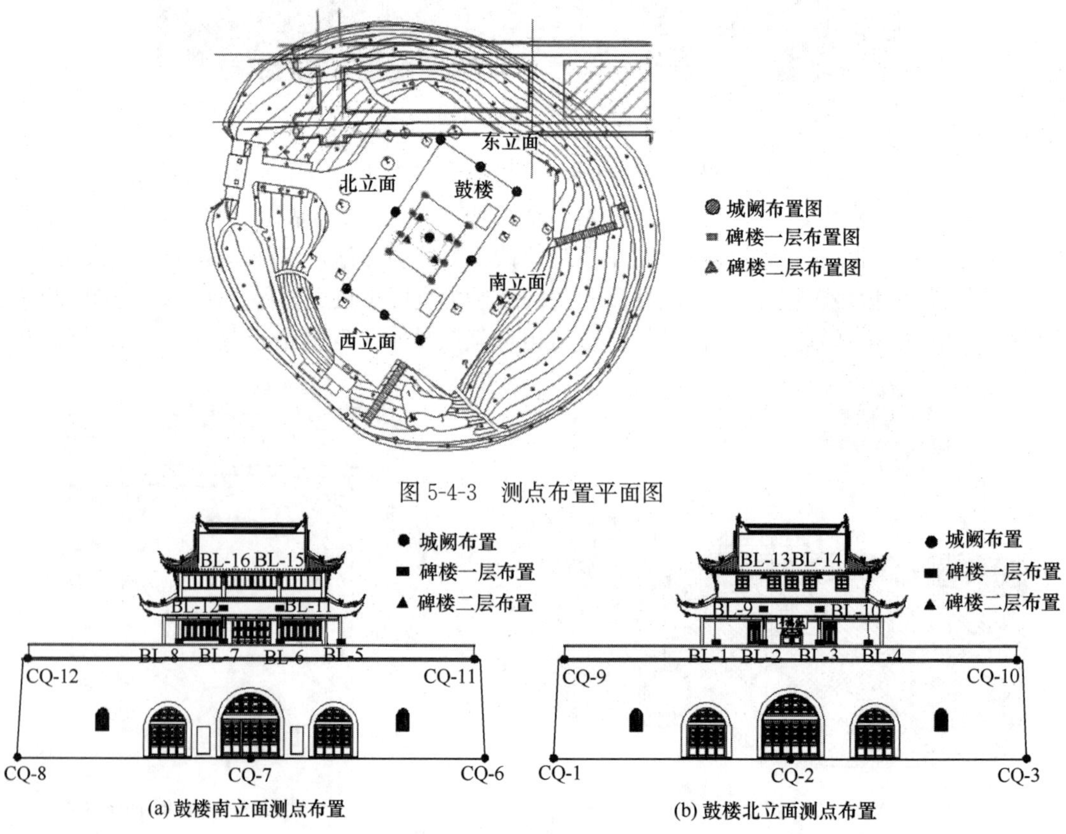

图 5-4-3　测点布置平面图

(a) 鼓楼南立面测点布置　　(b) 鼓楼北立面测点布置

图 5-4-4　鼓楼南北立面测点布置图

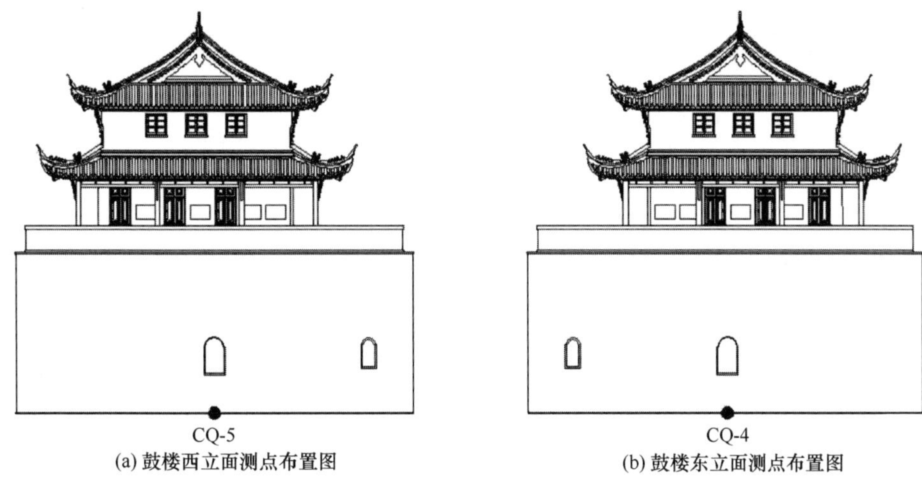

(a) 鼓楼西立面测点布置图
(b) 鼓楼东立面测点布置图

图 5-4-5　鼓楼东西立面测点布置图

3. 监测工况

设置了正常交通和交通高峰两类时段、共七组工况进行监测。正常交通段：10：00～16：00（工况 1～工况 6），交通高峰：18：15 ～ 18：45（工况 7），监测工况及测点号详见表 5-4-2。

监测工况　　表 5-4-2

序号	监测内容	测点数	监测时段	测点号
工况 1	碑楼二层柱底及柱顶	8	正常交通	BL-9、BL-10、BL-11、BL-12、BL-13、BL-14、BL-15、BL-16
工况 2	碑楼一层中柱柱底及柱顶（碑楼二层柱底）振动速度监测、石碑底部	9	正常交通	BL-2、BL-3、BL-6、BL-7、BL-9、BL-10、BL-11、BL-12、S-1
工况 3	碑楼一层中柱、角柱柱底	8	正常交通	BL-1、BL-2、BL-3、BL-4、BL-5、BL-6、BL-7、BL-8
工况 4	城阙顶部	4	正常交通	CQ-9、CQ-10、CQ-11、CQ-12
工况 5	城阙底部	8	正常交通	CQ-1、CQ-2、CQ-3、CQ-4、CQ-5、CQ-6、CQ-7、CQ-8、
工况 6	鼓楼整体	4	正常交通	CQ-1、CQ-9、BL-2、BL-9
工况 7	鼓楼整体	5	交通高峰	CQ-1、CQ-9、BL-2、BL-9、BL-13

4. 振动评价标准

鼓楼属于全国文物保护单位，根据国家标准《古建筑防工业振动技术规范》GB/T 50452—2008，按结构类型、保护等级、弹性波在结构中的传播速度，古建筑砖、石、木结构振动速度限值列于表 5-4-3。根据测得的弹性波速，城阙（砖结构）振动速度限值 0.20mm/s，碑楼（木结构）振动速度限值 0.22mm/s，石碑（石结构）振动速度限值 0.25mm/s。

全国文物保护单位的砖、石、木结构的容许振动速度 [v]　　表 5-4-3

结构类别	控制点位置	控制点方向	不同弹性纵波传播速度的容许振动速度			
砖砌体	承重结构最高处	水平	弹性纵波传播速度 V_p (m/s)	＜1600	1600～2100	＞2100
			容许振动速度 (mm/s)	0.15	0.15～0.20	0.20
石结构	承重结构最高处	水平	弹性纵波传播速度 V_p (m/s)	＜2300	2300～2900	＞2900
			容许振动速度 (mm/s)	0.20	0.20～0.25	0.25
木结构	承重结构最高处	水平	弹性纵波传播速度 V_p (m/s)	＜4600	4600～5600	＞5600
			容许振动速度 (mm/s)	0.18	0.18～0.22	0.22

三、振动监测结果

1. 不同结构部位的振动反应分析

碑楼振动监测共设置 3 个工况。工况 1：碑楼二层柱底及柱顶振动速度监测；工况 2：碑楼一层中柱柱底及柱顶（碑楼二层柱底）振动速度监测、石碑底部振动速度监测；工况 3：碑楼一层中柱及角柱柱底振动速度监测。

由图 5-4-6，碑楼二层柱底和柱顶的竖向振动与水平向振动趋势基本一致，对照地铁

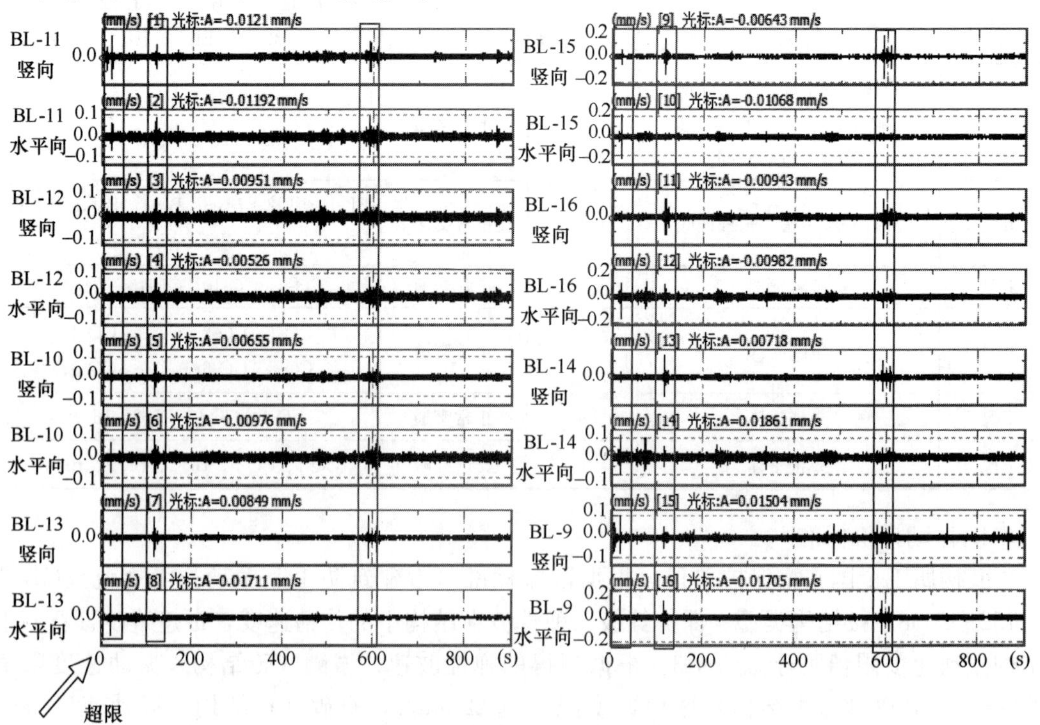

图 5-4-6　工况 1 时程分析图

运营时刻表，可以发现峰值出现的时间与运营时间基本相同；二层立柱振动传播趋势并不明显。

由图 5-4-7，在 0～100Hz 频段内，鼓楼碑楼二层立柱受振动影响明显。监测过程共出现 1 次振动速度超限现象，位于碑楼二层柱顶、距地铁线路最近的 BL-13 测点测试情况见表 5-4-4。

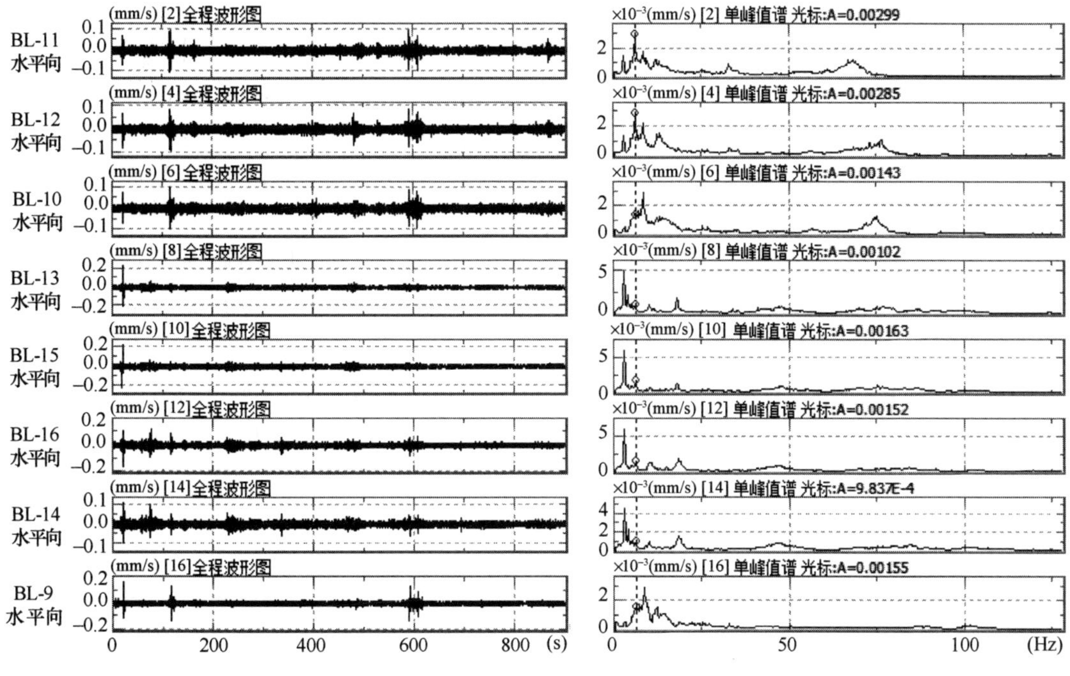

图 5-4-7　工况 1 频谱分析图

BL-13 测点振动超限　　　　**表 5-4-4**

测点序号	起止时间	测试振动速度峰值（mm/s）	木结构规范容许值（mm/s）
BL-13	11 时 32 分 00.132 秒～11 时 32 分 00.136 秒	0.24261	0.22

碑楼一层中柱柱底和柱顶（碑楼二层柱底）的竖向振动与水平向振动趋势基本一致，对照地铁运营时刻表，发现速度峰值出现的时间与运营时间基本相同，中柱最大水平振动位于一层中柱柱顶 BL-11 测点，速度峰值为 0.1037mm/s，处于安全范围之内。速度峰值区域的主要频段为 0～70Hz，鼓楼碑楼一层立柱受振动影响明显。石碑底部的最大水平振动速度为 0.02862mm/s，石碑敏感振动频率区间为 0～40Hz。

中柱及角柱柱底的竖向振动与水平向振动趋势基本相同，对照地铁运营时刻表，发现峰值出现的时间与运营时间基本相同，最大水平振动位于一层中柱柱底 BL-4 测点，速度峰值为 0.03910mm/s，处于安全范围之内。速度峰值区域的主要频段为 0～20Hz，鼓楼中柱及角柱柱底受振动影响明显。

碑楼振动影响监测共设置了 2 个工况。工况 4：城阙顶部振动速度监测，工况 5：城阙底部振动速度监测。城阙顶部竖向振动与水平向振动趋势基本相同，对照地铁运营时刻表，发现峰值出现的时间与运营时间基本相同，最大水平振动位于城阙顶部 CQ-10 测点，速度峰值为 0.0669mm/s，处于安全范围之内。峰值区域的主要频段为 0～20Hz，城阙顶部受振动影响明显。城阙底部竖向振动与水平向振动趋势基本相同，对照地铁运营时刻表，发现速度峰值出现时间与运营时间基本相同，监测到的最大水平振动位于城阙底部 CQ-8 测点，速度峰值为 0.02147mm/s，处于安全范围之内。

鼓楼整体振动速度监测共设置了两组工况。工况 6 和工况 7，分别对应正常交通段与交通高峰段。对照地铁运营时刻表，发现速度峰值出现时间与运营时间基本相同，各部位最大振动速度均处于安全范围之内，可以看出水平向振动波沿城阙高度方向呈放大趋势；振动波沿碑楼一层立柱传递存在振动放大反应。速度峰值区域的主要频段为 0～20Hz，城阙及一层柱底受振动影响明显；在 0～100Hz 范围内，一层柱顶（碑楼二层柱底）受振动影响明显，工况 6 的测试结果与之前的分析结果吻合。

对照地铁运营时刻表，发现速度峰值出现时间与运营时间基本相同，从表 5-4-5 可以看出，各部位最大振动速度均处于安全范围之内，水平向振动波沿城阙高度方向呈放大趋势；振动波沿碑楼一层立柱传递存在放大，振动波沿碑楼二层立柱传递出现衰减趋势。峰值区域的主要频段在 0～20Hz 范围内，城阙及一层柱底受振动影响明显；碑楼二层立柱在 0～100Hz 范围内，受振动影响明显。工况 7 的测试结果与之前的分析结果吻合。

工况 7 水平振动速度峰值 **表 5-4-5**

测点序号	监测部位	对应时段	测试振动速度峰值（mm/s）	规范容许值（mm/s）
CQ-1	城阙底部	交通高峰	0.02053	0.20
CQ-10	城阙顶部	交通高峰	0.03334	0.20
BL-2	碑楼一层中柱底	交通高峰	0.04089	0.22
BL-9	碑楼一层中柱顶（二层柱底）	交通高峰	0.10033	0.22
BL-13	碑楼二层中柱顶	交通高峰	0.05216	0.22

2. 修缮前后振动速度峰值比较

修缮前鼓楼已有大量裂缝（图 5-4-8a），中柱底部也出现不同程度的损毁（图 5-4-8b）。本次修缮对墙体、柱体裂缝进行填补，对鼓楼地下人防设施进行了填筑，修缮后的墙体和中柱柱底如图 5-4-8(c) 和（d）。

(a) 鼓楼城阙裂缝

(b) 碑楼一层立柱开裂

图 5-4-8　鼓楼修缮前后变化图（一）

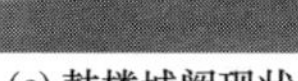

(c) 鼓楼城阙现状

(d) 碑楼一层中柱现状

图 5-4-8 鼓楼修缮前后变化图（二）

鼓楼修缮前、后的水平振动速度峰值见表 5-4-6，除碑楼二层柱顶处 BL-13 测点水平振动速度短时超限外，鼓楼城阙、碑楼水平振动速度峰值远低于规范限值，鼓楼整体受地面交通及地铁运营振动的影响处于安全范围内，鼓楼修缮措施降低了交通荷载对鼓楼的振动影响。

水平振动速度峰值对比 **表 5-4-6**

测点号	对应位置	修缮前速度峰值（mm/s）	修缮后速度峰值（mm/s）	振动速度减小值（mm/s）	减小百分比	规范限值（mm/s）
城阙						
CQ-1	底部	0.02334	0.01271	0.01063	45.5%	0.20
CQ-2	底部	0.01486	0.01190	0.00296	19.9%	0.20
CQ-6	底部	0.02730	0.01508	0.01222	44.8%	0.20
CQ-7	底部	0.02110	0.01062	0.01048	49.7%	0.20
CQ-8	底部	0.03256	0.02147	0.01109	34.1%	0.20
CQ-9	顶部	0.02991	0.03298	−0.00307	−10.3%	0.20
CQ-10	顶部	0.03819	0.06690	−0.02871	−75.2%	0.20
CQ-11	顶部	0.02622	0.04084	−0.01462	−55.8%	0.20
CQ-12	顶部	0.02392	0.02753	−0.00361	−15.1%	0.20
碑楼一层立柱柱底						
BL-1	角柱底	0.42788	0.02690	0.40098	93.7%	0.22
BL-2	中柱底	0.25989	0.04089	0.2190	84.3%	0.22
BL-3	中柱底	0.38313	0.03528	0.34785	90.8%	0.22
BL-4	角柱底	0.29126	0.03910	0.25216	86.6%	0.22
BL-5	角柱底	0.27815	0.02531	0.25284	90.9%	0.22
BL-6	中柱底	0.51337	0.02521	0.48816	95.1%	0.22
BL-7	中柱底	0.11528	0.02713	0.08815	76.5%	0.22
BL-8	角柱底	0.17868	0.03382	0.14486	81.1%	0.22

续表

测点号	对应位置	修缮前速度峰值（mm/s）	修缮速度峰值（mm/s）	振动速度减小值（mm/s）	减小百分比	规范限值（mm/s）
碑楼一层中柱柱顶（碑楼二层柱底）						
BL-9	中柱顶	0.10551	0.01907	0.08644	81.9%	0.22
BL-10	中柱顶	0.06303	0.07718	−0.01415	−22.4%	0.22
BL-11	中柱顶	0.09967	0.10370	−0.00403	−4.0%	0.22
BL-12	中柱顶	0.09933	0.04888	0.05045	50.8%	0.22
碑楼二层柱顶						
BL-13	二层柱顶	0.07579	0.24261	−0.16682	−220.1%	0.22
BL-14	二层柱顶	0.10992	0.04432	0.0656	59.7%	0.22
BL-15	二层柱顶	0.20841	0.02901	0.1794	86.1%	0.22
BL-16	二层柱顶	0.16702	0.08422	0.0828	49.6%	0.22
石碑底部						
S-1	石碑底部	0.04652	0.02862	0.0179	38.5%	0.25

[实例 5-5] 地铁振动对木质古建文物影响

一、工程概况

河南府城隍庙（图 5-5-1）坐落于洛阳老城的西南隅，位于历史文化街区西大街西段北侧。整个建筑群占地约 120 亩，坐北面南，由南往北依次为山门、仪门、暖阁、东廊房、八角亭、威灵殿、后殿等建筑。推测始建于唐宋时期，后历经明清及民国时期多次重修，建筑格局基本未变。河南府城隍庙坐北朝南，集中分布于中州东路的南北两侧。南北长约 200m，东西宽约 87m。中轴线上自南向北依次分布有山门、仪门、戏楼、暖阁、东廊房、六角亭、威灵殿、后殿等建筑，目前仅存后殿、威灵殿、六角亭 3 栋古建筑。如图 5-5-2 和表 5-5-1，3 栋古建筑均为木结构，层数为 1～2 层，距离线路外轨中心线 5～64m。

图 5-5-1　河南府城隍庙（威灵殿）

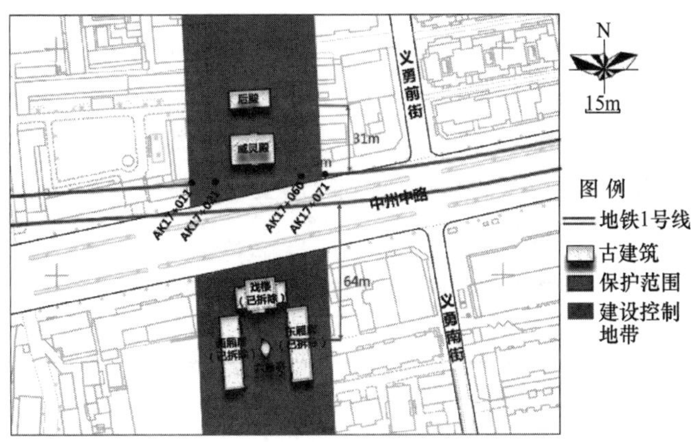

图 5-5-2　洛阳地铁 1 号线与河南府城隍庙建筑位置关系

线路与河南府城隍庙相对位置关系一览表　　表 5-5-1

名称	建筑名称	类别	结构	层数	最近水平距离（m）
河南府城隍庙	威灵殿	古建筑	木结构	1层	5
	后殿	古建筑	木结构	2层	31
	六角亭	古建筑	木结构	1层	64

二、振动控制方案

（1）确定文物建筑的容许振动标准，河南府城隍庙为木结构古代建筑，按照国家标准《古建筑防工业振动技术规范》GB/T 50452—2008 确定的木结构文物保护建筑振动速度容许限值如表 5-5-2 所示。

古建筑的容许振动速度［v］（mm/s）　　表 5-5-2

保护级别	振动点位置	振动点方向	木结构 v_p（m/s）		
			＜4600	4600～5600	＞5600
省级重点文物保护单位	承重结构最高处	水平	0.25	0.25～0.30	0.30

（2）2016 年 11 月 24 日对河南府城隍庙进行了振动速度监测，监测因子为弹性纵波传播速度 V_p 以及结构最大水平振动速度 V_{max}。威灵殿、后殿、六角亭均为轴对称结构，在承重结构最高点布点以测试 V_{max}，在梁、柱底及两端布点以测试 V_p，布点设置如下：

1）威灵殿

V_{max} 测试共布 4 个测点，位于中跨柱子顶部。V_p 测试共布 7 个测点，中边跨柱底 2 个，中跨柱底 2 个，两主梁跨中及两端共 3 个点，见图 5-5-3。

2）后殿

V_{max} 测试共布 4 个测点，位于二层柱子顶部。V_p 测试共布 8 个测点，位于二层柱底、主梁两端及跨中，见图 5-5-4。

3）六角亭

V_{max} 测试共布 1 个测点，位于亭柱顶部。V_p 测试共布 3 个测点，位于二层柱底、主梁两端及跨中，见图 5-5-5。

由表 5-5-3，河南府城隍庙振动速度为 0.034 ～0.112mm/s，威灵殿、后殿、六角亭 V_p 值分别为 5007m/s、4764m/s 和 4209m/s，对应标准值分别为 0.27mm/s、0.25mm/s 和 0.25mm/s，均满足国家标准《古建筑防工业振动技术规范》GB/T 50452—2008 中文物保护单位振动速度容许限值，说明河南府城隍庙受现状振源影响较小，应以地铁 1 号线作为城隍庙振动控制的主要振源。

河南府城隍庙保护建筑振动现状监测结果　　表 5-5-3

沿线文物		最大振动速度（mm/s）	V_p（m/s）	标准值（mm/s）	达标情况
河南府城隍庙	威灵殿	0.034	5007	0.27	达标
	后殿	0.042	4764	0.25	达标
	六角亭	0.112	4209	0.25	达标

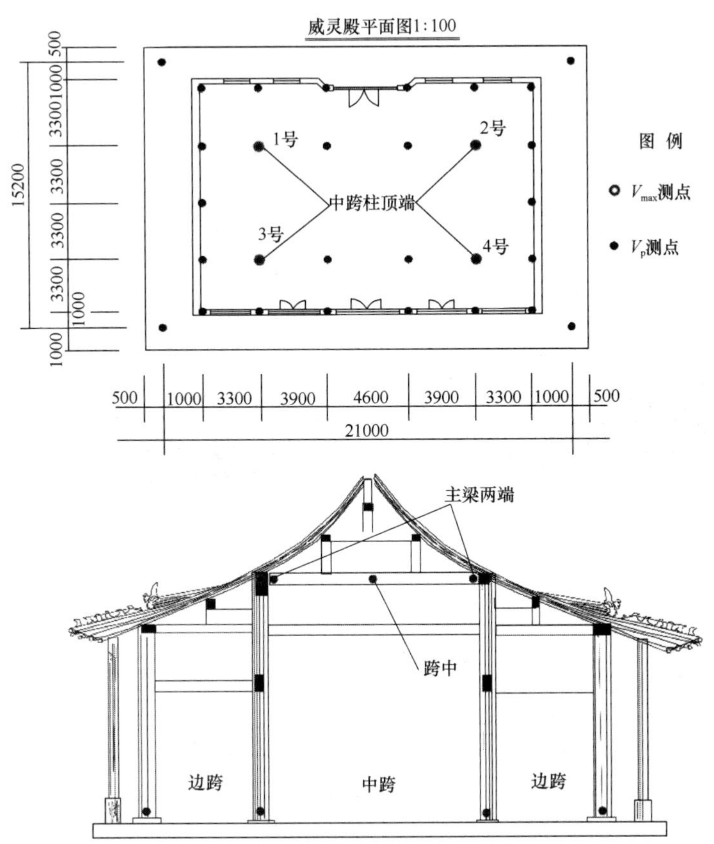

图 5-5-3　威灵殿测点布置

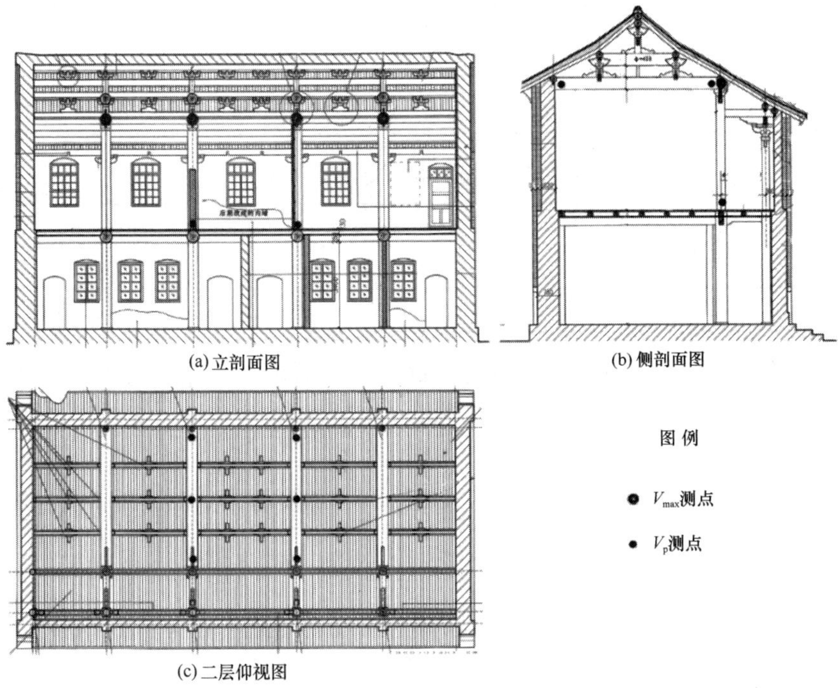

图 5-5-4　后殿测点布置

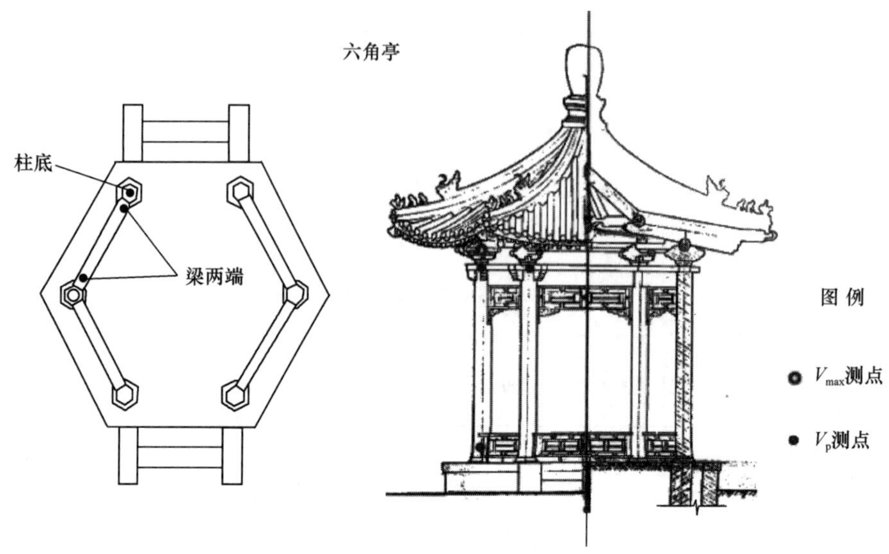

图 5-5-5　六角亭测点布置

三、振动控制分析

采用国家标准《古建筑防工业振动技术规范》GB/T 50452—2008 推荐预测模式，对河南府城隍庙开展振动影响评价分析，地铁振源引起的不同距离处的地面振动速度及频率分别见表 5-5-4和表 5-5-5。

不同距离处地面振动速度（mm/s）　　表 5-5-4

振源类别	场地土类别	距离（m）				
		10	50	100	200	400
地铁	黏土	0.418	0.166	0.072	0.056	0.044

不同距离处地面振动频率 f_r（Hz）　　表 5-5-5

振源类别	场地土类别	距离（m）				
		10	50	100	200	400
地铁	黏土	13.40	12.50	12.40	12.30	12.20

洛阳地铁为粉质黏土、黏土混合地质，威灵殿、后殿、六角亭最近水平距离分别为5m、31m 和 64m，线路区间埋深均为 22.5m，根据实际直线距离，采用插值法计算 V_r和 f_r值，如表 5-5-6 所示。

城隍庙威灵殿、后殿及六角亭均为砖木结构，古建筑砖木结构的水平固有频率按下式计算：

$$f_j = \frac{\lambda_j \varphi}{2\pi H} \tag{5-5-1}$$

式中　f_j——结构第 j 阶固有频率（Hz）；

H——结构计算总高度，即台基顶至承重结构最高处高度（m），根据保护单位提供资料，城隍庙威灵殿、六角亭为单层结构，无地下基础，结构计算总高度分别为 5.28m 和 3.44m；后殿为双层结构，无地下基础，两层结构高度分别为 $H_1=4.46\text{m}$，$H_2=3.97\text{m}$；

λ_j ——结构第 j 阶固有频率计算系数，按国家标准《古建筑防工业振动技术规范》GB/T 50452—2008 表 6.3.2 条规定选用；城隍庙威灵殿、六角亭为单层结构，λ_1 取 1.571，后殿为双层殿堂结构，一、二层截面积相等，λ_1 取 1.571，λ_2 取 4.712，λ_3 取 7.854；

φ ——结构质量刚度参数（m/s），按国家标准《古建筑防工业振动技术规范》GB/T 50452—2008 表 6.3.1 选用，城隍庙威灵殿为单层檐，有围护墙，有斗拱结构，六角亭为单层檐木，无围护墙，有斗拱结构，后殿为两层楼阁，有围护墙，有斗拱，查表得 φ 分别为 52m/s、33m/s 和 62m/s。

古建筑砖木结构在工业振源作用下的最大水平速度响应按下式计算：

$$V_{\max}=V_{\mathrm{r}}\sqrt{\sum_{j=1}^{n}[\gamma_j\beta_j]^2} \tag{5-5-2}$$

式中 $V_{\max}$ ——结构最大振动速度响应（mm/s）；

V_{r} ——基础处水平向地面振动速度（mm/s），按国家标准《古建筑防工业振动技术规范》GB/T 50452—2008 第 5 章规定选用；

n ——振型叠加数，威灵殿、六角亭单层木结构为 1 阶，后殿两层阁楼为 1～3 阶；

γ_j ——第 j 阶振型参与系数，按国家标准《古建筑防工业振动技术规范》GB/T 50452—2008 表 6.3.2-2 选用；

β_j ——第 j 阶动力放大系数，按国家标准《古建筑防工业振动技术规范》GB/T 50452—2008 表 6.3.2-2 选用。

威灵殿、六角亭为单层木结构，仅涉及 1 阶振型，γ_j 取 1.723；后殿为双层木结构，考虑前三阶振型叠加；由于一、二层平面面积相同，$\dfrac{A_1}{A_2}=1$，$\dfrac{H_2}{H_1}=0.89$，查表，γ_1 取 1.273，γ_2 取 −0.424，γ_3 取 0.255。预测地铁 1 号线对河南府城隍庙古建筑振动影响见表 5-5-6。

河南府城隍庙古建筑振动影响预测参数及结果一览表 **表 5-5-6**

建筑名称	类别	相对位置（m）			地面振动频率 f_r（Hz）	振型阶数 n	结构固有频率 f_j（Hz）	放大系数 β_j	参与系数 γ_j	最大水平速度 $V_{\max}$（mm/s）
		水平	高差	距离						
威灵殿	单层檐，有围护墙，有斗拱	5	22.5	23.1	13.10	1 阶	2.46	1.273	0.8	0.3422
后殿	两层楼阁，有围护墙，有斗拱	31	22.5	38.3	12.77	1 阶	1.78	7.17	1.273	0.3567
						2 阶	5.34	2.39	−0.424	
						3 阶	8.90	1.43	0.255	
六角亭	单层檐木，无围护墙，有斗拱	64	22.5	67.8	12.46	1 阶	1.27	1.273	0.8	0.1354

四、振动控制关键技术

1. 在线路规划方面，应尽量避开或远离振动敏感区域、振动敏感建筑物以及振动敏感装置等，根据容许振动标准规划合理的防振距离。

2. 在车辆选型方面，在确保车辆动力和机械性能时，应优先选择噪声小、振动低、结构优良的车辆和车型。

3. 在轨道选型方面，优先选用60kg/m重轨无缝线路，具有寿命长、稳定性好、减振性能好等优点，无缝线路可消除车轮对轨道接头的撞击作用。

4. 在轨道减振装置方面，常见的有减振扣件（包括轨道减振器、Lord扣件、Vanguard扣件等），减振道床（如弹性短轨枕或支承块、浮置板道床、橡胶隔振垫等）等轨道结构振动控制措施。

五、振动控制装置

不同轨道减振措施的造价、减振性能、施工与维修难易程度等综合技术指标比较如表5-5-7所示。

轨道交通减振措施及技术经济比较 表5-5-7

轨道类型 / 性能指标	Lord扣件	科隆蛋（轨道减振器）	Vanguard（先锋）扣件	弹性支撑块	梯形轨枕	橡胶浮置板	钢弹簧浮置板
可施工性	精度可控、进度快	精度可控、进度快	轨道定位和施工精度要求高	精度可控、进度较快	可施工性较好，施工精度不易控制	施工精度要求高，进度较慢	施工精度要求高，进度较慢
可维修性	★★★★	★★★★	★★★★	★★★	★★★	★★★★	★★★★
可适用隧道结构	矩形、圆形、马蹄形						
结构稳定性	★★★★	★★★★	★★★	★★★★	★★★	★★★★	★★★★
工程造价（万元/单线km）	100	150	920	418	630	800	1100
增加造价（万元/单线km）	100	—	400	200	—	—	1000
测量环境振动减振效果（dB）	2～3	—	2～3	5～6	4～6	7～8	7～14
应用实例	北京、上海、深圳、广州	北京、上海、深圳、广州	北京、广州	北京、上海、深圳、广州	北京	北京、上海、深圳、广州	北京、上海、深圳、广州

[实例 5-6] 施工振动对石窟石质文物影响

一、工程概况

龙门石窟位于河南省洛阳市南郊伊河两岸的龙门山与香山上，如图 5-6-1 所示。石窟开凿于北魏孝文帝迁都洛阳（公元 494 年）前后，历经东西魏、北齐、北周，到隋唐至宋等多朝代，又大规模营造 400 余年之久。石窟密布于伊水东西两山的峭壁上，南北长达 1km，共有 97000 余尊佛像，最大的佛像高达 17.14m，最小的仅有 2cm，2000 年入选世界文化遗产。

图 5-6-1　龙门石窟奉先寺

龙门石窟伊河堤岸及栏杆需要开展加固改造，治理范围从伊河漫水桥到龙门桥，工程引水流量 11.7m^3/s，工程等级 4 级，包括伊东渠右岸河堤侧墙加固、护栏安装及人行道改造、增设休闲平台等，洛阳龙门石窟河岸护砌工程平面布置如图 5-6-2 所示。施工期

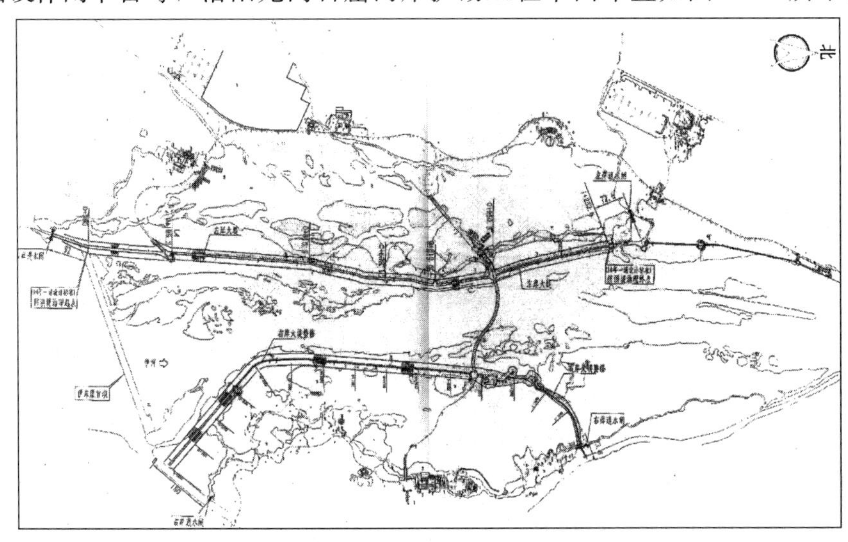

图 5-6-2　洛阳市龙门景区南出入口河岸护砌工程总图

间，机械、人为及其他偶然触发振动会对文物产生影响，如工程机械、道路运输、游客步行桥、工程桥墩钻孔灌注桩施工（打钢护筒，钻机钻孔）等振动会对石窟石质文物本体产生影响，需要开展振动控制。

二、振动控制方案

根据国家标准《古建筑防工业振动技术规范》GB/T 50452—2008，石窟容许振动速度按表 5-6-1 采用。龙门石窟区域岩石的 V_p 为 1333～5750m/s，龙门石窟的容许振动速度取 0.22m/s。

石窟的容许振动速度均方根值 [v]　　表 5-6-1

保护级别	控制点位置	控制点方向	岩石类别		V_p		
全国重点文物保护单位	窟顶	三向	砂岩	V_p (m/s)	<1500	1500～1900	>1900
				[v] (mm/s)	0.10	0.10～0.13	0.13
			砾岩	V_p (m/s)	<1800	1800～2600	>2600
				[v] (mm/s)	0.12	0.12～0.17	0.17
			灰岩	V_p (m/s)	<3500	3500～4900	>4900
				[v] (mm/s)	0.22	0.22～0.31	0.31

制定的振动控制方案如下：

1. 桩基施工不应采用打桩作业，可采用人工挖孔桩。
2. 地基处理不得采用强夯或振动夯实作业，应采用分层碾压法。
3. 应尽量避免大型运输车辆经过，必要时采取限速行驶措施。
4. 为减少振动影响，可采用人力手推车运输建筑材料。

三、振动控制分析

根据国家标准《古建筑防工业振动技术规范》GB/T 50452—2008，打桩、强夯不同距离下，地面振动速度如表 5-6-2 所示。

打桩、强夯不同距离下地面振动速度（mm/s）　　表 5-6-2

振源类型	场地土类别	距离 r								
		10m	50m	100m	200m	400m	500m	700m	800m	1000m
打桩	砂砾石	—	1.100	0.640	0.370	0.220	0.180	0.140	0.120	0.100
强夯	回填土	—	11.870	3.130	1.000	0.433	0.150	0.070	—	—

按规范要求，打桩和强夯作业的振动影响范围达 400m，石窟文物距河北岸施工点非常近，都在 50m 内，故本工程不能采用打桩和强夯作业。

考虑汽车、工程机械行驶，最不利工况为：汽-10 重级汽车，刚性路面，一般黏土地质条件，地面振动影响按下式计算：

$$V_z = \frac{\pi f}{500} k_0 k_s r^{-k_z} e^{-\alpha r} v^{\eta_z} \tag{5-6-1}$$

式中　k_0——不同土类的振幅系数，$k_0=2$；

k_s——土的系数，$k_s=1.8$；

α——土壤对垂直或水平振动能量的吸收系数，$\alpha=1.5\times10^{-3}$；

k_z——垂直或水平振动在传播过程中的综合衰减系数，$k_z=0.6$；

η_z——地面垂直或水平振动的传播衰减系数，$\eta_z=0.5$；

f——频率（Hz），$f=10$。

车速分为20km/h，40km/h，60km/h，计算地面水平振动，结果如表5-6-3所示，车辆行驶速度与振动速度的关系曲线如图5-6-3所示。运输车辆速度为20km/h时，容许振动距离为25m；速度为40km/h时，容许振动距离为50m；速度为60km/h时，容许振动距离为75m，运输车辆行驶的振动对文物影响较大。因此，提出规定：所有大型施工车辆不得进入龙门北桥和现有漫水桥之间区域。

车辆行驶对地面传播振动的衰减情况一览表　　表5-6-3

车速	20km/h		40km/h		60km/h	
距离	竖向速度	水平速度	竖向速度	水平速度	竖向速度	水平速度
r（m）	V_z（mm/s）	V_x（mm/s）	V_z（mm/s）	V_x（mm/s）	V_z（mm/s）	V_x（mm/s）
1.4	1.077	1.106	1.709	1.730	2.240	2.238
5	0.412	0.524	0.654	0.826	0.858	1.078
10	0.243	0.347	0.386	0.549	0.506	0.717
15	0.178	0.272	0.283	0.431	0.371	0.564
20	0.143	0.229	0.226	0.363	0.296	0.475
25	0.120	0.201	0.190	0.318	0.249	0.416
30	0.104	0.180	0.164	0.285	0.215	0.373
35	0.092	0.164	0.145	0.260	0.190	0.341
40	0.082	0.152	0.131	0.240	0.171	0.315
45	0.075	0.141	0.119	0.224	0.155	0.293
50	0.069	0.133	0.109	0.210	0.143	0.275
55	0.063	0.125	0.101	0.199	0.132	0.260
60	0.059	0.119	0.093	0.189	0.122	0.247
65	0.055	0.113	0.087	0.180	0.114	0.235
70	0.052	0.108	0.082	0.172	0.107	0.225
75	0.049	0.104	0.077	0.165	0.101	0.216
80	0.046	0.100	0.073	0.159	0.096	0.208
85	0.044	0.097	0.069	0.153	0.091	0.201
90	0.042	0.093	0.066	0.148	0.086	0.194
95	0.040	0.090	0.063	0.143	0.082	0.188
100	0.038	0.088	0.060	0.139	0.079	0.182

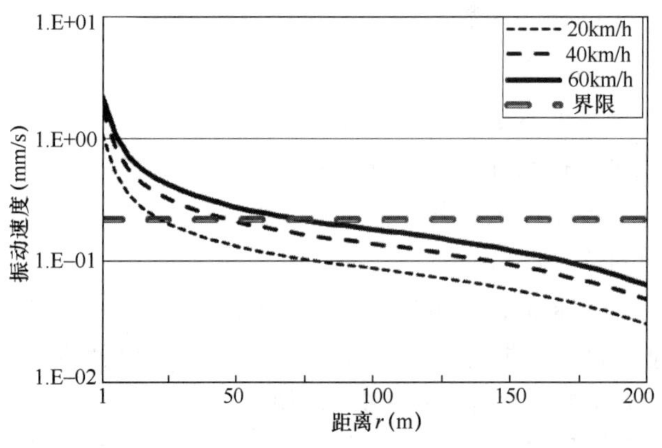

图 5-6-3　汽车行驶速度与振动速度的关系

四、振动控制关键技术

1. 石窟文物容许振动标准的确定

按照国家标准《古建筑防工业振动技术规范》GB/T 50452—2008，石质文物容许振动标准作为评估的依据和振动控制目标，确定龙门石窟的容许振动速度均方根值为0.22m/s。

2. 施工振动控制措施

伊东渠右岸加固和栏杆施工，不采用打桩施工方案，也禁止采用强夯作业加固地基和填筑施工，应采取人工方式分层回填碾压处理。土石方和混凝土材料运送不得采用大型车辆运输，应采用人工手推车搬运。

3. 调整材料运输线路

森林防火基础设施的施工车辆，应借用顾龙公路作为车辆出入口并沿龙门东山山坡原有道路输送土石方和混凝土等原材料；龙门西山施工车辆应借用 S238 常付线作为车辆出入口，并沿龙门西山山坡原有道路输送土石方和混凝土等原材料。

4. 合理确定防振距离

龙门景区南出入口，伊河上游河岸护砌工程距离龙门石窟漫水桥更远，施工产生的振动不会对龙门石窟石质文物产生影响。游客步行桥桥墩距离现有漫水桥南约 900m，由表 5-6-2，灌注桩施工地面振动速度小于石窟容许振动速度，不会对龙门石窟石质文物产生较大影响。

第六章　建筑工程振震双控

［实例 6-1］北京市丽泽十二中振震双控设计

一、工程概况

北京市第十二中学丽泽校区高中分校位于北京市丰台区菜户营，如图 6-1-1 所示，地块东侧布置 1 栋 4 层教学楼，西侧布置 1 栋 4 层学生宿舍楼，设有两层地下室，主要为教学辅助设施、学生餐厅、地下车库、设备用房等，结构体系采用框架结构，跨度为 8.10m 和 7.05m，基础形式为筏板基础。

拟建地铁纵向穿过未建地块，地铁造成上部建筑结构振动较大，造成舒适度超标，此外，地铁引起的建筑结构振动还会对教学实验仪器的正常使用造成影响，如图 6-1-2 所示。

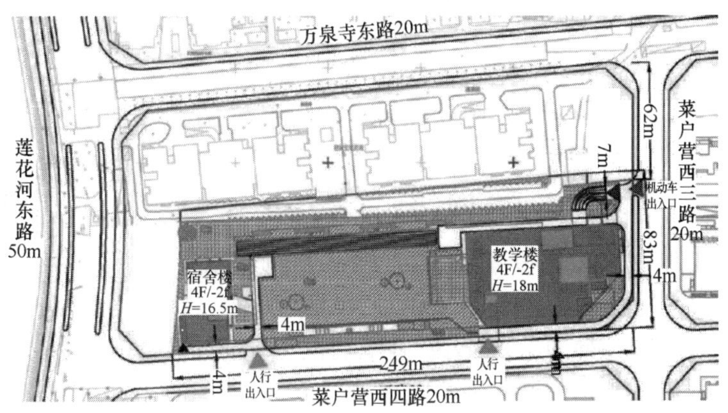

图 6-1-1　项目地上建筑平面图

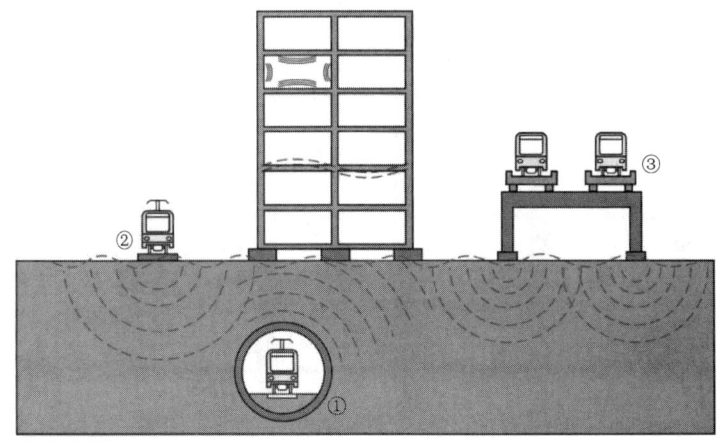

图 6-1-2　振动与二次噪声污染示意图

为保证学校建筑各项功能正常使用，对结构采用钢弹簧整体隔振技术，以降低地铁运行对建筑使用功能的影响。

二、振动控制方案

地铁振动控制的有效措施有两种：①地铁振源振动控制，如钢弹簧浮置板隔振系统，②对地铁上部建筑物开展整体隔振。本项目中的拟建地铁线路尚未开建，无法确定是否采用钢弹簧浮置板，故本项目采用建筑结构整体隔振技术。

根据结构动力学理论，振动加速度传递率如图 6-1-3 所示，频率比越大，隔振效果越好，为有效降低轨道振动（隔振效率 80%以上），隔振后结构体系的自振频率应低于 4Hz。钢弹簧隔振系统的频率通常在 3.5～5.0Hz，地铁运行时的主频一般在 30～80Hz，可采用钢弹簧有效隔离地铁振动传递。

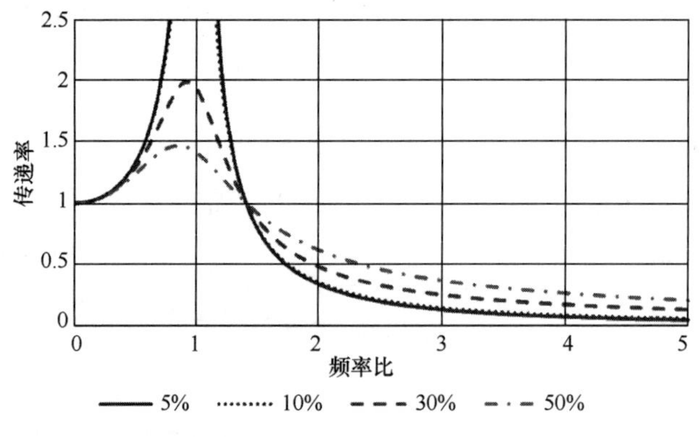

图 6-1-3　振动传递率

采用钢弹簧隔振器，需要设置一定高度的隔振层，如图 6-1-4 所示。考虑到弹簧高度，隔振层一般不小于 1.5m。为了不影响上部建筑功能，通常将隔振层设置在筏板下部。由于本项目筏板至隧道顶部的距离较小，不宜将隔振层设置在筏板底部，经综合分析，对主体结构采用地下室柱顶钢弹簧隔振，即将地下室与上部结构断开，保持±0.00 以上建筑设计不变，原地下室 1 层变 2 层。弹簧隔振支座上部主体结构采用钢筋混凝土框架结构体系，考虑到地下室使用功能限制，地下室柱顶位置增设拉梁，以提高隔振支座下部结构的整体性，此外，隔振层应设置黏滞阻尼器以减小隔振层变形。

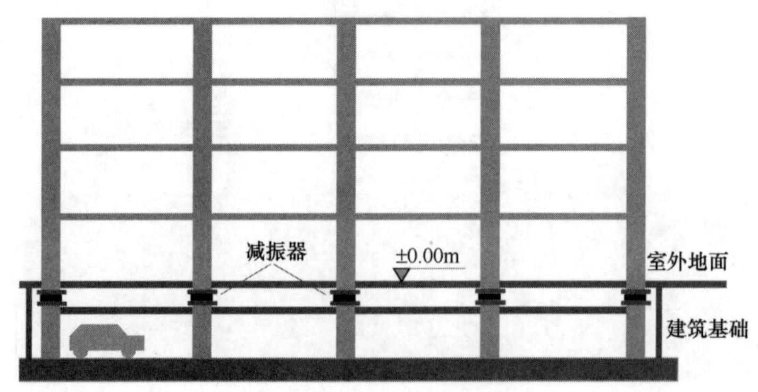

图 6-1-4　隔振方案示意图

结合隔振效率及隔振装置的变形能力，确定隔振支座布置原则：

1. 隔振后刚度满足自振频率≤3.5Hz；

2. 重力荷载下隔振支座竖向变形极差小于 2mm；

3. 隔振层刚心与上部结构质心的偏心小于 3.0%；

4. 隔振层变形应小于弹簧支座的变形能力。

按上述原则初选布置隔振层，隔振后体系的竖向基本频率 3.41Hz；由于弹簧隔振装置水平刚度与竖向刚度的相关性（水平刚度约为竖向刚度的 0.6～0.8 倍），竖向变形布置调整的隔振层刚心与上部结构质心基本重合；自重作用下隔振支座的竖向变形最大 19.8mm，最小 18.4mm，极差 1.4mm，约为支座变形能力的 3.5%，满足设计要求；为保证隔振层变形小于隔振支座的变形能力，同时减小隔振层的扭转变形，沿隔振层端部及角部设置黏滞阻尼器，经参数优化后，确定阻尼器参数，如表 6-1-1 所示。钢弹簧支座共计 37 个，黏滞阻尼器共计 34 个。

黏滞阻尼器参数 **表 6-1-1**

名称	参数值
C [$kN(s/m)^{\alpha}$]	2500
α	0.3

三、振动控制分析

1. 振动评价标准

（1）国家标准《住宅建筑室内振动限值及其测量方法标准》GB/T 50355—2018

评价指标：1/3 倍频程振动加速度级 La，单位为 dB，频率范围 1～80Hz，振动方向取地面（或楼层地面）铅垂向。振动限值见表 6-1-2，其中 1 级限值为适宜达到的限值，2 级限值为不得超过的限值，本项目评价采用卧室一级限值。

住宅建筑室内振动限值（La：dB） **表 6-1-2**

房间名称	时段	限值等级	1/3 倍频程中心频率（Hz）									
			1	1.25	1.6	2	2.5	3.15	4	5	6.3	8
卧室	昼间	一级	76	76	76	75	74	72	70	70	70	70
	夜间		73	73	73	72	71	69	67	67	67	67
	昼间	二级	81	81	81	80	79	77	75	75	75	75
	夜间		78	78	78	77	76	74	72	72	72	72
起居室（厅）	全天	一级	76	76	76	75	74	72	70	70	70	70
	全天	二级	81	81	81	80	79	77	75	75	75	75
房间名称	时段	限值等级	1/3 倍频程中心频率（Hz）									
			10	12.5	16	20	25	31.5	40	50	63	80
卧室	昼间	一级	70	71	72	74	76	78	80	82	85	88
	夜间		67	68	69	71	73	75	77	79	82	85
	昼间	二级	75	76	77	79	81	83	85	87	90	93
	夜间		72	73	74	76	78	80	82	84	87	90
起居室（厅）	全天	一级	70	71	72	71	76	78	80	82	85	88
	全天	二级	75	76	77	79	81	83	85	87	90	93

（2）行业标准《城市轨道交通引起建筑物振动与二次辐射噪声限值及其测量方法标准》JGJ/T 170—2009

评价指标：4～200Hz 频率范围内，采用 1/3 倍频程中心频率，按不同频率 Z 计权因子修正后的分频最大振级 VL_{max} 作为评价量，加速度在 1/3 倍频程中心频率的 Z 计权因子如表 6-1-3 所示。城市轨道交通沿线建筑物室内振动限值见表 6-1-4。本项目采用居住、文教区限值。

加速度在 1/3 倍频程中心频率的 Z 计权因子　　表 6-1-3

1/3 倍频程中心频率（Hz）	4	5	6.3	8	10	12.5	16	20	25
计权因子（dB）	0	0	0	0	0	−1	−2	−4	−6
1/3 倍频程中心频率（Hz）	31.5	40	50	63	80	100	125	160	200
计权因子（dB）	−8	−10	−12	−14	−17	−21	−25	−30	−36

城市轨道交通沿线建筑物室内振动限值（dB）　　**表 6-1-4**

区域	昼间	夜间
特殊住宅区	65	62
居住、文教区	65	62
居住、商业混合区，商业中心区	70	67
工业集中区	75	72
交通干线道路两侧	75	72

（3）国家标准《城市区域环境振动标准》GB 10070—1988

评价指标：Z 振级 VL_Z，按《机械振动与冲击　人体处于全身振动的评价　第 1 部分：一般要求》ISO 2631—1—1997 规定的全身振动 Z 计权因子（wk）修正后得到振动加速度级，Z 计权曲线如图 6-1-5 所示。

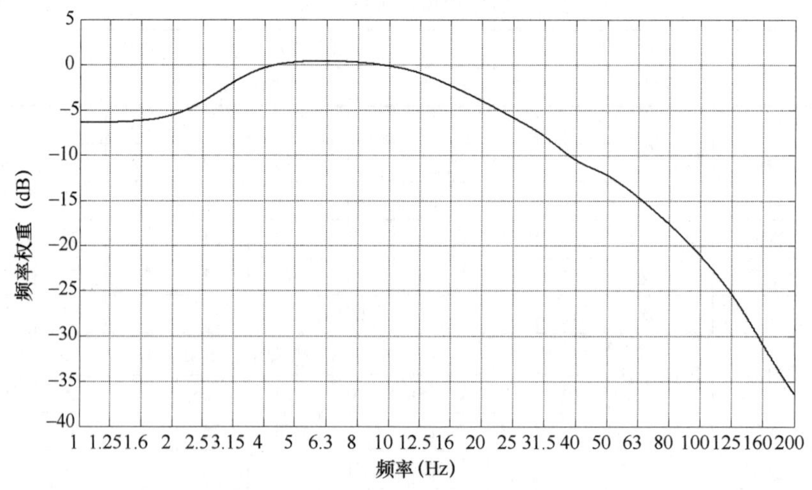

图 6-1-5　Z 振级 1/3 倍频程计权曲线

国家标准《城市区域环境振动测量方法》GB 10071—1988 规定以列车通过时 Z 振级的算术平均值作为评价量，振动标准见表 6-1-5。本项目采用居住、文教区限值。

我国城市环境振动标准值（V_{Lz}，dB）　　　　**表 6-1-5**

适用地带范围	昼间	夜间
特殊住宅区	65	65
居民、文教区	70	67
混合区、商业中心区	75	72
工业集中区	75	72
交通干线道路两侧	75	72
铁路干线两侧	80	80

2. 地铁作用下的建筑结构整体隔振分析

（1）建立有限元模型

采用 SAP 2000 有限元软件建模，模型由设计院提供的盈建科模型导入，在结构首层楼板与地下室之间设置隔振层，分别采用 Link 单元、Damper 单元模拟钢弹簧隔振器和黏滞阻尼器，振动控制采用动力时程分析方法。

（2）振动荷载输入

下穿地铁 11 号线处于拟建阶段，且项目建筑主体结构尚未施工，故选择与该项目类似的影响对象进行测试。通过与该项目的地铁车速、车型、土质、建筑与地铁位置关系、建筑结构形式及基础条件等参数对比，选择与该项目相似的地铁 10 号线丰台站至首经贸站区间，K40＋790 里程与 K40＋930 里程两处断面进行振动测试，分别考察地铁轨道未采取减振措施和弹性长轨枕减振措施两种情况下，地铁经过时对应地面位置的振动响应，共选择两个测点，如图 6-1-6。

图 6-1-6　振动测试测点布置图

各点振动测试时域、频域数据如图 6-1-7、图 6-1-8 所示。

选择无轨道减振措施的地面加速度作为振动输入，振动频率主要集中在 30～80Hz。

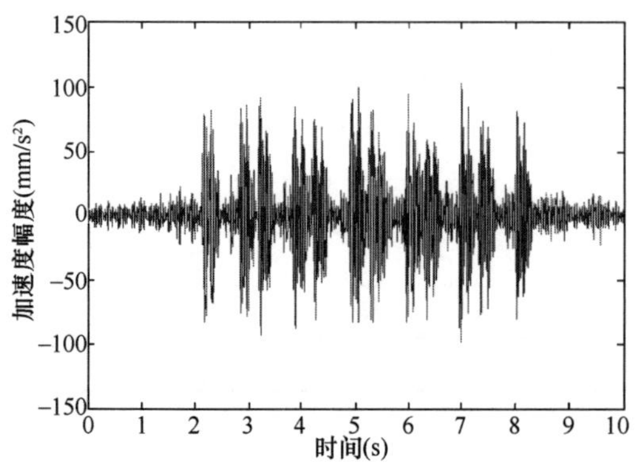

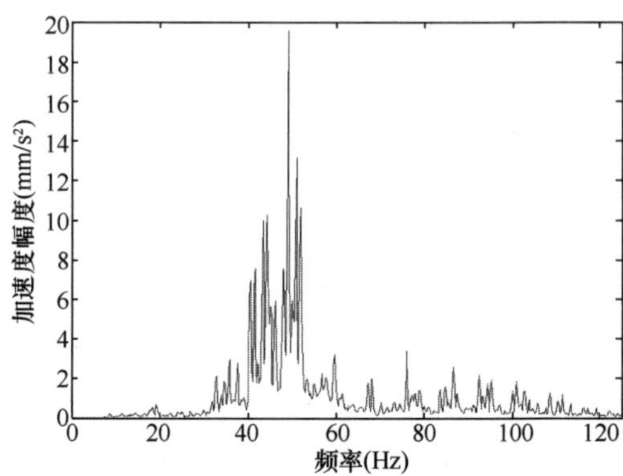

图 6-1-7　测点 1 时程曲线和频谱

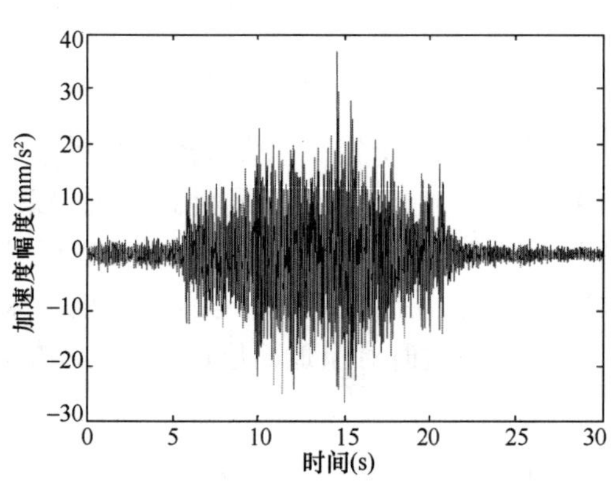

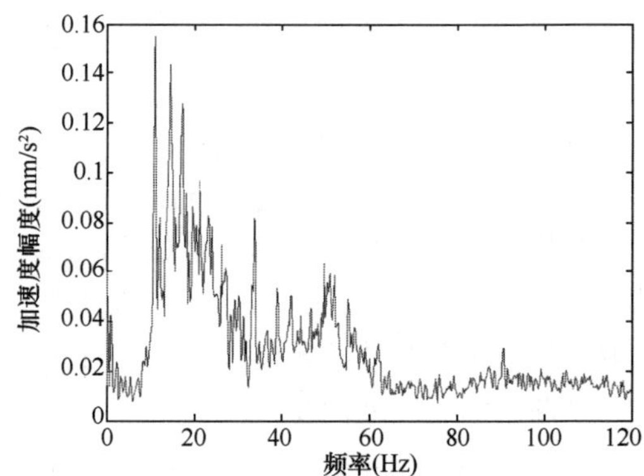

图 6-1-8　测点 2 时程曲线和频谱

（3）动力时程分析

将测点 1 和测点 2 时程曲线作为隔振结构基底加速度输入，考察结构各评价点的实际加速度，各评价点的加速度峰值见表 6-1-6，与未隔振结构相比，隔振结构加速度明显减小。将各节点振动响应与规范限值进行对比后可见，各节点振动响应均满足规范限值，如图 6-1-9、图 6-1-10 及表 6-1-7 所示。

加速度峰值对比　　**表 6-1-6**

节点	加速度峰值（mm/s^2）		基底加速度峰值（mm/s^2）
	未隔振	隔振	
一层 3000594	103.912	13.370	102.89
二层 4000491	138.640	19.730	
三层 5000505	122.090	23.710	
四层 6000465	109.100	38.090	
五层 7000611	104.240	17.970	

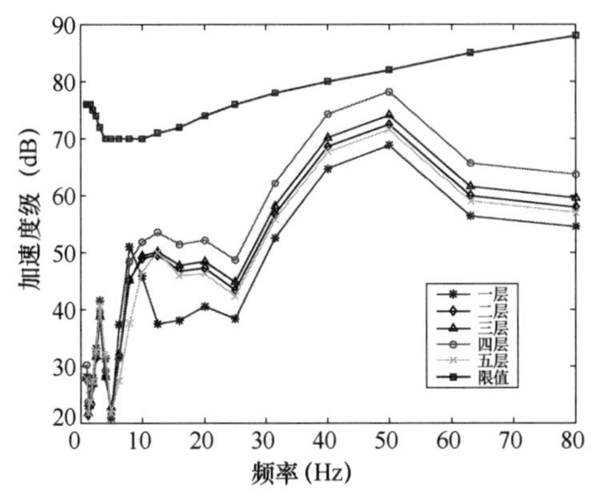

图 6-1-9　各节点加速度级与限值对比

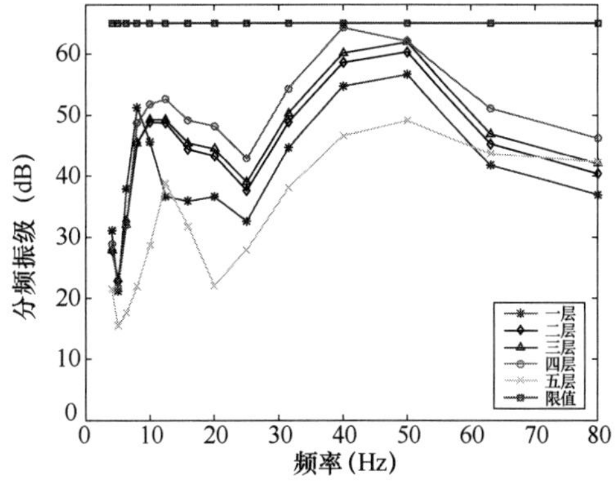

图 6-1-10　各节点分频振级与限值对比

各评价点 Z 振级（VL_z，dB）　　　　**表 6-1-7**

节点号 / 评价值	一层节点 3000594	二层节点 4000491	三层节点 5000505	四层节点 6000465	五层节点 7000611
模拟值	60.06	63.38	64.84	64.88	62.39
限值	70	70	70	70	70

3. 地震作用弹性时程分析

（1）基本参数

抗震设防烈度 8 度，设计基本地震加速度 0.20g，水平地震影响系数最大值 0.16（多遇地震）、0.45（设防地震）、0.90（罕遇地震），设计地震分组第二组，场地类别Ⅱ类，场地特征周期 0.4s（设防地震），竖向地震场地特征周期 0.35s。

隔振系统采用中震弹性设计，时程输入时，地震加速度峰值为 200cm/s^2，设防地震下，隔振器应保持弹性且不与支墩发生接触。

按照规范对地震记录幅值、频谱及持时要求，选取 2 条天然记录（TW3、TW4）和 1 条人工记录（Arti1），分别按照 1.0X+0.85Y+0.65Z 及 0.85X+1.0Y+0.65Z 进行输入。为考虑阻尼器的非线性特性，对结构采用非线性时程分析，结构阻尼比采用 0.05。

（2）弹簧变形

1）小震作用下，隔振器最大压缩量为 25.96mm（包括 1.0Dead+0.5Live 作用下的隔振支座变形，下同），均处于受压状态；X 向最大变形为 1.79mm，Y 向最大变形为 1.66mm。

2）设防地震作用下，隔振器竖向最大压缩变形为 35.38m，小于 40mm，满足弹性工作要求，隔振器均未出现受拉；X 向最大变形为 4.04mm，Y 向最大变形为 3.42mm，满足隔振器稳定性要求。

3）罕遇地震作用下，隔振器竖向最大压缩变形为 49.78mm，25 个隔振器变形值大于零，说明弹簧处于受拉状态，最大受拉变形为 13.18mm；如果不设置黏滞阻尼器，四周 25 个支座受拉，本工程按四周支座均受拉进行设计；隔振器 X 向最大变形为 16.89mm，Y 向最大变形为 14.92mm，满足隔振器稳定性要求。

（3）阻尼器出力

阻尼器的滞回曲线如图 6-1-11～图 6-1-13 所示，曲线饱满，发挥了良好的耗能特性。

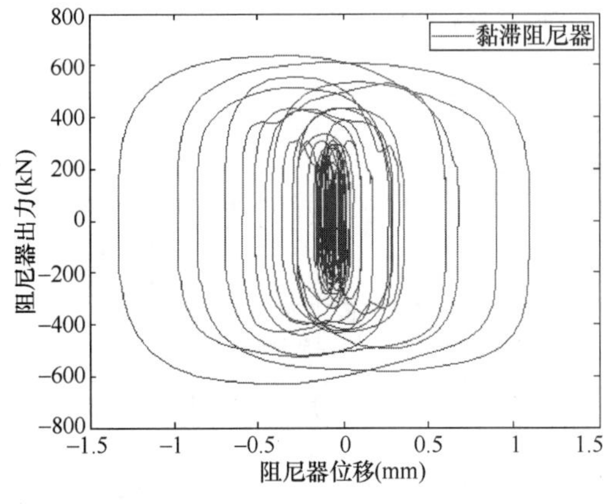

图 6-1-11　多遇地震下阻尼器的滞回曲线

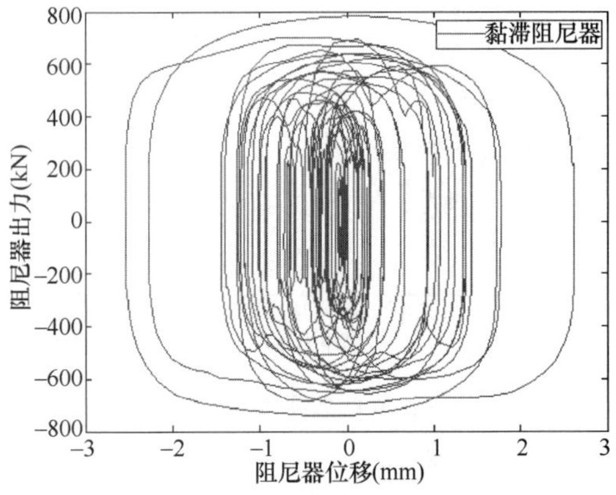

图 6-1-12　中震下阻尼器的滞回曲线

四、振动控制关键技术

1. 振震双控技术

轨道交通以竖向振动为主，运行时振动主频率一般在 30～80Hz，根据轨道交通的振动特性，采用 3.0～5.0Hz 竖向设计频率的钢弹簧隔振系统，具有很好的隔振效果。

在弹簧支座布置基础上，为减少结构地震作用，布置黏滞阻尼器，以对隔振支座限位，减少隔振支座在地震作用下的水平位移，阻尼器如图 6-1-14 所示。为提高阻尼器的工作效率，将阻尼器布置在结构侧向变形最大支座处，建筑结构两端区域的弹簧支座变形最大。同时，将阻尼器沿建筑周边双向布置，提高结构在地震作用下的抗扭能力。

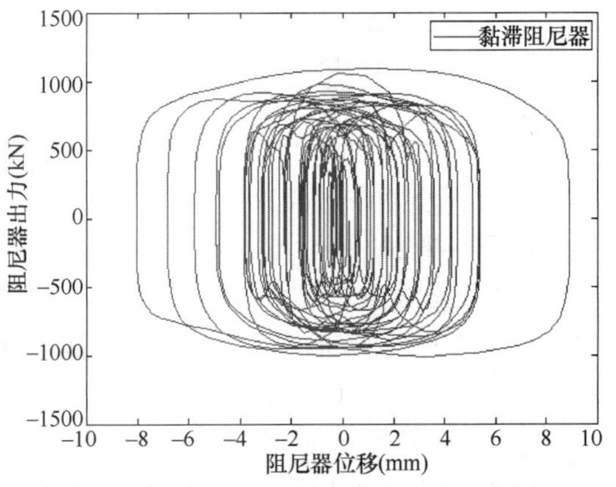

图 6-1-13　大震下阻尼器的滞回曲线

图 6-1-14　黏滞阻尼器示意图

2. 限位墩

罕遇地震作用下，有若干弹簧支座变形过大，超过弹簧的设计极限变形，弹簧刚度增加较大，在结构构件中产生较大的冲击荷载。为减小弹簧支座的竖向变形，在每个限位墩上布置聚氨酯减振垫，地震作用下，当弹簧竖向变形超过某一阈值（取 50mm，包括 1.0Dead ＋0.5Live 作用下的弹簧压缩变形 20mm），由弹簧支座和聚氨酯减振垫构成并联弹簧体系，共同承担地震作用。本设计取聚氨酯减振垫的刚度为弹簧支座竖向刚度的 3 倍，既可以达到减小弹簧支座竖向变形的要求，又可使弹簧支座反力保持在合理的范围内。弹簧支座的刚度模型如图 6-1-15 所示，限位墩及聚氨酯减振垫安装示意如图 6-1-16 所示。

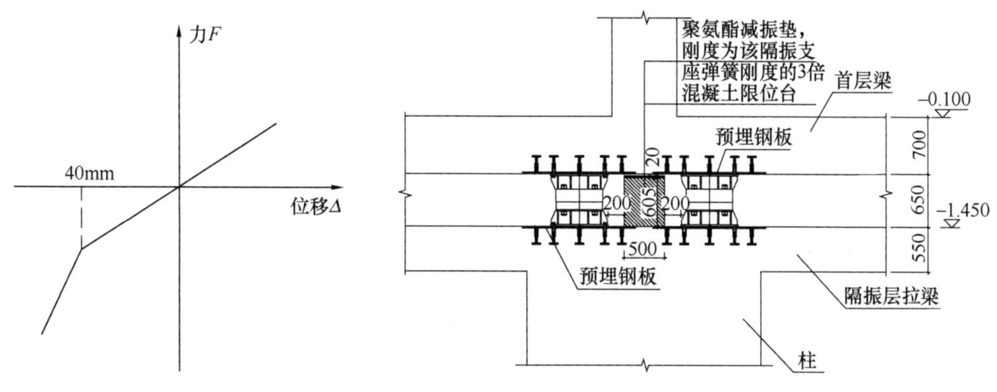

图 6-1-15　弹簧支座刚度模型

图 6-1-16　限位墩及聚氨酯减振垫示意图

五、振动控制装置

1. 弹簧选取原则

结构自重下的隔振器变形计算（用于确定隔振器的工作高度），采用 1.0Dead ＋0.5Live 的荷载组合，如表 6-1-8，计算得出隔振区节点的支反力，用支反力除以假定压缩量，即可得出隔振支座的竖向刚度 K_v，弹簧的水平刚度 K_h 取 $0.8K_v$。

隔振支座刚度取值方法　　**表 6-1-8**

工况序号	工况	假定压缩量
1	1.0Dead ＋ 0.5Live	20mm

2. 钢弹簧安装步骤

（1）隔振器出厂前预压缩

隔振器发货前先在工厂预紧，再发货到现场安装；预压缩完成后用预紧螺栓锁住。

（2）施工前准备

隔振器安装工具有：现场塔吊、水准仪、包装胶带、0.5mm 塑料薄膜等；现场需 5～6人进行隔振器就位安装。

（3）放线定位

在混凝土支墩上放线，确定预埋件位置。

（4）在设置弹簧隔振器的支墩上安装下部预埋件

下部埋件安装就位后，在浇筑混凝土前，将预埋螺栓拧入（避免浇筑混凝土时混凝土进入螺栓孔）。埋件安装验收完毕后，铺设防滑垫片，再进行隔振器的就位安装。

（5）预压缩弹簧隔振器安装就位

弹簧隔振器可预压缩，在建筑物的整个建设期间，弹簧隔振器的支承为刚性支承。只有在建筑物竣工后，才将弹簧释放，释放后弹簧起作用。

（6）成品保护

吊装完成后，首先对隔振器进行清理，保持表面清洁，然后用防尘罩将隔振器套起来。

（7）隔振器上预埋钢板就位并搭建模板，上部结构施工

因隔振器出厂前处于预压缩状态，预压缩量与未来所受荷载基本一致，故在上部结构施工过程中，隔振器可以作为临时支撑结构，支撑上部结构荷载。用螺栓将隔振器上连接板、调平钢板及上部埋件连接在一起。

（8）隔振器释放和调平

建筑结构施工完成、大部分结构荷载到位后，进行隔振器释放，释放前先清理防尘罩。隔振器两侧分别设有放置千斤顶的支撑台，在支撑台上放置两个专用千斤顶，反向压缩弹簧，用扳手将螺帽松动 5～10mm，完成隔振器释放。若建筑结构出现标高变化，可在压缩隔振器时，在隔振器与上部结构之间添加或减少调平钢板，进行调平工作。

［实例 6-2］北京大学景观设计学大楼 2 号楼振震双控设计

一、工程概况

北京大学景观设计学大楼位于北京市海淀区中关村北大街东侧，分为 1 段、2 段两栋楼，地铁 4 号线从建筑正下方纵向穿过，如图 6-2-1 所示。地下 1 层，层高 4.5m，地上 4 层，首层层高 4.0m，2～4 层层高 3.90m，3 层与 4 层之间夹层层高 1.80m，结构总高度 15.60m，平面尺寸 129.40m×35.20m，如图 6-2-2 所示。

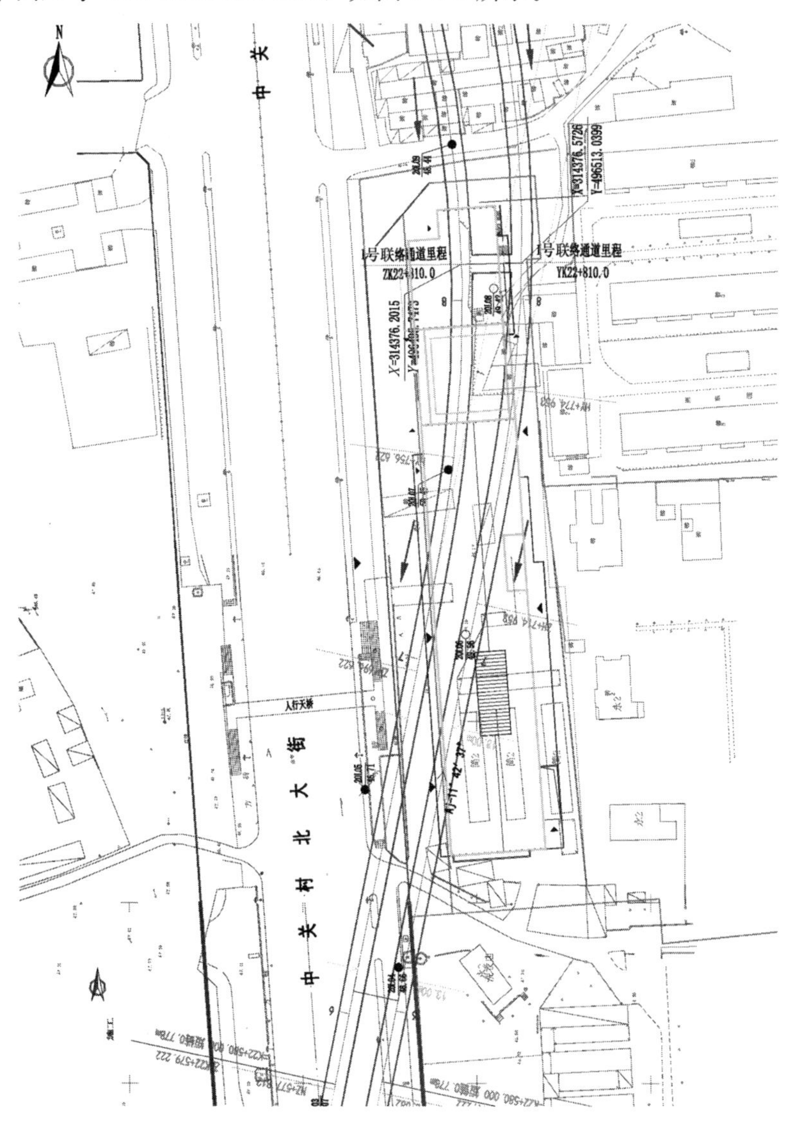

图 6-2-1　地铁 4 号线与景观设计学大楼的位置关系

地铁 4 号线建设时未采取有效减振降噪措施，景观设计学大楼对振动要求很高，地铁运行时产生的环境振动和二次噪声将对景观设计学大楼产生较大影响，为确保教学及科研

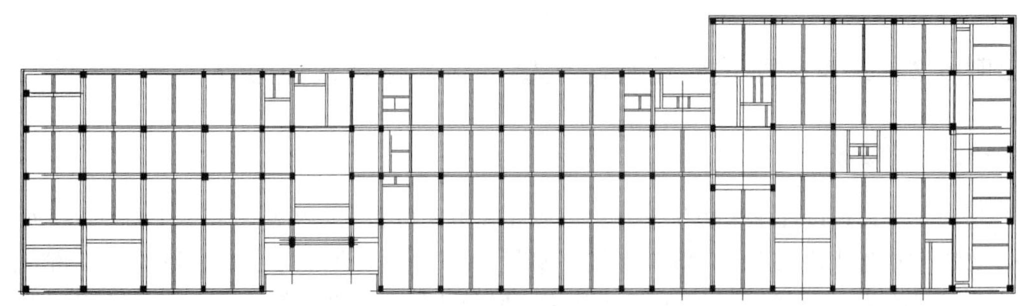

图 6-2-2　典型结构平面示意图

工作的正常进行，对大楼结构采用钢弹簧整体隔振技术，以降低地铁运行对建筑使用功能的影响。

二、振动控制方案

结合隔振效率及隔振装置变形能力，确定隔振支座布置原则：

1. 隔振后刚度满足自振频率不大于 3.5Hz；
2. 重力荷载下隔振支座竖向变形极差小于 2mm；
3. 隔振层刚心与上部结构质心的偏心小于 3.0%；
4. 隔振层变形应小于弹簧支座变形能力。

按照上述原则布置隔振层，隔振后体系竖向基本频率 3.41Hz。由于弹簧隔振装置的水平刚度与竖向刚度的相关性（水平刚度约为竖向刚度的 0.6～0.8 倍），按照竖向变形布置调整的隔振层刚心与上部结构质心基本重合；自重下隔振支座竖向变形最大 19.8mm，最小 18.4mm，极差 1.4mm，约为支座变形能力的 3.5%，满足设计要求；为保证隔振层变形小于隔振支座变形，减小隔振层扭转变形，沿隔振层端部及角部设置黏滞阻尼器，经参数优化后，确定阻尼器参数如表 6-2-1 所示。优化布置后的隔振布置方案如图 6-2-3 所示，总计采用钢弹簧支座 103 个，黏滞阻尼器 30 个。

阻尼器参数　　**表 6-2-1**

阻尼系数［kN·(s/m)$^{\alpha}$］	阻尼指数 α	行程
2500	0.3	±50mm

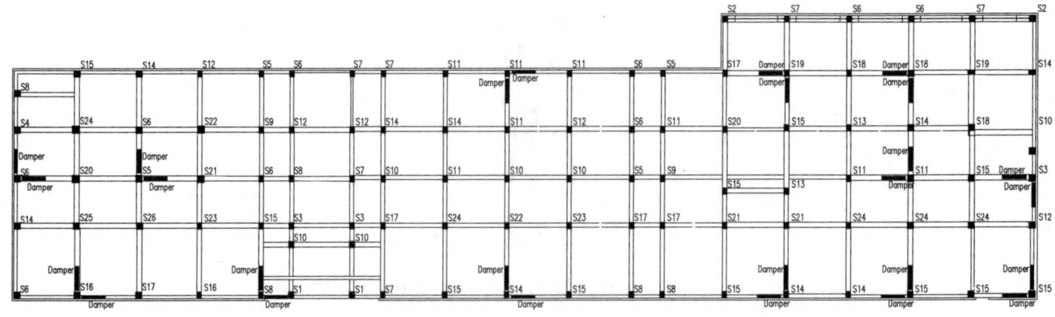

图 6-2-3　隔振层布置图

三、振动控制分析

主体结构设计使用年限50年，抗震设防烈度8度（0.20g），场地类别Ⅲ类，设计地震分组第二组，场地特征周期（T_g）0.55s，基础采用筏板基础，上部主体结构采用钢筋混凝土框架结构体系。筏板底距地铁隧道顶部距离为12m。

1. 地铁作用下的建筑结构整体隔振分析

（1）振动输入

对拟建北京大学景观设计学大楼的周边环境、所处位置、地铁穿建以及地面交通等状况进行详细勘察，基坑已开挖至设计标高，故在基坑上进行测点布置，如图6-2-4所示。地铁经过时，场地振动时程及频谱曲线如图6-2-5所示，地铁振动集中在20～120Hz，在30～110Hz振动明显。

图6-2-4　北京大学景观设计学大楼场地振动测试

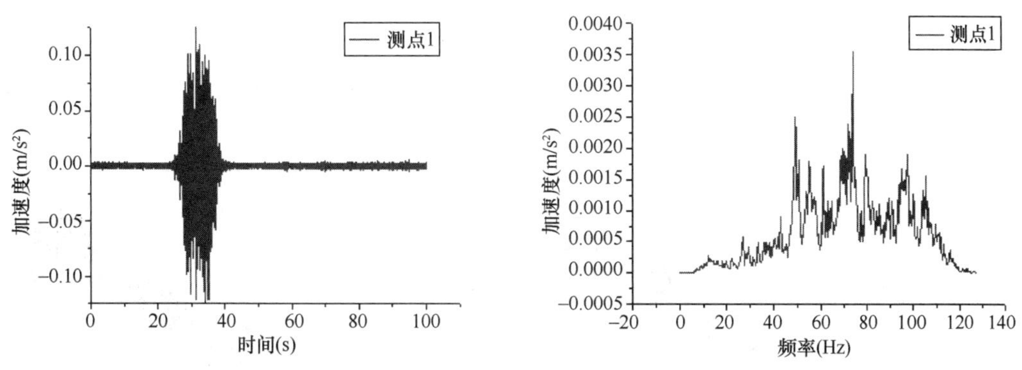

图6-2-5　地铁振动时程曲线和频谱

（2）时程分析

依据设计院提供的盈建科数值模型，导入SAP 2000程序进行振动分析，在导入模型的基础上增加弹簧隔振单元和阻尼单元，有限元模型如图6-2-6所示。

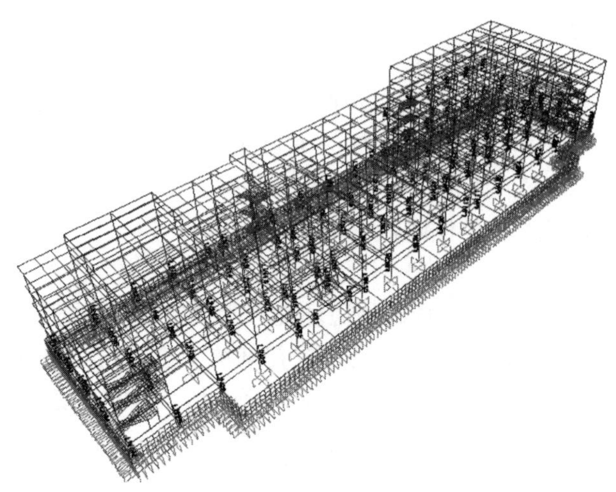

图 6-2-6　景观学大楼有限元模型

将测得的加速度作为隔振结构的基底振源输入，得到结构各楼层典型评价点的加速度值，峰值加速度如表 6-2-2 所示，与未隔振结构相比，隔振结构加速度明显减小。图 6-2-7～图 6-2-10 给出各评价点隔振前后的加速度频谱，在系统频率 3.323Hz 附近，隔振结构的加速度大于基底加速度，此时激励频率与系统频率接近，产生共振。在远离系统固有频率段，结构加速度明显小于基底加速度。

加速度峰值对比　　表 6-2-2

节点	加速度峰值（mm/s²）		基底加速度峰值（mm/s²）
	未隔振	隔振	
2000047	169.62	21.27	141.45
3000093	69.34	23.32	
4000086	133.73	42.27	
5000160	82.58	30.42	

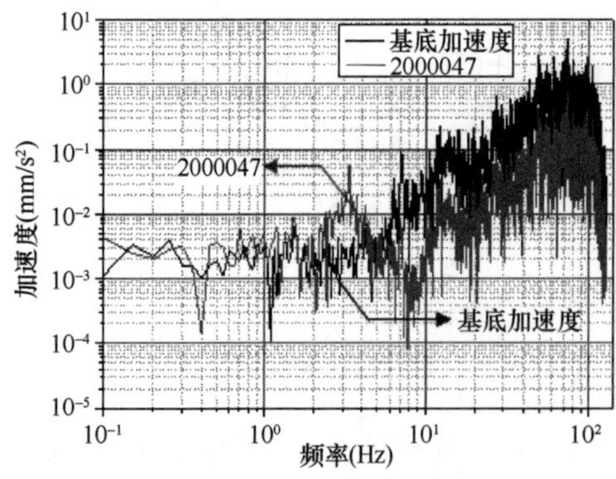

图 6-2-7　一层评价点加速度响应频谱对比

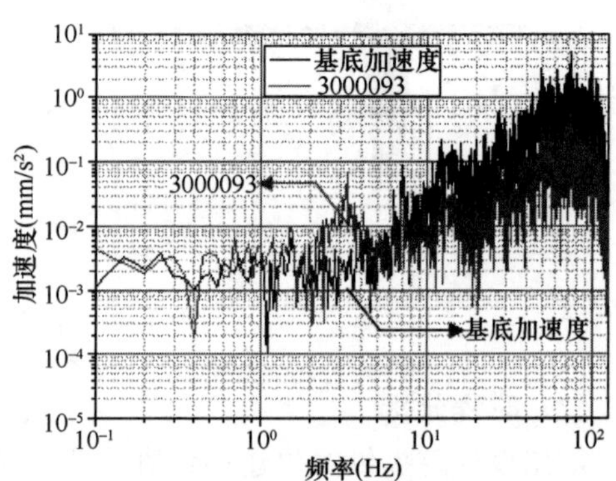

图 6-2-8　二层评价点加速度响应频谱对比

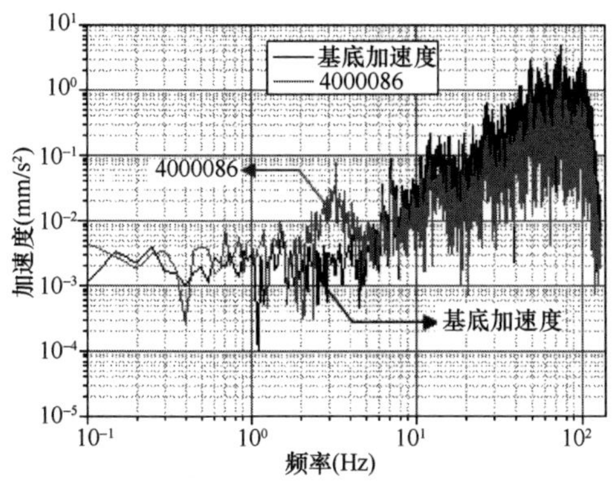

图 6-2-9　三层评价点加速度响应频谱对比

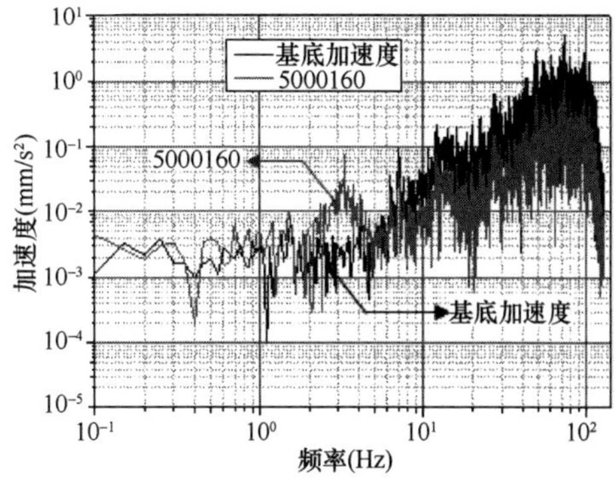

图 6-2-10　四层评价点加速度响应频谱对比

（3）振动评价

依据国家标准《住宅建筑室内振动限值及其测量方法标准》GB/T 50355—2018、行业标准《城市轨道交通引起建筑物振动与二次辐射噪声限值及其测量方法标准》JGJ/T 170—2009 对楼层的振动水平进行评价，结果如图 6-2-11 和图 6-2-12 所示，采取隔振之后，结构振动满足相关标准要求。

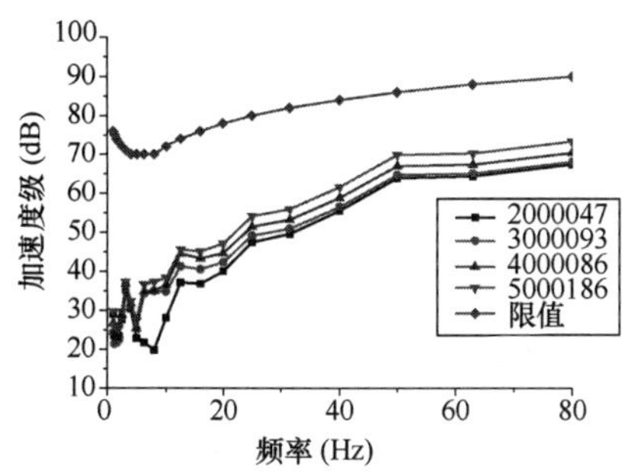

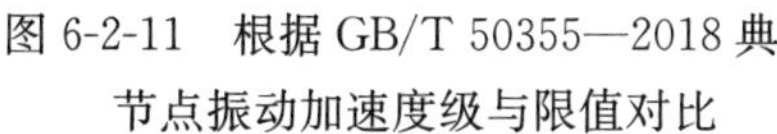

图 6-2-11　根据 GB/T 50355—2018 典型节点振动加速度级与限值对比

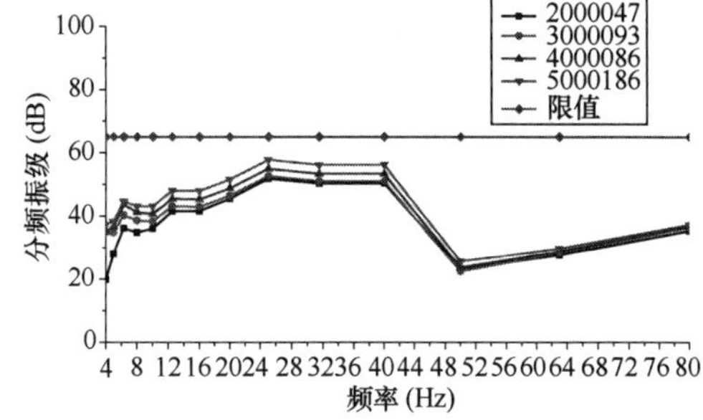

图 6-2-12　根据 JGJ/T 170—2009 典型节点分频振级与限值对比

2. 地震作用弹性时程分析

选取 2 条天然记录（TW3、TW4）和 1 条人工记录（Arti1），分别按照 $1.0X+0.85Y+0.65Z$ 及 $0.85X+1.0Y+0.65Z$ 输入。为考虑阻尼器的非线性特性，对未控结构、有控结构及阻尼器有控结构采用非线性时程分析，结构阻尼比采用 0.05。

（1）结构变形

结构变形如图 6-2-13、图 6-2-14 所示，有控结构隔振层位移角：小震 X 向 1/510、Y 向 1/416，中震 X 向 1/180、Y 向 1/149，均超出位移限值（小震 1/550、中震 1/200）。有控结构增加阻尼器后，隔振层位移：小震 X 向 1/798、Y 向 1/862，中震 X 向 1/232、Y 向 1/217，结构最大位移：小震 X 向 1/716、Y 向 1/659，中震下结构最大位移出现在隔振层，均满足要求。

（2）层间剪力

层间剪力如图 6-2-15、图 6-2-16 所示，增设阻尼器的有控结构，隔振层以上楼层剪力：小震 X 向减小 10％～33％、Y 向减小 15％～40％，中震 X 向减小 6.7％～30％、Y 向减小 11.1％～35％。

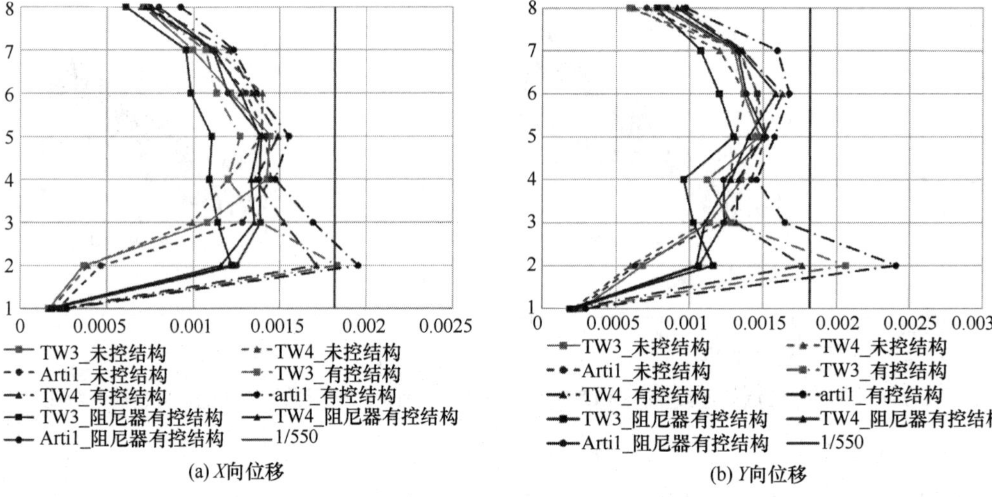

(a) X向位移

(b) Y向位移

图 6-2-13　小震变形

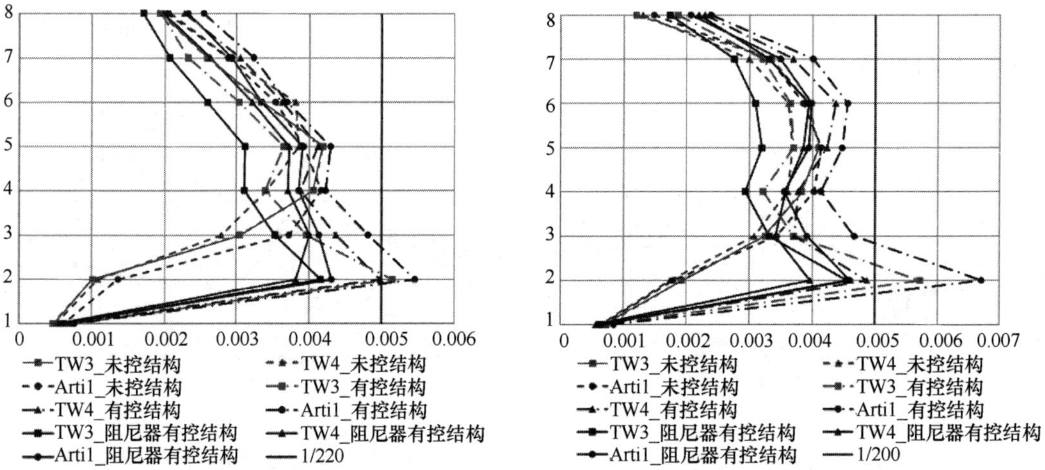

(a) X向位移

(b) Y向位移

图 6-2-14　中震变形

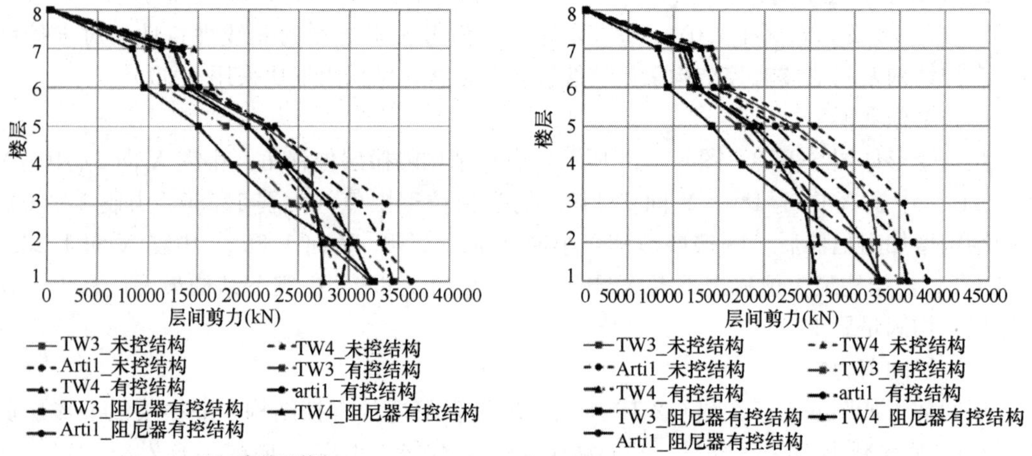

(a) X向楼层剪力

(b) Y向楼层剪力

图 6-2-15　小震楼层剪力

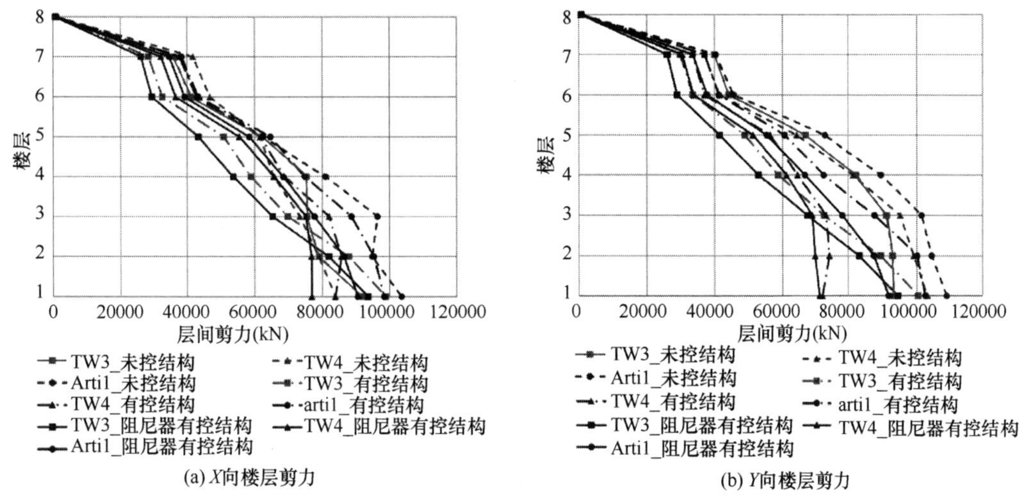

(a) X向楼层剪力

(b) Y向楼层剪力

图 6-2-16　中震楼层剪力

（3）竖向地震作用

不同地震记录下，结构基底竖向反力时程如图 6-2-17 所示，采用钢弹簧支座隔振后，有控结构基底竖向反力峰值增加约 2.0%，并未出现明显的竖向地震放大。

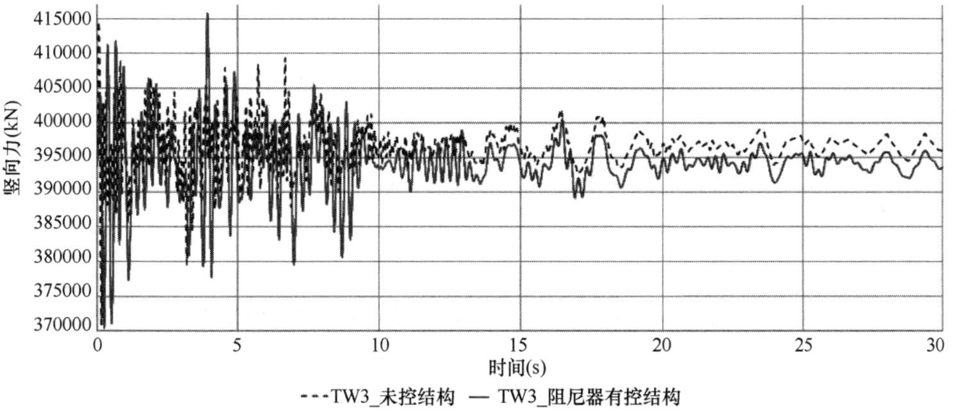

竖向力(kN)　时间(s)

---TW3_未控结构　— TW3_阻尼器有控结构

(a) TW3输入

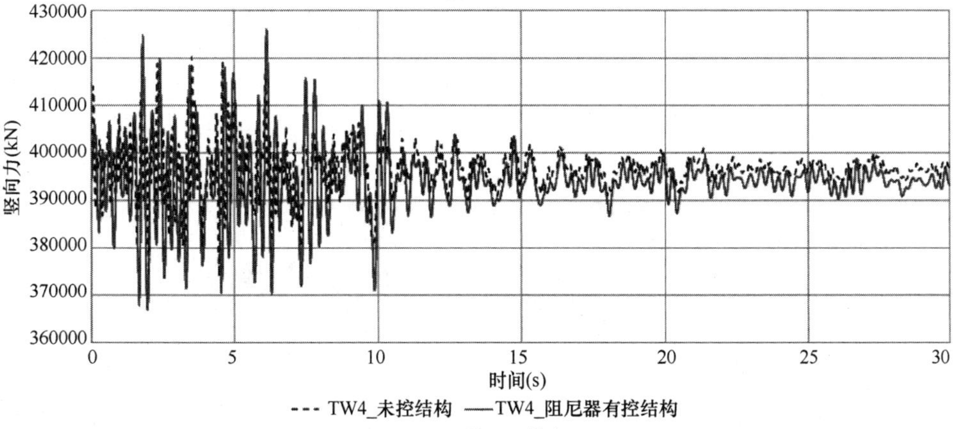

竖向力(kN)　时间(s)

--- TW4_未控结构　—TW4_阻尼器有控结构

(b) TW4输入

图 6-2-17　不同地震记录输入结构竖向反力时程（一）

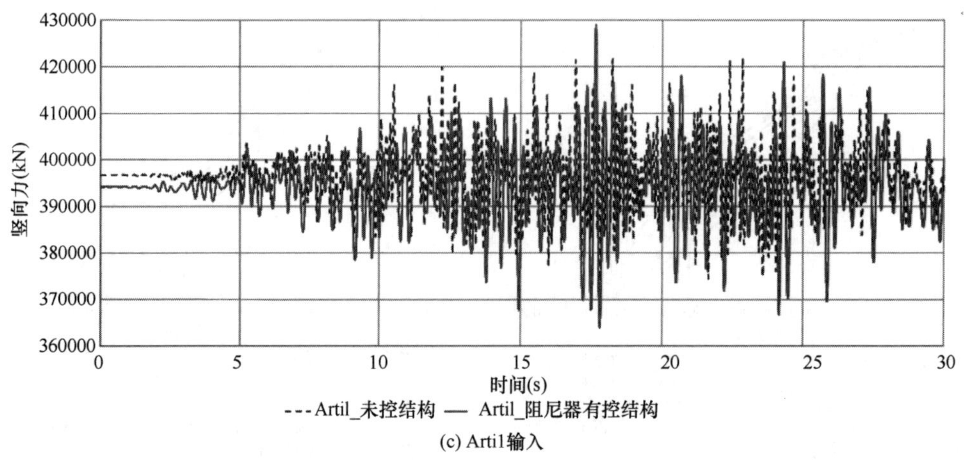

(c) Arti1输入

图 6-2-17 不同地震记录输入结构竖向反力时程（二）

对比分析未控结构与有控结构的竖向构件内力，有控结构端部竖向构件轴力增加 10%～20%，考虑到竖向地震的不利作用，端部两跨的竖向构件抗震等级及轴压比限值均予以调整。

（4）隔振支座与阻尼器

小震下钢弹簧支座变形如图 6-2-18～图 6-2-20 所示，X 向变形最大值 4.65mm，Y 向变形最大值 2.98mm，Z 向变形最大值约 26mm，最小变形约 12mm，隔振支座竖向均处于受压状态；中震下钢弹簧隔振支座变形如图 6-2-21～图 6-2-23 所示，X 向变形最大值为 14.8mm，Y 向变形最大值 8.2mm，Z 向变形最大值约 39mm，变形最小值约 0mm，隔振支座竖向上均未出现受拉变形。

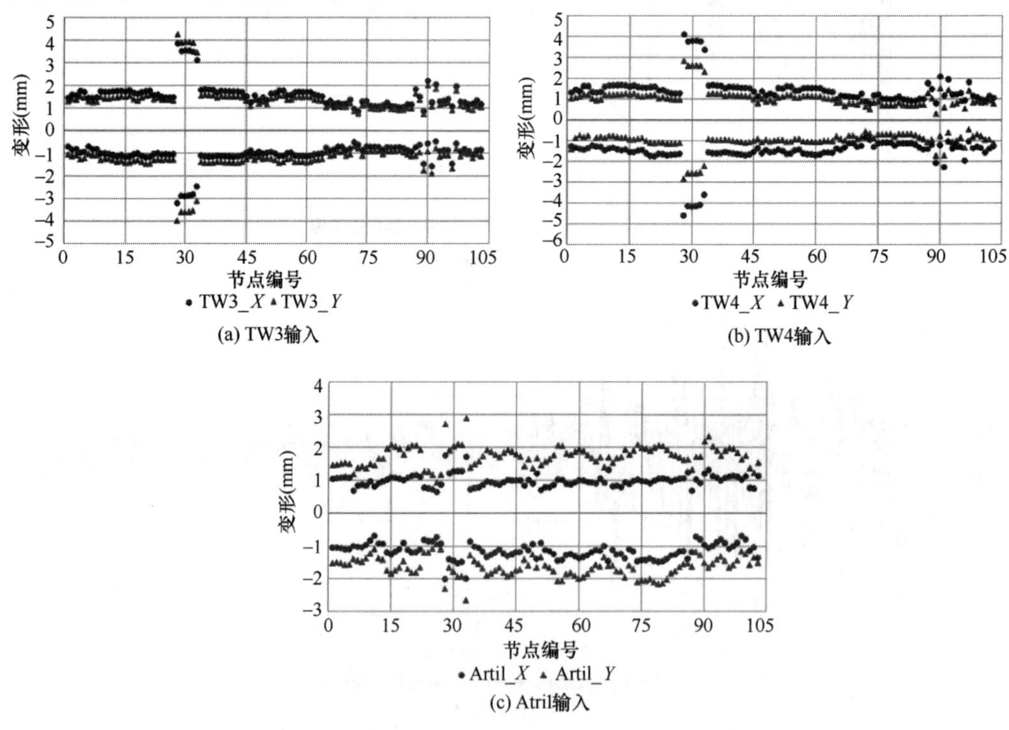

图 6-2-18 小震下隔振支座 X 向变形

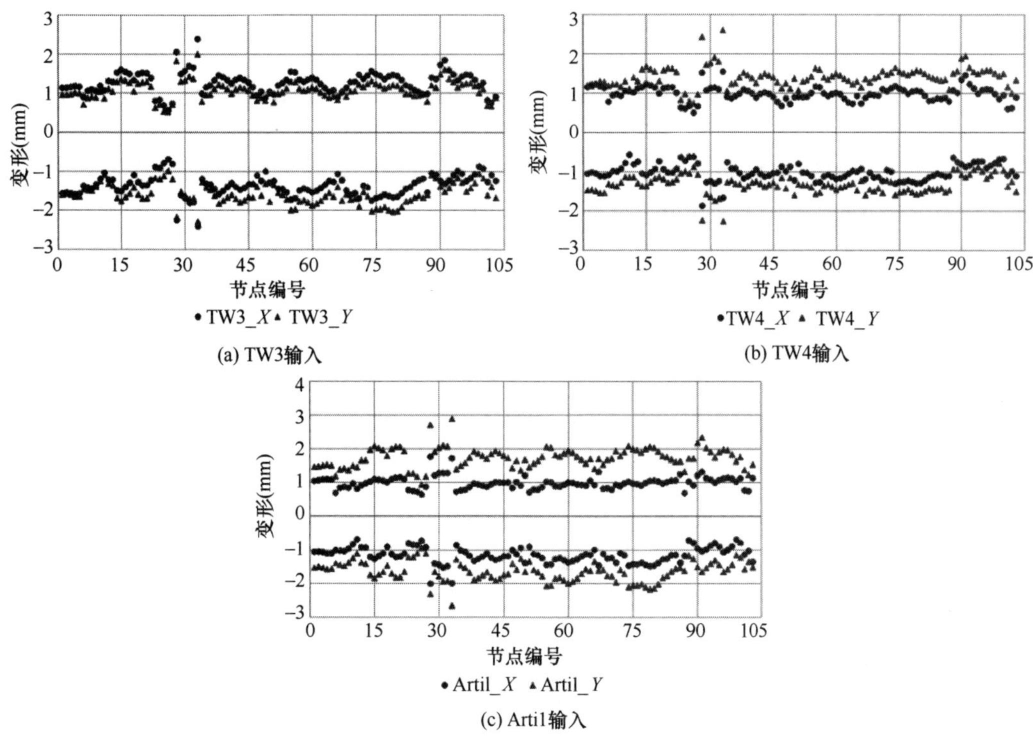

图 6-2-19　小震下隔振支座 Y 向变形

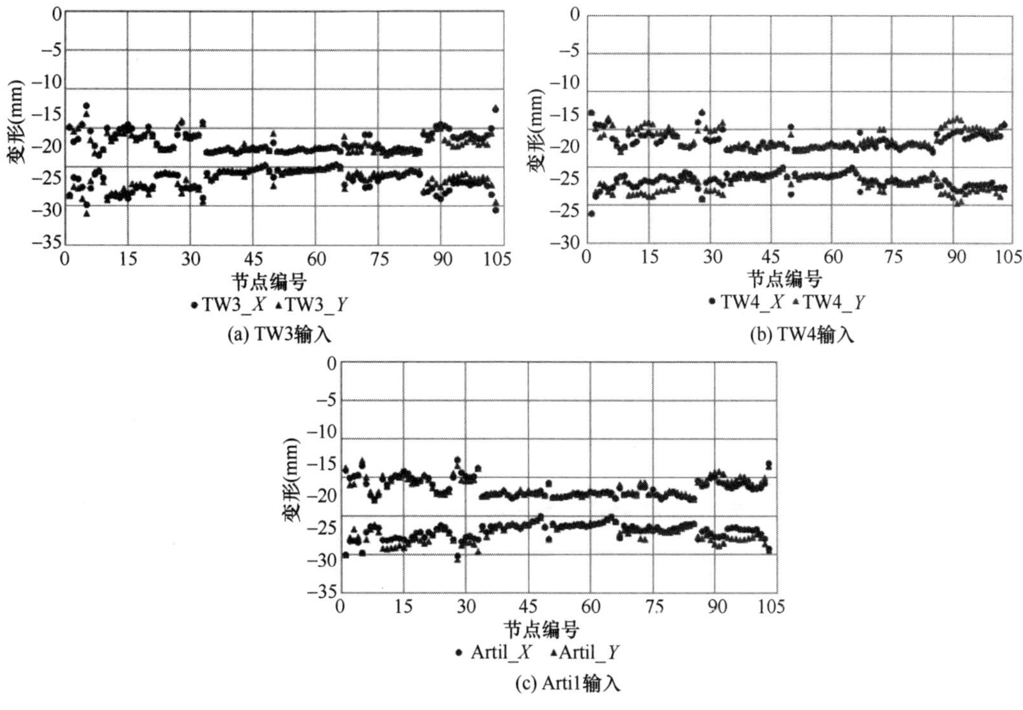

图 6-2-20　小震下隔振支座 Z 向变形

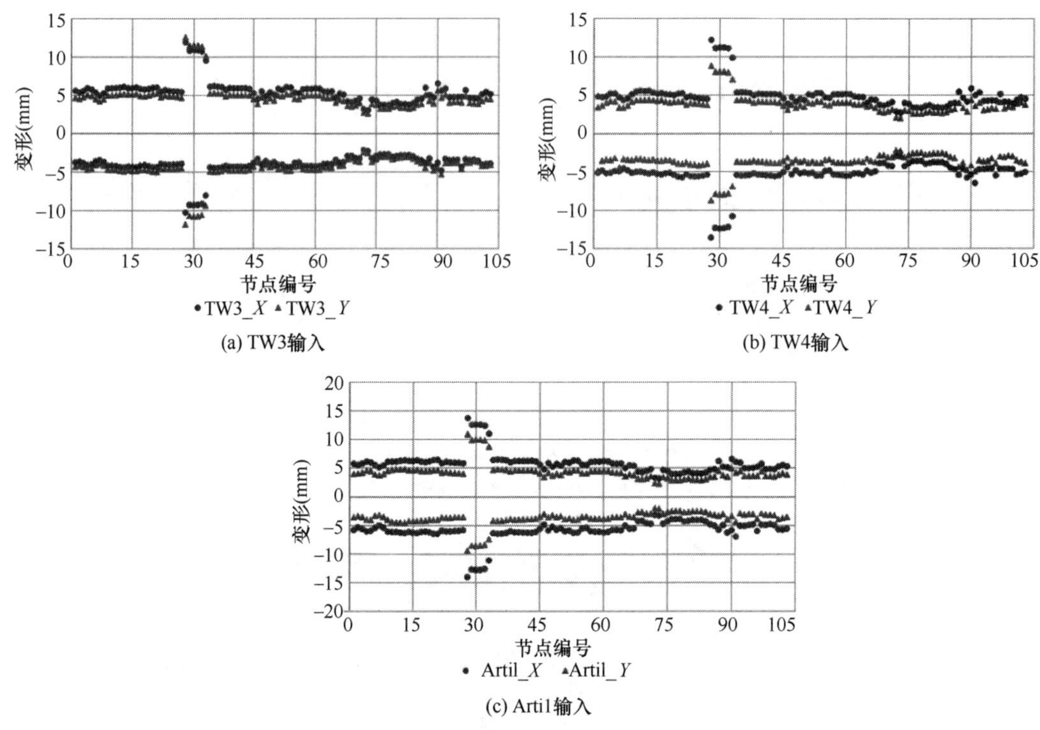

(a) TW3输入 (b) TW4输入 (c) Arti1输入

图 6-2-21 中震下隔振支座 X 向变形

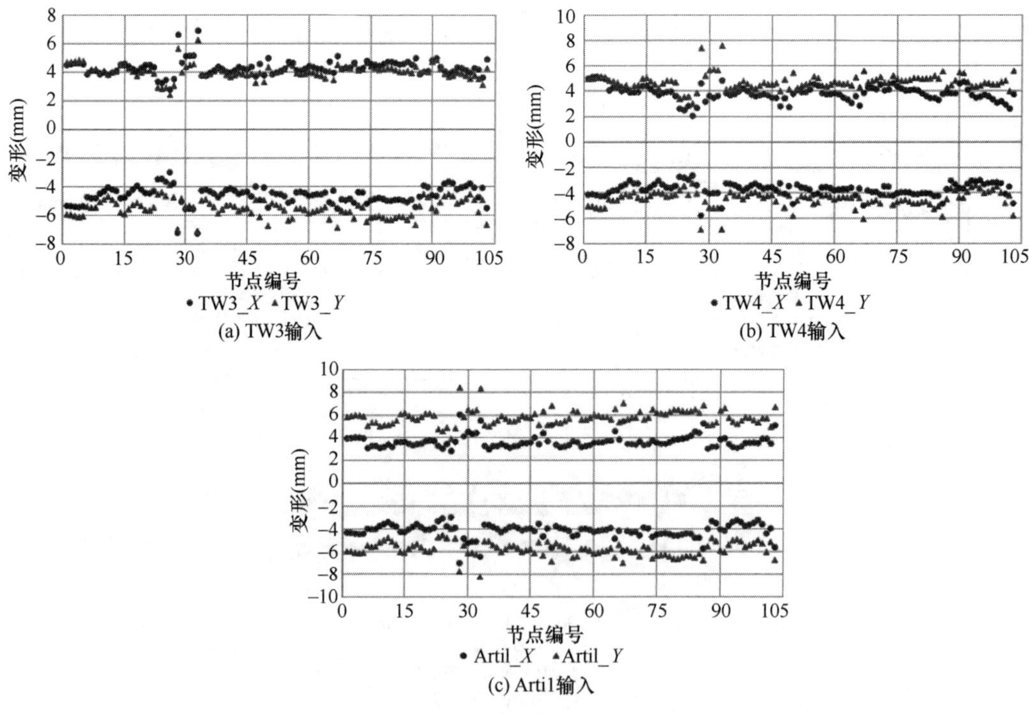

(a) TW3输入 (b) TW4输入 (c) Arti1输入

图 6-2-22 中震下隔振支座 Y 向变形

小震及中震下阻尼器出力如图 6-2-24 所示，小震及中震下阻尼器出力分别达到设计出力的 44.5%及 66.7%。典型阻尼器滞回曲线如图 6-2-25 所示，小震及中震下阻尼器变形分别约为 2mm、7mm，阻尼器滞回饱满，采用能量比法计算小震下及中震下的附加阻尼比分别为 2.13%、1.91%，说明阻尼器发挥了较好的耗能减震作用。

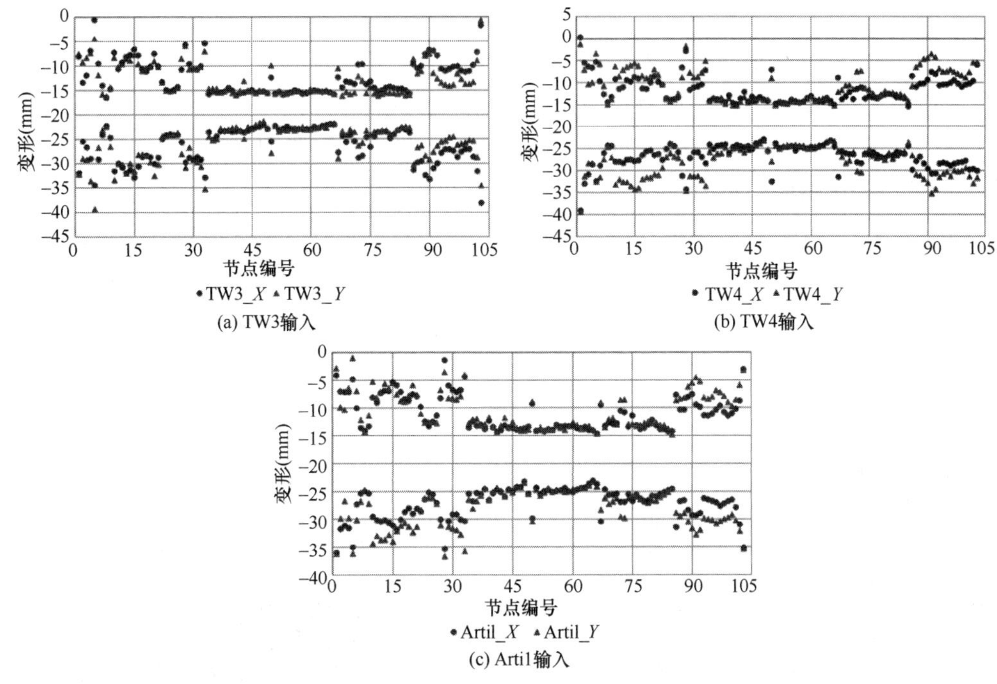

(a) TW3输入　(b) TW4输入　(c) Arti1输入

图 6-2-23　中震下隔振支座 Z 向变形

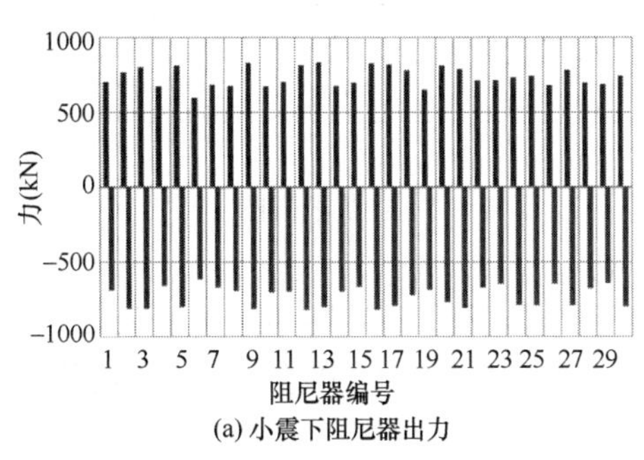

(a) 小震下阻尼器出力

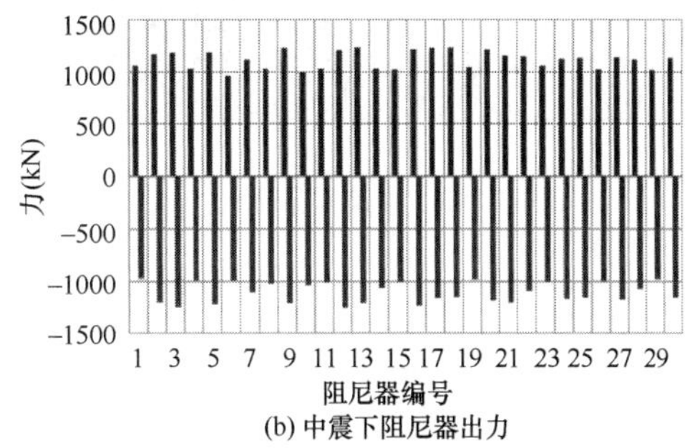

(b) 中震下阻尼器出力

图 6-2-24　阻尼器出力示意图

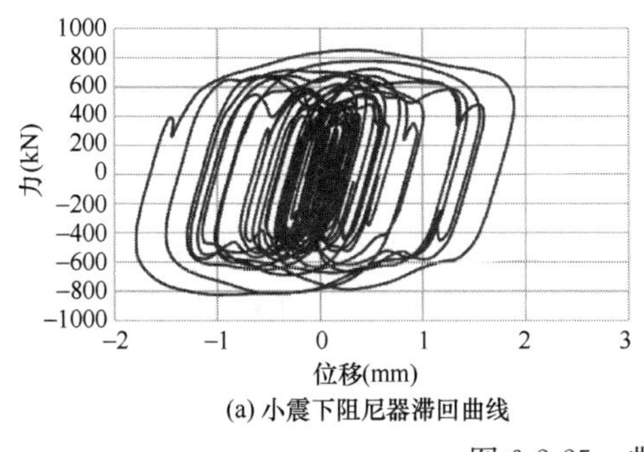

(a) 小震下阻尼器滞回曲线

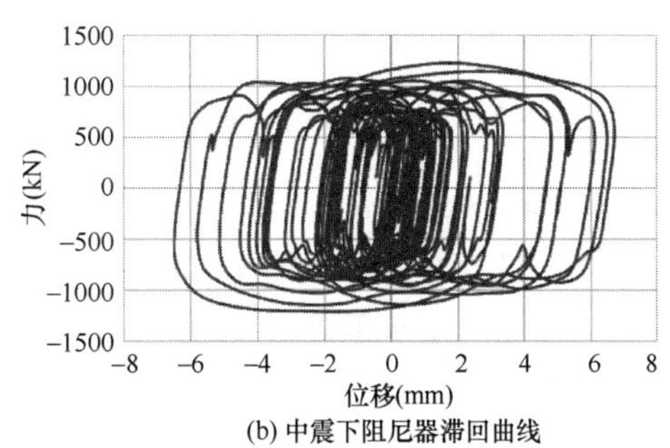

(b) 中震下阻尼器滞回曲线

图 6-2-25　典型阻尼器滞回曲线

［实例 6-3］上海市吴中路城市轨道交通上盖结构振动测试与分析

一、工程概况

上海市吴中路停车场综合开发场位于闵行区，建筑综合体划分为 3 个部分：地下商业空间、地面轨交停车场、上盖博物馆及商办综合体。地面轨交停车场承担 10 号线一期列车的停放、清洁、列检、检修等工作，在距地面约 8.3m 处设置钢筋混凝土大平台（面积约 7.5hm^2），将站场轨行区全部覆盖。

经现场考察并综合考虑测量仪器、场地条件等因素，选择控制中心作为本次振动测试的目标建筑物，如图 6-3-1 和图 6-3-2 所示。目标建筑为一栋 4 层框架结构上盖建筑，长 87m，宽 27m，高 20.3m，上盖大平台为结构第二层。底部为列车停车列检库，目标建筑底部共 4 条轨道。列车出入库均为无人驾驶，出库时速逐渐增加至 20km/h，入库时速约 20km/h 并逐渐减速至停车。

图 6-3-1　建筑实景图

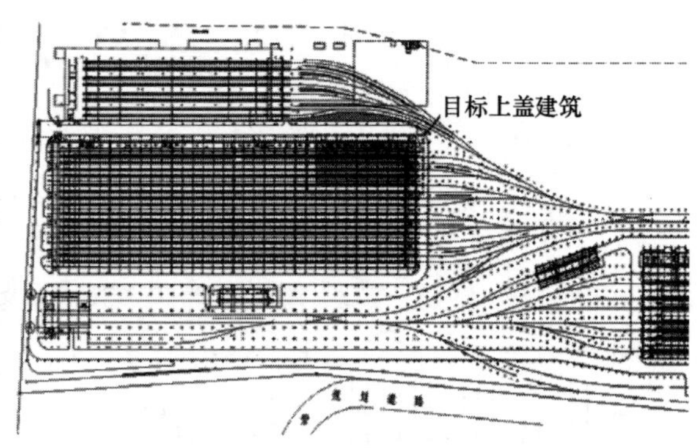

图 6-3-2　建筑平面图

通过地铁上盖建筑振动测试，掌握地铁交通上盖结构所受地铁振动的动力特征。在被测上盖建筑各层布置多个传感器，研究地铁振动在上盖建筑物内的分布（传递）规律；对比柱边测点和楼板中心测点响应差异，掌握上盖建筑内楼板受地铁振动影响，研究楼板振动幅值大小和频域分布规律；对地铁所致上盖建筑振动进行振级评价，定量研究上盖建筑舒适度。

二、测试仪器与测点布置

1. 测试仪器

所用传感器为无线三向传感器，仪器为三轴表面封装，内部由三个力平衡加速度计组成，可用于多种类型的地震记录，可同时采集 X、Y、Z 三向振动，如图 6-3-3 和图 6-3-4 所示，参数见表 6-3-1。

图 6-3-3　传感器

图 6-3-4　测试设备

设备参数　　　　**表 6-3-1**

动态范围	155dB+（极低噪声）
带宽	DC（直流）至 200Hz（分析频率）
满量程范围	±0.25g，±0.5g，±1g，±2g 或±4g
线性度	<1000$\mu g/g^2$
磁滞	<满量程的 0.1%
横轴灵敏度	<1%（包括未对准）
零点热漂移	<5000μg/℃（1g 传感器）
物理尺寸	直径 13.3cm（圆柱体），高 6.2cm

2. 测点布置与工况

测点分布见图 6-3-5，按楼层与测点序号定义测点位置，C 表示柱边测点，S 表示楼板测点，测试工况如表 6-3-2 所示。

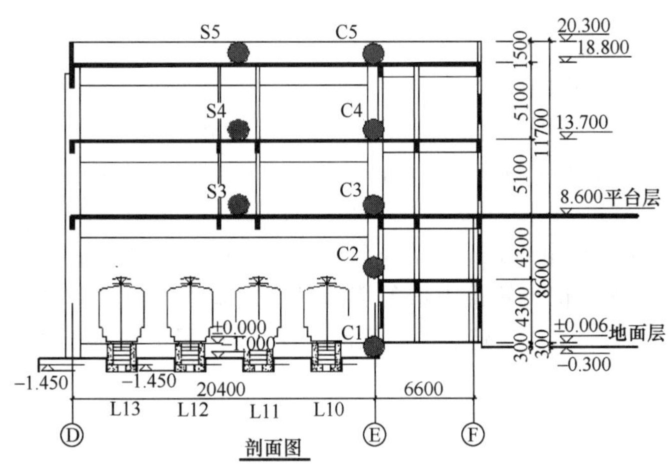

图 6-3-5　测点分布图

测试工况 **表 6-3-2**

轨道	工况	轨道	工况
L10	1、5、9、13	L12	3、7、11、15
L11	2、6、10、14	L13	4、8、12、16

三、振动测试评价方法

目前，国内的振动评价方法有铅垂向Z振级评价法、1/3倍频程振级评价法、分频最大振级评价法和四次方振动剂量值评价法等。本案例对铅垂向Z振级评价法、1/3倍频程振级评价法和分频最大振级评价法进行介绍。

1. Z振级评价法

国家标准《城市区域环境振动标准》GB 10070—1988和《住宅建筑室内振动限值及其测量方法标准》GB/T 50355—2018以铅垂向Z振级作为振动评价指标，《城市区域环境振动标准》GB 10070—1988评价指标适用于居民、文教区、商业中心、工业集中区等区域振动评价，而《住宅建筑室内振动限值及其测量方法标准》GB/T 50355—2018评价指标主要适用于住宅建筑的振动评价。采用该方法时，测量时长不应低于1min且需覆盖一个完整的振动周期。Z振级采用下列公式进行计算，时间积分常数为1s。

$$a_i = \frac{1}{T}\left[\int_0^T a_i^2(t)\mathrm{d}t\right]^{1/2} \tag{6-3-1}$$

$$a_{\mathrm{w}} = \left[\sum(W_i a_i)^2\right]^{1/2} \tag{6-3-2}$$

$$VL_z = 20\log(a_{\mathrm{w}}/a_0) \tag{6-3-3}$$

式中 a_{w}——频率计权均方根加速度；

W_i——第 i 个1/3倍频程带的计权因数，采用 W_k 计权；

a_i——第 i 个1/3倍频程的均方根加速度；

$a_i(t)$——第 i 个1/3倍频程对应时程，通过对振动数据带通滤波和频谱变换获得；

T——时间积分常数，通常取1s；

a_0——基准加速度，通常取 $10^{-6}\mathrm{m/s^2}$。

2. 1/3倍频程下振动限值评价法

国家标准《住宅建筑室内振动限值及其测量方法标准》GB/T 50355—2018还规定了1/3倍频程分频带振动加速度级作为振动评价指标的评价方法。采用该方法时，振动时程测量时长不应低于1min，且需覆盖一个完整振动周期。时间积分常数取1s，以振动全过程中心频率1～80Hz所有频率的1/3倍频程铅垂向振动加速度级最大值作为振动评价指标，多次测试时取各次测试计算最大值的算术平均值作为评价量，并与标准限值进行对比。该评价指标主要适用于住宅建筑振动评价，1/3倍频程铅垂向振动加速度级按下述公式计算：

$$a_{\mathrm{f}i} = \left[\frac{1}{T}\int_0^T a_i^2(t)\mathrm{d}t\right]^{1/2} \tag{6-3-4}$$

$$VAL_{z,\mathrm{f}i} = 20\log(a_{\mathrm{f}i}/a_0) \tag{6-3-5}$$

$$VL_{z,\max,\mathrm{f}i} = \max(VAL_{z,\mathrm{f}i}) \tag{6-3-6}$$

式中　T——时间积分常数，取 1s；

a_{fi}——第 i 个 1/3 倍频程的均方根加速度；

$VAL_{z,fi}$——以时间积分常数 1s 计算出的第 i 个中心频率铅垂向振动加速度级；

$VAL_{max,fi}$——整个振动时程的第 i 个 1/3 倍频程中心频率对应的铅垂向振动加速度级，应取所有以时间积分常数为 1s 的振动加速度级最大值。

3. 分频最大振级评价法

行业标准《城市轨道交通引起建筑物振动与二次辐射噪声限值及其测量方法标准》JGJ/T 170—2009 给出采用分频最大振级作为振动强度指标的评价方法，采用该方法时，测试时长不应低于列车通过测点的时间，列车通过时间一般为 5～10s。采用峰值保持式分频振级的评价方法，可对 200Hz 以内的振动频段进行评价，按如下公式进行计算：

$$a_{fi}=\left[\frac{1}{T}\int_0^T a_i^2(t)\mathrm{d}t\right]^{1/2} \tag{6-3-7}$$

$$VAL_{wz,fi}=20\log\left(\frac{a_{fi}}{a_0}\right)+\alpha_z \tag{6-3-8}$$

$$VAL_{wz\,max,fi}=\max(VAL_{wz,fi}) \tag{6-3-9}$$

$$VL_{max}=\max(VAL_{wz\,max,fi}) \tag{6-3-10}$$

式中　α_z——z 计权因子；

$VAL_{wz,fi}$——计权后以时间积分常数 1s，计算出的第 i 个中心频率铅垂向振动加速度级；

$VAL_{wz\,max,fi}$——时间积分常数 T 为 1s 的计权振动样本时程的第 i 个 1/3 倍频程中心频率对应的铅垂向振动加速度级包络值；

VL_{max}——$VAL_{wz\,max,fi}$最大值，表示整个时程采用分频最大振级的评价量。

1/3 倍频程中心频率的 z 计权因子　　**表 6-3-3**

中心频率（Hz）	计权因子（dB）	中心频率（Hz）	计权因子（dB）
4	0	31.5	−8
5	0	40	−10
6.3	0	50	−12
8	0	63	−14
10	0	80	−17
12.5	−1	100	−21
16	−2	125	−25
20	−4	160	−30
25	−6	200	−36

该方法计算中的式（6-3-7）和前节 1/3 倍频程评价法类似，但在计算振动加速级时，对被评价数据按式（6-3-8）进行计权处理，计权采用表 6-3-3 中的 z 计权因子，通过式（6-3-9）得到各 1s 样本时程中心频率计权后的铅垂向振动加速度级包络值，最后按式（6-3-10）以各中心频率铅垂向振动加速度级包络值的最大值作为评价量与给定限值进行对

比。该评价指标适用于住宅、商业、工业集中区和交通干线两侧建筑的振动评价。

四、数据处理与评价

1. 地铁振动基本特征

典型的柱边中心点时程如图 6-3-6 所示，统计得到三向加速度时程峰值如图 6-3-7 所示，底部水平向时程的峰值较大，但上盖建筑内水平向振动会快速衰减，上盖建筑内部振动以竖向振动为主，主要针对竖向振动进行研究并利用 Z 振级指标、1/3 倍频程下振动限值指标和分频最大振级指标进行评价。

随着停车轨道与测点位置结构柱之间的距离增加，底部测点 C1 时程峰值逐渐减小，当列车停靠在轨道 L10 上时，上盖建筑内部振动最明显。

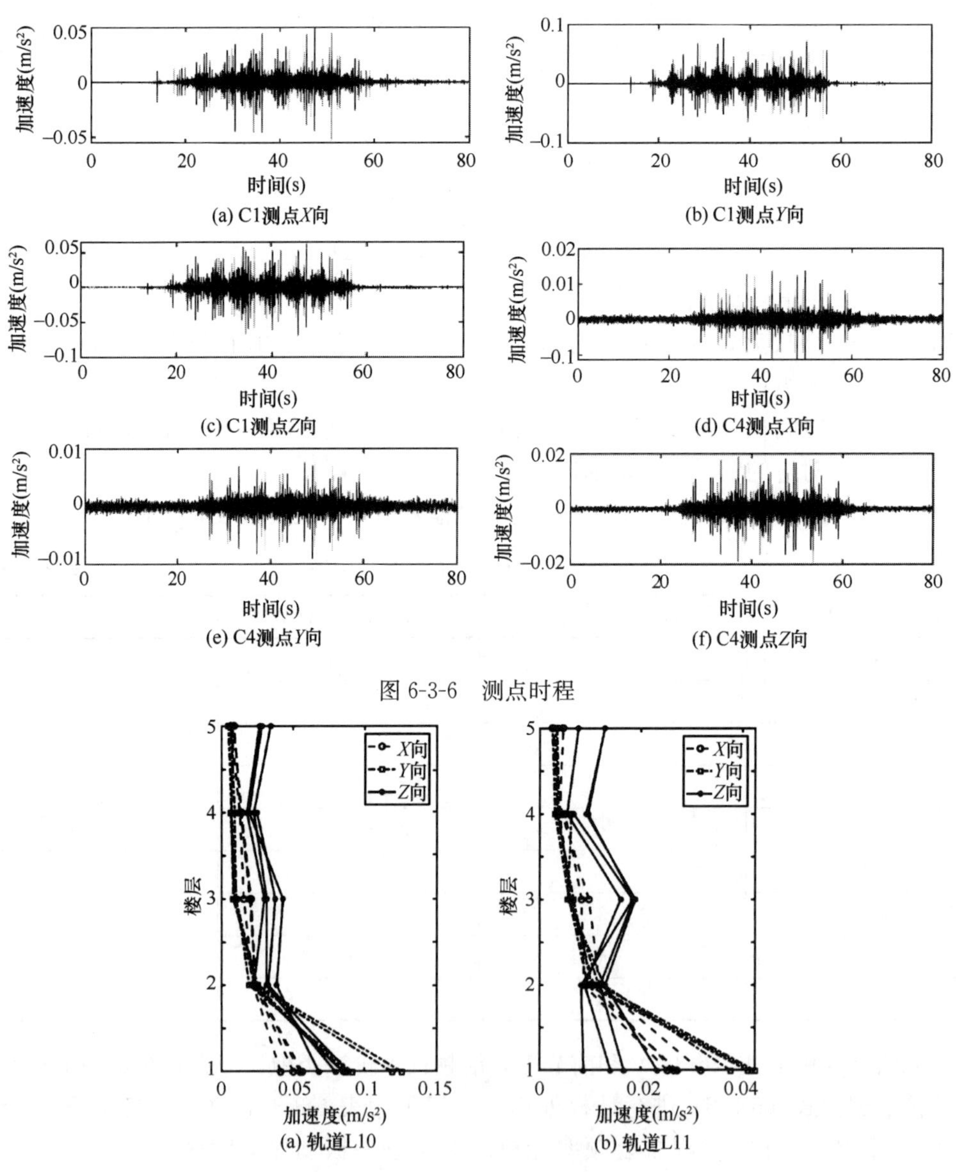

(a) C1测点X向 (b) C1测点Y向

(c) C1测点Z向 (d) C4测点X向

(e) C4测点Y向 (f) C4测点Z向

图 6-3-6　测点时程

(a) 轨道L10 (b) 轨道L11

图 6-3-7　振动时程峰值随楼层变化（一）

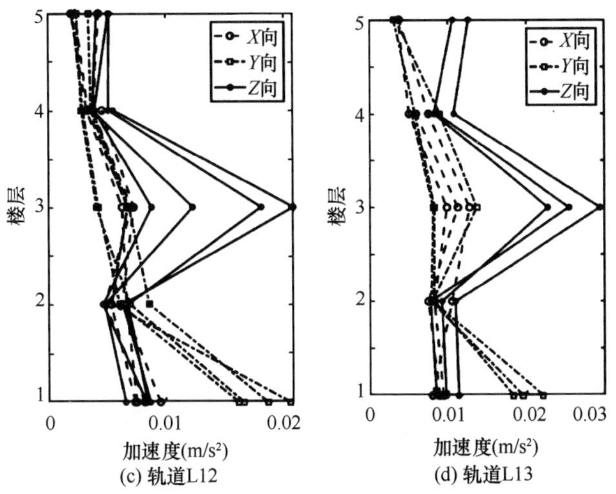

(c) 轨道L12　　(d) 轨道L13

图 6-3-7　振动时程峰值随楼层变化（二）

振动测试频谱如图 6-3-8 所示，为研究城市轨道交通上盖建筑振动的频率特性，以列车停靠轨道 L10 引起的上盖建筑内部柱和楼板振动的功率谱密度为例，列车在上盖建筑底部入库和出库时造成的建筑振动为高频振动，主要频段为 30～80Hz 和 140～220Hz 两个频段。

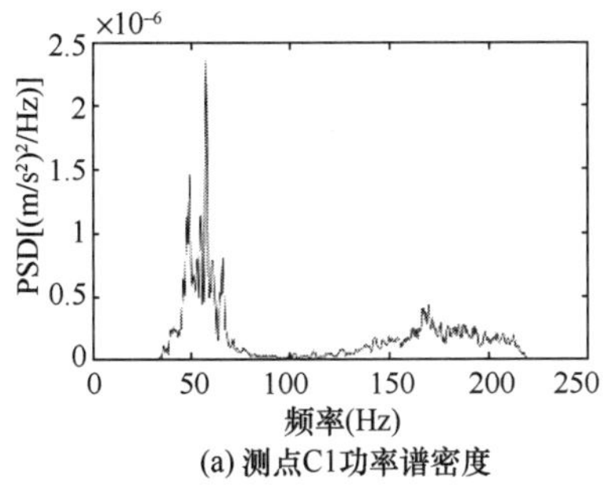

(a) 测点C1功率谱密度

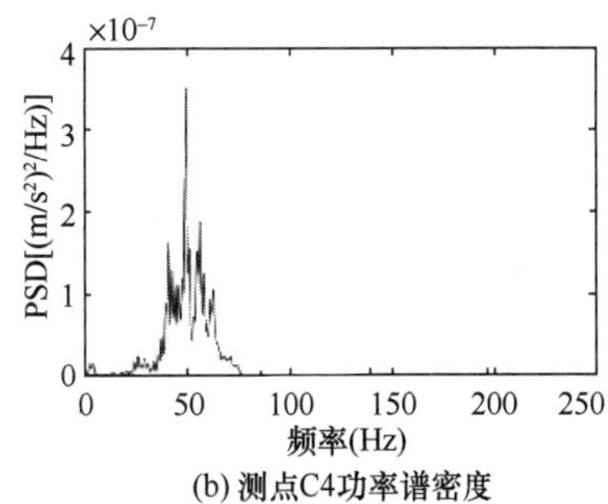

(b) 测点C4功率谱密度

图 6-3-8　功率谱密度图

2. Z 振级评价

对上盖建筑振动测试结果按式（6-3-1）～式（6-3-3）进行铅垂向 Z 振级评价，采用图 6-3-9中曲线进行计权，评价结果如图 6-3-10 所示。

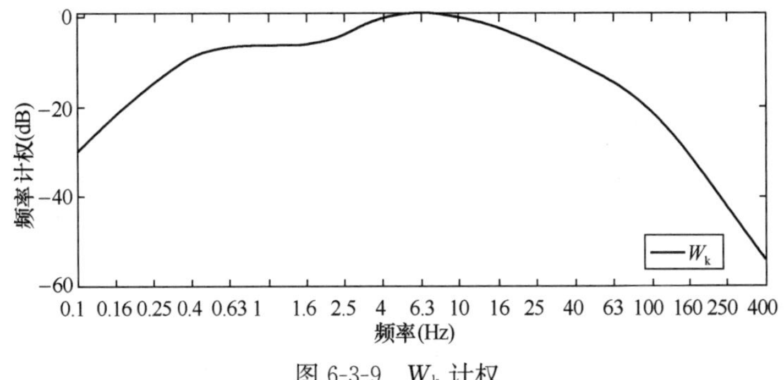

图 6-3-9　W_k 计权

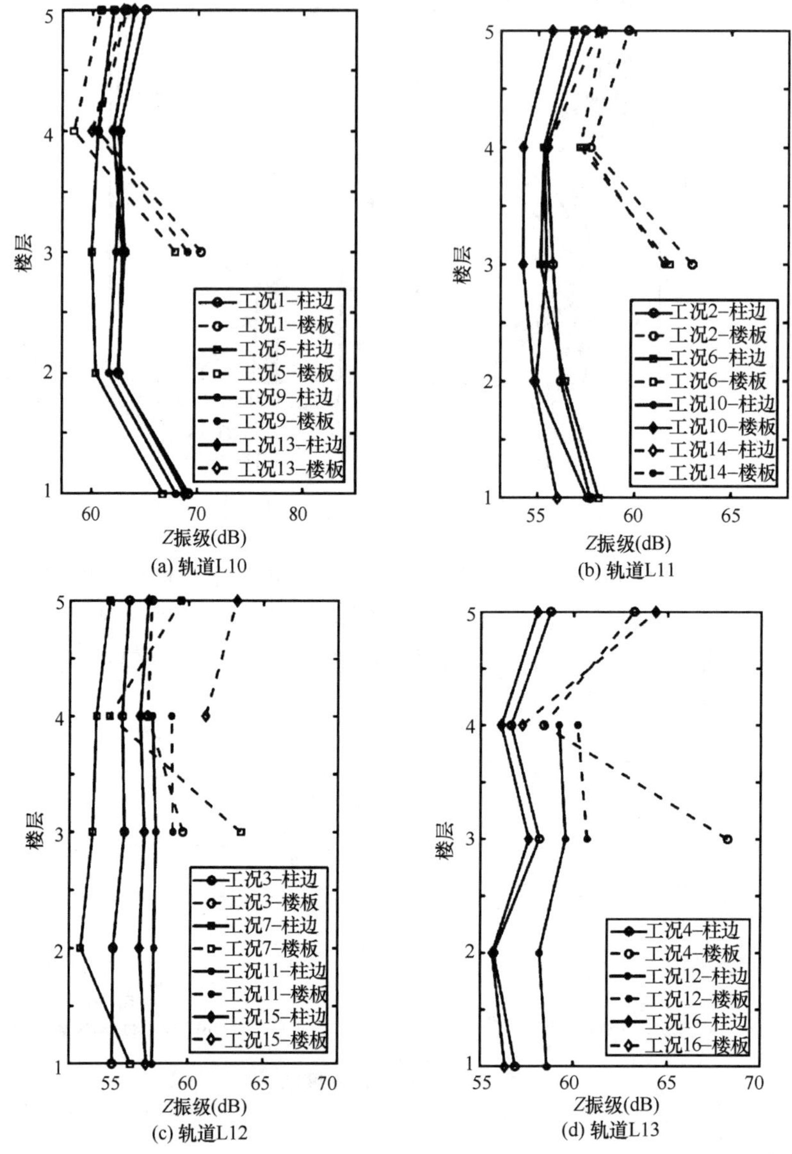

图 6-3-10　铅垂向 Z 振级评价

由图 6-3-10，多数测试工况下城市轨道交通上盖建筑内 Z 振级呈现先减小后增大规律，底部楼层测点 Z 振级最大，随楼层往上，Z 振级会出现一定程度的衰减，但建筑结构顶部测点 Z 振级又会出现放大现象。通过对比相同工况下楼板中心 Z 振级和柱边 Z 振级可知，不同楼层内楼板对柱边 Z 振级会呈现不同程度的放大作用，最大放大比例约 18%。

3. 1/3 倍频程下振动限值评价

对于振动时程 1/3 倍频程铅垂向振动加速度级，应按时间积分常数 1s 将时程进行划分，振动时程划分可客观反应振动时程强度，取各截取窗口之间的重叠率为 3/4，对取出时长为 1s 的多段时程按照式（6-3-4）和式（6-3-5）分别计算 1/3 倍频程铅垂向振动加速度级，最后按式（6-3-6）对计算结果取包络值，如图 6-3-11 中的实线包络值。

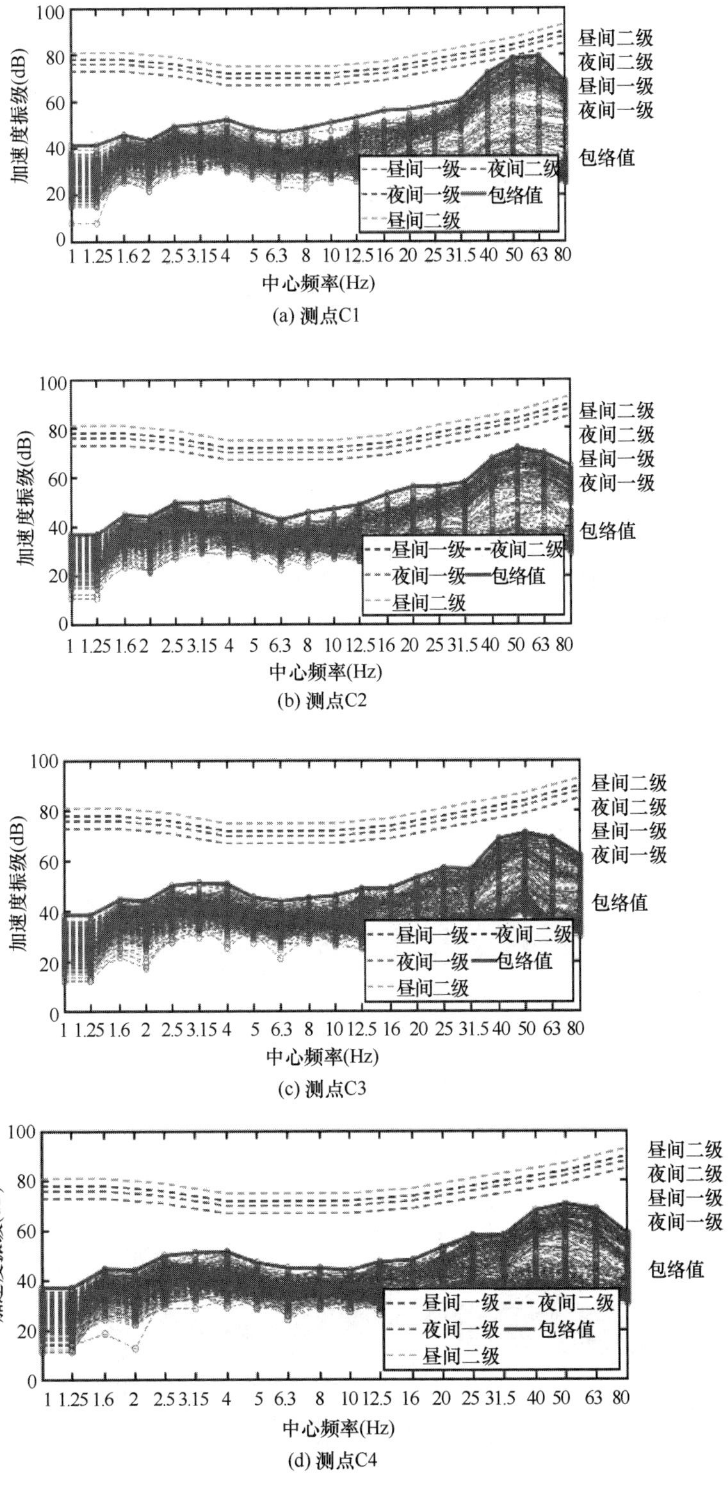

(a) 测点C1

(b) 测点C2

(c) 测点C3

(d) 测点C4

图 6-3-11　1/3 倍频程分频带评价（一）

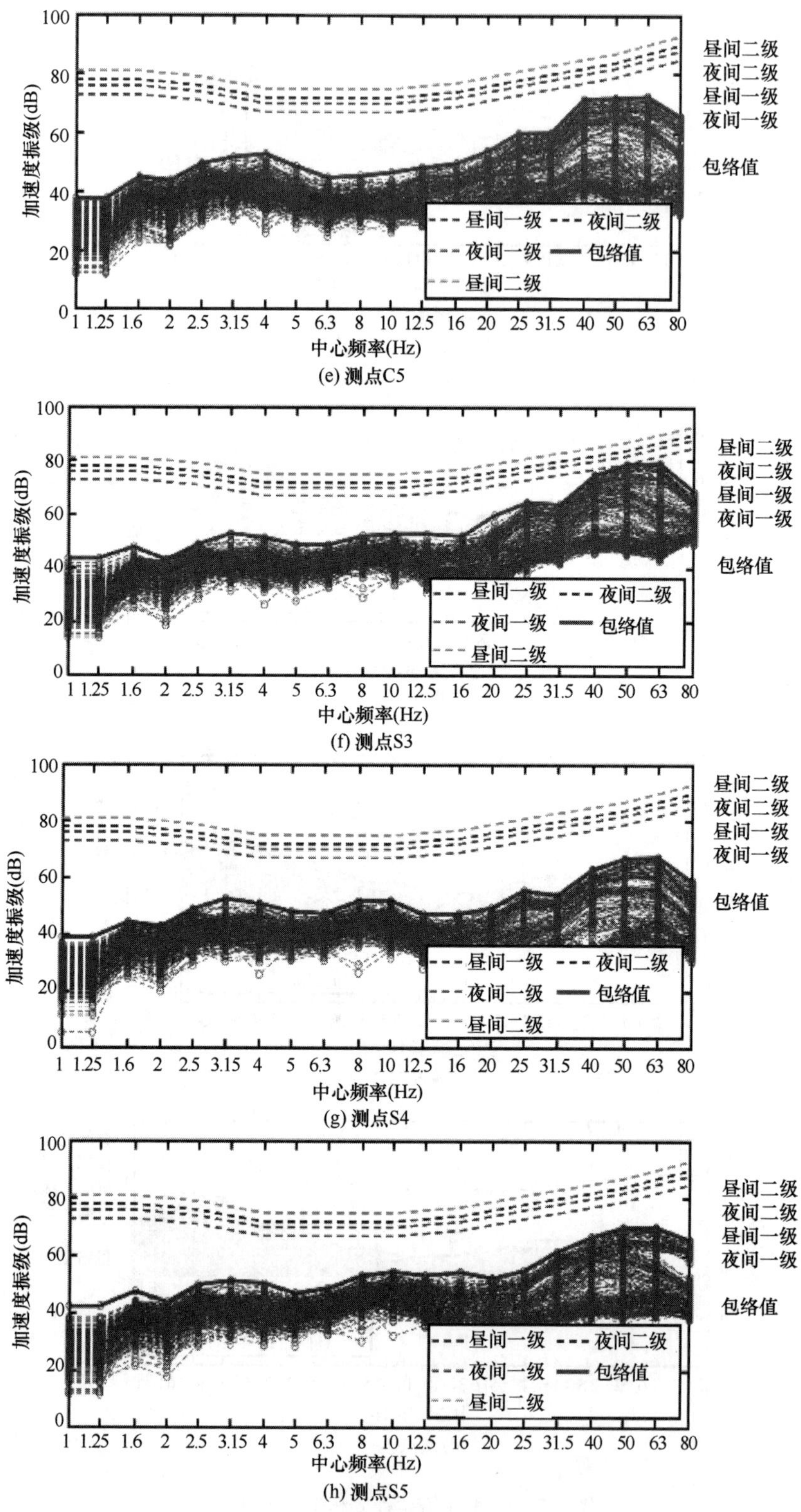

(e) 测点C5

(f) 测点S3

(g) 测点S4

(h) 测点S5

图 6-3-11 1/3 倍频程分频带评价（二）

在 1/3 倍频程铅垂向振动加速度级计算中，并没有引入频率计权，通过对各中心频率的铅垂向振动加速度级规定不同限值，体现不同中心频率对人体振动感受影响。图 6-3-11 为列车停靠轨道 L10 时，上盖建筑各层 1/3 倍频程铅垂向振动加速度级，中心频率 40～63Hz 的铅垂向振动加速度级振动强度高；通过对比 C1～C5，与采用铅垂向 Z 振级进行评价规律类似，上盖建筑底部的振动加速度级最大，随楼层增加，振动加速度级先减小后增大；通过对比 C3 和 S3 测点处的 1/3 倍频程铅垂向振动加速度级，相比柱边，楼板振动有一定放大。

4. 分频最大振级评价

图 6-3-12 给出列车停靠轨道 L10 时测点 C1 的分频最大振级，粗实线为整个振动时程截取 1s 样本的分频振级包络值，测点 C1 分频最大振级的评价量取 50Hz 处的振动加速度级，对其余测点分别计算分频最大振级，如图 6-3-13 所示，采用分频最大振级评价方法与 Z 振级评价方法，具有相似规律，即上盖建筑顶部和楼板均可能出现振动放大。

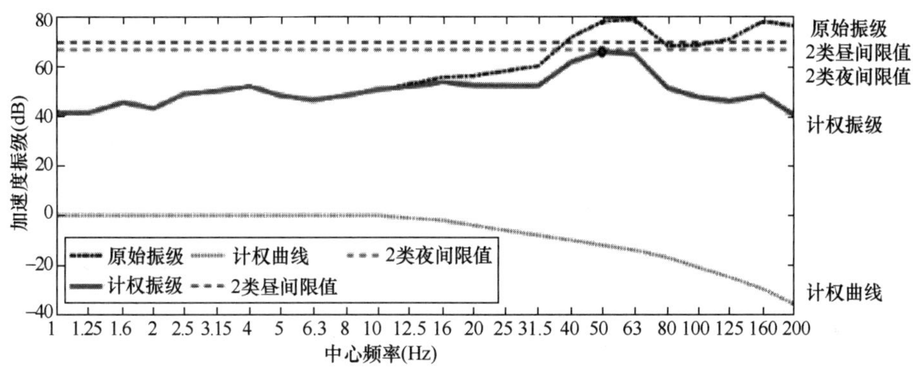

图 6-3-12　分频最大振级

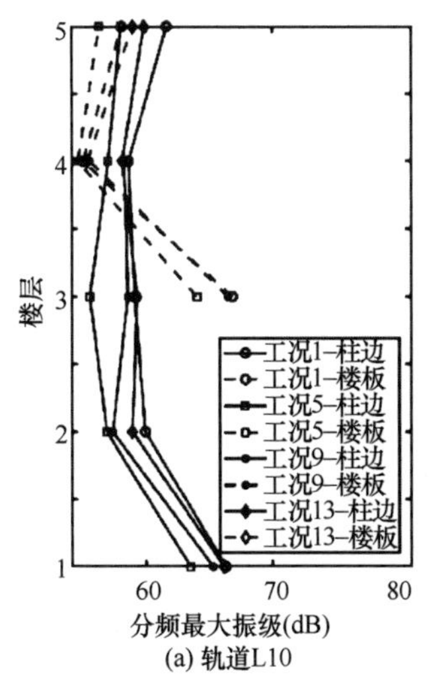

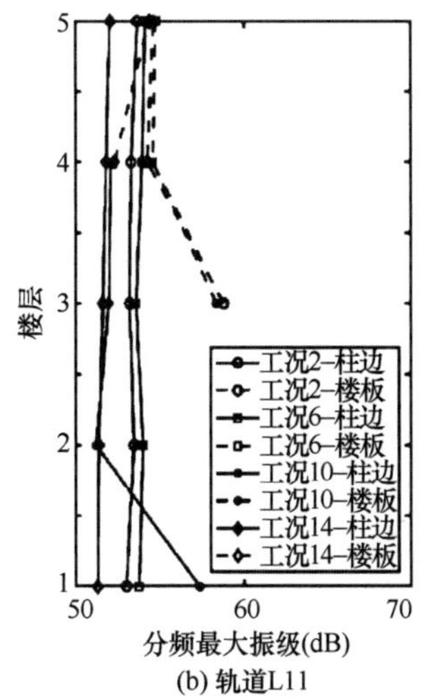

图 6-3-13　各楼层分频最大振级（一）

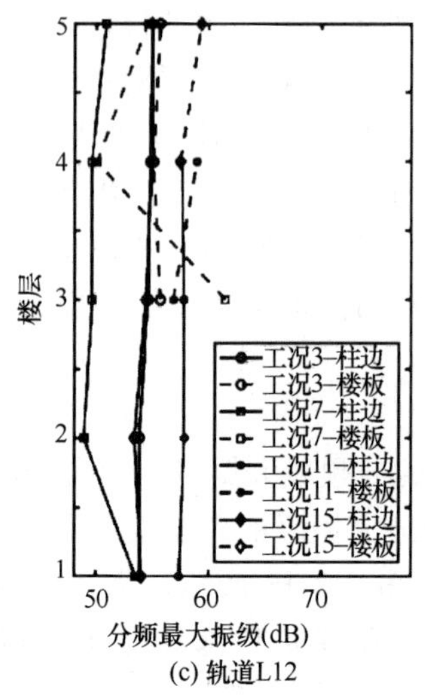

(c) 轨道L12

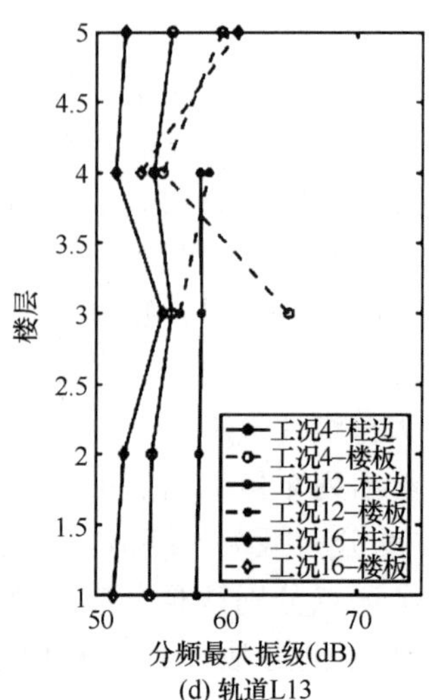

(d) 轨道L13

图 6-3-13 各楼层分频最大振级（二）

五、结论

1. 城市轨道交通上盖建筑下部水平振动明显，但上盖建筑内部水平振动快速衰减，使得上盖建筑内部振动以竖向为主，因此，应重点关注上盖建筑竖向振动控制；

2. 城市轨道交通上盖建筑内振动为高频振动，主要在 30～80Hz 和 140～220Hz 两个频段内振动；

3. 城市轨道交通上盖建筑内振级沿高度方向呈现先减小后增大趋势，楼板对柱边振动出现明显放大现象；

4. 所有测点各工况下 1/3 倍频程各频带对应振级均满足《住宅建筑室内振动限值及测量方法标准》GB/T 50355—2018 规定的 1/3 倍频程下住宅建筑室内振动限值要求，但在 25～63Hz 区域内，振级值普遍接近限值，部分工况达到限值的 90％以上，应对轨道交通上盖建筑考虑振动舒适问题；

5. 对比多种评价方法，采用 Z 振级、1/3 倍频程振级和分频最大振级作为评价指标所得的评价结果基本一致。

[实例 6-4] 西安钟楼结构抗震及振动控制

一、工程概况

西安钟楼已有 600 多年历史，虽经历代整修，但仍存在地基下沉、台基墙体开裂、横梁裂缝和中心偏移现象。要在保持原结构风貌的基础上进行修缮保护，就必须对古建筑独特的结构特性和抗震机理进行科学分析。

探究西安钟楼的抗震机理，是采取切实可行的保护措施的前提。同时，西安地铁 2 号线、6 号线将环绕钟楼陆续开工建设并运营，地铁引起的振动会对钟楼产生持续影响。如何采取合理有效的减振、隔振措施，确保钟楼安全，至关重要。

二、抗震性能研究及振动控制方案

1. 抗震性能研究方案

通过开展西安钟楼 1∶6 木结构实体模型振动台试验，分析地震波、地震强度等因素对结构动力特性、地震响应的影响规律，揭示古建筑木结构地震损伤机理，为古建筑结构的抗震保护提供理论基础。

2. 振动控制方案

为减少地铁列车运营过程中产生的长期振动对钟楼的影响，采用了减振与隔振“多道防线”技术措施。

第一道防线：振源减振——钢弹簧浮置板轨道、限制车速；

第二道防线：传播路径隔振——加大埋深、平面避让、隔振桩；

第三道防线：受振古建筑本身——地基加固、本体加固。

（1）钢弹簧浮置板轨道

地铁通过钟楼段采用钢弹簧浮置板道床进行振源减振（如图 6-4-1），该减振方式属于道床减振。浮置板厚度为 330mm，中间凸台 200mm，左右区间长度共计 360m。

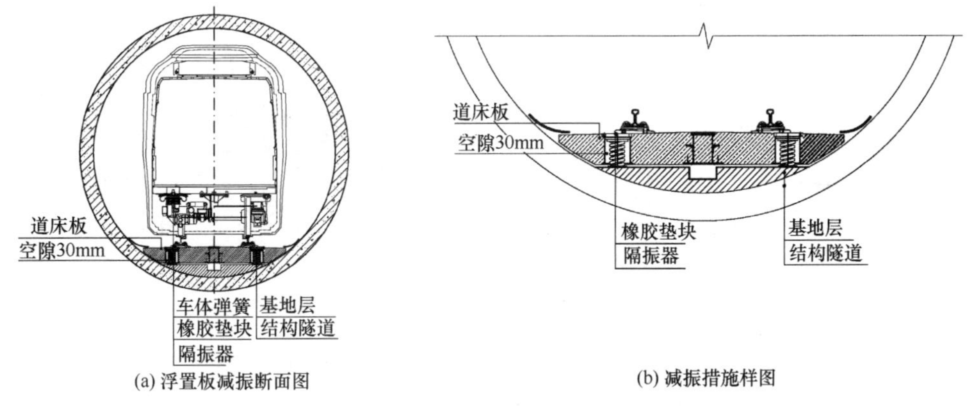

图 6-4-1　西安地铁 2 号线过钟楼段浮置板减振措施

（2）降低列车运行速度

西安地铁 2 号线最高运行时速为 80km/h，在钟楼段时速降为 30～40km/h。

（3）平面避让

在线路平面设计上，尽量远离钟楼基座的变形敏感区。地铁 2 号线中心距钟楼基座水平距离超过 15m，绕行段线路曲线半径 600m。为尽量减少 6 号线运行与 2 号线振动叠加的影响，拟建的地铁 6 号线线路尽量远离钟楼。6 号线中心距钟楼基座水平距离超过 23m。如图 6-4-2 所示。

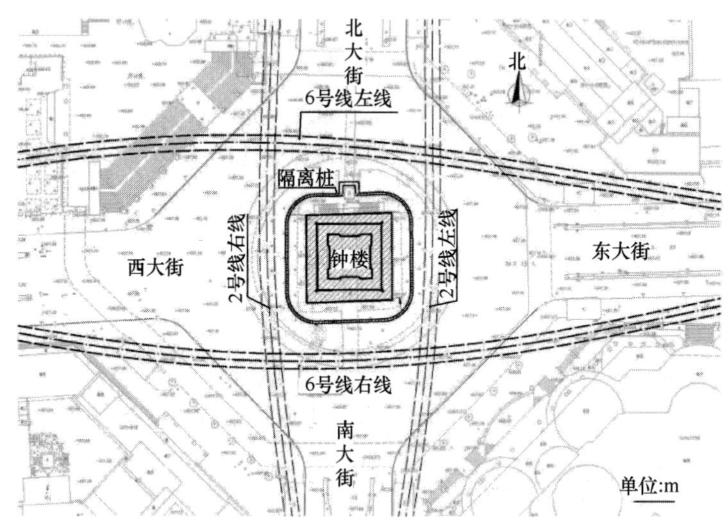

图 6-4-2　西安地铁 2 号线和 6 号线双线绕行钟楼方案

（4）加大埋深

2 号线隧道顶埋深约 13m，6 号线隧道顶埋深约 25m。

（5）隔振桩

西安地铁通过钟楼段隔振桩布置范围如图 6-4-3 所示，在钟楼基座外围 8m 左右设 1 圈隔离桩，桩径为 1m，间距为 1.3m，桩顶设冠梁。

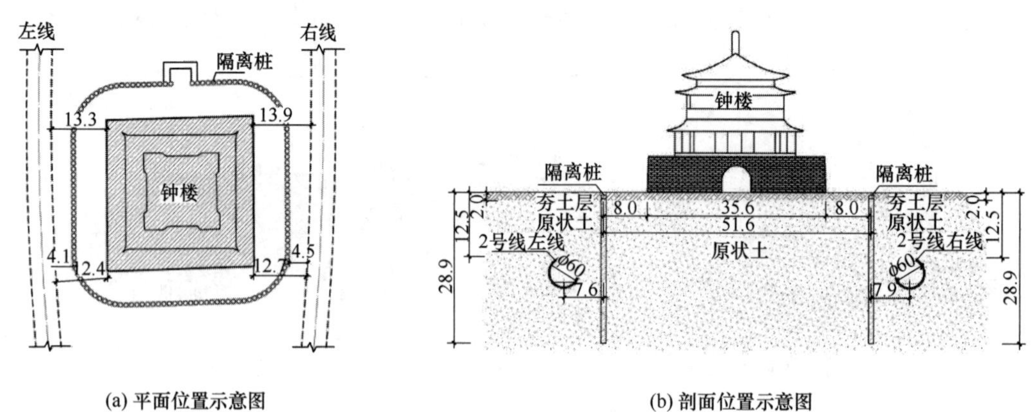

图 6-4-3　西安地铁 2 号线过钟楼隔振桩

（6）地基加固

在钟楼隔振桩内侧用化学注浆加固周围土体（图 6-4-4），用袖阀管法化学浆液硅化加固方式，袖阀管直径 80mm，间距 600mm × 600mm，呈梅花形布置，采用聚氨酯加固，在盾构通过之前进行注浆加固，盾构通过时，可根据需要决定是否进行二次跟踪注浆，注浆管长 8m。

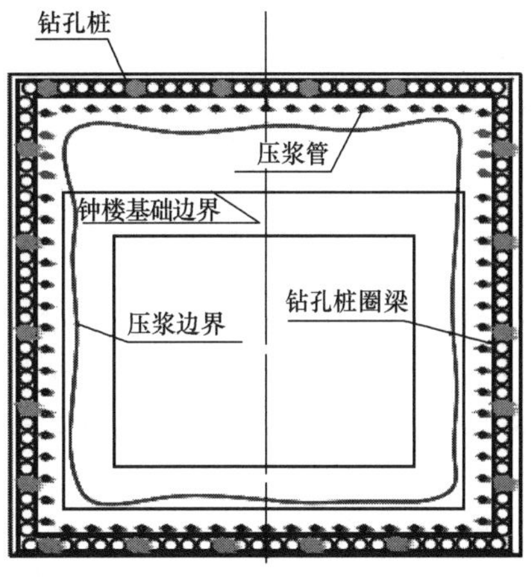

图 6-4-4　钟楼地基加固示意图

三、结构抗震试验及振动监测分析

1. 结构振动台试验

(1) 试验的主要内容

1) 模型设计及制作

以西安钟楼为原型，模型相似比为 1∶6，依据西安钟楼的构造特点制作模型，模型缩尺详图如图 6-4-5 所示，为满足动力相似比要求，在模型的二层楼面和屋盖上通过钢带以及螺栓施加配重钢块，完成后的试验模型如图 6-4-6 所示。

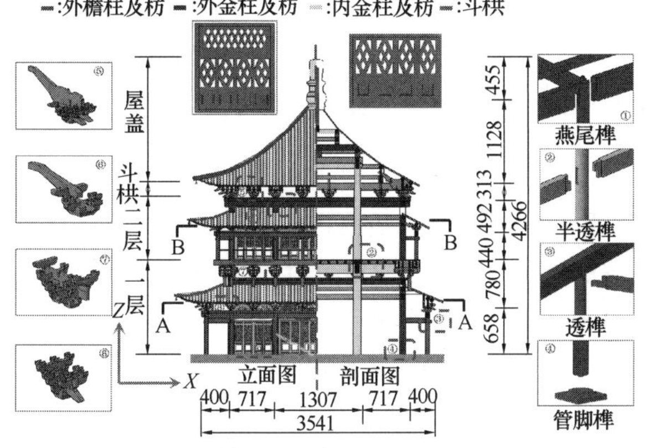

图 6-4-5　模型结构详图

图 6-4-6　试验模型

2) 加载方案和测点布置

选定 2 条自然波（汶川波和 El Centro 波）和一条人工波（兰州波）作为输入激励，试验中考虑 6 种烈度水准地震作用，地震波按照峰值加速度从小到大依次输入。此外，在不同烈度水准地震波输入前后，分别对模型施加峰值加速度 0.035g 的白噪声激励，以获取模型结构的动力特性变化规律。在振动台台面、外檐柱柱顶标高、外金柱柱顶标高、二层楼面、斗拱最高点以及屋盖等处共布置加速度传感器 15 个及位移传感器 10 个。

(2) 试验结果

1) 动力特性

表 6-4-1 给出白噪声工况下模型结构的频率和阻尼比，随着地震烈度增加，震后模型自振频率逐渐减小，表明结构在地震作用后有刚度降低趋势。0.93g 地震作用后，模型的自振频率仅比初始值降低 25%，说明结构损伤较小；0.0525～0.21g 地震作用下，模型阻尼比增幅也比较缓慢；0.21g 地震作用后，阻尼比相较于起始阶段也只增加 7%左右；但至试验结束，模型的阻尼比却增加近一倍。

各工况模型的自振频率 表 6-4-1

工况	0	0.0525g	0.105g	0.21g	0.3g	0.6g	0.93g
频率（Hz）	2.85	3.05	2.93	2.77	2.54	2.46	2.14
阻尼比（%）	7.1	7.2	7.4	7.6	8.2	11.2	14.1

2）动力响应

图 6-4-7 给出不同地震作用下模型结构各层加速度的放大系数曲线，可以看出，不同地震波引起结构的加速度放大系数沿高度分布规律基本一致：在外金柱顶处最小，顶层屋盖处最大，整个结构的最大值也仅在 1.0 左右，说明整个结构具有较好的减震能力。

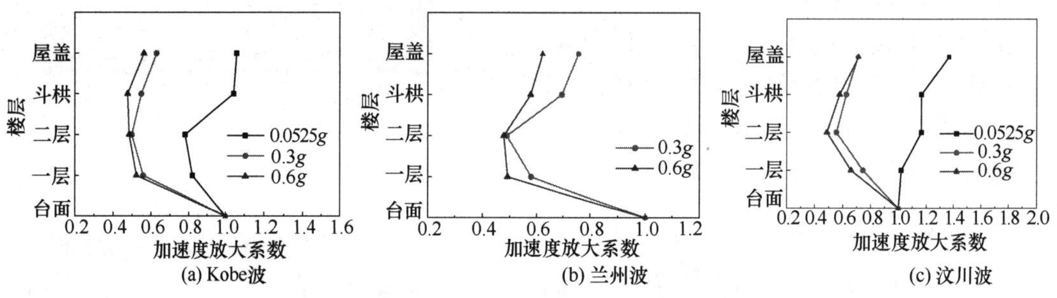

图 6-4-7 不同地震作用下模型加速度放大系数分布

3）层间位移

表 6-4-2 给出模型结构在不同地震波作用下各结构层的最大层间位移角，模型结构各层的层间位移角一、二层比较接近，其他各层之间存在较大差异，且存在如下关系：斗拱层>二层>一层>屋盖层，说明模型结构的刚度沿高度分布不均匀。斗拱层的层间位移角最大，说明在同等地震条件下，斗拱层相对于其他层更易发生破坏。

地震作用下模型结构最大层间位移角 表 6-4-2

地震波	PGA（g）	一层	二层	斗拱	屋盖
Kobe 波	0.3	1/436	1/345	1/110	1/303
	0.6	1/177	1/143	1/75	1/114
	0.93	1/102	1/82	1/24	1/100
兰州波	0.3	1/284	1/213	1/58	1/148
	0.6	1/125	1/124	1/41	1/91
	0.93	1/83	1/61	1/19	1/72
汶川波	0.3	1/204	1/144	1/50	1/119
	0.6	1/101	1/63	1/30	1/74
	0.93	1/60	1/39	1/18	1/49

4）耗能分析

将振动台模型简化为 4 质点模型，分别代表一层、二层、斗拱层以及顶层屋盖，按瑞利阻尼方法计算结构的阻尼耗能以及塑性变形能。

图 6-4-8 给出模型结构在三种地震波作用下的塑性变形能与输入能之比（E_p/E_I）的均值变化趋势，与现代建筑结构（钢筋混凝土结构以及钢结构）相比，木结构古建筑的塑性变形能增幅较慢。在地震峰值加速度为（0.25～0.35)g 时，现代结构的塑性变形能所

占比例已开始超过阻尼能，而木结构古建筑要出现在 0.6g 之后，从能量角度揭示了木结构古建筑抗震能力较强的原因。

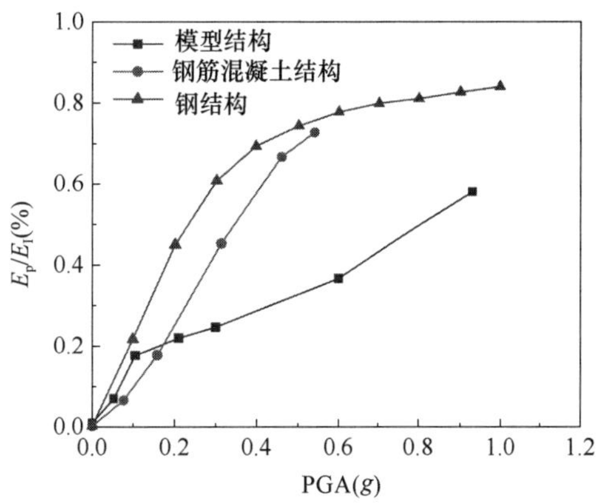

图 6-4-8　不同结构塑性变形能占比

2. 振动响应测试

（1）钟楼段隧道内

对隧道内钢轨、道床和隧道壁上布设的测点进行振动监测，均采用触发采样，触发通道为钢轨通道。选择 10 次列车通过测点的时域信号进行统计分析，发现普通道床下钢轨、道床、隧道壁水平向和竖向的振动加速度幅值分别介于 194.36～254.75m/s^2、1.03～1.36m/s^2、0.69～0.96m/s^2 和 1.56～1.92m/s^2 之间；钢弹簧浮置板段铁轨、道床、隧道壁水平向和竖向振动加速度幅值分别介于 174.59～223.18m/s^2、9.11～11.15m/s^2、0.10～0.16m/s^2 和 0.32～0.46m/s^2 之间，结论如下：

1）轮轨运动产生的振动传至道床、隧道壁衰减很大，其中，隧道壁水平向振动比竖向小。

2）钢弹簧浮置板道床段的钢轨与道床处的振动较普通道床段有所增大，且道床处的振动增加幅度较为明显。地铁产生振动经浮置板隔振后传到隧道壁上的振动大大减少，相比普通轨道，隧道壁各向振动加速度幅值减小 70%左右，说明钢弹簧浮置板道床对减小隧道壁、土体及隧道上方敏感建筑物的振动响应有显著效果。

3）对钢弹簧浮置板振源各测点的 1/3 倍频程加速度级进行比较，可以发现在 100Hz 内，从钢轨到浮置板轨道，振动衰减不大；但在 200Hz 内，从浮置板轨道到隧道壁，振动有明显衰减，平均衰减量可达 40dB 加速度级，因此，盾构隧道内的浮置板轨道对振动衰减效果明显。

（2）不同运行速度

为研究地铁 2 号线运行速度对钟楼的振动影响，在路面交通最稀少的时候，委托地铁公司在上、下行线均专门调度了电客车，分别以约 40km/h 和 20km/h 匀速通过钟楼（包括单线运行和双线交汇运行），每一个工况往返通过 8 次，从而实现不同车速、多种工况的振动监测。

根据现场振动监测数据，统计钟楼木结构和台基在各工况下的最大振动速度，见表 6-4-3，列车运行速度降低对古建筑的振动控制有一定效果，列车通过古建筑、文物等敏感建筑地段时应合理降低车速。

钟楼振动速度最大值　　　　**表 6-4-3**

工况		速度幅值最大值（mm/s）		
		X	Y	Z
地铁单独运行	40km/h 双线交汇	0.066	0.069	0.037
	40km/h 单线	0.075	0.073	0.040
	20km/h 双线交汇	0.077	0.070	0.032
	20km/h 单线	0.060	0.064	0.030

（3）隔振桩效果

对隔振桩内外侧监测点的振动速度响应幅值进行统计，隔振桩对钟楼台基的减振效果达40%。

（4）钟楼结构振动响应监测

在地铁2号线运行前后，对钟楼进行多工况振动监测，测试工况包括地脉动背景振动、“路面交通＋地铁运行”综合工况、地铁单独运行工况、路面交通无地铁工况，监测结果表明“路面交通＋地铁运行”综合工况下钟楼的振动响应值为：水平向0.040～0.155mm/s、竖向0.025～0.101mm/s。

地铁2号线建设过程中采取的线路平面避让、加大埋深、降低车速、钢弹簧浮置板道床轨道、隔振桩、地基加固等系列措施构成了“多道防线综合振动控制措施”，起到了很好的减振与隔振效果，将多源交通叠加影响下砖木结构钟楼类古建筑的振动响应降至容许范围，有效解决了交通对古建筑振动影响难题。

四、抗震试验及振动控制结果

1. 抗震试验主要结论

（1）地震作用下，古建筑木结构的构件连接处，由于材料损伤和松动效应，引起关键节点刚度减弱，导致结构频率逐渐降低，同时，也引起结构整体阻尼比大幅增加，对结构耗能减震有利。

（2）古建筑木结构的榫卯节点以及斗拱形成了整体结构的多层次减震隔震系统，在地震作用下，加速度放大系数基本都小于1.0，减震效果明显。

（3）地震作用下，古建筑木结构中的塑性变形能占比相对于现代建筑较小，因此，具有较强的抗震性能。

2. 振动控制效果

（1）钢弹簧浮置板相比普通轨道，隧道壁水平向振动加速度幅值减小70%左右，对减小隧道壁、土体及隧道上方敏感建筑物的振动响应有显著效果。

（2）列车经过古建筑地段时，降低速度会减小上部结构的振动响应。

（3）轨道交通、路面交通等综合工况下，钟楼的振动响应值均满足国家文物局要求和《古建筑防工业振动技术规范》GB/T 50452—2008的容许振动标准，说明“多道防线综合振动控制措施”起到理想的减振与隔振效果，技术成果可推广到类似工程中。

第七章 工程振动测试

第一节 强振动测试

[实例 7-1] 汽车模具车间振动测试

一、工程概况

上海赛科利汽车模具技术应用有限公司以汽车冲压焊接及模具制造设备为主，因业务发展需求，增加冲压成型生产工艺，生产车间产生较大振动。金属模具加工属切削加工，包括铣削工艺等，对加工精度有一定要求，要求环境振动较小。

同一厂房区域内（图 7-1-1），既有加工精度较高、对振动敏感的三轴龙门铣和激光焊接机器人，也有产生振动较大的大型冲压设备，若振动问题处理不好，会影响模具加工质量，使工件表面出现波纹状、麻点等缺陷（图 7-1-2）。

针对拟产生的振动问题，首先进行振动测试。

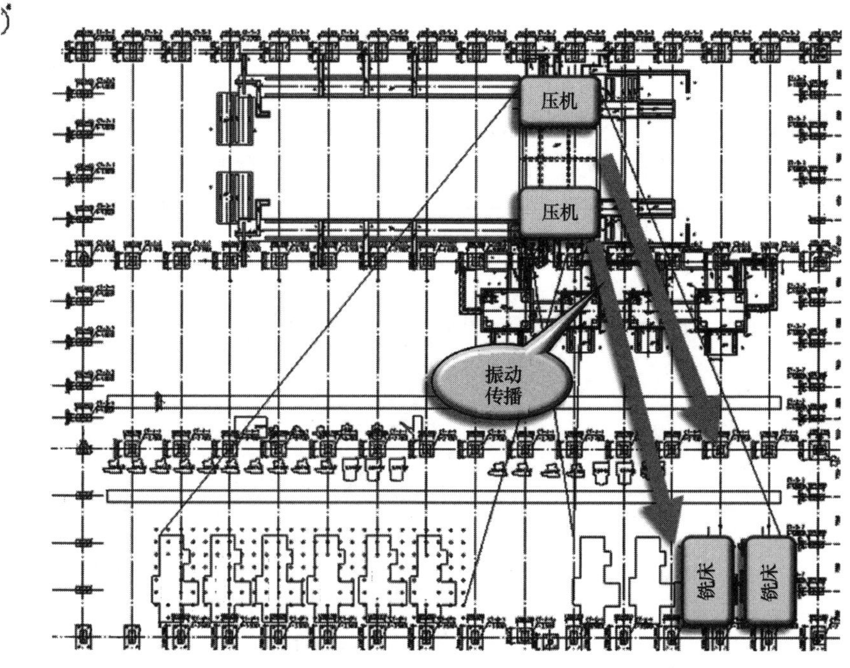

图 7-1-1 模具加工车间平面布置

图 7-1-2　振动造成模具表面麻点

二、振动测试系统

测量系统包括：被测结构、传感器、导线、信号调理、数据采集仪和控制分析软件。为保证高质量数据采集，需要对测试系统进行选型和合理的参数设置。

测试仪器包括：传感器、放大器、抗混滤波器、数模转换和信号分析系统等，测试系统如图 7-1-3 所示。

图 7-1-3　振动测试系统示意框图

测试系统应尽可能准确反映振动信号三要素，即振动信号幅值、频率和相位，振幅可反映振动强度，而频率和相位可为防振和隔振设计提供依据。表征传感器静态特性的参数主要有线性度、迟滞、重复性、精度、灵敏度、分辨率、稳定性和漂移等。表征传感器动态特征的主要参数有固有频率、阻尼比、频率特性、时间常数、上升时间、响应时间、超调量、稳态误差等。

测试的频率范围应在测试系统频响曲线的平直段，测试系统的固有频率 ω_n 一般为信号频率区间上限的 3～5 倍，即 $\omega_n>(3\sim5)\omega$ 为宜，传感器频响特性如图 7-1-4 所示。

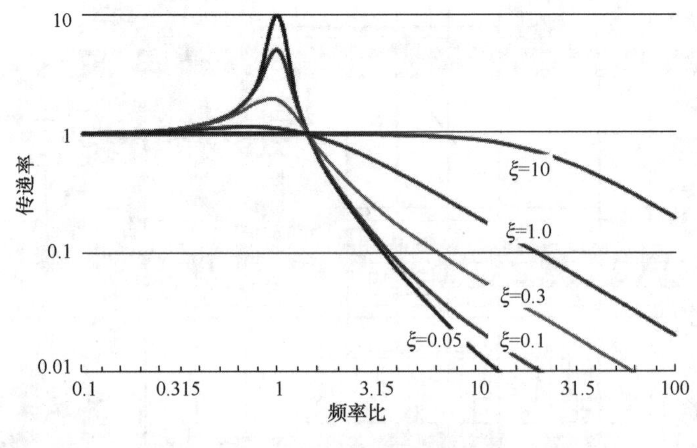

图 7-1-4　传感器频响特性

本次测试采用某型 ICP 加速度传感器，性能参数见表 7-1-1。

加速度传感器性能指标 **表 7-1-1**

序号	量程	灵敏度	频响范围
1	0.5g	10000mV/g	0.2～1500Hz
2	5g	1000mV/g	0.2～1500Hz
3	50g	100mV/g	0.5～5000Hz

三、振动测试方法

1. 选用测试系统

振动测试采用加速度传感器，需要考虑振动最大量程。本工程中压力机设备振动超过 $10m/s^2$，压力机基础振动约 $1.0m/s^2$，而龙门铣床的容许振动加速度小于 $0.01m/s^2$，压力机与机床加工容许振动标准如图 7-1-5 和图 7-1-6 所示。

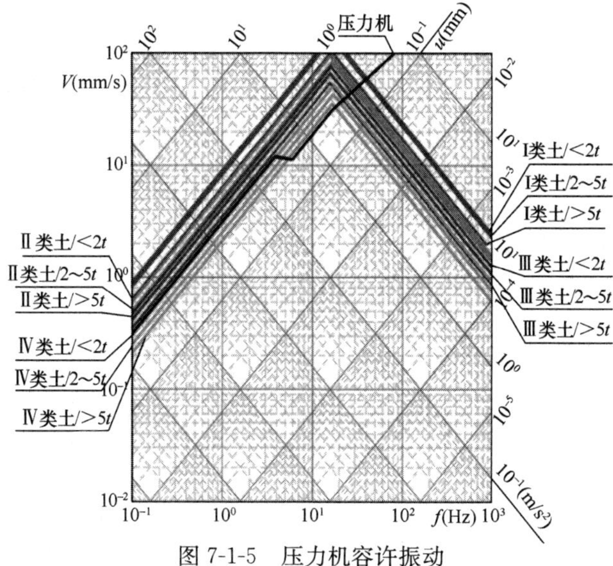

图 7-1-5　压力机容许振动

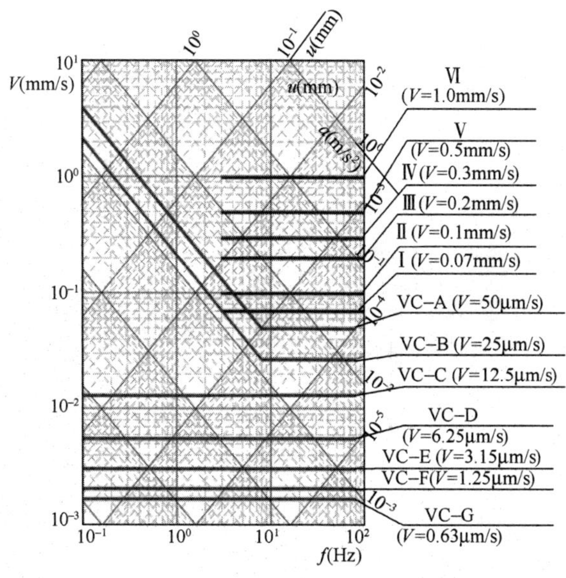

图 7-1-6　加工设备容许振动

选择加速度传感器时，测点位置的振动量级宜为传感器量程的 60%～80%，既能保持较高的信噪比，又不会过载。对于振动最大的压力机设备上振动测点，选用最大量程 50g 加速度传感器，压力机基础和传递路径上的测点选用最大量程 5g 的加速度传感器，对于振敏设备龙门铣床基础上的振动测试，选用最大量程 0.5g 加速度传感器。

2. 测点布置

压力机设备振动测定点布置如图 7-1-7 所示，龙门铣床测点布置如图 7-1-8 所示，压力机振动经过地基的传递路径测点布置如图 7-1-9 所示。

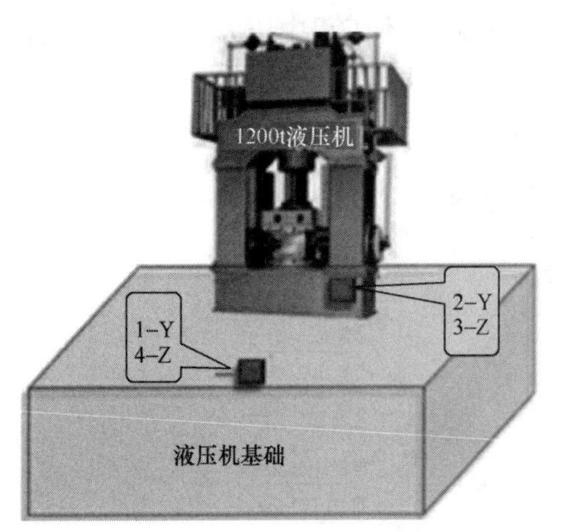

图 7-1-7　压力机测点布置

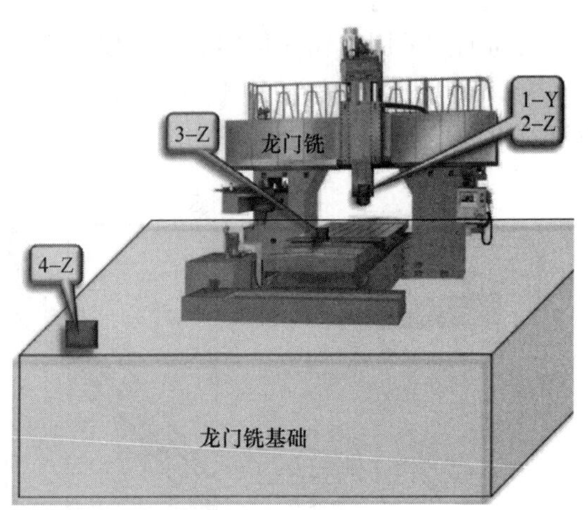

图 7-1-8　振敏设备测点布置

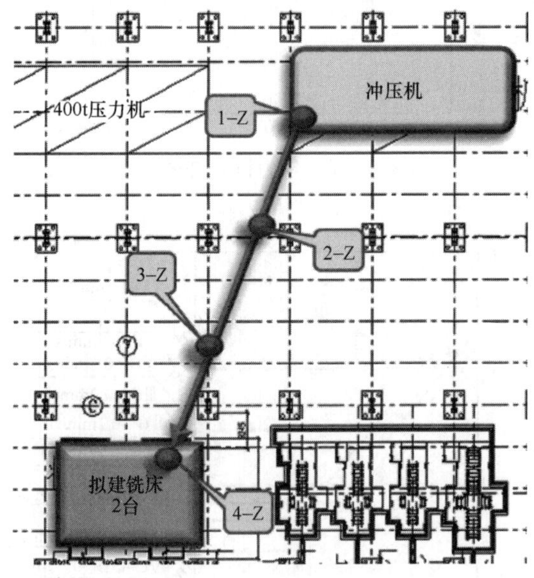

图 7-1-9　振动传递路径测点布置

3. 传感器安装

低频测量应重点考虑附加质量对测量结果的影响，高频测量应保证安装刚度符合标准要求；传感器及转接支架的安装接触面应平整、光滑，以保证传感器安装精度和刚度；应仔细调整传感器安装方向，使轴向灵敏轴与测量方向一致，横向灵敏轴应避开侧向加速度最大方向。

传感器工作频率略高于测试频带上限即可，传感器与被测结构的常用连接方式有很多种，如工装（螺母或者底座固定）、磁力座连接、速干胶连接、双面胶连接和橡皮泥连接（或硅胶连接）。不同安装方式对应的频率范围不同。安装刚度越高，适用的频带就越宽，本工程采用橡皮泥连接。

四、数据分析

数据分析时选用的采样频率不应过低，以免出现频率混淆现象；若采样频率过高，易增加统计误差，影响分析精度。采样频率宜为信号分析上限频率的 2.5～5 倍。数据采集之前应设置抗混滤波器，以免出现频率折叠误差。

频谱分析可采用 FFT 变换，将时域信号转为频域信号，再计算信号的功率谱密度函数。对于平稳各态历经随机信号，功率谱密度函数具有统计意义，为减少统计误差，可采用多段平滑方法；为提高统计精度，减少测试工作量，平滑段数宜取 10～20。

图 7-1-10 和图 7-1-11 分别给出压力机振动时域信号和频域信号。

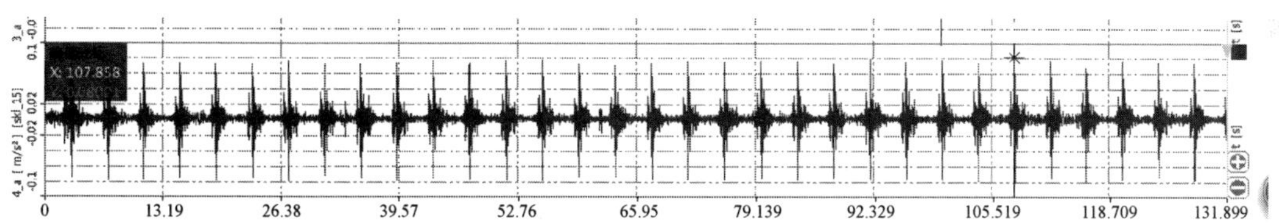

图 7-1-10 压力机振动脉冲时域曲线

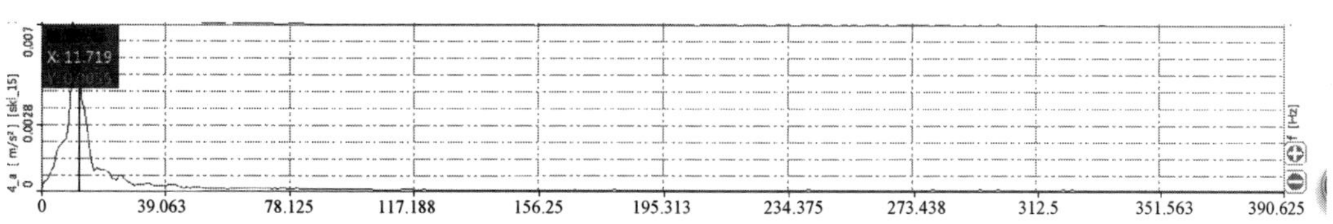

图 7-1-11 压力机振动脉冲频域曲线

五、测试结果

1. 压力机振动

压力机设备机身振动加速度平均值：$a_y=11.1325\text{m/s}^2$，$a_z=15.5700\text{m/s}^2$。

冲压机设备基础振动加速度平均值：$a_y=0.678\ \text{m/s}^2$，$a_z=0.4380\text{m/s}^2$。

压力机运行时基础振动峰值频率 11.7Hz，该频率为压力机基础的竖向固有频率。

2. 振动衰减

压力机工作引发地基基础振动，振动通过地基土层传递至铣床工作区域。振动传递路径上各测点的平均振动加速度分别为：$a_{z05m}=0.4196\text{m/s}^2$、$a_{z20m}=0.0645\text{m/s}^2$、$a_{z35m}=0.0571\text{m/s}^2$、$a_{z45m}=0.0830\text{m/s}^2$。

振动随距离有衰减趋势，但在 45m 处振动加速度反增，45m 处平均背景振动加速度为 $a_{z45m}=0.0309\text{m/s}^2$，该点最大振动加速度为 $a_{z45m}=0.1624\text{m/s}^2$，推测该点附近有其他较大振源。冲压机振动频率主要集中在10Hz附近，选取10Hz附近振动幅值，可看出具有明显衰减特征（图7-1-12）。根据国家标准《动力机器基础设计规范》GB 50040—1996计算的振动衰减如表7-1-2所示，计算公式如下：

$$A_r = A_0\left[\frac{r_0}{r}\xi_0 + \sqrt{\frac{r_0}{r}}(1-\xi_0)\right]e^{-f_0\alpha_0(r-r_0)} \tag{7-1-1}$$

压力机振动衰减过程　　表7-1-2

序号	测点位置（10Hz加速度幅值 a_z，mm/s²）				
	0m	5m	20m	35m	45m
1	15570	4.480	3.960	3.930	5.750
2	15570	4.390	3.740	3.680	5.500
3	15570	4.460	3.590	3.560	5.320
平均	15570	4.443	3.763	3.723	5.523

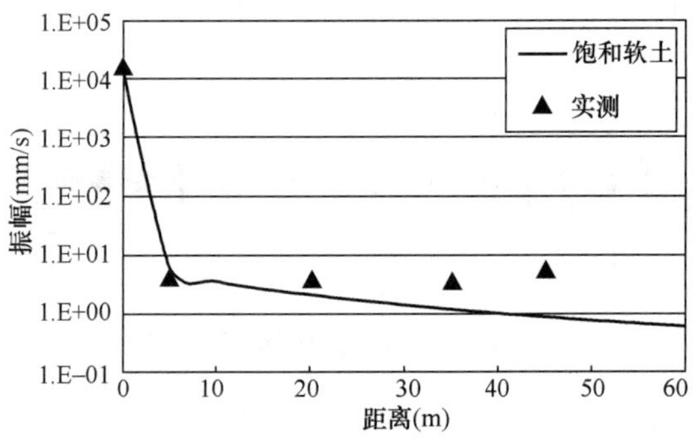

图7-1-12　振动衰减图

3. 龙门铣床振动分析

表7-1-3给出铣床基础的振动响应，压力机运行时，龙门铣床的基础振动已超过设备容许值，应采取减隔振措施。

铣床基础的振动响应　　表7-1-3

分类	设备容许值	背景振动	冲压机振动
加速度	20～30mm/s²	a_{z1}=26.7mm/s² a_{z2}=14.4mm/s²	a_{z1}=49.3mm/s² a_{z2}=46.9mm/s²
速度	0.2～0.3mm/s	v_{z1}=0.195mm/s v_{z2}=0.109mm/s	v_{z1}=0.180mm/s v_{z2}=0.170mm/s

[实例 7-2] 锻锤打击力及机身振动测试方法与应用

一、工程概况

锻锤等锻压机械是机械加工中应用广泛的一种重要设备，由于锻锤是冲击成形设备，在工作过程中，产生很大打击力，会引起很大的振动和噪声，使锻锤的主要零部件承受冲击荷载，并使振动传向基础和周围环境。为确定锻锤打击力及锻锤机身振动情况，设计并加工了打击力传感器，制定了打击力及振动测试方案，开展现场测试。

测试选用的锻锤为安阳锻压机械工业有限公司生产的 16kJ 数控全液压模锻锤，主要技术参数如表 7-2-1 所示，锻锤实物如图 7-2-1 所示。测试于 2015 年 6 月 1 日，在安阳锻压机械工业有限公司生产车间开展，测试内容为 16kJ 数控全液压模锻锤的打击力及机身和地面振动。

空气锤主要技术参数　　表 7-2-1

项目	参数
型号	C92K-16
锤头质量（kg）	1078
最大打击能量（kJ）	16
最大打击行程（mm）	640
最小打击行程（mm）	480
打击次数（min^{-1}）	90
整机重量（t）	28

图 7-2-1　16kJ 数控全液压模锻锤

二、测试仪器

1. 打击力传感器

打击力测试所用力传感器，如图 7-2-2 所示，传感器的主要技术指标为：

（1）设计量程范围：0～10000N

（2）固有频率：9573.8Hz

（3）线性度、迟滞、重复性误差：<0.5%

（4）主体尺寸：ϕ300mm×120mm

图 7-2-2　打击力传感器

2. 加速度计

机身上加速度测试所用加速度计为 YD-63D 型压电加速度计，主要技术指标：

（1）量程范围：0.005～5000m/s^2

（2）谐振频率：12kHz

（3）电荷灵敏度：～30pC/(m/s^2)

（4）最大横向灵敏度比：<5%

地面上加速度测试所用加速度计为 YD-25 型压电加速度计，主要技术指标：

（1）量程范围：0.005～300m/s^2

（2）谐振频率：2kHz

（3）电荷灵敏度：～300pC/(m/s^2）

（4）最大横向灵敏度比：<5%

3. 动态应变放大器

打击力传感器为应变式传感器，输出信号的放大调理采用动态应变放大器，型号为 DYB-5 型，动态应变放大器与打击力传感器配套校准，动态应变放大器的主要技术指标：

（1）适用电阻应变计阻值：50～10000Ω

（2）应变测量范围：−200000～200000$\mu\varepsilon$

（3）供桥电压准确度：0.1%

（4）增益准确度：0.5%

（5）频带宽度：DC～30kHz

（6）滤波器上限频率（−3dB±1dB)：10Hz、100Hz、300Hz、1kHz、10kHz、PASS

（7）滤波器平坦度：当 $f<0.5f_c$ 时，频带波动小于 0.1dB

（8）噪声：不大于 $3\mu V_{RMS}$

4. 电荷放大器

测量振动的加速度计为压电式传感器，其输出信号采用电荷放大器进行放大调节，选用的电荷放大器型号为 DHF-3 型，主要技术指标：

（1）输入电荷范围：(0～10^5）pC

（2）输入电阻：大于 10^{11}Ω

（3）频带宽度：0.3Hz～100kHz（+0.5～−3dB）

（4）滤波器上限频率（−3±1dB)：1kHz、3kHz、10kHz、30kHz、PASS

（5）准确度：优于 1%

（6）噪声：小于 5×10^{-3}pC

5. 信号采集分析仪

信号采集采用 TST3206 型动态测试分析仪，主要技术指标：

（1）输入量程：±100mV～±20V，8 档程控可调

（2）采样率：500Hz～20MHz(SPS)，多档可调

（3）AD 精度：12bit

（4）带宽：0～5MHz(−3dB)

（5）系统准确度：优于 0.5%

三、传感器安装

1. 打击力传感器安装

打击力传感器直接放置在锻锤砧座上，如图 7-2-3 所示，为防止打击后传感器反弹落地，将传感器用铁丝适当固定。

2. 加速度传感器安装

机身上安装 3 个加速度传感器，测点位置如图 7-2-4 所示，采用快干胶将传感器粘接在机身上。

图 7-2-3 打击力传感器安装

图 7-2-4 机身上测点位置及加速度计安装

地面布设 3 个加速度传感器，测点位置如图 7-2-5 所示，其中，地面测点 1 位于紧靠锻锤基座的地面上，测点 2、测点 3 与测点 1 距离为 5m 和 10m，3 个测点在一条直线上，加速度计采用快干胶粘接在地面上。

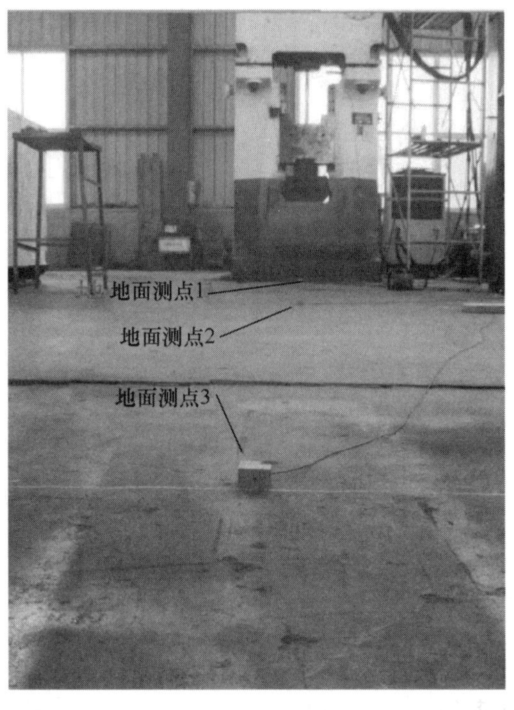

图 7-2-5 地面上加速度计安装

四、测试结果

1. 打击力测试结果

本次试验共进行 15 次打击测试，按打击能量的 10％、20％、30％、40％、50％、100％实施打击，其中 4 次在传感器上放置铜柱打击，3 次在传感器上垫毛毡打击，其余为直接打击。试验全部获得打击力完整波形，直接打击下不同打击能量的打击力波形如图 7-2-6 所示，100％打击能量时，打击力超出传感器量程范围，弹性体发生塑性变形。

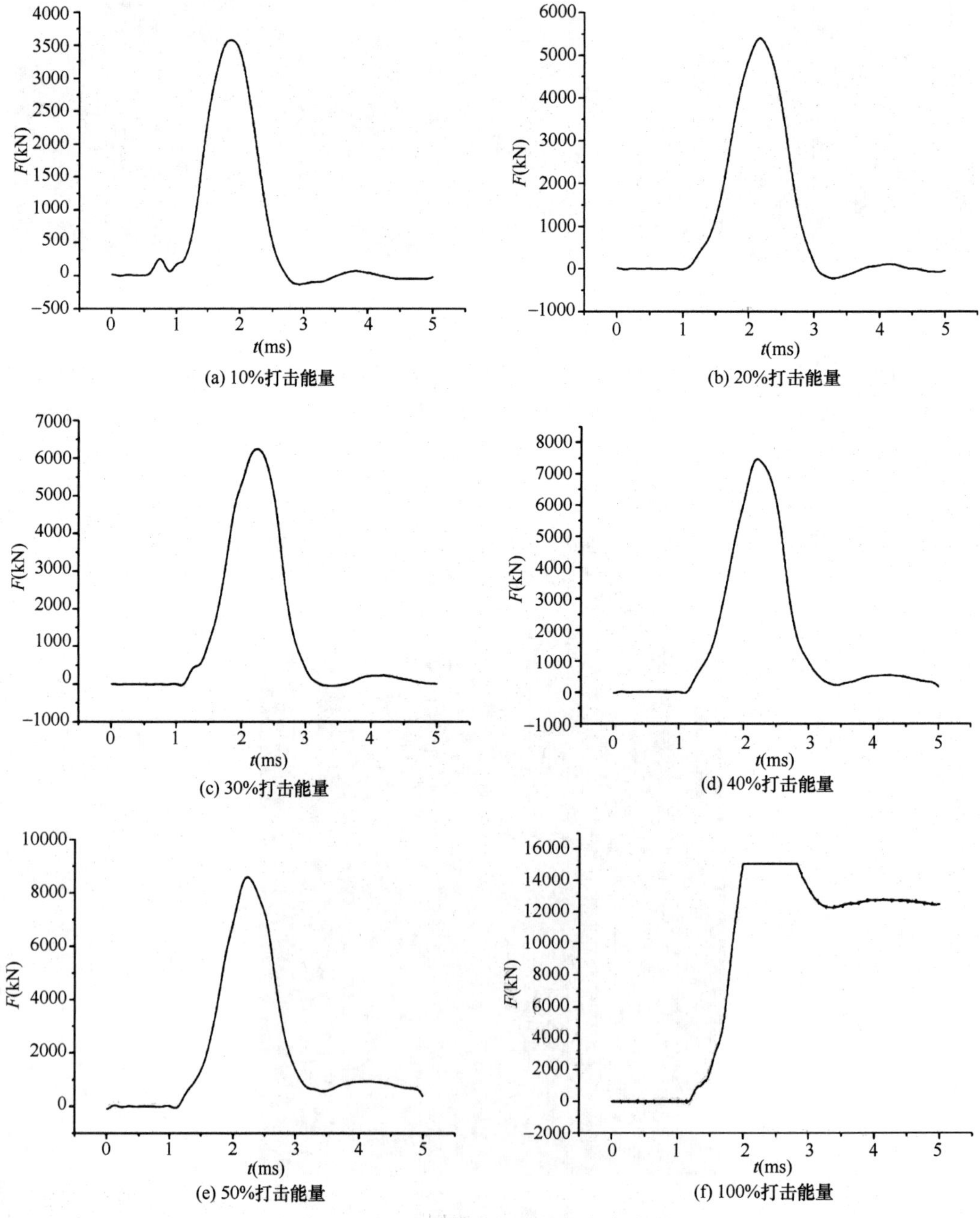

图 7-2-6　不同打击能量的打击力波形

2. 机身振动测试结果

10%打击能量时，机身上 3 个测点的加速度波形如图 7-2-7 所示。

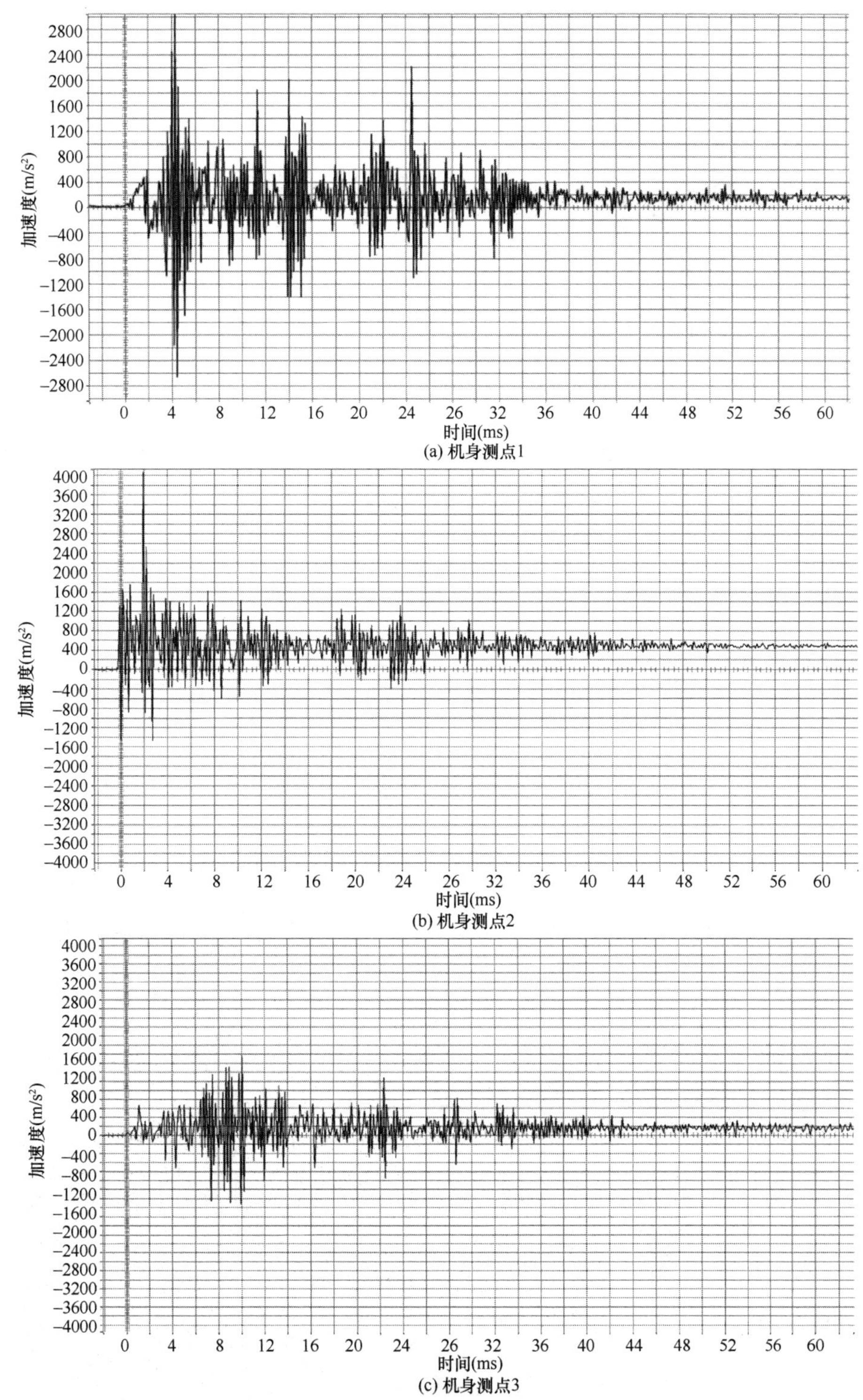

图 7-2-7 机身上加速度波形

3. 地面振动测试结果

10%打击能量时，地面上 3 个测点的加速度波形如图 7-2-8 所示。

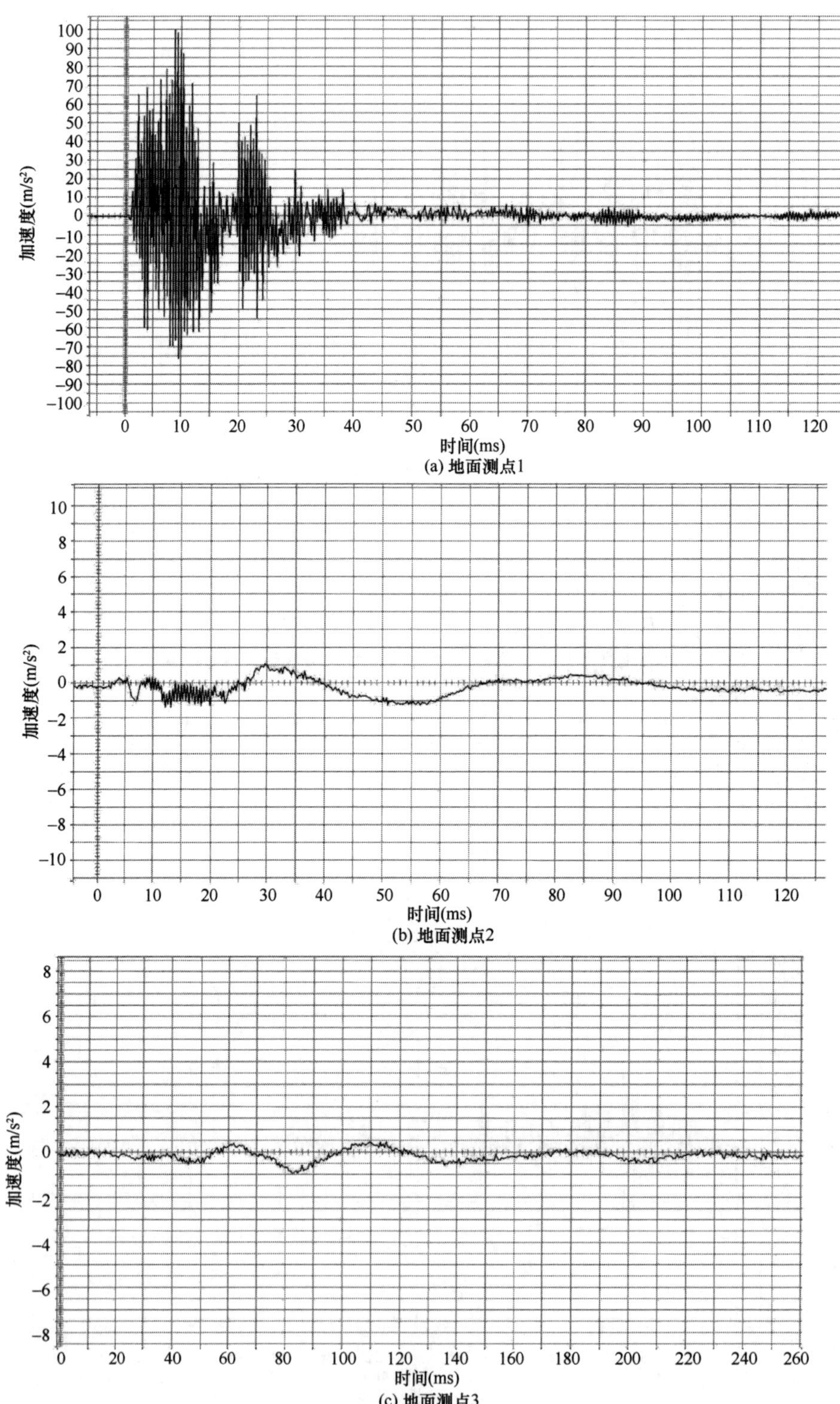

(a) 地面测点1

(b) 地面测点2

(c) 地面测点3

图 7-2-8　地面上加速度波形

五、测试结果分析

对锻锤打击测试波形进行分析和识别，打击力波形可采用式（7-2-1）进行拟合：

$$F(t)=\begin{cases}\dfrac{F_{\max}}{2}\left(1-\cos\dfrac{2\pi t}{\tau}\right) & (t_0\leqslant t\leqslant t_0+\tau)\\ 0 & (\text{其他情况})\end{cases} \tag{7-2-1}$$

不同能量打击下，打击力波形的拟合结果如图 7-2-9 所示，其中，100％能量打击力拟合是根据传感器响应波形的上升部分以及参考前述脉冲时间推断的拟合结果。

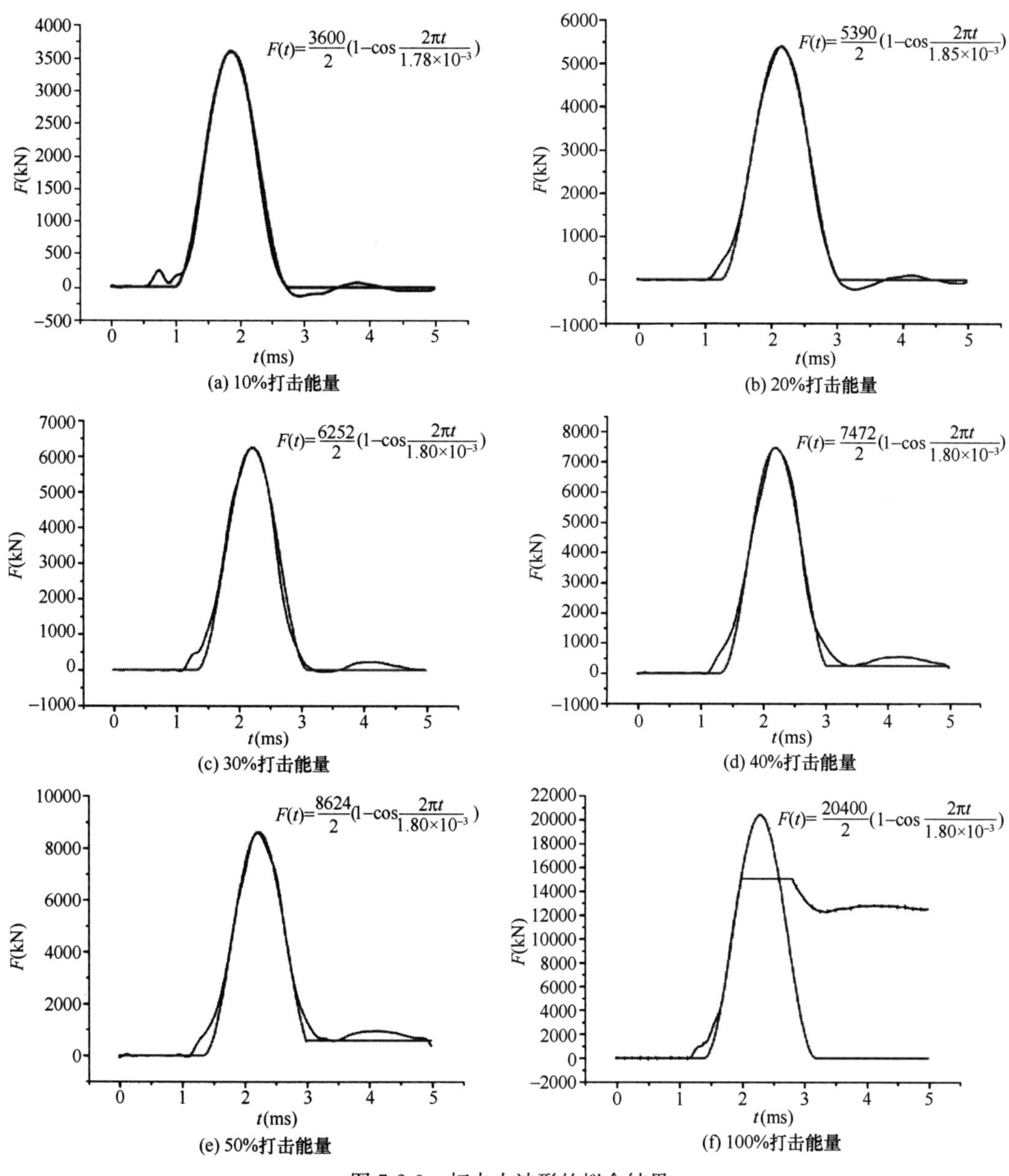

图 7-2-9　打击力波形的拟合结果

根据拟合曲线得到的打击力峰值及脉冲时间，如表 7-2-2 所示。

打击力测试结果 **表 7-2-2**

打击能量	打击次数	打击条件	最大力（kN）	脉冲时间（ms）
10%	1	加毡垫	2260	2.18
	2	直接打击	3600	1.78
	3	加毡垫	2840	2.08
	4	直接打击	3530	1.775
20%	1	加毡垫	5172	1.85
	2	直接打击	5390	1.85
	3	直接打击	5064	2.01
30%	1	直接打击	6252	1.80
40%	1	直接打击	7476	1.80
50%	1	直接打击	8624	1.80
100%	1	直接打击	20400（推断值）	1.80（推断值）

对锻锤打击力及机身和地面振动测试结果分析，主要结论如下：

1. 锻锤打击冷工件时的荷载作用时间为 1.8～2.0ms，荷载大小与打击能量相关，满能量打击时，瞬态力可超 2×10^{7}N；

2. 锻锤等锻压机械机身上加速度幅值大、频率高，测试时应选取大量程、谐振频率高的加速度计，否则，加速度计易发生共振；

3. 锻锤等锻压机械打击工件时产生的应力在机身上传播，会对机身加速度测试产生影响，为减小应力波影响，可选用具有机械滤波器的加速度计；

4. 地面振动加速度频率较高，应选用谐振频率高的加速度计。

[实例 7-3] 振动筛振动测试与模态分析

一、工程概况

振动筛是工矿企业普遍应用的筛分机械，其技术水平的高低和质量的优劣，关系到工艺效果好坏、生产效率高低，直接影响企业的经济效益。

本工程以鞍山重矿某型号振动筛零部件（横梁）为试验对象（图 7-3-1），采用力锤单点激励、移动传感器记录的试验方法，基于 POLYLSCF（多参考点最小二乘复频域指数法）模态参数识别方法对实测的频响函数数据进行处理分析，得到结构的固有频率、阻尼比和振型等模态参数，以明确结构的固有特性，为结构优化设计提供依据。

图 7-3-1　振动筛现场照片

二、测试系统配置

1. 试验仪器及设备

测试系统的仪器配置如表 7-3-1 所示。

仪器配置　　　　**表 7-3-1**

图片	仪器	数量
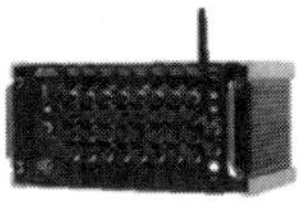	DH5902N 动态信号测试分析系统	32 通道
	DH311E IEPE 型三向加速度传感器	10 个
	力锤	1 套
	DH5857 电荷适调器	1 个
—	HP 笔记本电脑	1 台

2. 测试步骤

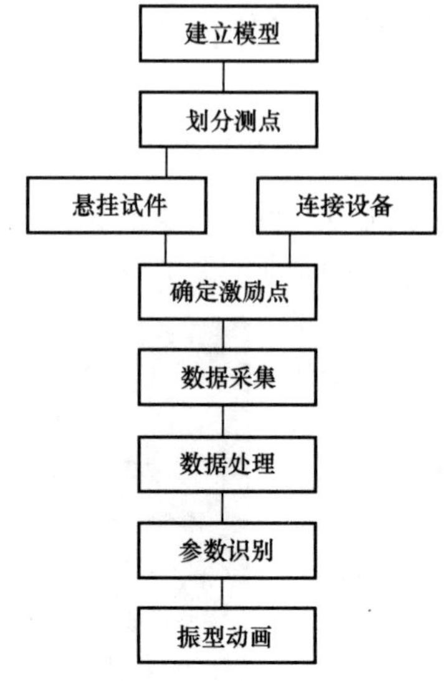

图 7-3-2 测试步骤

三、模态分析理论计算与验证

1. 模态试验参数计算

将振动筛离散成有限多自由度系统，建立动力学微分方程：

$$[\boldsymbol{M}]\{\ddot{\boldsymbol{x}}\}+[\boldsymbol{C}]\{\dot{\boldsymbol{x}}\}+[\boldsymbol{K}]\{\boldsymbol{x}\}=\{\boldsymbol{F}\} \tag{7-3-1}$$

式中 $[\boldsymbol{M}]$——质量矩阵，为正定的对称矩阵；

$[\boldsymbol{C}]$——阻尼矩阵，为正定的对称矩阵；

$[\boldsymbol{K}]$——刚度矩阵，为正定的对称矩阵；

$\{\boldsymbol{F}\}$——外加的驱动力列阵；

$\{\boldsymbol{x}\}$——位移矩阵；

$\{\dot{\boldsymbol{x}}\}$——速度矩阵；

$\{\ddot{\boldsymbol{x}}\}$——加速度矩阵。

两边分别进行拉氏变换，得到传递函数矩阵：

$$\boldsymbol{H}(s)=(s^2M+sC+K)^{-1} \tag{7-3-2}$$

对于线性时不变系统，其极点在复平面左半平面，可将 s 变换为 $j\omega$，得到傅氏域中的频响函数矩阵：

$$\boldsymbol{H}(\omega)=(-\omega^2M+j\omega C+K)^{-1} \tag{7-3-3}$$

对测试得到的频响函数进行识别，可得结构固有频率、阻尼比、振型、模态刚度和模态质量等参数，以了解结构的动态特性。

2. 模态分析结果验证

模态判定准则（MAC 值）是对模态分析结果进行验证的常用方法，用于比较振型一致性。

$$MAC = \frac{|\{\boldsymbol{\psi}\}_r^{*T}\{\boldsymbol{\psi}\}_s|^2}{(\{\boldsymbol{\psi}\}_r^{*T}\{\boldsymbol{\psi}\}_r)(\{\boldsymbol{\psi}\}_s^{*T}\{\boldsymbol{\psi}\}_s)} \tag{7-3-4}$$

如果 $\{\boldsymbol{\psi}\}_r$ 和 $\{\boldsymbol{\psi}\}_s$ 是同一物理振型估计，模态判定准则应接近 1；如果 $\{\boldsymbol{\psi}\}_r$ 和 $\{\boldsymbol{\psi}\}_s$ 是不同物理振型估计，则模态判定准则应很低。

四、测试系统配置

1. 系统连接框图

测试系统连接如图 7-3-3 所示。

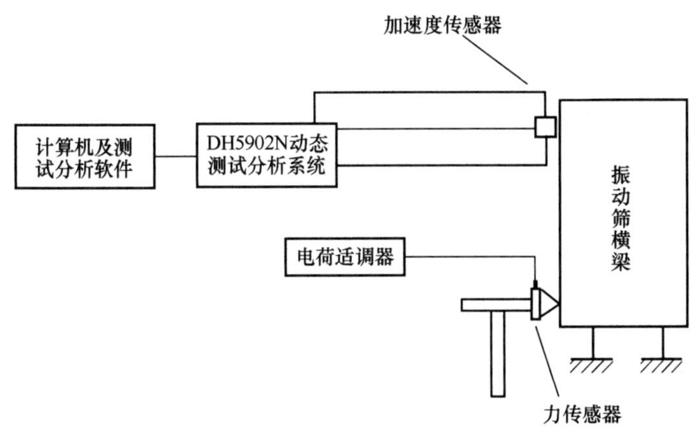

图 7-3-3　系统连接框图

2. 测试步骤

（1）建立模型

在 Excel 文档中建立各测点坐标，导入 DHMA 模态分析软件。

（2）划分测点

测点数目取决于频率范围、期望模态数、试件关注区域、可用传感器数及时间。本试验共 45 个测点，135 个自由度。

（3）确定边界条件

本试验为对比试验，采用统一的边界条件，在振动筛上对横梁进行模态测试，采用两端约束的边界条件。

（4）设备连接

按连接示意图连接设备，力锤力信号接入 DH5902N 的 32 号数采通道；每个传感器都有 3 个方向的信号输出，按 X、Y、Z 依次接入 DH5902N 的数采通道。

（5）传感器安装

每个传感器配置磁力座，传感器通过磁力座吸在试件上，采用直角坐标系，三向传感器的三个方向必须与直角坐标系中的 X、Y、Z 保持一致，每测一批数据都做相应记录。

（6）激励方式及位置确定

试验采用力锤单点激励，锤击法要求的装置、试件固定及仪器设备较为简单，无需与试件有任何连接，不会出现附加质量和弯矩误差，不会影响试件的动态特性。力锤敲击要有规律，每次敲击量级要得当，不要连击。

（7）数据采集

整个试验共采集9批数据，每批采集5个测点数据（每个测点有 *XYZ* 三个方向），采样频率为2.56kHz，参考点为力锤激励点所在测点。

（8）参数识别

模态试验参数识别原理是POLYLSCF模态识别法，也称多参考点最小二乘复频域法，是最小二乘复频域法（LSCF）的多输入形式，是一种对极点和模态参与因子进行整体估计的多自由度法，一般先通过实验建立稳态图，以判定真实的模态频率、阻尼和参与因子；其次，建立可以线性化的正交矩阵模型；再基于正则方程缩减最小二乘问题，得到压缩正则方程。

3. 技术参数

（1）DH5902N数据采集器技术指标

1）通道数：单台4～32通道可选，通过以太网实现无限通道扩展；

2）输入阻抗：10MΩ+10MΩ；

3）输入保护：输入信号大于±15V（直流或交流峰值）时，输入全保护；

4）支持EID智能导线识别功能；

5）支持TEDS智能传感器识别功能；

6）支持桥路自检功能；

7）输入方式：GND、SIN _ DC、DIF _ DC、AC、IEPE；

8）IEPE电源：4mA/24V；

9）电压量程：±20mV、±50mV、±100mV、±200mV、±500mV、±1V、±2V、±5V、±10V；

10）电压示值误差：不大于0.3%；

11）示值稳定性：0.1%/h（预热1h）；

12）非线性：0.1%；

13）噪声：应变测量时不大于3$\mu\varepsilon_{RMS}$；电压测量时不大于5μV_{RMS}（输入短路，在最大增益和最大带宽时折合至输入端）；

14）零点漂移：小于3$\mu\varepsilon$/2h（输入短路，预热2h后，恒温，在最大增益时折算至输入端）；

15）共模抑制（CMR）：不小于100dB；

16）共模电压（DC或AC峰值）：小于±DC10V、DC～60Hz；

17）应变量程：±1000$\mu\varepsilon$、±10000$\mu\varepsilon$、±100000$\mu\varepsilon$；

18）应变示值误差：不大于0.3%±3$\mu\varepsilon$（预热1h）；

19）桥路方式：全桥（四线制供桥）、半桥（四线制供桥）、三线制1/4桥（120Ω）；

20）适用应变计电阻值：

（a）半桥、全桥：50～10000Ω任意设定；

（b）三线制1/4桥：120Ω或350Ω（订货时确定一种）；

21）供桥电压：2V、5V、10V、24V分档切换，最大输出电流：30mA；

22）桥压精度：不大于0.1%；

23）供桥电压稳定度：小于0.05%/h；

24）自动平衡范围：±20000$\mu\varepsilon$（应变计阻值的±2%）；

25）低通滤波器：

(a）截止频率（－3dB±1dB)：100Hz、1kHz、10kHz、PASS 四档分档切换；

(b）平坦度：小于 0.1dB（1/2 截止频率内）；

(c）阻带衰减：大于－24dB/Oct；

26）通信方式：千兆以太网和无线 Wi-Fi 通信；

27）模数转换器：24 位 A/D（每通道独立）；

28）频响范围：DC～100kHz（－3dB）(50kHz 平坦)；

29）连续采样速率（千兆网通信时）

(a）单台机箱 4～16 通道时：所有通道连续同步采样，每通道最高 256kHz，分档切换；

(b）单台机箱 17～32 通道时：所有通道连续同步采样，每通道最高 128kHz，分档切换；

30）抗混滤波器：

(a）截止频率：采样速率的 1/2.56 倍，设置采样速率时同时设定；

(b）阻带衰减：大于－120dB/Oct；

(c）平坦度（分析频率范围内）：±0.1dB；

31）同步方式：同步时钟盒同步或 GPS 同步；

32）内部数据存储：标配 32GB 固态硬盘（SSD)，可根据用户要求增加容量；

33）供电方式：锂电池供电，外接 220VAC 电源适配器一边充电一边工作；

34）电池工作时长，充满电可连续工作 4h（32 通道)，可选配 8h 工作电池；

35）功耗：70W（32 通道，含控制单元)；

36）冷却方式：无风扇传导制冷；

37）尺寸：290mm×150mm×200mm（32 通道配置)；

38）重量：8.5kg（32 通道配置)；

39）使用环境适用于 GB/T 6587—2012-Ⅲ组条件；

40）抗冲击：100g/(4±1) ms；

41）防水防尘等级：IP65。

(2）DH311E IEPE 型三向加速度传感器技术指标

1）灵敏度：10mV/g；

2）量程：±500g；

3）分辨率：0.0001g_{RMS}；

4）频响（±5%）：0.5～4000Hz；

5）谐振频率：>18000Hz；

6）温度范围：－4～＋120℃；

7）输出接头：3-M5；

8）外壳材料：氧化铝；

9）重量：26g；

10）尺寸：24mm×24mm×12mm；

11）安装方式：2-φ3 通孔。

五、结论

1. 试验采用最小二乘复频域法的模态识别原理，基于稳定的“s”频率确定系统的真实模态频率及对应振型，最后采用模态置信度（MAC 值）来比较不同模态向量间的线性相关度，以判断各阶模态的可信度；从结果来看，试验效果比较理想。

2. 横梁刚度较大，一阶固有频率在 156Hz 左右（整个振动筛的前几阶固有频率相差很大）。

3. 梁上下两板的刚度差别较大，由于上板的刚度较大，故多阶模态振型表现为下板的局部振动，上板运动比较小。

［实例 7-4］某地 100 万 t/年乙烯装置压缩机基础动力测试

一、工程概况

某地 100 万 t 乙烯及配套项目是国家“十一五”重点建设工程，是某地新区开发的标志性工程，是建设国家级石化产业基地的龙头项目。100 万 t 乙烯装置为其核心设备，压缩机是乙烯装置的“心脏设备”，共建有 4 台压缩机基础，分为构架式基础和大块式基础。根据规范及设计要求，进行基础动力特性测试，为基础设计提供依据。两台压缩机基础尺寸如表 7-4-1 所示，场地地层及其描述见表 7-4-2。

测试压缩机基础尺寸 表 7-4-1

基础编号	基础形式	基础尺寸
1号	构架式基础	地面以上部分为框架结构，顶部平台外围长 18.45m、宽 8.50m，厚 2.00m，10 根立柱截面 1.50m×1.20m、高 11.30m；地面以下为长 26.30m、宽 9.50m、高 2.00m 的钢筋混凝土承台，承台以下为 75 根均匀布置的 500mm×500mm 混凝土预制方桩
2号	大块式基础	基础分三层结构，底部为桩基，中部为基础承台，上部为设备底座，三层结构浇筑为一体。桩基为 16 根均匀布置的 500mm×500mm 混凝土预制方桩。基础承台为长方体钢筋混凝土结构，承台长 9.30m，宽 9.00m，高 1.50m，混凝土强度 C30；设备底座为凸形体钢筋混凝土结构，底座高 4.00m，长 6.39m，南侧宽 1.60m，中间宽 2.56m，北侧宽 2.32m，混凝土强度 C30

场地地层描述 表 7-4-2

地层名称		地层描述
人工填土层	素填土①	松散～稍密，湿，厚度 0.4～2.2m，剪切波速 V_s=117m/s
全新统上组第一陆相层	粉质黏土②	可塑～流塑，厚度 0.4～2.2m，剪切波速 V_s=127m/s，地基承载力特征值 f_{ak}=95kPa
中组海相沉积层	粉土③$_1$	稍密～密实，饱和，厚度 1.5～4.4m，剪切波速 V_s=152m/s，地基承载力特征值 f_{ak}=120kPa
	淤泥质粉质黏土③$_3$	可塑～流塑，厚度 6.0～11.5m，剪切波速 V_s=142m/s，地基承载力特征值 f_{ak}=90kPa
全新统下组沼泽相沉积层	粉质黏土④$_1$	可塑～流塑，厚度 0.8～4.0m，剪切波速 V_s=179m/s，地基承载力特征值 f_{ak}=110kPa
	粉土④$_2$	密～密实，饱和，厚度 0.8～2.5m，剪切波速 V_s=220m/s，地基承载力特征值 f_{ak}=110kPa

二、基础动力特性测试内容

开展以下三方面基础动力特性测试：

1. 设备安装前基础的稳态受迫振动动力参数测试

通过稳态受迫振动分析基础振动的幅频响应，得到机器基础的刚度、阻尼等动力参数，为压缩机基础设计提供依据。

2. 构架式基础模态测试

在基础顶面圈梁和立柱上重要位置布置竖向和水平向振动传感器，通过模态分析可求得各阶模态参数。根据模态测试结果和基础所受荷载，得到结构的实际响应，以识别系统模态参数，为结构系统的振动特性分析、振动故障诊断、结构动力特性优化设计提供依据。

3. 设备安装后试运行阶段基础振动测试

在设备开机、正常运转、关机三种工况下，测试基础各控制点振动主频和线位移，以判断压缩机运转过程中是否出现基础共振，影响设备安全。

三、基础动力特性测试关键技术

1. 稳态受迫振动动力参数测试

本项目设备基础大，测试要求高，应产生足够激振力，使基础有效激振。相对于单个激振器，组合激振器（图 7-4-1）能成倍增加激振力。当采用 3 档激振时，竖向激振频率可达 50Hz，激振力可达 64.5kN。

图 7-4-1　组合激振器照片

采用组合激振器激振，根据基础大小选择不同档位，激振力可满足基础有效激振要求，其中，扭转振动激振力是目前扭转振动测试的唯一选择（电磁式激振设备激振力小，无法满足测试要求）。

2. 测点布置与激励方式

不同激励下，结构响应中的模态可能不同，与激励频带分布、激励点位置、测点位置有关。

在基础顶面关键节点布置测点，立柱上也相应布点；激励点位置和激励方向选择很关键；为获得较全面的结构多阶振型，采用多种激励（自然振源激振和人工激振），分别激发低阶和高阶振动。

四、基础动力特性测试结果

1. 基础动力参数测试

以 2 号压缩机大块式基础测试为例，进行基础竖向、水平向和扭转向稳态受迫振动试验。

（1）激振设备及振动测点布置

采用组合式中型激振器，激振设备安装在基础顶面中心位置，由于基础形式和尺寸限制，只能进行南北向水平激振。扭转振动时，调整两个水平激振器偏心块转动方向，实现块体基础扭转受迫振动的激励。激振设备与测点布置见图 7-4-2。

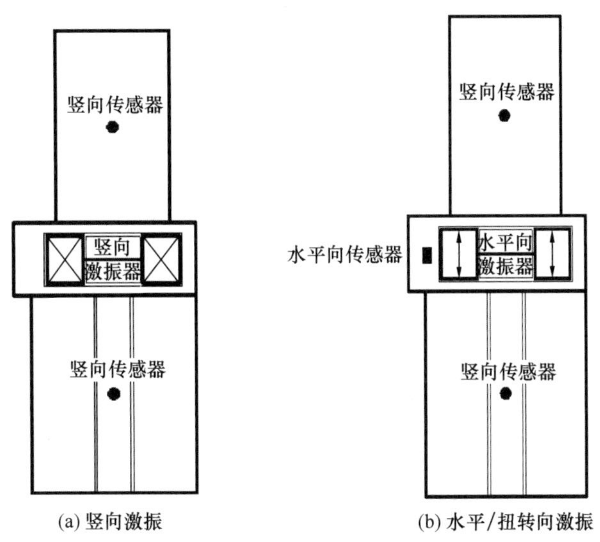

图 7-4-2　基础激振设备与测点布置图

（2）测试结果

调整激振器扰力方向，对基础施加竖向、水平或扭转向简谐扰力，调整电动机转速，对基础进行扫频激振，分别得到基础振动竖向、水平向和扭转向幅频响应 $D\sim f$ 曲线，如图 7-4-3。根据国家标准《地基动力特性测试规范》GB/T 50269—2015 计算基础振动特性参数，包括压缩机基础共振频率、刚度、刚度系数、阻尼比等，见表 7-4-3。

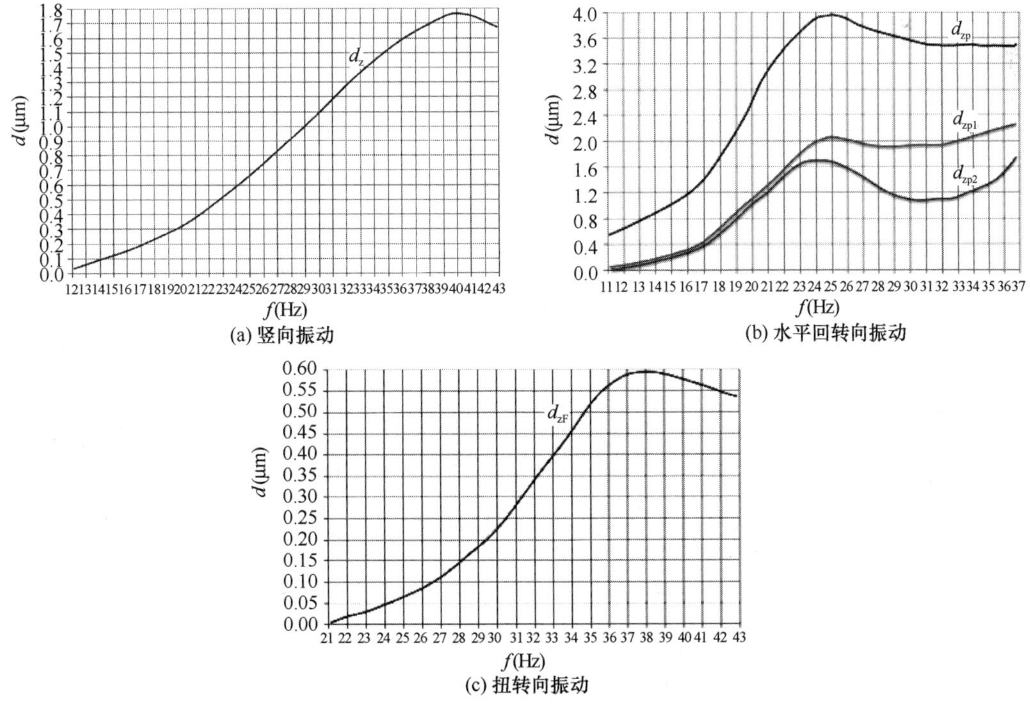

图 7-4-3　基础受迫振动幅频曲线

2 号基础受迫振动动力参数 **表 7-4-3**

共振频率（Hz）		阻尼比		刚度（kN/m）	
竖向共振频率 f_{mz}	40.5	竖向阻尼比 ζ_z	0.33	竖向抗压刚度 K_z	2.9×10^7
水平向共振频率 f_{m1}	24.9	水平回转向第一振型阻尼比 $\zeta_{x\varphi1}$	0.24	水平抗剪刚度 K_x	9.4×10^6
				抗弯刚度 K_φ	8.8×10^7
扭转向共振频率 f_m	38.1	扭转向阻尼比 ζ_Ψ	0.21	抗扭刚度 K_Ψ	3.7×10^8

2. 模态测试

以 1 号压缩机构架式基础测试为例进行说明。

（1）振动测试点及锤击点设置

为测试构架式基础的多阶模态振型，在基础顶面圈梁和立柱的重要位置布置测点。每根立柱的中间位置各布置 1 只东西向和南北向水平传感器，共布置 20 只；基础顶面圈梁与立柱交接部分布置 7 只水平向传感器；基础顶面圈梁重要位置布置 17 只竖向传感器。锤击点与测点布置如图 7-4-4 所示。

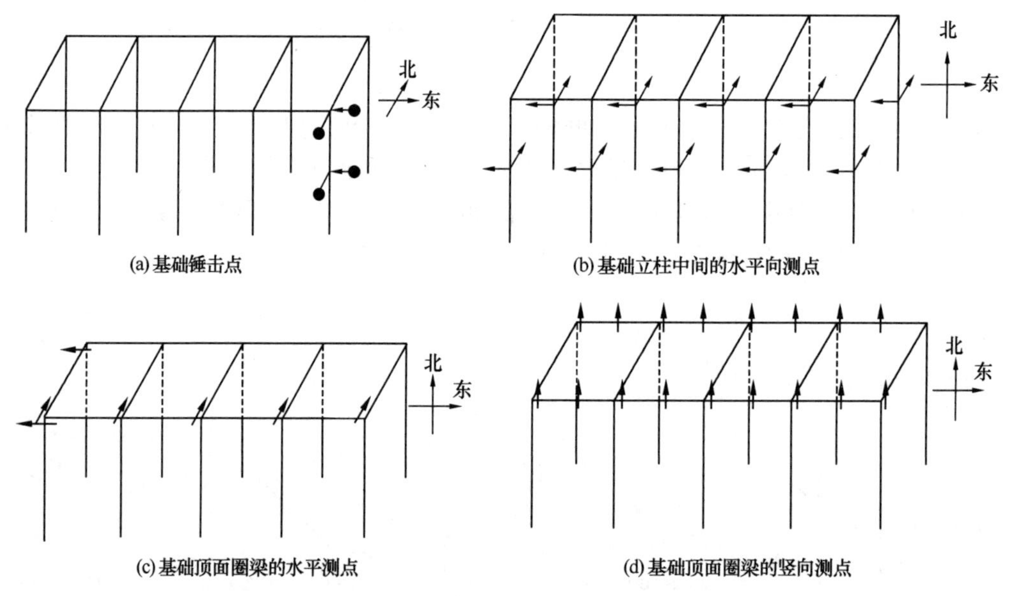

图 7-4-4　基础锤击点和测点布置图

（2）测试结果

分别进行地脉动和锤击两种激励，选取部分测试信号进行频谱分析，如图 7-4-5 所示。1 号构架式基础共有七阶振型，见表 7-4-4，图 7-4-6 给出部分模态振型图。

1 号基础模态分析结果 **表 7-4-4**

阶数	频率（Hz）	阻尼比	振型
第一阶	3.30	0.052	东西向一阶摆动
第二阶	3.61	0.005	南北向一阶摆动
第三阶	4.66	0.046	扭转
第四阶	24.69	0.002	南北向一阶弯曲（类似于自由梁一阶弯曲）

续表

阶数	频率（Hz）	阻尼比	振型
第五阶	31.32	0.020	两侧立柱弯曲
第六阶	34.41	0.025	局部立柱弯曲
第七阶	37.68	0.018	立柱同向弯曲（两端不动，中间弯曲）

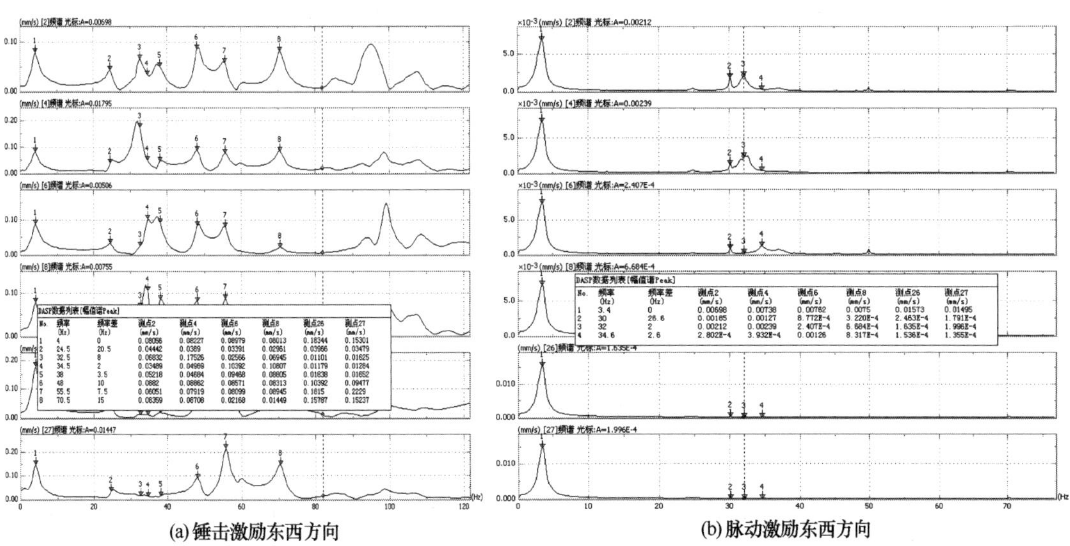

(a) 锤击激励东西方向　　(b) 脉动激励东西方向

图 7-4-5　部分测试信号频谱曲线

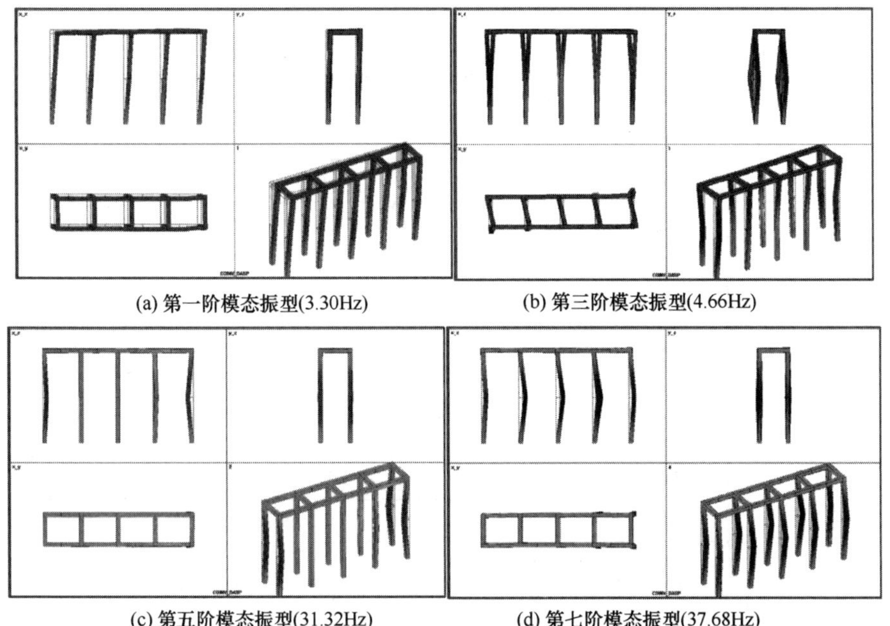

(a) 第一阶模态振型(3.30Hz)　　(b) 第三阶模态振型(4.66Hz)

(c) 第五阶模态振型(31.32Hz)　　(d) 第七阶模态振型(37.68Hz)

图 7-4-6　部分模态振型

3. 设备试运行阶段基础振动测试

以 1 号压缩机构架式基础振动测试为例进行说明。

（1）压缩机参数

1 号压缩机由蒸汽透平机和压缩机组成，其中，蒸汽透平机重量 108t，压缩机分低压段、中压段和高压段，总重量约 420t，额定功率 55696kW 时，工作转速 4234r/min。

（2）测点布置

在设备试运行阶段（试车阶段）进行测试，获得压缩机基础控制点三个方向（东西、南北、竖向）振动速度和振动线位移，基础设备测点布置见图 7-4-7。

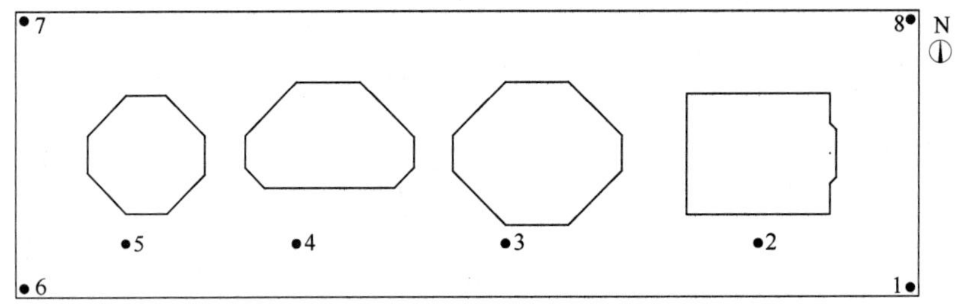

图 7-4-7　1 号基础设备试运行阶段测点布置图

（3）测试结果

表 7-4-5 给出设备开车、正常运行阶段部分转速下振动测试结果统计，每个测点安装三个分量传感器。

不同转速下测点振动　　表 7-4-5

试车状态	转速（r/min）	测试方向	振动主频（Hz）	振动速度均方根值（10^{-3}cm/s）	振动位移均方根值（μm）
开车	600	南北	3.1～3.5	2.3～3.6	1.4～1.9
		东西	3.1	1.8～2.7	1.1～1.5
		竖向	2.7	0.8～1.1	0.3～0.4
开车	1686	南北	3.1～3.5，28.1	6.3～11.0	2.6～3.2
		东西	3.1，28.1	5.6～9.9	2.3～2.7
		竖向	28.1	1.7～2.4	1.1～1.5
开车	3702	南北	3.1，61.7	16.0～38.0	2.6～3.4
		东西	3.1，61.7	15.0～32.0	2.1～2.7
		竖向	61.7	8.2～35.0	0.6～2.1
正常运转	4122	南北	68.7	24.0～30.0	2.8～3.1
		东西	68.7	13.0～37.0	1.6～1.9
		竖向	68.7	6.1～77.0	0.7～2.0
正常运转	4308	南北	71.8	11.0～39.0	2.6～3.6
		东西	71.8	4.1～32.0	1.7～3.0
		竖向	71.8	8.3～28.0	0.7～1.8

测试结果表明：

1）各转速下南北向振动速度和位移最大，东西向次之，竖向最小，符合框架结构的振动特性。

2）最大振动速度（均方根值）南北向 39×10^{-3}cm/s，最大振动位移（均方根值）南北向 3.6μm，对应转速 4308r/min。

3）基础振动具有设备运转的频率成分，东西向和南北向低频振动主要是框架结构的摇摆振动，低频摇摆振动是造成较大水平向位移的主要因素，与设备安装前的模态分析结果吻合。

4）设备运转过程振动幅值变化平缓，未出现明显共振现象。

[实例 7-5] 强夯施工振动对预制梁区影响测试

一、工程概况

济南市轨道交通 R1 线工程位于济南市西部新城区（图 7-5-1），是济南市轨道交通线网中贯穿西部新城南北的一条主干线。范村车辆基地位于 R1 线路中部，赵营站南侧地块内。中铁十四局 U 形梁制梁、存梁区，位于济南市轨道交通 R1 线范村车辆基地强夯区附近。由于强夯施工会产生很大振动，会对其产生影响，须开展振动影响测试。

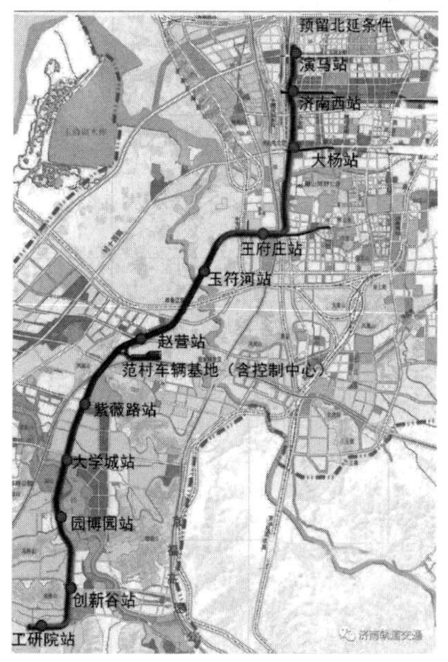

图 7-5-1　济南市轨道交通 R1 线分布图

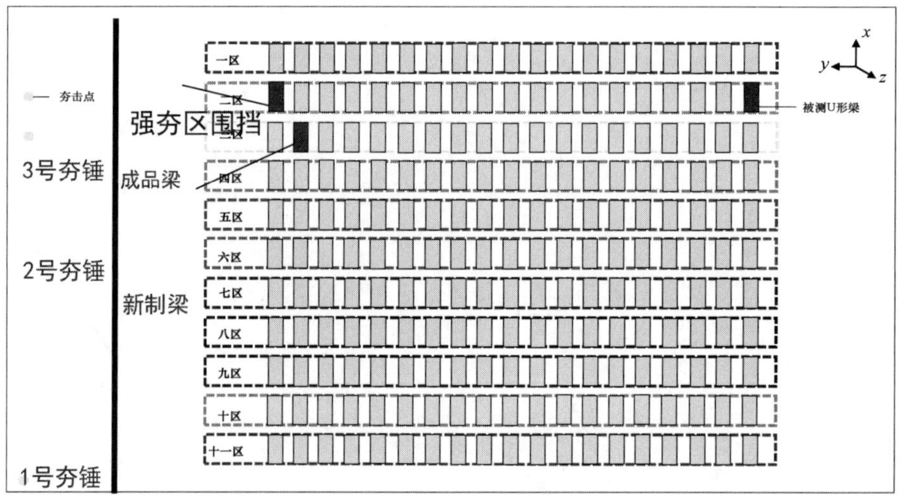

图 7-5-2　U 形梁存区示意图

图 7-5-2 给出 U 形梁存区示意图，1 号夯锤的夯击能为 3000kN·m，锤重 23.6t，落锤高度 13m；2 号夯锤夯击能为 3000kN·m，锤重 15.7t，落锤高度 19.1m；3 号夯锤夯击能为 4000kN·m，锤重 22.7t，落锤高度 17.6m；3 号夯锤夯击产生的振动能量最大。夯击距围挡最远距离约 160m，距围挡最近距离约 60m。

二、振动测试方案

1. 振动测试内容

（1）新制 U 形梁强夯振动测试；

（2）成品 U 形梁强夯振动测试；

（3）强夯区边界至 U 形梁振动衰减测试；

（4）U 形梁振动模态测试，并与数值计算结果对比。

2. 测点布置方案

（1）U 形梁测点布置方案

U 形梁测试时，沿梁纵向从北到南依次等间距布置五组测点（x 向），每组包含五个测点（y 向），测点编号为 1～25。测试采用五个传感器进行同步测试，每组测试采集 2～3 组夯机重锤落地的振动数据。U 形梁测点分组编号如表 7-5-1 所示，图 7-5-3 给出 U 形梁测点布置示意图。

U 形梁测点分布及分组表　　　　**表 7-5-1**

测点分布	U 形梁测点				
	第 1 组	第 2 组	第 3 组	第 4 组	第 5 组
测点分组	1	6	11	16	21
	2	7	12	17	22
	3	8	13	18	23
	4	9	14	19	24
	5	10	15	20	25

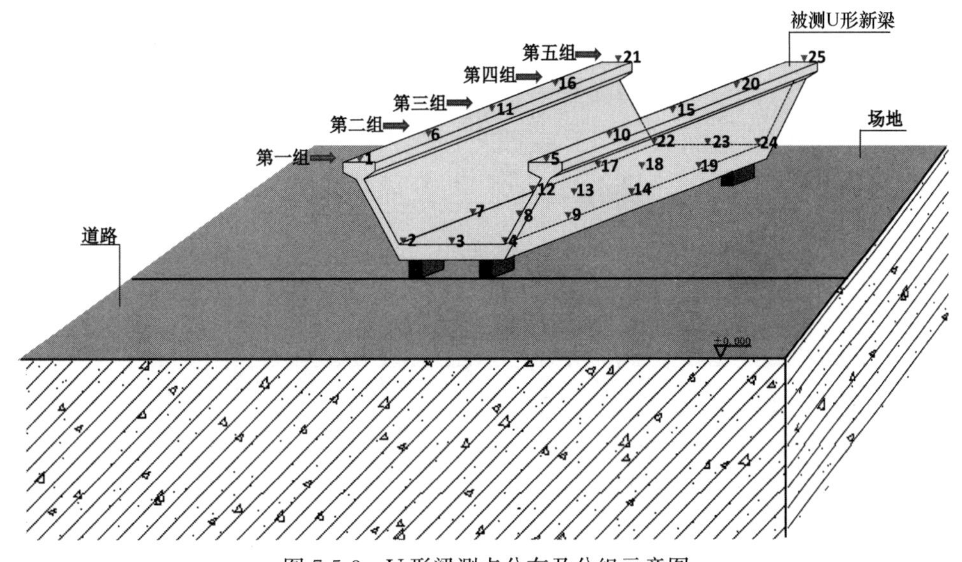

图 7-5-3　U 形梁测点分布及分组示意图

（2）衰减测试测点布置方案

对强夯区边界（图 7-5-2 中的围挡结构）至 U 形梁支座处（离围挡最近支座）开展振动衰减测试，强夯区边界距梁支座大约 17m，共布置 9 个测点，如图 7-5-4 所示。

（3）模态测试测点布置方案

对图 7-5-2 中的成品梁开展 U 形梁振动模态测试，模态测试设备有：三向加速度传感器、采集仪及分析软件、力锤。基于三向锤击法对梁进行锤击，通过力触法输入激励，以采集振动响应。模态测试测点布置共分 7 组，每组包括 5 个测点，测点号 1～35；每个锤击点锤击 3 次，以平均消除误差。锤击点与测点布置示意如图 7-5-5、图 7-5-6 所示。

图 7-5-4　衰减测试示意图

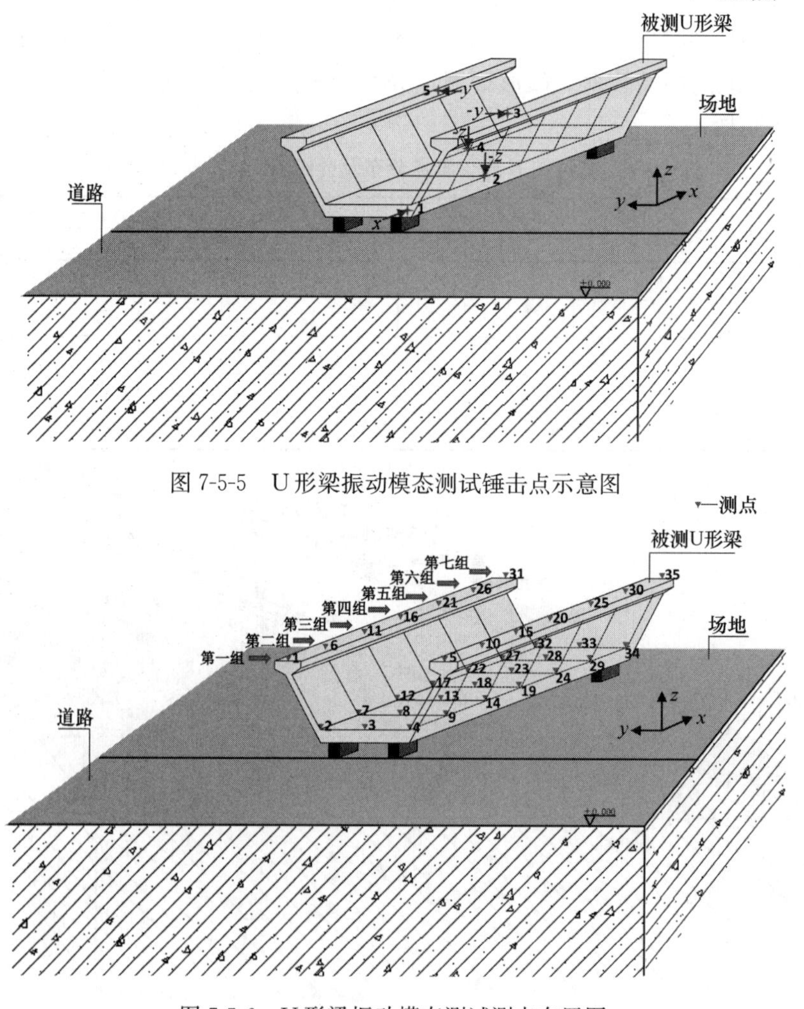

图 7-5-5　U 形梁振动模态测试锤击点示意图

图 7-5-6　U 形梁振动模态测试测点布置图

三、测试数据分析

1. U 形梁振动测试

国家标准《建筑工程容许振动标准》GB 50868—2013 中规定的容许振动值如表 7-5-2 所示。本工程中的 U 形梁属于不能划归为“工业建筑、公共建筑”以及“居住建筑”的一类构筑物，建筑顶面的容许振动速度峰值应为 6.0mm/s。

强夯施工对建筑结构影响在时域范围内的容许振动值　　表 7-5-2

建筑物类型	顶层楼面容许振动速度峰值（mm/s）	基础容许振动速度峰值（mm/s）	
	1～50Hz	1～10Hz	50Hz
工业建筑、公共建筑	24.0	12.0	24.0
居住建筑	12.0	5.0	12.0
对振动敏感、具有保护价值，不能划归上述两类的建筑	6.0	3.0	6.0

新建 U 形梁振动测试结果如图 7-5-7 所示。

2. 强夯区边界至 U 形梁振动衰减测试

图 7-5-8 给出强夯区边界至 U 形梁振动衰减分析结果。

3. U 形梁振动模态测试及与数值结果对比分析

对 U 形梁振动模态测试数据进行分析，共得到前 9 阶模态，各阶模态对应的频率、阻尼比如表 7-5-3 所示。

U 形梁振动各阶模态频率及阻尼比　　表 7-5-3

阶数	频率（Hz）	阻尼（%）	振型	阶数	频率（Hz）	阻尼（%）	振型
1	4.689	2.579	竖向一阶弯曲	6	18.497	1.127	横向一阶开合
2	7.006	6.153	横向一阶摆动	7	21.023	5.529	横向三阶摆动
3	8.484	8.146	整体横向转动	8	21.513	1.586	横向二阶开合
4	15.756	3.677	横向二阶摆动	9	25.570	1.603	横向三阶开合
5	16.598	8.334	竖向二阶弯曲	—	—	—	—

4. U 形梁模态数值计算

数值计算对于 U 形梁实际模态测试具有重要的指导意义，本工程中 U 形梁模态振动测点布置，需根据有限元模态数值计算结果进行合理有效的布置，以确保实际测试结果能较准确地反映 U 形梁模态。根据 U 形梁设计资料，进行有限元数值计算，网格划分精度取 0.5m，与实际振动模态测试的截面划分情况近似。有限元模型如图 7-5-9 和图 7-5-10 所示。

5. 测试模态与数值计算模态对比分析

对比实际测试模态与有限元数值计算模态，如表 7-5-4 所示，两者误差较小，表明测试及数值计算结果可靠。

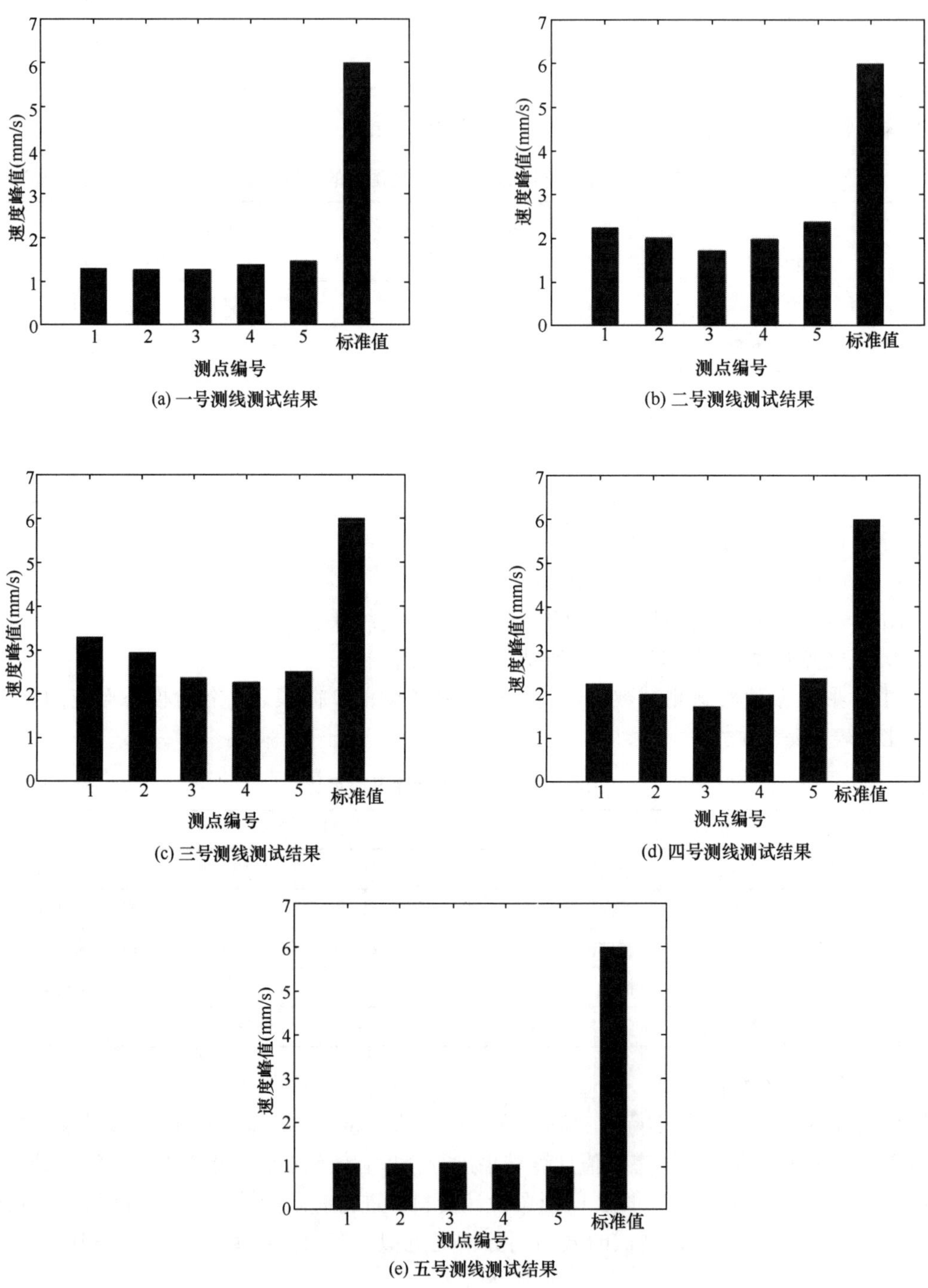

图 7-5-7　新建 U 形梁振动测试结果

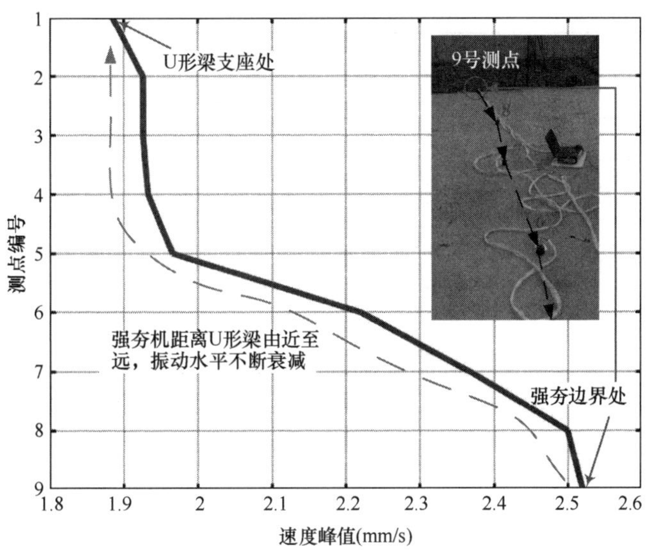

图 7-5-8　强夯区边界至 U 形梁振动衰减分析示意图

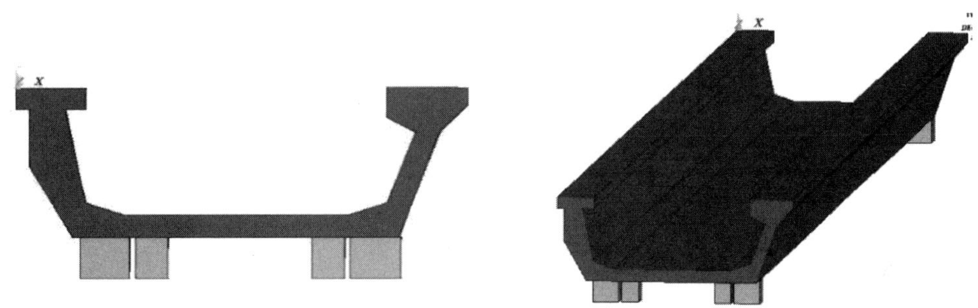

图 7-5-9　U 形梁有限元建模

图 7-5-10　U 形梁有限元模型网格划分

U 形梁振动各阶模态测试结果与数值结果对比　　**表 7-5-4**

阶数	测试模态频率（Hz）	数值计算模态频率（Hz）	误差（%）
1	4.689	4.05978	13
2	7.006	7.54861	8
3	8.484	8.06969	5
4	15.756	14.9321	5

续表

阶数	测试模态频率（Hz）	数值计算模态频率（Hz）	误差（%）
5	16.598	16.3692	1
6	18.497	16.6052	10
7	21.023	19.8084	6
8	21.513	21.0432	2
9	25.570	22.8728	11

[实例 7-6] 德胜国际中心长距离坡道振动测试

一、工程概况

德胜国际中心长距离坡道振动测试项目位于北京西城德外大街西侧（图 7-6-1），德胜门城楼西北 500m，地面交通量大，并承担一定负荷的地下交通。经现场踏勘，地下车库的 2 号斜坡道及负一层会议室出现严重的振动超标，造成德胜国际中心人体舒适问题，甚至造成部分结构裂缝。

图 7-6-1　德胜国际中心

为进一步明确、诊断振动危害情况，为制定减振、隔振方案提供依据，需开展振动测试。

二、振动测试方案

1. 振动测试流程

测试主要包含：地下车库 2 号长距离斜坡道振动，负一层物业会议室、负一层物业办公区、负一层商户区振动。振动测试流程如图 7-6-2 所示。

2. 测点布置方案

(1) 斜坡道测点布置

2 号斜坡道为负二层停车场车辆驶出坡道，全长约 65m。当有车辆、特别是较重型车辆由负二层停车场通过坡道时，振感明显。振动测点布置如图 7-6-3 所示。

(2) 负一层物业会议室、负一层物业办公区、负一层商户区测点布置

当有车辆、特别是较重型车辆由负二层停车场通过 2 号坡道时，负一层物业办公区（2 号坡道正下方）楼顶天花板以及楼底板振感明显，楼顶天花板吊顶装修振动及噪声非常明显。

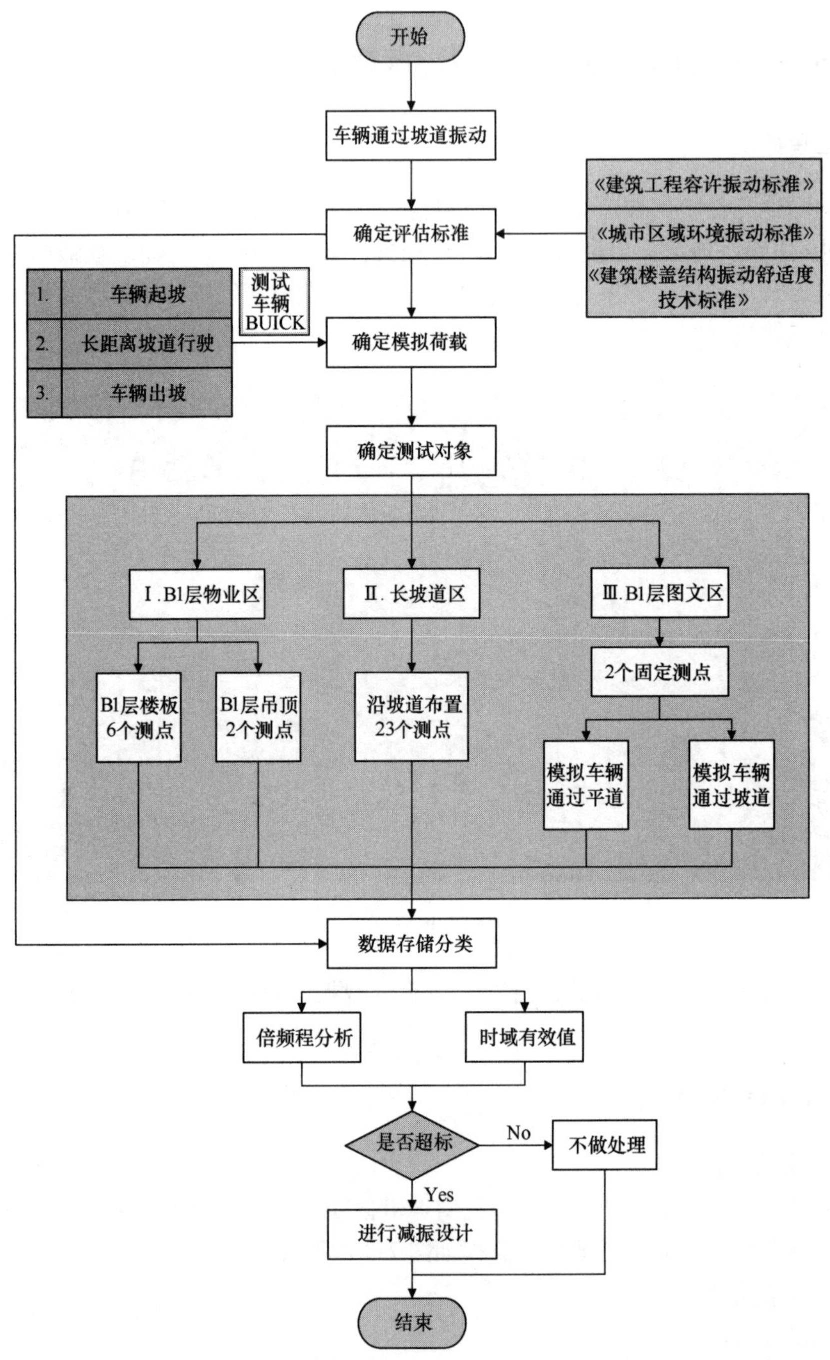

图 7-6-2　振动测试流程

对于负一层商户，振动测试主要包括：①平车道有车辆（别克君越）通过时，测试商铺楼板振动情况；② 2 号坡道有车辆通过时，测试商铺楼板振动情况。测点布置如图 7-6-4 所示。

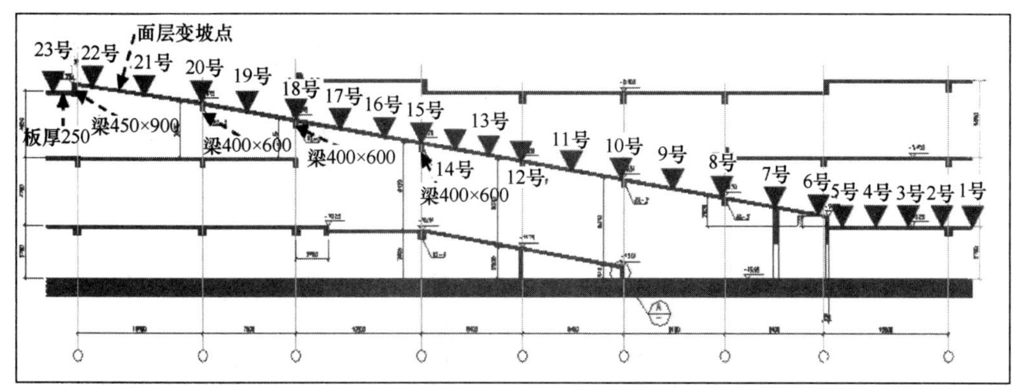

图 7-6-3 2 号坡道测点布置图

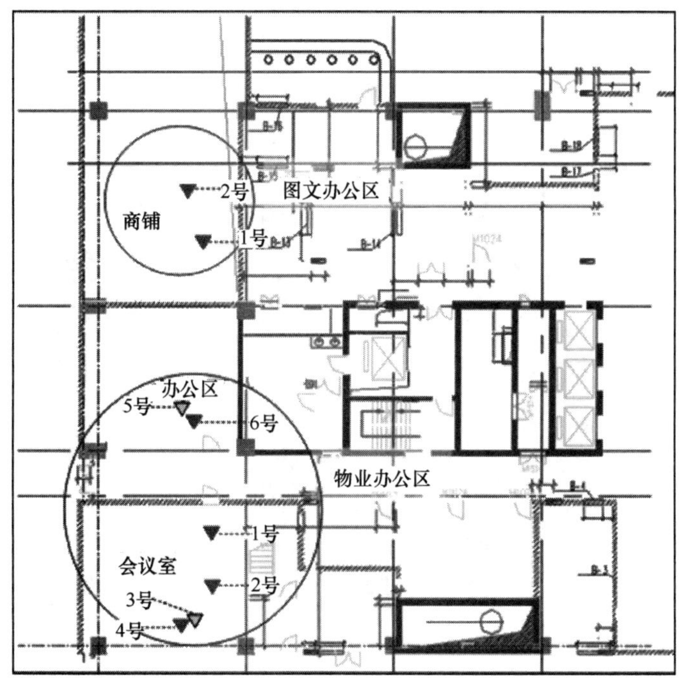

图 7-6-4 负一层物业办公区、负一层物业会议室及负一层商户振动测试测点布置方案

三、测试数据分析

1. 负一层振动测试数据分析

根据国家标准《建筑工程容许振动标准》GB 50868—2013，对德胜国际中心地下车库 2 号长距离斜坡道、负一层物业会议室、负一层物业办公区、负一层商户区的振动进行评价，具体如下：

（1）2 号长距离斜坡道频域响应（倍频程）如图 7-6-5 所示。

（2）负一层物业会议室频域响应（倍频程）如图 7-6-6 所示。

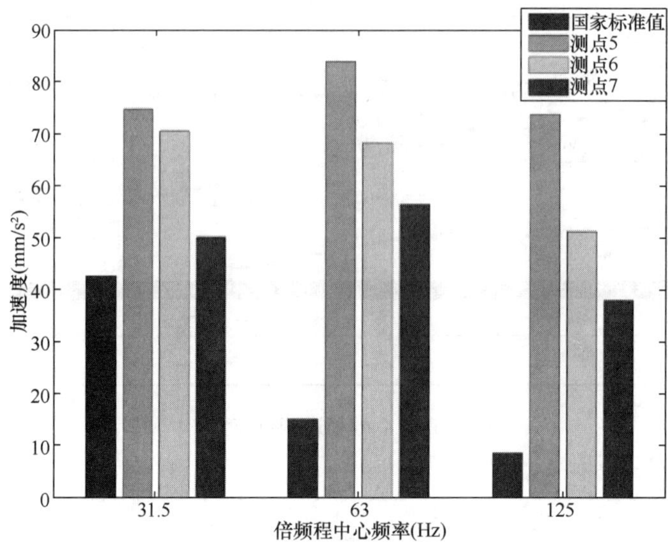

图 7-6-5　2 号坡道测点 5～7 与标准对比

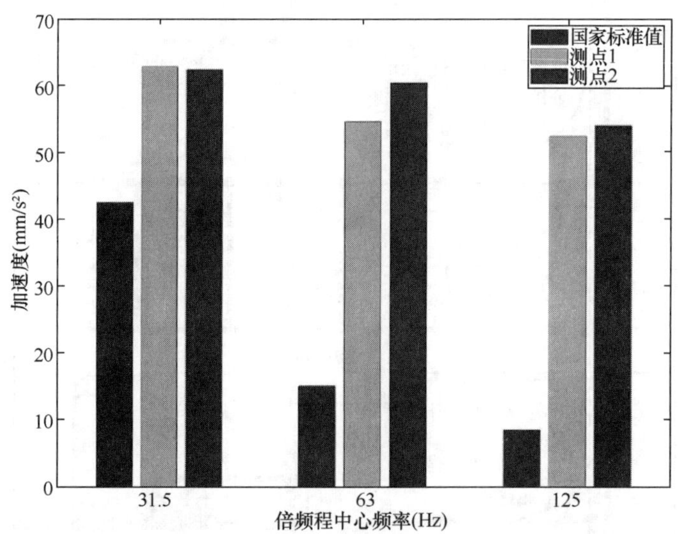

图 7-6-6　负一层物业会议室测点 1、2 与标准对比

（3）负一层物业办公区频域响应（倍频程）如图 7-6-7 所示。

（4）负一层商户区频域响应（倍频程）如图 7-6-8 所示。

2. 2 号斜坡道振动测试数据分析

5 号测点位于坡道与楼面搭接处，其连接面为悬空板面，故将 5 号点剔除并分别进行对比分析，如图 7-6-9 所示。

3. 车辆加速行驶阶段与出坡阶段振动测试数据对比分析

选择不同位置测点（地下车库长距离坡道地下平面段、地下车库长距离坡道斜坡段、地下车库长距离坡道出坡段、负一层物业会议室地面、负一层物业会议室吊顶、负一层物业办公区地面、负一层物业办公区吊顶），开展上坡过程车辆加速行驶与车辆出坡振动响应对比，如图 7-6-10～图 7-6-14 所示。

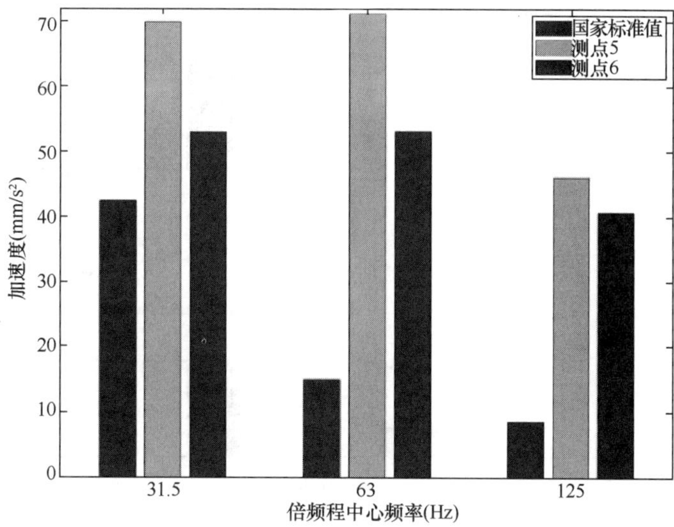

图 7-6-7　负一层物业办公区测点 5、6 与标准对比

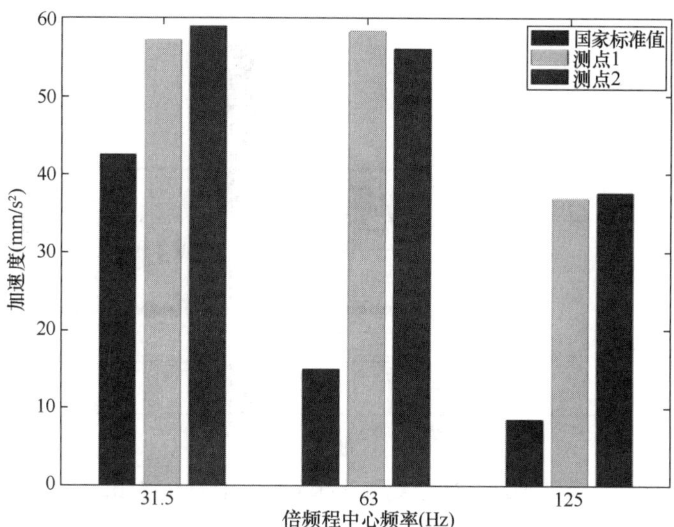

图 7-6-8　负一层商户区 1、2 测点与标准对比

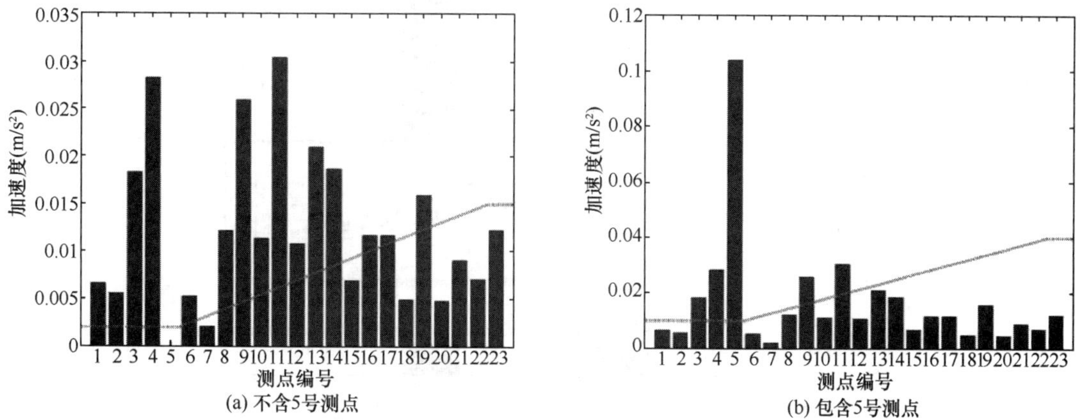

图 7-6-9　斜坡道各测点加速度有效值对比

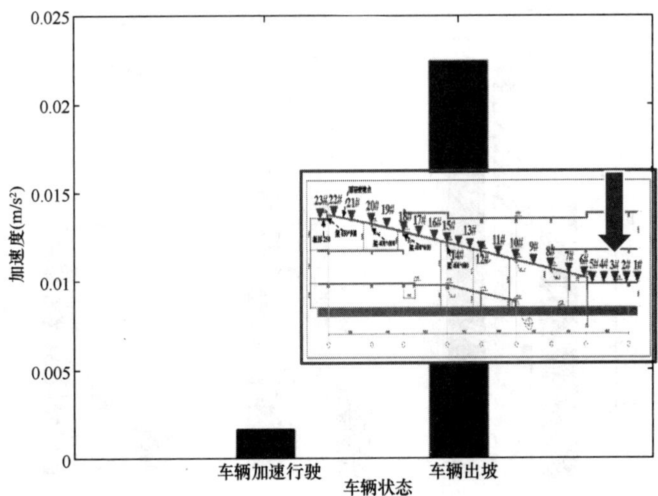

图 7-6-10　斜坡道 3 号点入坡、出坡响应对比

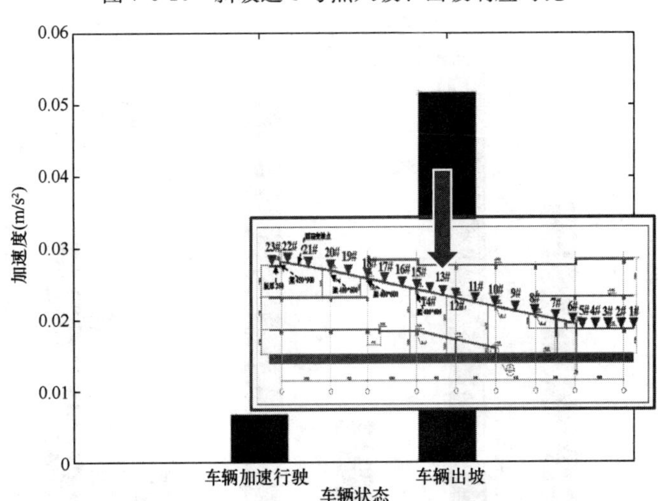

图 7-6-11　斜坡道 13 号点入坡、出坡响应对比

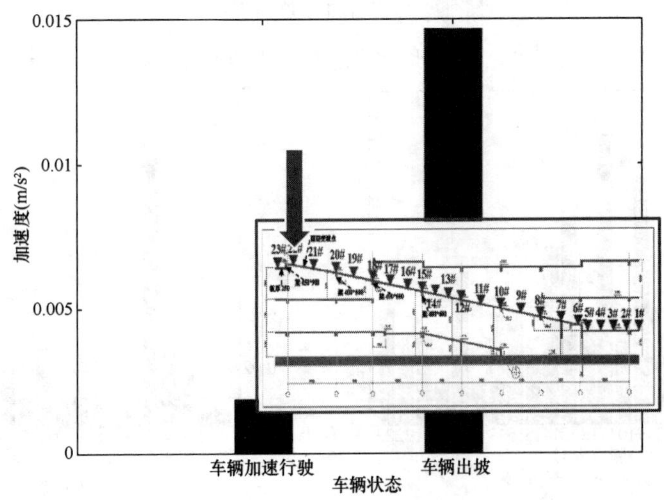

图 7-6-12　斜坡道 22 号点入坡、出坡响应对比

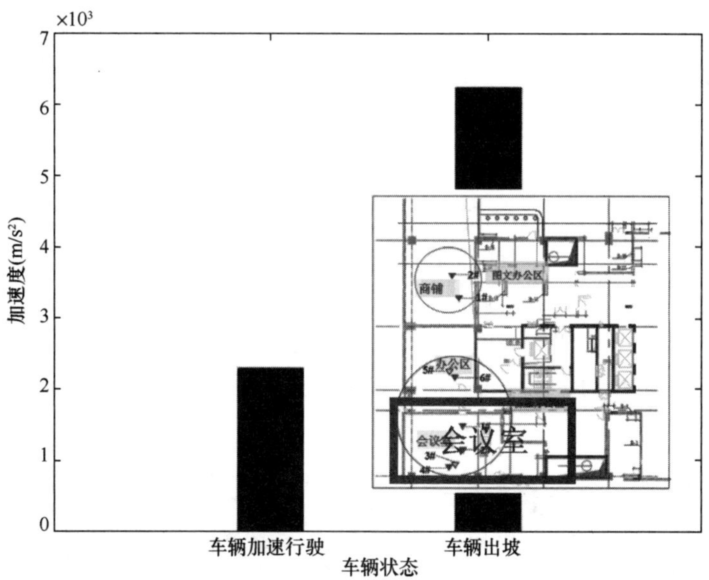

图 7-6-13 负一层物业会议室地面入坡、出坡响应对比

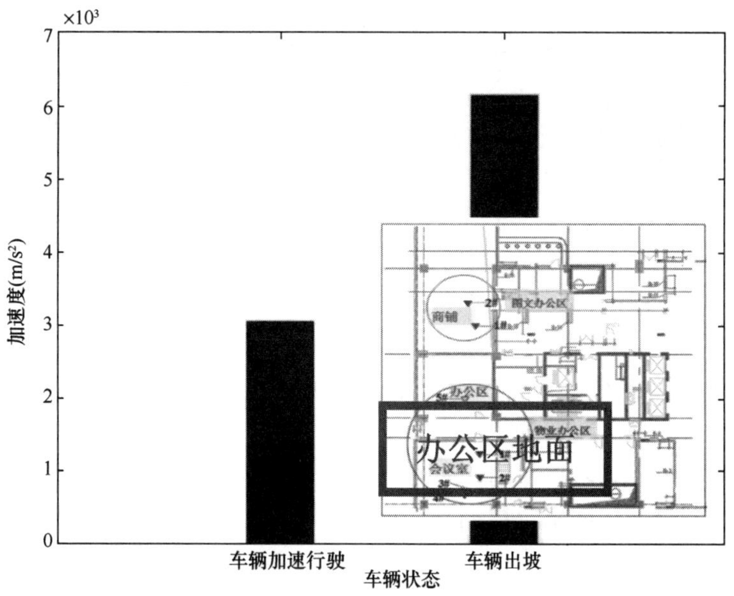

图 7-6-14 负一层物业办公区地面入坡、出坡响应对比

[实例 7-7] 山东寿光电厂汽轮发电机组弹簧隔振基础振动测试

一、项目简介

神华国华寿光电厂配备大型汽轮发电机组，汽机机组由上海电气电站设备有限公司制造，制造厂沿用“基础设计——西门子发电机组 STIM-02.001”设计准则提供技术参数，并据此对汽轮机组进行减隔振设计。

该项目为国内首次百万机组火电厂汽机，基座立柱与主厂房结构采用框架整体式弹簧基础，为检验汽机基础的振动状况是否满足国家标准，需对汽轮机组开展振动测试，如图 7-7-1 所示。

图 7-7-1　测试汽轮机

二、振动测试

振动测试时，汽轮机负荷状态为 820MW（满负荷 1000MW），额定转速 3000r/min。主要测试内容包括：

1. 汽轮发电机基础运转层振动；

2. 汽轮发电机基础中间平台层振动，评价基础隔振后的振动水平以及隔振系统的振动控制效率；

3. 汽轮发电机基础隔振沟外振动。

测点布置方案：

1. 汽轮机基础顶面运转层位置：在隔振缝内侧、汽轮机基础与隔振缝外侧，结构楼板沿 1 号机组纵向均匀布置，共 5 组，每组包含隔振缝内外 2 个测点。

2. 汽轮机基础中间平台层位置：评价基础隔振后的振动水平以及隔振系统的振动控制效率，测点布置在中间平台层柱子上，共 6 个测点，分别为发电机下方 2 个测点、低压缸下方 1 个测点、中压缸下方 1 个测点、高压缸下方 2 个测点；其中，中压缸下方测点临近高压回流水管，振动测试受较大干扰。本次测试共 16 个测点，测点布置如图 7-7-2～图 7-7-5所示。

图 7-7-2 工况一测点布置 1

图 7-7-3 工况一测点布置 2

图 7-7-4 工况一测点布置 3

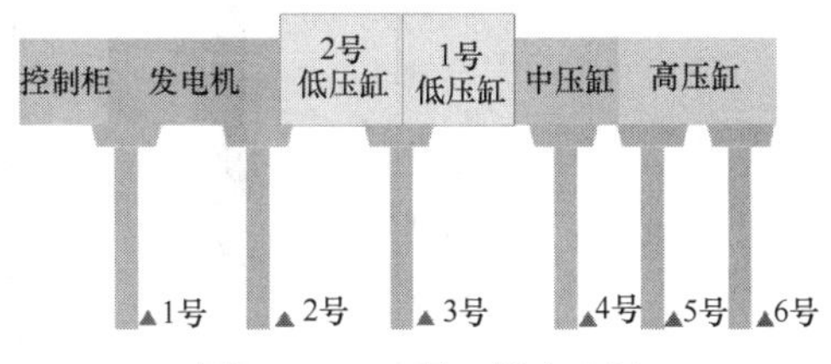

图 7-7-5 工况二测点布置

三、振动测试分析

1. 隔振缝隔振效率分析

将运转层（标高+16.45m）隔振缝内设备基础及隔振缝外结构楼板测点位移单峰值和速度均方根值，与相关标准限值进行对比，其中，运转层测点平面布置如图 7-7-6 所示，分析结果如图 7-7-7～图 7-7-12 及表 7-7-1 所示。

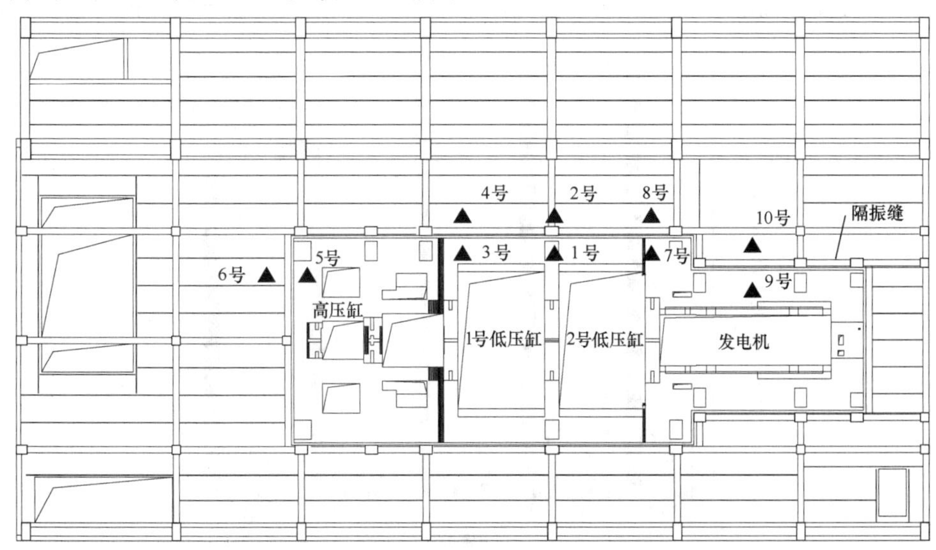

图 7-7-6 运转层隔振缝内外测点平面布置图

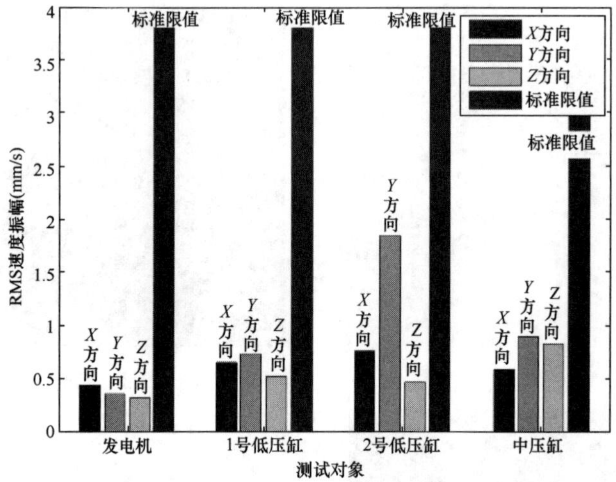

图 7-7-7　运转层隔振缝内侧基础速度均方根值与标准值对比（钢弹簧隔振系统正上方汽机基础）

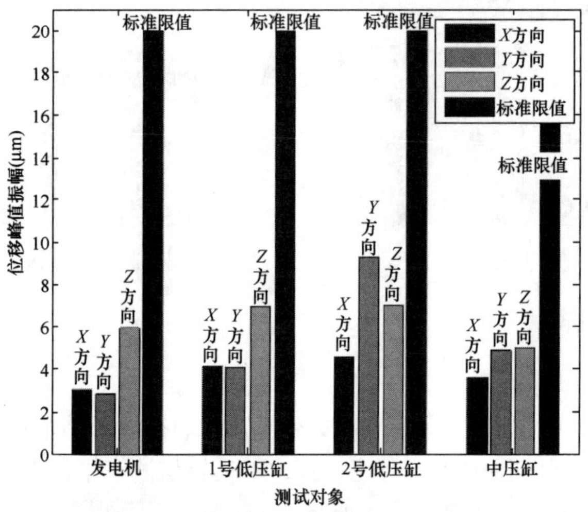

图 7-7-8　运转层隔振缝内侧基础位移单峰值与标准值对比（钢弹簧隔振系统正上方汽机基础）

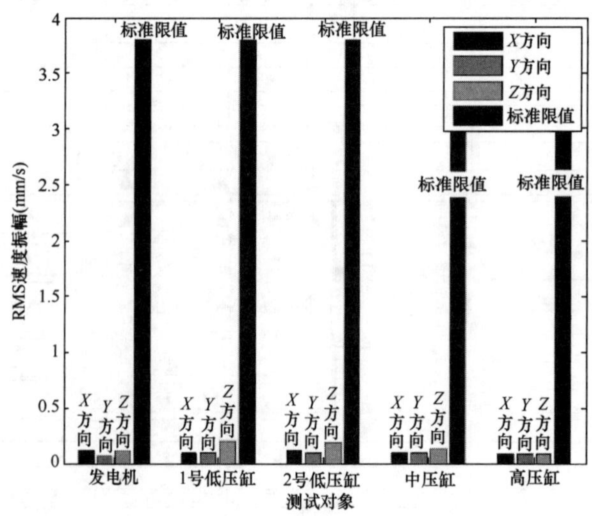

图 7-7-9　运转层隔振缝外侧楼板速度均方根值与标准值对比

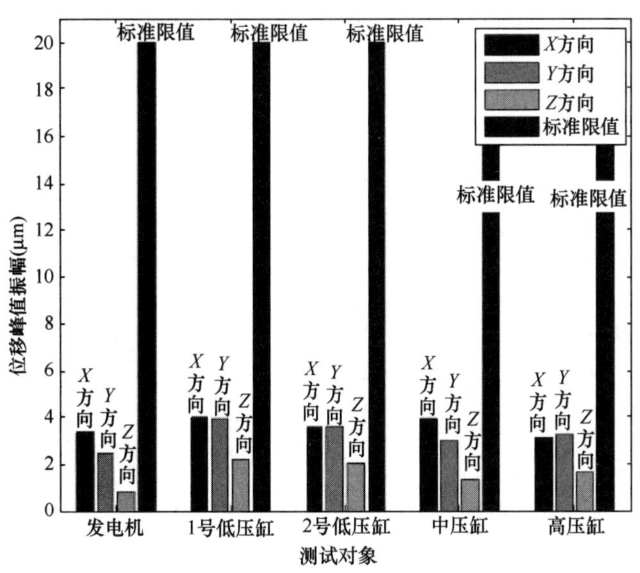

图 7-7-10　运转层隔振缝外侧楼板位移单峰值与标准值对比

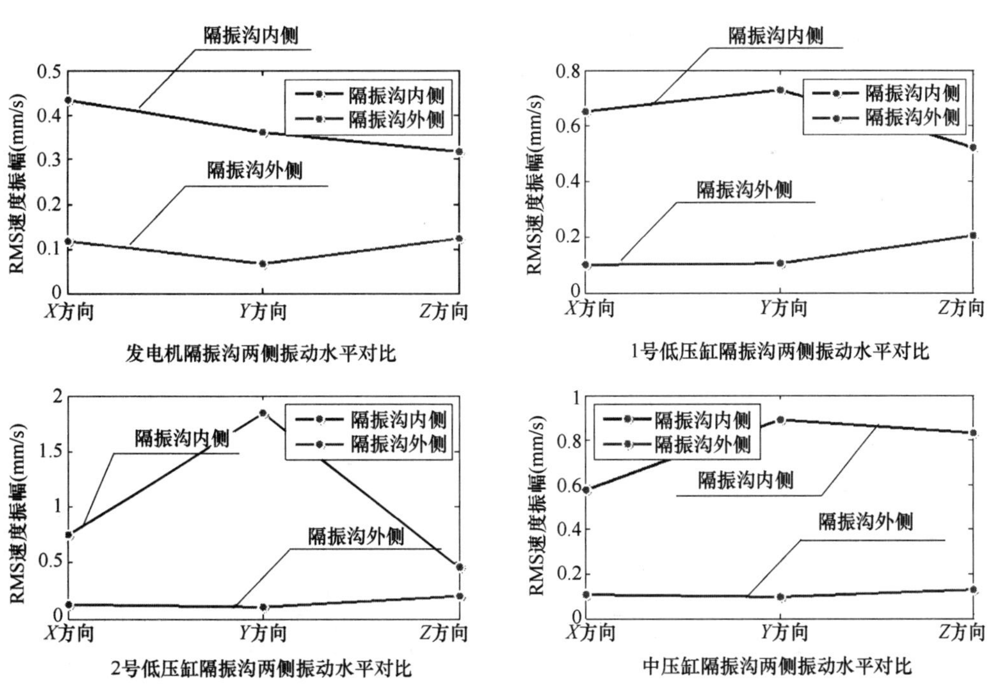

图 7-7-11　运转层隔振缝内外两侧速度均方根值对比
（钢弹簧隔振系统正上方汽机基础）

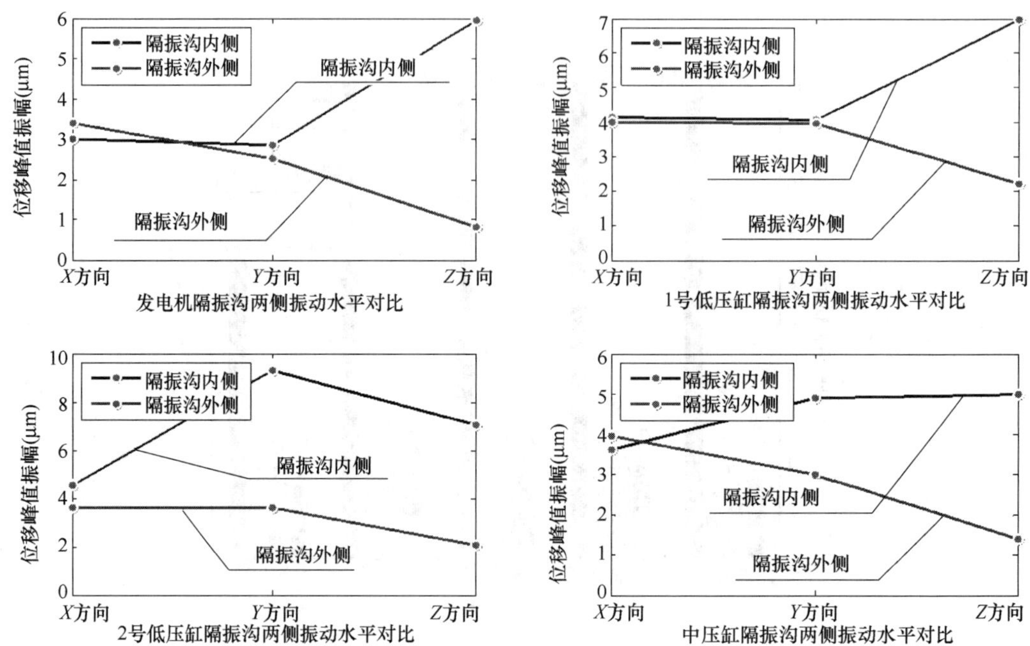

图 7-7-12 运转层隔振缝内外两侧位移单峰值对比（钢弹簧隔振系统正上方汽机基础）

运转层振动测试指标 **表 7-7-1**

测点	方向	运转层基础				速度均方根值衰减百分比	位移单峰值衰减百分比
		隔振缝内	隔振缝外				
		速度均方根值（mm/s）	位移单峰值（μm）	速度均方根值（mm/s）	位移单峰值（μm）		
发电机	X	0.435	3.013	0.118	3.385	−73%	**+112%**
	Y	0.360	2.848	0.065	2.494	−82%	−12%
	Z	0.317	5.952	0.124	0.805	−61%	−86%
1号低压缸	X	0.650	4.134	0.101	4.005	−84%	**−3%**
	Y	0.730	4.057	0.104	3.971	−86%	**−2%**
	Z	0.519	6.995	0.204	2.224	−61%	−68%
2号低压缸	X	0.756	4.547	0.120	3.595	−84%	−21%
	Y	1.839	9.320	0.099	3.640	−95%	−61%
	Z	0.462	7.047	0.196	2.066	−58%	−71%
中压缸	X	0.578	3.617	0.105	3.960	−82%	**+109%**
	Y	0.890	4.911	0.094	3.013	−89%	−39%
	Z	0.830	5.012	0.129	1.398	−84%	−72%
高压缸	X	—	—	0.091	3.160	—	—
	Y	—	—	0.083	3.300	—	—
	Z	—	—	0.091	1.658	—	—

注：“−”表示衰减，“+”表示放大，下同。

2. 隔振系统传递率分析

分析钢弹簧中间平台层（标高+8.15m）柱子处位移单峰值和速度均方根值，并验算是否满足标准限值要求，运转层测点平面布置如图 7-7-13 所示，分析结果如图 7-7-14～图 7-7-19及表 7-7-2 所示，缝内隔振基础上各测点振动水平均满足标准要求，钢弹簧隔振系统振动控制效率为 60%～97%。

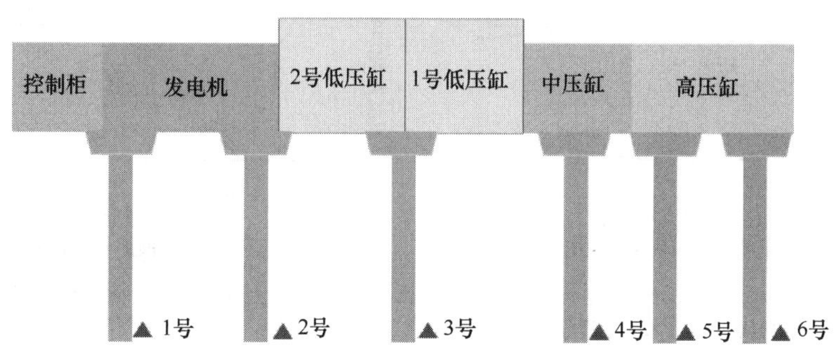

图 7-7-13　中间平台层柱子处测点布置图

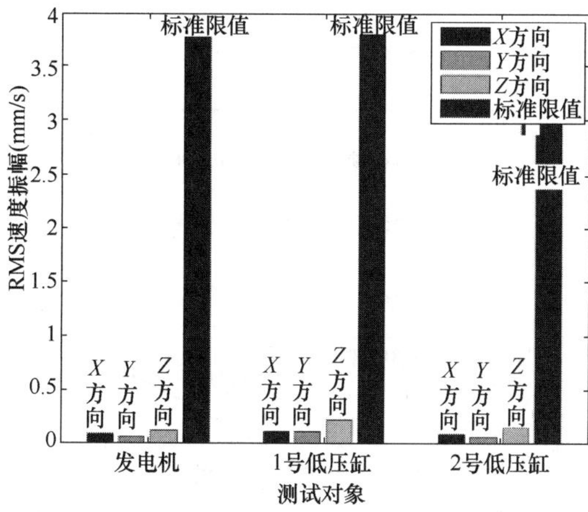

图 7-7-14　钢弹簧隔振系统正下方中间平台层柱子处速度均方根值与标准值对比

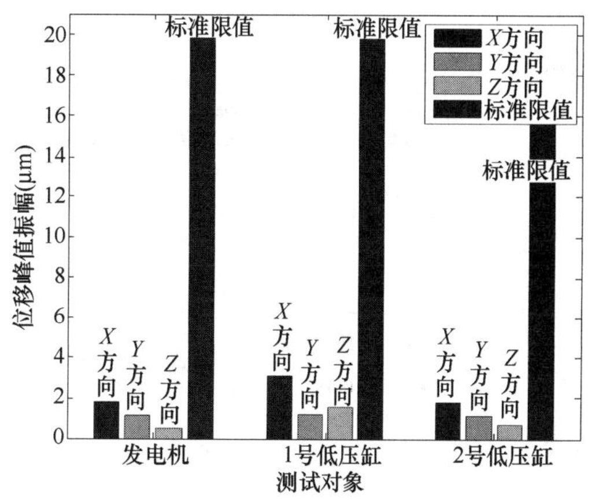

图 7-7-15　钢弹簧隔振系统正下方中间平台层柱子处位移单峰值与标准值对比

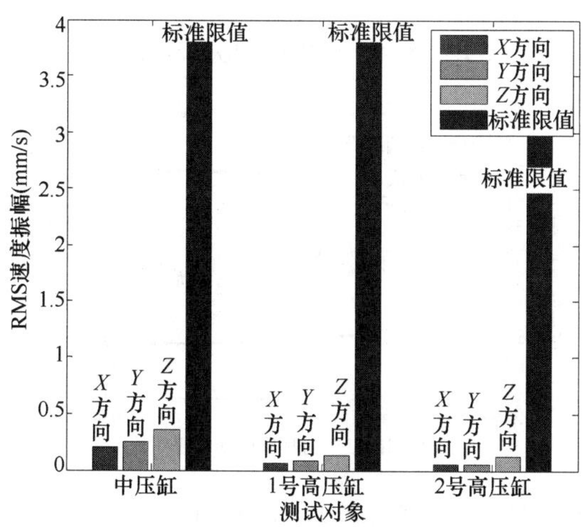

图 7-7-16　钢弹簧隔振系统正下方中间平台层柱子处速度均方根值与标准值对比

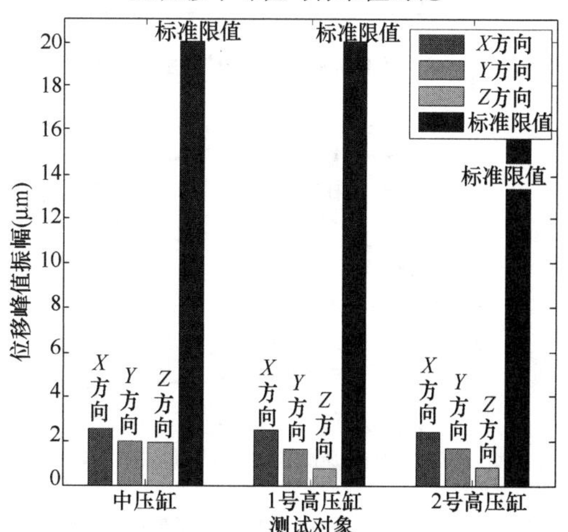

图 7-7-17　钢弹簧隔振系统正下方中间平台层柱子处位移单峰值与标准值对比

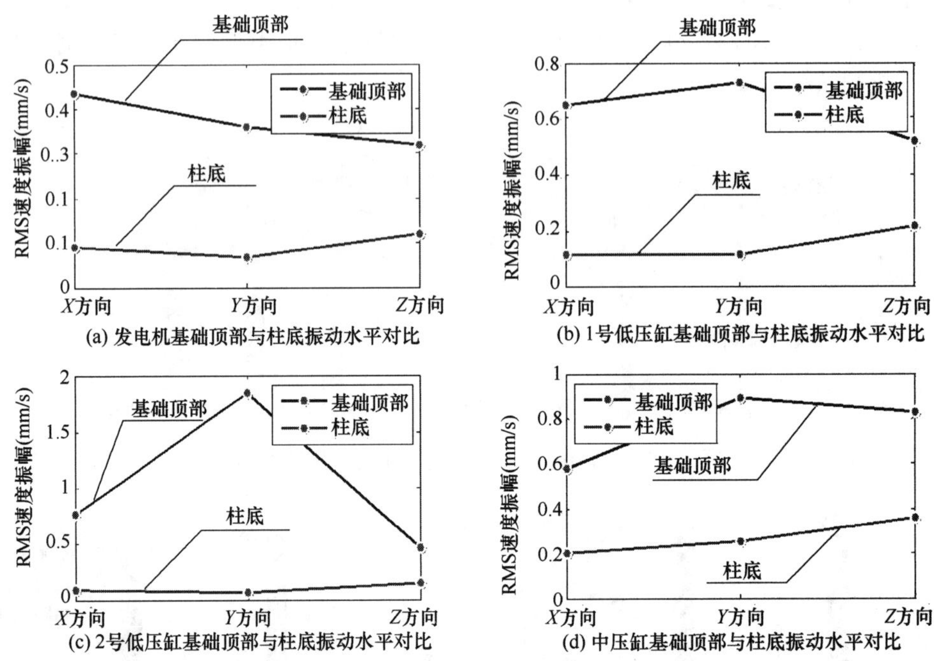

(a) 发电机基础顶部与柱底振动水平对比

(b) 1号低压缸基础顶部与柱底振动水平对比

(c) 2号低压缸基础顶部与柱底振动水平对比

(d) 中压缸基础顶部与柱底振动水平对比

图 7-7-18　基础顶部与柱子速度均方根值对比（钢弹簧隔振系统上下传递分析）

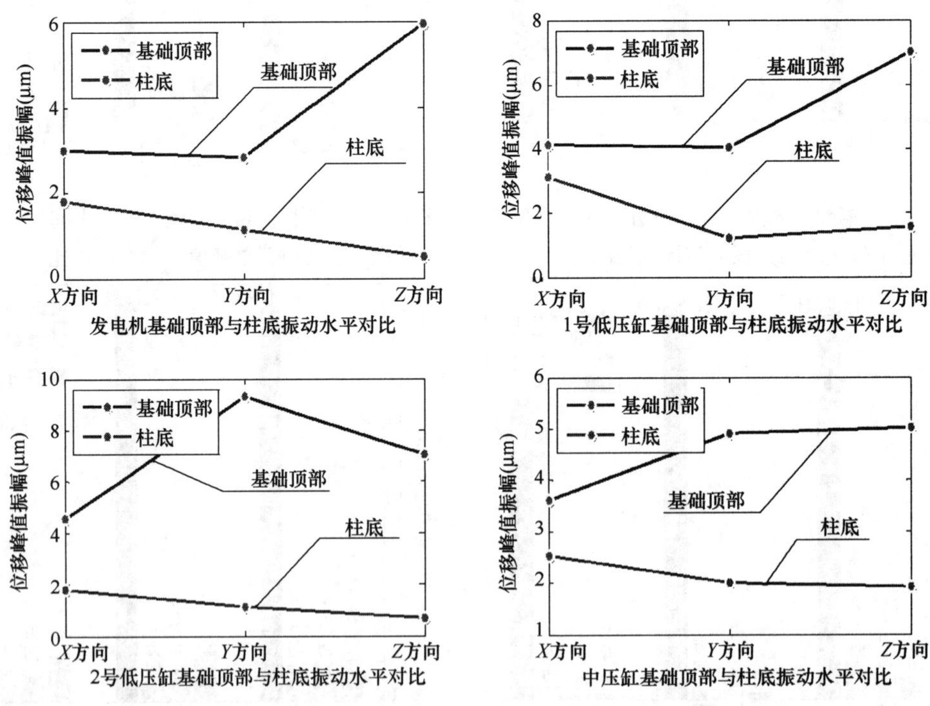

发电机基础顶部与柱底振动水平对比

1号低压缸基础顶部与柱底振动水平对比

2号低压缸基础顶部与柱底振动水平对比

中压缸基础顶部与柱底振动水平对比

图 7-7-19　基础顶部与柱子位移单峰值对比（钢弹簧隔振系统上下传递分析）

各层测点衰减指标 **表 7-7-2**

测点	方向	中间平台层柱子		运转层基础		速度均方根值衰减百分比	位移单峰值衰减百分比
		速度均方根值（mm/s）	位移单峰值（μm）	速度均方根值（mm/s）	位移单峰值（μm）		
发电机下柱	X	0.091	1.823	0.435	3.013	−79%	−39%
	Y	0.069	1.141	0.360	2.848	−81%	−60%
	Z	0.122	0.500	0.317	5.952	−62%	−92%
1号低压缸下柱	X	0.115	3.128	0.650	4.134	−82%	−24%
	Y	0.114	1.210	0.730	4.057	−84%	−70%
	Z	0.218	1.583	0.519	6.995	−58%	−77%
2号低压缸下柱	X	0.090	1.803	0.756	4.547	−88%	−60%
	Y	0.062	1.110	1.839	9.320	−97%	−88%
	Z	0.141	0.692	0.462	7.047	−69%	−90%
中压缸下柱	X	0.200	2.522	0.578	3.617	−65%	−30%
	Y	0.251	1.997	0.890	4.911	−72%	−59%
	Z	0.356	1.914	0.830	5.012	−57%	−62%
高压缸下柱（1）	X	0.060	2.468	—	—	—	—
	Y	0.093	1.654	—	—	—	—
	Z	0.131	0.742	—	—	—	—
高压缸下柱（2）	X	0.056	2.396	—	—	—	—
	Y	0.051	1.670	—	—	—	—
	Z	0.123	0.856	—	—	—	—

第二节　微 振 动 测 试

［实例 7-8］北京地铁 16 号线对北京大学精密仪器振动影响分析

一、工程概况

北京地铁 16 号线途径北京大学西侧，规划线路距北京大学校内精密仪器实验楼最近约 200m，如图 7-8-1 所示。为评估地铁线路运行状态下，北京大学精密仪器实验楼振动响应，结合已通车运行的 4 号线，对北京大学精密仪器影响进行测试评估。

图 7-8-1　线路与精密仪器位置关系示意图

精密电镜装备振动控制非常严格，部分需要在 1～100Hz 频带范围内达到 VC-F（1.5μm/s），技术指标如图 7-8-2 所示。

二、振动测试方案

为综合隔振试验方案提供输入及开展场地振动评估，确定在北京大学东门处校园内附近，以地铁 4 号线和中关村北大街地面交通为主要振源，考察距离地铁北京大学东门站以西约 300m 范围内的场地振动情况。

该测区内地质条件较为复杂，经过多次踏勘、调查、论证和分析，最终确定两条测试线路：①以北测线，包括 1 号点距离地铁约 50m、2 号点距离地铁约 100m、3 号点距离地铁约 150m、4 号点距离地铁约 200m、5 号点距离地铁约 250m、6 号点距离地铁约 300m，共 6 个测点为主测线进行测点布置；②以南测线，7 号～12 号测点为辅测线进行布置。

卫星图像测线、各测点、主要振源关系见图 7-8-3，测区内各测点和道路交通相对位置见图 7-8-4。

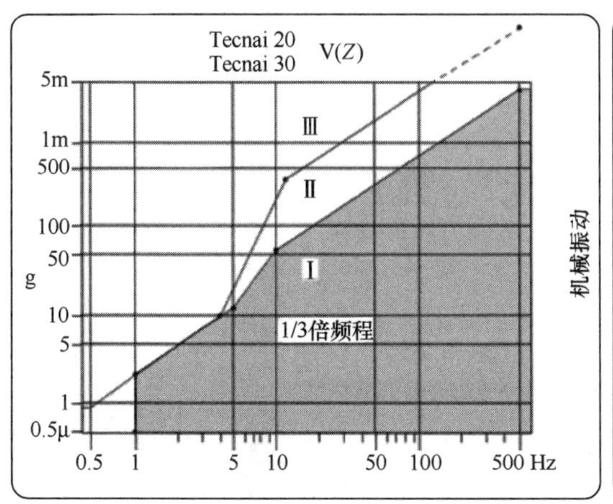

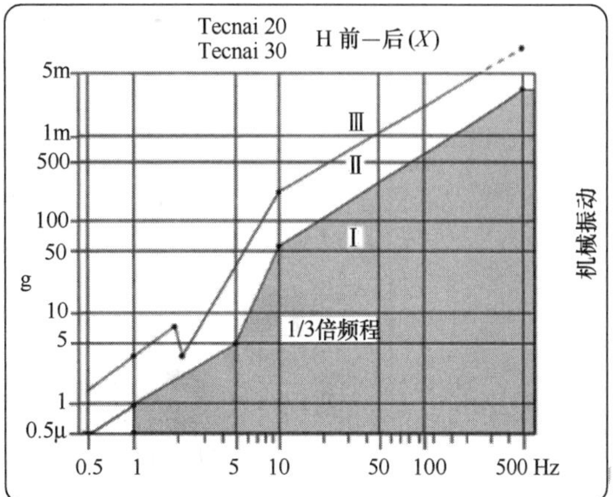

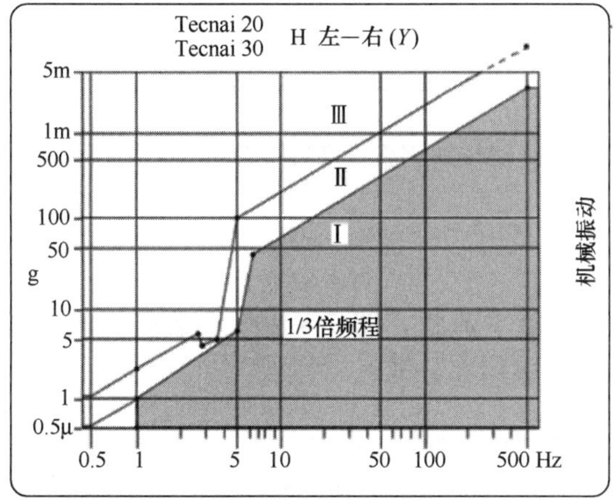

图 7-8-2　设备容许振动标准

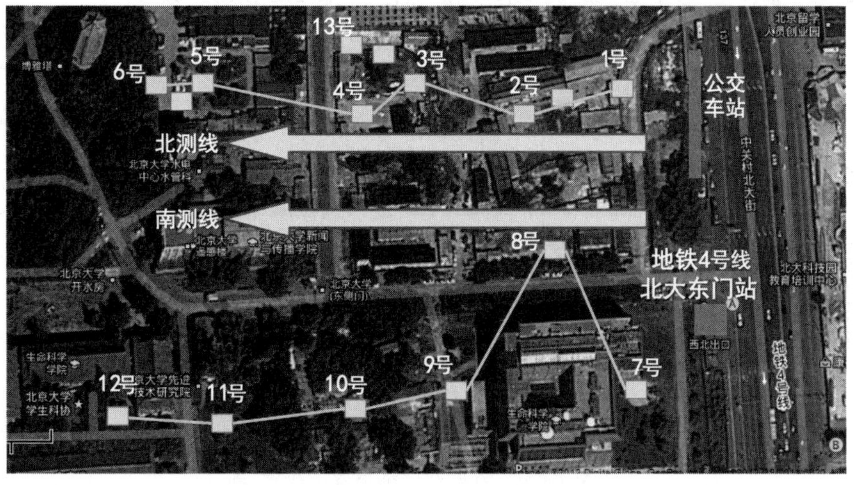

图 7-8-3　测线、各测点、主要振源关系图

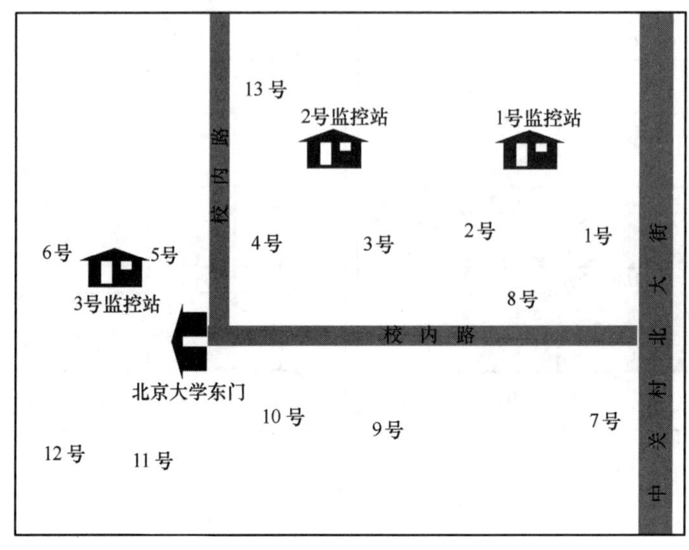

图 7-8-4　测区内各测点和道路交通相对位置示意图

三、数据采集

图 7-8-5 给出数据处理基本流程，图 7-8-6 给出数值仿真模拟输入荷载确定流程，图 7-8-7给出数据基本处理程序用途分类。

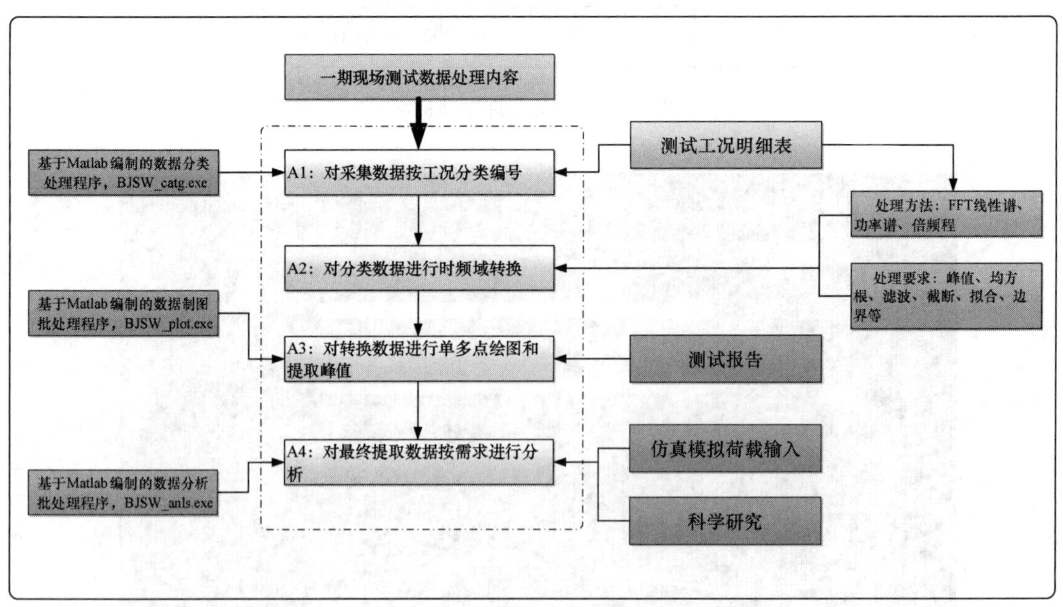

图 7-8-5　数据处理基本方法流程

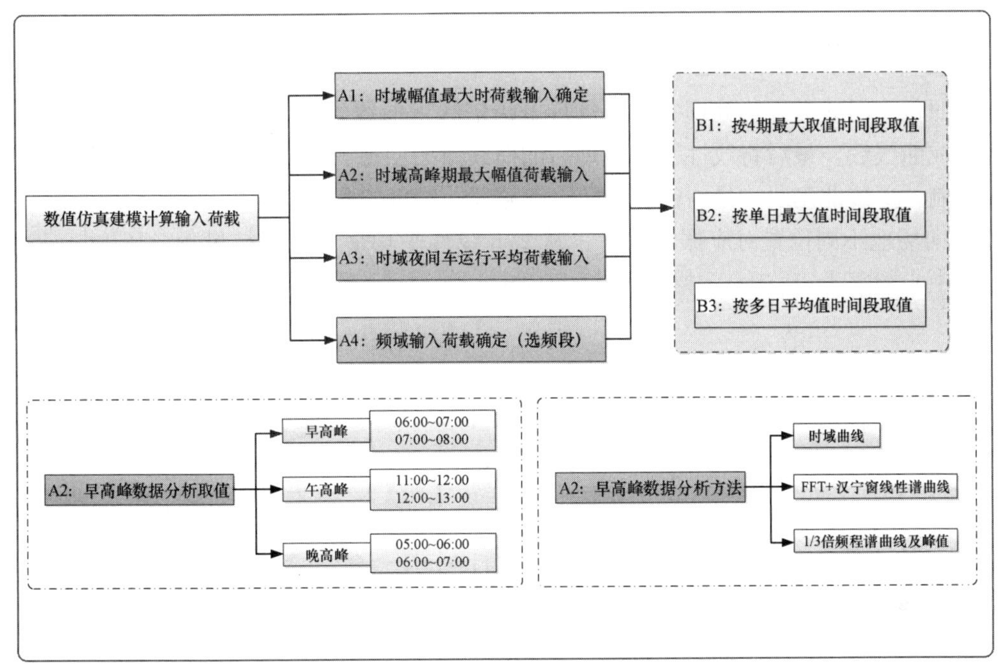

图 7-8-6 数值仿真模拟输入荷载确定流程

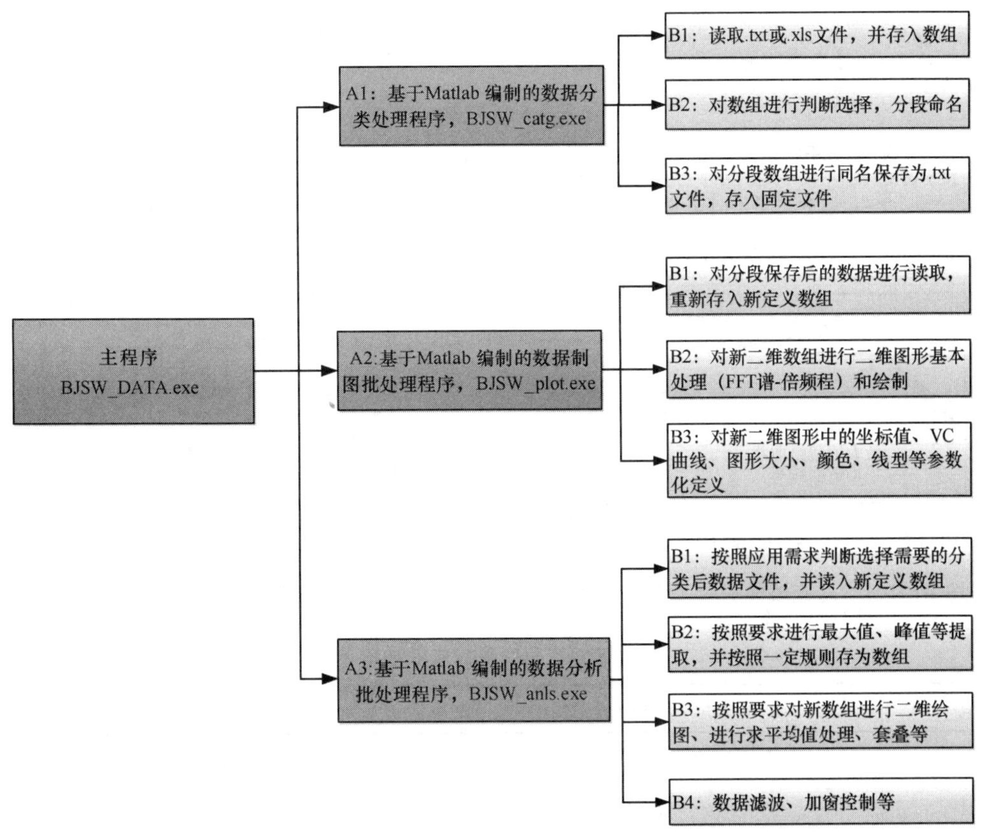

图 7-8-7 数据基本处理程序用途分类图

四、数据分析

按照每小时线性平均处理方法，进行单幅倍频程曲线绘制，然后按照 24h 对应 24 组曲线绘成曲线簇，最后将线性平均处理后的曲线簇按照最大值包络和算术平均的方法进行粗线绘制，形成北测线 1 号～6 号测点的倍频程曲线簇，见图 7-8-8～图 7-8-13。表 7-8-1 给出 Z 向场地不同位置对应振动水平。从 24h 线性平均最大包络结果看，场地振动 Z 向最大值中心频率为 10.0Hz，幅值为 42.70μm/s。

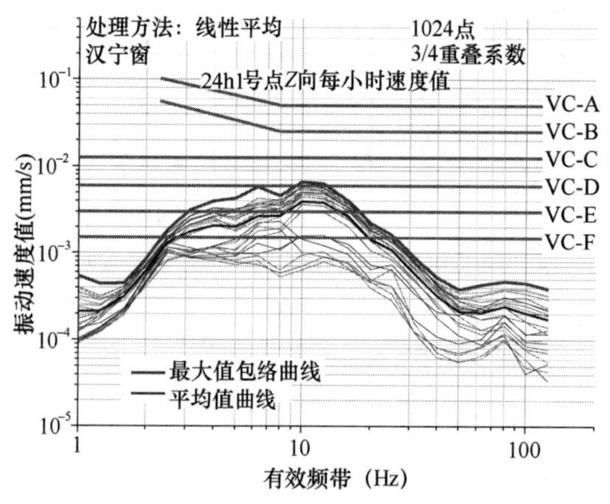

图 7-8-8　1 号点线性平均 Z 向倍频程谱

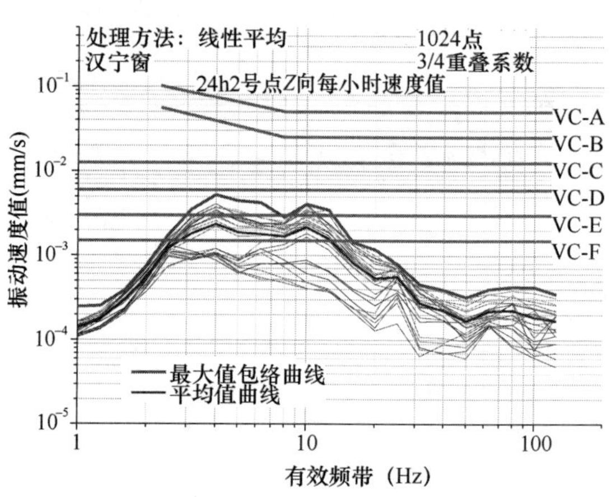

图 7-8-9　2 号点线性平均 Z 向倍频程谱

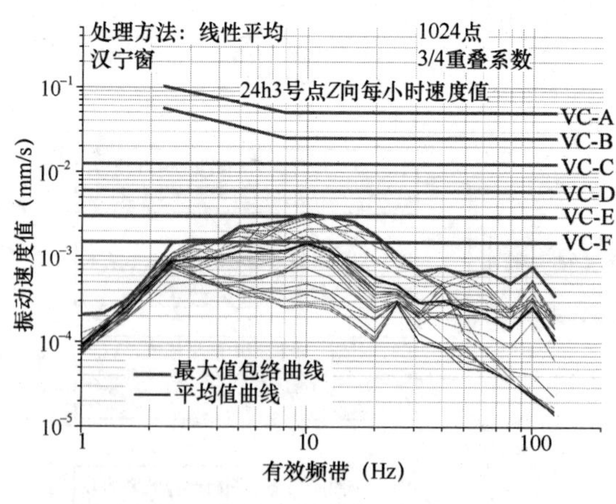

图 7-8-10　3 号点线性平均 Z 向倍频程谱

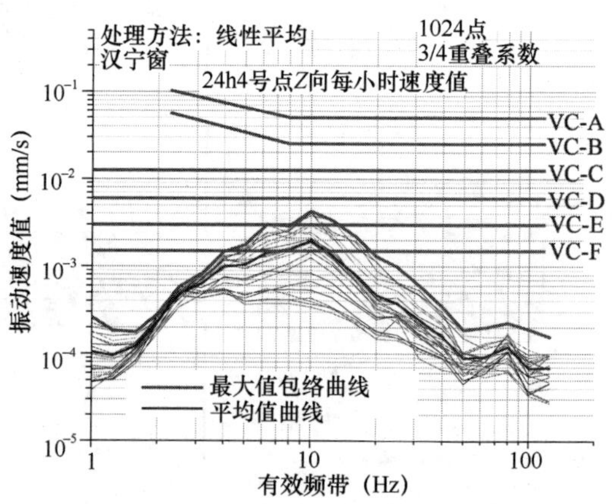

图 7-8-11　4 号点线性平均 Z 向倍频程谱

Z 向场地不同位置对应振动水平　　**表 7-8-1**

距离（m）	线性平均（最大包络）频域及速度值	距离（m）	线性平均（最大包络）频域及速度值
50	10.0Hz/6.62μm/s	200	10.0Hz/42.70μm/s
100	4.0Hz/5.22μm/s	250	12.5Hz/15.11μm/s
150	10Hz/3.23μm/s	300	16Hz/8.79μm/s

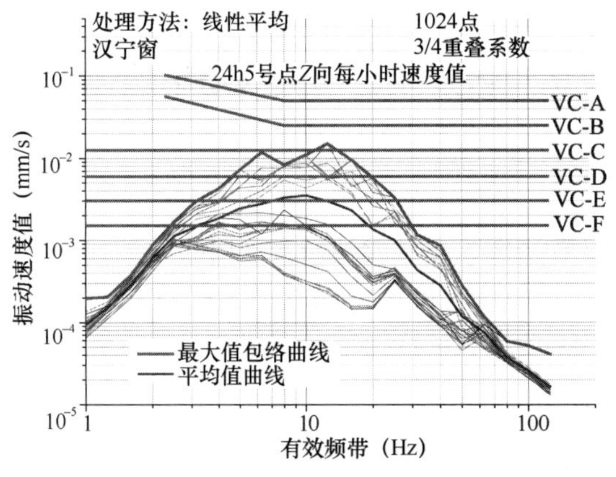

图 7-8-12　5 号点线性平均 Z 向倍频程谱

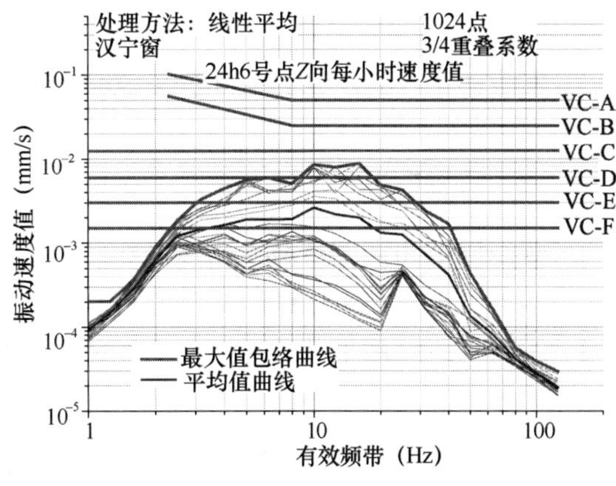

图 7-8-13　6 号点线性平均 Z 向倍频程谱

［实例 7-9］郑州港许市域铁路对新郑机场跑道及航站楼微振动影响评估

一、工程概况

规划的郑州港许市域铁路途经新郑机场一号航站楼、二号航站楼及现用的一号跑道灯光带区域，为避免市域铁路运行引起的环境振动对机场范围内航站楼及导航设备造成影响，需对该线路施工及运行期间机场相关区域微振动影响进行评估。线路与机场位置关系如图 7-9-1 所示。

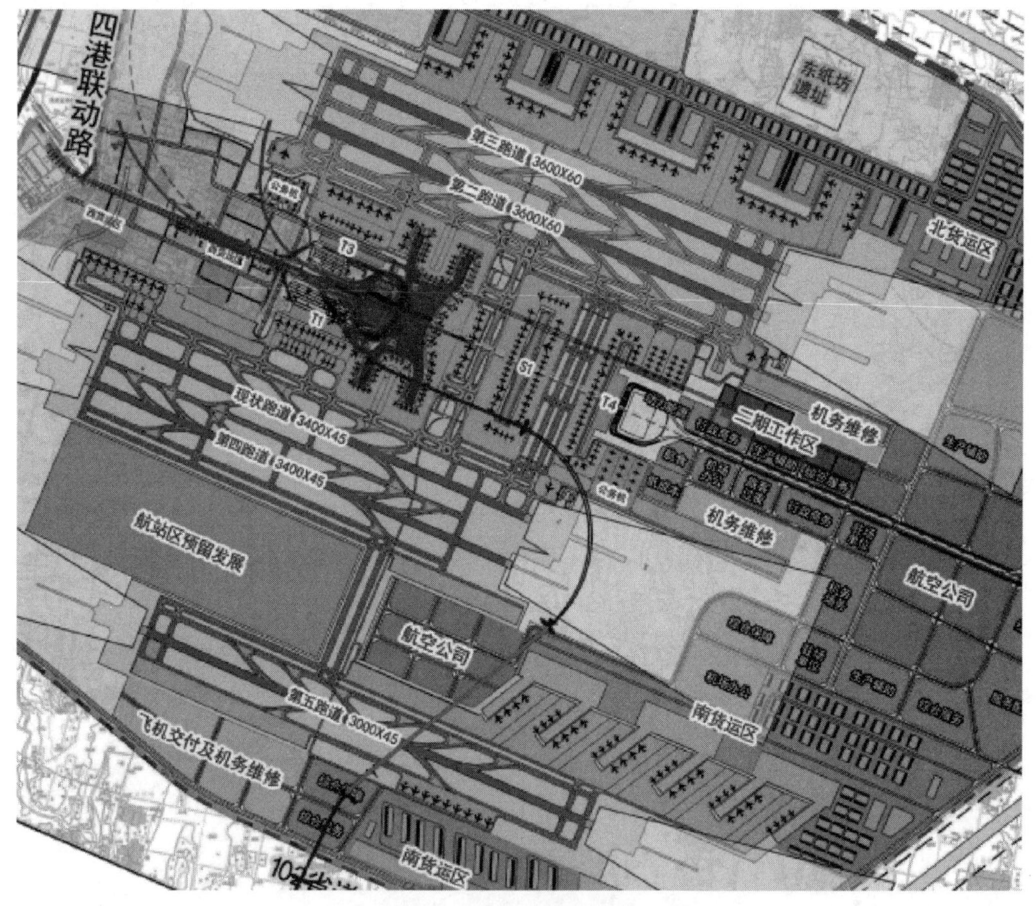

图 7-9-1　线路与机场位置关系示意图

根据国家标准《城市区域环境振动标准》GB 10070—1988 中城市各类区域铅垂向 Z 振级规定，本项目机场区域 T1 落客平台及 T1 航站楼参考交通干线道路两侧区域，铅垂向 Z 振级容许振动标准：昼间 75dB、夜间 72dB。

二、振动测试方案

测试技术路线（图 7-9-2）如下：

1. 确定标准：明确新郑机场相关位置容许振动标准；

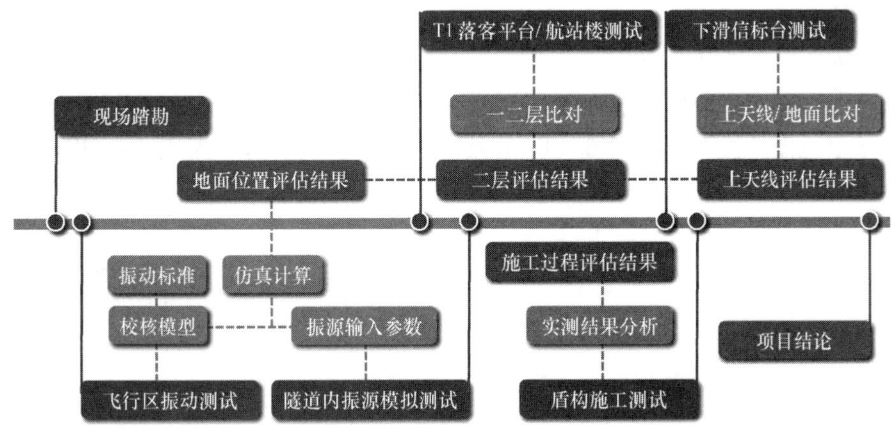

图 7-9-2　技术路线图

2. 原位背景测试：对需评估位置进行背景振动测试，了解振动现状；

3. 隧道内振源模拟测试：在郑州市内对已通车类似线路进行振源模拟测试，确定普通道床与隔振道床振源响应差异；

4. 原位过程测试：在郑州市内对某正在盾构施工的类似线路进行振源模拟测试，确定隧道施工过程中的振动响应；

5. 有限元仿真分析：预估郑许市域铁路开通运营后，对新郑机场相关区域的振动影响；

6. 原位终态测试：郑许市域铁路通车运营后，对新郑机场及周边区域进行微振动监测。

三、原位背景振动测试

1. T1 落客平台背景振动测试

共布置两个测点，分别布置在落客平台二层路面及对应一层地面位置，分别采集 T1 落客平台铅垂向 Z 振级，数据分析结果见图 7-9-3、图 7-9-4。结果表明，T1 航站楼现况

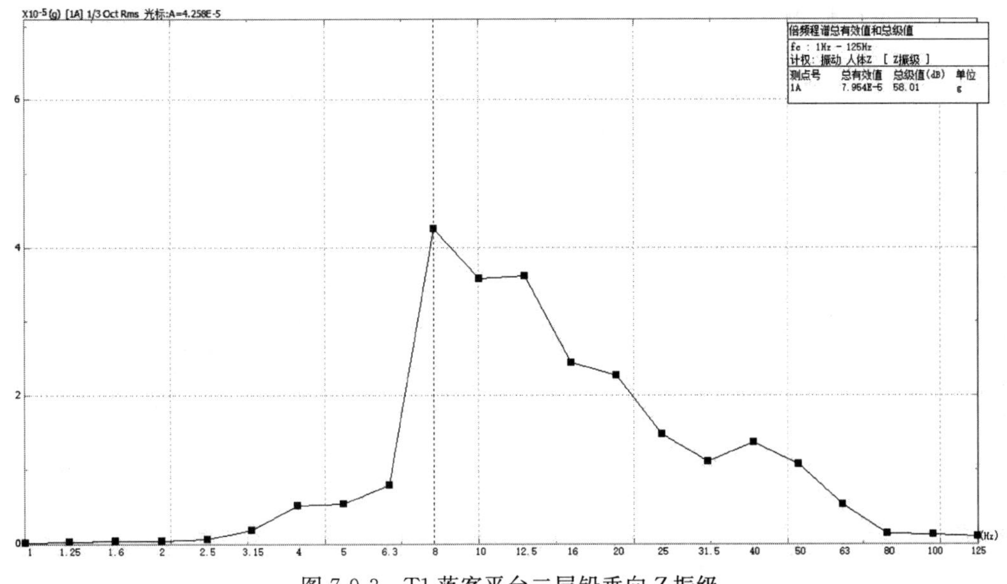

图 7-9-3　T1 落客平台二层铅垂向 Z 振级

二层铅垂向 Z 振级 65.1dB，一层铅垂向 Z 振级 50.87dB。

2. T1 航站楼背景振动测试

共布置两个测点，分别布置在 T1 航站楼一层地面及二层地面，分别采集铅垂向 Z 振级数据，结果见图 7-9-5、图 7-9-6，T1 航站楼现况二层铅垂向 Z 振级 65.1dB，一层铅垂向 Z 振级 50.87dB。

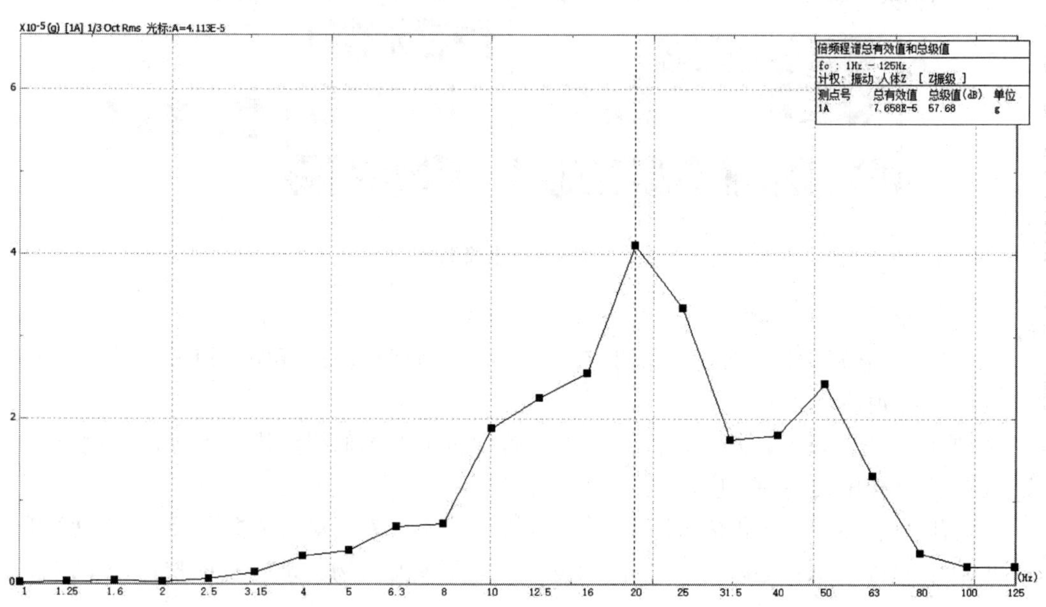

图 7-9-4　T1 落客平台一层铅垂向 Z 振级

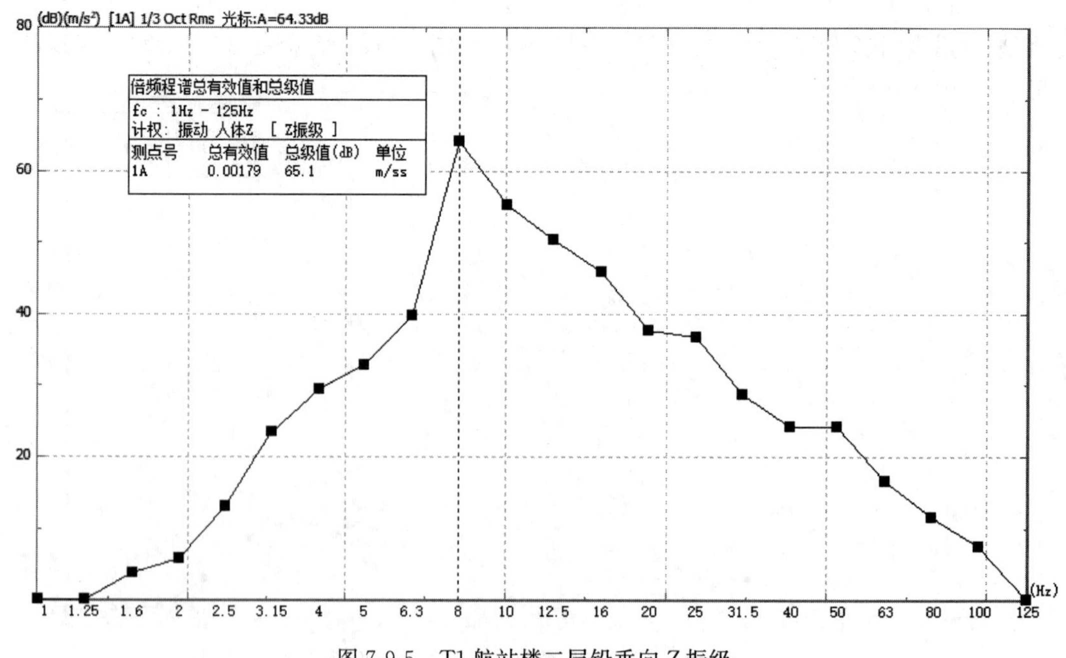

图 7-9-5　T1 航站楼二层铅垂向 Z 振级

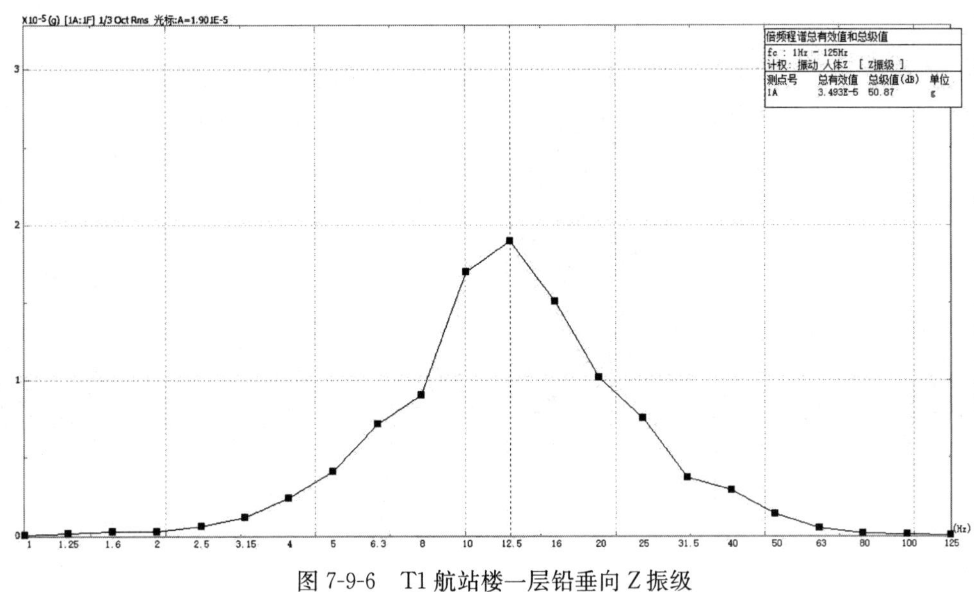

图 7-9-6 T1 航站楼一层铅垂向 Z 振级

四、隧道内振源模拟测试

郑许市域铁路机场站至遵大路站区间下穿郑州机场区域，郑许市域铁路为双线，采用盾构隧道方式下穿经过机场区域，轨道埋深 27m 左右，列车采用城市轨道交通 B 型车，初、近期采用 4 辆编组，远期采用 6 辆编组，采用额定电压 DC1500V 架空接触网供电，速度目标 120km/h。

由于郑许市域铁路尚未通车，需要在郑州市内选择已通车运行铁路，并选取近似断面在隧道内进行振动测试，以了解不同地铁轨道采取减隔振措施达到的减振效果。

1. 测点布置

选取郑州市城郊铁路一期上行线作为地铁列车振源模拟测试线路，区间包含直线段的普通道床和钢弹簧浮置板道床。

每一断面共布置 6 个测点，其中 1 号、2 号测点为隧道壁铅垂向、水平向，3 号、4 号测点为道床铅垂向、水平向，5 号、6 号测点为钢轨铅垂向、水平向。每个测点布置一个单向振动传感器，断面测点布置见图 7-9-7，现场照片见图 7-9-8、图 7-9-9。

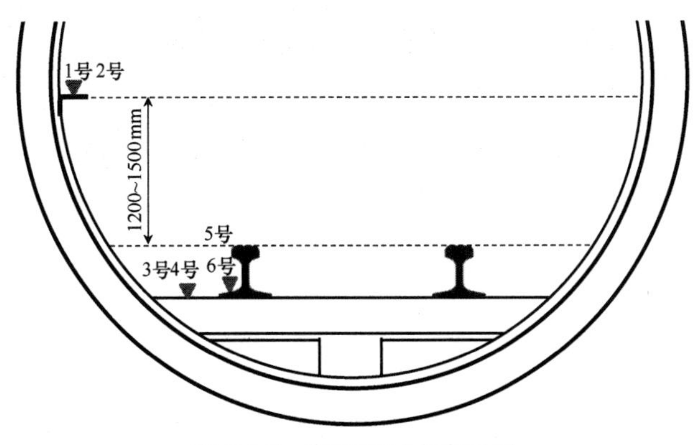

图 7-9-7 断面测试点布置图

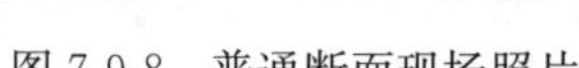
图 7-9-8　普通断面现场照片

图 7-9-9　隔振断面现场照片

2. 测试数据分析

钢弹簧浮置板道床测点里程上行 K60＋450，普通道床测点里程上行 K60＋320。列车通过时，隧道壁铅垂向振动加速度典型时域波形见图 7-9-10、图 7-9-11，所有车次铅垂向 Z 振级见表 7-9-1。

采用钢弹簧浮置板道床减振方式，隧道壁竖向 Z 振级较普通道床，可降低 20.24dB。

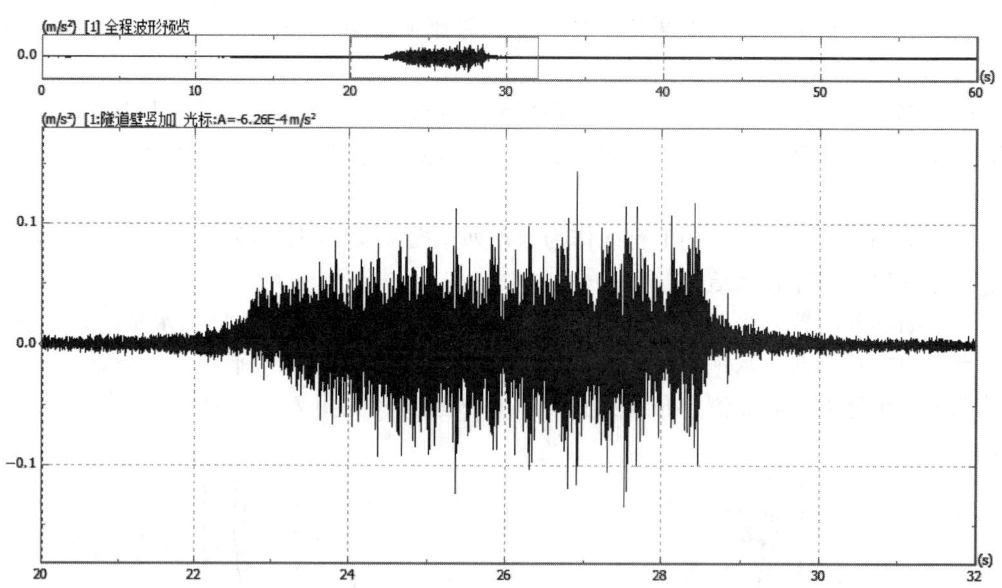

图 7-9-10　钢弹簧浮置板道床、隧道壁竖向典型时域波形图

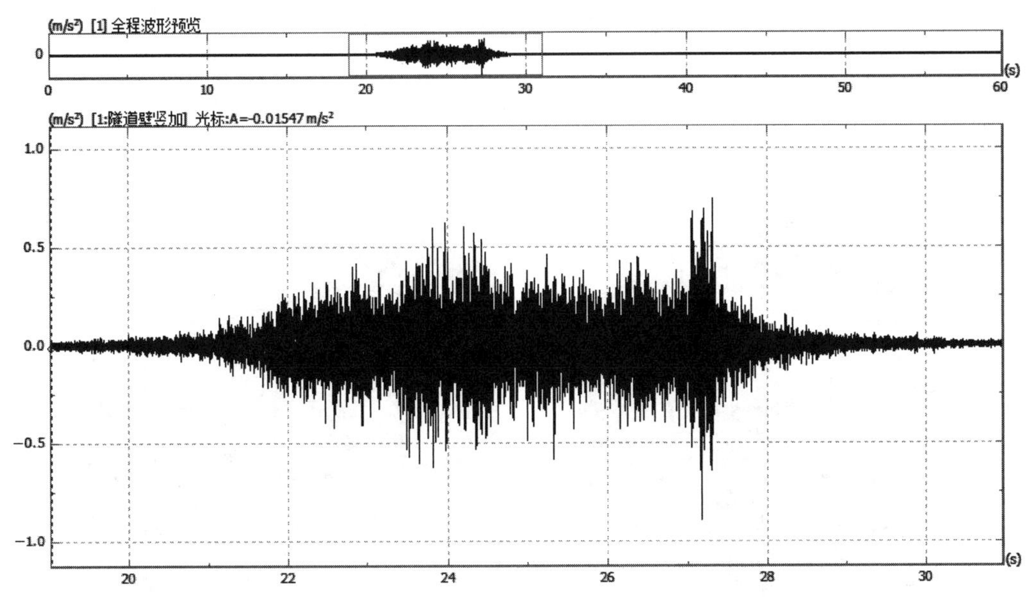

图 7-9-11　普通道床、隧道壁竖向典型时域波形图

钢弹簧浮置板道床/普通道床-隧道壁"竖向、水平向"振动加速度级统计　表 7-9-1

测次	隧道壁竖向(dB)	隧道壁水平向(dB)	采样时间	测次	隧道壁竖向(dB)	隧道壁水平向(dB)	采样时间
1	22.29	19.61	6∶31∶18	15	22.09	20.27	9∶25∶18
2	17.92	14.60	6∶49∶30	16	21.57	19.25	9∶55∶22
3	22.90	21.70	7∶02∶57	17	18.29	14.91	10∶05∶49
4	15.77	11.06	7∶13∶53	18	17.99	12.91	10∶20∶08
5	17.38	17.06	7∶21∶24	19	22.12	18.91	10∶32∶17
6	21.25	20.14	7∶37∶48	20	19.86	16.30	11∶13∶54
7	16.68	13.47	7∶49∶43	21	21.02	18.53	11∶27∶41
8	19.22	16.16	8∶02∶44	22	21.25	19.17	11∶57∶12
9	22.17	21.33	8∶09∶59	23	17.78	13.86	12∶08∶31
10	22.31	19.94	8∶22∶32	24	22.86	20.99	12∶38∶17
11	21.18	19.91	8∶29∶24	25	14.96	10.15	12∶49∶09
12	19.28	15.80	8∶41∶06	26	21.34	19.92	13∶19∶17
13	22.59	21.25	8∶49∶49	27	21.63	18.60	13∶29∶01
14	22.38	18.77	9∶17∶25	28	17.59	13.08	13∶59∶27
平均值	20.24	17.91	—	29	22.65	21.20	14∶06∶47

五、有限元仿真分析

1. 模型建立

为避免边界条件对仿真结果的影响，所建模型尺寸应尽量大，而过大的模型需要较高

的计算资源。根据理论研究和工程经验，当模型尺寸是分析对象特征尺寸的 3～5 倍时，可满足计算精度。本工程建立 2 个数值仿真模型：①T1 航站楼落客平台三维模型，尺寸 120m×60m×60m，如图 7-9-12 所示；②T1 航站楼三维模型，尺寸 120m×60m×60m，如图 7-9-13 所示。

图 7-9-12　T1 航站楼落客平台三维模型　　图 7-9-13　T1 航站楼三维模型

2. 仿真结果

港许市域铁路左右线双向列车同时通过时，T1 航站楼落客平台桩顶的最大 Z 振级曲线见图 7-9-14，T1 航站楼桩顶的最大 Z 振级曲线见图 7-9-15。

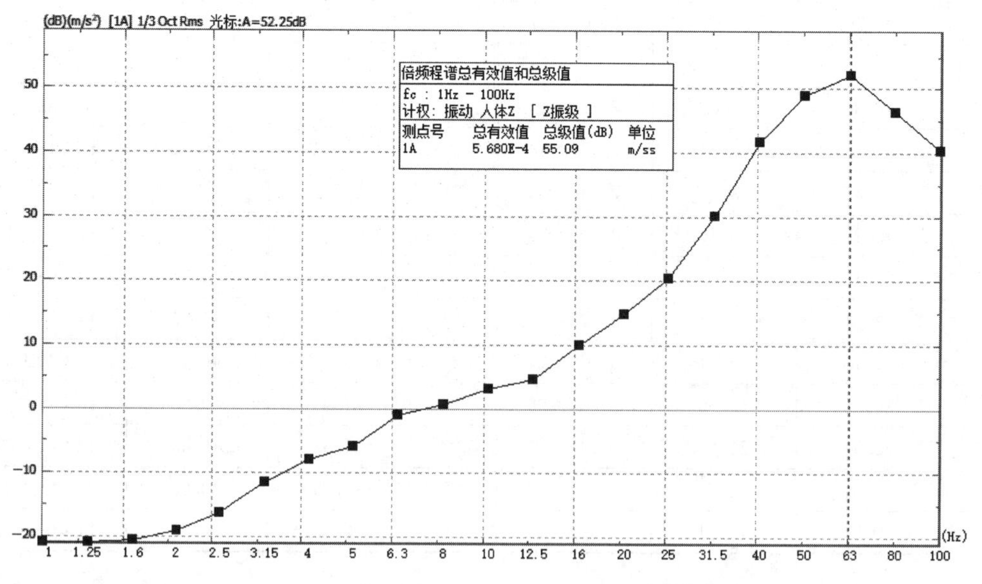

图 7-9-14　T1 航站楼落客平台桩顶的最大 Z 振级曲线

由 T1 航站楼落客平台及 T1 航站楼仿真分析结果，对轨道振源采取钢弹簧浮置板减振措施，能起到良好的减振效果，满足规范规定的 72dB 要求。

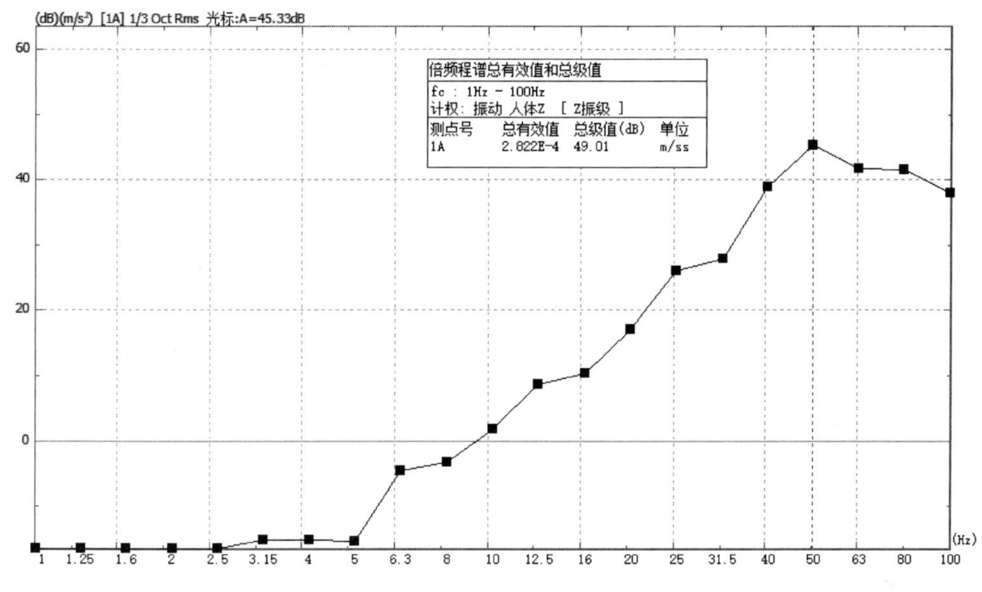

图 7-9-15 T1 航站楼桩顶的最大 Z 振级曲线

对垂直盾构机运行方向各测点 1/3 倍频程进行分析，所有测点各方向振动速度均满足 VC-D 标准（6μm/s），本项目评估标准为 VC-B（25μm/s），故郑许市域铁路盾构机施工对新郑机场相关区域的振动满足容许标准。

由郑许市域铁路通过新郑机场时引起的环境振动仿真分析可知，普通道床无法满足机场相关区域振动控制要求，建议对 T1 航站楼区域双线轨道采取钢弹簧浮置板减振措施。

［实例 7-10］西安交大曲江校区协同创新中心振动测试

一、工程概况

西安交通大学前沿科学技术大楼（协同创新中心），围绕高速高效加工工艺及装备、精密加工工艺及装备、新工艺与装备等国家重大需求，承担多项重大协同创新任务。

协同创新中心核心区（地下部分）为 10nm 微振动控制要求的地下实验室，主要从事精密仪器加工，建筑面积 5000m²，位于地下一层，地下室埋深 14m，内分精密试验区、超精密试验区及核心区（图 7-10-1）。

为明确振动水平，需开展详细的振动测试。

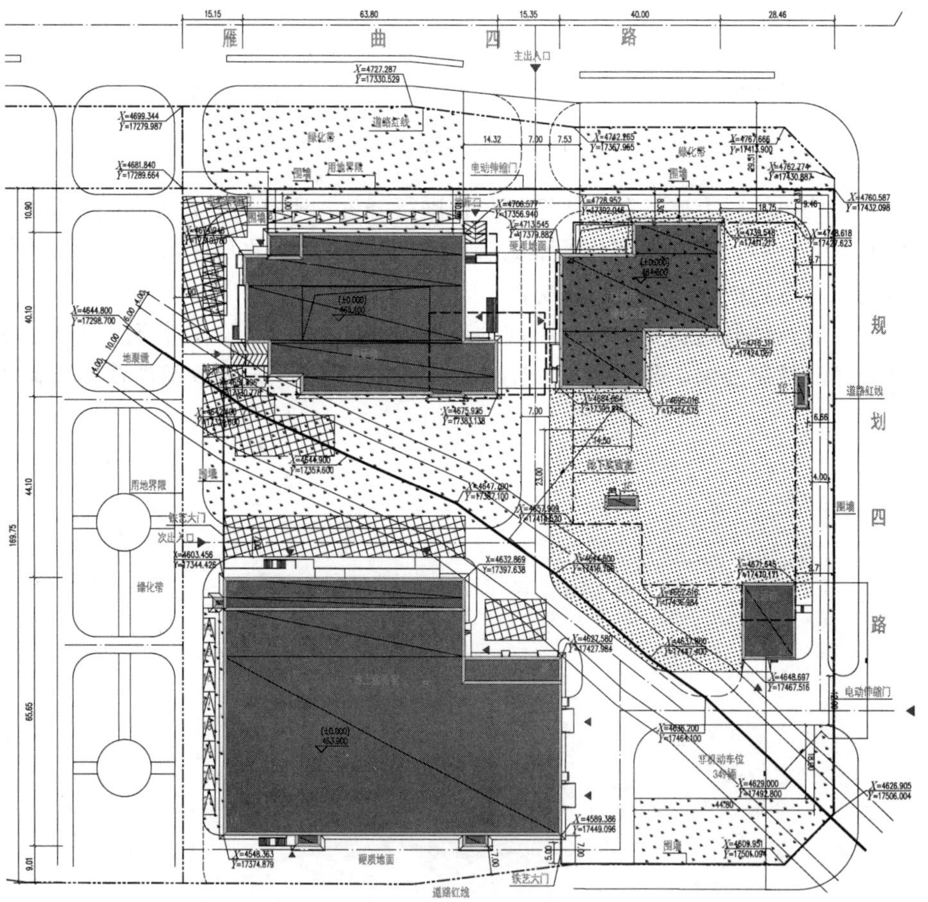

图 7-10-1 实验室平面位置图

二、振动测试方案

测点布置如图 7-10-2 所示，共分 4 组，包括标高 −12m 深基坑场地常时微振动与 30t 渣土车以时速 30km 行驶振动水平测试、断裂带振动水平测试、车行振动衰减测试、标高 −12.00m 深基坑 24h 常时微振动测试。

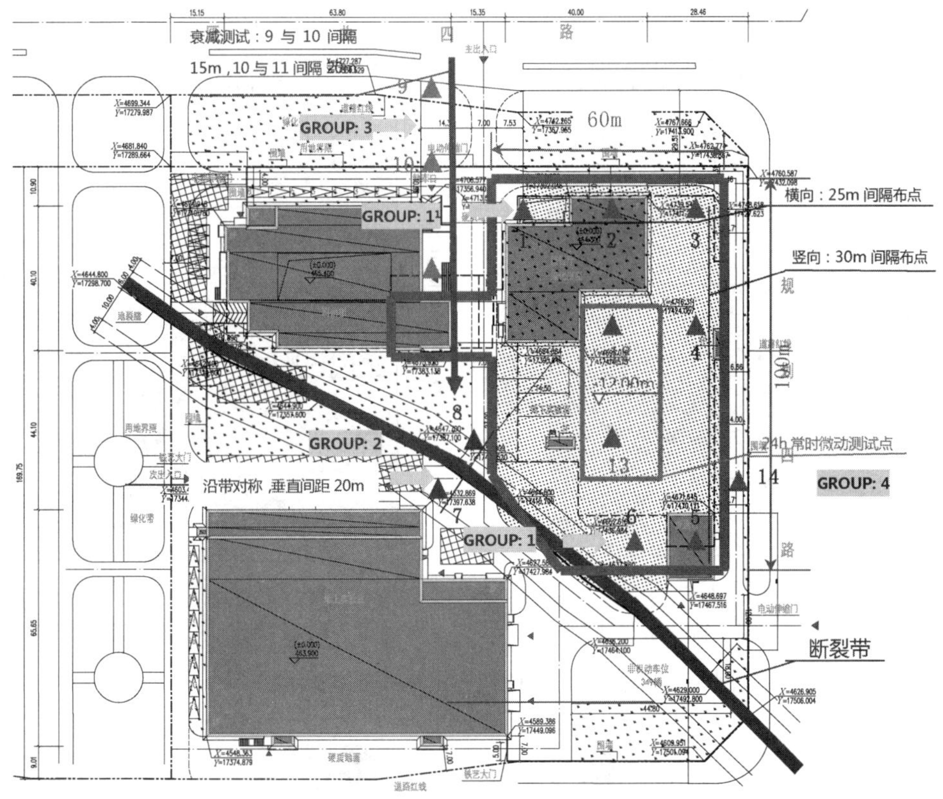

图 7-10-2　振动测试测点布置图

三、测试数据分析

1. 渣土车通过时各测点振动水平如图 7-10-3～图 7-10-6 所示。

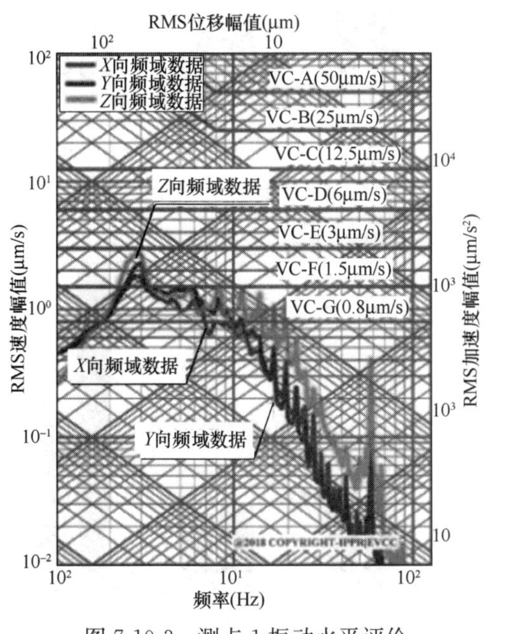

图 7-10-3　测点 1 振动水平评价

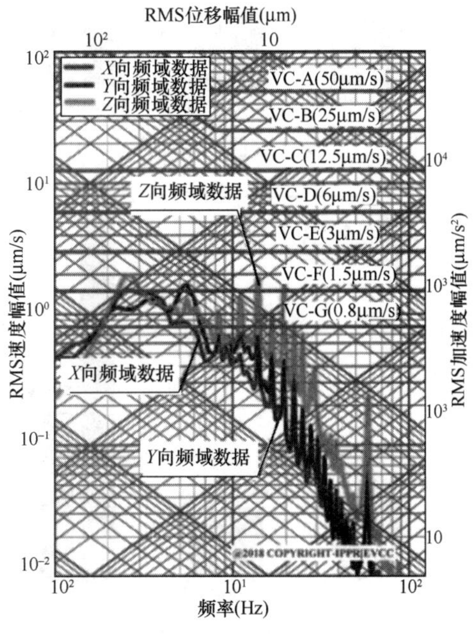

图 7-10-4　测点 2 振动水平评价

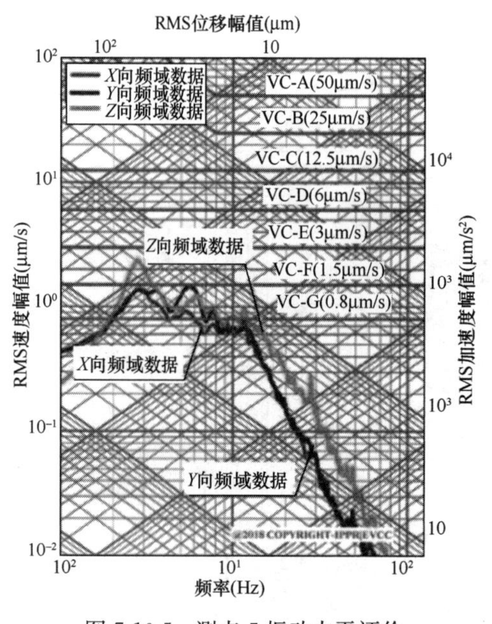

图 7-10-5 测点 5 振动水平评价

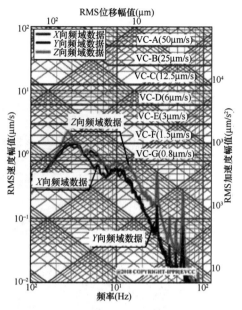

图 7-10-6 测点 6 振动水平评价

2. 断裂带前后振动水平对比如图 7-10-7～图 7-10-10 所示。

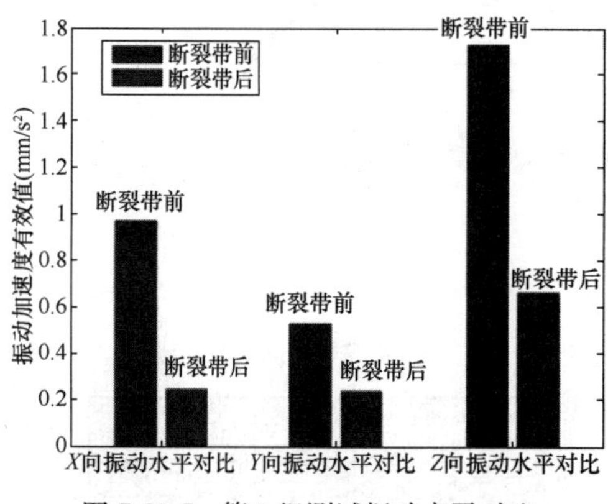

图 7-10-7 第 1 组测试振动水平对比

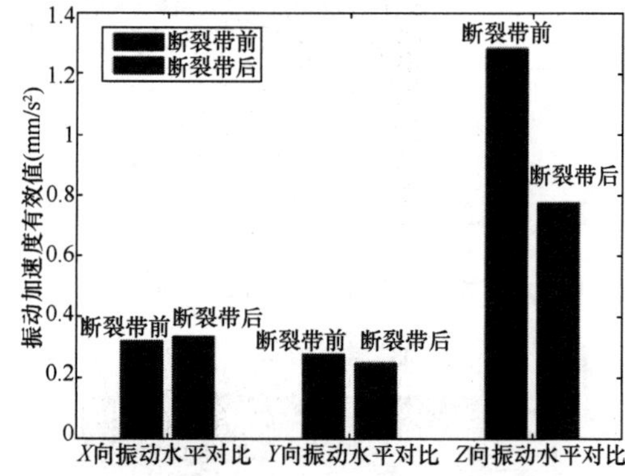

图 7-10-8 第 2 组测试振动水平对比

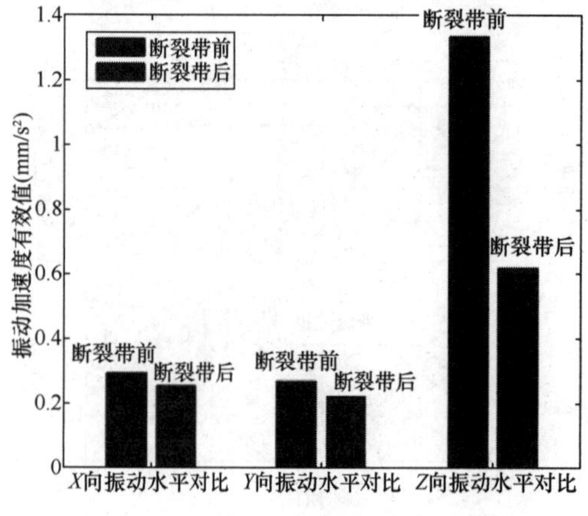

图 7-10-9 第 3 组测试振动水平对比

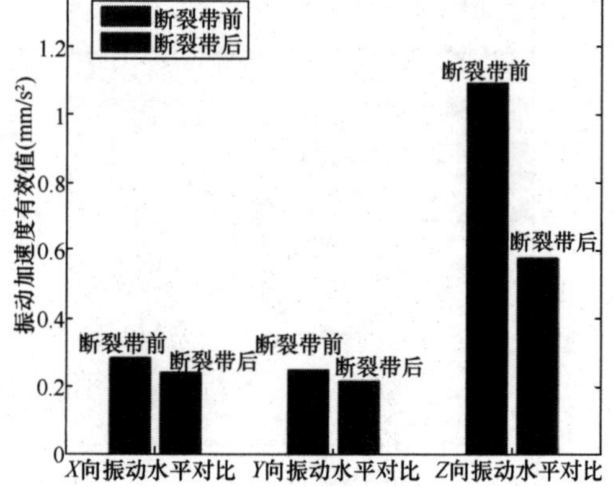

图 7-10-10 第 4 组测试振动水平对比

3. 车行振动水平衰减测试结果，如图 7-10-11 所示。

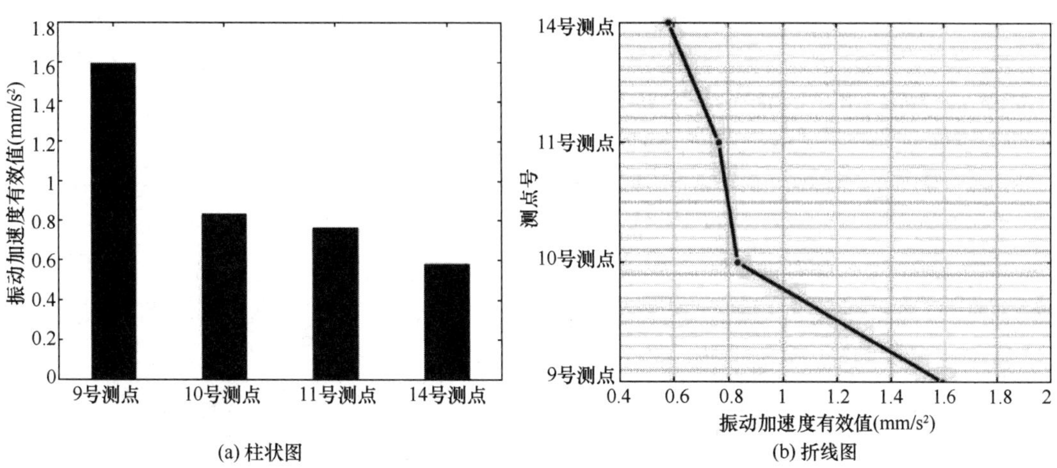

(a) 柱状图　　(b) 折线图

图 7-10-11　车行振动时域指标（有效值）统计

4. 基坑 24h 常时微振动测试结果，如图 7-10-12～图 7-10-15 所示。

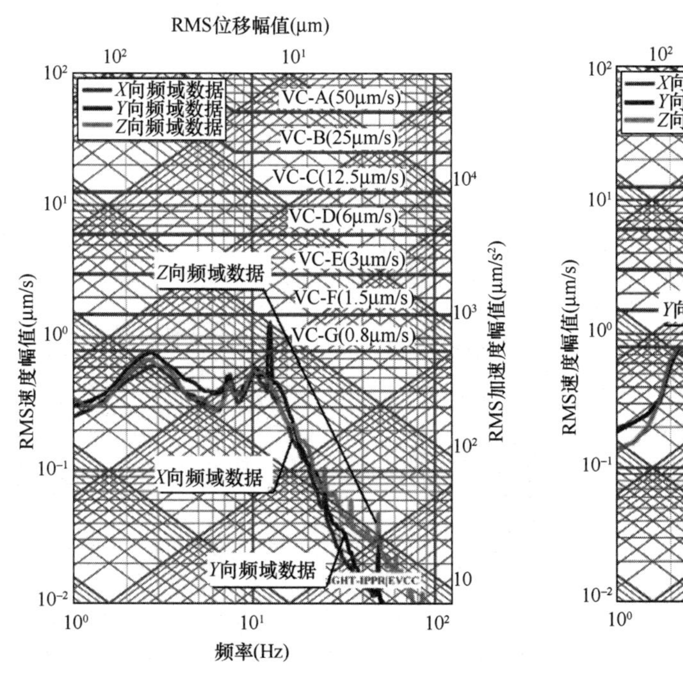

图 7-10-12　第 1h 常时微振动水平

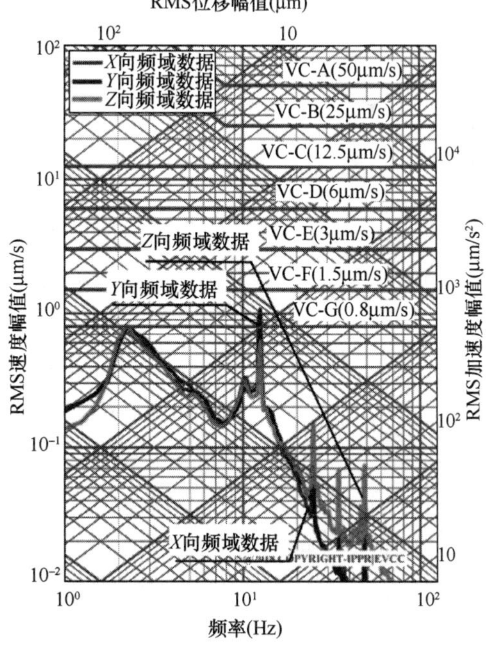

图 7-10-13　第 7h 常时微振动水平

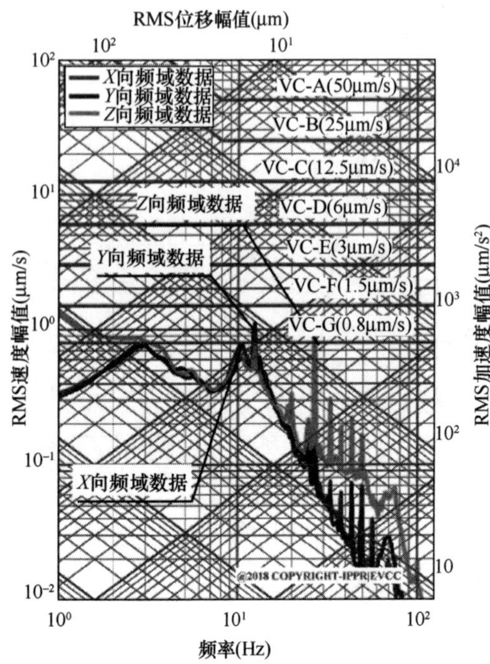

图 7-10-14　第 13h 常时微振动水平

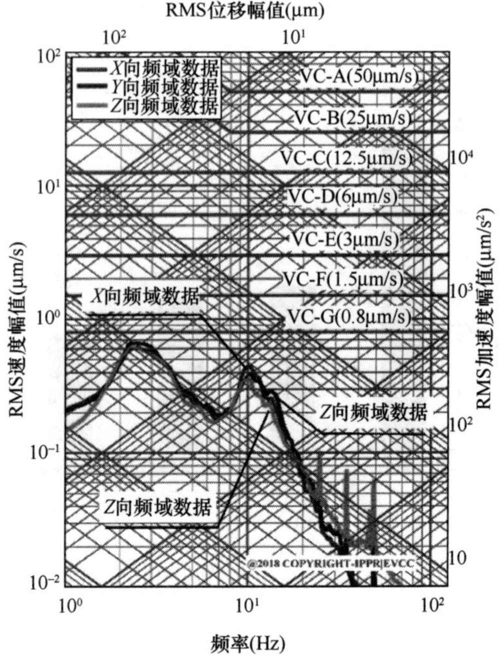

图 7-10-15　第 24h 常时微振动水平

[实例 7-11] 深圳湾实验室振噪磁测试

一、工程概况

深圳湾实验室规划选址（图 7-11-1）位于广东省深圳市，规划用地约 6 万 m^2，是广东省委、省政府以培育创建国家实验室、打造国家实验室“预备队”为目标，主导启动的第二批广东省实验室之一。实验室由深圳市科创委和北京大学深圳研究生院共同创建，协同深圳市以及香港、澳门相关优势单位合作共建。实验室围绕生命信息、医学工程和创新药物研究三个方面，开展生物医学领域前沿研究。

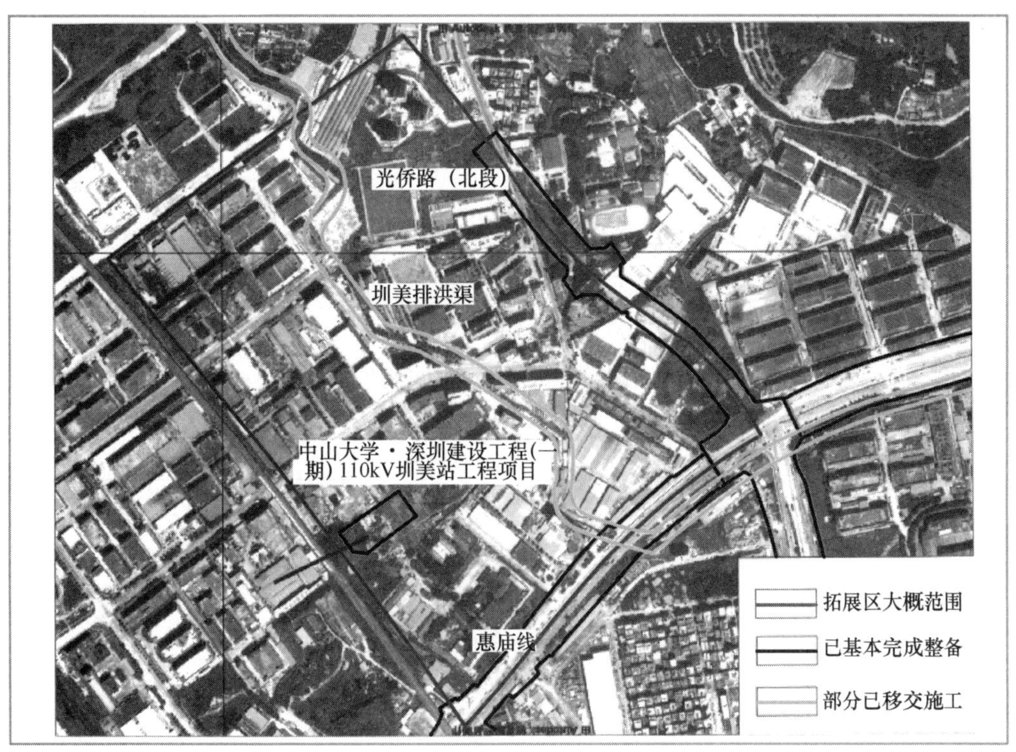

图 7-11-1　项目建设规划用地示意图

拟建场地西侧紧邻广深港高速铁路，西南角位置有一座 110kV 变电站，南侧与东侧是作为交通干道的公常路和光侨北路，整体场地被南北贯穿的圳美排洪渠分成东西两个区域。

项目选址需对振动、噪声和磁场进行综合评价，涉及高铁、变电站、公路、地铁等多因素，考虑实验室内精密设备的使用要求以及人员健康、舒适度评价，根据国家标准《城市区域环境振动测量方法》GB 10071—1988 对人体舒适度的规定，《建筑工程容许振动标准》GB 50868—2013 对光学显微镜和电子显微镜的容许振动值规定，《声环境质量标准》GB 3096—2008 对环境噪声限值要求以及《电磁环境控制限值》GB 8702—2014 对公众暴露的电场、磁场、电磁场场量参数要求，结合甲方提供的实验设备振噪磁环境要求

（表 7-11-1），进行综合考量。

实验设备振、电磁环境要求　　表 7-11-1

电磁＼振动	VC-B	VC-C	VC-D	VC-E	VC-F
强磁	测序仪、高通量基因组测序仪、智能化活性酶诱导仪	生物分析仪、离心机、自动时间分辨荧光分析仪、阻抗/增益/相位测试仪、等温滴定微量热仪、流式细胞仪	生物分子相互作用分析仪、激光显微切割装置	710 型红外分光光度仪、UV-1700 型紫外分光光度计、VARIAN 制备型高效液相色谱仪、MEMS 生物医学传感器	—
中磁	—	冷冻超薄切片机、X 射线诊断装置、X 线计算机断层扫描仪、核医学成像装置、荧光光谱仪、X 射线衍射仪、多模态活体细胞成像装置、多模态高分辨分子成像装置、高性能超宽景 TOF PET-CT 成像系统、人体多模态医学成像平台、动物多模态成像平台、显微拉曼光谱仪、表面等离子共振分析仪、薄层色谱自动点样仪、单分子显微检测装置	PCR 仪、荧光定量 PCR 仪、高分辨质谱分析仪、质谱仪、傅里叶变换红外光谱仪、生物质谱仪、同位素质谱分析仪、MALDI-TOFTOF 仪	电子显微镜、单-双光子激光共聚焦显微镜、低温透射电子显微镜、R-2413 型核磁共振仪、荧光显微镜、原子力显微镜、多焦点多光子显微镜、倒置相干拉满散射显微镜	冰冻扫描电子显微镜、Cryo-EM 超低温电子显微镜成像、冷冻电镜
弱磁	—	—	核磁共振仪、核磁共振谱仪、超导核磁共振仪、ESR 顺磁共振仪、人体 14T 超高场磁共振成像设备、磁共振成像装置	超导核磁共振波谱仪	—

二、振噪磁测试方案

1. 振动、噪声测试方案

振动及噪声源主要为临近的广深港高速铁路运行时产生的振动及周边公常路、光侨路等交通干道的振动，传递规律随距离增加逐渐衰减，振动及噪声测点一致。沿影响源向场地内共布置 52 个测点，测点布置如图 7-11-2 所示。

2. 电磁辐射测试方案

主要电磁影响源为 110kV 变电站与广深港高速铁路，以辐射体为中心，按间隔 45°八个方位布置测量线，每条测线向外辐射，根据场地情况取等间距进行测量。

变电站距场地边界较近，选取间隔约 60°的 5 条测线进行测点布置；以广深港高速铁路线为基点向场地内延伸均匀布置，电磁辐射测试共 31 个测点，测点如图 7-11-3 所示。

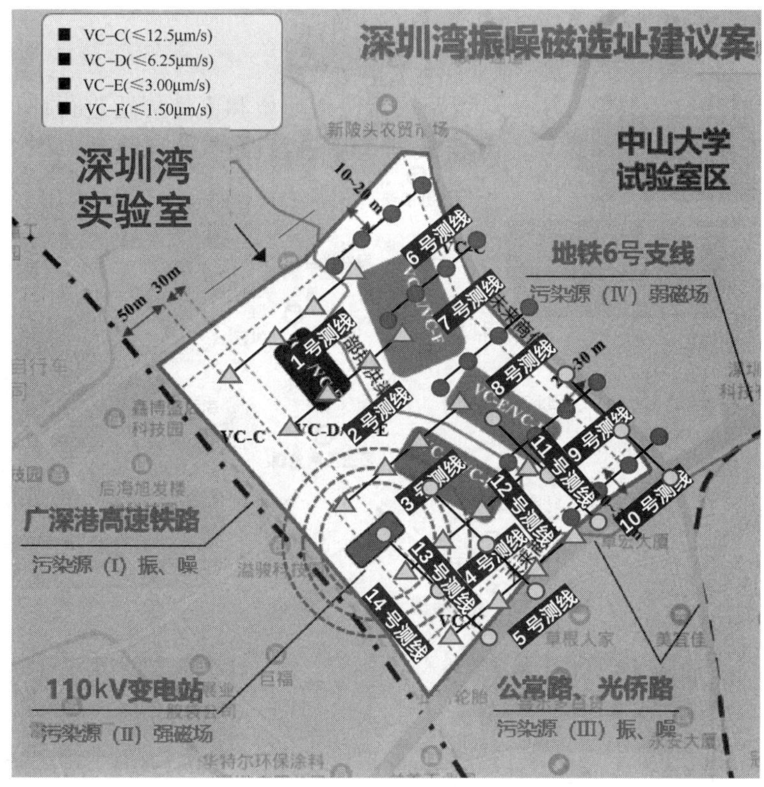

图 7-11-2 振动、噪声测点示意图

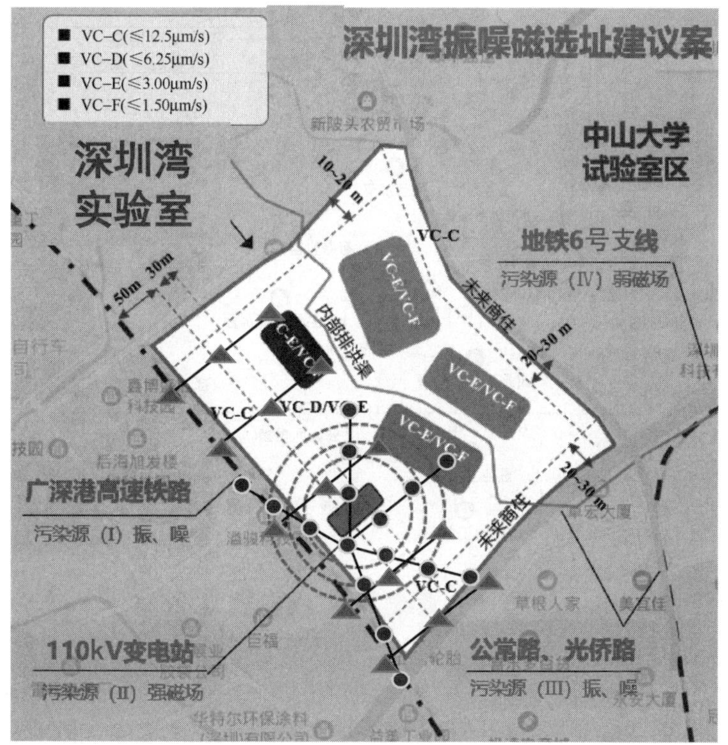

图 7-11-3 电磁辐射测点示意图

三、测试数据分析

采用VC曲线与Z振级分析法对精密仪器使用环境和人体舒适进行评价；噪声数据采用等效连续A声级进行计算；磁场数据采用磁场强度进行评估。以L5测线为例（图7-11-4），典型测试数据如图7-11-5～图7-11-8所示。

图7-11-4　L5测线示意图

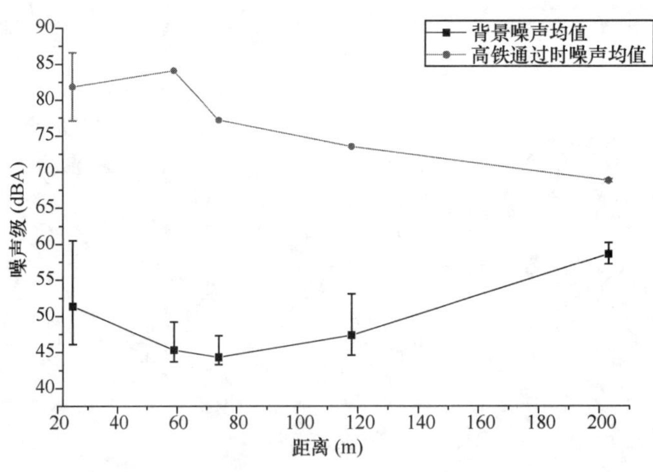

图7-11-5　L5测线噪声曲线

四、测试结论

1. 高铁列车运行产生影响

环境振动方面：高铁列车运行产生的振动对沿线一定范围内的振动影响较大，列车经过时，沿线附近各测点振动均有不同程度增大，但随高铁距离增加，振动衰减明显。拟建场地东侧几乎不受高铁运行影响，该区域的主要振源为道路交通，远离道路后，振动总体

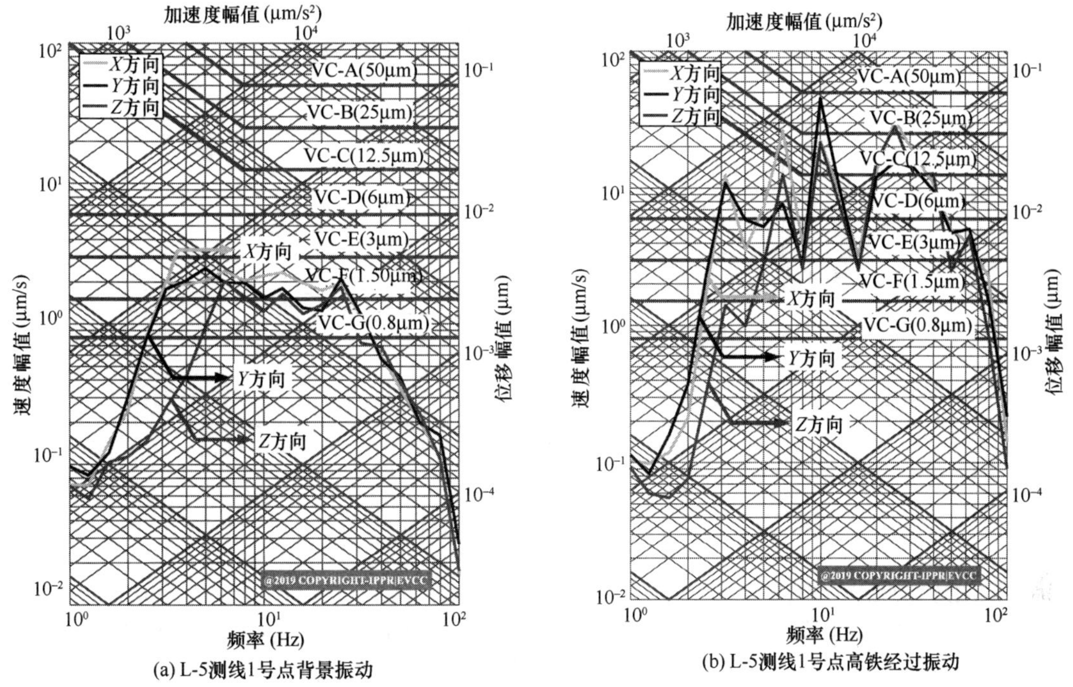

图 7-11-6 L5 测线 1 号点 VC 曲线

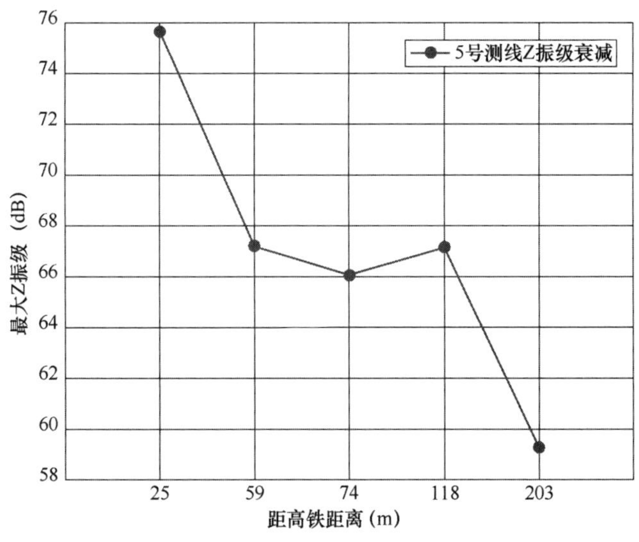

图 7-11-7 L5 测线 Z 振级衰减曲线

位于 VC-E 水平。

环境噪声方面：高铁是该区域影响最大且出现频率最高的噪声源，沿线两侧一定范围内影响明显。

环境电磁方面：高铁运行产生的电磁场强度衰减速率很快，除高铁桥下磁场较强外，其余位置均满足规范要求，高铁线 50m 外无影响。

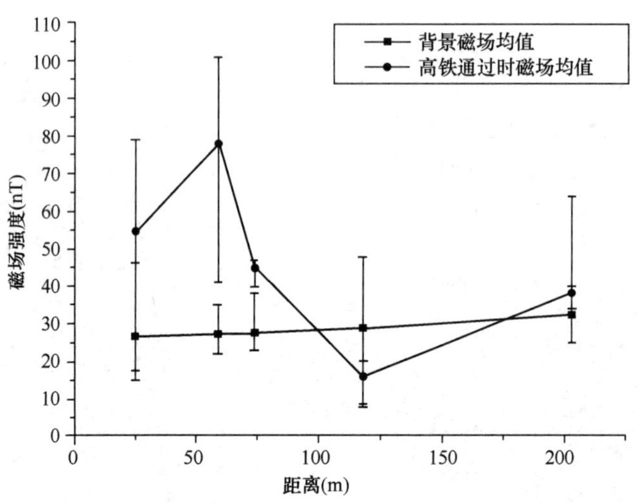

图 7-11-8 L5 测线磁场曲线

2. 周边市政道路产生影响

远离市政道路区域，振动基本处于 VC-C～VC-D 水平；红银路与光侨北路交叉口的西北部工厂区环境振动基本位于 VC-D 以下；场地东南角振动处于 VC-C～VC-D 水平；西光月 1 路与红银路临近区域的道路交通振动较大，但后期该路将规划为场地内部，其振动将大幅降低。

3. 110kV 变电站长时影响

变电站产生的磁场强度衰减速率很快，除变电站附近与高压输电线位置磁场强度较高外，其余位置均满足规范要求。

4. 其他

拟建场区内现存部分工厂产生一定噪声，待场区改造完毕后，内部道路交通和生产产生的噪声将大幅降低。

第三节　动 力 特 性 测 试

[实例 7-12] 基桩低应变检测三维效应测试与分析

一、工程概况

现浇混凝土大直径管桩（Cast-in-situ concrete large-diameter pipe pile，简称 PCC 桩），桩身完整性可通过低应变方法检测，与实心桩不同，PCC 桩在低应变瞬态集中荷载作用下，管桩动力响应属非轴对称三维波动问题，管桩低应变检测时存在三维效应和高频干扰，可采用解析方法、数值方法和试验方法对其进行研究，其中，试验方法简单易行且比较可靠。

大直径薄壁 PCC 桩，其三维效应和高频干扰问题明显，对其进行试验研究具有重要意义。

二、PCC 模型桩及低应变检测模型试验

1. PCC 桩简介

课题组自行开发了大型桩基模型试验系统，包括试验模型槽、加载系统、测量系统等。试验在大型模型槽内进行，在模型槽内现浇一 PCC 桩，PCC 桩直径 1.0m，壁厚 0.12m，长度 6.0m，混凝土强度等级 C20，如图 7-12-1 所示。混凝土养护达到一定强度，将桩吊起，桩底和桩周、桩芯填土，填土与桩顶齐平，此时，桩为完整浮承桩，如图 7-12-2 所示。填土完毕后，进行完整桩低应变检测试验。

图 7-12-1　填土前的 PCC 桩

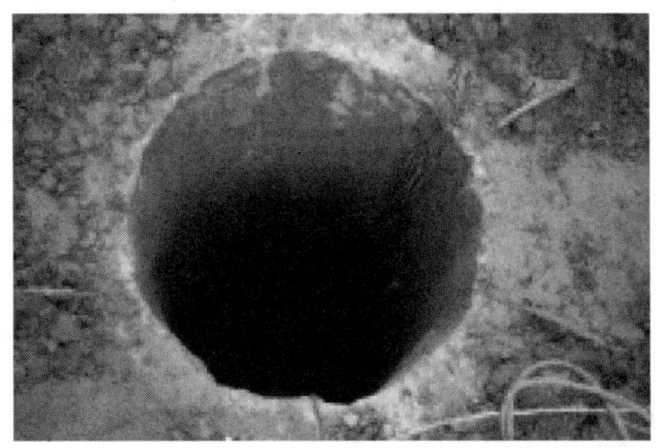

图 7-12-2　桩周填土后的 PCC 桩

2. 低应变检测模型试验

模型桩浇筑一个月，桩周和桩芯填土已完成，此时，混凝土达到 C20 强度，为消除高频干扰影响，采用较宽激励脉冲。

图 7-12-3～图 7-12-10 给出各测点实测速度响应曲线。桩顶每隔 45°进行一次低应变检测，各曲线都可看到明显反射波。与第一次检测类似，各测点入射峰—反射峰时间差有明

显区别，表 7-12-1 给出各测点入射峰—反射峰时间差。由于 90°点速度响应曲线与一维波动理论较为接近，以 90°点时间差计算得到的波速约为 3200m/s，与 C20 混凝土波速较为接近。

图 7-12-11 给出入射峰—反射峰时间差随夹角变化，可以看出，PCC 桩低应变检测三维效应严重；从 0°～360°点，曲线呈下凹碗状；在激振点附近，曲线斜率较大，入射峰—反射峰时间差随夹角增大而明显减小，在 180°点附近，曲线平缓，从 135°点到 225°点，入射峰—反射峰时间差变化不大。

结果表明，不同测点桩底反射峰到达时间差别不大，因此，入射峰—反射峰时间差的变化实际上反映入射峰到达时间的变化，上述曲线变化规律都是入射峰到达时间滞后的表现。0°～135°点之间测点，入射峰随夹角增大越来越滞后，而 135°～180°点之间测点，滞后性不再随夹角增大；180°点比 0°点滞后 1ms 左右，工程中 PCC 桩低应变检测入射波峰的滞后性应引起重视，由于入射峰滞后，实测入射峰—反射峰时间差比实际小，若直接用这个时间计算波速，则计算得到的波速会偏大，根据该波速计算的缺陷位置会有一定偏差，因此，应对不同测点入射峰到达时间进行修正。

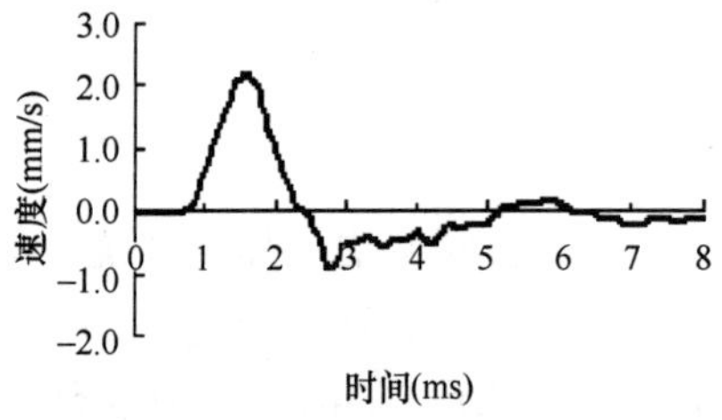

图 7-12-3　0°测点实测速度响应曲线

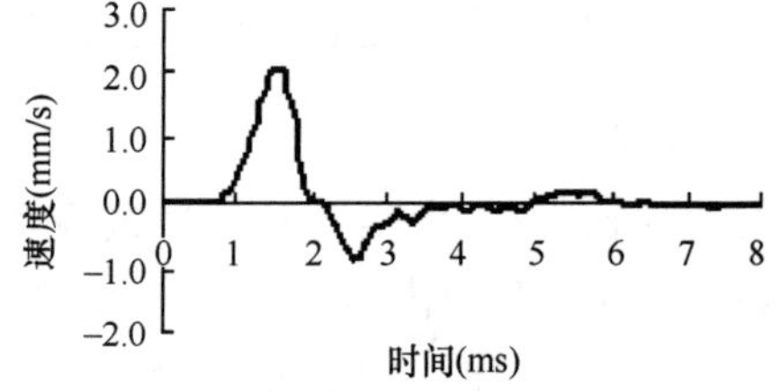

图 7-12-4　45°测点实测速度响应曲线

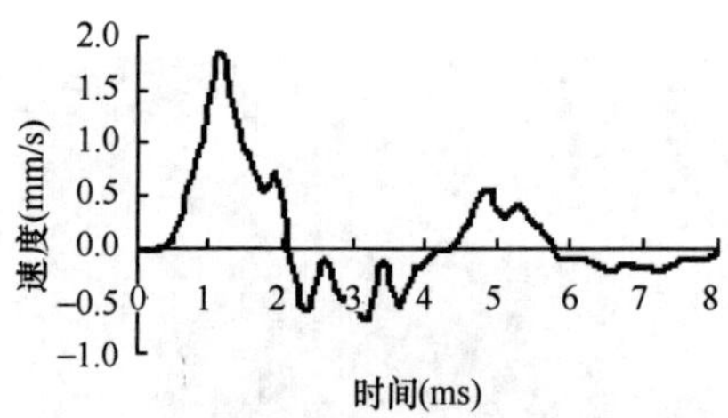

图 7-12-5　90°测点实测速度响应曲线

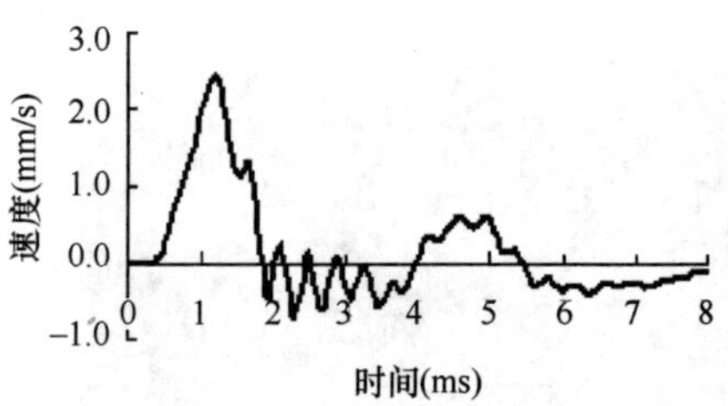

图 7-12-6　135°测点实测速度响应曲线

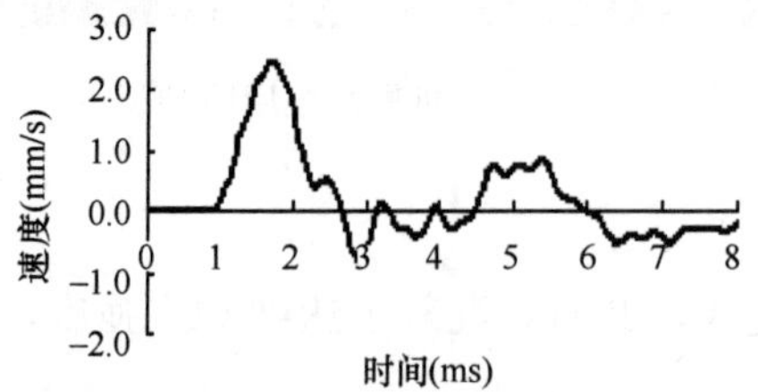

图 7-12-7　180°测点实测速度响应曲线

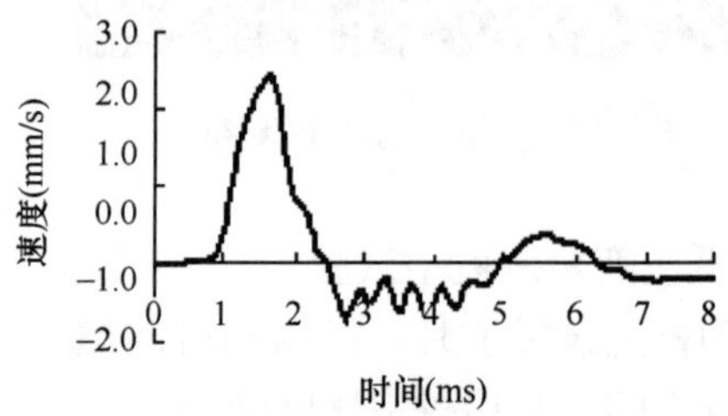

图 7-12-8　315°(45°)测点实测速度响应曲线

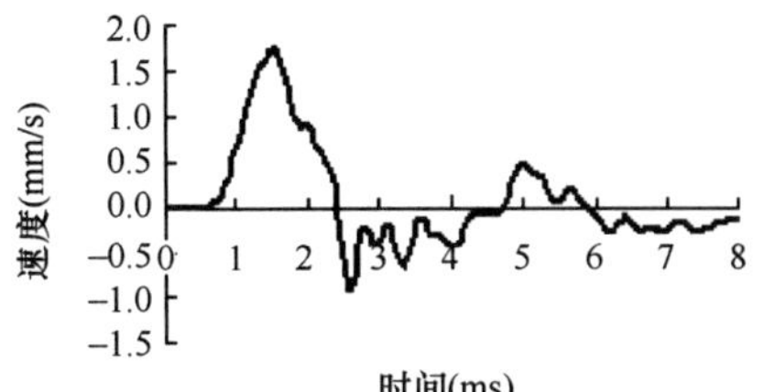

图 7-12-9　270°(90°）测点实测速度响应曲线

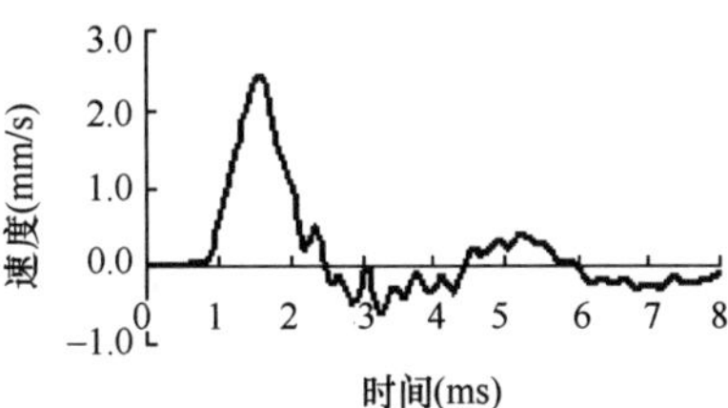

图 7-12-10 225°(135°）测点实测速度响应曲线

填土后各测点速度响应比较　　表 7-12-1

测点	0°	45°	90°	135°	180°
入射峰—反射峰时间差（ms）	4.32	3.84	3.70	3.36	3.33
测点	360°（0°）	315°	270°	225°	180°
入射峰—反射峰时间差（ms）	4.32	3.95	3.45	3.30	3.33

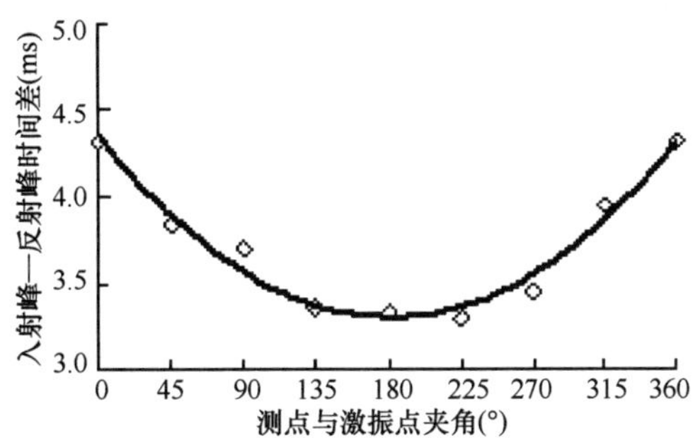

图 7-12-11　各测点入射峰—反射峰时间差

三、PCC 桩现场实测波形分析

1. 实测波的高频干扰

PCC 桩低应变检测波形在不同测点会受到不同程度高频干扰，传感器与激振点夹角 90°时，高频干扰最小。高频干扰峰大小与激振力脉冲宽度、土阻力作用大小等相关，现场实测时，采取削弱高频峰措施（如在 90°点采用较宽脉冲检测并进行滤波处理），故现场波形几乎看不到较大高频干扰峰。

图 7-12-12～图 7-12-14 给出某高速公路软基处理工程 PCC 桩现场实测波形，三条波都受到高频干扰，可看到清晰高频干扰峰，共同特点是激振力脉冲都较窄，高频干扰较为严重。高频干扰频率可通过以下方法计算：①通过 Fourier 变换得到；②从时域曲线直接读取各高频峰间距，取平均间距再求倒数即得到干扰频率。

图 7-12-12 中实测波形入射峰与桩底反射峰之间共出现 6 个高频干扰峰，可从图中读出各干扰峰对应横坐标值，计算得到各峰间距的平均值约为 1.16m，各峰平均时间差为 1.16×2/3000＝0.00077s，对应的高频干扰频率为 1/0.00077＝1300Hz。从速度频域曲线可以看出，高频干扰频率也在 1300Hz 附近，与直接从时域计算的干扰频率吻合，故采用

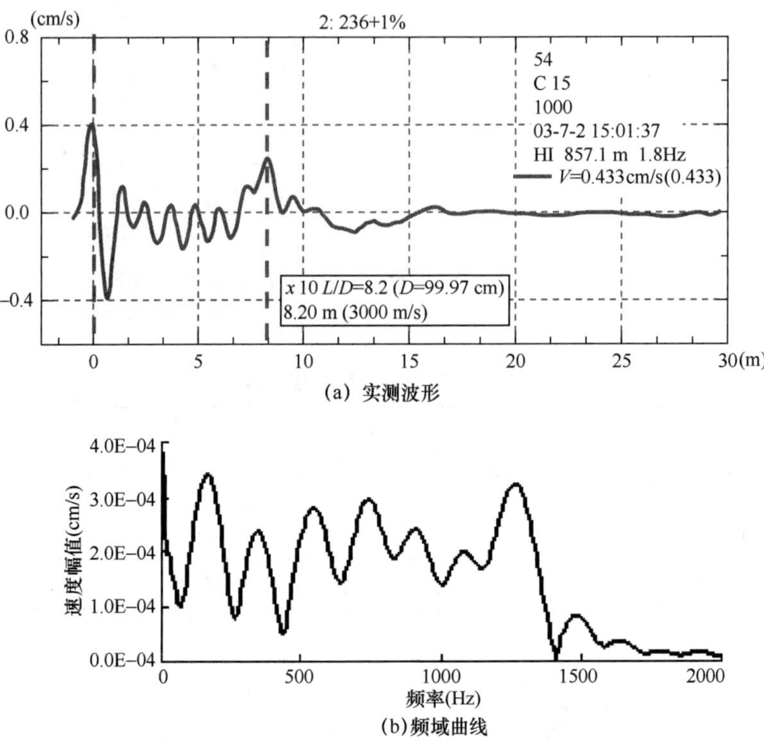

(a) 实测波形

(b) 频域曲线

图 7-12-12 某高速 PCC 桩现场实测波形及频域曲线（1）

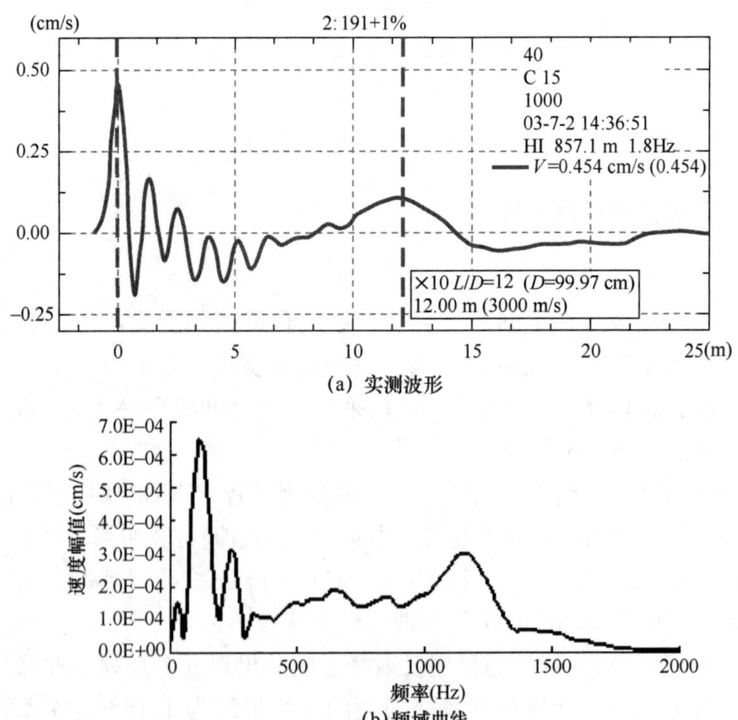

(a) 实测波形

(b) 频域曲线

图 7-12-13 某高速 PCC 桩现场实测波形（2）

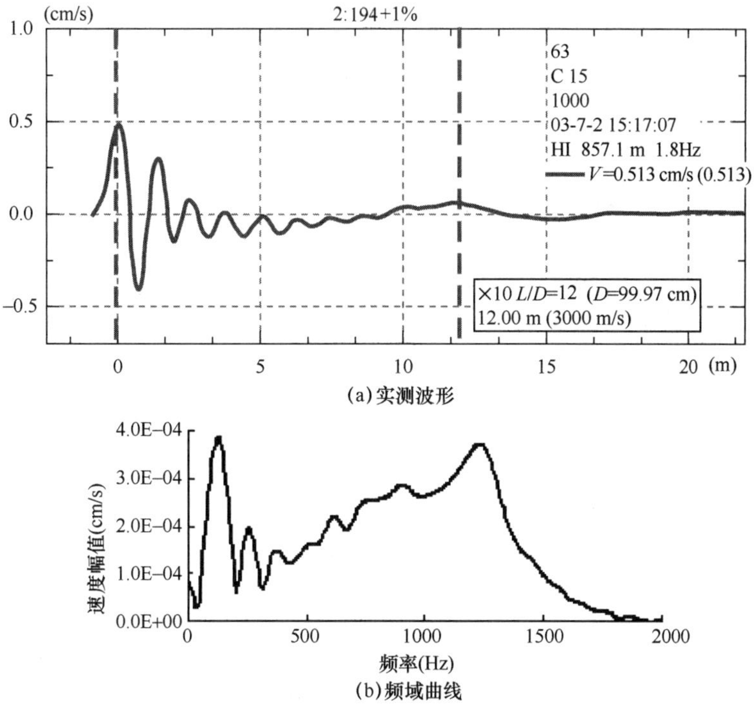

(a)实测波形

(b)频域曲线

图 7-12-14　某高速 PCC 桩现场实测波形（3）

时域方法和频域方法确定高频干扰频率都可行。值得注意的是，如果波形同时受到几种不同频率的高频波干扰时，各干扰峰不一定等间距排列，这时应采用频域曲线方法计算干扰频率。频域曲线前几个频峰之间的频率差都在 180Hz 左右，与桩底反射峰频率（C/2H）较为接近，这些频峰为桩底反射波的谐振。

由图 7-12-13，实测波形第 1 个高频干扰峰对应的横坐标为 1.3m，第 5 个高频峰对应的横坐标为 6.5m，前 5 个高频峰间距的平均值为（6.5－1.3)/4＝1.3m，计算得到的高频干扰频率为 1/(2×1.3/3000) ＝1154Hz，从频率曲线得到的高频干扰频率为 1155Hz，两者一致；从实测波形可以看出，高频干扰峰随传播距离逐渐衰减，在大于 6.5m 之后，高频干扰基本不可见。

由图 7-12-14，从实测波形可计算各高频干扰峰平均间距约为 1.212m，高频干扰频率为 1238Hz，从频域曲线得到的高频干扰频率为 1240Hz，两者一致；图中实测波形也表现出高频峰逐渐衰减特性，在 7.0m 之后高频峰已经很小。在土阻力作用较大情况下，高频干扰峰只在一定时间范围内存在，只要采用较宽的激励脉冲消除前面的高频干扰，则实测曲线高频峰将不可见。

2. 不同桩长实测曲线比较

由于桩周土阻尼、桩身混凝土阻尼、辐射阻尼等因素影响，应力波会随传播距离的增加而逐渐衰减，不同频率波衰减速度不同，一般频率越高、衰减越快。基桩低应变检测时，一般存在测试“盲区”，即桩头浅部一定深度范围的缺陷无法分辨；另因存在“有效测试桩长”，即到达某一桩长后，信号衰减很大，使得桩顶传感器无法测到反射波信号，因此，超出有效测试桩长的桩身完整性无法判断。

图 7-12-15～图 7-12-18 给出不同桩长现场实测波形，桩底反射峰值大小各不相同，桩周土性质差别不大的情况下，桩长越长，桩底反射峰值越小。图 7-12-15 中桩长较短，仅 7m，桩底反射波峰值较大，反射峰值比入射峰大。图 7-12-16 中桩长 11m，桩受到土阻力作用要比 7m 桩大，应力波衰减更多，故桩底反射波峰要比入射波峰值小很多，仅为入射峰的 1/4。图 7-12-17 中，桩长 15m，桩底反射波峰不是很明显，此时，桩长接近有效测试桩长。图 7-12-18 中，桩长 21.3m，桩长超过有效测试桩长，桩底反射峰不可见。

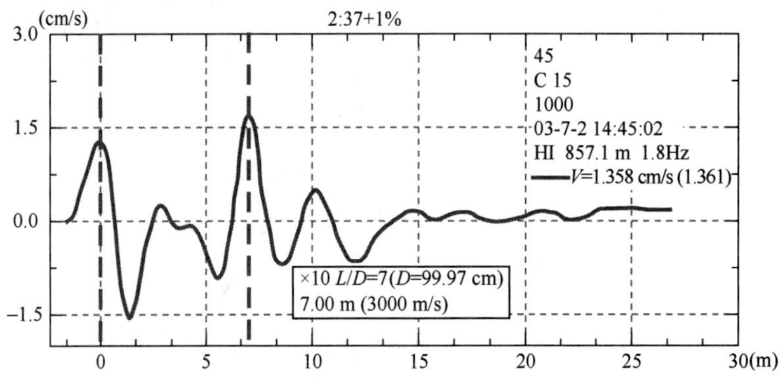

图 7-12-15 某高速 PCC 桩现场实测波形（4）

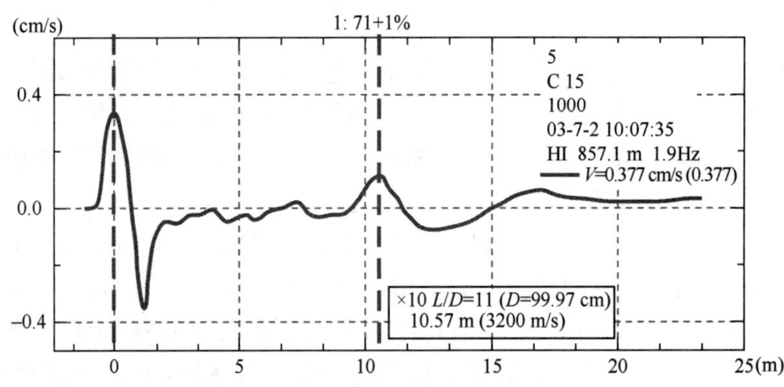

图 7-12-16 某高速 PCC 桩现场实测波形（5）

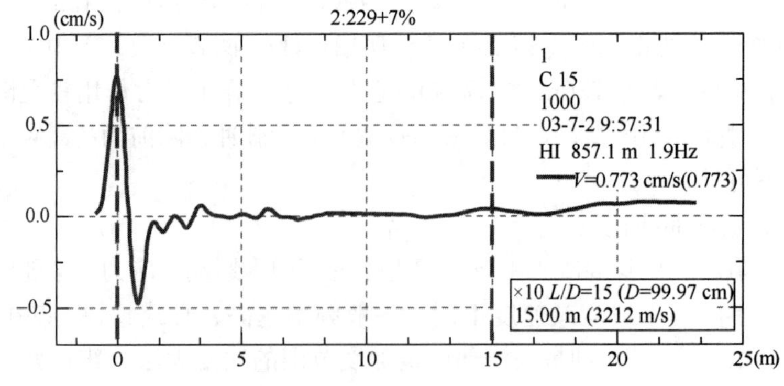

图 7-12-17 某高速 PCC 桩现场实测波形（6）

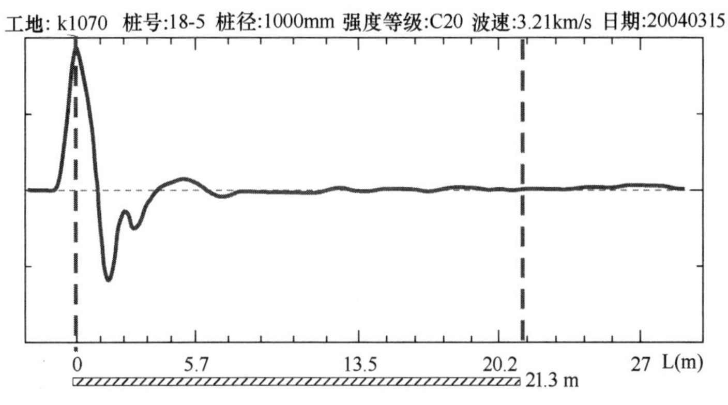

图 7-12-18 某高速 PCC 桩现场实测波形（7）

3. 缺陷桩实测曲线分析

图 7-12-19～图 7-12-22 给出现场实测缺陷桩波形。图 7-12-19 中，根据波形判断距桩顶 4.5m 深度处出现较大与入射波峰反相反射波峰，判断该处截面波阻抗增大，为扩颈缺陷；该波峰后约 6.3m 深度出现与入射波峰同相反射波峰，判断在该深度处，桩身波阻抗变小，由于该波峰与前面扩颈缺陷的波峰距离较近，且峰值不大，该波峰应为扩颈之后的相对缩颈所致，并非真正缩颈缺陷，可计算扩颈缺陷段长大致 1.8m。图 7-12-20 中，4m 深度附近出现与入射波峰反相反射波峰，该处存在扩颈缺陷，扩颈之后的相对缩颈波峰出现在 6m 深度，该波峰与桩底反射波峰接近。图 7-12-21 的缺陷较浅，在 2.8m 处出现缺陷反射波峰，与入射波峰同相，为缩颈缺陷，在 4.0m 附近出现与入射波峰反相波峰，为缩颈之后的相对扩颈所致，缺陷段长度为 1.2m。图 7-12-22 所示波形在 5.5m 深度附近出现与入射波峰反相波峰，为扩颈缺陷，扩颈之后的相对缩颈峰不明显。

根据缺陷反射波峰的相位可判断缺陷类型，根据缺陷峰值的大小可进一步判断缺陷严重程度。PCC 桩实测波形易受高频波干扰，必须区别高频干扰峰与缺陷峰，高频波峰一般表现为短周期来回震荡，会一直存在整个波形，直到衰减为 0。缺陷反射波峰一般为一个或几个，与附近波峰相比，峰值相对较大，在同（反）相反射波峰之后，往往伴随着反（同）相反射波峰。如图 7-12-19～图 7-12-22 所示，缺陷反射波峰之前都有轻微高频干扰波峰。

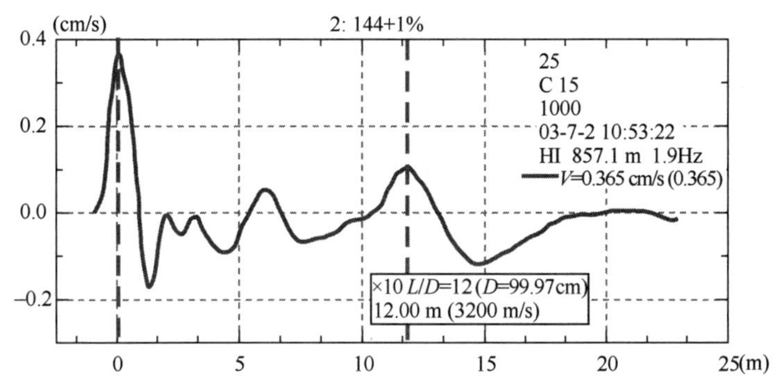

图 7-12-19 某高速缺陷 PCC 桩现场实测波形（1）

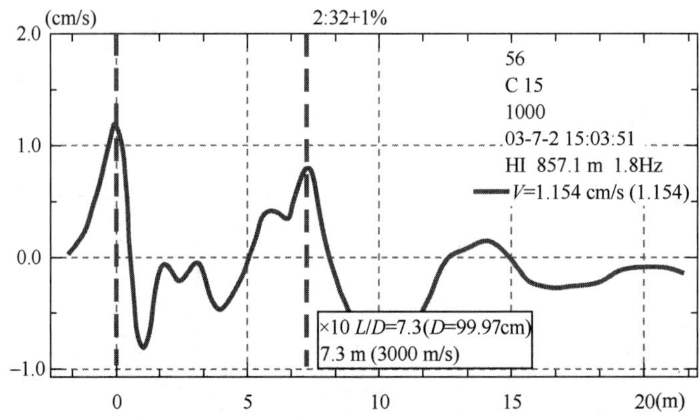

图 7-12-20 某高速缺陷 PCC 桩现场实测波形（2）

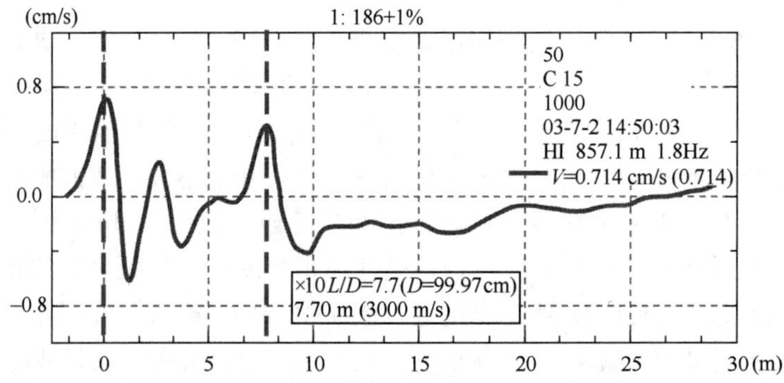

图 7-12-21 某高速缺陷 PCC 桩现场实测波形（3）

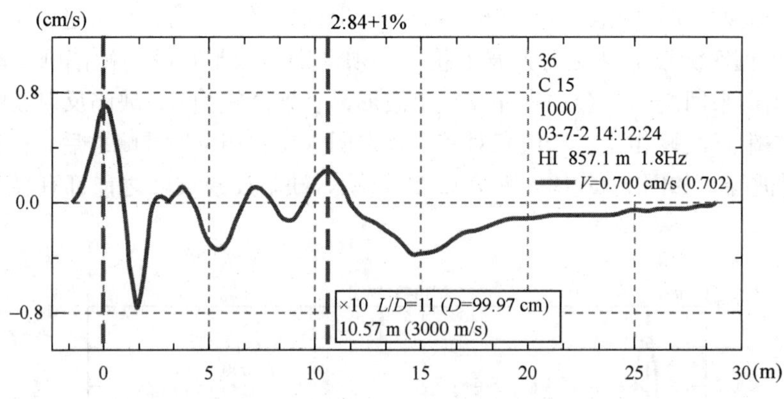

图 7-12-22 某高速缺陷 PCC 桩现场实测波形（4）

［实例 7-13］基于实测动刚度的桥桩承载能力评估

一、工程概述

桥梁功能取决于上部结构和下部结构的工作状态，下部结构的健康状态会影响上部结构的安全和正常使用。受自然因素或施工因素影响，桥梁桩基会出现各类缺陷，导致桩基承载力下降，引发工程事故。为避免工程损失，同时兼顾经济性，本案例介绍一种适用于批量评估分析的、基于实测动刚度的桥桩承载能力评估方法。

桩基承载力是整个桩-土系统承载上部结构能力的综合反映，包含强度和变形两部分。当系统承载力由强度控制时，低应变动测输出参数（如动刚度、导纳等）与强度不存在直接对应关系。当系统承载力由变形控制时，低应变产生的土动应变处于弹性变形范围，故动刚度客观反映了桩-土系统的动力特性，动刚度与承载力之间客观存在可比关系。

机械阻抗法是一种动力无损检测方法，兴起于 20 世纪六七十年代，具有测试时间短、费用低、携带便捷等优点，广泛应用于桥墩及建筑物基桩的检测与评估。该方法在实际应用时，多以个别桩为研究对象，通过测定的动刚度直接推算承载力绝对值，计算中会出现两个问题：动刚度的取值受拾振点位置、激振力大小、频率点选取等影响较大；依靠经验法选取动静对比系数存在一定随意性，推算得到的承载力作为一个绝对值，可信度相对较低。

针对上述问题，本案例通过规范化统一的动测操作和数据处理，提高动刚度取值可靠性；通过样本统计分析，动态调整动静对比系数，避免上述两点潜在问题。同时，通过桥桩低应变完整性测试、桥桩取芯等对该方法可靠性加以辅助验证。

二、动刚度推算桥桩承载力

1. 研究思路

根据机械阻抗法推算单桩承载力，是利用实测速度导纳曲线低频段近似直线的特性，按式（7-13-1）计算动刚度：

$$K_d = \frac{2\pi f}{|V/F|} \tag{7-13-1}$$

式中 K_d——动刚度；

f——频率；

V——速度响应；

F——激励力；

V/F——速度导纳。

当激振频率 $f \to 0$ 时，动刚度趋于静刚度，即 $K_d \to K_s$。实际工程中激振频率不可能为 0，故引入动静对比系数 $\eta = K_d/K_s$，推算桩承载力 Q：

$$Q = \frac{K_d S_a}{\eta} \tag{7-13-2}$$

式中 S_a——单桩容许沉降量，本案例计算时取 4mm。

针对某高速公路数百根桥桩，采用三个步骤进行分析，流程如图 7-13-1 所示。

（1）初步分析，选取少数代表性桥桩进行瞬态机械阻抗法动测和完整性测试，挑选完整桩计算动静对比系数 η，并动态调整。

（2）普查测试，通过实测动刚度推算桥桩承载能力 Q，并计算设计荷载 P，进行桥桩评估。当 $Q>P$ 时，桥桩承载力满足要求，反之则承载力不足，需要加固。

（3）验证检测，通过低应变法及取芯法判断完整性，并对桥桩承载力评估结果加以验证。

为保证测试可靠性，减少测试误差和分析误差，测试过程对落锤高度、拾振点位置进行统一操作。此外，动刚度统一取相同低频段的平均值。

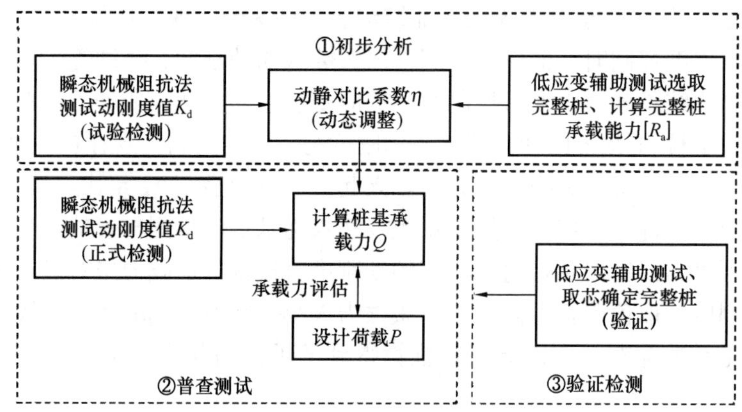

图 7-13-1　桥桩评估及分析流程

2. 确定动静对比系数

在初步分析阶段，通过低应变辅助测试选取典型完整桩，按式（7-13-3）确定动静对比系数：

$$\eta=\frac{K_d S_a}{[R_a]} \tag{7-13-3}$$

式中　$[R_a]$——完整桩容许承载力。

其中，钻孔灌注摩擦桩承载力容许值计算见下式：

$$\left.\begin{aligned}[R_a]&=\frac{1}{2}u\sum_{i=1}^{n}q_{ik}l_i+A_p q_r\\ q_r&=m_0\lambda[[f_{a0}]+k_2\gamma_2(h-3)]\end{aligned}\right\} \tag{7-13-4}$$

端承桩承载力容许值计算见下式：

$$[R_a]=c_1A_pf_{rk}+u\sum_{i=1}^{m}c_{2i}h_if_{rki}+\frac{1}{2}\zeta_s u\sum_{i=1}^{n}l_iq_{ik} \tag{7-13-5}$$

为确保 η 既能真实反映实际情况，又在一定保证概率下，所有待测桥桩具有一定普适性，共完成 48 个孔位钻探，以全面了解本区域地质变化情况，提高 $[R_a]$ 值计算可靠性。同时，在初步分析阶段对 η 取值进行动态调整。

三、测试与分析

1. 动刚度测试

现场通过冲击基桩的方式测试并分析动刚度，在桩基顶部布设力传感器和低频速度传感器，根据下式计算速度导纳随频率变化函数：

$$Y_{V}(f)=\frac{S_{FV}(f)}{S_{FF}(f)} \tag{7-13-6}$$

式中 $S_{FV}(f)$——力与速度的互功率谱；

$S_{FF}(f)$——力的自功率谱。

现场测试前，首先对承台表面的覆盖土进行清理，清理完成后再采用打磨机对测点进行磨平处理（图 7-13-2），确保传感器采集到竖向振动信号。

为增加结构竖向动力响应，提高动刚度数据有效性，减少车辆干扰等因素的影响，检测采用 106kg 力夯进行冲击激振，并根据现场环境，对干扰信号及时进行规避。为增加机械化程度、提升检测速率，配备自动提升及冲击装置 2 套。同时，每根基桩采集使用 3～5 个循环冲击，通过多循环、多测次平均，最终得到基桩动刚度。

图 7-13-2 传感器安装表面测点磨平

图 7-13-3 给出相同桩长 2 根邻近桥桩的典型导纳曲线，尽管在 50Hz 以上频段导纳特性有所差异，但 2 根桩在低频都表现出明显的线性特征，为动刚度计算与分析提供了基础。图 7-13-4 给出 2 根桥桩的动刚度曲线，可以看出，10Hz 以下频段动刚度随频率明显变化，但 10～30Hz 动刚度保持相对稳定。本次测试的其他桩均表现出相同特性。本案例计算动刚度时，统一按照 10～30Hz 频段取平均值。

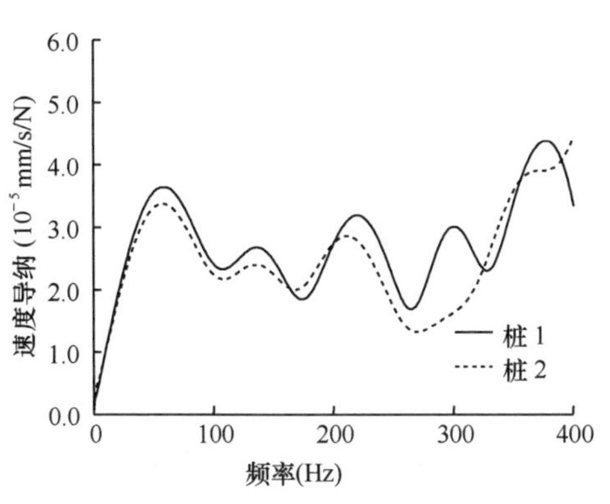

图 7-13-3 典型速度导纳曲线

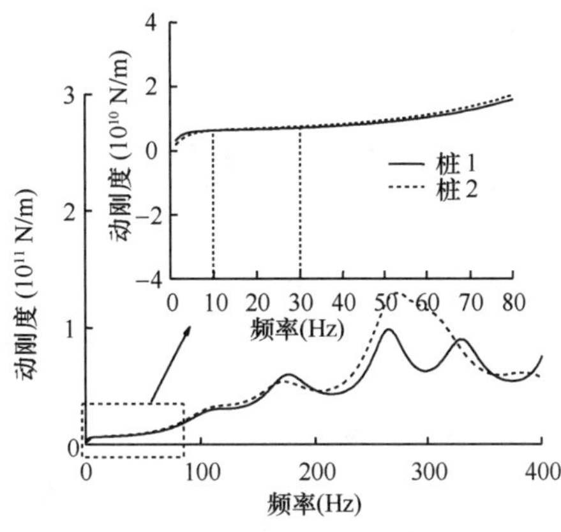

图 7-13-4 典型动刚度曲线

2. 动刚度与承载力关系

对测试的680根桥桩分别进行分析计算，测试得到每一根桥桩的动刚度，并利用式(7-13-4)、式(7-13-5)估算容许承载力。图7-13-5(a)给出680根桥桩动刚度与估算承载力关系，容许承载力随动刚度增加有增大趋势，但动刚度在4～8GN/m范围内估算的容许承载力离散性大，因为估算的容许承载力基于桥桩完整假定，而实际检测有相当一部分桥桩存在不同程度缺陷，使得动刚度与承载力的关系存在较大离散性。为尽可能排除上述因素影响，对50%以上样本进行低应变完整性测试，从中挑选出188根桩身完整的典型样本桥桩，按设计荷载不同分2组分析动刚度与承载力关系，见图7-13-5(b)。对比分析可以发现，对于桩身完整的桥桩，动刚度与承载力之间的正相关关系较图7-13-5(a)更明显。

按设计荷载4000～5000 kN（样本组1）及8000 kN（样本组2），将样本分为2组，图7-13-6给出各测试样本区间的动刚度平均值及最大最小值，可以看出，除在7000～8000 kN区间内动刚度平均值略有降低外，总体动刚度随完整单桩承载力增加而增加。可见，对于桩身完整桥桩，当测试动刚度较同类型桥桩明显偏小时，动刚度在判别桥桩承载力不足方面具有预警作用。

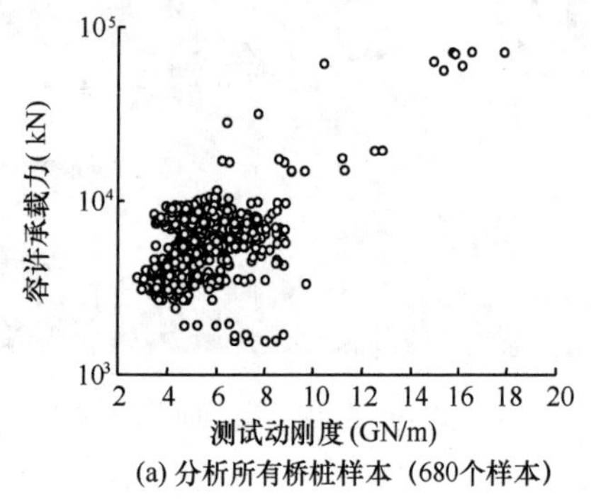

(a) 分析所有桥桩样本（680个样本）

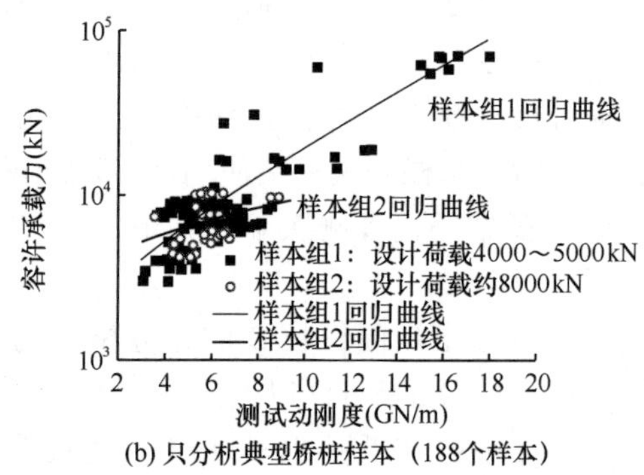

(b) 只分析典型桥桩样本（188个样本）

图7-13-5　动刚度与承载力关系

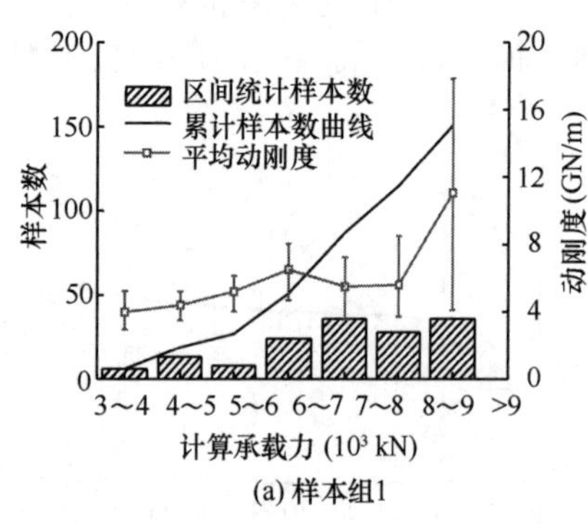

(a) 样本组1

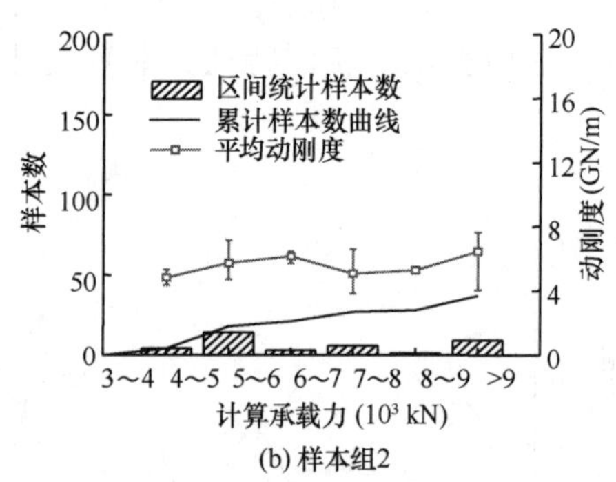

(b) 样本组2

图7-13-6　承载力各样本区间中平均动刚度

3. 动静对比系数

由图7-13-1初步分析阶段，通过对典型桩进行动静对比系数初步研究及动态调整，确定摩擦桩和普通端承桩的动静对比系数η均取4.66，对于桩长径比超过20的端承桩，η取2.3。

在普查测试阶段，基于图7-13-5（b）所示188个桩身完整的典型桥桩样本，对初步设定的η值进行验证。由图 7-13-7，超过 90%的摩擦桩η值小于 4.66，对于基桩承载力偏于安全；桩长径比在 20 以下的端承桩η值均小于 4.66；桩长径比大于 20 的端承桩，除 3 个样本η值略大于 2.3 以外，其余均在 2.3 以内。

综上，初步分析阶段动态调整后的动静对比系数取值，可满足实际基桩承载力评估。

4. 桥桩承载力评估

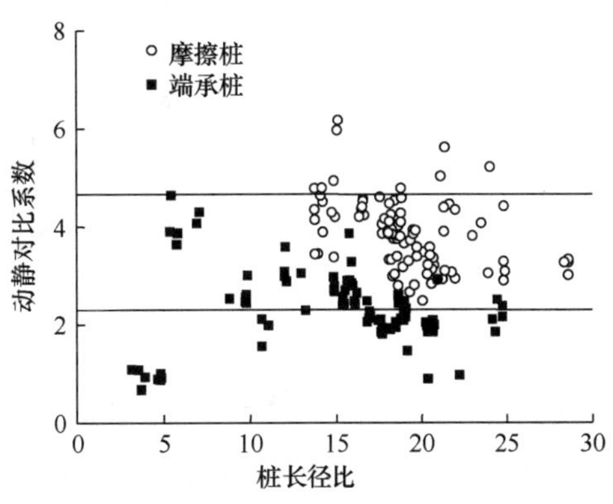

图 7-13-7 典型桥桩动静对比系数统计分析（188 个样本）

图 7-13-8 给出桥桩推算承载力 Q 与设计荷载 P 关系曲线，约 54%的桥桩需要加固（$Q<P$）。加固桥桩可分成两类：一类是桥桩自身设计荷载大（相当一部分设计荷载在 8000kN 左右），由测试动刚度推算的承载力不能满足设计荷载要求，加固与桥桩自身是否存在缺陷关系不大；另一类桥桩设计荷载在 4000～5000kN 范围内，由于桥桩自身缺陷，导致测试动刚度明显偏小，推算得到的承载力不能满足设计荷载。

将设计荷载在 4000～5000kN 范围的摩擦桩进行动刚度统计分析，如图 7-13-9 所示，几乎所有不满足承载力的桥桩动刚度明显偏小，故动刚度与承载力具有较强的正相关性。

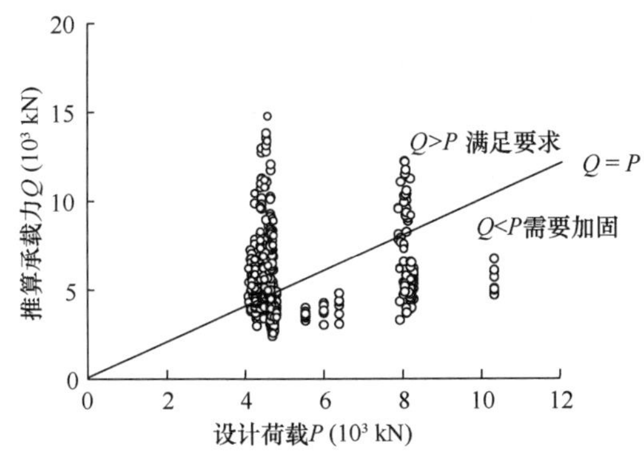

图 7-13-8 桥桩推算承载力与承受荷载关系

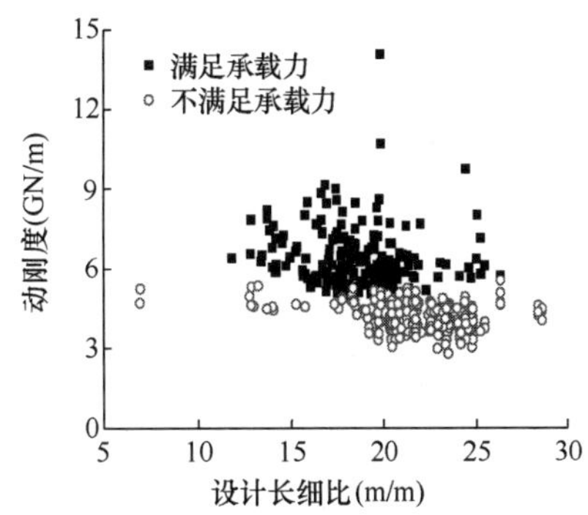

图 7-13-9 摩擦桩动刚度统计

四、取芯验证分析

为验证本文评估方法的有效性，选取 80 根桥桩样本进行取芯验证。所选桥桩包括端承桩和摩擦桩两种形式，根据推算承载力与设计荷载的不同关系，取芯结果分类统计如图 7-13-10所示，图中左上角对应桩顶芯样、右下角对应桩底芯样，Q/P 数值越小，桩身缺陷越明显，完整性越差；Q/P 数值越大，桩身缺陷越轻微，完整性越好。

在 $Q/P<1$ 的 51 根桥桩中，有 45 根桩身缺陷严重，占 88.2%；在 $Q/P>1$ 的 29 根桥桩中，桩身完整性较好或轻微离析、气孔麻面的有 21 根，占 72.4%，其余 8 根桩身局部离析或桩底有轻微沉渣。总体上，取芯结果与承载能力评估结论一致，验证了基于实测动刚度推算承载能力的方法，在一定程度上具备较高的可靠性。

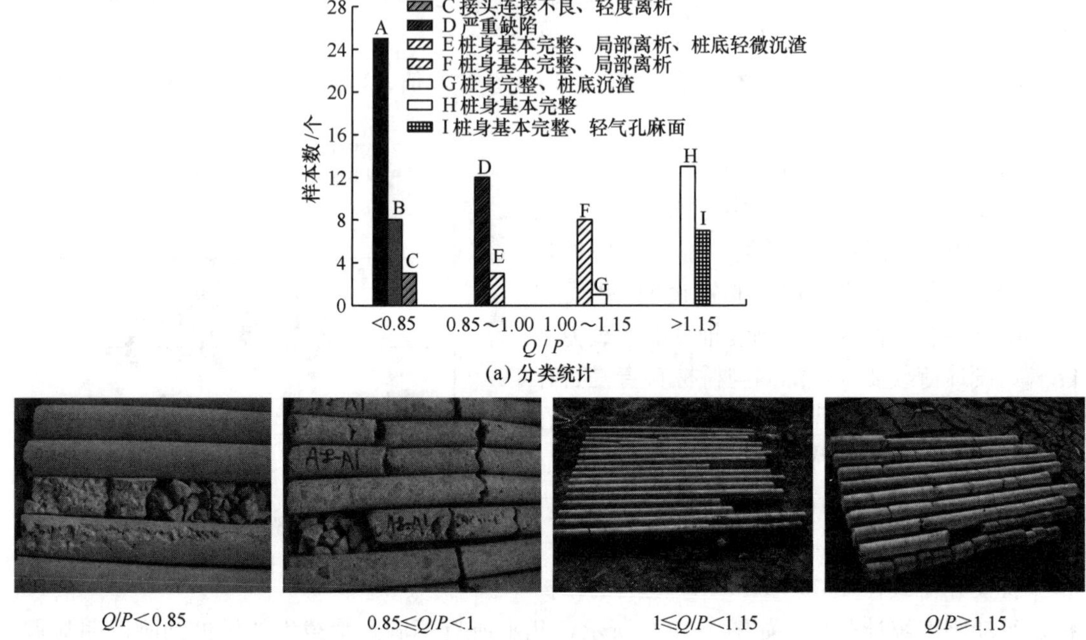

(a) 分类统计

$Q/P<0.85$　　$0.85\leqslant Q/P<1$　　$1\leqslant Q/P<1.15$　　$Q/P\geqslant 1.15$

(b) 典型芯样照片

图 7-13-10　取芯结果分析

［实例 7-14］中煤陕西榆横煤化工项目聚丙烯装置/烯烃分离装置地基、桩基动力参数测试

一、工程概况

中煤陕西榆横煤化工项目设计规模 360 万 t/年煤制甲醇及深加工，主要建（构）筑物包括：厂前区、压力容器生产厂房、压力容器阻焊厂房、大件组装车间维修中心、空分装置、事故水池、污水处理、加压泵房及消防水池、循环水站、110kV 总变电站、热电站、脱盐水站、脱硫脱硝、净化装置、煤气化装置、卸储煤装置区、余热回收、甲醇装置、硫回收、MTO 装置、聚丙烯单元、聚乙烯单元、可燃液体汽车装卸区、酸碱站装卸区、丙烯罐区、乙烯罐区、己烯-1/丁烯-1 异戊烷罐区、PP/PE 包装及仓库、烯烃罐区和火炬等。

上述建（构）筑物中煤气化装置、MTO 装置、聚丙烯装置等涉及动力机器基础设计，为确保设计的安全性和合理性，要求在动力装置区进行天然地基和桩基的动力参数测试。

拟建场地位于榆林市横山县白界乡和榆阳区芹河乡境内的榆横煤化工业区南区（化工园区）内。拟建场地地处毛乌素沙漠东南缘与陕北黄土高原过渡地段，场地地貌属风积沙丘。地层由新到老为新近回填土、风积（Q_4^{eol}）粉细砂、第四系全新统冲积（Q_4^{al}）粉细砂、第四系上更新统冲积（Q_3^{al}）粉土，侏罗系（J）砂岩。

二、动力参数测试方案

1. 模拟基础设计

T1、T2、T3 为单桩动力参数测试点，T4、T5、T6 为天然地基动力参数测试点。模拟基础为现场浇注的混凝土基础，尺寸均为 2.0m×1.5m×1.0m（长×宽×高）。试验点 T1～T3 为桩基承台，设计灌注桩桩径 600mm，桩长 25m，桩顶标高－2.0m。试验桩与模拟基础浇筑一体，试验桩体进入模拟基础不小于 50cm，桩中心轴线与模拟基础垂直中心轴线重合，试验点 T4～T6 为天然地基承台，承台底部为②层粉细砂（Q_3^{al}）。

试验采用机械偏心式激振器激振，机械偏心式激振系统由变频振动器、可控硅整流器、垂直水平两用激振器组成。信号接收系统由位移传感器、信号采集仪和笔记本电脑组成。

2. 竖向受迫振动试验

将机械偏心式激振器垂直安装，使激振器产生竖向扰力，作用于基础重心，使基础产生竖向振动。基础振动信号由垂直传感器接收，试验装置如图 7-14-1 所示。

3. 水平回转受迫振动试验

将机械偏心式激振器水平安装在基础重心正上方，使激振器产生水平扰力，扰力方向与基础长轴方向平行，迫使基础沿水平扰力方向作水平回转耦合振动，振动信号的水平分量由水平传感器接收，振动信号的垂直分量由垂直传感器接收，试验装置如图 7-14-2 所示。

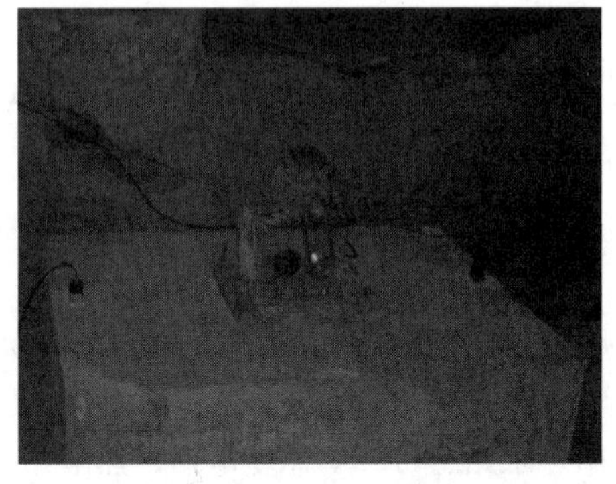
图 7-14-1　竖向振动试验装置图

图 7-14-2　水平回转耦合振动试验装置图

三、数据分析

1. 竖向受迫振动试验

将机械偏心式激振器垂直安装在模拟基础上，对基础施加竖向简谐扰力，调节调压器的电压，对基础进行频率扫描激振（激振频率由低到高），可得基础振动的竖向振幅随频率变化的幅频响应曲线 A_Z-f 曲线（如图 7-14-3 所示）。

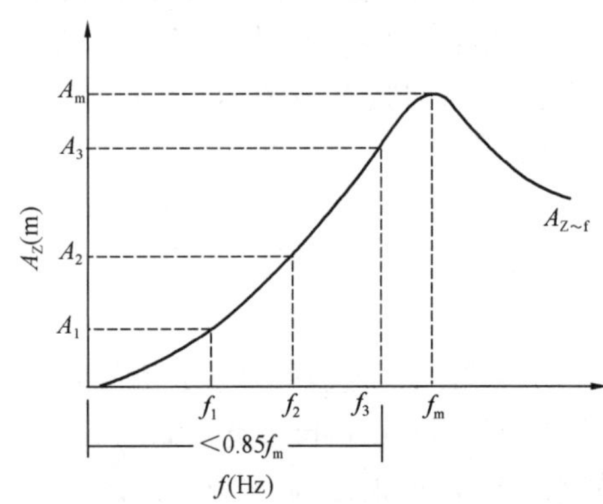

图 7-14-3　竖向振动幅频响应曲线

在 A_Z-f 幅频响应曲线上选取共振峰峰值点和 0.85f_m以下不少于三点的频率和振幅，按下式计算：

$$\zeta_{vz}=\frac{\sum_{i=1}^{n}\zeta_{zi}}{n} \tag{7-14-1}$$

式中　ζ_{zi}——由第 i 点计算的地基竖向阻尼比。

基础竖向振动的参振总质量 m_z，按下式计算：

$$m_{vz}=\frac{m_0e_0}{A_m}\cdot\frac{1}{2\zeta_z\sqrt{1-\zeta_z^2}} \tag{7-14-2}$$

式中　m_0e_0——激振设备对应档位的质量惯性矩。

地基抗压刚度 K_z、抗压刚度系数 C_z、单桩抗压刚度 K_{pz}和桩基抗弯刚度 $K_{p\varphi}$按下列公式计算：

$$K_z=m_z(2\pi f_{nz})^2 \tag{7-14-3}$$

$$C_z=\frac{K_z}{A_0} \tag{7-14-4}$$

$$K_{pz}=m_{pz}(2\pi f_{nz})^2 \tag{7-14-5}$$

$$K_{p\varphi}=K_{pz}\sum_{i=1}^{n}r_i^2 \tag{7-14-6}$$

式中　f_{nz}——基础无阻尼固有频率（Hz）；

r_i——第 i 根桩轴线至基础底面形心回转轴的距离（m）。

2. 水平回转受迫振动试验

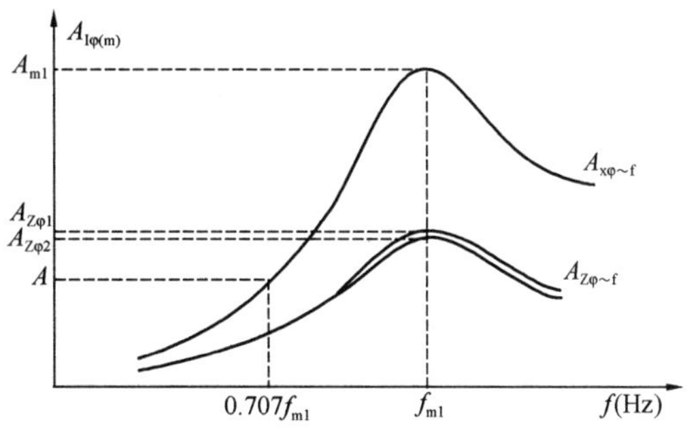

图 7-14-4 水平回转耦合振动幅频响应曲线

将机械偏心式激振器水平安装在模型基础上，对基础施加水平向简谐扰力，调节调压器电压，使激振频率由低到高进行扫描，可得一条基础顶面测试点沿 X 轴水平振幅随频率变化的幅频响应曲线（$A_{x\varphi}$-f 曲线）及两条基础顶面测试点由回转振动产生的竖向振幅随频率变化的幅频响应曲线（$A_{z\varphi}$-f），见图 7-14-4。

水平回转第一振型阻尼比 $\zeta_{x\varphi1}$：在 $A_{x\varphi}$-f 曲线上选取第一振型共振频率（f_{m1}）和频率 $0.707f_{m1}$ 所对应的水平振幅（图 7-14-4），按下式计算：

$$\zeta_{p\varphi1}=\sqrt{\frac{1}{2}\left[1-\sqrt{1-\left(\frac{A}{A_{m1}}\right)^2}\right]} \tag{7-14-7}$$

式中 A_{m1}——水平回转耦合振动第一振型共振峰水平振幅（m）；

A——频率 $0.707f_{m1}$ 对应水平振幅（m）。

基础水平回转耦合振动的参振总质量 $m_{x\varphi}$，按下式计算：

$$m_{x\varphi}=\frac{m_0e_0(\rho_1+h_3)(\rho_1+h_1)}{A_{m1}}\cdot\frac{1}{2\zeta_{x\varphi_1}\sqrt{1-\zeta_{x\varphi_1}^2}}\cdot\frac{1}{i^2+\rho_1^2} \tag{7-14-8}$$

式中 ρ_1——基础第一振型转动中心至基础重心距离（m）；

h_1——基础重心至基础顶面距离（m）；

h_3——基础重心至激振器水平扰力距离（m）；

i——基础回转半径（m）。

地基抗剪刚度 K_x、单桩抗剪刚度 K_{px}，按下列公式计算：

$$K_x=m_{x\varphi}(2\pi f_{nx})^2 \tag{7-14-9}$$

$$K_{px}=m_{px\varphi}(2\pi f_{nx})^2 \tag{7-14-10}$$

式中 f_{nx}——基础水平向无阻尼固有频率（Hz）。

地基抗弯刚度 K_φ 按下式计算：

$$K_\varphi=J(2\pi f_{n\varphi})^2-K_xh_2^2 \tag{7-14-11}$$

式中 $f_{n\varphi}$——基础回转无阻尼固有频率（Hz）；

J——基础对通过其重心轴的转动惯量（t·m^2）。

四、试验分析成果

模拟基础在不同试验状态下的动力参数分析结果，见表 7-14-1～表 7-14-4。

单桩模拟基础动力参数表 **表 7-14-1**

振动方式	基础编号及状态 / 动力参数	T1 明置	T1 埋置	T2 明置	T2 埋置
受迫振动	单桩抗压刚度 k_{pz}（kN/m）	2.19×10^6	2.37×10^6	2.34×10^6	2.48×10^6
	单桩抗剪刚度 k_{px}（kN/m）	9.29×10^4	2.41×10^5	10.15×10^4	2.55×10^5
	桩基抗弯刚度 $k_{px\varphi}$（kN·m）	$1.69\times10^6\sum_{i=1}^{n}r_i^2$	—	$1.74\times10^6\sum_{i=1}^{n}r_i^2$	—
	竖向阻尼比 ζ_{pz}	0.24	0.23	0.28	0.29
	水平回转向第一振型阻尼比 $\zeta_{px\varphi1}$	0.20	0.23	0.21	0.24

单桩模拟基础动力参数表 **表 7-14-2**

振动方式	基础编号及状态 / 动力参数	T3 明置	T3 埋置
受迫振动	单桩抗压刚度 k_{pz}（kN/m）	2.01×10^6	2.11×10^6
	单桩抗剪刚度 k_{px}（kN/m）	8.35×10^4	1.97×10^5
	桩基抗弯刚度 $k_{px\varphi}$（kN·m）	$1.54\times10^6\sum_{i=1}^{n}r_i^2$	—
	竖向阻尼比 ζ_{pz}	0.21	0.19
	水平回转向第一振型阻尼比 $\zeta_{px\varphi1}$	0.17	0.20

注：r_i ——第 i 根桩的轴线至基础底面形心回转轴的距离（m）。

天然地基模拟基础动力参数表 **表 7-14-3**

振动方式	基础编号及状态 / 动力参数	T4 明置	T4 埋置	T5 明置	T5 埋置
受迫振动	地基抗压刚度 k_z（kN/m）	1.12×10^6	1.44×10^6	1.05×10^6	1.39×10^6
	地基抗剪刚度 k_x（kN/m）	7.16×10^4	1.29×10^5	9.84×10^4	3.04×10^5
	地基抗弯刚度 $k_{x\varphi}$（kN·m）	5.89×10^4	—	5.87×10^4	—
	竖向阻尼比 ζ_z	0.15	0.18	0.14	0.20
	水平回转向第一振型阻尼比 $\zeta_{x\varphi1}$	0.11	0.16	0.09	0.13

天然地基模拟基础动力参数测试成果表 **表 7-14-4**

振动方式	基础编号及状态 / 动力参数	T6 明置	T6 埋置
受迫振动	地基抗压刚度 k_z（kN/m）	1.27×10^6	1.82×10^6
	地基抗剪刚度 k_x（kN/m）	7.29×10^4	2.35×10^5
	地基抗弯刚度 $k_{x\varphi}$（kN·m）	5.90×10^4	—
	竖向阻尼比 ζ_z	0.14	0.25
	水平回转向第一振型阻尼比 $\zeta_{x\varphi1}$	0.10	0.17

［实例 7-15］上海中心城区地基动力特性测试

一、工程概况

测试场地位于上海市中心城区繁华地段，拟建住宅办公楼，需测定周围交通环境振动对场地影响。场地北侧紧邻上海市主干道宁夏路，交通繁忙，南侧为辅路顺义路，车辆较少。地铁 13 号线近距离从场地下方穿过，地铁 3 号线、4 号线较远距离从场地西侧通过，东侧较远处还有地铁 11 号线，地铁运行和路面交通产生的环境振动对场地有影响。

测试地点位于地铁 13 号线区间隧道东侧，场地地势较为平坦，属滨海平原地貌类型。根据相邻工程的勘探资料，在 75.45m 深度范围内，场地均为第四纪松散沉积物，属第四纪河口、滨海、浅海、溺谷、沼泽相沉积层，主要由饱和黏性土、粉性土及砂土组成，具有中心城区成层分布特点。

本次测试场地周围交通环境复杂，需综合考虑周围环境影响和场地情况制定测试方案。

二、测点布置和测试工况

为全面了解拟建场地振动特性，综合考虑地铁 13 号线位置、与周边道路距离、拟建建筑物位置、场地形状等多因素，选取建筑场地 9 个位置布置测点，测点布置和位置如表 7-15-1和图 7-15-1 所示。其中，1～3 号测点均匀布置在场地 13 号线沿线，并与 13 号线保持相同间距；4～5 号测点均匀布置在场地宁夏路沿线并与宁夏路主干道间距相同；6 号测点布置在场地内部，用于分析各种环境振动的综合作用；1 号、7～9 号测点按与 13 号线间距由远及近进行排列，并与顺义路保持相同间距。

测点位置 **表 7-15-1**

测点	与地铁中心间距（m）	与宁夏路中心间距（m）	与顺义路中心间距（m）	测点	与地铁中心间距（m）	与宁夏路中心间距（m）	与顺义路中心间距（m）
1 号	27	154	33	6 号	89	85	111
2 号	27	113	84	7 号	16	156	33
3 号	27	72	133	8 号	7	157	33
4 号	92	24	187	9 号	3	159	33
5 号	135	24	176	—	—	—	—

结合场地实际情况，对 1 号和 3 号测点进行连续 24h 观测，2 号、4～9 号测点测试时长为 30min，为分析不同时段、不同位置处场地地面环境振动特性，选取如表 7-15-2 所示 13 个典型测试数据。

结合地铁 13 号线经过测试区段的停运时刻表和路面车流情况，从 1 号和 3 号测点连续 24h 的测试数据中各选取 3 个 30min 数据作为代表性时段进行分析，代表地铁列车运行间隔短且路面车辆多的下班晚高峰时段、主要地铁运行时段（主要为地铁运行、路面交通较少）、深夜地铁停运且地面交通极少的场地背景振动（即地脉动）时段。其他 7 个测点

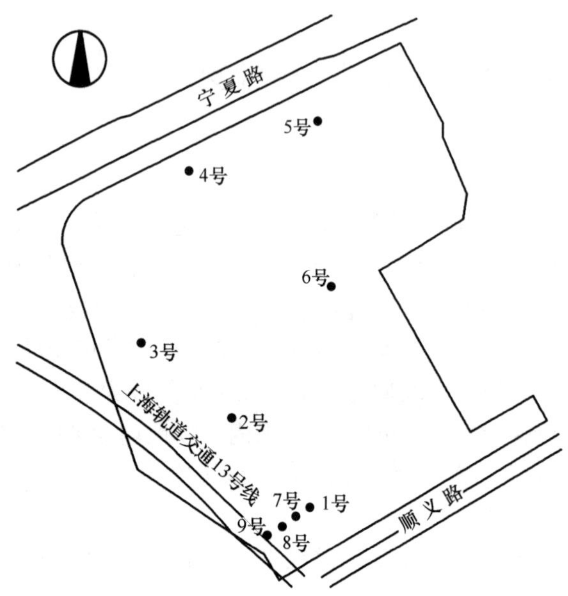

图 7-15-1　测点布置示意图

根据测试时间段不同，分别代表下班晚高峰时段和晚高峰之前路面车流量较少且地铁列车运行间隔较长的平峰时段。上述 13 个典型数据包含 4 个代表性时段，分别为背景振动、主要地铁运行、平峰时段和晚高峰时段。表 7-15-2 给出各测试分析工况。

分析工况　　**表 7-15-2**

工况	测点	测试时间段	代表工况	工况	测点	测试时间段	代表工况
1	1号	3：09～3：39	背景振动	8	4号	16：32～17：02	晚高峰时段
2	1号	23：02～23：32	主要地铁运行	9	5号	16：03～16：33	平峰时段
3	1号	18：56～19：26	晚高峰时段	10	6号	15：52～16：22	平峰时段
4	3号	2：56～3：26	背景振动	11	7号	16：11～16：41	平峰时段
5	3号	22：52～23：22	主要地铁运行	12	8号	16：46～17：16	晚高峰时段
6	3号	18：47～19：17	晚高峰时段	13	9号	17：20～17：50	晚高峰时段
7	2号	16：43～17：13	晚高峰时段	—	—	—	—

本次测试采用 TROMINO 振动测试仪，同时采集 3 个正交方向（Z 为竖向、X 为南北向、Y 为东西向）的振动加速度，设置采样频率 512Hz，并根据各测点测量时间设置仪器采样时长。放置仪器前，需去除测点位置处表面石块、杂物及浮土，使测点地面平坦，并选择坚硬土层固定仪器。安装测试仪器时，需将仪器指北，保证仪器与测点地面紧密接触并调平。仪器安装完成后，记录测试时间并开始测试。

三、测试结果与分析

除去人为干扰或不具代表性数据，对各数据点加速度进行时程分析和主频计算，得到场地地面振动特性。

1. 加速度时程分析

（1）不同时段地面振动加速度特性分析

选取距地铁线路较近的 3 号和 7 号测点，分析背景振动、主要地铁运行、平峰时段和晚高峰时段场地地面振动特性，加速度时程如图 7-15-2（d）、图 7-15-2（e）、图 7-15-2（k）、图 7-15-2（f），对应表 7-15-3 中的工况 4、5、11、6。地面背景振动加速度时程曲线，如图 7-15-2（d），无明显峰值，加速度幅值较小，介于 1.0～2.0Gal 之间，主要为地脉动。有地铁运行时，如图 7-15-2（e）、图 7-15-2（k）、图 7-15-2（f），地面环境振动明显不同于背景振动，地面振动加速度时程曲线呈周期性变化，出现明显峰值。主要地铁运行、平峰和晚高峰时段振动峰值出现的周期分别为 400s，400s 和 200s，与地铁公司官方公布的各时段列车发车频次相符。地面振动峰值分别介于 2.3～12.0Gal，1.8～5.3Gal 和 3.2～17.8Gal 之间，晚高峰时段振动峰值明显大于其他两个时段。

综合比较各个时段加速度峰值变化情况，可以发现，地铁运行会引起地面振动峰值大幅增加，晚高峰时段各振动因素叠加作用下，振动峰值明显大于主要地铁运行和平峰时段。

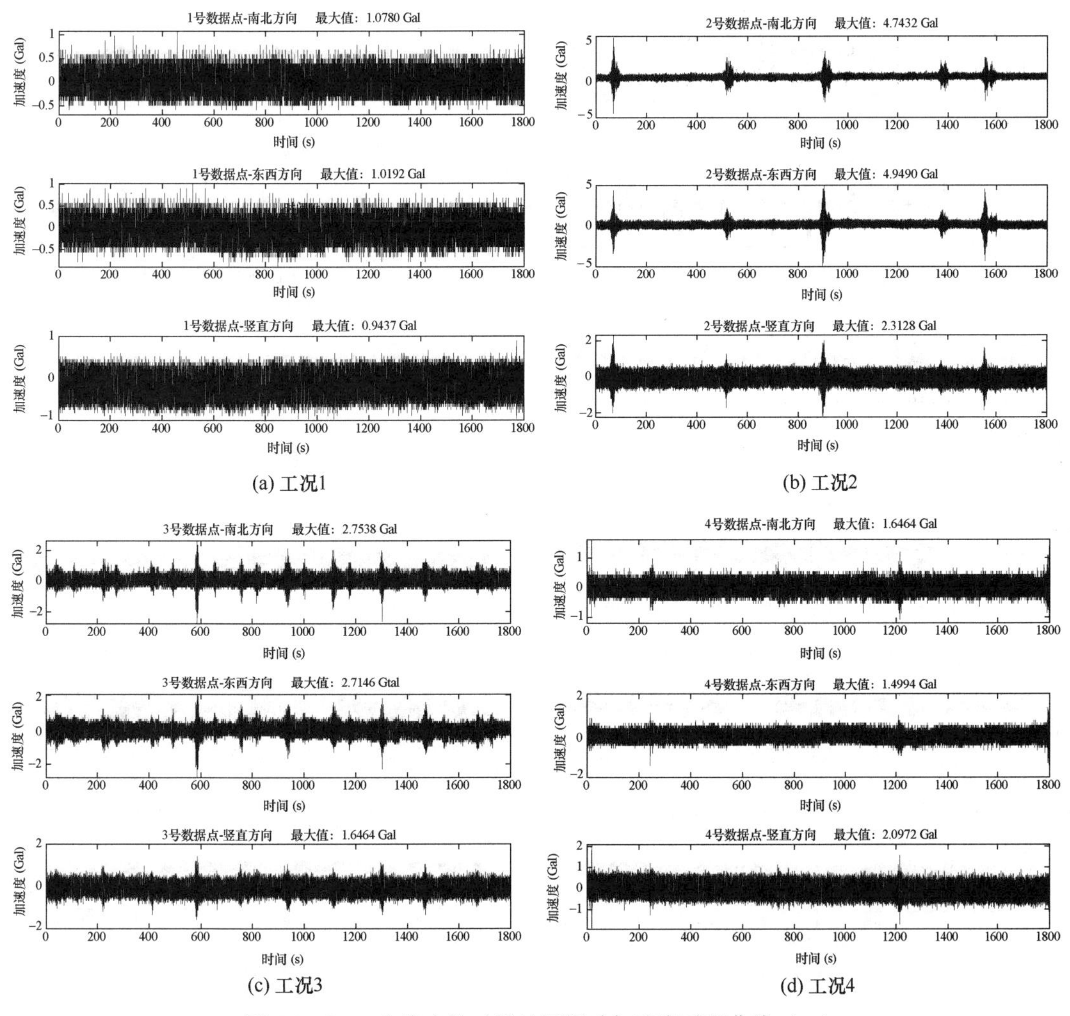

(a) 工况1　　(b) 工况2

(c) 工况3　　(d) 工况4

图 7-15-2　4 个代表性时段地面振动加速度时程曲线（一）

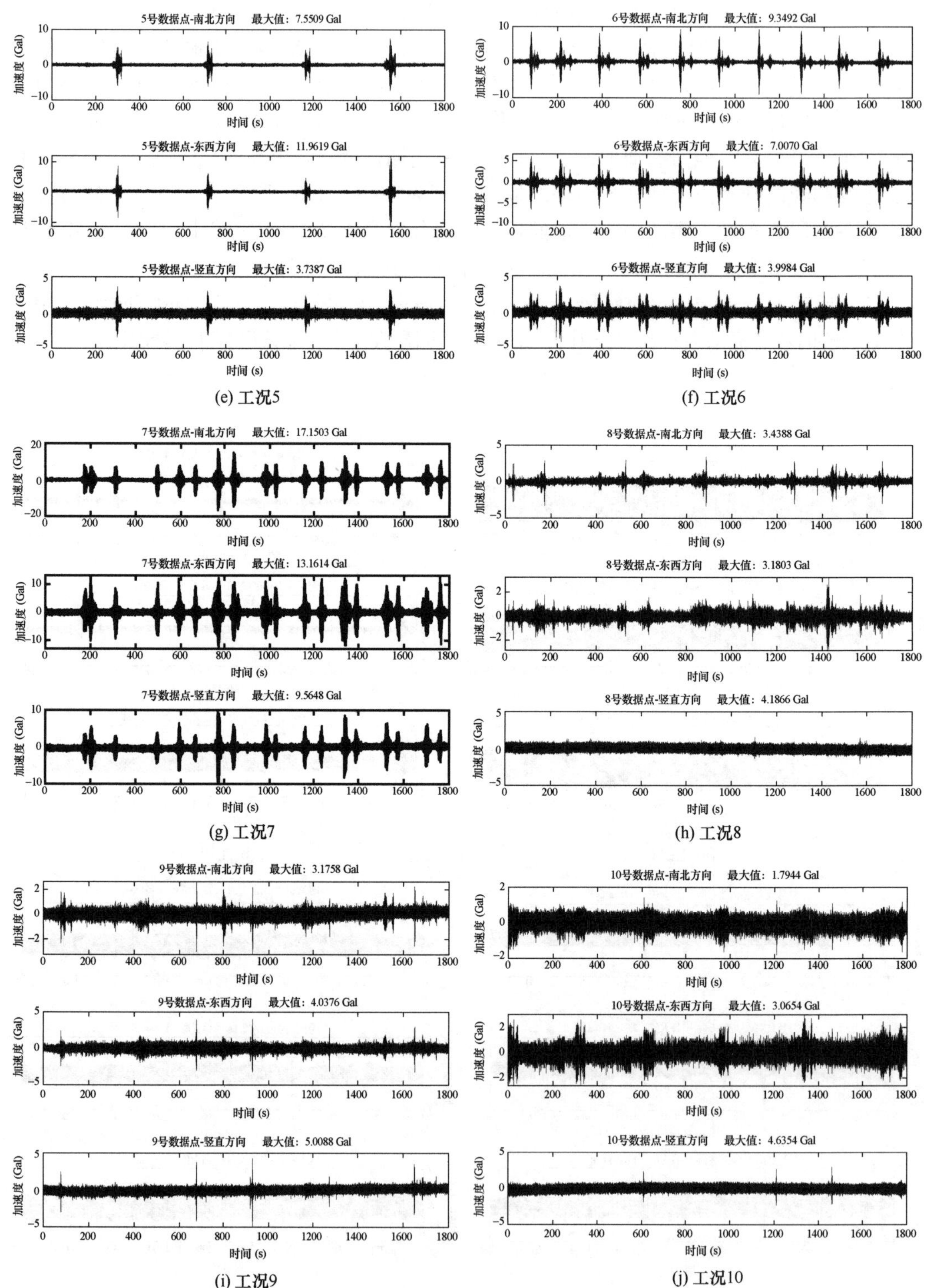

图 7-15-2　4 个代表性时段地面振动加速度时程曲线（二）

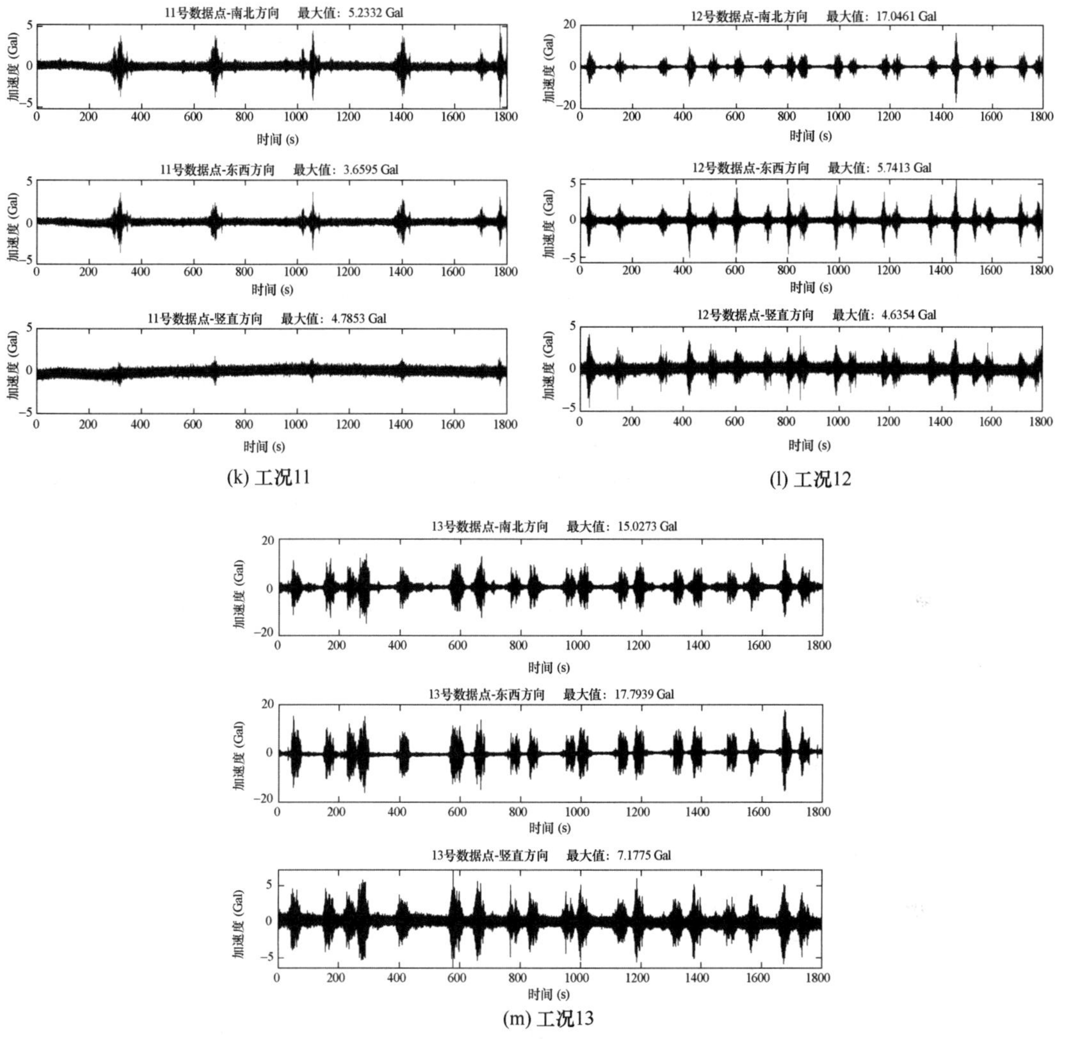

(k) 工况11

(l) 工况12

(m) 工况13

图 7-15-2 4 个代表性时段地面振动加速度时程曲线（三）

(2) 不同位置地面振动加速度特性分析

对比场地地铁沿线不同位置处 1～3 号测点晚高峰时段（工况 3、7、6）的振动加速度峰值可知，2 号测点的振动明显大于其他 2 个测点，并且 3 号测点的振动大于 1 号测点，表明场地振源复杂，除地铁外还有周围道路等多种因素的叠加作用。对比场地宁夏路沿线不同位置处 4 号、5 号测点（工况 8、9）的振动加速度峰值可知，二者的振动加速度峰值相近。对比场地顺义路沿线不同位置处 7～9 号测点（工况 11～13）的振动加速度峰值可知，场地振动随与 13 号线间距的减小逐渐增大，距地铁线最近的 9 号测点振动最大，说明距地铁线路越近的测点环境振动越大。

各工况加速度峰值（Gal） **表 7-15-3**

工况	测点	东西向	南北向	竖向	工况	测点	东西向	南北向	竖向
1	1 号	1.0780	1.0192	0.9437	3	1 号	2.7538	2.7146	1.6464
2	1 号	4.7432	4.9490	2.3128	4	3 号	1.6464	1.4994	2.0972

续表

工况	测点	东西向	南北向	竖向	工况	测点	东西向	南北向	竖向
5	3 号	7.5509	11.9619	3.7387	10	6 号	1.7944	3.0654	4.6354
6	3 号	9.3492	7.0070	3.9984	11	7 号	5.2332	3.6595	4.7853
7	2 号	17.1503	13.1614	9.5648	12	8 号	17.0461	5.7413	4.6354
8	4 号	3.4388	3.1803	4.1866	13	9 号	15.0273	17.7939	7.1775
9	5 号	3.1758	4.0376	5.0088	—	—	—	—	—

2. 加速度主频分析

对 13 种工况下的加速度时程数据进行 Fourier 变换，得到第一、第二和第三主频，汇总于表 7-15-4。

各测点地面振动主频（Hz） **表 7-15-4**

工况	测点	第一主频			第二主频			第三主频		
		FY1	FX1	FZ1	FY1	FX1	FZ1	FY1	FX1	FZ1
1	1 号	1.17	1.50	2.00	—	—	—	—	—	—
2	1 号	1.17	1.58	2.89	43.33	43.33	43.33	77.33	77.33	—
3	1 号	1.17	2.42	2.67	43.78	44.02	43.87	82.09	82.24	—
4	3 号	1.17	1.75	3.40	—	—	—	—	—	—
5	3 号	1.17	3.00	1.59	49.31	49.31	11.19	—	68.00	68.06
6	3 号	1.17	1.50	1.50	42.55	42.54	11.26	59.73	59.85	67.98
7	2 号	1.17	1.25	1.25	47.87	47.86	9.84	69.35	70.53	68.76
8	4 号	1.17	2.00	3.74	10.32	10.64	10.71	62.35	38.83	39.01
9	5 号	1.17	1.50	1.75	10.75	12.01	10.78	51.34	42.29	—
10	6 号	1.17	2.71	2.35	11.03	10.01	11.35	77.64	66.36	66.43
11	7 号	1.25	2.17	9.93	55.43	55.43	55.43	—	88.23	—
12	8 号	1.00	1.50	9.85	75.27	48.09	75.27	—	90.68	92.20
13	9 号	1.08	1.00	8.82	81.92	82.61	69.92	—	—	86.88

（1）不同时段地面振动主频分析

由表 7-15-4，背景振动（工况 1、4），主要地铁运行（工况 2、5），平峰时段（工况9～11），晚高峰时段（工况 3、6～8、12～13）四个代表时段场地三方向第一主频均小于 10Hz，背景振动仅存在一阶主频，其中，1～2Hz 为地脉动频率。其他三个有地铁运行时段均出现 10～91Hz 的第二主频，其中，主要地铁运行、晚高峰和平峰时段水平向第二主频分别介于 43～50Hz，10～83Hz 和10～56Hz 之间；竖向第二主频分别介于 11～44Hz，9～76Hz，10～56Hz 之间。主要地铁运行、晚高峰和平峰时段水平向第三主频分别介于 68～78Hz，38～91Hz，51～89Hz 之间，竖向第三主频分别介于 68～69Hz，39～93Hz，66～67Hz 之间。综上，场地背景振动主频低于 10Hz，其中，1～2Hz 为地脉动频率；地铁对场地振动主频影响较大，地铁等周围交通运行引起的地面振动主频介于 42～93Hz 之间。

(2) 不同位置地面振动主频分析

场地不同测点各阶振动主频随轨道中心线间距变化如图 7-15-3 所示，场地地面振动主频随轨道中心间距增大逐渐减小。建筑场地地面 12～42Hz 频段范围内主频缺失，上部结构自振频率可控制在该范围，可有效减小地面环境振动对拟建建筑物影响。

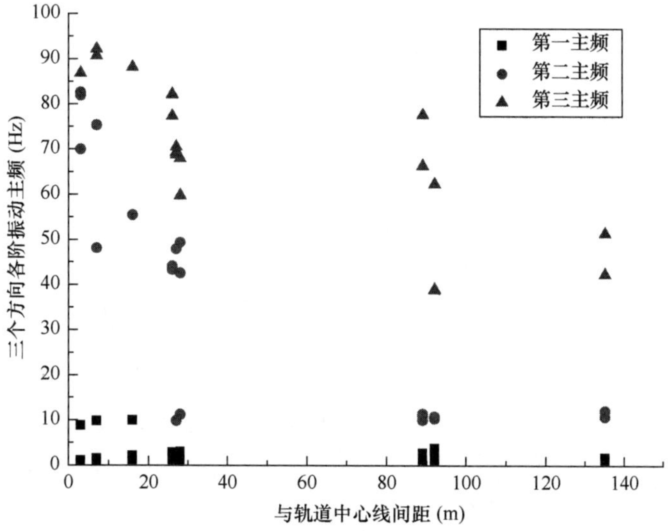

图 7-15-3　各阶主频分布情况

［实例 7-16］上海商发一米测长机地基振动测试及超限振源识别

一、工程概况

中国航发上海商用航空发动机制造有限责任公司需采购一批进口精密设备，设备供应商要求设备安装位置处地基在 10～30Hz 范围内振动位移不大于 0.5μm。

设备安装前，对地坑进行隔振处理，并需对设备安装区域进行振动监测评估，以确保安装点振动满足要求，隔振地基及现场测试如图 7-16-1 所示。

图 7-16-1　隔振地基及测试现场

二、试验仪器及技术参数

1. 试验仪器

共配置 2 台 DH5981 分布式网络动态信号采集仪，14 个 2D001 磁电式振动速度传感器，如图 7-16-2、图 7-16-3 所示。

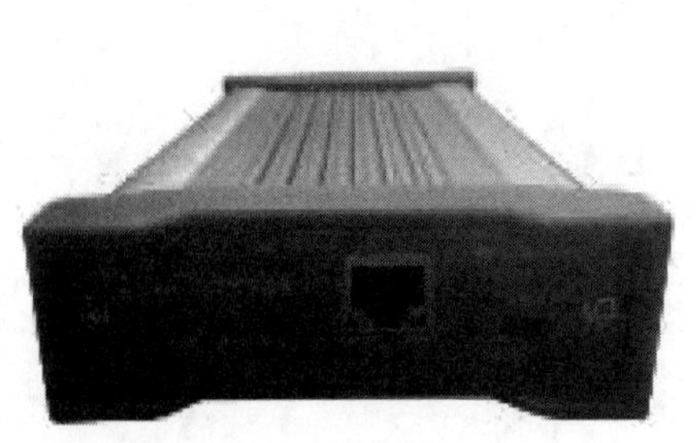

图 7-16-2　DH5981 分布式网络动态信号采集仪

图 7-16-3　2D001 磁电式振动速度传感器

设备供应商要求设备安装点在 10～30Hz 范围内振动位移不大于 0.5μm，要求振动测试系统噪声值低于 0.1dB。商发微振检测仪器及传感器采用具有强抗干扰能力的 DH5981 分布式网络动态信号采集仪+2D001 磁电式振动速度传感器，投入现场测试的系统信噪比远优于国家标准《机械振动与冲击　振动与冲击对建筑物内敏感设备影响的测量和评价》GB/T 14125—2008/ISO 8569：1996 规定的信噪比，在信号范围低端应至少 6dB 的要求，实测≥15.5dB。

2. 技术参数

(1) DH5981 分布式网络动态信号采集仪技术指标

1）通道数：8 通道/台，通过以太网实现无限多通道的扩展；

2）输入阻抗：10MΩ+10MΩ；

3）同步方式：交换机 1588 时钟同步，同步误差不大于 200ns；

4）通信方式：以太网通信；

5）模数转换器：24 位 A/D；

6）连续采样速率：8 通道同步，最高采样速率 128kHz，分档切换；

7）频响范围：DC～50kHz(+0.5～−3dB)(20kHz 平坦)；

8）信号接插件类型：

(a) 应变信号输入线：采用 DB-26，每根 4 通道；

(b) IEPE 信号输入线：采用 DB-26 转 BNC 头，每根 4 通道；

9）支持 EID 智能导线功能和 TEDS 智能传感器识别；

10）输入方式：GND、SIN-DC、DIF-DC、AC、IEPE；

11）IEPE 电源：4mA/24V；

12）噪声：不大于 $3\mu V_{RMS}$；

13）零点漂移：小于 3με/2h（输入短路，预热 1.5h 后，恒温，在最大增益时折算至输入端)；

14）电压量程：±5V、±2V、±1V、±0.5V、±0.2V、±0.1V；

15）电压示值误差：≤0.2%FS；

16）非线性：0.05%FS；

17）通道隔离度：≥80dB；

18）应变量程：±50000με、±20000με、±10000με、±5000με、±2000με、±1000με；

19）应变示值误差：≤0.5%±3με；

20）供桥电压（DC)：2V、5V、10V；

21）桥压精度：0.1%

22）桥路方式：全桥、半桥，三线制 1/4 桥；

23）适用应变计电阻值：

(a) 半桥、全桥：50～10000Ω 任意设定；

(b) 三线制 1/4 桥：120Ω 或 350Ω（订货时确定一种)；

24）低通滤波器：

(a) 截止频率：3kHz、300Hz、30Hz、PASS；

(b) 平坦度：小于 0.1dB（1/2 截止频率内)；

（c）阻带衰减：大于－18dB/Oct；

25）高通滤波器：

（a）截止频率：AC 耦合时：0.16Hz；

（b）平坦度：小于 0.1dB（2 倍截止频率以上）；

（c）阻带衰减：大于－6dB/Oct；

26）抗混滤波器：

（a）截止频率：采样速率的 1/2.56 倍，设置采样速率时同时设定；

（b）阻带衰减：－120dB/Oct；

（c）平坦度（分析频率范围内）：±0.05dB；

27）指示灯类型：具备同步指示灯、电源指示灯、采样指示灯；

28）供电方式：POE 供电或者外部 5VDC/2A 供电；

29）功耗：10W；

30）尺寸（mm）：188×102×32；

31）重量：约 490g。

（2）2D001 磁电式振动速度传感器技术指标见表 7-16-1 所示。

2D001 磁电式振动速度传感器技术指标　　表 7-16-1

技术指标 \ 参量 \ 档位		0	1	2	3
		加速度	小速度	中速度	大速度
灵敏度 $\left(\frac{V \cdot s^2}{m}\text{或 } V \cdot s/m\right)$		0.3	20	5	0.3
最大量程	加速度（m/s², 0-p）	20	—	—	—
	速度（m/s，0-p）	—	0.125	0.3	0.6
频响范围		0.25～100	1～100	0.5～100	0.17～80
工作温度		－10～50℃	－10～50℃	－10～50℃	－10～50℃
输出阻抗（Ω）		50k	50k	50k	50k
尺寸，重量		63mm×63mm×63mm，0.8kg			

三、振动测试方案

国家标准《机械振动与冲击　振动与冲击对建筑物内敏感设备影响的测量和评价》GB/T 14125—2008/ISO 8569：1996 规定了建筑物内敏感设备（处于运行或非运行状态）振动与冲击的数据测量方法，振动与冲击采集数据用来建立数据库。标准中考虑的振动与冲击可由以下振源引起：

（1）外部振源（交通、施工爆破、打桩、振动夯实等），也包括声爆和声音激励的振动响应；

（2）室内机械设备，如冲床、锻锤、旋转设备（空气压缩机、空调机泵等）、建筑物内运输和运行重型设备；

（3）与设备维护和运行有关的人员活动；

（4）天然振源，如地震、水和风等；

（5）设备内部振源，如设备自身引起的振动。

测试场地位于商发科技楼半地下室，存在临近海岸的潮汐地脉动、与商发一路之隔的沪东重机大吨位锻造机产生冲击振动等远场振源影响，此外，还受到建筑周边过往车辆、电梯风机等室内设备引起的近场振源影响。

主要测试步骤：

（1）找到商发所在芦潮港潮位数据，将潮汐表与商发现场检测数据同步进行分析，将潮汐波浪拍岸引起的地脉动信号解耦，评估其作为远场振源对设备安装地点的影响。

（2）为全面识别和排查远、近场振源，在 24h 连续监测工况基础上，再增加覆盖农历 5 月 15 天文大潮周期的连续采集，并追加电梯升降扰动试验工况。

（3）开展车辆通过附近减速带的跳车振动测试。

四、试验测试结果

在排除远场振源超限可能后，用 30t 重车以 28km/h 的试验车速经过测点最近减速带，产生的跳车振动引起 10～30Hz 频带范围的位移峰峰值超过 0.5μm，最大 6.3μm；小车以 30km/h 车速经过测点最近减速带，产生的跳车振动引起最大位移峰峰值 0.64μm，超过设备运行容许限值。图 7-16-4～图 7-16-8 给出各行车试验响应，表 7-16-2 给出各测点响应对比。

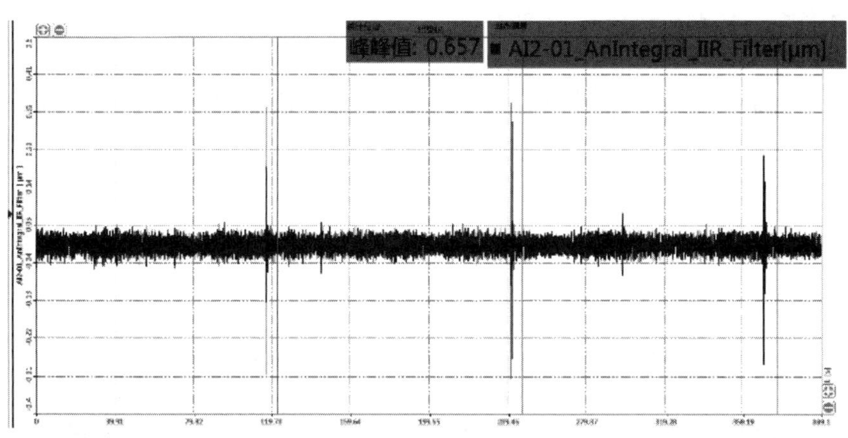

图 7-16-4 小车以 30km/h 速度绕 1001 科研楼 3 圈

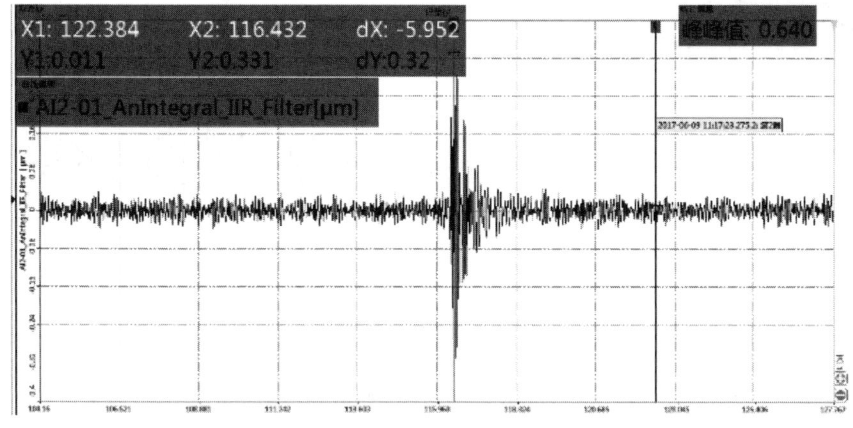

图 7-16-5 第一圈经过减速带引起的振动位移波形（峰峰值 0.64μm）

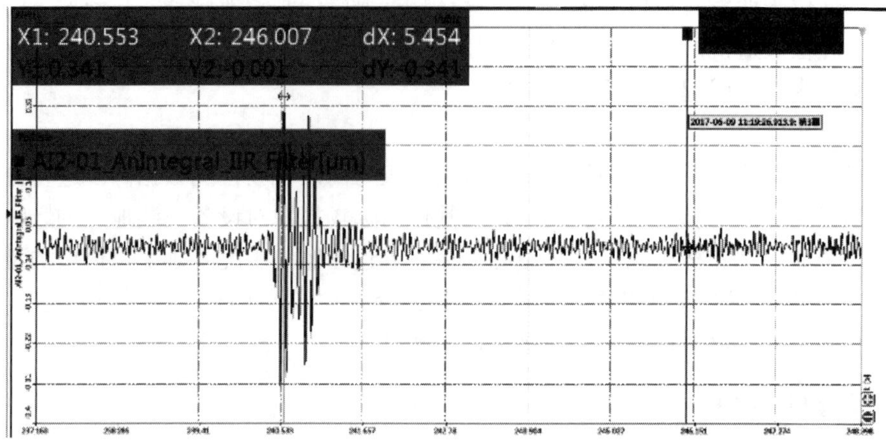

图 7-16-6　第二圈经过减速带引起的振动位移波形（峰峰值 0.64μm）

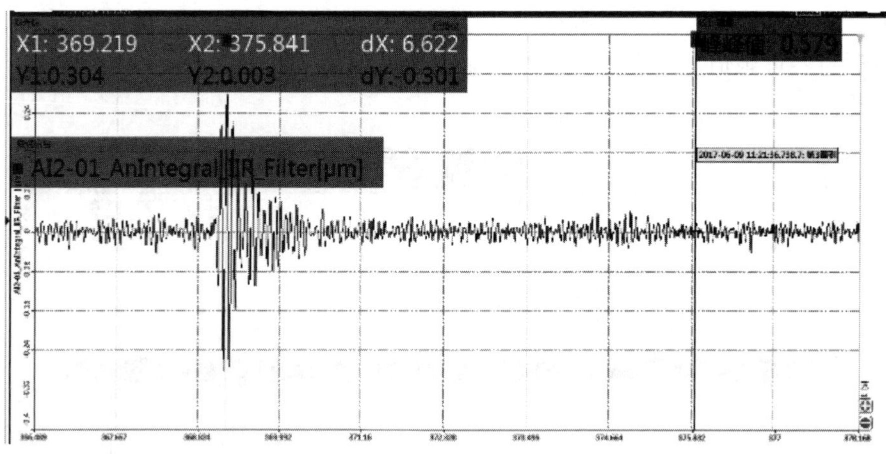

图 7-16-7　第三圈经过减速带引起的振动位移波形（峰峰值 0.58μm）

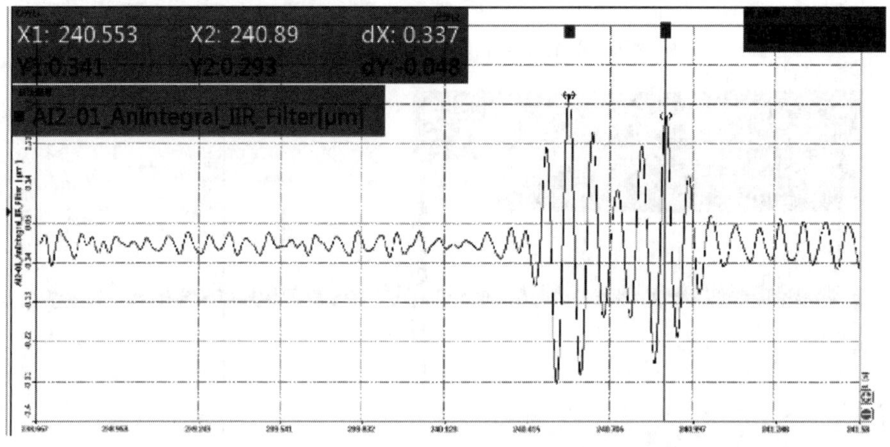

图 7-16-8　小车以 30km/h 的速度经过减速带引起的振动位移波形

考虑减速带为主要振动问题，在移除减速带后，商发进口设备顺利进场安装，技术状态良好，顺利通过验收，保证了上海商发理化测试中心各精密测量仪器的正常工作。

各测点响应统计对比　　表 7-16-2

测试值 / 测点	振动速度均方根值（mm/s）	全频段振动位移峰峰值（μm）	<10Hz 振动位移峰峰值（μm）	10～30Hz 振动位移峰峰值（μm）	>30Hz 振动位移峰峰值（μm）
测点 1-Z	*0.0071*	*3.61*	*3.56*	0.48	0.05
测点 2-Z	0.0063	3.55	3.47	**0.58**	0.08
测点 3-Z	0.0059	3.24	3.17	***0.66***	*0.11*
测点 4-Z	0.0061	3.34	3.28	**0.61**	0.07
测点 1-X	0.0029	2.49	2.44	0.06	0.02
测点 2-X	0.0029	2.55	2.51	*0.07*	0.02
测点 3-X	0.0028	2.36	2.33	0.06	0.02
测点 4-X	0.0029	*2.64*	*2.59*	0.06	0.01
测点 1-Y	0.0059	*3.61*	*3.50*	0.09	0.04
测点 2-Y	0.0056	3.50	3.43	0.09	0.03
测点 3-Y	0.0062	3.52	3.45	0.09	0.04
测点 4-Y	*0.0064*	3.45	3.36	0.08	0.02

［实例 7-17］立交桥荷载能力及隔音效果测试

一、工程概况

立交桥一般建设在高速公路交叉、城市干道或快速路之间交汇处。为确保桥梁使用及验证桥梁施工质量，一般采用桥梁荷载试验方法对桥梁荷载能力进行检测，并测试桥梁在施加荷载时的挠度变化。立交桥附近有高层住宅楼，对隔音板效果进行检测。

二、试验方案

1. 静载试验

（1）试验目的

公路桥梁在使用多年后可能会产生损害、出现缺陷，使其承载力降低，影响其正常使用。桥梁承载力检测试验分为静承载力试验（简称桥梁静载试验）与动承载力检测试验（简称桥梁动载试验）。其中，静载试验主要包含试验跨在试验荷载作用下的应力和变形、试验跨在试验荷载作用下的竖向位移、试验荷载作用下的桥台水平位移等。

（2）加载方式

采用多辆大货车逐级加载，共分为 8 级加载，每次加载/卸载间隔 30min。加载车辆应严格称重，实际车辆与计算相差不超过 5%；尽可能采用与标准车相近加载车辆，确保车轴距离与计算相同。

加载位置尽量靠近测试截面内力影响线的峰值处。卸载过程，采用分级卸载，分 5 级卸载。试验加载现场车辆布置如图 7-17-1 所示。

图 7-17-1　布置加载车辆

（3）测点布置

测点布置应遵循必要、适量、方便观测的基本原则，具有较强的代表性，保证测试质量（控制截面）；要有目的性，不宜过多；应布置一定数量的校核性测点；可通过结构对称互易原理进行数据分析。根据以上原则，共布置应变测点 20 个，应变测点如图 7-17-2 所示。

（4）试验过程

试验前连接测试系统、软件、应变片、传感器，确保系统工作正常。按工况逐级加载，每次加载完毕待结构稳定后采样，再进行下一级加载。

2. 挠度试验

（1）试验目的

挠度与荷载大小、构件截面尺寸以及构件的材料物理性能有关。挠曲线如图 7-17-3 所示，平面弯曲时，梁轴线将变为梁的纵对称面内的平面曲线，称为梁的挠曲线。

图 7-17-2 应变测点

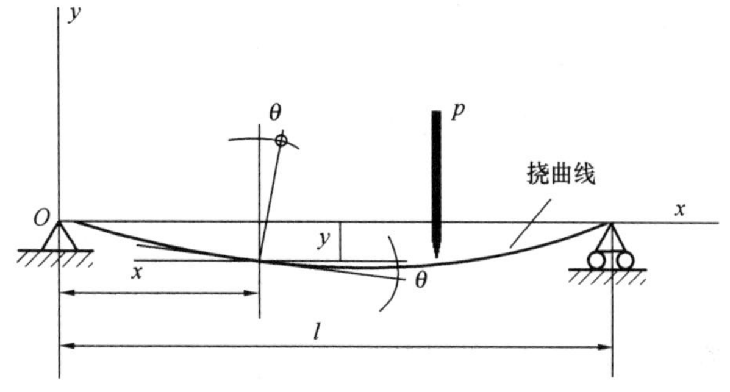

图 7-17-3 挠曲线

桥梁挠度直接反映桥梁结构的竖向整体刚度，是反映桥梁线性变化的重要依据。桥梁挠度与桥梁的承载能力及抵御地震等动荷载能力相关，精确的桥梁挠度检测对桥梁承载能力检测和桥梁防震减灾具有重要意义。

（2）静挠度

静挠度与静载试验同时进行。

（3）动挠度激励

采用受迫振动法，试验车辆以不同的行驶速度通过桥梁，使桥梁产生不同程度的受迫振动，简称"跑车试验"。

（4）测点布置

根据结构形式计算振型大致形状，在变形较大的部位布置测点，以测得桥梁结构的最大反应。共布置挠度测点 16 个，传感器（位移计、百分表等）通过支架固定连接到桥面底部，如图 7-17-4 所示。

图 7-17-4 挠度测点传感器布置

（5）试验过程

试验前连接测试系统、软件、应变片、传感器，确保系统工作正常。采用货车作为试验车辆，车速分别为 10km/h、20km/h、30km/h、40km/h、50km/h。

3. 隔音效果试验

（1）激励方式

采用多辆车进行跑车测试，同时鸣笛，模拟多噪声情况。

（2）测点布置

共布置传声器测点 6 个，桥面上方 3 个，桥外 3 个，对立交桥的隔音板效果进行测试。

（3）试验过程

试验前连接测试系统、软件、传声器，确保系统正常工作。试验车辆以不同速度通过桥梁，并进行鸣笛，测试各个测点位置的噪声信号。

4. 其他试验

采用货车跑车测量动应变，跳车方式测量冲击系数。

三、试验数据分析

1. 静载试验

静载试验数据在加载稳定后记录，对稳定后的数据进行平均计算，记录各级加载对应的应变数据，如表 7-17-1 所示。对记录数据进行分析，判断其线性程度及是否超过限值。

静载数据记录 **表 7-17-1**

采样状态	01-01-01	01-01-02	01-01-03	01-01-04	01-01-05	01-01-06	01-01-07	01-01-08	01-01-09	01-01-10	01-01-11	01-01-12
测点描述	测点 1	测点 2	测点 3	测点 4	测点 5	测点 6	测点 7	测点 8	测点 9	测点 10	测点 11	测点 12
边跨中载 0	0	0	0	0	0	0	0	0	0	0	0	0
边跨中载 1	15	30	13	−1	27	3	2	10	1	−10	0	0
边跨中载 1	16	31	13	−1	27	3	2	10	1	−10	0	0
边跨中载 1	16	31	13	−1	27	3	2	10	1	−10	0	0
边跨中载 2	16	32	13	−2	28	2	2	9	0	−11	0	0
边跨中载 2	16	32	13	−2	28	2	1	9	0	−12	0	0
边跨中载 2	17	32	14	−2	29	3	2	10	0	−11	0	0
边跨中载 3	18	39	13	−7	32	2	1	9	0	−14	−1	0
边跨中载 3	18	39	13	−7	32	2	1	9	0	−14	−1	−1
边跨中载 3	19	40	14	−6	34	3	2	10	0	−14	0	0
边跨中载 4	21	49	15	−10	39	6	1	10	0	−15	−1	0
边跨中载 4	21	49	15	−10	39	3	0	10	0	−16	−1	0
边跨中载 4	21	49	15	−10	39	3	0	10	0	−16	−1	0

2. 挠度试验

挠度测试时间历程曲线如图 7-17-5 所示，以记录各工况下的挠度测试数据，判断是否超限。

3. 隔音效果试验

对采集的噪声信号进行声压分析，得到各工况下各测点位置的声压级值、等效连续声级，分析采用 1/3 倍频程，数据加 A 计权。噪声测试数据分析如图 7-17-6 所示。

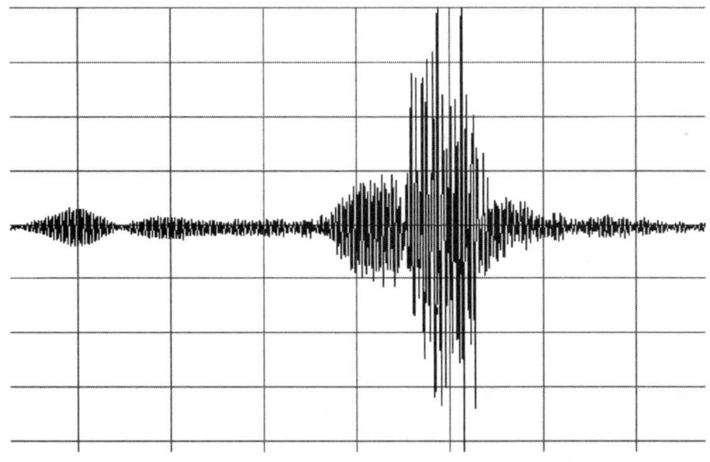

图 7-17-5　挠度测试数据示例

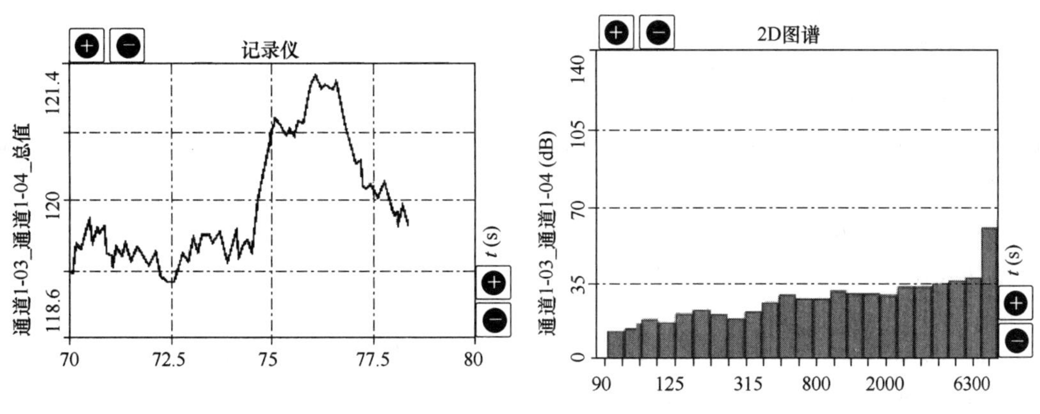

图 7-17-6　噪声测试数据示例

四、试验中的关键问题

1. 应变片的粘贴与防护

(1) 应变片的选取

应变片选取，应根据应变片的初始参数及试件受力状态、应变梯度、应变性质、工作条件、测试精度等要求进行综合考虑，一般的结构试验，采用 120Ω 纸基金属丝应变片即可满足试验要求。

标距可结合试件材料来选定，如钢材通常采用 5～20mm，混凝土 40～150mm，石材 20～40mm。若有特殊要求，还应选用特种应变片，如低温应变片、高温应变片、疲劳寿命片、裂纹探测片、应力片以及适合在高压、核辐射、强磁场等条件下使用的应变片。

(2) 应变胶的性能、种类及选取

应变胶能可靠地将试件的应变传递到应变片的敏感栅上，其线性滞后、零漂、蠕变等特性在一定程度上影响应变片的工作性能。

应变胶性能要求：粘结强度高（剪切强度一般不低于 3～4MPa），电绝缘性能好，化学稳定性好；特殊条件下还应考虑耐高温、耐老化、耐介质（油、水、酸和碱）等要求。常用的应变胶分为有机胶和无机胶，常温下用有机胶，无机胶用于高温应变片的粘贴。常规桥梁试验粘贴应变片的应变胶，一般为快干胶和热固性树脂胶。

（3）应变片的粘贴

对应变片进行仔细检查，保证选用的应变片无缺陷、破损。同批试验选用灵敏系数和阻值相同的应变片。采用兆欧表或万用表对阻值进行测量，保证误差不大于0.5Ω。

先定位贴片位置，用砂布或砂轮机将贴片位置打磨平整，钢材表面的粗糙度要求达到2.5～6.3；混凝土表面无浮浆，必要时先进行涂底胶处理（如果打磨完的混凝土表面较粗糙，有较大的空洞或裂纹，应变片不能完好地与混凝土表面粘贴，可用AB胶按1∶1比例掺入适量水泥，搅拌均匀后涂抹到混凝土表面，使其能将混凝土表面的空洞和裂纹填补均匀），待固化后再次打磨，在打磨平整的部位准确画出测点的纵、横中心及贴片方向。

用镊子夹脱脂棉球沾酒精（或丙酮）将贴片清洗干净，用手握住应变片的引出线，在背面均匀涂抹一层胶水后放在测点上，使其准确定位。在应变片上覆盖一小片玻璃纸，用手指轻轻滚压，挤出多余胶水和气泡（不要使应变片的位置发生移动）。用手指轻按1～2min，待胶水初步固化后松手。

气温较高、相对湿度较低的短期试验，可自然干燥，时间一般为1～2h。人工干燥操作过程：待自然干燥12h后用红外线灯烘烤，温度不高于50℃且避免骤热，烘干到绝缘电阻符合要求为止。

（4）应变片的防护

将应变片引线和连接导线分别焊到接线端，然后立即涂防护层，以防止应变片受潮和机械损伤。

应变片受潮程度不易直接测量，一般用应变片和结构表面绝缘电阻来判断。绝缘电阻高能保证测量精度，但要求过高会增加防潮难度和工作量。一般静态测量绝缘电阻应大于200MΩ，动态测量可稍小于200MΩ，长期观测和高精度要求的测量应大于500MΩ。

（5）电阻应变电测长导线选用及应变电桥连接

为满足小信号、低漂移和抗干扰性要求，对连接电阻应变测试的导线应选用2芯或4芯金属屏蔽外加护套的PVC电缆线。为达到良好的抗干扰性能，根据测试场地条件，对屏蔽线做适当连接，如要连接屏蔽线，则须把全部屏蔽线连成一体，再与仪器良好连接。

2. 电阻应变测试中的零点漂移问题

应变测试系统在测试工作状态下，测量值随外界环境变化，（如时间、温度和电磁场等干扰）发生变化的现象，称为零点漂移，可分为零负载和满负载漂移。产生漂移的原因主要有：

（1）测试系统本身存在漂移

一般在测试前已进行零漂校验，静测时，可用标准电阻接入数采设备，同时采集。

（2）应变计粘贴导致

接线工艺水平未达标，有气泡绝缘未大于500MΩ，固化不充分、虚焊，应变计防潮措施不到位等。

（3）接线柱插接件、开关等接触不良

可来回摆动插接件附近导线，或重新插拔接件、反复开闭开关。

（4）温度补偿效果不好

工作片与补偿片温差大，会导致温度补偿效果不好，原因包括与热源距离远近不同，向阳或背阳，迎风或背风，测量件与补偿件吸热、散热不同，测量过程环境温度变化太大等。一般可选在日落夜晚、工厂下班相对稳定的时间进行测试。

检查温度补偿效果好坏，可设置一块与被测试件材料相同、温度条件一致，但不受力的试件，贴上电阻应变计作为工作片，与原补偿应变计一起连接到采集箱。测试时，同时测出该点测值，可用来检查温度补偿效果，并对其他测试值做出适当修正。

（5）导线的温度效应

导线受温度变化会产生电阻变化，若处理不好会产生零漂，长导线测量时，应采用全桥、半桥或三线接线法，并注意导线对称性及所处温度环境一致。

实测时，尽量选用具有互补性的半桥或全桥，形成差动接法。为减少温度变化对试验造成的影响，静载时间建议选取 22：00～6：00。

五、试验设备

立交桥结构跨度大，测点比较分散，为方便测试、减少线缆布置，一般选用无线分布式数据采集系统。采用 DH5908 无线动态应变测试分析系统测试静载应变、挠度，采用无线 Wi-Fi 通信，距离达 200m（视距）。单台计算机可控制 16 个模块，总计 64 通道，连接示意如图 7-17-7所示。

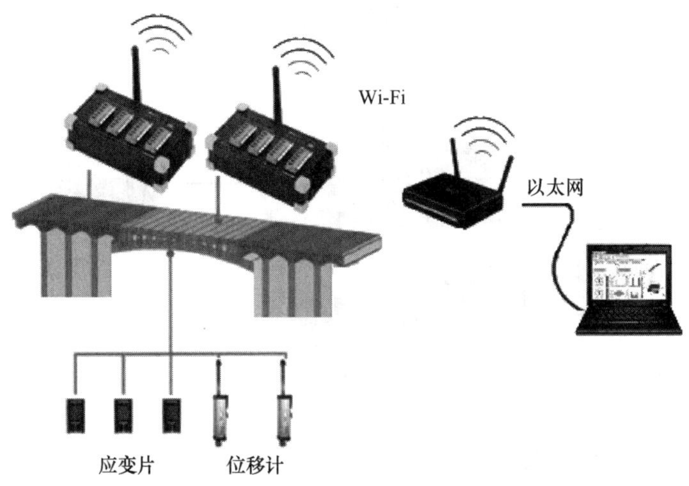

图 7-17-7 静载、挠度测试示意图

1. DH5908 无线动态应变测试分析系统主要技术指标

（1）通道数：每个采集模块 4 个测量通道；

（2）供桥电压：2V、5V（DC）；

（3）满度值：±30000$\mu\varepsilon$、±3000$\mu\varepsilon$；

（4）电压测量满度值：±5V、±30mV、±3mV；

（5）系统不确定度：不大于 0.5%±3$\mu\varepsilon$；

（6）线性度：满度的 0.1%；

（7）频带宽度：DC～2kHz；

（8）噪声：≤3μV_{RMS}（输入短路，最大增益和最大带宽折合至输入端）；

（9）漂移：

1）时间漂移：小于 3μV/h（输入短路，在最小满度值下，预热 30min 后，恒温时折算至输入端）；

2）温度漂移：小于 1μV/℃（在允许的工作温度范围内，输入短路时折算至输入端）；

（10）采样速率：最高 10kHz，分档切换；

（11）同步采样方式：采用 GPS 模块实现所有通道同步采样；

（12）桥路类型：程控切换全桥、半桥、1/4 桥（120Ω 三线制）；

（13）适用应变计电阻值：三线制 1/4 桥电阻为 120Ω，半桥、全桥电阻为 60～20000Ω 任意设定；

（14）内置锂电池组，充满电的情况下，工作时间不小于 7h（在使用 120Ω 应变计条件下）。

使用 DH5902N 坚固型数据采集分析系统，连接声传感器测试现场声压级。DH5902N 内置工业级控制计算机和电子硬盘，可在强振、高低温、高湿等极限环境下完成测试和长时间监测。系统采用有线网络（LAN）或无线网络（Wi-Fi），连接计算机实时采集、传输、存储、显示、分析数据，可脱离计算机控制独立工作，将数据实时存储在仪器大容量电子硬盘中，连接计算机后再将数据回收，进行分析处理。噪声测试如图 7-17-8所示。

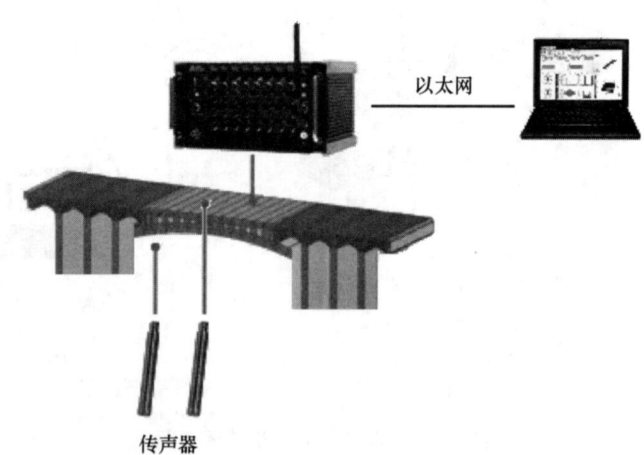

图 7-17-8　噪声测试

2. DH5902N 坚固型数据采集分析系统主要技术指标

1）通道数：单台 4～32 通道可选，通过以太网实现无限通道扩展；

2）输入阻抗：10MΩ+10MΩ；

3）输入保护：输入信号大于±15V（直流或交流峰值）时，输入全保护；

4）支持 EID 智能导线识别功能；

5）支持 TEDS 智能传感器识别功能；

6）支持桥路自检功能；

7）输入方式：GND、SIN _ DC、DIF _ DC、AC、IEPE；

8）IEPE 电源：4mA/24V；

9）电压量程：±20mV、±50mV、±100mV、±200mV、±500mV、±1V、±2V、±5V、±10V；

10）电压示值误差：不大于 0.3%；

11）示值稳定性：0.1%/h（预热 1h）；

12）非线性：0.1%；

13）噪声：应变测量时不大于 $3\mu\varepsilon_{RMS}$；电压测量时不大于 $5\mu V_{RMS}$（输入短路，在最大增益和最大带宽时折合至输入端）；

14）零点漂移：小于 3με/2h（输入短路，预热 2h 后恒温，在最大增益时折算至输入端）；

15）共模抑制（CMR）：不小于 100dB；

16）共模电压（DC 或 AC 峰值）：小于±DC10V、DC～60Hz；

17）应变量程：±1000με、±10000με、±100000με；

18）应变示值误差：不大于 0.3%±3με（预热 1h）；

19）桥路方式：全桥（四线制供桥）、半桥（四线制供桥）、三线制 1/4 桥（120Ω）；

20）适用应变计电阻值

（a）半桥、全桥在 50～10000Ω 任意设定；

（b）三线制 1/4 桥为 120Ω 或 350Ω（订货时确定一种）；

21）供桥电压：2V、5V、10V、24V 分档切换，最大输出电流为 30mA；

22）桥压精度：不大于 0.1%；

23）供桥电压稳定度：小于 0.05%/h；

24）自动平衡范围：±20000με（应变计阻值的±2%）；

25）低通滤波器

（a）截止频率（−3dB±1dB）：100、1k、10k、PASS（Hz）四档分档切换；

（b）平坦度：小于 0.1dB（1/2 截止频率内）；

（c）阻带衰减：大于−24dB/Oct；

26）通信方式：千兆以太网和无线 Wi-Fi 通信；

27）模数转换器：24 位 A/D（每通道独立）；

28）频响范围：DC～100kHz(−3dB)(50kHz 平坦)；

29）连续采样速率（千兆网通信时）

（a）单台机箱 4～16 通道时：所有通道连续同步采样，每通道最高 256kHz，分档切换；

（b）单台机箱 17～32 通道时：所有通道连续同步采样，每通道最高 128kHz，分档切换；

30）抗混滤波器

（a）截止频率：采样速率的 1/2.56 倍，设置采样速率时同时设定；

（b）阻带衰减：大于−120dB/Oct；

(c) 平坦度（分析频率范围内）：±0.1dB；

31）同步方式：同步时钟或GPS同步；

32）内部数据存储：标配32GB固态硬盘（SSD），可根据用户要求增加容量；

33）供电方式：锂电池供电，外接220VAC电源适配器一边充电一边工作；

34）电池工作时长，充满电可连续工作4h（32通道），可选配8h工作电池；

35）功耗：70W（32通道，含控制单元）；

36）冷却方式：无风扇传导制冷；

37）尺寸（mm^3）：290×150×200（32通道配置）；

38）重量：8.5kg（32通道配置）；

39）使用环境适用于GB/T 6587—2012中第Ⅲ组条件；

40）抗冲击：100g/（4±1）ms；

41）防水防尘等级：IP65。

第四节　振　动　监　测

[实例 7-18] 敦煌莫高窟无线微振动监测系统

一、工程概况

敦煌莫高窟是我国石刻文化三大宝库之一，现存 735 个洞窟，45000m^{2}壁画，2200 多身彩塑，26 座文物建筑，是中国乃至世界上规模最大、艺术精湛、保存完整、影响最大的石窟寺遗址，代表了中国佛教艺术的成就。

莫高窟内壁画等文物脆弱，易受多种风险因素影响和威胁，其中，振动对文物的影响是一项重要风险因素。敦煌莫高窟是享誉中外的旅游胜地，景区长期对外开放，大量参观游客走动、景区内施工机械振动、附近交通振动、地震等将会对文物产生影响，甚至造成损伤。

振动监测是对敦煌莫高窟振动进行风险控制的关键技术，可尽早发现和分析振动对石窟造成的可能损伤，对保护世界文化遗产具有重要意义。

二、无线微振动监测系统

敦煌莫高窟振动无线监测预警系统，利用振动无线传感网络测量莫高窟内的振动信号，并通过数据分析与预设的振动阈值进行比较，以开展实时监测和预警，网络连接拓扑示意如图 7-18-1 所示。

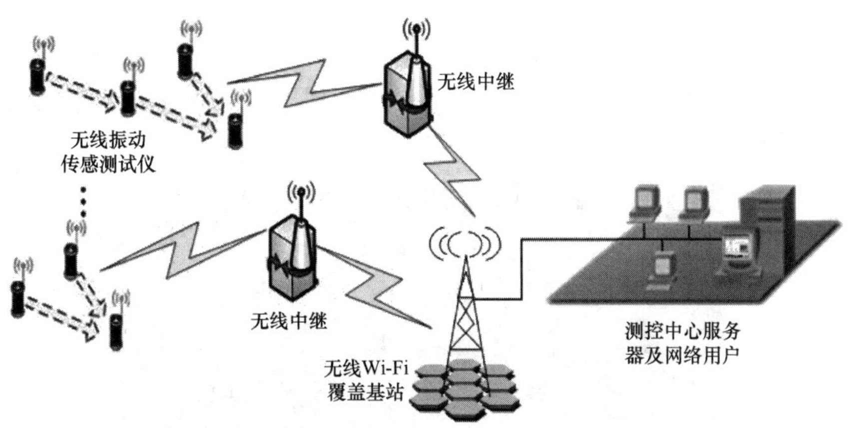

图 7-18-1　监测预警系统的网络连接拓扑示意图

振动无线监测预警系统包括硬件和软件部分，硬件主要包含无线振动传感测试仪、无线组网设备和监测处理中心服务器。

无线振动传感测试仪由高精度微振动传感器及基于 Wi-Fi 无线通信协议的无线数据采集设备组成，振动数据采集后通过无线组网设备实时测试数据传回测控中心。若有远程访问控制需求，使用路由器将远程网络用户与测控中心服务器连接。

软件主要对实时测试数据进行识别分析，获得测点位置、振源类型、振动峰值、发生频次等基本参数，并与振动阈值对比，将超出振动阈值的测点的地理信息以图形呈现在人机交互界面。该系统集成了振动传感、数据采集、无线组网通信、数据融合及预警分析等模块，涉及振动力学、测试技术、无线通信、信号处理、数据融合等多学科，主要设备构成如图 7-18-2 所示。

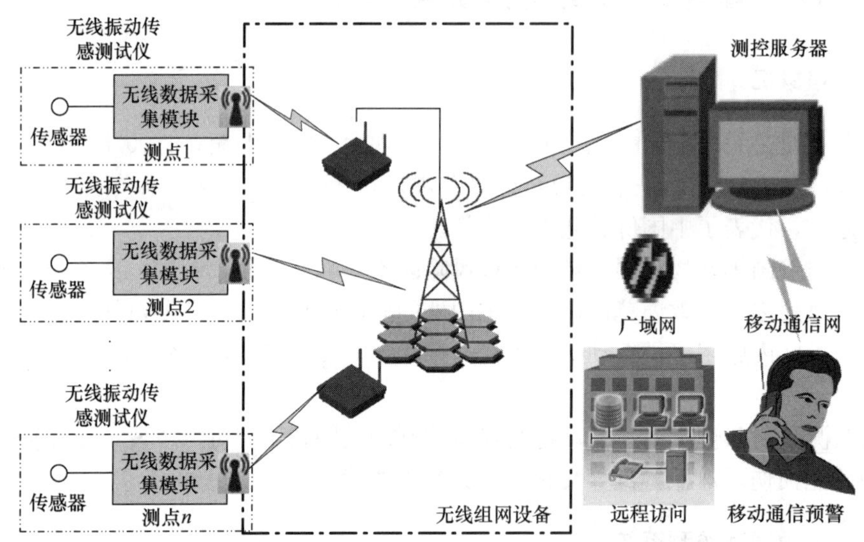

图 7-18-2　振动无线监测预警系统主要设备组成示意图

1. 无线振动传感测试仪

无线振动传感测试仪如图 7-18-3 所示，由三个微振动传感器和无线数据采集模块组成。莫高窟洞窟内可布置振动测点的位置有限，地面平整性较差，有的测点位置甚至有一定厚度的覆土。为适应莫高窟测点布置需求，将三个微振动传感器与无线数据采集模块集成组成无线振动传感测试仪，并安装在圆筒形状机壳内，机壳底部设置三个可调节支腿，顶部设置调平水泡。

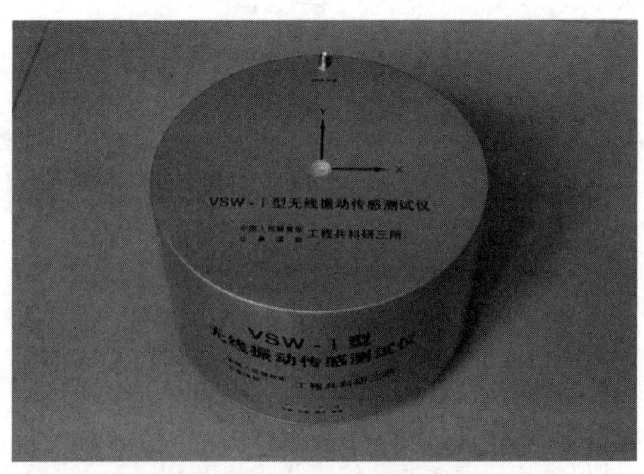

图 7-18-3　无线振动传感测试仪

微振动传感器是实现微振动监测的关键器件，微振动测试要求传感器灵敏度和信噪比高，低频响应好。本工程开发的微振动传感器为动圈往复式拾振器，利用磁电式振子运动切割磁力线将振动信号转变成电信号输出。传感器通过结构优化设计，具有较高的分辨率和灵敏度，性能稳定可靠。

无线数据采集模块主要完成传感信号的实时无线化，模块集成了传感放大电路、AD采样电路、数据缓存电路和无线 Wi-Fi 通信电路。适配放大电路将传感器输出的电信号转换为适合 AD 采样的模拟信号，具有放大、积分、高陡度滤波和阻抗变换功能；AD 采样电路完成模拟信号向数字信号的转化；整个控制过程以高性能、可编程 FPGA 处理器为核心，使用 FLASH 和 SDRAM 存储器，保证数据的可靠性，通过以太网驱动器将采样数据转化为网络数据，经过专用 Wi-Fi 协议芯片将网络数据转换为无线 Wi-Fi 数据。

无线振动传感测试仪还设计传感器远程自动校准功能，可在不拆卸传感器的条件下，通过测控中心软件控制无线数据采集设备，发出不同频率和幅度的正弦信号，以对传感器灵敏度等参数进行远程校准，保证微振动信号准确测试。

2. 无线组网设备

无线组网设备采用目前比较成熟的 Wi-Fi 无线设备，主要包括无线 Wi-Fi 基站、AP、无线中继节点等。Wi-Fi 技术可在特定区域内进行高速数据传输，能为多个无线数据采集设备提供高速数据传输服务，满足实时监控需求。无线组网主设备如图 7-18-4 所示。

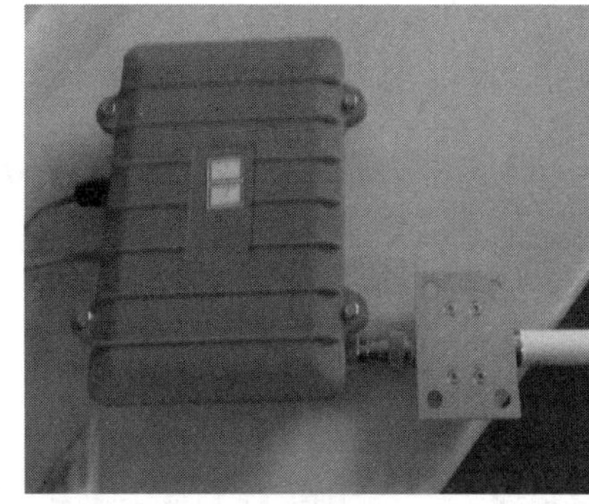
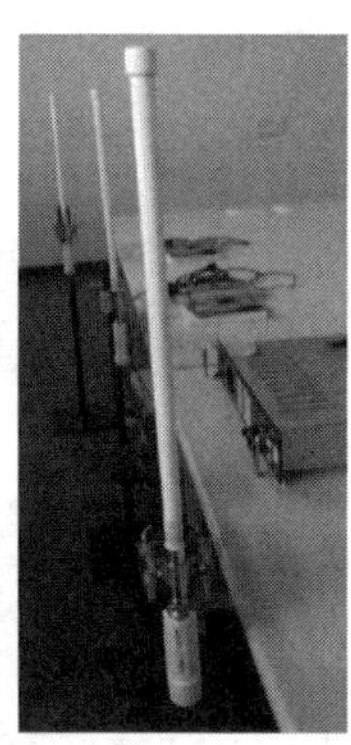

图 7-18-4　主要无线 Wi-Fi 组网设备

无线 Wi-Fi 覆盖采用分区域无线 AP 覆盖的方式实现，对于一个无线 AP 来说，振动监测设备相当于一个稳定的网络流量。根据流量估算，单台设备占用的带宽为 1kSPS×3×16bit=6kB/s，相当于一个手机浏览网页的带宽，不会对现有网络造成影响。每台无线数据采集设备分配不同的 IP 地址，保证整个测试区域的无线 Wi-Fi 覆盖，最终测试数据即可传输至监测中心。

三、振动测点布置

1. 布置依据与原则

为准确捕捉测点振动信号，洞窟内两测点之间的布置距离不宜大于 150m，洞窟外景区内或崖体顶部的测点之间布置距离不宜大于 500m。为达到提前预警的目的，测点布置应尽量接近可能振源。

洞窟内测点应尽量接近文物本体位置，以监测从洞窟外部传递过来的振动信号以及游客进洞窟参观所致振动。由于洞窟侧墙及顶部绘有珍贵壁画，故测点应尽可能布置于地面上。对于小型重要开放洞窟，在地面布置 1～2 个测点；对于面积较大（200m^{2}左右）的洞窟，应在不同位置布置多个测点；对于高度较高的洞窟，条件允许时，应沿不同高度布置多个测点。

洞窟外测点主要监测景区内的参观游客或机械施工等引起的振动，及早发现超阈值振动。由于振动信号在莫高窟环境中的传播距离有限，窟前的大泉河能在一定程度上造成振动信号衰减，故在窟前至大泉河之间布置若干个测点。此外，考虑到大量游客参观对紧邻洞窟的栈道造成影响，在栈道上布置若干测点。

崖体顶部测点主要监测从远处传来不可预知的振动信号，例如，非法人工爆破开采、强夯或振冲施工等引起的振动，这种振动信号传播距离较远，且具有不可预知和不可预控的特点，为此，需在崖体顶部不同位置布置测点。

利用无线传感器便携、机动的优点，预留几个机动测点，以便在景区的临时施工点或有其他振源地点，随时布设监测点，以监测机械施工等造成的振动，指导机械施工采用合理工艺，避免产生过大振动，影响文物安全。

2. 洞窟内测点

沿洞窟确定十个典型断面，在位于典型断面上的洞窟内部布置测点，10 个典型断面的分布位置如图 7-18-5 所示。

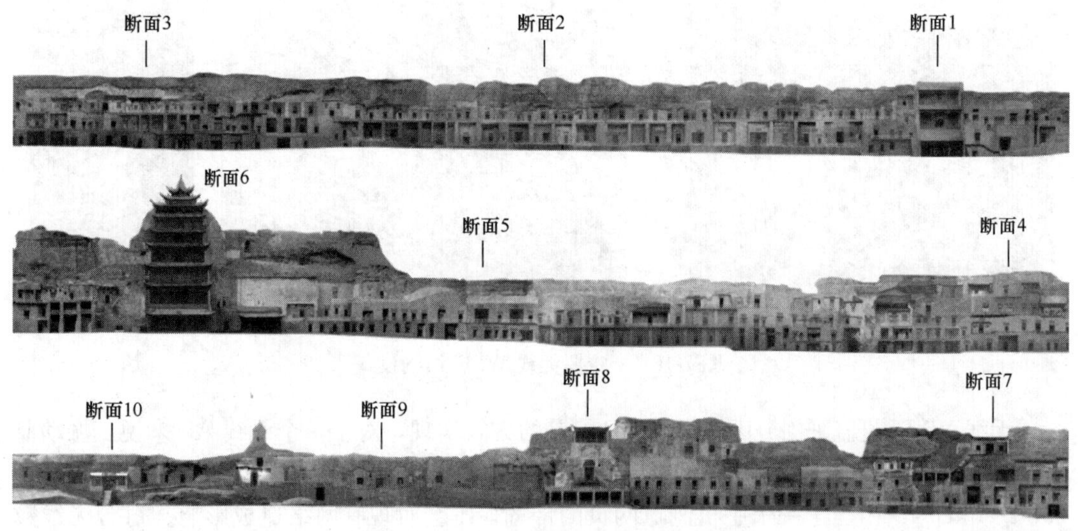

图 7-18-5　10 个典型断面的分布位置

3. 景区内及崖体顶部测点

结合景区内地形，在洞窟前景区内地面上布置 8～10 个测点，相邻两测点相距 300～400m；在紧邻洞窟的游客参观栈道上布置 4～6 个测点；在崖体顶部，距离洞窟 1000m 位置，均匀布置 4～6 个振动监测点，相邻两测点相距 400～500m。测点布置如图 7-18-6 所示。

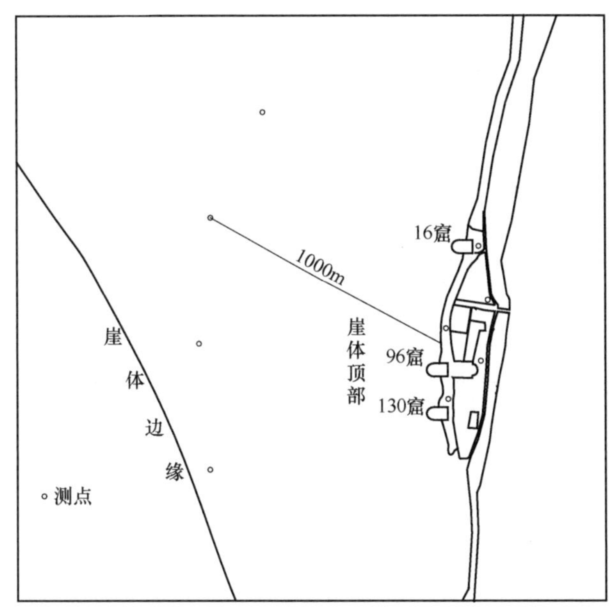

图 7-18-6　窟前景区地面和崖体顶部的测点位置示意图

四、监测预警系统特点

建设的振动无线监测预警系统，具有以下特点：

1. 使用高灵敏度和高精度振动传感器和传声器，保证监测数据的准确获取；

2. 每个通道设置独立放大器和 A/D 转换器，保证每个传感器的测量范围可根据需要灵活调整；

3. 采用分布式无线数据采集系统，保证莫高窟多个位置监测的灵活配置，避免有线信号电缆带来的不易布设和噪声干扰等问题；

4. 基于 Wi-Fi 无线技术的传感测试设备组网，保证数据快速、实时、可靠传输；

5. 不同等级风险的预警处置权限，归属不同级别的用户，确保预警的快速响应，又能保证预警措施的有效实施；

6. 风险等级及预警级别是在采用多种方法对大量基本信息数据和多个特征分析数据进行充分对比分析基础上进行的，确保了风险等级及预警级别确定的可靠性。

五、监测效果

敦煌莫高窟无线微振动监测系统建设后，实时监测了莫高窟的微振动环境，获得了不同洞窟内的微振动数据，在周围环境出现突发超阈值振动时，发出预警信息。

在莫高窟主办的“丝绸之路”系列活动中，对活动现场进行了监测、预警和规模控制，有效降低了各种振动对文物的影响和损伤。

同时，对周围环境的长期振动监测，有利于对敦煌莫高窟的振动环境进行风险预控，对于全面评估分析振动对文物的累积损伤效应和损害程度，采取有效保护措施具有重要作用。

敦煌莫高窟无线微振动监测系统工程对保护世界文化遗产具有重要意义。

［实例 7-19］600MW 级汽轮发电机定子端部线棒振动在线监测系统

一、工程概况

600MW 蒸汽发电机组参数见表 7-19-1，端部由渐开线形状线棒、绑扎带、两个固定环、弹簧板、支架板及连接螺钉组成，结构非常复杂（如图 7-19-1、图 7-19-2 所示）。

发电机技术参数 **表 7-19-1**

序号	参数名称	参数值	序号	参数名称	参数值
1	额定容量	666.667MVA	12	定子槽数	42
2	额定功率	600MW	13	定子每槽导体数	2
3	最大连续功率	654MW	14	定子每相串联匝数	7
4	额定功率因数	0.9	15	定子绕组对地绝缘	5.5mm
5	额定电压	20000V	16	定子绕组工频绝缘强度	≥4100V
6	额定电流	19245A	17	定子绕组冲击绝缘强度	≥7250V
7	额定励磁电压	421.8V	18	定子绕组每相对地电容 C_{ph}	0.227μF
8	额定励磁电流计算值	4128A	19	定子绕组平均温升	22.1K
9	额定频率	50Hz	20	转子绕组平均温升	44.8K
10	额定转速	3000r/min	21	定子铁心平均温升	21.8K
11	相数	3	22	短路比	0.54

图 7-19-1　汽轮发电机定子端部结构

汽轮发电机定子端部振动是电机普遍存在问题，电机运行时，由于定子端部绕组线棒受到电磁力作用及电机定子铁芯振动，引起电机定子端部发生不停歇振动，由电机定子端部振动引起的端部破坏主要有以下几种形式：

（1）定子绕组线棒出槽口位置绝缘层的磨损；

（2）各线棒之间以及线棒与绑扎环、内撑环之间的相互摩擦而引起的绝缘层破坏；

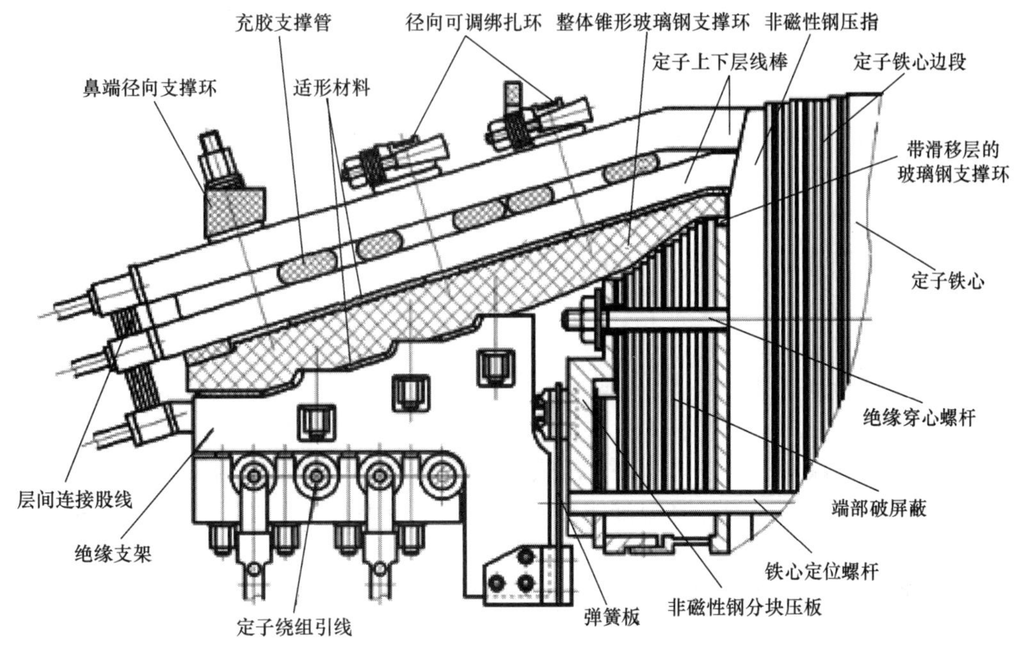

图 7-19-2　定子绕组端部刚、柔固定结构

（3）绕组线棒的疲劳破坏；

（4）冷却水引水管的疲劳破坏。

受手工绑扎工艺及材料非线性等因素影响，研究端部振动问题很困难，国内外尚无精确的计算方法。考虑理论计算误差，采用试验方法解决端部线棒振动问题主要有两种方式：①制造过程的频率改进：在制造过程中通过锤击法测得固有频率后，通过改变刚度或质量，以修正固有频率，使之避开共振区；②在线监测：在端部绕组安装振动在线监测系统，为设备合理运行工况选取和未来停机所采取的改进措施提供依据。

制造过程的调频方式是解决定子端部振动的主要手段，通过测试得到定子端部结构的固有频率与电磁干扰频率，若固有频率与电磁干扰频率接近，即采取措施改变固有频率，使之避开电磁干扰频率，以免发生共振。

在线监测方式可测得定子端部最大振幅及定子端部振动频响特征曲线，并分析各种工况条件下定子端部结构的振动情况。

二、定子绕组端部振动评定准则

1. 发电机正常运行时，定子绕组端部通频（≥1/2 转频）和倍频振动位移峰峰值大于 250μm，适合无限制长期运行。

2. 发电机正常运行时，定子绕组端部通频和倍频振动位移峰峰值大于 250μm，小于 400μm，应发报警信号。

3. 发电机正常运行时，定子绕组端部通频和倍频振动位移峰峰值大于 400μm，应发停机信号。

4. 发电机正常运行时，定子绕组端部通频和倍频振动位移峰峰值的变化大于 100μm，应发报警信号，并加强监视。一般来说，不管振动幅值是增大或减小，都应查明原因。

三、监测系统功能介绍

1. 传感器特点

（1）传感器头及光缆防护层采用耐高温、高性能化学聚合材料，抗氢气腐蚀，不易损坏变形；

（2）频响范围：5～400Hz；

（3）检测范围峰峰值：0～1000μm(112Hz)；

（4）应变量程：±7500μm/m；

（5）温度量程：0～240℃；

（6）加速度检测范围：0～50g；

（7）加速度分辨率：0.1g；

（8）传感器共振频率大于700Hz，传感器不存在50/60Hz噪声干扰；

（9）传感器头可承受的最高温度能满足发电机绝缘等级（B级、F级和H级）对工作温度要求；

（10）传感器长期稳定可靠，不发生信号漂移。

2. 数据采集单元技术指标

（1）采样频率应不小于1kHz，采样点数应不少于1024点；

（2）具备频谱分析功能，频谱分辨率不应低于1.0Hz；

（3）具备信号数字滤波处理和数据存储管理功能；

（4）能以数值、图形和曲线方式对振动参量及工况参数进行显示和分析；

（5）具有与其他通信数据系统相连的接口。

四、系统布置与监测

对华电包头公司1号发电机汽、励两端实施振动在线监测，图7-19-3为监测系统硬

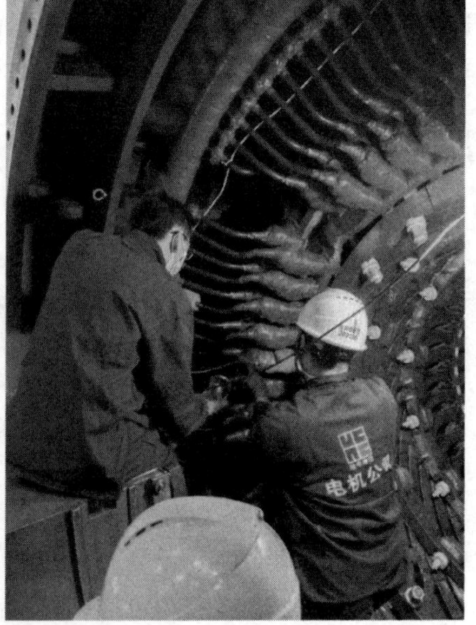

图7-19-3　监测系统硬件布置图

件现场布置图，图 7-19-4 给出监测系统软件调试完毕界面，图 7-19-5、图 7-19-6 给出振动信息在线监测及信息分析系统界面展示效果。

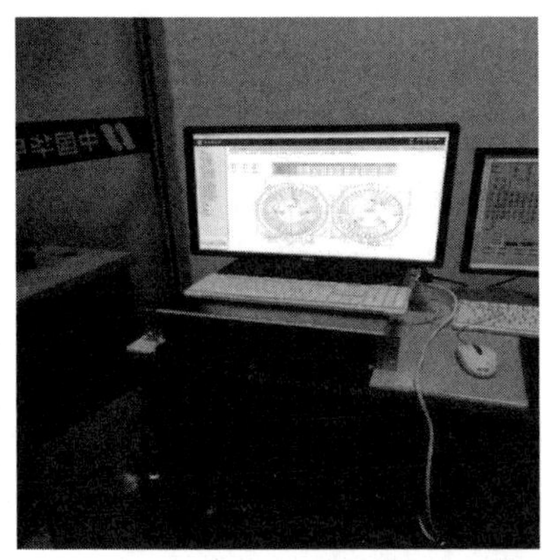
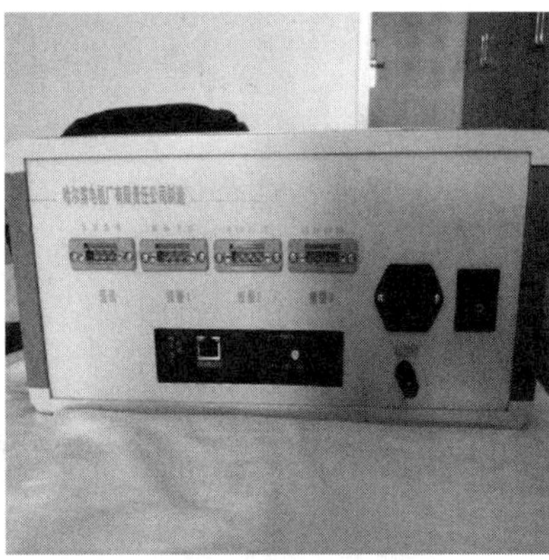

图 7-19-4 监测系统软件布置图

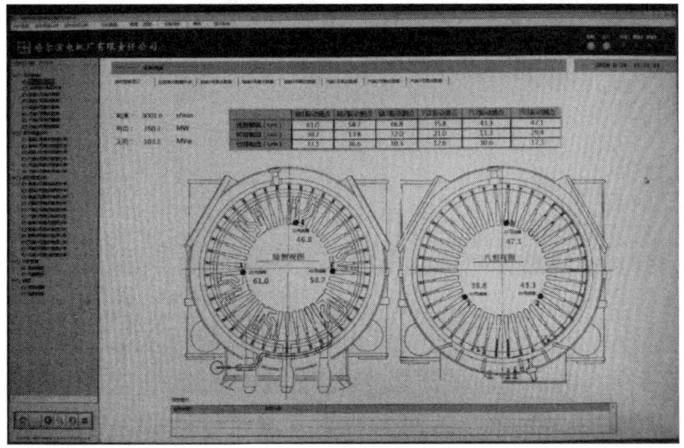

图 7-19-5 振动信息在线监测界面

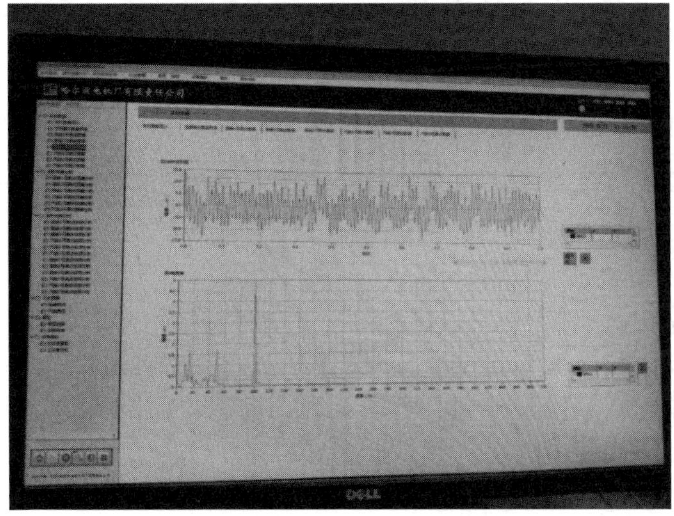

图 7-19-6 振动信息分析系统展示

［实例 7-20］高层商业建筑振动监测

一、工程概况

洛阳市某重点大型城市综合体项目，位于新区开元大道以南，展览路以北，金城寨街以东，厚载门以西，开元湖东西两侧地块内，占地 275 亩，总建筑面积超 100 万 m^2，是集商务办公、购物、娱乐休闲、行政办公、高端居住于一体的国际化大型城市综合体，建筑效果如图 7-20-1 所示。

图 7-20-1　建筑效果图

商业部分地上最高八层，地下三层，为框架-剪力墙结构，局部梁、柱采用型钢混凝土。结构主体于 2015 年 7 月封顶，2016 年进行人流动线调整，并开展部分土建调整和结构加固改造，主要为 A/B 区扶梯位置调整及与之对应的结构加固改造，原设计悬挑梁为型钢混凝土梁，加长部分为普通钢筋混凝土梁，侧边采用钢板加强。悬挑部分改造设计如图 7-20-2 所示，改造后悬挑梁长度达 10.296m。

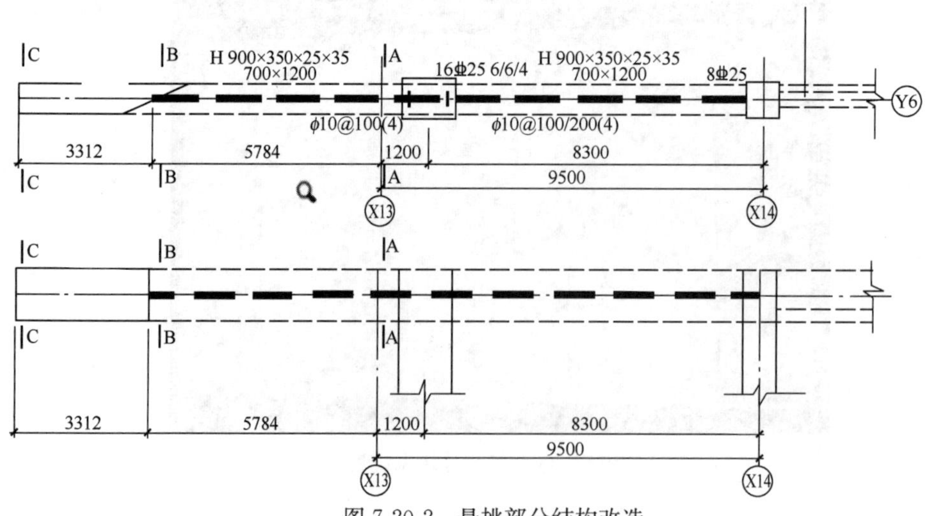

图 7-20-2　悬挑部分结构改造

商业广场试营业期间，承载扶梯的结构悬挑梁板有不同程度振动（扶梯运行时），体感振动明显，悬挑梁端部玻璃围栏受振动影响，局部破裂。振动影响部位的结构梁板平面布置如图 7-20-3 所示。为此，需对改造后的悬挑梁结构进行振动监测评估。首先进行定时振动监测，根据监测结果，拟定实时智能监测方案，一定时间内，对结构安全性和适用性进行实时监测和实时评估。

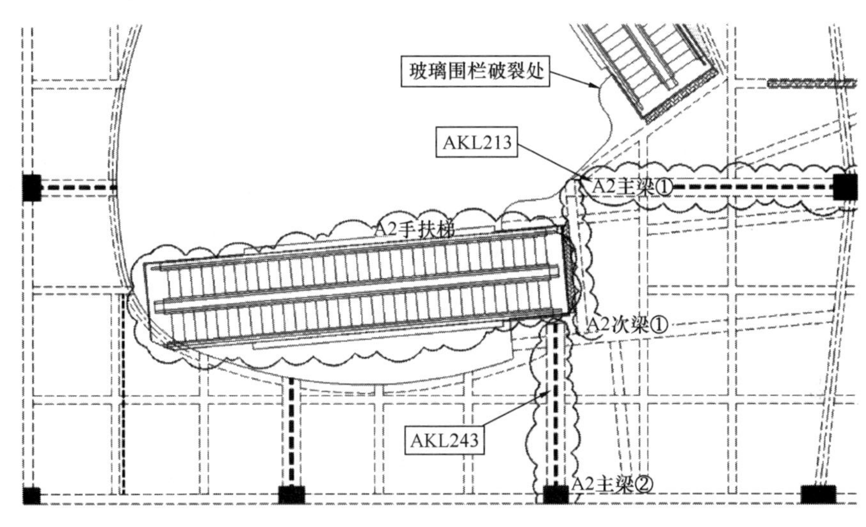

图 7-20-3　楼面结构

二、评估标准

根据国家标准《建筑工程容许振动标准》GB 50868—2013（表 7-20-1），确定振动监测评价标准。根据行业标准《高层建筑混凝土结构技术规程》JGJ 3—2010（表 7-20-2）关于楼盖竖向振动加速度限值规定，确定结构舒适性评价标准。

交通运输振动对建筑结构影响的容许振动值　　　**表 7-20-1**

序号	建筑物类型	顶层楼面处容许振动速度峰值（mm/s）	基础处容许振动速度峰值（mm/s）		
		1～100Hz	1～10Hz	50Hz	100Hz
1	工业、商业类建筑	10.0	5.0	10.0	12.5
2	住宅、民用类建筑	5.0	2.0	5.0	7.0
3	对振动敏感且具有保护价值	2.5	1.0	2.5	3.0

楼盖竖向振动加速度限值　　　**表 7-20-2**

人员活动环境	竖向加速度峰值限值（m/s^2）	
	自振频率≤2Hz	自振频率>4Hz
住宅、办公室	0.07	0.05
商场及室内连廊	0.22	0.15

设备振动监测评价中，通常分为四个区域：

区域 A——机器振动处于良好使用状态。

区域 B——机器振动处于亚正常使用状态。

区域 C——机器振动处于轻微故障状态。

区域 D——机器振动处于严重故障状态。

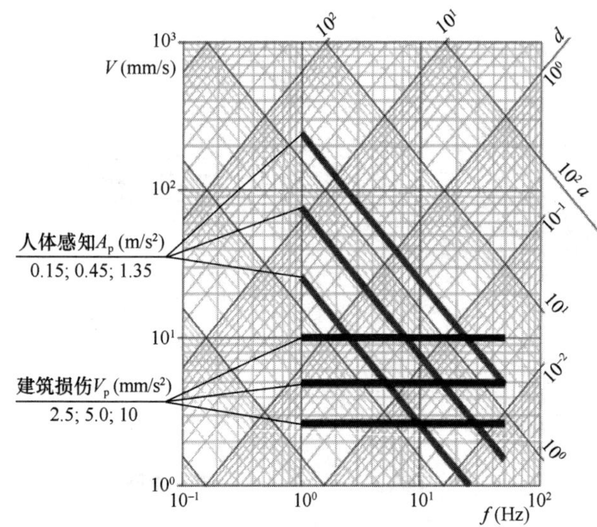

图 7-20-4　建筑振动监测评估阈值

四个区域有三个分界线，作为区域的容许振动限值，分别作为正常限、警告限和报警限，并据此确定建筑振动监测评估的安全性界线和适用性界线，图 7-20-4 给出振动监测评估阈值。

建筑振动监测评估阈值设定如下：

1. 人体感知 A_p

舒适限 0.15m/s²；不安限 0.45m/s²；报警限 1.35m/s²。

2. 建筑损伤 V_p

正常限 2.5mm/s；预警限 5.0mm/s；报警限 10.0mm/s。

三、监测系统

2019 年 6 月 21 日～6 月 27 日 22：00～次日 9：30（商场歇业时间），对广场 A 区 2 层和 B 区 7 层的手扶梯及相关结构进行振动监测。

监测仪器包括：DH5930 数据采集系统（4 通道、24 位 A/D 转换）、IEPE 压电式加速度传感器（0.5g 量程 4 个、5g 量程 4 个、50g 量程 4 个）、朗斯 LC1303B 力锤、笔记本电脑、磁力座、IEPE 连接线和 BNC 延长线等。传感器主要参数如表 7-20-3 所示。

传感器主要参数　　表 7-20-3

品名	型号	编号	量程	灵敏度	频响范围
IEPE 压电式加速度传感器	1A206E	8001	0.5g	9403.00mV/g	0.2～1200Hz
	1A206E	8002	0.5g	9476.00mV/g	0.2～1200Hz
	1A206E	6005	0.5g	9441.65mV/g	0.2～1200Hz
	1A206E	6006	0.5g	7998.00mV/g	0.2～1200Hz
	1A202E	7416	5g	994.80mV/g	0.2～1500Hz
	1A202E	7401	5g	1004.00mV/g	0.2～1500Hz
	1A202E	6221	5g	975.30mV/g	0.2～1500Hz
	1A202E	6223	5g	977.20mV/g	0.2～1500Hz
	1A111E	7123	50g	100.60mV/g	0.5～5000Hz
	1A111E	7120	50g	101.50mV/g	0.5～5000Hz
	1A111E	6103	50g	103.42mV/g	0.5～5000Hz
	1A111E	6104	50g	99.50mV/g	0.5～5000Hz

图 7-20-5 给出振动监测系统框图，系统单元及参数设置如下：

图 7-20-5　振动监测系统示意框图

1. 测试方向：对于建筑结构，主要测试竖向（*Z* 向）振动；对于手扶梯，主要测试垂直于扶梯斜面振动；

2. 测试振动物理量：振动响应测试加速度；频响测试输入力和输出加速度；

3. 频率范围：1.0～100Hz；

4. 采样参数：采样频率 1280Hz，抗混叠滤波设置 1000Hz，隔直流滤波 1Hz，每工况采样时长约 2min；

5. 滤波器设置：分析频率 500Hz，滤波器设置为高通 1Hz 巴特沃兹滤波器和低通 200Hz 巴特沃兹滤波器；

6. 数据处理：一次积分和二次积分得到响应的振动速度和振动位移，频谱分析时，对力信号加力窗，窗宽 0.49%，输出加速度信号加矩形窗，谱函数采用有效值谱；采用线性平均，频谱分辨率 $\Delta f=0.313$Hz；

7. 量程设置：频响分析时，力通道触发设置 30%量程，设置触发负延迟 100 点，分析点数为 1024 点；

8. 传递函数：频响函数与相干函数平均次数在 15 次以上。

四、监测方法

以悬挑 A2 主梁①监测为例，主梁①改造后悬挑长度增加较大，上行和下行自动扶梯支承在悬挑梁端部位置，扶梯振动对悬挑梁影响较大。在悬挑梁上布置 8 个监测点，以测量不同工况下梁上各点的动力响应，并分别进行单点拾振和单点激励频响测试，测点布置如图 7-20-6所示，图 7-20-7 为现场监测情况。

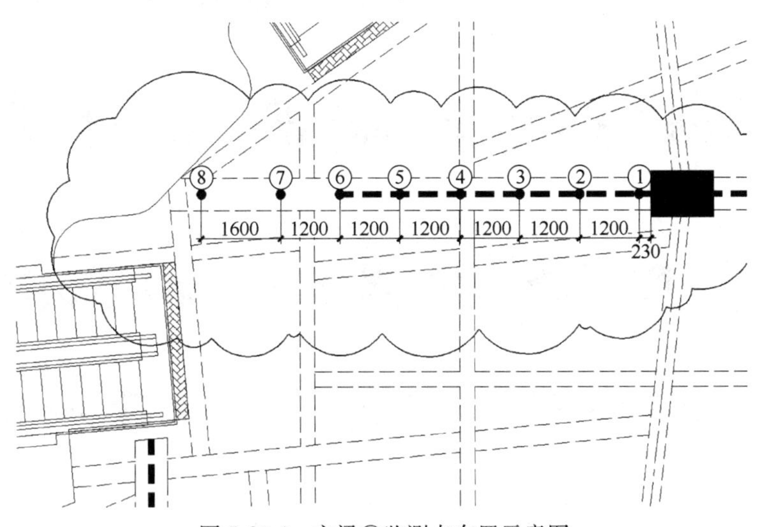

图 7-20-6　主梁①监测点布置示意图

图 7-20-7　振动监测现场

振动监测工况包括：

工况 1——自动扶梯静止时的背景振动；

工况 2——自动扶梯运行且无人行走；

工况 3——自动扶梯载人运行；

工况 4——自动扶梯静止，但有人行走。

五、数据分析

以振动影响最大的悬挑梁端部监测点为例，A2 主梁①监测点 8 的振动加速度时域响应如图 7-20-8 所示。监测点在四种不同工况下的振动加速度频域响应如图 7-20-9 所示。

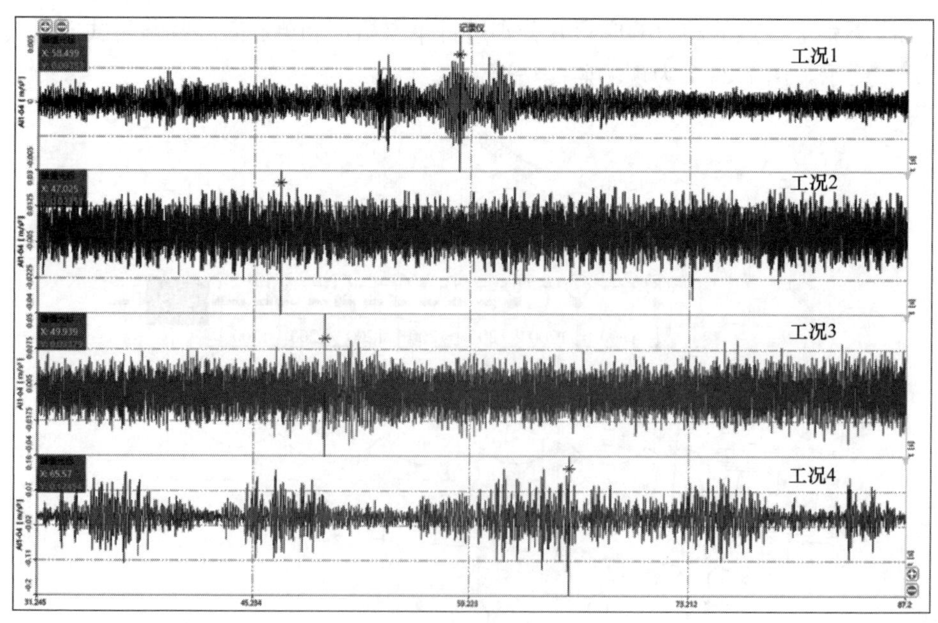

图 7-20-8　监测点 8 振动加速度时域信号

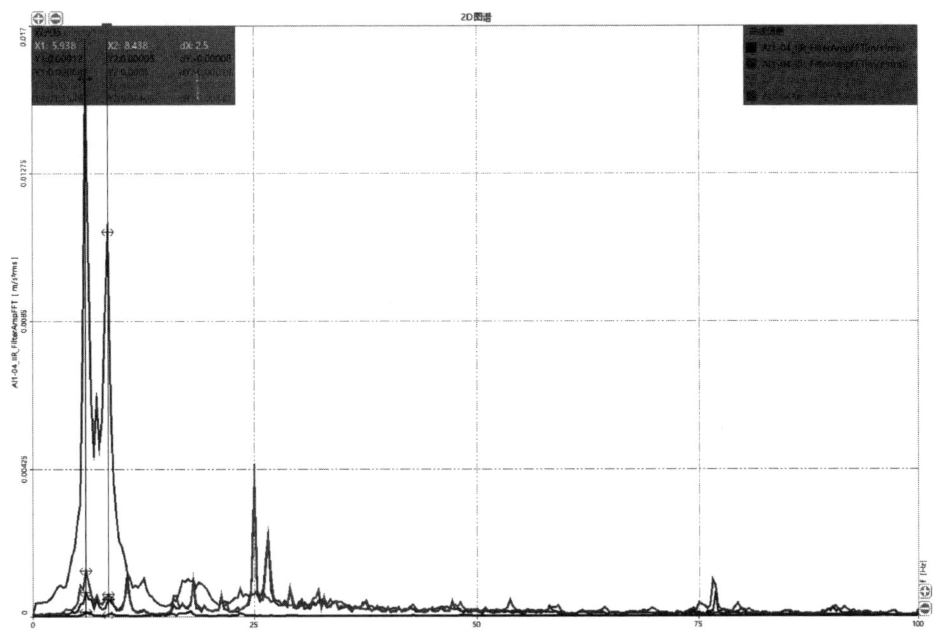

图 7-20-9　监测点 8 振动加速度频域信号

最大振动加速度发生于工况 4，即自动扶梯静止、人在其上行走；其次是工况 2，自动扶梯空载运行、无人行走。结构模态测试并结合理论模态计算，悬挑梁的一阶模态频率与自动扶梯结构的一阶固有频率接近，都在 6Hz 附近。当人在静止的自动扶梯行走时，激励引起扶梯和结构共振，产生较大振动响应。

舒适度方面：工况 1 扶梯静止时的背景振动和工况 3 自动扶梯载人运行时的振动能满足舒适度要求；工况 2 扶梯不载人、空运行时，振动加速度超过舒适度限；工况 4 扶梯静止，且有人行走时，振动加速度超出限值，引起人心理不安。楼面舒适度评价如图 7-20-10所示。

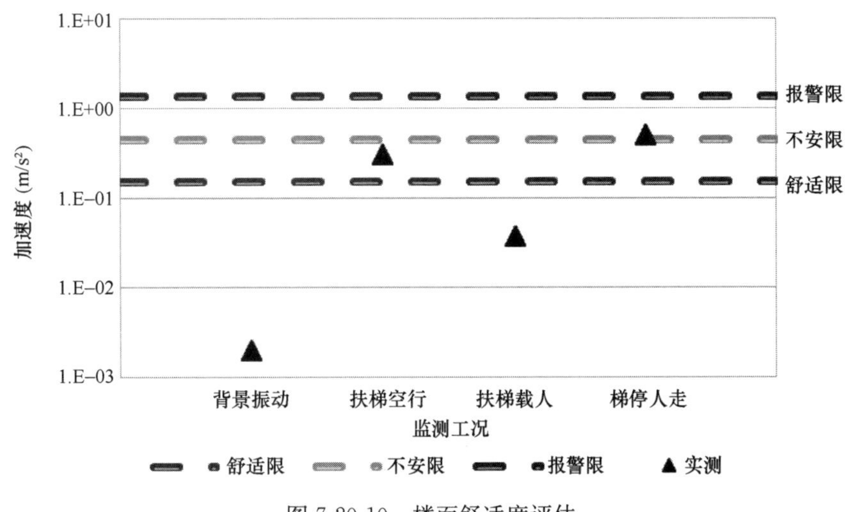

图 7-20-10　楼面舒适度评估

结构安全性方面：工况 1 扶梯静止时的背景振动、工况 2 扶梯不载人空运行和工况 3 扶梯载人运行等振动都满足结构安全性要求；工况 4 扶梯静止，且有人行走时，振动加速度超过限值，结构安全度评估如图 7-20-11 所示。

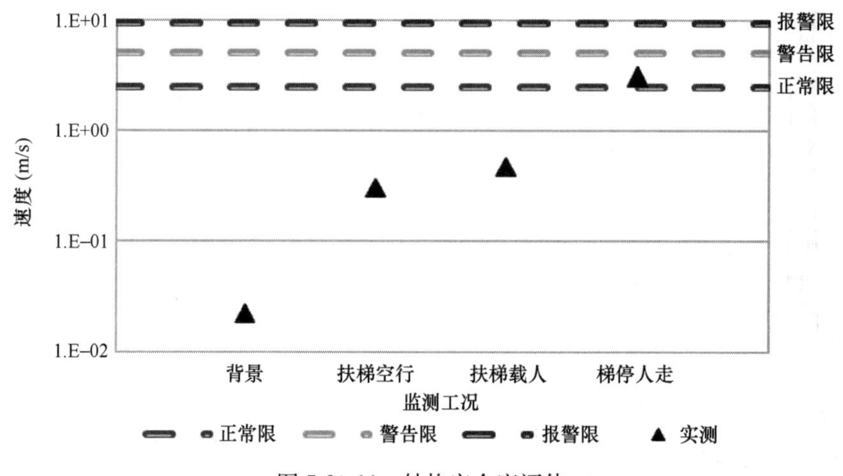

图 7-20-11　结构安全度评估

[实例 7-21] 国家天文台馈源舱试验过程结构状态监测

一、工程概况

馈源舱是射电望远镜的核心部件，通过钢索支撑体系安置于反射球面上方，经反射面反射而来的天体无线电波经馈源和接收机，转换为可在电脑上显示的射电观测数据。由于反射面巨大、移动不易，一般通过钢索牵拉，让馈源舱在一定范围内移动，实现射电望远镜“视野”的小幅度调整。

大型射电望远镜因其特殊性，一般安装在野外丘陵深山中，现场环境复杂，气候多变，对舱体机构、结构以及测量进行全面技术分析十分必要。

国家天文台馈源舱试验过程的结构状态监测系统可实时监测馈源舱振动、应变、环境风速和温度信号，提供原始监测数据，完成各部件分析与选型，完善设计要求，提供第一手参考资料。被监测结构所处环境恶劣，对传感器、监测系统、信号传输提出很高要求。图 7-21-1 为馈源舱实物模型图。

图 7-21-1　馈源舱模型

二、监测系统简述

1. 监测系统要点和难点

(1) 监测系统防护

馈源舱安装在野外，考虑到极端恶劣环境，须保证其长期稳定、可靠运行。系统选用 DH5972N 在线监测系统，采用防水、防尘外壳安装，防护等级达 IP54，满足国家标准《电子测量仪器　环境试验总纲》GB 6587.1—1986 中第Ⅲ组条件的工作环境。

（2）监测传感器防护

野外监测环境复杂多变，对监测传感器的防护要求较高，监测传感器尽量选用防水、防尘类，保证系统可靠运行。

（3）长期采集数据过滤

仪器 7×24h 开机，监测数据随监测时间变化，数据量越来越大，容易造成服务器运行缓慢，甚至系统崩溃，考虑有很大部分是无用数据，制定数据存储规则是本系统的难点。将采集的原始数据通过网络传输，并存储到监测中心服务器，服务器数据库分类管理可长达几年。

（4）设备通信

被测设备和控制室一般距离较远，常规网络或 RS485 通信距离仅 100～200m，无法满足现场需要，选用的 DH5972N 监测系统，仪器与计算机之间的通信采用光纤传输，通信距离最远可达几十公里。

2. 在线监测系统框图

在线监测系统如图 7-21-2 所示。

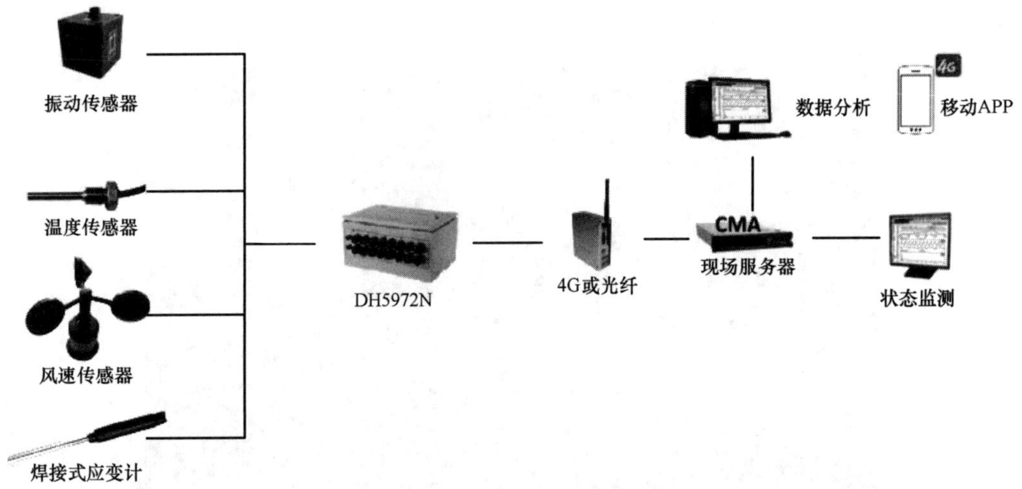

图 7-21-2　在线监测系统框图

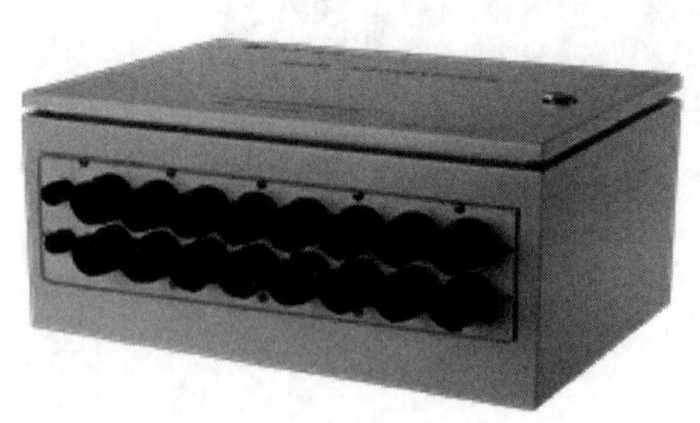

图 7-21-3　DH5972N 在线监测系统

3. 在线监测系统仪器选型

在线监测系统（图 7-21-3）仪器采用以太网通信、防水防尘机箱，适合野外现场安装，各类型采集通道灵活组合，可完成应力、加速度、速度、温度、电流等各种物理量的长期监测，利用网络通信技术可组成上千通道的大规模测试系统。

4. 在线监测系统传感器选型

（1）应变传感器

DH1101 焊接式应变计是一种特殊电阻应变计，它继承了通用电阻应变计的典型特性，适用于特殊情景下金属构件的精密应力测量和分析，如图 7-21-4 所示，其技术指标如表 7-21-1 所示。

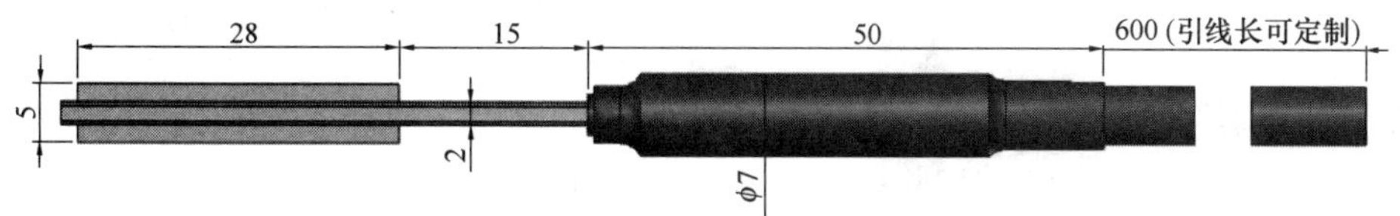

图 7-21-4　DH1101 焊接式应变计

DH1101 技术指标　　　　表 7-21-1

典型电阻值（Ω）	120
电阻值偏差	≤±0.1%
典型灵敏系数	2.3
灵敏系数分散	≤±2%
热输出［（μm/m）/℃］	≤1.2
机械滞后（μm/m）	≤5
蠕变（μm/m）	≤2
疲劳寿命	≥10^7
使用温度（℃）	−20～80

图 7-21-5　2D001 磁电式传感器

（2）振动传感器

2D001 磁电式速度传感器（图 7-21-5）采用无源闭环伺服技术，具有良好的超低频特性。传感器设有加速度、小速度、中速度和大速度四档。用户可根据需要，选取传感器上微型拨动开关的不同档位，来进行加速度或速度测量。主要技术指标如表 7-21-2 所示。

2D001 技术参数　　　　表 7-21-2

参量 \ 技术指标 \ 档位		0	1	2	3
		加速度	小速度	中速度	大速度
灵敏度（V·s^2/m 或 V·s/m）		0.3	15	5	0.5
最大量程	加速度（m/s^2）	20	—	—	—
	速度（m/s）	—	0.125	0.3	0.6
频率范围（Hz）		0.25～80	1～100	0.3～100	0.1～100
输出阻抗（kΩ）		50			
工作温度		−20～80℃			
尺寸		63mm×63mm×63mm			
重量		600g			

（3）温度传感器

JCJ100TLB 温度传感器的测温探头由固定螺纹和测温保护管构成，如图 7-21-6 所示，技术参数如表 7-21-3 所示。

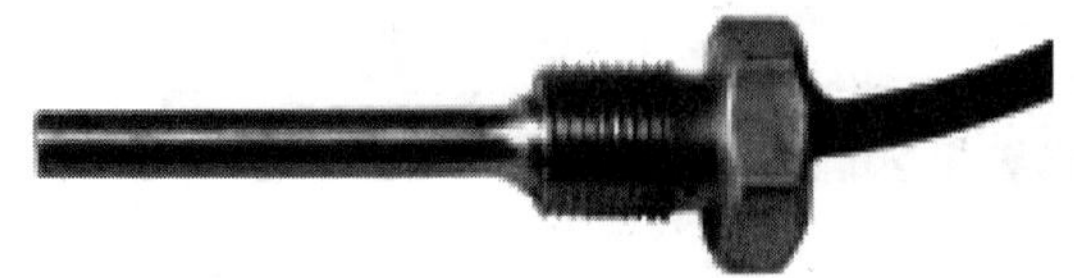

图 7-21-6　温度传感器

温度传感器技术参数　　表 7-21-3

指标项	技术参数
测温范围	−50～100℃
精度等级	A 级± (0.15+0.002 | t |)℃
导线制式	四线式
螺纹规格	M8×1.25（可选）

（4）风速传感器

加强风速安全监测是结构安全运营的保证，此外，还要考虑风荷载对结构的静动力效应，本项目采用 PHWYT 一体式风速风向传感器，如图 7-21-7 所示，主要技术指标如表 7-21-4 所示。

图 7-21-7　风速传感器

风速传感器技术参数　　表 7-21-4

技术指标	风速测量	风向测量
测量范围	0～70m/s	0～360°
准确度	±0.3m/s	±3°
分辨率	0.1m/s	1°
启动风速	≤0.3m/s	≤0.5m/s
最大回转半径	90mm	200mm
工作电压	24V	24V
输出信号	电流 4～20mA	电流 4～20mA
工作环境	温度−40～50℃、湿度≤100%RH	

三、监测系统功能

该在线监测系统主要功能如下：

1. 有效监测使用阶段结构的振动状态、关键部位和关键构件的受力状态，实现对重要杆件应力超限的报警，对结构健康状况进行监测和评价。

2. 及时发现结构响应异常、结构损伤或退化，确保结构运行安全。

3. 可向有关专家提供监测数据，供科学家在大风、地震等灾害事件后，及时提供实时信息，以实现全面有效的安全评估。

4. 为特大型馈源舱结构的环境作用、受力状态等科学研究，提供现场试验模型、试验系统和试验数据。

四、监测系统信号保真措施

现场环境恶劣、设备众多、功率大，电磁干扰、工频干扰、共模电压等会对数据采集系统造成影响。需对现场仪器设备进行电磁兼容设计、抗干扰设计，保证系统信号真实可靠，可采取如下措施：

1. 屏蔽技术抑制电磁辐射干扰

对数据采集设备采用铜材料、导磁材料（马口铁）等良导体，信号传输线缆采用铜屏蔽网，利用金属材料对电磁波的吸收和反射，实现对电磁波的屏蔽，进而有效抑制电磁辐射干扰。

2. 传感器隔离，电源滤波技术抑制电磁传导干扰

电磁传导干扰主要由洞体设备结构通过传感器、供电电源通过电源线向系统传递干扰，影响测试信号的真实性。将传感器与洞体结构绝缘隔离安装、供电电源配置隔离滤波器、电路增加合适的去耦电容以消除电磁传导干扰，保证在线监测系统不受现场电磁传导干扰。

3. 光纤网络保证数据传输抗干扰

传统的网线传输易受干扰，研发的在线监测系统数据采集器通过超六类屏蔽网线与光纤节点相连，光纤节点之间通过光纤组成环网，再通过光纤将光纤主节点与服务器系统的核心光纤交换机相连，最终采用光纤环网进行大数据传输，传输距离不受影响，且光纤不受任何电磁干扰，从而保证数据传输的可靠性。

五、监测系统的主要装置

DH5972N 采用以太网通信，防水防尘机箱和 19 英寸标准机箱两种结构形式，各类型采集通道灵活组合，可完成应力、加速度、速度、温度、电流等各种物理量的长期监测，利用网络通信技术可组成上千通道的大规模测试系统。

1. 通信方式：以太网；
2. 标准机箱单台机箱卡槽数：16 个采集卡插槽；
3. 防水机箱单台机箱卡槽数：16 个采集卡插槽；
4. 通道数：4 通道/卡；
5. 采集卡类型：动态采集卡和静态采集卡；
6. 动态采集卡采样速率：1k～128kHz 分档切换；
7. 静态采集卡采样速率：1/2/5/10/20/50/100/200Hz，分档切换；
8. 模数转换器：24 位Σ-Δ；
9. 内置 DSP 系统：根据现场要求，可实时完成各种信号的分析和处理（FFT、统计信息等），并实时将结果传送至控制卡；
10. 仪器尺寸（mm^3）：490×370×220（防水机箱）；482×350×146（19 英寸 3U 机箱）；

11. 仪器防水防尘等级：IP54（防水机箱）；IP50（标准机箱）；

12. 供电电源：AC220/50Hz。

六、监测效果

通过在线监测软件，实现馈源舱应变、环境风速和风向、环境温度、舱体振动的实时在线监测及状态预警。在线监测软件基于 B/S 构架，数据库采用 MySQL 数据管理系统，集数据采集分析、图形显示、远程控制及数据管理于一体，界面简洁美观，操作方便，完整直观地显示结构健康监测内容。可提供丰富、专业的状态分析图谱，方便监测人员掌握结构运行的状态，包括：时域图、频谱图、趋势图等。图 7-21-8 为监测软件主界面，图 7-21-9～图 7-21-12 分别给出应变、温度以及振动时、频域监测结果。

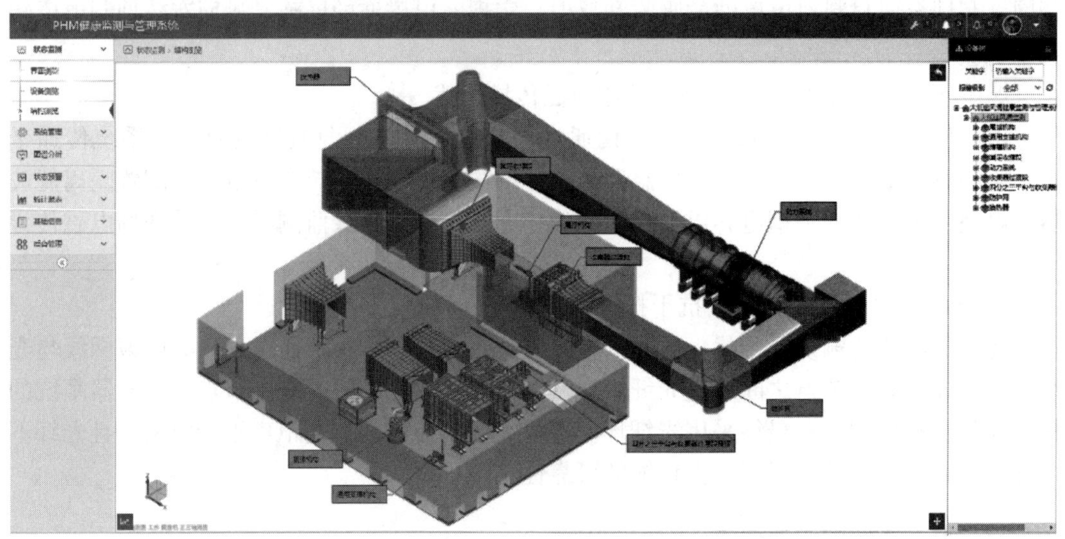

图 7-21-8　软件主界面

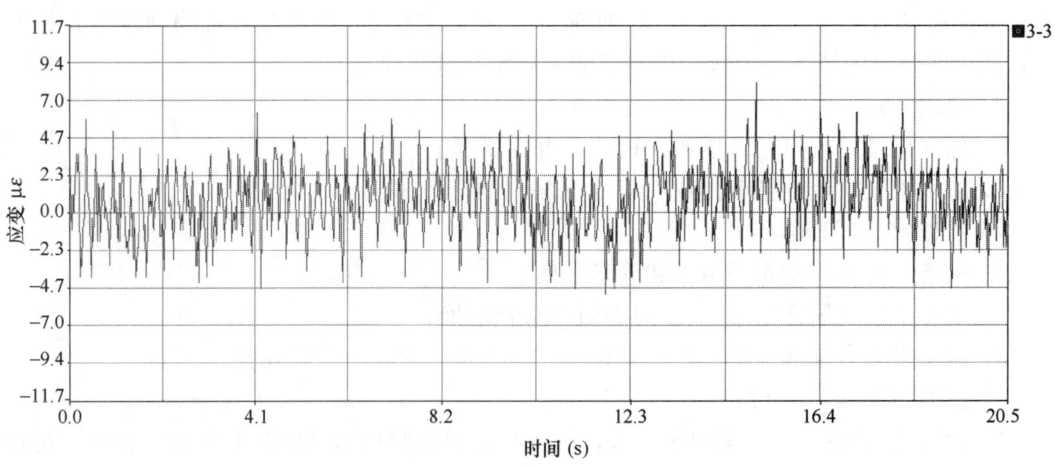

图 7-21-9　应变时域波形图

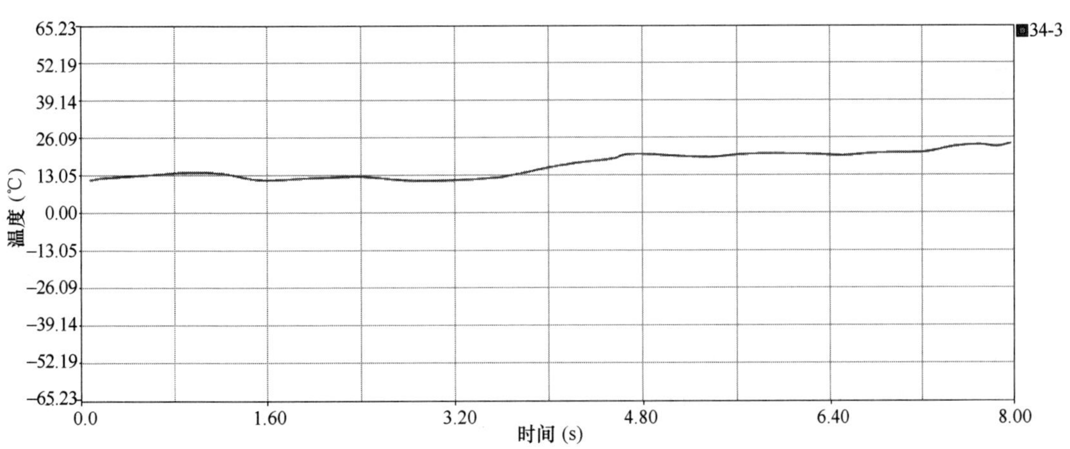

图 7-21-10 温度时域曲线

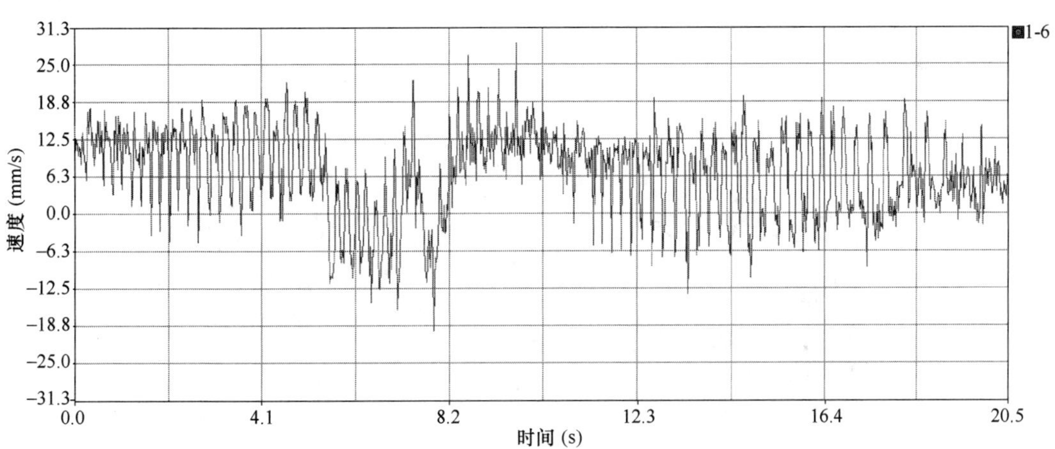

图 7-21-11 振动时域曲线

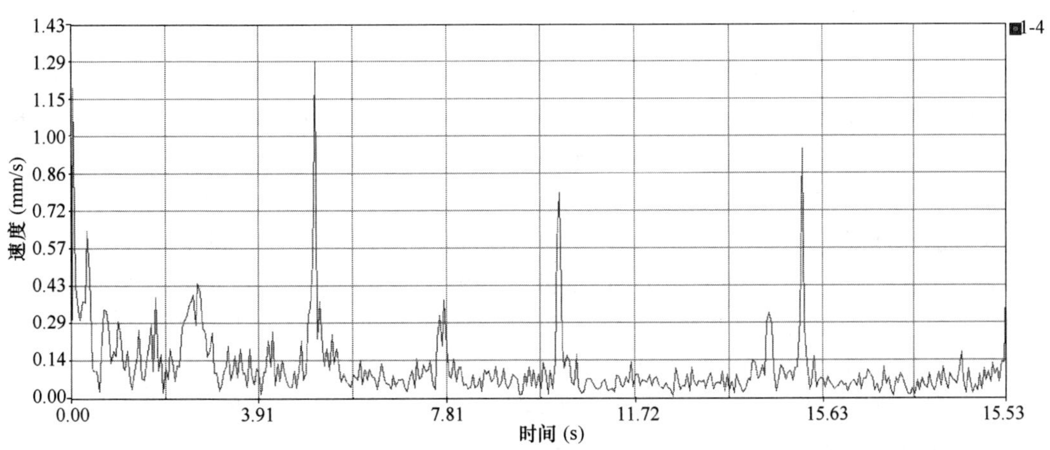

图 7-21-12 振动频谱曲线

[实例 7-22] 纽约摩玛大厦抗风振 TMD 设计及风暴振动监测

一、工程概况

近年来，美国纽约建造了许多壮观的摩天大楼（图 7-22-1），不仅结构超高，而且造型纤细，对风振敏感。位于纽约市中心的摩玛大厦（MoMA Tower），总高度 320m，占地面积约 26m×26m，长细比 1∶12。

大厦中有许多高级住房，需要尽可能降低振动对其造成的影响，此外，还应对大厦开展监测记录，以评估建筑振动、准确掌握其健康水平。

图 7-22-1　美国纽约摩玛大厦（MoMA Tower）

二、振动控制方案

摩玛大厦的计算固有频率为东西方向 0.145Hz（周期 6.87s），南北方向 0.27Hz（周期 3.70s）。假设结构的固有阻尼比为 1%，在一年回归期的风力作用下，两个主要方向的计算峰值加速度远高于国际标准《结构设计基础　建筑物和走道防振功能的适用性》ISO 10137—2007 中规定的住宅建筑舒适性标准（图 7-22-2）。

为将加速度降到可接受水平，决定采用 TMD 减振，该系统可将前两阶模态的阻尼比提高到高于 6%的水平。经计算，TMD 质量约 420t（质量比 4.5%），阻尼比与质量比关系曲线如图 7-22-3 所示。将 TMD 安装在顶层，对固有振型的控制效果最好，但顶层建筑空间有限、价值高，若将 TMD 设计为经典单摆，其有效摆长至少需要 13m。

本工程中 TMD 设计为带中间框架的双摆型（图 7-22-4），该方案的主要优点是可使用中间框架进行必要的双向调谐。TMD 可调节至目标固有频率－5%～＋15%的范围，以涵盖理论计算的不确定性。实际测试结果表明，固有频率高于预测值（0.171Hz 和 0.285Hz）。TMD 通过内置的黏滞阻尼器实现阻尼作用，阻尼比为 8.5%。

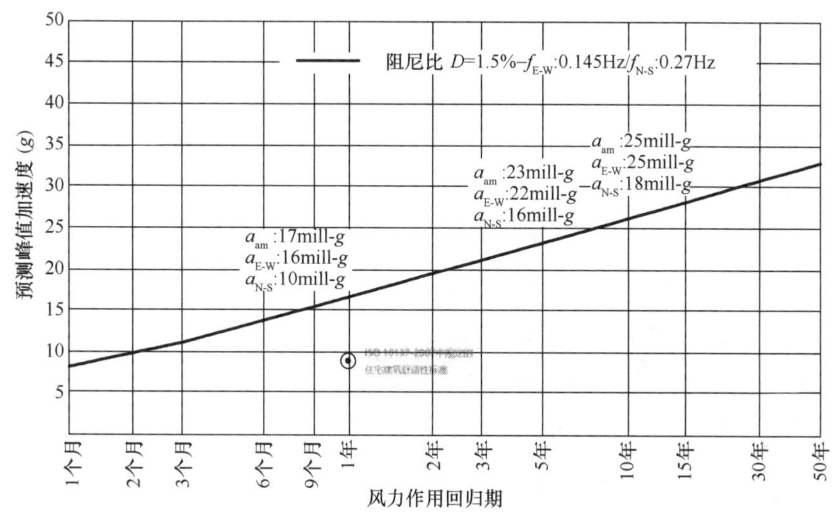

图 7-22-2 舒适性标准与预测峰值加速度的关系

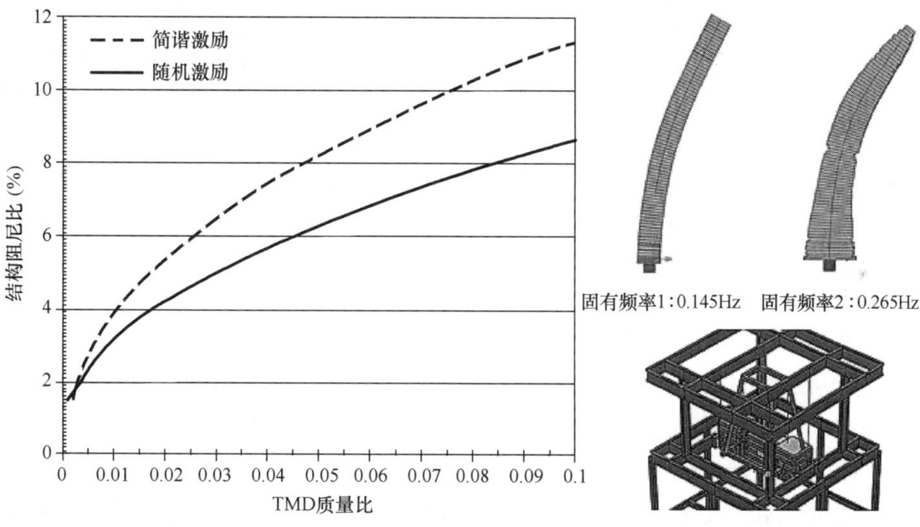

图 7-22-3 结构阻尼比与 TMD 质量比关系曲线

(a) 有限元模型

(b) 装置实物照片

图 7-22-4 带中间框架的双摆式 TMD

三、振动监测系统

设置振动监测系统的目的是记录建筑振动特性以及建筑和TMD在强风中的相互作用。

在预测的风暴经过期间（2019年2月22日～2019年2月26日），建筑和TMD质量块上都安装了三轴加速度传感器SENSRCX-1（图7-22-5）。传感器水平轴分别与南北和东西方向对齐，加速度采样频率为20Hz。

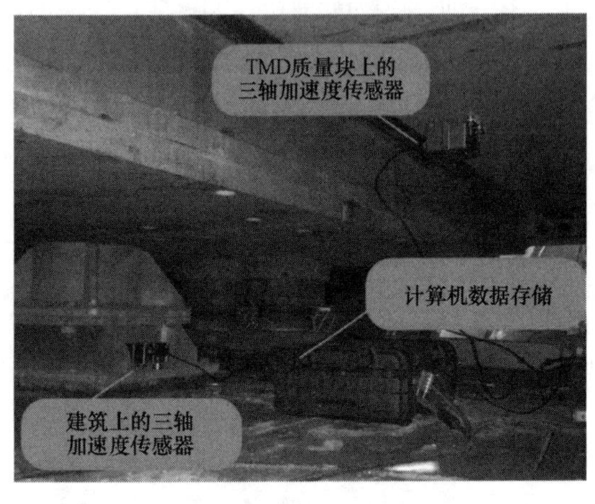

图7-22-5　监测传感器的布置

此外，还使用了2Hz低通滤波器和抗混叠滤波器，以尽量减少建筑物中高频振动的干扰。通过测试建筑和TMD上相同高度的振动，可确定传递函数，从而确定和评估TMD质量块的相对运动。根据传递函数，还可确定TMD的调谐频率和阻尼比。此外，测试建筑结构加速度信号可用于确定整个系统的结构阻尼比，它是评估减振效果的重要参数。

TMD在强风期间可锁定，以便将建筑物在TMD开启与关闭两种工况下的动态响应进行比较。

四、振动控制与监测结果

风暴发生在2019年2月25日，最高风速为95km/h，平均风速为50～65km/h。图7-22-6给出测试期间纽约机场记录风速，将南北方向和东西方向测试加速度组合，以确定每个15min时段的峰值加速度，图7-22-7给出采集的时程曲线。图7-22-8给出TMD在开启和关闭工况下，峰值加速度与平均风压的关系。

为定量评价TMD减振效果，确定TMD开启和关闭两种工况下整个系统的结构阻尼比，使用两种常用的系统识别方法——随机减量法（Random Decrement Methode，RDM）和工作模态分析法（Operational Modal Analysis，OMA）。

随机减量法得到的结构阻尼比如图7-22-9所示，所得阻尼比与阈值相关，获得的结果具有很高的一致性，通过应用TMD可将结构阻尼比提高到目标值之上。使用ARTEMIS程序中OMA分析得到的结果如图7-22-10所示，在TMD关闭工况下，可确定固有频率和阻尼比，且确定的阻尼比与RDM确定值一致；但在TMD开启工况下，振动模态识别受条件制约；一方面，由于结构阻尼较高，SVD图中峰值不明显；另一方面，建筑与减振器的相互作用导致峰值分叉，使模态的自动识别困难。

系统识别方法（RDM，OMA）验证结构阻尼比增加至8%，记录风速可与开启和关闭TMD系统的结构动态响应关联，表明在TMD开启时，振动特性可以明显改善。

为验证TMD的调谐参数，构建了TMD加速度和建筑加速度之间的传递函数，如图7-22-11所示，以确定两个工作方向上的调谐频率和自身阻尼比。

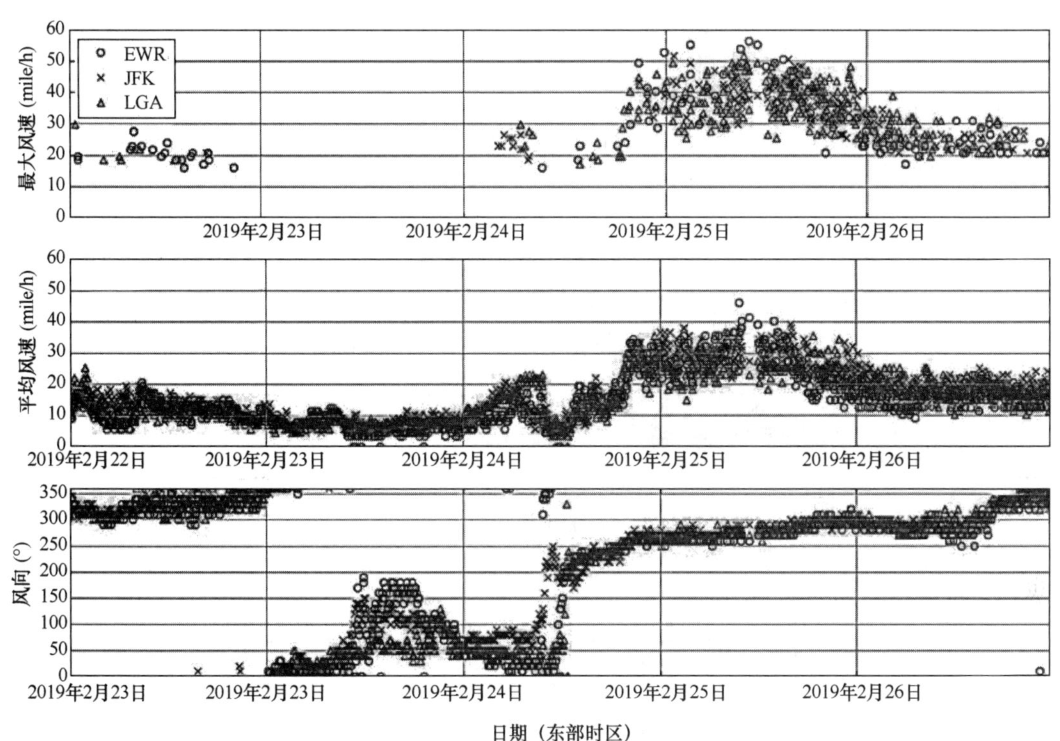

图 7-22-6 测试期间最大风速、风向和平均风速曲线

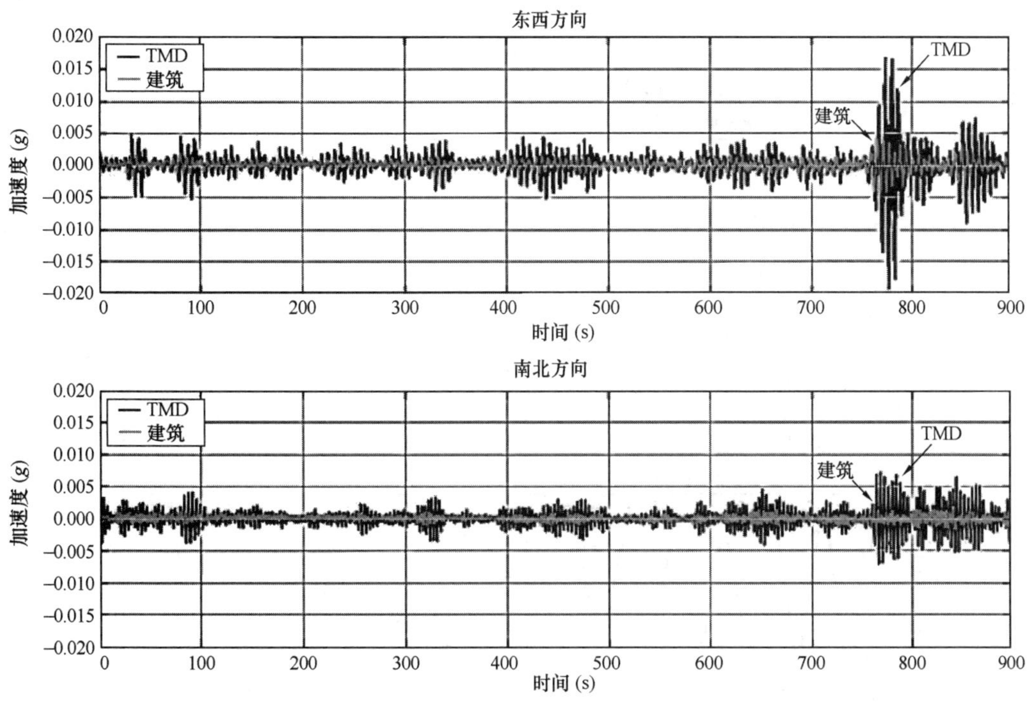

图 7-22-7 建筑和 TMD 质量块测试加速度时程曲线

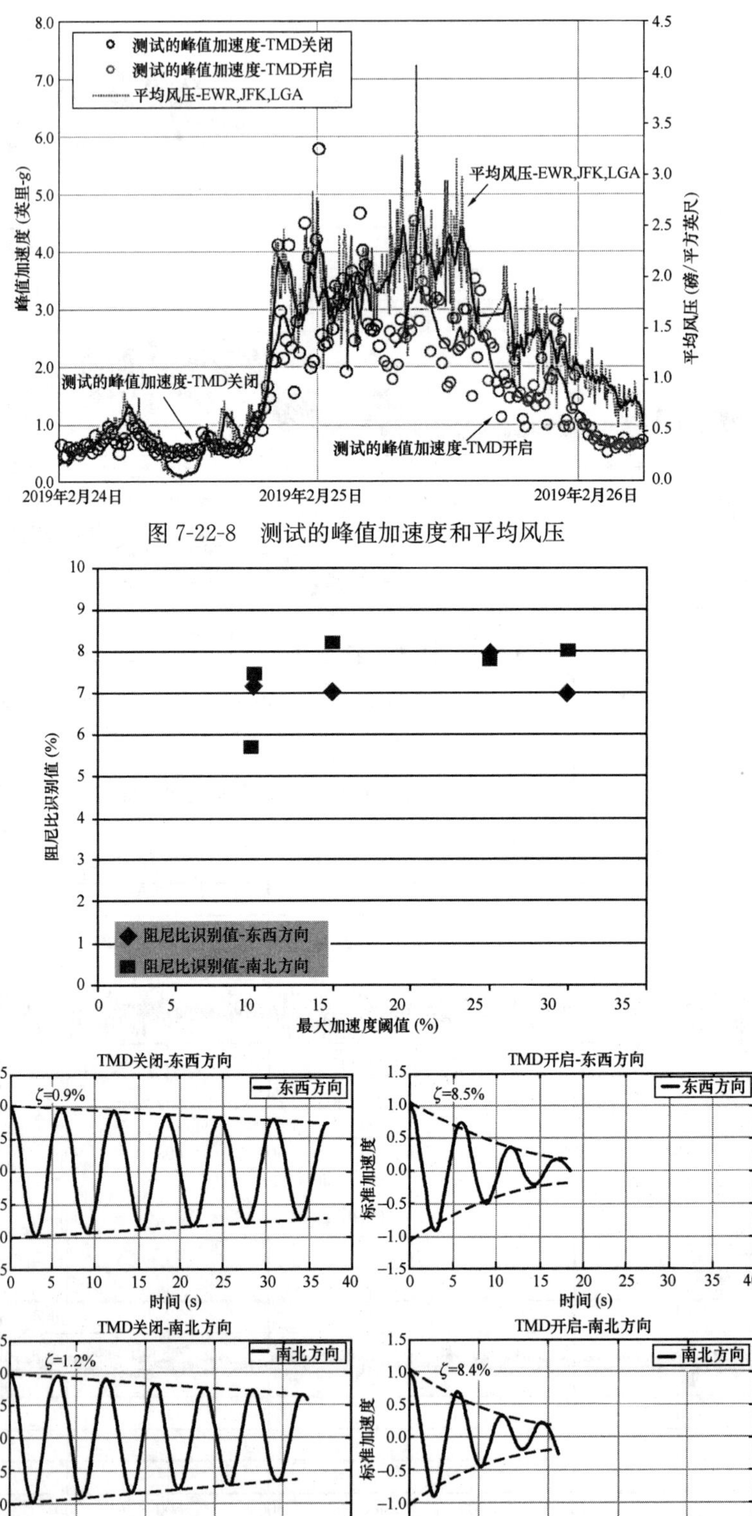

图 7-22-8　测试的峰值加速度和平均风压

图 7-22-9　随机减量法得到的结构阻尼比

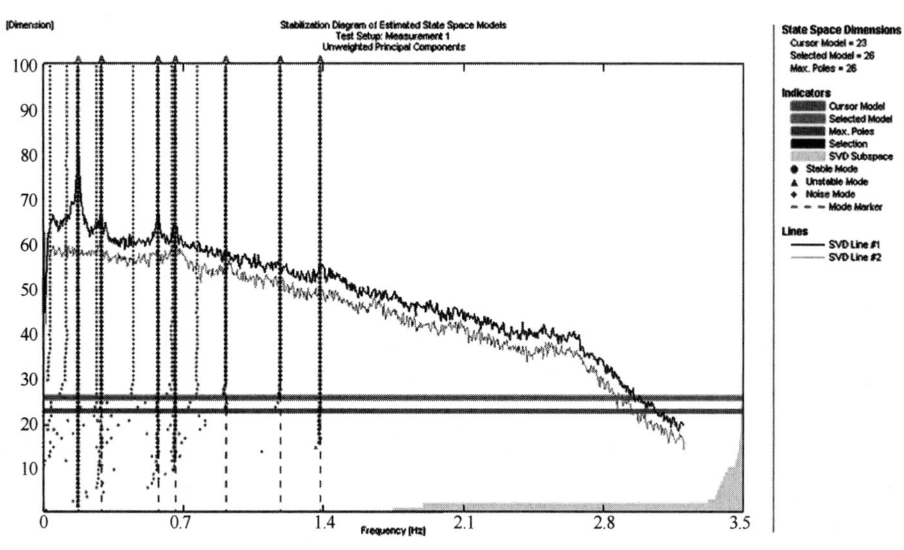

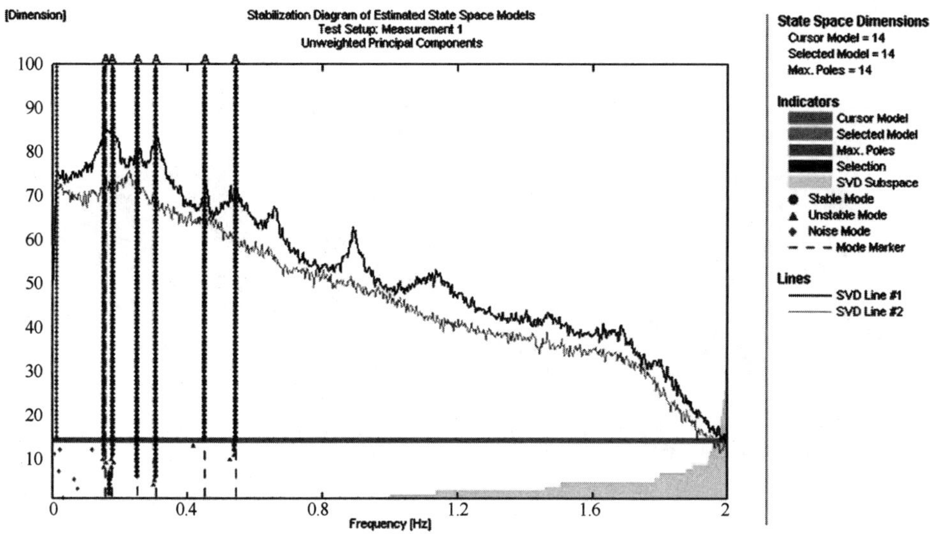

图 7-22-10 TMD关闭和开启时的稳态图

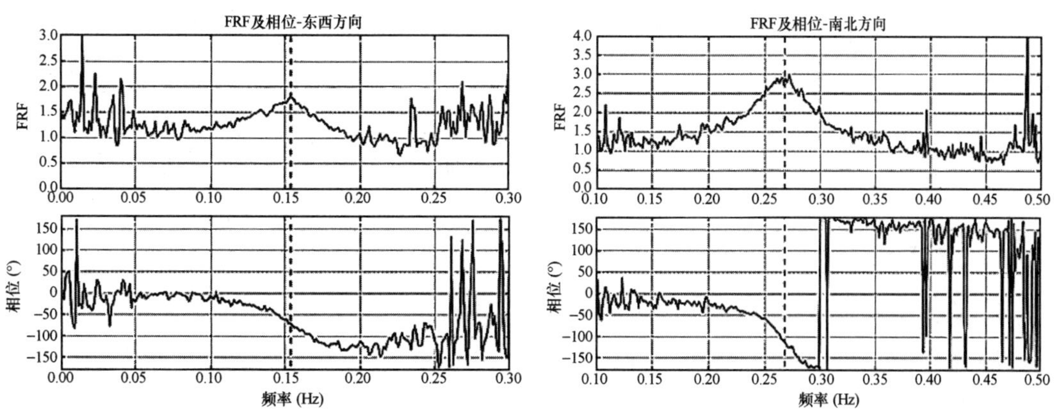

图 7-22-11 测试传递函数

第八章　振动诊断与治理

［实例 8-1］某钢结构输煤通廊间歇性振动危害诊断与治理

一、工程概况

某钢结构输煤双皮带机通廊，长度 300m，桥面宽度 9.18m。通廊支承为钢支架结构，廊身采用实腹式钢梁结构，钢梁标准跨度 12m，钢梁两端采用铰接。通廊外观、通廊皮带与托辊如图 8-1-1～图 8-1-3 所示。

皮带机投运后，桥身有明显竖向间歇性剧烈振动，间隔时间无明显规律，短则几秒，长则几十秒。为明确振动危害情况，需开展振动诊断与治理。

图 8-1-1　通廊外观

图 8-1-2　通廊皮带与托辊

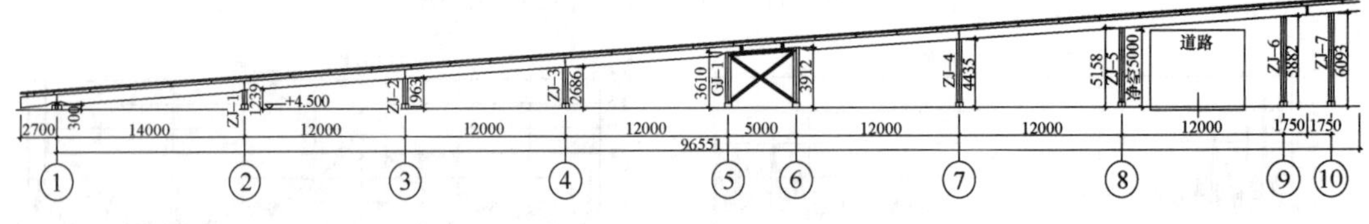

图 8-1-3　通廊立面图

二、振动测试

1. 测试工况及测点布置

测试工况包括：皮带机空载运行和“满载”（此处“满载”为皮带载有物料正常运行，并未达到额定荷载）运行。

测点主要布置在支承皮带的钢梁（次梁）跨中（图 8-1-4 中测点 4、测点 5）、纵向主梁跨中（图 8-1-4 中测点 1、测点 2 及测点 3）、钢格栅板跨中（图 8-1-4 中测点 6）。测试设备如图 8-1-5，采用 891-Ⅱ型超低频拾振器以及 INV3062C 分布式采集仪，数据分析采用 Coinv DASP V10。

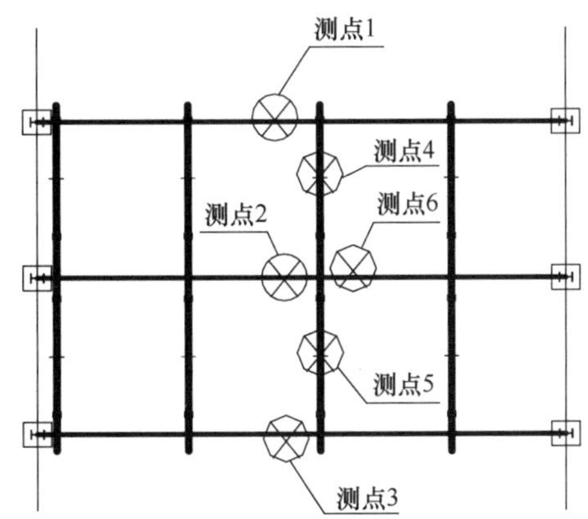

图 8-1-4　测点布置图

图 8-1-5　现场测试设备

2. 测试结果

因通廊标准跨结构形式一致，且振动情况类似，以 7～8 轴跨为例，空载和满载工况下，竖向振动测试结果见表 8-1-1、表 8-1-2。

通廊竖向振动测试结果（空载）　　　　**表 8-1-1**

测点编号	最大速度（mm/s）	最大位移（mm）	主频率（Hz）
1	5.99	0.11	8.84
2	7.91	0.10	8.86
3	6.42	0.09	8.84
4	10.18	0.19	8.84
5	9.58	0.16	8.84
6	12.99	0.21	8.84

通廊竖向振动测试结果（满载） 表 8-1-2

测点编号	最大速度（mm/s）	最大位移（mm）	主频率（Hz）
1	21.89	0.68	5.16/8.75
2	14.74	0.45	5.16/8.75
3	8.37	0.15	5.33/8.72
4	19.10	0.59	5.16/8.75
5	12.78	0.39	5.16/8.72
6	39.40	0.90	5.16/8.78

3. 测试数据分析

（1）空载工况下

振动速度：钢格栅板振动速度较大，最大振幅 12.99mm/s；主梁、次梁振动速度相对较小，除个别测点振动速度峰值大于 10mm/s 外，其余测点振动速度峰值均在 10mm/s 以下。

振动频率：空载运行时，主梁、次梁及格栅板的振动频率均在 8.8Hz 左右，该频率与托辊的转动频率接近。

（2）满载工况下

振动幅值：满载工况下，主梁、次梁及格栅板振幅均明显增大，主梁、次梁振幅达到或超过 20mm/s，格栅板振幅接近 40mm/s。

振动频率：满载运行时，5.2Hz 和 8.8Hz 两种频率成分同时存在，且能量基本相当。

（3）静止工况下

测得通廊竖向弯曲自振频率为 6.2Hz。

三、自振特性

1. 数值模拟

采用 MIDAS Gen 建立有限元模型（图 8-1-6），考虑通廊主梁与柱铰接，为方便模态识别及自振特性分析，按单跨建立模型，因每跨结构形式类似，仅对通廊 7～8 轴（跨度 12m，坡角 3.5°）进行动力分析。

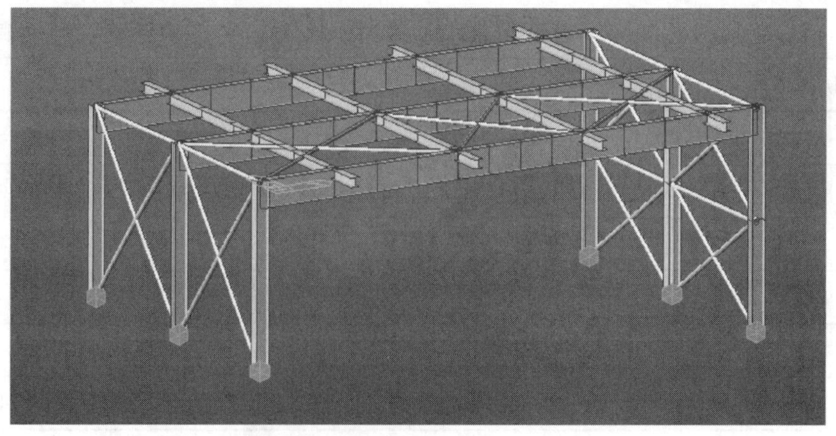

图 8-1-6 通廊计算模型（7～8 轴）

2. 计算结果

胶带机物料重量变化会引起通廊结构自振频率变化，按空载（工况一）和满载（工况二：额定载重）两种极限工况分析结构自振特性，结果见表 8-1-3、表 8-1-4 及图 8-1-7～图 8-1-10，括号外、内数值分别代表空载、满载工况下的结构自振特性计算结果。

通廊竖向模态频率与振型描述　　**表 8-1-3**

模态号	频率（Hz）	振型描述
1	6.27（4.87）	主要为主梁沿竖向（*Z* 向）弯曲
2	9.27（7.42）	主要为次梁沿竖向（*Z* 向）弯曲

通廊竖向振型方向因子（%）　　**表 8-1-4**

模态号	TRAN-*X*	TRAN-*Y*	TRAN-*Z*	ROTN-*X*	ROTN-*Y*	ROTN-*Z*
1	0（0）	0（0）	98.52（98.52）	0.33（0.49）	1.13（0.98）	0（0）
2	0（0）	0（0）	98.79（92.51）	2.09（6.58）	1.08（0.89）	0（0.03）

图 8-1-7　通廊竖向第 1 阶振型向量坐标云图（工况一）

图 8-1-8　通廊竖向第 2 阶振型向量坐标云图（工况一）

图 8-1-9　通廊竖向第 1 阶振型向量坐标云图（工况二）

图 8-1-10　通廊竖向第 2 阶振型向量坐标云图（工况二）

四、振动原因分析与诊断

1. 从振源角度考虑：一方面，皮带承载物料会对托辊产生周期性冲击作用，引起结构振动；另一方面，动力设备旋转会对结构产生简谐激励，通廊动力设备包括：电机（转动频率 25Hz)、减速机（转动频率 1.59Hz)、托辊（转动频率 8.72～8.88Hz)。结构实际振动频率为：8.8Hz 左右和 5.2Hz 左右两种，不存在与 1.59Hz、25Hz 一致或接近的频率成分，通过现场调查，电机与减速机布置在转运站内，与通廊独立且相隔较远，不会对结构产生强烈激振。

2. 从结构自振特性角度考虑：空载时，结构前 2 阶竖向自振频率分别为 6.27Hz、9.27Hz；满载时，结构前 2 阶竖向自振频率分别为 4.87Hz、7.42Hz。结构竖向自振频率会随物料荷载的增加而减少，而所谓“满载”并未达到设计额定载重，故“满载”时，结构前 2 阶竖向自振频率应分别在 4.87～6.27Hz 之间、7.42～9.27Hz 之间。

3. “拍现象”产生条件：两种简谐激励的圆频率分别为 ω_1、ω_2，振幅分别为 A_1、A_2，若 ω_1 与 ω_2 相差很小且（$\omega_1-\omega_2$）与（$\omega_1+\omega_2$）很接近时，会产生拍现象。每拍周期 $T_{拍}=\dfrac{\pi}{\omega_1-\omega_2}$，最大振幅与最小振幅分别为 A_1+A_2 和 A_1-A_2。

主要诊断结论如下：

1. 结构 8.8Hz 左右振动由托辊旋转产生的简谐激励引起，激励频率与结构第 2 阶竖向自振频率较为接近，会产生共振。

2. 满载时，结构 5.2Hz 左右频率占主导，该频率是物料运动过程产生的周期性冲击频率。结构第 1 阶竖向自振频率在 4.87～6.27Hz 之间，考虑并未达额定载重，5.2Hz 左右的冲击频率与结构第 1 阶竖向自振频率（承载物料时）较为接近，会产生共振。

3. 托辊转动频率测试结果表明：托辊之间的转动频率存在较小差异（集中在 8.72～8.88Hz 之间），具备拍现象产生条件，根据公式 $T_{拍}=\dfrac{\pi}{\omega_1-\omega_2}$ 及实际测试的多种振动频率，可得出多种拍周期，周期范围 3～50s。由现场实测结果，间歇性振动间隔时间无明显规律，短则几秒，长则一分钟，说明：通廊间歇性振动是由于托辊转速存在较小差异而形成的“拍现象”。

因此，通廊竖向振动过大是由水平承载系统第 1、2 阶竖向自振频率与激振频率共振、托辊转速存在较小差异导致“拍现象”等原因综合导致。

五、振动治理方案

通廊振动由两种激励引起：物料运动产生的周期性冲击荷载；托辊转动产生的简谐激励。动力输入-位移输出的传递函数表达如下：

$$|H(f)|_{\text{P-d}}=\frac{1/k_z}{\sqrt{[1-(f/f_n)^2]^2+(2\zeta_z f/f_n)^2}} \tag{8-1-1}$$

将上式变换成如下线性关系：

$$|Z(f)|=|H(f)|_{\text{P-d}}|P(f)| \tag{8-1-2}$$

由上，体系无需输入准确的动力荷载，只需对原结构、考虑治理方案的新结构输入同一冲击荷载或简谐荷载，并进行动力计算分析，对比两种结构的动力响应。若新结构动力响应较原结构明显减小，可认为治理方案有效。选取 10 种方案分别进行动力计算分析，减振效果见表 8-1-5，经对比评价，优先考虑方案一。

各治理方案减振效果评价 表 8-1-5

方案类型	方案描述	减振效果评价
方案一	增加斜撑，斜撑采用 P114mm×6mm 钢圆管	冲击荷载、简谐荷载作用下，减振效果明显，减振率可达 50%以上，**优先考虑此方案**
方案二	主梁截面高度由 600mm 增加至 650mm	冲击荷载作用下，减振率可达 20%以上；简谐荷载作用下，因激励频率与第 2 阶竖向自振频率接近，发生共振，振动响应不减反增，故不建议采用该方案
方案三	主梁截面高度由 600mm 增加至 700mm	与方案二类似，不建议采用该方案
方案四	主梁截面高度由 600mm 增加至 750mm	与方案二类似，不建议采用该方案
方案五	主梁截面高度由 600mm 增加至 650mm；次梁高度由 200mm 增加至 300mm	与方案二类似，次梁截面高度增加，仍未避开共振区，不建议采用该方案
方案六	主梁截面高度由 600mm 增加至 650mm；次梁高度由 200mm 增加至 400mm	可避开共振，但主梁刚度增加不明显；减振率在 30%左右，新通廊设计时，可考虑该方案
方案七	主梁截面高度由 600mm 增加至 700mm；次梁高度由 200mm 增加至 300mm	与方案二类似，次梁截面高度增加，但仍未避开共振区，不建议采用该方案
方案八	主梁截面高度由 600mm 增加至 700mm；次梁高度由 200mm 增加至 400mm	可避开共振且主梁刚度增加较大，减振效果较明显，减振率可达 40%，通廊振动治理和新通廊设计均可考虑该方案
方案九	梁柱铰接变固接	刚度明显增加，但没有避开共振，通廊治理时不建议采用该方案；新通廊设计时可在适当减小通廊跨度的基础上，选择该方案
方案十	将承载托辊间距加密一倍	可避开共振，减振率可达 50%以上，有条件时可采用该方案

［实例 8-2］神东公司某选煤厂钢框架结构厂房楼盖异常振动诊治

一、工程概况

神东公司某选煤厂多层钢结构厂房始建于 2005 年，共 6 层，长 36m，宽 35m，高度 31.5m，建筑面积 5337.2m^2。在标高－6.3m、－5.1m、－2.7m 和 3.7m 平台处，设置振动筛。厂房外观及内部如图 8-2-1、图 8-2-2 所示。

振动筛在正常运行期间，楼盖（组合楼板）局部区域振动异常，3.7m 平台楼盖竖向振动明显，最大振动速度超过 30mm/s。

图 8-2-1　厂房外观

图 8-2-2　厂房内部

二、振动测试

1. 测试工况及测点布置

测试工况包括：工况一，振动筛负载正常运行时，测试标高 3.7m 平台处楼盖竖向振动速度；工况二，振动筛停止工作时，测试楼盖竖向自振频率。

测点主要布置在主梁跨中、次梁跨中、板跨中及其他振动较大部位，如图 8-2-3。

2. 测试结果

工况一及工况二振动测试结果见表 8-2-1、表 8-2-2。

标高 3.7m 平台振动测试结果（工况一）　　　　**表 8-2-1**

测点编号	测试方向	最大速度（mm/s）	频率（Hz）
1	Z	**31.86**	15.09
2	Z	**24.62**	15.09
3	Z	8.08	15.09
4	Z	**20.30**	15.09
5	Z	**23.21**	15.09
6	Z	**10.04**	15.09
7	Z	**17.75**	15.09

续表

测点编号	测试方向	最大速度（mm/s）	频率（Hz）
8	Z	**16.89**	15.09
9	Z	**10.99**	15.09
10	Z	7.71	15.09
11	Z	6.56	15.09
12	Z	4.66	15.09
13	Z	**10.03**	15.09
14	Z	8.28	15.09
15	Z	9.70	15.09
16	Z	**12.57**	15.09
17	Z	**16.29**	15.09
18	Z	**10.55**	15.09
19	Z	**25.67**	15.09
20	Z	**11.08**	15.09

注：Z 表示测试方向为竖向。

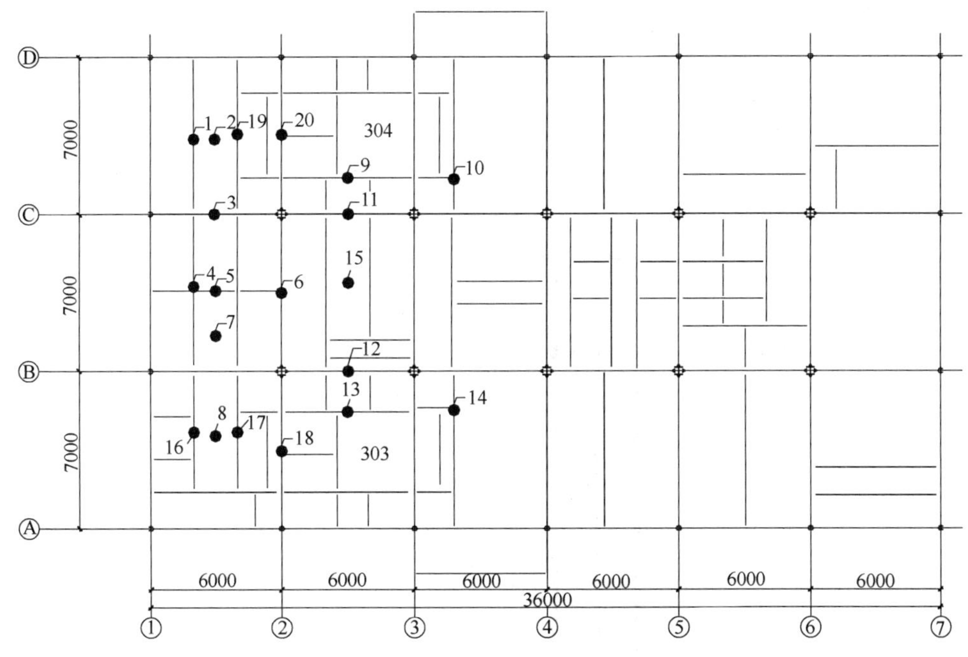

图 8-2-3　标高 3.7m 平台测点布置图

标高 3.7m 平台振动测试结果（工况二）　　**表 8-2-2**

测点编号	测试方向	频率（Hz）
1	Z	15.38
2	Z	15.38
8	Z	14.98
17	Z	15.34
18	Z	15.36

3. 测试数据分析

（1）工况一，振动筛负载正常运行时

振动幅值：标高 3.7m 平台局部区域竖向振动剧烈（主要振源为标高 3.7m 楼盖处的 303 号和 304 号香蕉筛），个别测点竖向振动最大速度达 31.86mm/s，已严重超出振动标准限值，影响操作人员的身心健康，需开展振动危害治理。

振动频率：楼盖受迫振动频率 15.07Hz，与香蕉筛运行频率一致。

（2）工况二，振动筛停止工作时

振动筛停止工作时，通过人为激励，测试楼盖自振频率，各测点振动频率均在 15Hz 左右，与振动筛运行频率接近。

三、振动原因分析

1. 标高 3.7m 平台处楼盖局部区域竖向振动剧烈，主要由标高 3.7m 楼盖处的 303 号和 304 号香蕉筛引起。

2. 楼盖实测自振频率与香蕉筛运行产生的激振频率接近，产生共振。

四、振动治理方案

采用 MIDAS Gen 对标高 3.7m 楼盖结构进行有限元分析，提出的振动治理方案见表 8-2-3，方案如图 8-2-4 所示。

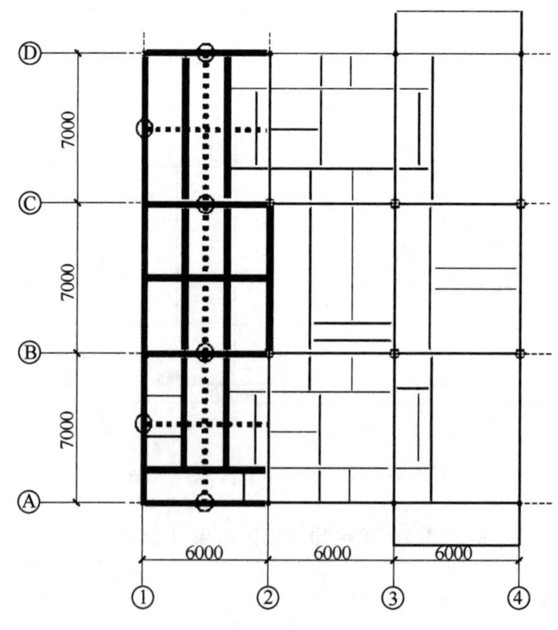

图 8-2-4 标高 3.7m 平台振动治理方案

（粗实线表示增大截面梁；粗虚线表示新增次梁；圆圈表示支撑点位置）

标高 3.7m 平台振动治理方案　　表 8-2-3

序号	方案描述	截面尺寸（mm）	原截面高度（mm）	处理后截面高度（mm）
1	增设支撑	P203×16	—	—
2	增设次梁	HM588×300×12×20	—	—
3	增大梁截面	主梁	350（A/1-2、1/B-D 和 D/1-2）	600
			400（B/1-2、1/A-B、2/B-C 和 C/1-2）	
		次梁	350（1-2/C-D 区域）	600
			300（1-2/A-C 区域）	

以标高 3.7m 平台测点 1 为例，治理前、后最大振动速度分别为 31.86mm/s 和 5.86mm/s，减振率达 81.6%。振动危害治理前后的速度时程曲线如图 8-2-5 所示。

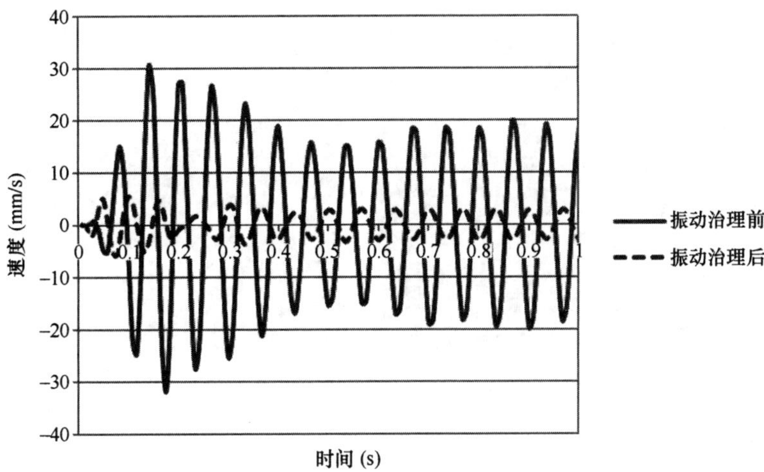

图 8-2-5　标高 3.7m 平台测点速度时程曲线（治理前后对比）

[实例 8-3] 西南医科大学动力设备振动超标诊治

一、工程概况

西南医科大学附属医院（图 8-3-1）位于四川省泸州市江阳区康城路二段 8 号，一期工程负一层制冷机房换热站内设置空调机组、冷水机组、冷却水泵及相关配套设施，冷水机组和冷却泵位置处楼板振动较大，对应位置上一层的振动、噪声明显，二层、三层振动与噪声减弱，相应部位的梁、板、柱尚未出现裂缝。

由于振动与噪声已超出规范要求，需要对动力设备和管道采取隔振、减振措施，以降低振动危害，确保医院正常使用。

图 8-3-1　西南医科大学附属医院

冷却泵机组分为冷却水泵机组和冷水泵机组，冷水机组分为离心式和螺杆式。螺杆冷水机组产生的噪声较大，冷却泵机组产生的振动较大，图 8-3-2 为振源示意。图 8-3-3 为产生振动的重点部位，冷水机组与冷却泵机组等动力设备仅通过一层薄橡胶垫与刚性基础相连，且橡胶垫出现硬化，无法起到良好的减振效果。此外，大规模动力设备布置紧密，共同工作易产生振动放大现象。大型管道与刚性基础直接相连，未采取任何隔振、减振措施，楼板上管道布置密集、集中工作，大型管道与上部楼盖直接连接，未采取任何隔振、减振措施。

二、振动治理方案

1. 振动控制装置

本项目采用的油液阻尼减振器，如图 8-3-4 所示。系统竖向频率 3～5.5Hz，基于幂律流体本构关系设计的黏滞阻尼器，阻尼比 0.05～0.2，稳定时间<3s。

2. 治理方案

（1）管道支架改造方案

原管道支架与一层楼板硬连接，振动直接传递到一层楼板。为减小一层楼板的振动影响，将吊架更换成落地支架，并布置减振器，以降低振动对地面影响，落地支架如图 8-3-5、图 8-3-6 所示。

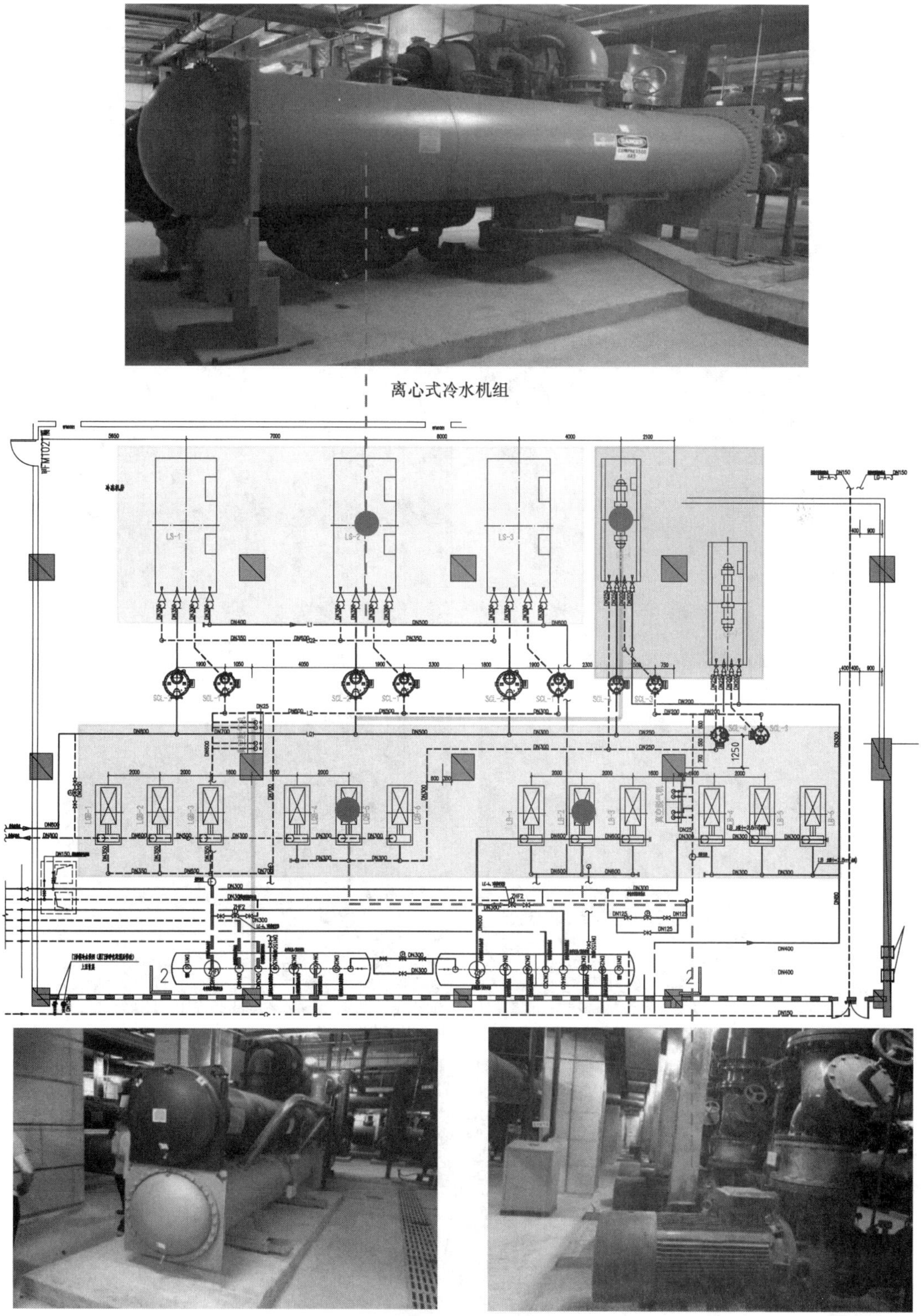

离心式冷水机组

螺杆式冷水水冷机组

冷却泵机组

图 8-3-2　主要振源示意图

(a) 设备与基础仅通过一层橡胶垫连接，且橡胶垫有硬化现象

(b) 管道与支撑、支撑与地面间均采用刚性连接

(c) 管道与吊架、吊架与楼板间均采用刚性连接

(d) 管道穿墙采用刚性连接，且开口导致噪声的直接传播

图 8-3-3　设备及管道连接方式示意图

图 8-3-4　油液阻尼减振器外形图

图 8-3-5　管道改造形式Ⅰ

图 8-3-6　管道改造形式Ⅱ

（2）穿墙管道改造方案

考虑消防安全，部分管道埋入墙体，如图 8-3-7 所示，该部分管道振动及固体噪声通过墙体向上层楼板传递。改造时，应把墙体与管道硬连接部分挖除，然后填充柔性材料，确保管道振动和噪声不通过墙体向上层楼板传递。

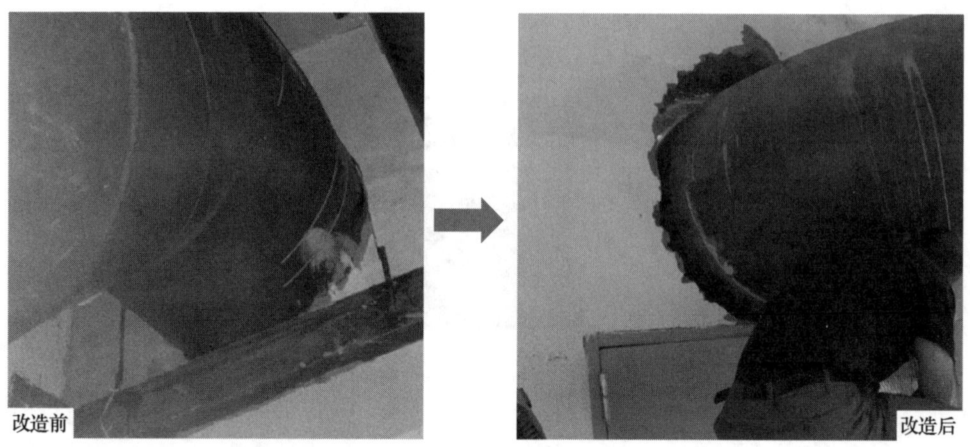

图 8-3-7　穿墙管道改造示意图

三、振动治理效果

1. 振动控制效果

对改造前、后一层测点（图 8-3-8）的加速度 1/3 倍频程、加速度时程及各测点加速度峰值进行对比。根据国家标准《建筑工程容许振动标准》GB 50868—2013，振动评估情况见表 8-3-1。

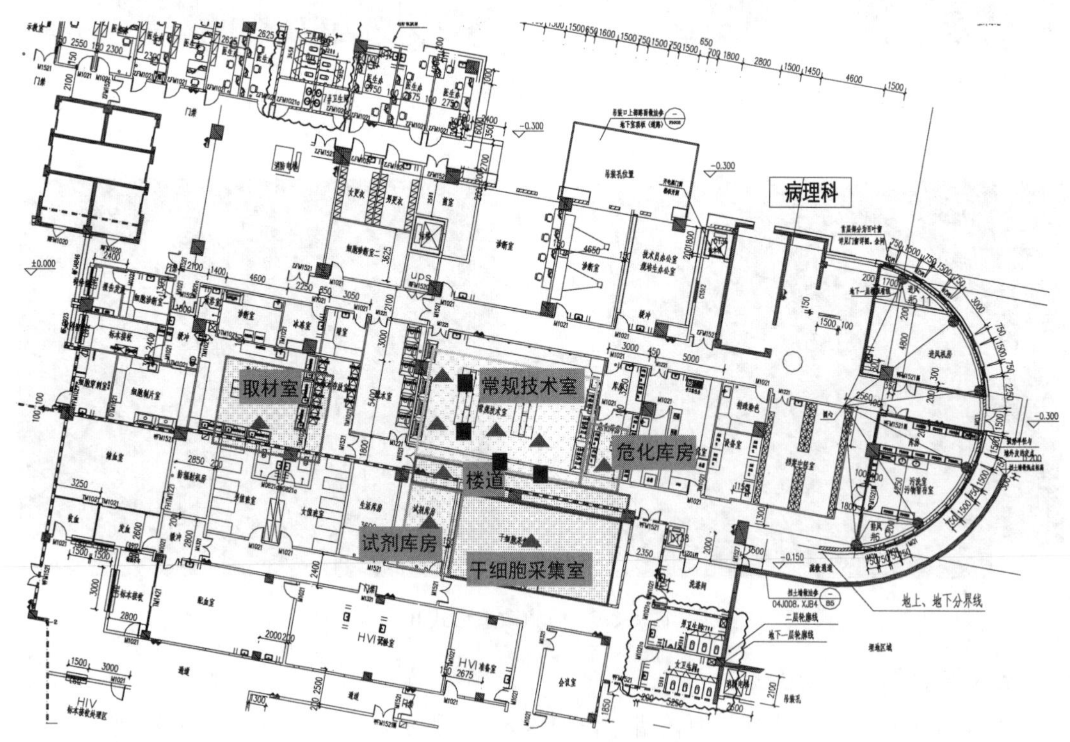

图 8-3-8　一层测点布置位置

改造前后加速度 1/3 倍频程对比情况（mm/s^2）　　表 8-3-1

测试位置	测点状态	倍频程中心频率（Hz）				
		31.5	63	125	250	500
容许振动值	—	**20**	**6**	**3.5**	**2.5**	**2.5**
危化库房	改造前	0.96177	1.75541	7.94127	16.3834	1.97008
	改造后	0.21163	1.29462	13.2083	1.76552	0.2333
取材室	改造前	0.60383	7.45355	13.1347	11.3977	11.8033
	改造后	0.83978	1.32607	3.41096	1.15185	0.34654
干细胞采集室	改造前	4.48814	5.00106	17.8675	8.00965	6.91254
	改造后	0.78363	1.44475	5.97395	1.2342	0.2354
试剂库房	改造前	4.68585	2.45689	16.0453	20.41496	28.6669
	改造后	0.66949	1.5663	2.99093	4.46411	1.17961
楼道	改造前	0.62755	3.67083	5.8459	13.7499	3.99166
	改造后	0.21484	0.48843	1.01342	1.05468	0.61689

部分测点处的加速度时程对比情况如图 8-3-9～图 8-3-11 所示。

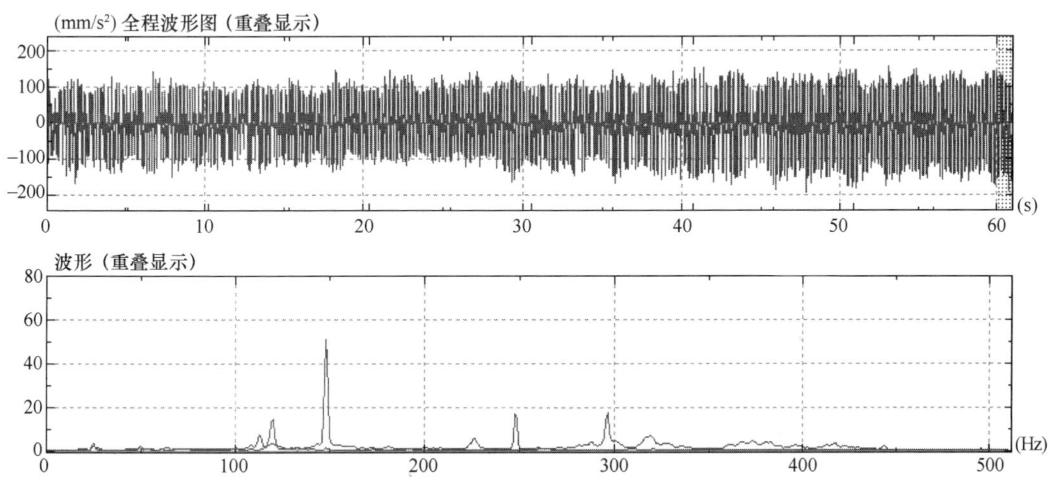

图 8-3-9　危化库房测点加速度时程对比情况

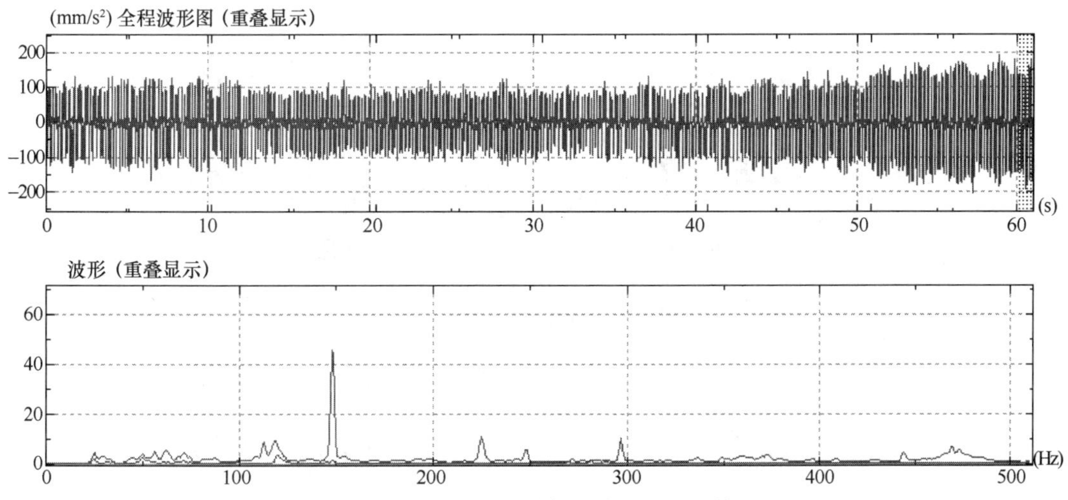

图 8-3-10　取材室测点加速度时程对比情况

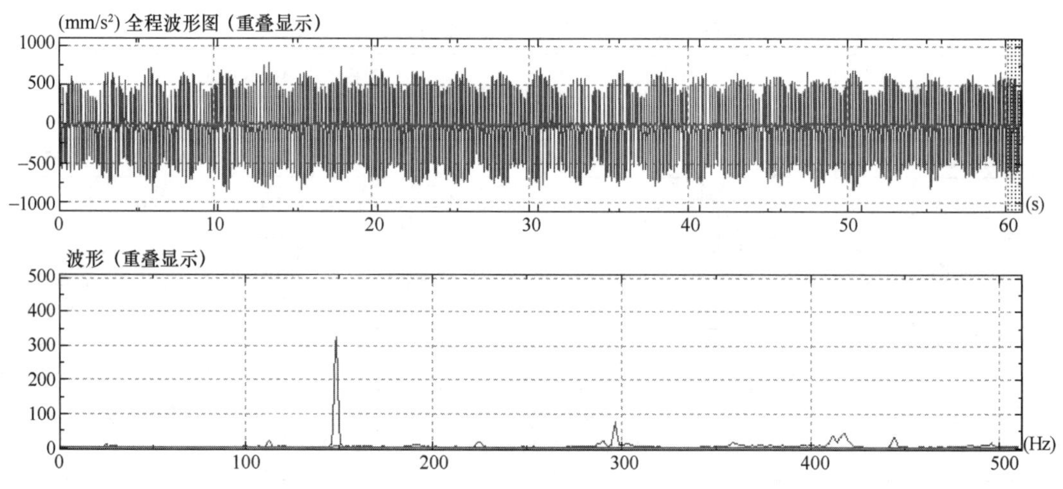

图 8-3-11　干细胞采集室测点加速度时程对比情况

根据行业标准《建筑楼盖振动舒适度技术标准》JGJ/T 441—2019，振动评估情况见表 8-3-2。

楼盖竖向振动峰值加速度　　**表 8-3-2**

测点位置	峰值加速度限值（mm/s^2）	改造前实测振动值（mm/s^2）	改造后实测振动值（mm/s^2）
危化库房	50	191.94	41.75
取材室	50	231.51	33.21
干细胞采集室	50	217.94	35.42
试剂库房	50	879.44	50.50
楼道	50	254.72	39.99

2. 噪声控制效果

图 8-3-12 为改造前后一层噪声对比，图中黑底为改造后噪声值，其上数字为改造前噪声值。由改造前后振动、噪声情况对比，1/3 倍频程、振动峰值加速度时频响应及噪声均明显降低，振动与噪声治理效果显著。

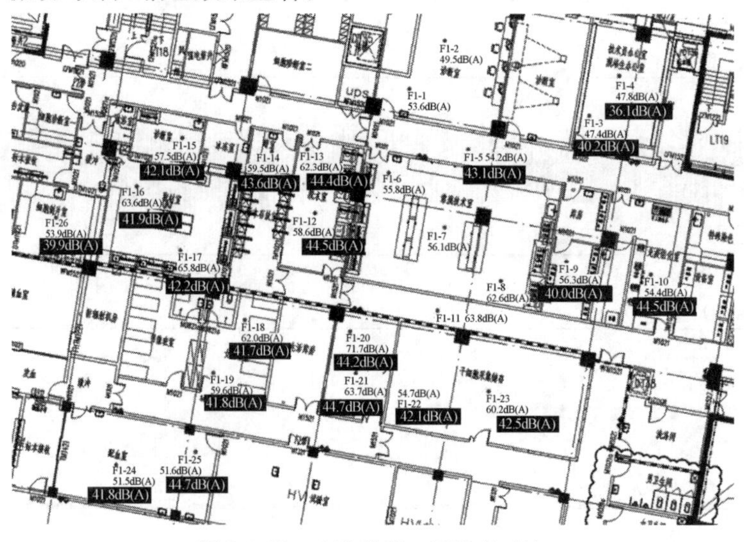

图 8-3-12　改造前后一层噪声对比

［实例 8-4］惠州市中心人民医院动力设备站房振动控制改造

一、工程概况

惠州市中心人民医院主楼项目一期工程负一层空调机房，设置了供一、二期工程使用的空调主机、水泵及管道，如图 8-4-1 所示。动力设备、动力管道等振源分布如图 8-4-2 所示，主要振动问题有：冷冻水泵等动力设备直接与刚性基础相连，未采取任何隔振、减振措施；多个动力设备布置紧密，共同工作状态下易产生共振；大型管道与刚性基础直接相连，未采取任何隔振、减振措施，且管道布置密集；动力管道与上下楼板直接连接，未采取任何隔振、减振措施，振动传递路径多；水管单球型软连接已严重拉伸变形，失去减振功能。

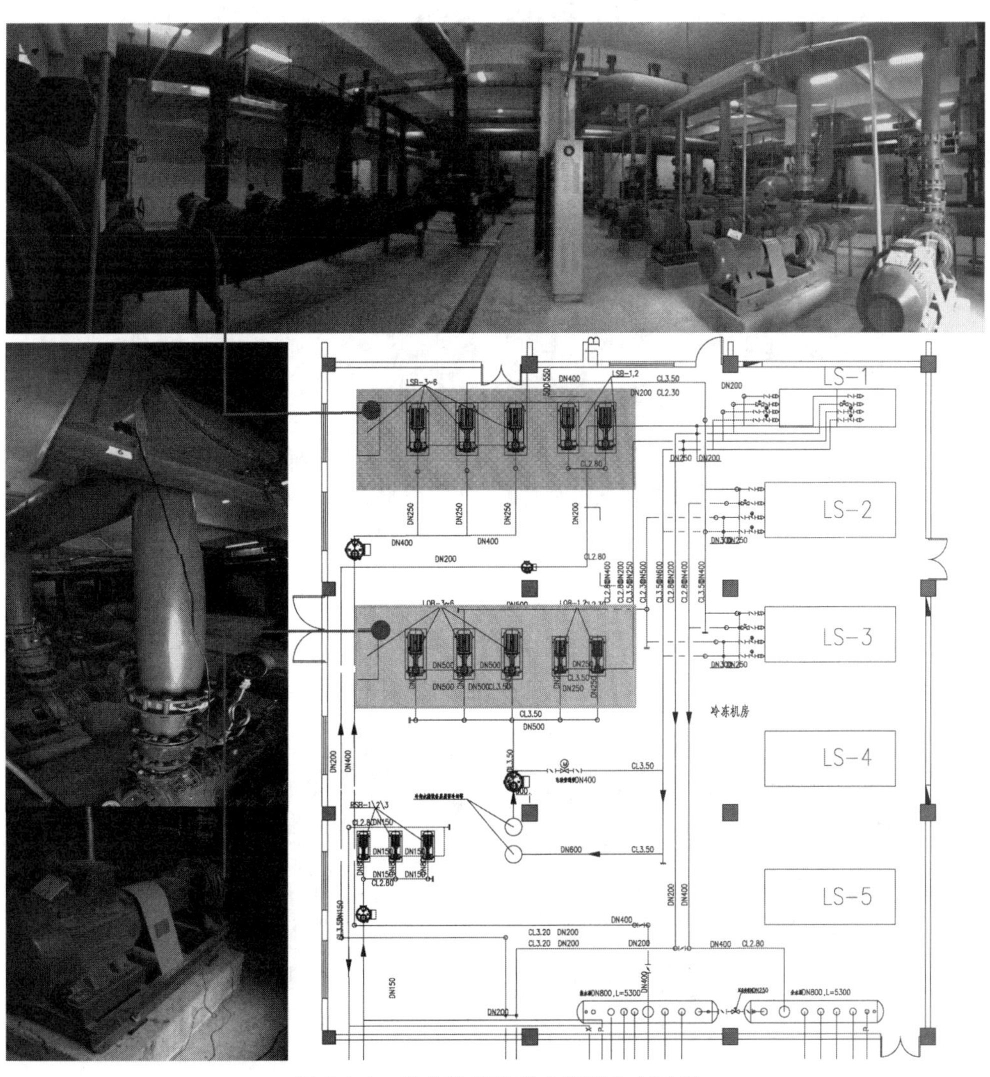

图 8-4-1　动力设备及动力管道分布示意

使用过程中，空调机房靠水泵位置楼板有明显振动，水泵对应位置的上部一至三层均有振感，局部振感强烈，需要采取振动控制措施，确保医院正常使用。

图 8-4-2　动力设备、动力管道振源分布

二、振动控制方案

1. 动力设备振动控制方案

水泵动力设备底座设置钢弹簧减振机架，如图 8-4-3 所示，具体方案：

图 8-4-3　水泵动力设备钢弹簧减振机架

（1）由于冷冻泵、冷却泵与设备底座刚接且泵的位置固定、无法升高，因此，需使用金刚绳切割工具将设备混凝土底座切掉，以放置钢弹簧减振机架。

（2）支撑型弹簧减振机架下部使用膨胀螺栓与基础固定，上部采用焊接方式连接在泵的底部。

（3）采用钢檩条对切割后的设备底座进行围护，用发泡胶填充底座与檩条之间的空隙。

2. 动力管道振动控制方案

在动力管道下安置门式落地减振机架，如图 8-4-4 所示，具体方案：

（1）将原管道自身振动较大部位的刚性连接改为支撑式落地钢弹簧减振机架，在吊架刚性连接部位增设钢弹簧减振机架，同时支撑式门架柱脚落地，并与地面刚接。

（2）管道自身振动较小部位，仅需在吊架刚性连接部位增设橡胶软连接。

图 8-4-4　动力管道门式落地减振机架

三、振动控制分析

1. 振动测试方案

对动力水泵、管道、建筑结构、构件等进行振动测试，测试评价指标主要有负一层动力设备振动、水泵竖向水管振动经橡胶软连接前后振动、水泵水管竖向吊杆的振动以及负一层楼板、一层楼板和二层楼板振动，测点布置如图 8-4-5 所示，测试结果如图 8-4-6 所示。

2. 测试数据分析

（1）水泵振源的主频为 25Hz，其他频率成分为 25Hz 倍频。

（2）振动向下传递：主要通过设备基础传递至负一层楼板，振动主频较为单一，为 25Hz，对应频域振动幅值为 $0.2m/s^2$。

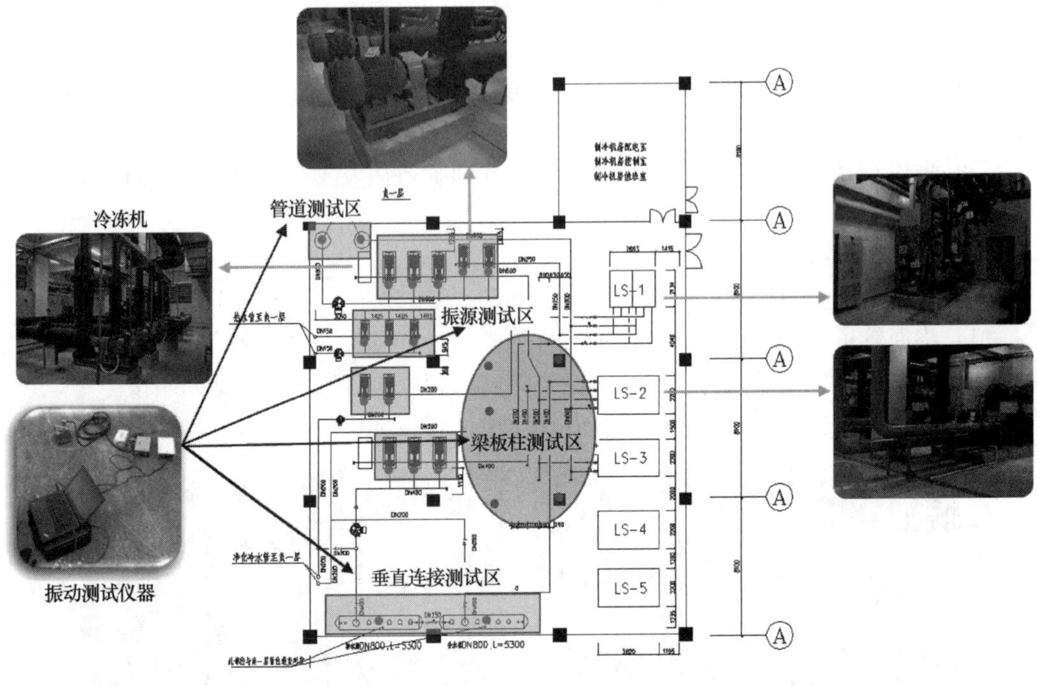

图 8-4-5 振动测点布置

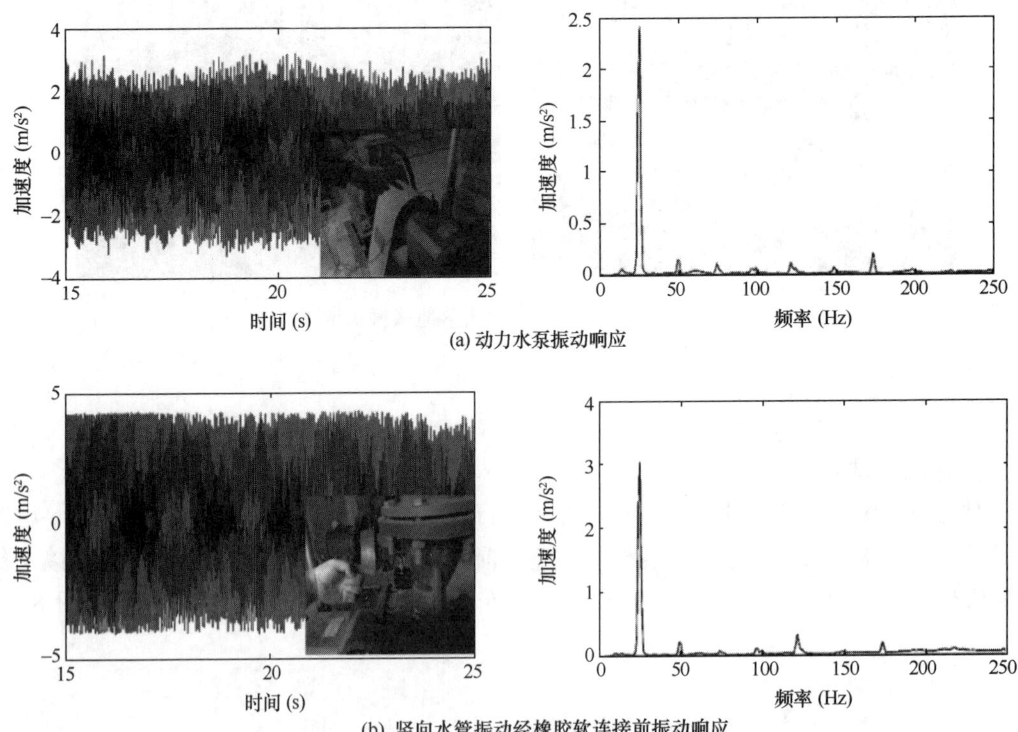

(a) 动力水泵振动响应

(b) 竖向水管振动经橡胶软连接前振动响应

图 8-4-6 振动测试结果（一）

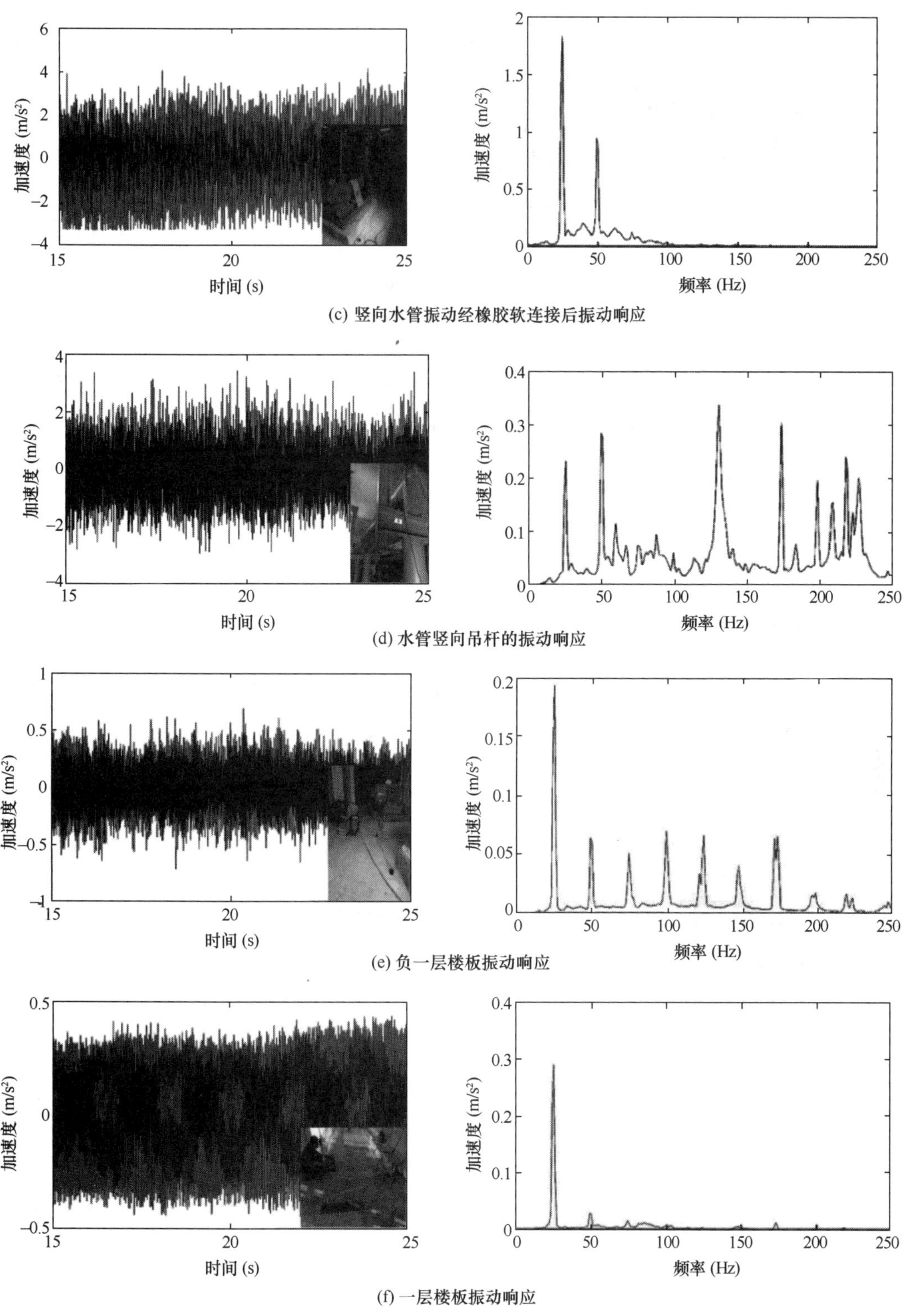

图 8-4-6　振动测试结果（二）

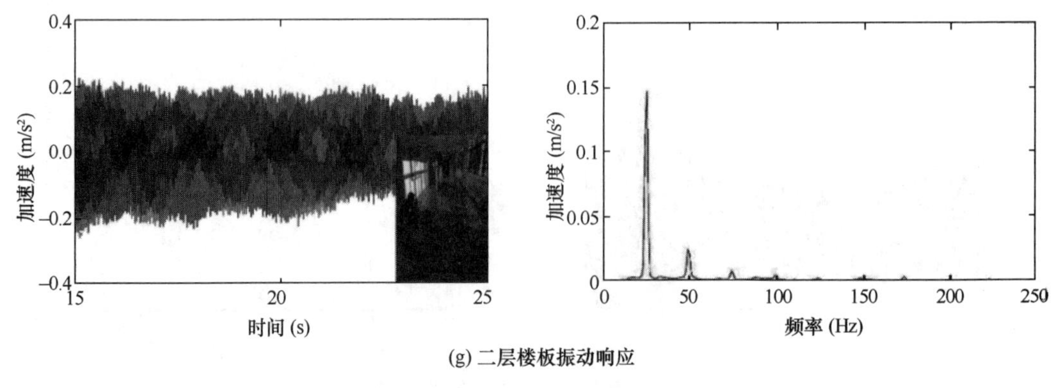

(g) 二层楼板振动响应

图 8-4-6　振动测试结果（三）

（3）振动向上传递：主要通过分路水管和吊架向上传递至一层楼板，其主频较为分散，表现为 25Hz、50Hz、75Hz、100Hz 等倍频振动现象。

四、振动控制效果

振动控制效果如图 8-4-7 所示。

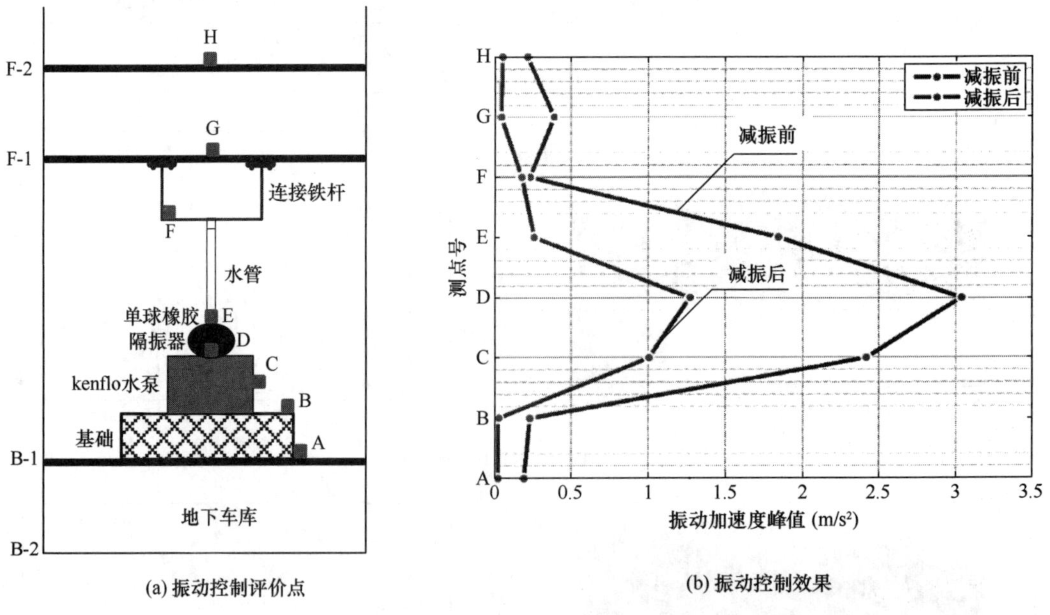

(a) 振动控制评价点

(b) 振动控制效果

图 8-4-7　振动控制前、后效果评价

[实例 8-5] 中国科学技术大学屋顶油烟净化设备振动控制改造

一、工程概况

中国科学技术大学中校区综合服务中心屋顶处设置 4 台组合式油烟净化机组，如图 8-5-1所示。油烟净化机组在运行时产生较大振动，对下方四层大开间室内楼板产生影响，地板处振动明显，需要对油烟净化机组进行振动控制。

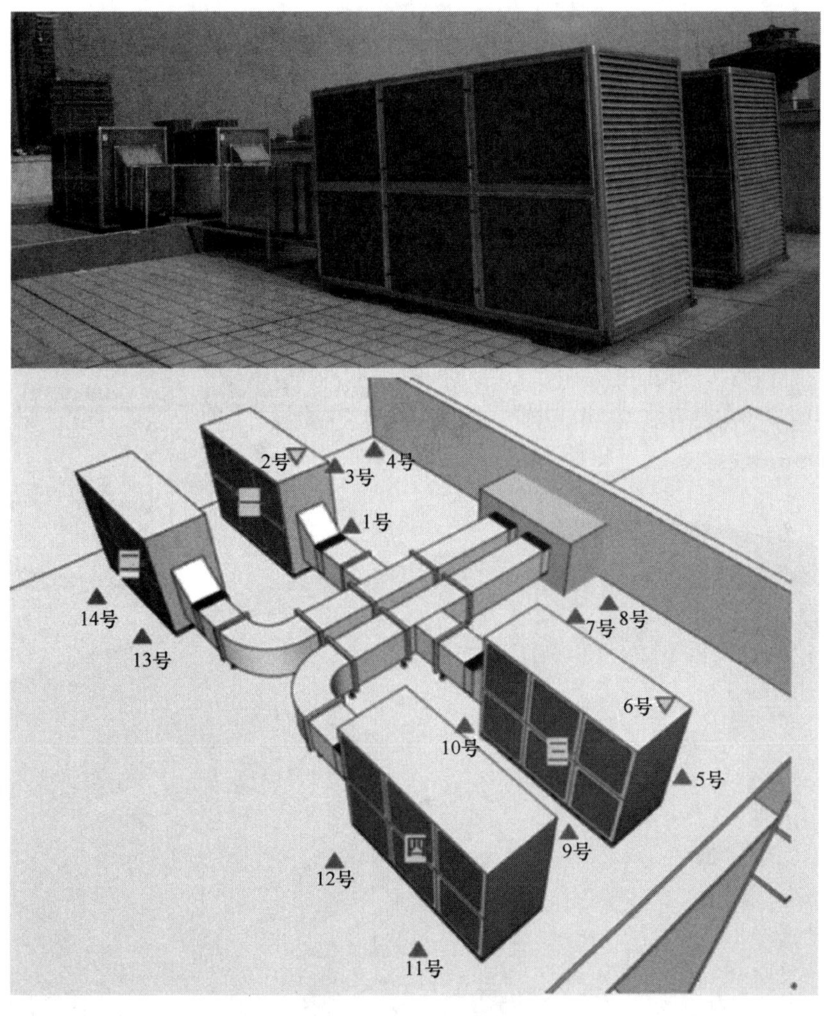

图 8-5-1　楼顶 4 台油烟机组

二、振动控制方案

考虑在油烟机组下增设高性能减振机架、风管出入口采用软连接、风管受力点位置采用减振支撑架等系列振动控制措施，图 8-5-2 给出振动控制整体解决方案，图 8-5-3 为改造前原屋面油烟机组及屋面反梁，图 8-5-4 为油烟机组振动控制改造方案，包括钢框架、减振机架以及增设混凝土基础等。

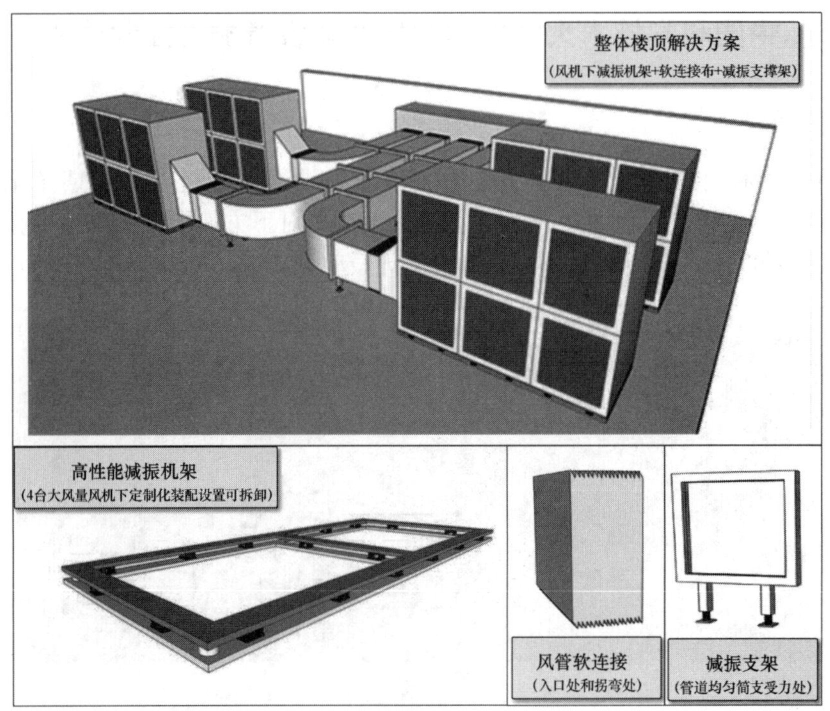

图 8-5-2　振动控制整体解决方案

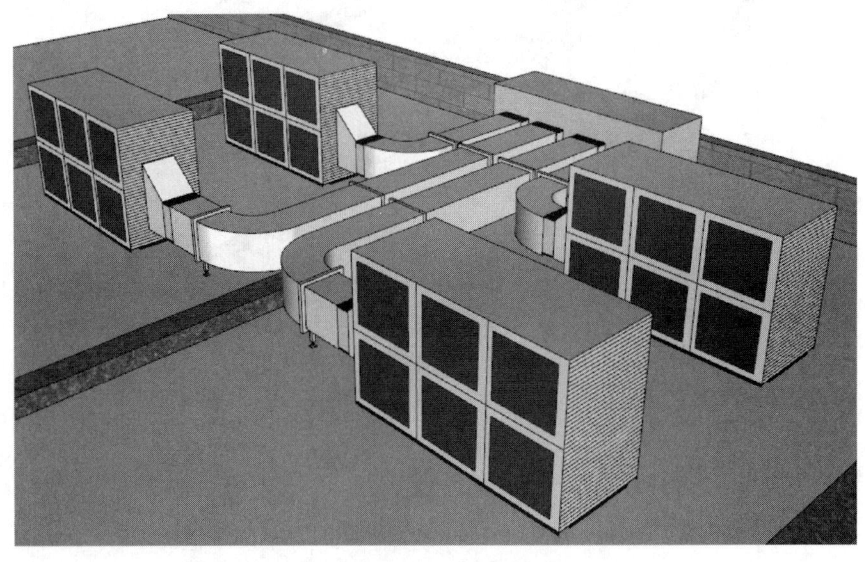

图 8-5-3　原屋面油烟机组及屋面反梁

由于将油烟机进行了抬高、移位处理，通风管和油烟机有显著高差，利用柔性帆布斜放处理解决该问题，如图 8-5-5 所示。

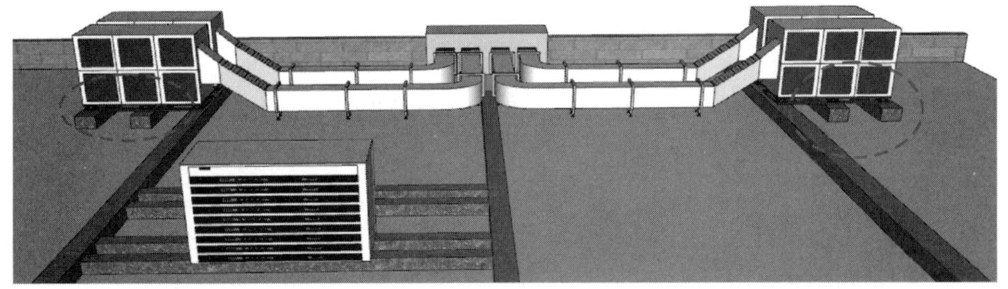

(a) 改造后屋面油烟机组及屋面反梁

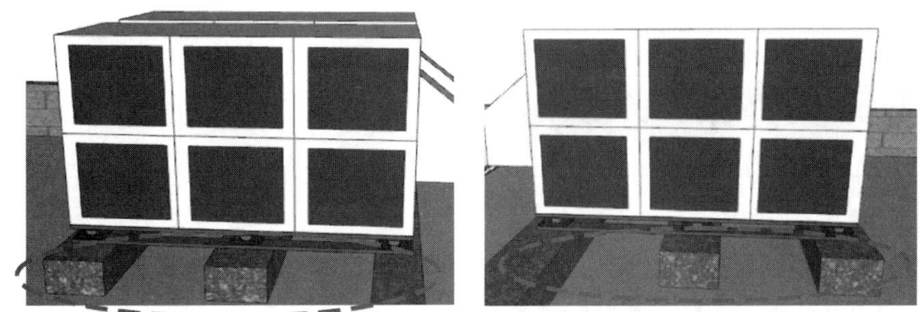

(b) 左右侧油烟机组基础布置

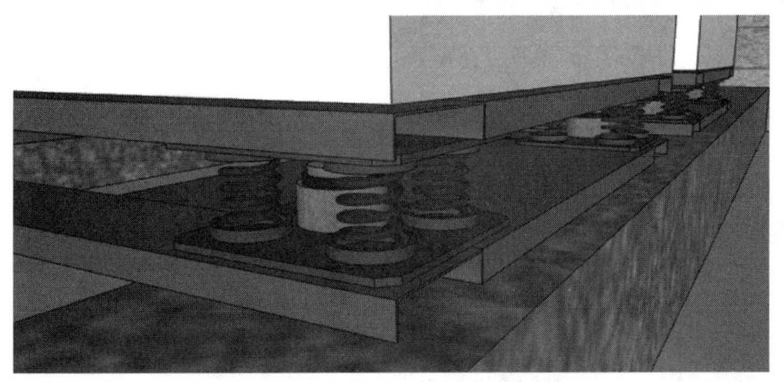

(c) “钢框架+减振机架”一体化振动控制装置

图 8-5-4　油烟机组振动控制方案

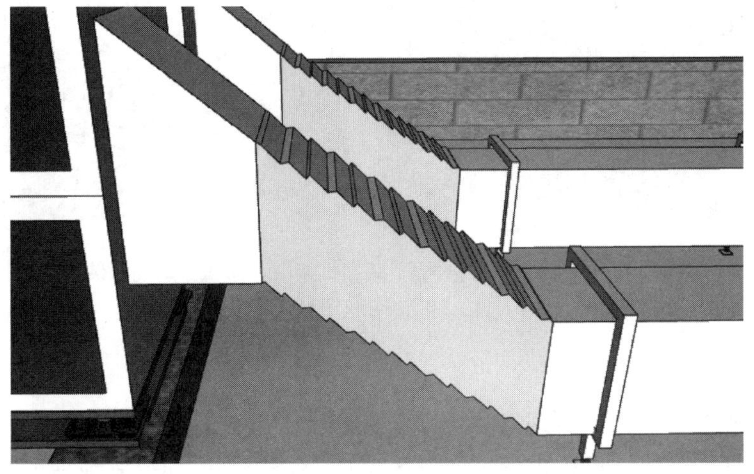

图 8-5-5　柔性帆布连接示意图

三、振动控制分析

振动测试分析结果如图 8-5-6 所示，主要结论如下：

1. 油烟机组基础屋面加速度主频 24.375Hz，水平向时域峰值 15mm/s^2，竖向时域峰值 195mm/s^2。

2. 楼顶风机运行时的叶片转动不平衡离心力引发设备基础振动，振动通过楼板、柱、梁以及其他构件逐层向下传递，并产生放大，这是造成四层大开间室内楼板振动的主要原因。

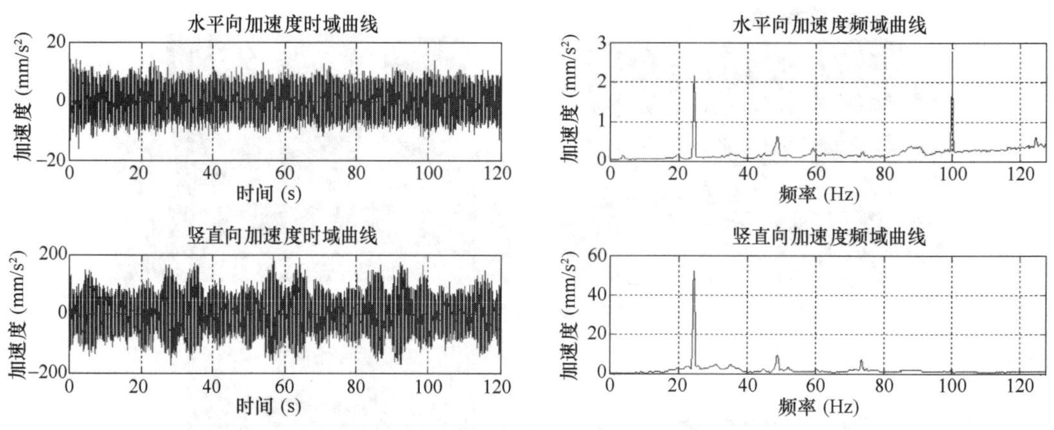

图 8-5-6　振动测试分析

四、振动控制装置

图 8-5-7 为“钢框架+减振机架”一体化振动控制装置。

图 8-5-7　油烟机组“钢框架+减振机架”一体化振动控制装置

五、振动控制效果

振动控制改造实施完毕后现场如图 8-5-8 所示，开展了振动控制效果测试，测点为图 8-5-1中的 1 号、7 号、风机正下方的办公室中心楼板，振动控制前后的响应结果对比如表 8-5-1 所示，图 8-5-9～图 8-5-11 给出部分测点振动控制改造后的时、频域响应曲线。

(a) 风机减振改造后

(b) 管道改造后

图 8-5-8　振动控制改造后现场

振动控制前后数据对比　　**表 8-5-1**

测点	处理前（mm/s²）	处理后（mm/s²）	减振效率（%）
1	139.0	10.4	92.5
7	73.5	8.0	89.1
办公室中心楼板	10.1	0.8	92.1

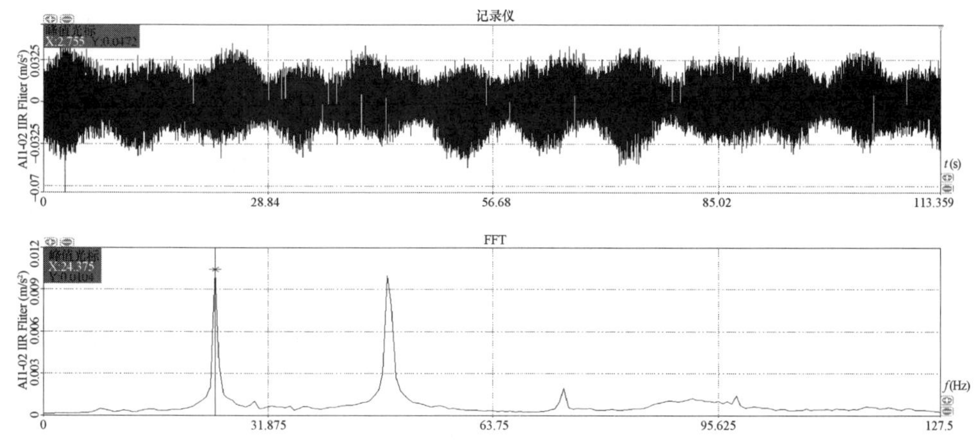

图 8-5-9　1 号测点竖向振动时域和频域曲线

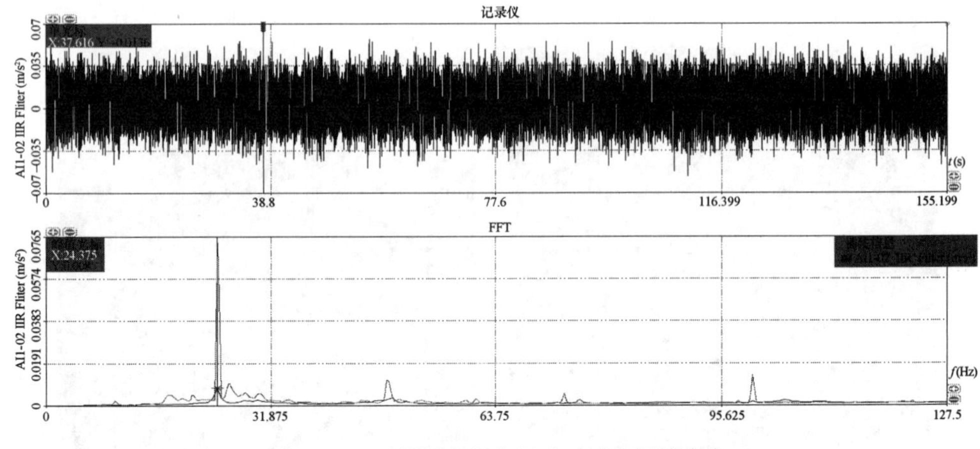

图 8-5-10　7 号测点竖向振动时域和频域曲线

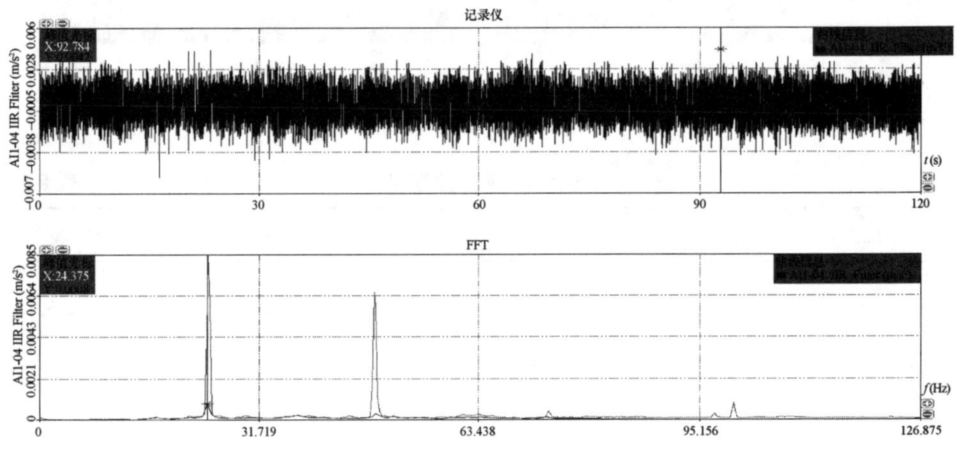

图 8-5-11　办公室中心楼板测点竖向振动时域和频域曲线

[实例 8-6] 深圳市福永人民医院洁净区空调振动噪声控制改造

一、工程概况

深圳市宝安区福永人民医院位于深圳西部凤凰山南麓福永街道中心区，住院大楼地上19层、地下2层，占地面积2691m²，建筑面积38520m²。住院楼设计有ICU、DSA、手术室、机能检查等医疗设施，洁净区位于楼内三、四层，洁净区的两个空调机组并列放在楼顶18层，如图8-6-1所示，空调机组平面布置如图8-6-2所示。

图 8-6-1　空调机组

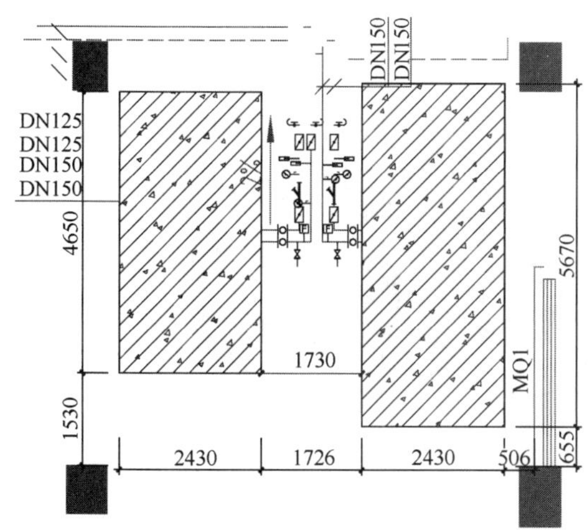

图 8-6-2　空调机组平面布置示意图

空调机组正下方病室内振动及噪声较为严重，病人难以忍受。设备运转时，用手触摸可明显感到机组振动，但机组下混凝土基座以及楼板几乎没有振感。空调设备厂家对空调引起的噪声进行了测试，结果表明：距18层楼顶空调机组1.5m处的噪声为86～88dB。采用专业振动测试设备，对空调机组、设备基础、管道、18层楼顶、病房楼板及病床等进行详细的振动和噪声测试，以深入了解空调设备运行对病房振动及噪声的影响程度，并根据测试结果，对减振弹簧的刚度和阻尼等进行详细的参数设计，最终给出经济、合理的整体解决方案。

二、振动控制方案

振动控制方案如图 8-6-3 所示。

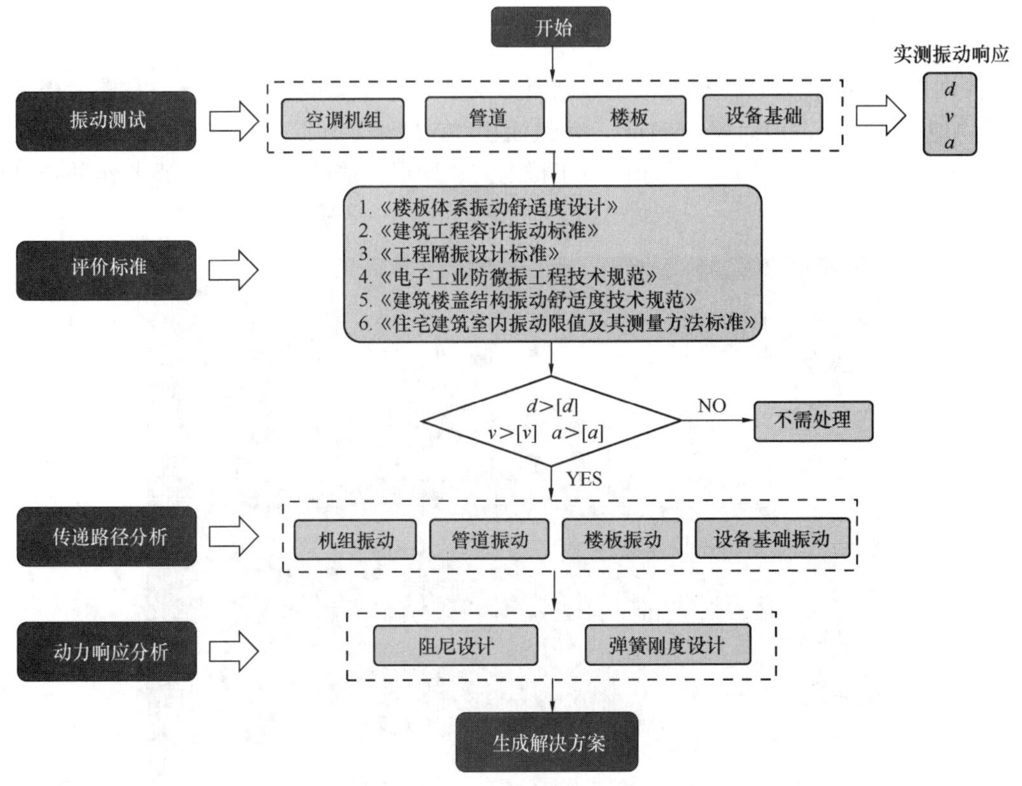

图 8-6-3 振动及噪声控制整体解决方案

1. 空调机组减振方案

采用自主研发的弹簧油液阻尼减振器，对空调机组设备进行减隔振处理，方案如图 8-6-4和图 8-6-5 所示。

图 8-6-4 空调机组减振方案效果图

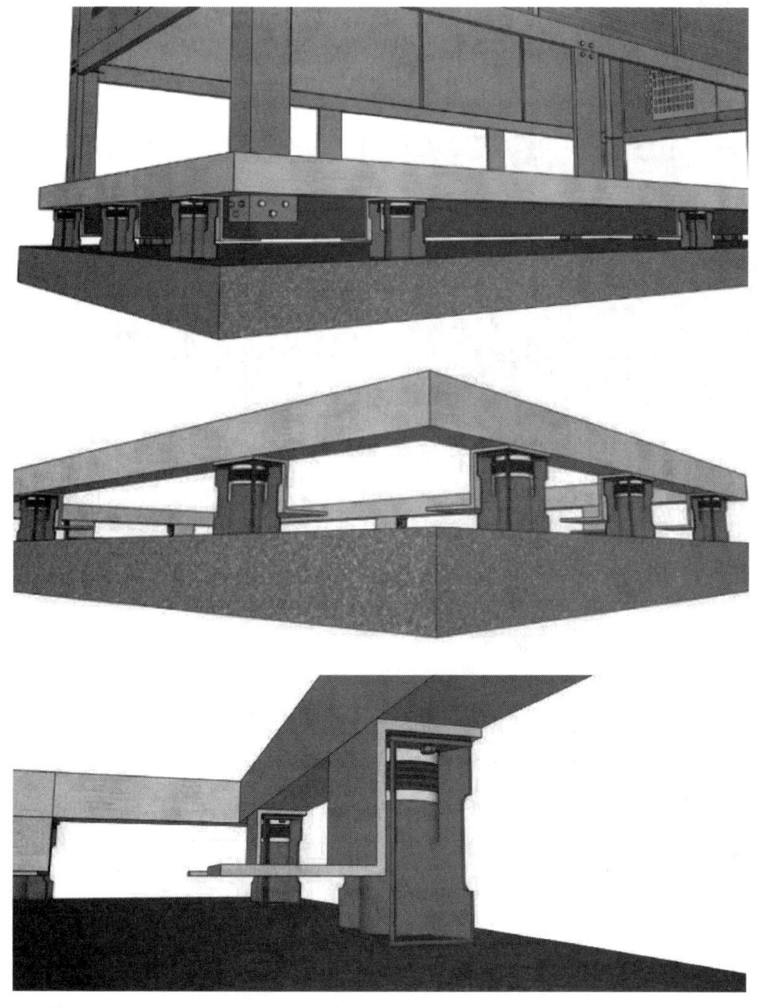

图 8-6-5 空调机组减振节点详图

2. 管道振动控制方案

将管道原来的刚性连接支架拆除，替换成钢弹簧油液阻尼减振支架，如图 8-6-6 所示。

图 8-6-6 管道减振节点图

3. 水泵振动控制方案

将横向并排两个水泵的型钢底座用槽钢焊接成整体型钢框架底座，并在钢框架底部设置自主研发的弹簧油液阻尼减振器，方案如图 8-6-7 所示。

图 8-6-7　水泵及管道支撑减振方案

三、振动控制关键技术

1. 关键措施

（1）不拆除已有空调机组及管道。

（2）利用现有橡胶垫的 5～6cm 空间进行支撑。

（3）减振机架采用摇篮结构，四周均布 9～12 套弹簧油液阻尼减振器。

（4）减振机架配备有效限位及安全防护装置。

2. 技术难点

（1）减振机架的设计难度大：空调机组的尺寸大、质量重，空调机组及管道均已安装完成，减振机架安装空间有限。

（2）为达到更好的减隔振效果，进行多次静力学计算、动力学振动衰减仿真、可靠性验证等计算。

（3）根据负载对减振器进行定制化设计，保证改造后的空调机组安装高度与现有安装高度误差＜5mm。

（4）根据现场振动测试数据，开展减振器阻尼系数的配比调制，确保实现合理的设备阻尼耗能及有效减振衰减。

（5）为保证改造过程中空调机组及其连接管道的安全，需保证设备安装高度误差＜10mm。

四、振动控制装置

采用自主研发的弹簧油液阻尼减振器，如图 8-6-8 所示。

1. 装置基本性能

（1）系统竖向频率 3～5.5Hz；

（2）振动控制效率高于 90%；

（3）基于幂律流体本构关系设计的黏滞阻尼器，不仅可以降低所连接管道的振动向外传递，还能减少系统的运行磨损；

（4）系统阻尼比 0.05～0.2，稳定时间＜3s；

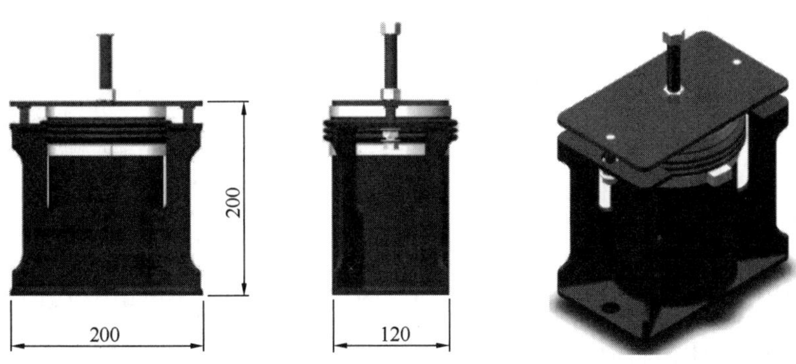

图 8-6-8 弹簧油液阻尼减振器外观图

(5) 具有水平调节功能和保证水平基准功能；

(6) 独立式设计、体积小、便于安装，可独立使用，亦可根据承载要求组合使用；

(7) 具备限位与保护功能，防止设备倾覆。

2. 装置振动控制性能介绍

弹簧油液阻尼减振器的传递函数如图 8-6-9 所示，减振器固有频率为 4.5Hz，10Hz 减振效率达 90%。时域及频域测试结果如图 8-6-10 所示。

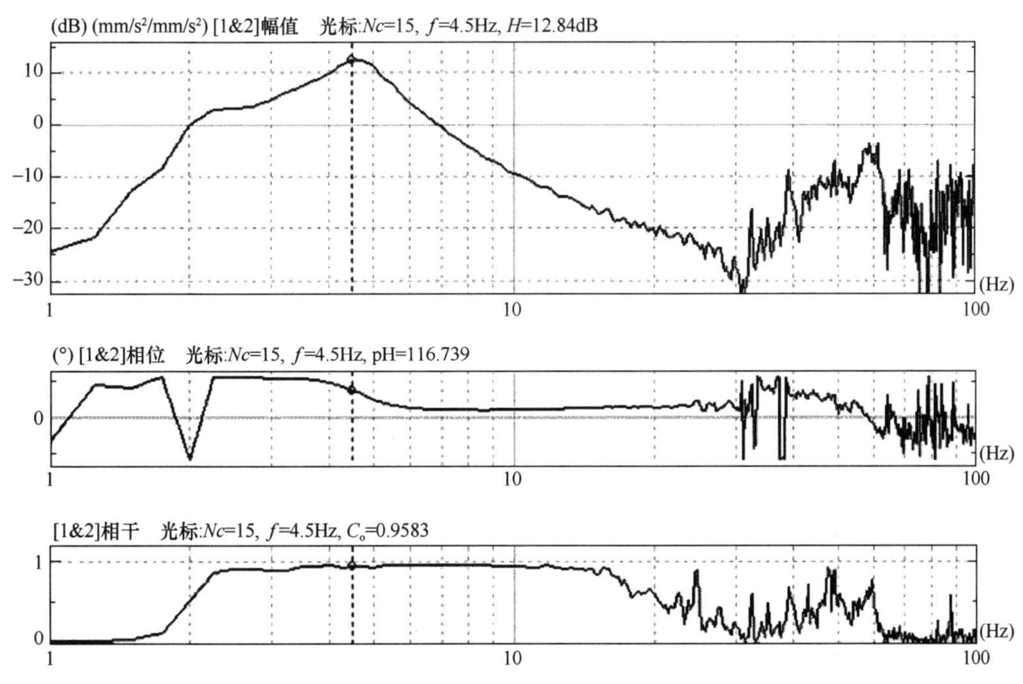

图 8-6-9 弹簧油液阻尼减振器传递函数

五、振动控制效果

振动控制前、后结果对比如表 8-6-1 所示。

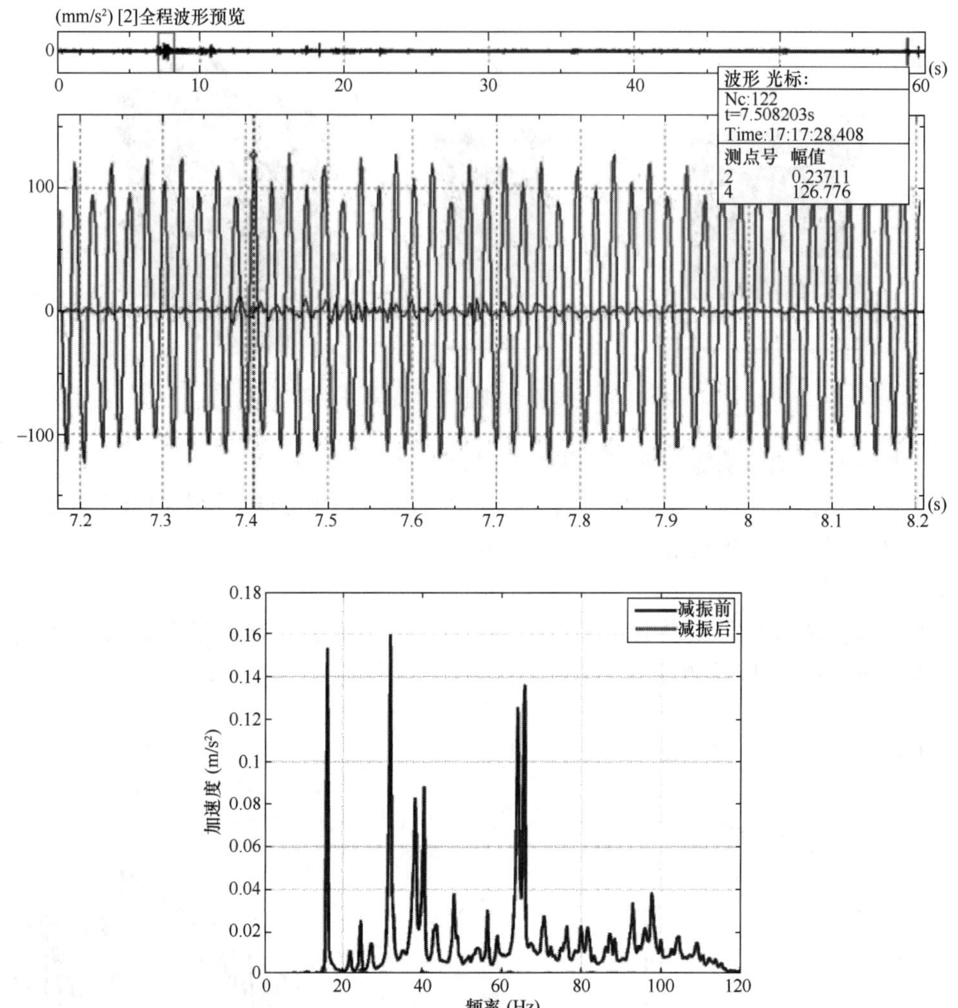

图 8-6-10　弹簧油液阻尼减振器时域及频域衰减曲线

振动控制前、后结果对比　　表 8-6-1

项目		控制前振动加速度峰值（mm/s²）	控制后振动加速度峰值（mm/s²）	减振效率
手术室空调机组	水平 X 向	3551.22	48.63	98.63%
	水平 Y 向	4803.86	45.73	99.05%
	竖向	6526.91	42.78	99.34%
水泵	水平 X 向	987.37	43.66	95.57%
	水平 Y 向	1897.84	51.72	97.27%
	竖向	2092.23	89.03	95.74%
管道	水平 X 向	1468.25	47.37	96.77%
	水平 Y 向	1705.83	21.09	98.76%
	竖向	1610.95	132.22	91.79%
病房内	水平 X 向	22.97	27.41	—
	水平 Y 向	48.48	21.19	—
	竖向	22.02	33.79	—

由图 8-6-11～图 8-6-18，安装钢弹簧阻尼减振器后，空调机组的隔振效率≥98.0%，水泵隔振效率≥95%，管道隔振效率≥91%。

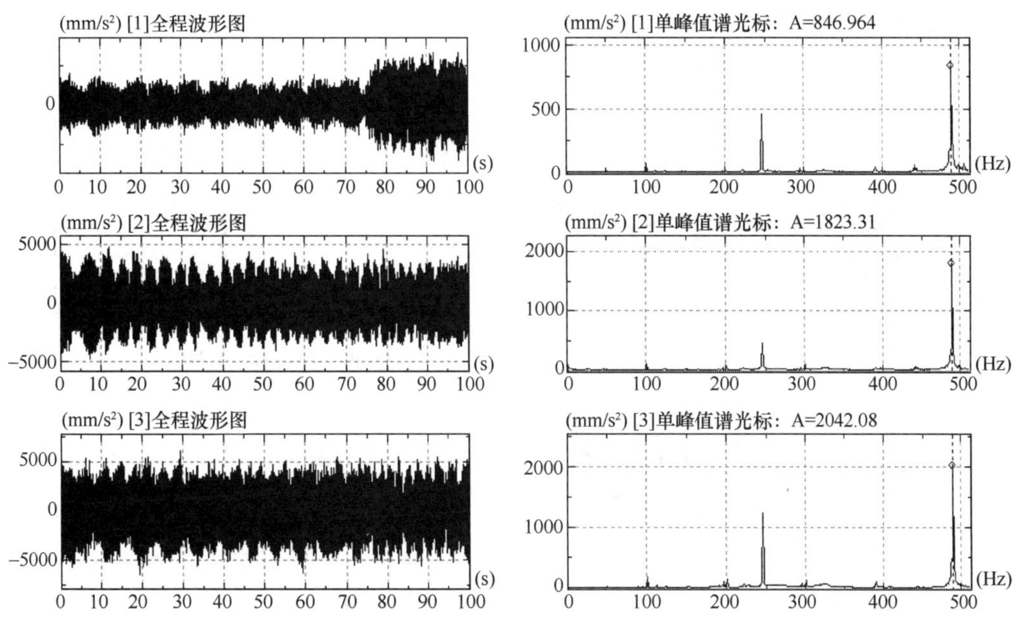

图 8-6-11　手术室空调机组隔振前机架振动测试分析结果

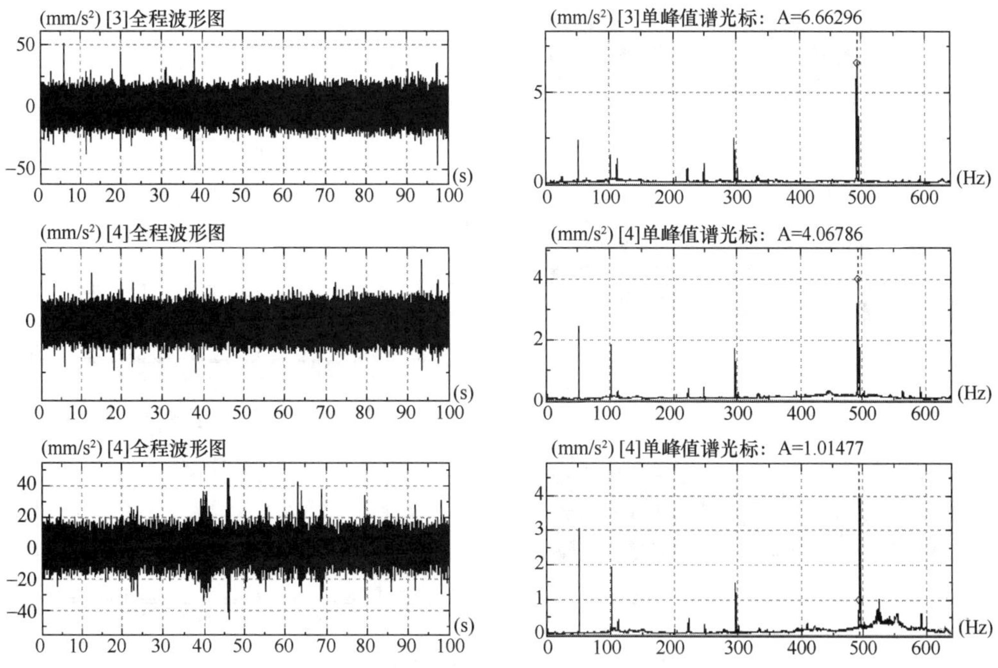

图 8-6-12　手术室空调机组隔振后基础振动测试分析结果

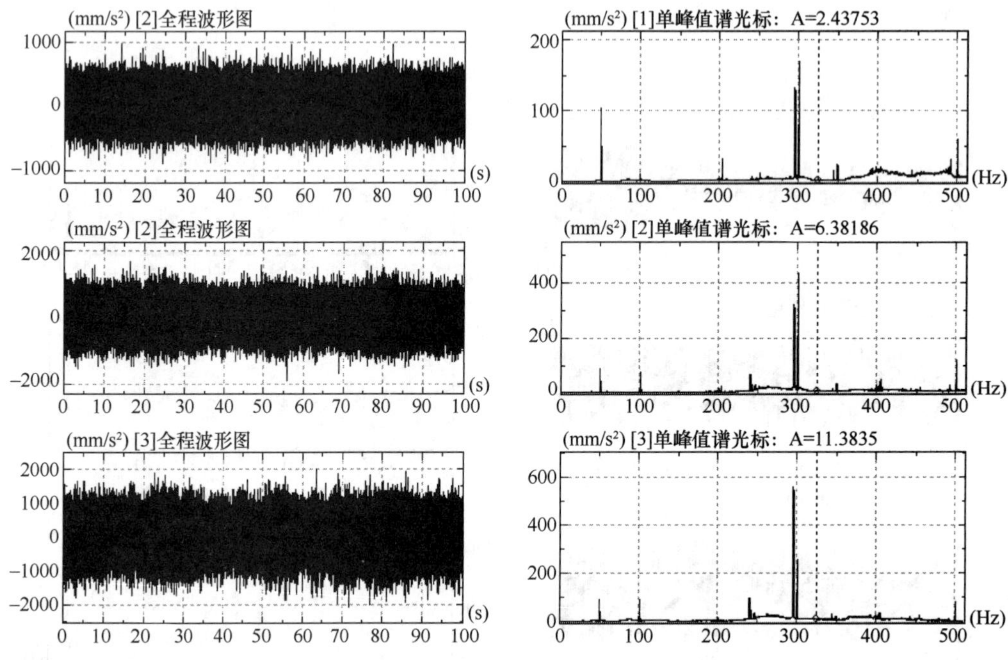

图 8-6-13　水泵隔振前机架振动测试分析结果

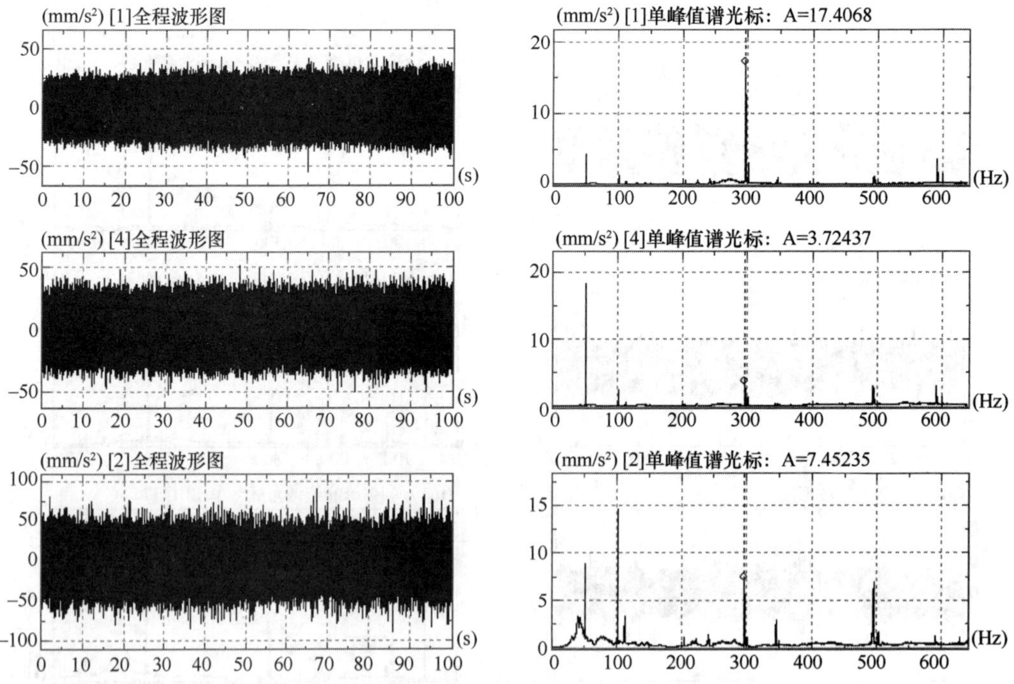

图 8-6-14　水泵隔振后基础振动测试分析结果

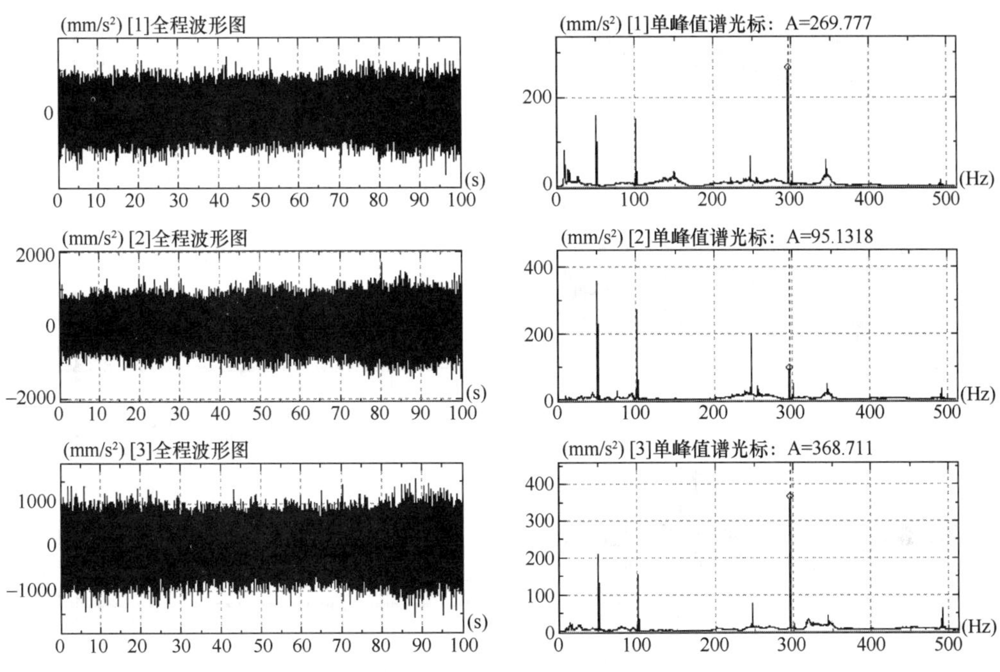

图 8-6-15　管道隔振前振动测试分析结果

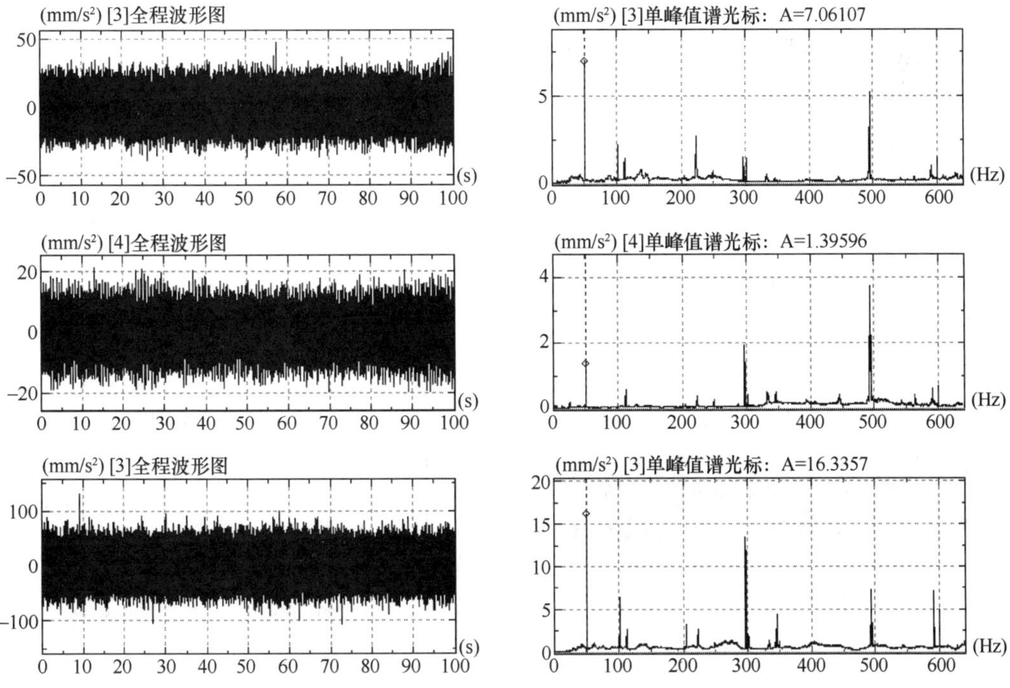

图 8-6-16　管道隔振后振动测试分析结果

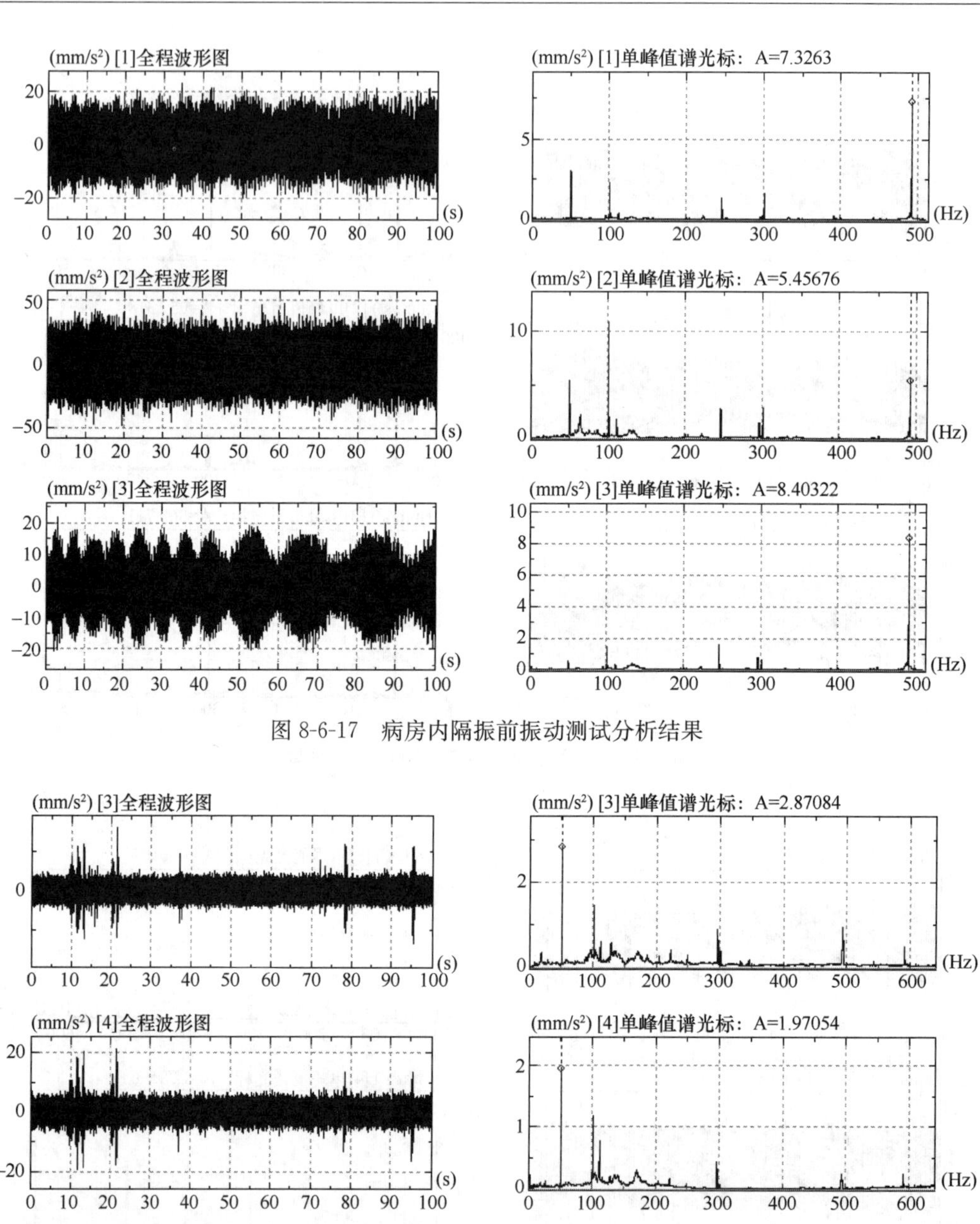

图 8-6-17　病房内隔振前振动测试分析结果

图 8-6-18　病房内隔振后振动测试分析结果

［实例 8-7］中国证监委楼顶油烟净化设备振动控制改造

一、工程概况

中国证券监督管理委员会位于北京市西城区金融大街 19 号富凯大厦，证监会大楼楼顶放置的离心式油烟净化风机设备和风道工作时产生较大振动（图 8-7-1），通过基台和支架传递至楼顶地面，造成下方办公室振感明显，严重影响人员正常工作和身心健康。净化风机基台与楼顶地面基础刚性连接，风道通过支撑钢架与楼顶地面基础刚性连接，未采取任何隔振、减振措施。

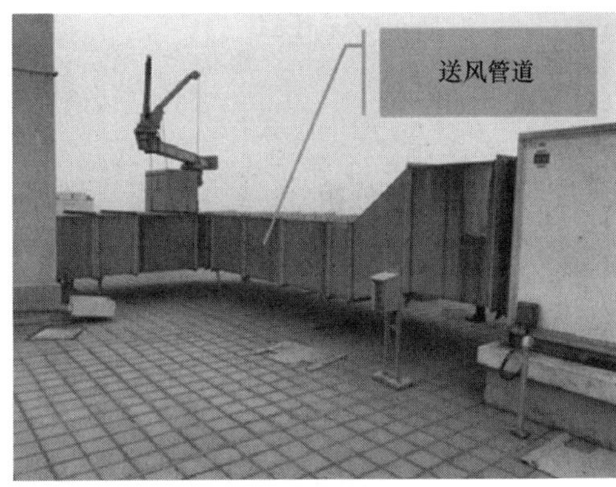

图 8-7-1　中国证券监督管理委员会大楼屋顶净化风机和风道

二、振动控制方案

在风机和基台间安装减振系统，风道和楼顶地面之间的刚性支撑架替换为减振支撑系统，局部风道连接位置用软连接管道替换硬连接管道，以上措施可降低风机工作时产生的振动能量、降低管道中因紊流扰动造成的管道严重振动，方案如图 8-7-2 所示。

(a) 风机减振机架

(b) 风道减振支架

图 8-7-2　振动控制改造方案（一）

(c) 风道软性连接

(d) 改造后全貌

图 8-7-2 振动控制改造方案（二）

三、振动控制分析

经现场踏勘，振动传递路径如图 8-7-3 所示。对风机全部运行时的排风扇机箱、风机机箱、设备基础、送风管道、管道柱脚以及大楼屋面的振动水平进行测试。

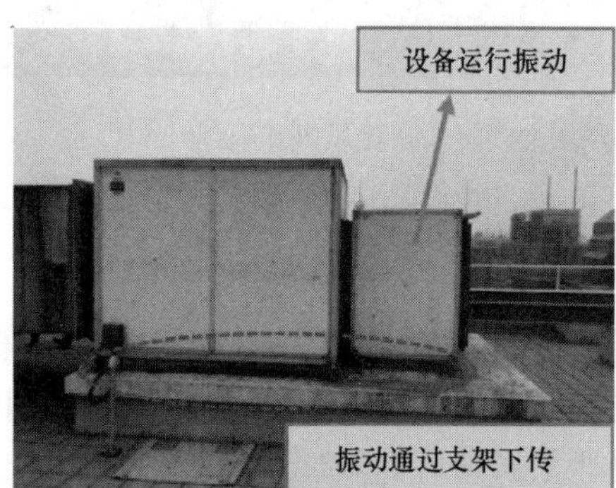

图 8-7-3 振源传递路径分析示意图

各组测点布置方案分别如图 8-7-4～图 8-7-9 所示。测试加速度有效值与容许值对比如图 8-7-10 所示。

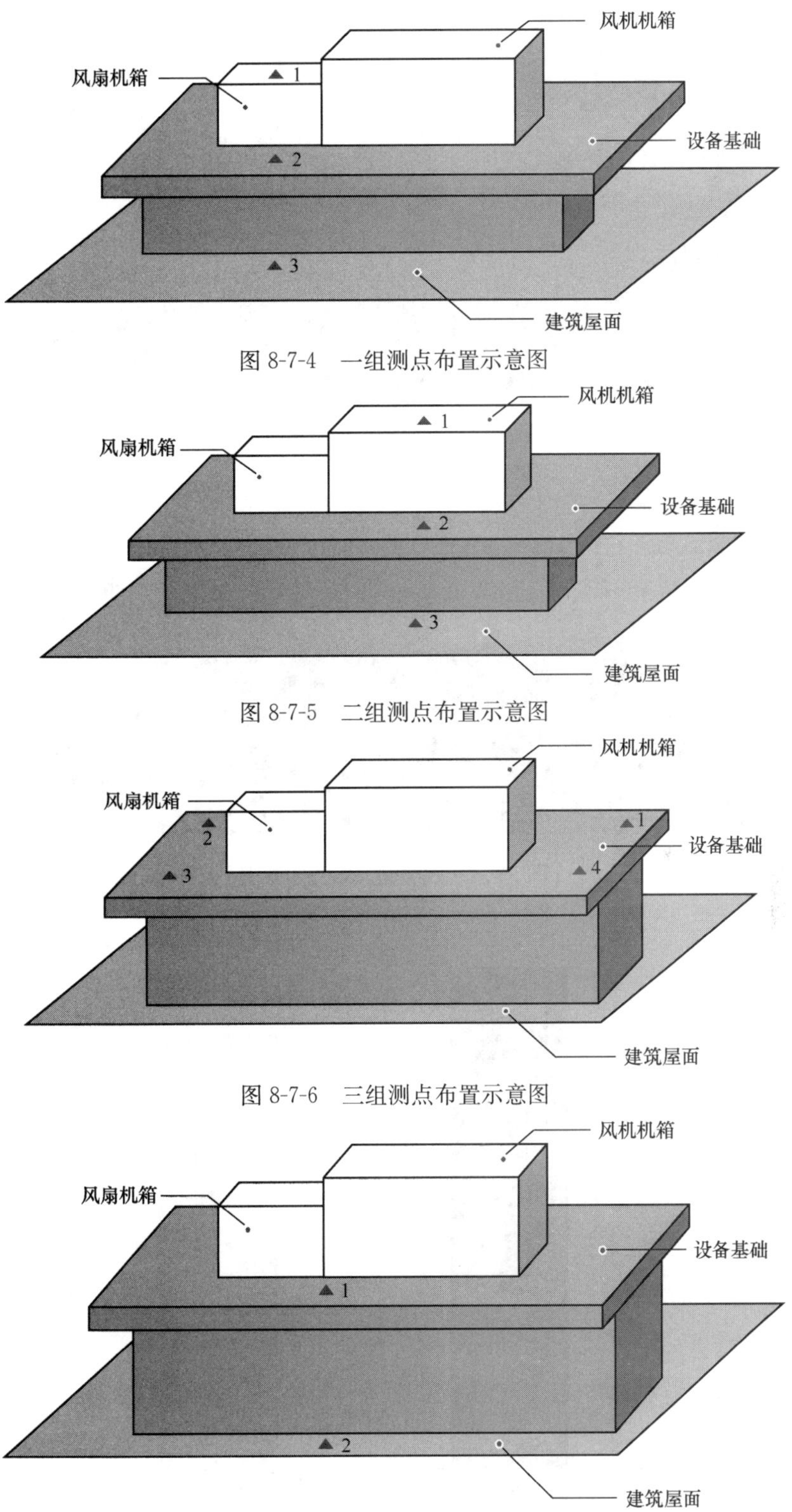

图 8-7-4　一组测点布置示意图

图 8-7-5　二组测点布置示意图

图 8-7-6　三组测点布置示意图

图 8-7-7　四组测点布置示意图

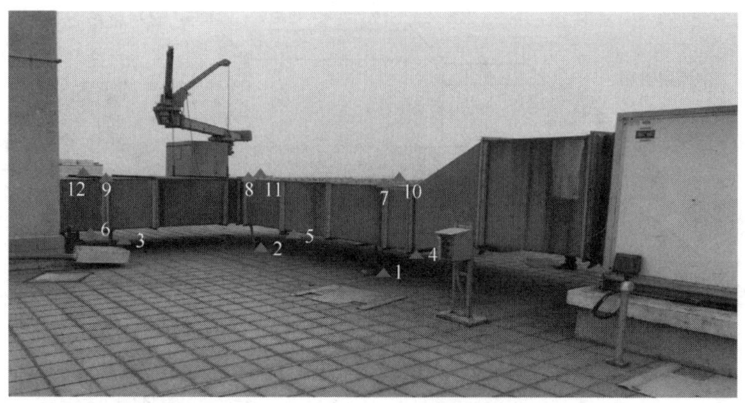

图 8-7-8　五组测点布置示意图

图 8-7-9　六组测点布置示意图

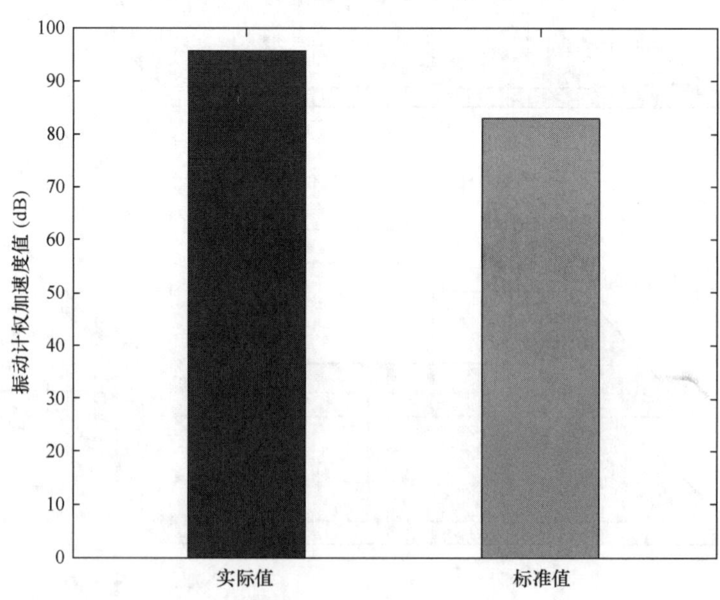

图 8-7-10　屋面加速度有效值与振动容许值对比

四、振动控制装置

采用自研油液阻尼隔振器，外观如图 8-7-11 所示，系统竖向频率 3～5.5Hz，振动控制效率高于 90%。基于幂律流体本构关系设计的黏滞阻尼器，可有效耗散系统能量，阻尼比 0.05～0.2，稳定时间<3s，测试性能如图 8-7-12 所示。

图 8-7-11　油液阻尼隔振器示意

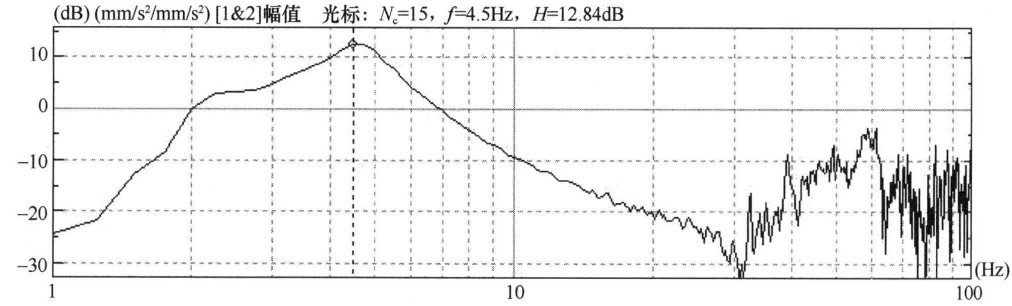

(a) 测试性能-减振性能传递率曲线图

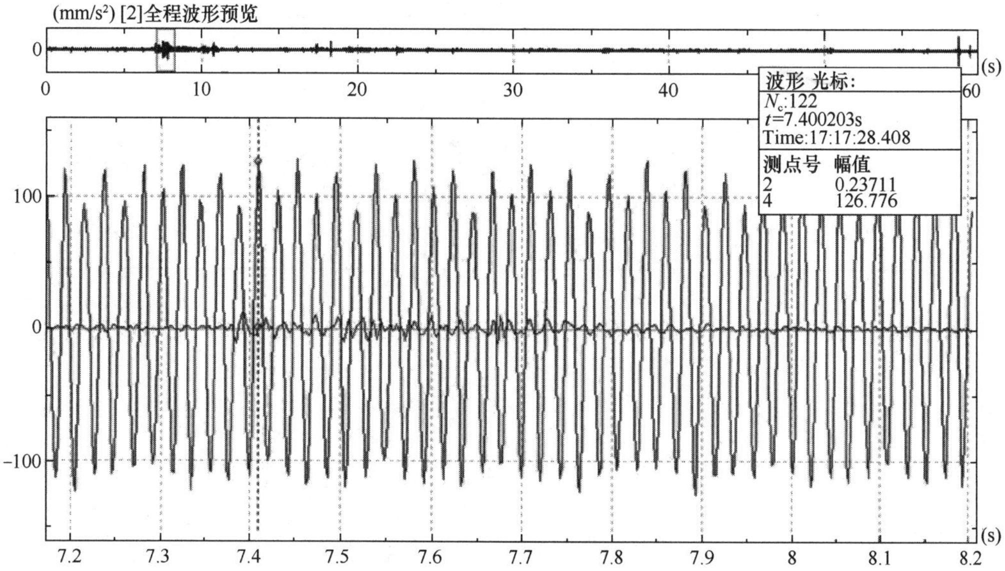

(b) 测试性能-时域加速度衰减曲线图

图 8-7-12　油液阻尼隔振器产品测试性能曲线（一）

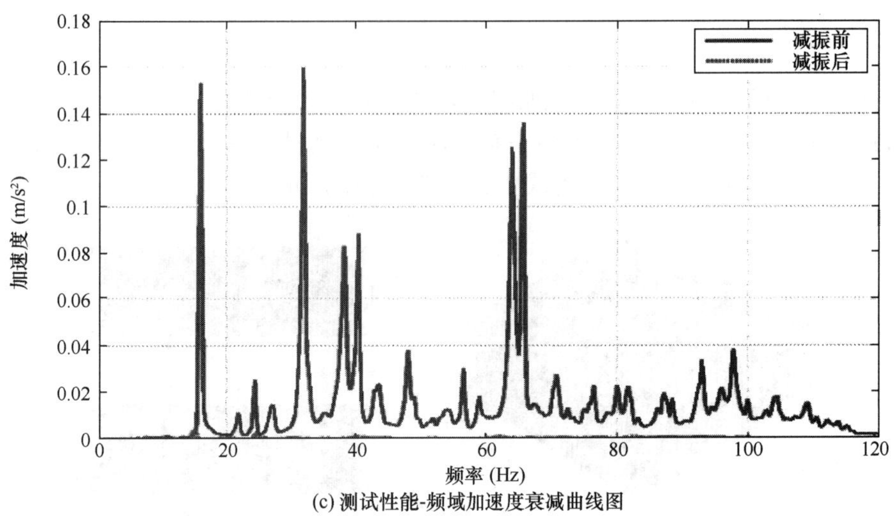

(c) 测试性能-频域加速度衰减曲线图

图 8-7-12　油液阻尼隔振器产品测试性能曲线（二）

五、振动控制效果

根据国家标准《建筑工程容许振动标准》GB 50868—2013“建筑物内人体舒适性的容许振动计权加速度级”规定，办公室昼间振动计权加速度容许值为 83dB。振动控制改造前后振动响应对比如图 8-7-13 所示，屋面振感强烈处的减振效率达 85%，设备基础的减振效率可达 95%以上，减振后屋面与相邻楼层的楼板振动满足标准要求。

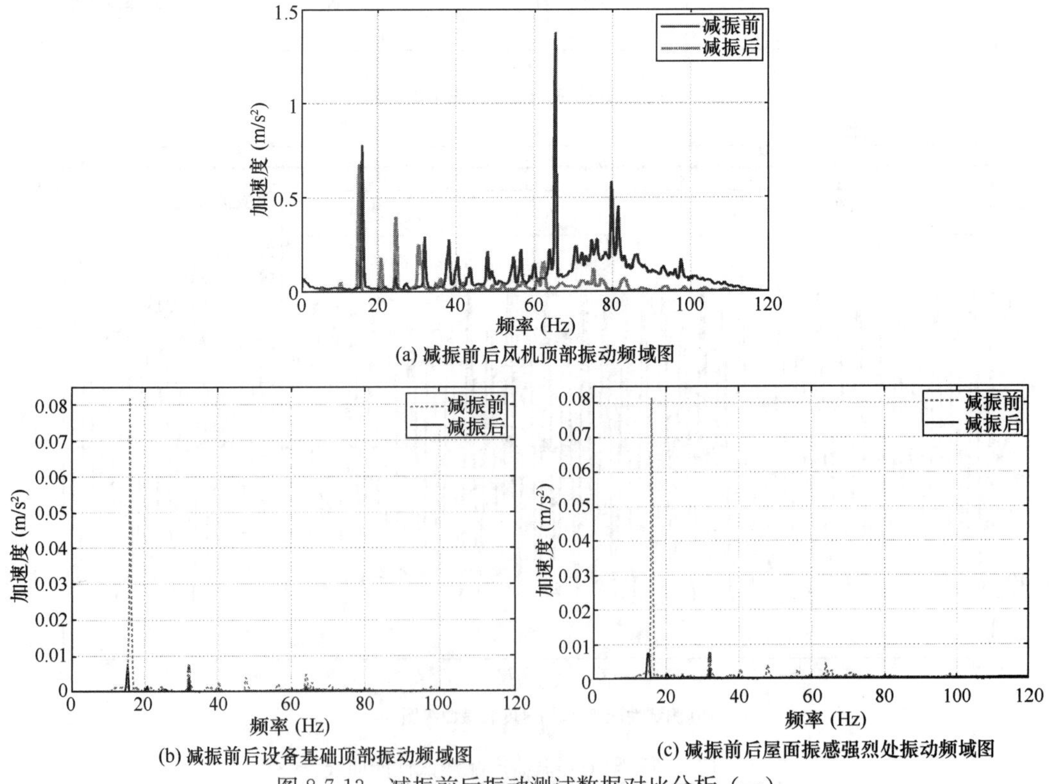

(a) 减振前后风机顶部振动频域图

(b) 减振前后设备基础顶部振动频域图

(c) 减振前后屋面振感强烈处振动频域图

图 8-7-13　减振前后振动测试数据对比分析（一）

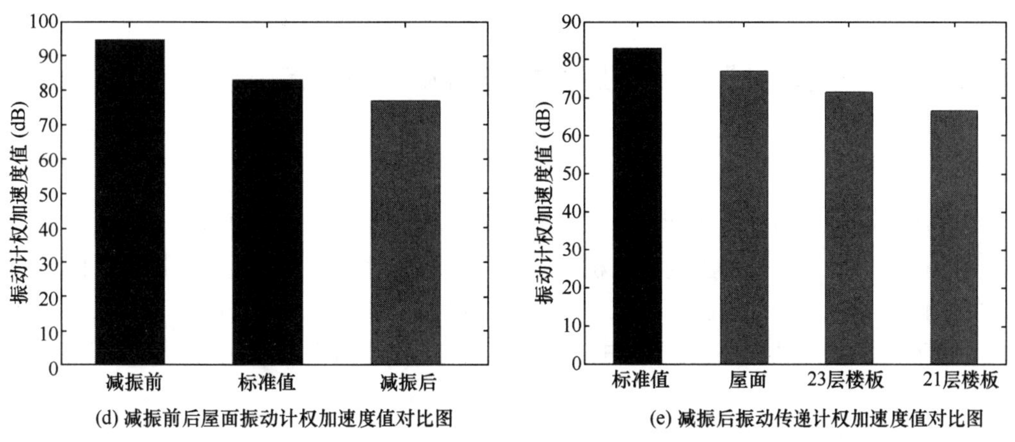

(d) 减振前后屋面振动计权加速度值对比图

(e) 减振后振动传递计权加速度值对比图

图 8-7-13　减振前后振动测试数据对比分析（二）

［实例 8-8］一汽车身厂 2050t 压力机线振动控制改造

一、工程概况

机械压力机是采用机械传动的冲压机器，是金属板件（如汽车覆盖件等）成型中应用最广泛的设备。用于钣金加工的压力机，在剪切或冲压过程中会产生较大振动，传动部件往返的惯性也会激发振动，曲柄系统中未平衡的惯性力也能引发水平向振动。在多连杆压力机、多工位同步压力机和液压机中，振动主要由运动部件在竖向运动的加速或减速引起。

压力机引起的振动危害，主要分为两个方面：

（1）压力机内部：由于产生的动荷载作用在压力机本身，使其零部件受到动态冲击，出现电气短路、液压系统漏油等故障。

（2）压力机外部：振动向外传播，会影响周围的建筑车间、工作人员、附近的其他设备，尤其是精密加工及精密测量设备等。

本工程是由俄罗斯伏龙涅士公司生产的 2050t 压力机生产线，由 1 台 2050t 和 4 台 1000t 压力机组成，2050t 压力机自重 690t（含模具、钢梁），1000t 压力机自重 418t（含模具、钢梁），是一汽车身厂主要冲压线。

该冲压线在工作时产生的振动很大，在距离压力机中心 10m 处地面振动速度为 8.40mm/s，附近的测量设备（三坐标测量机等）无法正常工作，在车间三楼办公室走廊处的地面振动速度达 31.5mm/s，振动传播到三楼时，与走廊楼板发生共振，影响办公人员的工作效率和身体健康。此外，由于动载反作用力的影响，设备电气、液压系统故障率很高，无法安装自动上料装置，无法达到设计生产速率，很难保证制件精度。

二、振动控制方案

本项目难点：压力机线为关键生产设备，不允许长时间停产；压力机线已完成安装，没有预留隔振器空间；为加装隔振器，需要将压力机与外部相连的管路、电缆和导轨断开再恢复原状，并重新恢复压力机的精度，短时间内完成改造难度很大。

机械压力机一般采用直接隔振，将隔振器直接放在压力机地脚与基础之间，如图 8-8-1所示，对于有钢梁压力机，须将隔振器布置在钢梁与基础之间，如图 8-8-2 所示。隔振器与压力机、基础之间不需要任何连接，只需要在隔振器上、下铺放一层摩擦系数很大的防滑垫板，压力机处于自由状态。由于没有地脚螺栓紧固，压力机内零部件内应力相应减小，有利于保护设备。

增设安装隔振器的主要步骤如下：

（1）将压力机整体抬升 1m，为施工提供足够空间：在四根拉杆下布置四组液压千斤顶，同时顶升压力机；顶升前与压力机连接的管路须松开，并做好保护。

（2）改造钢梁，留出隔振器位置：为保证标高不变，直接在钢梁下布置隔振器不可行，必须改造钢梁，具体方法如图 8-8-2 所示，该方法是在压力机主横梁的两端焊接端梁，在端梁下留出 2 个隔振器的空间，即共 8 个隔振器支撑压力机，可保证标高不变。

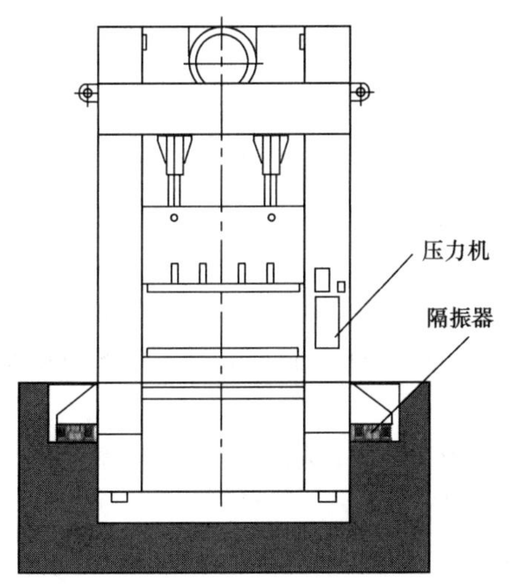

图 8-8-1　压力机隔振器常规布置方式

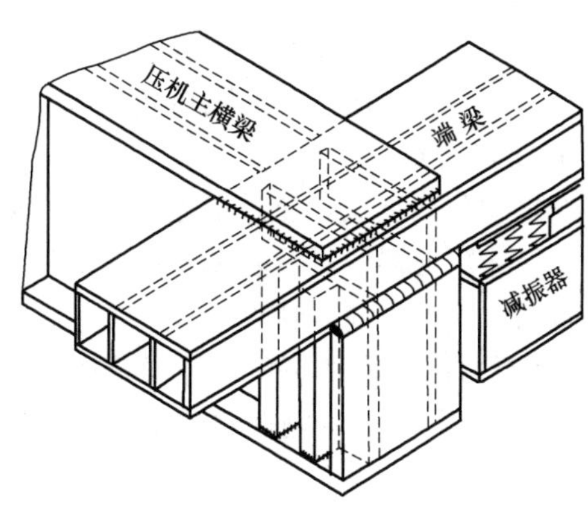

图 8-8-2　改造钢梁留出隔振器位置

(3) 压力机落下复位：模具轨道小车与压力机的连接应断开约 2mm，否则会造成轨道破坏；同时，原来与压力机刚性连接的液压、电气管路等接口处也必须更换成柔性连接。

三、振动控制分析

1. 隔振系统固有频率

对于冲击扰力和大惯性冲击，应重点考虑弹性基础相对于固定基础的隔振效果，可用下式近似表达：

$$I=\left(1-\frac{1}{\sqrt{1+\eta_{B}^{2}}}\right)\times 100\% \tag{8-8-1}$$

式中　η_B——固定基础与弹性基础的固有频率之比。

例如，每分钟打击 15 次的压力机，其工作频率是 0.25Hz，实现更低频率的隔振系统是不现实的。由于压力机工作中产生的中高频冲击脉冲通过地面传递出去的振波的频率是地面主频，一般为 12～20Hz，故选择固有频率 4Hz 的隔振系统是比较合适的，该隔振系统主要隔离打击瞬间产生的中高频脉冲。

2. 隔振系统平衡质量

扰力作用下，隔振系统会产生运动和位移响应，该位移比固定的刚性基础大很多，其容许值应相应放宽，原则上应以不影响设备的正常工作为限。当系统的位移响应较大且影响设备正常工作时，要增加平衡质量，如在设备下增加水泥基础台座或钢板台座等，以减小系统的位移响应，保持系统稳定。

3. 隔振系统阻尼

对于机械压力机，大阻尼有利于振动能量的快速耗散，一般将压力机隔振系统的阻尼比控制在 0.1～0.15 之间。

四、振动控制装置

1. 螺旋钢弹簧

相比其他隔振元件，螺旋钢弹簧具有变形曲线好、设计计算准确，动、静刚度相同，在三个轴向同时具备刚度，高隔振效率以及无额外动力等优点。

2. 并联阻尼器

为加快动荷载衰减，使系统趋于稳定并降低共振反应，螺旋钢弹簧设计时应并联阻尼器使用。黏滞阻尼器应具有阻尼系数大、性能稳定、抗老化、阻尼系数不随温度变化、三向具备阻尼、瞬时反应等特点。

2050t 压力机自重为 690t，隔振器竖向压缩量为 16mm，隔振器固有频率为 4Hz，系统竖向阻尼比为 0.115，隔振器主要参数如表 8-8-1 所示。

隔振器参数 **表 8-8-1**

隔振器型号	数量	额定荷载	竖向刚度	水平刚度	竖向阻尼系数	自由高度	自重
PSG-8.8-2D4	8	1060kN	53.0kN/mm	39.4kN/mm	500kN·s/m	600mm	950kg

五、振动控制效果

为检验振动控制效果，在压力机线改造前（未隔振状态下）和改造后（隔振状态），分别对车间三楼办公室的走廊地面进行了实际振动测量，隔振前振动速度为 31.5mm/s，隔振后振动速度为 1.57mm/s，隔振效率达 95%，压力机冲压恢复稳定时间由原来的 0.8s 减少到 0.3s。

［实例 8-9］铜冶炼工艺管网振动控制改造

一、工程概况

某铜冶炼工艺流程中，由于系统管网阻力过大，造成三台环集风机运行流量偏小、振动偏大、风机运行于不稳定工作区，需要对其进行振动控制改造。

但该项目存在诸多难点：系统中有多处直角弯头需改为圆弯头，但受管道布置和厂房墙壁阻隔等影响，导致现场实施空间小，圆弯头改造难以实施；系统中存在除尘器等多个工艺设备，限制管道走向；三台环集风机和混气室并联，管道内气流相互制约，联合调节难度大。

因此，该铜冶炼工艺管网振动控制改造需要充分考虑以上因素，并提出有效的振动控制措施。

二、振动控制方案

优化前管道走向如图 8-9-1 所示。

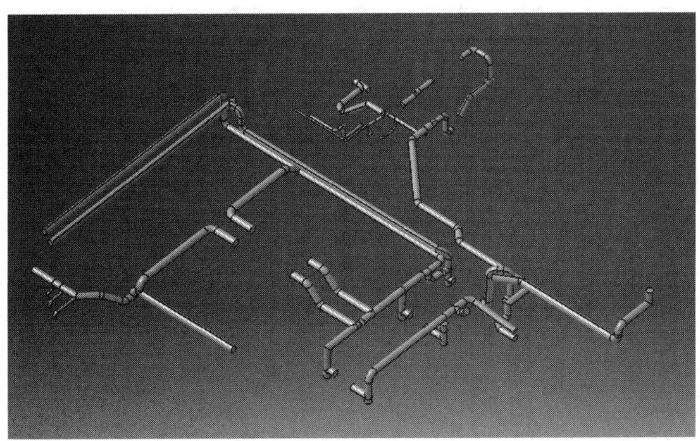

图 8-9-1　优化前管道走向

优化后管道走向如图 8-9-2 所示。

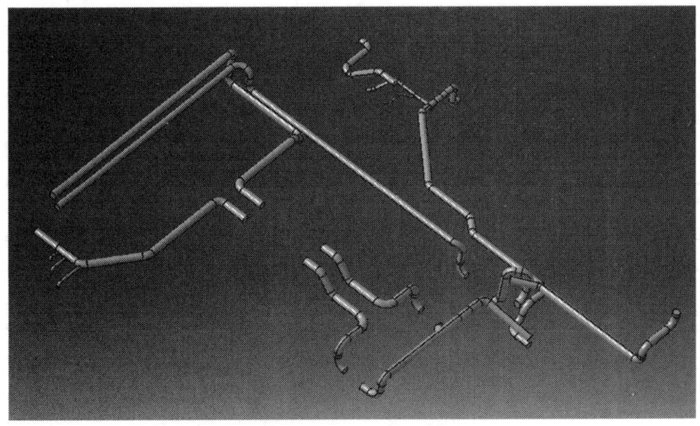

图 8-9-2　优化后管道走向

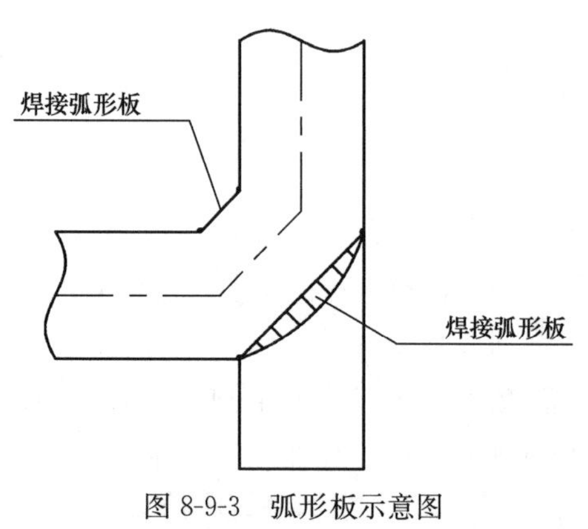

图 8-9-3　弧形板示意图

对管道走向进行的优化包括：

（1）减少不必要的弯头，节点和节点之间尽量以直管道连接；

（2）支管道汇入主管道时，采用斜接方式，减弱气流对冲影响；

（3）将直角弯头和斜接弯头改为圆弯头，减小局部阻力系数。

此外，对于圆弯头难以实施的位置，采用原直角弯头内衬弧形板的方式改善流动状况，如图 8-9-3 所示。

三、振动控制分析

1. 改造前风机设计及运行参数

三台风机设计参数如表 8-9-1 所示。

三台风机设计参数　　　　**表 8-9-1**

设计参数	1 号环集风机	2 号环集风机	3 号环集风机
额定流量（m^3/h）	350000	420000	380000
额定压力（Pa）	8500	7500	6500
电机功率（kW）	1400	1400	1000
额定电压（V）	6000	6000	6000
额定电流（A）	161	161	118
额定转速（r/min）	993	993	980
电机工作频率（Hz）	50 定频	50 定频	50 定频

改造前三台风机运行参数如表 8-9-2 所示。

改造前三台风机运行参数　　　　**表 8-9-2**

运行参数	1 号环集风机	2 号环集风机	3 号环集风机
运行流量（m^3/h）	约 289000	约 324000	约 265000
运行压力（Pa）	约 9201	约 6845	约 3430
运行电流（A）	90	90	40
运行转速（r/min）	993	993	980
电源频率（Hz）	50 定频	50 定频	50 定频

从表 8-9-1 和表 8-9-2 可以看出，三台风机运行电流均远小于额定电流，运行功率不足；运行流量偏小，处于不稳定工作区，从而造成振动偏大。从现场运行情况可以看出，1 号、2 号风机噪声异常，已有喘振征兆。因此，需要对系统管道进行优化，减小管道阻力，使风机运行于稳定工作区。

2. 管道阻力计算方法

管道阻力按下式计算：

$$\Delta P_{\alpha} = \frac{1}{2}\rho v^2 \xi_{\alpha} l \tag{8-9-1}$$

$$\Delta P_{\beta} = \frac{1}{2}\rho v^2 \xi_{\beta} \tag{8-9-2}$$

式中　ΔP_{α}——沿程阻力（Pa）；

ΔP_{β}——局部阻力（Pa）；

ρ——气体密度（kg/m^3）；

v——气体速度（m/s）；

ξ_{α}——直管道阻力系数；

ξ_{β}——弯头阻力系数；

l——直管道长度（m）。

沿程阻力和局部阻力之和，即为系统阻力。

四、振动控制效果

优化前后三台风机管道系统阻力对比如表 8-9-3 所示，可以看出，管道优化使得系统阻力大大降低，显著改善了风机运行状况。

优化前后三台风机管道系统阻力　　**表 8-9-3**

序号	系统名称		优化前阻力（Pa）	优化后阻力（Pa）	阻力降低值（Pa）
1	1 号环集风机	支管 1	375.8	58.7	1600.2
		支管 2	119.7	58.9	
		支管 3	227.5	112.6	
		进出口主管道	2357.2	757.0	
2	2 号环集风机进出口管路		2771.5	998.9	1772.6
3	3 号环集风机进出口管路		1972	1212.9	759.1

此外，由于三台风机在混气室完成并联，还需调整各管道在混气室所占面积比。静压小的气流，可增大面积比进行扩压；静压大的气流则反之。从而使得各来流静压相近，以减小混气损失和背压阻力。

振动控制改造完毕后，三台风机均运行良好，1 号、2 号风机已无喘振征兆。三台风机的运行流量和电流较之前均有较大提升，振动情况大大改善，其中，振动情况最恶劣的 2 号风机振动幅值从 9.2mm/s 降至 2.3mm/s，振动控制效果显著。

第九章　国家大科学装置振动控制

[实例 9-1]　北京高能同步辐射光源微振动分析

一、工程概况

同步辐射光源是基础科学和工程科学等领域原创性、突破性创新研究的重要支撑平台。我国“十三五”规划中重大科技基础设施建设提出优先建设一台电子能量为 6GeV，发射度不大于 0.06nm·rad 的高能同步辐射光源，主要性能指标居世界前列，将成为中国第一台、同时也是世界上最高亮度的第四代高能量同步辐射光源。

高能同步辐射光源项目占地面积约 65.07 万 m^2，建于北京怀柔科学城内，北侧和东侧分别为京密引水渠和牤牛河，南侧和西侧距离永乐大街与京加线约 1km。高能同步辐射光源主要由加速器、光束线和实验站组成，包括储存高能电子束的储存环，储存环束流的直线加速器和增强器等，如图 9-1-1 所示。

图 9-1-1　高能同步辐射光源效果图

二、微振动控制需求

高能同步辐射光源附近无明显输入振源，实测发现距储存环隧道中心约 410m 处地表测点 C851，在安静时段振动位移 RMS 值约 17nm，嘈杂时段约 50nm，属于纳米级微振动范畴。本工程对地基基础微振动控制提出极高要求：

1. 地基基础各向 1～100Hz 振动位移 RMS 值小于 25nm；
2. 基础对地面振动放大倍数不大于 1。

三、地基基础设计

高能同步辐射光源地基是典型的上软下硬土层，以卵石层为主要持力层，从上至下依次为填土层、卵石层、全风化基岩、强风化、中风化、微风化基岩等。计算分析采用的土层参数取结构区域控制性勘察孔同类土层平均值，如表 9-1-1 所示。

高能同步辐射光源地基土层及材料参数　　表 9-1-1

土层	密度 (kg/m³)	厚度 (m)	剪切波速 (m/s)	压缩波速 (m/s)	动剪切模量 (MPa)	动弹性模量 (MPa)	泊松比
素填土	1910	1	173	636	57.2	166.9	0.460
卵石①	2200	11	344	970	260.3	742.0	0.425
卵石②	2200	6	492	1462	532.5	1528.4	0.435
全风化基岩	2250	8	777	1987	1358.4	3822.5	0.407
强风化基岩	2350	4	1011	2444	2402.0	6600.7	0.374
中风化基岩	2590	21	1547	3638	6198.4	17206.8	0.388
微风化基岩	2680	—	1936	4361	10044.9	27583.3	0.373
C15 素混凝土	2350	1.5～3	2000	3163	9400.0	22000.0	0.167
C30 钢筋混凝土	2500	0.7～1	2305	3646	13281.9	31000.0	0.167

高能同步辐射光源主体结构采用筏板基础，并结合素混凝土换填地基。储存环隧道和实验大厅（主环）外环半径 237m，内环半径 210m，筏板厚 1m，素混凝土换填厚度 3m；加速器和增强器隧道外环半径 72m，内环半径 67m，筏板厚 0.7m，素混凝土换填厚度 1.5m，如图 9-1-2 所示。

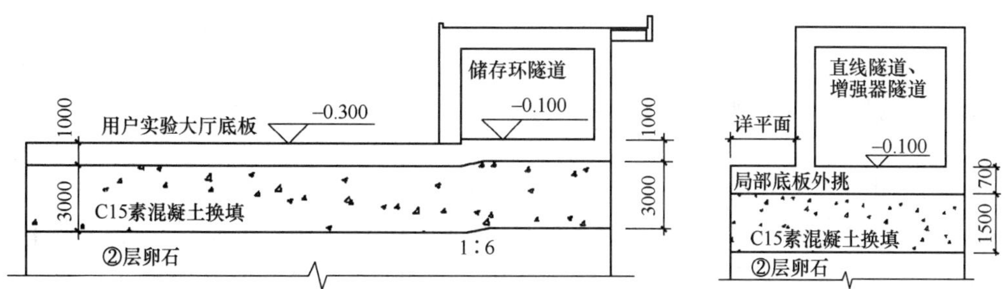

图 9-1-2　高能同步辐射光源主体结构地基基础施工设计截面图

针对已有地基基础设计方案，通过有限元法模拟场地环境微振动，对原设计方案进行复核，尽可能降低微振动造成的不可逆建设风险。复核内容包括：场地特征频率、地基基础的振动放大情况、频响特性以及地基基础振动响应。

四、场地特征频率有限元分析验证

1. 有限元模型建立

采用 ABAQUS 有限元软件建立高能同步辐射光源场地地基模型（无结构），模型深度根据瑞利波影响深度确定，瑞利波影响深度约一个波长。考虑实际表面素填土将挖除，故以第二层卵石作为表面波传播介质，剪切波速为 344m/s，实测场地基频 3.11Hz（见图 9-1-3），波长约 115m，故本模型深度确定为 120m，底部采用固定端边界。

模型直径以 C851 测点为边界振源进行确定，地基模型的直径取 410m。模型水平向采用无限元边界，以模拟无限域地基土体。为保证计算精度，有限元网格尺寸取 R 波波长的 1/10（波速取 344m/s，频率取 3Hz），即 10m，局部区域网格加密。

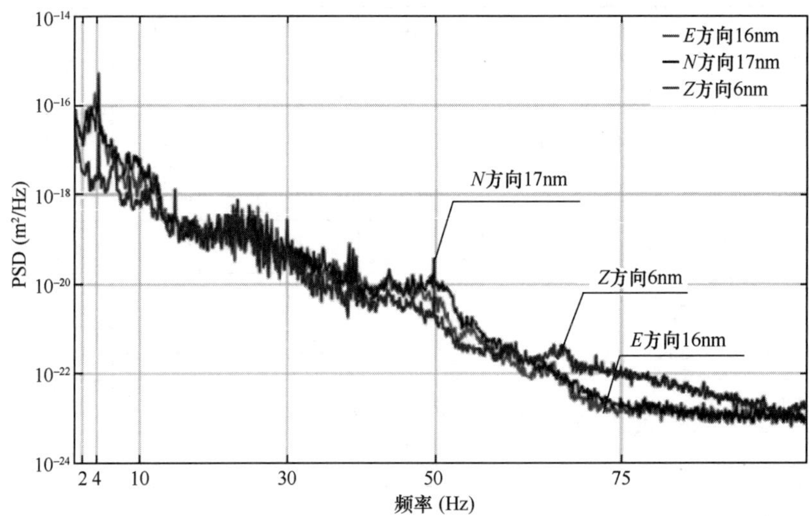

图 9-1-3 高能同步辐射光源场地特征频率实测图

地基模型中增设基础结构，以模拟场地在完成装置区建设后的情况。主环外环半径 237m，内环半径 210m，厚度 4m，由上到下包括 1m 筏板和 3m 素混凝土。环内增设一小型环形筏板，模拟增强器隧道底板，外环半径 72m，内环半径 67m，厚度 2.2m，包括 0.7m 筏板和 1.5m 素混凝土层。储存环区域以外土体单元尺寸取 10m，区域内 2～10m。结构材料参数如表 9-1-1 所示，筏板材料为 C30 钢筋混凝土，单元尺寸取 8m，即得地基-基础模型。

在地基-基础模型中增设上部结构，隧道材料取 C30 钢筋混凝土，储存环隧道宽 7.6m，高 5m，隧道壁厚 0.8m；增强器隧道宽 5m，高 4m，隧道壁厚 0.5m。土体单元尺寸与地基-基础有限元模型一致。实验大厅单元尺寸 8m，储存环隧道单元尺寸 0.8～2.5m，增强器隧道单元尺寸 0.5～2.5m，即得最终的地基-基础-结构有限元模型，如图 9-1-4所示。所有模型均未施加材料阻尼。

2. 场地特征频率验证

基于模态分析，分别计算有限元模型的特征频率，结果见表 9-1-2。无结构的地基有限元模型特征频率为 3.20Hz，与实测地基的特征频率 3.11Hz 非常接近，验证了模型几

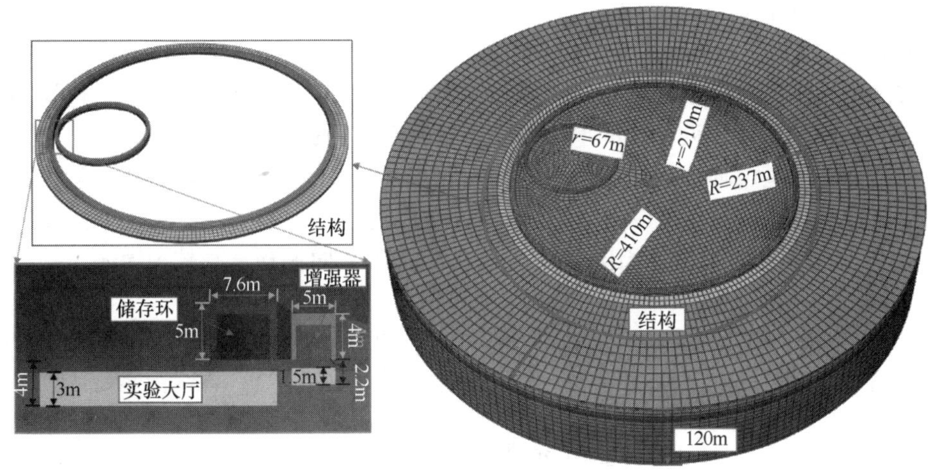

图 9-1-4　高能同步辐射光源有限元模型图

何与材料参数取值的合理性。

增设筏板基础、采取换填处理以及结构建造对场地的固有振动特性影响不大，仅基础和含基础、上部结构的模型特征频率均为 3.18Hz，变化小于 1%。

有限元模型特征频率计算与实测比较　　　表 9-1-2

计算工况	特征频率（Hz）
地基模型	3.20
地基-基础模型	3.18
地基-基础-结构模型	3.18
地基实测	3.11

五、“地基-基础-结构”模型的频率响应特性计算

1. 计算工况

为进一步了解外部荷载作用下土与结构耦合的动力特性，对地基-基础-结构模型进行扫频计算。在距储存环圆心 315m 处，引入沿 Z 向正弦点振源，振幅 1000μm，频率分别取 1Hz、2Hz、3Hz、4Hz、5Hz、6Hz、7Hz、8Hz、9Hz、10Hz、15Hz、20Hz、25Hz、30Hz、50Hz、70Hz 及 100Hz，共计 17 组工况，响应监测点如图 9-1-5 所示。

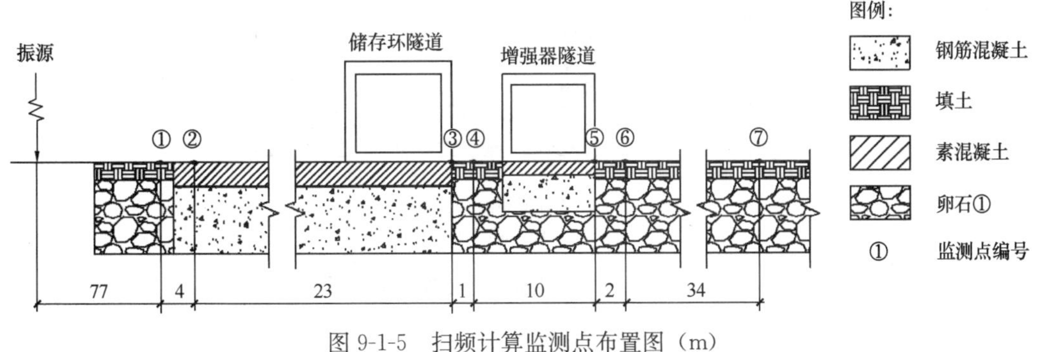

图 9-1-5　扫频计算监测点布置图（m）

2. 计算结果分析

图 9-1-6 给出位移幅值随距离衰减曲线，以 Z 向为例，振动随距离的增加而衰减，且衰减速度随距离增大而减慢；分别对比测点 1 和 2、测点 3 和 4 以及测点 5 和 6，可以看出，筏板的振动响应较相近位置的填土偏小，筏板对地面振动不会放大，而有一定的抑制作用；以增强器隧道内环混凝土筏板为边界，将中填土圈住，振动会在内环范围内反射，导致靠近隧道的填土（测点 6）振动加剧，但筏板（测点 5）振动并没有放大，该现象在 X 向和 Y 向振动中更加明显。相比 Z 向振动，X 向和 Y 向振动衰减较为缓慢。

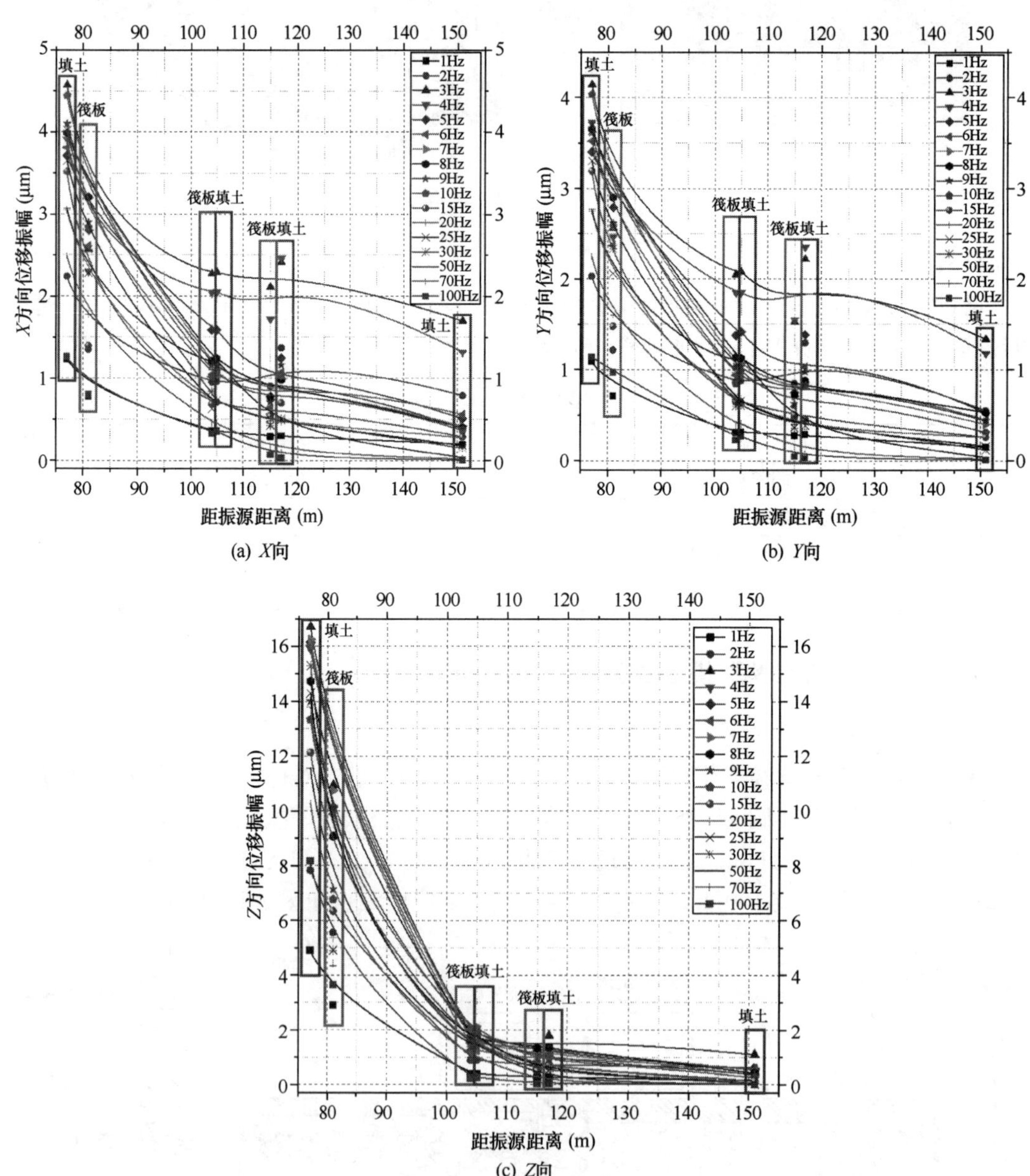

图 9-1-6　各向振动位移振幅随距离衰减曲线

不同频率下的场地振动位移振幅如图 9-1-7 所示，在 3Hz 附近振动响应最大，在 7～10Hz 及 30Hz 附近存在较大值，减隔振应重点关注 3Hz 及 7～9Hz 范围振动。随监测点到振源距离增加，各频率的放大情况越来越不明显，主要因为振动经过土体的滤波，优势频率越来越小，不管振源频率如何，远场振动优势频率均降低至土层本身的特征频率附近。

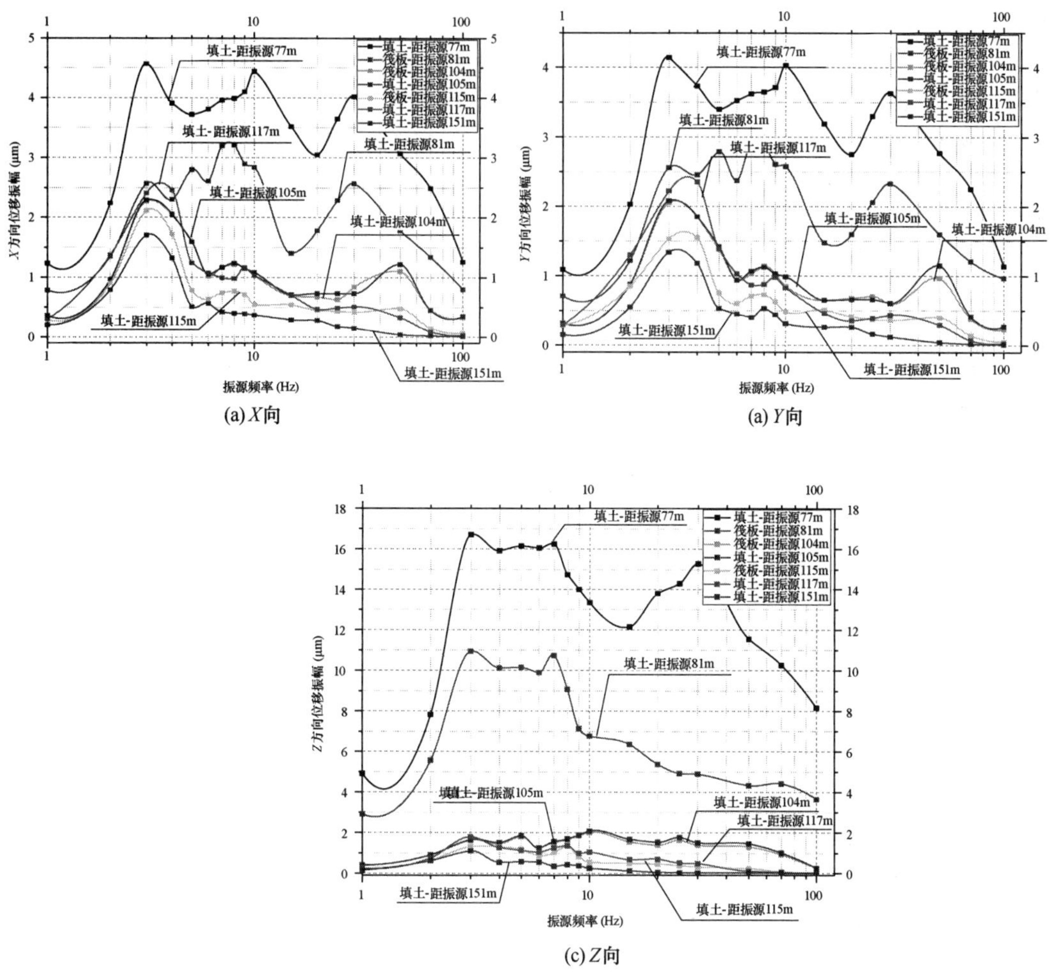

(a) X向　(a) Y向
(c) Z向

图 9-1-7　各向振动频率响应图

六、实测振动作为输入时的数值模拟

1. 无源振动模拟方法

（1）整体分析思路

高能同步辐射光源周边没有明显振源，环境微振动非常小，称为无源振动。为模拟振动实测时场地无源振动情况，必须有效模拟振源输入。为此，先在整个场地范围四周布置地表振动测点，测得场地范围四周的地面振动；再利用振动随深度衰减理论预测模型，来获取各个深度的振动；最后将获得的所有振动数据，以边界的形式施加在整个模型的边界上，使边界位移场与实际振动位移场相近，以模拟无源振动情况。该方法既可以考虑工程场地地基土层特性，又保留测点处振动特性，可较为准确地描述真实的无源振动情况。

（2）振动随深度衰减模型

地下振动实测难度较大且费用高，无实测时可采用理论预测模型获得。对于均质土层的深度振动，可利用 Richart 和 Woods 弹性解析法来获得。瑞利波在层状介质中具有弥散性，在软弱浅部土层中可能会出现放大现象，这是弹性解析方法不能反映的，故本项目采用 Thomson-Haskell 传递矩阵法来求解土层的深度振动。

由土动力学理论，远场中的振动波主要是瑞利波，假定土体由均质、各向同性弹性层组成，土层与土层之间的交界面平行于土层表面，根据弹性动力学理论，将位移和应力用标量势 ϕ 和矢量势 $\boldsymbol{\Psi}$ 表达的位移代入拉梅方程，省略面波乘积因子，并写成矩阵形式，可得：

$$
\begin{aligned}
S(z) &= T\phi(z) \\
S(z) &= [iu/k, w/k, \sigma_z/k^2c^2, i\tau_{xz}/k^2c^2]^{\mathrm{T}} \\
\phi(z) &= [\varphi^+, \varphi^-, -i\psi^+, i\psi^-]^{\mathrm{T}}
\end{aligned}
\tag{9-1-1}
$$

矩阵 $\boldsymbol{T}$ 仅是土体特性函数，与频率无关：

$$
\boldsymbol{T} = \begin{pmatrix} 1 & 1 & r_\beta & r_\beta \\ r_\alpha & -r_\alpha & 1 & -1 \\ \rho(r-1) & \rho(r-1) & \rho r r_\beta & \rho r r_\beta \\ \rho r r_\alpha & -\rho r r_\alpha & \rho(r-1) & -\rho(r-1) \end{pmatrix}
\tag{9-1-2}
$$

式中 u——x 方向位移分量；

w——z 方向位移分量；

σ_z 和 τ_{xz}——z 方向的正应力和剪应力；

i——虚数；

ρ——土层密度；

k——波数，$k=\omega/c$，ω 是圆频率，c 为相速度；＋代表向上传播的波，－代表向下传播的波；

r、r_α、r_β——相速度与拉梅参数的有关参数。

将土层划分为 n 层，利用传递矩阵法求解层状地基问题，可得划分的第 m 层解析表达式：

$$
\begin{aligned}
S(z_m) &= G_m S(z_{m-1}) \\
G_m &= T_m E_m T_m^{-1}
\end{aligned}
\tag{9-1-3}
$$

式中 z_m——第 m 层底部到地面的距离；

G_m——层间传递矩阵，将 S（z_{m-1}）向下传播；

E_m——相速度、拉梅常数和传递矩阵法划分土层厚度矩阵。

根据土层在交界面上位移和应力连续条件，由传递矩阵法可得：

$$
\begin{aligned}
\phi(z_n) &= T_{n+1}^{-1} K_{n,1} S(z_0) = RS(z_0) \\
R &= T_{n+1}^{-1} K_{n,1}
\end{aligned}
\tag{9-1-4}
$$

由于土层内部没有振源，因此，不存在向上传播的波。由于地面应力均为 0，由能量辐射条件得到：

$$\begin{aligned}&\varphi^{+}(z_{\mathrm{n}})=\psi^{+}(z_{\mathrm{n}})=0\\&\sigma_{z0}=\tau_{xz0}=0\end{aligned}\tag{9-1-5}$$

将式（9-1-5）代入式（9-1-4）可得：

$$\begin{pmatrix}0\\\varphi-(Z_{\mathrm{n}})\\0\\i\psi-(Z_{\mathrm{n}})\end{pmatrix}=\begin{pmatrix}r_{11}&r_{12}&r_{13}&r_{14}\\r_{21}&r_{22}&r_{23}&r_{24}\\r_{31}&r_{32}&r_{33}&r_{34}\\r_{41}&r_{42}&r_{43}&r_{44}\end{pmatrix}\begin{pmatrix}iu_0/k\\w_0/k\\0\\0\end{pmatrix}\tag{9-1-6}$$

式中　r_{ij}——矩阵 $\boldsymbol{R}$ 中的元素。

式（9-1-6）可简化为：

$$\begin{aligned}&\begin{pmatrix}r_{11}&r_{12}\\r_{31}&r_{32}\end{pmatrix}\begin{pmatrix}iu_0/k\\w_0/k\end{pmatrix}=\begin{pmatrix}0\\0\end{pmatrix}\\&\begin{pmatrix}r_{11}&r_{12}\\r_{31}&r_{32}\end{pmatrix}=[\boldsymbol{LS}]\end{aligned}\tag{9-1-7}$$

矩阵［$\boldsymbol{LS}$］是瑞利波波速和波长的函数，为保证地面存在振动，u 和 w 不能同时为 0，因此，矩阵行列式 det［$\boldsymbol{LS}$］必须为 0，即 det［$\boldsymbol{LS}$］=0，这就是瑞利波的特征方程。对于某一给定波长的瑞利波，可用式（9-1-7）求解瑞利波波速，再不断改变波长，便可得整个土层瑞利波的弥散曲线。

利用瑞利波特征方程，可得水平位移与竖向位移的比值。可将地表竖向位移设为 1.0，并结合式（9-1-5），可得满足瑞利波特征方程的边界条件：

$$\boldsymbol{S}(z_0)=[-r_{12}/r_{11},1,0,0]^{\mathrm{T}}\tag{9-1-8}$$

最后，联立式（9-1-7）和（9-1-8），并在竖向和水平向对各自地面位移进行归一化，便可求得任意深度的瑞利波位移衰减因子。图 9-1-8 给出计算深度位移时程曲线的流程。

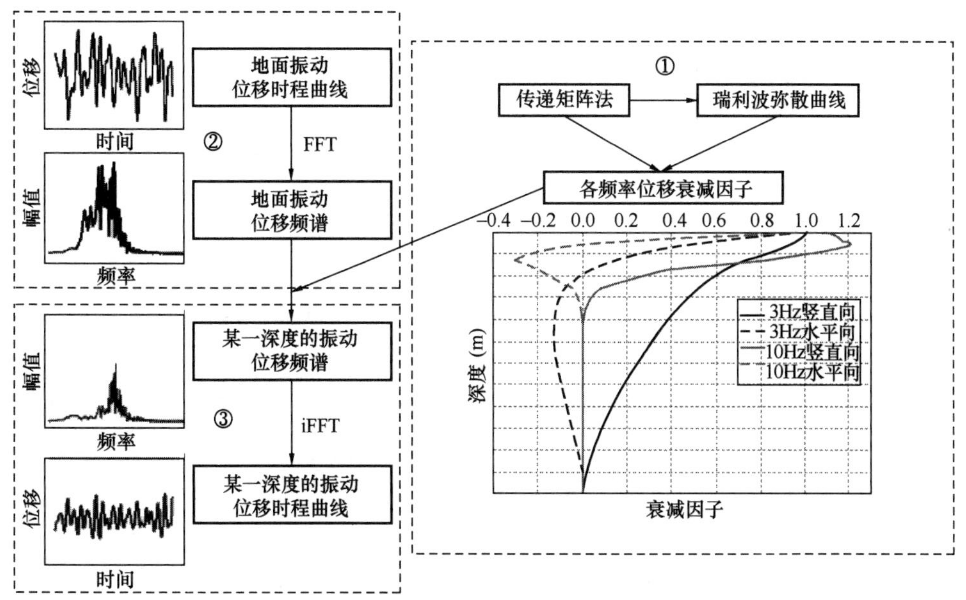

图 9-1-8　计算深度位移时程曲线的流程图

2. 高能同步辐射光源振动模拟分析

（1）选取测点 C851 嘈杂时段实测振动位移时程曲线（图 9-1-9）进行分析，三个方向的位移峰值均在 160nm 左右，三个方向的 RMS 值在 45nm 左右。

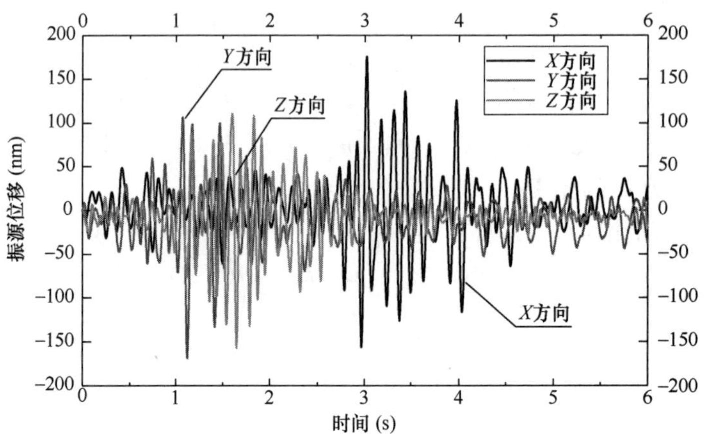

图 9-1-9　实测同步辐射光源场地嘈杂时段振动位移时程曲线

（2）利用 Thomson-Haskell 方法计算高能同步辐射光源场地的弥散曲线和各频率位移衰减因子，如图 9-1-10 和图 9-1-11 所示。高能同步辐射光源地基土层是典型的上软下硬土层，如图 9-1-12 所示，在波长短、频率高时，分层地基的瑞利波速接近于上层土的理论瑞利波波速，当波长增大（频率减小），波速也不断增大，当达到一定值时，分层地基的瑞利波波速趋近下层土的瑞利波波速，表明当波长短、频率高时，瑞利波受上层土层影响大；当波长长、频率低时，瑞利波受下层土层影响大。如图 9-1-11 所示，位移衰减因子随深度的分布规律和频率有着密切的关系，频率越高，衰减越快，传播越浅，反之亦然。

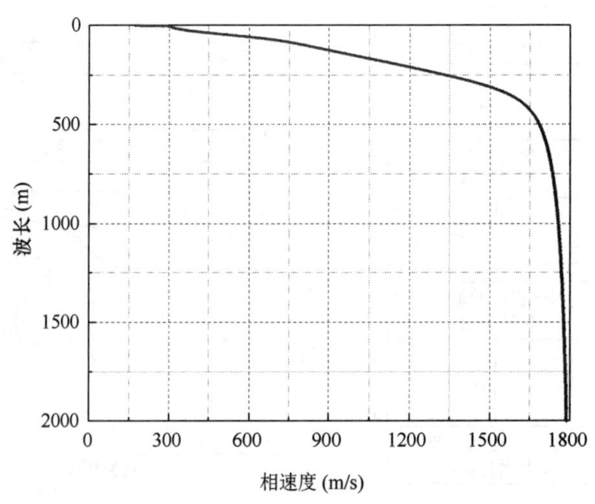

图 9-1-10　高能同步辐射光源分层地基弥散曲线

（3）利用计算得到的高能同步辐射光源地基各频率位移衰减因子，结合实测地面振动，得到各个深度下的振动位移时程曲线，如图 9-1-12 所示，随深度增加，振动迅速减

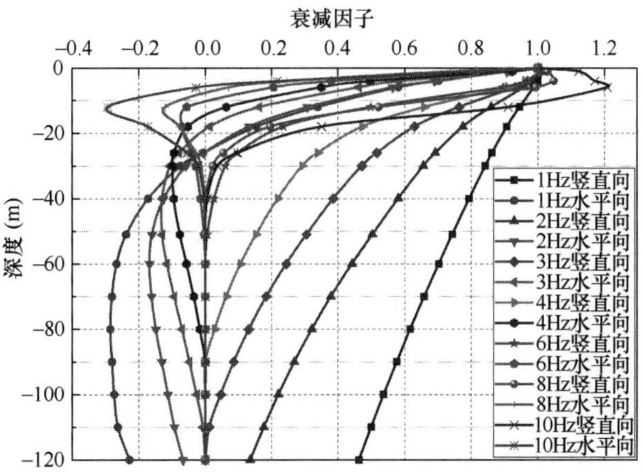

图 9-1-11　高能同步辐射光源振动位移沿深度衰减因子

小，竖向振动衰减较慢，水平振动衰减较快。由图 9-1-12（a），对比地面振源，竖向振动在地下 12m 处出现略微放大，因为测点 C851 的振动频率约为 10Hz，根据位移衰减因子，10Hz 竖向振动在地下 12m 处衰减因子略大于 1.0。而其他深度的位移衰减因子均小于 1.0，随深度增加，位移衰减因子迅速减小，其他深度的位移时程曲线均随深度增加而迅速衰减。

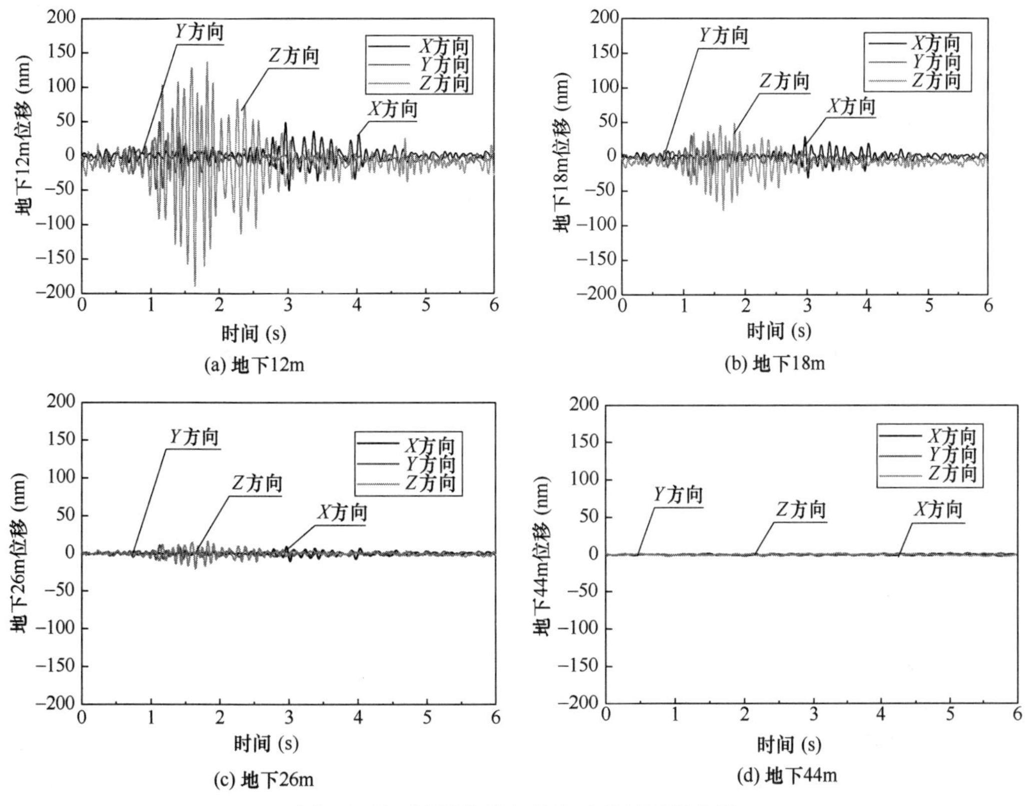

图 9-1-12　沿深度分布的振动位移时程曲线

（4）将各深度的振动位移时程曲线以位移边界形式输入模型，如图 9-1-13 所示。

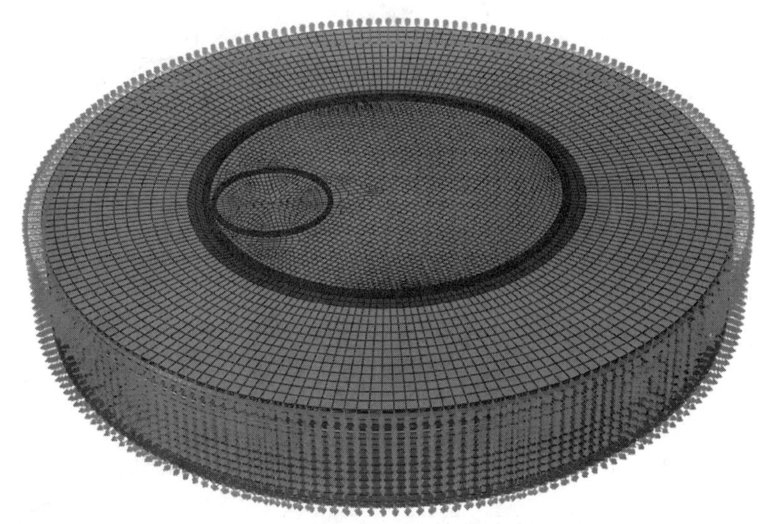

图 9-1-13　高能同步辐射光源模型振源输入

实际工程中，同一深度下各测点无源振动的相位并不完全相同，需要测得整个场地范围内四周多个地表振动测点的位移时程曲线，来获得不同深度、不同位置的位移时程曲线。但在本次工程振动实测中，同一直径范围仅获得一个测点的振动位移。故对于同一深度、不同位置的振动时程曲线需进行相位变化，即将位移时程曲线进行快速傅里叶变换得到幅值谱和相位谱，保持幅值谱不变，再将［−1，1］范围内的随机数与相位谱相乘得到新的相位谱，最后，将原幅值谱与新相位谱相加后，逆变换得到幅值相近、相位随机的位移时程曲线，流程如图 9-1-14 所示。

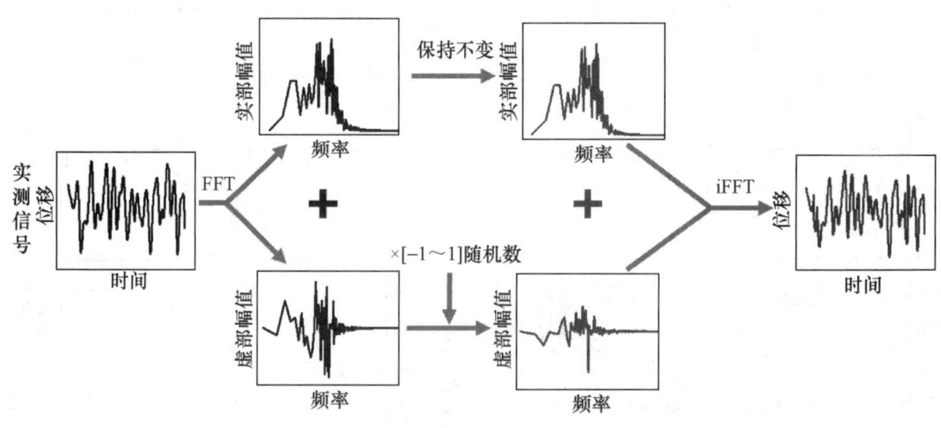

图 9-1-14　相位变换流程示意图

3. 模型验证

模型验证分为两个部分：一是验证土层参数是否合理，前文已通过对比实测和模型的特征频率加以验证；二是验证振源输入形式能否真实反映高能同步辐射光源场地微振动情况。为此，将图 9-1-13 中的结构部分去除，保持网格划分一致，以纯土层模型进行计算，沿直径方向地表振动计算结果如图 9-1-15 所示。

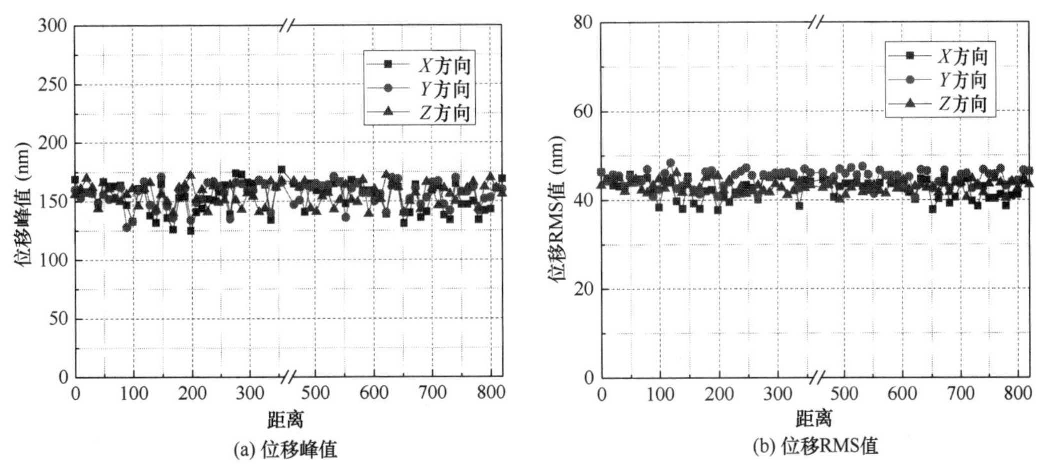

图 9-1-15　无源振动输入纯土层验证

各方向位移峰值及 RMS 值稳定在较小的变化范围内，可认为无源振动输入合理。X 向位移峰值平均值为 169nm，Y 向位移峰值平均值为 161nm，Z 向位移峰值平均值为 156nm。X 向位移 RMS 值平均值为 43nm，Y 方向位移 RMS 值平均值为 45nm，Z 向位移 RMS 值平均值为 43nm，都与实测水平接近。

4. 模拟结果分析

储存环隧道和增强器隧道区域是振动控制重点区域，着重对此区域进行振动分析，如图 9-1-16 所示。

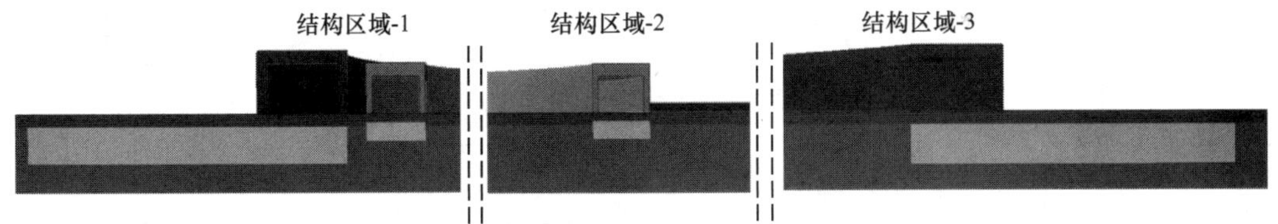

图 9-1-16　高能同步辐射光源结构剖面示意图

环境振动的 RMS 值与时间密切相关，一般评价环境振动需选取 24h 或将安静与嘈杂时段分开进行评估，但数值模拟并不适合选用如此长的计算时间。本次模拟选取的是实测最大位移区域（嘈杂时段）内 6s 时间段，计算出的 RMS 值相较于整体振动水平评估必然偏大。但环境微振动中土体处于弹性阶段，可按振动整体平均值与峰值的比值进行折减。图 9-1-17 给出未经折减的高能同步辐射光源整体与重点剖面振动位移 RMS 值。

由图 9-1-17（a），结构区域的位移峰值较无源振动场地振动水平明显降低，与扫频计算一样，说明筏板及素混凝土换填方案对环境微振动控制十分有效。Z 向振动一般大于 X 向和 Y 向振动，X 向和 Y 向振动规律基本一致；筏板外土层振动位移峰值明显增大，说明波在遇到换填的素混凝土垫层后，一部分能量被反射回去，导致板前土层振动增大，但由于一部分能量被垫层反射回去，传至结构区域的能量小很多，从而抑制结构区域内振动。

结构范围内，筏板上振动比地表土层振动明显减小，但从图 9-1-17（b）和图 9-1-17

（d）可以看出，筏板和隧道边缘（变刚度区域）振动有所放大；增强器隧道振动大于储存环隧道及实验大厅振动，主要原因：一是增强器隧道的底板厚度及垫层厚度均小于储存环隧道及实验大厅，二是增强器隧道范围小，刚度变化大，而储存环隧道有较大范围的筏板，可起到刚度过渡作用，振动变化幅度较小一些。X 向和 Y 向结构区域（实验大厅、储存环隧道、增强器隧道）在振动最大 6s 时段的位移 RMS 值小于 25nm，满足控制标准；Z 向绝大部分区域在振动最大 6s 时段的位移 RMS 值小于 25nm，但在变刚度区域有超标现象，建议在有条件时增加一定的刚度过渡措施。

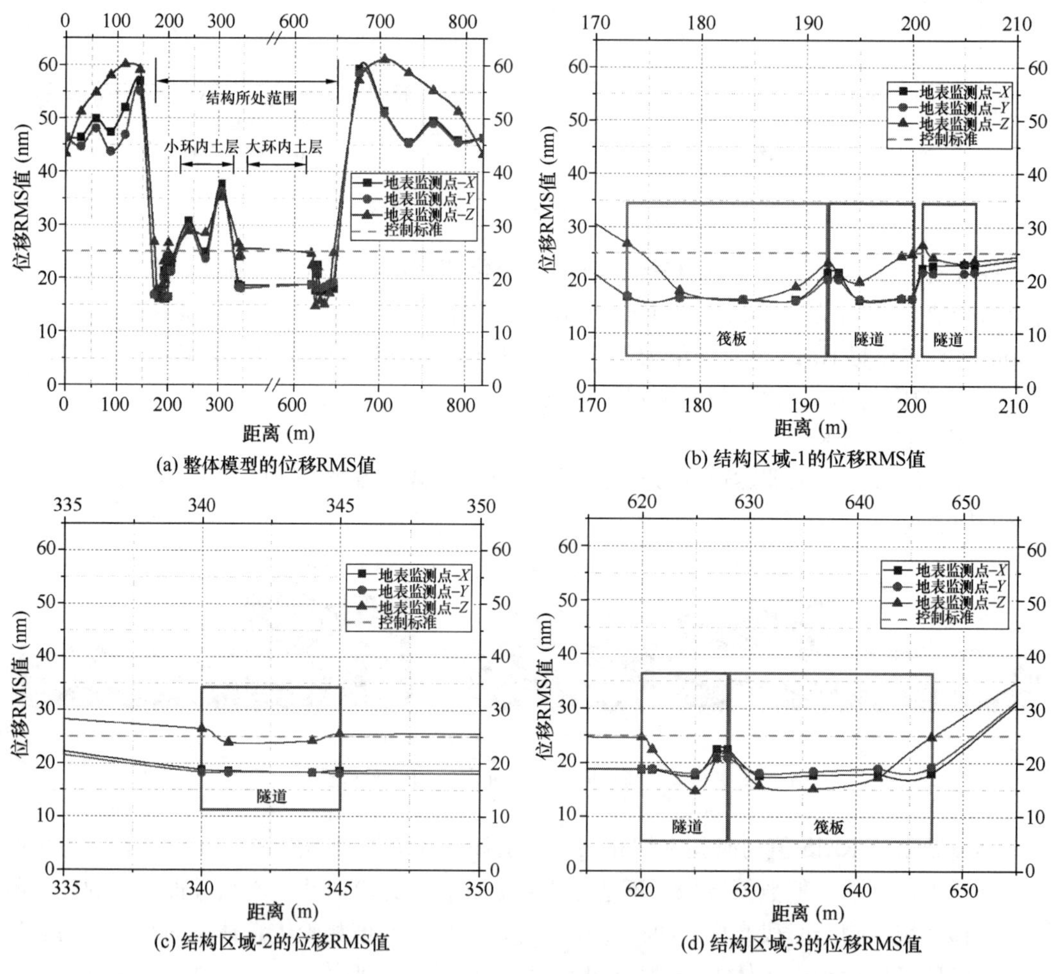

图 9-1-17　无源振动模拟沿直径位移 RMS 值分布图

七、主要结论

（1）数值模拟得到的场地特征频率在 3.18Hz 左右，实测为 3.11Hz，两者接近，计算、实测分析可靠。

（2）扫频计算结果表明地表振动与地基基础振动随距离增加而衰减，在环形结构处，振动反射导致环内土体振动放大；含结构模型比地基模型结构区域振动幅值明显降低，说明原有地基基础设计方案可有效降低场地振动。

（3）对于频率为 3Hz 和 7～10Hz 振动输入，地基-基础-结构模型的振动响应较大，尤其是接近地基特征频率（约 3Hz）时。

（4）以场地实测嘈杂时段振动信号作为输入，地基基础 X 向和 Y 向振动位移 RMS 值小于控制值（25nm），Z 向在结构变刚度处振动位移 RMS 值略超 25nm，建议有条件情况下增加一定的刚度过渡措施。

［实例 9-2］上海光源工程微振动控制分析

一、工程概况

上海光源工程是“十五”期间的国家重大科学工程，是显示综合科技实力的标志性重大科学装置，是实施科教兴国战略，加快国家创新体系建设的一项标志性工程。它主要由一台能量为 150MeV 的电子直线加速器，一台周长为 180m、能量为 3.5GeV 的增强器，一台周长为 432m、能量为 3.5GeV 的电子储存环和光束实验站等装置组成。

主体建筑内部主要有直线加速器隧道、增强器隧道、储存环隧道及实验大厅。其中，电子储存环隧道和光束实验大厅基础有严格的微变形和微振动控制要求。图 9-2-1 和图 9-2-2给出上海光源工程主体建筑内部平面示意图和典型剖面示意图。

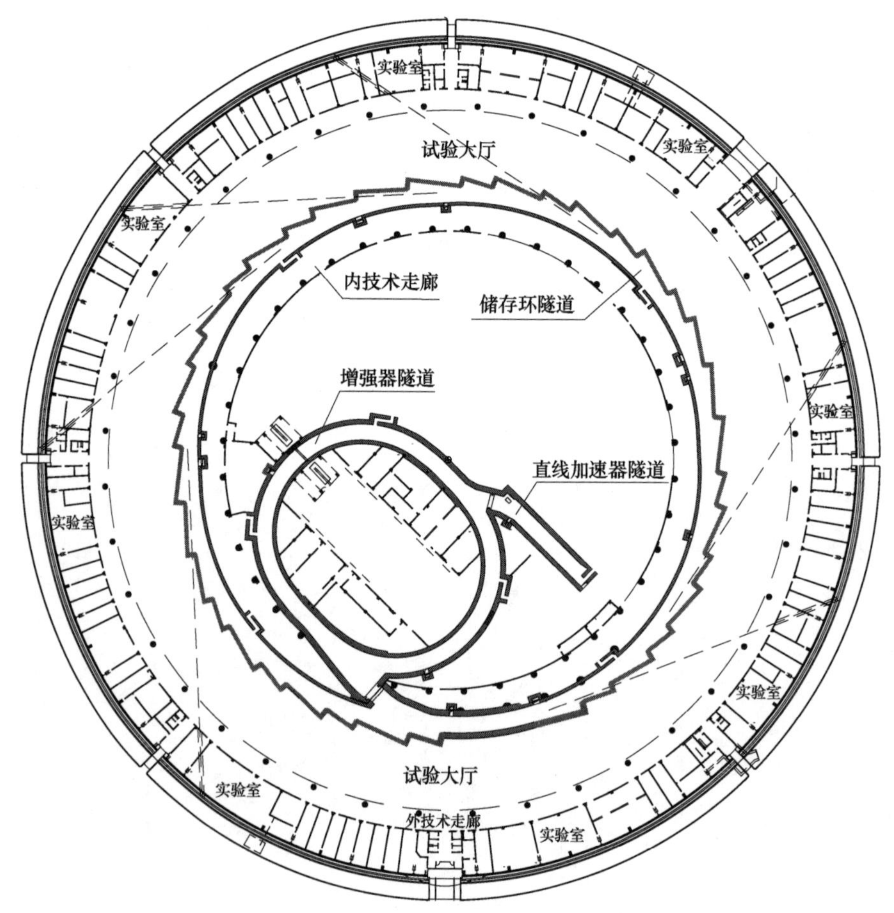

图 9-2-1　上海光源主体建筑内部平面示意图

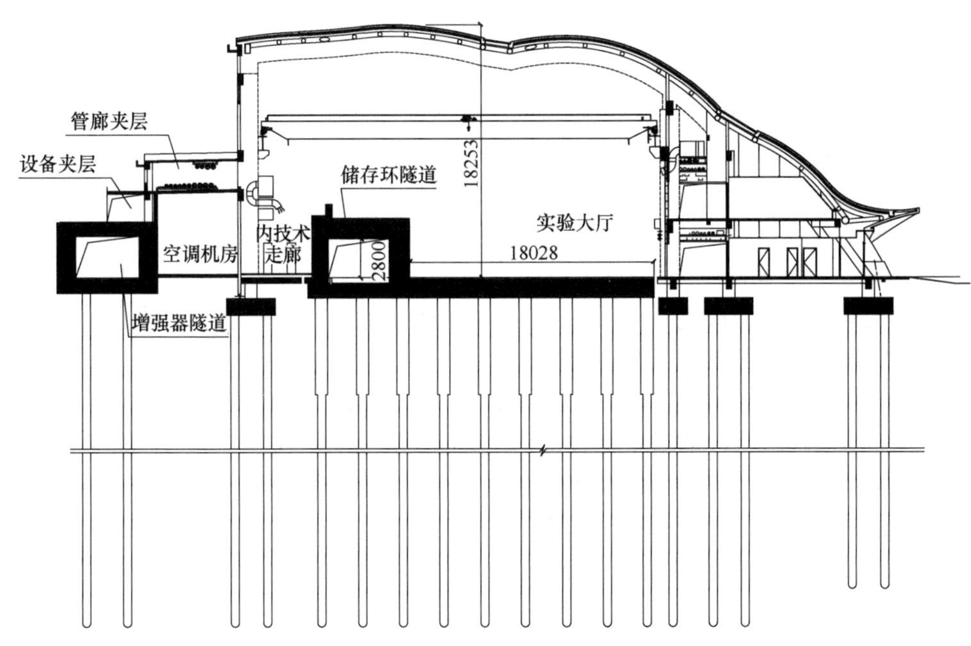

图 9-2-2　上海光源主体建筑典型剖面示意图

二、基础控制要求

上海光源工程储存环的束流轨道稳定性处于世界先进水平，因此，对储存环隧道和光束线实验大厅基础提出极高的微变形和微振动控制要求，上海光源同步辐射装置基础储存环隧道和实验大厅基础微振动控制标准如下：

储存环隧道和实验大厅基础频率 $f>1\text{Hz}$ 的振动位移均方根为竖向 $D_z<0.15\mu\text{m}$（安静时段），$D_z<0.3\mu\text{m}$（嘈杂时段）；水平向 $D_x<0.30\mu\text{m}$（安静时段），$D_x<0.6\mu\text{m}$（嘈杂时段），安静时段指 0：00～4：00，嘈杂时段指 4：00～24：00。

表 9-2-1 给出国内外部分光源工程与上海光源工程场地微振动测试结果对比，作为国际上首例建造在软土地基上的第三代同步辐射光源，要达到振动控制要求，难度相当大。

部分国外光源和上海光源场地微振动竖向位移实测情况对比表　　表 9-2-1

序号	光源名称	安静时段位移均方根值（nm）	嘈杂时段位移均方根值（nm）
1	日本光源 SPring-8	1.8	2.5
2	美国光源 APS	9.8	11.0
3	欧洲光源 ESRF	40.2	137.2
4	德国柏林光源 BESSY	53.1	140.7
5	北京高能物理研究所 IHEP	8.1	9.0
6	上海光源 SSRF	259	768.0

三、场地振动测试

1. 天然场地条件微振动测试

场地周边的张衡路和科苑路为交通干道，昼夜都有各种大型卡车和小型卡车运行，对上海光源工程影响较大。

为便于不同阶段的分析比较，微振动测试振源采用常时微动与车辆振源相结合。车辆有两种，一种是重量约 10t 的卡车，另一种是重量 40t 的土方车。

2. 同步辐射装置基础微振动测试

现场微振动测试分两次进行：第一次是部分同步辐射装置基础施工完成；第二次是对整体同步辐射装置基础开展现场微振动测试。

部分同步辐射装置基础微振动测试，对象有三个：第一个是部分同步辐射装置基础，面积约 450m^2 的基础承台，基础厚度 1.35m，下部设置 22 根直径 600mm、长度 48m 的钻孔灌注桩；第二个也是部分同步辐射装置基础，面积约 48m^2 的基础承台，基础厚度 1.35m，下部设置 5 根直径 600mm、长度 48m 的钻孔灌注桩；第三个是单桩，直径 600mm、长度 48m 的钻孔灌注桩。测点布置如图 9-2-3 示。

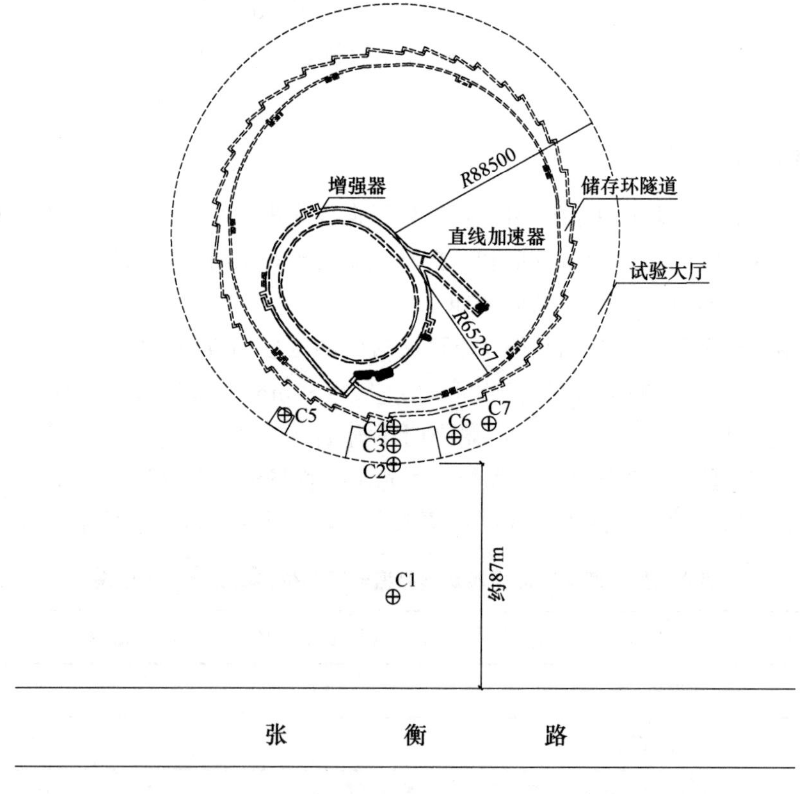

图 9-2-3　部分装置基础微振动测点平面布置

同步辐射装置基础（储存环隧道和光束线实验大厅底板）设计采用抗微振能力较好的桩基础，采用独立的结构基础防微振体系，与围护建筑基础脱开，尽可能减小其他因素的不利影响。本阶段测试在储存环隧道和光束线实验大厅施工完成后进行。

根据微振动控制要求，对储存环隧道和实验大厅基础底板分别布置振动测点，连续实测一昼夜，分析底板微振动水平，一方面与控制标准进行对比分析，以探讨底板微振动变化规律，为下阶段工作提供参考；另一方面探讨在环境振动大体相当条件下，储存环隧道和光束线实验大厅的基础底板结构振动响应，并与天然场地微振动水平进行比较。为便于不同阶段的分析比较，共布置 5 个测点（C1、C2、C3、C4、C5），详见图 9-2-4。

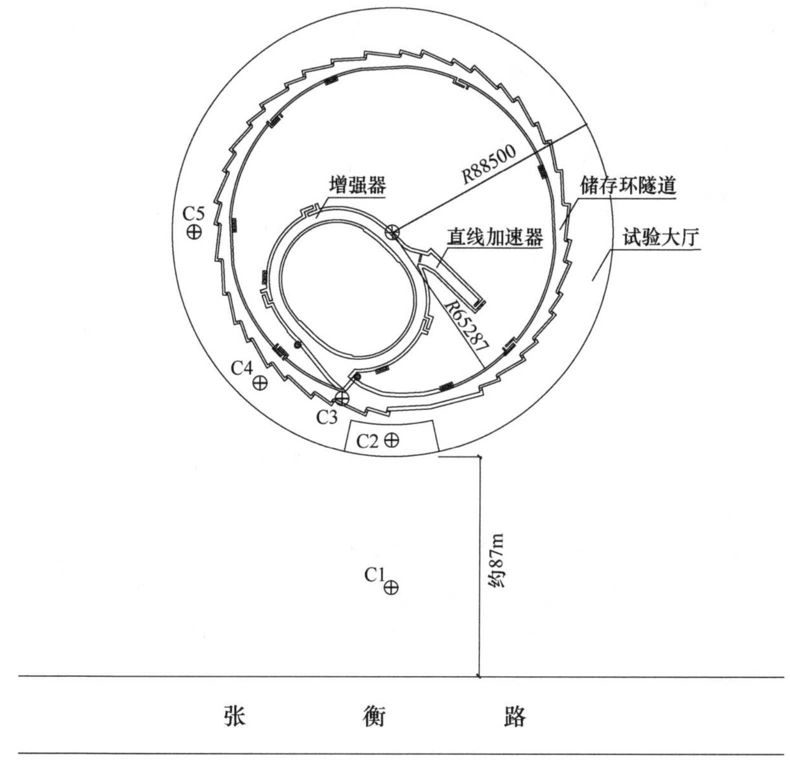

图 9-2-4 同步辐射装置基础测点平面布置图

3. 控制周边道路交通的减振措施测试

本阶段测试工作分两次进行：第一次是天然场地条件下，对张衡路与科苑路进行交通管制与不管制对比振动测试，分析周边道路交通荷载对场地微振动水平影响。第二次是同步辐射装置基础竣工后测试，通过记录张衡路上大型卡车的通行情况，分析同步辐射装置基础现场测试数据，评价张衡路上大型卡车通行对同步辐射装置基础微振动水平影响。

四、数值模拟分析

数值分析模型是从半无限体中取出有限大的圆柱体模型，来代表半无限体的微振动情况，圆柱体模型直径约 280m，有限元模型模拟土体深度 228m，根据上海光源工程实际地质情况，将土体分为 18 层。

实验大厅底板最大直径 177m，采用实体有限单元模拟土体，采用弹性板单元模拟钢筋混凝土桩基承台，采用空间梁单元模拟桩。有限元模型网格如图 9-2-5 所示。

考虑同步辐射装置基础刚度影响、储存环隧道墙体刚度影响、直线加速器和增强器基础及其墙体刚度影响，根据上海光源同步辐射装置基础微变形设计要求，同步辐射装置基础初步考虑采用640根桩来满足微变形控制要求。首先按照同步辐射装置基础下布置640根桩建立有限元计算模型，图9-2-6、图9-2-7给出计算模型示意图。

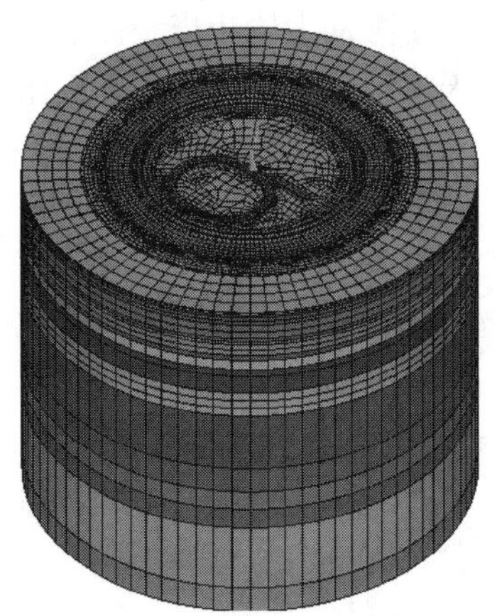

图9-2-5　数值模拟分析有限元单元网格

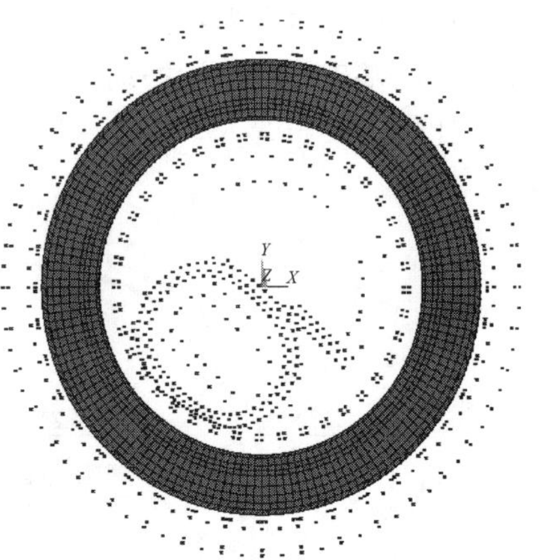

图9-2-6　同步辐射装置基础和桩位平面示意图

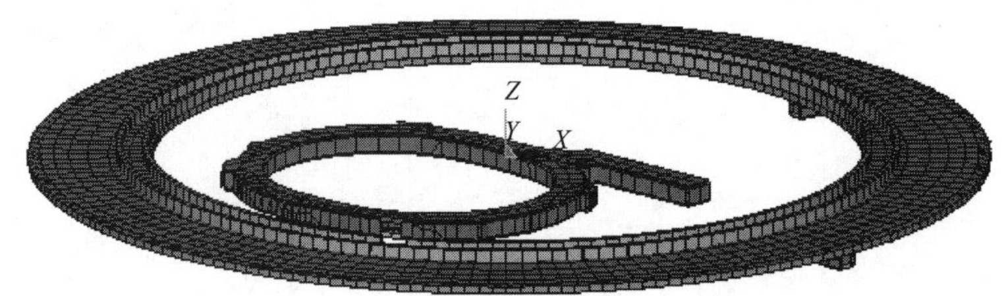

图9-2-7　同步辐射装置基础侧面示意图

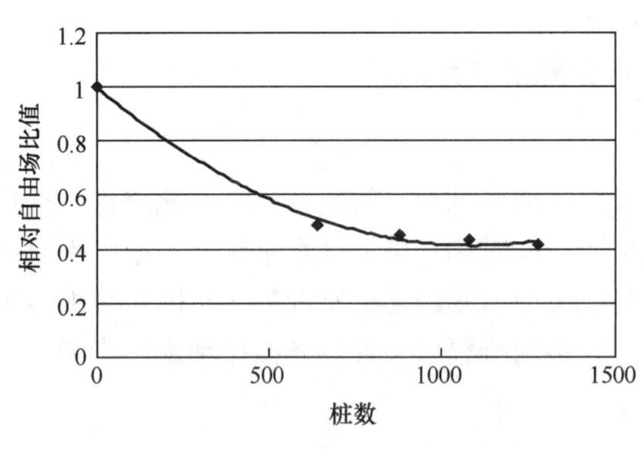

图9-2-8　不同桩数与天然场地条件相对比较分析

为分析储存环隧道和实验大厅底板下不同桩数对微振动水平影响，建立储存环隧道和实验大厅底板下不同桩数计算模型，桩数分别为640、880、1080和1280根，表9-2-2给出竖向基础下不同桩数计算结果以及与天然场地条件计算结果对比分析。图9-2-8给出不同桩数与天然场地条件和同步辐射装置基础对比关系图，可以看出，随桩数增加，基础微振动水平逐渐降低，但桩数达到一定数量，再增加桩数，基础微振动水平变化不大。

同步辐射装置基础下不同桩数竖向微振动对比分析结果　　表9-2-2

桩数	0	640	880	1080	1280
相对天然场地条件比值	1.00	0.49	0.45	0.43	0.42
相对同步辐射装置基础比值	—	1.00	0.92	0.88	0.85

采用第⑨层中细砂做桩端持力层，竖向振动有所降低，约 10%，水平向振动基本不变。但若采用第⑨层做桩端持力层，桩基工程造价提高数倍，且施工难度增加，工期加长。当基础底板厚度增大为 3m 时，同步辐射装置基础水平向微振动基本不变，略有降低；竖向有所降低，约 20%。

储存环隧道和实验大厅工程桩采用桩端后注浆灌注桩，桩直径 600mm，桩长度 48m，桩端持力层为⑦$_2$粉细砂层，实验大厅底板厚度 1.35m，桩数约 960 根，进一步减小了同步辐射装置基础微振动水平。增强器及直线加速器桩数 209 根。考虑围护建筑柱下桩基数量，上海光源工程总桩数约 2100 根，图 9-2-9 给出有限元计算的桩位示意图。

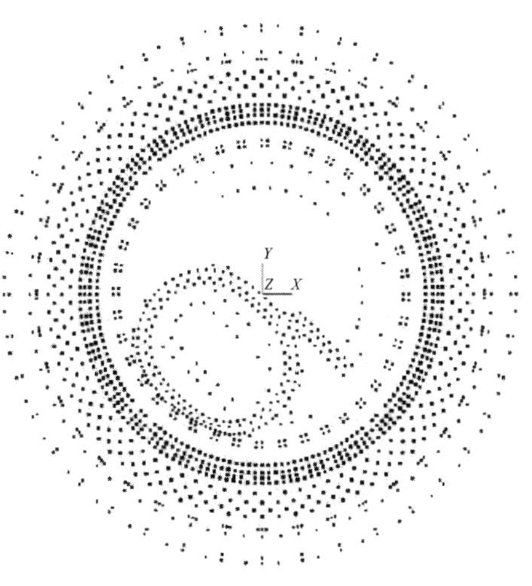

图 9-2-9　有限元计算中桩位示意图

现场测试数据选取与数值模拟分析输入时程曲线对应时间段和测点数据进行分析。第一阶段天然场地条件测点为 A2，第二阶段部分同步辐射装置基础对应测点为 C3、整体同步辐射装置基础对应测点为 D2。

表 9-2-3 给出现场测试结果和数值模拟分析结果，第一阶段和第二阶段数值模拟计算值略大于现场实测值，但二者总体上比较接近；与第一阶段相比，第二阶段现场测试分析结果和数值模拟分析结果表明基础承台上的微振动均方根值明显降低，表明部分和整体同步辐射装置基础自身具有良好的减振能力（竖向明显）；数值模拟分析结果表明，在同步辐射装置基础承台周边设置隔振措施后，基础微振动水平能够进一步降低。

现场测试与数值模拟计算均方根位移对比（单位：μm）　　**表 9-2-3**

分析阶段		现场测试			模拟计算		
		东西向	南北向	竖向	东西向	南北向	竖向
1	天然场地	0.61	0.81	1.48	0.90	0.87	1.67
2	部分基础（22 桩承台）	0.41	0.61	0.64	0.79	0.81	0.92
3	整体基础	0.29	0.35	0.62	0.48	0.42	0.81

实测结果表明，振动水平满足控制要求。嘈杂时段基础承台上东西方向和南北方向位移四点均值，分别为 0.196μm 和 0.187μm，满足 0.6μm 的微振动控制要求；竖向四点位移平均值为 0.279μm，满足 0.3μm 的竖向微振动控制要求。实测分析结果也表明，安静时段基础承台上东西方向和南北方向四点位移平均值分别为 0.103μm 和 0.126μm，满足安静时段水平方向 0.3μm 的微振动控制要求；竖向四点位移平均值为 0.125μm，满足安静时段 0.15μm 的竖向微振动控制要求。

［实例 9-3］硬 X 射线自由电子激光装置微振动控制分析

一、工程概况

硬 X 射线自由电子激光是一种新型具有极高平均亮度、超短脉冲和高度相干等卓越特性的重大 X 射线科学平台。硬 X 射线自由电子激光装置属于国家“十三五”规划中的重大科技基础设施，包括一台能量高达 8GeV 的超导直线加速器，可覆盖 0.4～25keV 范围的 3 条波荡器线、3 条光学束线以及首批 10 个实验站。该装置建成后，将形成我国唯一、世界领先水平的第四代 X 射线光源大科学装置，将在光子科学领域形成美国-欧洲-中国三足鼎立的格局，使我国掌握新时期科学创新的主动权。

硬 X 射线自由电子激光装置位于上海市浦东新区张江科学园内，布局于祖冲之路与华夏中路之间，西侧紧邻罗山路高架和磁悬浮线。主体装置将放置于平均埋深约 40m 的地下隧道中。土建工程主要包括长约 3.2km 的地下隧道、5 个竖井工作站及竖井周边的地面设施等。地下隧道段整体呈南北走向，拟建工程地理位置如图 9-3-1 所示。

图 9-3-1　硬 X 射线自由电子激光装置地理位置图

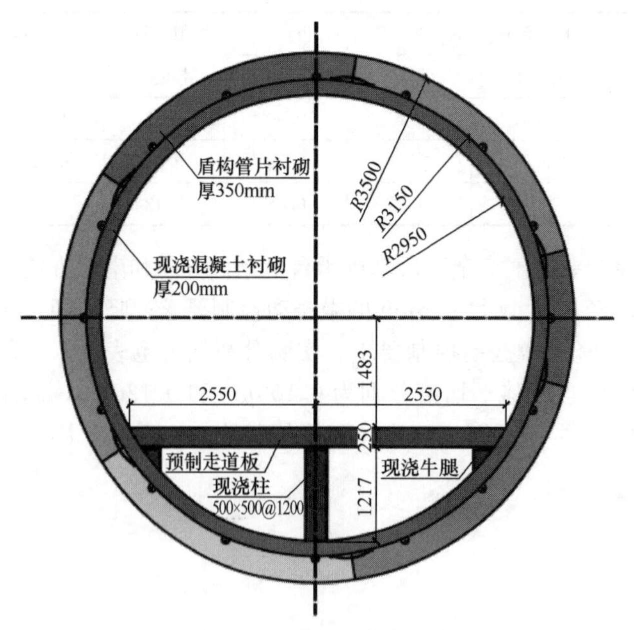

图 9-3-2　盾构隧道截面图

二、隧道振动控制要求

隧道段拟采用盾构法施工，盾构隧道采用外径 7.0m，内径 6.3m 的单层装配式圆形衬砌结构。二层衬砌采用钢筋混凝土现浇内衬，壁厚 200mm。隧道底板结构设计采用隧道两侧现浇牛腿和预制走道板的结构形式，跨中设置现浇中立柱，如图 9-3-2 所示。

隧道结构微振动控制要求非常高，隧道底板各向振动位移有效值（1～100Hz 振动位移均方根值）不得大于 150nm；下穿地铁 13 号线的隧道区间底板振动不得大于 500nm。

三、周边振源分布

4 号井是设置主实验厅的场所，周边存在不同类型的交通振源，包括罗山路高架（包括上海市轨道交通 16 号线高架段）、罗山路地面公路、磁悬浮线高架和三八河路等，如图 9-3-3所示，主要振源分类与振源到 4 号井的距离如表 9-3-1 所示。

图 9-3-3　硬 X 射线 4 号井周边场地与主要交通图

环境微振动振源特性表　　表 9-3-1

引发振动的交通设施	振源类型	振源与 4 号井的距离（m）
罗山路	地面公路	368
16 号线	高架轨道交通	368
磁悬浮线	高架轨道交通	221
三八河路	地面公路	170

由图 9-3-3 和表 9-3-1 可知，各振源到隧道的距离相对较远，但由于硬 X 射线自由电子激光装置对环境微振动控制达到纳米级要求，研究并掌握各振源引发场地环境微振动的特性和传播规律具有重要意义，准确评估隧道振动响应是硬 X 射线自由电子激光装置环境微振动控制的关键内容。

四、环境微振动实测分析

1. 测试方案

（1）测试仪器

振动加速度传感器采用的是 941B 型加速度计，灵敏度为 0.3V/（m/s^2），分辨率为 $5\times10^{-6}m/s^2$，可测量三维空间各向振动加速度。振动信号由 941B 放大器放大，利用 NI9220 数据采集仪采集放大后的信号，采样频率为 256Hz。

（2）测试工况

环境微振动按振源形式可分为公路和高架轨道交通两种类型，如表 9-3-1 所示。现场振动测试分为两组：第一组（测试Ⅰ）对各振源引发的振动进行测试，以分析不同振源单独激振所引起的振动特性；第二组（测试Ⅱ）分析不同振源的组合振动在传播过程中的衰减规律。测试工况及具体内容见表 9-3-2。

（3）测点布置

两组振动测点皆沿测线 A-A 布设，图 9-3-4 给出各测点位置。其中，测点 1 至测点 5（即 MP1～MP5）测试沿振动距离的传播规律，到钻孔处的地表距离分别为 0m、61m、127m、187m、221m 和 368m；测点 6 至测点 9（即 MP6～MP9）测试振动沿深度的传播规律，布置于拟建 4 号井位置的 4 个钻孔中，埋深分别为 4.5m、19.1m、34.6m 和 47.8m。此外，测点 0、测点 1 与测点 2（即 MP0，MP1 与 MP2）分别测试 16 号线与罗山路、磁悬浮线和三八河路的振源振动特性，布置在桥墩和路面处，并开展了 48h 不间断数据采集。

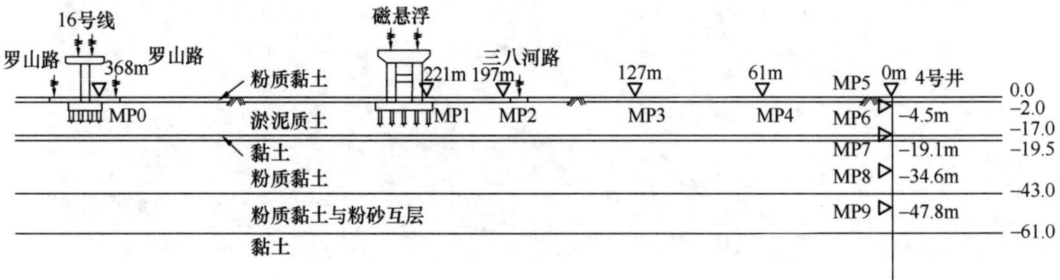

图 9-3-4　环境微振动实测测点布置剖面图

环境微振动测试工况表　　　　**表 9-3-2**

组别	编号	工况（测试振源）	测点
测试Ⅰ	Ⅰ-1	磁悬浮	MP1
	Ⅰ-2	16 号线	MP0
	Ⅰ-3	罗山路公路	MP0
	Ⅰ-4	三八河路	MP2
测试Ⅱ	Ⅱ-1	磁悬浮	MP1～MP9
	Ⅱ-2	磁悬浮、16 号线共同作用	MP0～MP9

2. 测试数据分析

（1）振源振动特性分析

图 9-3-5 给出测试Ⅰ场地中各振源的竖向振动加速度时程曲线，罗山路地面交通和三八河路地面交通引起的微振动振幅明显小于罗山路高架与磁悬浮高架引起的微振动，加速度峰值分别为 2.1mm/s^2 和 1.8mm/s^2。三八河路测试振动与场地本底振动基本一致。

磁悬浮引发振动加速度峰值为 89.7mm/s^2，低于 16 号线处振动加速度峰值 172.9mm/s^2，但磁悬浮高架到 4 号井的距离比 16 号线短 147m。

综合分析，磁悬浮和 16 号线是 4 号井场地环境微振动的主要振源，磁悬浮起控制作用。

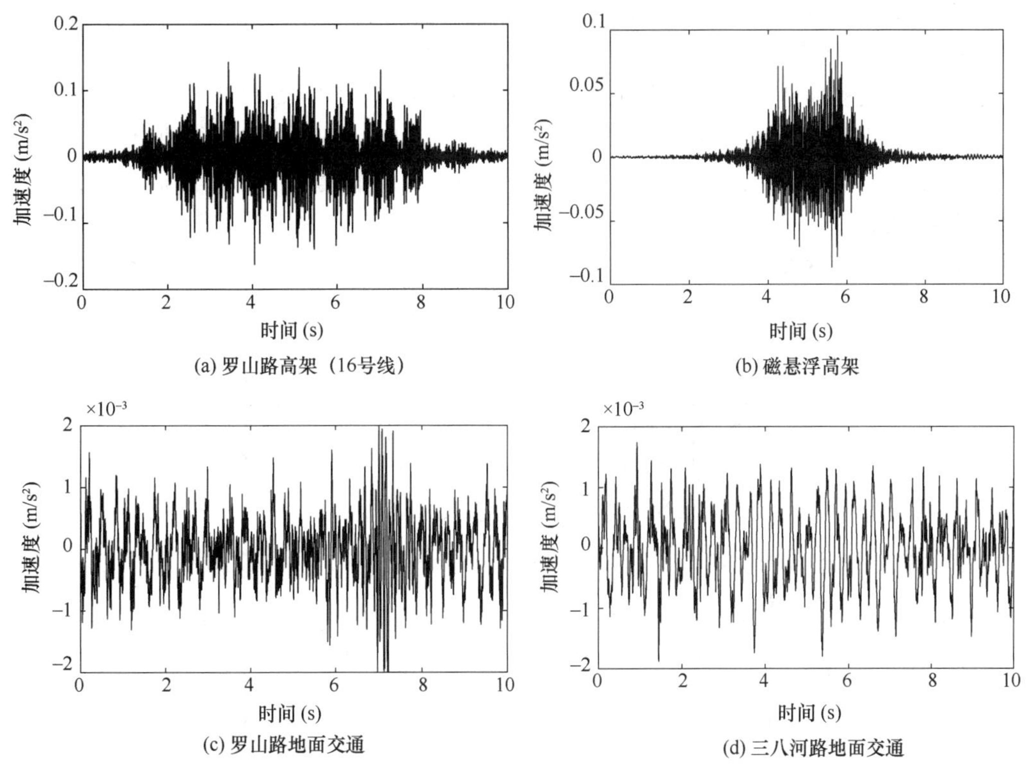

图 9-3-5　环境微振动主要振源的竖向加速度时程曲线

（2）振动传播规律分析

图 9-3-6（a）给出不同地表测点处的加速度时程曲线，以研究振动随距离的衰减情况，可以看出，加速度幅值随距离增加而明显减小。MP1 处三个方向的振动分量处于同一量级，竖向分量比横桥向和顺桥向分量稍小。但随距离增加，横桥向和顺桥向的衰减比竖向分量的衰减更快，在 MP5 处竖向分量已明显大于横桥向和顺桥向分量。

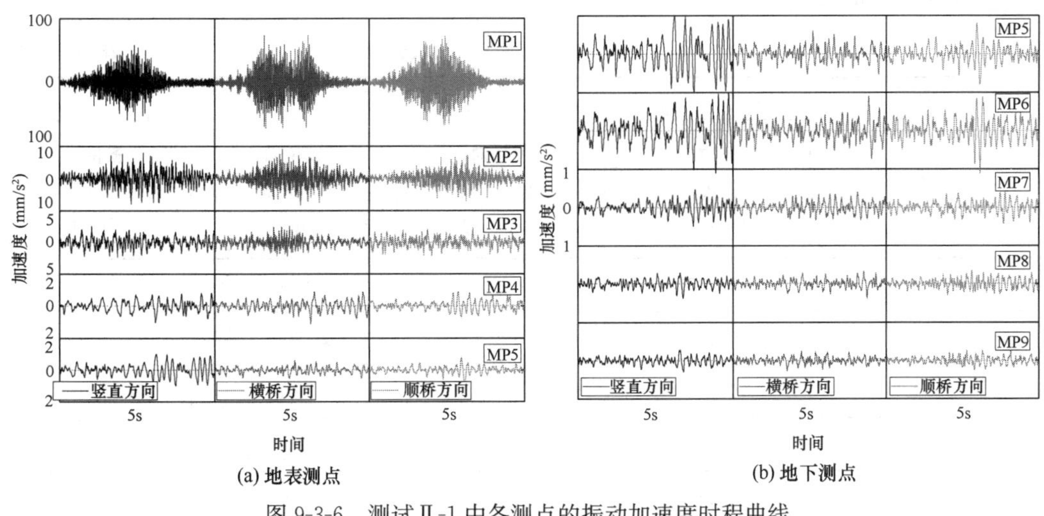

图 9-3-6　测试Ⅱ-1 中各测点的振动加速度时程曲线

图 9-3-6（b）给出沿深度测点的加速度时程曲线，结果表明振幅随深度的增加而减小。MP6 处水平分量大于 MP5，表明 MP6 处的水平振动放大。

总体上，振动加速度随距振源距离的增加而减小，随着距离增大，衰减速度由快到慢。1/3 倍频程谱如图 9-3-7 所示，随距振源距离的增加，高频振动迅速衰减，在距离振源 160m 处，30Hz 以上成分衰减到 40dB 并保持稳定；其优势频带不断降低，减少至 2～6Hz。地表测点的 2～6Hz 低频成分保持在 60～80dB 左右，说明振动波在传播过程中高频衰减快而低频衰减慢的规律。上海浦东新区软土场地的优势频率在 3～5Hz，与本次实测结果一致。

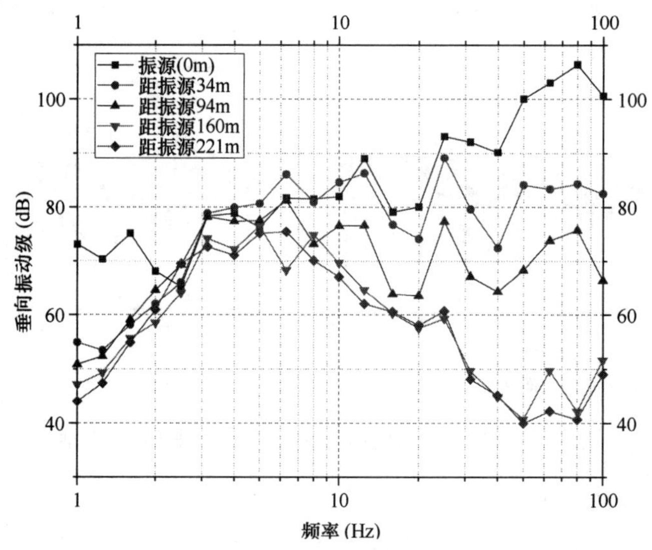

图 9-3-7　测试Ⅱ-1 中地表测点的竖向振动加速度 1/3 倍频程谱

测试Ⅱ-1 和Ⅱ-2 的地下测点时域分析结果如表 9-3-3、表 9-3-4 所示，随深度增加，加速度和位移不断减小。对于最接近实测隧道位置的 MP9 处位移有效值，测试Ⅱ-1 和Ⅱ-2的结果非常相近，为 160～230nm。

测试Ⅱ-1 中地下测点的时域分析　　**表 9-3-3**

实测	时域分析			
深度（m）	横桥向加速度峰值（mm/s^2）	横桥向加速度有效值（mm/s^2）	横桥向位移峰值（nm）	横桥向位移有效值（nm）
0	0.7799	0.2059	1500	540
4.5	0.6557	0.2030	1500	570
19.1	0.4901	0.1281	900	350
34.6	0.3140	0.0875	680	260
47.8	0.2553	0.0662	650	220

续表

深度（m）	顺桥向 加速度峰值 （mm/s^2）	顺桥向 加速度有效值 （mm/s^2）	顺桥向 位移峰值 （nm）	顺桥向 位移有效值 （nm）
0	0.5416	0.1578	1600	550
4.5	0.8232	0.2051	1700	590
19.1	0.3955	0.1136	930	340
34.6	0.4670	0.1087	760	280
47.8	0.2953	0.0729	660	210
深度（m）	竖向 加速度峰值 （mm/s^2）	竖向 加速度有效值 （mm/s^2）	竖向 位移峰值 （nm）	竖向 位移有效值 （nm）
0	1.2744	0.3257	2100	580
4.5	1.1253	0.2703	1900	550
19.1	0.5454	0.0817	1100	310
34.6	0.3255	0.0817	680	190
47.8	0.2817	0.0742	520	180

测试Ⅱ-2 中地下测点的时域分析　　表 9-3-4

实测	时域分析			
深度 （m）	横桥向 加速度峰值 （mm/s^2）	横桥向 加速度有效值 （mm/s^2）	横桥向 位移峰值 （nm）	横桥向 位移有效值 （nm）
0	0.9610	0.3027	2100	770
4.5	0.6680	0.2531	1900	690
19.1	0.5740	0.1865	870	340
34.6	0.4757	0.1338	520	200
47.8	0.3774	0.1080	360	160
深度 （m）	顺桥向 加速度峰值 （mm/s^2）	顺桥向 加速度有效值 （mm/s^2）	顺桥向 位移峰值 （nm）	顺桥向 位移有效值 （nm）
0	0.6298	0.2195	1100	330
4.5	0.7282	0.2271	1200	390
19.1	0.5588	0.1681	890	370
34.6	0.5829	0.1613	560	200
47.8	0.3754	0.1234	400	160

续表

深度 (m)	竖向加速度峰值 (mm/s^2)	竖向加速度有效值 (mm/s^2)	竖向位移峰值 (nm)	竖向位移有效值 (nm)
0	1.2664	0.3955	2800	1100
4.5	1.3515	0.3838	2700	1100
19.1	0.6227	0.1932	1400	560
34.6	0.3518	0.0988	650	260
47.8	0.3093	0.0824	530	230

五、有限元数值计算

1. 有限元模型建立

模型土体物理力学参数如表 9-3-5 所示。其中，场地地下水位在地表下 0.5m 处，可将土体视为完全饱和状态，故假定土体泊松比均为 0.495。将土体视为单相各向同性弹性材料，以勘测得到的土层密度与剪切波速来计算土体弹性参数。

场地土层物理力学特性 **表 9-3-5**

土层	土层名称	层厚 (m)	天然密度 (kg/m^3)	剪切波速 (m/s)	泊松比	弹性模量 (MPa)
②	粉质黏土	2.0	1840	127	0.495	87.8
③	淤泥质粉质黏土	7.5	1770	124	0.495	80.6
④	淤泥质黏土	7.5	1680	132	0.495	86.6
$⑤_1$	黏土	2.5	1770	164	0.495	140.9
$⑤_2$	黏质粉土夹粉质黏土	8.0	1810	217	0.495	252.3
$⑤_3$	粉质黏土	15.5	1780	222	0.495	259.7
$⑦_2$	粉细砂	18.0	1930	346	0.495	683.9
$⑧_2$	粉质黏土与粉砂互层	18.0	1820	362	0.495	706.0
⑨	粉细砂	20.5	1980	423	0.495	1048.7

对于结构区域，钢筋混凝土材料采用线弹性模型，桥梁结构的弹性模量为 34GPa，泊松比设为 0.167。桩基的弹性模量为 30GPa，泊松比设为 0.167。由于环境微振动材料阻尼非常小，故在模型中并未施加材料阻尼。

根据图 9-3-3 和表 9-3-1 中罗山路高架桥、磁悬浮高架桥和 4 号井场地的相对位置关系，确定有限元模型尺寸为 440m×120m×80m。将高架桥简化为桥面梁、桥墩与基础结构进行绑定约束。磁悬浮高架桥的桥面梁跨度为 25m，双柱式桥墩的尺寸为 10m×7.2m×1.8m，下部为桩基础结构。承台尺寸为 10.2m×15m，每个承台下包括 20 根桩基。桩直径 0.6m，桩长 39m；罗山路高架的桥面梁跨度为 30m，单柱式桥墩尺寸为 10m×2m×2m，下部为桩基础结构。承台尺寸 10m×12m，每个承台下包括 16 根桩基。桩直径 0.6m，桩长 39m。地面公路引起环境振动幅值较小，本次模拟中不考虑其影响。为保证有限元计算的精确度，模型整体尺寸为波长的 1～1.5 倍。土层的最大剪切波速为 362m/s，按振动衰减到低频 5Hz 考虑，波长为 72.4m，模型尺寸满足要求。模型四周采用无限元边界，底部采用固定端边界。有限元模型如图 9-3-8 所示。

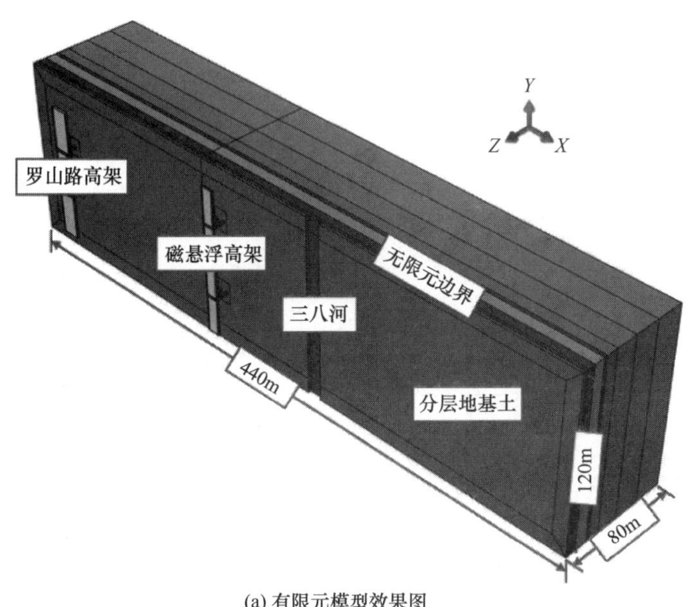

(a) 有限元模型效果图

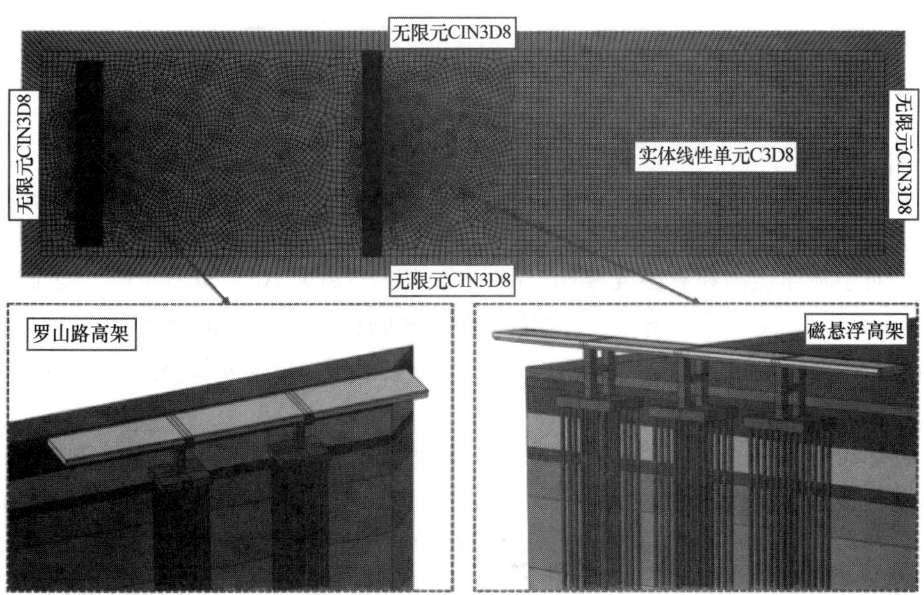

(b) 有限元模型俯视图与细部图

图 9-3-8 硬 X 射线 4 号井场地有限元模型图

2. 有限元模型验证

为验证有限元模型的准确性，将有限元模拟测试Ⅱ-1 中竖向振动随距离的衰减与现场实测结果进行比较。有限元模拟即在磁悬浮高架桥面施加实测磁悬浮引发的振动加速度边界。图 9-3-9 给出有限元模拟和现场实测中竖向地面加速度峰值随距离的衰减情况。一般而言，竖向地面加速度峰值会随着距离的增加而降低，通常用 Bornitz 模型对振动随距离的衰减进行定量描述，即距离振源 R（m）处的峰值加速度 A 可根据下式拟合：

$$A = A_0 \times R^{-n} \times e^{-\alpha R} \tag{9-3-1}$$

式中 A_0——振源处加速度峰值（m/s^2）；

n——几何阻尼系数；

α——材料阻尼系数。

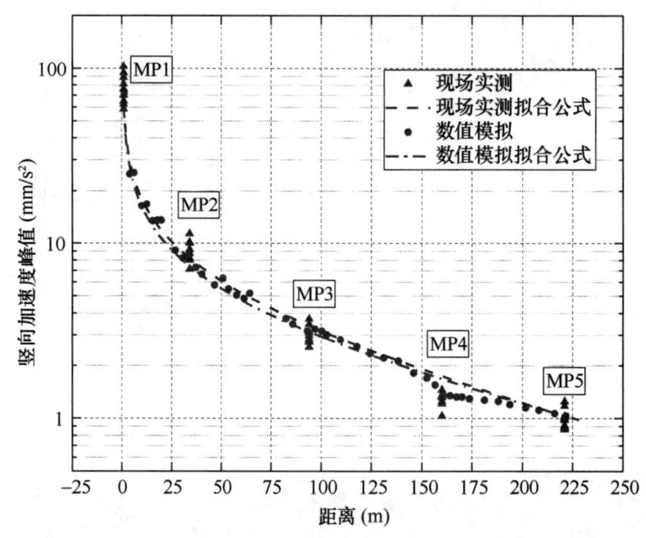

图 9-3-9　有限元模拟与实测时域加速度峰值对比图

Bornitz 模型中的几何阻尼系数 n 和材料阻尼系数 α 是研究重点。几何阻尼系数 n 与振源类型、振源位置及振动波类型有关。材料阻尼系数 α 与振动波的频率、类型及土体特性有关。对于现场实测和有限元模拟，其拟合结果分别为 $A_1 = 64.6 \times r^{-0.53} \times e^{-0.006r}$ 和 $A_2 = 60.9 \times r^{-0.54} \times e^{-0.005r}$，有限元计算与实测结果吻合。在 Bornitz 模型中，由点振源引起的表面波几何阻尼系数为 0.5，现场测试和有限元模拟的拟合 n 值分别为 0.53 和 0.54，与理论值非常接近。

图 9-3-10 比较了测点 MP1～MP5 处竖向振动频谱，有限元模拟中的振动主频在 3Hz 左右，略高于现场实测中的 2.5Hz。有限元模拟中的高频分量小于现场测量中的高频分量，因为在每个测点的现场实测中，除磁悬浮列车引起的振动外，还包括其他环境振动，但环境振动在有限元模拟中并不存在。总体而言，有限元计算结果与现场实测结果吻合，验证了本文有限元计算分析的可靠性。

3. 隧道振动特性分析

4 号井场地附近盾构顶板埋深约为 38.0m，位于⑤$_3$灰色粉质黏土层中。隧道横截面如图 9-3-2 所示，包括衬砌部分和底板部分。由于振动幅值较小，隧道建模未考虑拼装与接缝等施工因素，直接在原有场地有限元模型的部件中通过划分和切割功能来建立隧道模型，将其视为线弹性体。衬砌结构混凝土的材料参数密度取 2500kg/m^3，杨氏模量取

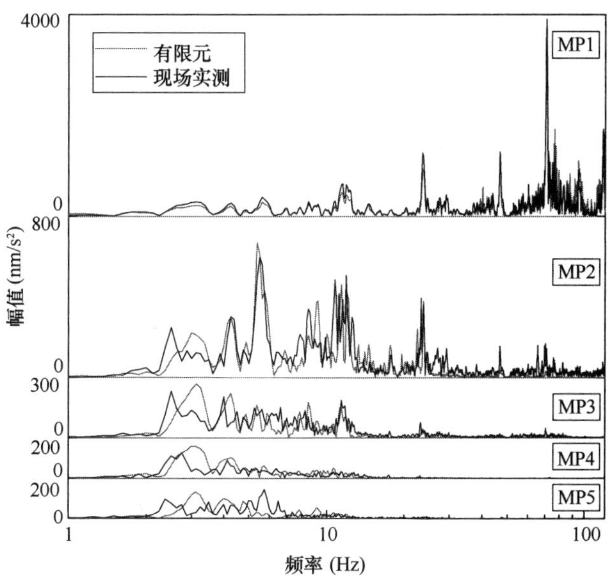

图 9-3-10　有限元模拟与实测频域傅里叶谱对比图

34GPa，泊松比取 0.167；底板结构混凝土密度取 2400kg/m^3，杨氏模量取 30GPa，泊松比取 0.167。

有限元模型水平向长度 120m，盾构隧道直径 7m。一般认为，当模型纵向长度为隧道直径的 8～10 倍时，可以保证较高的精度。根据现场实测和有限元计算结果，隧道周围土体的振动频率不超过 10Hz，土体剪切波速为 222m/s，最小波长约 20m，隧道结构的网格尺寸可定为 1m，隧道周边土体网格相应加密，如图 9-3-11 所示。

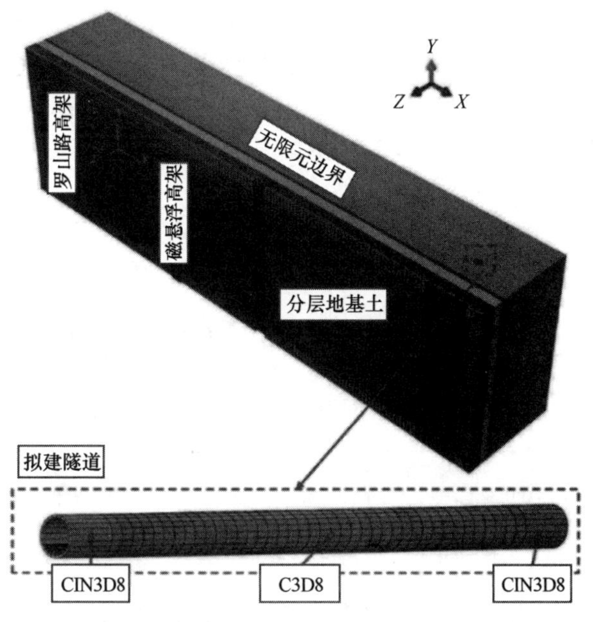

图 9-3-11　包含拟建隧道的硬 X 射线 4 号井场地有限元模型图

为得到隧道底板最大振动响应，有限元模拟了磁悬浮和16号线共同经过场地（测试Ⅱ-2）所引发的环境微振动。图9-3-12（a）给出隧道衬砌模型各节点竖向振动加速度峰值沿隧道截面分布，其中，近源侧表示靠近罗山路高架和磁悬浮高架隧道一侧，远源侧则相反。模型顶部处振动加速度峰值略大于底部，最大值0.429mm/s²，最小值0.245mm/s²。图9-3-12（b）给出隧道衬砌模型各节点横向振动加速度峰值沿隧道截面分布，整体幅值略小于竖向振动，其中，最大值0.385mm/s²，最小值0.215mm/s²。无论是竖向振动还是横向振动，衬砌上加速度峰值沿纵轴基本呈对称分布，说明高架交通振源引发的振动到隧道位置衰减完成，隧道衬砌结构上同一高度的振动水平基本相同。

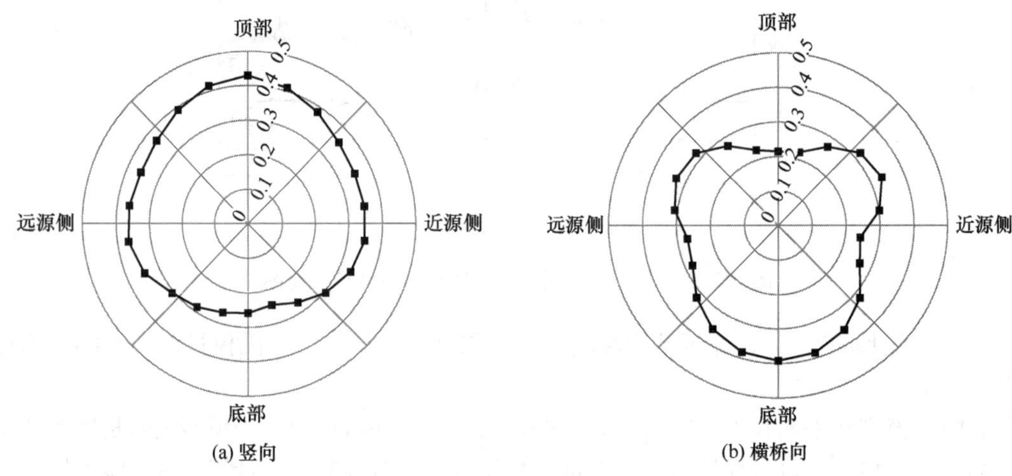

图9-3-12　隧道衬砌结构加速度峰值分布图（单位：mm/s²）

图9-3-13给出隧道底板模型各节点竖向和横向振动加速度峰值分布，横坐标以隧道底板表面的中心处为零点，远离振源方向为正方向。横坐标±2.50m点对应有限元模型中衬砌和底板模型连接处的共同节点。在竖向加速度峰值分布中，底板加速度峰值在一定范围内波动，但最外侧两节点加速度峰值大于底板内部节点，都在0.30mm/s²以上；横向振动中，加速度峰值基本稳定在0.27mm/s²。

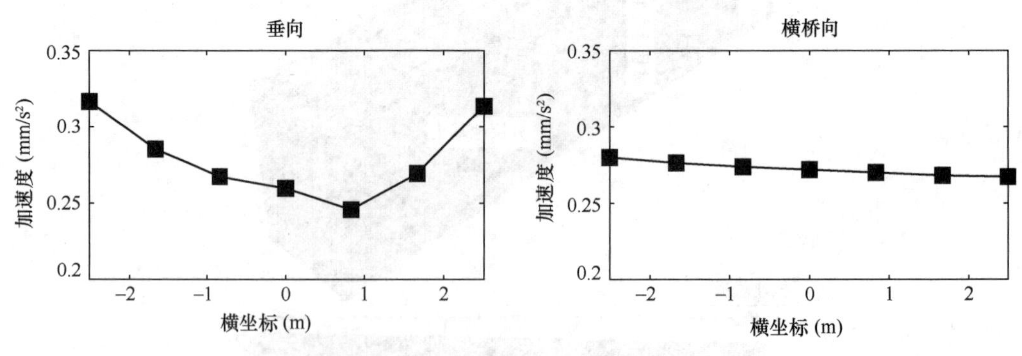

图9-3-13　隧道底板节点加速度峰值图

总体而言，底板处各节点的振动加速度峰值差别不大，均在0.25～0.30mm/s²范围内。与衬砌结构的加速度峰值相比，底板加速度峰值略小。

4. 隧道底板振动计算

对隧道底板有限元计算加速度时程与土体实测振动数据进行数值积分，如图 9-3-14 所示，包括竖向和横桥向振动加速度时程曲线、速度时程曲线和位移时程曲线，结果见表 9-3-6。隧道底板的横桥向振动速度和位移幅值大于竖向，计算得到的隧道底板竖向振动位移有效值为 70nm，横桥向振动位移有效值为 120nm，均小于硬 X 射线自由电子激光装置微振动控制要求的 150nm。

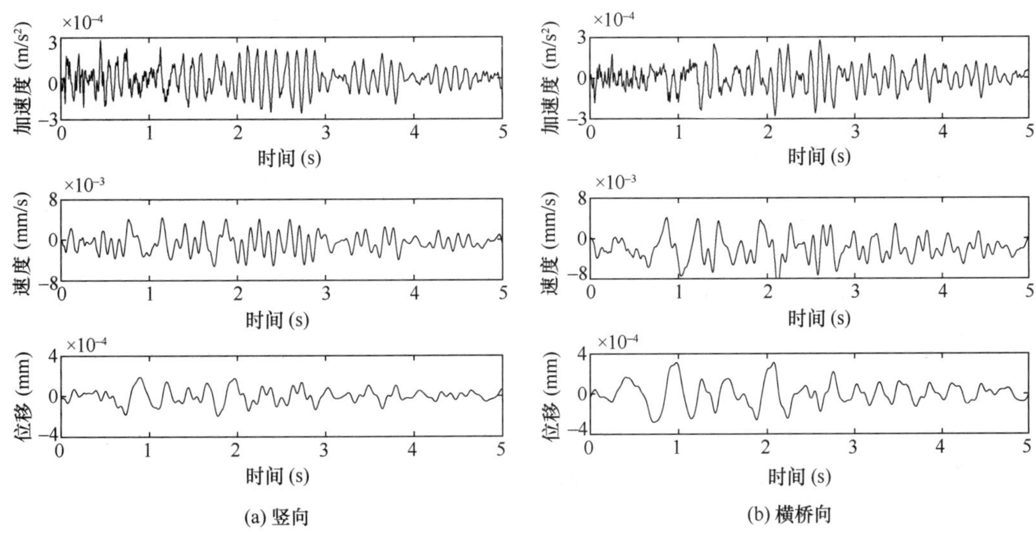

图 9-3-14　隧道底板振动响应时程曲线图

隧道底板振动时域分析　　**表 9-3-6**

有限元模拟	时域分析			
方向	加速度峰值 (mm/s^2)	加速度有效值 (mm/s^2)	位移峰值 (nm)	位移有效值 (nm)
竖向	0.2804	0.0944	200	70
横桥向	0.2774	0.0890	310	120

［实例 9-4］上海超强超短激光试验装置微振动分析

一、工程概况

上海超强超短激光试验装置由国家发改委和上海市共同支持，纳入上海建设具有全球影响力的科创中心、打造世界级重大科技基础设施集群的首批重大项目，是张江综合性国家科学中心核心平台之一。

项目建设内容主要包括：一台 10PW（$1PW=1\times10^{15}W$）激光系统、极端条件材料科学研究平台、超快亚原子物理研究平台和超快化学与大分子动力学研究平台等 3 个用户实验终端；科研辅助设施和数据中心；一幢装置实验大楼。该项目于 2016 年 11 月 20 日开工，2020 年 12 月 28 日通过验收，作为重大科技基础设施项目，在“十三五”期间完成了项目立项、开工、建设、验收全过程。该项目高质量完成了既定的科技攻关目标，成功研制了世界首台 10PW 超强超短激光实验装置，创国际最高激光峰值功率纪录。

上海超强超短激光试验装置项目由用户实验大厅（万级净化区）、激光器大厅（万级净化区）、千级超净装配间、百级超净装配间、设备用房等组成，如图 9-4-1 所示。项目总建筑面积 $9148m^2$，其中，地下一层用户实验大厅 $983m^2$，地上一层激光器大厅 $969m^2$，为保证系统稳定性，激光器大厅和用户实验大厅提出了微米级振动控制要求，给工程建设提出了巨大挑战。

图 9-4-1　上海超强超短激光试验装置效果图

本项目位于上海市浦东新区张江，周边紧邻市政道路。北侧是海科路，地下室外墙距海科路约 16m，东侧是科苑路，地下室外墙距科苑路约 14m，场地总平面如图 9-4-2 所示。本项目周边道路交通繁忙，车流量较大，特别是北侧海科路车辆运行频繁，交通荷载激发的环境振动为本项目的主要外部振源。

场地地基土在勘察深度范围内均为第四系松散沉积物，主要由饱和黏性土、粉性土和砂土组成，土体工程地质参数如表 9-4-1 所示。场地属于典型软土地区，地基土承载力

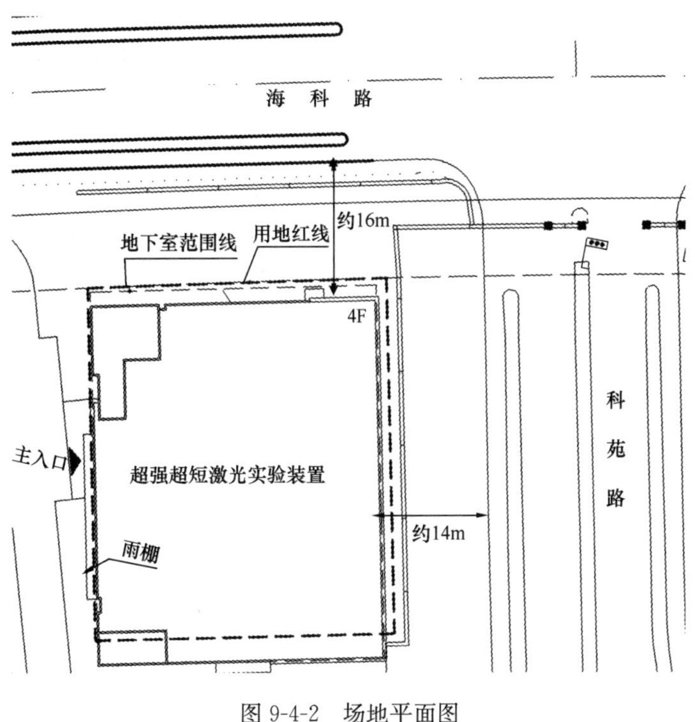

图 9-4-2　场地平面图

低、含水量高、压缩性高、抵抗变形能力差、微振动水平高，地脉动频率明显低于其他地区，但振幅又明显大于其他地区，是精密装置基础设计时应考虑的重点因素。

工程地质条件　　**表 9-4-1**

土层编号	土层	重度（kN/m³）	黏聚力（kPa）	内摩擦角 φ（°）	土体状态
①	杂填土	18.0	10	10	松散
②	粉质黏土	17.9	19	15	可塑～软塑
③	淤泥质粉质黏土	17.8	12	21.5	流塑
$③_{夹}$	黏质粉土	18.8	10	27.5	松散
④	淤泥质黏土	16.7	13	10.5	流塑
$⑤_{1-1}$	黏土	17.2	17	13.5	流塑～软塑
$⑤_{1-2}$	粉质黏土夹粉砂	18.3	16	21.0	软塑
$⑤_{3}$	粉质黏土	18.1	20	21.0	软塑
$⑤_{4}$	粉质黏土	19.9	48	16.5	可塑～硬塑
$⑦_{1}$	粉砂	18.6	1	32.0	中密
$⑦_{1夹}$	粉质黏土	18.1	23	21.5	软塑
$⑦_{2}$	细砂	19.0	5	30.0	密实

二、微振动控制要求

场地周边海科路等道路交通荷载激发的环境振动是本项目的主要外部振源。天然场地经实测分析，软土地基道路交通荷载引起的振动相对较大，精密装置基础微振动控制具有较大难度。

上海超强超短激光试验装置采用最大位移作为振动控制物理量，基础振动控制要求：100Hz 以下最大振幅小于 5μm。

微振动具有较大的不确定性，量值小、可变因素多，难以用理论公式来描述，本工程防微振设计是在满足变形控制要求的基础上分阶段进行的，根据实际情况分为天然场地、桩基试验和主体结构完成三个阶段。分阶段多次进行了现场测试与数值模拟分析相结合的设计分析，现场测试既为数值模拟提供激励荷载输入，也用于与控制标准进行分析比较。

三、天然场地振动测试分析

1. 测点布置

对场地北侧海科路道路交通荷载引起的天然场地振动水平进行测试。测点主要沿垂直于海科路方向布置，同时在场地东西两侧各布置 1 个测点，共布置 7 个测点，如表 9-4-2 和图 9-4-3 所示。每个测点均同时测试平行道路、垂直道路、竖向的振动位移。

测点布置 **表 9-4-2**

测点编号	C1	C2	C3	C4	C5	C6	C7
到海科路距离	0m	4.3m	12.3m	23.0m	73.7m	25.7m	23.0m

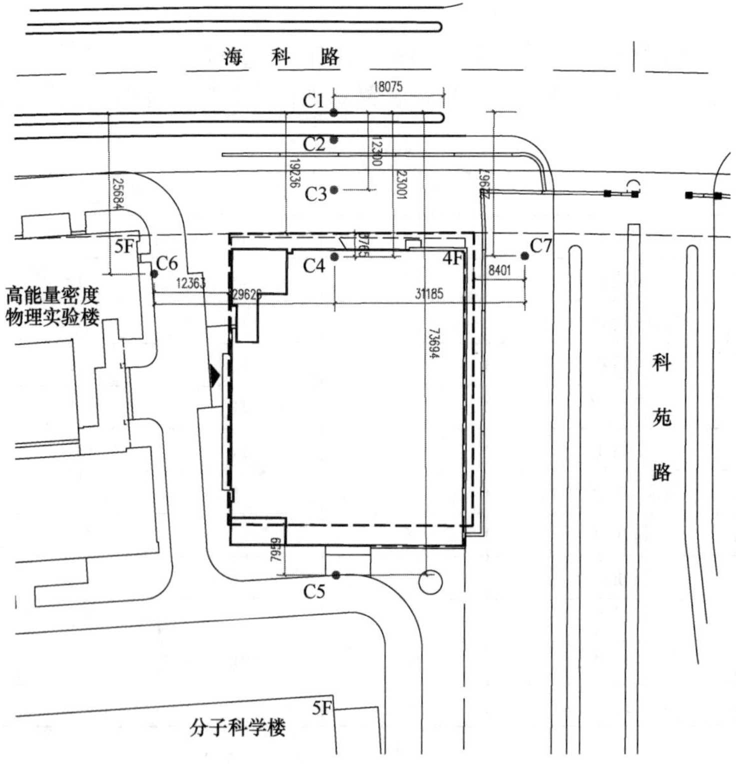

图 9-4-3 天然场地阶段振动测试测点布置

2. 环境振源模拟

微振动具有较大的不确定性，难以用纯理论全面描述微振动规律。微振动测试技术中，振源采用常时微动与有组织的车辆运行两种振源相结合的方式，并通过现场有限数量测点的测试数据为数值模拟计算分析提供必要的计算参数。测试时组织重量（约 60t）基本相当的土方车在海科路上自西向东行驶，保证不同阶段的振源基本相当，图 9-4-4 给出三种工况的测试示意。

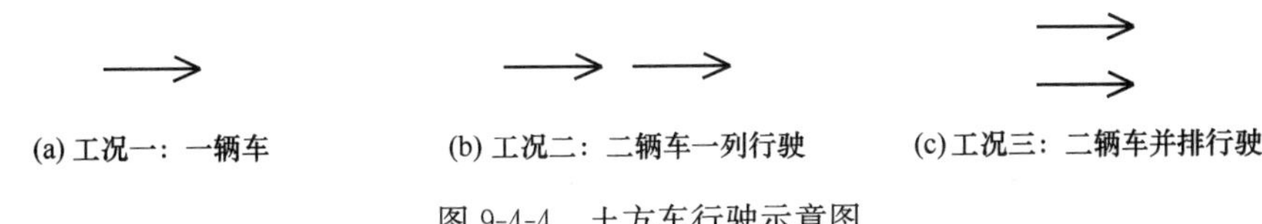

图 9-4-4 土方车行驶示意图

3. 测试结果

选取不同工况对应的样本进行分析，每个样本长度为 30s。实测各工况下地面振动位移的典型时程如图 9-4-5 所示，各测点竖向振动位移傅里叶谱如图 9-4-6 所示。

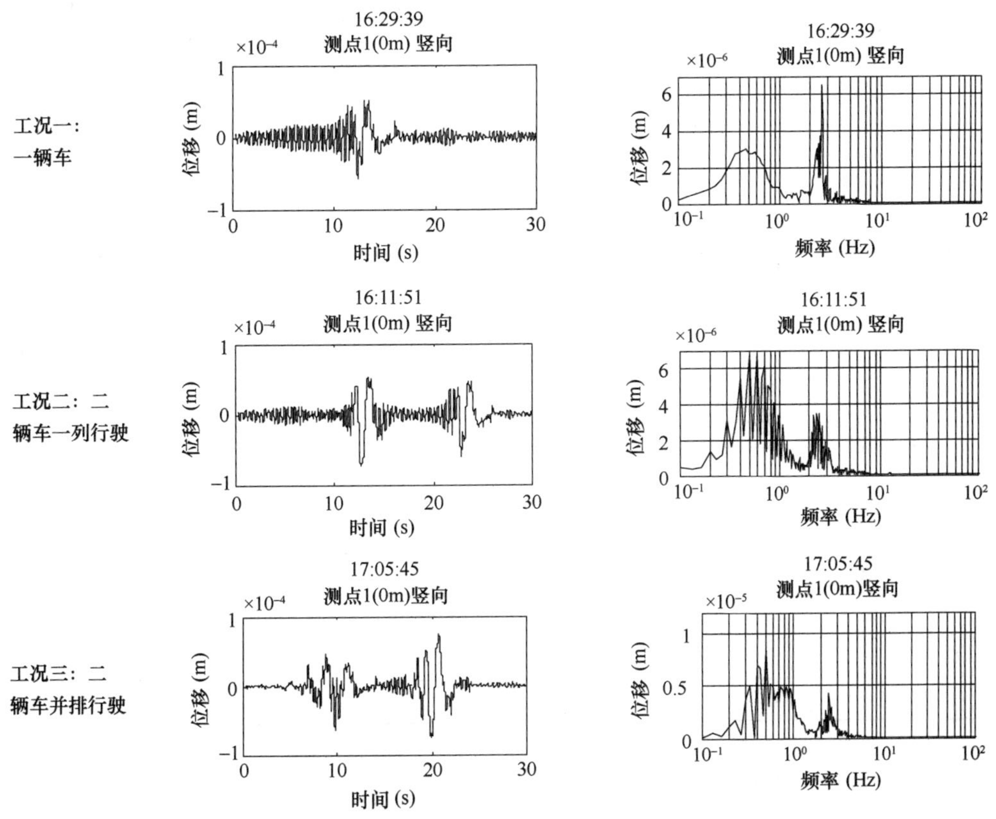

图 9-4-5 各工况下竖向振动位移典型时程

主要结论如下：

（1）土方车经过时，各测点振动位移傅里叶谱 2～3Hz 均有明显峰值；

（2）不同工况下，场地内部测点振动差异不大；

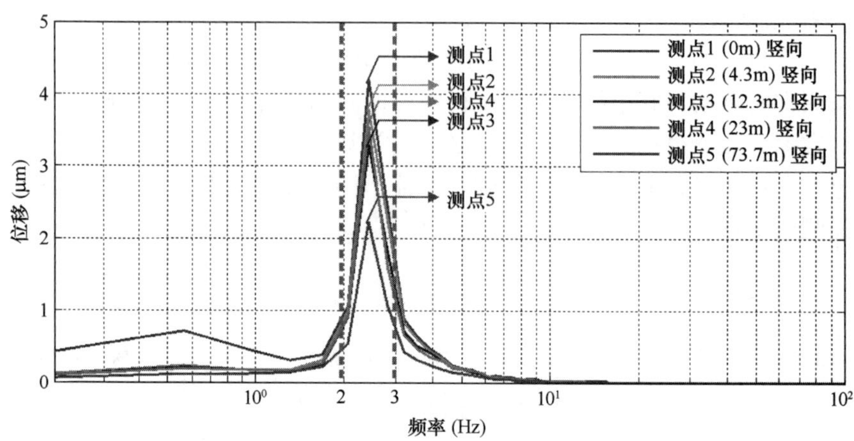

图 9-4-6　各测点竖向振动位移傅里叶谱

（3）将不同工况下各测点位移最大振幅汇总于表 9-4-3，可以看出：场地内测点竖向振动明显大于水平向振动，其中，水平向振动位移最大幅值在 10.8μm 以内，竖向振动位移最大幅值位于 17.2～30.4μm 之间，超过控制标准，需要采取减振、隔振措施。

白天组织土方车位移最大振幅统计（单位：μm）　　**表 9-4-3**

工况	统计值	测点 1			测点 2		测点 3			测点 4			测点 5		
		平行道路	垂直道路	竖向	平行道路	竖向	平行道路	垂直道路	竖向	平行道路	垂直道路	竖向	平行道路	垂直道路	竖向
工况一	最大值	65.2	99.5	81.5	7.8	36.3	5.5	5.6	21.5	6.8	5.6	22.7	4.5	10.7	15.4
	最小值	7.2	11.2	35.8	1.2	9.2	1.4	2.1	5.3	1.6	2.2	5.6	1.4	2.1	2.7
	平均值	38.8	69.1	59.5	3.4	22.7	3.9	3.6	14.8	4.9	3.6	14.7	2.6	6.4	9.1
工况二	最大值	66.6	99.3	80.3	4.1	34.8	5.7	5.1	30.4	7.0	5.4	29.6	5.2	10.8	17.2
	最小值	20.2	68.6	59.1	1.6	12.7	1.9	2.5	8.1	2.2	2.6	8.0	1.6	3.7	5.4
	平均值	49.7	85.6	70.1	2.6	20.8	3.1	3.5	15.4	3.6	3.5	15.2	2.7	6.4	9.2
工况三	最大值	100.5	106.4	82.4	12.4	24.5	5.0	3.7	13.9	6.0	3.4	13.2	3.2	6.0	8.5
	最小值	0.8	2.9	57.2	1.9	10.6	1.9	2.6	8.3	2.1	2.6	8.1	1.6	2.9	4.5
	平均值	48.0	66.9	75.0	4.8	16.4	3.1	3.2	11.5	3.8	3.1	11.6	2.2	4.8	7.1
最大值		100.5	106.4	82.4	12.4	36.3	5.7	5.6	30.4	7.0	5.6	29.6	5.2	10.8	17.2
到海科路的距离		0m			4.3m		12.3m			23m			73.7m		

四、隔振和减振分析

1. 数值分析

本项目拟在地下设置房中房结构，通过钢弹簧隔振支座进行连接，通过被动方式减小道路交通引起的建筑物微振动，隔振支座与基础底板、房中房底板相对位置关系如图 9-4-7所示。

采用大型通用有限元软件进行三维模型的瞬态动力分析，计算采用 Newmark 时间积

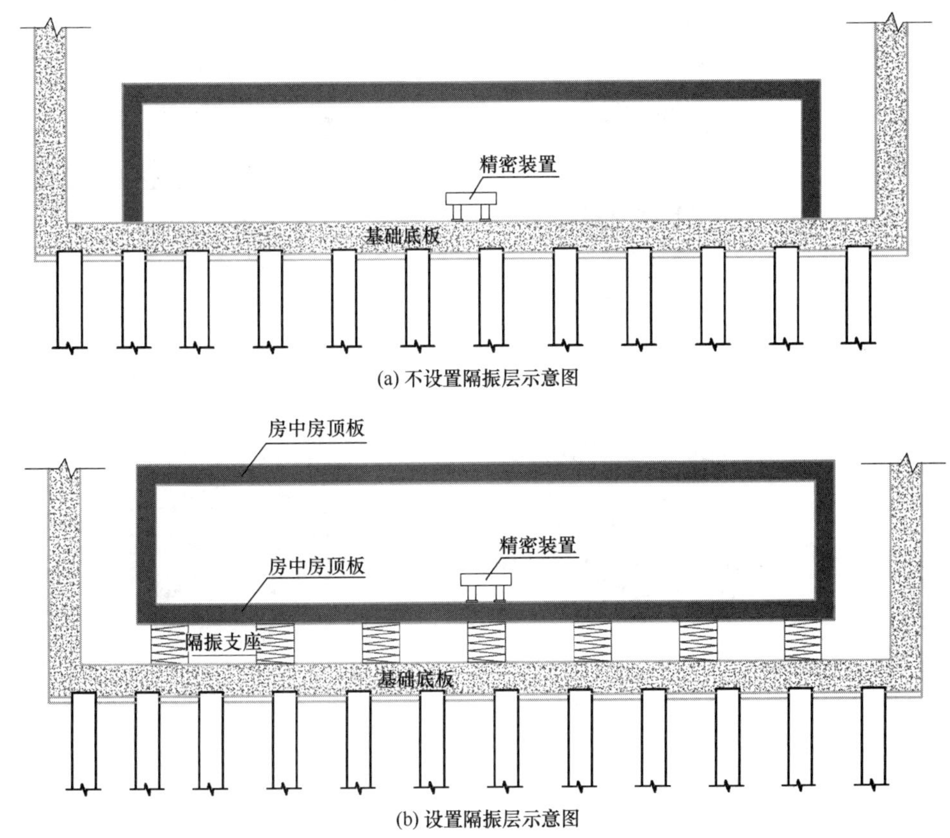

(a) 不设置隔振层示意图

(b) 设置隔振层示意图

图 9-4-7 不设置隔振层和设置隔振层示意图

分方法，在离散的时间点上开展瞬态动力学分析，得到振动荷载作用下模型随时间变化的位移响应。瞬态动力学分析采用完全法、DJCG 求解器。

有限元计算考虑地基土、群桩、基础和上部结构的共同作用。结合上海软土地基变形控制设计和防微振设计经验，经比较分析，桩基采用减振性能较好的钻孔灌注桩，桩径 600mm，有效桩长 48m，桩数 270 根。基础筏板混凝土等级 C35，板厚 1500mm。采用实体单元模拟地基土体，采用弹性壳单元模拟钢筋混凝土底板和剪力墙等，采用梁单元模拟群桩。有限元模型网格如图 9-4-8 所示。

采用 Newmark 时域积分求解动力问题，必须保证积分过程中的数值稳定性，如果时间步长 Δt 过大，将造成高频成分损失，甚至导致数值发散。如果积分时间步长过小，会导致动力分析工作量大大增加。时间步长应保证能解出对结构整体响应有贡献的最高阶模态，记 f_{max} 为结构响应的最高阶频率（Hz），则积分时间步长一般应小于 1/（$20f_{max}$）。

在土体-基础-结构组成的三维有限元模型基础上，将现场实测位移时程作为受迫位移边界输入，如图 9-4-9 所示。采用实测海科路上车辆经过时的时程作为激励荷载。结合有限元计算模型，选取测点 C1、C6、C7、C5 振动实测数据作为激励荷载，典型时程如图 9-4-10 所示。共选取三条实测位移时程作为激励荷载，其中一条为土方车经过时的实测位移时程，其余两条为一般车辆经过时的实测位移时程。

基于三维有限元模型，分别计算采用隔振支座进行隔振和不采用隔振支座进行隔振

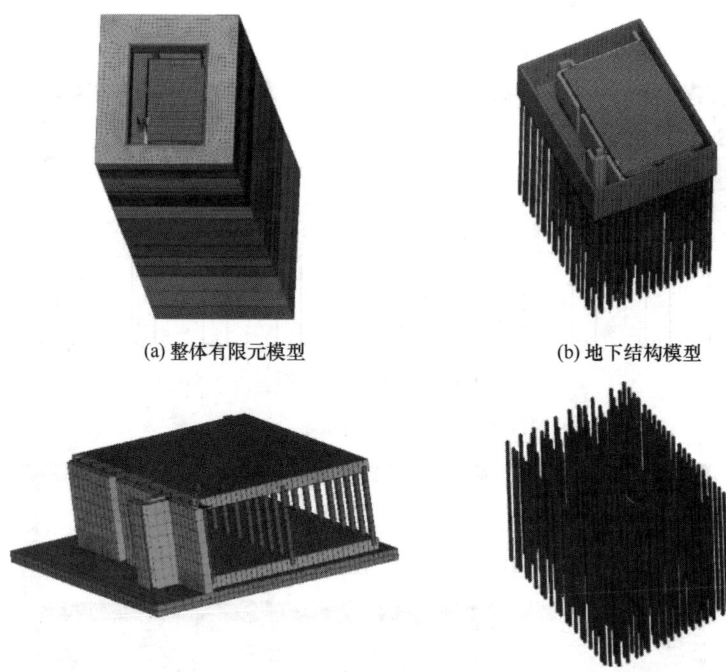

(a) 整体有限元模型
(b) 地下结构模型
(c) 基础底板及结构柱
(d) 桩基础

图 9-4-8　有限元模型

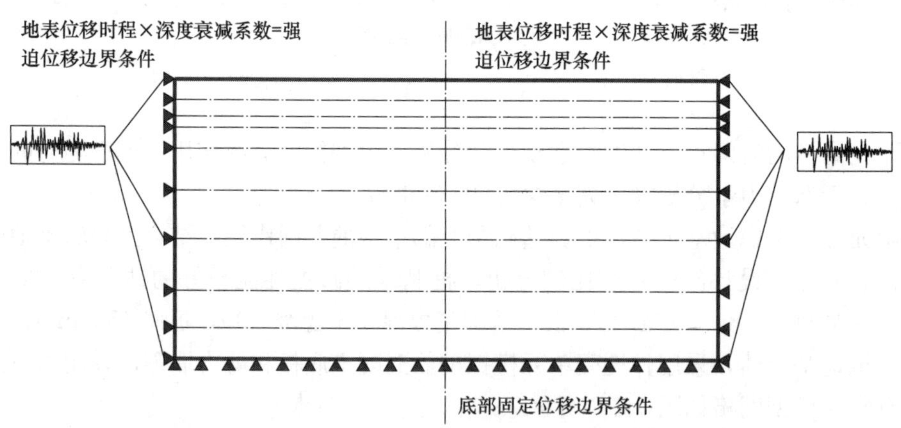

图 9-4-9　有限元模型边界输入示意图

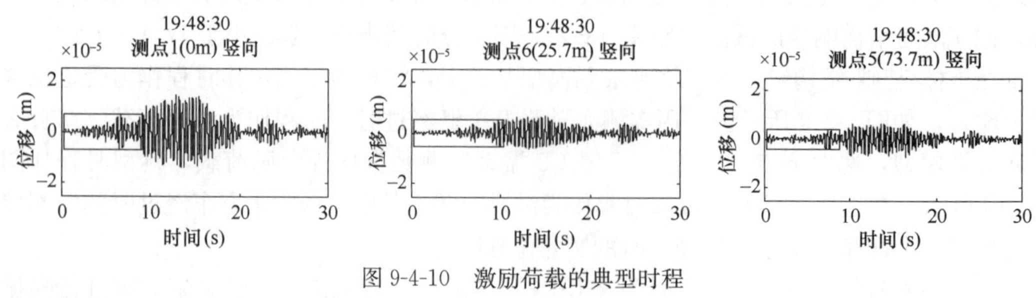

图 9-4-10　激励荷载的典型时程

时，激励荷载作用下的结构振动位移，不同激励荷载作用下的结构振动对比如表 9-4-4 所示。

不同激励荷载下结构振动对比 **表 9-4-4**

是否隔振	项目	土方车经过时的时程输入（μm）	其他车辆经过时的时程1输入（μm）	其他车辆经过时的时程2输入（μm）
不隔振	基础底板	7.5～14.8	5.5～11.1	2.3～3.8
	隔振底板	7.5～14.9	5.5～11.1	2.3～4
	首层楼板	7.8～17.5	5.7～12.9	2.5～6.9
隔振	基础底板	8.1～16.3	5.9～9.9	2.3～4.1
	隔振底板	17.9～47	15.4～32.4	5.9～12.4
	首层楼板	18.3～49.4	17～36.5	6.5～12.7
隔振/不隔振	隔振底板	2.1～3.6	1.6～4.2	1.8～4.6
	首层楼板	2.1～3.6	1.7～4.1	1.7～4.2
不隔振	隔振底板/基础底板	1.0	1.0	1.0～1.1
	首层楼板/基础底板	1.0～1.2	1.0～1.3	1.0～1.9
隔振	隔振底板/基础底板	1.9～3.3	1.7～3.8	1.7～3.6
	首层楼板/基础底板	2.1～3.5	2.1～4.2	2.0～3.7

分析结果表明：①采用隔振支座（隔振系统固有频率约 4～5Hz）进行隔振后，结构顶板竖向振动大于结构底板竖向振动，说明在环境激励下，竖向振动自底板经隔振弹簧传至顶板时，隔振弹簧没有起到减振作用，由于隔振系统频率与输入荷载频率接近，振动有所放大；②采用土方车经过时程输入时，与不采用隔振对比，采用隔振支座隔振后，首层楼板振动位移约放大 2.1～3.6 倍。

2. 隔振支座原位试验

为进一步验证有限元分析结果及隔振支座的减振效果，本项目在基坑土方开挖阶段进行隔振系统现场试验。共进行了两组试验，其中第一组位于场地西侧中部，距海科路机动车道约 45.3m；第二组位于场地中部，距海科路约 34.2m。试验位置如图 9-4-11 所示。试验结构包括三部分：试验结构底板、隔振支座、试验结构顶板。试验结构选用部分试桩和锚桩作为基础，试桩/锚桩桩顶嵌入试验结构底板 100mm，如图 9-4-12 所示。

根据现场试验结果，主要结论：①各测点振动的主要频率在 10Hz 以下，水平向振动和竖向振动峰值频率均在 1～3Hz；试验结构顶板 1～3Hz 频率区间振动明显大于试验结构底板振动。②图 9-4-13 给出各测点竖向振动频域曲线，可以看出试验结构顶板竖向振动大于试验结构底板竖向振动，说明在测试期间的环境激励下，竖向振动自底板经隔振弹簧传至顶板时，振动有所放大。试验结果与理论分析结果基本一致。③地面竖向振动明显大于结构振动。

3. 桩基减振试验

为进一步验证桩基减振效果，地面及试验桩基承台上布设一定数量的测点，以记录不同工况下各测点的振动位移数据，对测试数据在时域和频域进行分析，得到各测点振动的幅值及频率特性。

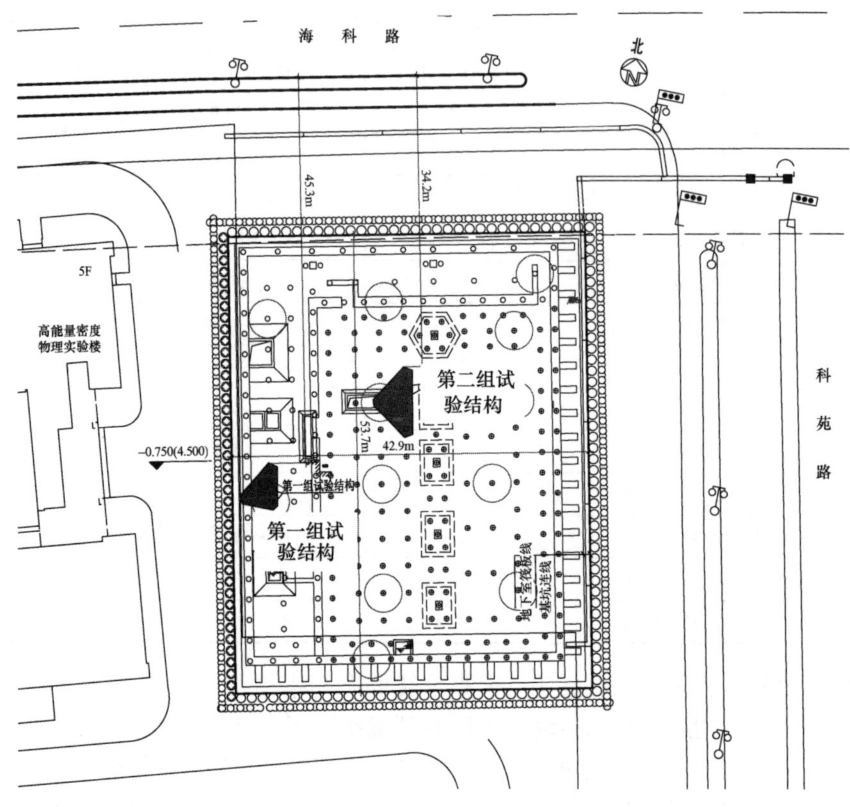

图 9-4-11　试验结构平面位置示意

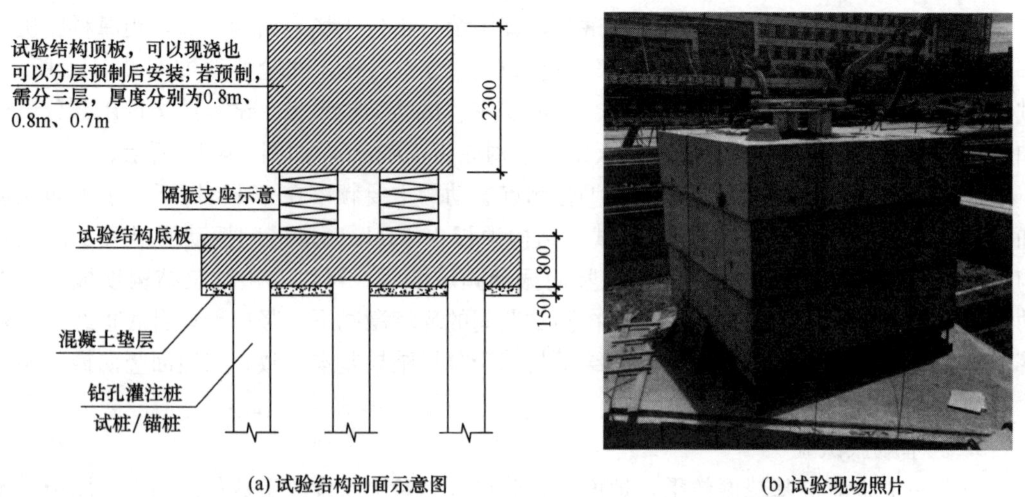

(a) 试验结构剖面示意图　　(b) 试验现场照片

图 9-4-12　试验结构剖面示意和现场试验照片

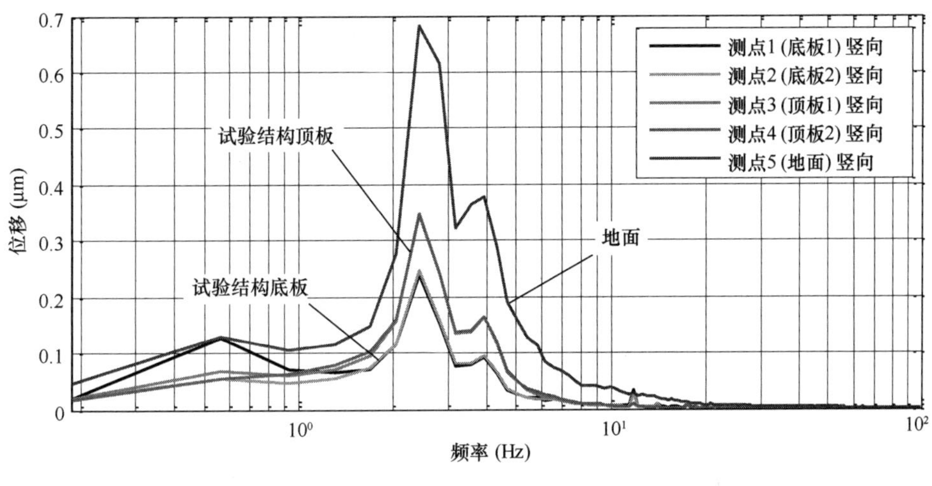

图 9-4-13 各测点频谱对比

实测桩基完成阶段各测点振动位移的典型时域、频域如图 9-4-14～图 9-4-16 所示，不同工况下各测点位移最大振幅汇总于表 9-4-5。

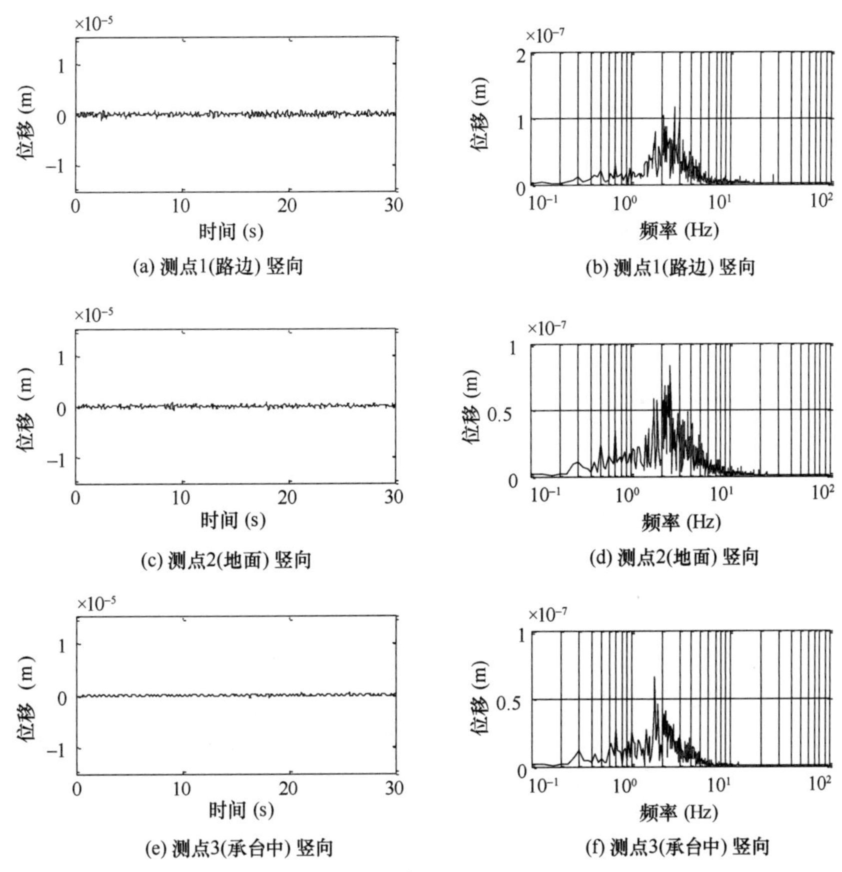

(a) 测点1(路边) 竖向　(b) 测点1(路边) 竖向

(c) 测点2(地面) 竖向　(d) 测点2(地面) 竖向

(e) 测点3(承台中) 竖向　(f) 测点3(承台中) 竖向

图 9-4-14 安静时段各测点竖向振动位移典型时程、频域分析（一）

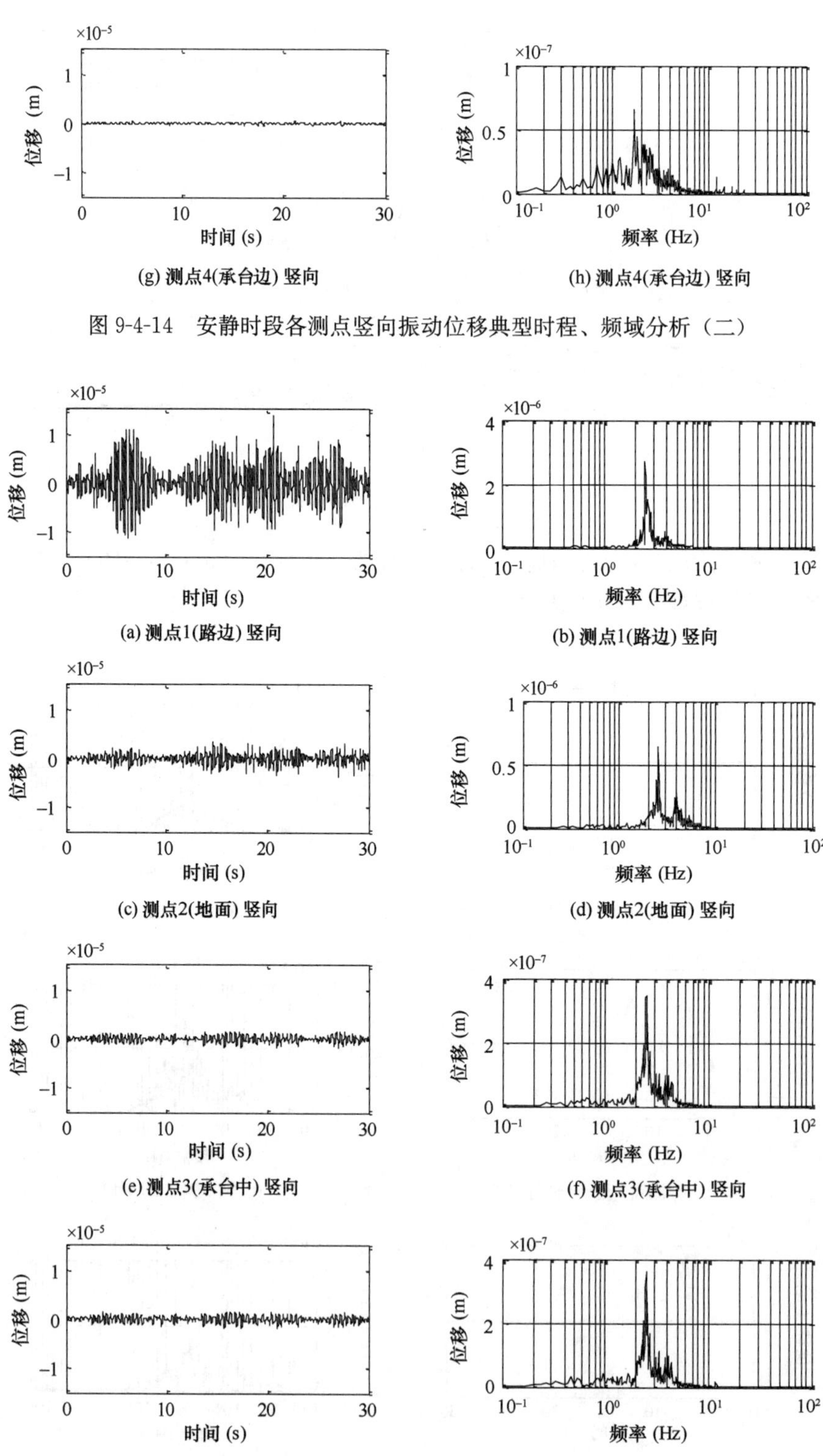

图 9-4-14　安静时段各测点竖向振动位移典型时程、频域分析（二）

图 9-4-15　车辆经过时段各测点竖向振动位移典型时程、频域分析

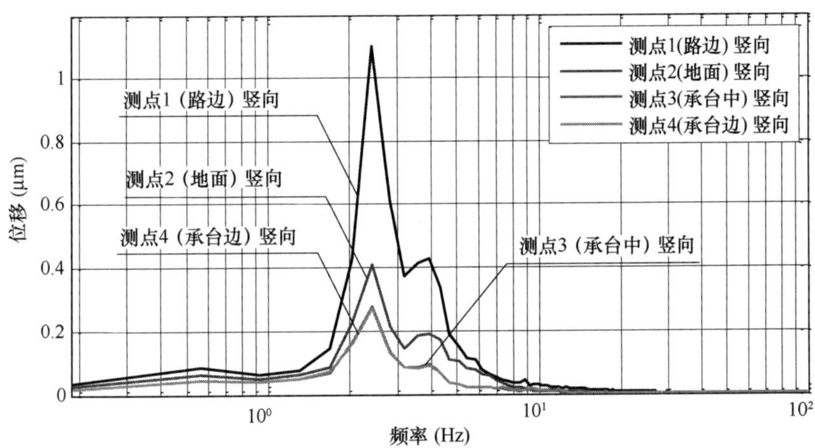

图 9-4-16　车辆经过时各测点竖向振动位移傅里叶谱

位移最大振幅统计（μm）　　**表 9-4-5**

情况	统计值	测点 1			测点 2			测点 3			测点 4	
		平行道路	垂直道路	竖向	平行道路	垂直道路	竖向	平行道路	垂直道路	竖向	平行道路	竖向
安静时段	最大值	0.6	0.9	1.3	0.8	0.8	1.1	1.1	1.1	0.9	1.0	0.6
	最小值	0.5	0.5	1.0	0.6	0.6	0.7	0.7	0.7	0.4	0.7	0.4
	平均值	0.6	0.6	1.2	0.7	0.7	0.8	0.9	0.8	0.5	0.8	0.5
有车经过	最大值	2.3	2.9	13.7	2.4	1.9	4.9	3.9	4.4	2.5	4.3	2.5
	最小值	0.7	0.9	3.0	0.9	0.8	1.4	1.0	0.9	0.7	1.0	0.8
	平均值	1.2	1.6	6.6	1.5	1.2	2.7	1.9	1.9	1.5	1.9	1.5
挖土施工	最大值	1.9	3.3	13.6	5.8	3.2	7.5	11.1	12.6	6.5	12.0	7.8
	最小值	0.6	0.7	1.3	1.7	1.1	2.3	1.9	1.5	1.9	2.1	2.1
	平均值	1.0	1.3	3.3	3.6	1.8	4.3	8.0	8.7	3.0	8.7	3.5
位置		海科路路边			试验桩基承台附近地面			试验桩基承台顶（中部）			试验桩基承台顶（临边）	

经现场测试分析，主要结论如下：

（1）安静时段、有车经过时，试验桩基承台附近地面的竖向振动约为试验桩基承台竖向振动的 1.6 倍（平均值）、1.8 倍（平均值），说明试验桩基对减小竖向振动有较好的效果。

（2）安静时段，各测点振动位移傅里叶谱在 1～3Hz 间有明显峰值；有车经过时，各测点振动位移傅里叶谱在 2～3Hz 间有明显峰值。场地内测点的水平向振动大于路边测点水平向振动；试验桩基承台的竖向振动最小，承台附近地面振动较大，路边测点竖向振动最大。

（3）有车经过时，各测点频率在 2～3Hz 间振动明显增大，所有测点振动峰值频率均位于 2～3Hz 间；试验桩基承台的竖向振动最小，承台附近地面振动较大，路边测点竖向振动最大。

五、主体结构完成阶段测试分析

经现场试验和模拟分析，验证了隔振支座的局限性，取消了隔振层设计，最终通过合理防微振设计，从桩数、桩长、桩径和底板厚度等方面进行优化，控制基础底板振动。为验证减振效果，进行了底板施工完成后的现场振动测试。分别在基础房中房底板上布置测点，每个测点均同时测试平行道路、垂直道路、竖向的振动位移。测试期间位移最大振幅统计于表 9-4-6，结果表明：

（1）各测点位移的振动主要频率在 5Hz 以下，振动位移频谱在 2～3Hz 均有明显峰值；各测点振动位移频谱规律基本一致。

（2）测试期间地脉动及周边环境荷载作用下，基础底板的振动小于 5μm，满足振动控制要求。天然场地阶段地脉动及周边环境荷载作用下场地水平向振动最大振幅为 2.0～6.4μm，竖向振动最大振幅为 6.2～8.8μm，说明地下结构有较好的减振作用。

位移最大振幅统计（μm） **表 9-4-6**

统计值	测点 1（基础底板 1）			测点 2（基础底板 2）			测点 3（房中房底板 1）			测点 4（房中房底板 2）		
	平行道路	垂直道路	竖向	平行道路	垂直道路	竖向	平行道路	垂直道路	竖向	平行道路	垂直道路	竖向
最大值	1.40	3.01	2.42	3.75	2.76	1.83	4.74	2.67	1.87	1.90	1.34	1.64
最小值	0.16	0.20	0.11	0.21	0.30	0.11	0.28	0.27	0.19	0.20	0.22	0.12
平均值	0.51	0.50	0.45	0.55	0.54	0.42	0.60	0.52	0.43	0.51	0.42	0.38

附：建筑振动工程实例完成单位与编写人员信息

序号	实例编号	实例名称	编写单位	编写人员
		第一章：动力机器基础振动控制		
1	1-1	湛江中粤能源 630MW 汽轮机组 1 号机 8 号瓦、9 号瓦振动控制	哈尔滨电机厂有限责任公司	李志和，梁彬，韩波，李明宇，李双翼
2	1-2	华能江阴燃机热电联产工程燃机基础振动控制	中国电力工程顾问集团华北电力设计院有限公司	王浩，周建军
3	1-3	神皖合肥庐江发电厂 2×660MW 发电机组工程汽机基础振动控制	中国电力工程顾问集团华北电力设计院有限公司	王浩，周建军
4	1-4	定州发电厂一期 600MW 汽轮发电机基础振动控制	1. 中国电建集团河北省电力勘测设计研究院有限公司；2. 国机集团工程振动控制技术研究中心；3. 中国电力工程顾问集团华北电力设计院有限公司	赵春晓[1]，邵晓岩[2]，周建军[3]
5	1-5	龙山发电厂一期 600MW 空冷汽轮发电机基础振动控制	中国电建集团河北省电力勘测设计研究院有限公司	赵春晓，苑森
6	1-6	核电汽轮发电机组基础中间层平台振动控制	隔而固（青岛）振动控制有限公司	谷朝红，尹学军
7	1-7	ALSTOM _ 1000MW _ ARABELLE 机组汽机基础振动控制	中国电力工程顾问集团华东电力设计院有限公司	干梦军，周建章
8	1-8	华润仙桃电厂 2×660MW 超超临界燃煤发电机组振动控制	中国电力工程顾问集团中南电力设计院有限公司	林凡伟
9	1-9	三峡工程右岸水轮发电机定子振动控制	哈尔滨电机厂有限责任公司	李志和，袁昌键
10	1-10	曹妃甸电厂二期 1000MW 工程汽动给水泵组及发电机基础振动控制	1. 中国电建集团河北省电力勘测设计研究院有限公司；2. 隔而固（青岛）振动控制有限公司	檀永杰[1]，赵春晓[1]，谷朝红[2]
11	1-11	广东岭澳二期 2×1000MW 核电半速汽轮发电机组基础振动控制	隔而固（青岛）振动控制有限公司	尹学军，王伟强
12	1-12	舰船用离心泵机组振动控制	合肥通用机械研究院有限公司	张兴林，高攀龙，丁强民，吴生盼
13	1-13	离心通风机填充阻尼颗粒底座振动控制	合肥通用机械研究院有限公司	陈启明，王弼
14	1-14	某旋转式压缩机框架式基础振动控制	中国寰球工程有限公司北京分公司	余东航
15	1-15	石化工厂大型压缩机振动控制	中国昆仑工程有限公司	王永国，曹云锋
16	1-16	某冷轧工程五机架连轧机及电机振动控制	宝钢工程技术集团有限公司	孙永丽，刘丽娟

续表

序号	实例编号	实例名称	编写单位	编写人员
		第一章：动力机器基础振动控制		
17	1-17	京能太阳宫热电厂电机、风机振动控制	青岛科而泰环境控制技术有限公司	尹学军，邵晓岩，刘永强，陈常福
18	1-18	某往复式压缩机大块式基础振动控制	中国寰球工程有限公司北京分公司	余东航
19	1-19	某制氧机组 3 号空分空压机电机振动控制	宝钢工程技术集团有限公司	李海燕，马秋玲
20	1-20	往复式发动机试验台基础隔振	北方工程设计研究院有限公司	黎益仁
21	1-21	进楼锻锤基础空气弹簧隔振	北方工程设计研究院有限公司	黎益仁
22	1-22	苏州孚杰机械有限公司 18t 模锻锤隔振	隔而固（青岛）振动控制有限公司	姜成，王伟强
23	1-23	日本北陆工业 10t 模锻锤振动控制	惠州安固隔振环保科技有限公司	陈勤儿
24	1-24	中国重汽 18t 程控模锻锤振动控制	惠州安固隔振环保科技有限公司	陈勤儿
25	1-25	莱芜煤机 12500t 摩擦压力机振动控制	惠州安固隔振环保科技有限公司	陈勤儿
26	1-26	800t 压力机基础振动和噪声控制	Socitec	Allan Malin
27	1-27	Erie23t 蒸汽锤振动控制	Socitec	Allan Malin
28	1-28	大型液压振动试验台基础振动控制	中国汽车工业工程有限公司	杨俭，万叶青
29	1-29	客车道路模拟试验机隔振基础	1. 中国汽车工业工程有限公司；2. 湖南中车时代电动汽车股份有限公司	董本勇[1]，万叶青[1]，刘海潮[2]
30	1-30	航天某院 35t 振动台隔振基础	1. 中国电子工程设计院有限公司；2. 北京市微振动环境控制工程技术研究中心	娄宇[1,2]，颜枫[1,2]，孙宁[1,2]，陈骝[1,2]
31	1-31	浙江大学工程师学院振动台基础隔振	国机集团工程振动控制技术研究中心	秦敬伟，伍文科
		第二章：精密装备工程微振动控制		
32	2-1	汽车厂焊接车间三坐标测量机基础振动控制	中国汽车工业工程有限公司	万叶青，阮兵，吴彦华
33	2-2	北京机床研究所精密机电有限公司数控机床生产基地超精密实验室振动控制	机械工业第六设计研究院有限公司	白玲，李兴磊
34	2-3	上海机床厂有限公司 XHA2425×60 龙门加工中心基础设计	机械工业第六设计研究院有限公司	王建刚，蔡家润
35	2-4	精密铣床隔振	隔而固（青岛）振动控制有限公司	赵云旭，房俊喜
36	2-5	中国科学院某所精密设备防微振工程	国机集团工程振动控制技术研究中心	黄伟，刘鑫

续表

序号	实例编号	实例名称	编写单位	编写人员
		第二章：精密装备工程微振动控制		
37	2-6	中科院某所试验舱防微振基础设计	国机集团工程振动控制技术研究中心	王辛
38	2-7	暨南大学光刻机微振动控制	国机集团工程振动控制技术研究中心	兰日清，徐建
39	2-8	航天科技集团某所动态模拟装置隔振台座	1. 中国电子工程设计院有限公司；2. 北京市微振动环境控制工程技术研究中心	娄宇[1,2]，刘海宏[1,2]，夏艳[1,2]，吕佐超[1,2]
40	2-9	中科院某所大光栅刻划机 7m×7m 隔振系统	1. 中国电子工程设计院有限公司；2. 北京市微振动环境控制工程技术研究中心	娄宇[1,2]，刘海宏[1,2]，夏艳[1,2]，陈骝[1,2]
41	2-10	扫描隧道显微镜超微振动控制	日本特许机器株式会社	董敏璇，坂本博哉，寺村彰，佐佐木诚治
42	2-11	某相机光学检测隔振系统	1. 中国电子工程设计院有限公司；2. 北京市微振动环境控制工程技术研究中心	娄宇[1,2]，刘海宏[1,2]，夏艳[1,2]，窦硕[1,2]
43	2-12	中科院某所实验楼光学调试隔振系统	1. 中国电子工程设计院有限公司；2. 北京市微振动环境控制工程技术研究中心	娄宇[1,2]，夏艳[1,2]，左汉文[1,2]，吕佐超[1,2]
44	2-13	中科院某所 LAMOST 天文望远镜 4m×7m 垂直光学检测隔振系统	1. 中国电子工程设计院有限公司；2. 北京市微振动环境控制工程技术研究中心	娄宇[1,2]，孙宁[1,2]，窦硕[1,2]，陈骝[1,2]
45	2-14	中科院某所风云系列卫星光学检测 15m 隔振系统	1. 中国电子工程设计院有限公司；2. 北京市微振动环境控制工程技术研究中心	娄宇[1,2]，孙宁[1,2]，夏艳[1,2]，窦硕[1,2]
46	2-15	交通运载 ASO 观测镜组精密仪器减隔振设计	国机集团工程振动控制技术研究中心	许岩，张成宇
47	2-16	二连浩特海关钴-60 铁路货物列车无损快速检测隔振系统	1. 中国电子工程设计院有限公司；2. 北京市微振动环境控制工程技术研究中心	娄宇[1,2]，夏艳[1,2]，窦硕[1,2]，胡书广[1,2]
		第三章：建筑结构振动控制		
48	3-1	多层医疗器械厂房微振动控制	1. 中国汽车工业工程有限公司；2. 机械工业第四设计研究院有限公司	梁希强[1]，阮兵[1]，李学勤[2]
49	3-2	某集成电路厂房微振动控制	1. 中国电子工程设计院有限公司；2. 北京市微振动环境控制工程技术研究中心	娄宇[1,2]，吕佐超[1,2]，赵广鹏[1]，陈骝[1,2]

续表

序号	实例编号	实例名称	编写单位	编写人员
		第三章：建筑结构振动控制		
50	3-3	发动机半消声室隔振设计	中国汽车工业工程有限公司	万叶青，李瑞丹
51	3-4	纺织工业多层厂房振动控制	中国昆仑工程有限公司	王全光，王永国
52	3-5	大型抽水蓄能电站厂房振动控制	中国水利水电科学研究院	欧阳金惠
53	3-6	沈阳宝马铁西工厂振动噪声控制	中国汽车工业工程有限公司	阮兵
54	3-7	废品回收厂给料机致结构振动控制	日本特许机器株式会社	董敏璇，坂本博哉，宫崎明彦
55	3-8	垃圾焚烧厂破碎机致结构振动控制	日本特许机器株式会社	坂本博哉，田嶋章雄，董敏璇
56	3-9	德国蒂森克虏伯电梯试验塔双用TMD振动控制	1. GERB Schwingungsisolierungen GmbH& Co. KG；2. 隔而固（青岛）振动控制有限公司	C. Meinhardt[1]，高星亮[2]
57	3-10	中海油惠州基地高耸钢烟囱振动控制	隔而固（青岛）振动控制有限公司	黄燕平，王新章
58	3-11	大连市民健身中心楼板减振设计	大连理工大学	李钢，付兴
59	3-12	北京银泰中心酒店塔楼楼盖振动舒适度设计	1. 中国电子工程设计院有限公司；2. 北京市微振动环境控制工程技术研究中心	娄宇[1,2]，吕佐超[1,2]，赵广鹏[1]，左汉文[1,2]
60	3-13	河北农业大学多功能风雨操场大跨度组合楼盖舒适度设计	1. 北方工程设计研究院有限公司；2. 河北省建筑信息模型与智慧建造技术创新中心	宫海军[1,2]，黄丽红[1,2]，王尚麒[1]，李庞[1]，张国良[1,2]
61	3-14	高层建筑连廊振动控制	日本特许机器株式会社	坂本博哉，久保和康，董敏璇
62	3-15	大型体育场移动式观众席振动控制	日本特许机器株式会社	坂本博哉，久保和康，董敏璇
63	3-16	高级养老院居室隔声降噪	日本特许机器株式会社	坂本博哉，田嶋章雄，董敏璇
64	3-17	上海浦东机场二期登机桥振动控制	隔而固（青岛）振动控制有限公司	尹学军，罗勇
65	3-18	广州亚运会历史展览馆振动控制	隔而固（青岛）振动控制有限公司	王建立，王海明
66	3-19	伦敦千禧桥振动控制	1. GERB Schwingungsisolierungen GmbH & Co. KG；2. 隔而固（青岛）振动控制有限公司	C. Meinhardt[1]，尹学军[2]

续表

序号	实例编号	实例名称	编写单位	编写人员
		第四章：交通工程振动控制		
67	4-1	长沙南站候车层楼盖振动控制	1. 中南大学土木工程学院；2. 湖南建工集团有限公司	周朝阳[1]，张倚天[2]
68	4-2	北京地铁 4 号线北京大学段特殊减振措施	北京交通大学	孙晓静，马蒙
69	4-3	轨道交通振动对西安钟楼影响预测	1. 北京交通大学；2. 机械工业勘察设计研究院有限公司	马蒙[1]，钱春宇[2]
70	4-4	北京地铁 16 号线曲线隧道下穿办公大楼振动影响	北京交通大学	马蒙
71	4-5	京张高铁跨越某燃气管涵工程振动影响	北京交通大学	刘卫丰，曲翔宇
72	4-6	北京地铁 8 号线运营对某科研楼内精密仪器的振动影响	北京交通大学	刘卫丰，李万博
73	4-7	某地铁线路下穿别墅区钢弹簧浮置板减振降噪	隔而固（青岛）振动控制有限公司	王建立，陈高峰
74	4-8	青岛地铁 3 号线轨道结构振动控制	隔而固（青岛）振动控制有限公司	罗艺，王建立
		第五章：古建筑振动控制		
75	5-1	洛阳轨道交通 1 号线沿线古建筑振动控制	中国汽车工业工程有限公司	王来斌，曹延波
76	5-2	西安地铁 2 号线穿越城墙振动控制	机械工业勘察设计研究院有限公司	郑建国，钱春宇，张凯
77	5-3	列车荷载作用下北京良乡塔动力响应及疲劳损伤分析	北京交通大学	马蒙，李明航，曹忠磊，曹艳梅
78	5-4	地铁运营振动对邻近古建筑影响	南京工业大学	庄海洋，朱利明
79	5-5	地铁振动对木质古建文物影响	中国汽车工业工程有限公司	王达菲，陈光秀，万叶青
80	5-6	施工振动对石窟石质文物影响	中国汽车工业工程有限公司	王献平，万叶青，李瑞丹
		第六章：建筑工程振震双控		
81	6-1	北京市丽泽十二中振震双控设计	国机集团工程振动控制技术研究中心	徐建，胡明祎
82	6-2	北京大学景观设计学大楼 2 号楼振震双控设计	国机集团工程振动控制技术研究中心	秦敬伟，胡明祎，黄伟
83	6-3	上海市吴中路城市轨道交通上盖结构振动测试与分析	同济大学结构防灾减灾工程系	周颖
84	6-4	西安钟楼结构抗震及振动控制	机械工业勘察设计研究院有限公司	郑建国，钱春宇，王龙

续表

序号	实例编号	实例名称	编写单位	编写人员
		第七章：工程振动测试		
85	7-1	汽车模具车间振动测试	1. 中汽建工（洛阳）检测有限公司；2. 中国汽车工业工程有限公司	辛红振[1]，万叶青[2]，杨正东[2]
86	7-2	锻锤打击力及机身振动测试方法与应用	1. 军事科学院国防工程研究院工程防护研究所；2. 中国汽车工业工程有限公司；3. 安阳锻压机械工业有限公司	余尚江[1]，万叶青[2]，王卫东[3]
87	7-3	振动筛振动测试与模态分析	江苏东华测试技术股份有限公司	陈泳
88	7-4	某地 100 万 t/年乙烯装置压缩机基础动力测试	中航勘察设计研究院有限公司	邹桂高，刘金光
89	7-5	强夯施工振动对预制梁区影响测试	国机集团工程振动控制技术研究中心	祖晓臣
90	7-6	德胜国际中心长距离坡道振动测试	国机集团工程振动控制技术研究中心	兰日清，秦敬伟
91	7-7	山东寿光电厂汽轮发电机组弹簧隔振基础振动测试	国机集团工程振动控制技术研究中心	伍文科
92	7-8	北京地铁 16 号线对北京大学精密仪器振动影响分析	1. 中国电子工程设计院有限公司；2. 北京市微振动环境控制工程技术研究中心	娄宇[1,2]，左汉文[1,2]，颜枫[1,2]，邢云林[1,2]
93	7-9	郑州港许市域铁路对新郑机场跑道及航站楼微振动影响评估	1. 中国电子工程设计院有限公司；2. 北京市微振动环境控制工程技术研究中心	娄宇[1,2]，左汉文[1,2]，许照刚[1,2]，赵明慧[1,2]
94	7-10	西安交大曲江校区协同创新中心振动测试	国机集团工程振动控制技术研究中心	张瑞宇
95	7-11	深圳湾实验室振噪磁测试	国机集团工程振动控制技术研究中心	杜林林，王建宁
96	7-12	基桩低应变检测三维效应测试与分析	重庆大学	丁选明
97	7-13	基于实测动刚度的桥桩承载能力评估	1. 中国铁道科学研究院集团有限公司铁道建筑研究所；2. 北京交通大学	刘建磊[1]，马蒙[2]
98	7-14	中煤陕西榆横煤化工项目聚丙烯装置/烯烃分离装置地基、桩基动力参数测试	机械工业勘察设计研究院有限公司	郑建国，钱春宇，张凯

续表

序号	实例编号	实例名称	编写单位	编写人员
		第七章：工程振动测试		
99	7-15	上海中心城区地基动力特性测试	同济大学	高广运
100	7-16	上海商发一米测长机地基振动测试及超限振源识别	江苏东华测试技术股份有限公司	陈泳
101	7-17	立交桥荷载能力及隔音效果测试	江苏东华测试技术股份有限公司	陈泳
102	7-18	敦煌莫高窟无线微振动监测系统	军事科学院国防工程研究院工程防护研究所	余尚江，陈晋央，杜建国
103	7-19	600MW级汽轮发电机定子端部线棒振动在线监测系统	哈尔滨电机厂有限责任公司	梁彬，李志和，兰波，沈坤鹏
104	7-20	高层商业建筑振动监测	1. 中国汽车工业工程有限公司；2. 机械工业第四设计研究院有限公司；3. 中汽建工（洛阳）检测有限公司	万叶青[1]，李亚辉[2]，辛红振[3]
107	7-21	国家天文台馈源舱试验过程结构状态监测	江苏东华测试技术股份有限公司	陈泳
108	7-22	纽约摩玛大厦抗风振TMD设计及风暴振动监测	1. GERB Schwingungsisolierungen GmbH & Co. KG；2. 隔而固（青岛）振动控制有限公司	C. Meinhardt[1]，高星亮[2]
		第八章：振动诊断与治理		
107	8-1	某钢结构输煤通廊间歇性振动危害诊断与治理	中冶建筑研究总院有限公司	韩腾飞
108	8-2	神东公司某选煤厂钢框架结构厂房楼盖异常振动诊治	中冶建筑研究总院有限公司	韩腾飞，邱金凯
109	8-3	西南医科大学动力设备振动超标诊治	国机集团工程振动控制技术研究中心	胡明祎，兰日清
110	8-4	惠州市中心人民医院动力设备站房振动控制改造	国机集团工程振动控制技术研究中心	黄伟，徐建
111	8-5	中国科学技术大学屋顶油烟净化设备振动控制改造	国机集团工程振动控制技术研究中心	韩蓬勃
112	8-6	深圳市福永人民医院洁净区空调振动噪声控制改造	国机集团工程振动控制技术研究中心	孙健
113	8-7	中国证监委楼顶油烟净化设备振动控制改造	国机集团工程振动控制技术研究中心	王菲
114	8-8	一汽车身厂2050t压力机线振动控制改造	隔而固（青岛）振动控制有限公司	赵德全，尹学军
115	8-9	铜冶炼工艺管网振动控制改造	合肥通用机械研究院有限公司	田奇勇，王枭

续表

序号	实例编号	实例名称	编写单位	编写人员
		第九章：国家大科学装置振动控制		
116	9-1	北京高能同步辐射光源微振动分析	1. 同济大学；2. 中国科学院高能物理研究所	顾晓强[1]，黄茂松[1]，余宽原[1]，刘鑫[1]，闫芳[2]
117	9-2	上海光源工程微振动控制分析	华东建筑集团股份有限公司	岳建勇，李伟
118	9-3	硬X射线自由电子激光装置微振动控制分析	1. 同济大学；2. 上海勘察设计研究院（集团）有限公司	顾晓强[1]，余宽原[1]，刘鑫[1]，李宁[2]
119	9-4	上海超强超短激光试验装置微振动分析	华东建筑集团股份有限公司	王卫东，岳建勇